新闻出版总署
“盘配书”项目

3ds Max 2012

完全自学手册

纵深文化 编著

1 DVD 高清教学光盘

超值附赠2GB的DVD光盘，内容包括170多个场景文件、180多个素材文件和450多分钟的视频教学文件

技术手册

16章近600页的手册篇幅，全面系统地讲解了3ds Max 2012软件功能命令的实用方法以及操作技巧

专业实用

充分展现了3ds Max 2012的核心技术、新增功能和商业应用，全面提高模型、动画、影视特效技能

操作技巧

12大核心功能讲解和120多个技能实例，技术与经验紧密结合，使您的学习变得轻松、简单、快捷

北京希望电子出版社
Beijing Hope Electronic Press
www.bhp.com.cn

内容简介

3ds Max 2012 是 Autodesk 公司最新推出的功能强大的三维动画制作软件，是动画设计界应用最广泛的一款软件，它将三维动画的设计与处理推向了一个更高的艺术水准。

本教程采用选项功能讲解加实例的编写形式，兼具技术手册和应用技巧参考手册的特点，对 3ds Max 2012 的操作及功能进行了全面详细的介绍。共分为 16 章，具体包括 3ds Max 2011 的基础知识、基本建模、变换对象、对象的修改和合成、进阶建模、动画基础、轨迹视图和动画控制器、粒子系统和空间扭曲、材质编辑器、摄影机和灯光、环境特效以及动力学系统和后期合成等内容。

本教程光盘中包括本教程部分实例的视频教学文件、素材文件等，读者可以随时调用素材文件学习案例的制作方法，或跟随教学视频进行学习，以更快、更好地掌握所学知识。

本教程结构清晰、语言简洁、内容全面、实例精彩，既适合 3ds Max 初、中级读者阅读，也可作为三维动画制作、影视制作和广告制作等相关从业人员的自学参考书，同时还可以作为动画培训班、职业学校以及大中专院校相关专业的教材。

图书在版编目（CIP）数据

3ds Max 2012 完全自学手册 / 纵深文化编著. —北京 :北京希望电子出版社，2012.1

ISBN 978-7-83002-024-8

Ⅰ. ①3… Ⅱ. ①纵… Ⅲ. ①三维动画软件，3ds Max 2012—手册 Ⅳ. ①TP391.41

中国版本图书馆 CIP 数据核字(2011)第 261412 号

出版：北京希望电子出版社
地址：北京市海淀区上地 3 街 9 号
金隅嘉华大厦 C 座 611
邮编：100085
网址：www.bhp.com.cn
电话：010-62978181（总机）转发行部
010-82702675（邮购）
传真：010-82702698
经销：各地新华书店

封面：付 巍
编辑：赵丽丽
校对：刘 伟
开本：787mm×1092mm 1/16
印张：36（带 8 面彩插）
印数：1-3000
字数：823 千字
印刷：北京瑞富峪印务有限公司
版次：2012 年 1 月 1 版 1 次印刷

定价：69.80 元（配 1 张 DVD 光盘）

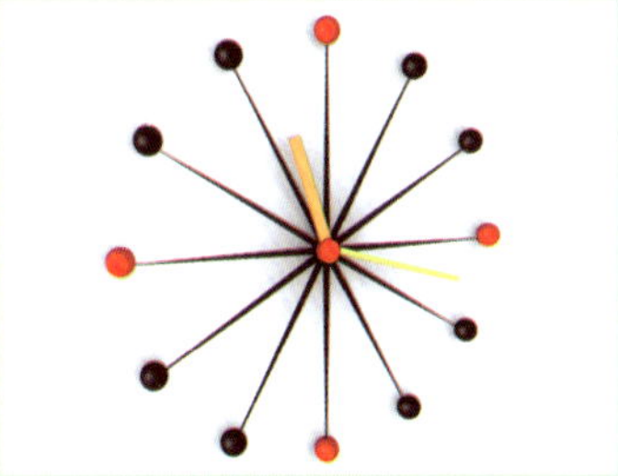

第1章　表

工具和命令　“挤出”修改器、（使用选择中心）工具、（选择并旋转）工具、（使用变换坐标中心）工具

第1章　镜像复制蝴蝶的翅膀

工具和命令　（镜像）工具

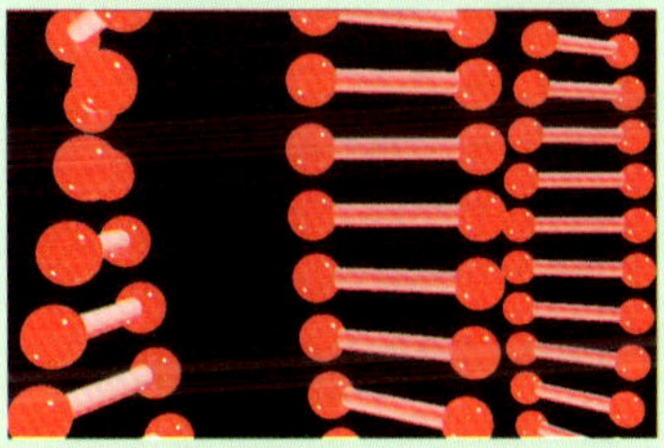

第1章　分子阵列

工具和命令　“阵列”命令

第1章　珍珠手链

工具和命令　“间隔工具”命令

第1章　装饰画

工具和命令　“间隔工具”命令

第1章　雪山

工具和命令　“澡波”修改器、“雪”命令、（渲染设置）工具

第2章　电视背景墙

工具和命令　“长方体”命令、（选择并移动）工具配合Shift键

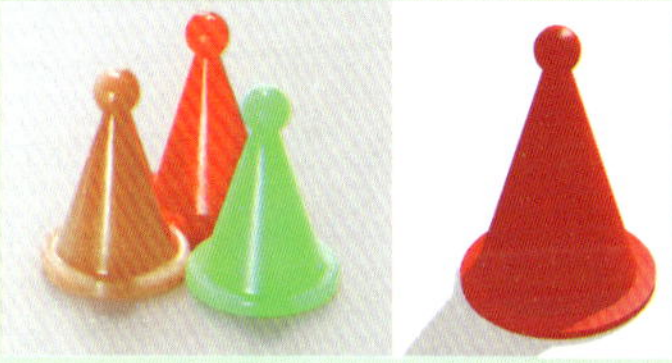

第2章　跳棋

工具和命令　“圆锥体”命令、（选择并移动）工具

第2章　水晶球

工具和命令　“球体”命令

第2章　蜡笔

工具和命令　“圆柱体”命令、（选择并移动）工具

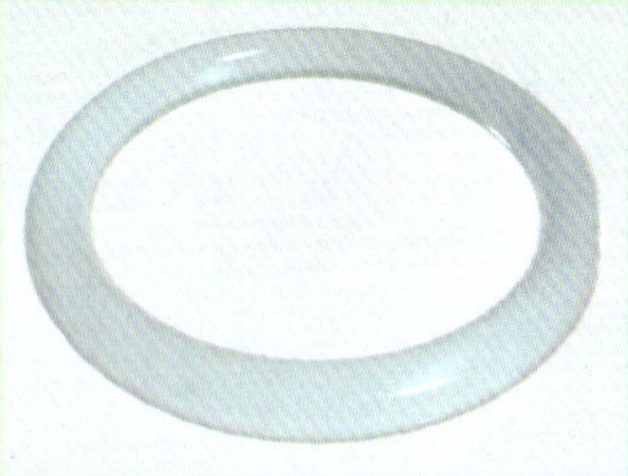

第2章　玉镯

工具和命令　“圆环”命令

第2章　金字塔吸音海绵

工具和命令　“四棱锥”命令、转换为可编辑多边形

第2章　足球

工具和命令　“异面体”命令、转换为可编辑多边形、“涡轮平滑”修改器、“球形化”修改器

第2章　沙发

工具和命令　“切角长方体”命令、（选择并移动）工具、（选择并旋转）工具、“FFD4×4×4”修改器、（镜像）工具

第2章　石桌椅

工具和命令　“切角圆柱体”命令、ProBoolean命令、“车削”修改器

第2章　药片

工具和命令　“油罐”命令、（选择并移动）工具配合Shift键

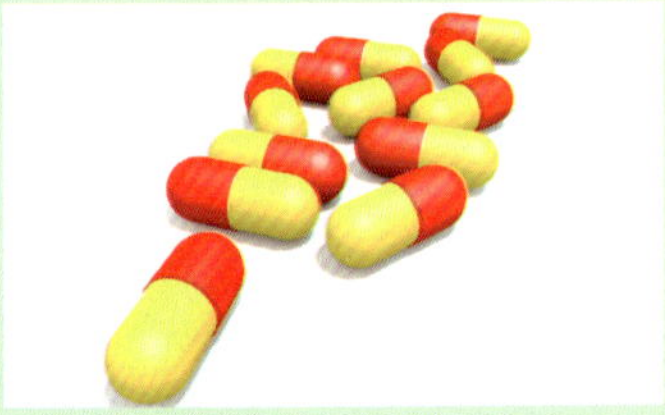

第2章　胶囊

工具和命令　“胶囊”命令、转换为可编辑多边形、（选择并移动）工具配合Shift键

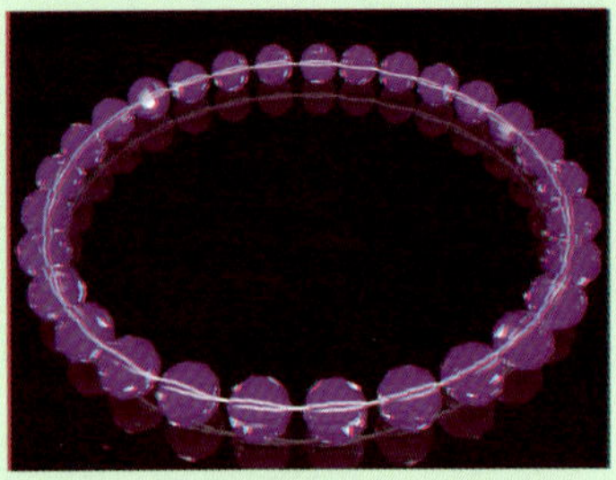

第2章　水晶手链

工具和命令　“纺锤”命令、“圆”命令、“快照”命令

第2章　壁灯

工具和命令　“胶囊”命令、“管状体”命令、转换为可编辑多边形、“切角长方体”命令

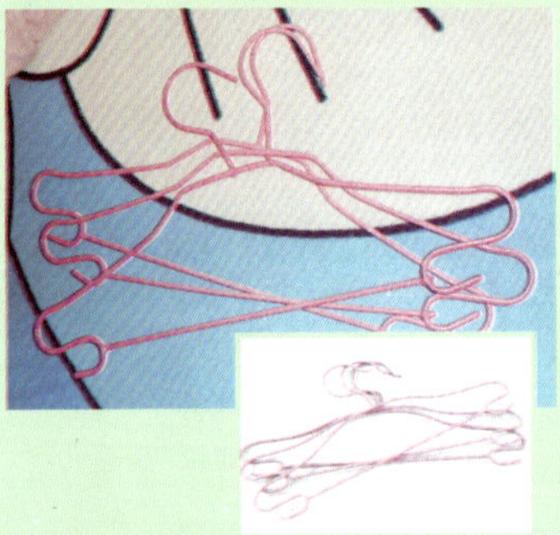

第3章　衣架

工具和命令　“线”命令、“优化”命令

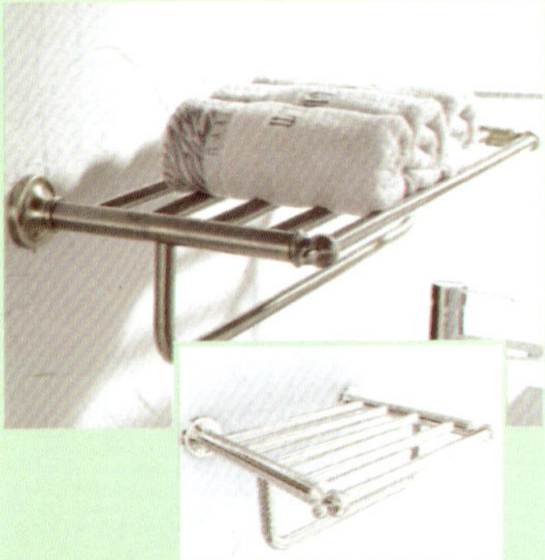

第3章　欧式铁艺

工具和命令　“矩形”命令、“车削”修改器、“编辑样条线”修改器

第3章　耳扣

工具和命令　“圆”命令、“路径变形”修改器

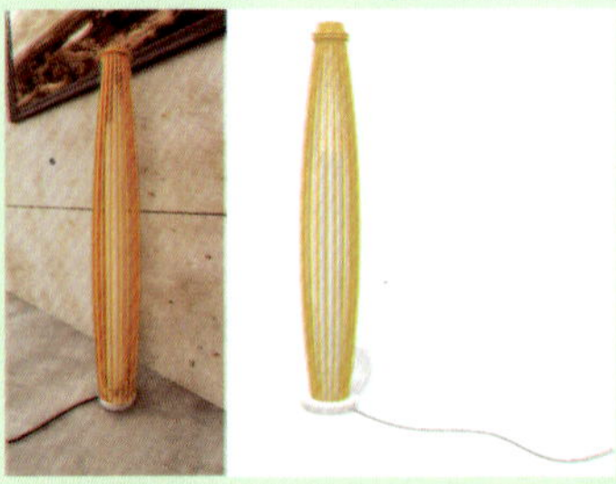

第3章　地灯

工具和命令　“弧”命令、“阵列”命令、“切角圆柱体”命令

第3章　3d文字

工具和命令　“文本”命令、“倒角”修改器、“编辑多边形”修改器

第3章　茶几

工具和命令　“矩形”命令、“挤出”修改器、“角度”命令

第3章　铁艺茶几

工具和命令　"圆"命令、"挤出"修改器、"星形"命令

第4章　蜡烛

工具和命令　"球体"命令、"车削"修改器、（选择并移动）工具配合Shift键

第4章　吊灯

工具和命令　"线"命令、"挤出"修改器、转换为可编辑多边形、"阵列"命令、"车削"修改器

第4章　铁艺笔筒

工具和命令　"星形"命令、"弯曲"修改器、（选择并移动）工具配合Shift键

第4章　玻璃茶几

工具和命令　"多边形"命令、"倒角"修改器、"线"命令、"挤出"修改器、"阵列"命令

第4章　圆桌

工具和命令　"圆柱体"命令、"优化"命令、"倒角剖面"修改器

第4章　融化的棒棒糖

工具和命令　"融化"修改器、"弯曲"修改器、（选择并移动）工具配合Shift键

第4章　中式屏风

工具和命令　"可编辑样条线"修改器、"挤出"修改器、（选择并移动）工具配合Shift键

第5章　烟灰缸

工具和命令　"圆柱体"命令、"挤出"命令、"倒角"命令、"使用NURMS细分"选项

第5章　水晶樱桃

工具和命令　"编辑网格"修改器、"网格平滑"修改器、"涡轮平滑"修改器

第5章　花瓶

工具和命令　（创建U向放样曲面）工具、（创建封口曲面）工具

第5章　蘑菇

工具和命令　转换为可编辑样条线、“平滑”命令、“弯曲”修改器

第5章　杯子

工具和命令　“圆柱体”命令、转换为可编辑多边形、“挤出”命令、“桥”命令、“锥化”修改器

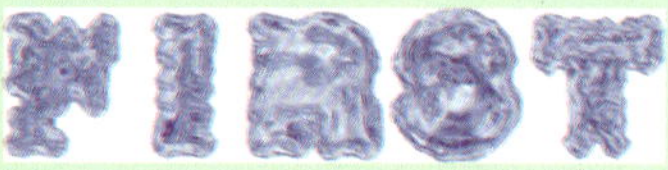

第6章　冰晶文字

工具和命令　“挤出”修改器、转换为可编辑多边形、“水滴网格”工具、“切割”命令

第6章　象棋

工具和命令　“切角圆柱体”命令、“圆环”命令、“图形合并”工具、“编辑多边形”修改器、“挤出”命令

第6章　笛子

工具和命令　“切角圆柱体”命令、“圆环”命令、“图形合并”工具、“编辑多边形”修改器、“挤出”命令

第6章　桌布

工具和命令　“线”命令、“星形”命令、“放样”工具

第6章　骰子

工具和命令　“切角长方体”命令、“圆”命令、转换为可编辑多边形、ProBoolean工具

第6章　拼图

工具和命令　“挤出”修改器、转换为可编辑多边形、ProCutter工具

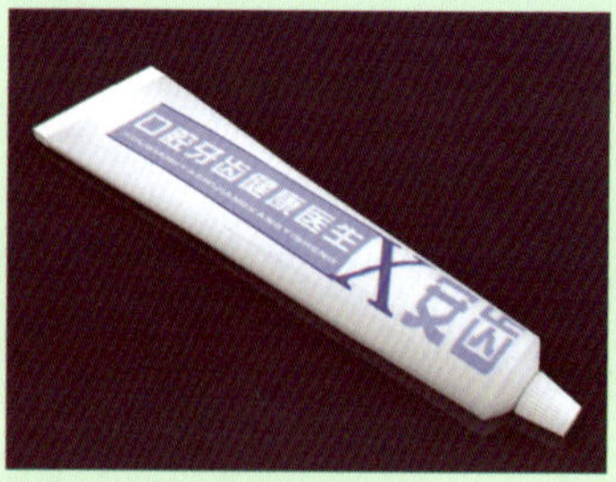

第6章　牙膏

工具和命令　“圆柱体”命令、转换为可编辑多边形、“连接”工具、“挤出”修改器、按住Shift键移动复制

第7章　为眼镜设置材质

工具和命令　“多维/子对象”材质、“反射/折射”贴图、高光级别、光泽度

第7章　玻璃球材质的设置

工具和命令　“光线跟踪”材质、漫反射、透明度、发光度、“光线跟踪”贴图

第7章　大理石效果

工具和命令　高光级别、光泽度、漫反射、“斑点”贴图

第8章　Web灯光模拟射灯灯光效果

工具和命令　“光线跟踪”材质、漫反射、透明度、发光度、“光线跟踪”贴图

第8章　室内灯光

工具和命令　“目标聚光灯”命令、“泛光灯”命令

第9章　风车动画

工具和命令　（曲线编辑器）按钮、切入点（关键点）、“对象属性”命令、“运动模糊”命令

第9章　运动中的汽车

工具和命令　创建样条线、“运动模糊”效果、“对象属性”命令、“亮度和对比度”效果

第9章　直升飞机动画

工具和命令　自动关键点、输入输出曲线、曲线编辑器

第10章　飞出的数字

工具和命令　PF Source（粒子流）命令、“位图”贴图、Material Frequency事件

第10章　下雨效果

工具和命令　“喷射”命令、“对象属性”命令、“运动模糊”效果

第10章　下雪效果

工具和命令　“雪”命令、“对象属性”命令、“运动模糊”效果

第10章　气泡上升

工具和命令　“暴风雪”命令、创建摄影机、“反射/折射”贴图

第10章　烟花效果

工具和命令　“重力”命令、（绑定到空间扭曲）按钮、“对象属性”命令、创建摄影机、Video Post命令

第10章　星球爆炸

工具和命令　指定“位图”、“环境和效果”面板、创建摄影机、“粒子阵列”命令、“对象属性”命令、“泛光灯”命令

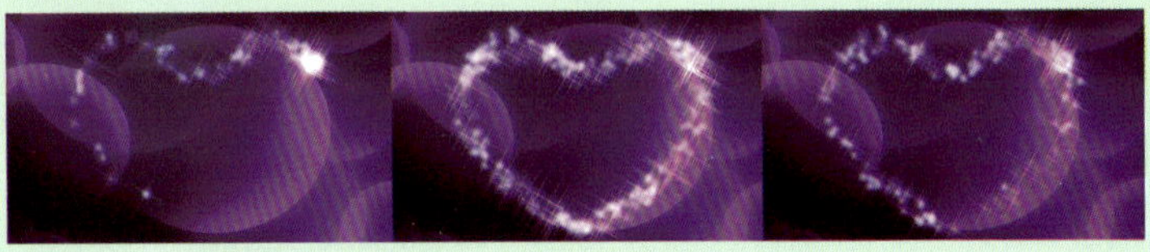

第10章　心形烟花

工具和命令　“编辑样条线”修改器、“粒子云”命令、“路径变形（WSM）”命令、“对象属性”命令、创建摄影机、Video Post命令

第10章　扭曲的粒子

工具和命令 “挤出”修改器、“PF Source（粒子流）”命令、Position Object事件、“UVW贴图添加”修改器、“漩涡”命令、创建摄影机

第11章　雾效果

工具和命令 “雾”效果、“分层”选项

第11章　体积雾效果

工具和命令 “球体Gizmo”命令、“体积雾”效果

第11章　路灯效果

工具和命令 “环境和效果”面板、创建摄影机、Ring选项、Ray选项、Auto Secondary选项、Manual Secondary选项、Star选项、Streak选项

第11章　景深效果

工具和命令 “景深”效果

第11章　丛林里的烟雾

工具和命令 “体积雾”效果、“亮度和对比度”命令

第12章　炙热文字

工具和命令 “编辑多边形”修改器、“路径变形（WSN）”修改器、“对象属性”命令、Video Post命令

第15章　暴风雪中的小木屋

工具和命令 “圆柱体”命令、“挤出”修改器、“UVW贴图”修改器、“矩形”命令、“噪波”修改器、“网格平滑”修改器、“运动模糊”效果、“环境和效果”面板、“泛光灯”命令

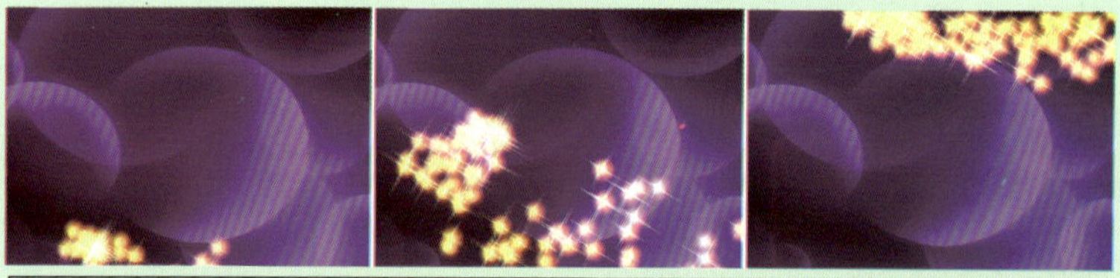

第12章　闪光流星

工具和命令 “螺旋线”命令、“超级喷射”命令、创建摄影机、Video Post命令

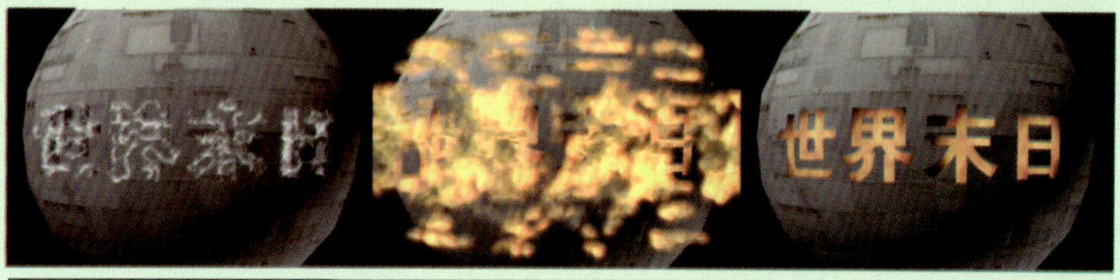

第16章　片头动画

工具和命令 “几何球体”命令、“凹凸”贴图、“编辑网格”修改器、“挤出”命令、“粒子阵列”命令、“对象属性”命令、“运动模糊”效果

PREFACE 前言

作为三维软件中非常具有代表性的软件，3ds Max一直以来都受到建筑设计、三维模型和三维动画爱好者的青睐，并得到了广泛的好评。随着版本的不断升级和第三方插件的日益丰富，3ds Max的功能越来越强大，用途也越来越广泛。

为了满足广大读者的学习需要，我们把自己的教学与实践经验进行总结，并奉献给读者，希望能对学习3ds Max的朋友有一定的帮助。

本教程共分为16章，第1~14章为基础知识讲解，每章的后面都利用操作实例对讲解的知识点进行巩固；第15章和第16章为综合实例。本教程的主要内容如下。

第1章：详细介绍了3ds Max 2012的基本概念、界面环境、工作界面和制作流程等。

第2章：通过实例讲解了几何体的创建，使读者对三维建模有所了解，并掌握三维建模的方法和技巧。

第3章：通过实例讲解了二维图形的创建，使读者对二维图形有所了解，并掌握二维图形建模的方法和技巧。

第4章：详细介绍了编辑修改器的基本使用方法，并通过实例讲解使用编辑修改器中的命令对场景中的物体进行变形的设置方法。

第5章：通过实例详细介绍了多边形建模、网络建模、NURBS建模和面片建模的使用方法和技巧。

第6章：通过实例详细介绍了复合对象建模的方法和技巧，如变形、散布、一致和水滴网格等。

第7章：详细介绍了材质的基础知识和材质编辑器的用途，并通过实例讲解了材质和贴图命令的使用方法及表现效果。

第8章：详细介绍了3ds Max中摄影机和灯光的基本知识及其应用。

第9章：详细介绍了动画的基本概念和动画制作的常用工具，并通过实例讲解了动画的设置方法。

第10章：通过实例介绍了粒子系统和空间扭曲的设置，使读者掌握它们的使用方法和技巧。

第11章：通过实例介绍了环境特效的设置，使读者掌握它们的使用方法和技巧。

第12章：详细介绍了Video Post后期合成的基础知识。并通过实例讲解了后期合成的方法。

第13章：详细介绍了FK正向动力学和IK反向动力学的基础知识，并通过实例讲解了动力学的操作方法。

第14章：详细介绍了骨骼和蒙皮的参数设置，以及它们的使用方法和技巧。

第15章：建模综合实例，通过对暴风雪中的小木屋进行建模，读者可以对建筑模型和环境设置有一个更深的了解。

第16章：动画综合实例，通过对片头动画的创建，读者可以掌握使用粒子系统、视频合成器、曲线编辑器等创建动画的方法。

本教程由纵深文化编写，同时还得到王兰芳、郝金忠、王芳、王娟、张金忠、安彩忠、赵雪梅、周雷、李娜、赵晓亮、姚超、王俊霞、张中耀、李卓、黄健、尹庆栋、王金兰、王玉、王宝娜、张才祥、张云、王冰峰、赵岩、冯常伟、李龙龙、孙惠敏、姚宇晴、耿丽丽、崔会静、霍伟伟等人的大力帮助。

由于水平有限，教程中难免会有疏漏和不足之处，恳请广大读者提出宝贵意见，希望各位读者来信指正，电子邮箱是bhpbangzhu@163.com。如果希望知悉图书的更多信息，请浏览北京希望电子出版社的网站www.bhp.com.cn。

编著者

CONTENTS 目录

第1章 初识3ds Max 2012

第2章 几何体的创建

第3章 二维图形的创建

第4章 使用编辑修改器建模

第5章 高级建模

第6章 复合对象建模方法

第7章 材质与贴图

第8章 创建摄影机和灯光

第9章 动画

第10章 粒子系统和空间扭曲

第11章 环境特效动画

第12章 后期合成

第13章 动力学系统

第14章　骨骼与蒙皮

第15章　暴风雪中的小木屋

第16章　片头动画

第1章 初识3ds Max 2012

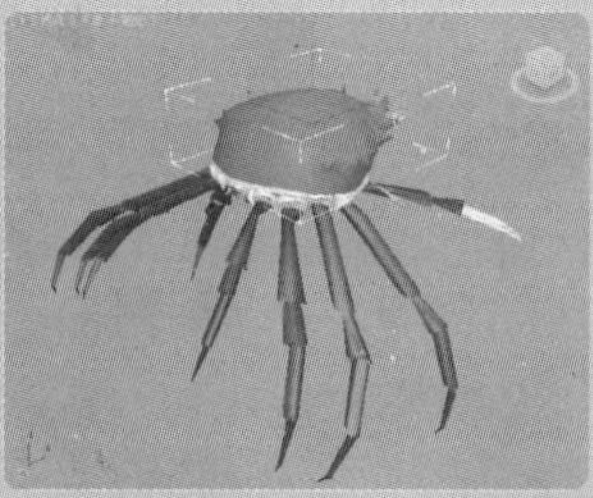

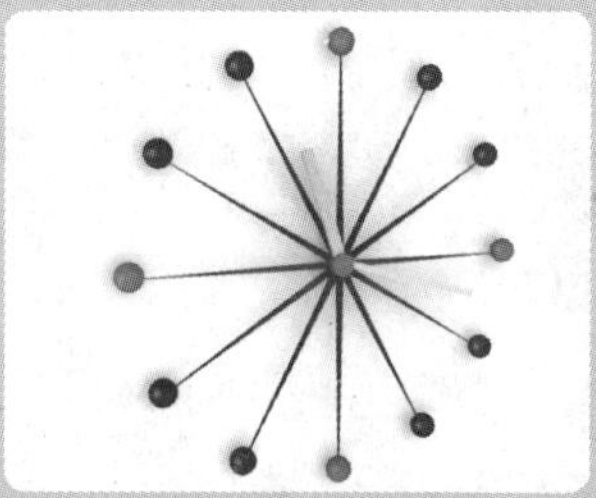

3ds Max系列是Autodesk公司推出的一款效果图设计和三维动画设计软件，其前身是3D Studio系列版本的设计软件。3D Studio是一款基于DOS操作系统下的软件，其最低配置要求是386DX，不附加处理器，这样低的硬件要求使得3D Studio这个软件迅速风靡全球，成为效果图设计和三维动画设计的领头羊。3D Studio采用内部模块化设计，命令简单明了，易于掌握，可存储24位真彩图像，它的出现使得PC机上的图形功能接近于图形工作站的性能，因此在设计领域得到了广泛运用。

3ds Max系列软件是3D Studio的超强升级版，它运用于Windows NT环境下，采用32位操作方式，对硬件的要求比较高。3ds Max的功能强大，内置工具十分丰富，外置接口也很多；它的内部采用按钮化设计，一切命令都可以通过按钮来实现。3ds Max的算法很先进，所带来的质感和图形工作站几乎没有差异；它以64位进行运算，可存储32位真彩图像。3ds Max一经推出，其强大功能立即使它成为制作PC效果图和三维动画的首选软件，它是通用性极强的三维造型、动画制作软件，该软件功能非常全面，可以完成从建模、渲染到动画的全部制作任务，因而被广泛运用于各个领域。

Discreet公司推出的建模、动画及渲染为一体的大型三维软件3ds Max经过不断地换代及更新，已经发展到3ds Max 2012，其功能也已十分强大。

1.1 认识3ds Max

在众多的计算机应用领域中，三维动画已经发展成为一个比较成熟的独立产业，它被广泛地应用到影视特技、广告、军事、医疗、教育、娱乐等行业中。这种强大的视觉冲击力被越来越多的人所接受，也让很多有志青年踏上了三维创作之路。本节主要带领大家认识3ds Max以及新版3ds Max 2012的新增功能。

3ds Max是世界上应用最广泛的三维建模、动画、渲染软件，广泛应用于游戏开发、角色动画、电影电视视觉效果和设计行业等领域。如图1-1所示为3D动画《变形金刚》中的宣传画。

图1-1

进入20世纪90年代后，Windows 9x 操作系统的进步，使DOS下的设计软件在颜色深度、内存、渲染和速度上存在严重不足。同时，基于工作站的大型三维设计软件Softimage、Lightwave、Wavefront等在电影特技行业的成功，这使得3D Studio的设计者决心迎头赶上。3ds Max系列软件就是在这种情况下诞生的。

Autodesk公司宣布2010年4月份正式发布其3ds Max软体的最新版本3ds Max 2012，其功能也变得更加强大。

1.2 3ds Max的界面环境

运行3ds Max后，首先映入眼帘的就是视图和面板，这两个板块为3ds Max中重要的操作界面，配合一些向光的工具来制作模型。

1.2.1 调整面板

首先，为了以后制作中的方便，这里介绍如何调整面板。如图1-2所示为启用3ds Max 2012后显示的用户界面，右侧的占整个截面的5/1部分为命令面板，其中包括了 （创建）、（修改）、（层级）、（运动）、（显示）、（工具）几个命令面板，选择按钮，可以进入到相应的命令面板。

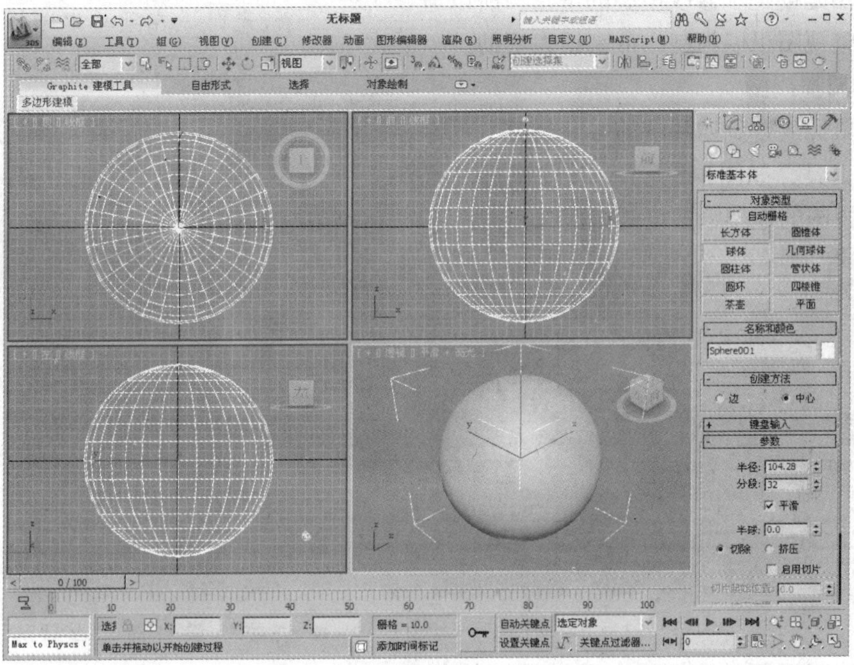

图1-2

在命令面板的左侧边缘放置鼠标，当鼠标出现双箭头，这时可以拖动鼠标设置命令面板的横向大小，如图1-3所示。

将鼠标放置到命令面板的参数卷展栏中，如果下面还有没显示出来的卷展栏时，鼠标将出现小手的形状，按住鼠标左键上下移动，可以查看参数卷展栏，如图1-4所示。

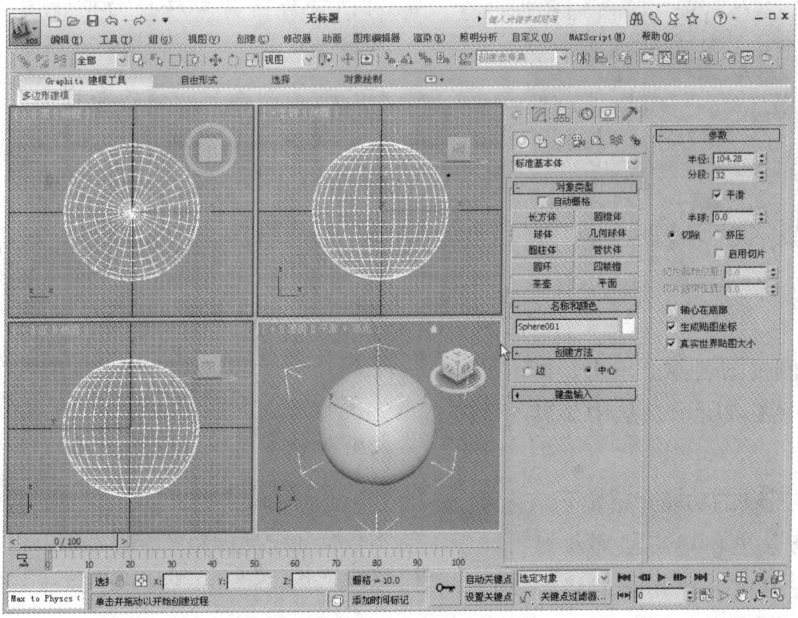

图1-3

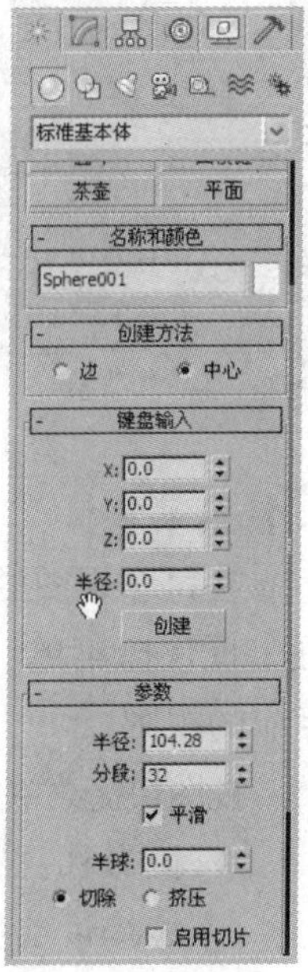

图1-4

1.2.2 调整视图

视图是创建和修改模型的平台，所以适当地调整视图可以为制作带来很大帮助。

1. 手动调整视图

将鼠标放置到四视图的中间位置，鼠标呈移动工具，如图1-5所示，按住鼠标左键移动四视图的框架，即可调整四视图。

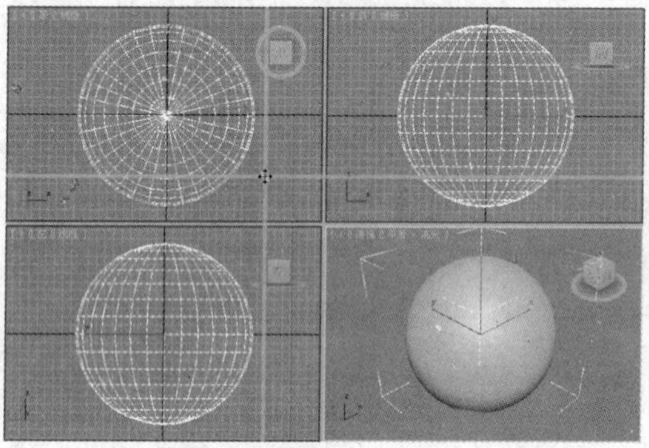

图1-5

调整四视图的边框后，要返回原始状态，可以鼠标右击四视图中的框架，弹出“重置布局”命令，如图1-6所示。

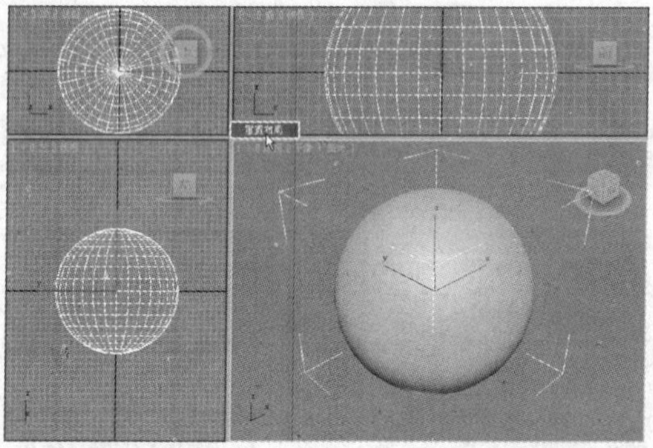

图1-6

2. 快捷菜单

在每个视图的左侧视图名称上单击，即可出现快捷菜单，如图1-7所示，从中旋转相应的视图。

视图快捷菜单中的选项的功能介绍如下。

- 摄影机：当场景中创建有摄影机时选择该选项将当前窗口切换到摄影机视图。
- 灯光：当场景中创建有聚光灯或平行光时，在菜单中选择该选项，切换当前视图为灯光视图。

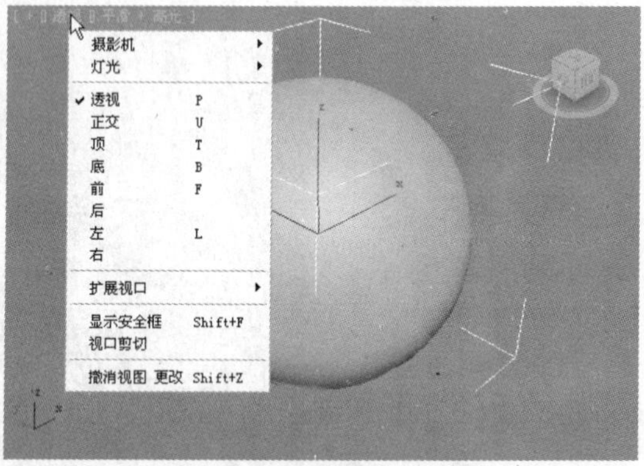

图1-7

- 透视：将当前窗口转换为透视图（快捷键为P）。
- 正交：将当前窗口转换为正交视图（快捷键为U）。
- 顶：将当前窗口转换为顶视图（快捷键为T）。
- 底：将当前窗口转换为底视图（快捷键为B）。
- 前：将当前窗口转换为前视图（快捷键为F）。
- 后：将当前窗口转换为后视图。
- 左：将当前窗口转换为左视图（快捷键为L）。
- 右：将当前窗口转换为右视图。
- 扩展视口：这些选项允许将其他图形编辑器或其他窗口停靠在视口中。
- 显示安全框：启用和禁用安全框的显示。安全框根据设置出输出尺寸大小而设定（快捷键为Shift+F）。
- 视口剪切：可以采用交互方式为视口设置近可见性范围和远可见性范围。
- 撤消视图 更改：撤消上一次视图更改（快捷键为Shift+Z）。

3. 通过配置修改窗口类型

在视图的左侧单击+号，在弹出的菜单中选择“配置视口”命令，如图1-8所示。

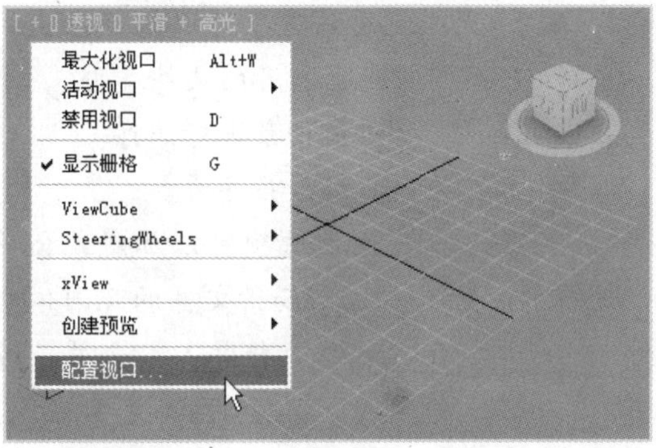

图1-8

在弹出的“视口配置”对话框中选择一种视口排列类型，如图1-9所示。

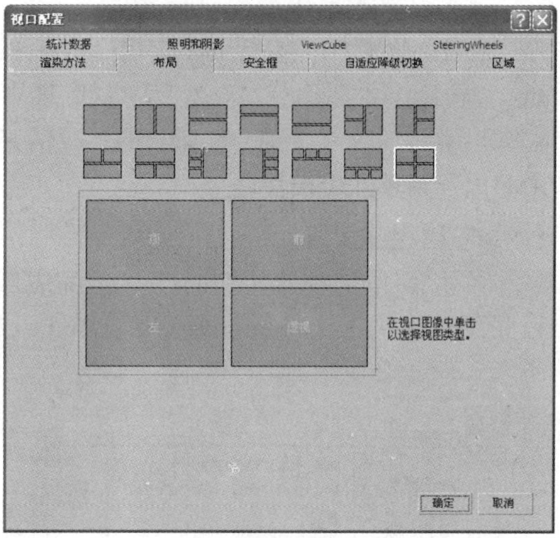

图1-9

1.3 3ds Max 2012的工作界面

3ds Max的工作界面主要包括标题栏与菜单栏、主工具栏、工作视图、状态栏和提示行、动画控制区、视图控制区和命令面板几大部分，如图1-10所示。

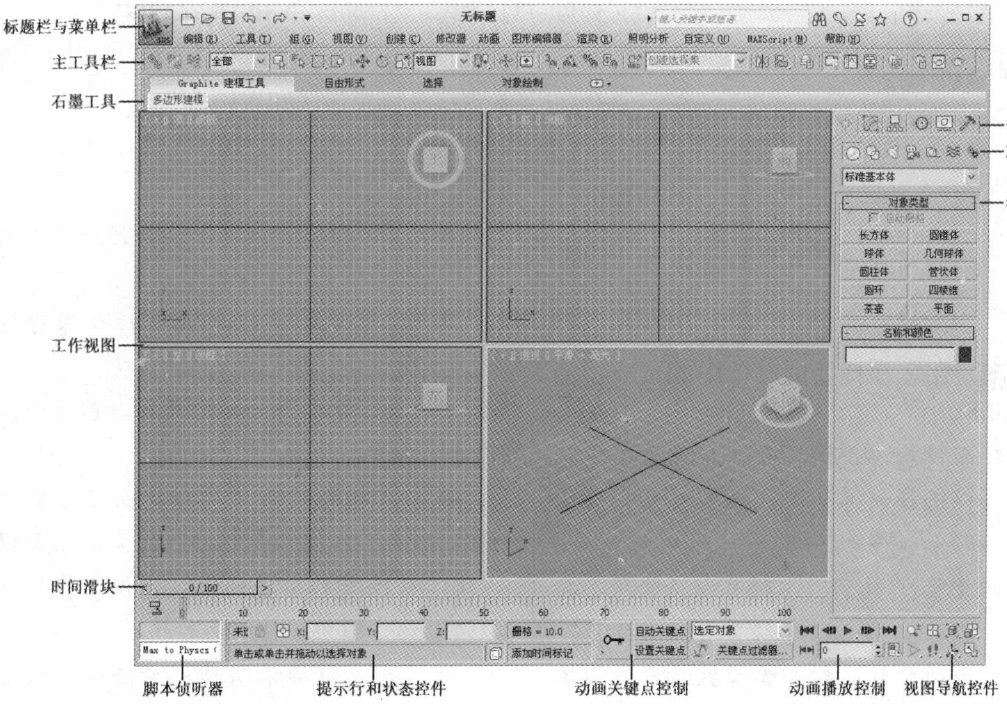

图1-10

1.3.1 标题栏与菜单栏

在标题栏中包括应用程序按钮，快速访问工具和信息中心以及菜单几个模块。

1. 应用程序按钮

单击应用程序按钮时，显示的应用程序菜单提供了文件管理命令，如图1-11所示。

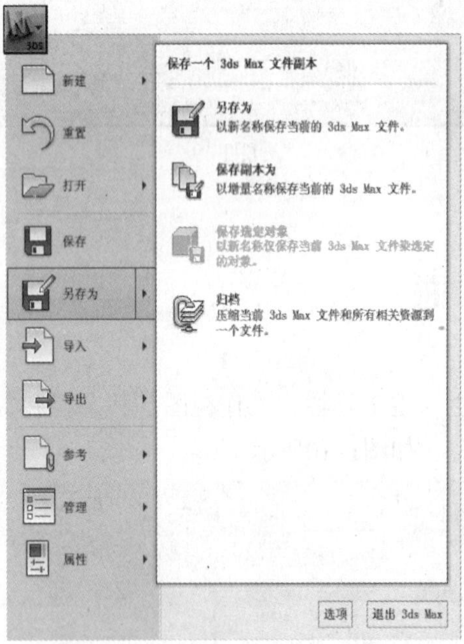

图1-11

注意 该按钮与以前版本中的“文件”菜单命令相同。

应用程序按钮的菜单中的选项功能介绍如下。

- 新建：单击该按钮，在子菜单中可以选择新建全部、保留对象、保留对象和层次。
- 重置：使用该选项可以清除所有数据并重置3ds Max设置（视口配置、捕捉设置、材质编辑器、背景图像等）。重置可以还原启动默认设置（保存在maxstart.max文件中），并且可以移除当前会话期间所做的任何自定义设置。
- 打开：使用该选项可以根据弹出的子菜单中选择打开的文件类型。
- 保存：将当前场景进行保存。
- 另存为：将场景另存为。
- 导入：使用该选项可以加载或合并不是 3ds Max 场景文件的几何体文件。导入包括直接导入、合并、替换三种方式。
- 导出：使用该选项可以根据弹出的子菜单中选择直接导出、导出选定对象、导出DWF文件等。
- 参考：在子菜单中选择相应的选项设置场景中的参考模式。
- 管理：其中包括设置项目文件夹和资源追踪。
- 属性：从中访问文件属性和摘要信息。

2. 快速访问工具

快速访问工具栏提供一些最常用的文件管理命令以及撤销和重做命令。

快速访问工具栏中的各选项功能介绍如下。

- 新建场景：单击以开始一个新的场景。
- 打开文件：单击以打开保存的场景。
- 保存文件：单击保存当前打开的场景。
- 撤销场景操作：单击以撤销上一个操作。单击向下箭头以显示以前操作的排序列表，以便用户可以选择撤销操作的起始点。
- 重做场景操作：单击以重做上一个操作。单击向下箭头以显示以前操作的排序列表，因此，用户可以选择重做的起始点。

- ▾快速访问工具栏下拉菜单：单击以显示用于管理快速访问工具栏显示的下拉菜单。在该下拉菜单中可以自定义快速访问工具，也可以选择隐藏该工具栏等操作。

3.  信息中心

通过信息中心可以访问有关 3ds Max 和其他 Autodesk 产品的信息。将鼠标放到信息中心的工具按钮上会出现按钮功能提示。

4. 菜单栏

菜单栏位于主窗口的标题栏下面，如图1-12所示。每个菜单的标题表明该菜单上命令的用途。单击菜单名时，菜单名下面列出了很多命令。

图1-12

菜单栏中的各选项功能介绍如下。

- 编辑：编辑菜单包含用于在场景中选择和编辑对象的命令，如“撤消”、“重做”、“暂存”、“取回”、“删除”、“克隆”、“移动”等对场景中的对象进行编辑的命令。
- 工具：在 3ds Max 场景中，工具菜单显示可帮助您更改或管理对象，从下拉菜单中可以看到常用的工具和命令。
- 组：包含用于将场景中的对象成组和解组的功能。组可将两个或多个对象组合为一个组对象。为组对象命名，然后像任何其他对象一样对它们进行处理。
- 视图：该菜单包含用于设置和控制视口的命令。
- 创建：提供了一个创建几何体、灯光、摄影机和辅助对象的方法。该菜单包含各种子菜单，它与✳（创建）面板中的各项菜单是相同的。
- 修改器：修改器菜单提供了快速应用常用修改器的方式。该菜单将划分为一些子菜单。此菜单上各个选项的可用性取决于当前选择。
- 动画：提供一组有关动画、约束、控制器以及反向运动学解算器的命令。此菜单中还提供自定义属性和参数关联控件，以及用于创建、查看和重命名动画预览的控件。
- 图形编辑器：使用“图形编辑器”菜单可以访问用于管理场景及其层次和动画的图表子窗口。
- 渲染：此菜单包含用于渲染场景、设置环境和渲染效果、使用 Video Post 合成场景以及访问 RAM 播放器的命令。
- 照明分析：此菜单提供了用于调用“照明分析助手”功能以及添加灯光源和照明分析工具的命令。
- 自定义：此菜单包含用于自定义 3ds Max 用户界面 (UI) 的命令。
- MaxSctipt：此菜单包含用于处理脚本的命令，这些脚本是您使用软件内置脚本语言MAXScript创建而来的。
- 帮助：通过此菜单可以访问3ds Max 联机参考系统。

1.3.2 主工具栏

通过工具栏可以快速访问3ds Max中很多常见任务的工具和对话框，如图1-13所示。

图1-13

主工具栏中的各选项功能介绍如下：

- （选择并链接）：可以通过将两个对象链接作为子和父，定义它们之间的层次关系。子级将继承应用于父级的变换（移动、旋转、缩放），但是子级的变换对父级没有影响。
- （断开当前选择链接）：此按钮可移除两个对象之间的层次关系。
- （绑定到空间扭曲）：使用按钮把当前选择附加到空间扭曲。
- 选择过滤器列表：使用选择过滤器列表，如图1-14所示，可以限制由选择工具选择的对象的特定类型和组合。例如，如果选择“摄影机”，则使用选择工具只能选择“摄影机”。

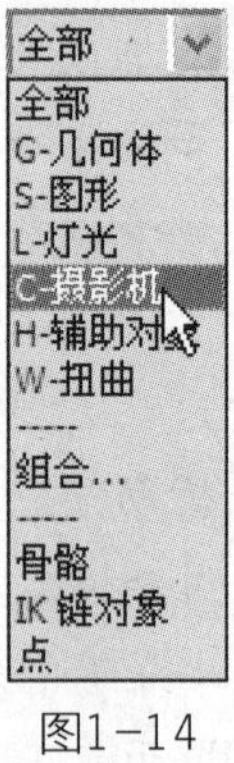

图1-14

- （选择对象）：选择对象可使您选择对象或子对象，以便进行操纵。
- （按名称选择）：可以使用“选择对象”对话框从当前场景中所有对象的列表中选择对象。
- （矩形选择区域）：在视口中以矩形框选区域。弹出的按钮提供了（圆形选择区域）、（围栏选择区域）、（套索选择区域）、（绘制选择区域）可供选择。
- （窗口/交叉）：在按区域选择时，“窗口/交叉”选择切换可以在窗口和交叉模式之间进行切换。在窗口模式中只能选择所选内容内的对象或子对象。在交叉模式中可以选择区域内的所有对象或子对象，以及与区域边界相交的任何对象或子对象。
- （选择并移动）：要移动单个对象，则无须先选择（选择并移动）按钮。当该按钮处于活动状态时，单击对象进行选择，并拖动鼠标以移动对象。
- （选择并旋转）：当该按钮处于活动状态时，单击对象进行选择，并拖动鼠标以旋转该对象。
- （选择并均匀缩放）：使用（选择并均匀缩放）按钮，可以沿所有三个轴以相同量缩放对象，同时保持对象的原始比例；（选择并非均匀缩放）按钮可以根据活动轴约束以非均匀方式缩放对象，（选择并挤压）按钮可以根据活动轴约束来缩放对象。
- （使用轴点中心）：此弹出按钮提供了对用于确定缩放和旋转操作几何中心的三种方法的访问。使用

（使用轴点中心）按钮中可以围绕其各自的轴点旋转或缩放一个或多个对象；（使用选择中心）按钮可以围绕其共同的几何中心旋转或缩放一个或多个对象。如果变换多个对象，该软件会计算所有对象的平均几何中心，并将此几何中心用作变换中心。（使用变换坐标中心）按钮可以围绕当前坐标系的中心旋转或缩放一个或多个对象。

- （选择并操纵）：使用选择并操纵命令可以通过在视口中拖动“操纵器”，编辑某些对象、修改器和控制器的参数。
- （键盘快捷键覆盖切换）：使用键盘快捷键覆盖切换可以在只使用主用户界面快捷键和同时使用主快捷键和组（编辑/可编辑网格、轨迹视图、NURBS 等）快捷键之间进行切换。可以在“自定义用户界面”对话框中自定义键盘快捷键。
- （捕捉开关）：（3D 捕捉）这是默认设置。光标直接捕捉到3D空间中的任何几何体。3D 捕捉用于创建和移动所有尺寸的几何体，而不考虑构造平面。（2D捕捉）光标仅捕捉到活动构建栅格，包括该栅格平面上的任何几何体。将忽略z轴或垂直尺寸。（2.5D捕捉）光标仅捕捉活动栅格上对象投影的顶点或边缘。
- （角度捕捉切换）：角度捕捉切换确定多数功能的增量旋转。默认设置为以5度增量进行旋转。
- （百分比捕捉切换）：百分比捕捉切换通过指定的百分比增加对象的缩放。
- （微调器捕捉切换）：使用微调器捕捉切换设置 3ds Max中所有微调器的单个单击增加或减少值。
- 创建选择集（编辑命名选择集）：（编辑命名选择集）显示“编辑命名选择”对话框，可用于管理子对象的命名选择集。
- （镜像）：单击（镜像）按钮，将显示“镜像”对话框，使用该对话框可以在镜像一个或多个对象的方向时移动这些对象。“镜像”对话框还可以用于围绕当前坐标系中心镜像当前选择。使用“镜像”对话框可以同时创建克隆对象。
- （对齐）：（对齐）按钮提供了对用于对齐对象的六种不同工具的访问。在对齐弹出按钮中单击（对齐），然后选择对象，将显示“对齐”对话框，使用该对话框可将当前选择与目标选择对齐。目标对象的名称将显示在“对齐”对话框的标题栏中。执行子对象对齐时，“对齐”对话框的标题栏会显示为对齐子对象当前选择；使用（快速对齐）可将当前选择的位置与目标对象的位置立即对齐；使用（法线对齐）弹出对话框，基于每个对象上面或选择的法线方向将两个对象对齐；使用（放置高光）可将灯光或对象对齐到另一个对象，以便可以精确定位其高光或反射；使用（对齐摄影机）可以将摄影机与选定的面法线对齐；而（对齐到视图）可用于显示对齐到视图对话框，使您可以将对象或子对象选择的局部轴与当前视口对齐。

- （层管理器）：主工具栏上的（层管理器）是可以创建和删除层的无模式对话框，也可以查看和编辑场景中所有层的设置，以及与其相关联的对象。使用此对话框，可以指定光能传递解决方案中的名称、可见性、渲染性、颜色以及对象和层的包含。
- （石墨建模工具）：单击该按钮可以打开关闭石墨建模工具。“石墨建模工具”代表一种用于编辑网格和多边形对象的新范例。它具有基于上下文的自定义界面，该界面提供了完全特定于建模任务的所有工具（且仅提供此类工具）；且仅在需要相关参数时才提供对应的访问权限，从而最大限度地减少了屏幕上的杂乱现象。
- [曲线编辑器（打开）]：轨迹视图—曲线编辑器是一种轨迹视图模式，用于以图表上的功能曲线来表示运动。利用它可以查看运动的插值、软件在关键帧之间创建的对象变换。使用曲线上找到的关键点的切线控制柄，可以轻松查看和控制场景中各个对象的运动和动画效果。
- [图解视图（打开）]:图解视图是基于节点的场景图，通过它可以访问对象属性、材质、控制器、修改器、层次和不可见场景关系，如关联参数和实例。
- （材质编辑器）:“材质编辑器”提供创建和编辑对象材质以及贴图的功能。
- （渲染设置）：“渲染场景”对话框具有多个面板，面板的数量和名称因活动渲染器而异。
- （渲染帧窗口）：会显示渲染输出。
- （快速渲染）：该按钮可以使用当前产品级渲染设置来渲染场景，而无须显示“渲染场景”对话框。

1.3.3 工作视图

工作区中共有四个视图。在3ds Max 2012中，视图（也叫视口）显示区位于窗口的中间，占据了大部分的窗口界面，是3ds Max 2012的主要工作区。通过视图可以从任何不同的角度来观看所建立的场景。在默认状态下，系统在四个视窗中分别显示了“顶”视图、“前”视图、“左”视图和“透视”视图四个视图（又称场景）。其中“顶”视图、“前”视图、“左”视图相当于物体在相应方向的平面投影，或沿x、y、z轴所看到的场景，而“透视”视图则是从某个角度所看到的场景，如图1-15所示。因此，“顶”视图、“前”视图等又被称为正交视图。在正交视图中，系统仅显示物体的平面投影形状，而在“透视”视图中，系统不仅显示物体的立体形状，而且显示了物体的颜色，所以，正交视图通常用于物体的创建和编辑，而“透视”视图则用于观察效果。

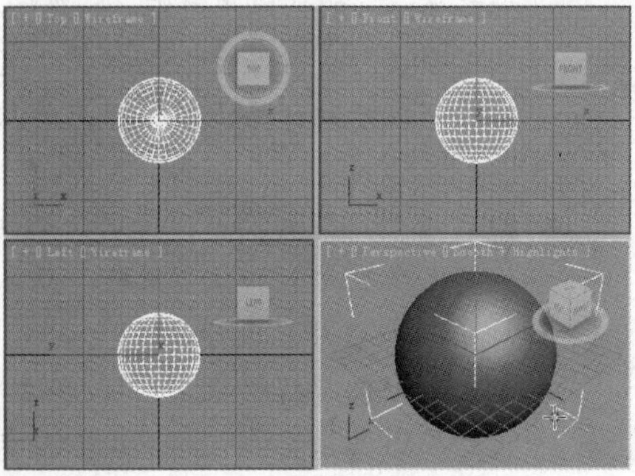

图1-15

三色世界空间三轴架显示在每个视口的左下角。世界空间三个轴的颜色分别为：*x*轴为红色，*y*轴为绿色，*z*轴为蓝色。轴使用同样颜色的标签。三轴架通常指世界空间，而无论当前是什么参考坐标系。

ViewCube 3D 导航控件（如图1-16所示）提供了视图当前方向的视觉反馈，让您可以调整视图方向以及在标准视图与等距视图间切换。

图1-16

ViewCube显示时，默认情况下会显示在活动视口的右上角；如果处于非活动状态，则会叠加在场景之上。ViewCube不会显示在摄影机、灯光、图形视图或者其他类型的视图中。当 ViewCube 处于非活动状态时，其主要功能是根据模型的北向显示场景方向。

当您将光标置于ViewCube上方时，它将变成活动状态。使用鼠标左键，您可以切换到一种可用的预设视图中、旋转当前视图或者更换到模型的“主栅格”视图中。右键单击可以打开具有其他选项的上下文菜单。

1.3.4 状态栏和提示行

状态行和提示行位于视图区的下部偏右，状态行显示了所选对象的数目、对象的锁定、当前鼠标的坐标位置、当前使用的栅格距等。提示行显示了当前使用工具的提示文字，如图1-17所示。

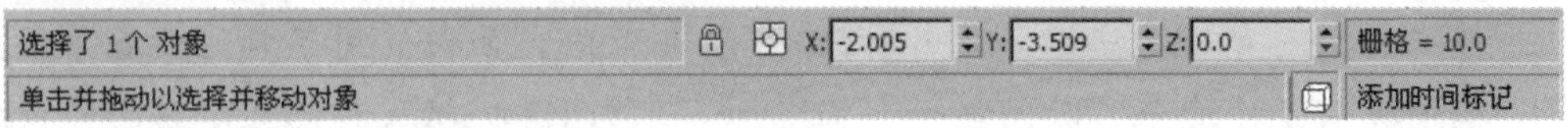

图1-17

坐标数值显示区：在锁定按钮的右侧是坐标数值显示区，如图1-18所示。

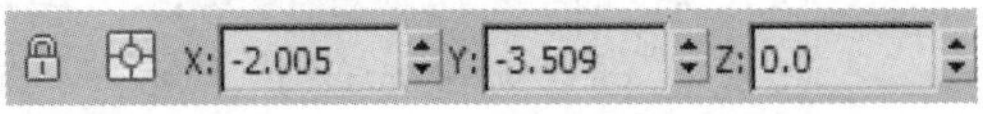

图1-18

1.3.5 动画控制区

动画控制区位于屏幕的下方，包括动画控制区、时间滑块和轨迹条，主要用于制作动画时，进行动画的记录、动画帧的选择、动画的播放以及动画时间的控制等。如图1-19所示为动画控制区。

图1-19

动画控制区中的各选项功能介绍如下。

- 自动关键点：启用“自动关键点”后，对对象位置、旋转和缩放所做的更改都会自动设置成关键帧（记录）。
- 设置关键点：其模式使用户能够自己控制什么时间创建什么类型的关键帧，在需要设置关键帧的位置单击 （设置关键点）按钮创建关键点。
- （新建关键点的默认入/出切线）：该弹出按钮可以为新的动画关键点提供快速设置默认切线类型的方法，这些新的关键点是用设置关键点模式或者自动关键点模式创建的。
- 关键点过滤器：显示“设置关键点

过滤器”对话框，在该对话框中可以定义哪些类型的轨迹可以设置为关键点，哪些类型不可以。

- （转到开头）：单击该按钮可以将时间滑块移动到活动时间段的第一帧。
- （上一帧）：将时间滑块向后移动一帧。
- （播放动画）：播放按钮用于在活动视口中播放动画。
- （下一帧）：可将时间滑块向前移动一帧。
- （转至结尾）：将时间滑块移动到活动时间段的最后一个帧。
- （关键点模式切换）：使用关键点模式可以在动画中的关键帧之间直接跳转。
- （时间配置）：单击该按钮，打开“时间配置”对话框，此时对话框中提供了帧速率、时间显示、播放和动画的设置，如图1-20所示。

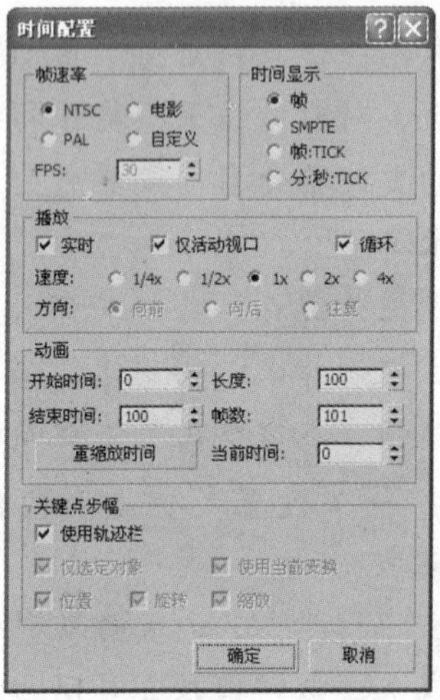

图1-20

“时间配置”对话框中的各选项的功能介绍如下。

- NTSC：NTSC（国家电视标准委员会）是北美、大部分中南美国家和日本所使用的电视标准的名称。帧速率为每秒30帧（fps）或者每秒60场，每个场相当于电视屏幕上的隔行插入扫描线。
- PAL：PAL（相位交替线）是大部分欧洲国家使用的视频标准。帧速率为每秒25帧（fps）或者每秒50场，每个场相当于电视屏幕上的隔行插入扫描线。
- 电影：电影胶片的计数标准，它的帧速率为每秒24帧。
- 自定义：使用该单选按钮可通过调整微调器来指定自己的FPS。
- FPS：采用每秒帧数来设置动画的帧速率。
- 时间显示：确定以何种方式显示当前所在的时间位置，根据左侧设置的不同，帧速率显示的值也会不同。如果使用了其他设置方式，时间滑块以及其他显示时间的数值框都会以新的方式显示。
- 帧：默认渲染，也是我们习惯的制作方式，它以每一帧进行时间分段，如果改变帧速率设置，动画总长度也会重新进行计算，例如，默认总帧数为100帧，NTSC制，如果改为PAL制，总帧数将变为83帧。
- SMPTE：这是广播级编辑机使用的时间计数方式，对电视录像带的编辑都是在它的计数下进行的，标准方式为：0:0:0（分：秒：针），根据帧速率的不同，后两位帧进位数也不同，例如，PAL制到25帧时进一位，前两位加1秒钟计数，而NTSC制到30帧才进一位。
- “帧：TICKS”：以当前帧数和滴答计数来显示事件，Ticks是3ds Max

内部自定义的一种时间单位，1秒钟等于4800Ticks，所以它是一种极小的时间单位，由原来的最小单位“帧”又向后精确了两位，允许用户对时间更精确地进行控制，尤其是在动画时间配置时可以进行精确地时间对位。以PAL制计算，每帧等于192Ticks，所以每当192Ticks时会向前进一帧；若以NTSC制计算，每帧应等于160Ticks。

- “分：秒：TICKS”：此选项和时码显示方式类似，只是将帧换为了更小的Ticks，每当4800Ticks时会向前进一秒钟。
- 实时：勾选此复选框，在视图中播放动画时，会保证真实的动画时间（由帧速率计算），当达不到此要求时，系统会跳格播放，省略一些中间帧来保证时间的正确。系统提供了五种速度设置，默认为1X，为标准速度，其他分别为1/2X、2X等，这些速度设置仅使用于视图动画的播放和运动捕捉程序。
- 仅活动视口：勾选此复选框，在视图中播放动画时，仅在当前活动视图中进行；如果取消勾选此复选框，则会在使用视图中一同播放，这有利于同时观察各个角度的动画效果，但要求系统的现实能力足够强。
- 循环：控制动画是单向播放一次，还是反复播放。必须取消勾选“实时”复选框。
- 方向：设置动画播放的方向，是向前、向后、往复播放。必须取消勾选“实时”复选框。
- 开始时间、结束时间：分别设置动画的开始时间和结束时间，确实设置为开始时间时，根据需要设置其他值，包括负值，有时我们可能习惯于将开始时间设置为第1帧，这比0更容易计数。
- 长度：设置动画的长度。，它其实是由“开始时间”和“结束时间”来设置的。
- 帧数：被渲染的帧数。
- 重缩放时间：对目前的动画区段进行时间缩放，以加快或减慢动画节奏，这会同时改变所有关键帧的设置。
- 当前时间：显示和设置当前所在的帧号，这与当前帧号输入框的用途相同。
- 关键点步幅：用来设置关键帧模式时进行帧间跳格的步幅。
- 使用轨迹栏：勾选此复选框时，依据轨迹栏中记录的关键帧，在其之间进行跳跃。允许在所有类型的动画关键帧之间进行跳跃，包括变换类型的关键帧。
- 仅选定对象：如果勾选此复选框，在跳格时仅依据当前选择对象的变换类型关键帧，在其之间进行跳跃，否则会依据场景中所有对象（未隐藏）的变换类型关键帧进行跳格。
- 使用当前变换：在关键帧跳格时，会依据当前选择的变换工具作为跳格的项目。例如，对象在30帧具有移动和旋转关键帧，50帧有一个旋转关键帧，80帧有一个移动关键帧，当前帧为30帧，如果此时选择了移动工具，下一格将跳到80帧，如果此时选择了旋转工具，下一格跳到50帧，如果未选择变换工具，将会跳到50帧，再跳到80帧，即在所有关键帧之间跳格。取消勾选此复选框，“位置”、“旋转”和“缩放”将变为活动状态，用于设置在哪些项目的关键帧之间跳格。

1.3.6 视图控制区

视图调节工具位于3ds Max 2012界面的右下角，如图1-21所示的是3ds Max 2012标准视图调节工具，根据当前激活视图的类型，视图调节工具会略有不同。当选择一个视图调节工具时，该按钮呈黄色显示，表示对当前激活视图窗口来说该按钮是激活的。在激活窗口中单击右键关闭按钮。

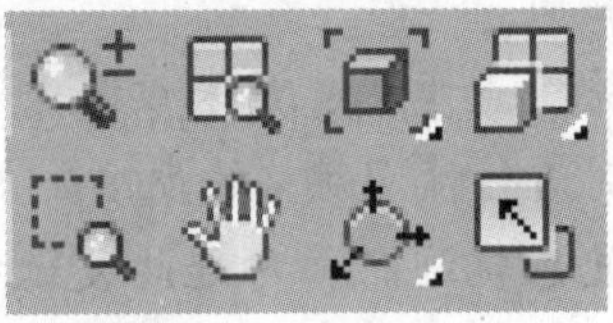

图1-21

视图控制区中的各选项的功能介绍如下。

- （缩放）：单击此按钮，在任意视图中按住鼠标左键不放，上下拖动鼠标，可以拉近或推远场景。
- （缩放所有视图）：用法同（缩放）基本相同，只不过此按钮影响的是当前所有可见的视图。
- （最大化显示选定对象）：最大化显示选定对象将选定对象或对象集在活动透视或正交视口中居中显示。当用户要浏览的小对象在复杂场景中丢失时，该控件非常有用。
- （最大化显示）：最大化显示将所有可见的对象在活动透视或正交视口中居中显示。当在单个视口中查看场景的每个对象时，这个控件非常有用。
- （所有视图最大化显示）：所有视图最大化显示将所有可见对象在所有视口中居中显示。当您希望在每个可用视口的场景中看到各个对象时，该控件非常有用。
- （所有视图最大化显示选定对象）：所有视图最大化显示选定对象将选定对象或对象集在所有视口中居中显示。当您要浏览的小对象在复杂场景中丢失时，该控件非常有用。
- （缩放区域）：使用此按钮可放大您在视口内拖动的矩形区域。仅当活动视口是正交、透视或用户三向投影视图时，该控件才可用。该控件不可用于摄影机视口。
- （平移视图）：在任意视图中拖动鼠标，可以移动视图窗口。
- （选定的环绕）：将当前选择的中心用作旋转的中心。当视图围绕其中心旋转时，选定对象将保持在视口中的同一位置上。
    - ◆ （环绕）：将视图中心用作旋转中心。如果对象靠近视口的边缘，它们可能会旋出视图范围。
    - ◆ （环绕子对象）：将当前选定子对象的中心用作旋转的中心。当视图围绕其中心旋转时，当前选择将保持在视口中的同一位置上。
- （最大化视口切换）：单击此按钮，当前视图满屏显示，便于对场景进行精细编辑操作。再次单击此按钮，可恢复原来的状态，其快捷键为Alt+W。

1.3.7 命令面板

命令面板是3ds Max的核心部分，默认状态下位于整个窗口界面的右侧。命令面板由六个用户界面面板组成，使用这些面板可以访问3ds Max的大多数建模功能，以及一些动画功能、显示选择和其他工具。每次只有一个面板可见，在默认状态下打开的是（创建）面板，如图1–22所示。

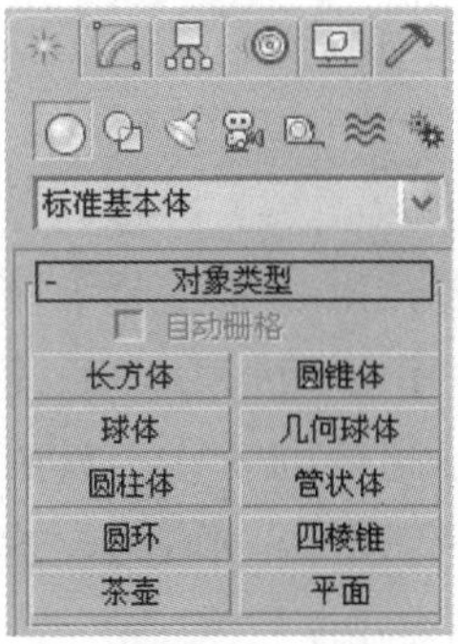

图1–22

要显示其他面板，只需单击命令面板顶部的选项卡，即可切换至不同的命令面板，从左至右依次为（创建）、（修改）、（层级）、（运动）、（显示）、（工具）。

面板上标有 +（加号）或 –（减号）按钮的即是卷展栏。卷展栏的标题左侧带有 + 号表示卷展栏卷起，有 – 号表示卷展栏展开，通过单击 + 号或 – 号可以在卷起和展开卷展栏之间切换。

1. （创建）面板

（创建）面板是3ds Max最常用到的面板之一，利用（创建）面板可以创建各种模型对象，它是命令级数最多的面板。

（创建）面板中的七个按钮代表了七种可创建的对象，其功能介绍如下。

- （几何体）：可以创建标准几何体、扩展几何体、合成造型、粒子系统和动力学物体等。
- （图形）：可以创建二维图形，可以沿某个路径放样生成三维造型。
- （灯光）：创建泛光灯、聚光灯和平行灯等各种灯，模拟现实中各种灯光的效果。
- （摄影机）：创建目标摄影机或自由摄影机。
- （辅助对象）：创建起辅助作用的特殊物体。
- （空间扭曲）：创建空间扭曲以模拟风、引力等特殊效果。
- （系统）：可以生成骨骼等特殊物体。

单击其中的一个按钮，可以显示相应的子面板。在可创建对象按钮的下方是创建的模型分类下拉列表框 标准基本体 ，单击右侧的箭头，可从弹出的下拉列表中选择要创建的模型类别。

2. （修改）面板

在一个物体创建完成后，如果要对其进行修改，即可单击修改（修改）按钮，打开（修改）面板，如图1–23所示。（修改）面板可以修改对象的参数、应用编辑修改器以及访问编辑修改器堆栈。通过该面板，用户可以实现模型的各种变形效果，如拉伸、变曲、扭转等。

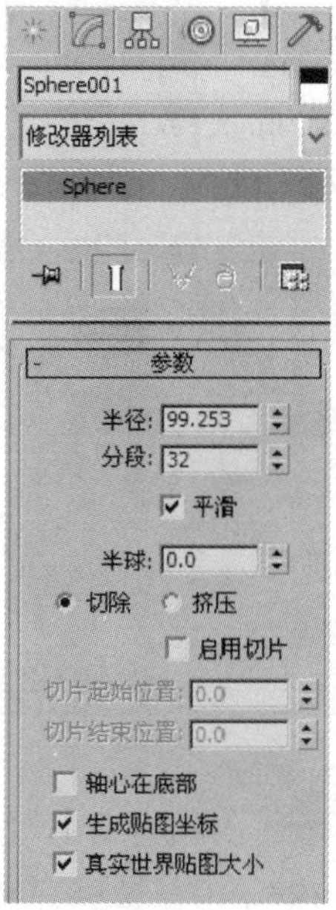

图1–23

3. Hierarchy（层级）面板

通过Hierarchy（层级）面板可以访问用来调整对象间层次链接的工具。通过将一个对象与另一个对象相链接，可以创建父子关系。应用到父对象的变换同时传递给子对象。通过将多个对象同时链接到父对象和子对象，可以创建复杂的层次。

4. Motion（运动）面板

Motion（运动）面板提供用于调整选定对象运动的工具。例如，可以使用Motion（运动）面板上的工具调整关键点时间及其缓入和缓出。Motion（运动）面板还提供了轨迹视图的替代选项，用来指定动画控制器。

5. Display（显示）面板

在命令面板中单击Display（显示）按钮，即可打开Display（显示）面板。Display（显示）面板主要用于设置显示和隐藏、冻结和解冻场景中的对象，还可以改变对象的显示特性、加速视图显示、简化建模步骤。

6. Utilities（工具）面板

使用Utilities（工具）面板可以访问各种工具程序。3ds Max 工具作为插件提供。3ds Max附带的一些工具由第三方开发商提供，因此，3ds Max的设置可能包含在此处未加以说明的工具。

1.4 对象的选择

3ds Max中选择模型的方法很多，其中包括直接选择、通过对话框选择、区域选择等。

1.4.1 使用选择工具

选择物体的基本方法包括使用（选择对象）直接选择和（按名称选择）。单击（按名称选择）按钮后，弹出“从场景选择”对话框，如图1-24所示。

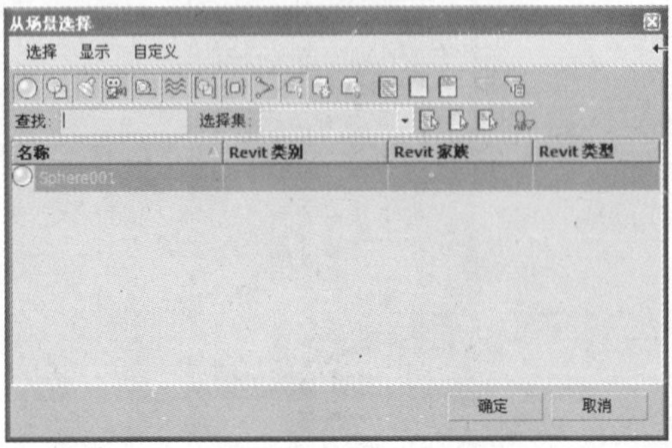

图1-24

在该对话框中按住Ctrl键选择多个对象，按住Shift键单击并选择连续范围。在对话框的右侧可以设置对象以什么形式进行排序，也可以指定显示在对象列表中的列出类型，包括几何体、图形、灯光、摄影机、辅助对象、空间扭曲、组/集合、外部参考和骨骼类型这些均在工具栏中以按钮方式显示，弹起工具栏中的按钮类型在列表中将隐藏该类型。

1.4.2 使用区域选择

区域选择指选择工具配合工具栏中的选区工具，包括（矩形选择区域）、（圆形选择区域）、（围栏选择区域）、（套索选择区域）、（绘制选择区域）。

（矩形选择区域）在视口中拖动，然后释放鼠标。单击的第一个位置是矩形的一个角，释放鼠标的位置是相对角，如图1-25所示。

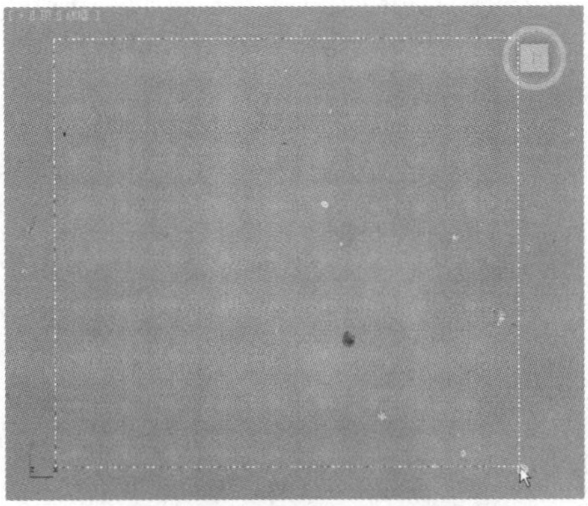

图1-25

（圆形选择区域）在视口中拖动，然后释放鼠标。首先单击的位置是圆形的圆心，释放鼠标的位置定义了圆的半径，如图1-26所示。

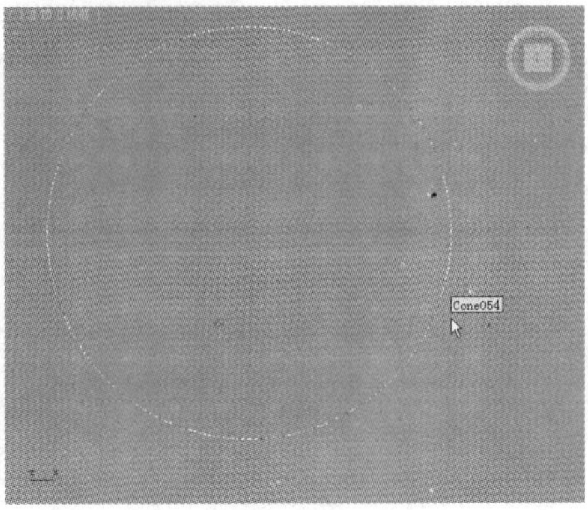

图1-26

（围栏选择区域）拖动绘制多边形，创建多边形选择区，如图1-27所示。

图1-27

（套索选择区域）围绕应该选择的对象拖动鼠标以绘制图形，然后释放鼠标。要取消该选择，请在释放鼠标前右击，如图1-28所示。

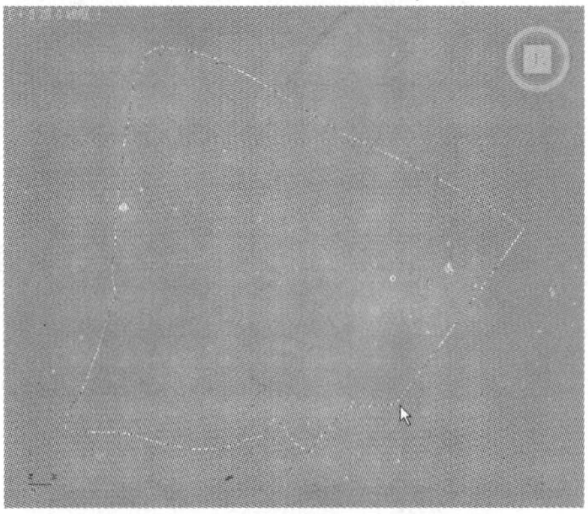

图1-28

（绘制选择区域）将鼠标拖至对象之上，然后释放鼠标。在进行拖放时，鼠标周围将会出现一个以画刷大小为半径的圆圈，根据绘制创建选区，如图1-29所示。

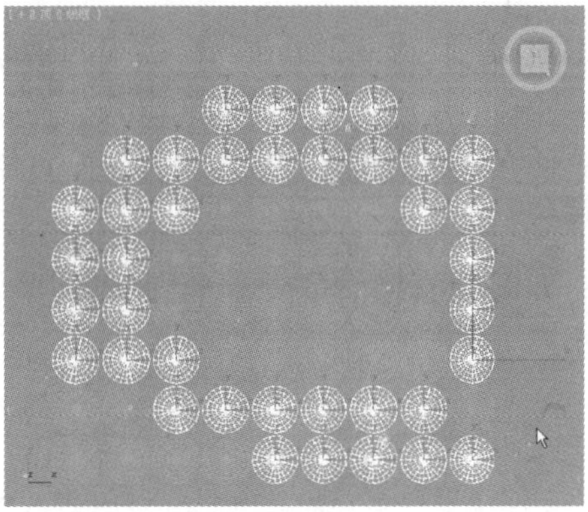

图1-29

1.4.3 使用“编辑”菜单选择

在菜单栏中选择“编辑”菜单，在弹出的菜单中选择如图1-30所示的几项命令。

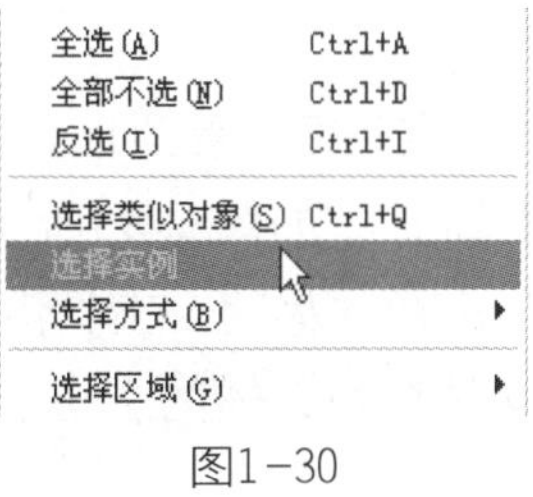

图1-30

“编辑”菜单中的选择方式的功能介绍如下。

- 全选：选择场景中的全部对象。
- 全部不选：取消所有选择。
- 反选：此命令可反选当前选择集。
- 选择类似对象：自动选择与当前选择类似对象的所有项。通常这意味着这些对象必须位于同一层中，并且应用了相同的材质（或不应用材质）。
- 选择实例：选择选定对象的所有实例。
- 选择方式：从中定义以名称、层、颜色选择方式选择对象。
- 选择区域：这里参考上一节中区域选择的介绍。

1.4.4 使用过滤选择

使用选择过滤器列表，可以限制由选择工具选择的对象的特定类型和组合。例如，如果选择“摄影机”，则使用选择工具只能选择摄影机。

如图1-31所示为场景中创建的几何体和摄影机。

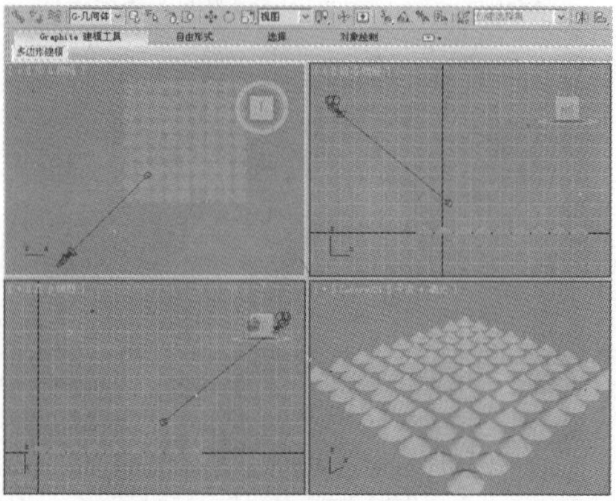

图1-31

在过滤器列表中选择“几何体”，如图1-32所示，在场景中即使按Ctrl+A键全选对象也不选择摄影机。

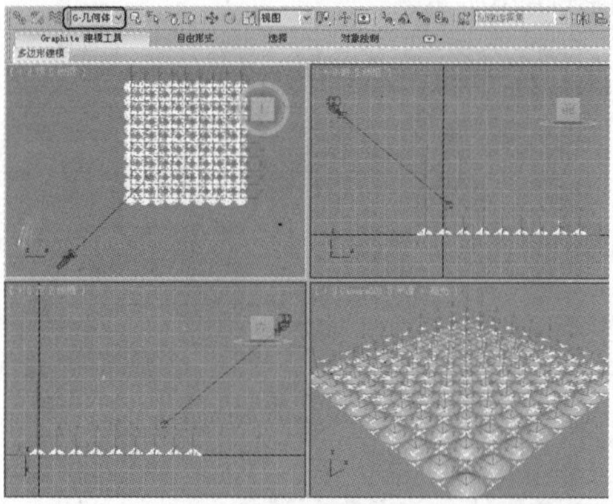

图1-32

1.5 对象的变化

对象的变化包括对象的移动、旋转和缩放。

1.5.1 对象的移动

使用（选择并移动）工具改变模型的位置。

在场景中将茶壶放置到长方体的上方，首先看一下场景，如图1-33所示，在场景中使用（选择并移动）工具沿y轴移动茶壶，直至放置到长方体的上方，如图1-34所示。

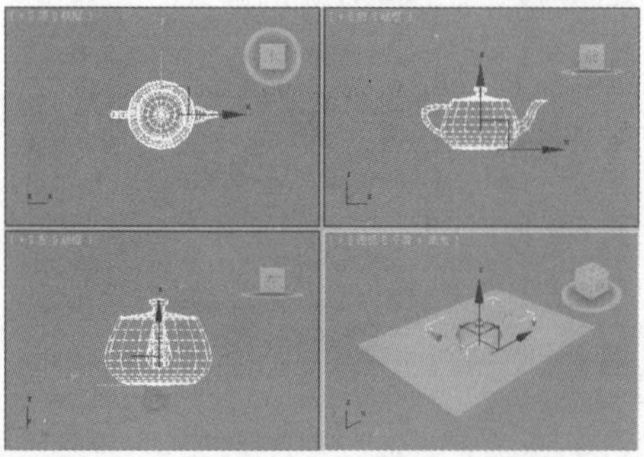

图1-33

图1-34

1.5.2 对象的缩放

使用（选择并均匀缩放）工具改变模型的大小，可以等比例和不等比例的缩放对象。

如果要缩放模型，首先在场景中选择需要缩放的模型，在工具栏中选择（选择并均匀缩放）工具，在弹出的对话框中调整缩放的参数，如图1-35所示。

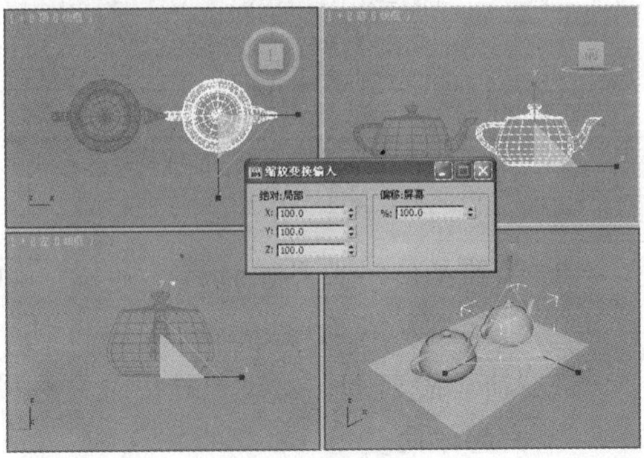

图1-35

1.5.3 对象的旋转

旋转模框是根据虚拟跟踪球的概念建立的，旋转模框的控制工具是一些圆，如图1-36所示，在任意一个圆上单击，再沿圆形拖动鼠标即可进行旋转。对于大于360°的角度，可以不止旋转一圈。当圆旋转到虚拟跟踪球后面时将变得不可见，这样模框不会变得杂乱无章，更容易使用。

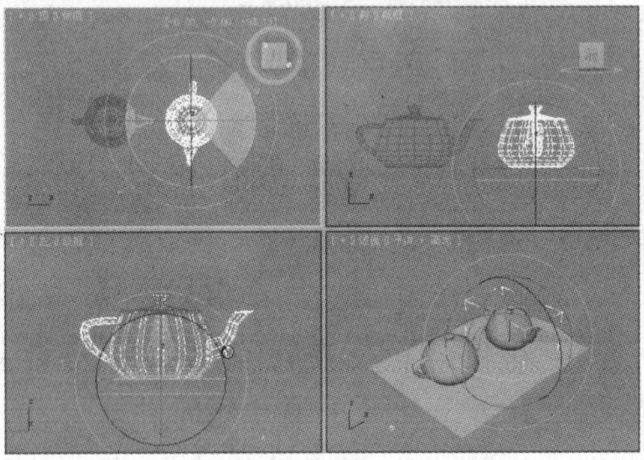

图1-36

在旋转模框中，除了控制x、y、z轴方向的旋转外，还可以控制自由旋转和基于视图的旋转，在暗灰色圆的内部拖动鼠标可以自由旋转一个物体，就像真正旋转一个轨迹球一样（即自由模式）；在浅灰色的球外框拖动鼠标可以在一个与视图视线垂直的平面上旋转一个物体（即屏幕模式）。

（选择并旋转）工具也可以进行精确旋转。使用方法与缩放工具一样，只是对话框有所不同。

1.6 坐标与轴心控制点

坐标与轴心点用来定义对象在旋转和缩放时的中心点，使用不同的轴心点会对变换操作产生不同的效果。

1.6.1 坐标系统

使用参考坐标系列表可以指定变换（移动、旋转和缩放）所用的坐标系。选项包括

“视图”、“屏幕”、“世界”、“父对象”、“局部”、“万向”、“栅格”、“工作”和“拾取”，如图1-37所示。

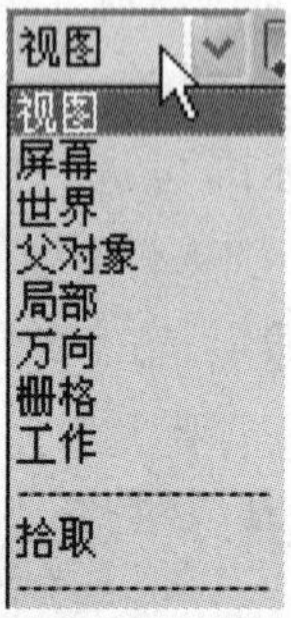

图1-37

坐标系统中部分选项的功能介绍如下。

- 视图：在默认的“视图”坐标系中，所有正交视口中的x、y 和z轴都相同。使用该坐标系移动对象时，会相对于视口空间移动对象。如图1-38所示为四个视图中的视图坐标。x轴始终朝右；y轴始终朝上；z轴始终垂直于屏幕指向用户。

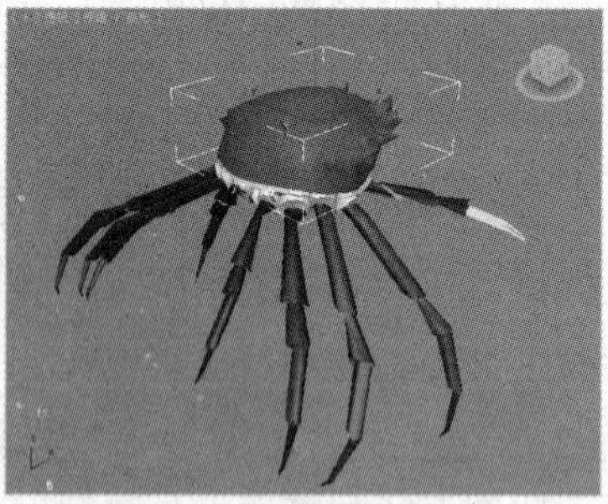
图1-38

- 屏幕：将活动视口屏幕用作坐标系，如图1-39和图1-40所示分别为激活了旋转视图后的“透视”图与“前”视图的坐标效果。模式下的坐标系始终相对于观察点。x轴为水平方向，正向朝右；y轴为垂直方向，正向朝上；z轴为深度方向，正向指向用户。

因为“屏幕”模式取决于其方向的活动视口，所以非活动视口中的三轴架上的x、y 和z轴标签显示当前活动视口的方向。激活该三轴架所在的视口时，三轴架上的标签会发生变化。

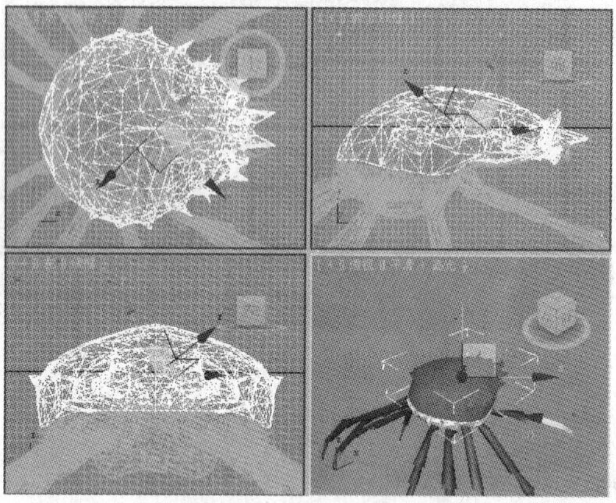
图1-39

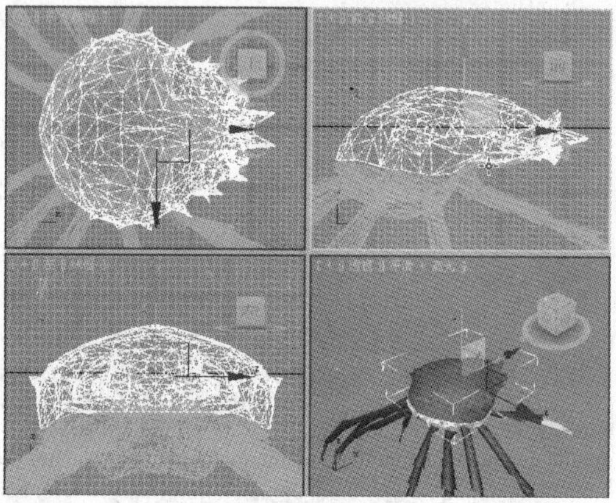
图1-40

- 世界：使用世界坐标系，如图1-41所示。从正面看： x轴正向朝右；z轴正向朝上；y 轴正向指向背离用户的方向。

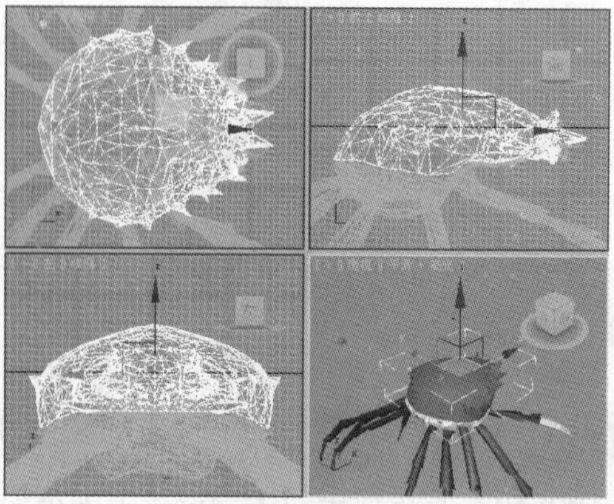
图1-41

- 父对象：使用选定对象的父对象的坐标系。如果对象未链接至特定对象，则其为世界坐标系的子对象，其父坐标系与世界坐标系相同。
- 局部：使用选定对象的坐标系。对象的局部坐标系由其轴点支撑。使用“层次”命令面板上的选项，可以相对于对象调整局部坐标系的位置和方向。
- 万向：万向坐标系与 Euler XYZ 旋转控制器一同使用。它与“局部”类似，但其三个旋转轴不一定互相之间成直角。使用“局部”和“父对象”坐标系围绕一个轴旋转时，会更改两个或三个“Euler XY”轨迹。“万向”坐标系可避免这个问题，围绕一个轴的“Euler XYZ”旋转仅更改该轴的轨迹，这使得功能曲线的编辑变得更为便捷。此外，利用“万向”坐标的绝对变换输入会将相同的 Euler 角度值用作动画轨迹（按照坐标系要求，与相对于“世界”或“父对象”坐标系的 Euler 角度相对应）。
- 栅格：使用活动栅格的坐标系。
- 拾取：使用场景中另一个对象的坐标系。

1.6.2 轴心控制点

轴心控制点用来定义对象在旋转和缩放时的中心点，使用不同的轴心点会对变换操作产生不同的效果。下面我们以一个几何体钟表来介绍物体的轴心控制，如图1-42所示。

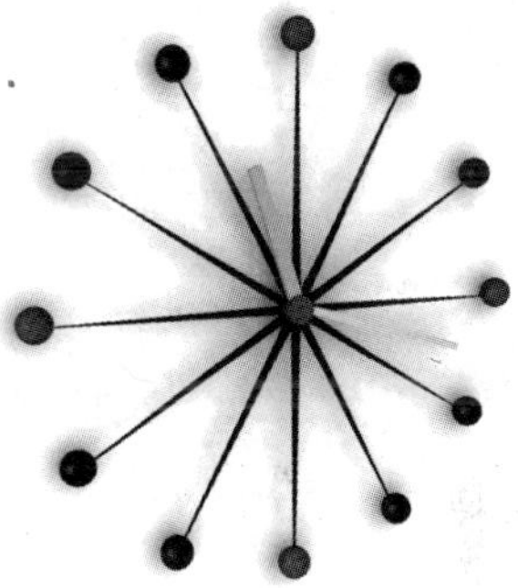

图1-42

实例操作001——表

案例文件	场景\cha01\表.max	视频教学	视频教学\cha01\表.avi
视频长度	3分35秒	难易指数	★☆☆☆☆

1 在“前”视图中创建星形作为表的表盘，如图1-43所示。

2 为星形施加“挤出”修改器，设置“数量”如图1-44所示，在场景中旋转模型。

3 在“前”视图中创建球体，在“参数”卷展栏中设置“半径”，如图1-45所示。

4 在“前”视图中复制球体，选择两个球体，在工具栏中选择（使用选择中心）工具，如图1-46所示。

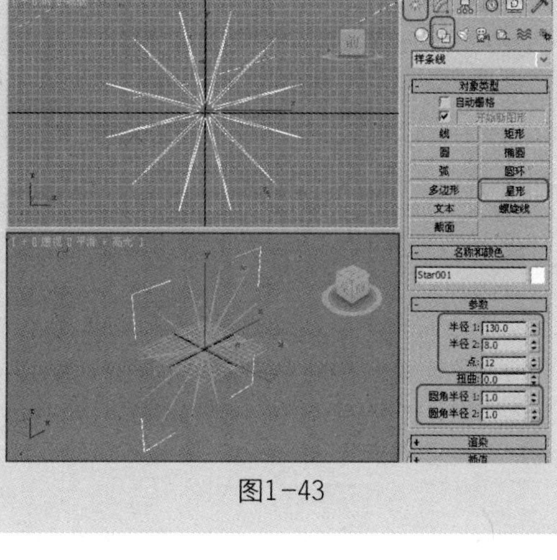

图1-43

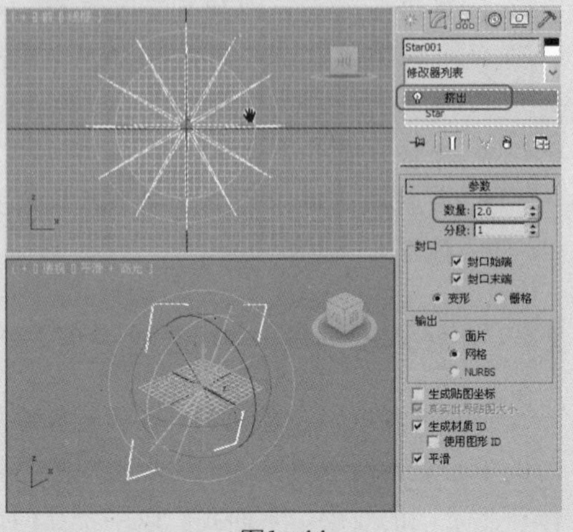

图1-44

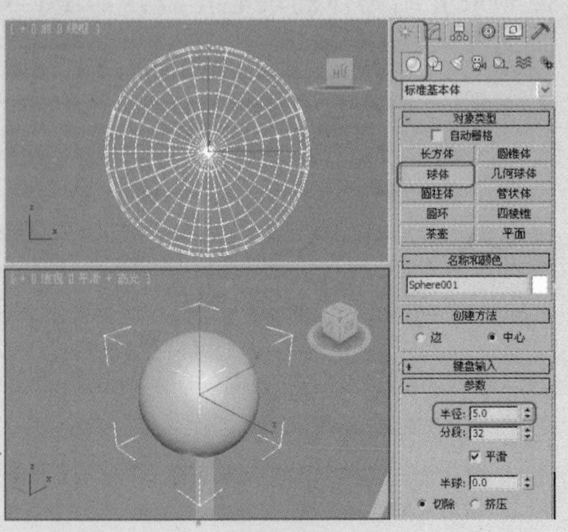

图1-45

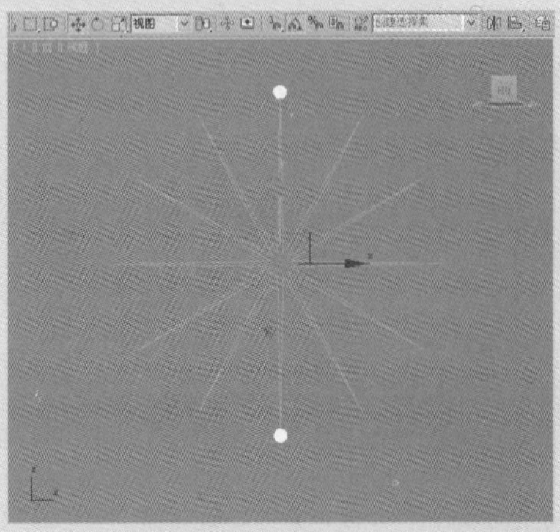

图1-46

5 使用（选择并旋转）工具在场景中按住Shift键旋转复制模型，在弹出的对话框中单击“实例”单选按钮，设置“副本数”为5，单击“确定”按钮，如图1-47所示。

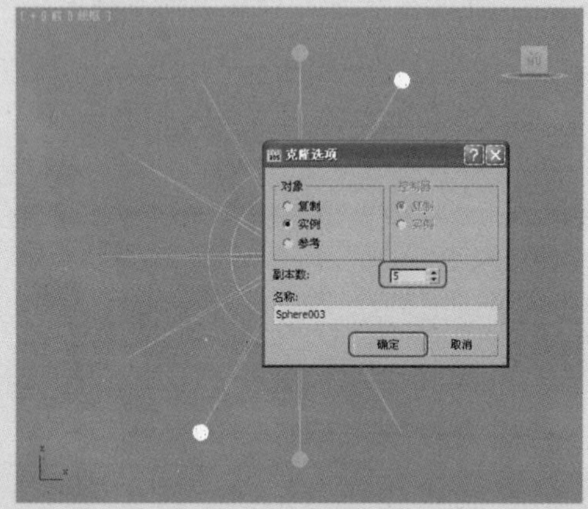

图1-47

6 在“前”视图中创建圆柱体，设置“半径”为7.0、“高度”为7.0、“高度分段”为1，如图1-48所示。

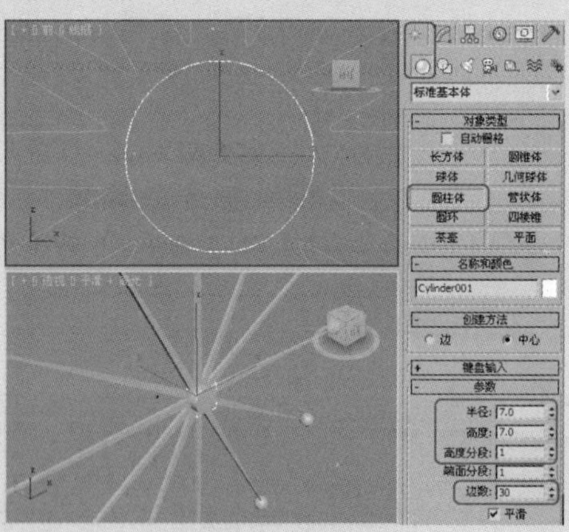

图1-48

7 在“前”视图中创建长方体，设置“长度”为70.0、“宽度”为7.0、“高度”为3.0，作为时针，如图1-49所示。

8 复制长方体，修改长方体的参数如图1-50所示。

9 在工具栏中选择（使用变换坐标中心）工具，按住鼠标中间的滚轴调整模型在视口中的位置，看一下坐标，如图1-51所示。

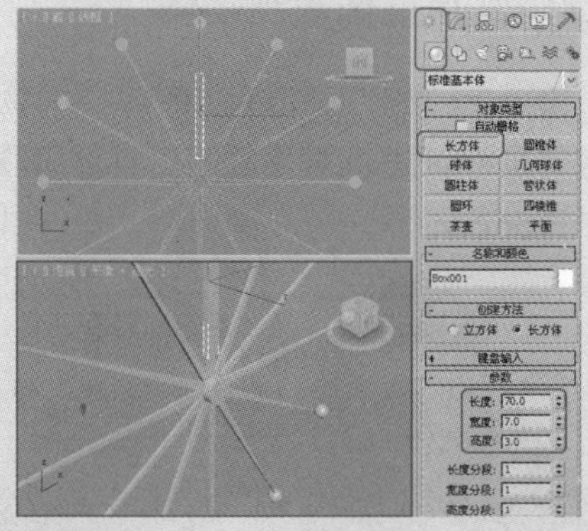

图1-49

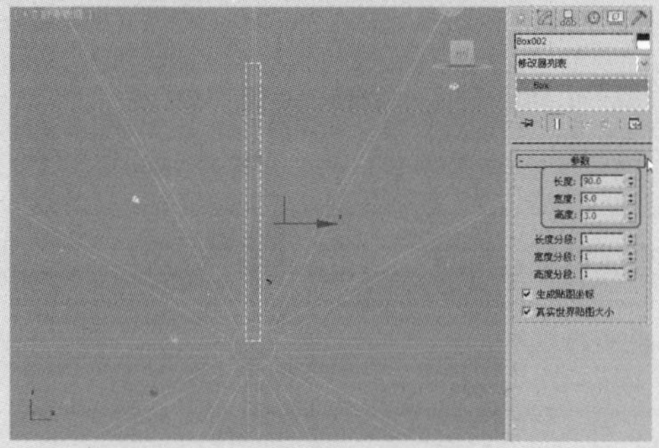

图1-50

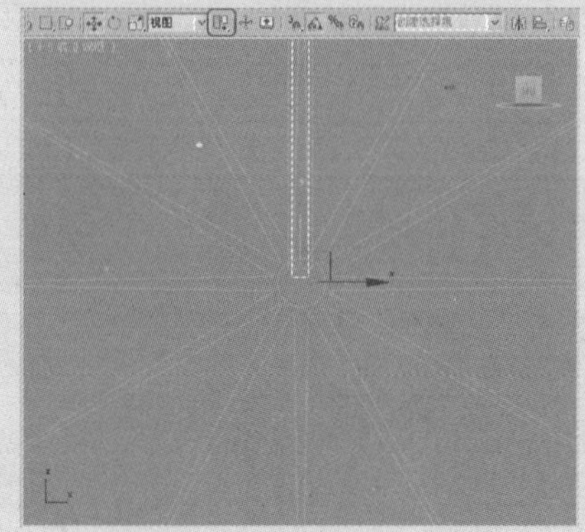

图1-51

10 旋转模型，如图1-52所示。

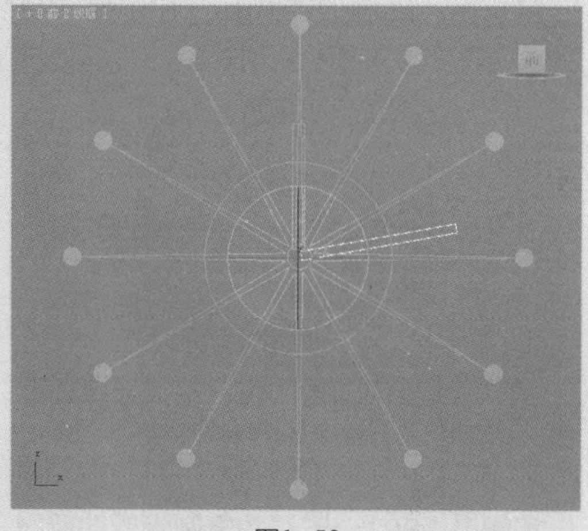

图1-52

11 旋转模型，如图1-53所示。

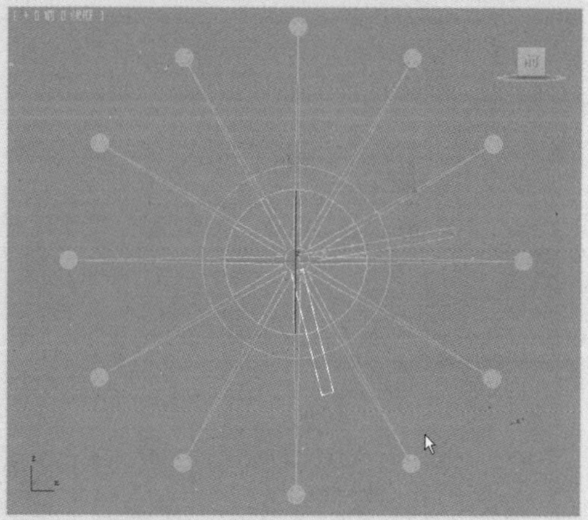

图1-53

1.7 对象的复制

3ds Max中对象的复制方法有很多，下面我们介绍几种常用的对象复制方法。

1.7.1 直接复制物体

在场景中选择需要复制的模型，按Ctrl+V键，在弹出的对话框中进行设置，可以直接复制模型；使用变换工具是使用最多的复制方法，按住Shift键的同时利用移动、旋转、缩放工具拖动鼠标即可将物体进行变换复制，释放鼠标，弹出“克隆选项”对话框，如图1–54所示。复制的类型有三种，即常规复制、关联复制和参考复制。

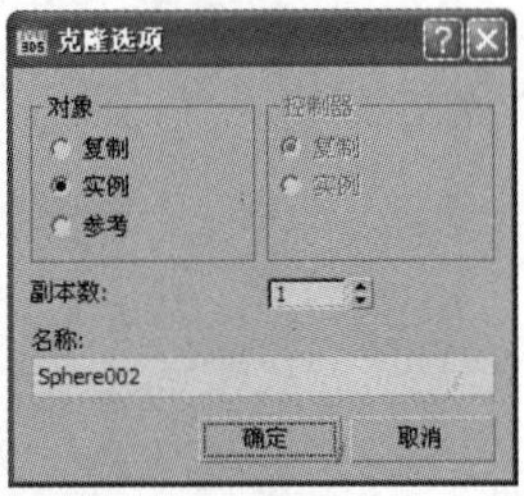

图1–54

1.7.2 利用镜像复制物体

（镜像）工具可以将选择的物体沿指定的坐标轴进行对称复制。具体表现效果如图1–55所示。

图1–55

1. 实例操作002——镜像复制蝴蝶的翅膀

场景文件	场景\Cha01\蝴蝶0.max	视频教学	视频教学\Cha01\蝴蝶.avi
案例文件	场景\Cha01\蝴蝶.max		
视频长度	1分6秒	难易指数	★☆☆☆☆

1 打开附赠光盘“场景\Cha01\蝴蝶0”文件，如图1–56所示。

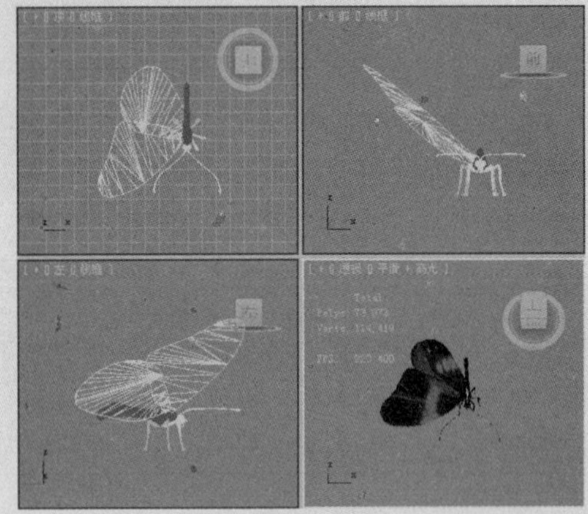

图1–56

2 在“前”视图中选择两个翅膀，在工具栏中单击（镜像）工具，在弹出的对话框中选择“镜像轴”为X，在“克隆当前选项”组中选择“实例”选项，设置“偏移”参数，单击“确定”按钮，如图1–57所示。

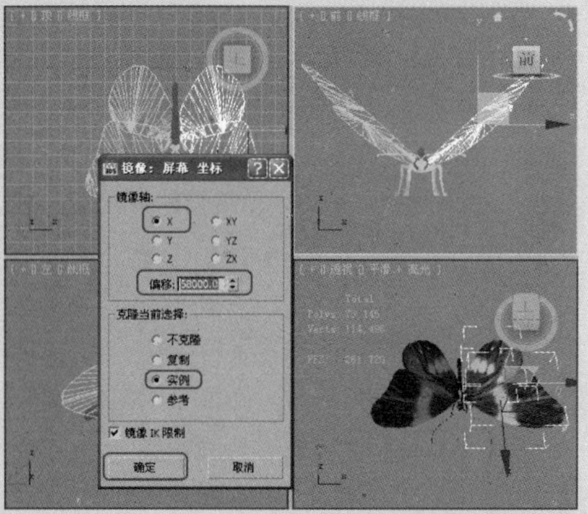

图1–57

2. 选项介绍

“镜像：屏幕 坐标”对话框中的各选项的功能介绍如下。

- 镜像轴：镜像轴选择为 X、Y、Z、XY、XZ 和 YZ。选择其一可指定镜像的方向。

- 偏移：指定镜像对象轴点距原始对象轴点之间的距离。
- 克隆当前选择：确定由镜像功能创建的副本的类型。默认设置为“不克隆”。
  - ◆ 不克隆：在不制作副本的情况下，镜像选定对象。
  - ◆ 复制：将选定对象的副本镜像到指定位置。
  - ◆ 实例：将选定对象的实例镜像到指定位置。实例是原始对象可交互的克隆体，可将对象、修改器、控制器、材质和贴图实例化。更改实例项目的属性也将更改所有实例的相同属性。
  - ◆ 参考：将选定对象的参考镜像到指定位置。克隆对象时，创建与原始对象有关的克隆对象。参考对象之前更改对该对象应用的修改器的参数，将会更改这两个对象。但是，新修改器可以应用于参考对象之一，因此，它只会影响应用该修改器的对象。
- 镜像IK限制：当围绕一个轴镜像几何体时，会导致镜像 IK 约束（与几何体一起镜像）。如果不希望 IK 约束受镜像命令的影响，请取消勾选此复选框。

1.7.3 利用阵列复制物体

阵列可以复制模型，根据轴心点进行旋转、移动、缩放等复制，具体表现效果如图1-58所示。

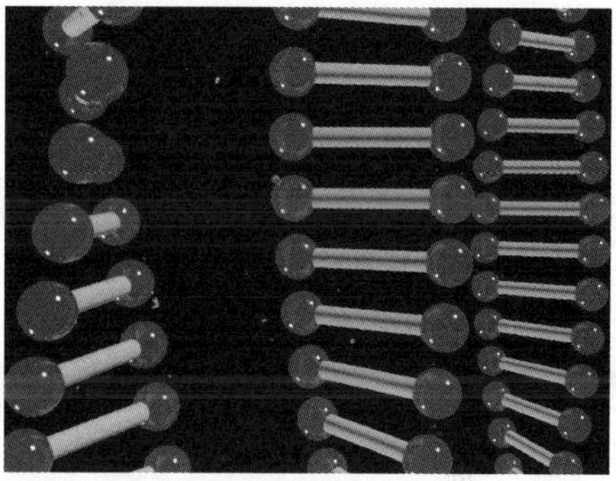

图1-58

1. 实例操作003—— 分子阵列

案例文件	场景\cha01\分子阵列.max	视频教学	视频教学\cha01\分子阵列.avi
视频长度	2分7秒	难易指数	★★☆☆☆

1 在场景中创建如图1-59所示的圆柱体和球体，将其组合。

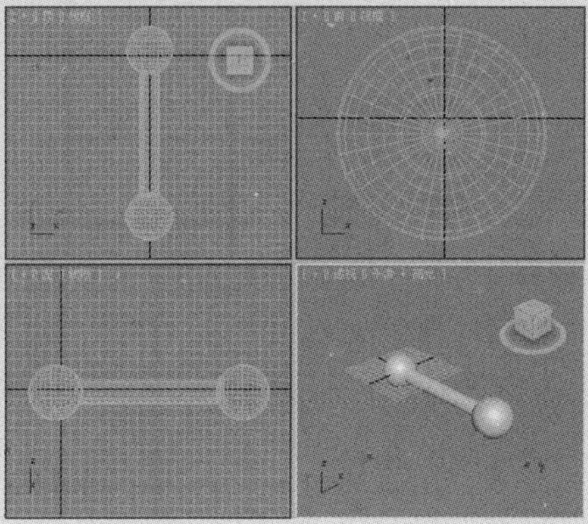

图1-59

2 在场景中选择圆柱体和球体，在菜单栏中选择“组 | 成组”命令，在弹出的对话框中命名模型为“组001”，单击“确定”按钮，将模型成组，如图1-60所示。

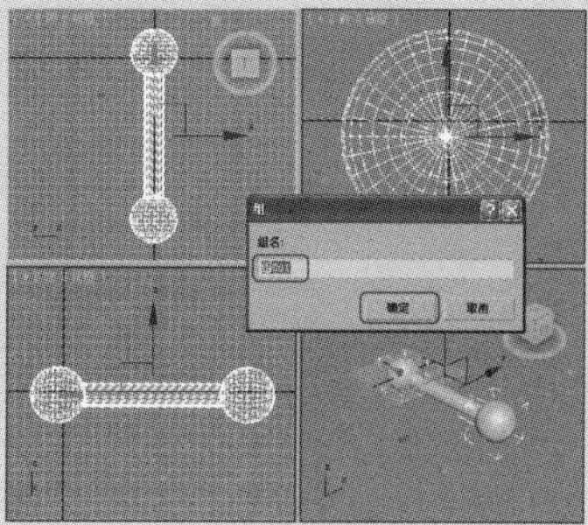

图1-60

3 激活顶视图，在菜单栏中选择“工具 | 阵列”命令，弹出如图1-61所示的对话框。

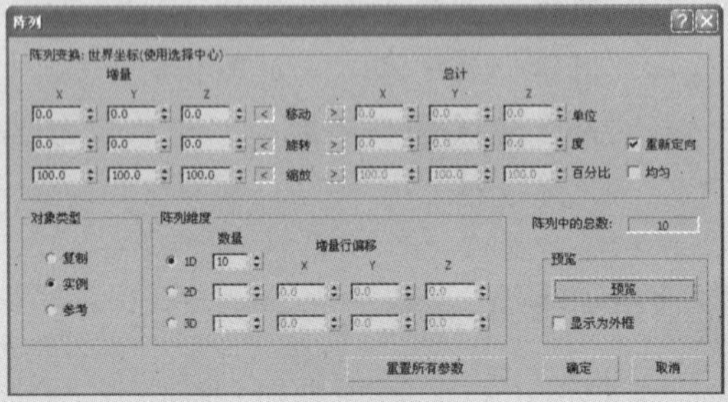

图1-61

注意 这里在阵列的轴向设置是根据所选视图设置的。

4 单击“移动”和“旋转”右侧的箭头，设置“移动”Z轴参数为3000.0；“旋转”Z轴为400.0；在“阵列维度”组中的1D为40，如图1-62所示。

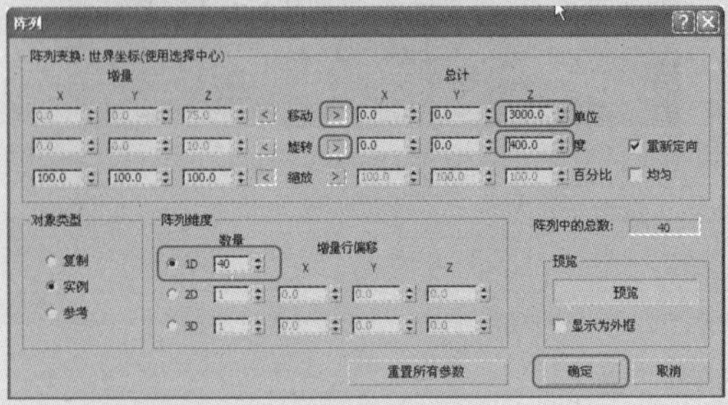

图1-62

5 阵列的效果如图1-63所示。

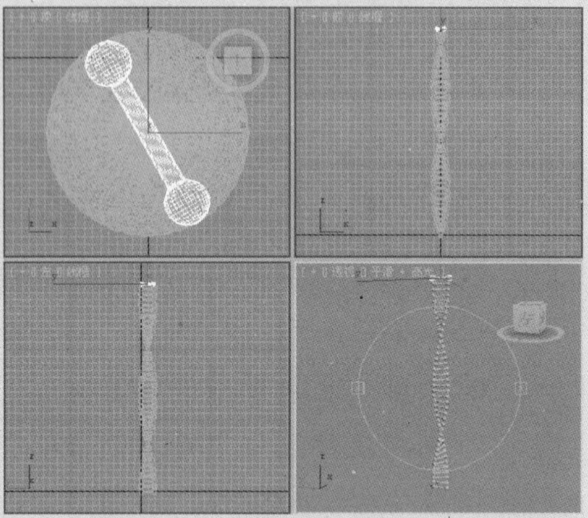

图1-63

6 在场景中复制模型，完成的阵列分子的效果如图1-64所示。

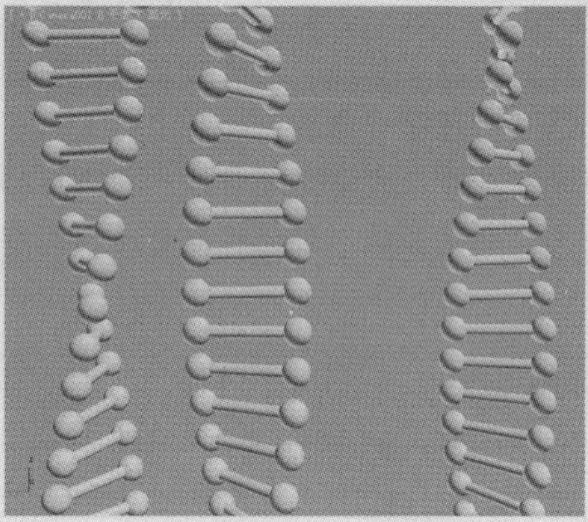

图1-64

2. 选项介绍

“阵列”对话框中的各选项的功能介绍如下。

- 增量：参数控制阵列单个物体在X、Y、Z轴向上的移动、旋转、缩放间距，该栏参数一般不进行设置。
- 总计：参数控制阵列物体在X、Y、Z轴向上的移动、旋转、缩放总量，这是常用的参数控制区，改变该组中的参数后，“增量”组中的参数也将随之改变。
- 对象类型：在该组中设置复制的类型。
- 阵列维度：阵列维度：用于添加阵列变换维数。附加维数只是定位用的。
- 重新定向：选中后旋转复制原始对象，同时也对复制物体沿其自身的坐标系统进行旋转定向，使其在旋转轨迹上总保持相同的角度。
- 均匀：选中后缩放的数值框将只有一个数值框允许输入，这样可以保证对象只发生体积变化而不发生变形。

- 预览：单击该按钮后可以将设置的阵列参数在视图中进行预览。

1.7.4 对象的间隔复制

间隔复制可以根据路径设置沿路径复制模型，如图1-65所示为使用路径和球体制作的手链。

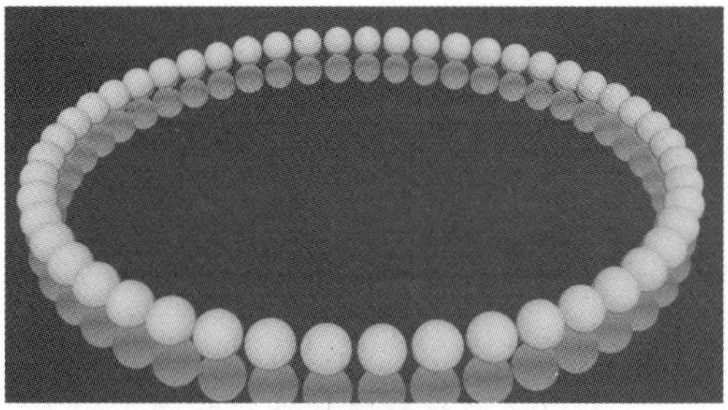

图1-65

1. 实例操作004——珍珠手链

案例文件	场景\Cha01\珍珠手链.max	视频教学	视频教学\Cha01\珍珠手链.avi
视频长度	1分18秒	难易指数	★★☆☆☆

1 在场景中创建路径和球体，如图1-66所示。

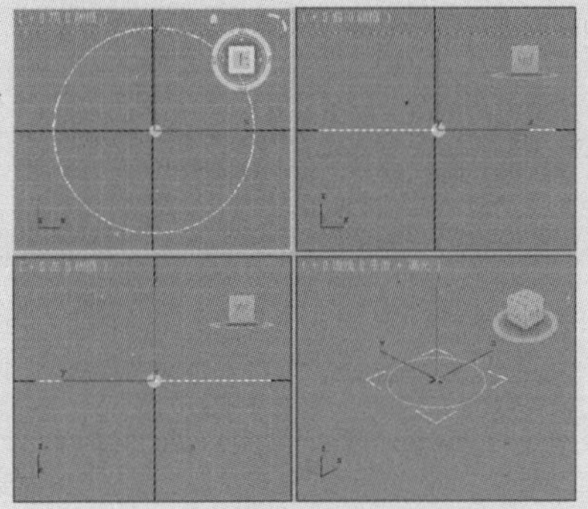

图1-66

2 在场景中选择球体，在菜单栏中选择“工具 | 对齐 | 间隔工具”命令，如图1-67所示。

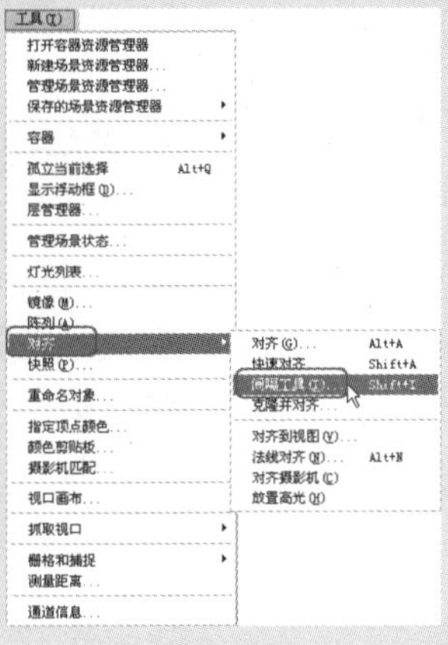

图1-67

3 在弹出的“间隔工具”对话框中单击“拾取路径”按钮，在场景中拾取圆形，在“参数”组中设置“计数”为50，如图1-68所示。

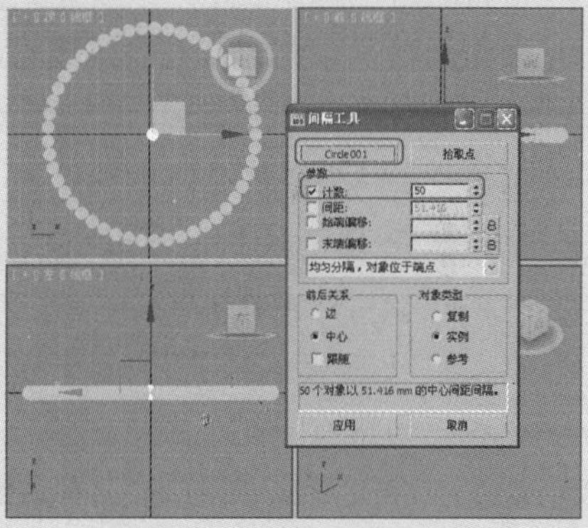

图1-68

4 在场景中间隔复制的模型如图1-69所示。

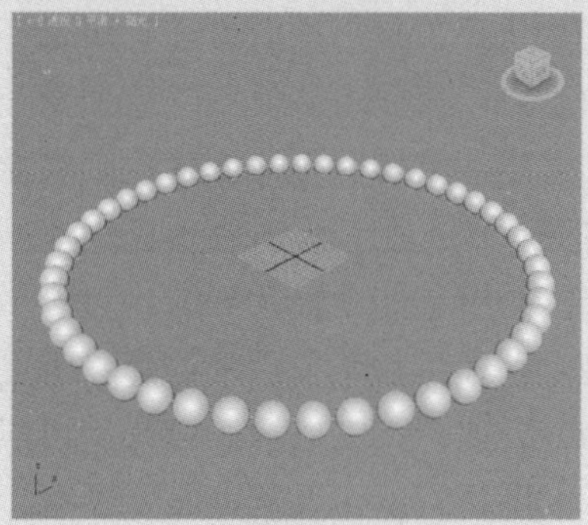

图1-69

2. 选项介绍

“间隔工具”对话框中的各选项的功能介绍如下。

- 拾取路径：单击该按钮，然后单击视口中的样条线以作为路径使用。
- 拾取点：单击该按钮，然后单击起点和终点，在构造栅格上定义路径。也可以使用对象捕捉指定空间中的点。3ds Max使用这些点创建作为分布对象所沿循的路径的样条线。
- 计数：要分布的对象的数量。
- 间隔：指定对象之间的间距（以单位计）。3ds Max会根据您选择的是边还是中心来确定此间隔。
- 始端偏移：指定距路径始端偏移的单位数量。单击锁定图标，可针对间隔值锁定始端偏移值并保持该数量。
- 末端偏移：指定距路径末端偏移的单位数量。单击锁定图标，可针对间隔值锁定末端偏移值并保持该数量。
- 边：使用此选项指定通过各对象边界框的相对边确定间隔。
- 中心：使用此选项指定通过各对象边界框的中心确定间隔。
- 跟随：使用此选项可将分布对象的轴点与样条线的切线对齐。

1.7.5 对象的快照复制

使用快照工具可以沿着动画路径克隆一个对象。可以在任一帧处创建单个克隆，也可以在选定帧数的间隔处创建多个克隆。

创建快照复制模型时，首先为模型指定一个路径约束，如图1-70和图1-71所示。

指定路径后在菜单栏中选择“工具 | 快照”命令，如图1-72所示，打开“快照”对话框，如图1-73所示，从中设置参数，即可得到快照复制的对象，如图1-74所示。

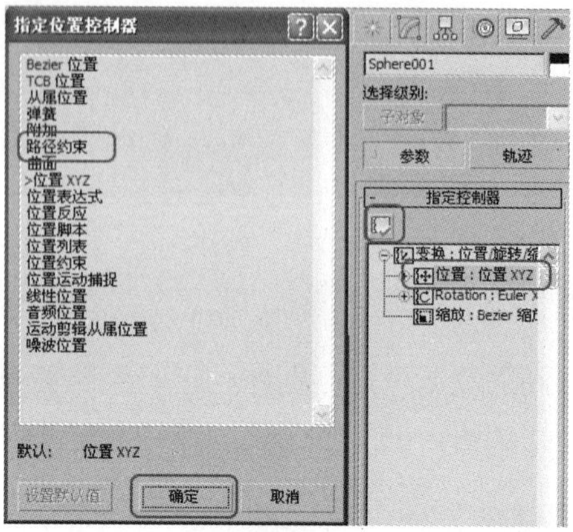

图1-70

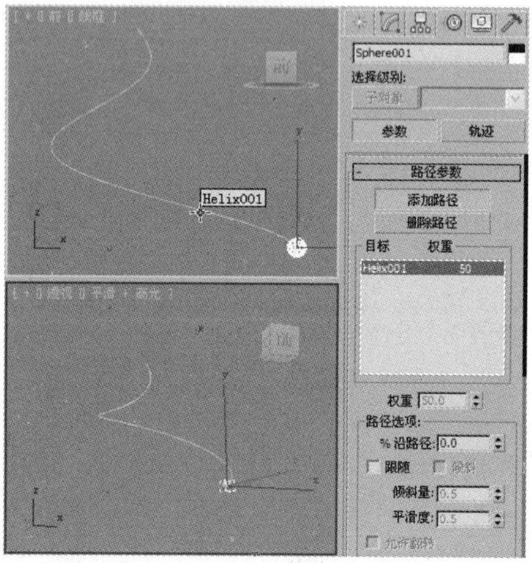

图1-71

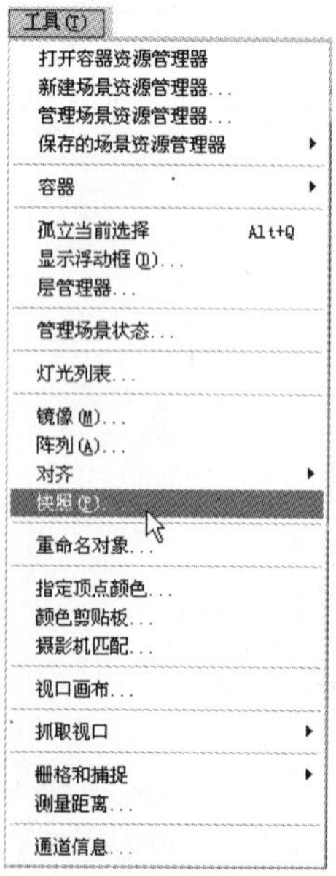

图1-72

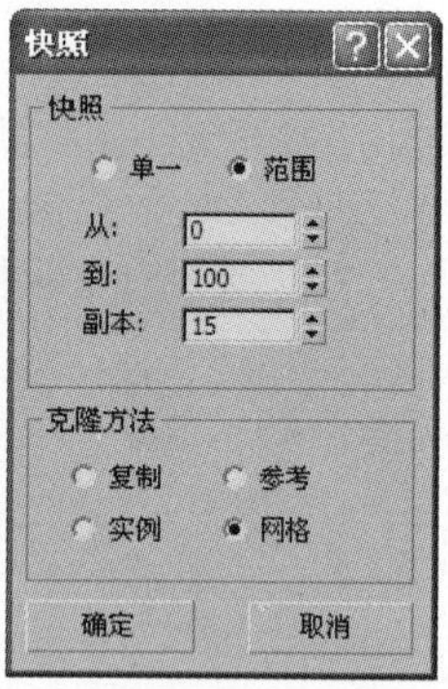

图1-73

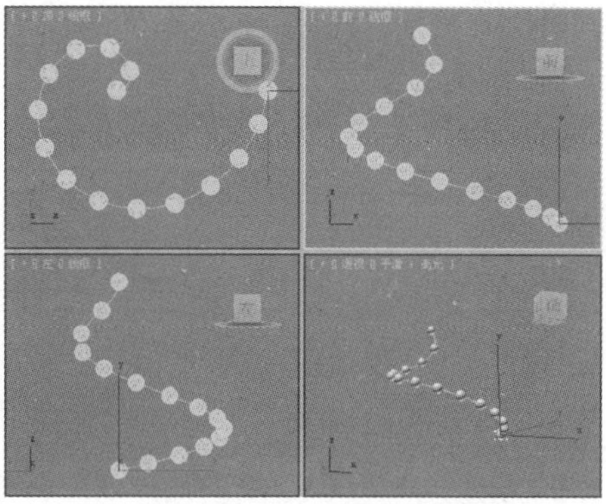

图1-74

“快照”对话框中的各选项的功能介绍如下。

- 单一：在当前帧克隆对象的几何体。
- 范围：沿着帧的范围上的轨迹克隆对象的几何体。
- 从、到：指定帧的范围以沿该轨迹放置克隆对象。
- 副本：指定要沿轨迹放置的克隆数。

1.8 对象的群组

组可将两个或多个对象组合为一个组对象。为组对象命名，然后像任何其他对象一样对它们进行处理。

1.8.1 组的创建与分离

要创建组，首先在场景中选择需要成组的对象，在菜单栏中选择“组｜组命令，在弹出的对话框中设置组的名称，如图1-75所示。将模型成组后可以对组进行编辑，如果想单独调整组中的一个模型，在菜单栏中选择“组｜打开”命令，如图1-76所示，单独地设置一个模型参数，调整模型参数后选择“组｜关闭”命令。

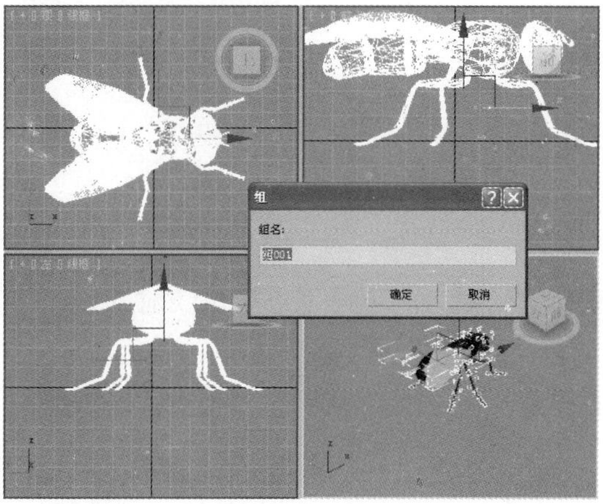

图1-75

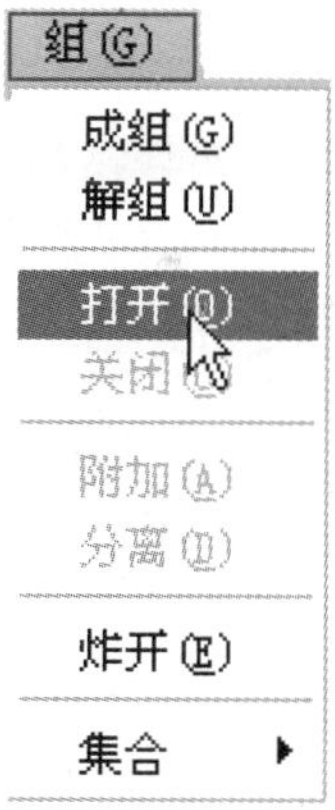

图1-76

“组”菜单中的部分命令的功能介绍如下。

- 成组：此命令可将对象或组的选择集组成一个组。
- 解组：“解组”可将当前组分离为组件对象或组。
- 打开：使用此命令可以暂时对组进行解组，并访问组内的对象。可以在组内独立于组的剩余部分变换和修改对象，然后使用“关闭”命令还原原始组。

- 附加：此命令可使选定对象成为现有组的一部分。
- 分离：此命令可从对象的组中分离选定对象（或在场景资源管理器中排除于组之外）。
- 炸开：此命令解组组中的所有对象，无论嵌套组的数量如何。这与“解组”不同，后者只解组一个层级。如同“解组”命令一样，所有炸开的实体都保留在当前选择集中。
- 集合：此命令将对象选择集、集合或组合并至单个集合，并将光源辅助对象添加为头对象。集合对象后，可以将其视为场景中的单个对象。可以单击组中任一对象来选择整个集合。可将集合作为单个对象进行变换，也可如同对待单个对象那样为其应用修改器。

1.8.2 组的编辑与修改

组的编辑与修改主要是指可以为对象附加、分离、打开和使用一些变换工具。

如图1–77所示，图中苍蝇为成组后的对象，使用缩放工具可以对组进行缩放，如图1–78所示。

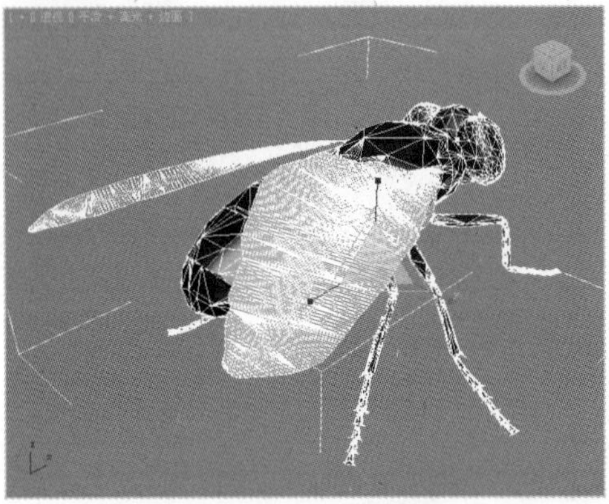

图1–77

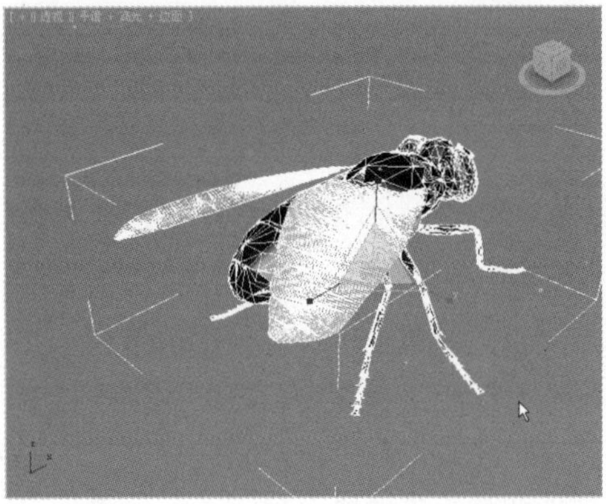

图1–78

1.9 对象的对齐与捕捉

使用对齐和捕捉功能可以精确地创建模型、调整模型的位置。

1.9.1 对象的对齐

使用对齐工具可以将物体进行位置、方向和比例的对齐，还可以进行法线对齐、放置高光、对齐摄影机和对齐视图等操作。对齐工具有实时调节、实时显示效果的功能。

使用对齐工具首先在场景中选择需要对齐的模型，在工具栏中单击（对齐）按钮，在弹出的对话框中设置对齐属性，如图1–79所示。

当前激活的是前视图，如果将球体放置到长方体上，可以选择如图1–80所示的选项。

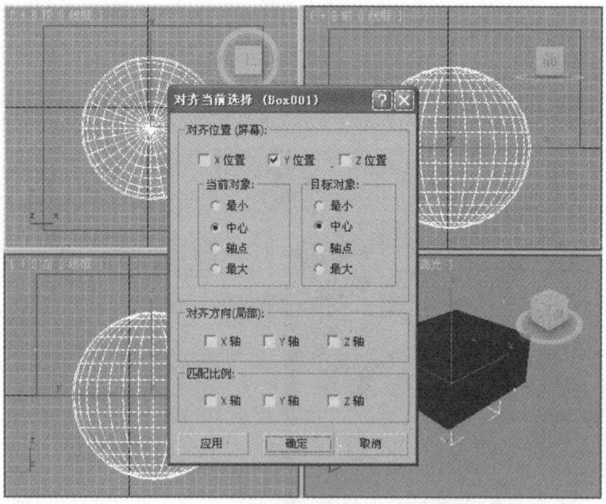

图1-79

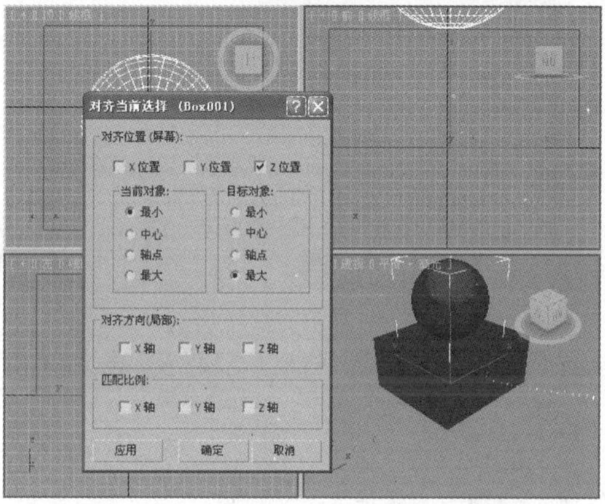

图1-80

"对齐当前选择"对话框中的各选项的功能介绍如下。

- X位置、Y位置、Z位置：指定要在其中执行对齐操作的一个或多个轴。启用所有三个选项可以将当前对象移动到目标对象位置。
- 最小：将具有最小 x、y 和 z 值的对象边界框上的点与其他对象上选定的点对齐。
- 中心：将对象边界框的中心与其他对象上的选定点对齐。
- 轴点：将对象的轴点与其他对象上的选定点对齐。
- 最大：将具有最大 x、y 和 z 值的对象边界框上的点与其他对象上选定的点对齐。
- 对齐方向 (局部)：这些设置用于在轴的任意组合上匹配两个对象之间的局部坐标系的方向。
- 匹配比例：使用X轴、Y轴和Z轴选项可匹配两个选定对象之间的缩放轴值。该操作仅对变换输入中显示的缩放值进行匹配。这不一定会导致两个对象的大小相同。如果两个对象先前都未进行缩放，则其大小不会更改。

设置球体到圆柱体的下方，如图1-81所示。

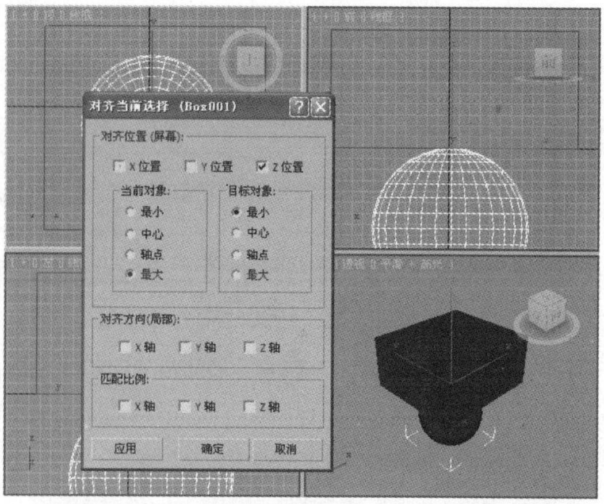

图1-81

设置球体位于圆柱体的中心位置，如图1-82所示。

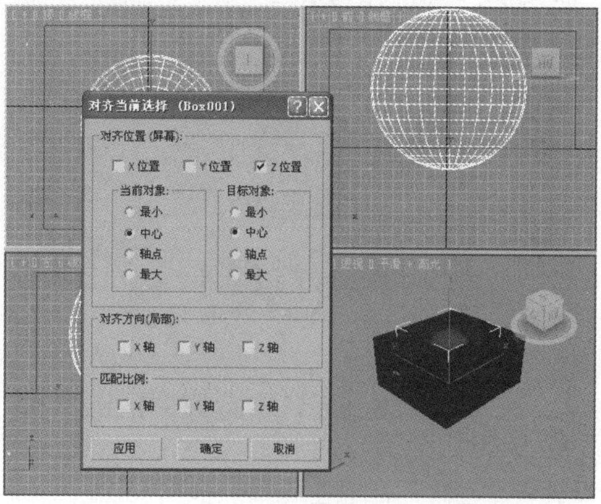

图1-82

1.9.2 对象的捕捉

捕捉工具是功能很强的建模工具，熟练使用该工具可以极大地提高工作效率。具体表现如图1-83所示的装饰画效果。

图1-83

1. 实例操作005——制作装饰画

案例文件	场景\Cha01\装饰画.max	视频教学	视频教学\Cha01\装饰画.avi
视频长度	2分16秒	难易指数	★★☆☆☆

1 首先单击“（创建）|（图形）| 墙矩形”按钮，在“前”视图中创建矩形，在“参数”卷展栏中设置参数，如图1-84所示。

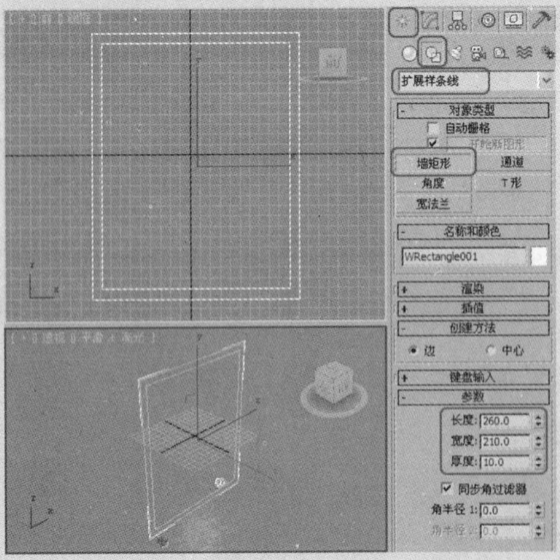

图1-84

2 在“修改器列表”中选择“挤出”修改器，在“参数”卷展栏中设置“数量”，如图1-85所示。

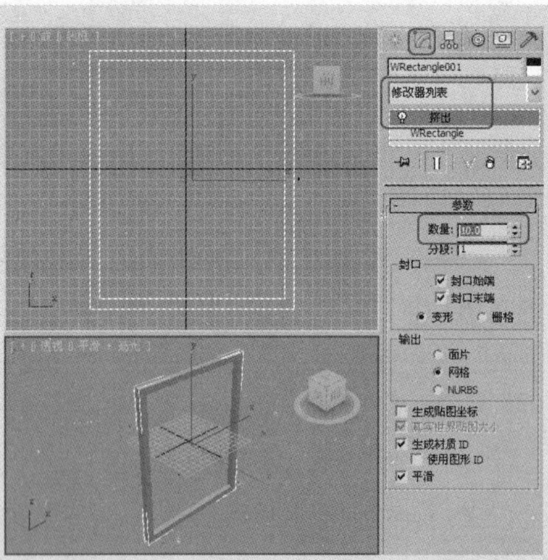

图1-85

3 在工具栏中右击（捕捉开关）按钮，在弹出的对话框中选择“顶点”，单击关闭按钮，选择顶点捕捉，如图1-86所示。

4 单击“（创建）|（几何体）| 长方体”按钮，在“前”视图中通过捕捉创建长方体，如图1-87所示。

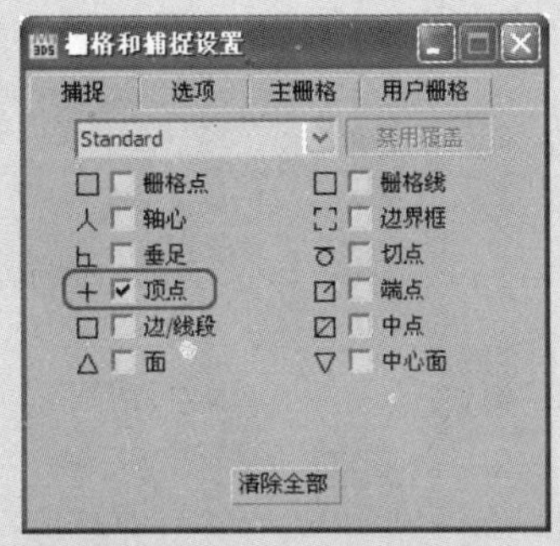

图1-86

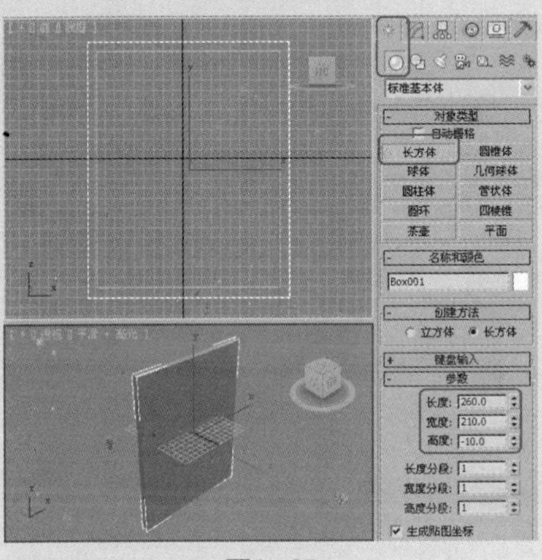

图1-87

5 在“参数”卷展栏中设置长方体的“高度”为1.0，如图1-88所示。

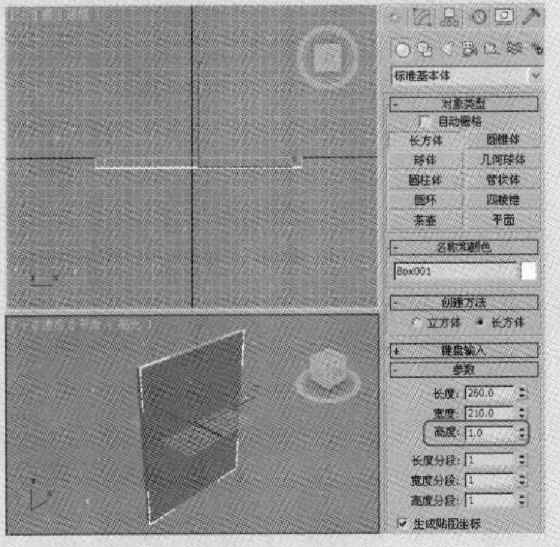

图1-88

6 通过顶点捕捉，在“顶”视图中使用移动工具移动模型到边框模型的后方，如图1-89所示。

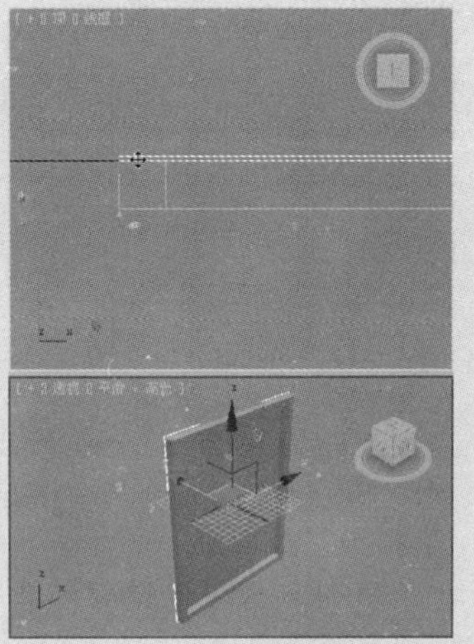

图1-89

7 继续创建作为装饰画的长方体，如图1-90所示。

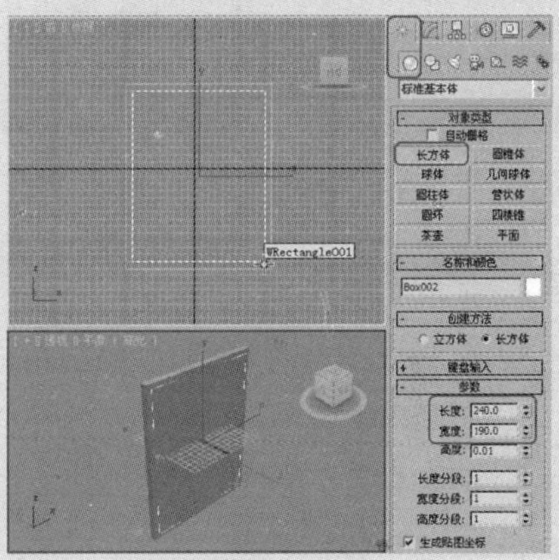

图1-90

8 设置其“高度”为2.0，并在场景中调整模型如图1-91所示。

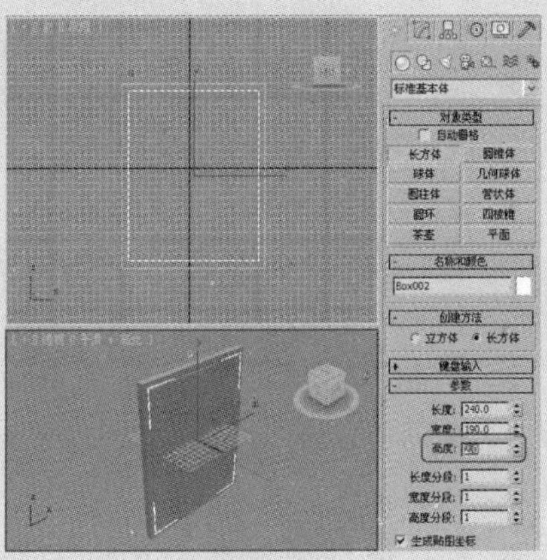

图1-91

9 完成装饰画模型的制作，如图1-92所示。

图1-92

2.“捕捉”选项卡中的选项介绍

“栅格和捕捉设置”对话框中“捕捉”选项卡中的各选项的介绍如下。

- 栅格点：捕捉到栅格交点。默认情况下，此捕捉类型处于启用状态。键盘快捷键为 Alt+F5。
- 栅格线：捕捉到栅格线上的任何点。
- 轴心：捕捉到对象的轴点。
- 边界框：捕捉到对象边界框的八个角中的一个。
- 垂足：捕捉到样条线上与上一个点相对的垂直点。
- 切点：捕捉到样条线上与上一个点相对的相切点。
- 顶点：捕捉到网格对象或可以转换为可编辑网格对象的顶点。捕捉到样条线上的分段，键盘快捷键为Alt+F7。
- 端点：捕捉到网格边的端点或样条线的顶点。
- 边/线段：捕捉沿着边（可见或不可见）或样条线分段的任何位置。键盘快捷键为Alt+F9。
- 中点：捕捉到网格边的中点和样条线分段的重点。键盘快捷键为Alt+F8。
- 面：捕捉到面的曲面上的任何位置。已选择背面，因此它们无效。键盘快捷键为Alt+F10。
- 中心面：捕捉到三角形面的中心。

3.“选项”选项卡中的选项介绍

“栅格和捕捉设置”对话框中的“选项”选项卡如图1-93所示，各选项的介绍如下。

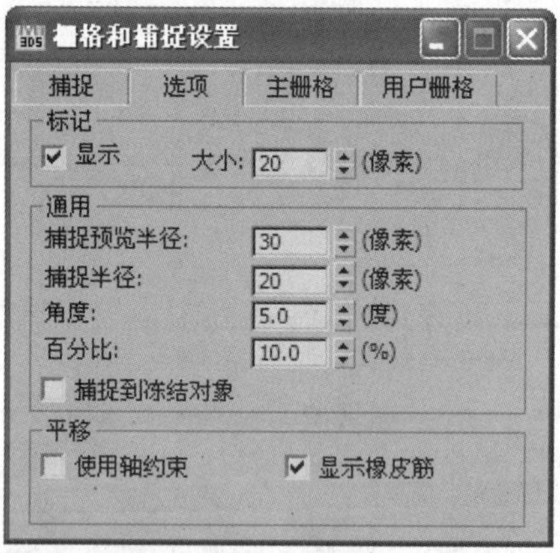

图1-93

- 显示：切换捕捉指南的显示。禁用该选项后，捕捉仍然起作用，但不显示。
- 大小：以像素为单位设置捕捉“击中”点的大小。这是一个小图标，表示源或目标捕捉点。
- 捕捉预览半径：当光标与潜在捕捉到的点的距离在Snap捕捉预览半径和捕捉半径值之间时，捕捉标记跳到最近的潜在捕捉到的点上，但不发生捕捉。默认设置是 30。

- 捕捉半径：以像素为单位设置光标周围区域的大小，在该区域内将自动进行捕捉。默认设置为 20。
- 角度：设置对象围绕指定轴旋转的增量（以度为单位）。
- 百分比：设置缩放变换的百分比增量。
- 捕捉到冻结对象：勾选此复选框后，启用捕捉到冻结对象。默认设置为禁用状态。该复选框也位于“捕捉”快捷菜单中，按住Shift键的同时右击任何视口，可以进行访问，同时也位于捕捉工具栏中。键盘快捷键为 Alt+F2。
- 使用轴约束：约束选定对象，使其沿着在“轴约束”工具栏上指定的轴移动。取消勾选该复选框后（默认设置），将忽略约束，并且可以将捕捉的对象平移为任何尺寸（假设使用3D捕捉）。该复选框也位于“捕捉”快捷菜单中，按住Shift键的同时右击任何视口，可以进行访问，同时也位于捕捉工具栏中。键盘快捷键为Alt+F3或Alt+D。
- 显示橡皮筋：当勾选该复选框并且移动一个选择时，在原始位置和鼠标位置之间显示橡皮筋线。当微调默认设置为启用时，使用该可视化辅助选项可使结果更精确。

4.“主栅格”选项卡中的选项介绍

“栅格和捕捉设置”对话框中“主栅格”选项卡如图1-94所示，各选项的介绍如下。

- 栅格间距：栅格间距是栅格的最小方形的大小。使用微调器可调整间距（使用当前单位），或直接输入值。

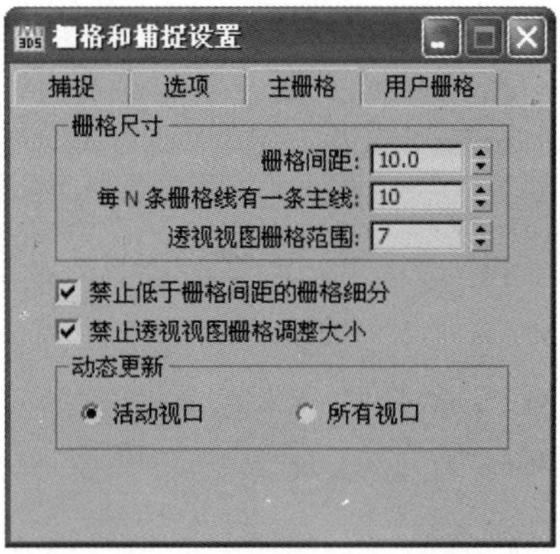

图1-94

- 每 N 条栅格线有一条主线：主栅格显示更暗的或主线以标记栅格方形的组。使用微调器调整该值，它是主线之间的方形栅格数，也可以直接输入数值，最小值为2。
- 透视视图栅格范围：设置透视视图中的主栅格大小。
- 禁止低于栅格间距的栅格细分：当在主栅格上放大时，使3ds Max将栅格视为一组固定的线。实际上，栅格在栅格间距设置处停止。如果保持缩放，固定栅格将从视图中丢失。不影响缩小，当缩小时，主栅格不确定扩展以保持主栅格细分。默认设置为启用。
- 禁止透视视图栅格调整大小：当放大或缩小时，使 3ds Max将“透视”视口中的栅格视为一组固定的线。实际上，无论缩放多大多小，栅格将保持一个大小。默认设置为勾选。
- 动态更新：默认情况下，当更改“栅格间距”和“每 N 条栅格线有一条主线”的值时，只更新活动视口。完成更改值之后，其他视口才进行更新。选择“所有视口”可在更改值时更新所有视口。

5. “用户栅格”选项卡中的选项介绍

“栅格和捕捉设置”对话框中“用户栅格”选项卡如图1-95所示，各选项的介绍如下。

- 创建栅格时将其激活：勾选该复选框可以自动激活创建的栅格。
- 世界空间：将栅格与世界空间对齐。
- 对象空间：将栅格与对象空间对齐。

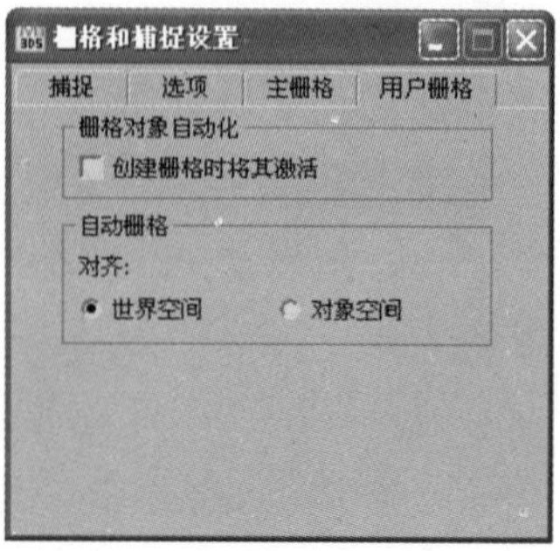

图1-95

1.10 3ds Max制作的基本流程

案例文件	场景\Cha01\雪山.max	视频教学	视频教学\Cha01\雪山.avi
视频长度	8分7秒	难易指数	★★★☆☆

下面以雪山的效果来介绍3ds Max的制作基本流程，如图1-96所示。

图1-96

1.10.1 雪山的制作

下面介绍使用几何可变形中的涟漪制作水面的波动，大部分的水面效果是通过材质来制作的。

1 单击“ （创建）| （几何体）| 平面”按钮，在“顶”视图中创建平面，在“参数”卷展栏中设置合适的参数，如图1-97所示。

2 切换到 （修改）面板，在修改器列表中选择“噪波”修改器，设置噪波参数如图1-98所示。

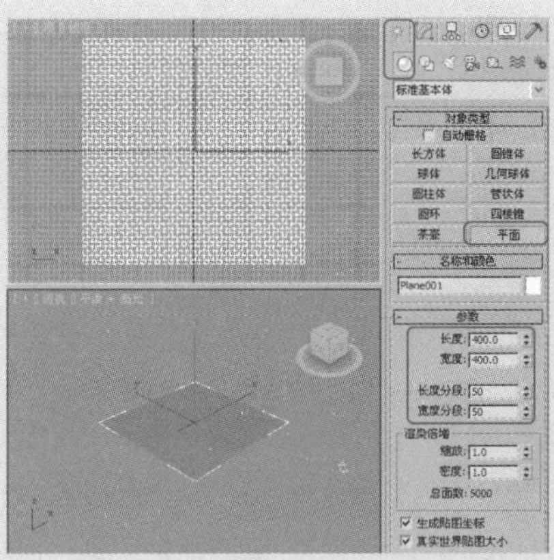

图1-97

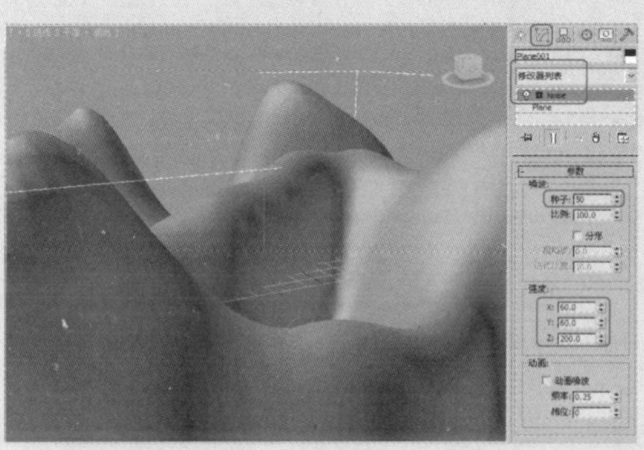

图1-98

1.10.2 雪山材质的设置

1 在工具栏中单击（材质编辑器）按钮，打开“Slate材质编辑器”面板，在菜单栏中单击“模式 | 精简材质编辑器”命令，如图1-99所示。

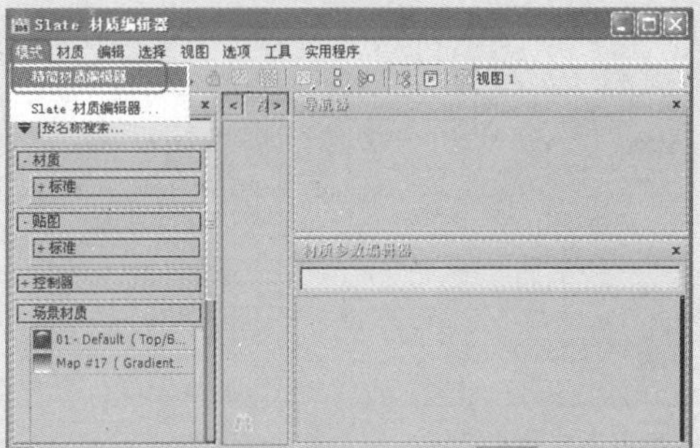

图1-99

2 将材质转换为“顶/底”材质，并设置参数如图1-100所示。

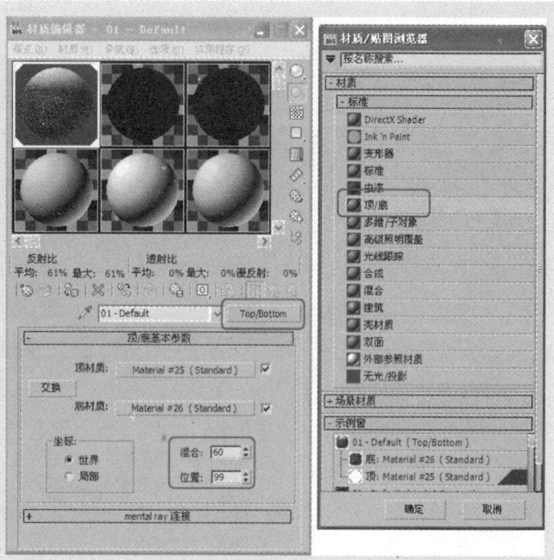

图1-100

3 单击“顶材质”后的灰色按钮，进入材质设置面板，该材质为标准材质，设置“环境光”和“漫反射”及“自发光”的颜色，并设置“反射高光”组中的参数，如图1-101所示。

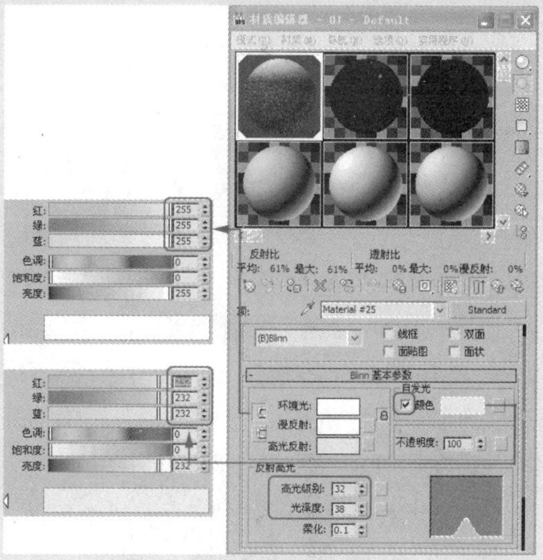

图1-101

4 进入“底材质”材质设置面板，设置“自发光” 参数，并为“漫反射”指定“斑点”贴图，如图1-102所示。

5 进入“斑点”贴图层级，设置参数如图1-103所示。

图1-102

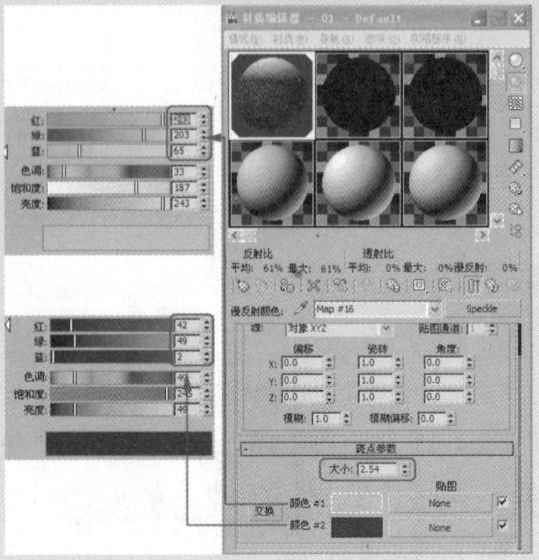

图1-103

6 单击（将材质指定给选定对象）按钮，将材质指定给场景中的雪山模型，如图1-104所示。

图1-104

1.10.3 设置背景

下面我们通过为环境背景设置渐变贴图来制作水面的背景天空。

1 在场景中调整“透视”图角度，按Ctrl+C键转换为摄影机视图，按8键打开“环境和效果”面板，单击“背景”组中的“无”按钮，在弹出的“材质/贴图浏览器”对话框中选择“渐变”贴图，如图1-105所示。

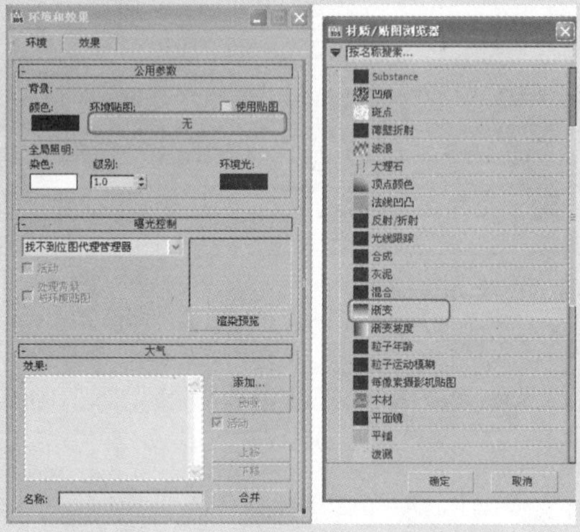

图1-105

2 将渐变环境背景贴图拖曳到材质面板中新的材质样本球上，在弹出的对话框中选择“实例”选项，如图1-106所示。

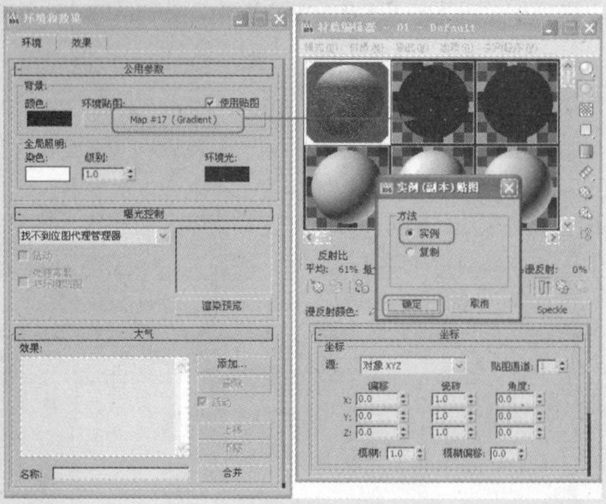

图1-106

3 在“渐变参数”卷展栏中设置渐变颜色如图1-107所示。

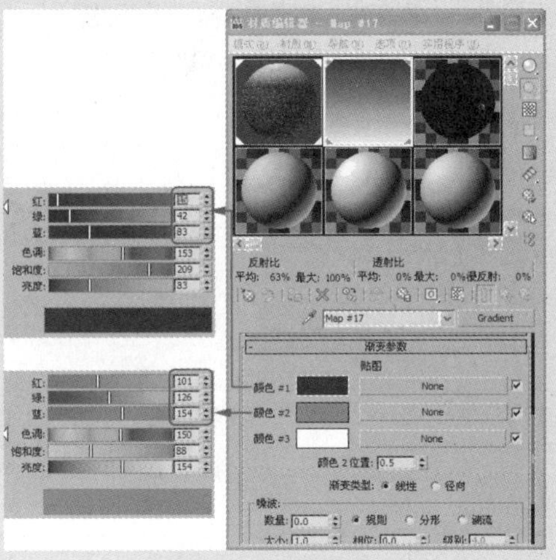

图1-107

1.10.4 创建粒子

1 单击“（创建）|（几何体）|粒子系统|雪”按钮，在“顶”视图中创建雪粒子，如图1-108所示。

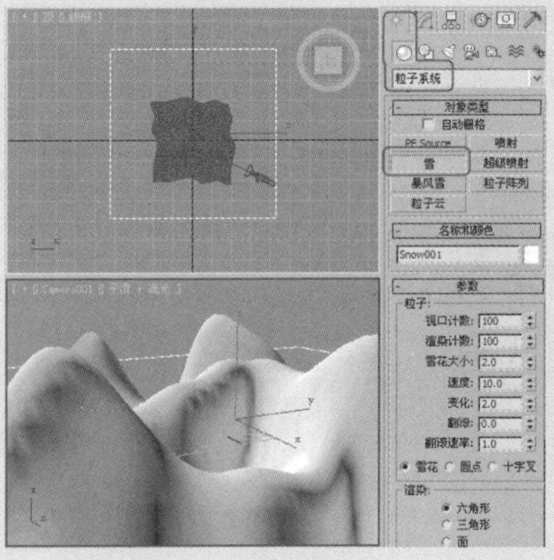

图1-108

2 切换到（修改）面板，设置粒子的参数如图1-109所示。

3 打开材质编辑器，选择一个新的材质样本球，材质设置为标准材质，设置“环境光”和“漫反射”的颜色，并设置“自发光”的参数，如图1-110所示。

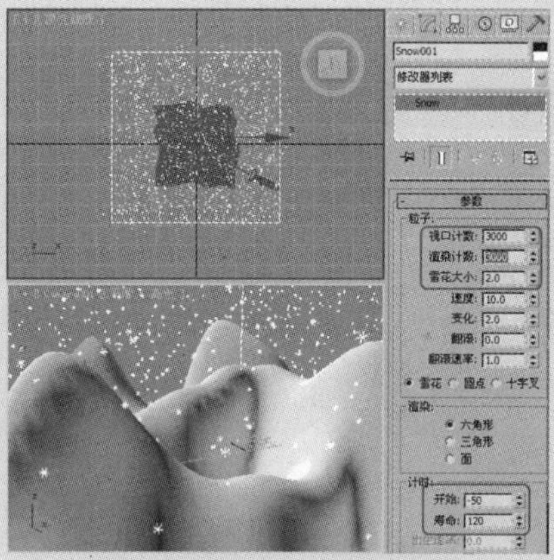

图1-109

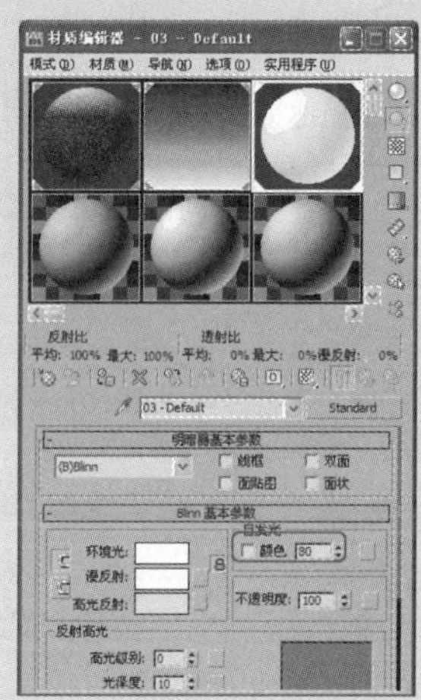

图1-110

4 在场景中右击粒子，在快捷菜单中选择“对象属性”命令，在弹出的对话框中设置参数如图1-111所示。

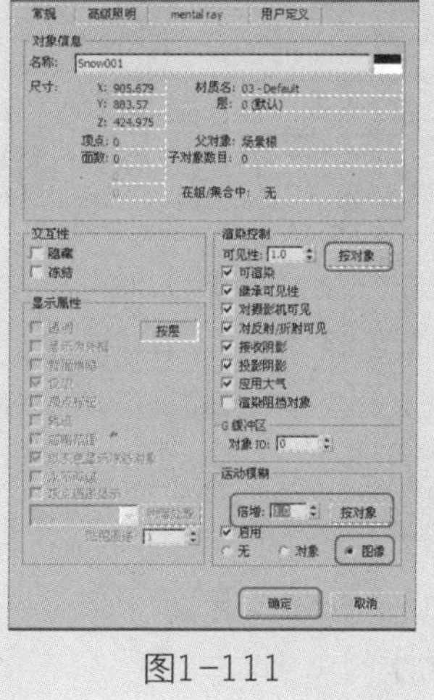

图1-111

5 打开“环境和效果”对话框，切换到“效果”选项卡，在“效果”选项组中单击“添加”按钮，选择“运动模糊”效果，如图1-112所示。

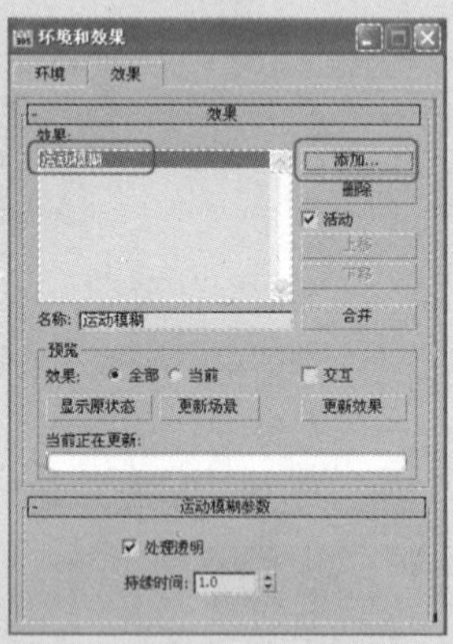

图1-112

6 渲染的动感模糊效果如图1-113所示。

图1-113

1.10.5 设置并渲染动画

1 拖动时间滑块到100帧，并打开材质编辑器，设置雪山材质的材质参数如图1-114所示。

2 在工具栏中单击（渲染设置）按钮，在弹出的对话框中单击“活动时间段”单选按钮，如图1-115所示。

3 在“渲染输出”组中单击“文件”按钮，在弹出的对话框中选择一个存储路径，为文件命名，选择的存储格式如图1-116所示。

4 单击“渲染”按钮，渲染的场景效果如图1-117所示。

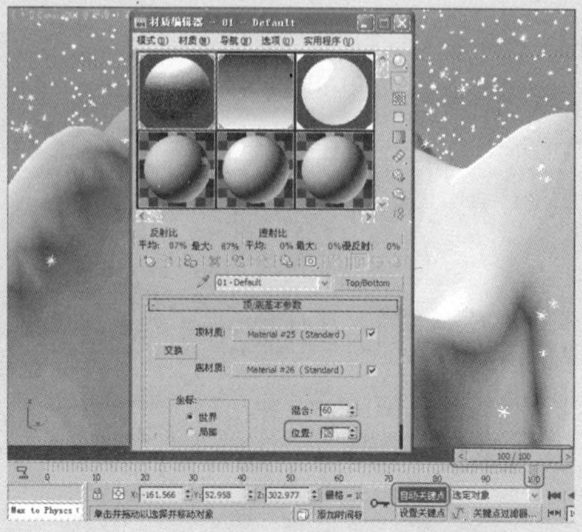

图1-114

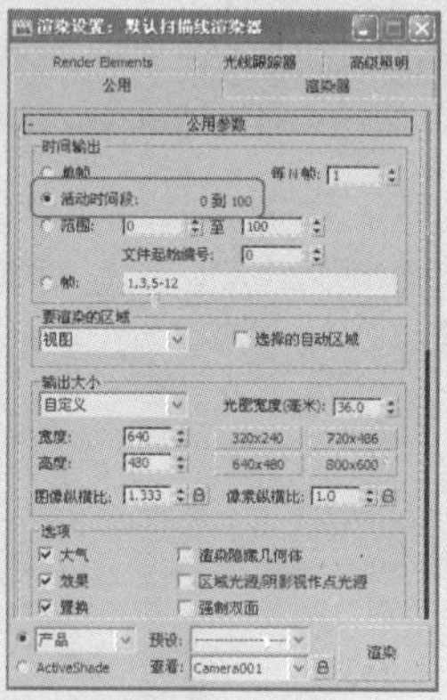

图1-115

图1-116

图1-117

第2章

几何体的创建

在3ds Max中进行场景建模首先掌握的是基本模型的创建，通过一些简单模型的拼凑就可以制作一些比较复杂的三维模型，下面我们就来看看如何创建基本三维模型。

2.1 标准基本体

三维模型中最简单的模型是“标准几何体”和“扩展基本体”。在3ds Max中，可以使用单个基本对象对很多现实中的对象建模。还可以将“标准几何体”结合到复杂的对象中，并使用修改器进一步的细化。

2.1.1 长方体

对于室内外效果图来说，长方体是在建模创建过程中使用非常频繁的模型，通过修改这种模型可以得到大部分模型。具体的效果表现如图2-1所示的电视背景墙。

图2-1

1. 实例操作006——制作电视背景墙

案例文件	场景\Cha02\电视背景墙.max	视频教学	视频教学\Cha02\电视背景墙.avi
视频长度	1分58秒	难易指数	★★☆☆☆

1 首先单击“（创建）|（几何体）|长方体”按钮，如图2-2所示。

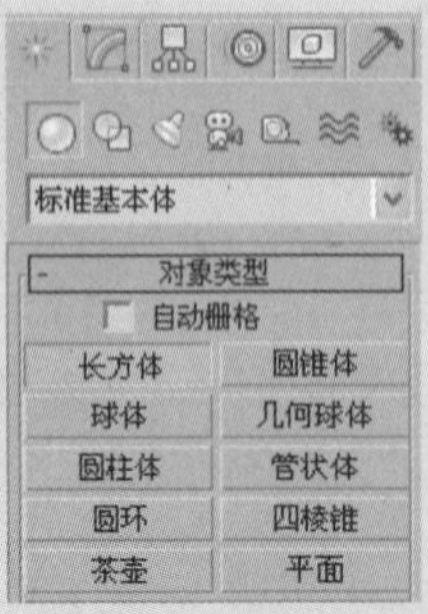

图2-2

2 在“前”视图中按住鼠标并拖动，以创建长方体的长宽，松开并移动鼠标设置长方体的高，在“参数”卷展栏中设置参数如图2-3所示。

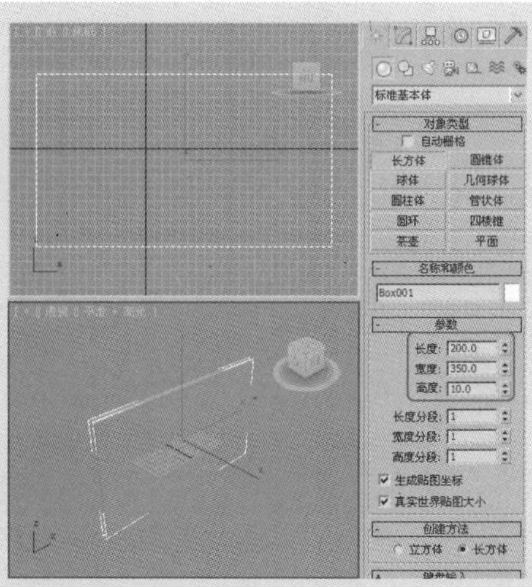

图2-3

3 按Ctrl+V键复制长方体，如图2-4所示。

图2-4

4 切换到（修改）面板，修改长方体的参数如图2-5所示。

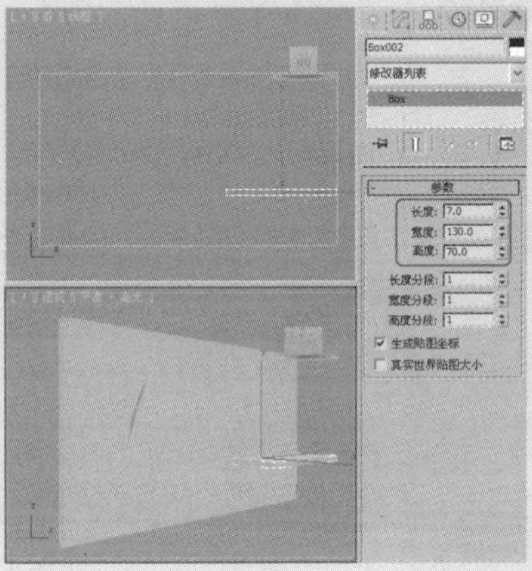

图2-5

5 使用（选择并移动）工具在“前”视图中按住Shift键沿*y*轴向下移动复制模型，在弹出的“克隆选项”对话框中选择“复制”选项，单击“确定”按钮，如图2-6所示。

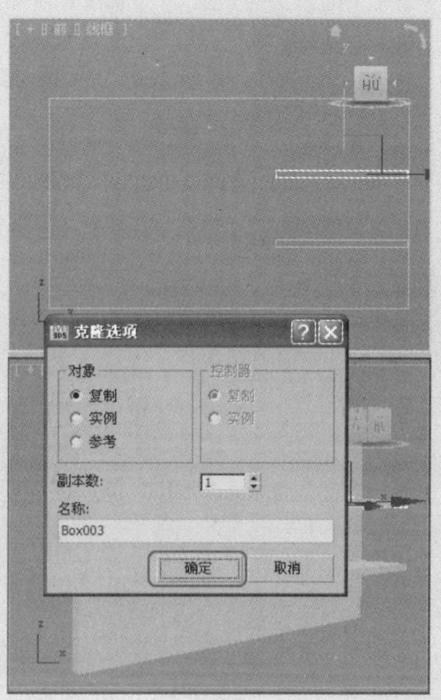

图2-6

2. 选项介绍

“参数”卷展栏如图2-7所示，各个选项的功能介绍如下。

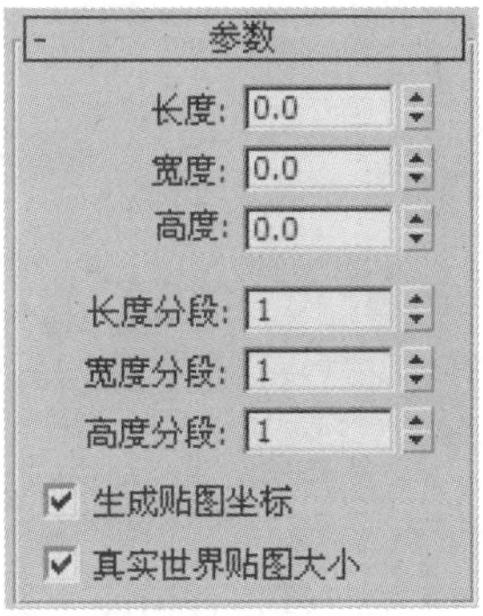

图2-7

- 长度、宽度、高度：确定三边的长度、宽度和高度。
- 长度分段、宽度分段、高度分段：确定三边上的片段划分参数。
- 生成贴图坐标：自动产生贴图坐标。
- 真实世界贴图大小：不勾选此复选框时，贴图大小符合创建对象的尺寸；勾选此复选框时，贴图大小由绝对尺寸决定，而与对象的相对尺寸无关。

“创建方法”卷展栏如图2-8所示，各个选项的功能介绍如下。

- 立方体：直接创建立方体模型。
- 确立长、宽、高，以创建长方体模型。

图2-8

“键盘输入”卷展栏如图2-9所示，部分选项的功能介绍如下。

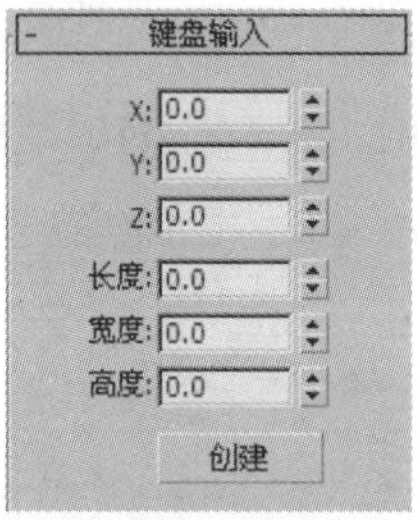

图2-9

X、Y、Z：输入的数值为沿活动构造平面的轴的偏移。

提示 拖动长方体底部时按住Ctrl键，将保持长度和宽度一致。按住Ctrl键对高度没有任何影响。

2.1.2 圆锥体

使用“圆锥体”命令可以产生直立或倒立的圆形圆锥体。具体效果表现如图2-10所示的跳棋。

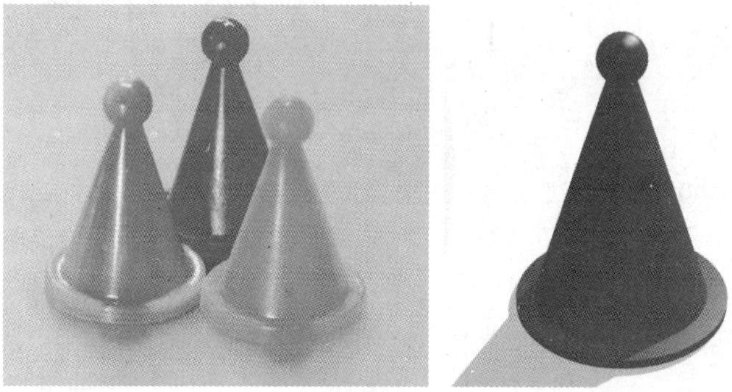

图2-10

1. 实例操作007——跳棋

案例文件	场景\Cha02\跳棋.max	视频教学	视频教学\Cha02\跳棋.avi
视频长度	1分54秒	难易指数	★★☆☆☆

1 单击“（创建）|（几何体）|圆锥体”按钮，如图2-11所示。

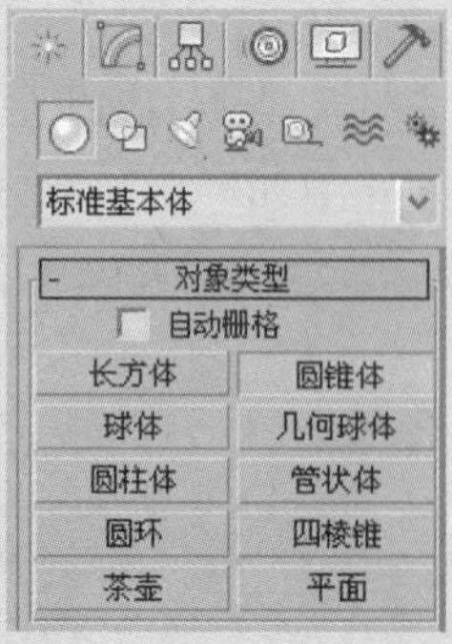

图2-11

2 在“顶”视图中单击鼠标，设置“圆锥体”的“半径1”，移动鼠标设置圆锥体的高度，单击并拖动鼠标设置圆锥体的“半径2”，再次单击完成创建。在“参数“卷展栏中设置参数如图2-12所示。

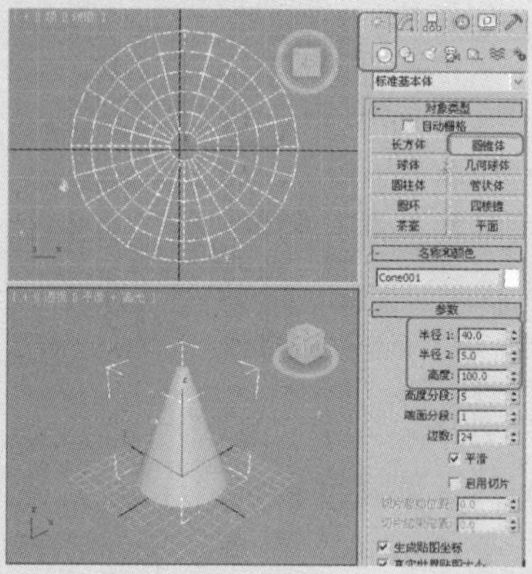

图2-12

3 在“顶”视图中创建“球体”，设置合适的参数，如图2-13所示。

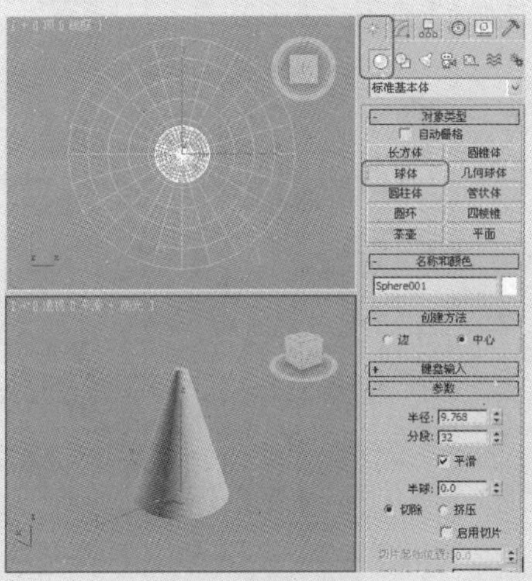

图2-13

4 在“顶”视图中创建“圆柱体”，设置合适的参数，如图2-14所示。

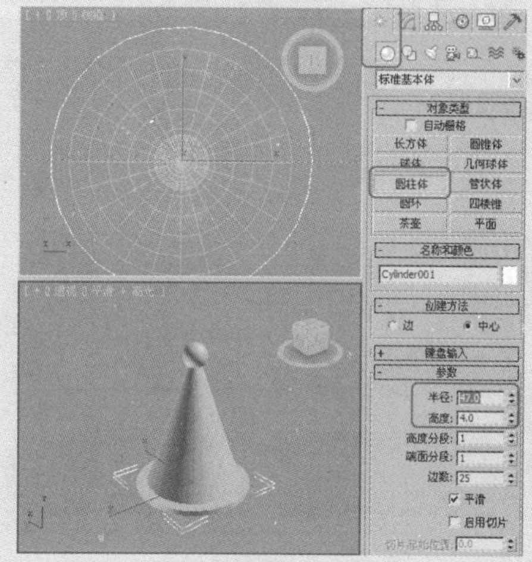

图2-14

“参数”卷展栏如图2-15所示。各选项的功能介绍如下。

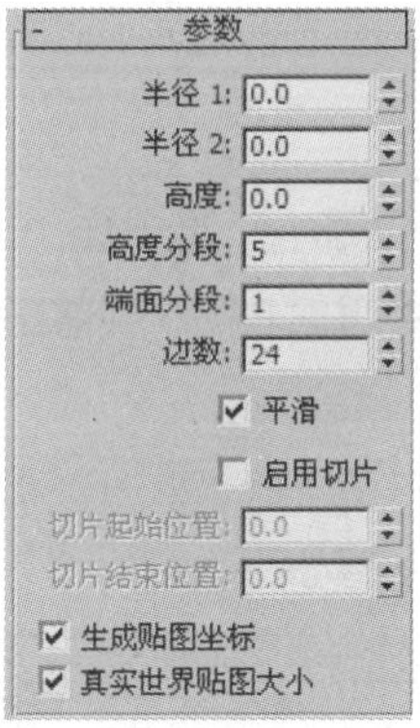

图2-15

- 半径1、半径2：设置圆锥体的第一个半径和第二个半径。两个半径的最小值都是 0.0。
- 高度：确定圆锥体的高度。
- 高度分段：设置圆锥体高度的分段数。
- 端面分段：设置两端平面沿半径辐射的片段划分数。
- 边数：设置端面圆周上的片段划分数。
- 平滑：混合圆锥体的面，从而在渲染视图中创建平滑的外观。
- 启用切片：是否进行局部切片处理，制作不完整的圆锥体。
- 切片起始位置、切片结束位置：分别设置切片局部的起始和终止位置。

2.1.3 球体

使用“球体”命令来制作面状或平滑的球体，也可以制作局部球体（包括半球）。具体效果表现如图2-16所示的篮球。

图2-16

1. 实例操作008——创建水晶球

案例文件	场景\Cha02\水晶球.max	视频教学	视频教学\Cha02\水晶球.avi
视频长度	24秒	难易指数	★☆☆☆☆

1 单击“ （创建）| （几何体）| 球体”按钮，如图2-17所示。

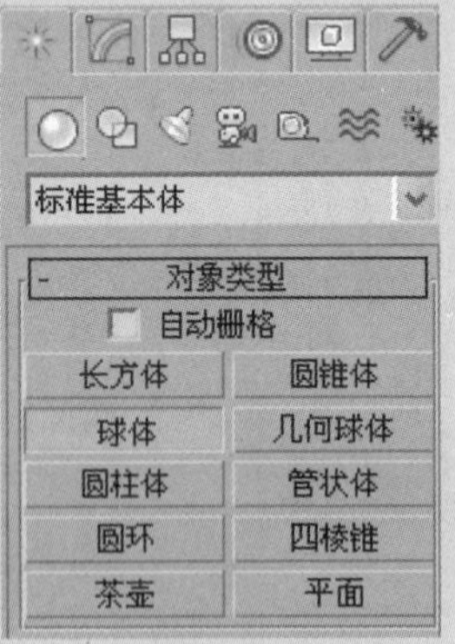

图2-17

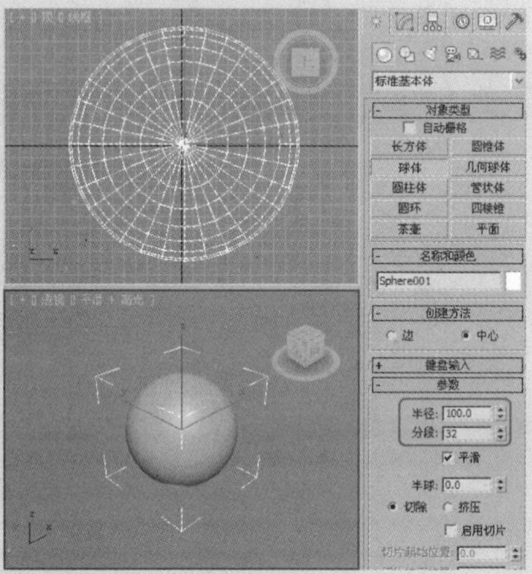

图2-18

2 在“顶”视图中单击并拖动鼠标创建球体。在“参数”卷展栏中设置“半径”参数如图2-18所示。

注意 篮球的效果是通过赋予材质表现出来的。

2. 选项介绍

“参数”卷展栏中的选项的功能介绍如下。

- 半径：指定球体的半径。
- 分段：设置表面划分的分段数，值越高，表面越光滑，面数也越多。
- 半球：值区间为0到1，默认为0，表示创建完整的球体；增加数值，球体被逐渐减去；值为0.5时，制作出半球；值为1时，什么都没有了。

2.1.4 几何球体

使用“几何球体”建立三角面拼接成的球体或半球体，它不像球体那样可以控制切片局部的大小。如果仅仅是要产生圆球或半球，它与“球体”工具基本没什么区别。它的长处在于它是由三角面拼接组成的，在进行面的分离特效时（如爆炸），可以分解成三角面或标准四面体、八面体等，无秩序而易混乱。

“参数”卷展栏如图2-19所示，部分选项的功能介绍如下。

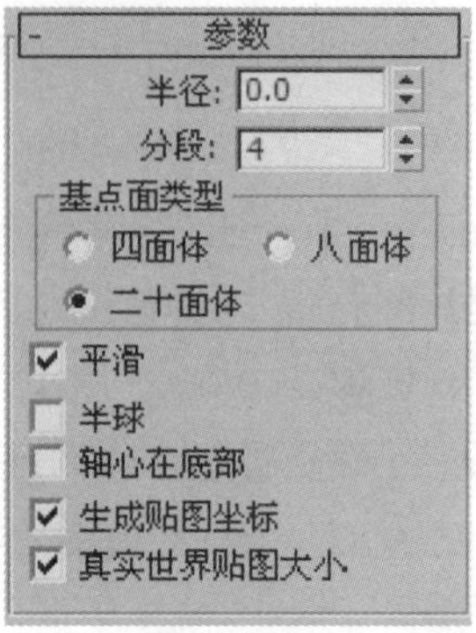

图2-19

- 半径：确定几何球体的半径。
- 分段：设置球体表面的划分复杂度，值越大，三角面越多，球体也越光滑。

- 基点面类型：确定由哪种规则的多面体组合成球体。四面体、八面体、二十面体，如图2-20所示。

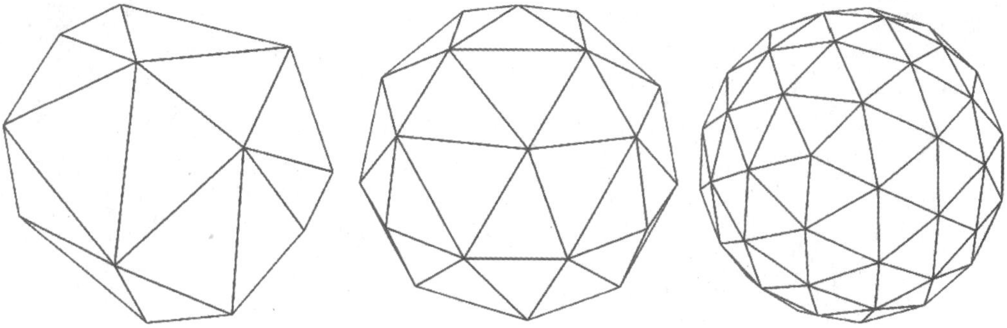

图2-20

- 半球：是否制作半球体。
- 轴心在底部：设置球体的轴心点位置在球体的底部，这个选项对半球体不产生作用。

2.1.5 圆柱体

使用圆柱体可以创建棱柱体、圆柱体、局部圆柱或棱柱体，当高度为0时产生圆形或扇形平面。具体效果表现如图2-21所示。

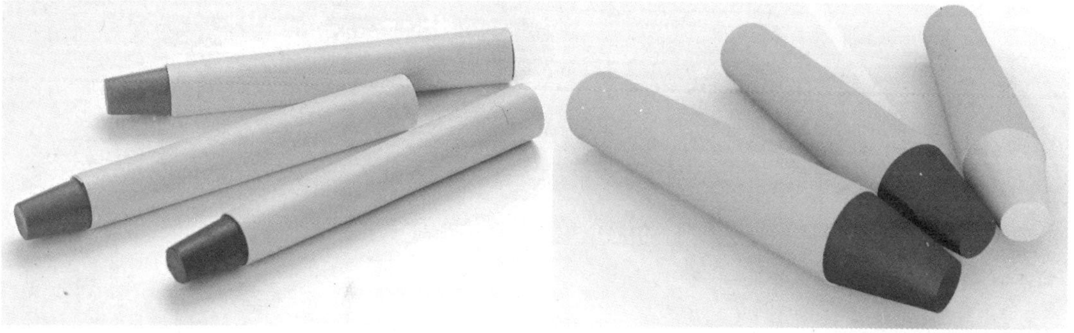

图2-21

1. 实例操作009——制作蜡笔

案例文件	场景\Cha02\蜡笔.max	视频教学	视频教学\Cha02\蜡笔.avi
视频长度	1分23秒	难易指数	★★☆☆☆

1 单击“（创建）|（几何体）|圆柱体”按钮，在“前”视图中按住鼠标拖动，以创建圆柱体的半径，松开并移动鼠标创建圆柱体的高度，再次单击鼠标完成圆柱体的创建。在“参数”卷展栏中设置参数如图2-22所示。

2 在“前”视图中创建“圆锥体”，设置其参数如图2-23所示。

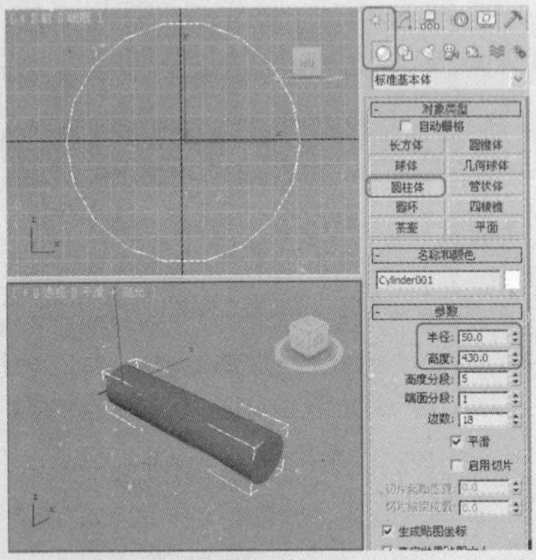

图2-22

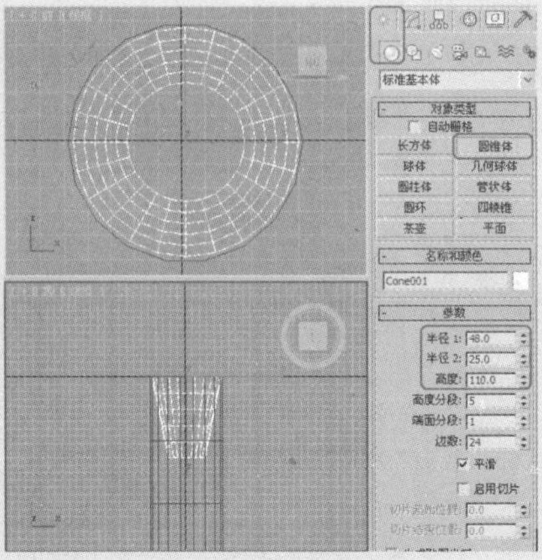

图2-23

3 在场景中调整模型的位置如图2-24所示。

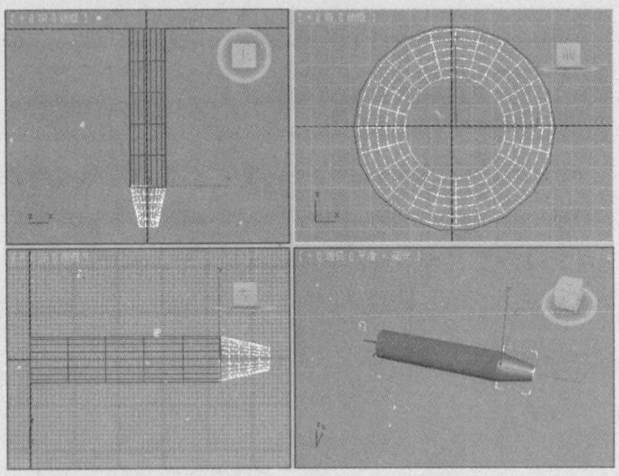

图2-24

2. 选项介绍

“参数”卷展栏中部分选项的功能介绍如下。

- 半径：设置圆柱体的半径大小。
- 高度：设置圆柱体的高度。

2.1.6 管状体

使用Tube（管状体）命令可以生成圆形和棱柱管道、管状体类型与中空的圆柱体。具体效果表现如图2-25所示。

图2-25

1. 实例操作010——制作垃圾桶

案例文件	场景\Cha02\垃圾桶.max	视频教学	视频教学\Cha02\垃圾桶.avi
视频长度	2分47秒	难易指数	★★☆☆☆

1 单击“（创建）|（几何体）|圆柱体”按钮，在“顶”视图中创建圆柱体，并在“参数”卷展栏中设置合适的参数，如图2-26所示。

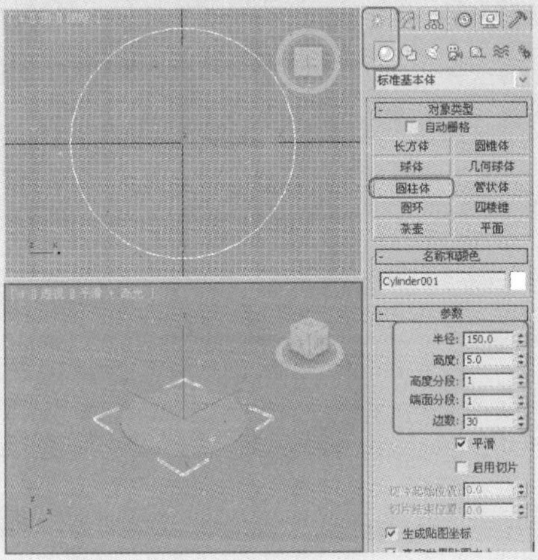

图2-26

2 单击“（创建）|（几何体）|管状体”按钮，在“顶”视图中创建管状体，设置合适的参数，如图2-27所示。

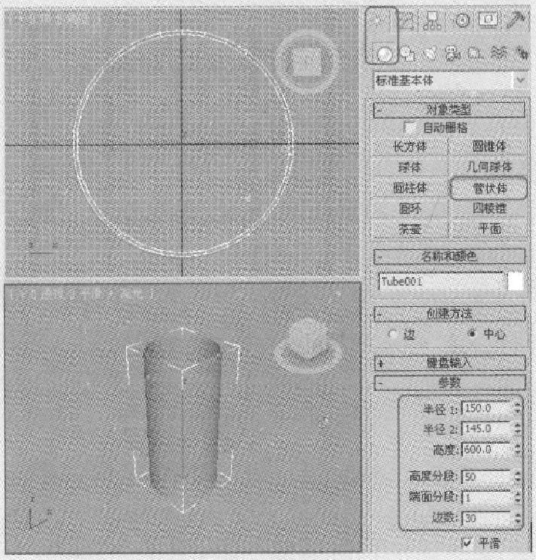

图2-27

3 选择“圆柱体”，在“左”视图中沿y轴移动复制模型，效果如图2-28所示。

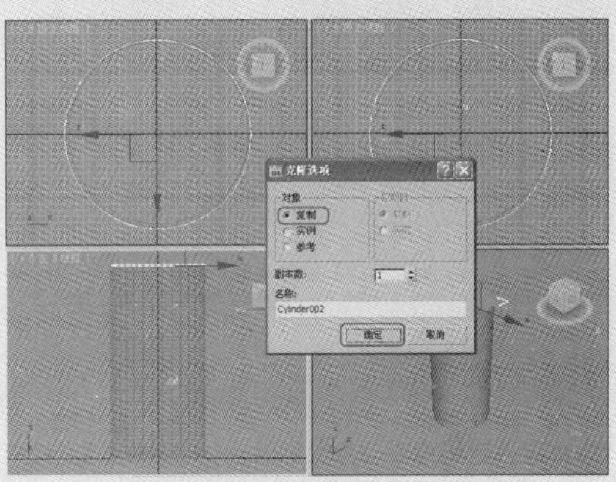

图2-28

4 修改复制的圆柱体的参数如图2-29所示。

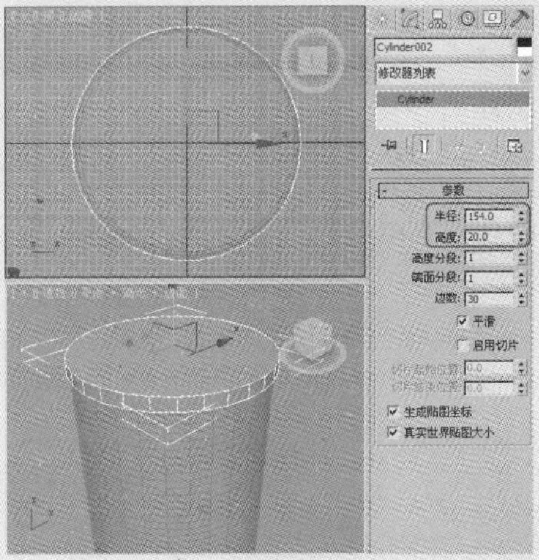

图2-29

5 单击“（创建）|（几何体）|扩展基本体|切角长方体”按钮，在“前”视图中创建切角长方体，设置合适的参数，如图2-30所示。

6 在场景中选择管状体，单击“（创建）|（几何体）|复合对象|ProBoolean”按钮，在场景中拾取切角长方体，如图2-31所示。

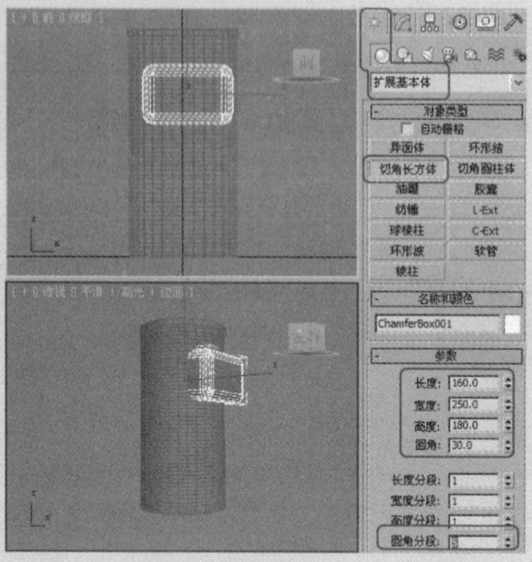

图2-30

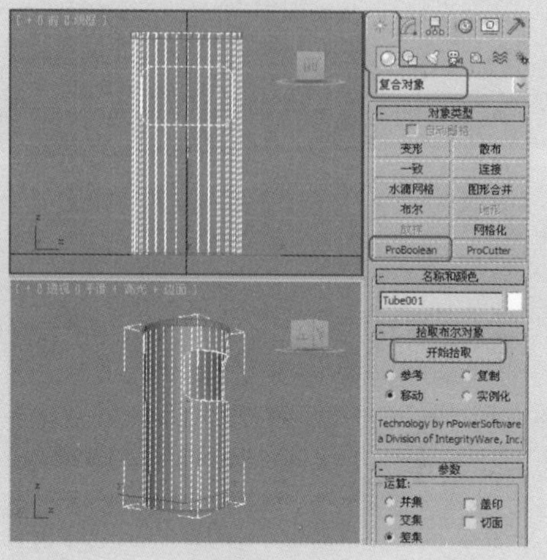

图2-31

2. 选项介绍

"参数"卷展栏中的部分选项的功能介绍如下。

- 半径1：设置"管状体"的内径。
- 半径2：设置"管状体"的外径。

2.1.7 圆环

使用"圆环"命令可创建一个圆环或具有圆形横截面的环。具体效果表现如图2-32所示。

图2-32

1. 实例操作011——制作玉镯

案例文件	场景\Cha02\玉镯.max	视频教学	视频教学\Cha02\玉镯.avi
视频长度	1分	难易指数	★☆☆☆☆

1 单击"（创建）|（几何体）|圆环"按钮，如图2-33所示。

2 在"顶"视图中按住鼠标并拖动创建圆环的半径1，松开鼠标，然后拖动鼠标创建圆环的半径2，再次单击鼠标完成创建。在"参数"卷展栏中设置参数如图2-34所示。

注意 救生圈边上的褶皱是通过设置置换来完成的，在后面的章节中我们再为大家详细介绍置换的应用。

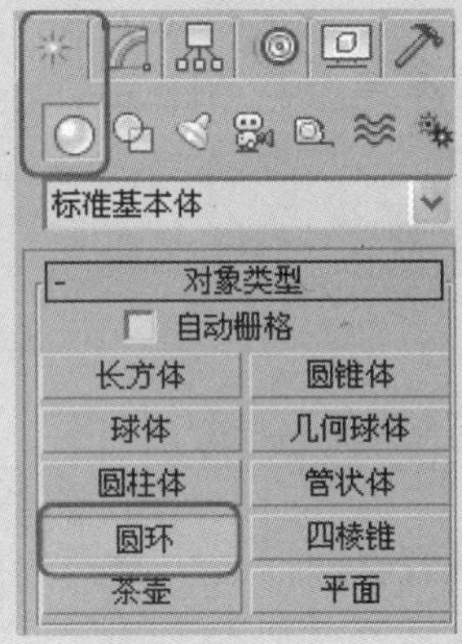

图2-33

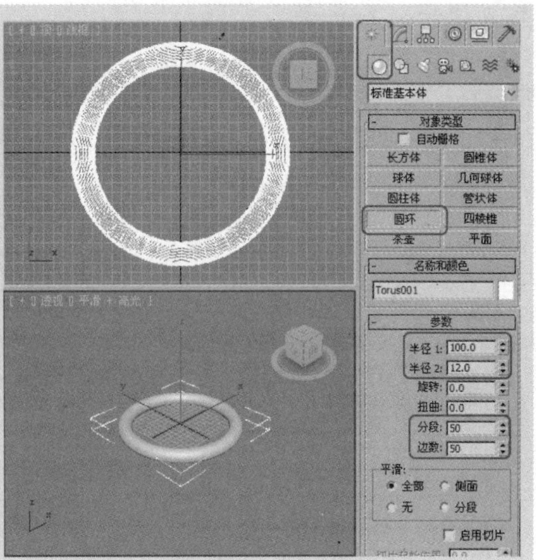

图2-34

2. 选项介绍

“参数”卷展栏中的部分选项的功能介绍如下。

- 半径1：设置从环形的中心到横截面圆形的中心的距离，这是圆环的半径。
- 半径2：设置横截面圆形的半径。每当创建环形时就会替换该值。
- 旋转：设置旋转的度数。顶点将围绕通过环形环中心的圆形并均匀旋转。此设置的正数值和负数值将在环形面上的任意方向“滚动”顶点。
- 扭曲：设置扭曲的度数。
- 分段：设置围绕环形的分段数目。通过减少此数值可以创建多边形环，而不是圆形。
- 边数：设置环形横截面圆形的边数。通过减少此数值可以创建类似于棱锥的横截面，而不是圆形。
- 平滑：旋转四种平滑。
    - ◆ 全部：将在环形的所有曲面生成完整平滑。
    - ◆ 侧面：平滑相邻分段之间的边，从而生成围绕环形运行的平滑带。
    - ◆ 无：完全禁用平滑，从而在环形上生成类似棱锥的面。
    - ◆ 分段：分别平滑每个分段，从而沿着环形生成类似环的分段。

2.1.8 四棱锥

四棱锥基本体拥有方形或矩形底部和三角形侧面。具体效果表现如图2-35所示。

图2-35

实例操作012——金字塔吸音海绵

案例文件	场景\Cha02\吸音海绵.max	视频教学	视频教学\Cha02\吸音海绵.avi
视频长度	2分6秒	难易指数	★☆☆☆☆

1 单击“ （创建）| （几何体）| 四棱锥”按钮，在“顶”视图中单击拖动鼠标四棱锥的方形，松开鼠标移动鼠标创建四棱锥的高度，再次单击鼠标完成创建。在“参数”卷展栏中设置参数如图2-36所示。

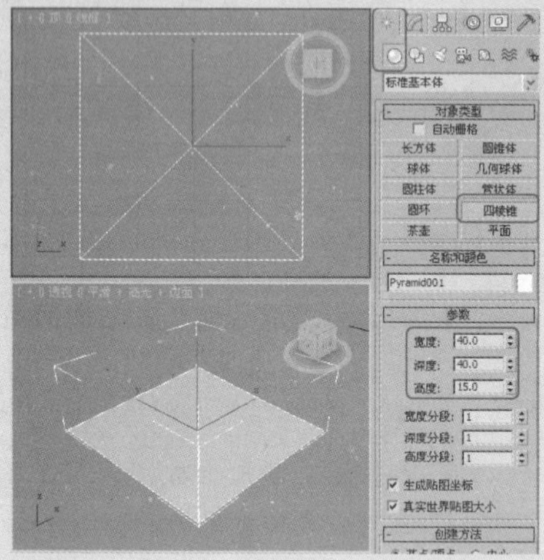

图2-36

2 将模型转换为“可编辑多边形”，将选择集定义为“边”，全选边，并设置边的“切角”，如图2-37所示。

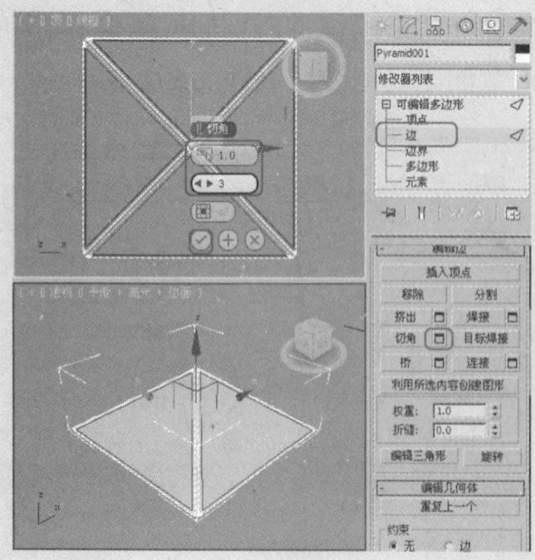

图2-37

“参数”卷展栏中部分选项的功能介绍如下。

宽度、深度、高度：分别确定底面矩形的长、宽以及棱锥体的高。

3 在场景中复制模型，如图2-38所示。

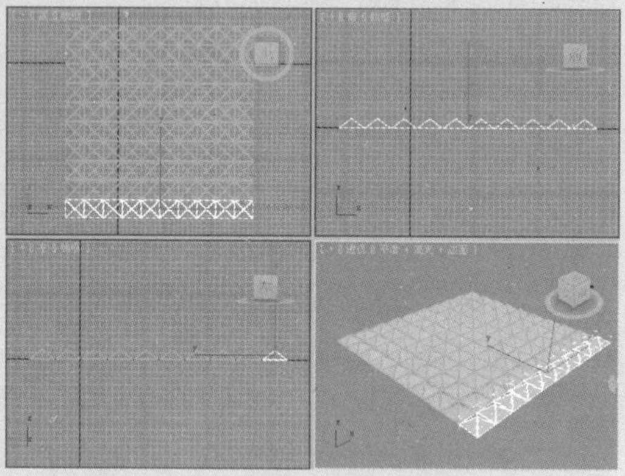

图2-38

4 在场景中创建长方体，如图2-39所示。

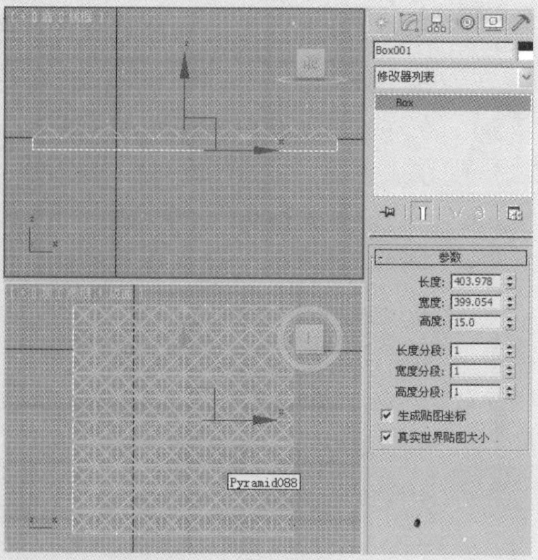

图2-39

2.1.9 茶壶

“茶壶”可生成一个茶壶形状。您可以选择一次制作整个茶壶（默认设置）或一部分茶壶。由于茶壶是参量对象，因此可以选择创建之后显示茶壶的哪些部分。具体效果表现如图2-40所示。

图2-40

“参数”卷展栏中的选项功能介绍如下。

- 半径：设置茶壶的半径。
- 分段：设置茶壶或其单独部件的分段数。
- 茶壶部件：启用或禁用茶壶部件的复选框。默认情况下，将启用所有的部件，从而生成完整的茶壶。

2.1.10 平面

使用“平面”对象来创建大型的平面并不会妨碍在视口中工作，我们可以将任何类型的修改器应用于“平面”对象。

单击“（创建）|（几何体）|平面”按钮，在“顶”视图中创建“平面”作为地面，如图2-41所示。

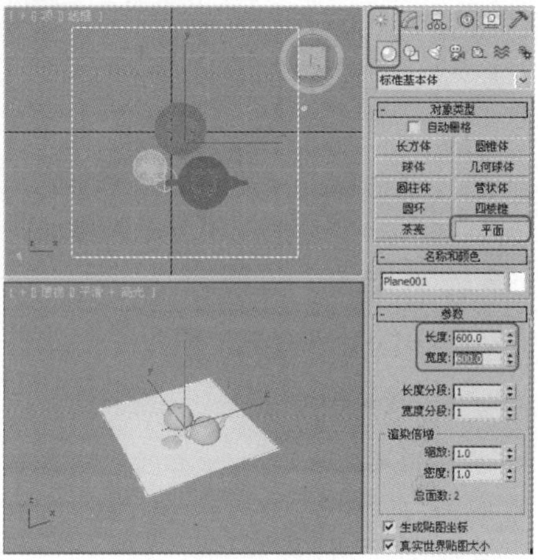

图2-41

“参数”卷展栏中的选项的功能介绍如下。

- 长度、宽度：设置平面对象的长度和宽度。
- 长度分段、宽度分段：设置沿着对象每个轴的分段数量。
- 缩放：指定长度和宽度在渲染时的倍增因子。将从中心向外执行缩放。
- 密度：指定长度和宽度分段数在渲染时的倍增因子。

2.2 扩展基本体

扩展基本体要比标准基本体更复杂。这些几何体通过其他建模工具也可以创建，不过要花费一定的时间。有了现成的工具，就能够节省大量的制作时间。

2.2.1 异面体

“异面体”可以创建各种具备奇特表面组合的多面体，利用它的参数调节，可以制作出种类繁多的复杂造型。具体效果表现如图2-42所示的足球。

图2-42

1. 实例操作013——创建足球

案例文件	场景\Cha02\足球.max	视频教学	视频教学\Cha02\足球.avi
视频长度	1分59秒	难易指数	★★★☆☆

1 首先单击“ （创建）| （几何体）| 扩展基本体 | 异面体”按钮，在“顶”视图中按住鼠标并拖动，以创建“异面体”，释放并移动鼠标完成创建。在“参数”卷展栏中设置参数如图2-43所示。

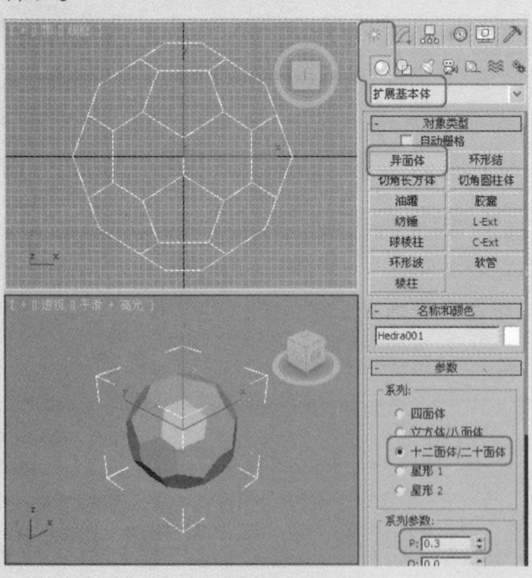

图2-43

2 转换为“可编辑多边形”，为每个多边形设置挤出厚度，如图2-44所示。

3 设置多边形的“细化”，如图2-45所示。

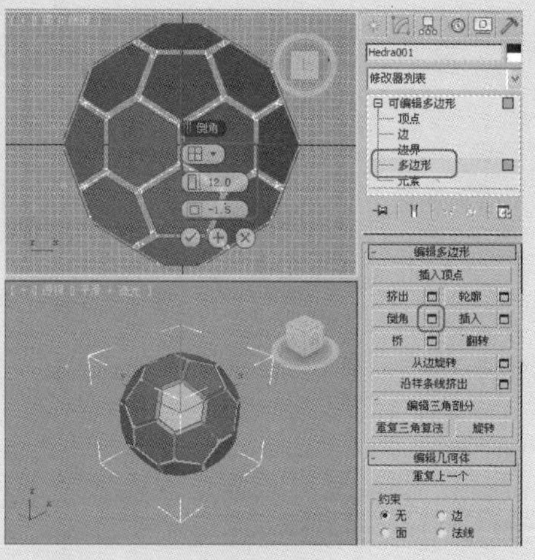

图2-44

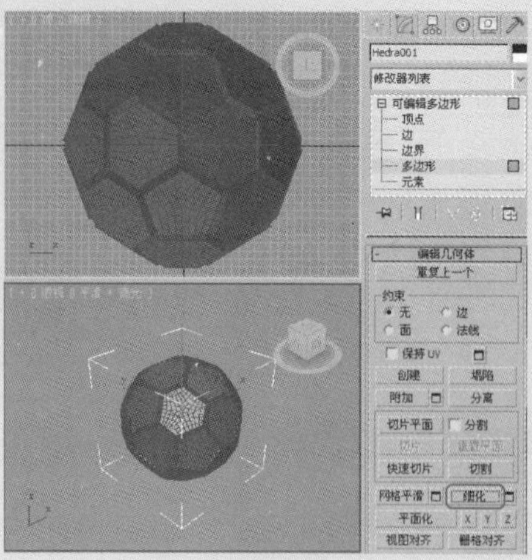

图2-45

4 施加“涡轮平滑”修改器，使用默认参数，如图2-46所示。

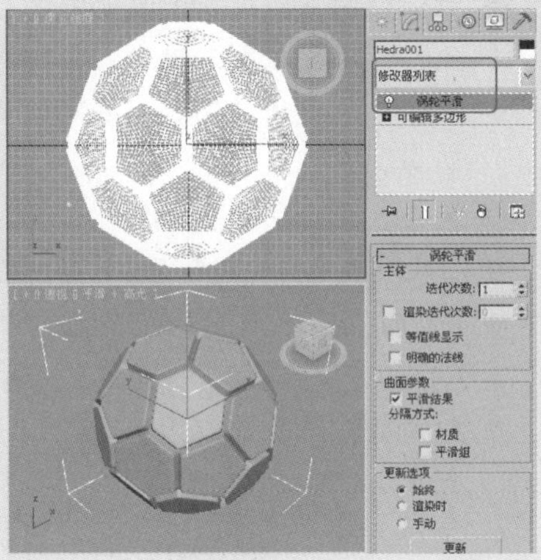

图2-46

5 最后为模型施加“球形化”修改器，设置合适的参数。完成足球的制作，如图2-47所示。

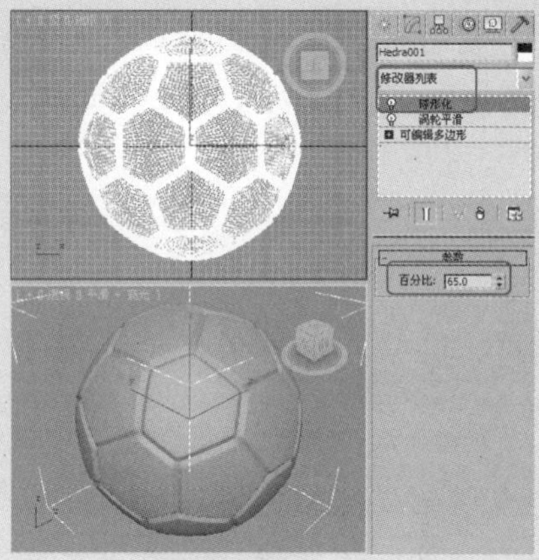

图2-47

2.选项介绍

“参数”卷展栏中的选项的功能介绍如下。

- 系列：提供了五种基本形体方式提供选择，如图2-48所示。
- 系列参数：为多面体顶点和面之间提供两种方式变换的关联参数。
- P、Q：P和Q将以最简单的形式在顶点和面之间来回更改几何体。
- 轴向比例：多面体可以拥有多达三种以上多面体的面，如三角形、方形或五角形。这些面可以是规则的，也可以是不规则的。如果多面体只有一种或两种面，则只有一个或两个轴向比率参数处于活动状态。不活动的参数不起作用。
- P、Q、R：控制多面体一个面反射的轴。
- 重置：将轴返回为其默认设置。
- 基点：面的细分不能超过最小值。
- 中心：通过在中心放置另一个顶点（其中边是从每个中心点到面角）来细分每个面。
- 中心和边：通过在中心放置另一个顶点（其中边是从每个中心点到面角，以及到每个边的中心）来细分每个面。与“中心”相比，“中心和边”会使多面体中的面数加倍。
- 半径：以当前单位数设置任何多面体的半径。

图2-48

2.2.2 环形节

使用“环形节”是扩展基本体中最复杂的一个工具，可控制的参数众多，组合产生的效果不胜枚举。可以将“环形节”造型转换为NURBS表面对象。具体效果表现如图2-49所示。

图2-49

单击“（创建）|（几何体）|扩展基本体|环形节”按钮，在“顶”视图中按住鼠标并拖动，创建环形节的半径，松开并移动鼠标设置横截面的半径，再次单击鼠标完成创建，如图2-50所示。

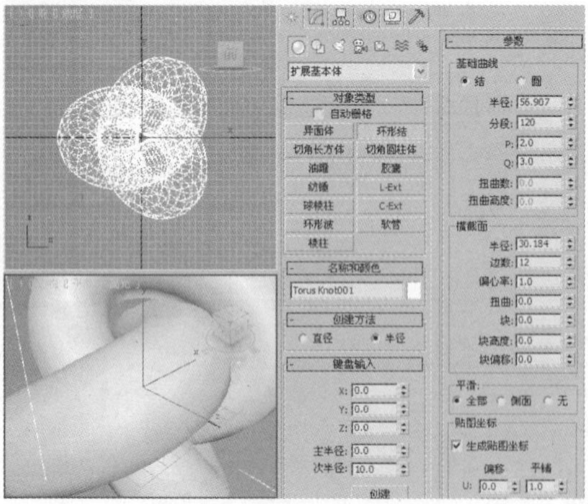

图2-50

“参数”卷展栏中的选项的功能介绍如下。

- 结：使用“结”时，环形将基于其他各种参数自身交织。
- 圆：如果使用“圆”，基础曲线是圆形。
- 半径：设置基础曲线的半径。
- 分段：设置围绕环形周界的分段数。
- P、Q：描述上下 (P) 和围绕中心 (Q) 的缠绕数值。
- 扭曲数：设置曲线周围的星形中的点数。
- 扭曲高度：设置指定为基础曲线半径百分比的点的高度。
- 半径：设置横截面的半径。
- 边数：设置横截面周围的边数。
- 偏心率：设置横截面主轴与副轴的比率。
- 扭曲：设置横截面围绕基础曲线扭曲的次数。
- 块：设置环形结中的凸出数量。
- 块高度：设置块的高度，作为横截面半径的百分比。
- 块偏移：设置块起点的偏移，以度数来测量。

提示 “块偏移”的作用是围绕环形设置块的动画。

- 偏移：沿着U向和V向偏移贴图坐标。
- 平铺：沿着U向和V向平铺贴图坐标。

2.2.3 切角长方体

“切角长方体”直接产生带有切角的长方体，省去了“倒角”制作的过程。具体效果表现如图2-51所示。

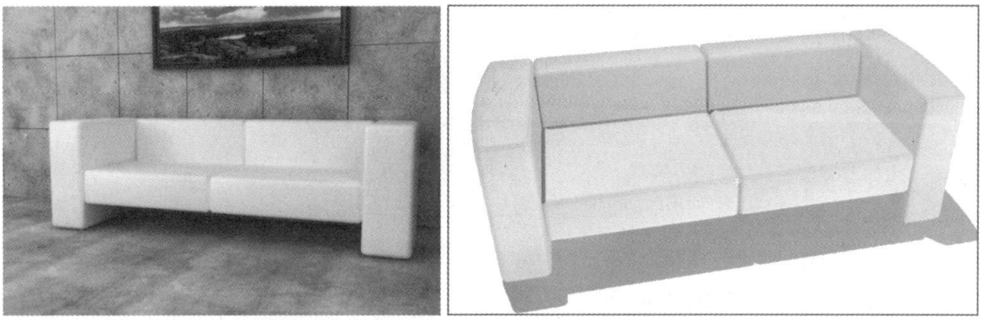

图2-51

1. 实例操作014——创建沙发模型

案例文件	场景\Cha02\沙发.max	视频教学	视频教学\Cha02\沙发.avi
视频长度	3分32秒	难易指数	★★☆☆☆

1 单击"（创建）|（几何体）|扩展基本体| 切角长方体"按钮，在"顶"视图中创建切角长方体，在"参数"卷展栏中设置参数如图2-52所示。

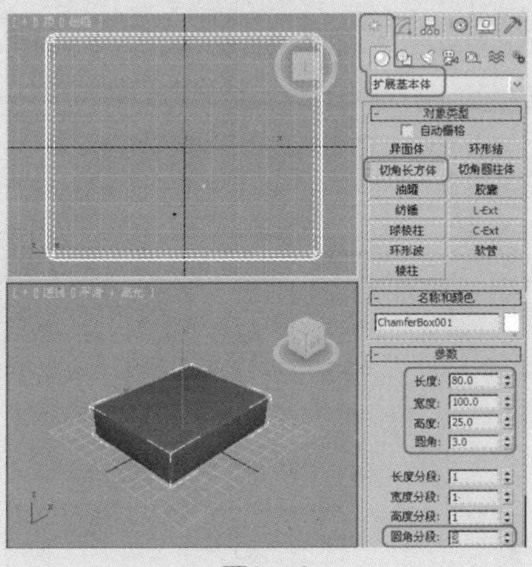

图2-52

2 在场景中使用（选择并移动）工具按住Shift键移动复制模型，在弹出的对话框中选择"复制"选项，单击"确定"按钮，调整复制出的模型的位置如图2-53所示。

3 在场景中选择两个坐垫模型，在场景中使用（选择并旋转）工具，按住Shift键旋转复制模型，在弹出的对话框中选择"复制"选项，单击"确定"按钮，如图2-54所示。

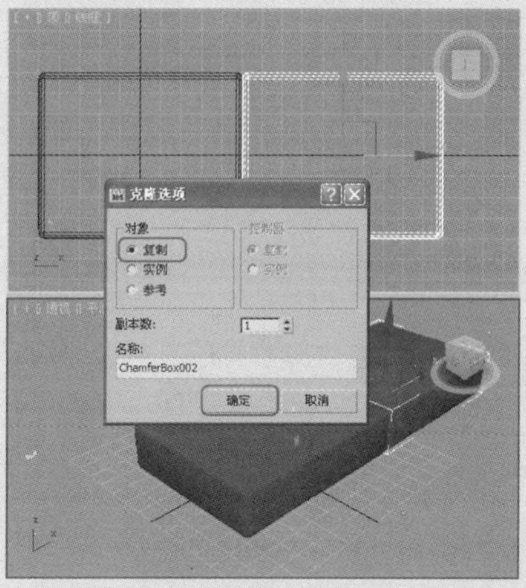

图2-53

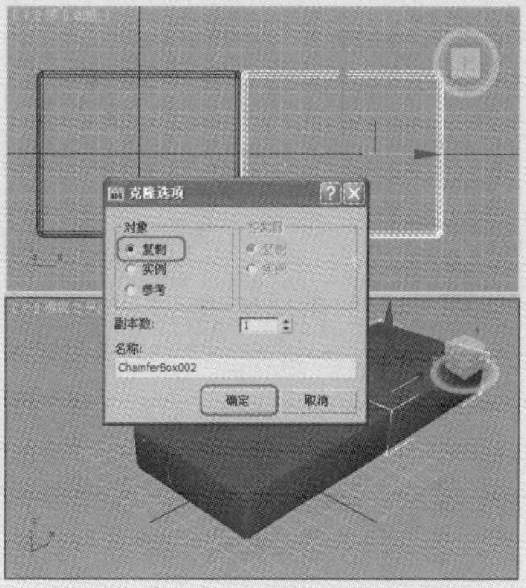

图2-54

4 在场景中调整复制出的模型的位置如图2-55所示。

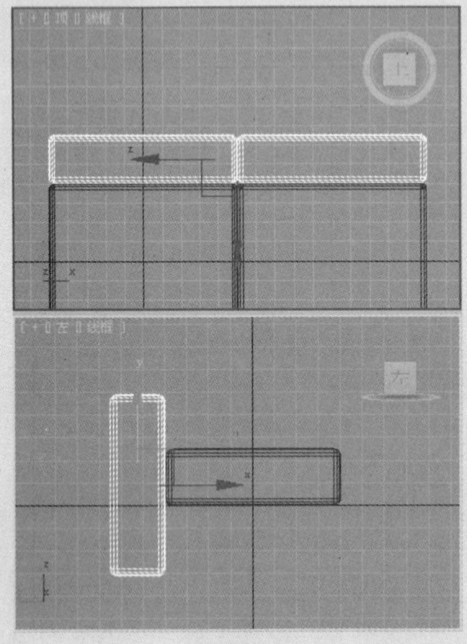

图2-55

5 继续复制模型，调整模型的位置后，为模型设置合适的分段，如图2-56所示。

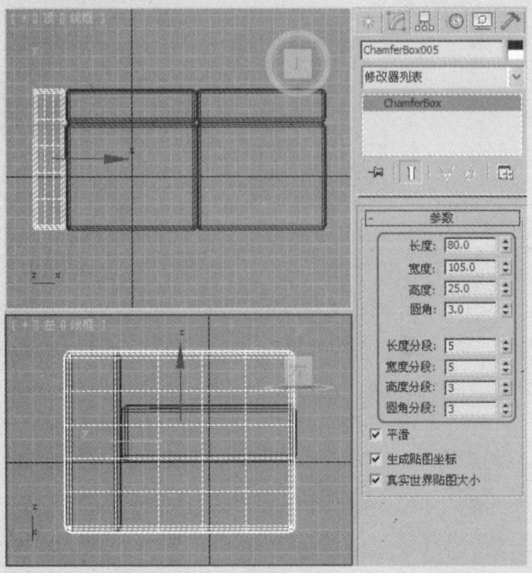

图2-56

6 在修改器列表中选择“FFD4×4×4”修改器，将选择集定义为“控制点”，在场景中变换调整出现在模型周围的控制点，调整模型的形状如图2-57所示。

7 在场景中选择作为沙发扶手的模型，在工具栏中单击（镜像）工具，在弹出的对话框中选择“镜像轴”为X，设置“偏移”参数，并在“克隆当前选择”选项组中单击“复制”单选按钮，然后单击“确定”按钮，如图2-58所示。

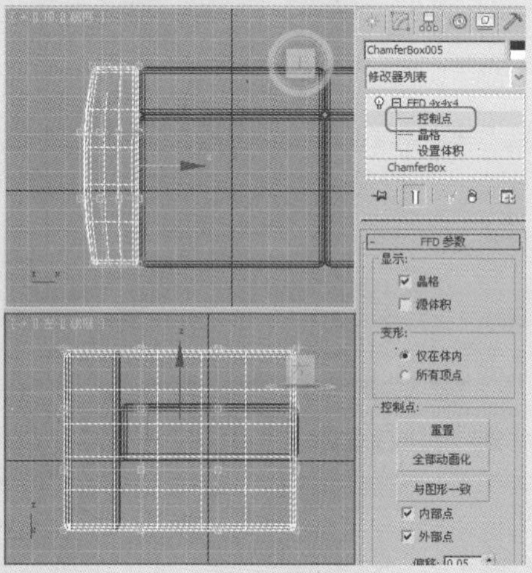

图2-57

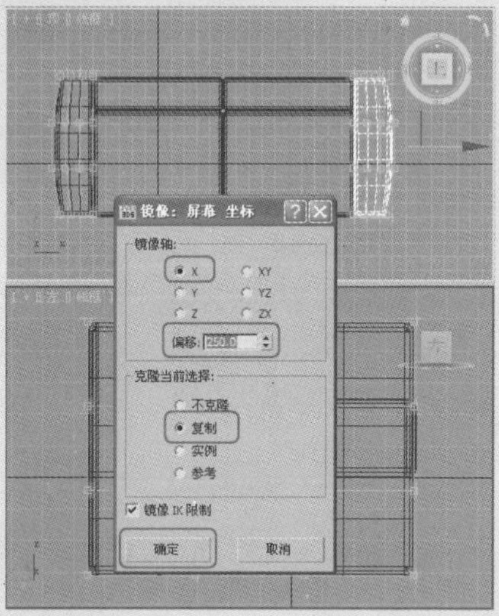

图2-58

8 单击“（创建）|（几何体）| 标准基本体 | 长方体”按钮，在“顶”视图中沙发扶手的位置创建长方体，在“参数”卷展栏中设置合适的参数，如图2-59所示。

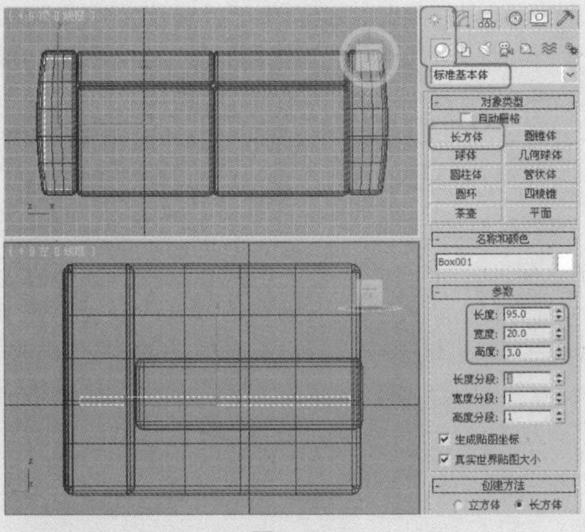

图2-59

9 在场景中调整模型的位置，复制模型如图2-60所示。

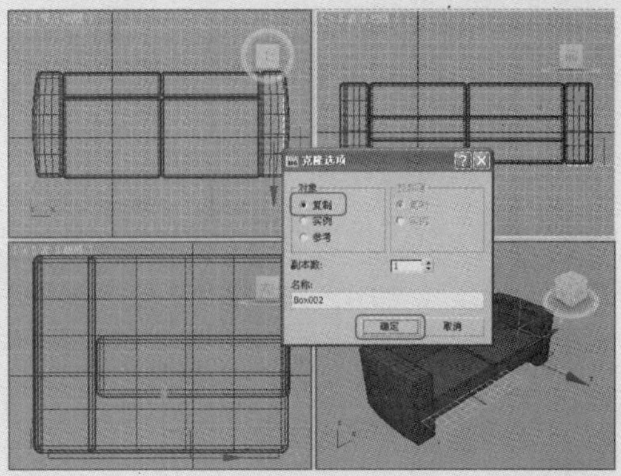

图2-60

2. 选项介绍

“参数”卷展栏中部分选项的功能介绍如下。

- 圆角：切开切角长方体的边。值越高切角长方体边上的圆角就更加精细。
- 圆角分段：设置长方体圆角边时的分段数。添加圆角分段将增加圆形边。

2.2.4 切角圆柱体

使用“切角圆柱体”来创建具有倒角或圆形封口边的圆柱体。具体效果表现如图2-61所示。

图2-61

实例操作015——创建石桌椅

案例文件	场景\Cha02\石桌椅.max	视频教学	视频教学\Cha02\石桌椅.avi
视频长度	6分32秒	难易指数	★★☆☆☆

1 首先单击“（创建）|（几何体）|扩展基本体|切角圆柱体”按钮，在“顶”视图中拖动鼠标创建“切角圆柱体”的半径，移动鼠标创建切角圆柱体的高度，单击并移动鼠标设置切角圆柱体的圆角，再次单击鼠标完成创建。在“参数”卷展栏中设置参数如图2-62所示。

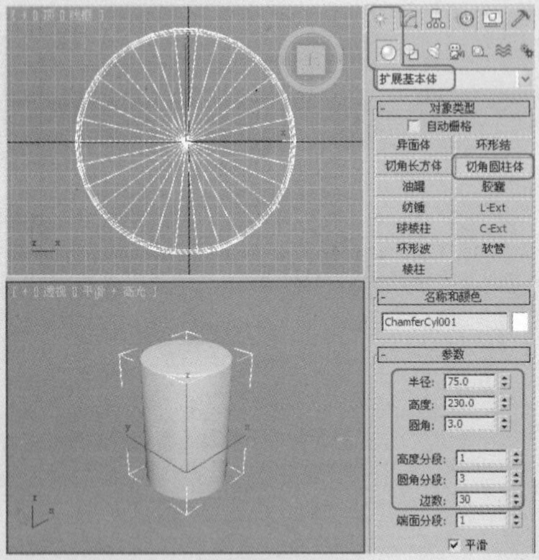

图2-62

2 在“顶”视图中创建标准基本体管状体，设置模型的参数，并在场景中复制模型如图2-63所示。

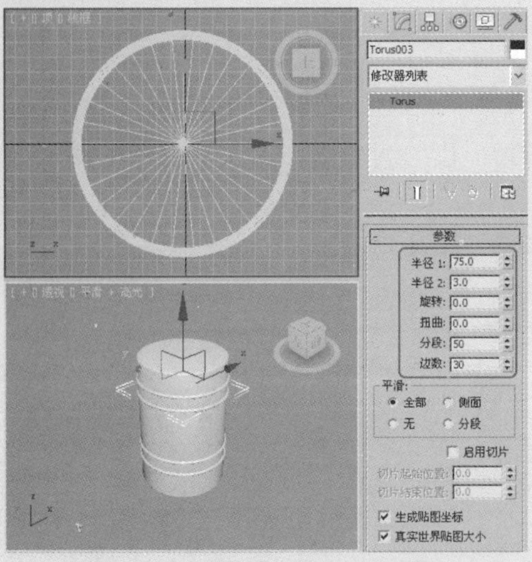

图2-63

3 在场景中选择切角圆柱体，单击“（创建）|（几何体）|复合对象|ProBoolean”按钮，在“拾取布尔对象”卷展栏中单击“开始拾取”按钮，在场景中拾取管状体，如图2-64所示。

4 在场景中使用“线”创建图形，将选择集定义为“顶点”，在场景中调整图形的形状，如图2-65所示。

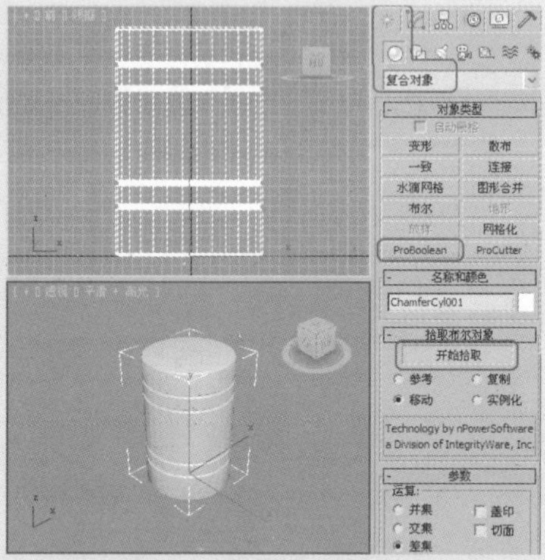

图2-64

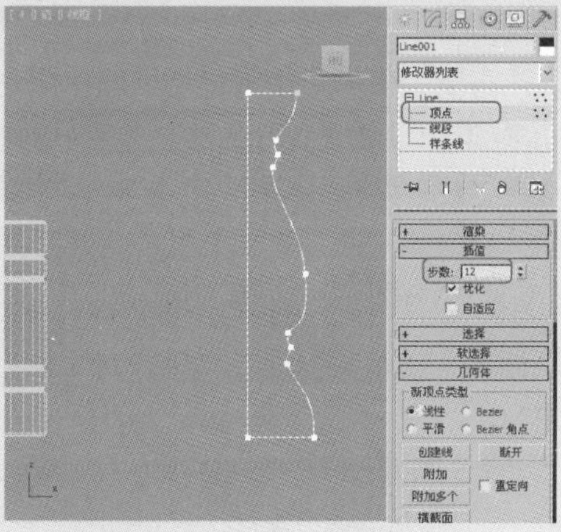

图2-65

5 为图形施加“车削”修改器，并设置合适的参数，如图2-66所示。

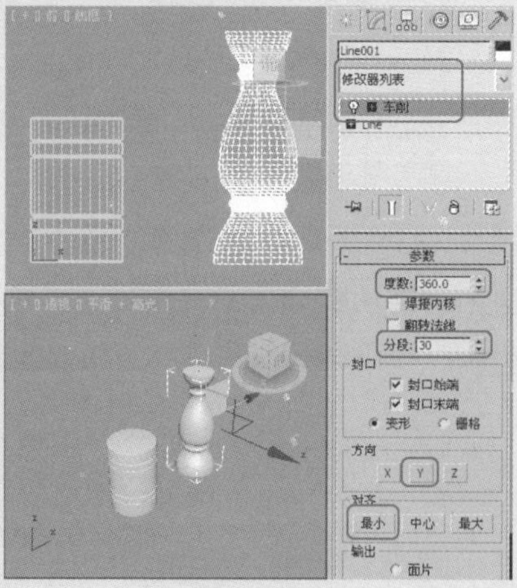

图2-66

6 创建“切角圆柱体”作为桌面，如图2-67所示。

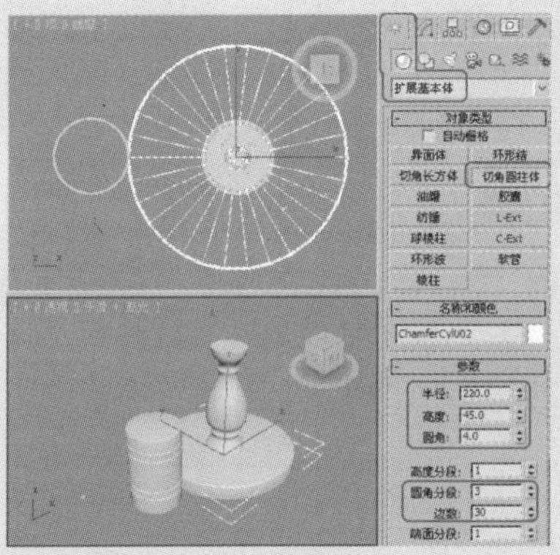

图2-67

7 在场景中调整模型的位置，并对场景模型进行复制，如图2-68所示。

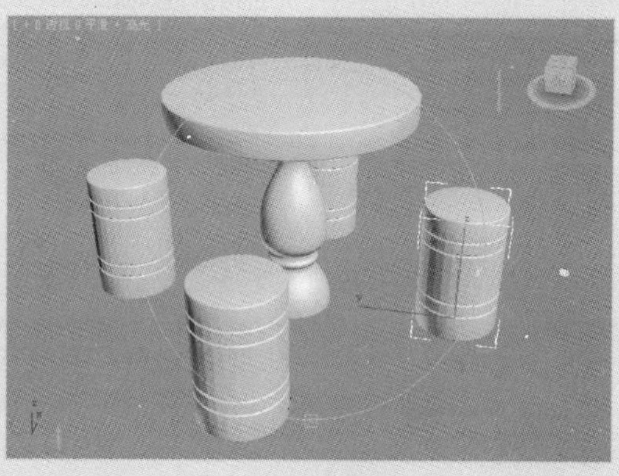

图2-68

2.2.5 油罐

使用“油罐”可创建带有凸面封口的圆柱体。具体效果表现如图2-69所示。

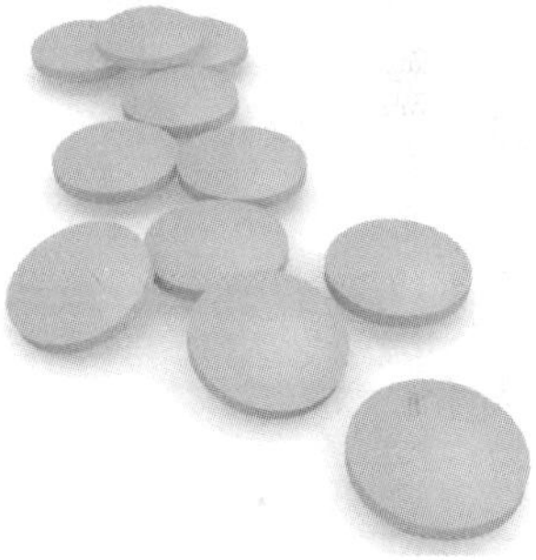

图2-69

1. 实例操作016——创建药片

案例文件	场景\Cha02\药片.max	视频教学	视频教学\Cha02\药片.avi
视频长度	1分36秒	难易指数	★☆☆☆☆

1 首先单击“（创建）|（几何体）|扩展基本体|油罐”按钮，在“顶”视图中拖动鼠标创建油罐的半径，移动鼠标创建油罐的高度，单击并移动鼠标设置油罐的封口高度，再次单击鼠标完成创建。在“参数”卷展栏中设置参数如图2-70所示。

2 在场景中对油罐进行复制，以形成散落的药片，如图2-71所示。

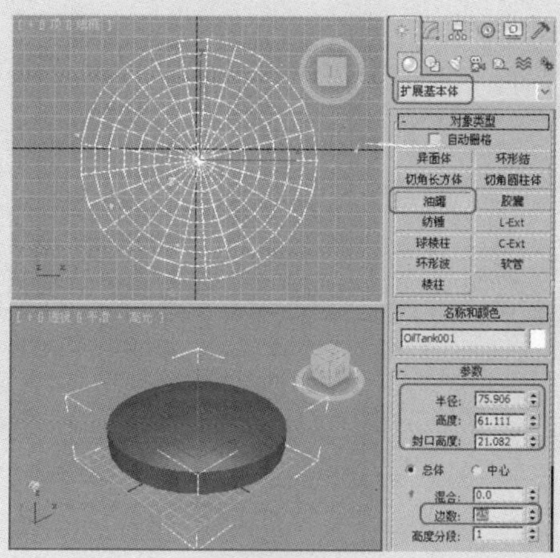

图2-70

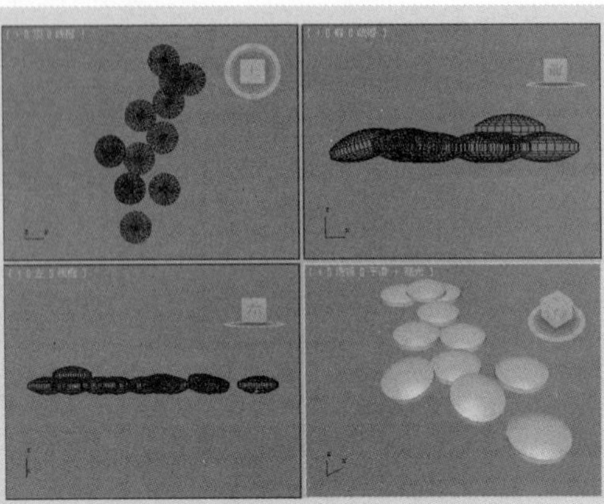

图2-71

2. 选项介绍

“参数”卷展栏中部分选项的功能介绍如下。

- 封口高度：设置凸面封口的高度。
- 总体：测量油罐的整体高度。
- 中心：只测量油罐柱状高度，不包括顶盖高度。
- 混合：设置一个边缘切角，圆滑顶盖的柱体边缘。

2.2.6 胶囊

使用“胶囊”可创建两端带有半球的圆柱体，类似胶囊的形状。具体效果表现如图2-72所示。

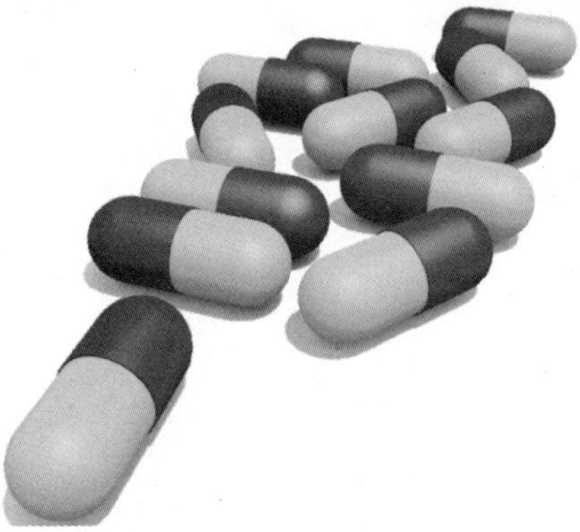

图2-72

实例操作017——创建胶囊

案例文件	场景\Cha02\胶囊.max	视频教学	视频教学\Cha02\胶囊.avi
视频长度	2分38秒	难易指数	★☆☆☆☆

1 首先单击“（创建）|（几何体）|扩展基本体|胶囊”按钮，在“前”视图中拖动鼠标创建胶囊的半径，移动鼠标创建胶囊的高度，再次单击鼠标完成创建。在“参数“卷展栏中设置参数如图2-73所示。

2 将该模型转换为“可编辑多边形”，选择多边形并为其设置挤出，如图2-74所示。

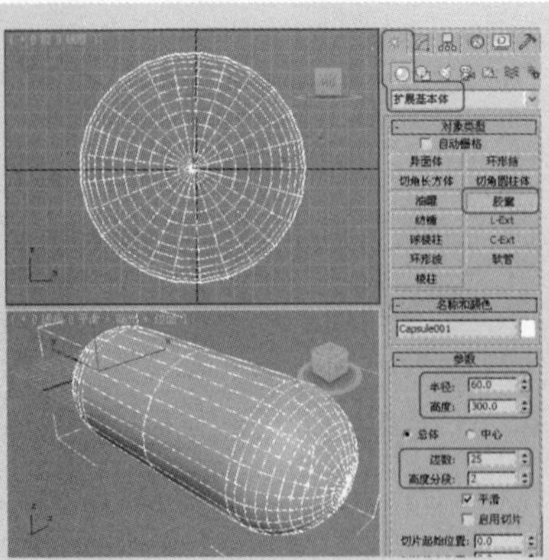

图2-73

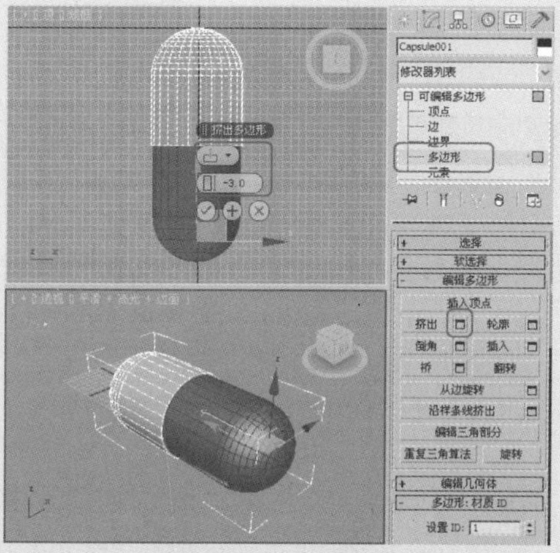

图2-74

3 将制作的胶囊模型进行复制，并对模型的位置和角度进行调整，如图2-75所示。

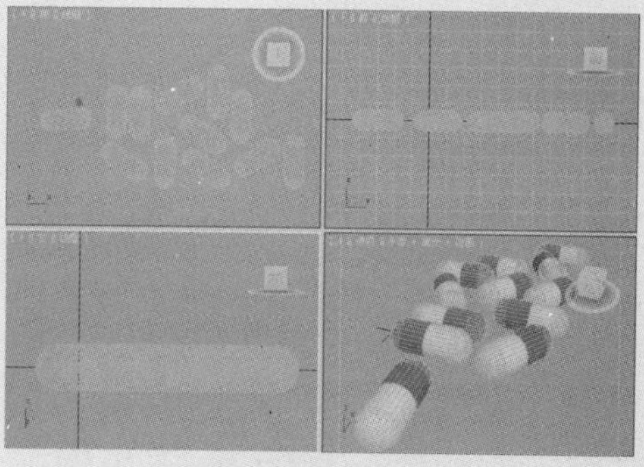

图2-75

2.2.7 纺锤

使用“纺锤”可创建两端带有圆锥尖顶的柱体，如钻石、笔尖等造型。具体的效果表现如图2-76所示。

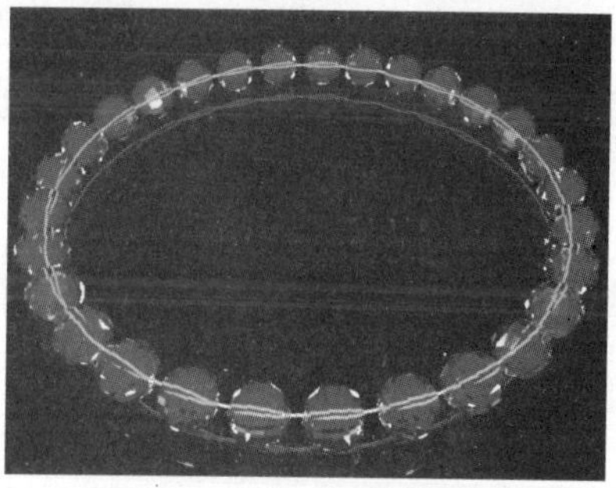

图2-76

实例操作018——水晶手链

案例文件	场景\Cha02\水晶手链.max	视频教学	视频教学\Cha02\水晶手链.avi
视频长度	1分43秒	难易指数	★★☆☆☆

1 首先单击“（创建）|（几何体）|扩展基本体|纺锤”按钮，在“顶”视图中拖动鼠标创建纺锤的半径，移动鼠标创建纺锤的高度，单击并移动鼠标设置纺锤的封口高度，再次单击鼠标完成创建。在“参数”卷展栏中设置参数如图2-77所示。

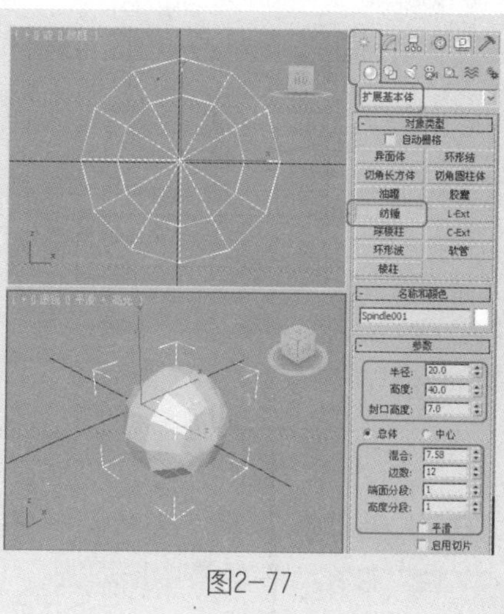

图2-77

2 首先单击“（创建）|（图形）|圆”按钮，在“顶”视图中创建圆，在“参数”卷展栏中设置“半径”为210.0，在“渲染”卷展栏中勾选“在渲染中启用”和“在视口中启用”复选框，如图2-78所示。

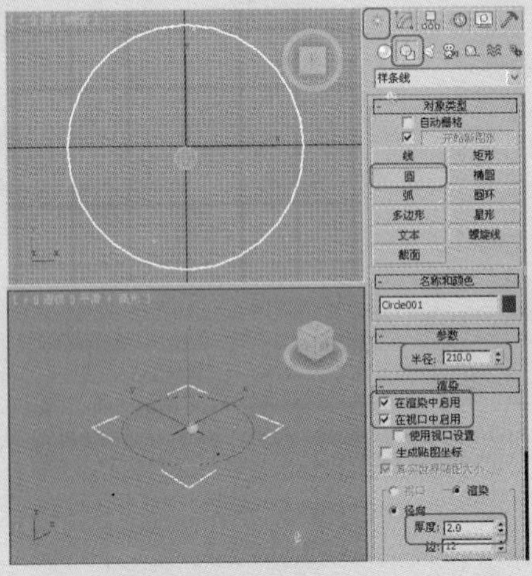

图2-78

“参数”卷展栏中的部分选项的功能介绍如下。

“混合”：设置顶盖与柱体边界产生的圆角大小。

3 切换到（运动）面板，在“指定控制器”卷展栏中选择“位置：位置XYZ”，单击按钮，在弹出的对话框中选择“路径约束”，如图2-79所示。

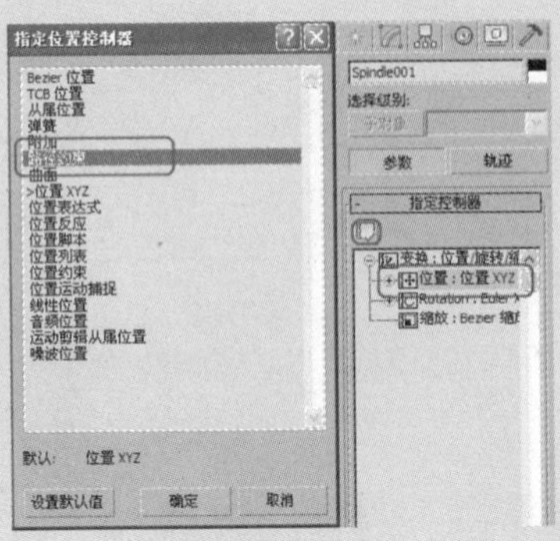

图2-79

4 在“路径参数”卷展栏中单击“添加路径”按钮，在场景中拾取圆，勾选“跟随”复选框，并选择“轴”为“Y”，如图2-80所示。

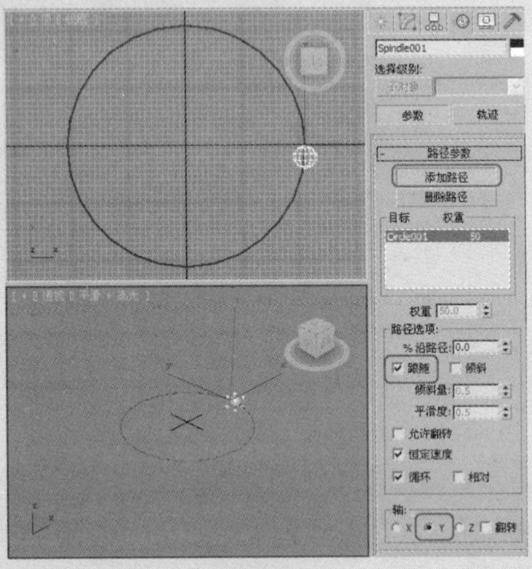

图2-80

5 在菜单栏中选择“工具｜快照”命令，在弹出的对话框中设置参数如图2-81所示。

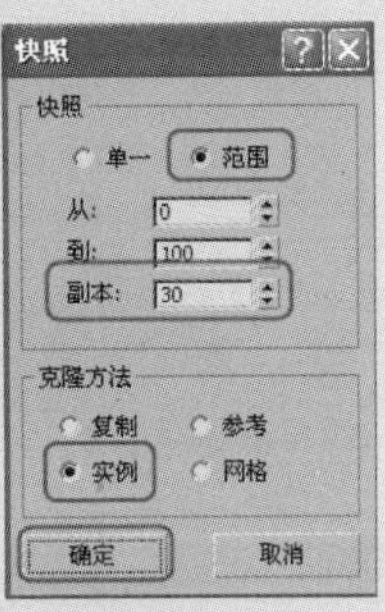

图2-81

6 完成的快照如图2-82所示。

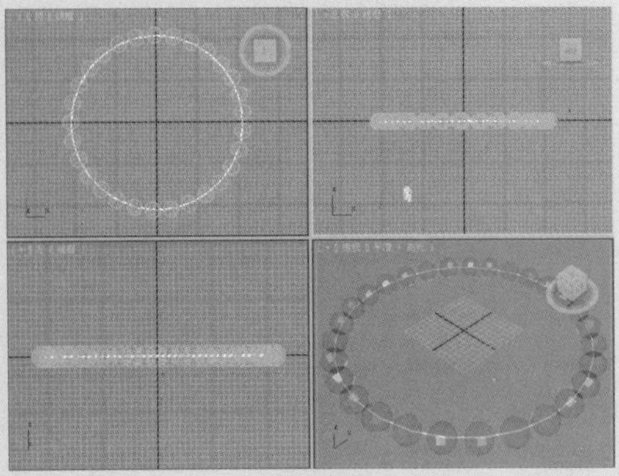

图2-82

2.2.8 L-Ext（L形墙）

使用“L-Ext”（L形墙）可创建夹角的立体墙模型，主要用于建筑快速建模。具体效果表现如图2-83所示。

图2-83

单击“（创建）|（几何体）|扩展基本体|L-Ext（L形墙）”按钮，在“顶”视图中拖动鼠标创建L-Ext（L形墙）的侧面和前面长度，移动鼠标创建L-Ext（L形墙）的高度，单击确定高度，移动鼠标设置L-Ext（L形墙）的侧面和前面宽度，再次单击鼠标完成创建。在“参数”卷展栏中设置参数如图2-84所示。

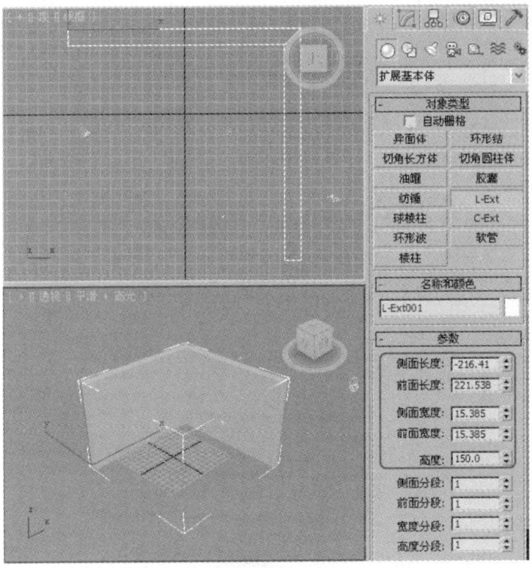

图2-84

“参数”卷展栏中的部分选项的功能介绍如下。

- 侧面长度、前面长度：设置底面侧面边和前边的长度。
- 侧面宽度、前面宽度：设置底面侧面边和底面的宽度。

2.2.9 球棱柱

使用“球棱柱”可创建在柱体的边棱上产生光滑的倒角，如图2-85所示。

图2-85

单击“（创建）|（几何体）|扩展基本体|球棱柱”按钮，在“顶”视图中拖动鼠标创建“球棱柱”的半径，移动鼠标创建球棱柱的圆角，单击确定圆角，移动鼠标设置球棱柱的高度，再次单击鼠标完成创建。在“参数”卷展栏中设置参数如图2-86所示。

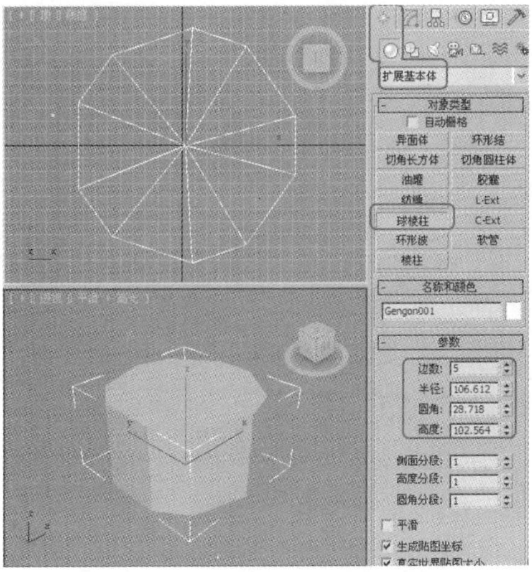

图2-86

2.2.10 C–Ext（C形墙）

使用“C–Ext”（C形墙）可创建C形夹角的立体墙模型，主要用于建筑快速建模。具体效果表现如图2–87所示。

图2–87

单击“（创建）|（几何体）|扩展基本体|C–Ext（C型墙）”按钮，在“顶”视图中拖动鼠标创建C–Ext（C形墙）的背面、侧面、前面长度，移动鼠标创建C–Ext（C形墙）的高度，单击确定高度，移动鼠标设置C–Ext（C形墙）的背面、侧面、前面宽度，再次单击鼠标完成创建。在“参数”卷展栏中设置参数如图2–88所示。

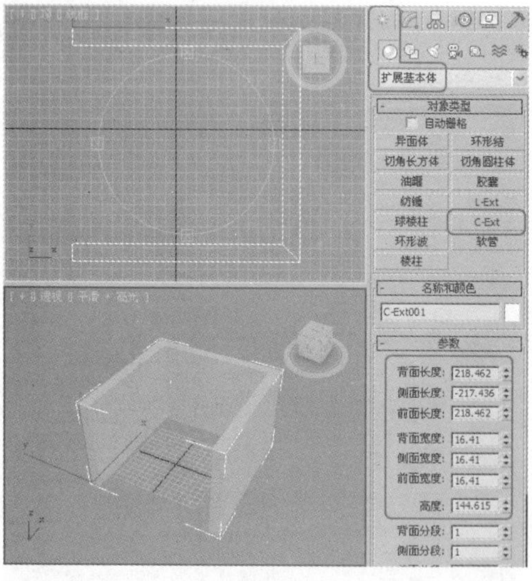

图2–88

“参数”卷展栏中的部分选项的功能介绍如下。

- 表面长度、侧面长度、前面长度：设置三边的长度。
- 背面宽度、侧面宽度、前面宽度：设置三边的宽度。

2.2.11 环形波

“环形波”可创建不规则边缘的特殊圆环。可以通过设置动画控制它的变形，应用于不同类型的特效动画中，如制作爆炸产生的冲击波，如图2–89所示。

图2–89

单击“（创建）|（几何体）|扩展基本体|环形波”按钮，在“顶”视图中拖动鼠标创建环形波的半径，移动鼠标创建环形波的环形宽度，单击鼠标完成创建。在“参数”卷展栏中设置参数，如图2–90所示。

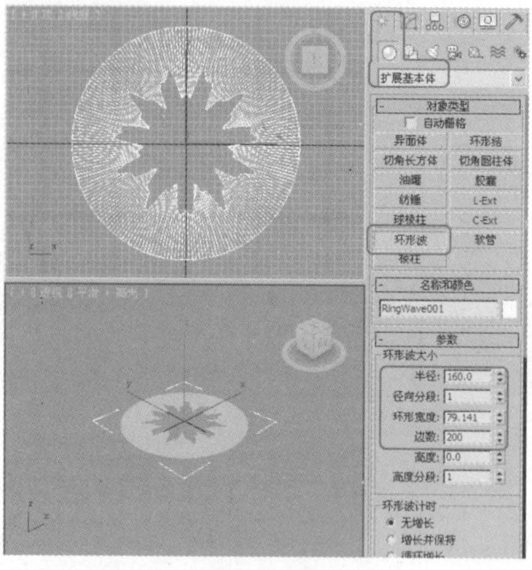

图2–90

“参数”卷展栏中的选项如图2-91所示，部分选项的功能介绍如下。

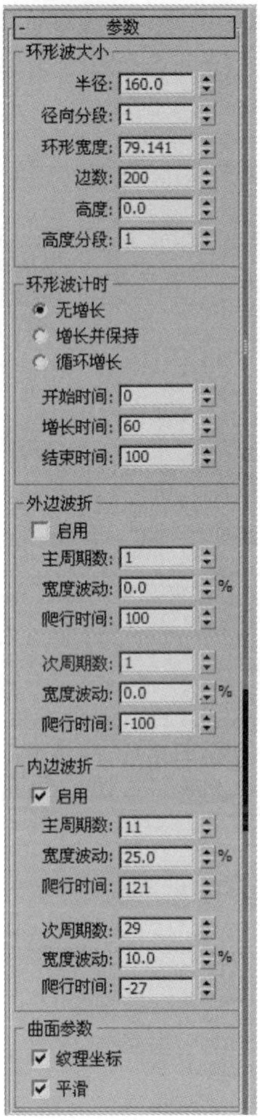

图2-91

- 径向分段：沿半径方向设置内外曲面之间的分段数目。
- 环形宽度：设置环形宽度，从外半径向内测量。
- 边数：给内、外和末端（封口）曲面沿圆周方向设置分段数目。
- 高度：沿主轴设置环形波的高度。

注意 如果在Height（高度）为0离开将会产生类似冲击波的效果，这需要应用两面的材质来使环形从两侧查看。

- 环形波计时：在环形波从零增加到其最大尺寸时，使用这些环形波动画的设置。
- 无增长：设置一个静态环形波，它在“开始时间”显示，在“结束时间”消失。
- 增长并保持：设置单个增长周期。环形波在“开始时间”开始增长，并在“开始时间”以及“增长时间”处达到最大尺寸。
- 循环增长：环形波从“开始时间”到“开始时间”以及“增长时间”重复增长。
- 开始时间：如果选择“增长并保持”或“循环增长”，则环形波出现帧数并开始增长。
- 增长时间：从“开始时间”后环形波达到其最大尺寸所需帧数。“增长时间”仅在单击“增长并保持”或“循环增长”单选按钮时可用。
- 结束时间：环形波消失的帧数。
- 外边波折：使用这些设置来更改
- 启用：启用外部边上的波峰。只有勾选此复选框，该选项组中的参数才处于活动状态。默认设置为禁用状态。
- 主周期数：设置围绕外部边的主波数。
- 宽度波动：设置主波的大小，以调整宽度的百分比表示。
- 爬行时间：设置每一主波绕环形波外周长移动一周所需的帧数。
- 次周期数：在每一主周期中设置随机尺寸次波的数目。
- 宽度波动：设置小波的平均大小，以调整宽度的百分比表示。
- 爬行时间：设置每一次波绕其主波移动一周所需的帧数。

- 内边波折：使用这些设置来更改环形波内部边的形状。
- 启用：启用内部边上的波峰。只有勾选此复选框，该选项组中的参数才处于活动状态。默认设置为启用状态。
- 主周期数：设置围绕内边的主波数目。
- 宽度波动：设置主波的大小，以调整宽度的百分比表示。
- 爬行时间：设置每一主波绕环形波内周长移动一周所需的帧数。
- 次周期数：在每一主周期中设置随机尺寸次波的数目。
- 宽度波动：设置小波的平均大小，以调整宽度的百分比表示。
- 爬行时间：设置每一次波绕其主波移动一周所需帧数。
- 纹理坐标：设置将贴图材质应用于对象时所需的坐标。默认设置为启用。
- 平滑：通过将所有多边形设置为平滑组1，将平滑应用到对象上。默认设置为启用。

2.2.12 棱柱

“棱柱“可创建等腰和不等边的三棱柱体。具体效果表现如图2-92所示。

图2-92

单击“（创建）|（几何体）|扩展基本体|棱柱“按钮，在视图中拖动鼠标创建Prism（棱柱）的侧面1长度，松开并移动鼠标创建侧面2和侧面3的长度，单击并移动鼠标设置Prism（棱柱）的高度，再次单击鼠标完成创建，如图2-93所示。

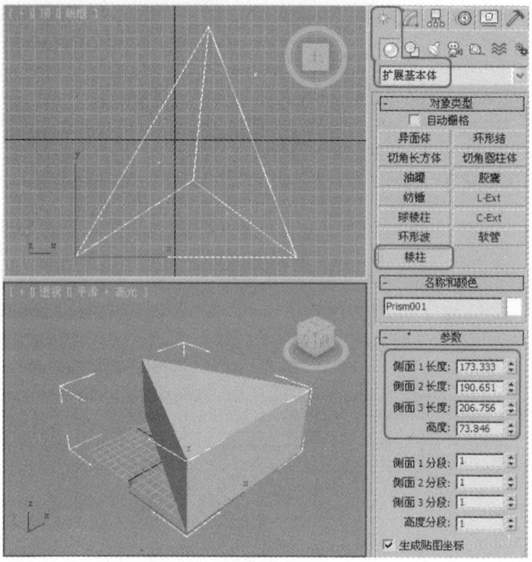

图2-93

“参数“卷展栏中的选项的功能介绍如下。

“侧面1、2、3长度”：设置三角形对应面的长度（以及三角形的角度）。

2.2.13 软管

“软管“对象是一个能连接两个对象的弹性对象，因而能反映这两个对象的运动。它类似于弹簧，但不具备动力学属性。具体效果表现如图2-94所示。

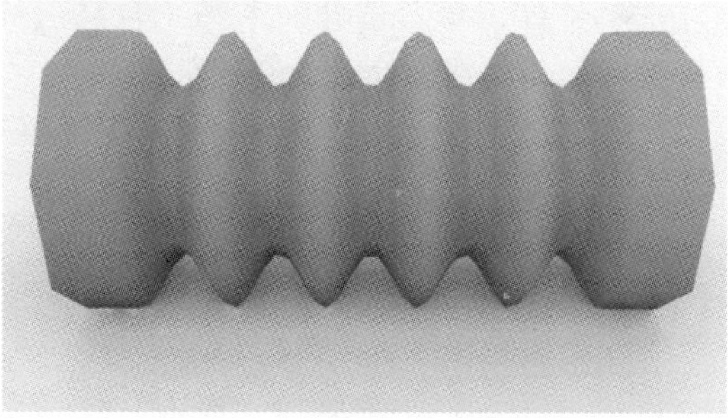

图2-94

单击“（创建）|（几何体）|扩展基本体|软管”按钮，在视图中拖动鼠标创建软管的半径，松开并移动鼠标创建软管的高度，单击鼠标完成创建，如图2-95所示。

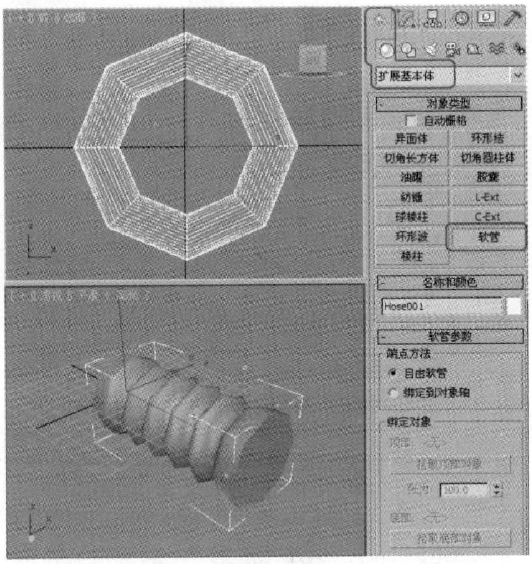

图2-95

“软管参数”卷展栏如图2-96所示，其中部分选项的功能介绍如下。

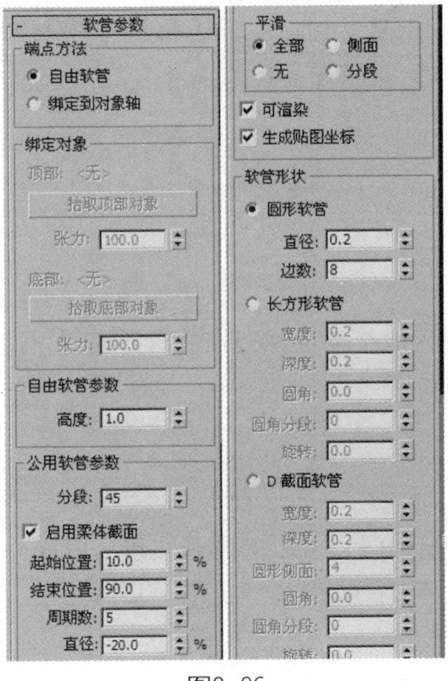

图2-96

- 自由软管：如果只是将软管用作一个简单的对象，而不绑定到其他对象，则单击此单选按钮。
- 绑定到对象轴：如果使用“绑定对象”组中的按钮将软管绑定到两个对象，则单击此单选按钮。
- 绑定对象：仅当单击了“绑定到对象轴”单选按钮时才可用。
- 顶部：显示顶绑定对象的名称。
- 拾取顶部对象：单击该按钮，然后选择顶对象。
- 张力：确定当软管靠近底部对象时顶部对象附近的软管曲线的张力。
- 底部：显示底绑定对象的名称。
- 拾取底部对象：单击该按钮，然后选择底对象。
- 张力：确定当软管靠近顶部对象时底部对象附近的软管曲线的张力。
- 自由软管参数：设置自由软管参数。
- 高度：此选项用于设置软管未绑定时的垂直高度或长度。不一定等于软管的实际长度。仅当单击了“自由软管”单选按钮时，此选项才可用。
- 公用软管参数：从中设置公用软管的参数。
- 分段：软管长度中的总分段数。当软管弯曲时，增大该选项的值可使曲线更平滑。
- 启用柔体截面：如果启用，则可以为软管的中心柔体截面设置以下四个参数。如果禁用，则软管的直径沿软管长度不变。
- 起始位置：从软管的始端到柔体截面开始处占软管长度的百分比。默认情况下，软管的始端指对象轴出现的一端。
- 结束位置：从软管的末端到柔体截面结束处占软管长度的百分比。默认情况下，软管的末端指与对象轴出现的一端相反的一端。

- 周期数：柔体截面中的起伏数目。可见周期的数目受限于分段的数目。如果分段值不够大，不足以支持周期数目，则不会显示所有周期。
- 直径：周期“外部”的相对宽度。
- 平滑：定义要进行平滑处理的几何体。默认设置为“全部”。
- 全部：对整个软管进行平滑处理。
- 侧面：沿软管的轴向，而不是周向进行平滑。
- 无：未应用平滑。
- 分段：仅对软管的内截面进行平滑处理。
- 可渲染：如果启用，则使用指定的设置对软管进行渲染。如果禁用，则不对软管进行渲染。默认设置为启用。
- 生成贴图坐标：设置所需的坐标，以对软管应用贴图材质。默认设置为启用。
- 软管形状：设置软管横截面的形状。
- 圆形软管：设置为圆形的横截面。
- 直径：软管端点处的最大宽度。
- 边数：软管的边的数目。
- 长方形软管：可指定不同的宽度和深度设置。
- 宽度：软管的宽度。
- 深度：软管的高度。
- 圆角：将横截面的角倒为圆角的数值。要使圆角可见，“圆角分段”必须设置为1或更大。
- 圆角分段：每个倒成圆形的角上的分段数目。如果设置为1，则直接斜着剪切角；若设置为更大的值，则可将角倒为圆形。
- 旋转：软管沿其长轴的方向。
- D截面软管：与矩形软管类似，但一个边呈圆形，形成D形状的横截面。
- 宽度：软管的宽度。
- 深度：软管的高度。
- 圆形侧面：圆边上的分段数目。该值越大，边越平滑。

2.3 门

3ds Max提供直接创建门窗物体的工具。可以快速地产生各种型号的门窗模型，这里提供了三种样式的门。

2.3.1 枢轴门

“枢轴门”可以是单扇枢轴门，也可以是双扇枢轴门；可以向内开，也可以向外开。门的木格可以设置，门上的玻璃厚度可以指定，还可以产生倒角的边框。具体效果表现如图2-97所示。

单击“（创建）|（几何体）|门|枢轴门”按钮，在“顶”视图中单击并拖动鼠标，创建枢轴门的宽度和深度，松开并移动鼠标创建枢轴门的高度。单击鼠标完成枢轴门的创建，如图2-98所示。

图2-97

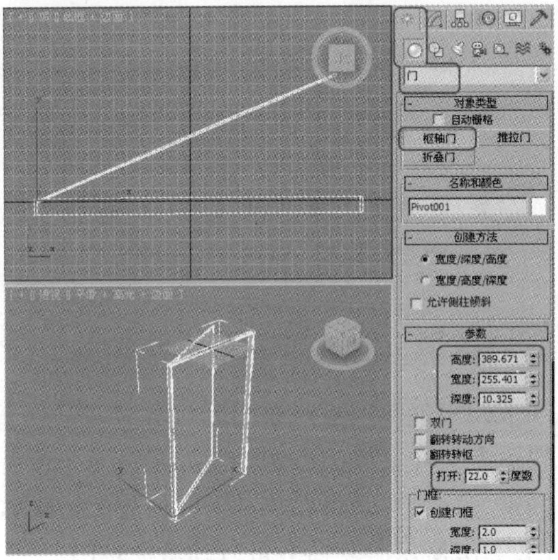

图2-98

（1）“参数”卷展栏如图2-99所示，其中部分选项的功能介绍如下。

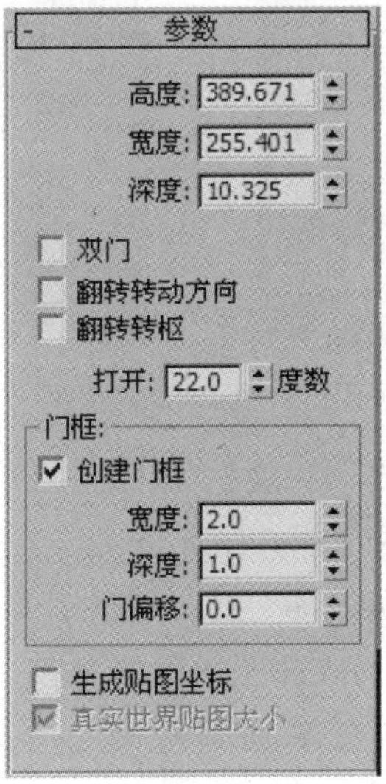

图2-99

- 双门：制作一个双门。
- 翻转转动方向：更改门转动的方向。
- 翻转转枢：在与门面相对的位置上放置转枢。此项不可用于双门。
- 打开：指定门打开的度数。
- 门框：此选项组包含用于门侧柱门框的控件。虽然门框只是门对象的一部分，但它的存在就像是墙的一部分。打开或关闭门时，门框不会移动。
- 创建门框：默认为启用状态，以显示门框。取消勾选该复选框可以禁用门框的显示。
- 宽度：设置门框与墙平行的宽度。仅当勾选了“创建门框”复选框时可用。
- 深度：设置门框与墙投影的深度。仅当勾选了“创建门框”复选框时可用。
- 门偏移：设置门相对于门框的位置。

（2）“创建方法”卷展栏如图2-100所示，其中部分选项的功能介绍如下。

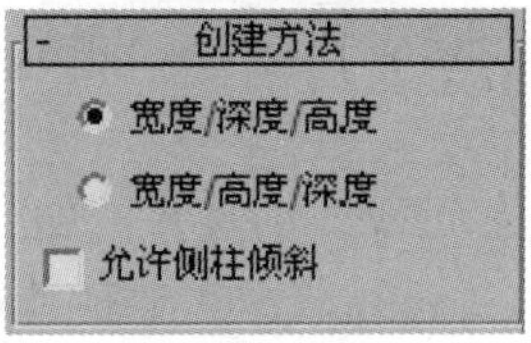

图2-100

- 宽度/深度/高度：前两个点定义门的宽度和门脚的角度。通过在视口中拖动来设置这些点。第一个点（在拖动之前单击并按住的点）定义单枢轴门（两个侧柱在双门上都有铰链，而推拉门没有铰链）的铰链上的点。第二个点（在拖动后在其上释放鼠标按键的点）定义门的宽度以及从一个侧柱到另一个侧柱的方向。这样，就可以在放置门时使其与墙或开口对齐。第三个点（移动鼠标后单击的点）指定门的深度，第四个点（再次移动鼠标后单击的点）指定高度。

- 宽度/高度/深度：与“宽度/深度/高度”选项的作用方式相似，只是最后两个点首先创建高度，然后创建深度。
- 允许侧柱倾斜：允许创建倾斜门。

（3）“页扇参数”卷展栏如图2-101所示，其中部分选项的功能介绍如下。

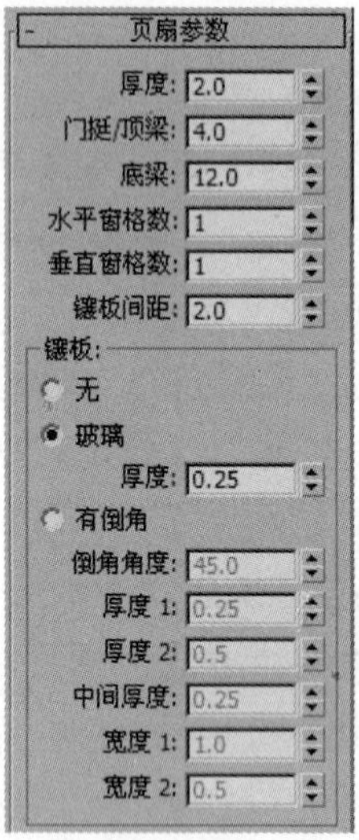

图2-101

- 厚度:设置门的厚度。
- 门挺/顶梁：设置顶部和两侧的面板框的宽度。仅当门是面板类型时，才会显示此设置。
- 底梁：设置门脚处的面板框的宽度。仅当门是面板类型时，才会显示此设置。
- 水平窗格数：设置面板沿水平轴划分的数量。
- 垂直窗格数：设置面板沿垂直轴划分的数量。
- 镶板间距：设置面板之间的间隔宽度。
- 镶板：确定在门中创建面板的方式。
- 无：门没有面板。
- 玻璃：创建不带倒角的玻璃面板。
- 厚度：设置玻璃面板的厚度。
- 倒角厚度：设置此选项可以具有倒角面板。
- 厚度1：设置面板的外部厚度。
- 厚度2：设置倒角从该处开始的厚度。
- 中间厚度：设置面板内面部分的厚度。
- 宽度1：设置倒角从该处开始的宽度。
- 宽度2：设置面板的内面部分的宽度。

2.3.2 推拉门

使用推拉门可以将门进行滑动，就像在轨道上一样。该门有两个门元素：一个保持固定，而另一个可以移动。具体效果表现如图2-102所示，其参数可以参考枢轴门。

图2-102

“参数”卷展栏如图2-103所示，其中部分选项的功能介绍如下。

- 前后翻转：更改哪个元素位于前面，与默认设置相比较而言。
- 侧翻：将当前滑动元素更改为固定元素。

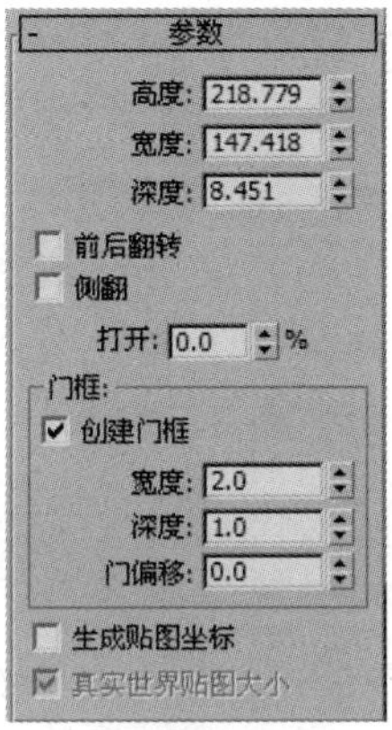

图2-103

2.3.3 折叠门

折叠门在中间转枢也在侧面转枢。该门也有两个门元素。也可以将该门制作成有四个门元素的双门。具体效果表现如图2-104所示。

图2-104

“参数”卷展栏如图2-105所示，其中部分选项的功能介绍如下。

- 双门：将该门制作成有四个门元素的双门，从而在中心处汇合。
- 翻转转动方向：默认情况下，以相反的方向转动门。
- 翻转转枢：默认情况下，在相反的侧面转枢门。当“双门”处于启用状态时，“翻转转枢”不可用。

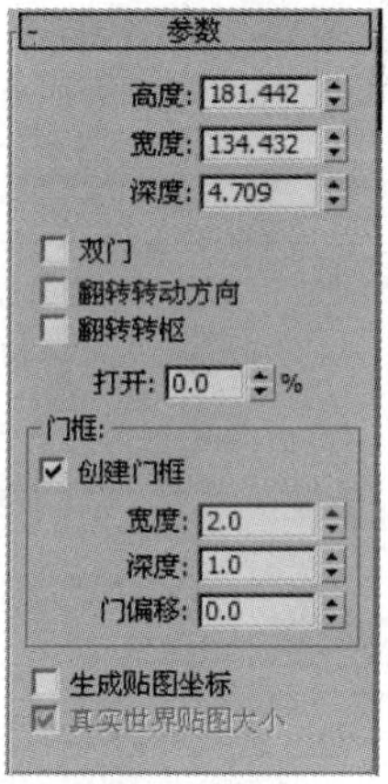

图2-105

2.4 窗

窗户是非常有用的建筑模型，这里提供了六种样式，其创建方法与门相同，这里就不介绍窗的创建方法了，下面看一下各种窗的参数。

2.4.1 遮篷式窗

“遮篷式窗”具有一个或多个可在顶部转枢的窗框，如图2-106所示。

图2-106

“参数”卷展栏如图2-107所示，其中部分选项的功能介绍如下。

- 窗框：该选项组用于设置窗框属性。
- 水平宽度：设置窗口框架水平部分

的宽度（顶部和底部）。该设置也会影响窗宽度的玻璃部分。

- 垂直宽度：设置窗口框架垂直部分的宽度（两侧）。该设置也会影响窗高度的玻璃部分。
- 厚度：设置框架的厚度。
- 玻璃：设置玻璃属性。
- 厚度：设置玻璃的厚度。
- 窗格：设置窗格属性。
- 宽度：设置窗框中窗格的宽度（深度）。
- 窗格数：设置窗框数。
- 开窗：设置开窗属性。
- 打开：指定窗打开的百分比。此控件可设置动画。

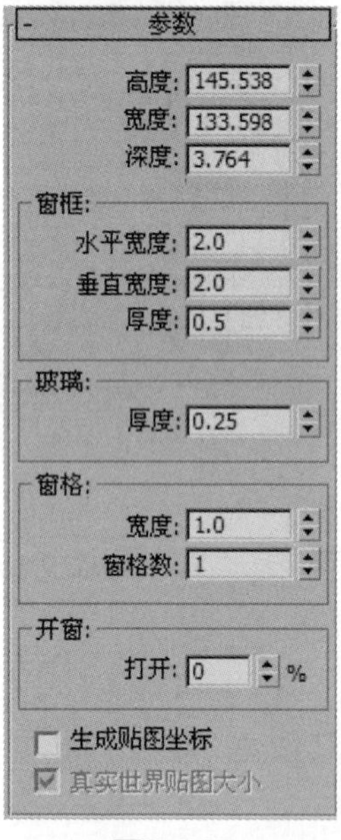

图2-107

2.4.2 平开窗

“平开窗”有一个或两个可在侧面转枢的窗框（像门一样）。具体效果表现如图2-108所示。

“参数”卷展栏如图2-109所示，其中部分选项的功能介绍如下。

- 窗扉：该选项组用于设置窗扉属性。
- 隔板宽度：在每个窗框内更改玻璃面板之间的大小。
- 一、二：指定窗面板数：一个或两个。使用两个面板来创建像双门一样的窗，每个面板在其外侧面边上转枢。
- 打开窗：该选项组用于设置打开窗的属性。
- 打开：指定窗打开的百分比。此控件可设置动画。
- 翻转转动方向：勾选此复选框可以使窗框以相反的方向打开。

图2-108

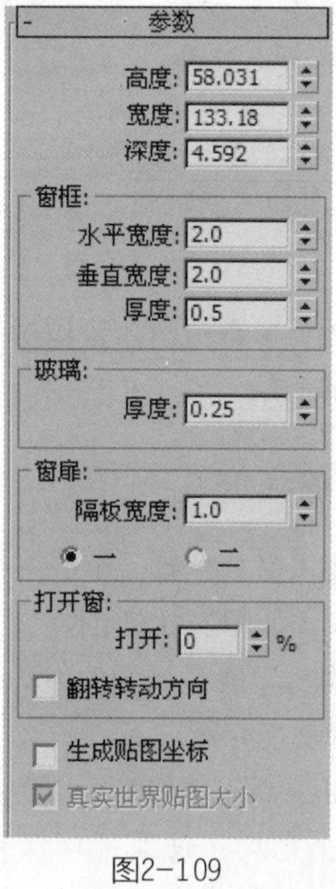

图2-109

2.4.3 固定窗

“固定窗”不能打开，如图2-110所示。

图2-110

“参数”卷展栏，如图2-111所示，其中部分选项的功能介绍如下。

- 窗格：该选项组用于设置窗格属性。
- 宽度：设置窗框中窗格的宽度（深度）。
- 水平窗格数：设置窗中水平划分的数量。
- 垂直窗格数：设置窗中垂直划分的数量。
- 切片剖面：设置玻璃面板之间窗格的切角，就像常见的木质窗户一样。

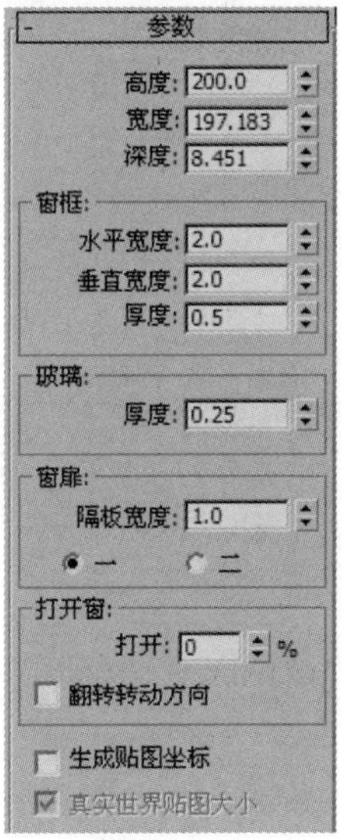

图2-111

2.4.4 旋开窗

旋开窗只具有一个窗框，中间通过窗框面用铰链接合起来。其可以垂直或水平旋转打开，如图2-113所示。

图2-112

“参数”卷展栏如图2-113所示，其中部分选项的功能介绍如下。

- 轴：该选项组可以中切换轴。
- 垂直旋转：将轴坐标从水平切换为垂直。

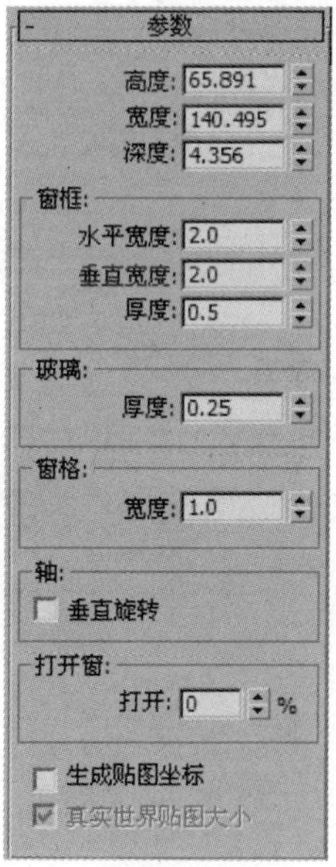

图2-113

2.4.5 伸出式窗

“伸出式窗”具有三个窗框：顶部窗框不能移动，底部的两个窗框像遮篷式窗那样旋转打开，但是却以相反的方向打开。具体效果表现如图2-114所示。

“参数”卷展栏如图2-115所示，其中部分选项的功能介绍如下。

图2-114

- 窗格：该选项组与设置伸出式窗的窗格属性。
- 宽度：设置窗框中窗格的宽度。
- 中点高度：设置中间窗框相对于窗架的高度。
- 底部高度：设置底部窗框相对于窗架的高度。

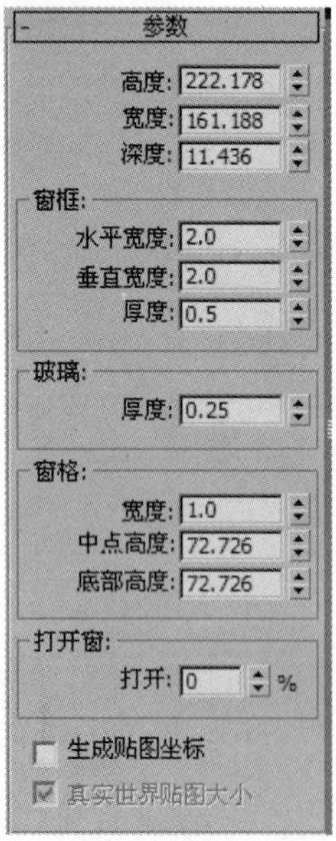

图2-115

2.4.6 推拉窗

推拉窗具有两个窗框：一个固定的窗框，一个可移动的窗框。可以垂直移动或水平移动滑动部分。具体效果表现如图2-116所示。

“参数”卷展栏如图2-117所示，其中部分选项的功能介绍如下。

图2-116

- 切角剖面：设置玻璃面板之间窗格的切角，就像常见的木质窗户一样。
- 悬挂：勾选该复选框后，窗将垂直滑动。取消勾选该复选框后，窗将水平滑动。

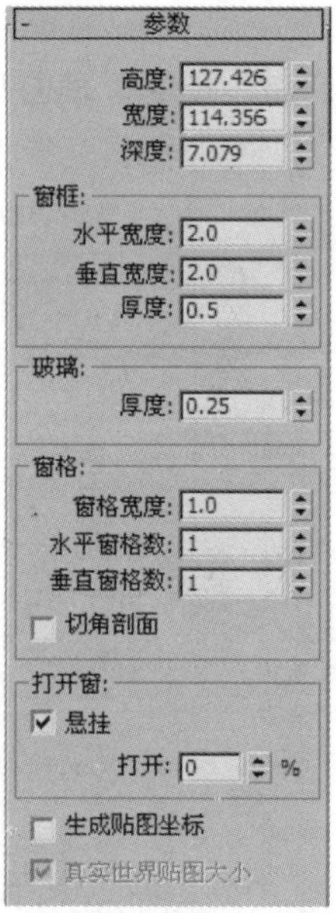

图2-117

2.5 AEC扩展

AEC 扩展对象专为在建筑、工程和构造领域中使用而设计。

2.5.1 植物

“植物”可产生各种植物对象，如树等。3ds Max 将生成网格表示方法，以快速、有效地创建漂亮的植物，如图2-118所示。

（1）“收藏的植物”卷展栏如图2-119所示，各选项的功能介绍如下。

图2-118

图2-119

- 植物列表：调色板显示当前从植物库载入的植物。
- 自动材质：为植物指定默认材质。
- 植物库：单击此按钮，弹出“配制调色板”对话框，如图2-120所示。使用此窗口无论植物是否处于调色板中，都可以查看可用植物的信息，包括其名称、学名、种类、说明和每个对象近似的面数量，还可以向调色板中添加植物以及从调色板中删除植物，清空植物色板。

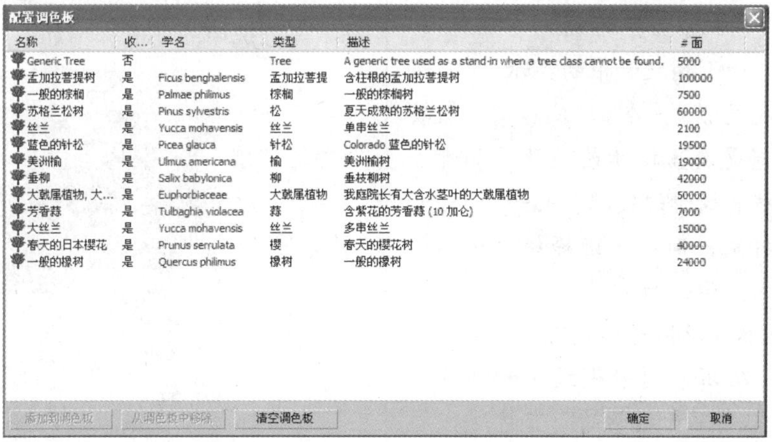

配置调色板

名称	收...	学名	类型	描述	#面
Generic Tree	否		Tree	A generic tree used as a stand-in when a tree class cannot be found.	5000
孟加拉菩提树	是	Ficus benghalensis	孟加拉菩提	含柱根的孟加拉菩提树	100000
一般的棕榈	是	Palmae philimus	棕榈	一般的棕榈树	7500
苏格兰松树	是	Pinus sylvestris	松	夏天成熟的苏格兰松树	60000
丝兰	是	Yucca mohavensis	丝兰	单串丝兰	2100
蓝色的针松	是	Picea glauca	针松	Colorado 蓝色的针松	19500
美洲榆	是	Ulmus americana	榆	美洲榆树	19000
垂柳	是	Salix babylonica	柳	垂枝柳树	42000
大戟属植物，大...	是	Euphorbiaceae	大戟属植物	我庭院长有大含水茎叶的大戟属植物	50000
芳香蒜	是	Tulbaghia violacea	蒜	含紫花的芳香蒜 (10 加仑)	7000
大丝兰	是	Yucca mohavensis	丝兰	多串丝兰	15000
春天的日本樱花	是	Prunus serrulata	樱	春天的樱花树	40000
一般的橡树	是	Quercus philimus	橡树	一般的橡树	24000

添加到调色板　从调色板中移除　清空调色板　确定　取消

图2-120

提示　如果为场景中创建的植物修改材质，可以使用材质编辑器，为植物设置材质后并指定材质，在后面的章节中我们会对材质编辑器进行详细讲解。

（2）“参数”卷展栏如图2-121所示，其中部分选项的功能介绍如下。

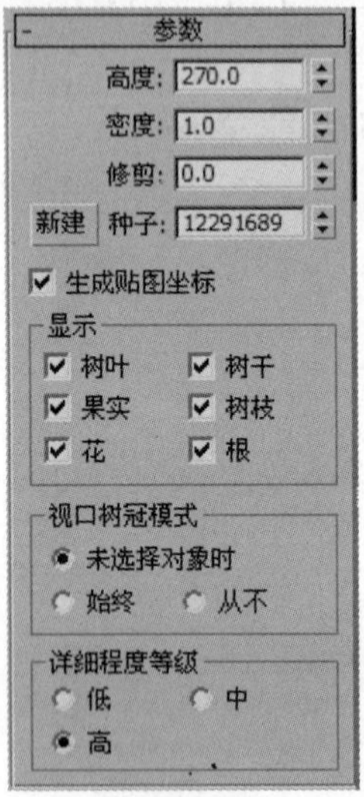

图2-121

- 高度：控制植物的近似高度。
- 密度：控制植物上叶子和花朵的数量。值为1表示植物具有全部的叶子和花；0.5表示植物具有一半的叶子和花；0表示植物没有叶子和花。
- 修剪：只适用于具有树枝的植物。
- 新建种子：显示当前植物的随机变体。
- 显示：控制植物的树叶、果实、花、树干、树枝和根的显示。
- 视口树冠模式：在3ds Max中，植物的树冠是覆盖植物最远端（如叶子或树枝和树干的尖端）的一个壳。
- 未选择对象时：未选择植物时以树冠模式显示植物。
- 始终：始终以树冠模式显示植物。
- 从不：从不以树冠模式显示植物，3ds Max将显示植物的所有特性。
- 详细程度等级：控制3ds Max渲染植物的方式。
- 低：以最低的细节级别渲染植物树冠。
- 中：对减少了面数的植物进行渲染。
- 高：以最高的细节级别渲染植物的所有面。

提示 可以在创建多个植物之前设置参数，这样不仅可以避免显示速度减慢，还可以减少必须对植物进行的编辑工作。

2.5.2 栏杆

栏杆对象的组件包括栏杆、立柱和栅栏，如图2-122所示栏杆的效果.单击“（创建）|（几何体）| AEC扩展 | 栏杆”按钮，在“顶”视图中单击拖动鼠标创建栏杆的高度，单击移动鼠标创建栏杆的高度，再次单击鼠标完成创建。

图2-122

（1）“栏杆”卷展栏如图2-123所示，其中部分选项的功能介绍如下。

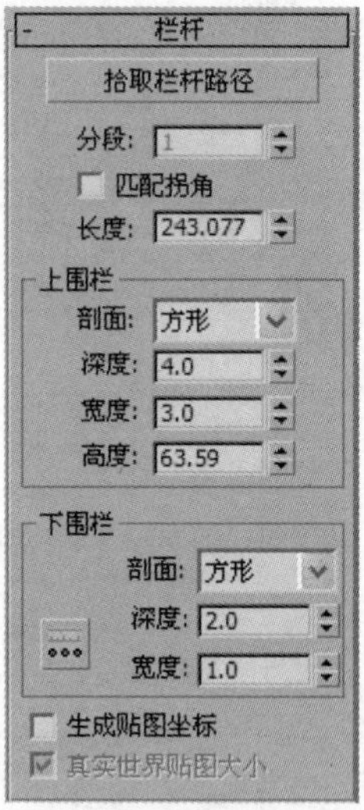

图2-123

- 拾取栏杆路径：单击该按钮，然后单击视口中的样条线，将其用作栏杆路径。
- 分段：设置栏杆对象的分段数。只有使用栏杆路径时，才能使用该选项。
- 匹配拐角：在栏杆中放置拐角，以便与栏杆路径的拐角相符。
- 长度：设置栏杆对象的长度。拖动鼠标光标时，长度将会显示在编辑框中。
- 上围栏：默认值可以生成上栏杆组件。
- 剖面：设置上栏杆的横截面形状。
- 深度：设置上栏杆的深度。
- 宽度：设置上栏杆的宽度。
- 高度：设置上栏杆的高度。
- 下围栏：控制下栏杆的剖面、深度和宽度以及其间的间隔。
- 剖面：设置下栏杆的横截面形状。
- 深度：设置下栏杆的深度。
- 宽度：设置下栏杆的宽度。

（2）“栅栏”卷展栏如图2-124所示，其中部分选项的功能介绍如下。

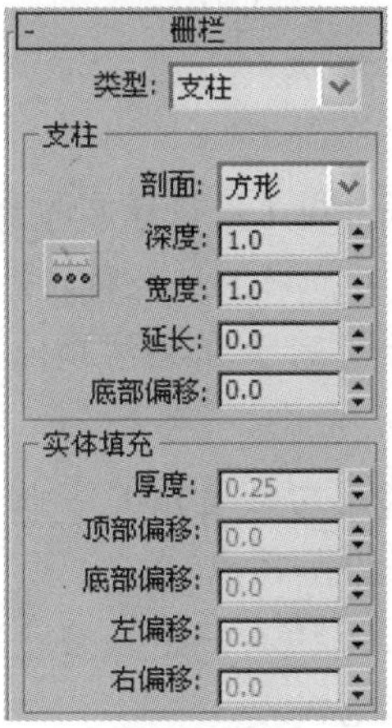

图2-124

- 类型：设置立柱之间的栅栏类型，包括“无”、“支柱”和“实体填充”。
- 支柱：控制支柱的剖面、深度和宽度以及其间的间隔。
- 剖面：设置支柱的横截面形状。
- 深度：设置支柱的深度。
- 宽度：设置支柱的宽度。
- 延长：设置支柱在上栏杆底部的延长。
- 底部偏移：设置支柱与栏杆对象底部的偏移量。
- （支柱间距）：设置支柱的间距。单击该按钮时，将会显示“支柱间距”对话框。使用“计数”选项指定所需的支柱数。
- 实体填充：控制立柱之间实体填充的厚度和偏移量。只有将“类型”设置为“实体填充”时，才能使用该选项。
- 厚度：设置实体填充的厚度。
- 顶部偏移：设置实体填充与上栏杆底部的偏移量。
- 底部偏移：设置实体填充与栏杆对象底部的偏移量。
- 左偏移：设置实体填充与相邻左侧立柱之间的偏移量。
- 右偏移：设置实体填充与相邻右侧立柱之间的偏移量。

（3）“立柱”卷展栏如图2-125所示，其中部分选项的功能介绍如下。

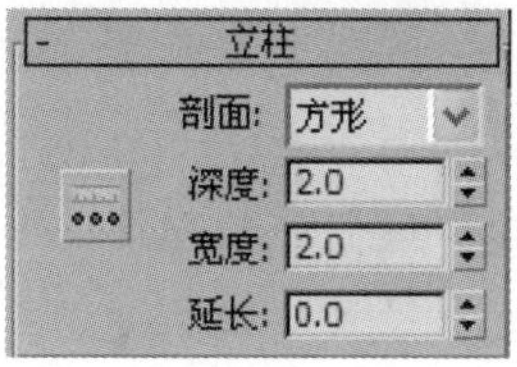

图2-125

- 剖面：设置立柱的横截面形状，包括“无”、“方形”和“圆”。
- 深度：设置立柱的深度。
- 宽度：设置立柱的宽度。

● 延长：设置立柱在上栏杆底部的延长。

2.5.3 墙

“墙”对象由三个子对象类型构成，这些对象类型可以在（修改）面板中进行修改。与编辑样条线的方式类似，同样也可以编辑墙对象、其顶点、其分段以及其轮廓。具体效果表现如图2-126所示。

图2-126

（1）“参数”卷展栏如图2-127所示，其中部分选项的功能介绍如下。

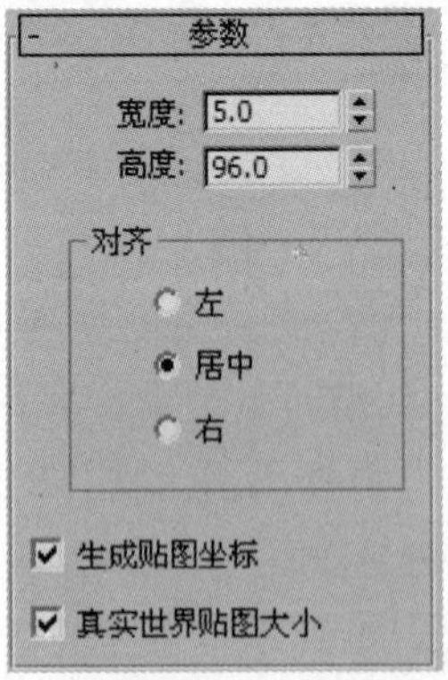

图2-127

● 宽度：设置墙的厚度。
● 高度：设置墙的高度。
● 对齐：设置基墙的对齐属性。
● 左：根据墙基线（墙的前边与后边之间的线，即墙的厚度）的左侧边对齐墙。
● 居中：根据墙基线的中心对齐。
● 右：根据墙基线的右侧边对齐。

（2）“墙”修改器面板如图2-128所示,其中的选择集功能介绍如下。

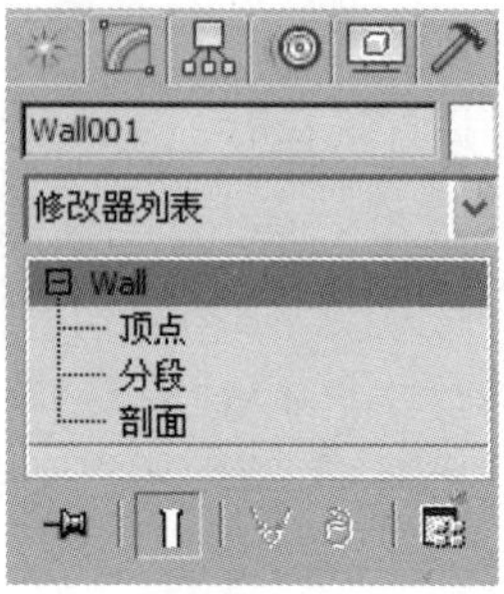

图2-128

● 顶点：可以通过顶点调整墙体的形状。
● 分段：可以通过分段选择集对墙体进行编辑。
● 剖面：可以以剖面的方式对墙体进行编辑。

（3）“编辑顶点”卷展栏如图2-129所示，各选项的功能介绍如下。

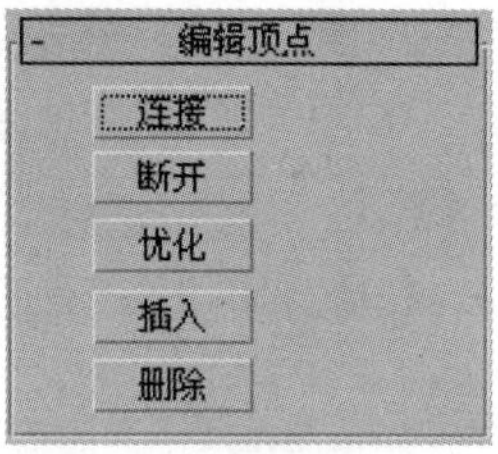

图2-129

● 连接：用于连接任意两个顶点，在这两个顶点之间创建新的样条线线段。
● 断开：用于在共享顶点断开线段的连接。
● 优化：向沿着用户单击的墙线段的位置添加顶点。
● 插入：插入一个或多个顶点，以创建其他线段。
● 删除：删除当前选定的一个或多个顶点，包括这些顶点之间的任何线段。
● “编辑分段”卷展栏如图2-130所示，各选项的功能介绍如下。

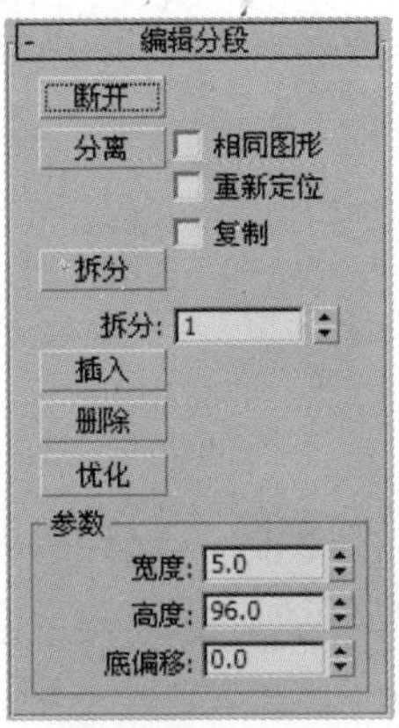

图2-130

- 断开：指定墙线段中的断开点。
- 分离：分离选择的墙线段并利用它们创建一个新的墙对象。
- 相同图形：分离墙对象，使它们不在同一个墙对象中。
- 重新定位：分离墙线段，复制对象的局部坐标系，并放置线段，使其对象的局部坐标系与世界空间原点重合。
- 复制：复制分离墙线段，而不是移动分离墙线段。
- 拆分：根据“拆分参数”微调器中指定的顶点数细分每个线段。
- 拆分参数：设置拆分线段的数量。
- 插入：提供与“顶点”选择集选择中的“插入”按钮相同的功能。
- 删除：删除当前墙对象中任何选定的墙线段。
- 优化：提供与“顶点”子对象层级中的“优化”按钮相同的功能。
- 参数：更改选择线段的参数。
- 宽度：更改所选线段的宽度。
- 高度：更改所选线段的高度。
- 底偏移：设置所选线段距离底面的距离。

（4）“编辑剖面“卷展栏如图2-131所示，各选项的功能介绍如下。

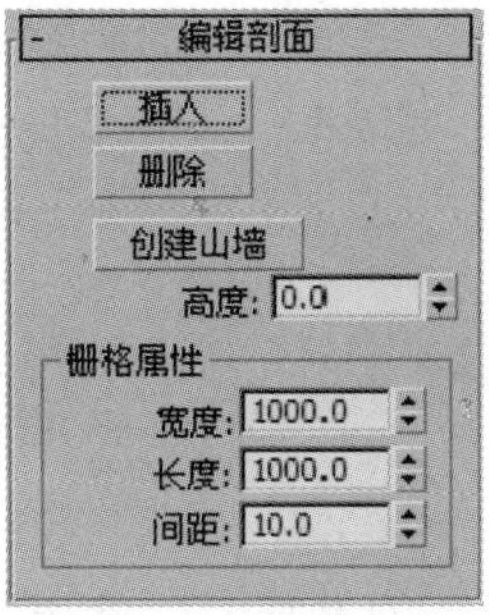

图2-131

- 插入：插入顶点，以便调整所选墙线段的轮廓。
- 删除：删除所选墙线段的轮廓上的所选顶点。
- 创建山墙：通过将所选墙线段的顶部轮廓的中心点移至指定的高度来创建山墙。
- 高度：指定山墙的高度。
- 栅格属性：栅格可以将轮廓点的插入和移动限制在墙平面以内，并允许将栅格点放置到墙平面中。
- 宽度：设置活动栅格的宽度。
- 长度：设置活动栅格的长度。
- 间距：设置活动网格中的最小方形的大小。

（5）“编辑对象”卷展栏如图2-132所示，其中部分选项的功能介绍如下。

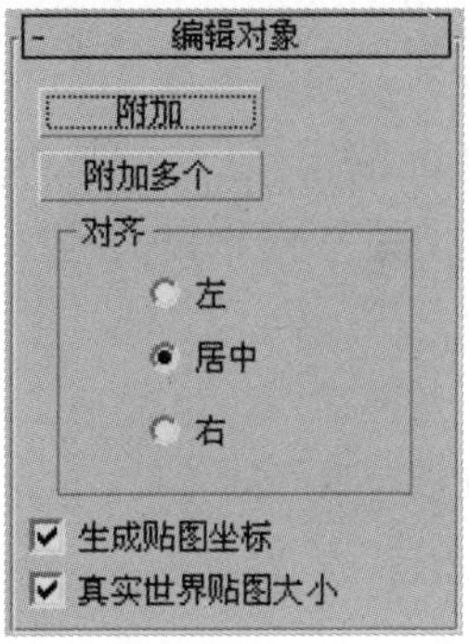

图2-132

- 附加：将视口中的另一个墙附加到通过单次拾取选定的墙。附加的对象也必须是墙。

● 附加多个：将视口中的其他墙附加到所选墙。单击此按钮，可以打开“附加多个”对话框，该对话框中列出了场景中的所有其他墙对象。

2.6 楼梯

楼梯是较为复杂的一类建筑模型，往往需要花费大量的时间，VIZ提供的参数化楼梯大大方便了用户，不仅加快了制作速度，还使得模型更容易修改，只需修改几个参数，楼梯就可以改头换面。

2.6.1 L型楼梯

使用“L型楼梯”对象可以创建带有彼此成直角的两段楼梯，如图2-133所示。

图2-133

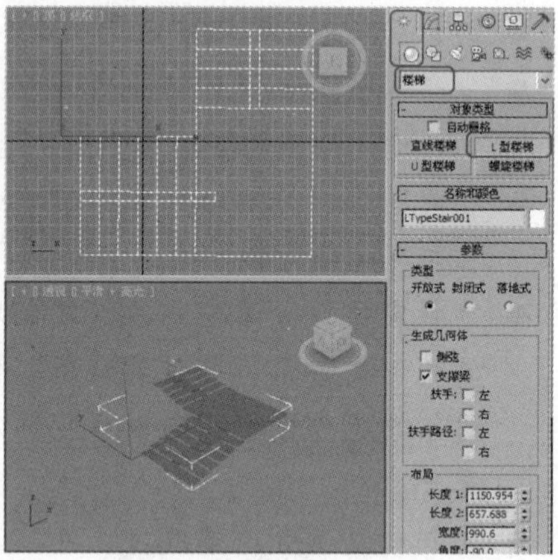

图2-134

单击“（创建）|（几何体）|楼梯|L型楼梯”按钮，在“顶”视图中单击拖动以设置L型楼梯第一段的长度。释放鼠标按钮，然后移动光标并单击以设置L型楼梯第二段的长度、宽度和方向。将鼠标向上或向下移动以定义L型楼梯的高度，再次单击鼠标完成L型楼梯的创建，如图2-134所示。

（1）“参数”卷展栏如图2-135所示，各选项得到功能介绍如下。

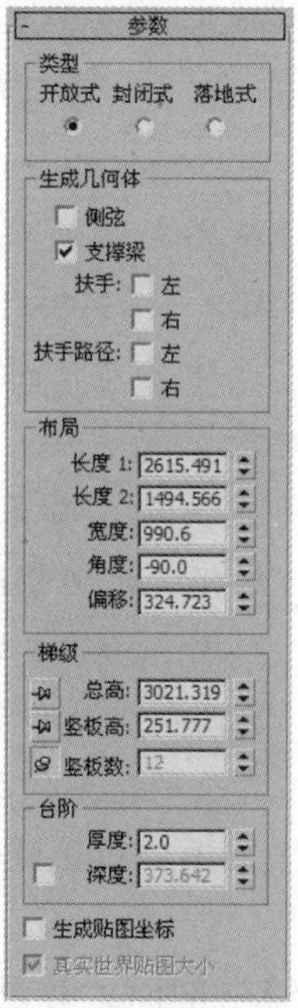

图2-135

● 类型：该选项组用于设置楼梯的类型。

● 开放式：创建一个开放式的梯级竖板楼梯，如图2-133所示左侧为开放式楼梯。

- 封闭式：创建一个封闭式的梯级竖板楼梯，如图2-133所示中间为封闭式楼梯。
- 落地式：创建一个带有封闭式梯级竖板和两侧有封闭式侧弦的楼梯，如图2-133所示右侧为落地式楼梯。
- 生成几何体：该选项组用于设置楼梯的生成模型。
- 侧弦：沿着楼梯的梯级的端点创建侧弦。
- 支撑梁：在梯级下创建一个倾斜的切口梁，该梁支撑台阶或添加楼梯侧弦之间的支撑。
- 扶手：创建左扶手和右扶手。
- 左：创建左侧扶手。
- 右：创建右侧扶手。
- 扶手路径：创建楼梯上用于安装栏杆的左路径和右路径。
- 左：显示左侧扶手路径。
- 右：显示右侧扶手路径。
- 布局：设置L型楼梯的效果。
- 长度1：控制第一段楼梯的长度。
- 长度2：控制第二段楼梯的长度。
- 宽度：控制楼梯的宽度，包括台阶和平台。
- 角度：控制平台与第二段楼梯的角度。
- 偏移：控制平台与第二段楼梯的距离，并相应地调整平台的长度。
- 梯级：当调整其他两个选项时保持梯级选项锁定。要锁定一个选项，单击图钉。要解除锁定选项，单击抬起的图钉。3ds Max使用按下去的图钉，锁定参数的微调器值，并允许使用抬起的图钉更改参数的微调器值。
- 总高：控制楼梯段的高度。
- 竖板高：控制梯级竖板的高度。
- 竖板数：控制梯级竖板数。梯级竖板总是比台阶多一个。
- 台阶：从中设置台阶的参数。
- 厚度：控制台阶的厚度。
- 深度：控制台阶的深度。

（2）“支撑梁”卷展栏如图2-136所示，各选项的功能介绍如下。

图2-136

- 深度：控制支撑梁离地面的深度。
- 深度：控制支撑梁的宽度。
- （支撑梁间距）：设置支撑梁的间距。单击该按钮时，将会显示“支撑梁间距”对话框。使用“计数”选项指定所需的支撑梁数。
- 从地面开始：控制支撑梁是从地面开始，还是与第一个梯级竖板的开始平齐，或是否支撑梁延伸到地面以下。

（3）“栏杆”卷展栏如图2-137所示，各选项的功能介绍如下。

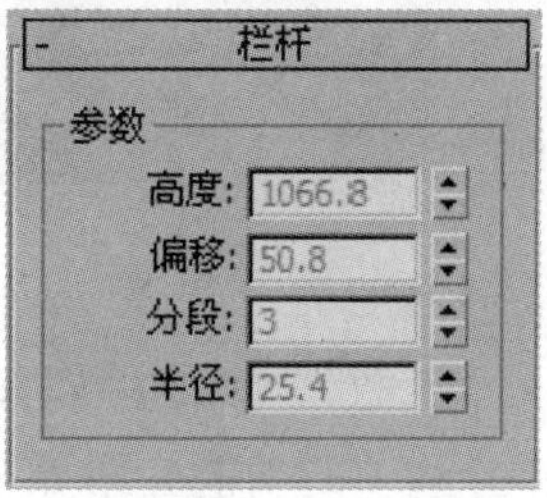

图2-137

- 高度：控制栏杆离台阶的高度。
- 偏移：控制栏杆离台阶端点的偏移。
- 分段：指定栏杆中的分段数目。值

越高，栏杆显示得越平滑。

- 半径：控制栏杆的厚度。

（4）“侧弦”卷展栏如图2-138所示，各选项的功能介绍如下。

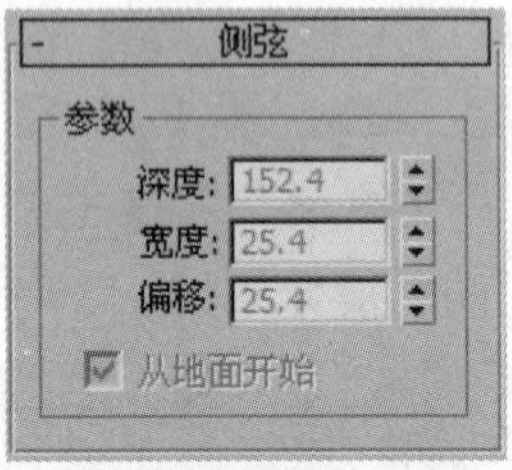

图2-138

- 深度：控制侧弦离地板的深度。
- 宽度：控制侧弦的宽度。
- 偏移：控制地板与侧弦的垂直距离。
- 从地面开始：控制侧弦是从地面开始，还是与第一个梯级竖板的开始平齐，或是否侧弦延伸到地面以下。

2.6.2 螺旋楼梯

使用“螺旋楼梯”对象可以指定旋转的半径和数量，添加侧弦和中柱，如图2-139所示。

图2-139

（1）“参数”卷展栏如图2-140所示，其中部分选项的功能介绍如下。

- 中柱：在螺旋的中心创建一个中柱。
- 布局：设置螺旋楼梯的布局。
- 逆时针：使螺旋楼梯面向楼梯的右手段。
- 顺时针：使螺旋楼梯面向楼梯的左手段。
- 半径：控制螺旋的半径大小。
- 旋转：指定螺旋中的转数。
- 宽度：控制螺旋楼梯的宽度。

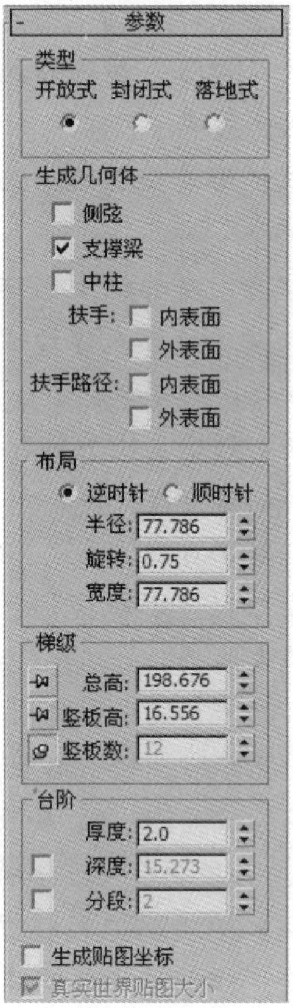

图2-140

（2）“中柱”卷展栏如图2-141所示，各选项的功能介绍如下。

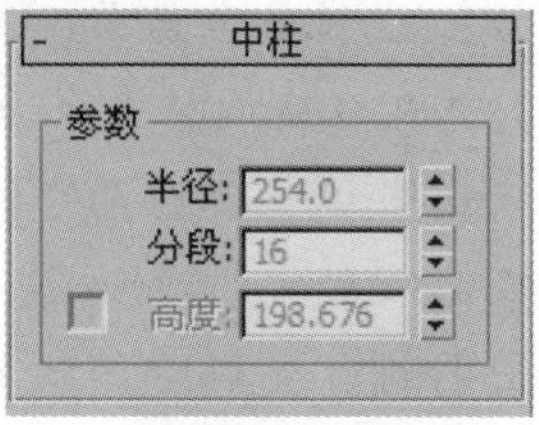

图2-141

- 半径：控制中柱的半径大小。
- 分段：指定中柱中的分段数。值越高，中柱显示得越平滑。
- 高度：微调器控制中柱的高度。

2.6.3 直线型楼梯

使用“直线型楼梯”对象可以创建一个简单的楼梯，侧弦、支撑梁和扶手可选。具体效果表现如图2-142所示。

图2-142

2.6.4 U型楼梯

使用“U型楼梯”可以创建一个两段的楼梯，这两段彼此平行并且它们之间有一个平台。具体效果表现如图2-143所示。

图2-143

“参数”卷展栏如图2-144所示，其中部分选项的功能介绍如下。

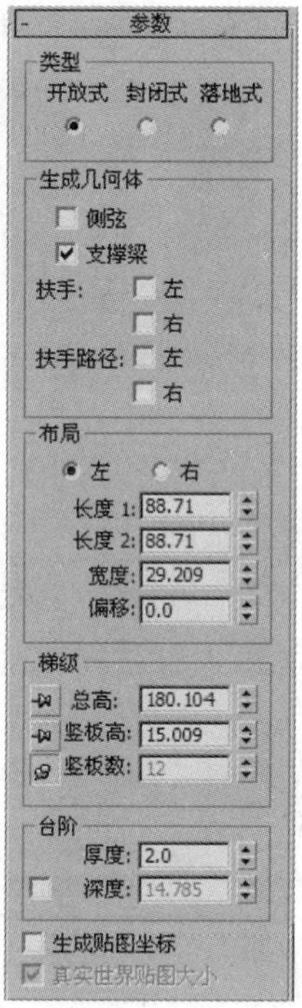

图2-144

- 布局：该选项组用于设置“U型楼梯”的布局。
- 左、右：控制两段楼梯彼此相对的位置（长度1和长度2）。
- 长度1：控制第一段楼梯的长度。
- 长度2：控制第二段楼梯的长度。
- 宽度：控制楼梯的宽度，包括台阶和平台。
- 偏移：控制分隔两段楼梯的距离和平台的长度。

2.7 综合演练——壁灯

案例文件	场景\Cha02\壁灯.max	视频教学	视频教学\Cha02\壁灯.avi
视频长度	2分24秒	难易指数	★★☆☆☆

本例制作如图2-145所示壁灯，其中将创建胶囊作为灯；创建管状体，并施加“编辑多边形”或转换为“可编辑多边形”，为其设置“边”的“切角”；创建切角长方体作为底座，完成本例中壁灯的效果。

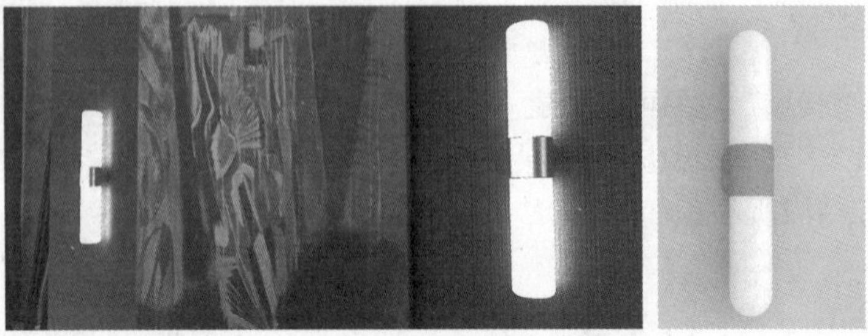

图2-145

1 单击“（创建）|（几何体）|扩展基本体| 胶囊”按钮，在“顶”视图中创建胶囊，设置参数如图2-146所示。

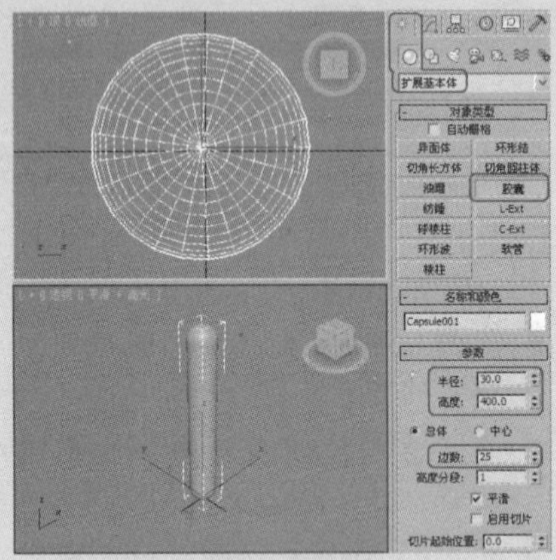

图2-146

2 单击“（创建）|（几何体）|标准基本体| 管状体”按钮，在“顶”视图中创建管状体，设置参数如图2-147所示。

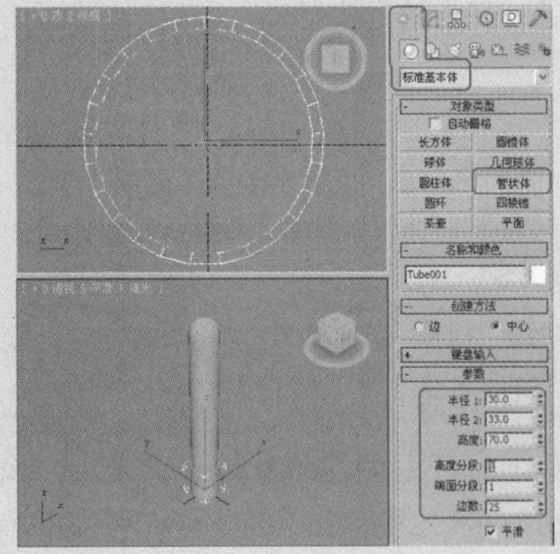

图2-147

3 在场景中选择管状体右击，在弹出的快捷菜单中选择“转换为|转化为可编辑多边形”命令，如图2-148所示。

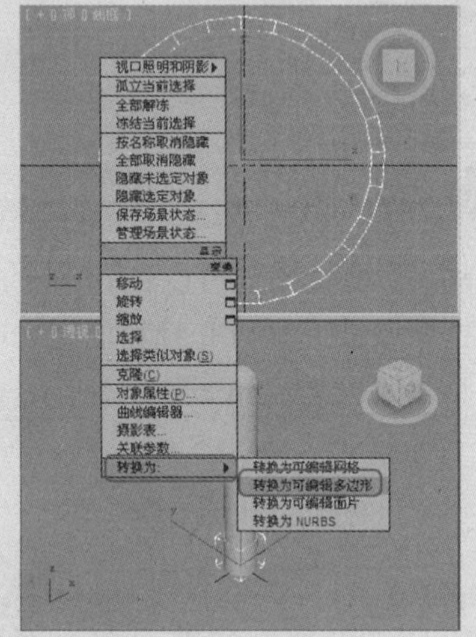

图2-148

4 将选择集定义为“边”，在场景中选择边，如图2-149所示。

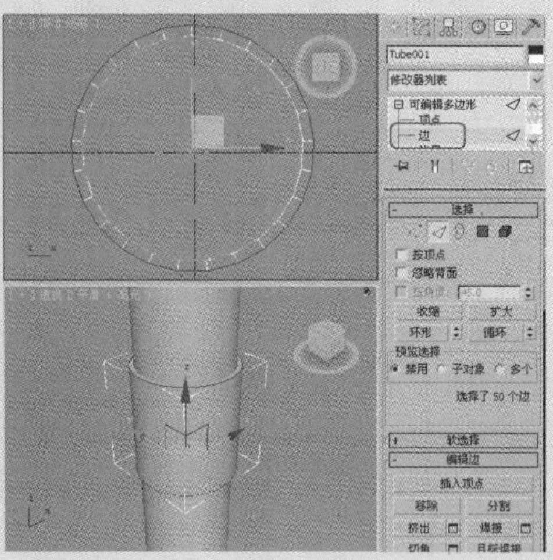

图2-149

5 设置边的“切角”如图2-150所示。

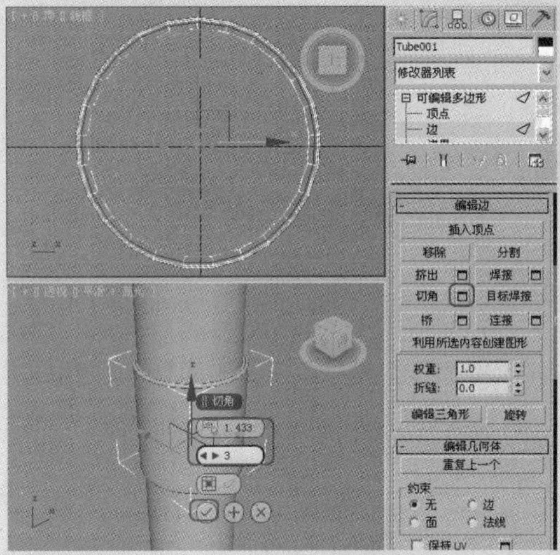

图2-150

6 定义选择集为“多边形”，选择切角出的多边形，并为其指定一个统一的平滑组，如图2-151所示。

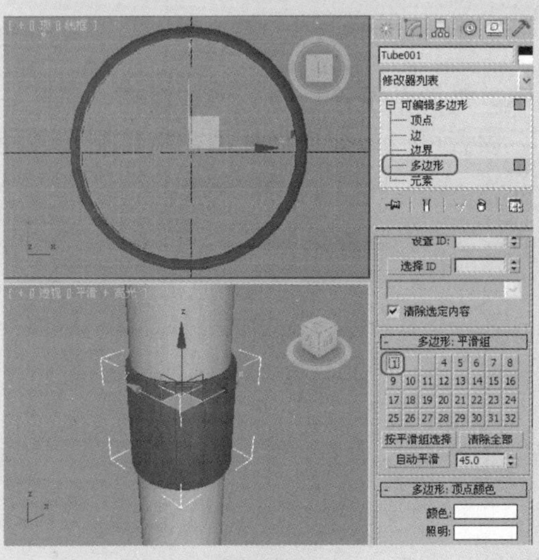

图2-151

7 单击“（创建）|（几何体）|扩展基本体|切角长方体”按钮，在“前”视图中创建切角长方体，设置参数如图2-152所示。

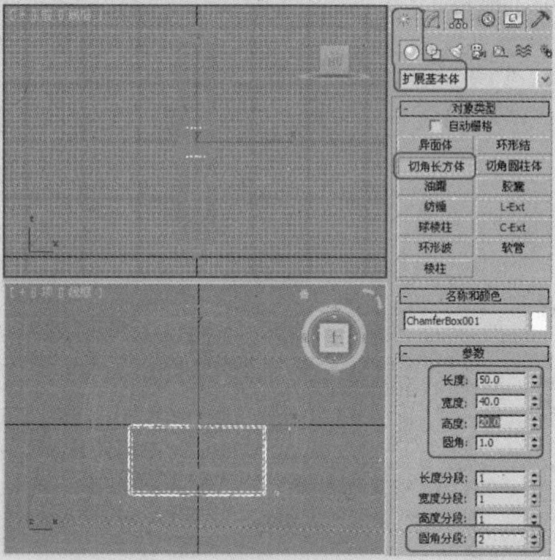

图2-152

8 调整各个模型的位置，完成筒式壁灯的模型，如图2-153所示。

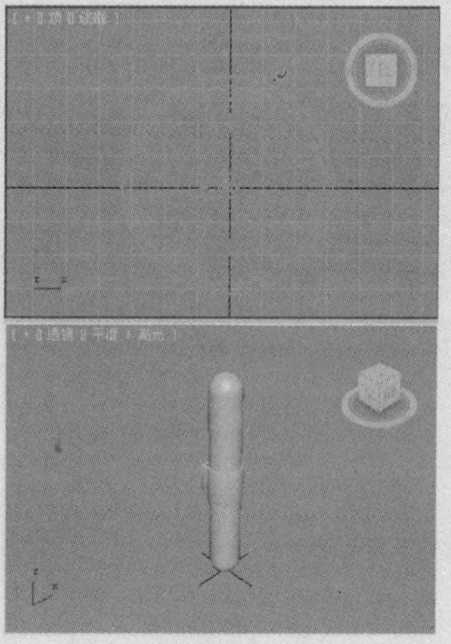

图2-153

2.8 课后练习——弧形墙

案例文件	场景\Cha02\弧形墙.max	视频教学	视频教学\Cha02\弧形墙.avi
视频长度	1分18秒	难易指数	★★☆☆☆

使用“长方体”并结合“弯曲”修改器来完成弧形墙的制作，效果如图2-154所示。

图2-154

1 单击“ （创建）| （几何体）| 长方体”按钮，在“前”视图中创建长方体。

2 复制并调整模型。

3 在场景中选择模型，为其施加“弯曲”修改器，并设置参数。

2.9 本章小结

本章介绍了几何体的创建，包括标准基本体、扩展基本体、门、窗、植物、栏杆、墙、楼梯等几何体的创建。通过对本章的学习，读者可以掌握如何使用几何体制作各种模型。

第3章

二维图形的创建

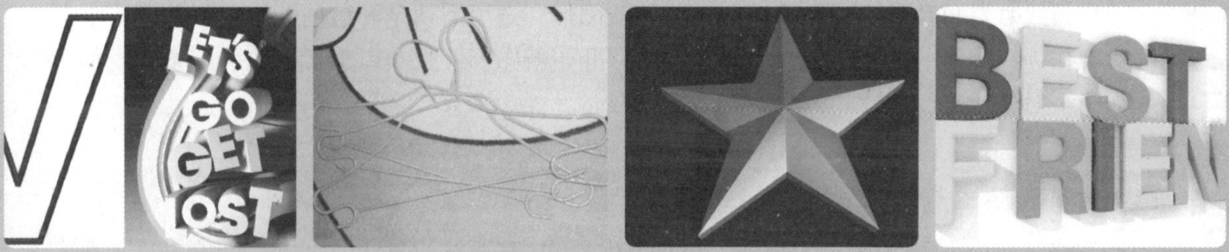

本章介绍二维图形的创建，样条线图形在3ds Max中有以下四种用途。

1. 作为平面和线条对象

对于封闭的图形，加入“编辑网格”、“编辑多边形”修改器命令，或将其转换为可编辑网格和可编辑多边形，可以将其转换为无厚度的薄皮对象，用作地面，文字和广告牌等。

2. 作为“挤出”、“车削”、“倒角”等加工成型的截面图形

图形可以通过“挤出”修改器来为图形增加厚度，产生三维模型；可以通过“倒角”修改器加工成带倒角的立体模型；通过“车削”修改器将图形进行中心旋转，形成三维模型。如图3-1所示为文本图形转换为倒角文本后的效果。

图3-1

3. 作为“放样”对象使用的图形

在“放样”过程中，使用的曲线都是图形，它们可以作为路径和截面图形来完成放样造型，如图3-2所示。

4. 作为对象运动的路径

图形可以作为对象运动的运动轨迹，对象沿着它进行运动。

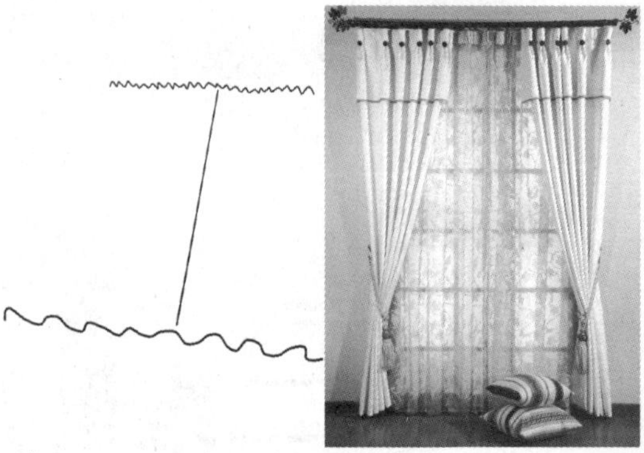

图3-2

3.1 样条线

样条线共有11种类型，在顶端的“开始新图形”选项默认是开启的，表示每创建一个曲线都作为一个新的独立对象。如果。关闭“开始新图形”选项，那么创建的多条曲线都作为一个对象对待。

3.1.1 线

“线”命令可以自由绘制任何形状的封闭或开放型曲线或直线，可以直接单击绘制直线，也可以拖动鼠标绘制曲线。具体效果表现如图3-3所示的衣架。

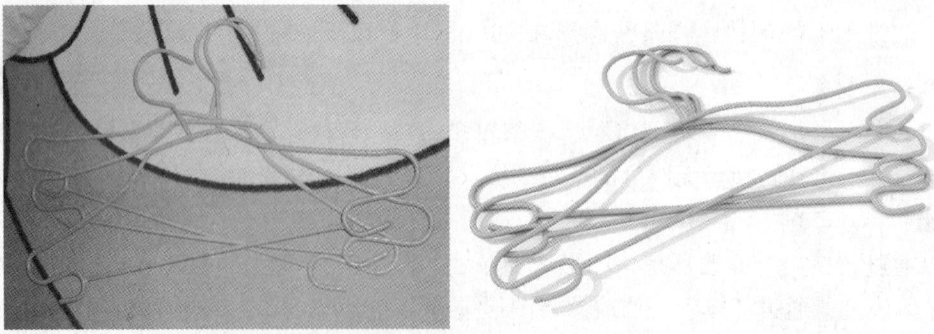

图3-3

1. 实例操作019——衣架

案例文件	场景\Cha03\衣架.max	视频教学	视频教学\Cha03\衣架.avi
视频长度	5分	难易指数	★★☆☆☆

1 首先单击“（创建）|（图形）|线”按钮，在“顶”视图中单击创建一点，作为形状的起点，继续单击创建第二点、第三点、第四点……如图3-4所示。

2 切换到（修改）面板，在修改器堆栈中将当前选择集定义为“顶点”，在场景中选择全部的“顶点”，并选择顶点的类型，如图3-5所示。

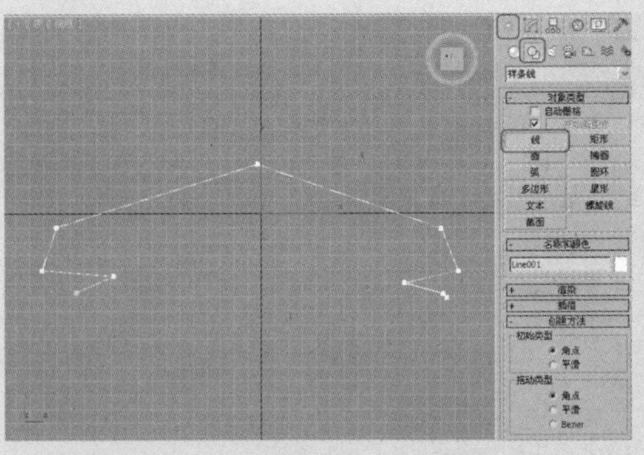

图3-4

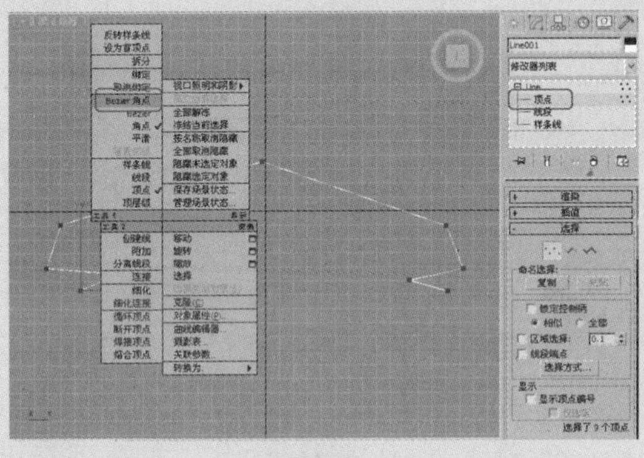

图3-5

提示 全选顶点可以通过菜单来选择，在菜单栏中选择“编辑|全选”命令，或使用快捷键Ctrl+A即可全选顶点。

3 在“渲染”卷展栏中勾选“在渲染中启用”和“在视口中启用”复选框，设置“步数”为20，如图3-6所示。

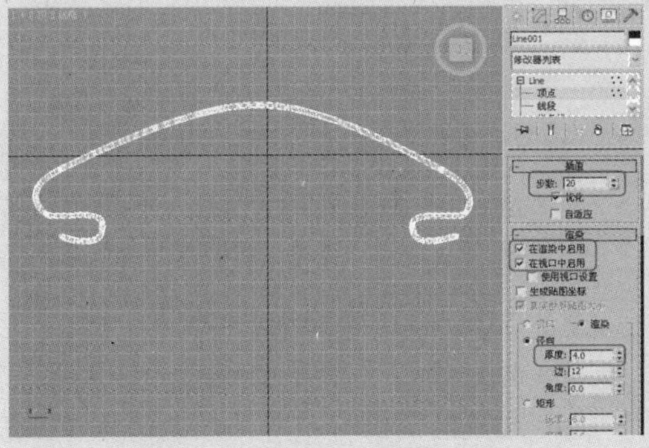

图3-6

4 创建如图3-7所示的样条线。

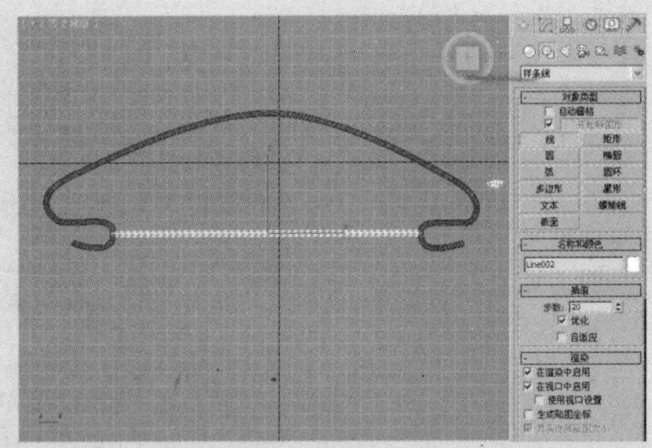

图3-7

5 选择第一个样条线，在“几何体”卷展栏中选择“优化”按钮，在场景中如图3-8所示的位置添加顶点。

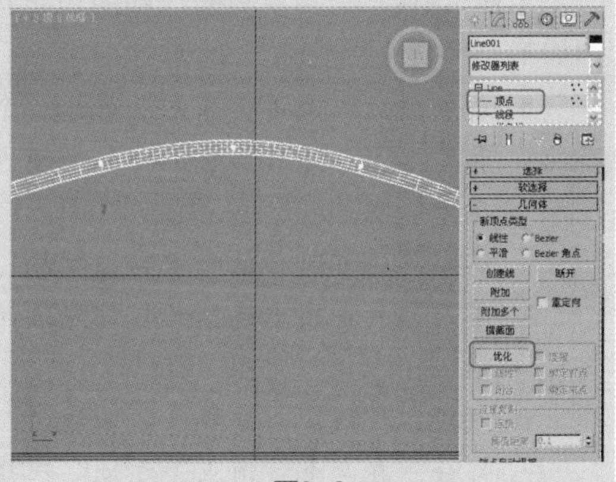

图3-8

6 调整图形的形状，如图3-9所示。

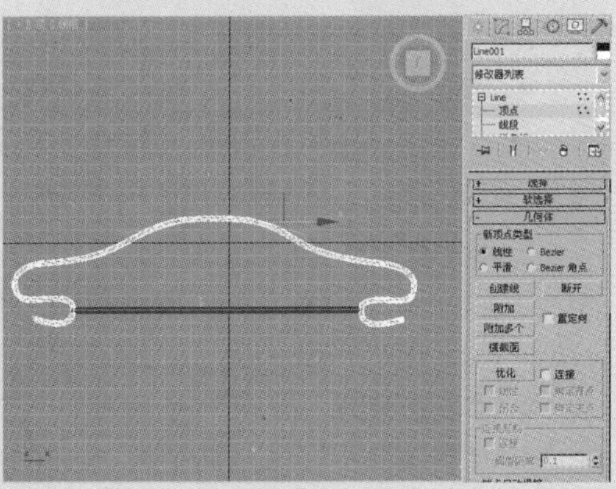

图3-9

7 使用同样的方法创建挂钩，如图3-10所示。

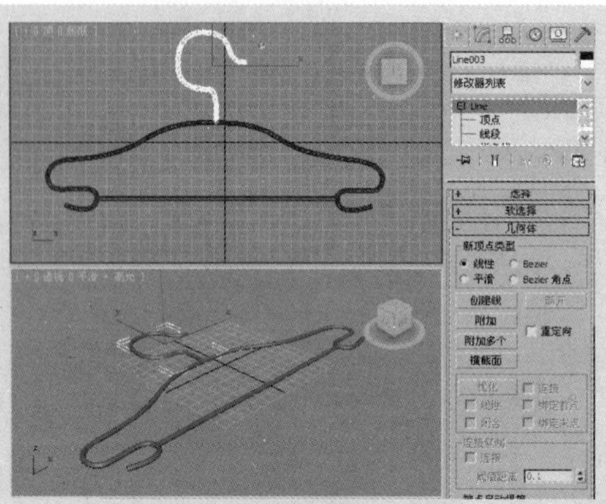

图3-10

2. 选项介绍

（1）“线”选择集中的选项的功能介绍如下。

- 顶点：可以使用标准方法选择一个和多个顶点并移动它们。如果顶点属于“Bezier”或“Bezier 角点”类型，还可以移动和旋转控制柄，进而影响在顶点连接的任何线段的形状。
- 线段：“线段”是样条线曲线的一部分，在两个“顶点”之间。选择“线段”选择集，可以选择一条或多条线段，并使用标准方法移动、旋转、缩放或克隆它们。
- 样条线：选择“样条线”选择集可以选择一个图形对象中的一个或多个样条线，并使用标准方法移动、旋转和缩放它们。

（2）“插值”卷展栏中的选项的功能介绍如下。

- 步数：使用“步数”字段可以设置程序在每个顶点之间使用的划分数量，即步长。带有急剧曲线的样条线需要许多步数才能显得平滑，而平缓曲线则需要较少的步数。范围为 0～100。
- 优化：勾选该复选框后，可以从样条线的直线线段中删除不需要的步数。默认设置为勾选。
- 自适应：勾选该复选框后，可以自动设置每个样条线的步长数，以生成平滑曲线。直线线段始终接收 0 步长。取消勾选时，可允许使用“优化”和“步数”进行手动插补控制。默认设置为禁用状态。

（3）“渲染”卷展栏中的选项的功能介绍如下。

- 在渲染中启用：勾选该复选框后，使用为渲染器设置的径向或矩形参数将图形渲染为 3D 网格。
- 在视口中启用：勾选该复选框后，使用为渲染器设置的径向或矩形参数将图形作为 3D 网格显示在视口中。
- 使用视口设置：可以为视口显示和渲染设置不同的参数，并显示视口中“视口”设置所生成的网格。只有勾选“使用视口设置”复选框时，此选项才可用。
- 生成贴图坐标：勾选该复选框可应用贴图坐标。默认设置为禁用状态。
- 真实贴图大小：控制应用于该对象的纹理贴图材质所使用的缩放方法。

- 视口：选择该选项为该图形指定径向或矩形参数，当勾选“在视口中启用”复选框时，它将显示在视口中。只有勾选“使用视口设置”复选框时，此选项才可用。
- 渲染：选择启用该选项为该图形指定径向或矩形参数，当勾选“在视口中启用”复选框时，渲染或查看后它将显示在视口中。
- 径向：当3D对象具有环形横截面时，显示样条线。
- 厚度：指定横截面直径。
- 边：边在视口或渲染器中为样条线网格设置边数。
- 角度：调整视口或渲染器中横截面的旋转位置。
- 矩形：当3D对象具有矩形横截面时，显示样条线。
- 长度：指定沿本地y轴横截面的大小。
- 宽度：指定沿本地x轴横截面的大小。
- 纵横比：设置矩形横截面的纵横比。启用锁定之后，将宽度锁定为宽度与深度之比为恒定比率的深度。
- 自动平滑：勾选该复选框后，使用“阈值”设置指定的平滑角度自动平滑样条线。自动平滑基于样条线分段之间的角度设置平滑。如果它们之间的角度小于阈值角度，则可以将任何两个相接的分段放到相同的平滑组中。
- 阈值：以度数为单位指定阈值角度。

（4）“顶点”类型的功能介绍如下。

- Bezier角点：“Bezier 角点”带有不连续的切线控制柄的不可调整的顶点，用于创建锐角转角。线段离开转角时的曲率是由切线控制柄的方向和量级设置的。
- Bezier：有锁定连续切线控制柄的不可调解的顶点，用于创建平滑曲线。顶点处的曲率由切线控制柄的方向和量级确定。
- 角点：产生一个尖端。样条线在顶点的任意一边都是线性的。
- 平滑：通过顶点产生一条平滑，不可调整的曲线。由顶点的间距来设置曲率的数量。

（5）“几何体”卷展栏如图3-11所示，部分选项的功能介绍如下。

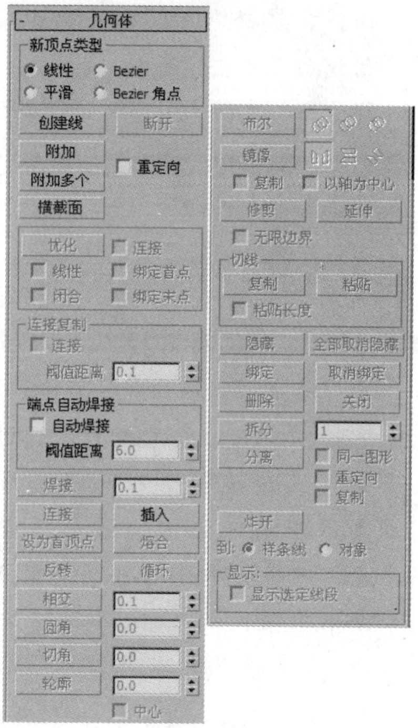

图3-11

- 线性：新顶点将具有线性切线。
- 平滑：新顶点将具有平滑切线。选中此选项之后，会自动焊接覆盖的新顶点。
- Bezier：新顶点将具有 Bezier 切线。
- Bezier角点：新顶点将具有“Bezier 角点”切线。
- 创建线：绘制新的曲线并将它加入到当前曲线中。

- 断开：将当前选择点打断，单击该按钮后不会看到效果，但是去移动断点处，会发现它们已经分离了。
- 附加：单击该按钮，在视图中选择其他的样条线，可以将它合并到当前的曲线中。如果勾选“重定向”复选框，新加入的曲线会移动到原样条线位置处。
- 附加多个：单击该按钮后，弹出“附加多个”对话框，该对话框中包含了当前场景中所有可被结合的曲线，选择需要结合的曲线或多条曲线后，单击“附加”按钮。
- 横截面：可创建图形之间横截面的外形框架。单击“横截面”按钮，选择一个形状，再选择另一个形状，将可以创建链接两个形状的样条线。
- 优化：在曲线上单击，可以在不改变曲线形状的前提下加入一个新点，这是羽化原曲线的好方法。
- 连接：勾选该复选框时，通过连接新顶点创建一个新的样条线子对象。使用“优化”添加顶点完成后，“连接”会为每个新顶点创建一个单独副本，然后将所有副本与一个新样条线相连。
- 线性：勾选该复选框时，新的样条线顶点将以“角点”的方式连接，取消勾选时，顶点将以“平滑”方式连接。
- 绑定首点：将创建的第一个顶点约束在当前的曲线上。
- 闭合：控制新的曲线创建完毕后是否自动关闭。
- 绑定末点：将创建的最后一个顶点约束在当前的曲线上。
- 连接：复制分段或样条线时会在新线段与原线段端点之间创建线段连接关系，勾选该复选框后，会启用连接复制功能。
- 阈值距离：用于指定连接复制的距离范围。
- 自动焊接：勾选该复选框时，如果两端点属于同一曲线，并且在阈值范围内，将被自动焊接。
- 焊接：焊接同一样条线的两端点或两相邻点为一个点，使用时先移动两端点或相邻点使彼此接近，然后同时选择这两点，单击“焊接”按钮后，点会焊接到一起。如果这两个点没有被焊接到一起，可以增大焊接阈值重新焊接。
- 连接：连接两个断开的点。
- 插入：在选择点处单击鼠标，会引出新点，不断单击鼠标可以不断地加入新点，单击鼠标右键停止插入。
- 设为首顶点：指定作为样条线起点的顶点，在“放样”时首顶点会确定截面图形之间的相对位置。
- 熔合：移动选择的点到它们的平均中心。熔合会选择点放置在同一位置，不会产生点的连接。
- 反转：使用此选项可以反转所选样条线的方向。如果样条线是非封闭的，第一个顶点将切换为该样条线的另一端。反转样条线方向的目的通常是为了反转在顶点子对象层级使用插入命令的效果。
- 循环：用于点的选择。在视图中选择一组重叠在一起的顶点后，单击此按钮，可以逐个选择顶点进行切换，直到选择到需要的点为止。
- 相交：单击该按钮后，在两条相交的样条线交叉处单击，将在这两条样条线上分别增加一个交叉点。但这两曲线必须属于同一曲线对象。

- 圆角/切角：用于对曲线的加工，对直的折角点进行架线处理，以产生圆角和切角效果。
- 轮廓：在当前曲线上加一个双线勾边，如果为开放曲线，将在加轮廓的同时进行封闭。可以手动添加轮廓，也可以通过微调器设置数值来加轮廓。
- 布尔：提供（并集）、（差集）、（交集）三种运算方式。
  - ◆（并集）：将两个重叠样条线组合成一个样条线，在该样条线中，重叠的部分被删除，保留两个样条线不重叠的部分，构成一个样条线。
  - ◆（差集）：从第一个样条线中减去与第二个样条线重叠的部分，并删除第二个样条线中剩余的部分。
  - ◆（交集）：仅保留两个样条线的重叠部分，删除两者的不重叠部分。
- 镜像：可以对曲线进行（水平）、（垂直）、（对角镜像）。
- 复制：如果勾选该复选框将在镜像的过程中镜像出一个复制品。
- 以轴为中心：将以曲线对象的中心为镜像中心，否则，以曲线的集合中心进行镜像。
- 修剪：使用“修剪”可以清理形状中的重叠部分，使端点接合在一个点上。
- 延伸：使用“延伸”可以清理形状中的开口部分，使端点接合在一个点上。
- 无限边界：打开此项目，将以无限远为界限进行修剪扩展计算。

3.1.2 矩形

使用“矩形”命令可以创建方形和矩形样条线。具体效果表现如图3-12所示的矩形框欧式铁艺。

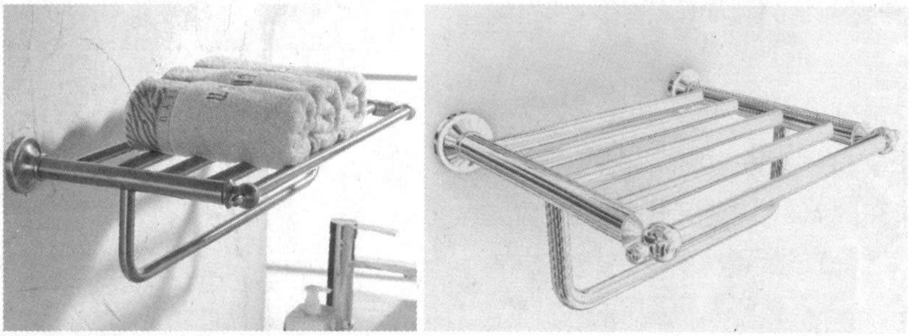

图3-12

1. 实例操作020——创建矩形框欧式铁艺

案例文件	场景\Cha03\毛巾架.max	视频教学	视频教学\Cha03\毛巾架.avi
视频长度	9分38秒	难易指数	★★☆☆☆

1 首先单击“（创建）|（图形）|线”按钮，在“顶”视图中创建线，并调整图形的形状如图3-13所示。

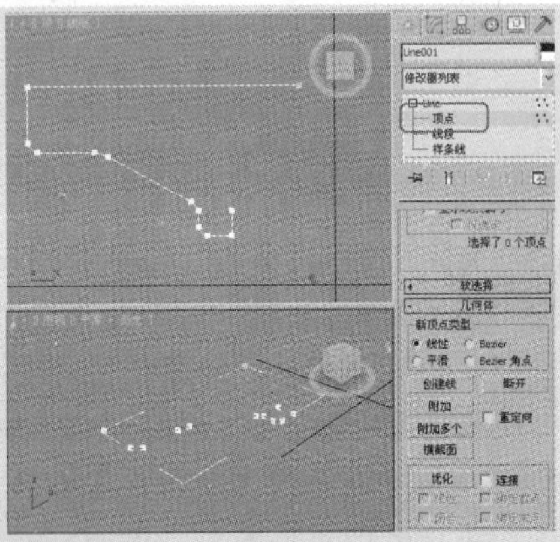

图3-13

2 切换到（修改）面板，在“修改器列表”中选择“车削”修改器，设置车削的参数，并将选择集定义为“轴”，在场景中调整轴如图3-14所示。

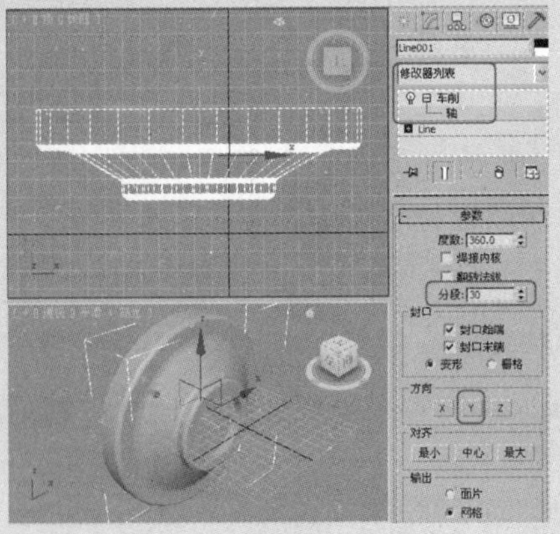

图3-14

3 单击“（创建）|（几何体）|圆柱体”按钮，在“前”视图中创建圆柱体，并在“参数”卷展栏中设置合适的参数，如图3-15所示。

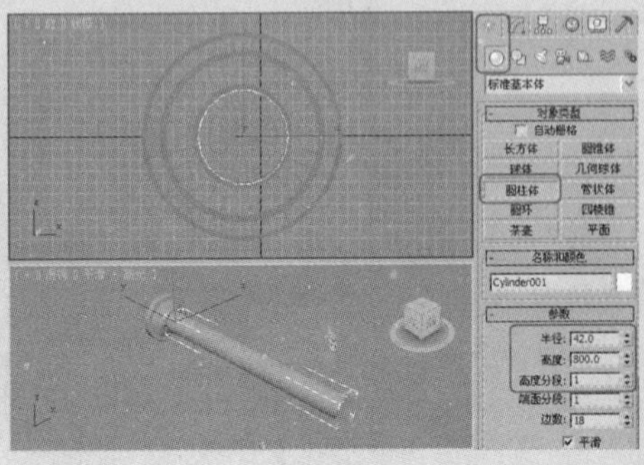

图3-15

4 在“顶”视图中创建图形，如图3-16所示。

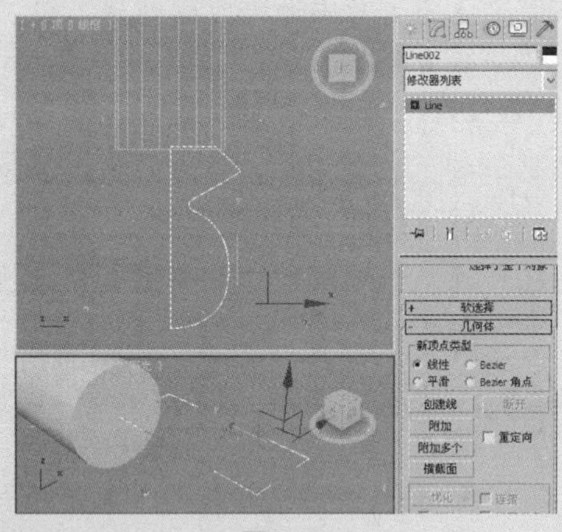

图3-16

5 为图形施加“车削”修改器，如图3-17所示。

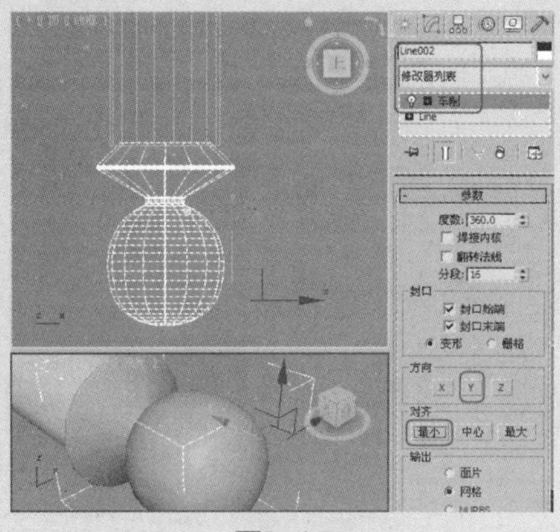

图3-17

6 在场景中复制模型，如图3-18所示。

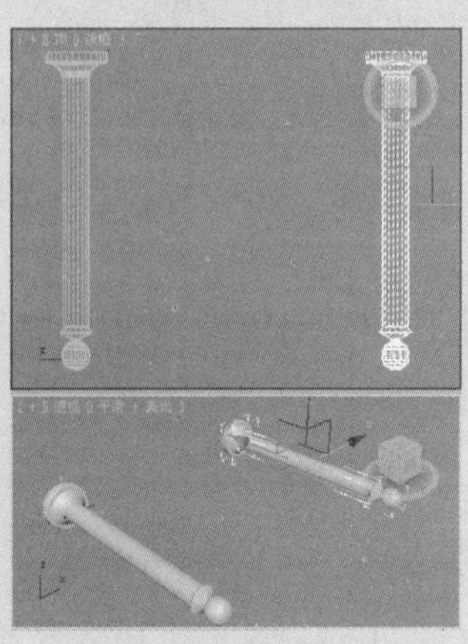

图3-18

7 在“顶”视图中创建可渲染的样条线，如图3-19所示。

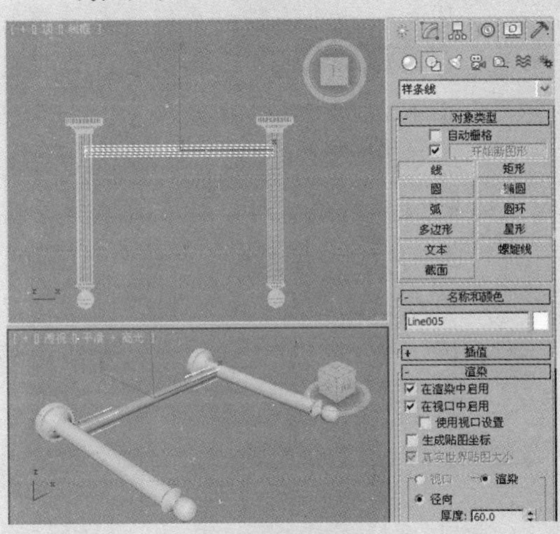

图3-19

8 复制可渲染的样条线，如图3-20所示。

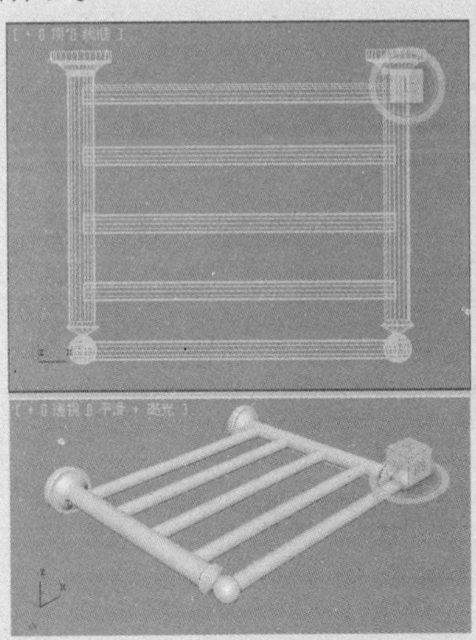

图3-20

9 创建如图3-21所示的模型。

10 单击“（创建）|（图形）|矩形”按钮，在“前”视图中创建矩形，设置矩形的可渲染参数如图3-22所示。

提示 配合Ctrl键可以创建正方体图形。

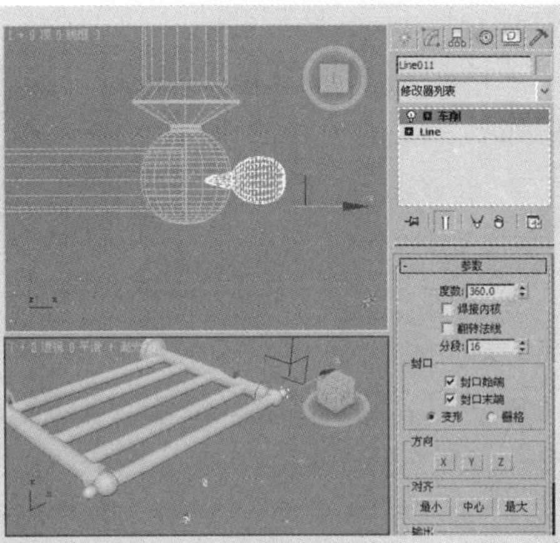

图3-21

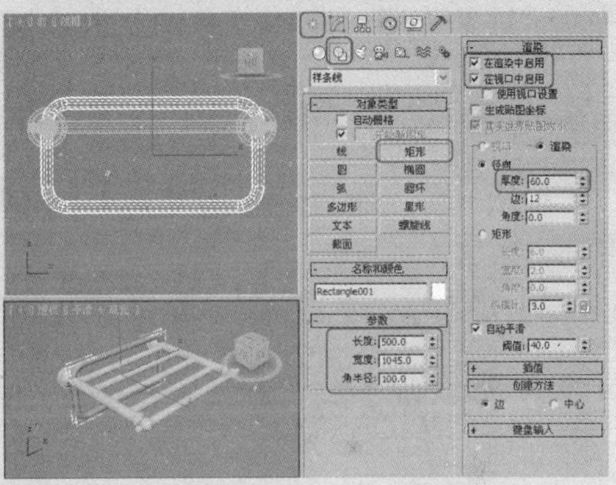

图3-22

11 在场景中选择矩形，并为矩形施加“编辑样条线”修改器，将选择集定义为“分段”，并在场景中删除分段，如图3-23所示。

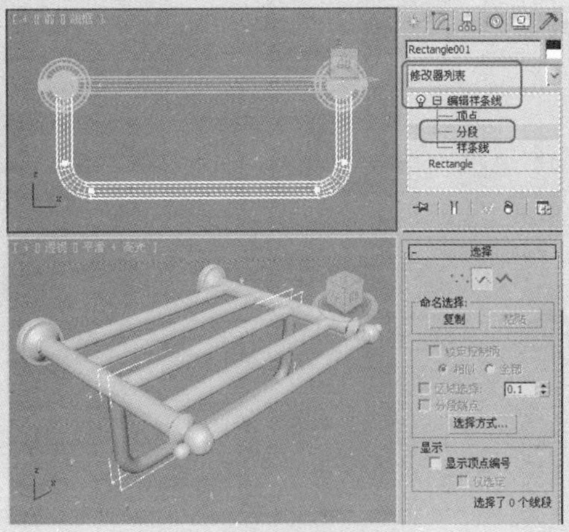

图3-23

2. 选项介绍

（1）“参数”卷展栏中的选项的功能介绍如下。

- 长度：指定矩形沿着局部y轴的大小。
- 宽度：指定矩形沿着局部x轴的大小。
- 角度：创建圆角。设置为 0 时，矩形包含 90 度角。

（2）“键盘输入”卷展栏中的选项的功能介绍如下。

“键盘输入”可以基于参数化指定对象的大小和位置。

- X\Y\Z：输入的数值为沿活动构造平面的轴的偏移；主栅格或栅格对象。加号和减号值相应于这些轴的正负方向。默认设置为 0、0、0，即活动栅格的中心，由 X、Y 设置的位置为创建对象标准方法中的单击鼠标创建模型的位置。
- 创建：设置参数和X/Y/Z轴的位置后，单击“创建”按钮在激活的视图中创建对象。

3.1.3 圆

使用“圆”命令可以创建由四个顶点组成的闭合圆形样条线。具体效果表现如图3-24所示。

图3-24

实例操作021——创建耳扣

案例文件	场景\Cha03\耳扣.max	视频教学	视频教学\Cha03\耳扣.avi
视频长度	1分47秒	难易指数	★★☆☆☆

1 首先单击“（创建）|（图形）|圆”按钮，在“顶”视图中创建圆，设置圆的参数，如图3-25所示。

2 在“前”视图中创建切角长方体，设置其参数和分段数如图3-26所示。

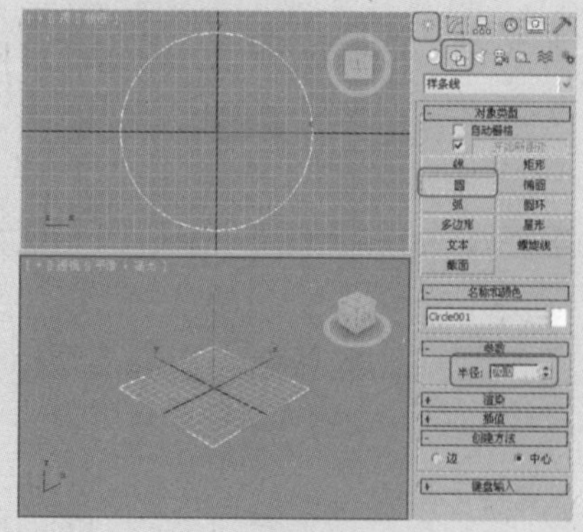

图3-25

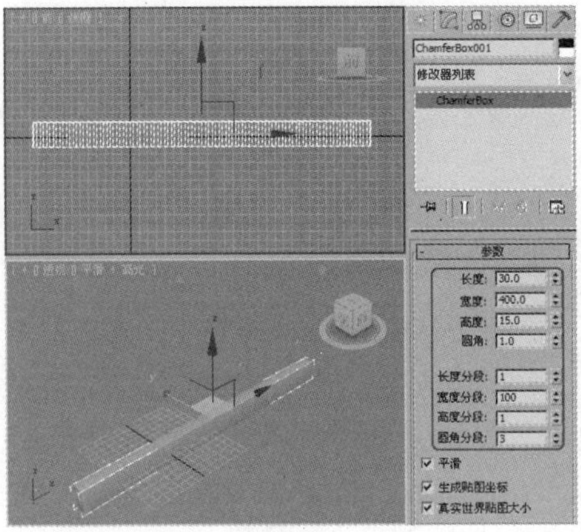

图3-26

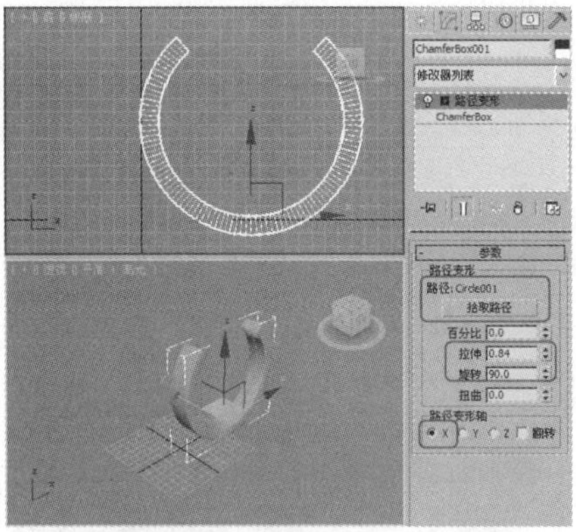

图3-27

“参数”卷展栏中的部分选项的功能介绍如下。

“半径”：指定圆的半径。

3 在场景中选择切角长方体，为其施加“路径变形”修改器，单击“拾取路径”按钮，在场景中拾取圆，并设置参数，效果如图3-27所示。

4 在场景中创建可渲染的线，如图3-28所示。

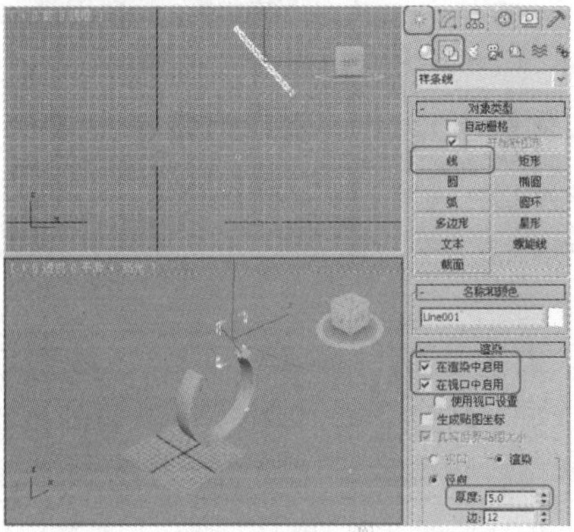

图3-28

3.1.4 椭圆

使用“椭圆”命令可以创建椭圆形和圆形样条线。

单击“（创建）|（图形）|椭圆”按钮，在场景中单击并拖动椭圆的长宽和半径如图3-29所示。

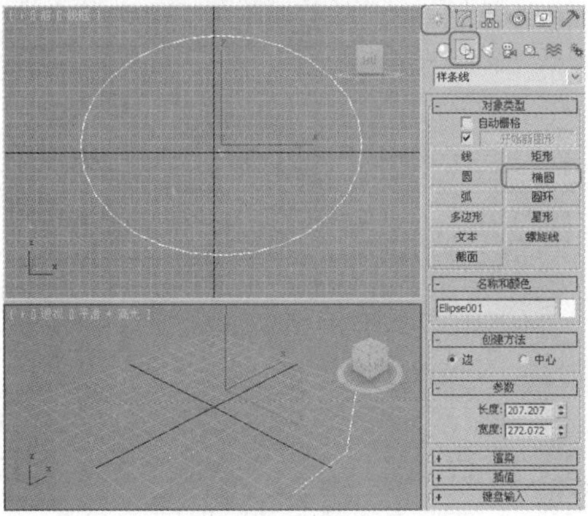

图3-29

提示 配合Ctrl键可以约束为正圆。

“参数”卷展栏中的部分选项的功能介绍如下。

“长度”、“宽度”：分别设置椭圆的长度和宽度。

3.1.5 弧

使用“弧”命令可以创建由四个顶点组成的开启和闭合圆形弧。具体效果表现如

图3-30所示。

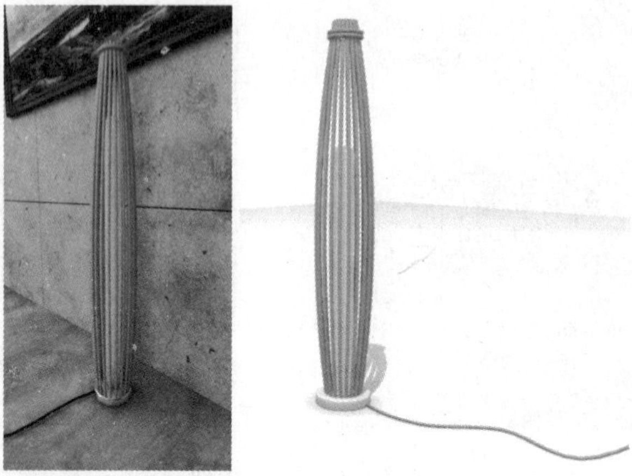

图3-30

1. 实例操作022——制作地灯

案例文件	场景\Cha03\地灯.max	视频教学	视频教学\Cha03\地灯.avi
视频长度	3分47秒	难易指数	★★☆☆☆

1 单击“（创建）|（图形）|弧”按钮，在“前”视图中创建弧，在“参数”卷展栏中设置弧的参数，并设置弧的“渲染”，将其“在渲染中启用”和“在渲染中启用”，设置合适的“厚度”，如图3-31所示。

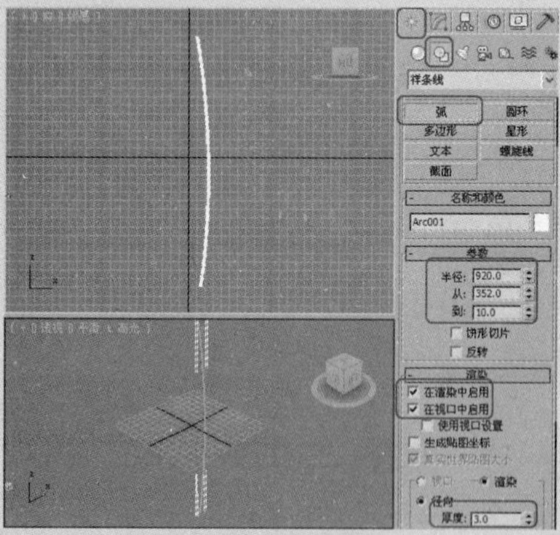

图3-31

2 切换到（层次）面板，单击“轴”按钮，选择“仅影响轴”按钮，在“顶”视图中调整轴，如图3-32所示。

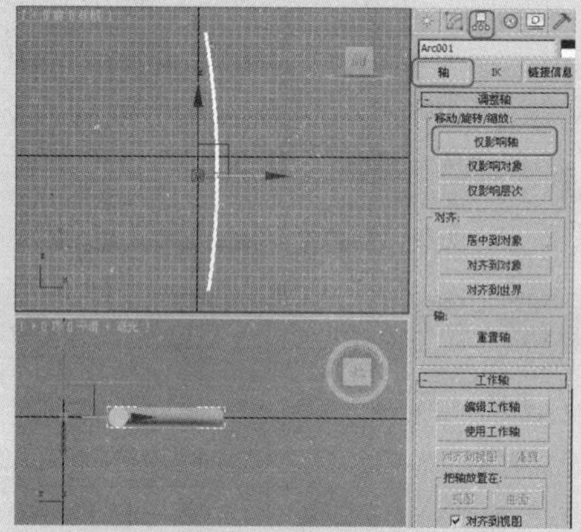

图3-32

3 激活“顶”视图，在菜单栏中选择“工具｜ 阵列”命令，在弹出的对话框中设置参数如图3-33所示。

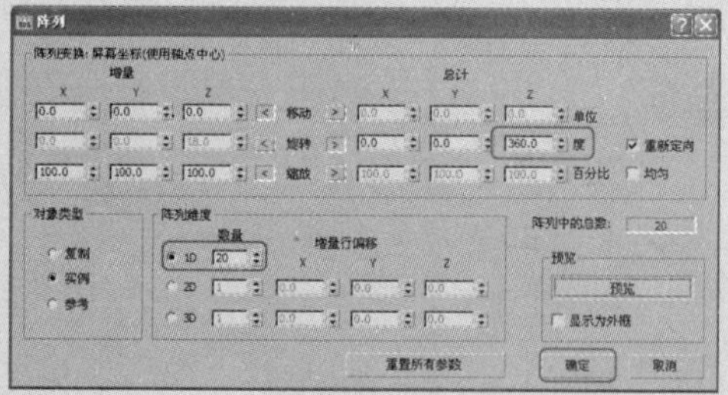

图3-33

4 阵列复制后的效果如图3-34所示。

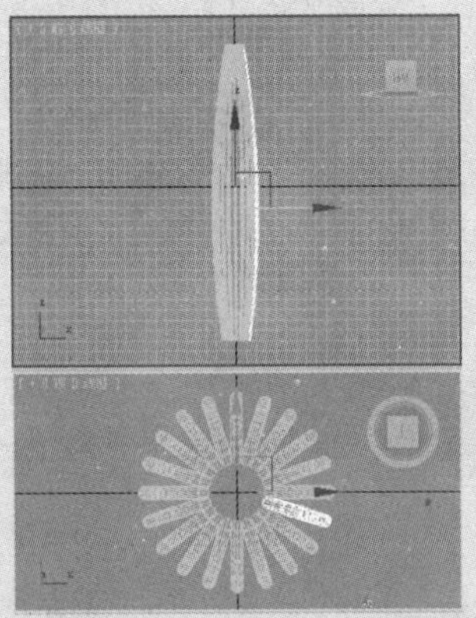

图3-34

5 单击“（创建）|（图形）|圆”按钮，在“顶”视图中创建可渲染的圆，设置合适的参数，如图3-35所示，调整复制模型的位置。

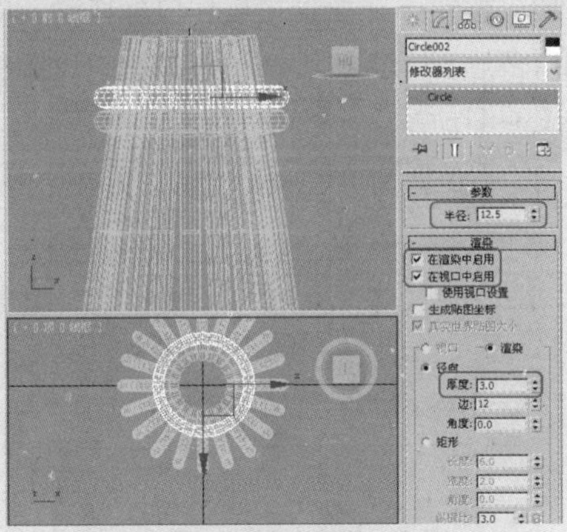

图3-35

6 单击“（创建）|（几何体）|扩展基本体| 切角圆柱体”按钮，在“顶”视图中创建切角圆柱体，设置合适的参数，如图3-36所示，将其放置到模型的底端。

7 在场景中选择切角圆柱体，按Ctrl+V键复制模型，修改模型的参数如图3-37所示，调整模型的位置作为灯泡。

8 创建可渲染的样条线作为电线，如图3-38所示。

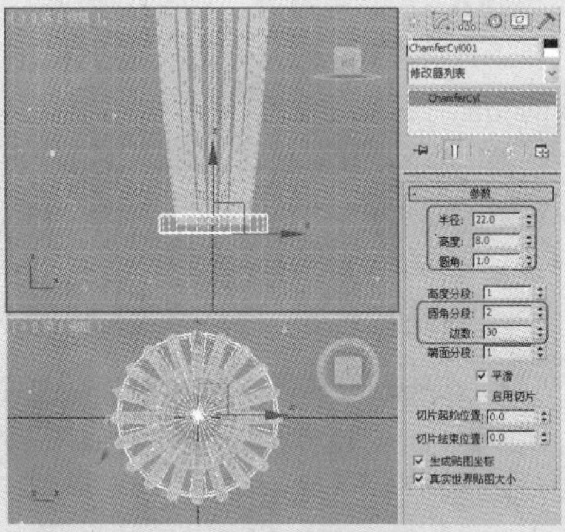

图3-36

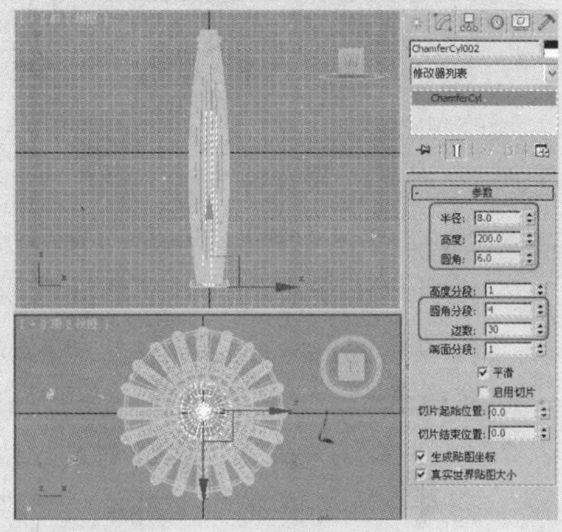

图3-37

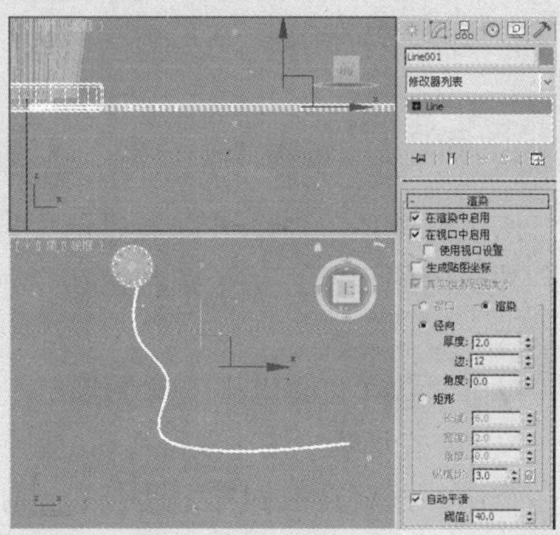

图3-38

提示 使用“线”工具创建了闭合图形后，切换到（修改）面板，将当前选择集定义为“顶点”，通过顶点可以改变图形的形状。

2. 选项介绍

（1）“弧”的“参数”卷展栏中的选项的功能介绍如下。

- 半径：设置圆弧的半径大小。
- 从、到：设置弧起点和终点的角度。
- 饼形切片：勾选该复选框，将创建封闭的扇形。
- 反转：将弧线方向反向。

（2）“创建方法”卷展栏如图3-39所示，各选项的功能介绍如下。

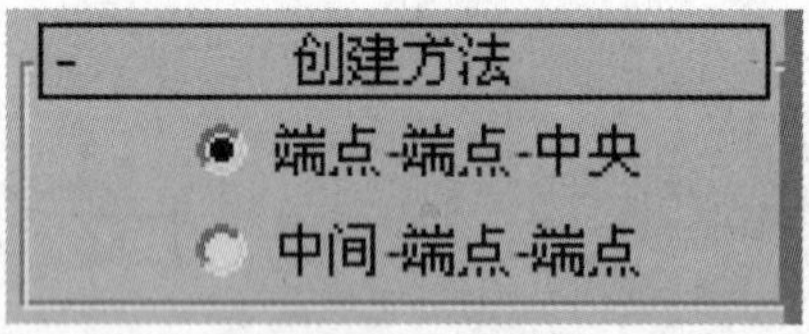

图3-39

- 端点-端点-中央：这种创建方法是先引出一条直线，以直线的两端点作为弧的两端点，然后移动鼠标确定弧长。
- 中间-端点-端点：这种创建方法是先引出一条直线作为圆弧的半径，移动鼠标确定弧长，这种创建方法对扇形的创建非常方便。

3.1.6 圆环

使用“圆环”命令可以通过两个同心圆创建封闭的形状。每个圆都由四个顶点组成。

单击“（创建）|（图形）|圆环”按钮，在场景中按住鼠标拖动，以创建第一个圆，然后在以同样方法创建第二个圆。在“参数”卷展栏中设置参数如图3-40所示。

“参数”卷展栏中的部分选项的功能介绍如下。

- 半径1：设置第一个圆的半径。
- 半径2：设置第二个圆的半径。

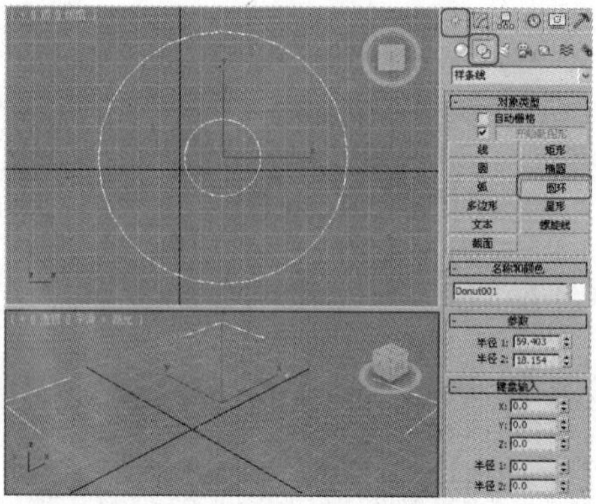

图3-40

3.1.7 多边形

使用“多边形”命令可以创建具有任意面数或顶点数 (N) 的闭合平面或圆形样条线。

单击“（创建）|（图形）|多边形”按钮，在场景中按住鼠标拖动，以创建出多边形。在“参数”卷展栏中设置参数如图3-41所示。

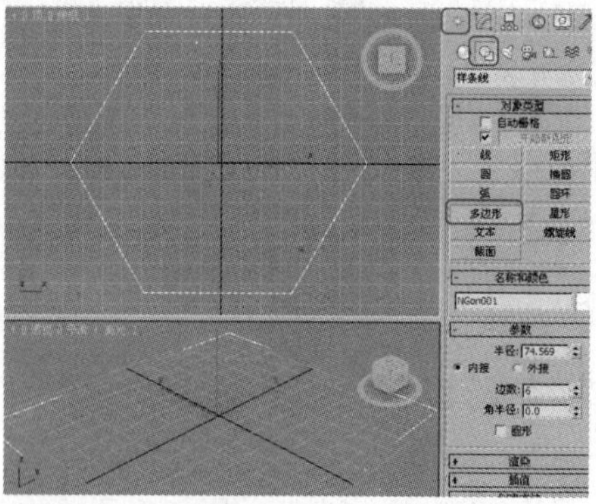

图3-41

“参数“卷展栏中的部分选项的功能介绍如下。

- 半径：设置多边形的内径大小。
- 内接、外接：确定以外切圆半径还是内切圆半径作为多边形的半径。
- 边数：设置多边形的边数。
- 角半径：制作带圆角的多边形，设置圆角的半径大小。
- 圆形：设置多边形为圆形。

3.1.8 星形

“星形”命令可以创建多角星形。尖角可以锐化为倒角，制作齿轮图案；尖角的方向可以扭曲，产生刺状锯齿；参数的变换可以产生许多奇特的图案，因为它是可渲染的，所以即使交叉，也可以用作一些特殊的图案花纹。具体效果表现如图3-42所示。

图3-42

1. 实例操作023——制作五角星

案例文件	场景\Cha03\五角星.max	视频教学	视频教学\Cha03\五角星.avi
视频长度	1分6秒	难易指数	★★☆☆☆

1 首先单击“（创建）|（图形）|星形”按钮，在场景中按住鼠标拖动，以创建星形，在“参数”卷展栏中设置参数如图3-43所示。

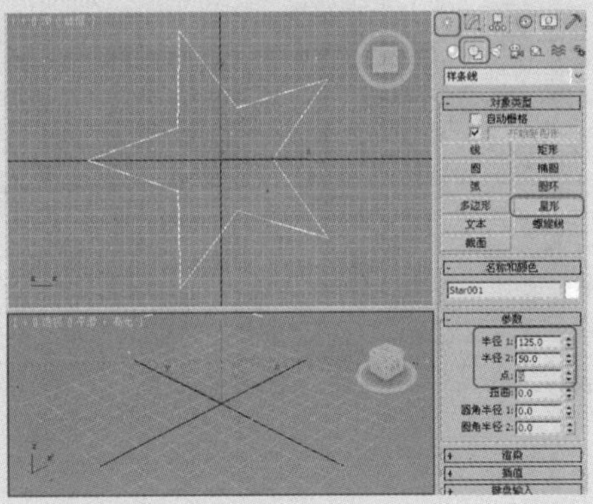

图3-43

2 为“星形”施加一个“倒角”修改器，设置倒角的参数，制作完成五角星模型，如图3-44所示。

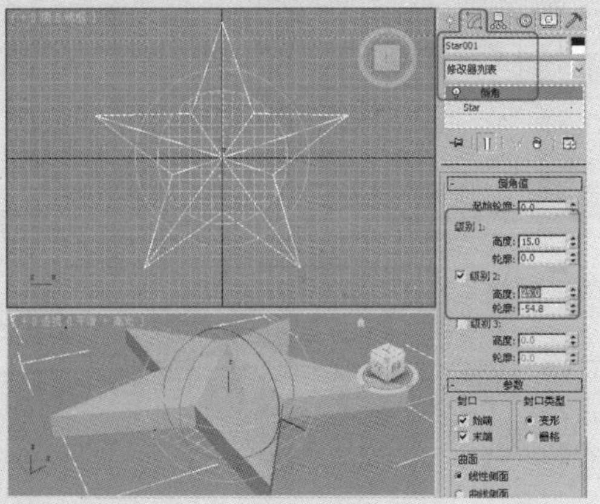

图3-44

2. 选项介绍

“参数”卷展栏中的各选项的功能介绍如下。

- 半径1、半径2：分别设置星形的内径和外径。
- 点：设置星形的尖角个数。
- 扭曲：设置尖角的扭曲度。
- 圆角半径1、圆角半径2：分别设置尖角的内外倒圆角半径。

3.1.9 文本

“文本”命令可以直接产生文字图形。在中文系统平台下可以直接产生各种字体的中文字型，字型的内容、大小、间距都可以调整。具体效果表现如图3-45所示。

图3-45

1. 实例操作024——创建3d文字

案例文件	场景\Cha03\3d文字.max	视频教学	视频教学\Cha03\3d文字.avi
视频长度	1分39秒	难易指数	★★☆☆☆

1 首先单击“（创建）|（图形）|文本”按钮，在“前”视图中单击创建文本，并在“参数”卷展栏中选择字体，输入要创建的文字，如图3-46所示。

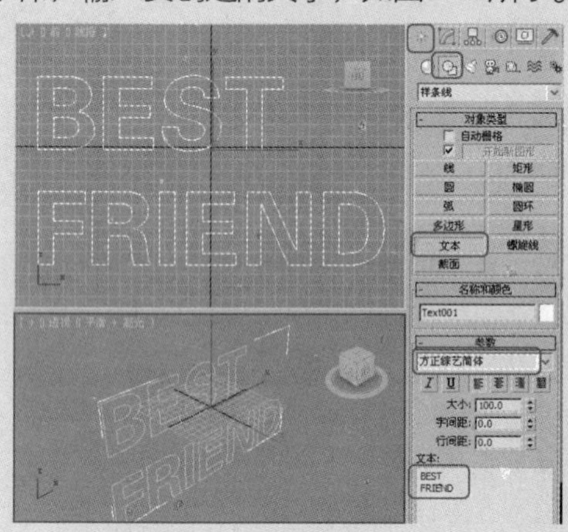

图3-46

2 为模型施加“倒角”修改器，并设置参数如图3-47所示。

3 为模型施加“编辑多边形”，定义选择集为“元素”，并在场景中调整元素，如图3-48所示。

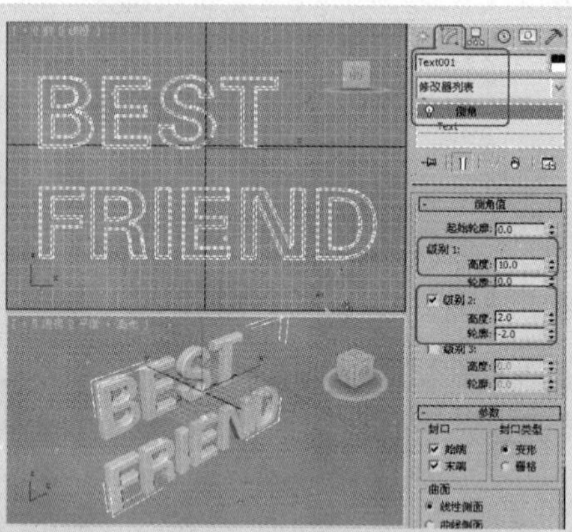

图3-47

图3-48

2. 选项介绍

“参数”卷展栏中的选项的功能介绍如下。

- 字体下拉列表：在该下拉列表中可以选择字体。
- I：倾斜字体。
- U：加下划线。
- ≡：左对齐。
- ≡：居中。
- ≡：右对齐。
- ≡：两端对齐。
- 大小：设置文字的大小。
- 字间距：设置文字之间的间隔距离。
- 行间距：设置文字行与行之间的距离。
- 文本：用来输入文本文字。
- 更新：设置修改参数后视图是否自己进行更新显示。遇到大量的文字处理时，为加快显示速度，可以打“手动更新”选项，自动更新视图。

3.1.10 螺旋线

使用“螺旋线”命令可创建开口平面或3D螺旋形。具体效果表现如图3-49所示。

图3-49

实例操作025——制作果盘

案例文件	场景\Cha03\果盘.max	视频教学	视频教学\Cha03\果盘.avi
视频长度	1分49	难易指数	★★☆☆☆

1 首先单击“（创建）|（图形）|螺旋线”按钮，在“顶”视图中创建螺旋线。设置参数如图3-50所示。

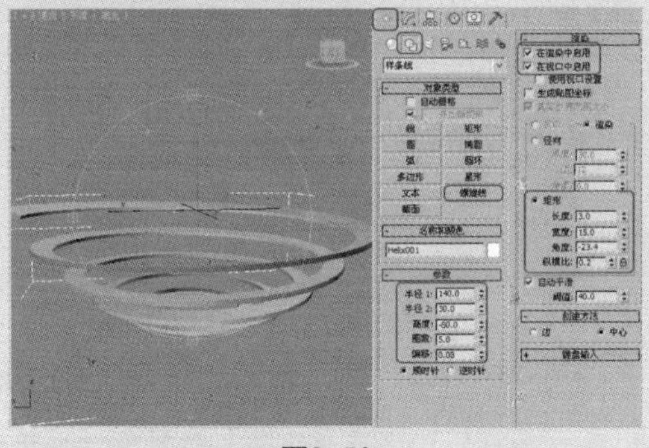

图3-50

2 创建圆柱体，设置参数并调整模型的位置，如图3-51所示。

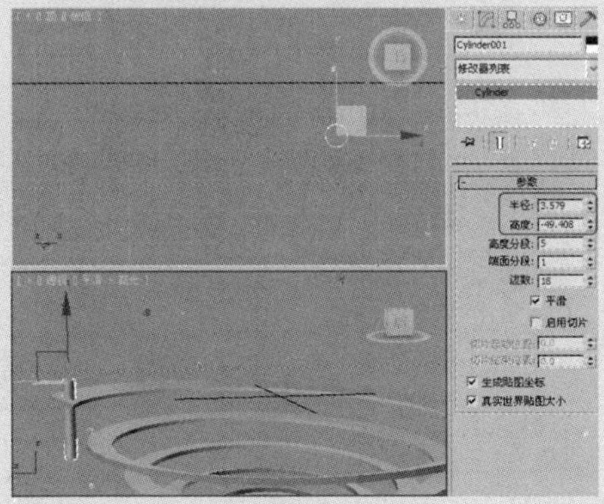

图3-51

3 在场景中选择螺旋线，单击“（创建）|（几何体）|复合对象|布尔”按钮，在“拾取布尔”卷展栏中单击“拾取操作对象B”按钮，在场景中拾取圆柱体，如图3-52所示。

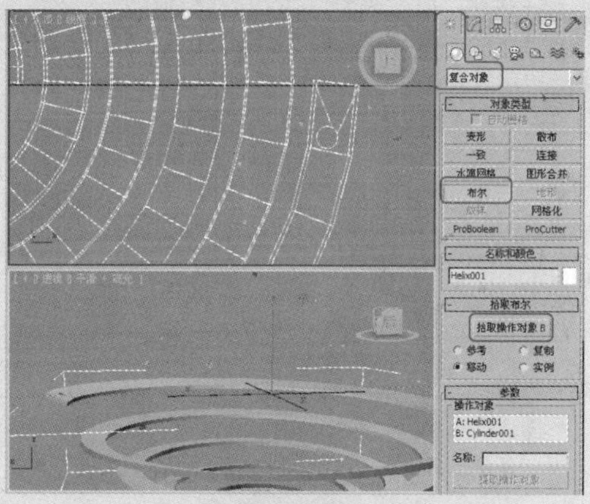

图3-52

图3-50中“参数”卷展栏中的选项的功能介绍如下。

- 半径1：指定螺旋线的起点半径。
- 半径2：指定螺旋线的终点半径。
- 高度：指定螺旋线的高度。
- 圈数：指定螺旋线起点和终点之间的圈数。
- 偏移：强制在螺旋线的一端累积圈数。
- 顺时针、逆时针：方向按钮，设置螺旋线的旋转是顺时针还是逆时针。

3.1.11 截面

通过“截面”命令截取造型而获得二维图形。此命令可创建一个平面，可以移动、旋转和缩放。当穿过一个三维造型时，会显示出截取的剖面，单击“创建图形”按钮后就可以将这个截面制作成一个新的样条线。

1 打开一个场景文件，如图3-53所示。

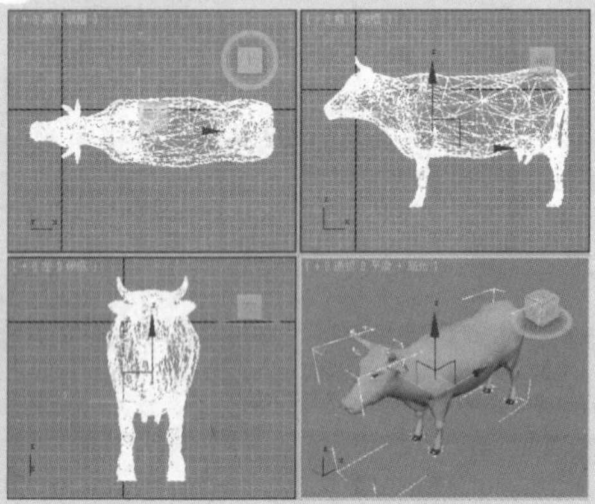

图3-53

2 单击“（创建）|（图形）|截面”按钮，在“前”视图中创建截面，如图3-54所示。

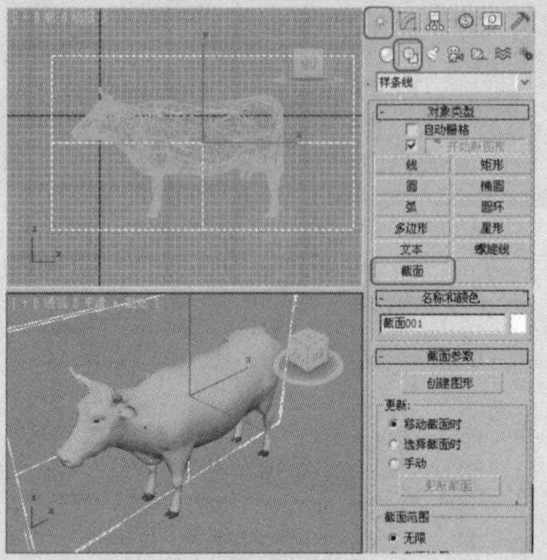

图3-54

3 在场景中移动该截面到模型的合适位置，并单击“创建图形”按钮，在弹出的对话框中使用默认的参数，单击“确定”按钮，如图3-55所示。

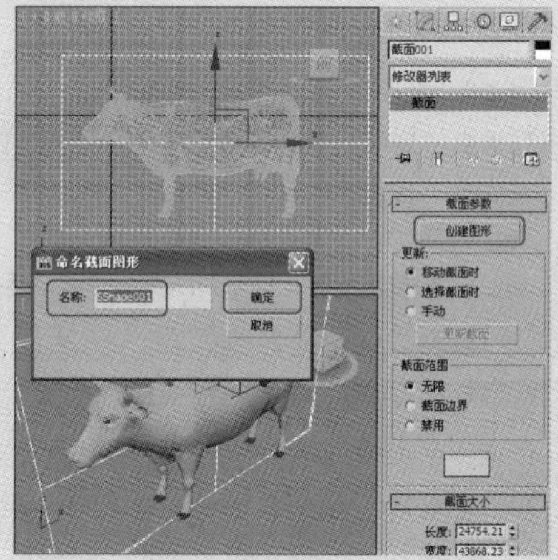

图3-55

4 创建出的截面图形如图3-56所示。

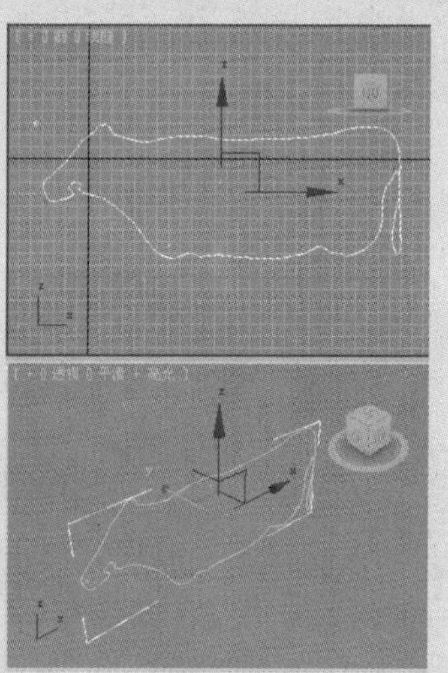

图3-56

（1）“截面参数”卷展栏中的选项的功能介绍如下。

- 创建图形：单击该按钮，将弹出一个“命名截面图形”对话框，确定名称后，单击“确定”按钮就会产生一个截面图形，如果此时没有截面，此按钮将不可用。
- 移动截面时：在移动截面的同时更新视图。

- 选择截面时：只有在选择了截面时才进行视图更新。
- 手动：通过单击其下的“更新截面”按钮手动更新视图。
- 更新截面：手动更新视图。
- 无限：截面所在的平面无界限扩展，只要经过此截面的对象都被截取，与视图显示的截面尺寸无关。
- 截面边界：以截面所在边界为限，凡是接触到它边界的造型都被截取，否则不会受影响。
- 禁用：关闭截面的截取功能。

（2）“截面大小”卷展栏如图3-57所示，各选项的功能介绍如下。

图3-57

“长度”、“宽度”：设置平面的长宽尺寸。

3.2 扩展样条线

“扩展样条线”中的图形在建筑工业造型上经常会用到，因此3ds Max增加了这些图形的独立创建工具。“扩展样条线”的创建和编辑与“样条线”相似，并且也可以直接转换为NURBS曲线。

图3-58

3.2.1 W矩形

创建两个嵌套的矩形，并且内外矩形的边保持相同间距。此种方法适合创建窗框、方管截面等图形。具体效果表现如图3-58所示。

1. 实例操作026——壁画

案例文件	场景\Cha03\壁画.max	视频教学	视频教学\Cha03\壁画.avi
视频长度	1分14秒	难易指数	★★☆☆☆

1 首先单击“（创建）|（图形）| 扩展样条线 | 墙矩形”按钮，在“前”视图中创建墙矩形，如图3-59所示。

2 在“参数”卷展栏中设置墙矩形的参数如图3-60所示。

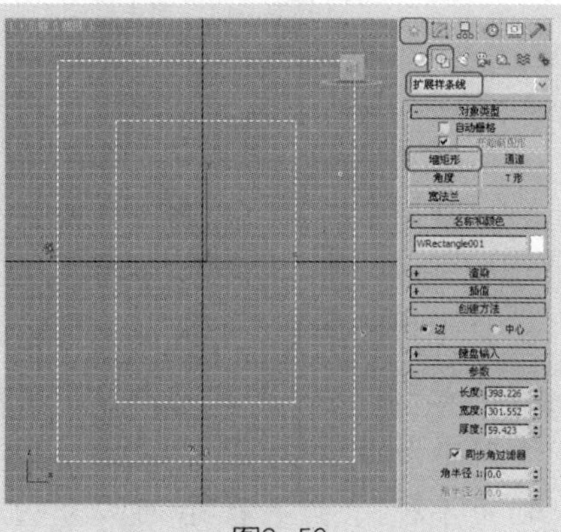
图3-59

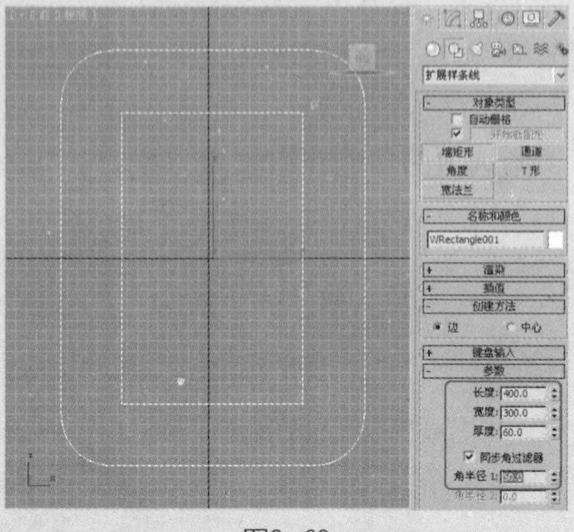

图3-60

3 为该模型施加一个“倒角”修改器，效果如图3-61所示。

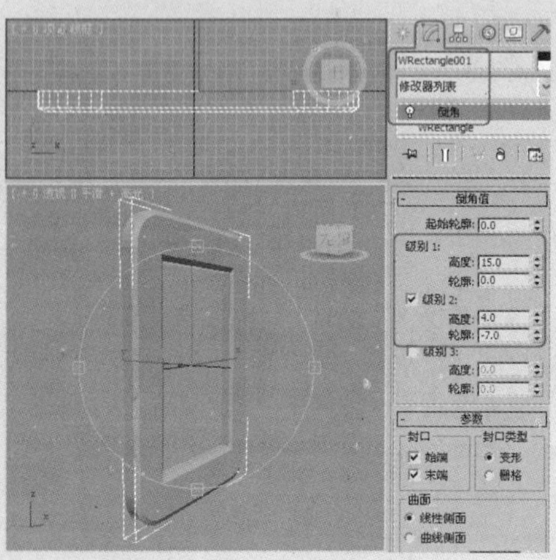

图3-61

4 创建长方体作为装饰画，如图3-62所示。

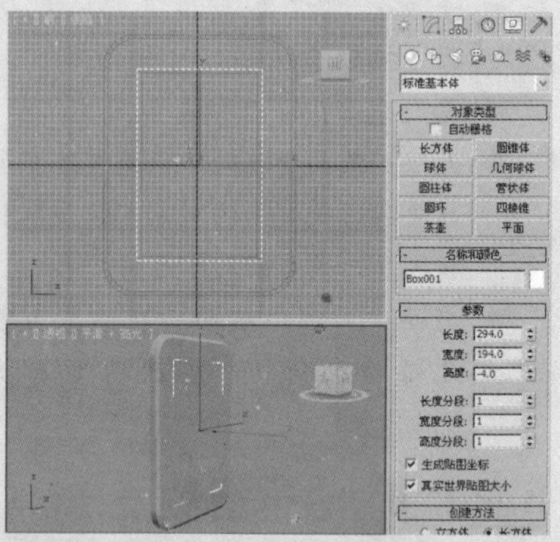

图3-62

5 在场景中调整长方体的位置，如图3-63所示。

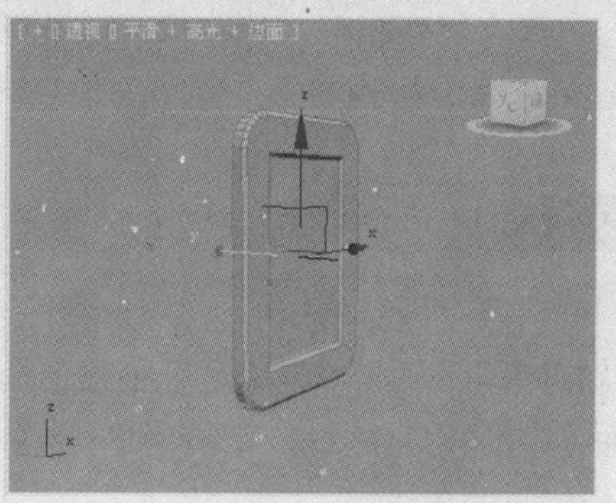

图3-63

2. 选项介绍

“参数”卷展栏中各选项的功能介绍如下。

- 长度、宽度：设置墙矩形外围矩形的长宽值。
- 厚度：墙矩形的厚度，即内外矩形的间距。
- 同步角过滤器：勾选此复选框时，墙矩形内外矩形圆角保持平衡，同时下面的“角半径2”失效。
- 角半径1、角半径2：可以分别设置墙矩形内外矩形的圆角值。

3.2.2 通道

使用“通道”命令创建一个闭合的形状为“C”的样条线。

单击“（创建）|（图形）|通道”按钮，在“前”视图中按住鼠标拖动，以创建“C”图形，然后释放鼠标并移动鼠标创建轮廓。在“参数”卷展栏中设置参数如图3-64所示。

“参数”卷展栏中部分选项的功能介绍如下。

- 长度、宽度：设置“通道”边界长

方形的长宽值。

- 厚度：设置槽的厚度。

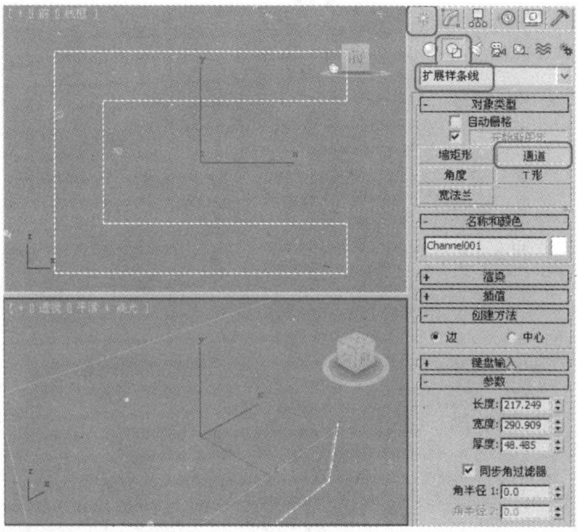

图3-64

3.2.3 角度

使用“角度”命令可以创建一个闭合的形状为“L”的样条线。具体效果表现如图3-65所示。

图3-65

1. 实例操作027——制作茶几

案例文件	场景\Cha03\茶几.max	视频教学	视频教学\Cha03\茶几.avi
视频长度	3分56秒	难易指数	★★☆☆☆

1 首先单击“（创建）|（图形）| 墙矩形”按钮，在“前”视图中创建墙矩形，如图3-66所示。

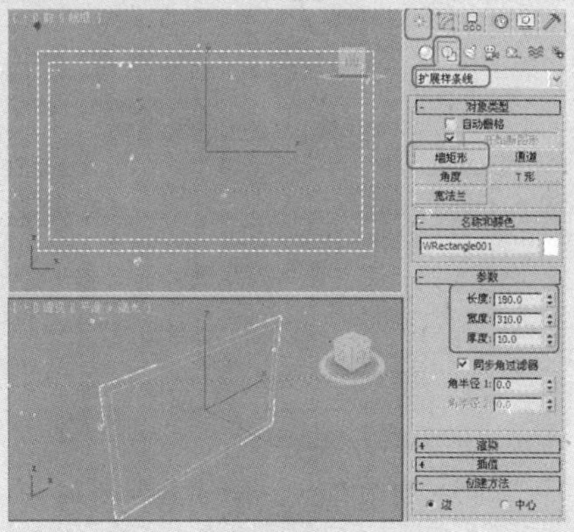

图3-66

2 切换到（修改）面板，为该图形施加“挤出”修改器，设置挤出参数如图3-67所示。

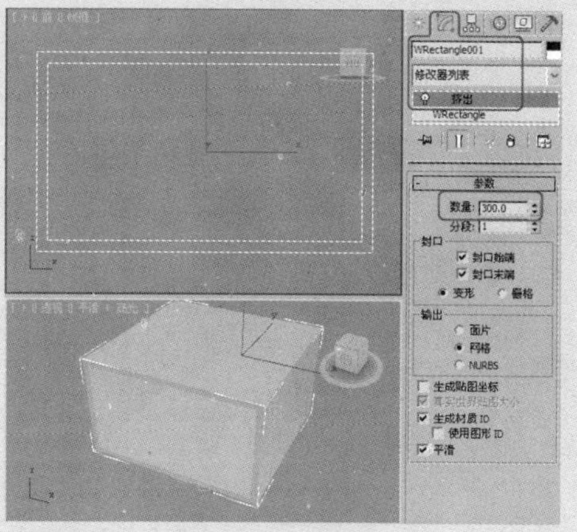

图3-67

3 在“前”视图中创建长方体作为后挡板，设置合适的参数，如图3-68所示。

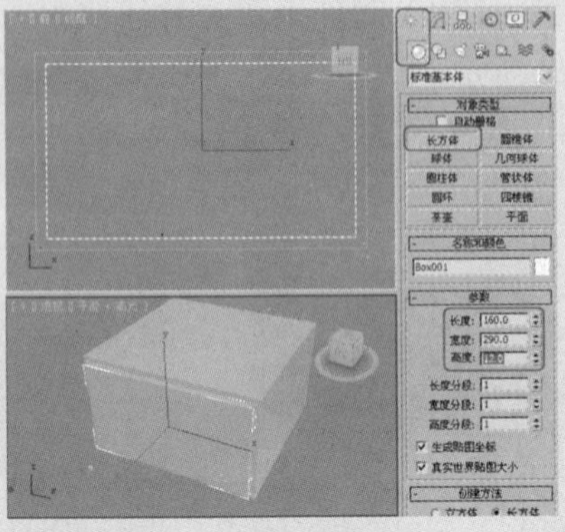

图3-68

4 调整模型的位置，复制长方体作为抽屉门，设置合适的参数，如图3-69所示。

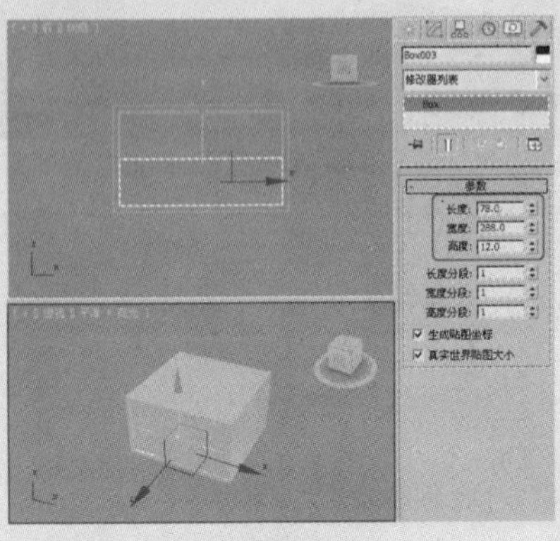

图3-69

5 复制长方体作为另一个抽屉，并继续复制长方体作为抽屉把，如图3-70所示。

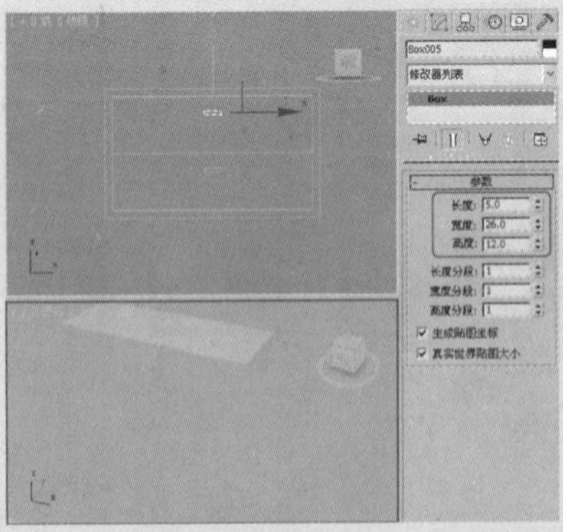

图3-70

6 复制长方体作为底座，如图3-71所示。

7 单击“（创建）|（图形）| 角度”按钮，在“前”视图中按住鼠标拖动，创建角度的外轮廓，移动鼠标创建角度的内轮廓，单击鼠标完成创建。在“参数”卷展栏中设置参数如图3-72所示。

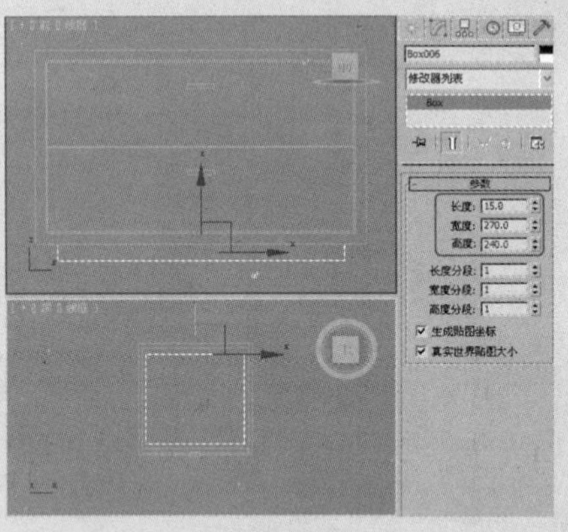

图3-71

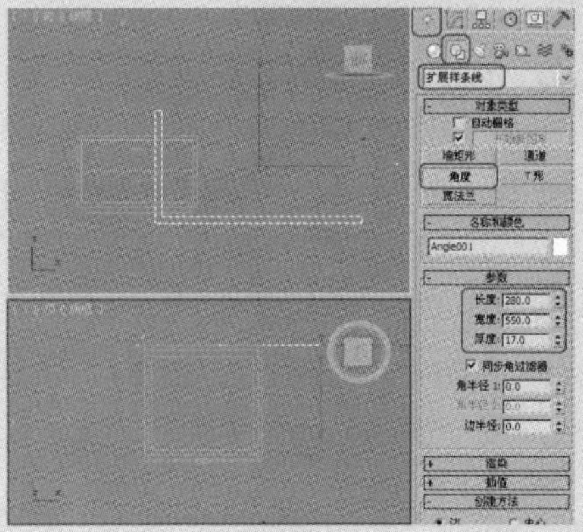

图3-72

8 切换到（修改）面板，为该图形施加“挤出”修改器，设置挤出参数如图3-73所示。

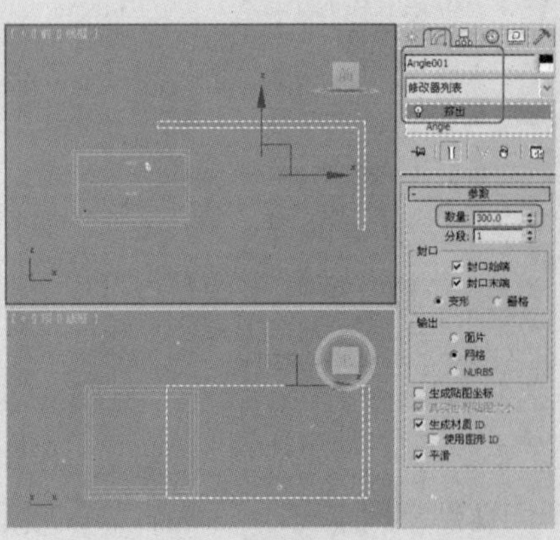

图3-73

9 创建圆柱体作为轴，如图3-74所示。

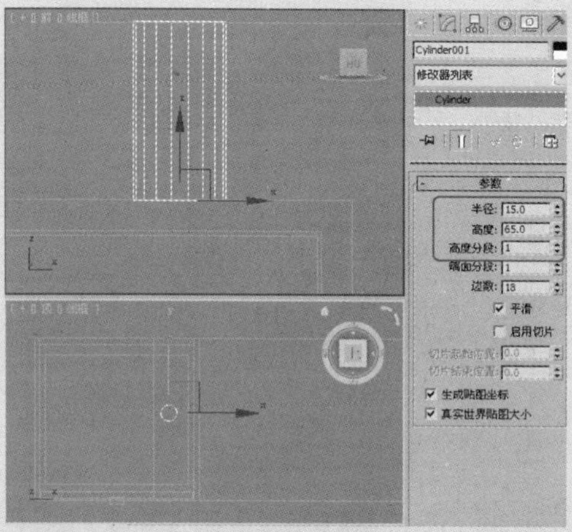

图3-74

10 完成的茶几模型，效果如图3-75所示。

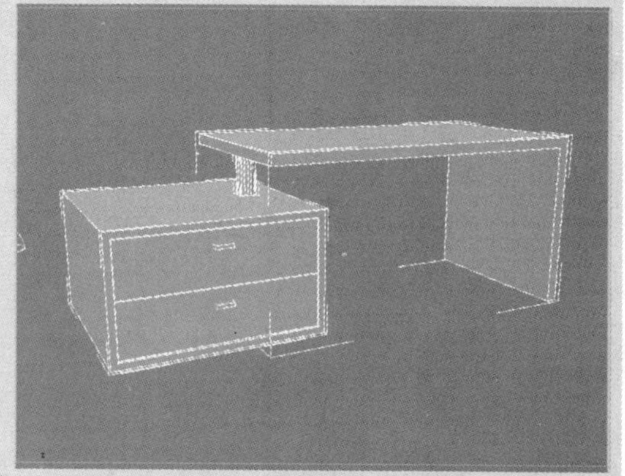

图3-75

2. 选项介绍

图3-66中“参数”卷展栏中部分选项的功能介绍如下。

- 长度、宽度：设置“角度”边界长方形的长宽值。
- 厚度：设置槽的厚度。

3.2.4 T形

使用“T形”命令可以创建一个闭合的、形状为“T”的样条线。

单击“（创建）|（图形）| T形”按钮，在场景中创建图形。在“参数”卷展栏中设置参数如图3-76所示。

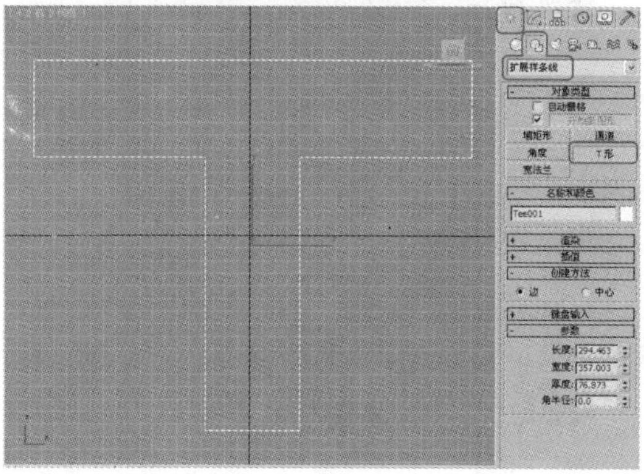

图3-76

注意 使用“T形”命令还可以创建类似“通道”图形的效果。

3.2.5 宽法兰

使用“宽法兰”命令可以创建一个闭合的、形状为“I”的样条线。用户可以指定该部分的垂直网和水平凸缘之间的内部角。

单击“（创建）|（图形）| 宽法兰”按钮，在场景中按住鼠标拖动，以创建“宽法兰”的长宽，释放鼠标并移动设置“宽法兰”的厚度，如图3-77所示。

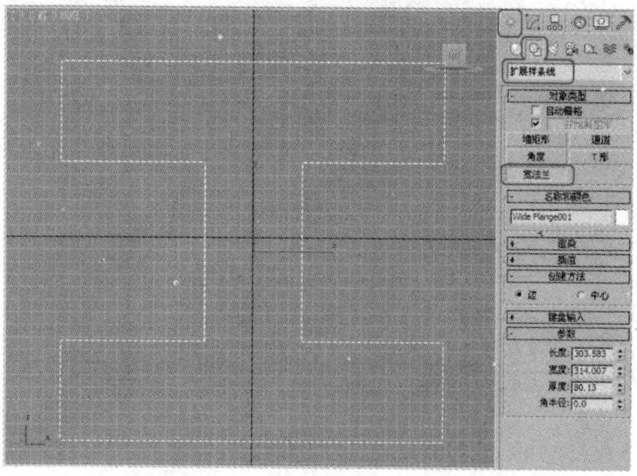

图3-77

3.3 综合演练——铁艺茶几

案例文件	场景\Cha03\铁艺茶几.max	视频教学	视频教学\Cha03\铁艺茶几.avi
视频长度	5分32秒	难易指数	★★☆☆☆

下面将制作一个如图3-78所示的铁艺茶几效果，其中主要创建可渲染的线来完成制作。

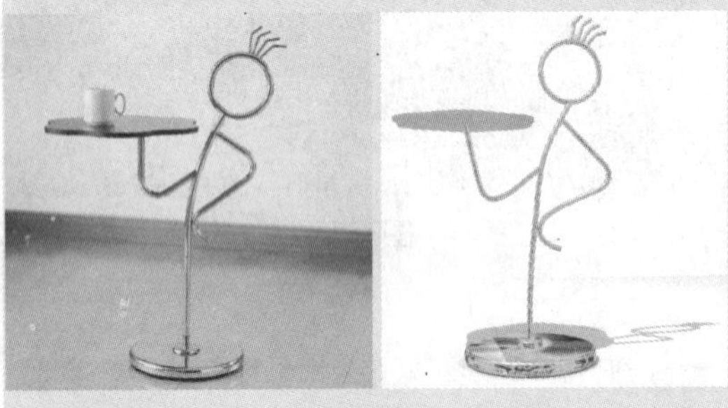

图3-78

1 单击“（创建）|（图形）|圆”按钮，在“前”视图中创建圆，设置圆的参数，并设置渲染，如图3-79所示。

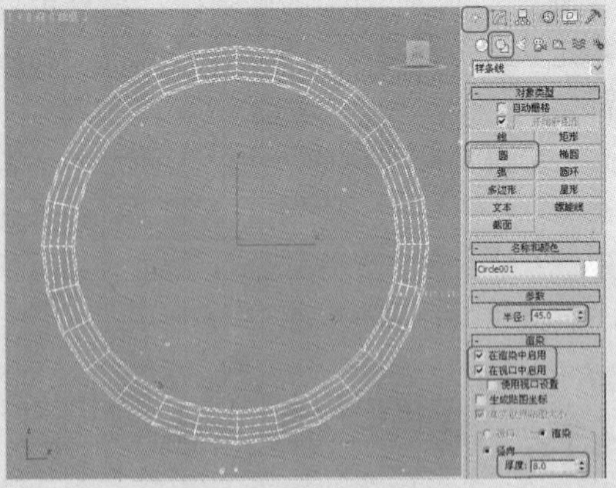

图3-79

2 取消勾选“开始新图形”复选框，在“前”视图中创建可渲染的样条线，如图3-80所示。

3 切换到（修改）面板，将选择集定义为“顶点”，在场景中调整图形的形状，如图3-81所示。

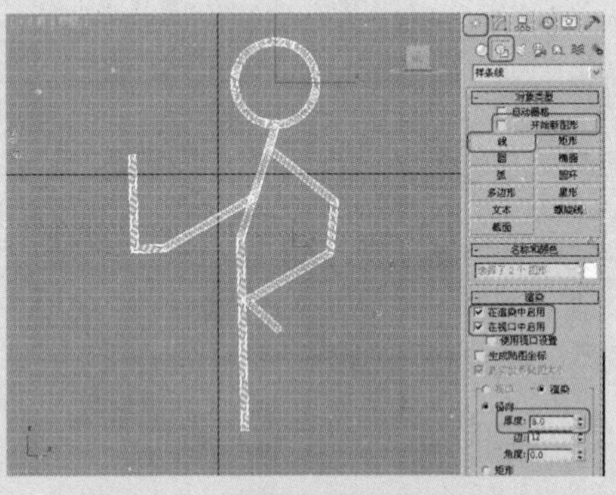

图3-80

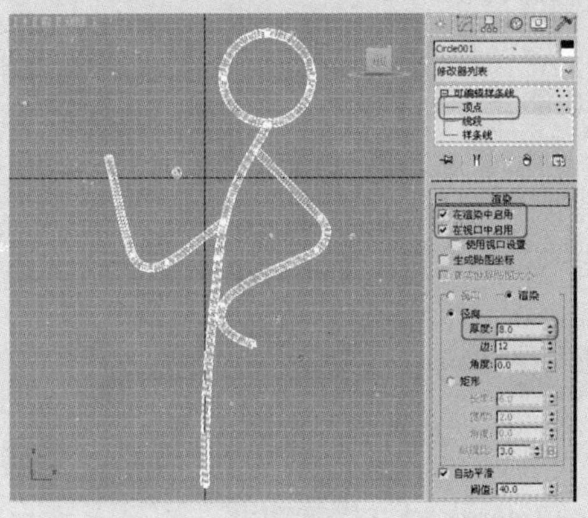

图3-81

4 继续创建可渲染的样条线，并调整样条线的形状如图3-82所示。

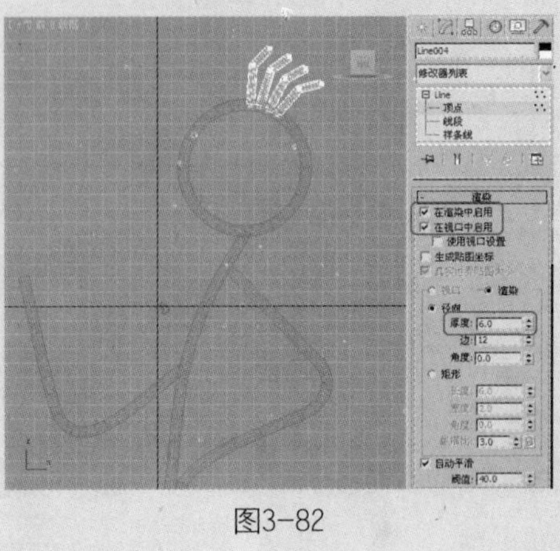

图3-82

5 单击“（创建）|（图形）|星形”按钮，在“顶”视图中创建星形，设置星形参数如图3-83所示。

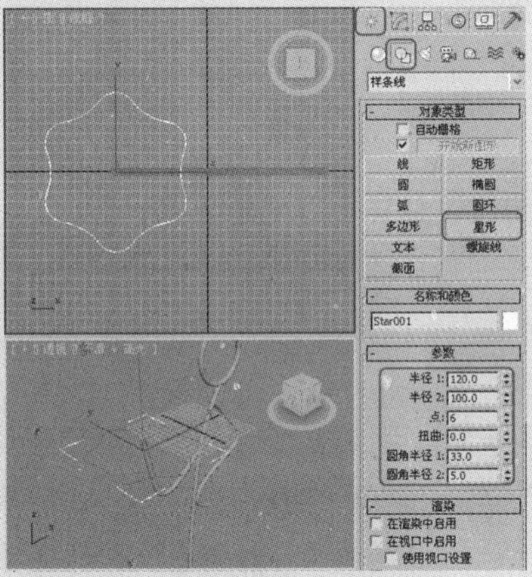

图3-83

6 切换到（修改）面板，为图形施加“挤出”修改器，设置参数如图3-84所示。

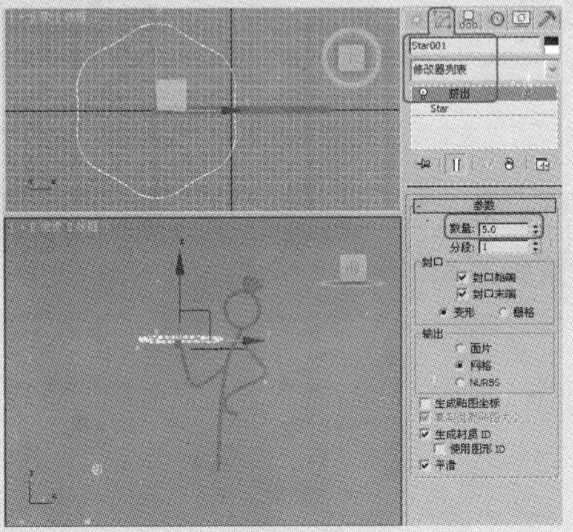

图3-84

7 创建切角圆柱体，设置模型的参数如图3-85所示。

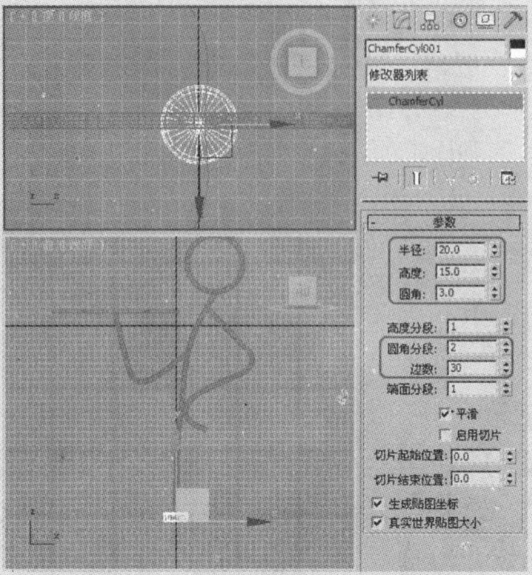

图3-85

8 复制切角圆柱体，并设置模型的参数和位置如图3-86所示。

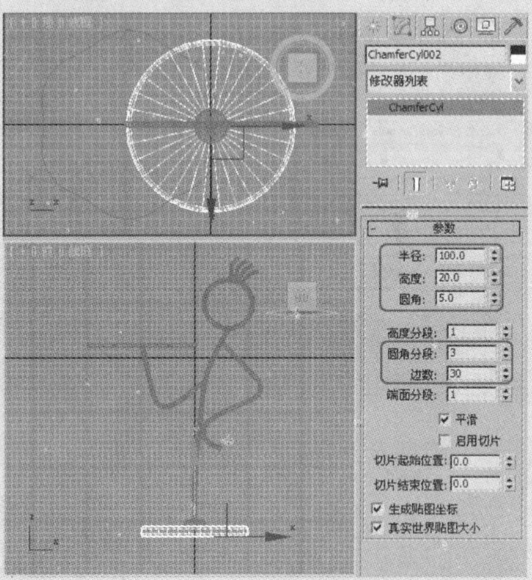

图3-86

3.4 课后练习——碗碟架

案例文件	场景\Cha03\碗碟架.max	视频教学	视频教学\Cha03\碗碟架.avi
视频长度	5分32秒	难易指数	★★☆☆☆

掌握二维图形的创建可以为复杂建模打下基础。下面将制作一个如图3-87所示的铁艺碗碟架，其中主要创建可渲染的线来完成制作。

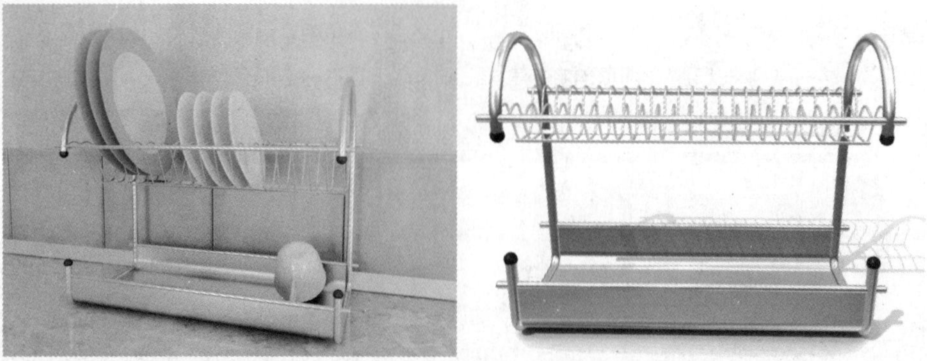

图3-87

1 创建可渲染的圆角矩形，为图形施加“编辑样条线”，定义选择集为“分段”，删除分段，并在断口处创建球体模型。复制模型作为碗碟架两边的支架。

2 可以复制两端的支架，删除分段，调整图形的形状，设置“样条线”的“轮廓”，并为图形施加“挤出”修改器，作为碗碟架的底。

3 创建可渲染的样条线制作出其他的隔断模型。

3.4 本章小结

本章介绍了二维图形的创建和参数的修改方法。读者通过学习本章的内容，要掌握创建二维图形的方法和技巧，并能绘制出符合实际需要的二维图形。掌握二维图形的创建可以为复杂建模打下基础。

第4章

使用编辑修改器建模

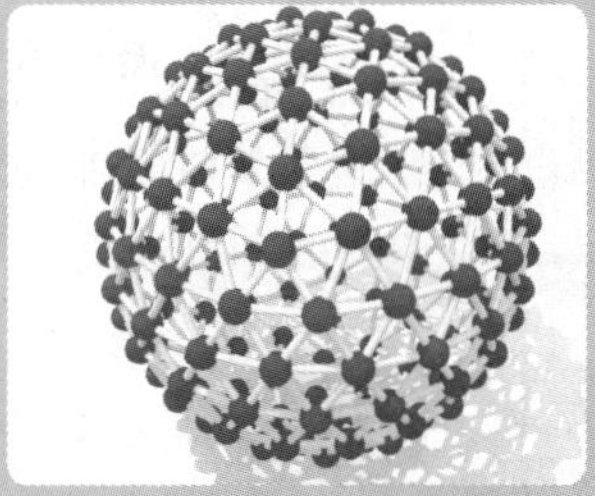

创建的对象放到场景中之后，将携带其创建参数。如果要更改这些参数，可以到（修改）面板中进行修改。在（修改）面板中还可以对模型指定修改器。

在面板上单击（修改）按钮，就可以进入（修改）面板，如图4-1所示，这时（修改）按钮下方就是当前选定对象的名称和颜色，而最下方则是该对象的“参数“卷展栏，在这里可以对对象的参数进行修改，如图4-2所示。

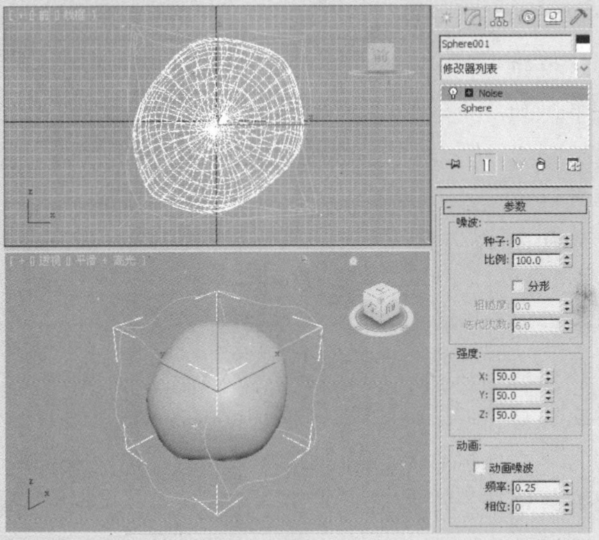

图4-1

图4-2

（修改）面板中的选项功能介绍如下。

- 修改器列表：单击右侧的下拉按钮，会弹出修改器下拉列表。
- 堆栈：记录所有修改命令信息的集合，并以分配缓存的方式保留各项命令的影响效果，方便用户对其进行再次修改，修改命令按使用的先后顺序依次排列在堆栈中，最新使用的命令总是放置在堆栈的最上面。
- （锁定堆栈）：将堆栈锁定到当前选定的对象，无论后续选择如何更改，它都属于该对象。整个（修改）面板同时将锁定到当前对象。

提示 锁定堆栈非常适用于在保持已修改对象的堆栈不变的情况下变换其他对象。

- （显示最终结果开/关切换）：显示在堆栈中所有修改完毕后出现的选定对象，与当前在堆栈中的位置无关。禁用此切换选项之后，对象将显示为对堆栈中的当前修改器所做的最新修改。
- （使唯一）：将实例化修改器转化为副本，它对于当前对象是唯一的。
- （从堆栈中移除修改器）：删除当前修改器或取消绑定当前空间扭曲。
- （配制修改器集）：单击该按钮可显示弹出配制修改器集菜单，如图4-3所示。
- 配制修改器集：使用此对话框可以为（修改）面板创建自定义修改器和按钮集，如图4-4所示。在“修改器”中选择一个空白按钮，在“修改器列表”中双击需要添加到该按钮上的修改器，添加修改器如图4-5所示。
- 显示按钮：单击该按钮将在修改器堆栈上方显示配制修改器集，如图4-6所示。

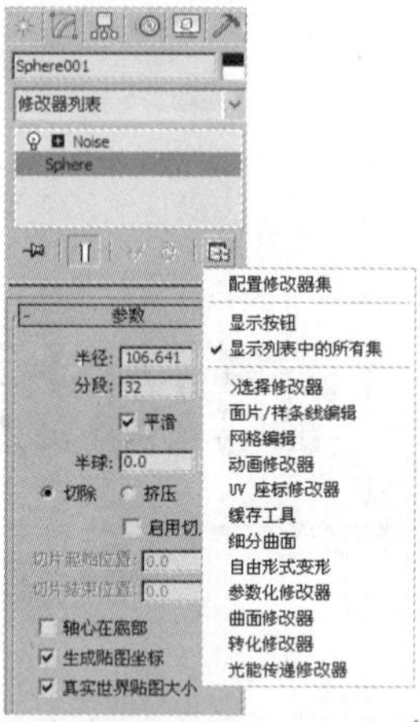

图4-3

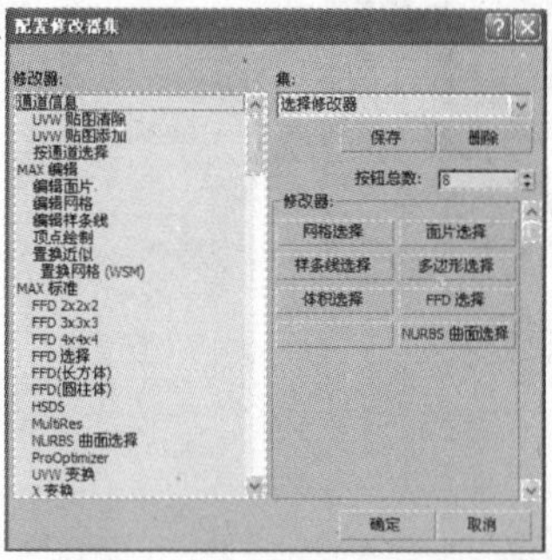

图4-4

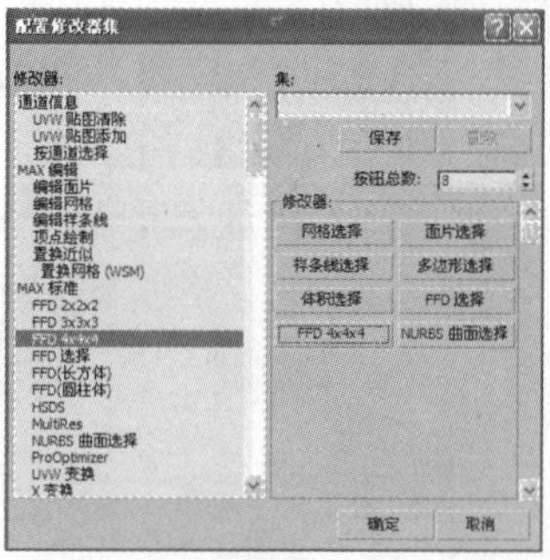

图4-5

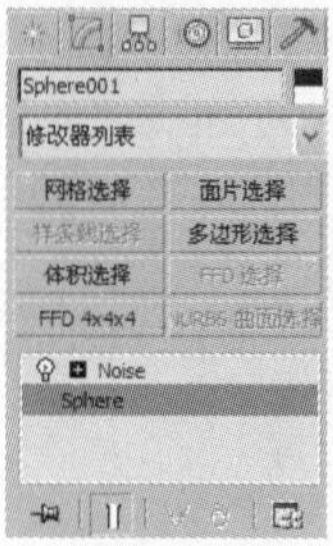

图4-6

4.1 编辑修改器的基本使用方法

下面我们来带领大家学习编辑修改器的基本使用方法。

4.1.1 添加编辑修改器

通过为模型添加修改器来对模型进行编辑。

实例操作028——为模型添加修改器

1 在工具栏中单击（选择对象）按钮，在场景中选择需要添加修改器的模型，如图4-7所示。

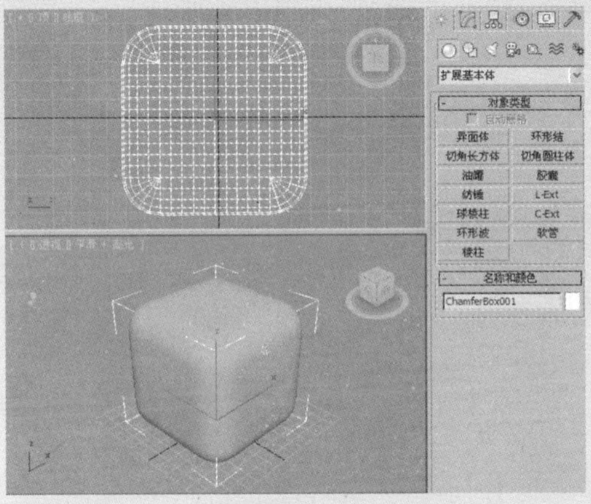

图4-7

2 单击（修改）按钮，切换到（修改）面板，更改对象的颜色和名称如图4-8所示。

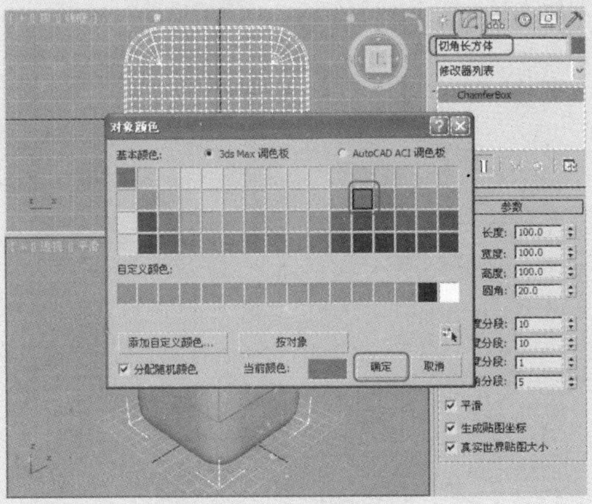

图4-8

3 单击“修改器列表”右侧的下拉按钮，在弹出的修改器下拉列表中选择需要添加的修改器，如图4-9所示。

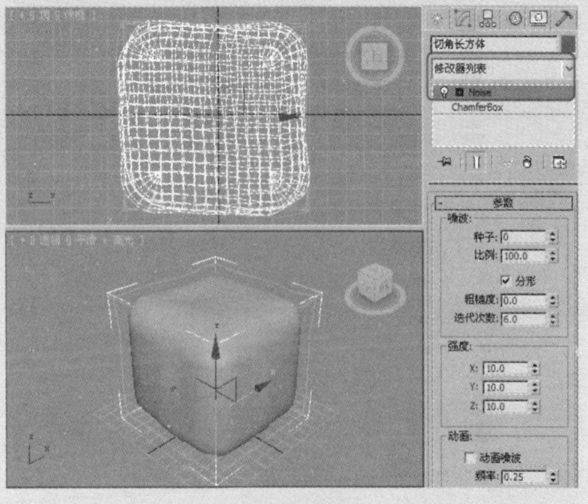

图4-9

4 这样即可为该模型添加修改器，通过各项参数修改场景中的模型如图4-10所示。

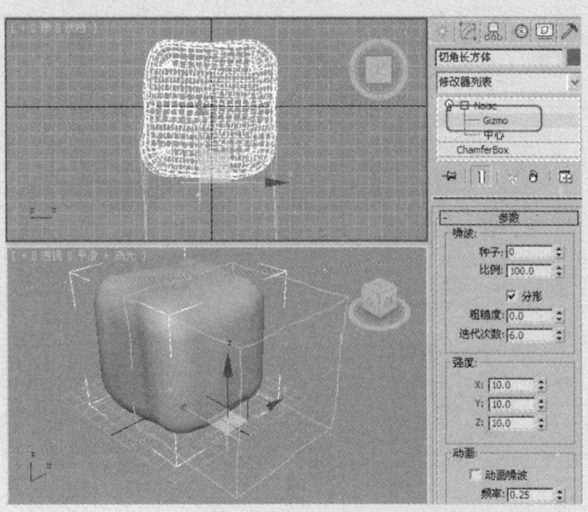

图4-10

提示 可以使用鼠标或键盘从“修改器列表”中选择修改器。要使用键盘，首先利用鼠标打开列表，然后输入修改器名称的第一个字母。在此可以使用箭头键或下段所述的方法来高亮显示所需的修改器，然后按Enter键来指定修改器。

注意 在修改器列表中不可使用的命令呈灰色显示；修改器列表中只列出所选中的对象使用的命令，不能使用的命令将被隐藏。例如，当选中由三个模型构成的对象时，“挤出”、“撤销”等专用于样条曲线的命令将不出现在修改器列表中。

4.1.2 为选择集添加编辑修改器

下面我们将为大家介绍如何为选择集添加修改器。

实例操作029——为选择集添加编辑修改器

1 为模型施加有选择集的修改器，如“编辑网格”、“编辑多边形”、“网格选择”、“面片选择”等。

2 定义当前选择集为“多边形”，在场景中选择需要编辑的多边形，如图4-11所示。

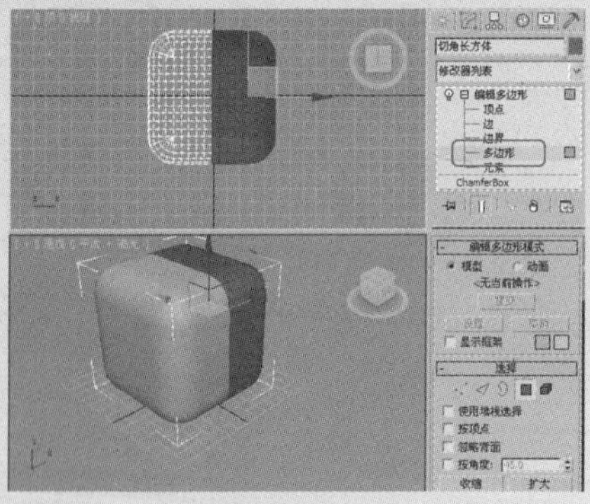

图4-11

3 在“修改器列表”中选择修改器，如图4-12所示。

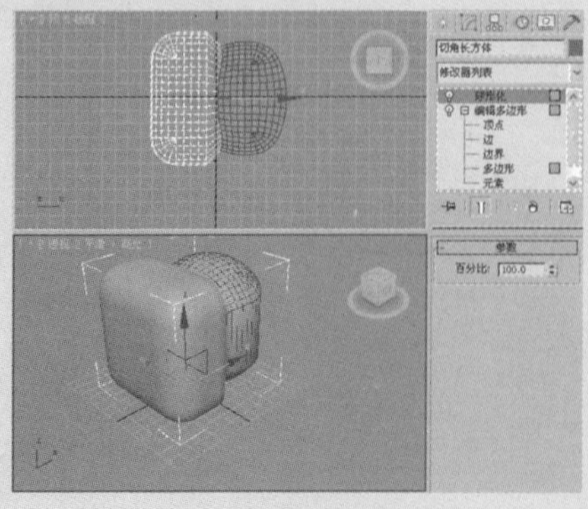

图4-12

4 如果要为其他的多边形施加修改器时，可以再为该模型施加一个选择集修改器，选择需要修改器的部分，如图4-13所示。

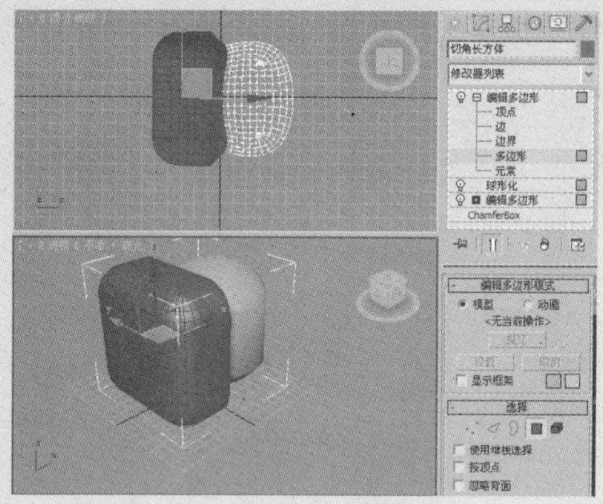

图4-13

5 并为选择的部分模型施加修改器，如图4-14所示。

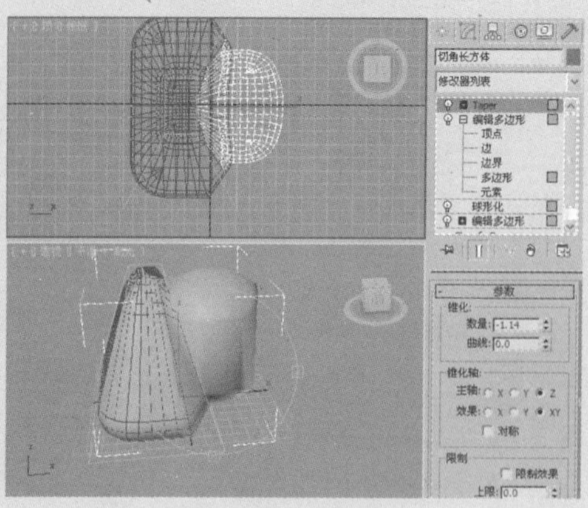

图4-14

4.1.3 编辑修改器与变换命令

1. 变换

修改器与变换的差别在于它们影响对象的方式以及它们应用于对象的顺序。

变换是最基本的 3D 操作。与大多数修改器不同，变换不依赖于对象的内部结构，它们总是作用于世界空间。对象可以携带任何数目的修改器，但是它只能有一组变换。

注意 世界空间是用于跟踪场景中对象的通用坐标系。

对象的变换表示为数值矩阵，它含对象中心在世界空间中的位置、对象在世界空间中的旋转、对象沿着局部轴的缩放。

矩阵叫作变换矩阵，它的信息与移动、旋转和缩放变换直接有关。应用这些变换中的一个就会改变变换矩阵中的值。

变换具有的属性，即应用于整个对象，与应用它们的顺序无关。不管对对象应用了多少次变换，结果都是存储为矩阵中的一组值。应用在所有的对象空间修改器计算完之后，但是在世界空间修改器之前。

多数变换会沿着对象，或对象的一部分或更多坐标轴产生相等的置换。对于移动、旋转以及均匀缩放变换，置换沿着所有三个轴是相等的。当旋转长方体时，所有的面都会保持平行。通常，所有的顶点都会保持互相之间的相对位置不变。挤压和非均匀缩放例外，它们会以不同的量使轴置换。

2. 修改器

大多数修改器可以在对象空间中对对象的内部结构进行操作。例如，当对网格对象应用修改器，例如，“弯曲”时，在对象空间中，对象的每个顶点位置都会更改，以产生弯曲效果。

修改器可以操作于子对象级别，它还依赖于应用修改器时对象的内部结构。

修改器具有的属性，即应用于整个对象或部分对象（使用子对象选择），与应用的顺序有关。先应用“弯曲”，后应用“扭曲”，产生的结果会与先应用扭曲，后应用弯曲不同。显示为修改器堆栈中的单独条目，在堆栈中可以启用或禁用它们，以及更改它们的应用顺序。某些修改器可以在世界空间中操作，这些修改器使用世界空间坐标，它们会在所有对象空间修改器和变换应用完之后再应用于对象。否则，它们具有与对象空间修改器相同的全部属性。

4.1.4 使用堆栈栏

在3ds Max中，无论是建模还是制作动画，都经常需要利用修改器对模型进行修改。3ds Max在默认的情况下不显示修改器的命令按钮，而是用修改器列表来代替，这样便于有效地节省工作界面的空间。

每使用一次修改器，在堆栈栏中都会出现如图4-15所示的记录，这类似于Photoshop中的历史记录功能。在每一个修改器的前面都有一个小灯泡，当它处于白色中空状态时，此修改器对物体的修改便会在视图中显示，如图4-16所示；如处于灰色关闭状态，它对物体的修改则不会在视图中显示，如图4-17所示。

图4-15

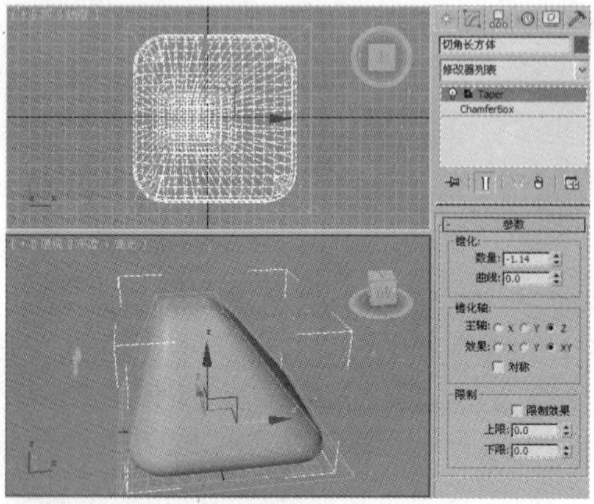

图4-16

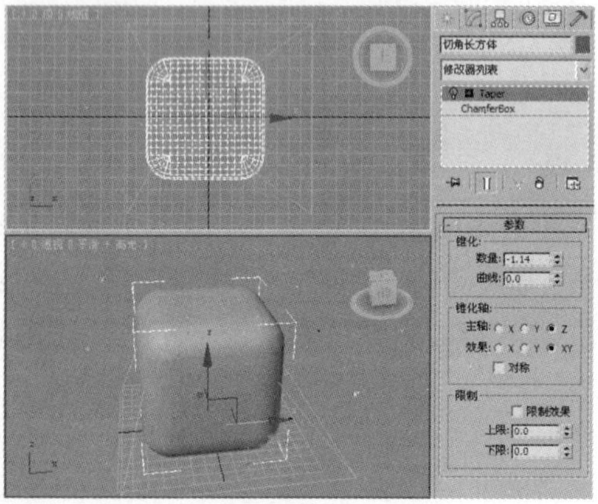

图4-17

3ds Max允许随时放置堆栈中的任意一个修改器，并修改它的各项参数。此外，也可以上下拖动更改项目在堆栈中的位置，但这样会影响最终修改的结果。在堆栈栏的最下方通常是模型的最原始的选项，它的位置一般不能改变，如长方体、圆柱体等。

提示 使用堆栈下的按钮对堆栈中的修改器进行删除、使唯一等修改，可以参照上面介绍的各个按钮的应用，这里就不重复介绍了。

4.1.5 塌陷堆栈栏中的编辑修改器

可以使用“塌陷全部”或“塌陷到”来分别将对象堆栈的全部或部分修改器塌陷为可编辑的对象，该对象可以保留基础对象上塌陷的修改器的累加效果。

提示 多数情况下，塌陷所有或部分堆栈将保存内存。然而，塌陷一些修改器，例如，“倒角”将增加文件大小和内存。

塌陷对象堆栈之后，不能再以参数方式调整其创建参数或受塌陷影响的单个修改器。指定给这些参数的动画堆栈将随之消失。

执行以下操作来塌陷堆栈。

（1）在修改器堆栈中右击。

（2）在弹出的快捷菜单中选择“塌陷全部”或“塌陷到”命令，如图4-18所示。

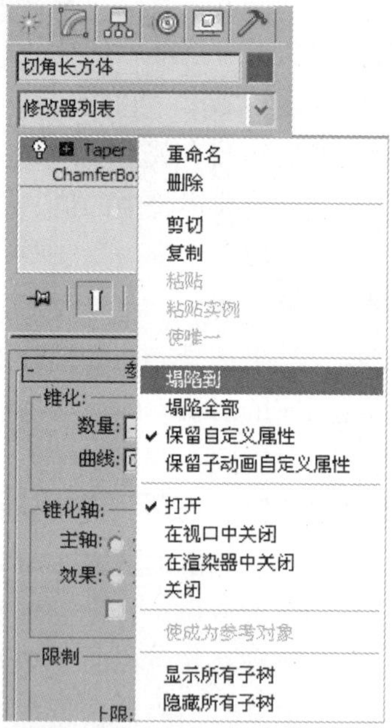

图4-18

- 塌陷全部：将这个堆栈塌陷为一个可编辑对象，而不是世界空间绑定。堆栈上的任何世界空间绑定都未改变。
- 塌陷到：将堆栈塌陷到选中修改器、可编辑对象中。将不影响堆栈中选中修改器之上的修改器，仍可单独调整它们。

4.2 常用的二维图形修改器

二维曲线创建后必须通过修改才能达到理想的形状，3ds Max提供了多种命令针对二维曲线进行修改，例如，Edit Spline（编辑样条线）、Lathe（车削）、Extrude（挤出）等，通过这些修改命令可以创建出任意形状的曲线，可以通过这些曲线来创建出复杂的三维模型。

4.2.1 “编辑样条线”修改器

3ds Max提供的“编辑样条线”修改器可以很方便地调整曲线，把一个简单的曲线变成复杂的样条曲线。通过使用“线”工具创建的图形，它本身就具有编辑样条线命令的所有功能。除了该按钮外，所有二维曲线想要编辑样条线都可以使用以下方法。

（1）在修改器列表中选择“编辑样条线”修改器，如图4-19所示。

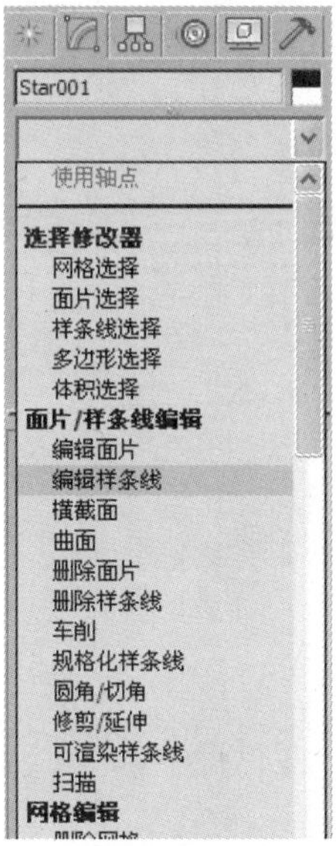

图4-19

（2）在创建的图形上右击，在弹出的快捷菜单中选择“转换为 | 转换为可编辑样条线”命令。

“编辑样条线”命令可以对曲线的“顶点”、“分段”、“样条线”三个选择集进行编辑，在修改器的卷展栏中对图形进行编辑。

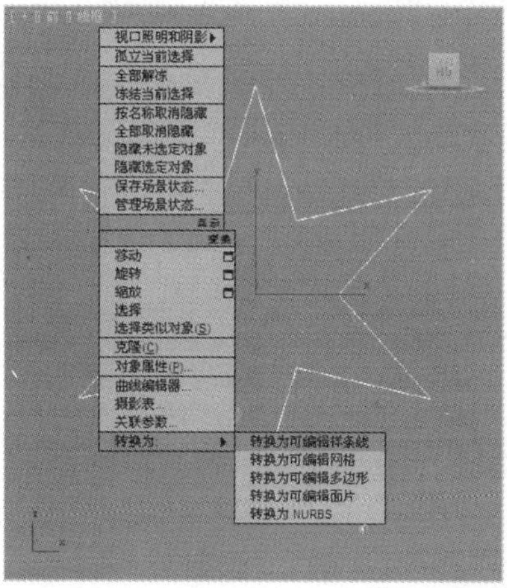

图4-20

注意 “编辑样条线”的命令与“线”中的修改命令相同，这里就不再重复介绍了。具体参数请参见第3章中3.1.1“线”的创建。

4.2.2 车削

“车削”通过绕轴旋转一个图形或NURBS曲线来创建3D对象。具体表现方法如图4-21所示。

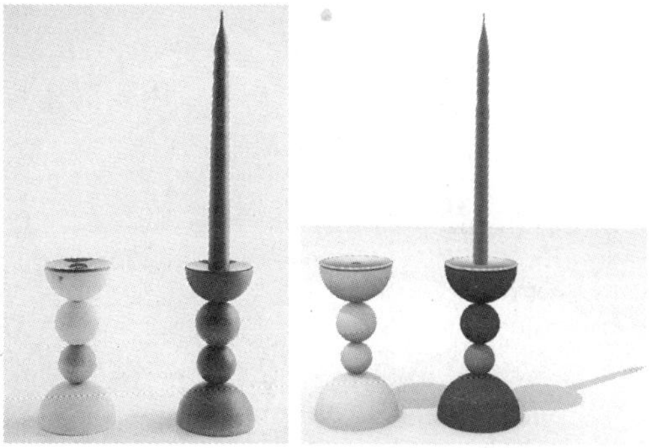

图4-21

1. 实例操作030——蜡烛

案例文件	场景\Cha04\蜡烛.max	视频教学	视频教学\Cha04\蜡烛.avi
视频长度	5分20秒	难易指数	★★☆☆☆

1 在场景中创建球体，设置其参数，将其效果设置为半球，如图4-22所示。

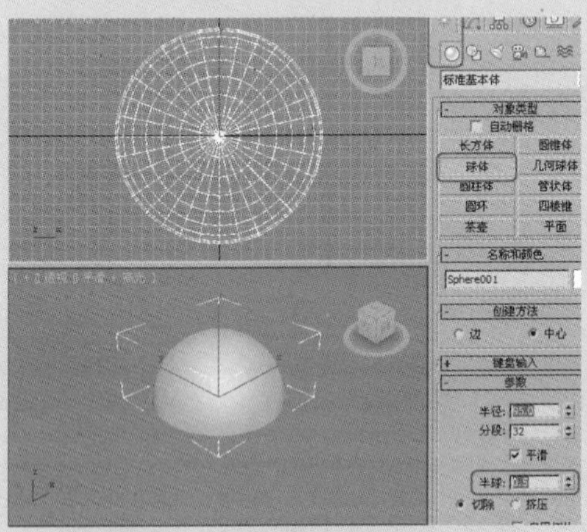

图4-22

2 在场景中复制并调整模型的参数如图4-23所示。

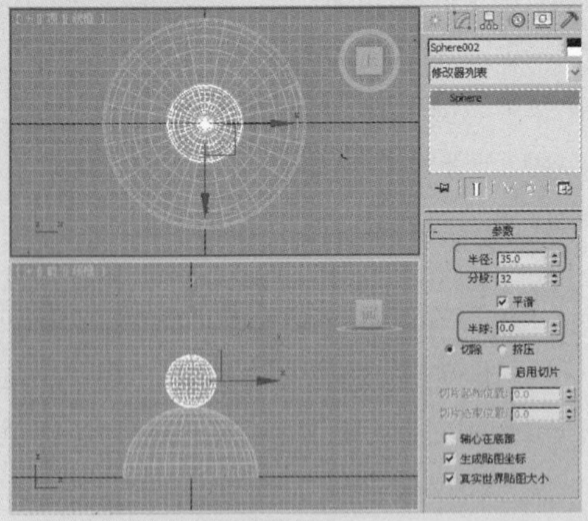

图4-23

3 复制球体，设置球体的参数和位置如图4-24所示。

4 复制球体，设置为半球，调整模型的位置如图4-25所示。

5 在“前”视图中创建样条线，将选择集定义为“顶点”，在场景中调整图形的形状如图4-26所示。

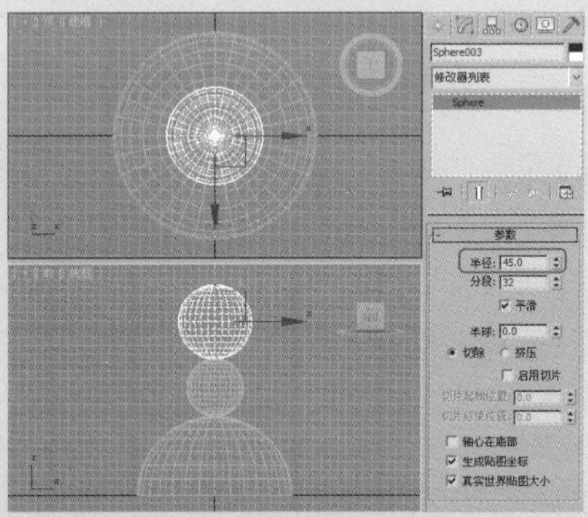

图4-24

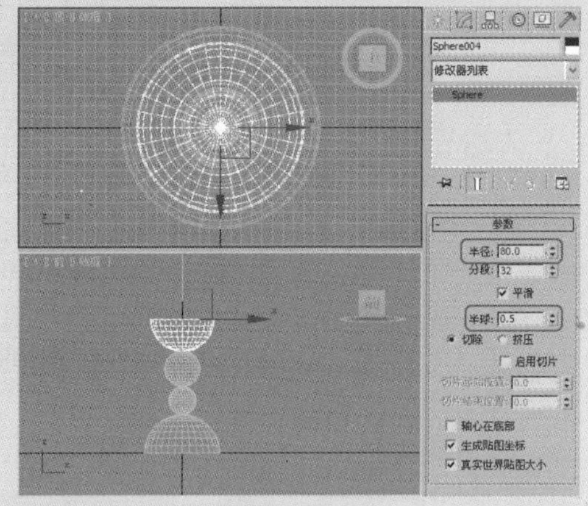

图4-25

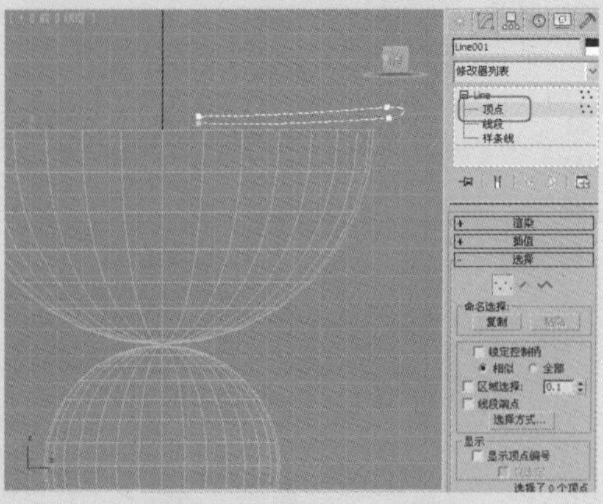

图4-26

6 为图形施加“车削”修改器，设置车削的参数，并将选择集定义为“轴”，在场景中移动轴的位置，设置中间为镂空的圆孔，如图4-27所示。

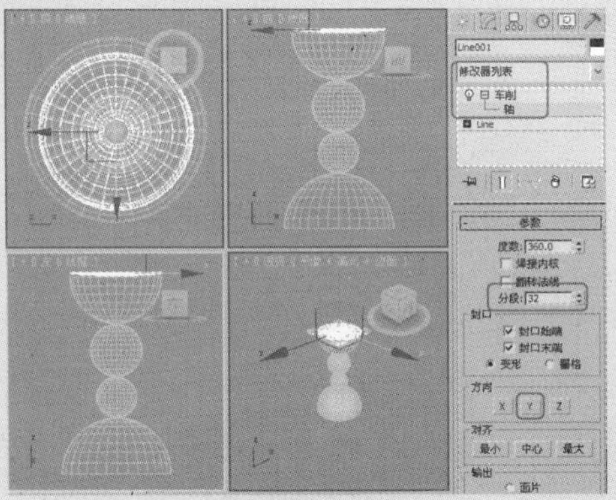

图4-27

7 在场景中复制模型，如图4-28所示。

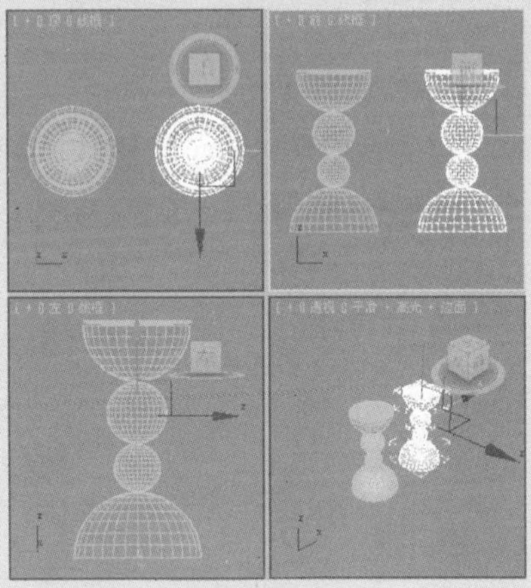

图4-28

8 在“前”视图中创建如图4-29所示的图形。

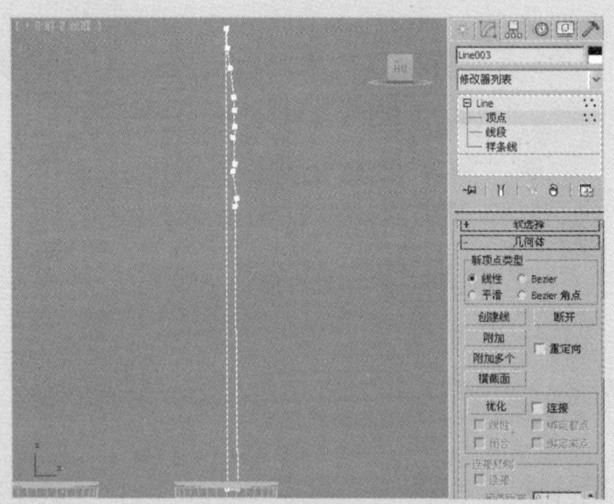

图4-29

9 为图形施加“车削”修改器，设置其参数如图4-30所示。

图4-30

2. 选项介绍

“参数”卷展栏中部分选项的功能介绍如下。

- 度数：确定对象绕轴旋转多少度（范围为0～360，默认值是360）。可以给“度数”设置关键点，来设置车削对象圆环增强的动画。“度数”轴自动将尺寸调整到与要车削图形同样的高度。
- 焊接内核：通过将旋转轴中的顶点焊接来简化网格。
- 翻转法线：依赖图形上顶点的方向和旋转方向，旋转对象可能会内部外翻。
- 分段：在起始点之间确定在曲面上创建多少插补线段。
- 封口：如果设置的车削对象的“度数”小于360度，它控制是否在车削对象内部创建封口。
- 封口始端：封口设置的“度数”小

于 360 度的车削对象的始点，并形成闭合图形。

- 封口末端：封口设置的“度数”小于 360 度的车削的对象终点，并形成闭合图形。
- 变形：按照创建变形目标所需的可预见且可重复的模式排列封口面。
- 栅格：在图形边界上的方形修剪栅格中安排封口面。
- 方向：相对对象轴点，设置轴的旋转方向。
- X、Y、Z：相对对象轴点，设置轴的旋转方向。
- 最小、中心、最大：将旋转轴与图形的最小、中心或最大范围对齐。
- 输出：设置车削的模型以什么样的网格形式进行显示输出。
- 面片：产生一个可以折叠到面片对象中的对象。
- 网格：产生一个可以折叠到网格对象中的对象。
- NURBS：产生一个可以折叠到 NURBS 对象中的对象。

4.2.3 挤出

“挤出”修改器主要用于将二维图形快速挤压成三维实例。具体效果表现如图4-31所示。

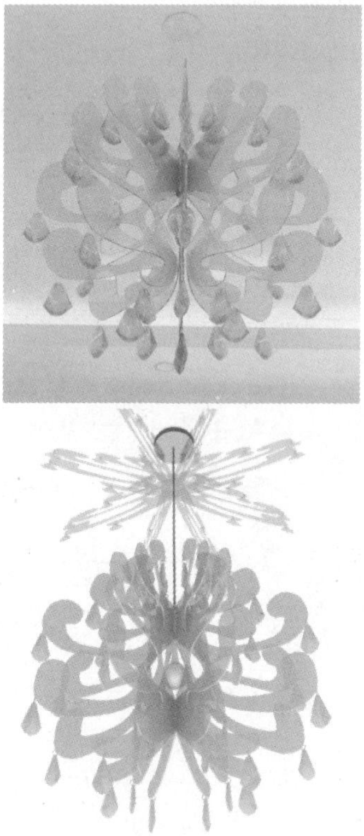

图4-31

实例操作031——吊灯

案例文件	场景\Cha04\吊灯.max	视频教学	视频教学\Cha04\吊灯.avi
视频长度	9分22秒	难易指数	★★★☆☆

1 单击“（创建）|（图形）|线”按钮，在“前”视图中创建图形，如图4-32所示。

2 将选择集定义为“顶点”，在场景中调整图形的形状，如图4-33所示。

3 关闭选择集，为模型施加“挤出”修改器，设置合适的挤出参数，如图4-34所示。

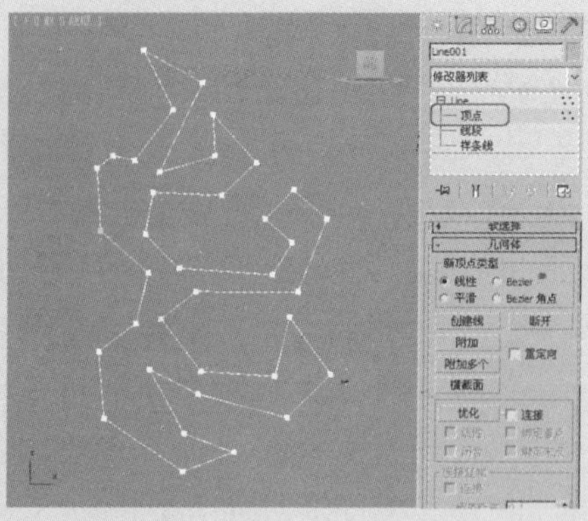

图4-32

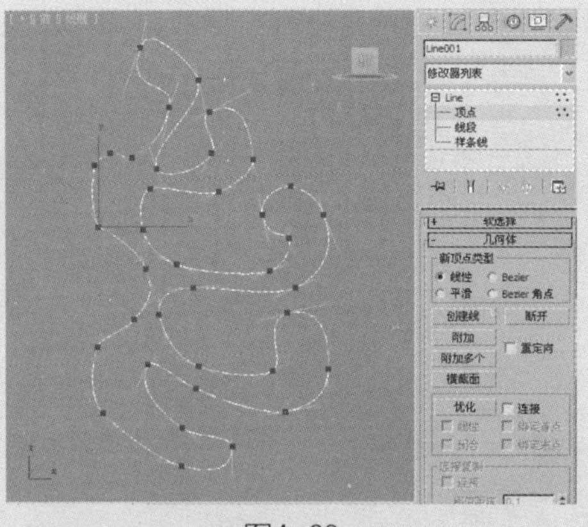

图4-33

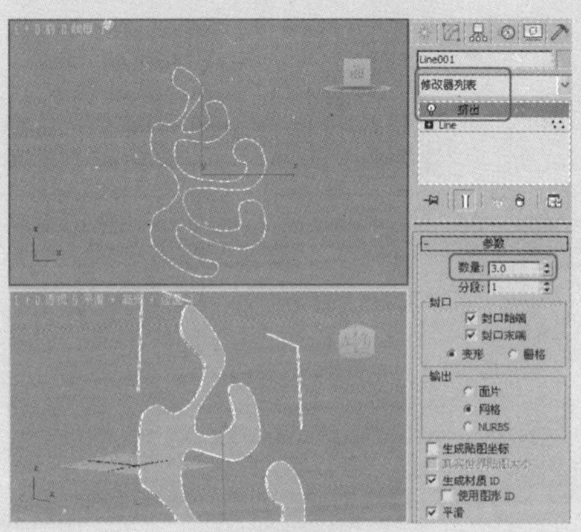

图4-34

“参数”卷展栏中部分选项的功能介绍如下。

“数量”：设置挤出的深度。

4 创建纺锤，设置合适的参数，如图4-35所示。

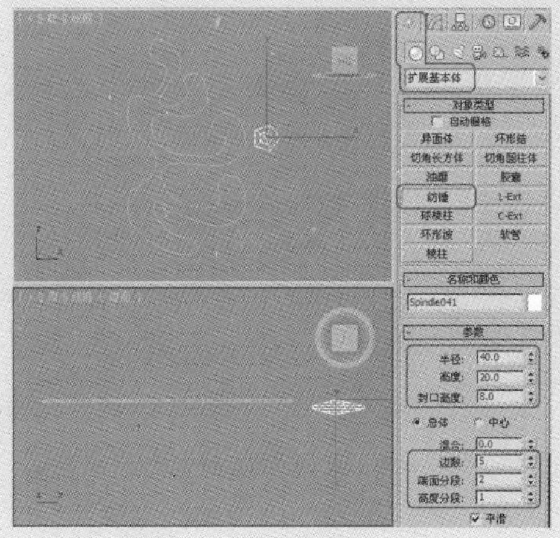

图4-35

5 将模型转换为“可编辑多边形”，将选择集定义为“顶点”，在场景中调整顶点如图4-36所示。

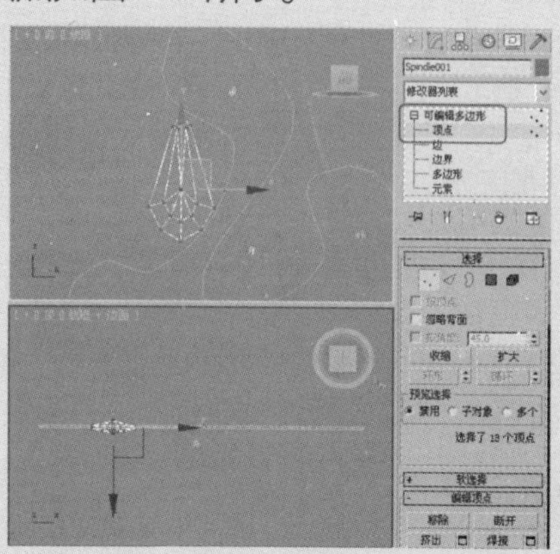

图4-36

6 创建可渲染的圆，如图4-37所示。

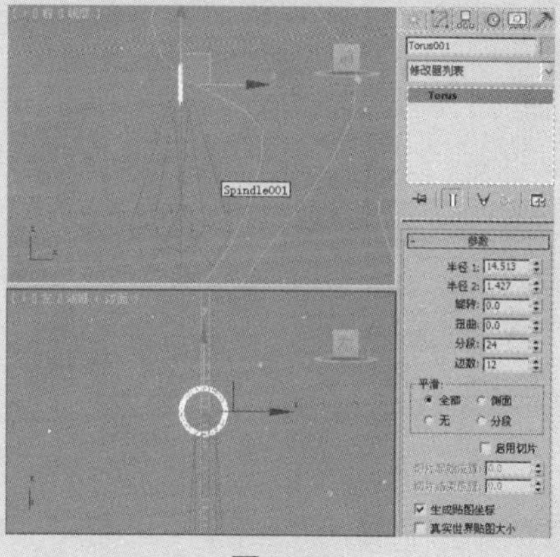

图4-37

7 复制模型，将模型成组，并调整组的轴心位置，如图4-38所示。

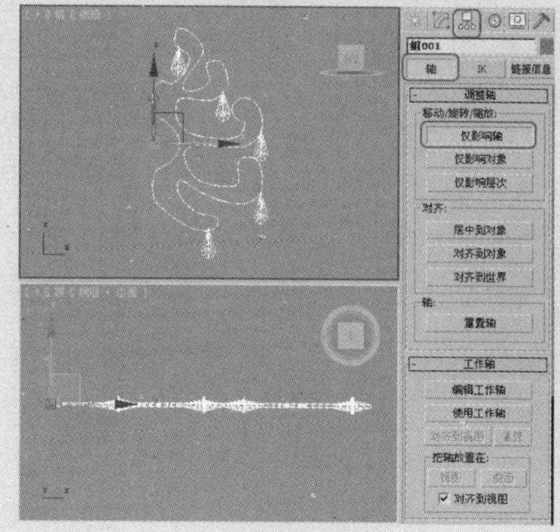

图4-38

8 在菜单栏中选择“工具|阵列”命令， 在弹出的对话框中设置阵列参数如图4-39所示。

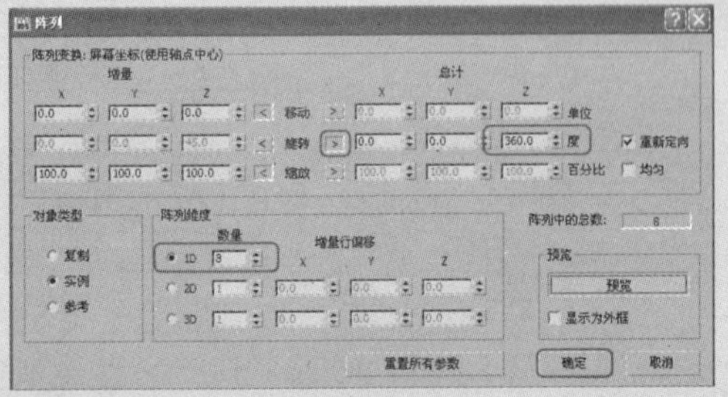

图4-39

9 创建圆柱体，并调整模型的参数和位置如图4-40所示。

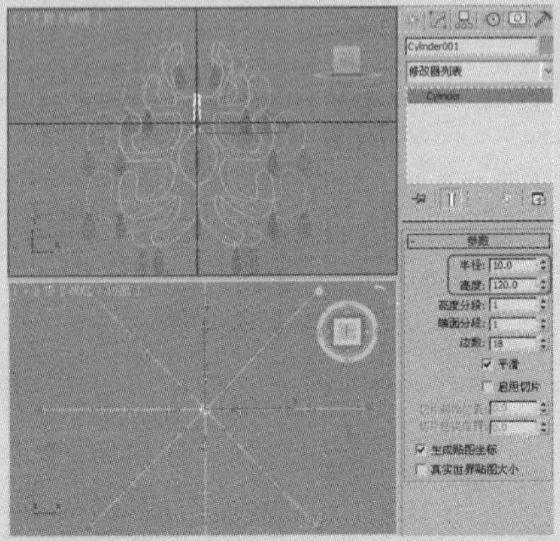

图4-40

10 创建并调整图形如图4-41所示。

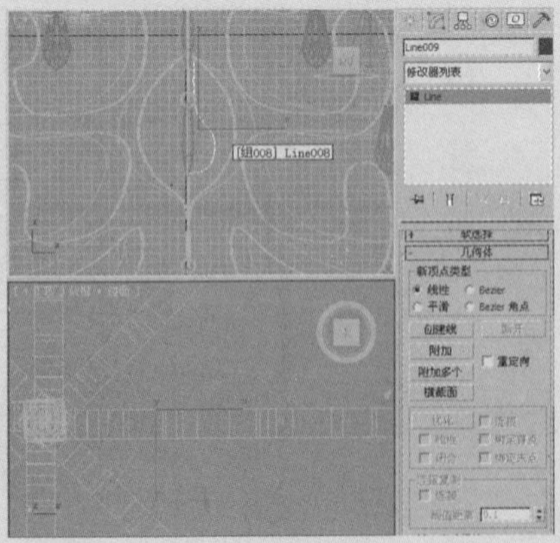

图4-41

11 为图形施加“车削”修改器，设置合适的参数，在透视图中看一下模型，发现模型出现法线问题，如图4-42所示。

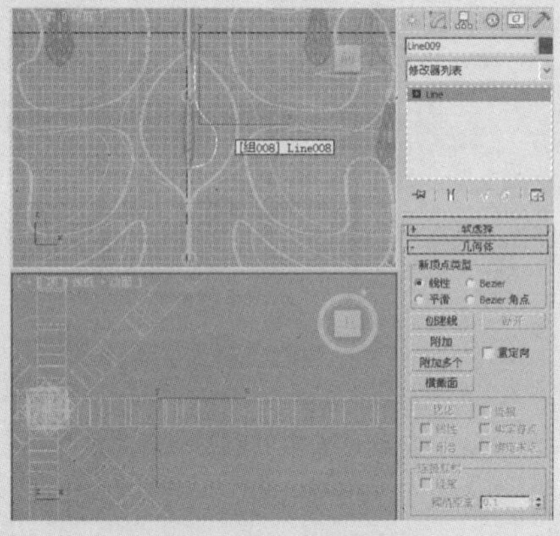

图4-42

12 如果出现法线问题，只需要勾选“翻转法线”复选框，即可将模型的发现翻转过来，，如图4-43所示。

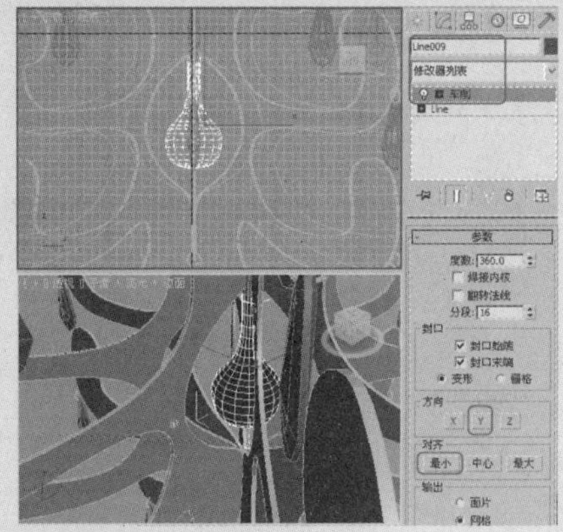

图4-43

13 创建可渲染的样条线，如图4-44所示。

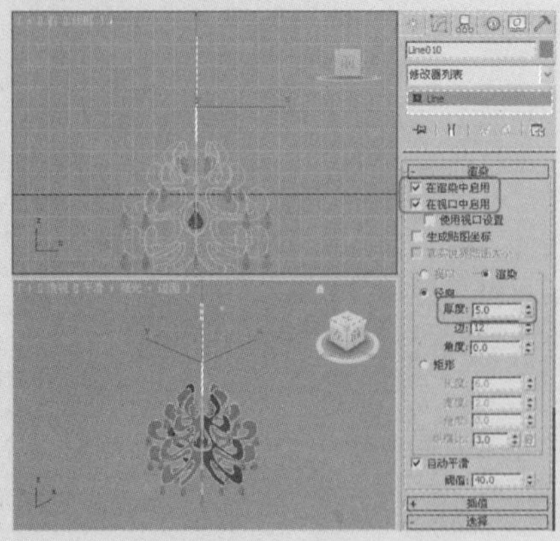

图4-44

14 创建圆柱体作为底座，如图4-45所示。

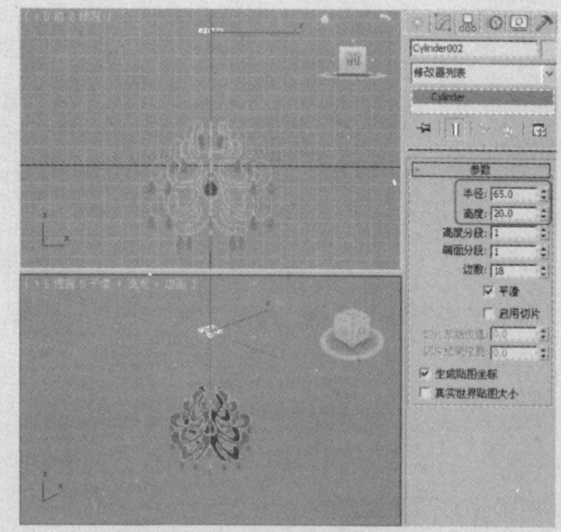

图4-45

4.2.4 倒角

“倒角”修改器与“挤出”修改器一样，也是用于将二维样条线快速挤压成三维实体。与“挤出”修改器相比，“倒角”修改器更加灵活，它可以在挤出三维物体的同时，在边界上加入直行或圆形的倒角。具体表现方法如图4-46所示。

图4-46

1. 实例操作032——玻璃茶几

案例文件	场景\Cha04\玻璃茶几.max	视频教学	视频教学\Cha04\玻璃茶几.avi
视频长度	3分56秒	难易指数	★★★☆☆

1 单击“（创建）|（图形）| 多边形”按钮，在“顶”视图中创建多边形，如图4-47所示。

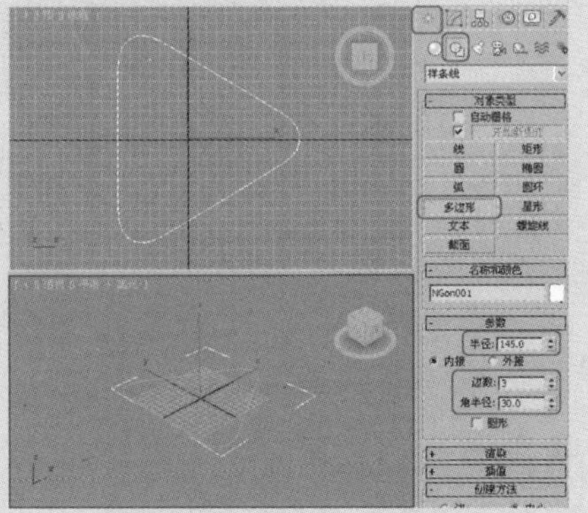

图4-47

2 切换到（修改）面板，在修改器列表中为多边形施加“倒角”修改器，并设置倒角参数如图4-48所示。

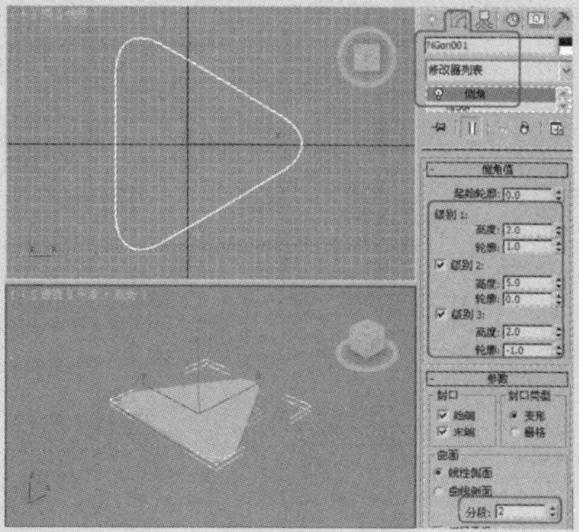

图4-48

3 单击“（创建）|（图形）|线”按钮，在“前”视图中创建图形，并切换到（修改）面板，定义选择集为“顶点”，调整图形的形状，如图4-49所示。

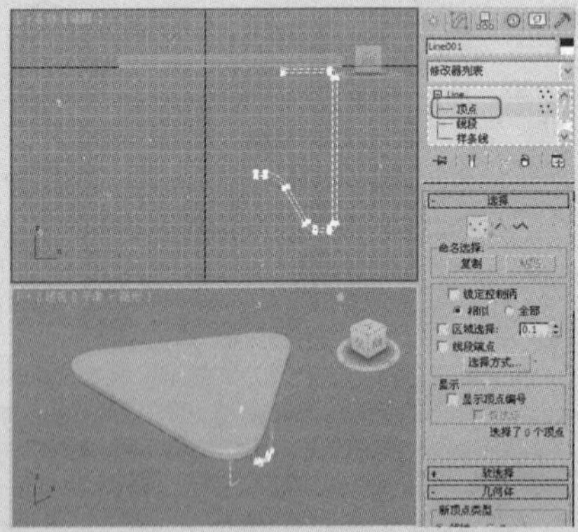

图4-49

4 关闭选择集，在修改器列表中选择“挤出”修改器，设置合适的挤出参数，如图4-50所示。

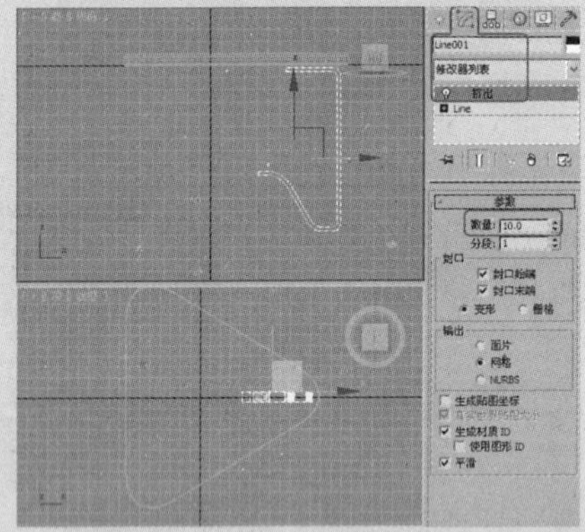

图4-50

5 切换到（层次）面板，选择“轴”按钮，选择“仅影响轴”按钮，在场景中调整轴的位置，如图4-51所示。

6 在菜单栏中选择“工具|阵列”命令，在弹出的对话框中设置阵列参数，如图4-52所示。

7 复制多边形模型，在“顶”视图中缩放模型，并调整模型的位置，完成茶几模型的制作，如图4-53所示，将制作完成的茶几模型场景进行存储。

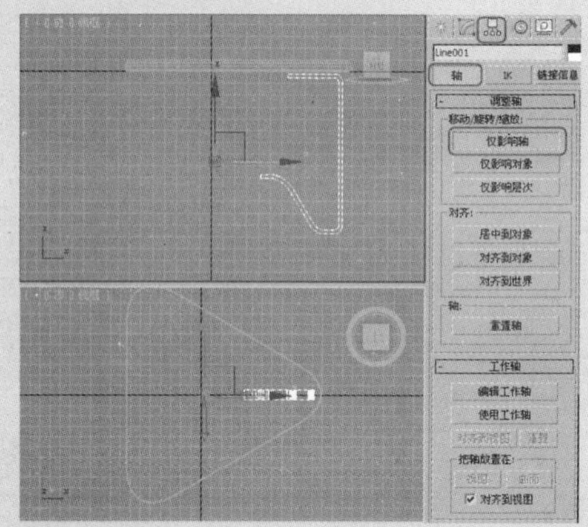

图4-51

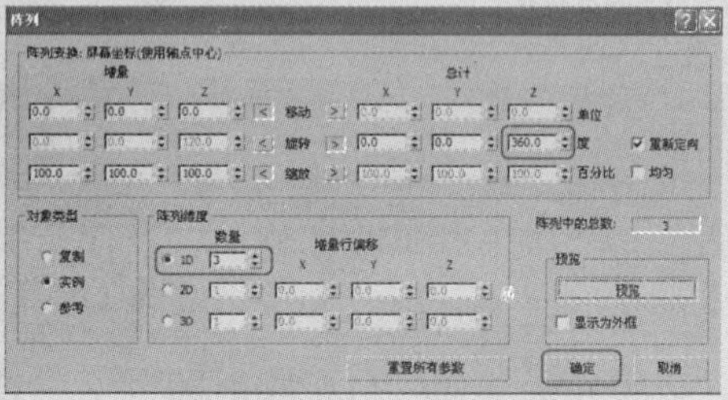

图4-52

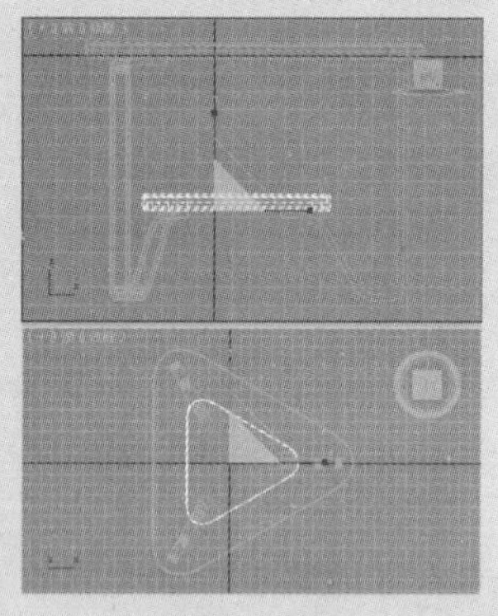

图4-53

8 完成的场景模型，如图4-54所示。

图4-54

2. 选项介绍

（1）“倒角值”卷展栏中的选项的功能介绍如下。

- 起始轮廓：设置轮廓从原始图形的偏移距离。非零设置会改变原始图形的大小。
- 级别1：包含两个参数，它们表示起始级别的改变。
- 高度：设置级别1在起始级别之上的距离。
- 轮廓：设置级别1的轮廓到起始轮廓的偏移距离。
- 级别2：在级别1之后添加一个级别。
- 级别3：在前一级别之后添加一个级别。

（2）“参数”卷展栏如图4-55所示，各个选项的功能介绍如下。

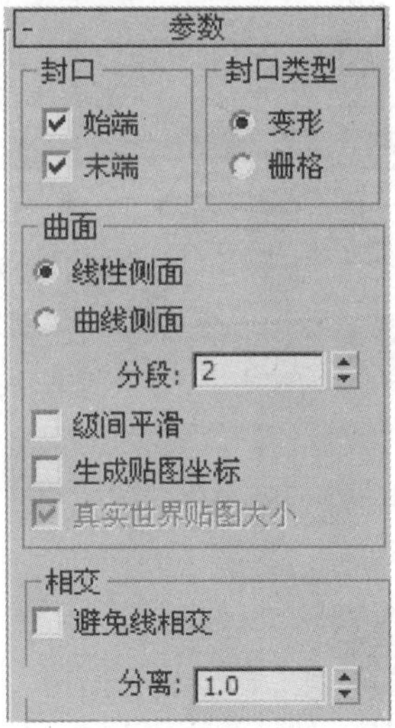

图4-55

- 封口：可以通过“封口”组中的复选框确定倒角对象是否要在一端封口。
- 始端：用对象的最低局部Z值（底部）对末端进行封口。取消勾选此复选框后，底部为打开状态。
- 末端：用对象的最高局部Z值（底部）对末端进行封口。取消勾选此复选框后，底部不再打开。
- 封口类型：两个单选按钮设置使用的封口类型。
- 变形：为变形创建适合的封口曲面。
- 栅格：在栅格图案中创建封口曲面。封装类型的变形和渲染要比渐进变形封装效果好。
- 曲面：控制曲面侧面的曲率、平滑度和贴图。
- 线性侧面：单击此单选按钮后，级别之间会沿着一条直线进行分段插补。
- 曲线侧面：单击此单选按钮后，级别之间会沿着一条Bezier曲线进行分段插补。对于可见曲率，使用曲线侧面的多个分段。
- 分段：在每个级别之间设置中级分段的数量。
- 相交：防止从重叠的临近边产生锐角。
- 避免线相交：防止轮廓彼此相交。它通过在轮廓中插入额外的顶点并用一条平直的线段覆盖锐角来实现。
- 分离：设置边之间所保持的距离。最小值为0.01。

4.2.5 倒角剖面

“倒角剖面”修改器也是一种用二维样条线来生成三维实体的重要方式。在使用这一功能之前，必须事先创建好一个类似路径的样条线和一个界面样条线。具体表现方法如图4-56所示。

图4-56

实例操作033—— 圆桌

案例文件	场景\Cha04\圆桌.max	视频教学	视频教学\Cha04\圆桌.avi
视频长度	3分21秒	难易指数	★★★☆☆

1 在"顶"视图中创建圆柱体，并设置合适的参数，如图4-57所示。

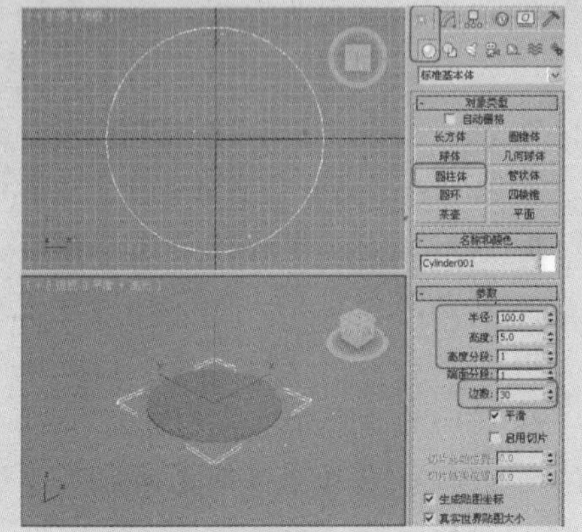

图4-57

2 复制圆柱体，修改圆柱体的参数如图4-58所示。

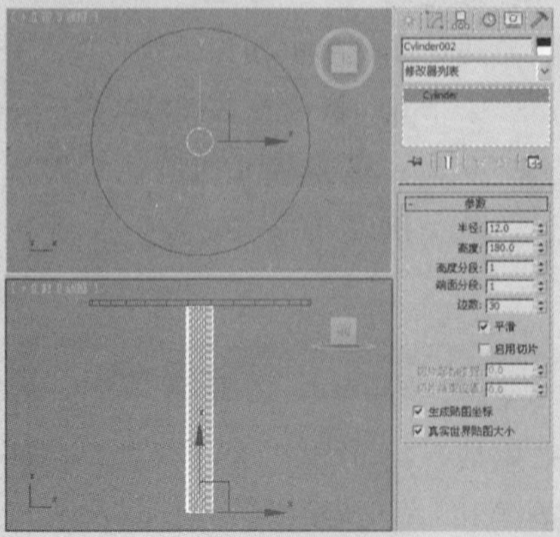

图4-58

3 创建切角圆柱体，设置合适的参数如图4-59所示。

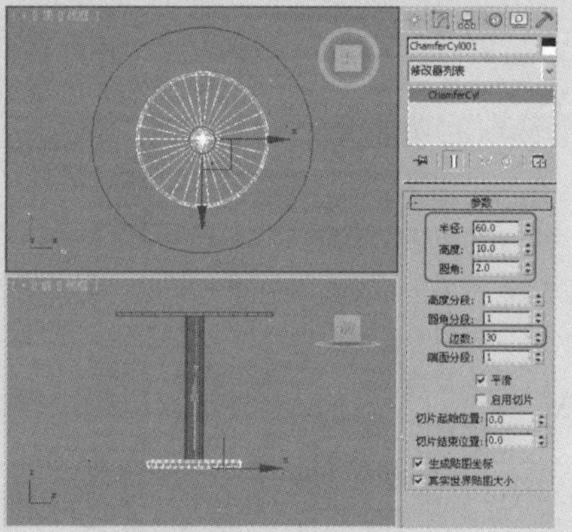

图4-59

4 创建圆，设置圆的参数如图4-60所示。

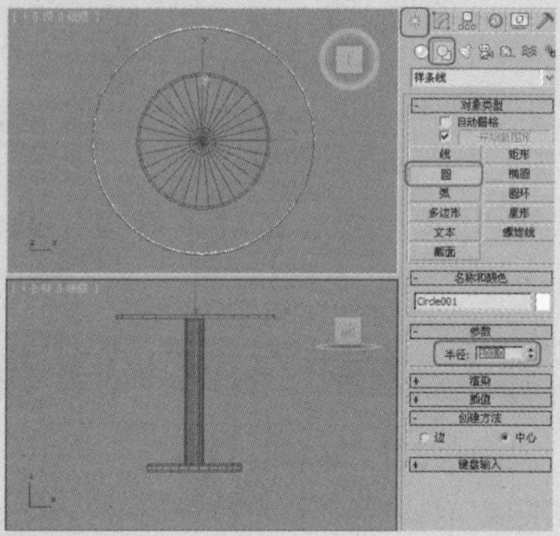

图4-60

5 创建矩形，如图4-61所示。

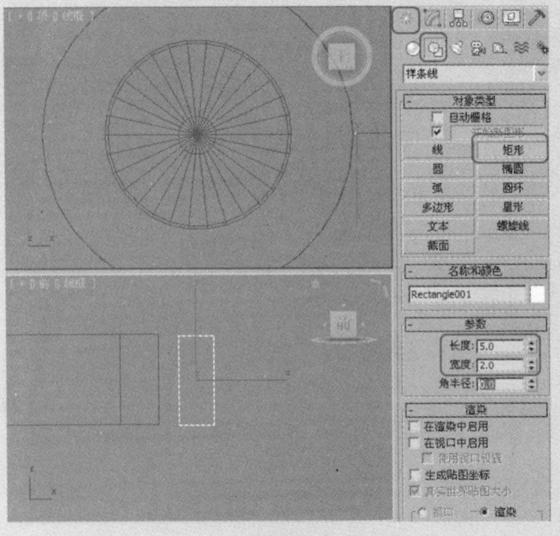

图4-61

6 切换到（修改）面板，将选择集定义为“顶点”，在“几何体”卷展栏中单击“优化”按钮，在场景中优化顶点，并在场景中调整图形的形状如图4-62所示。

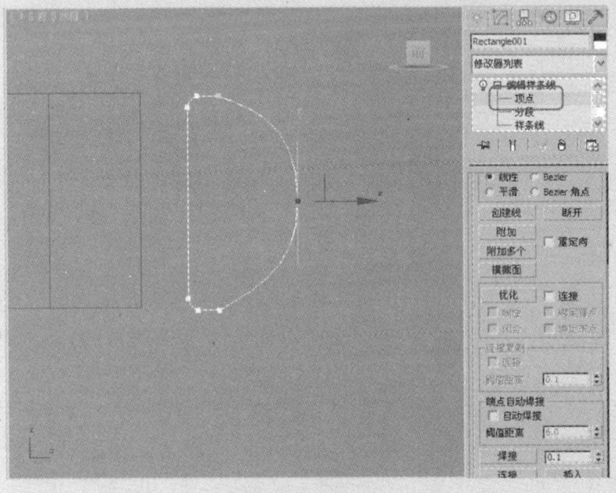

图4-62

7 选择圆，并为其施加“倒角剖面”修改器，在“参数”卷展栏中单击“拾取剖面”按钮，在场景中拾取修改后的矩形，如图4-63所示。

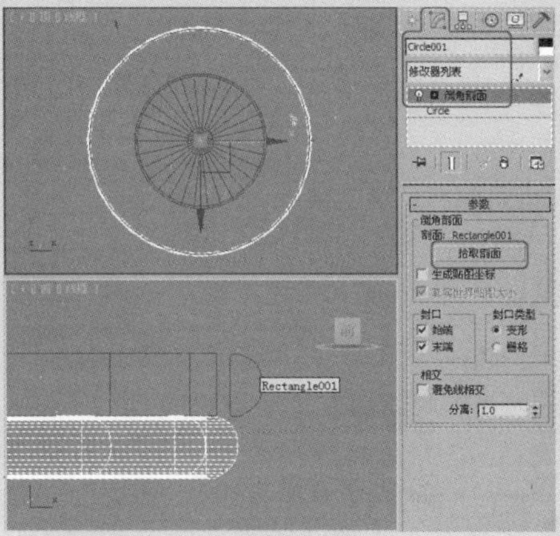

图4-63

8 设置圆的“步数”，可以设置出模型的平滑，如图4-64所示，在场景中调整模型的位置，完成圆桌的制作。

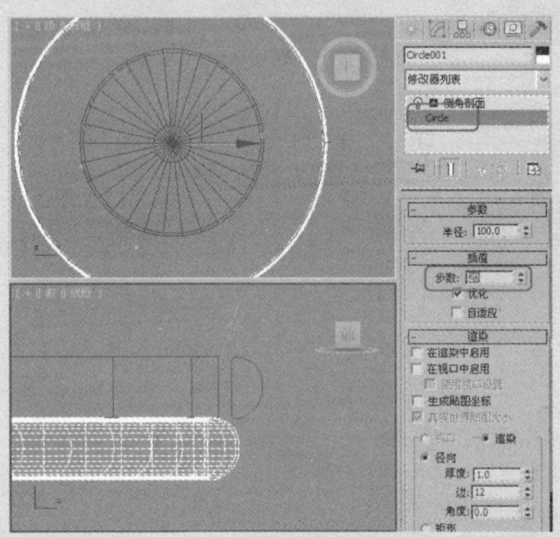

图4-64

4.3 常用的几何体修改器

下面我们将为大家介绍常用的几何体修改器。

4.3.1 弯曲

“弯曲”修改器用于对物体进行弯曲处理，可以调节弯曲的角度和方向，以及弯曲依据的坐标轴向，还可以限制弯曲在一定的坐标区域之内。具体效果表现如图4–65所示。

图4–65

实例操作034—— 铁艺笔筒

案例文件	场景\Cha04\铁艺笔筒.max	视频教学	视频教学\Cha04\铁艺笔筒.avi
视频长度	3分28秒	难易指数	★★★☆☆

1 在“前”视图中创建可渲染的星形，设置星形的参数如图4–66所示。

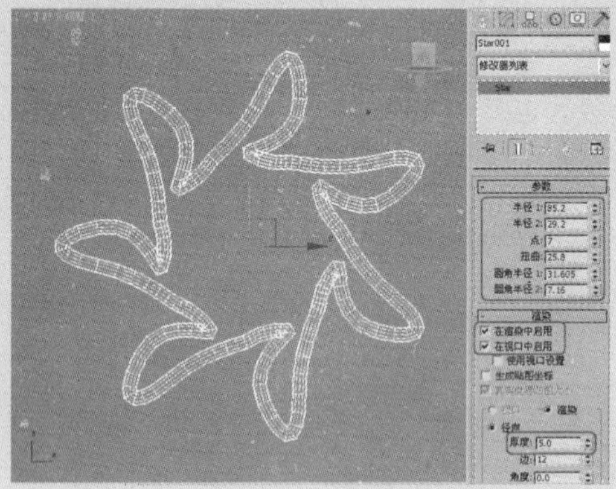

图4–66

2 创建可渲染的螺旋线，设置参数如图4–67所示。

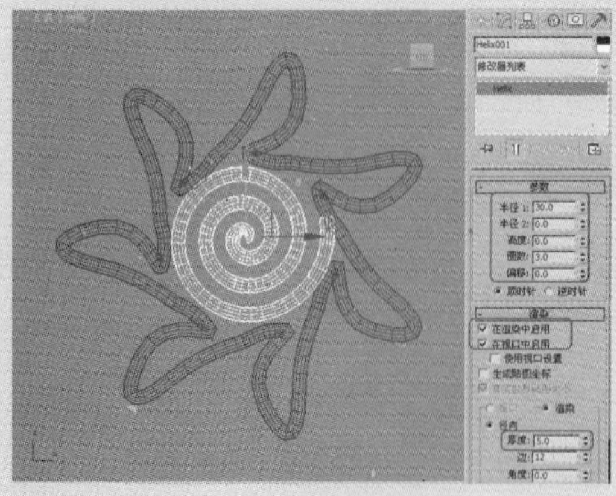

图4–67

3 在场景中复制模型，可以在复制的时候调整模型的角度，如图4–68所示。

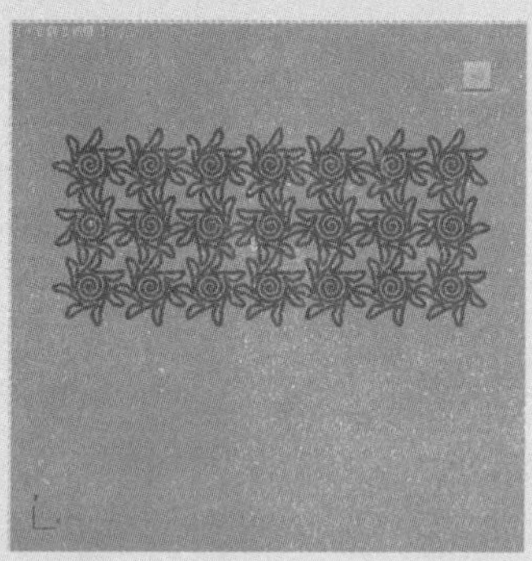

图4–68

4 在场景中将模型成组，并为成组的模型施加“弯曲”修改器，设置弯曲的参数如图4–69所示。

图4–69

5 创建可渲染的圆，设置参数，并复制圆，如图4-70所示。

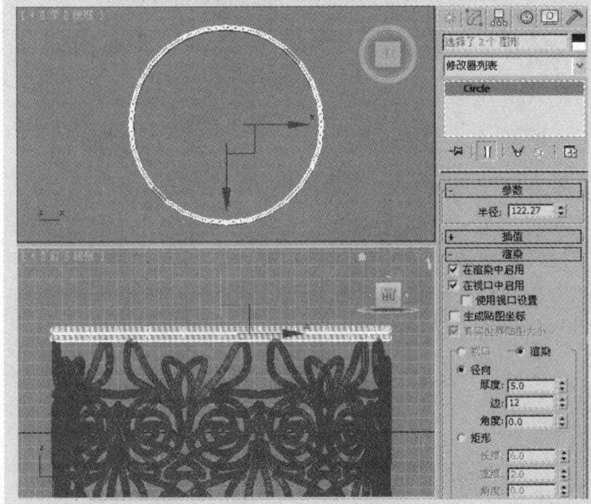

图4-70

6 复制圆到底部，并在底部创建螺旋线，设置螺旋线的参数如图4-71所示。

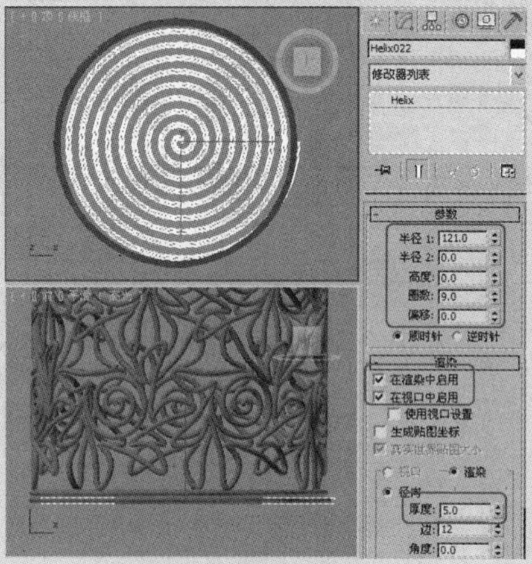

图4-71

4.3.2 噪波

“噪波”修改器是一种能使物体表面凸起、破碎的工具，一般用来创建地面、山石和水面的波纹等不平整的场景。具体效果表现如图4-72所示。

图4-72

1. 实例操作035—— 制作石头

案例文件	场景\Cha04\石头.max	视频教学	视频教学\Cha04\石头.avi
视频长度	59秒	难易指数	★★☆☆☆

1 在“顶”视图中创建“几何球体”，如图4-73所示。

2 切换到（修改）面板，在修改器列表中选择“噪波”修改器，在“参数”卷展栏中设置参数如图4-74所示。

3 为模型施加“网格平滑”修改器，设置参数如图4-75所示。

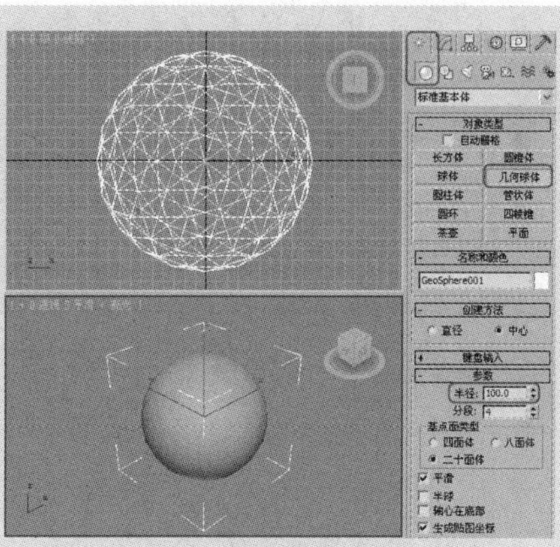

图4-73

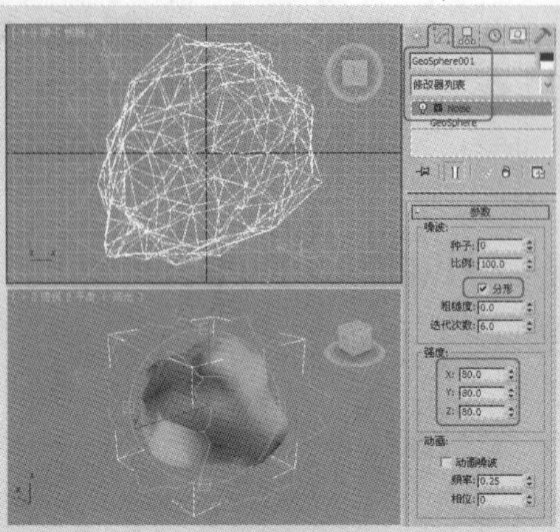

图4-74

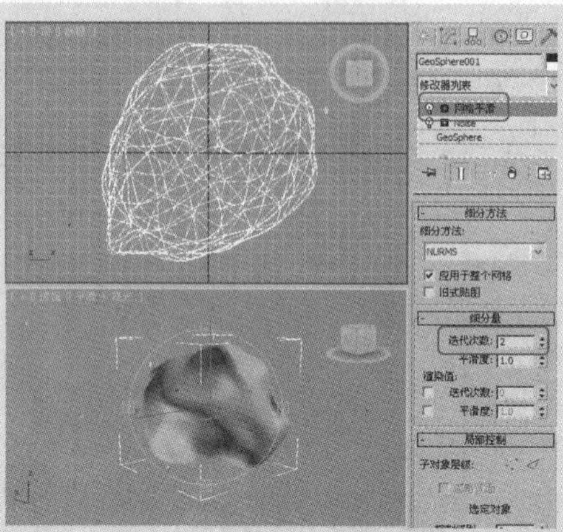

图4-75

2. 选项介绍

“参数”卷展栏中的选项的功能介绍如下。

- 噪波：控制噪波的出现，及其由此引起的在对象的物理变形上的影响。默认情况下，控制处于非活动状态直到更改设置。
- 种子：从设置的数中生成一个随机起始点。在创建地形时尤其有用，因为每种设置都可以生成不同的配置。
- 比例：设置噪波影响（不是强度）的大小。较大的值产生更为平滑的噪波，较小的值产生锯齿现象更严重的噪波。
- 分形：根据当前设置产生分形效果。默认设置为禁用状态。
- 粗糙度：决定分形变化的程度。
- 迭代次数：控制分形功能所使用的迭代（或是八度音阶）的数目。较小的迭代次数使用较少的分形能量并生成更平滑的效果。
- 强度：控制噪波效果的大小。
- X、Y、Z：沿着三条轴的每一个设置噪波效果的强度。
- 动画：通过为噪波图案叠加一个要遵循的正弦波形，控制噪波效果的形状。这使得噪波位于边界内，并加上完全随机的阻尼值。启用“动画噪波”后，这些参数影响整体噪波效果。但是可以分别设置“噪波”和“强度”参数动画，这并不需要在设置动画或播放过程中启用“动画噪波”。
- 动画噪波：调节“噪波”和“强度”参数的组合效果。
- 频率：设置正弦波的周期，调节噪波效果的速度。较高的频率使得噪波振动得更快；较低的频率产生较为平滑和更温和的噪波。
- 相位：移动基本波形的开始和结束点。

4.3.3 融化

“融化“修改器可以将实际融化效果应用到所有类型的对象上，包括可编辑面片和NURBS对象，同样也包括传递到堆栈的子对象选择。选项包括边的下沉、融化时的扩张以及可自定义的物质集合，这些物质的范围包括从坚固的塑料表面到其自身上塌陷的冻胶类型。具体效果表现如图4-76所示。

图4-76

1. 实例操作036——融化的棒棒糖

1 首先打开光盘中的“场景 | Cha04 | 棒棒糖.max”文件。

2 在场景中为其中的一块糖施加“融化”修改器，如图4-77所示。

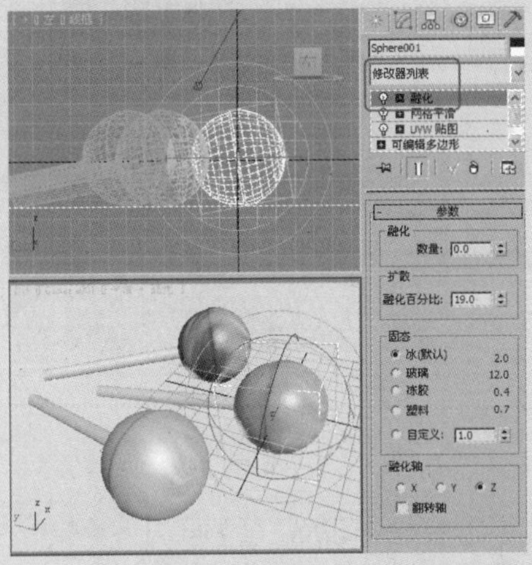

图4-77

3 将选择集定义为“Gizmo”，在场景中选择Gizmo，如图4-78所示。

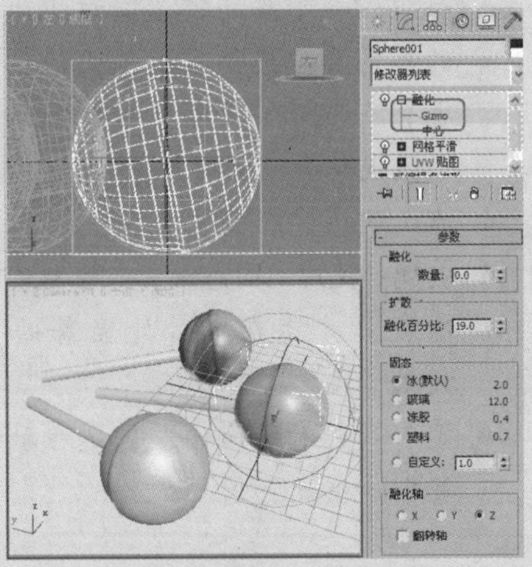

图4-78

4 在“参数”卷展栏中设置融化参数如图4-79所示。

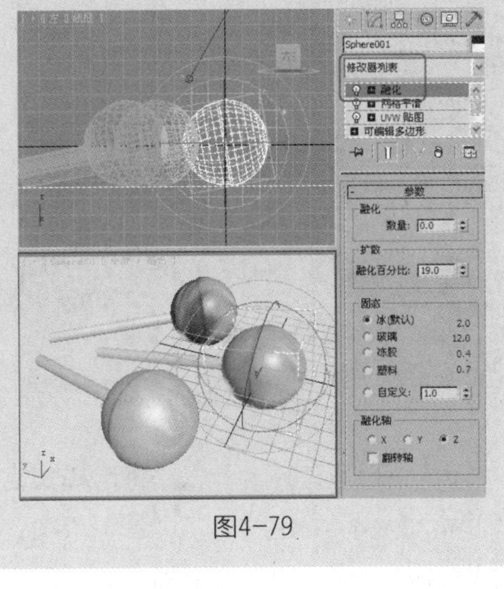

图4-79

2. 选项介绍

“参数”卷展栏中的选项的功能介绍如下。

- 数量：指定衰退程度，或者应用于Gizmo上的融化效果，从而影响对象。范围为 0.0～1000.0。
- 融化百分比：指定随着“数量”值增加多少对象和融化会扩展。该值基本上是沿着平面的凸起。
- 固态：决定融化对象中心的相对高度。固态稍低的物质像冻胶在融化时中心会下陷的较多。该组为物质的不同类型提供多个预设值，同时也含有Custom（自定义）微调器用于设置您自己的固态。
- 冰（默认）：默认固态设置。
- 玻璃：使用高固态设置来模拟玻璃。
- 冻胶：产生在中心处显著的下垂效果。
- 塑料：相对的固体，但是在融化时其中心稍微下垂。
- 自定义：将固态设置为 0.2～30.0间的任何值。
- 融化轴X、Y、Z：选择会产生融化的轴（对象的局部轴）。
- 翻转轴：通常，融化沿着给定的轴从正向朝着负向发生。启用“翻转轴”来反转这一方向。

4.3.4 拉伸

“拉伸”修改器可以模拟挤压和拉伸的传统动画效果。具体表现如图4-80所示。

图4-80

1. 实例操作037——创建水滴

1 在场景中创建一个“几何球体”，如图4-81所示。

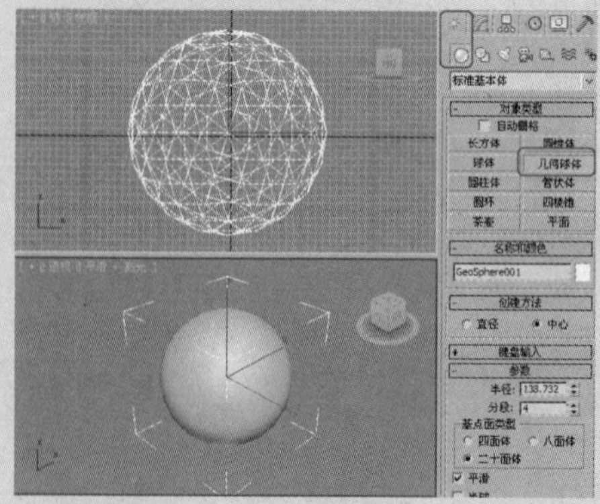

图4-81

2 切换到（修改）面板，在修改器列表中选择“拉伸”修改器，在“参数”卷展栏中设置“拉伸”为1.5、“放大”为1.0，如图4-82所示。

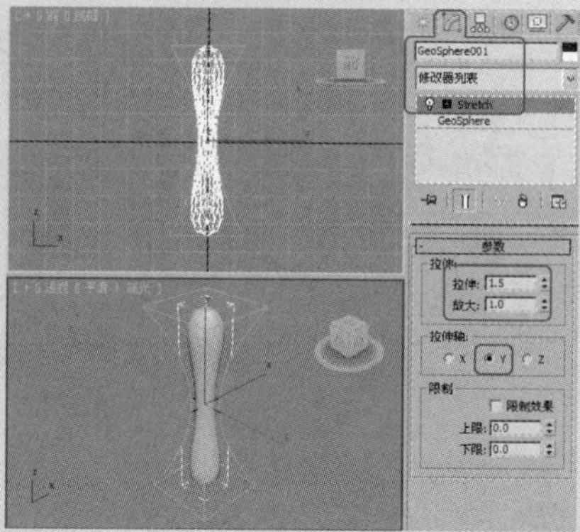

图4-82

3 将选择集定义为Gizmo，在场景中调整Gizmo，并调整“拉伸”和“放大”的参数，如图4-83所示。

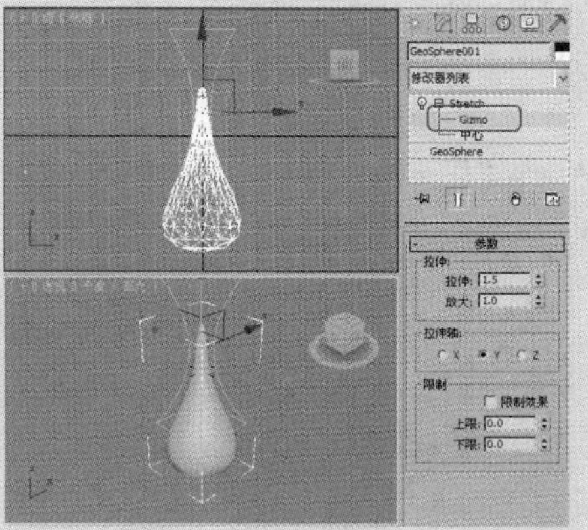

图4-83

2. 选项介绍

（1）“参数”卷展栏中的选项的功能介绍如下。

- 拉伸：为所有的三个轴设置基本缩放因子。
- 放大：更改应用到副轴上的缩放因子。
- 拉伸轴X、Y、Z：可以使用“参数”卷展栏的“拉伸轴”组中的选项来选择将哪个对象局部轴作为“拉伸轴”。
- 限制：使用该选项组中的控件，可以将拉伸效果应用到整个对象上，或将它限制到对象的一部分。限制从修改器的中心进了测量，以将拉伸效果沿着“拉伸轴”的正向和负向进行限制。
- 限制效果：限制拉伸效果。
- 上限：沿着“拉伸轴”的正向限制拉伸效果的边界。
- 下限：沿着“拉伸轴”的负向限制拉伸效果的边界。

（2）“拉伸”修改器堆栈中的子物体层级的功能介绍如下。

- Gizmo：在该子对象层级，可以像其他任何对象那样变换Gizmo和设置Gizmo的动画，从而改变“拉伸”修改器的效果。转换Gizmo将以相等的距离转换它的中心。根据中心转动和缩放Gizmo。
- 中心：在该子对象层级，可以平移中心和设置中心的动画，从而改变“拉伸”Gizmo的形状，以此改变拉伸对象的形状。

4.3.5 自由式变形

自由式变形 (FFD) 提供了一种通过调整晶格的控制点使对象发生变形的方法。控制点相对原始晶格源体积的偏移位置会引起受影响对象的扭曲。具体效果表现如图4-84所示。

图4-84

1. 实例操作038——欧式吊灯

案例文件	场景\Cha04\欧式吊灯.max	视频教学	视频教学\Cha04\欧式吊灯.avi
视频长度	5分46秒	难易指数	★★★☆☆

1 单击“（创建）|（图形）|矩形”按钮，在“顶”视图中创建矩形，如图4-85所示。

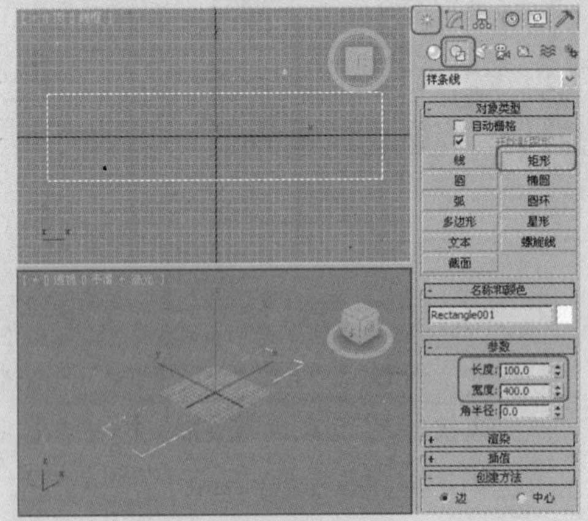

图4-85

2 将矩形转换为“可编辑样条线”修改器，将选择集定义为“样条线”，在场景中选择样条线，在“几何体”卷展栏中单击“轮廓”按钮，在场景中设置样条线的轮廓，如图8-86所示。

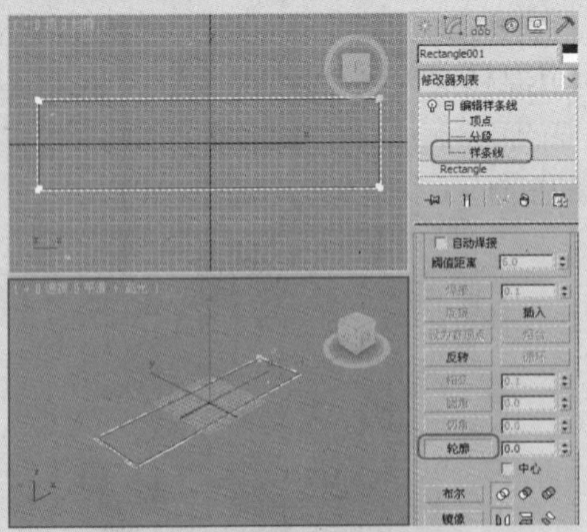

图4-86

3 关闭选择集，在修改器列表中选择“挤出”修改器，设置合适的参数，并设置“分段”为5，如图4-87所示。

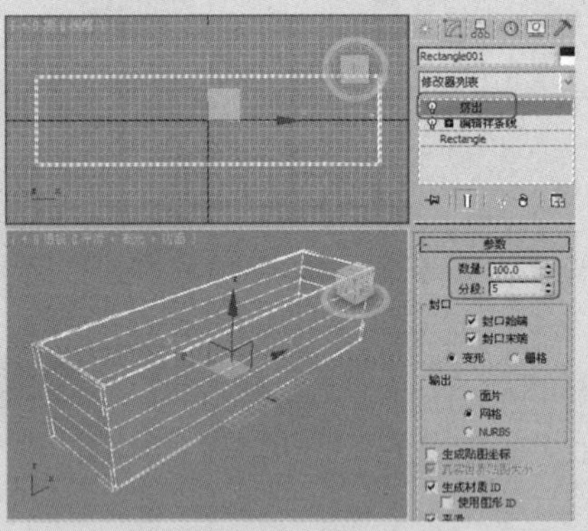

图4-87

4 在修改器列表中选择“FFD4×4×4”修改器，将选择集定义为“控制点”，在场景中缩放控制点，如图4-88所示。

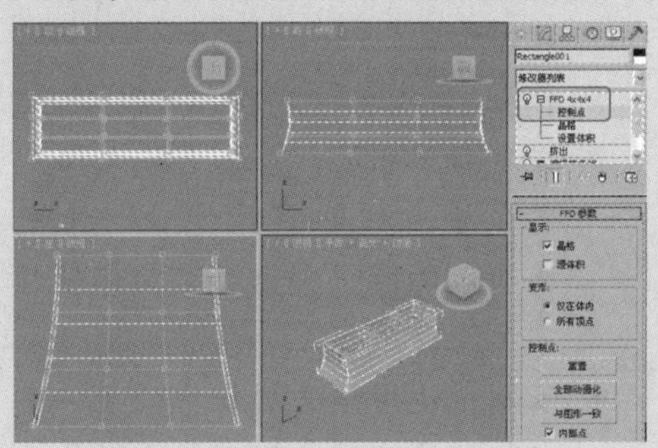

图4-88

5 创建矩形，设置合适的参数，如图4-89所示。

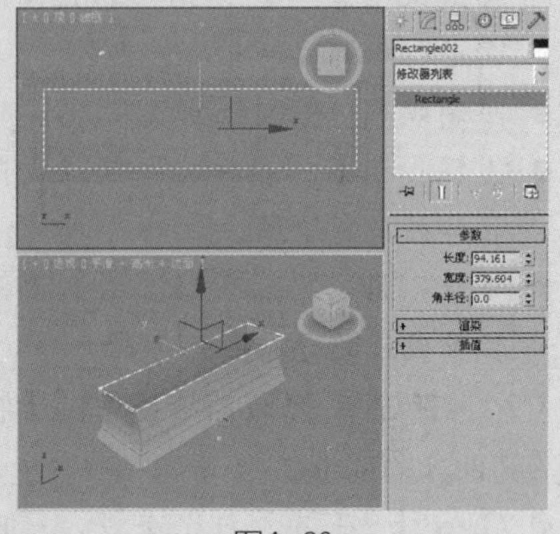

图4-89

6 将矩形转换为“可编辑样条线”，将选择集定义为“样条线”，在场景中设置样条线的“轮廓”，如图4-90所示。

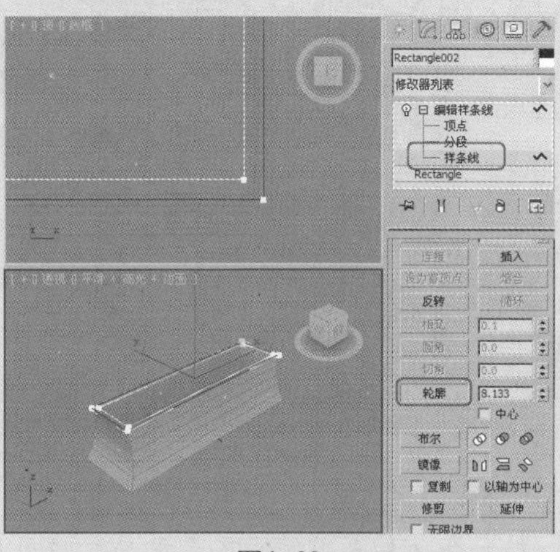

图4-90

7 关闭选择集，在修改器列表中选择“倒角”修改器，设置倒角值如图4-91所示。

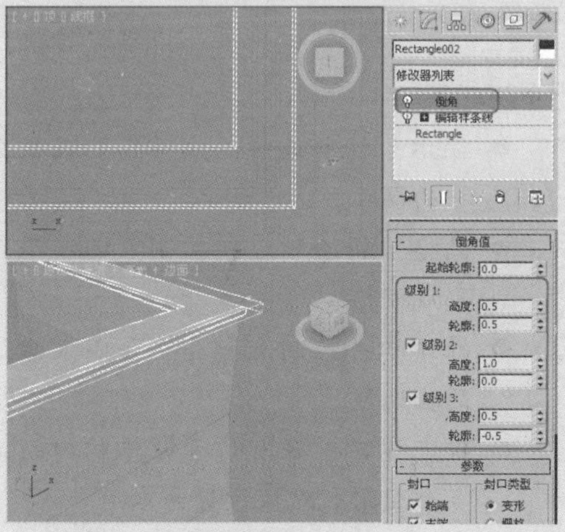

图4-91

8 复制并调整模型，设置合适的参数，如图4-92所示。

9 创建“切角长方体”，设置合适的参数如图4-93所示。

10 创建切角圆柱体，设置合适的参数如图4-94所示。

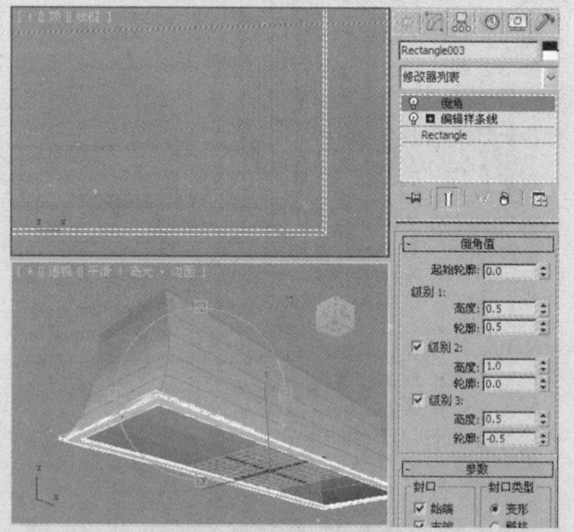

图4-92

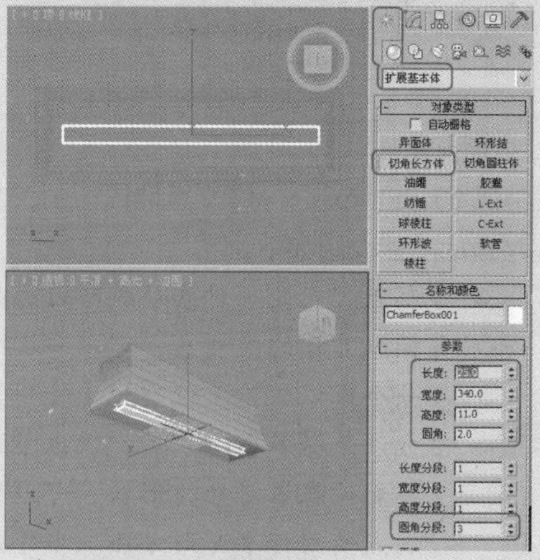

图4-93

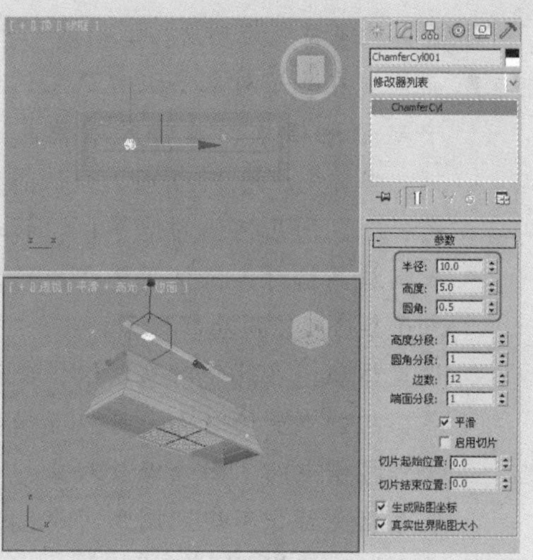

图4-94

11 创建可渲染的样条线，如图4-95所示。

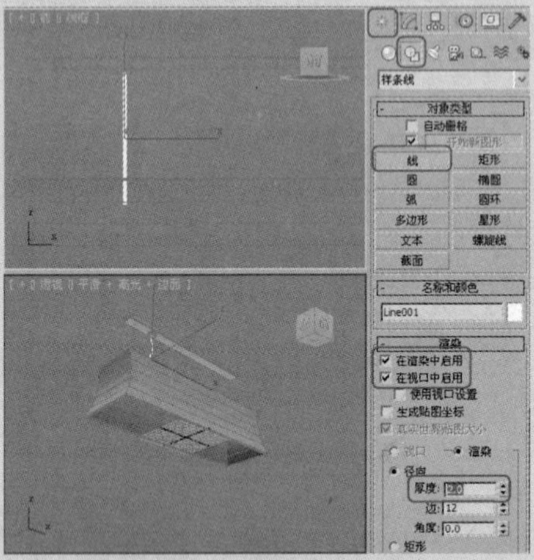

图4-95

12 复制并调整模型如图8-96所示。

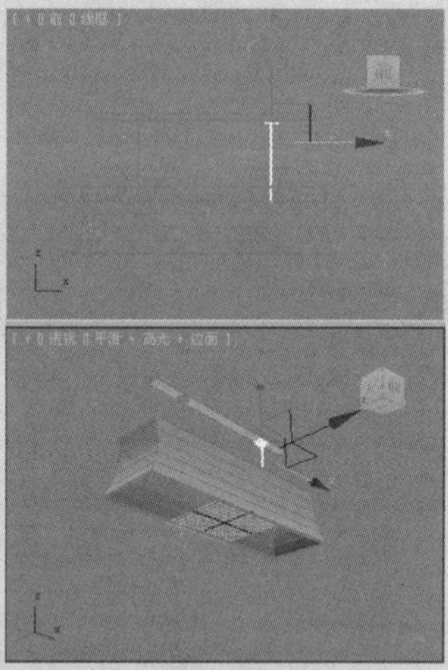

图4-96

2. 选项介绍

（1）FFD4×4×4修改器堆栈中的子物体层级的功能介绍如下。

- 控制点：在此子对象层级可以选择并操纵晶格的控制点，可以一次处理一个或以组为单位处理（使用标准方法选择多个对象）。操纵控制点将影响基本对象的形状。可以给控制点使用标准变形方法。当修改控制点时如果启用了自动关键点按钮，此点将变为动画。
- 晶格：在此子对象层级可从几何体中单独地摆放、旋转或缩放晶格框。当首先应用 FFD 时，默认晶格是一个包围几何体的边界框。移动或缩放晶格时，仅位于体积内的顶点子集合可应用局部变形。
- 设置体积：在此子对象层级，变形晶格控制点变为绿色，可以选择并操作控制点而不影响修改对象，这使晶格更符合不规则图形对象，当变形时这将提供更好的控制。“设置体积”主要用于设置晶格原始状态。如果控制点已是动画或启用自动关键点按钮时，此时“设置体积”与子对象层级上的“控制点”使用一样，当操作点时改变对象形状。

（2）“参数”卷展栏中部分选项的功能介绍如下。

- 显示：这些选项将影响FFD在视口中的显示。
- 晶格：将绘制连接控制点的线条以形成栅格。
- 源体积：控制点和晶格会以未修改的状态显示。
- 仅在体内：只有位于源体积内的顶点会变形。默认设置为启用。
- 所有顶点：将所有顶点变形，不管它们位于源体积的内部还是外部。
- 重置：将所有控制点返回到它们的原始位置。
- 全部动画化：默认情况下，FFD晶格控制点将不在轨迹视图中显示出来，因为没有给它们指定控制器。但是在设置控制点动画时，给它指定了控制器，则它在轨迹视图中可见。使用“全部动画化”也可以添加和删除关键点和执行其他关键点操作。

- 与图形一致：在对象中心控制点位置之间沿直线延长线，将每一个FFD控制点移到修改对象的交叉点上，这将增加一个由补偿微调器指定的偏移距离。
- 内部点：仅控制受“与图形一致”影响的对象内部点。

4.3.6 对称

“对称”修改器在构建角色模型、船只或飞行器时特别有用。可以对任意几何体应用对称修改器，并且可以通过设置修改器Gizmo的动画来对镜像或切片设置动画。

在场景中选择需要对称的模型，如图4-97所示，为模型施加“对称”修改器，并设置对称的轴，如图4-98所示。

（1）“对称”修改器堆栈中的子物体层级的功能介绍如下。

- “镜像”：镜像Gizmo的位置代表通过对称影响对象的方式。可以对其进行移动或旋转，也可以设置Gizmo动画。

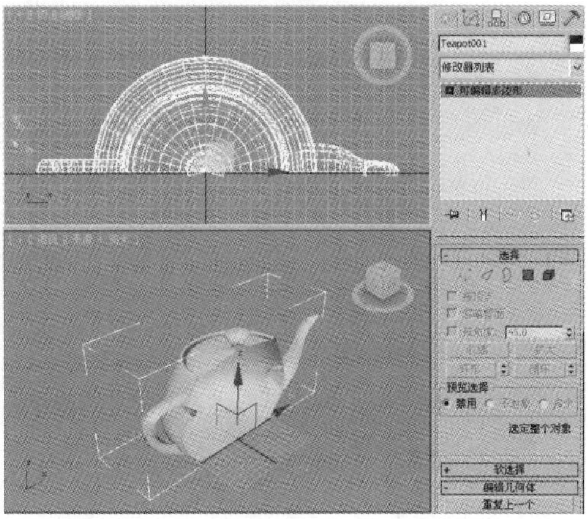

图4-97

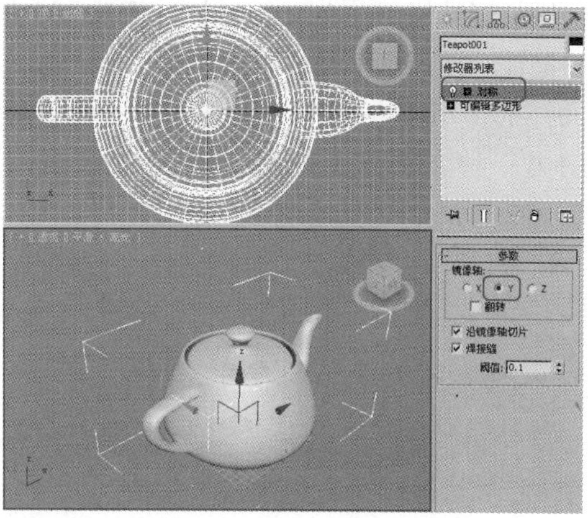

图4-98

（2）“参数”卷展栏中的选项的功能介绍如下。

- 镜像轴X、Y、Z：指定执行对称所围绕的轴。可以在选中轴的同时在视口中观察效果。
- 翻转：如果想要翻转对称效果的方向请启用翻转。默认设置为禁用状态。
- 沿镜像轴切片：勾选该复选框，使镜像Gizmo在定位于网格边界内部时作为一个切片平面。当Gizmo位于网格边界外部时，对称反射仍然作为原始网格的一部分来处理。如果取消勾选该复选框，对称反射会作为原始网格的单独元素来进行处理。默认设置为启用。
- 焊接缝：勾选该复选框，确保沿镜像轴的顶点在阈值以内时会自动焊接。默认设置为启用。
- 阈值：该值代表顶点在自动焊接起来之前的接近程度。默认设置是0.1。

4.3.7 晶格

“晶格”修改器将图形的线段或边转化

为圆柱形结构，并在顶点上产生可选的关节多面体。使用它可基于网格拓扑创建可渲染的几何体结构，或作为获得线框渲染效果的另一种方法，具体效果表现如图4-99所示。

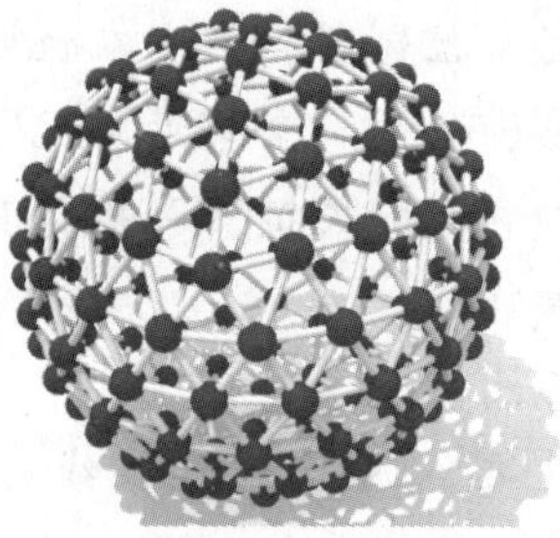
图4-99

1. 实例操作039—— 创建晶格球体

案例文件	场景\Cha04\晶格球体.max	视频教学	视频教学\Cha04\晶格球体.avi
视频长度	52秒	难易指数	★★☆☆☆

1 在场景中创建“几何球体”，并为其施加“晶格”修改器，如图4-100所示。

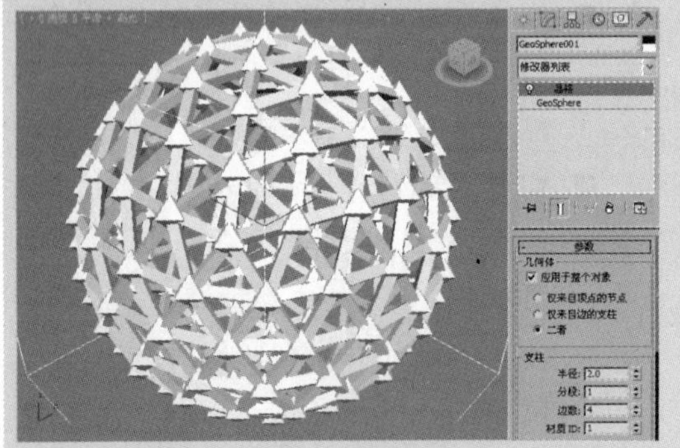
图4-100

2 设置晶格的参数如图4-101所示。

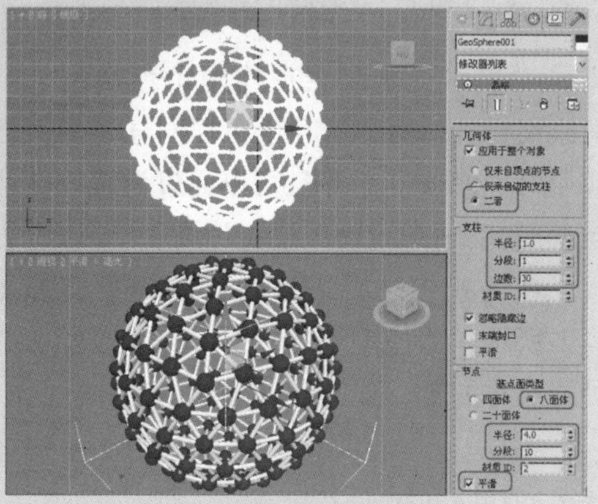
图4-101

2. 选项介绍

“参数”卷展栏中的选项的功能介绍如下。

- 几何体：指定是否使用整个对象或选中的子对象，并显示它们的结构和关节这两个组件。
- 应用于整个对象：将“晶格”应用到对象的所有边或线段上。禁用时，仅将“晶格”应用到传送到堆栈中的选中子对象。默认设置为启用。
- 仅来自顶点的节点：仅显示由原始网格顶点产生的关节（多面体）。
- 仅来自边的支柱：仅显示由原始网格线段产生的支柱（多面体）。
- 二者：显示支柱和节点。
- 支柱：提供影响几何体“支柱”的控件。
- 半径：指定“支柱”半径。
- 分段：指定沿“支柱”的分段数目。
- 边数：指定“支柱”周界的边数目。
- 材质ID：指定用于“支柱”的材质ID。
- 忽略隐藏边：仅生成可视边的“支柱”。
- 末端封口：将末端封口应用于“支柱”。
- 平滑：将平滑应用于“支柱”。

- 节点：提供影响“节点”几何体的控件。
- 基点面类型：指定用于“节点”的多面体类型。
- 四面体：使用一个四面体。
- 八面体：使用一个八面体。
- 二十面体：使用一个二十面体。
- 半径：设置“节点”的半径。
- 分段：指定“节点”中的分段数目。分段越多，节点形状越像球形。
- 材质ID：指定用于节点的材质 ID。
- 平滑：将平滑应用于节点。

4.3.8 壳

“壳”修改器是给物体增加一个厚度，有里外两种方向的厚度，具体可以调节，它可以应用于三维物体及二维物体。

在场景中选择如图4-102所示的模型，为模型施加“壳”修改器，设置参数如图4-103所示。

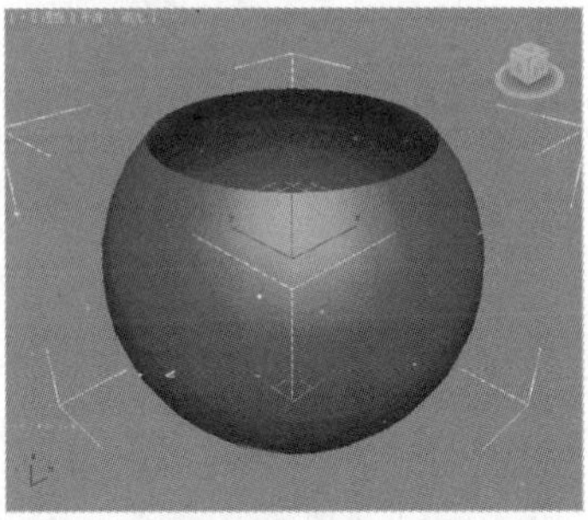

图4-102

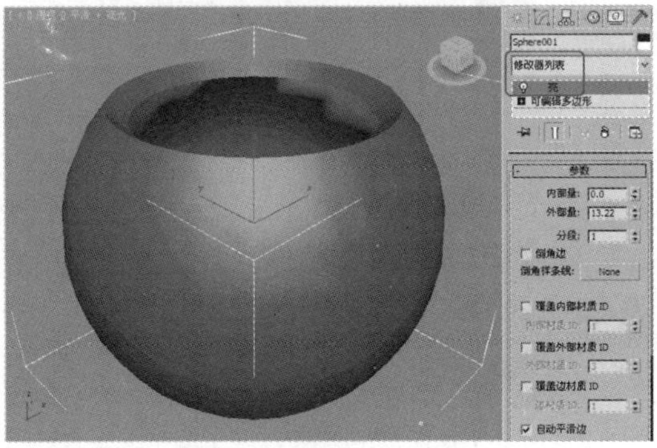

图4-103

“参数”卷展栏如图4-104所示，部分选项的功能介绍如下。

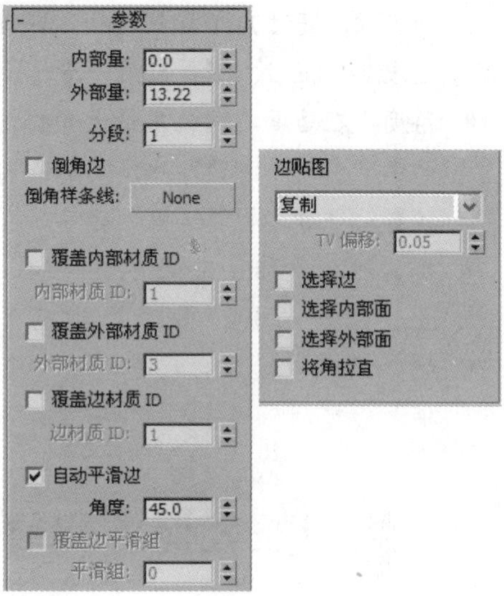

图4-104

- 内部量、外部量：这两个数量设置值决定了对象壳的厚度，也决定了边的默认宽度。
- 分段：每一边的细分值。

注意 当使用倒角样条线时，样条线的属性覆盖该设置。

- 倒角边：勾选该复选框后，并指定倒角样条线，3ds Max会使用样条线定义边的剖面和分辨率。默认设置为禁用状态。
- 覆盖内部材质ID：勾选该复选框后，使用“内部材质ID”参数，为所有的内部曲面多边形指定材质ID。
- 内部材质ID：为内部面指定材质ID。
- 覆盖外部材质ID：勾选该复选框后，使用“外部材质ID”参数，为所有的外部曲面多边形指定材质ID。
- 外部材质ID：为外部面指定材质ID。
- 覆盖边材质ID：勾选该复选框后，使用“边材质ID”参数为所有的新多边形指定材质ID。

- 边材质ID：为边的面指定材质ID。
- 自动平滑边：使用"角度"参数，应用自动、基于角平滑到边面。取消勾选该复选框后，不再应用平滑。
- 角度：在边面之间指定最大角，该边面由"自动平滑边"平滑。只在勾选"自动平滑边"复选框之后可用。
- 覆盖边平滑组：使用"平滑组"设置，用于为新边多边形指定平滑组。只在勾选"自动平滑边"复选框之后可用。
- 边贴图：指定应用于新边的纹理贴图类型。
- TV偏移：确定边的纹理顶点间隔。
- 选择边：选择边面，从其他修改器的堆栈上传递此选择。
- 选择内部面：选择内部面，从其他修改器的堆栈上传递此选择。
- 选择外部面：选择外部面，从其他修改器的堆栈上传递此选择。
- 将角拉直：调整角顶点以维持直线边。

4.4 常用的表面编辑修改器

下面我们将为大家介绍常用的表面编辑修改器。

4.4.1 置换

"置换"修改器以力场的形式推动和重塑对象的几何外形。可以直接从修改器Gizmo应用它的变量力，或者从位图图像应用。具体效果表现如图4-105所示。

图4-105

1. 实例操作040—— 置换

案例文件	场景\Cha04\置换.max	视频教学	视频教学\Cha04\置换.avi
视频长度	1分21秒	难易指数	★★☆☆☆

1 在"前"视图中创建长方体，设置合适的参数，如图4-106所示。

2 切换到（修改）面板，在修改器列表中选择"置换"修改器，在"参数"卷展栏中单击"图像"组中的"贴图 | 无"按钮，在弹出的对话框中打开贴图文件，如图4-107所示。

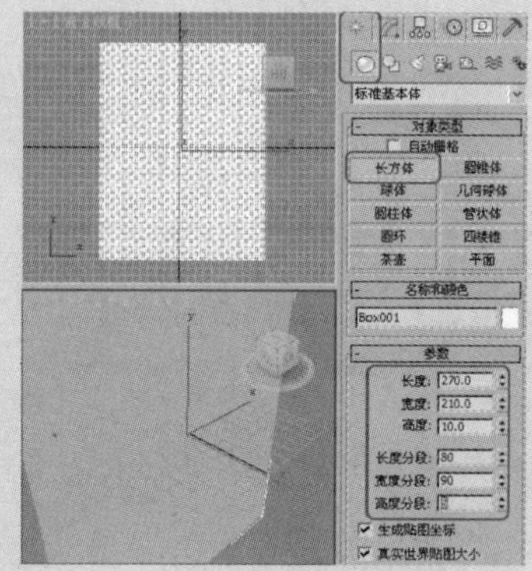

图4-106

图4-107

3 设置参数如图4-108所示。

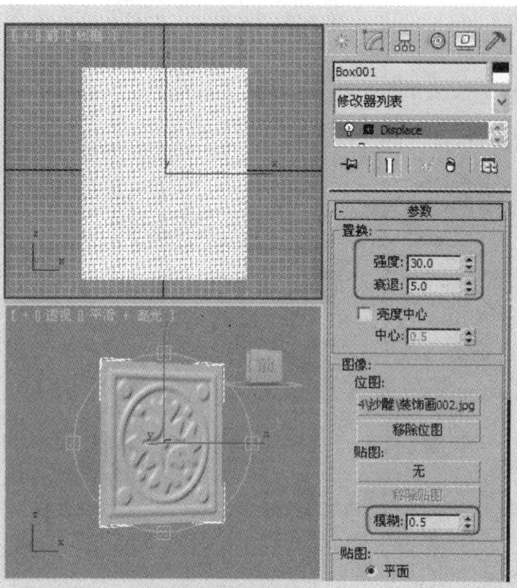

图4-108

2. 选项介绍

“参数”卷展栏如图4-109所示，部分选项的功能介绍如下。

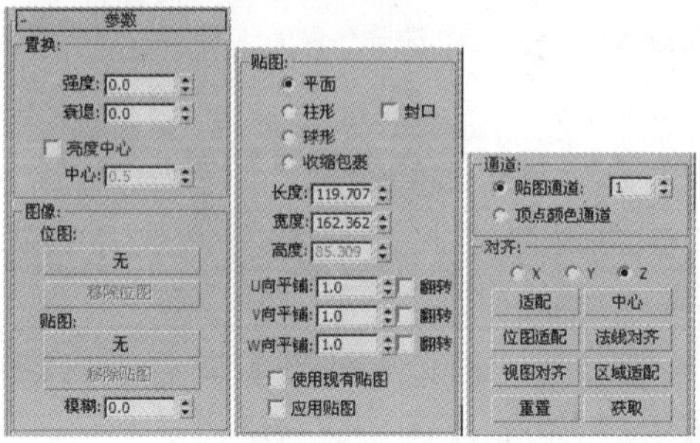

图4-109

- 强度：设置为0.0时，置换没有任何效果。大于0.0的值会使对象几何体或粒子按偏离Gizmo所在位置的方向发生位移。小于0.0的值会使几何体朝Gizmo置换。
- 衰退：根据距离变化置换强度。
- 亮度中心：决定置换使用什么层级的灰度作为0置换值。默认情况下，通过使用中等 (50%) 灰度作为0置换值，置换以亮度为中心。大于128的灰色值以向外的方向（背离置换Gizmo）进行置换，而小于128的灰色值以向内的方向（朝向置换Gizmo）进行置换。使用“中心”微调器来调整默认值。利用平面投影可以将置换后的几何体重新定位在平面Gizmo的上方或下方。默认设置为0.5。范围为0～1.0。
- 图像：可以选择位图和对置换使用的贴图。两者以同样方式指定和移除。
- 位图：从“选择”对话框中指定位图或贴图。
- 模糊：增加该值可以模糊或柔化位图置换的效果。
- 贴图：包含位图置换的贴图参数。
- 平面：从单独的平面对贴图进行投影。
- 柱形：像将其环绕在圆柱体上那样对贴图进行投影。勾选“封口”复选框可以从圆柱体的末端投影贴图副本。
- 球形：从球体出发对贴图进行投影，球体的顶部和底部，即位图边缘在球体两极的交汇处均为极点。
- 收缩包裹：从球体投影贴图，像“球形”所做的那样，但是它会截去贴图的各个角，然后在一个单独的极点将它们全部结合在一起，在底部创建一极奇点。

- 长度、宽度、高度：指定“置换”Gizmo的边界框尺寸。高度对平面贴图没有任何影响。
- U向平铺、V向平铺、W向平铺：设置位图沿指定尺寸重复的次数。
- 翻转：沿相应的U、V或W轴反转贴图的方向。
- 使用现有贴图：让“置换”使用堆栈中较早的贴图设置。如果没有对对象贴图，该功能就没有效果。
- 应用贴图：将置换UV贴图应用到绑定对象。该功能用于将材质贴图应用到使用与修改器一样的贴图坐标的对象。
- 通道：指定是否将置换投影应用到贴图通道或者顶点颜色通道，并决定使用哪个通道。
- 贴图通道：选择该功能可以指定UVW通道用来贴图，使用它右侧的微调器设置通道数目。
- 顶点颜色通道：选择该功能可以对贴图使用顶点颜色通道。
- 对齐：包含用来调整贴图Gizmo尺寸、位置和方向的控制。
- X、Y、Z：沿三个轴翻转贴图Gizmo的对齐。
- 适配：缩放Gizmo以适配对象的边界框。
- 中心：相对于对象的中心调整Gizmo的中心。
- 位图适配：显示“选择位图”对话框。缩放Gizmo以适配选定位图的纵横比。
- 法线对齐：启用拾取模式可以选择曲面。Gizmo对齐于那个曲面的法线。
- 视图对齐：使Gizmo指向视图的方向。
- 区域适配：启用拾取模式可以拖动两个点。缩放Gizmo以适配指定区域。
- 重置：将Gizmo返回到默认值。
- 获取：启用拾取模式可以选择另一个对象并获得它的“重置”Gizmo设置。

4.4.2 网格平滑

“网格平滑”修改器通过多种不同方法平滑场景中的几何体。它允许您细分几何体，同时在角和边插补新面的角度以及将单个平滑组应用于对象中的所有面。“网格平滑”的效果是使角和边变圆，就像它们被锉平或刨平一样。使用“网格平滑”参数可控制新面的大小和数量，以及它们如何影响对象曲面。

在场景中选择模型，如图4-110所示，为模型施加“网格平滑”修改器，如图4-111所示。

（1）“细分方法”卷展栏如图4-112所示，部分选项的功能介绍如下。

- 细分方法：选择以下控件之一可确定网格平滑操作的输出。
- NURMS：减少非均匀有理数网格平滑对象（缩写为NURMS）。强度和松弛平滑参数对于NURMS类型不可用。此NURBS对象与可以为每个控制顶点设置不同权重的NURBS对象相似。通过更改边权重，可进一步控制对象形状。
- 经典：生成三面和四面的多面体。
- 四边形输出：仅生成四面多面体（假设看不到隐藏的边，因为对象仍然由三角形面组成）。
- 应用于整个网格：勾选该复选框

时，在堆栈中向上传递的所有子对象选择被忽略，且“网格平滑”应用于整个对象。

- 旧式贴图：使用3ds Max版本中的算法将“网格平滑”应用于贴图坐标。此方法会在创建新面和纹理坐标移动时变形基本贴图坐标。

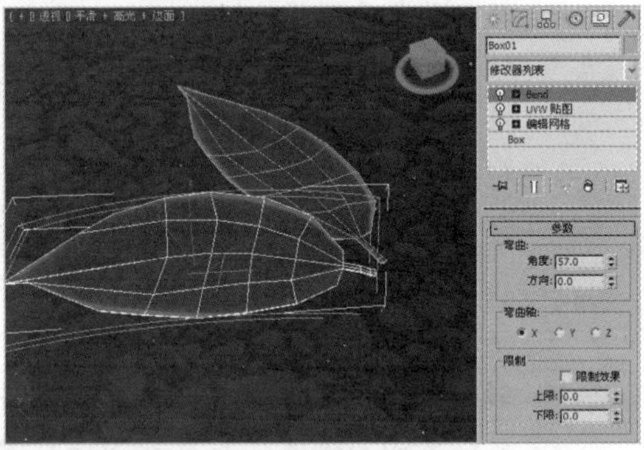

图4-110

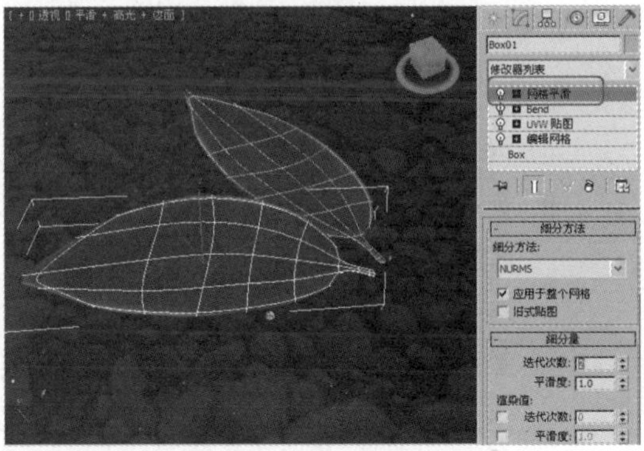

图4-111

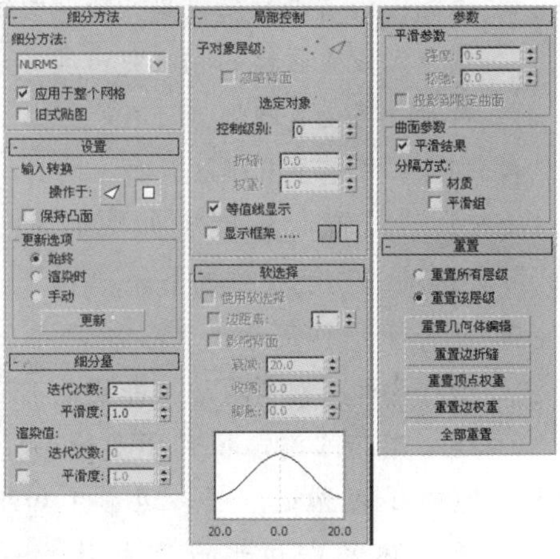

图4-112

（2）“细分量“卷展栏如图4-112所示，部分选项的功能介绍如下。

- “迭代次数”：设置网格细分的次数。增加该值时，每次新的迭代会通过在迭代之前对顶点、边和曲面创建平滑差补顶点来细分网格。

注意 在增加迭代次数时要注意，对于每次迭代，对象中的顶点和曲面数量（以及计算时间）增加四倍。对平均适度的复杂对象应用四次迭代会花费很长时间来进行计算。可按Esc键停止计算。

- 平滑度：确定对多尖锐的锐角添加面以平滑它。
- 渲染值：用于在渲染时对对象应用不同平滑迭代次数和不同的“平滑度”值。一般将使用较低迭代次数和较低“平滑度”值进行建模，使用较高值进行渲染。这样，可在视口中迅速处理低分辨率对象，同时生成更平滑的对象以供渲染。
- 迭代次数：允许在渲染时选择一个不同数量的平滑迭代次数应用于对象。启用“迭代次数”，然后使用其右侧的微调器设置迭代次数。
- 平滑度：用于选择不同的“平滑度”值，以便在渲染时应用于对象。启用“平滑度”，然后使用其右侧的微调器设置平滑度的值。

（3）“局部控制”卷展栏如图4-112所示，部分选项的功能介绍如下。

- 子对象层级：启用或禁用（边）或（顶点）层级。如果两个层级都被禁用，将在对象层级工作。
- 忽略背面：勾选该复选框时，子对象会仅选择其法线使其在视口中可见的那些子对象。

- 控制级别：用于在一次或多次迭代后查看控制网格，并在该级别编辑子对象的点和边。
- 折缝：创建曲面不连续，从而获得褶皱或唇状结构等清晰边界。
- 权重：设置选定顶点或边的权重。
- 等值线显示：对象在平滑之前的原始边。使用此项的好处是减少混乱的显示。
- 显示框架：在细分之前，切换显示修改对象的两种颜色线框的显示。框架颜色显示为复选框右侧的色样。

（4）“参数”卷展栏如图4-112所示，部分选项的功能介绍如下。

- 平滑参数：这些设置仅在网格平滑类型设置为经典或四边形输出时可用。
- 强度：使用0.0～1.0的范围设置所添加面的大小。
- 松弛：应用正的松弛效果以平滑所有顶点。
- 投影到限定曲面：将所有点放置到网格平滑结果的“投影到限定曲面”上，即在无数次迭代后生成的曲面上。
- 曲面参数：将平滑组应用于对象，并使用曲面属性限制网格平滑效果。
- 平滑结果：对所有曲面应用相同的平滑组。
- 材质：防止在不共享材质ID的曲面之间的边创建新曲面。
- 平滑组：防止在不共享至少一个平滑组的曲面之间的边上创建新曲面。

（5）“软选择”卷展栏如图4-112所示，部分选项的功能介绍如下。

- 使用软选择：在可编辑对象或编辑修改器的子对象层级上影响移动、旋转和缩放功能的操作。如果在子对象选择上操作变形修改器，那么也会影响应用到对象上的变形修改器的操作。勾选该复选框后，3ds Max会将样条线曲线变形应用到所变换的选择周围的未选定子对象。要产生效果，必须在变换或修改选择之前勾选该复选框。
- 边距离：勾选该复选框后，将软选择限制到指定的面数，该选择在进行选择的区域和软选择的最大范围之间。影响区域根据“边距离”空间沿着曲面进行测量，而不是真实空间。
- 影响背面：勾选该复选框后，那些法线方向与选定子对象平均法线方向相反的、取消选择的面就会受到软选择的影响。在顶点和边的情况下，这将应用到它们所依附的面的法线上。
- 衰减：用以定义影响区域的距离，它是用当前单位表示的从中心到球体的边的距离。使用越高的衰减设置，就可以实现更平缓的斜坡，具体情况取决于您的几何体比例。默认设置为20。
- 收缩：沿着垂直轴提高并降低曲线的顶点。设置区域的相对突出度。为负数时，将生成凹陷，而不是点。
- 膨胀：沿着垂直轴展开和收缩曲线。

（6）“设置”卷展栏如图4-112所示，部分选项的功能介绍如下。

- 操作于：作用于面◁，将每个三角形作为面并对所有边（即使是不可见边）进行平滑。操作于多边形□，忽略不可见边，将多边形（如组成长方体的四边形或圆柱体上的封口）作为单个面。

- 保持凸面（仅在操作于多边形□模式下可用）：保持所有输入多边形为凸面。勾选该复选框后，会将非凸面多边形作为最低数量的单独面（每个面都为凸面）进行处理。
- 更新选项：设置手动或渲染时更新选项，适用于平滑对象的复杂度过高而不能应用自动更新的情况。
- 始终：更改任意“网格平滑”设置时自动更新对象。
- 渲染时：只在渲染时更新对象的视口显示。
- 手动：启用手动更新。
- 更新：更新视口中的对象，使其与当前的“网格平滑”一致。仅在选择“渲染时”或“手动”时才起作用。

（7）“重置”卷展栏如图4-112所示，各选项的功能介绍如下。

- 重置所有层级：将所有子对象层级的几何体编辑、折缝和权重恢复为默认或初始设置。
- 重置该层级：将当前子对象层级的几何体编辑、折缝和权重恢复为默认或初始设置。
- 重置几何体编辑：将对顶点或边所做的任何变换恢复为默认或初始设置。
- 重置边折缝：将边折缝恢复为默认或初始设置。
- 重置顶点权重：将顶点权重恢复为默认或初始设置。
- 重置边权重：将边权重恢复为默认或初始设置。
- 全部重置：将全部设置恢复为默认或初始设置。

4.4.3 涡轮平滑

“涡轮平滑”修改器被认为比网格平滑更快并更有效率的利用内存。涡轮平滑提供网格平滑功能的限制子集。涡轮平滑使用单独平滑方法（NURBS），它可以仅应用于整个对象，不包含子对象层级并输出三角网格对象。

我们接着使用烟灰缸模型来介绍涡轮平滑，如图4-113所示。

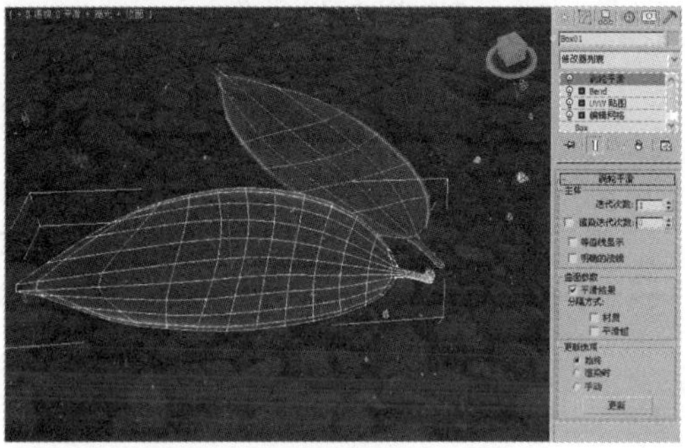

图4-113

“涡轮平滑”卷展栏中的选项的功能介绍如下。

- 主体：用于设置涡轮平滑的基本参数。
- 迭代次数：设置网格细分的次数。增加该值时，每次新的迭代会通过在迭代之前对顶点、边和曲面创建平滑差补顶点来细分网格。修改器会细分曲面来使用这些新的顶点。默认值为1。
- 渲染迭代次数：允许在渲染时选择一个不同数量的平滑迭代次数应用于对象。启用渲染迭代次数，并使用右边的字段来设置渲染迭代次数。
- 等值线显示：启用时，3ds Max只显示等值线，对象在平滑之前的原始边。使用此项的好处是减少混乱的显示。
- 明确的法线：允许涡轮平滑修改器

为输出计算法线，此方法要比 3ds Max中网格对象平滑组中用于计算法线的标准方法迅速。默认设置为禁用状态。

- 曲面参数：允许通过曲面属性对对象应用平滑组并限制平滑效果。
- 平滑结果：对所有曲面应用相同的平滑组。
- 材质：防止在不共享材质ID的曲面之间的边创建新曲面。
- 平滑组：防止在不共享至少一个平滑组的曲面之间的边上创建新曲面。
- 更新选项：设置手动或渲染时更新选项，适用于平滑对象的复杂度过高而不能应用自动更新的情况。注意同时可以在主组中设置更高的平滑度仅在渲染时应用。
- 始终：更改任意平滑网格设置时自动更新对象。
- 渲染时：只在渲染时更新对象的视口显示。
- 手动：启用手动更新。选中手动更新时，改变的任意设置直到单击“更新”按钮时才起作用。
- 更新：更新视口中的对象，使其与当前的“网格平滑”一致。仅在选择“渲染时”或“手动”时才起作用。

4.4.4 UVW贴图

“UVW贴图”修改器用于对物体表面指定贴图坐标，以确定如何使材质投射到对象的表面，对物体进行贴图坐标的制定和控制有以下三个原因。

- 想更有力地控制贴图坐标。
- 当前对象没有建立自己的坐标指定，它可能是一个外来的输入对象。
- 应用贴图到子对象级别。

对象在指定了UVW贴图坐标后，会自动覆盖以前的坐标指定，包括建立时的坐标指定，这时最好进入建立层，关闭坐标指定，可以节省一定的内存。

如果对象包含了多重贴图，并且每个贴图拥有不同的贴图坐标。可以在材质编辑器中为每个贴图指定不同的贴图通道，接着在修改器堆栈中对对象执行多次“UVW贴图”修改命令，并在每个“UVW贴图”修改参数中指定不同的贴图通道和贴图坐标。对Gizmo线框的编辑操作也会影响贴图坐标，移动Gizmo线框会改变映射贴图的位置，旋转Gizmo线框会改变贴图的方向。这两项操作对所有类型的贴图都会产生影响。均匀缩放不影响“球形”和“收缩包裹”贴图，不等比例缩放影响所有的贴图类型。

（1）“参数”卷展栏如图4-114所示，部分选项的功能介绍如下。

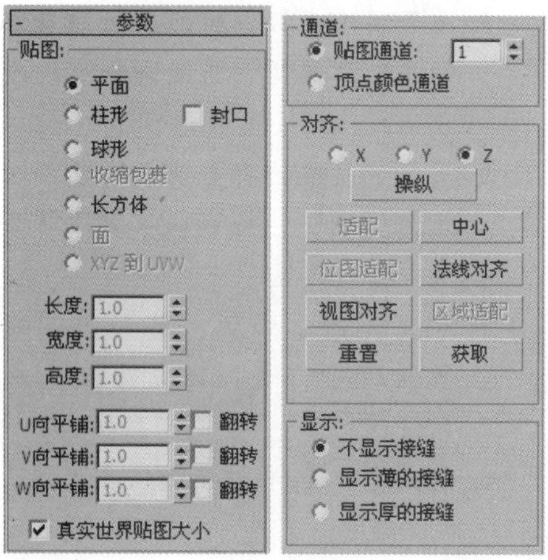

图4-114

- 贴图：提供了六种贴图方式。
- 平面：将贴图沿平面映射到对象表面，适用于平面的贴图，可以保证贴图的大小、比例不变，如图4-115所示。

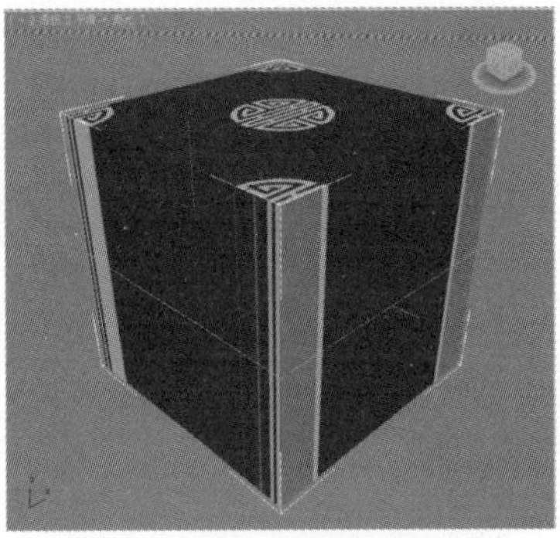

图4-115

- 柱形：将贴图沿圆柱面映射到对象表面，适用于主体的贴图，右侧"封口"选项用于控制主体两端面的贴图方式，如果不选择，两端面会形成扭曲撕裂的效果，将其勾选，即为两端面单独制定一个平面贴图，如图4-116所示。

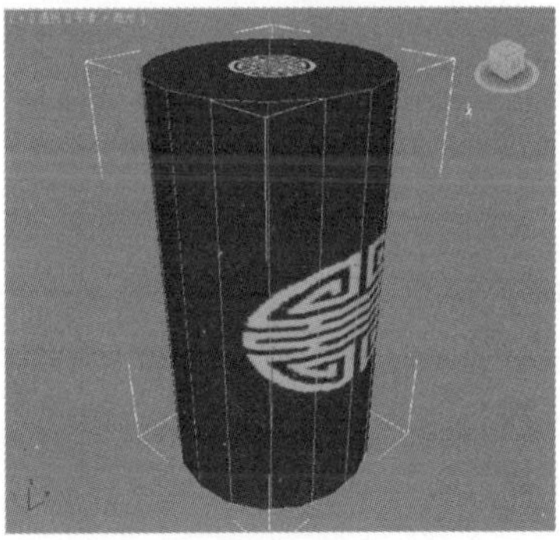

图4-116

- 球形：将贴图沿球体内表面映射到对象表面，适用于球体或类似球体的贴图。
- 收缩包裹：将整个图像从上向下包裹住整个对象表面，它适用于球体或不规则对象贴图，使不产生接缝和中央裂缝，在模拟环境反射的情况下使用比较多。
- 长方体：按六个垂直空间平面将贴图分别镜射到对象表面，适用于长方体类型对象，常用于建筑物的快速贴图，如图4-117所示。

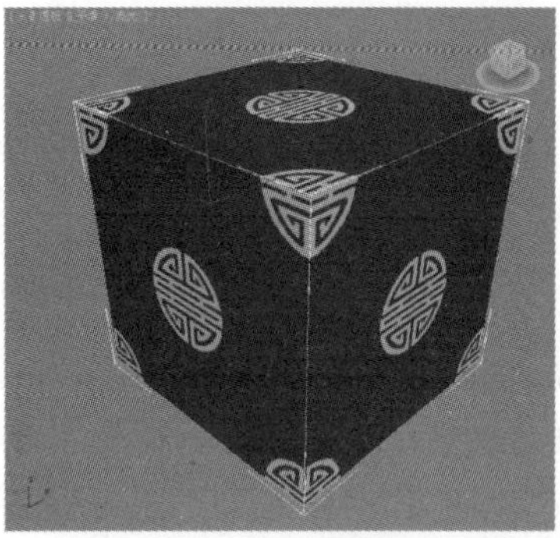

图4-117

- 面：直接为每个表面进行平面贴图，如图4-118所示。

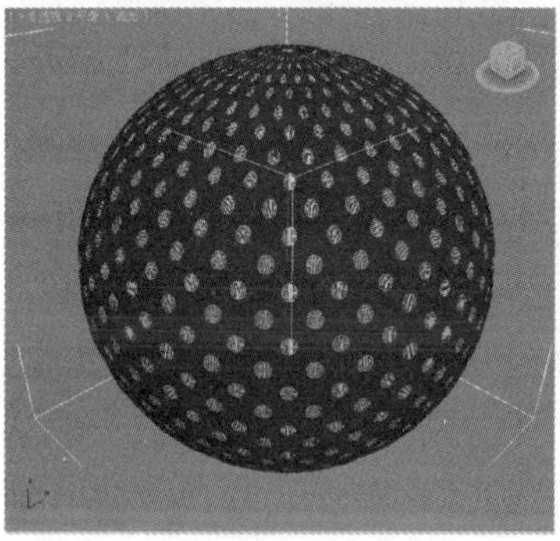

图4-118

- XYZ到UVW：适配3D程序贴图坐标到UVW贴图坐标。这个选项有助于将3D程序贴图锁定到对象表面。如果拉伸表面，3D程序贴图也会被拉伸，不会造成贴图在表面流动的错误动画效果，如图4-119所示，左侧效果未使用拉伸，中间为没有适配的拉伸效果，右侧效果为适配后的拉伸效果。

图4-119

- 长度、宽度、高度：指定“UVW贴图”Gizmo 的尺寸。在应用修改器时，贴图图标的默认缩放由对象的最大尺寸定义。可以在Gizmo层级设置投影的动画。
- U平铺、V平铺、W平铺：用于指定UVW 贴图的尺寸以便平铺图像。这些是浮点值；可设置动画以便随时移动贴图的平铺。
- 翻转：绕给定轴反转图像。
- 真实世界贴图大小：勾选该复选框后，对应用于对象上的纹理贴图材质使用真实世界贴图。
- 通道：每个对象最多可拥有99个UVW贴图坐标通道，每个修改器各有一个。
- 贴图通道：设置贴图通道。“UVW贴图”修改器默认为通道1，因此贴图以默认方式工作，除非显示更改为其他通道。
- 顶点颜色通道：使用顶点颜色通道来定义贴图通道。
- 对齐：设置贴图坐标的对齐方法。
- X、Y、Z：选择坐标对齐的轴向。
- 操纵：启用时，Gizmo出现在能让你改变视口中的参数对象上。
- 适配：自动锁定到对象外围边界盒上。
- 中心：自动将Gizmo对象中心对齐到对象中心上。
- 位图适配：选择一张图像文件，将坐标按它的长宽比对齐。
- 法线对齐：单击此按钮后，在对象的表面单击并拖动，初始的Gizmo线框会自动被放置在鼠标单击的表面。Gizmo线框的XY平面对齐到单击的表面，Gizmo线框的X轴放置在对象的XY平面。法线对齐不妨碍平滑组，以内差值替换的法线基于表面的平滑分配。因此，可以对齐贴图坐标到表面的任何部分。
- 视图对齐：将贴图坐标对齐当前激活视图。
- 区域适配：在视图上拉出一个范围来确定贴图坐标。
- 重置：恢复贴图坐标的初始设置。
- 获取：通过单击获取一个对象，从而将它的贴图坐标设置引入到当前对象中。
- 显示：此组用来确定接缝如何显示在视口中，接缝仅在Gizmo子对象处于活动状态时显示。
- 不显示接缝：视口中不显示贴图边界。
- 显示薄的接缝：使用较细的线条显示接缝，缩放视图不影响线条的粗细。
- 显示厚的接缝：使用较粗的线条显示接缝，但缩小视图，线条变细；放大视图，线条变粗。

（2）“UVW贴图”修改器堆栈中的子物体层级的功能介绍如下.

“Gizmo”：可以进入Gizmo的子对象控制级别，对贴图框进行移动、旋转和缩放，从而对贴图的效果进行调整。在材质编辑器中如果开启了子视口中显示标准贴图按钮，可以直接在视图上看到贴图的调节效果，如图4-120所示。

Gizmo贴图框式根据贴图类型的不同，在视图上显示的形态也不同，在顶部有一个小的黄色标记，表示贴图框的顶部，在右侧的是一个黄色的线框，表示贴图的方向，对柱面和球面贴图框，绿色线是贴图的焊接处。

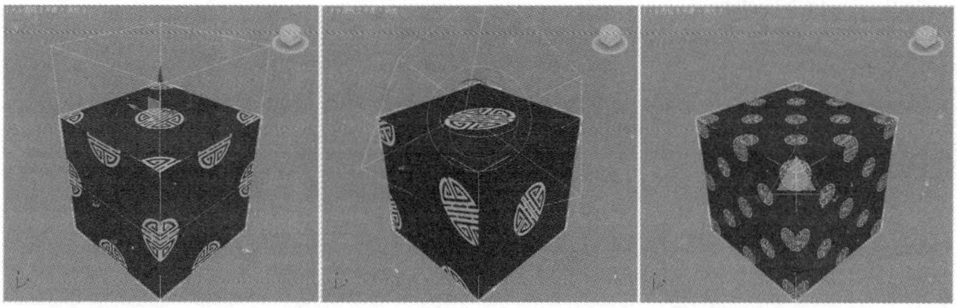

图4-120

4.4.5 展开UVW

在三维软件中，贴图是指将一张平面图片包裹到模型的表面上，由于模型的表面往往是不规则的，所以就涉及到包裹贴图的技术，反过来讲，一个已经贴好的模型，它的贴图应该可以还原一张平面图。

在实际工作中，基本的贴图制作流程如下。

（1）为模型表面指定相应的贴图坐标。如果模型相对比较复杂，那么就要对模型进行合理拆分，单独展开其UVW，并去除重叠显现，最终尽量拼成一些比较大的块。

（2）根据展开的UVW点渲染出UVW模板，这样将得到当前模型的UV的展平图像，进而可以在平面软件中针对模型UVW的布局进行自由绘制。

（3）处理接缝。由于复杂的模型往往对局部进行分割，使用了不同类型的贴图坐标，所以相互交界的地方需要进行无缝处理。

下面我们通过一个实例为大家介绍如何使用“展开UVW”，具体效果表现如图4-121所示。

图4-121

1. 实例操作041—— 为鲨鱼指定贴图

场景文件	场景\Cha04\鲨鱼o.max	视频教学	视频教学\Cha04\鲨鱼.avi
案例文件	场景\Cha04\鲨鱼ok.max		
视频长度	5分22秒	难易指数	★★★☆☆

1 打开光盘中的“场景\ cha04\鲨鱼.max”文件，如图4-122所示。

2 在修改器堆栈中定义当前选择集为“元素”，并在场景中选择如图4-123所示的图片，可以看到身体与侧鳍是单独的元素。

图4-122

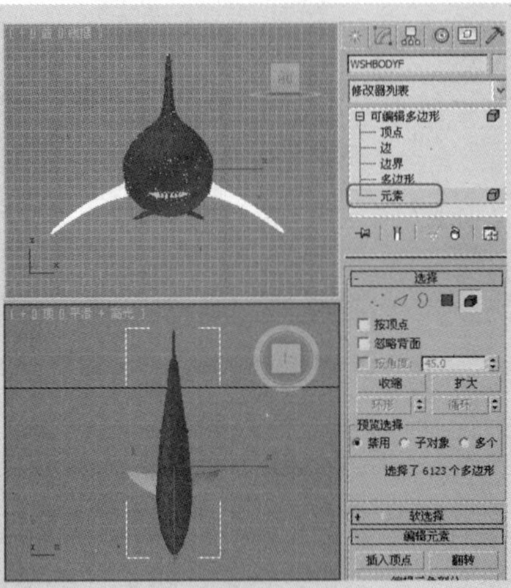

图4-123

3 为模型施加“UVW贴图”修改器，选择“平面”贴图类型，并设置其各项参数如图4-124所示。

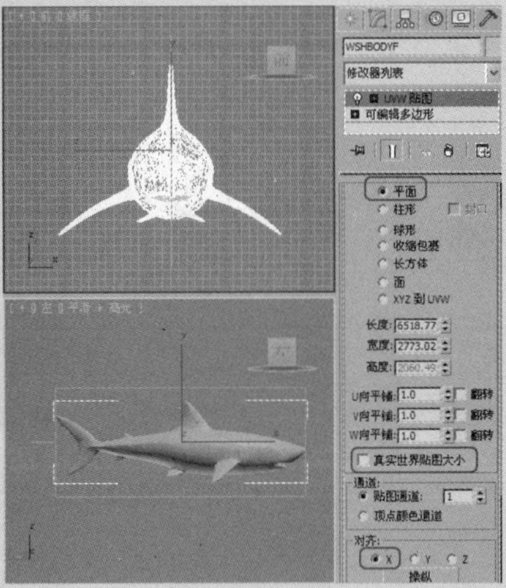

图4-124

4 在“修改器列表”中选择“UVW展开”修改器，在修改器堆栈中将选择集定义为“面”，在场景中选择如图4-125所示的面。

5 单击“打开UV编辑器”按钮，在弹出的对话框中调整面如图4-126所示。

6 在右侧的下拉列表中选择“拾取纹理”选项，在弹出的对话框中选择贴图，如图4-127所示。

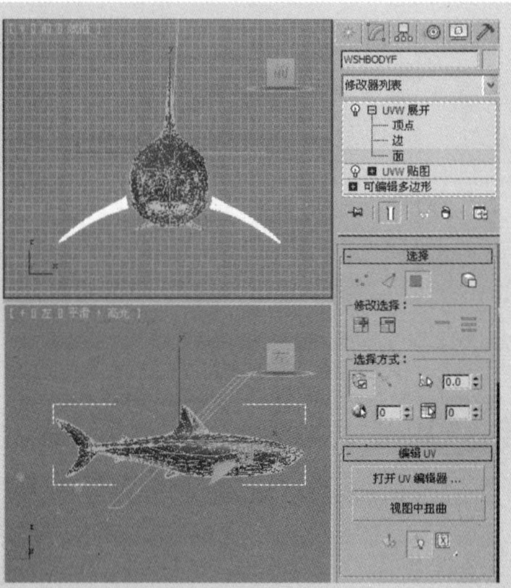

图4-125

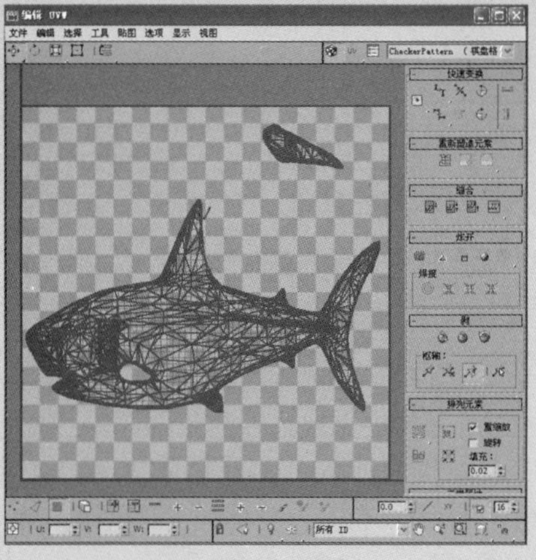

图4-126

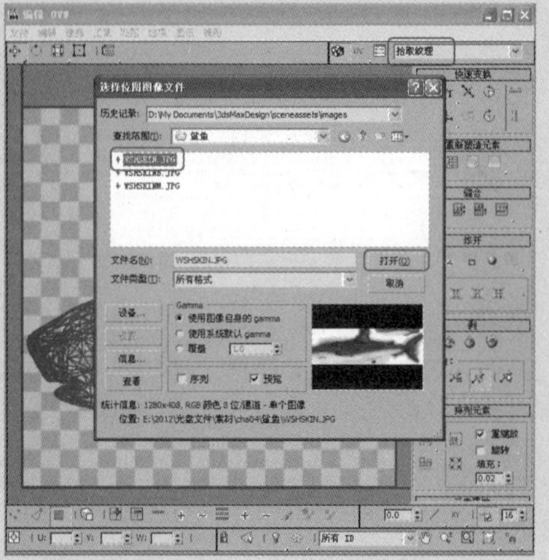

图4-127

7 在编辑窗口的左上角使用缩放工具和旋转工具调整各个元素，如图4-128所示。

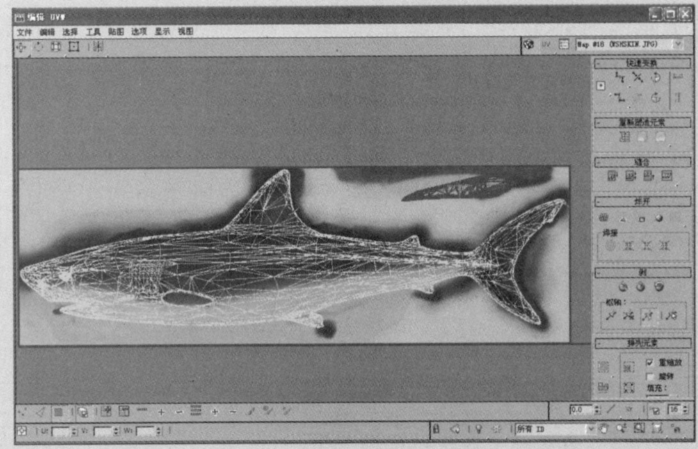

图4-128

8 可以看一下材质编辑器，我们提前指定了鲨鱼的贴图，这里就不详细介绍了，如图4-129所示。

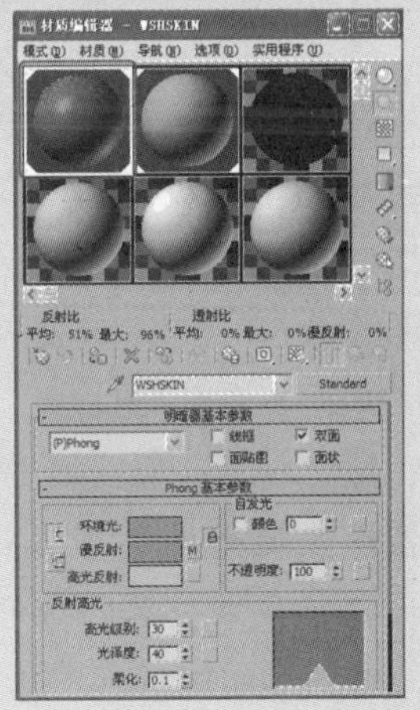

图4-129

9 渲染场景得到如图4-130所示的效果。

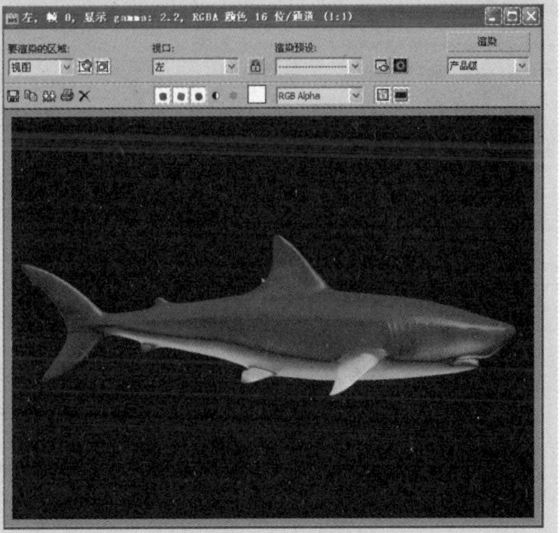

图4-130

2. 选项介绍

（1）“UVW展开”修改器堆栈中的子物体层级的功能介绍如下。

- 顶点：以顶点方式选择模型顶点，可以在“编辑UVW”对话框中对顶点进行编辑。
- 边：以边方式选择模型顶点，可以在“编辑UVW”对话框中对边进行编辑。
- 面：以面方式选择模型顶点，可以在“编辑UVW”对话框中对面进行编辑。

（2）“选择”卷展栏中的选项的功能介绍如下。

- （顶点）、（边）、（面）：在各自的纹理子对象层级上启用选择。
- （按元素 XY切换选择）：当此

选项处于启用状态并且修改器的子对象层级处于活动状态时，在修改的对象上单击元素，将选择该元素中活动层级上的所有子对象。

- （扩大：XY选择）：通过选择连接到选定子对象的所有子对象来扩展选择。
- （收缩：XY选择）：通过取消选择与非选定子对象相邻的所有子对象，减少选择。
- （循环：XY边）：在与选中边相对齐的同时，尽可能远地扩展选择。循环仅用于边选择，而且仅沿着偶数边的交点传播。
- （环形：XY边）：通过选择所有平行于选中边的边来扩展边选择。圆环只应用于边选择。
- （忽略背面）：启用时，将不选中视口中不可见的子对象。
- （点对点边选择）：启用时，通过单击对象上的连续顶点，可以在“边”层级上选择已连接的边。当此工具处于活动状态时，将有一个橡皮筋线连接到您使用鼠标光标单击的最后一个顶点。
- （按平面角选）：当处于活动状态时，单击一次就可以选择连续共面的多边形。此选项处于启用状态并使用数值设置来指定的阈值角度值，该值确定哪些多边形是共面的。然后单击一个多边形以选择该多边形和其角度比阈值角度值低的所有连续多边形。“按平面角选”仅用于“多边形”子对象层级。
- （按材质 ID 选择：XY）：可以通过“材质 ID”启用面选择。指定要选择的材质 ID，然后单击“按材质 ID选择”。“按材质ID选择”仅用于“多边形”子对象层级。
- （按平滑组选择：XY）：可以通过“平滑组”启用面选择。指定要选择的平滑组，然后单击“按平滑组选择”。“按平滑组选择”仅用于“多边形”子对象层级。

（3）“编辑UV” 卷展栏中的选项的功能介绍如下。

- 打开UV编辑器：打开“编辑UVW”对话框
- 视图中扭曲：启用时，通过在视口中的模型上拖动顶点，每次可以调整一个纹理顶点。
- （快速平面贴图）：基于“快速贴图”Gizmo的方向将平面贴图应用于当前的纹理多边形选择集。
- （显示快速平面贴图）：启用此选项时，只适用于“快速贴图”工具的矩形平面贴图Gizmo，会显示在视口中选择的面的上方。不能手动调整此Gizmo，但是可以使用以下控件将其重新定位。
- 、、、：从弹出的按钮中选择快速平面贴图Gizmo的对齐方式，垂直于对象的局部X、Y或Z轴，或者基于面的平均法线对齐。

（4）“通道” 卷展栏如图4-131所示，部分选项的功能介绍如下。

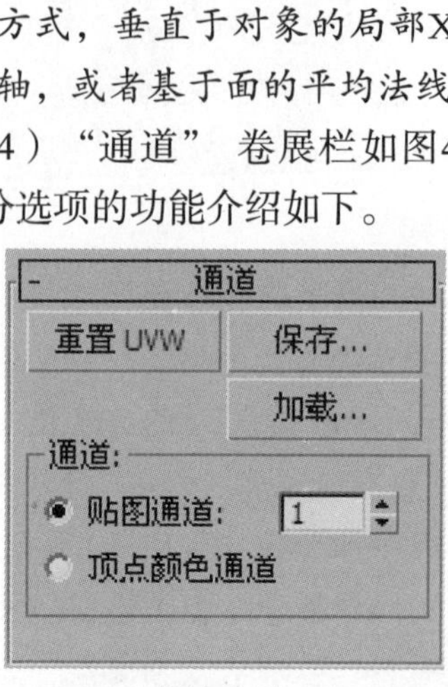

图4-131

- 重置UVW：在修改器堆栈上将UVW坐标还原为先前的状态，即通过“展开”修改器从堆栈中继承的坐标。
- 保存：将UVW坐标保存为UVW(.UVW) 文件。
- 加载：加载一个以前保存的UVW文件。
- 贴图通道：设置由此修改器控制的纹理坐标的标识号。此通道值与贴图参数中设置的“贴图通道”值一致，这样修改器就可以控制设置为同一通道的贴图应用于对象曲面的方式。默认值为1，范围为1～99 。
- 顶点颜色通道：通过选择此选项，可将贴图通道定义为顶点颜色通道。

（5）“剥” 卷展栏如图4–132所示，部分选项的功能介绍如下。

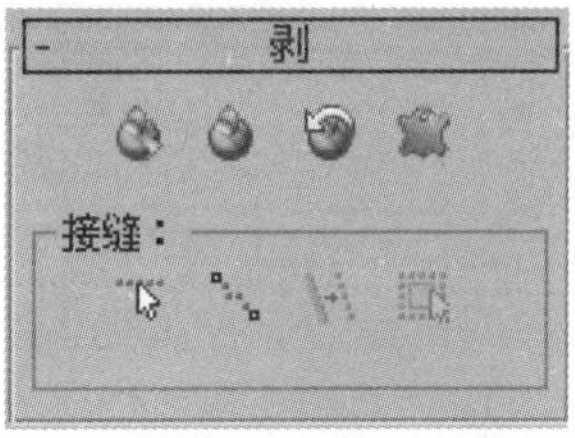

图4–132

- （快速剥）：在尝试保持现有多边形形状的同时，根据纹理顶点的平均位置均匀分布顶点，从而对纹理顶点（除锁定顶点外）执行“最佳猜测”剥操作。
- （剥模式）：应用“快速剥”，然后保持活动状态，以便交互调整纹理坐标的布局。可以通过在“编辑 UVW”对话框窗口中拖动子对象来完成此操作，这样会在任何锁定顶点周围均匀地重新分布簇中的所有顶点。
- （重置剥）：合并现有贴图接缝，将“剥”接缝转化为新的贴图接缝，然后对结果簇执行“剥”操作并进行规格化。如果未选定任何内容，则“重置剥”功能将影响所有多边形。如果选择内容为多边形，则选择内容的边界将与其他簇分离开来，成为新的贴图接缝。
- （毛皮）：将毛皮贴图应用于选定的面。单击此按钮激活“毛皮”模式，在这种模式下可以调整贴图和编辑毛皮贴图。
- （编辑接缝）：通过此功能可以在视口中使用鼠标选择边，来创建毛皮/剥接缝。可在“UVW 展开”修改器的所有子对象层级中使用。
- （点对点接缝）：用于在视口中使用鼠标选择顶点来指定毛皮/剥接缝。使用该工具指定的接缝总是添加到当前接缝选择中。可在“UVW 展开”修改器的所有子对象层级中使用。
- （将边选择转换为接缝）：将修改器中的当前边选择转化为毛皮/剥接缝。这些接合口将添加到任何现有的接合口中。只能在“UVW 展开”修改器的“边”子对象层级中使用。
- （将面选择转换为接缝）：将当前的多边形选择扩展到接缝轮廓。如果存在多个接缝轮廓，并且每个轮廓都包含选定的多边形，将只有一个轮廓（根据最大的多边形ID）实现扩展，其余轮廓将被取消选定。只能在“UVW 展开”修改器的“多边形”子对象层级中使用。

（6）“投影” 卷展栏如图4–133所示，部分选项的功能介绍如下。

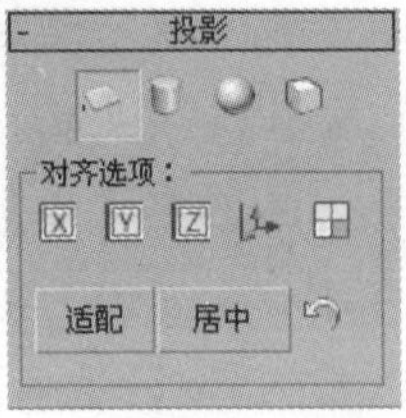

图4-133

- （平面贴图）：将平面贴图应用于选定的多边形。
- （柱形贴图）：将柱形贴图应用于选定的多边形。
- （球形贴图）：将球形贴图应用于当前选定的面。
- （长方体贴图）：对当前选定的面应用长方体贴图。
- 、、：将贴图Gizmo对齐到对象局部坐标系中的X、Y或Z轴。
- （最佳对齐）：调整贴图Gizmo的位置、方向，根据选择的范围和平均多边形法线缩放使其适合多边形选择。
- （视图对齐）：重新调整贴图Gizmo的方向使其面对活动视口，然后根据需要调整其大小和位置，以使其与多边形选择范围相适合。
- 适配：将贴图Gizmo缩放为多边形选择的范围，并使其居中位于所选择的范围上。不要更改方向。
- 居中：移动贴图Gizmo，以使它的轴与多边形选择的中心一致。
- （重置贴图 Gizmo）：缩放贴图Gizmo以适合多边形选择，并将其与对象的局部空间对齐。

（7）“包裹”卷展栏如图4-134所示，各选项的功能介绍如下。

图4-134

- （样条线贴图）：将样条线贴图应用于当前选定的面。单击该按钮可激活“样条线”模式，在该模式下可以调整贴图以及编辑样条线贴图。
- （从循环展开条带）：使用对象拓扑可以沿线性路径快速展开几何体。要使用，请选择与要展开的边平行的边循环，然后单击此按钮，则可能会使纹理坐标产生明显的比例变化，因此通常随后应使用“紧缩”工具将它们恢复到0到1的标准UV范围内。

（8）“配置”卷展栏如图4-135所示，部分选项的功能介绍如下。

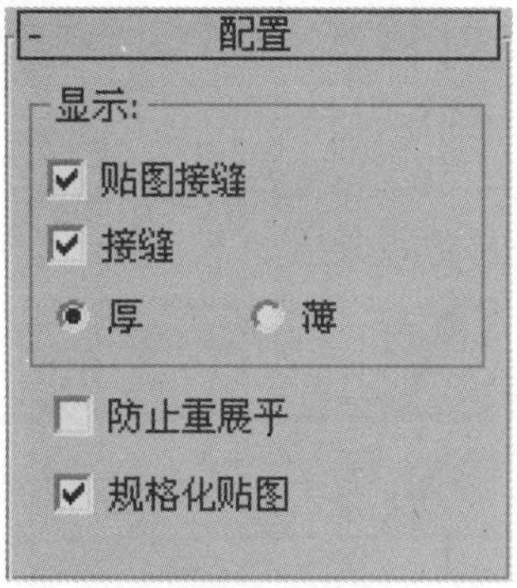

图4-135

- “贴图接缝”：启用该复选框时，贴图簇边界在视口中显示为绿线，可以通过调整显示接缝颜色来更改该颜色。
- “接缝”：当勾选该复选框时，剥和毛皮边界在视口中显示为蓝线。有关详细信息，请参见“剥”卷展栏。
- “厚”：使用相对粗的线条，在视口中显示对象曲面上的贴图接缝和毛皮接缝。在放大视图时，线条变粗；而在缩小视图时，线条变细。这是默认选择。
- “防止重展平”：此复选框主要用于纹理烘焙。此复选框处于勾选状态时，渲染到纹理自动应用的“UVW 展开”修改器的版本，默认情况下命名为“自动展平UV”，将不会展开平面。另外，请确保“渲染到纹理”和修改器使用同一个贴图通道。

- “规格化贴图”：启用该复选框后，缩放贴图坐标使其符合标准坐标贴图空间：0～1。取消勾选此复选框后，贴图坐标的尺寸与对象本身相同。贴图总是在0～1 坐标空间中平铺一次。贴图的部位基于其“补偿”和“平铺”值。

（9）“编辑UVW”对话框如图4-136所示，各项命令的介绍如下。

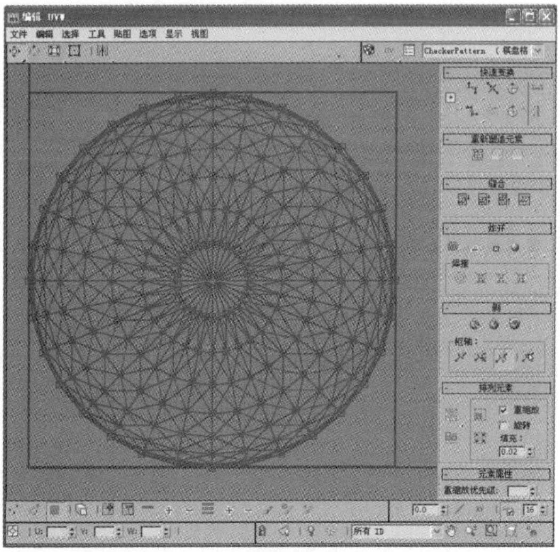

图4-136

- 菜单栏：通过菜单栏可以访问多种“编辑 UVW”功能。
- 工具栏：包含用于操纵视图窗口中的纹理子对象，在窗口中导航和设置其他选项的所有控件。
  - ◆ （移动）：用于选择和移动子对象。
  - ◆ （旋转）：用于选择和旋转子对象。
  - ◆ 用于选择和缩放子对象。
  - ◆ 可以根据拖动的位置选择、移动、旋转或缩放顶点。
  - ◆ （水平镜像）：镜像选定的顶点并翻转 UV。
  - ◆ 切换编辑器窗口中的贴图显示。
  - ◆ ：默认情况下，UVW 坐标中的 UV 部分显示在视图窗口中。不过，可切换显示来编辑UW或VW。
  - ◆ （打开选项对话框）：单击该按钮，弹出“展开选项”对话框，如图4-137所示。

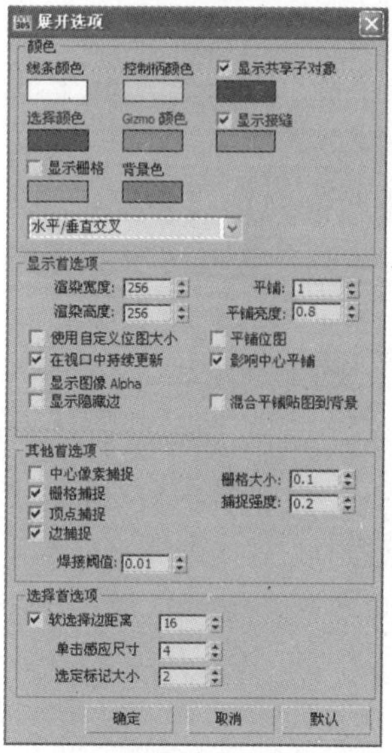

图4-137

- 纹理下拉列表：包含指定给对象的材质的所有贴图。
  - ◆ 拾取纹理：允许使用“材质/贴图浏览器”添加和显示对象材质中没有的纹理。
  - ◆ 移除纹理：从编辑器中删除当前显示的纹理。
  - ◆ 重置纹理列表：将纹理列表返回到应用材质的当前状态，移除任何添加的纹理，并且还原任何移除的属于原始材质的纹理（如果它们仍然存在于材质中）。

- 编辑UVW窗口：使用编辑UVW窗口可以编辑UVW子对象以调整模型上的贴图。要编辑UVW顶点，首先选择变换工具和子对象模式，并进行选择，然后在窗口中单击和拖动以变换选择。
- 底部工具栏：位于“编辑UVW”对话框的底部，与3ds Max窗口底部的控制工具的功能一样，这里就不详细介绍了。
- 选项面板：选项面板位于“编辑UVW”的上方（其他工具命令可参考“修改器”卷展栏中的工具命令介绍）。
- （绘制选择模式）：可通过在编辑器窗口中拖动来绘制子对象选择。使用画笔按钮旁边的扩大和缩小笔刷可更改其大小。

（10）“编辑UVW”对话框中的“快速变换”卷展栏如图4-138所示，部分选项的功能介绍如下。

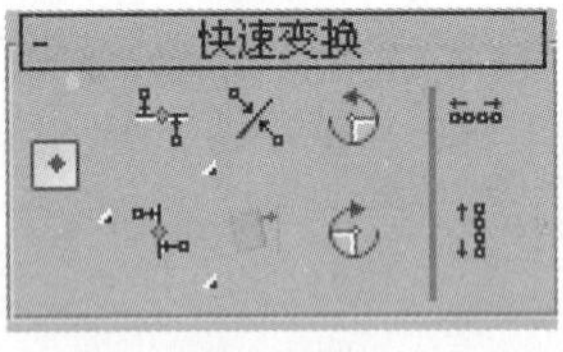

图4-138

- （设置轴心）：将用于手动或按程序变换的轴心（中心点）放置在选择的边界矩形的中心或任意角点。从弹出按钮中选择任意选项后，在打开编辑器期间将选项保留为默认值。但是更改选择会始终将轴心放置到最初位置，即选择的中心。
- （水平对齐）：水平排列选定的顶点或边。
- （垂直对齐）：垂直排列选定顶点或边。
- （线性对齐）：在端点顶点之间排列选定顶点和边（非多边形），而端点顶点保持原位。
- （对齐到边）：将选定的边旋转至绝对水平或垂直（选择最接近的），然后选择群集中的其他所有边并旋转相同的量。
- （环绕轴心旋转-90度）：将选定边环绕轴心逆时针旋转90度。
- （环绕轴心旋转90度）：将选定边环绕轴心顺时针旋转90度。
- （水平间隔）：将属于多个已连接的选定水平边（如边循环）的顶点以均匀的间隔排列。
- （垂直间隔）：将属于多个已连接的选定垂直边（如边循环）的顶点以均匀的间隔排列。

（11）“重新塑造元素” 卷展栏如图4-139所示，各选项的功能介绍如下。

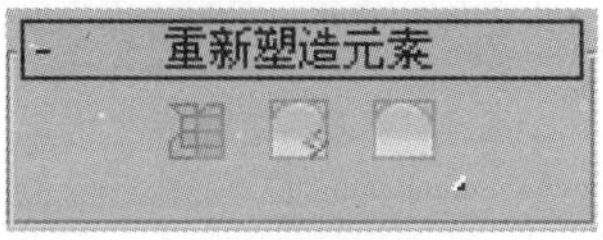

图4-139

- (拉直选定项)：将每个选定多边形的边旋转至绝对垂直或水平（选择较接近的），这将生成矩形栅格。此操作仅应用于选定的纹理多边形。
- (放松直到展平)：通过移动顶点靠近或远离其相邻顶点，以更改选定纹理顶点内明显的曲面张力，直到所有多边形具有相同的大小。适用于所有子对象层级，并且，如果未选择子对象，则应用到所有子对象。
- （松弛：自定义）：使用当前设

置松弛纹理顶点。

（12）“缝合”卷展栏如图4-140所示，各选项的功能介绍如下。

图4-140

- （缝合到目标）：将选定子对象移动到共享子对象。
- （缝合到平均）：将两组子对象移动到平均位置。
- （缝合到源）：将共享子对象移动到选定的子对象。
- （缝合：自定义）：根据当前“缝合工具”对话框设置连接子对象

（13）“炸开”卷展栏如图4-141所示，各选项的功能介绍如下。

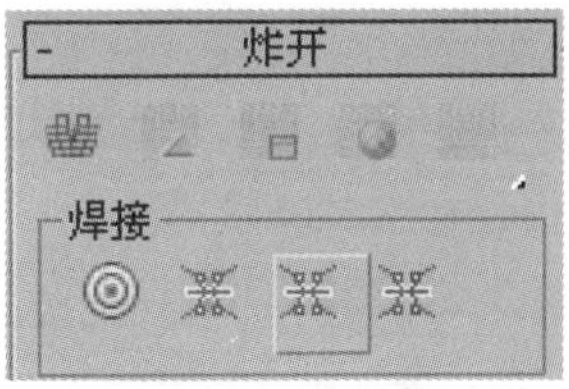

图4-141

- （断开）：应用于当前选择；在三个子对象模式中有不同的作用。在“顶点”子对象层级，使用“打破”将每一个共享顶点替换为两个顶点。对于边，“打破”要求至少选定两个连续边，并将每个边分成两个。对于多边形，“断开”将网格剩余部分的选定项拆分为新的元素。
- （按面角度展平）：使用以下设置断开纹理多边形。
  - ◆ 面角度阈值=60.0。
  - ◆ 间距=0.02。
  - ◆ 规格化群集=启用。
  - ◆ 旋转群集=启用。
  - ◆ 填充孔洞=禁用。
  - ◆ 按材质 ID=禁用。
- （通过平滑组展平）：使用纹理多边形的平滑组ID断开纹理多边形。
- （按材质ID展平）：使用当前“展平贴图”对话框设置（但“按材质ID”设置除外，该设置始终被视为启用）断开纹理多边形。这样，确保展平之后任何群集都不包含多个材质ID。
- （展平：自定义）：使用当前“展平贴图”对话框设置断开纹理多边形。
- （目标焊接）：将一对顶点或边合并为单个子对象。仅用于“顶点”和“边”子对象层级。
- （焊接选定的子对象）：基于“焊接阈值”设置，将选定子对象合并为单个顶点。
- （焊接所有选定的接缝）：合并选定接缝边，即群集的轮廓边，通常以绿色显示。
- （将任何匹配与选定项焊接）：将选定接缝与另一个群集上的对应边进行合并，而无须选择对应的边。

（14）“排列元素”卷展栏如图4-142所示，各选项的功能介绍如下。

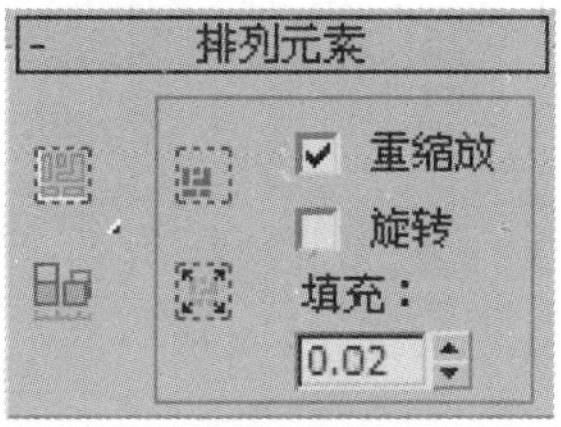

图4-142

- （紧缩：自定义）：使用“紧缩设置”中指定的参数，在整个纹理空间分布纹理坐标簇。如果有几个重叠簇并且想分离它们时，该按钮很有用。

- （重缩放元素）：按相对比例原地自动缩放所有簇。
- （紧缩在一起）：将簇尽可能紧密地移动到0～1UV 空间（蓝色方形）中而不进行规格化（请参见“紧缩规格化”），同时应用“重缩放”、“旋转”和“填充”设置（请参见下文）。
- （紧缩规格化）：它与“紧缩在一起”相同，但会规格化地自动缩放所有簇，使其与“0～1 UV”空间（蓝色方形）拟合（这一过程称为“规格化”），同时应用“重缩放”、“旋转”和“填充”设置。
- 重缩放：此复选框处于勾选状态时，使用“紧缩在一起”或“紧缩规格化”时，将缩放各个群集，使得纹理元素大小统一。
- 旋转：此复选框处于勾选状态时，使用“紧缩在一起”或“紧缩规格化”时，将旋转各个群集，以便最有效的使用空间。
- 填充：紧缩之后相邻元素的间距。为获得最佳效果，请使用相对较低的值。

（15）“元素属性” 卷展栏如图4-143所示，部分选项的功能介绍如下。

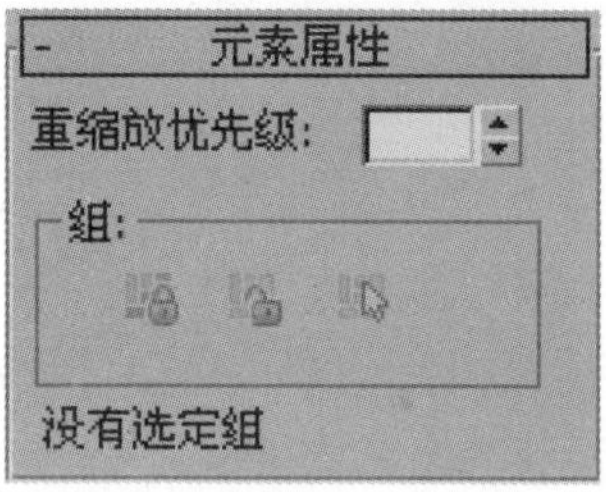

图4-143

- 重缩放优先级：使用“排列元素”卷展栏工具时，“重缩放优先级”值将启用簇的相对缩放。范围从0.0～1.0。默认设置为1.0。
- （选定组）：将群集添加到新的组。
- （解组选定对象）：删除现有的组。
- （选定组）：选择属于某个组的所有群集。

4.5 综合演练——中式屏风

案例文件	场景\Cha04\中式屏风.max	视频教学	视频教学\Cha04\中式屏风.avi
视频长度	1分43秒	难易指数	★★★☆☆

本例介绍利用“可编辑样条线”、“挤出”修改器制作中式屏风模型，如图4-144所示。

图4-144

1 在“前”视图中创建矩形，设置合适的参数，如图4-145所示。

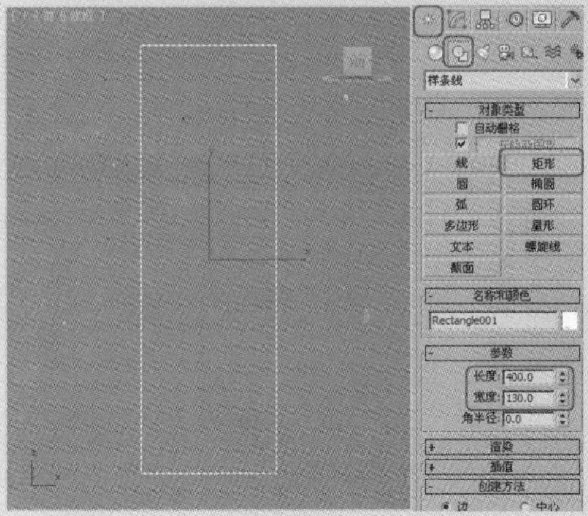

图4-145

2 创建矩形后右击图形，在弹出的快捷菜单中选择“转换为|转换为可编辑样条线”命令，如图4-146所示。

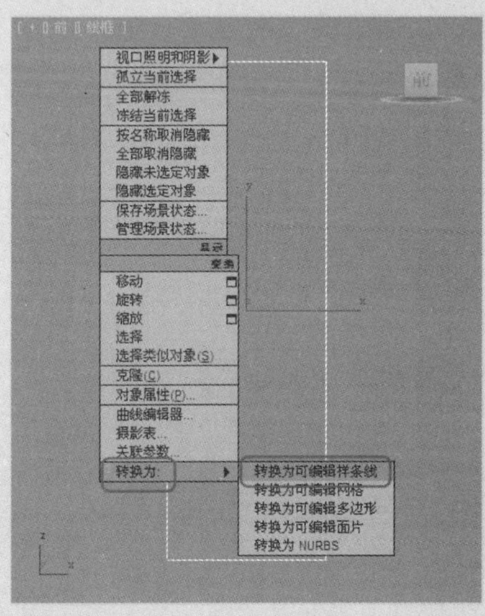

图4-146

3 将选择集定义为“样条线”，在“几何体”卷展栏中单击“轮廓”按钮，在场景中调整矩形的轮廓，如图4-147所示。

4 关闭选择集，在修改器列表中选择“挤出”修改器，设置合适的挤出参数，如图4-148所示。

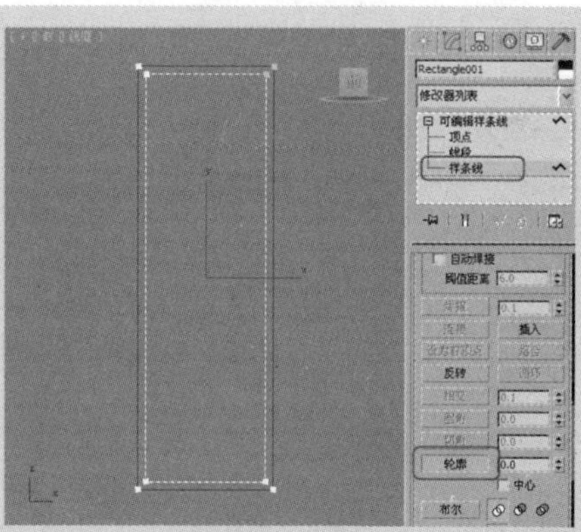

图4-147

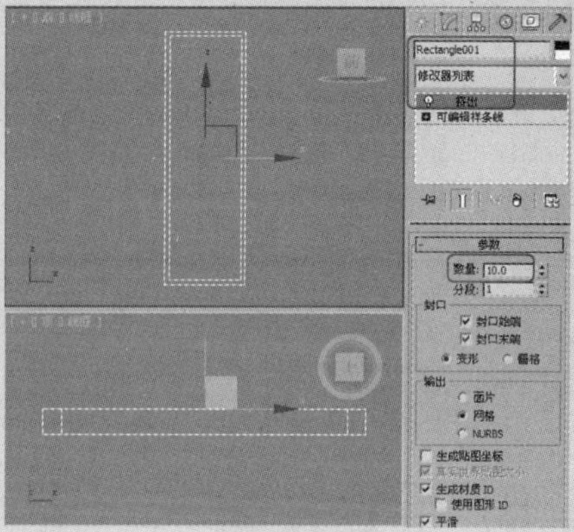

图4-148

5 选择模型，按Ctrl+V键，在弹出的对话框中选择“复制”选项，单击“确定”按钮，如图4-149所示。

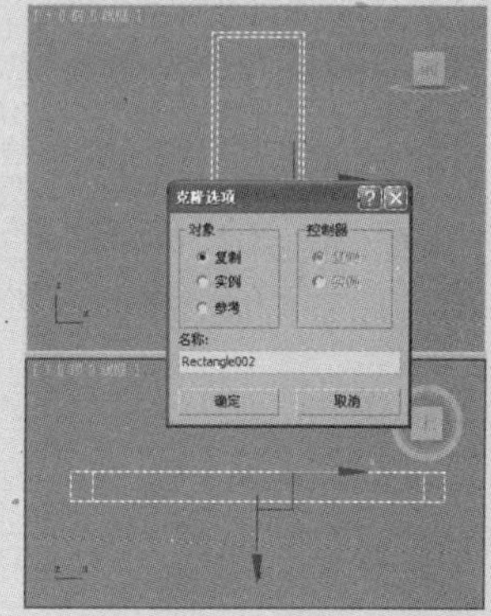

图4-149

6 复制模型后，在堆栈中回到“可编辑样条线”修改器，定义选择集为“样条线”，选择外侧矩形的样条线如图4-150所示，按Delete键将其删除。

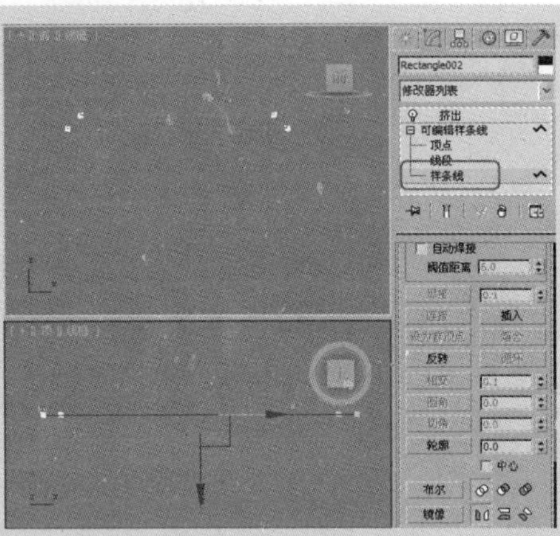

图4-150

7 关闭选择集，修改“挤出”参数如图4-151所示。

8 在场景中复制模型，并调整模型的角度，完成屏风模型的制作，如图4-152所示。将完成的屏风模型场景进行存储。

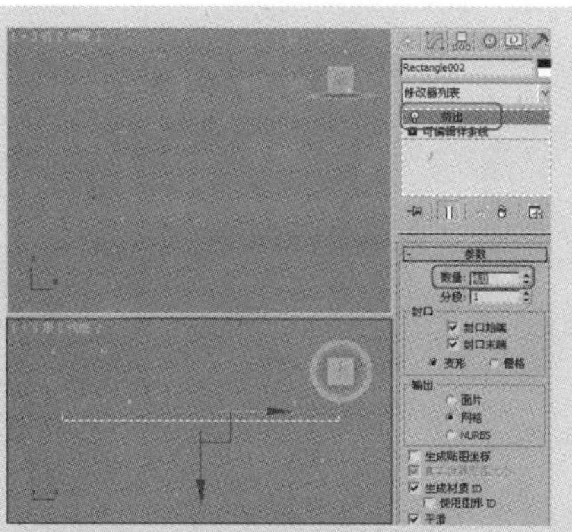

图4-151

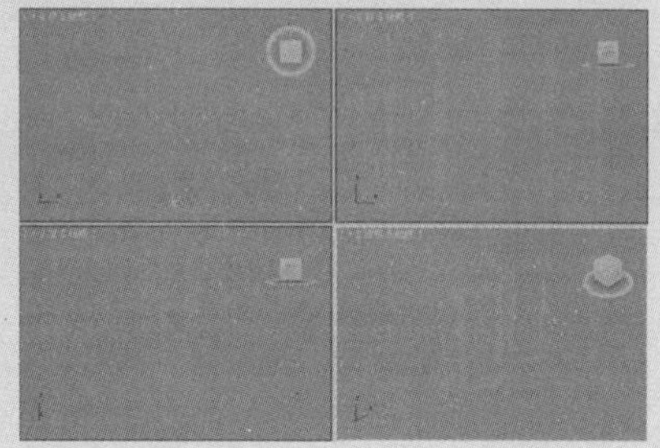

图4-152

4.6 课后练习——冰块

案例文件	场景\Cha04\冰块.max	视频教学	视频教学\Cha04\冰块.avi
视频长度	1分43秒	难易指数	★★☆☆☆

下面介绍冰块的制作，其中原始模型为切角长方体，为切角长方体施加“噪波”和“网格平滑”修改器完成冰块，效果如图4-153所示。

1 创建切角长方体作为冰块的原始模型。

2 为模型施加“噪波”修改器，设置噪波的参数。

3 设置模型的“网格平滑”，完成冰块的制作。

图4-153

4.7 本章小结

本章介绍常用的一些编辑修改器的应用，通过对本章的学习，读者可以掌握将简单的模型转换为更多想要的效果。

第5章 高级建模

在前面各章中我们讲解了在3ds Max中挤出建模、通过修改器对基本模型进行修改产生新的模型和符合建模的方法。然而这些建模方式只能够制作一些简单或者很粗糙的基本模型，要想表现和制作一些更加精细的真实复杂的模型就要使用高级建模的技巧才能实现。通过本章学习我们应掌握“多边形建模”、“网格建模”、“NURBS建模”和“面片建模”四种高级建模的方法。

5.1 多边形建模

“编辑多边形”修改器与“可编辑多边形”大部分功能相同，但“可编辑多边形”中的“细分曲面”、“细分置换”卷展栏以及一些具体的设置选项。此外“编辑多边形”还具有“模型”和“动画”两种操作模式。在“模型”模式下，可以使用各种工具进行多边形编辑；在“动画”模式下可以结合“自动关键点”或“设置关键点”工具对多边形的参数更改设置动画，其中只有用于设置动画的功能可用。

5.1.1 子物体层级

为模型施加“编辑多边形”修改器后，在修改器卷展栏中可以查看该修改器的子物体层级，如图5-1所示。

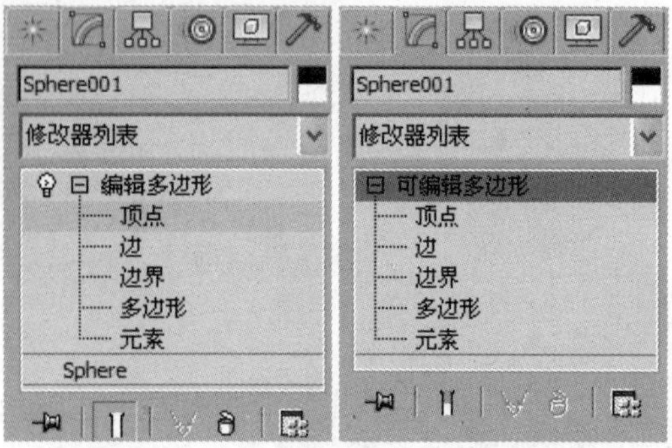

图5-1

“编辑多边形”子物体层级的介绍如下。

- 顶点：顶点是位于相应位置的点。它们定义构成多边形对象的其他子对象的结构。当移动或编辑顶点时，它们形成的几何体也会受影响。顶点也可以独立存在，这些孤立顶点可以用来构建其他几何体，但在渲染时，它们是不可见的。当定义为“顶点”时可以选择单个或多个顶点，并且使用标准方法移动它们。
- 边：边是连接两个顶点的直线，它可以形成多边形的边。边不能由两个以上多边形共享。另外，两个多边形的法线应相邻，如果不相邻，应卷起共享顶点的两条边。当定义为“边”选择集时选择一条和多条边，然后使用标准方法变换它们。
- 边界：边界是网格的线性部分，通常可以描述为孔洞的边缘。它通常是多边形仅位于一面时的边序列。例如，长方体没有边界，但茶壶对象有若干边界；壶盖、壶身和壶嘴上有边界，还有两个在壶把上。如果创建圆柱体，然后删除末端多边形，相邻的一边会形成边界。当将选择集定义为“边界”时可选择一个和多个边界，然后使用标准方法变换它们。
- 多边形：多边形是通过曲面连接的三条或多条边的封闭序列。多边形提供“编辑多边形”对象的可渲染曲面。当将选择集定义为“多边形”时可选择单个或多个多边形，然后使用标准方法变换它们。
- 元素：元素是两个或两个以上可组合为一个更大对象的单个网格对象。

5.1.2 公共参数卷展栏

无论是当前处于何种选择集，它们都具有公共的卷展栏参数，下面我们来介绍这些公共卷展栏中的各种命令和工具的应用。在参数卷展栏中选择子物体层级后，相应的命令就会被激活。

（1）“编辑多边形模式”卷展栏如图5-2所示，部分选项的功能介绍如下。

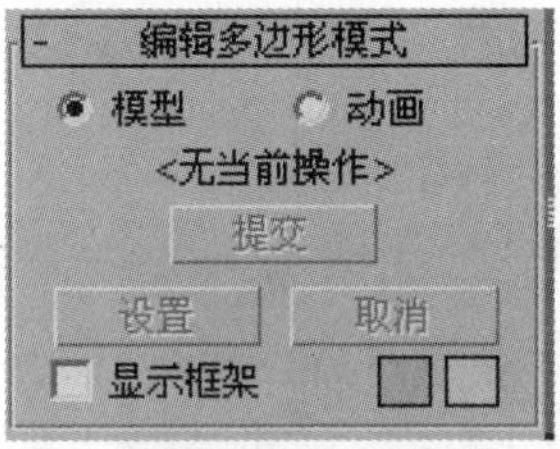

图5-2

- 模型：用于使用“编辑多边形”功能建模。在“模型”模式下，不能设置操作的动画。
- 动画：用于使用“编辑多边形“功能设置动画。

注意 除选择“动画”外，必须启用“自动关键点”或使用“设置关键点”，才能设置子对象变换和参数更改的动画。

- 标签：显示当前存在的任何命令。否则，它显示“<无当前操作>”。
- 提交：在“模型”模式下，使用小盒接受任何更改并关闭小盒（与小盒上的“确定”按钮相同）。在“动画”模式下，冻结已设置动画的选择在当前帧的状态，然后关闭对话框，会丢失所有现有关键帧。
- 设置：切换当前命令的小盒。
- 取消：取消最近使用的命令。
- 显示框架：在修改或细分之前，切换显示可编辑多边形对象的两种颜色线框的显示。框架颜色显示为复选框右侧的色样。第一种颜色表示未选定的子对象，第二种颜色表示选定的子对象。通过单击其色样更改颜色。“显示框架”切换只能在子对象层级使用。

（2）“选择”卷展栏如图5-3所示，部分选项的功能介绍如下。

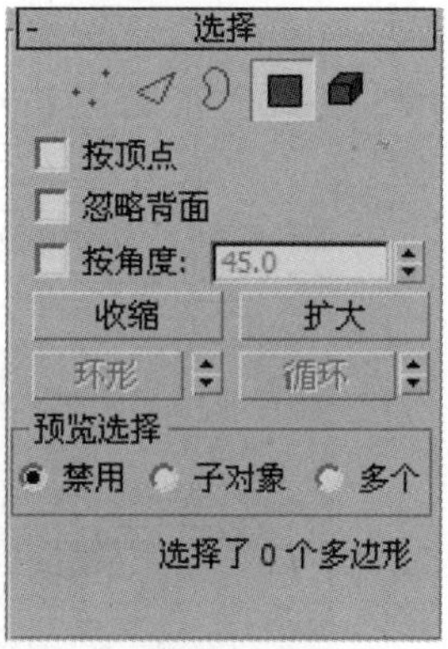

图5-3

- （顶点）：访问“顶点”子对象层级，可从中选择光标下的顶点；区域选择将选择区域中的顶点。
- （边）：访问“边”子对象层级，可从中选择光标下的多边形的边；区域选择将选择区域中的多条边。
- （边界）：访问“边界”子对象层级，可从中选择构成网格中孔洞边框的一系列边。
- （多边形）：访问“多边形”子对象层级，可选择光标下的多边形。区域选择选中区域中的多个多边形。
- （元素）：访问“元素”子对象层级，通过它可以选择对象中所有相邻的多边形。区域选择用于选择多个元素。
- 按顶点：启用时，只有通过选择所用的顶点，才能选择子对象。单击顶点时，将选择使用该选定顶点的所有子对象。该功能在“顶点”子对象层级上不可用。
- 忽略背面：启用后，选择子对象将只影响朝向用户的那些对象。

- 按角度：启用时，选择一个多边形会基于复选框右侧的角度设置同时选择相邻多边形。该值可以确定要选择的邻近多边形之间的最大角度。仅在“多边形”子对象层级可用。
- 收缩：通过取消选择最外部的子对象缩小子对象的选择区域。如果不再减少选择大小，则可以取消选择其余的子对象，如图5-4所示。

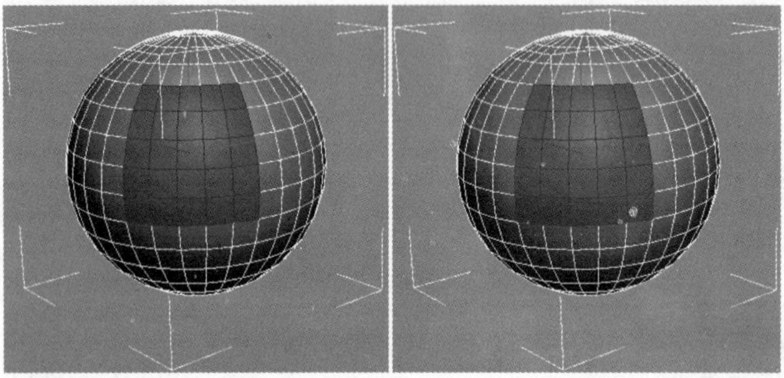

图5-4

- 扩大：朝所有可用方向外侧扩展选择区域。
- 环形：该按钮旁边的微调器允许在任意方向将选择移动到相同环上的其他边，即相邻的平行边，如图5-5所示。如果选择了循环，则可以使用该功能选择相邻的循环。只适用于“边”和“边界”子对象层级。

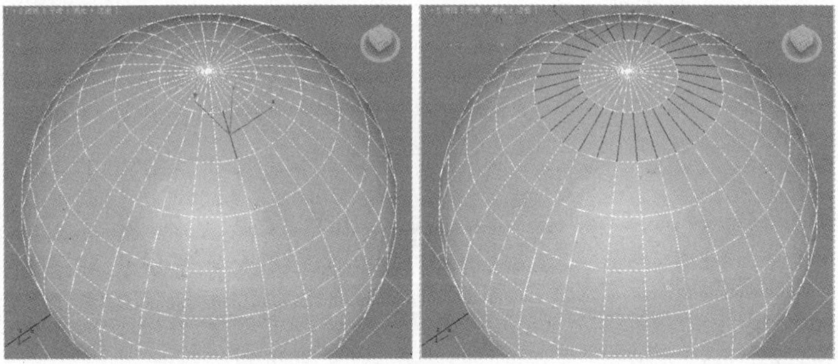

图5-5

- 循环：在与所选边对齐的同时尽可能远地扩展边选定范围。循环选择仅通过四向连接进行传播，如图5-6所示。

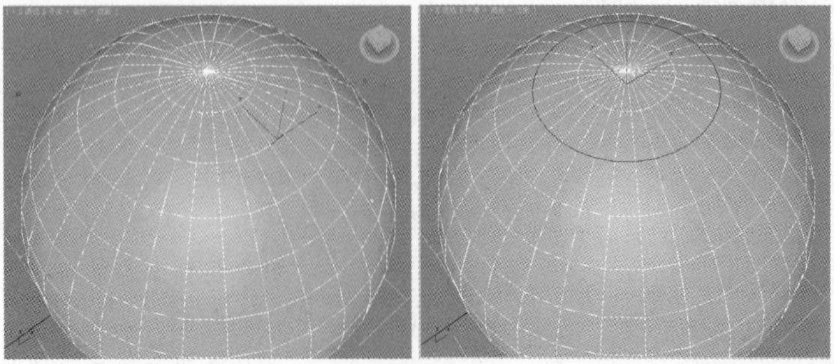

图5-6

- 预览选择：提交到子对象选择之前，该选项允许进行预览。根据鼠标的位置，用户可以在当前子对象层级预览，或者自动切换子对象层级。
- 禁用：预览不可用。
- 子对象：仅在当前子对象层级启用预览，如图5-7所示。

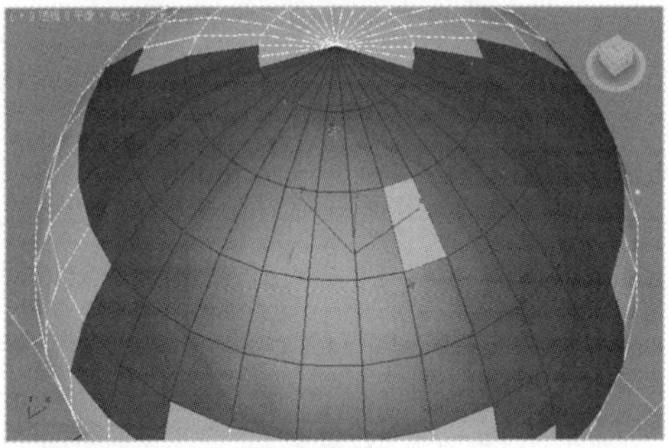
图5-7

- 多个：像子对象一样起作用，但根据鼠标的位置，也在“顶点”、“边”和“多边形”子对象层级级别之间闲幌。
- 选定整个对象：“选择”卷展栏底部是一个文本显示，提供有关当前选择的信息。如果没有子对象选中，或者选中了多个子对象，那么该文本给出选择的数目和类型。

（3）“软选择”卷展栏如图5-8所示，部分选项的功能介绍如下。

注意 相同选项功能的介绍请参看“网格平滑”中的“软选择”卷展栏的介绍。

- 明暗处理面切换：显示颜色渐变，它与软选择权重相适应。
- 锁定软选择：勾选该复选框将禁用标准软选择选项，通过锁定标准软选择的一些调节数值选项，避免程序选择对它进行更改。
- 绘制软选择：可以通过鼠标在视图上指定软选择，绘制软选择可以通过绘制不同权重的不规则形状来表达想要的选择效果。与标准软选择相比而言，绘制软选择可以更灵活地控制软选择图形的范围，让我们不再受固定衰减曲线的限制。
- 绘制：单击该按钮，在视图中拖动鼠标，可在当前对象上绘制软选择。
- 模糊：单击该按钮，在视图中拖动鼠标，可模糊当前的软选择。
- 复原：单击该按钮，在视图中拖动鼠标，可复原当前的软选择。
- 选择值：“绘制”或“复原”软选择的最大权重，最大值为1.0。
- 笔刷大小：绘制软选择的笔刷大小。
- 笔刷强度：绘制软选择的笔刷强度。强度越高，达到完全值的速度越快。

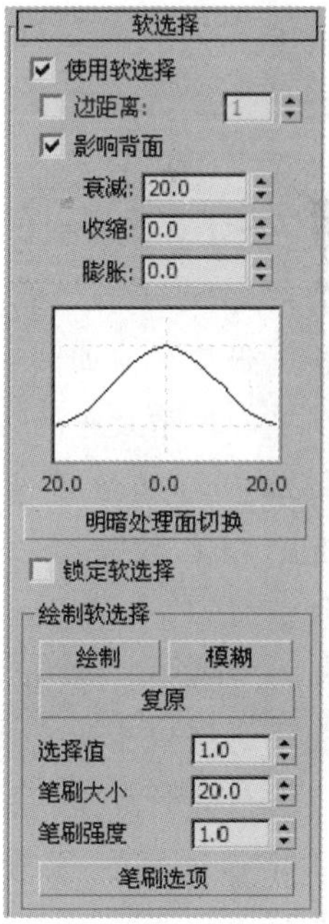

图5-8

提示 通过Ctrl+Shift+鼠标左键可快速调整笔刷大小。通过Alt+Shift+鼠标左键可快速调整笔刷强度。绘制时按住Ctrl键可暂时启用复原工具。

● 笔刷选项：可打开“绘制选项”对话框来自定义笔刷的形状、镜像、敏压设置等相关属性，如图5-9所示。

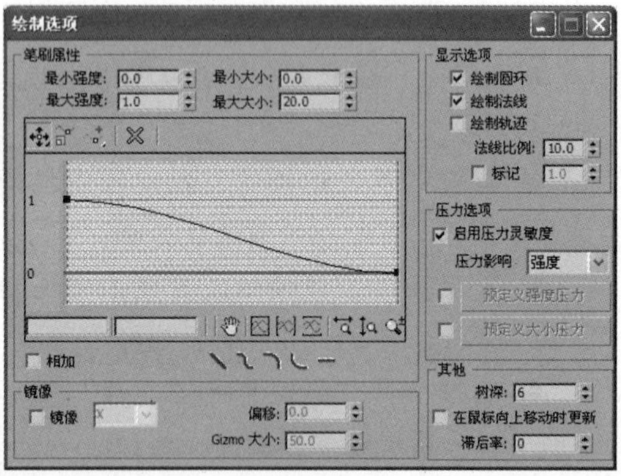

图5-9

◆ “笔刷属性”选项组包括如下选项。

最小强度：设置绘制顶点的最小权重。

最大强度：设置绘制顶点的最大权重。

最小大小：设置绘制的最小面积。

最大大小：设置绘制的最大面积。

绘制强度衰减曲线：通过曲线控制笔刷权重衰减的方式。

相加：勾选该复选框时，在现有的顶点权重挤出上绘制新的权重值。

：提供一些标准的衰减曲线用于快速设置，包括线性、平滑、减速、加速和水平。

◆ “显示选项”选项组包括如下选项。

绘制圆环：勾选时，会在绘制线框的周围显示一个红色圆环标记，表示笔刷的大小，也就是影响的区域。

绘制法线：勾选时，会在绘制线框的中心位置显示出一个垂直的法线标记，它的方向是所处表面位置的法线方向，长度表示笔刷强度的大小，越长强度越大。

绘制轨迹：勾选时，会在绘制过程中显示出绘制的轨迹。

法线比例：设置绘制线框法线箭头的比例大小。

标记：勾选时，在法线箭头的末端会显示出一个环形标记，它的数值用来设置这个标记离极点的距离，值越大，离极点越远。

◆ “压力选项”选项组包括如下选项。

启用压力灵敏度：控制是否对笔刷启动压力感应，主要是针对压感进行设置。

压力影响：设置压力感应影响的笔刷参数。

预定义压力强度：勾选该复选框时，将使用预设的压力强度曲线，单击右侧的按钮可以通过衰减曲线设置强度受压力的变化。如果没有压感笔设备，可以打开此项进行模拟。

预定义大小压力：勾选该复选框时，将使用预制的压力大小曲线。单击右侧的按钮可以通过衰减曲线设置大小受压力的变化。如果没有压感笔设备，可以打开此项进行模拟。

◆ “镜像”选项组包括如下选项。

镜像：勾选时，会在对象的另一边镜像复制出一个绘制线框，同时进行对称的权重绘制。通过下拉菜单可以指定对称的轴向，以世界坐标系统为基准。

偏移：偏移中央橙色的镜像平面。

Gizmo大小：改变中央橙色镜像平面线框的大小。

◆ “其他”选项组包括如下选项。

树深：确定用于单击测试的平方树深度，平方树和绘制权重所需的内存量相关，值越大交互速度也越快（流畅），但消耗的内存也越多。

在鼠标向上移动时更新：勾选时，在拖动鼠标绘制的过程中显示不进行更新，只有在松开鼠标后显示才会更新，这样可以节约刷新时间，避免不必要的更新。

滞后率：指定绘制时笔刷更新的速度，数值越高，更新的速度越慢。

（4）“编辑几何体”卷展栏如图5-10所示，部分选项的功能介绍如下。

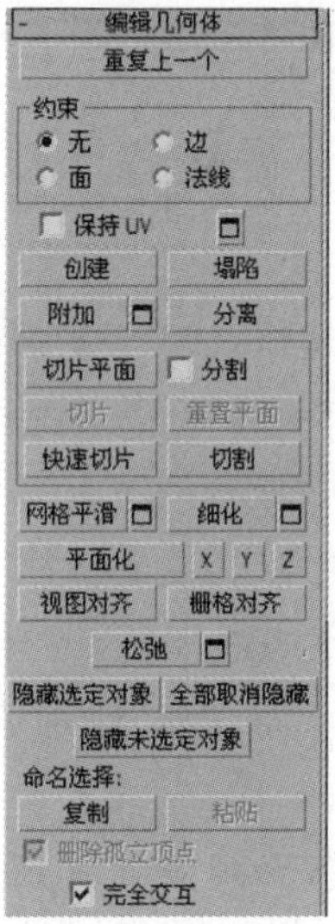

图5-10

- 重复上一个：重复最近使用的命令。
- 约束：可以使用现有的几何体约束子对象的变换。
- 无：没有约束。这是默认选项。
- 边：约束子对象到边界的变换。
- 面：约束子对象到单个曲面的变换。
- 法线：约束每个子对象到其法线（或法线平均）的变换。
- 保持UV：勾选此复选框后，可以编辑子对象，而不影响对象的UV贴图。
- 创建：创建新的几何体。
- 塌陷：通过将其顶点与选择中心的顶点焊接，使连续选定子对象的组产生塌陷，如图5-11所示。

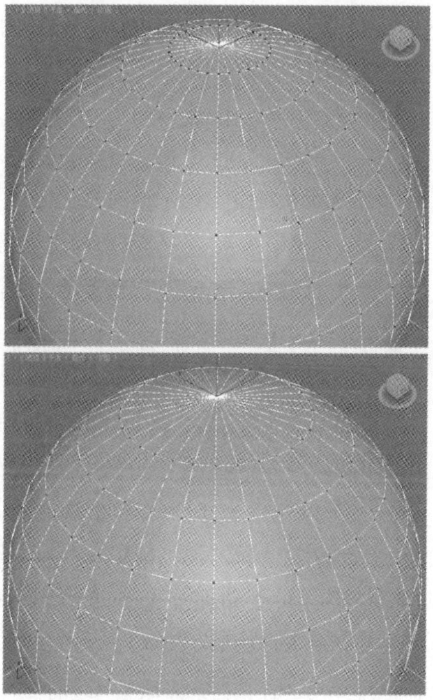

图5-11

- 附加：用于将场景中的其他对象附加到选定的多边形对象。单击（附加列表）按钮，在弹出的对话框中可以选择一个或多个对象进行附加。
- 分离：将选定的子对象和附加到子对象的多边形作为单独的对象或元素进行分离。单击（设置）按钮，打开“分离”对话框，使用该对话框可以设置多个选项。
- 切片平面：为切片平面创建Gizmo，可以定位和旋转它来指定切片位置。同时启用“切片”和“重置平面”按钮；单击“切片”可在平面与几何体相交的位置创建新边。

- 分割：启用时，通过“快速切片”和“分割”操作，可以在划分边的位置处的点创建两个顶点集。
- 切片：在切片平面位置处执行切片操作。只有启用“切片平面”时，才能使用该选项。
- 重置平面：将“切片”平面恢复到其默认位置和方向。只有启用“切片平面”时，才能使用该选项。
- 快速切片：可以将对象快速切片，而不操纵Gizmo。进行选择，并单击“快速切片”按钮，然后在切片的起点处单击一次，再在其终点处单击一次。激活命令时，可以继续对选定内容执行切片操作。要停止切片操作，请在视口中右击，或者重新单击“快速切片”按钮将其关闭。
- 切割：用于创建一个多边形到另一个多边形的边，或在多边形内创建边。单击起点，并移动鼠标光标，然后再单击，再移动和单击，以便创建新的连接边。右击一次退出当前切割操作，然后可以开始新的切割，或者再次右击退出“切割”模式。
- 网格平滑：使用当前设置平滑对象。
- 细化：根据细化设置细分对象中的所有多边形。单击■（设置）按钮，以便指定平滑的应用方式。
- 平面化：强制所有选定的子对象成为共面。该平面的法线是选择的平均曲面法线。
- X、Y、Z：平面化选定的所有子对象，并使该平面与对象的局部坐标系中的相应平面对齐。例如，使用的平面是与按钮轴相垂直的平面，因此，单击“X”按钮时，可以使该对象与局部YZ轴对齐。
- 视图对齐：使对象中的所有顶点与活动视口所在的平面对齐。在子对象层级，此功能只会影响选定顶点或属于选定子对象的那些顶点。
- 栅格对齐：使选定对象中的所有顶点与活动视图所在的平面对齐。在子对象层级，只会对齐选定的子对象。
- 松弛：使用当前的“松弛”设置将“松弛”功能应用于当前选择。“松弛”可以规格化网格空间，方法是朝着邻近对象的平均位置移动每个顶点。单击■（设置）按钮，以便指定“松弛”功能的应用方式。
- 隐藏选定对象：隐藏选定的子对象。
- 全部取消隐藏：将隐藏的子对象恢复为可见。
- 隐藏未选定对象：隐藏未选定的子对象。
- 命名选择：用于复制和粘贴对象之间的子对象的命名选择集。
- 复制：打开一个对话框，使用该对话框可以指定要放置在复制缓冲区中的命名选择集。
- 粘贴：从复制缓冲区中粘贴命名选择。
- 删除孤立顶点：启用时，在删除连续子对象的选择时删除孤立顶点。禁用时，删除子对象会保留所有顶点。默认设置为启用。

（5）“绘制变形”卷展栏如图5-12所示，部分选项的功能介绍如下。

- 推/拉：将顶点移入对象曲面内（推）或移出曲面外（拉）。推拉的方向和范围由“推/拉值”设置所确定。

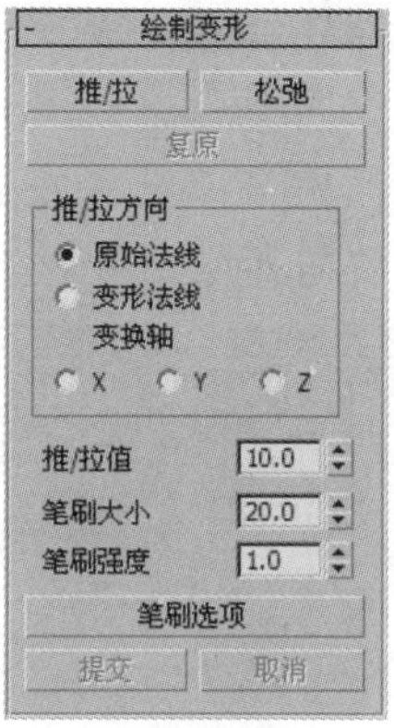

图5-12

- 松弛：将每个顶点移到由它的邻近顶点平均位置所计算出来的位置上来规格化顶点之间的距离。Relax（松弛）使用与Relax（松弛）修改器相同的方法。
- 复原：通过绘制可以逐渐擦除或反转“推/拉”或“松弛”的效果。仅影响从最近的“提交”操作开始变形的顶点。如果没有顶点可以复原，“复原”按钮就不可用。
- “推/拉方向”：此设置用以指定对顶点的推或拉是根据曲面法线、原始法线或变形法线进行，还是沿着指定轴进行。
- 原始法线：选择此项后，对顶点的推或拉会使顶点以它变形之前的法线方向进行移动。重复应用“绘制变形”总是将每个顶点以它最初移动时的相同方向进行移动。
- 变形法线：选择此项后，对顶点的推或拉会使顶点以它现在的法线方向进行移动，也就是说，在变形之后的法线。
- 变换轴：X、Y、Z：选择此项后，对顶点的推或拉会使顶点沿着指定的轴进行移动。
- 推/拉值：确定单个推/拉操作应用的方向和最大范围。正值将顶点拉出对象曲面，而负值将顶点推入曲面。
- 笔刷大小：设置圆形笔刷的半径。
- 笔刷强度：设置笔刷应用“推/拉”值的速率。低的强度值应用效果的速率要比高的强度值来得慢。
- 笔刷选项：单击此按钮可以打开“绘制选项”对话框，在该对话框中可以设置各种笔刷相关的参数。
- 提交：使变形的更改永久化，将它们烘焙到对象几何体中。在单击“提交”按钮后，就不可以将“复原”应用到更改上。
- 取消：取消自最初应用绘制变形以来的所有更改，或取消最近的“提交”操作。

5.1.3 子物体层级卷展栏

在“编辑多边形”中有许多参数卷展栏是根据子物体层级相关联的，选择子物体层级时，相应的卷展栏将出现。下面我们对这些卷展栏进行详细介绍。

首先我们来介绍当选择“顶点”选择集时在修改器列表中出现的卷展栏。

（1）“编辑顶点”卷展栏如图5-13所示，部分选项的功能介绍如下。

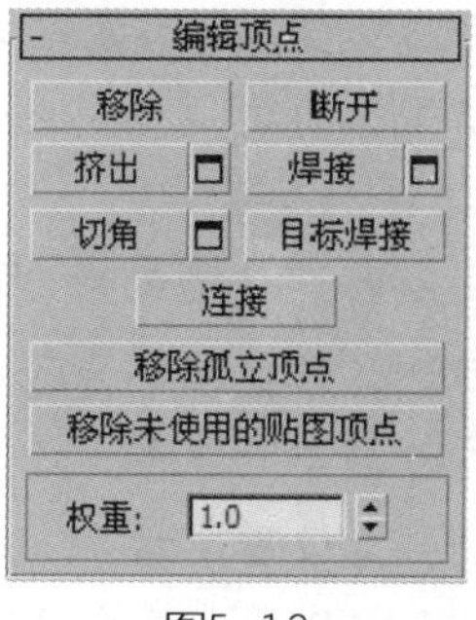

图5-13

- 移除：删除选中的顶点，并接合起来使用它们的多边形。

注意 要删除顶点，请选中它们，然后按下Delete键。这会在网格中创建一个或多个洞。要删除顶点而不创建孔洞，请使用“移除”命令，如图5-14所示。使用“移除”命令可能导致网格形状变化并生成非平面的多边形。

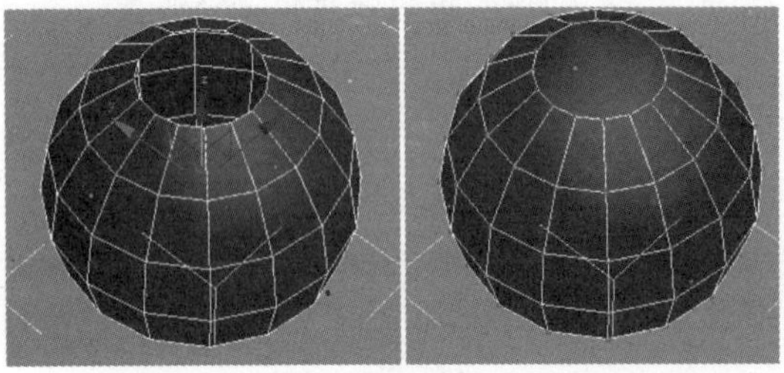

图5-14

- 断开：在与选定顶点相连的每个多边形上都创建一个新顶点，这可以使多边形的转角相互分开，使它们不再相连于原来的顶点上。如果顶点是孤立的或者只有一个多边形使用，则顶点将不受影响。
- 挤出：可以手动挤出顶点，方法是在视口中直接操作。单击此按钮，然后垂直拖动到任何顶点上就可以挤出此顶点。挤出顶点时，它会沿法线方向移动，并且创建新的多边形，形成挤出的面，将顶点与对象相连。挤出对象的面的数目与原来使用挤出顶点的多边形数目一样。单击□（设置）按钮，打开挤出顶点助手，以便通过交互式操纵执行挤出。
- 焊接：对焊接助手中指定的公差范围内选定的连续顶点进行合并。所有边都会与产生的单个顶点连接。单击□（设置）按钮，打开焊接顶点助手以便指定焊接阈值。
- 切角：单击此按钮，然后在活动对象中拖动顶点。要用数字切角顶点，请单击□（设置）按钮，然后使用切角量值，如图5-15所示。如果切角有多个选定顶点，那么它们都会被同样地切角。

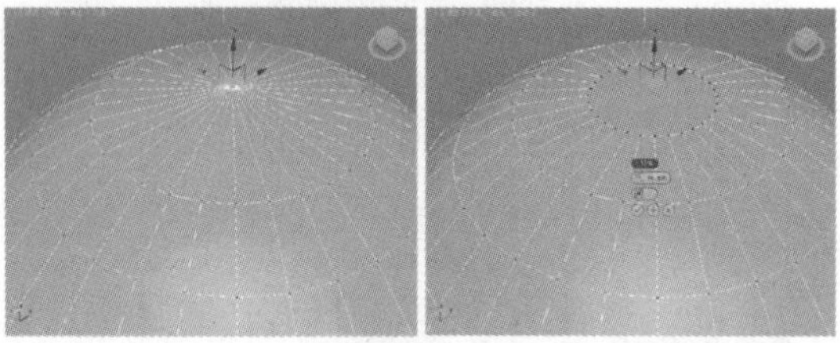

图5-15

- 目标焊接：可以选择一个顶点，并将它焊接到相邻目标顶点，“目标焊接”只焊接成对的连续顶点，也就是说，顶点有一个边相连。
- 连接：在选中的顶点对之间创建新的边。
- 移除孤立顶点：将不属于任何多边形的所有顶点删除。
- 移除未使用的贴图顶点：某些建模操作会留下未使用的（孤立）贴图顶点，它们会显示在“展开UVW”编辑器中，但是不能用于贴图。可以使用这一按钮来自动删除这些贴图顶点。

下面介绍当选择“边”选择集时在修改器列表中出现的卷展栏。

（2）“编辑边”卷展栏如图5-16所示，部分选项的功能介绍如下。

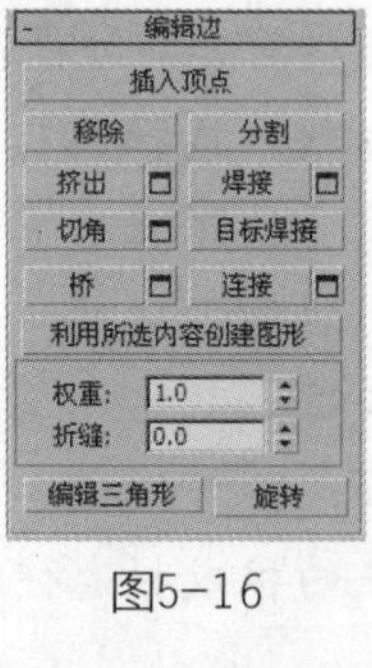

图5-16

- 插入顶点：用于手动细分可视的边。启用“插入顶点”后，单击某边即可在该位置处添加顶点。
- 移除：删除选定边并组合使用这些边的多边形。
- 分割：沿着选定边分割网格。对网格中心的单条边应用时不会起任何作用。影响边末端的顶点必须是单独的，以便能使用该选项。例如，因为边界顶点可以一分为二，所以，可以在与现有的边界相交的单条边上使用该选项。另外，因为共享顶点可以进行分割，所以，可以在栅格或球体的中心处分割两个相邻的边。
- 桥：使用多边形的“桥”连接对象的边。桥只连接边界边，也就是只在一侧有多边形的边。创建边循环或剖面时，该工具特别有用。单击（设置）按钮，打开跨越边助手，以便通过交互式操纵在边对之间添加多边形。
- 利用所选内容创建图形：选择一条或多条边后，单击此按钮可使用选定边，单击（设置）按钮，创建一个或多个样条线形状。
- 编辑三角剖面：用于修改绘制内边或对角线时多边形细分为三角形的方式。
- 旋转：用于通过单击对角线修改多边形细分为三角形的方式。激活“旋转”时，对角线可以在线框和边面视图中显示为虚线。在“旋转”模式下，单击对角线可更改其位置。要退出“旋转”模式，请在视口中右击或再次单击“旋转”按钮。

下面介绍当选择“边界”选择集时在修改器列表中出现的卷展栏。

（3）“编辑边界”卷展栏如图5-17所示，部分选项的功能介绍如下。

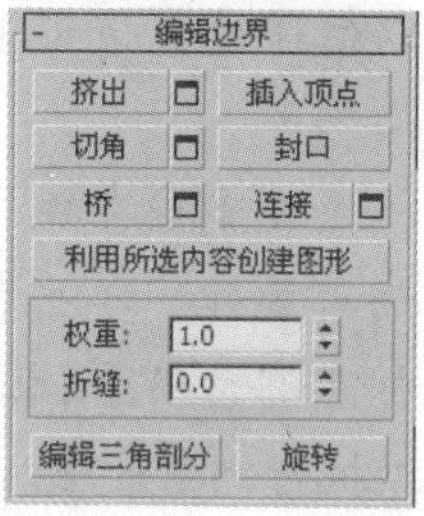

图5-17

- 封口：使用单个多边形封住整个边界环，如图5-18所示。

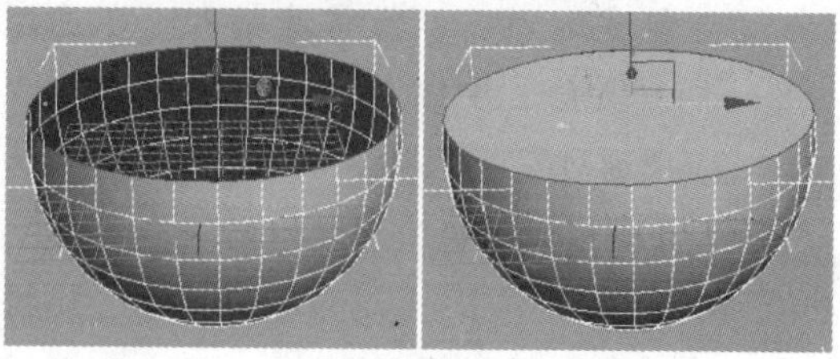

图5-18

- 利用所选内容创建图形：可以预览“创建图形”功能、命名图形以及将其设置为“权重”或“折缝”。
- 编辑三角剖分：用于修改绘制内边或对角线时多边形细分为三角形的方式。
- 旋转：用于通过单击对角线修改多边形细分为三角形的方式。

下面介绍当选择“多边形”选择集时在修改器列表中出现的卷展栏。

（4）“编辑多边形”卷展栏如图5-19所示，部分选项的功能介绍如下。

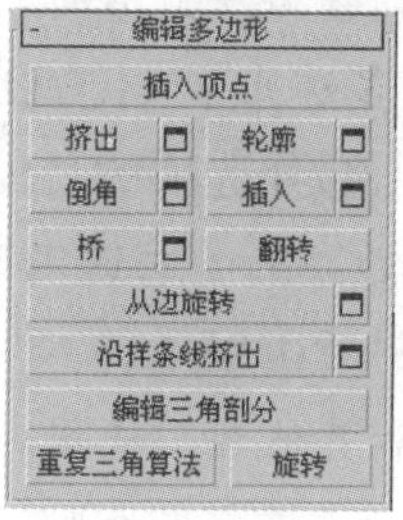

图5-19

- 轮廓：用于增加或减小每组连续的选定多边形的外边，单击（设置）按钮，打开多边形加轮廓助手，以便通过数值设置执行加轮廓操作。
- 倒角：通过直接在视口中操纵执行手动倒角操作。单击（设置）按钮，打开倒角助手，以便通过交互式操纵执行倒角处理。
- 插入：执行没有高度的倒角操作，即在选定多边形的平面内执行该操作。单击此按钮，然后垂直拖动任何多边形，以便将其插入。单击（设置）按钮，打开插入助手，以便通过交互式操纵插入多边形。
- 翻转：反转选定多边形的法线方向。
- 从边旋转：通过在视口中直接操纵执行手动旋转操作。单击（设置）按钮，打开从边旋转助手，以便通过交互式操纵旋转多边形。
- 沿样条线挤出：沿样条线挤出当前的选定内容。单击（设置）按钮，打开沿样条线挤出助手，以便通过交互式操纵沿样条线挤出。
- 编辑三角剖分：可以通过绘制内边修改多边形细分为三角形的方式。
- 重复三角算法：允许 3ds Max对多边形或当前选定的多边形自动执行最佳的三角剖分操作。
- 旋转：用于通过单击对角线修改多边形细分为三角形的方式。

（5）“多边形：材质ID”卷展栏如图5-20所示，部分选项的功能介绍如下。

- 设置ID：用于向选定的面片分配特殊的材质ID编号，以供多维/子对象材质和其他应用使用。
- 选择ID：选择与相邻 ID字段中指定的材质ID对应的子对象。输入或使用该微调器指定ID，然后单击“选择ID”按钮。
- 清除选择：启用时，选择新ID或材质名称会取消选择以前选定的所有子对象。

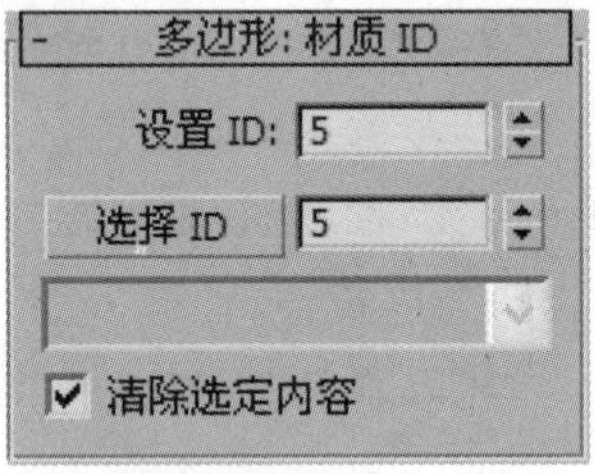

图5-20

（6）“多边形：平滑组”卷展栏如图5-21所示部分选项的功能介绍如下。

图5-21

- 按平滑组选择：显示说明当前平滑组的对话框。
- 清除全部：从选定片中删除所有的平滑组分配多边形。
- 自动平滑：基于多边形之间的角度设置平滑组。如果任何两个相邻多边形的法线之间的角度小于阈值角度（由该按钮右侧的微调器设置），它们会包含在同一平滑组中。

注意 “元素”选择集的卷展栏中的相关命令与编辑多边形功能相同，这里就不重复介绍了，具体命令参见“多边形”选择集的相关卷展栏中功能的介绍。

实例操作042—— 制作烟灰缸

案例文件	场景\Cha05\烟灰缸.max	视频教学	视频教学\Cha05\烟灰缸.avi
视频长度	3分39秒	难易指数	★★★☆☆

本例介绍烟灰缸的制作。首先创建圆柱体，将模型转换为“可编辑多边形”，设置“多边形”的“挤出”和“倒角”，设置“边”的“切角”，并为模型设置“使用NURMS细分”。

图5-22

1 单击“（创建）|（几何体）|圆柱体”按钮，在“顶”视图中创建圆柱体，在“参数”卷展栏中设置合适的参数，如图5-23所示。

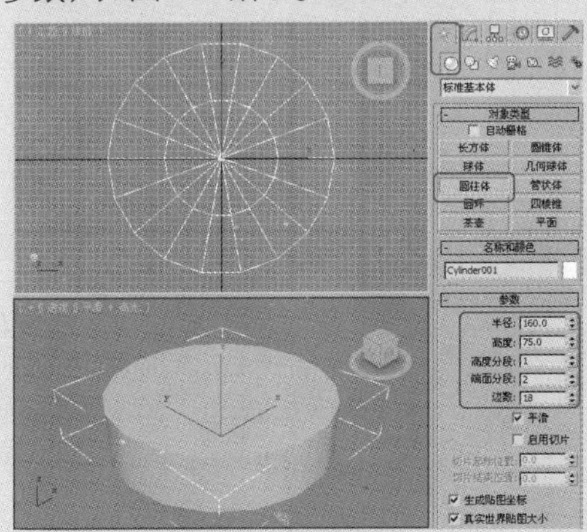

图5-23

2 在场景中右击该模型，在弹出的快捷菜单中选择“转换为|转换为可编辑多边形”命令，如图5-24所示。

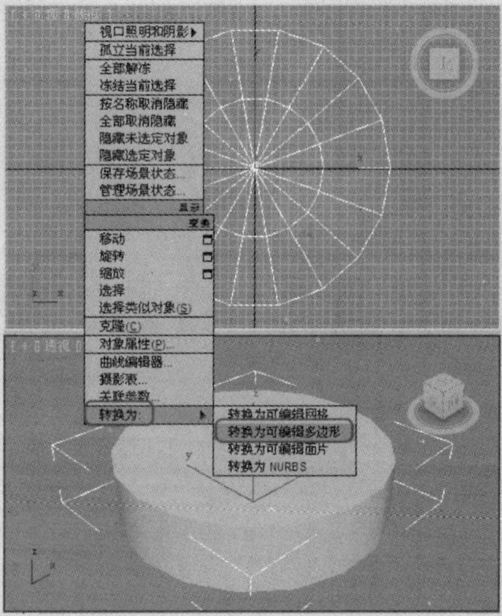

图5-24

3 切换到（修改）面板，将当前选择集定义为“边”，在“顶”视图中选择如图5-25所示的边。

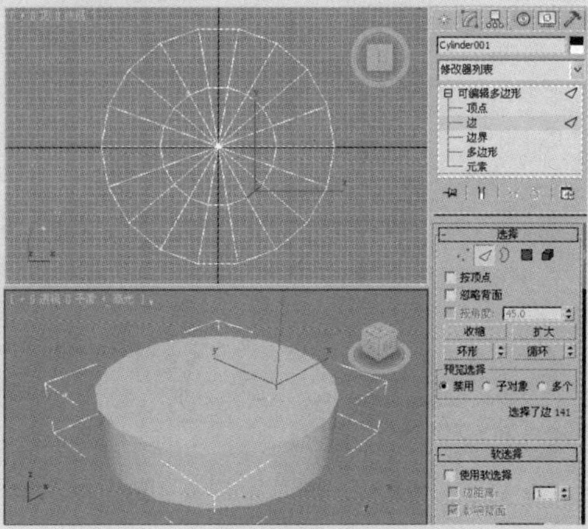

图5-25

4 在“选择”组中单击“循环”按钮，选择如图5-26所示的边。

5 在“顶”视图中缩放边，如图5-27所示。

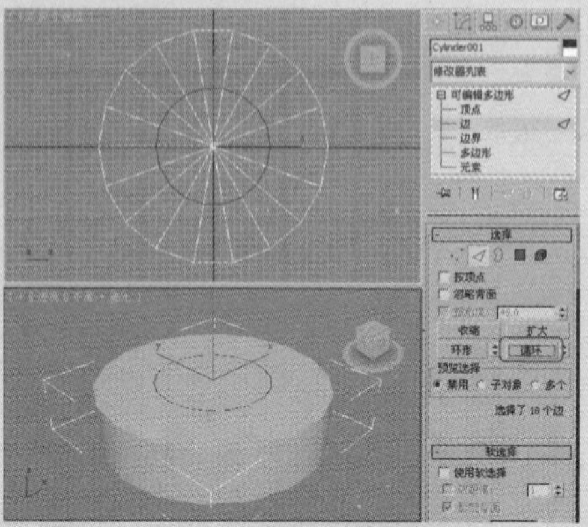

图5-26

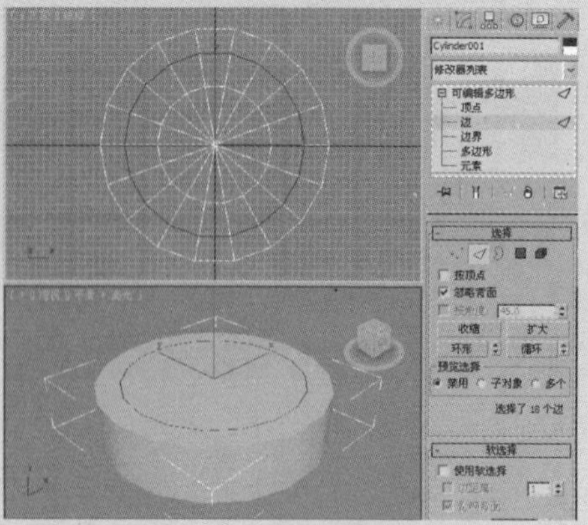

图5-27

6 将选择集定义为“多边形”，在场景中选择如图5-28所示的多边形。

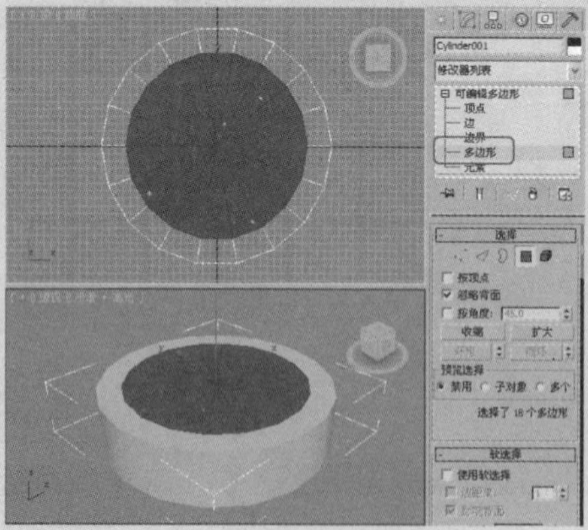

图5-28

7 在“编辑多边形”卷展栏中单击“挤出”按钮后的□（设置）按钮，如图5-29所示，在弹出的对话框中设置“挤出高度”参数。

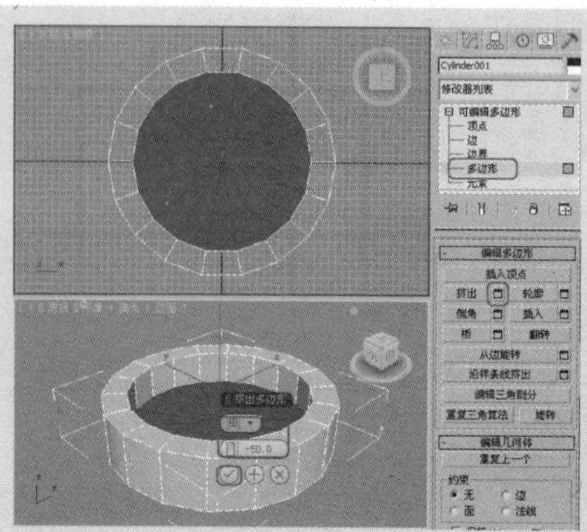

图5-29

8 在场景中选择如图5-30所示的多边形。

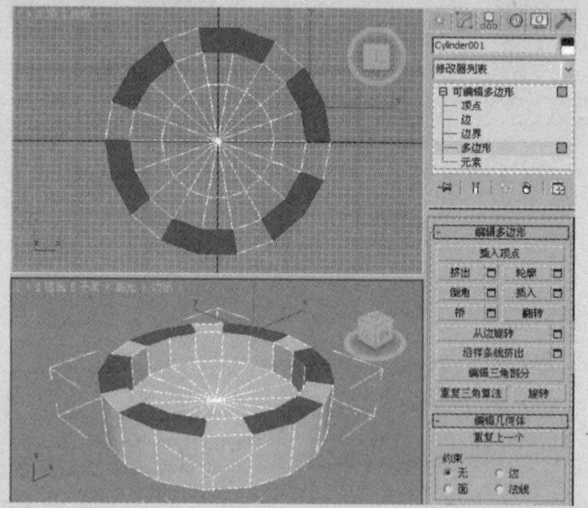

图5-30

9 在“编辑多边形”卷展栏中单击“挤出”按钮后的□（设置）按钮，如图5-31所示，在弹出的对话框中设置“挤出高度”参数。

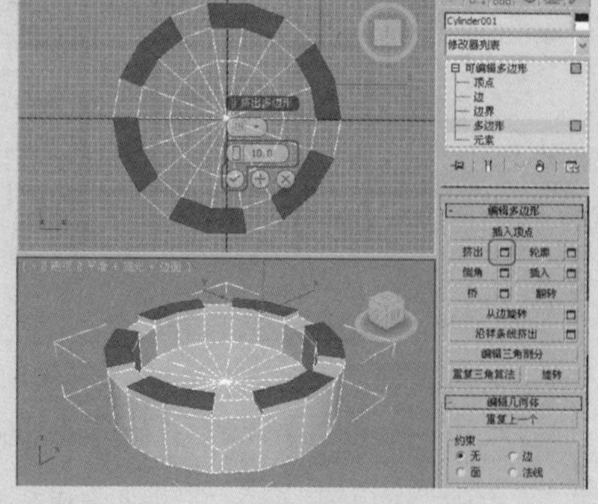

图5-31

10 确定多边形处于选择状态，在“编辑多边形”卷展栏中单击“倒角”后的□（设置）按钮，如图5-32所示，在弹出的对话框中设置“高度”参数和“轮廓量”，单击“确定”按钮。

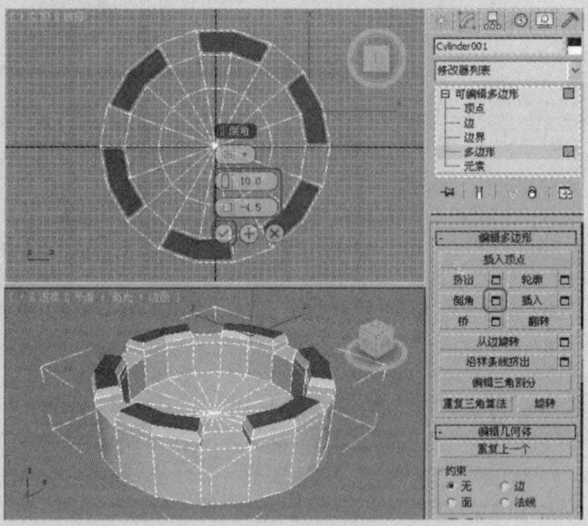

图5-32

11 在“倒角多边形”对话框中选择“倒角类型”为“按多边形”选项，设置“高度”和“轮廓量”，如图5-33所示。

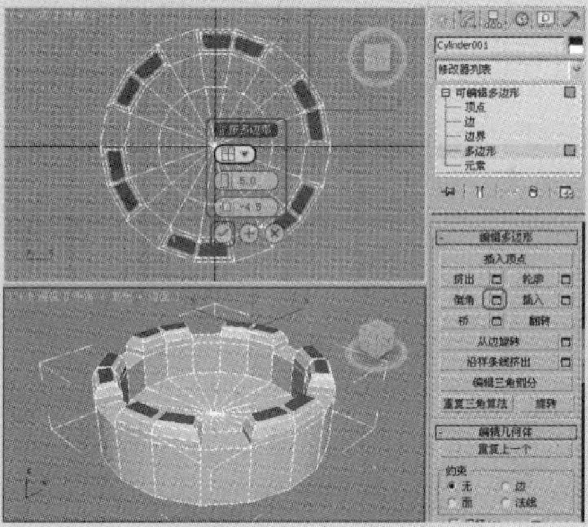

图5-33

12 将当前选择集定义为“边”，在场景中选择底端外圈的边，如图5-34所示。

13 在“编辑边”卷展栏中单击“切角”后的□（设置）按钮，如图5-35所示，在弹出的对话框中设置“切角量”和“分段”。

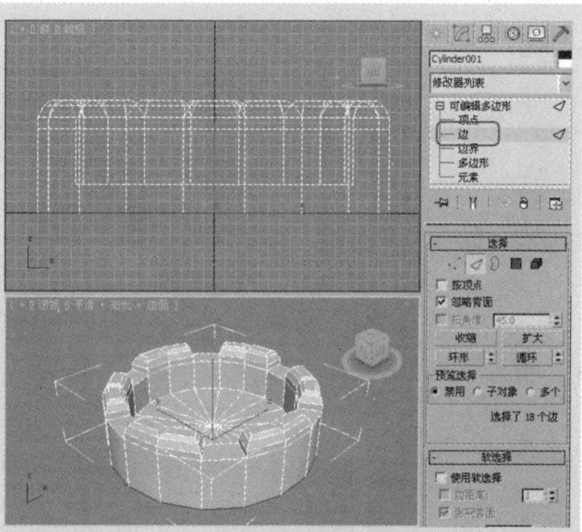

图5-34

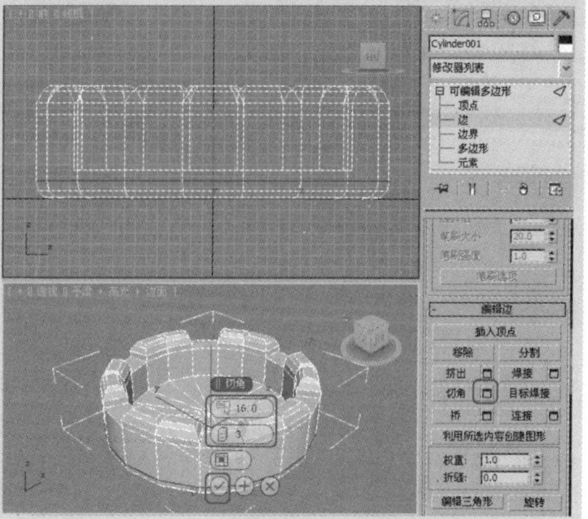

图5-35

14 在场景中选择如图5-36所示的边。

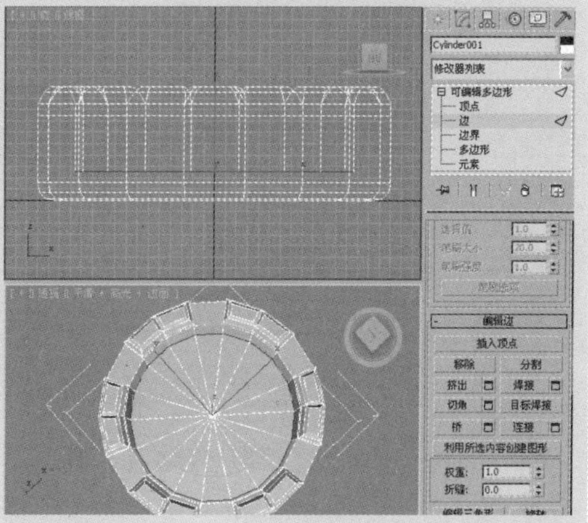

图5-36

15 在“编辑边”卷展栏中单击“切角”后的□（设置）按钮，如图5-37所示，在弹出的对话框中设置“切角量”和“分段”。

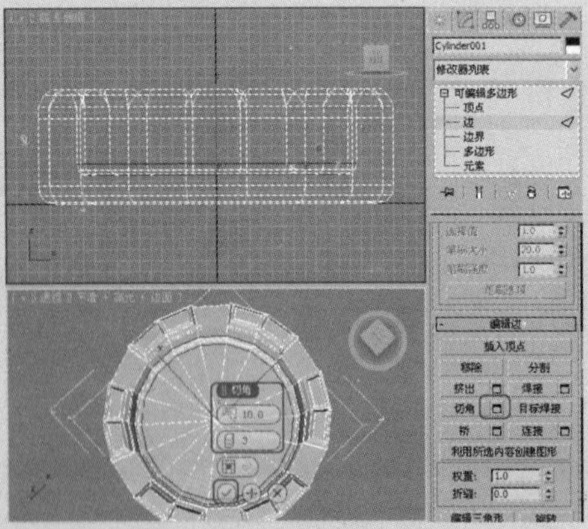

图5-37

16 关闭选择集，在“细分曲面”卷展栏中勾选“使用NURMS细分”复选框，如图5-38所示。

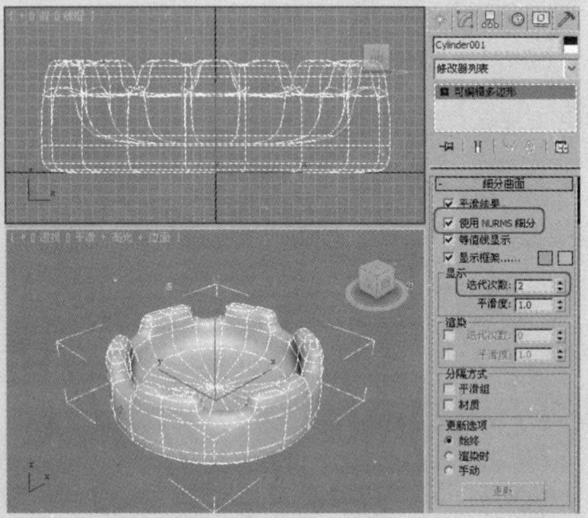

图5-38

5.2 网格建模

“编辑网格”修改器与“编辑多边形”修改器中各项命令和参数基本相同，各项命令和参数可参考“编辑多边形”中各个命令和工具的应用。

5.2.1 子物体层级

为模型施加“编辑网格”修改器后，在修改器卷展栏中可以查看该修改器的子物体层级，如图5-39所示。

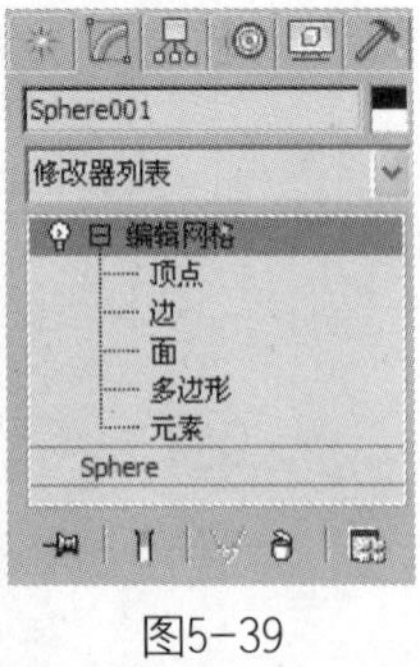

图5-39

注意 “编辑网格”子物体层级的具体介绍请参考“编辑多边形”修改器子物体层级，这里就不重复介绍了。

5.2.2 公共参数卷展栏

为模型施加“编辑网格”修改器后，在修改器卷展栏中可以查看该修改器的子物体层级，如图5-40所示。

（1）“选择”卷展栏如图5-40所示，部分选项的功能介绍如下。

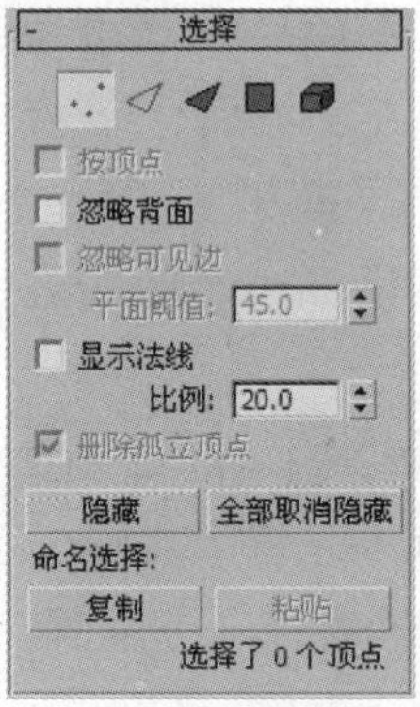

图5-40

- 忽略可见边：当定义了“多边形”选择集时，该功能将启用。当“忽略可见边”处于禁用状态（默认情况）时，单击一个面，无论“平面阈值”微调器的设置如何，选择不会超出可见边。当该功能处于启用状态时，面选择将忽略可见边，使用“平面阈值”设置作为指导。
- 平面阈值：指定阈值的值，该值决定对于“多边形”选择集来说哪些面是共面。
- 显示法线：启用时，3ds Max会在视口中显示法线。法线显示为蓝线。在“边”模式中显示法线不可用。
- 比例：“显示法线”处于启用状态时，指定视口中显示的法线大小。
- 删除孤立顶点：在启用状态下，删除子对象的连续选择时，3ds Max将消除任何孤立顶点。在禁用状态下，删除选择会完好不动地保留所有的顶点。该功能在“顶点”子对象层级上不可用。默认设置为启用。
- 隐藏：隐藏任何选定的子对象。边不能隐藏。
- 全部取消隐藏：还原任何隐藏对象使之可见。只有在处于“顶点”子对象层级时能将隐藏的顶点取消隐藏。
- 命名选择：用于在不同对象之间传递命令选择信息，要求这些对象必须是同一类型而且在相同子对象级别。例如，两个可编辑网格对象，在其中一个的顶点子对象级别先进行选择，然后在工具栏中为这个选择集命名，接着单击“复制”按钮，从弹出的选择框中选择刚创建的名称，进入另一个网格对象的顶点子对象级别，单击“粘贴”按钮，刚才复制的选择会粘贴到当前的顶点子对象级别。

（2）“编辑几何体”卷展栏如图5-41所示，部分选项的功能介绍如下。

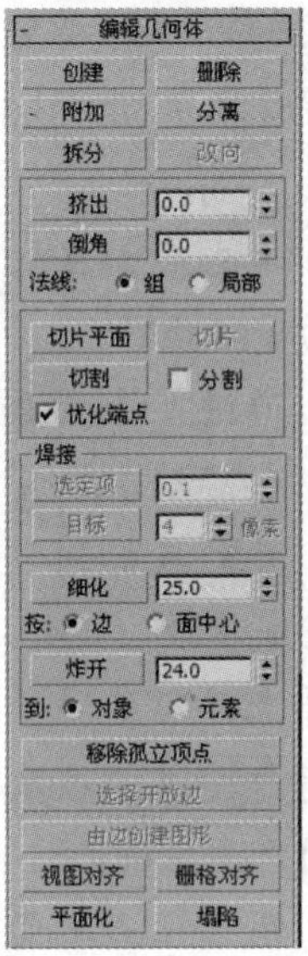

图5-41

- 删除：删除选择的对象。
- 附加列表：从名称列表中选择需要合并的对象进行合并，可以一次合并多个对象。
- 断开：为每一个附加到选定顶点的面创建新的顶点，可以移动面角使之互相远离它们曾经在原始顶点连接起来的地方。如果顶点是孤立的或者只有一个面使用，则顶点将不受影响。
- 改向：将对角面中间的边转向改为另一种对角方式，从而使三角面的划分方式改变，通常用于处理不正常的扭曲裂痕效果。
- 挤出：将当前选择集的子对象施加一个厚度，使它突出或凹入表面，厚度值由后面的“数量”值决定。
- 倒角：对选择面进行挤出成形。
- 法线：选择“组”时，选择的面片

将沿着面片组平均法线方向挤出。选择“局部”时，面片将沿着自身法线方向挤出。

- 切片平面：一个方形化的平面，可通过移动或旋转改变将要剪切对象的位置。单击后“切片”选项为关闭状态。
- 切片：单击后，在切片平面处剪切选择的子对象。
- 切割：通过在边上添加点来细分子对象。选择后，在需要细分的边上单击，移动鼠标到下一边，依次单击，完成细分。
- 优化端点：勾选时，在相邻的面之间进行平滑过渡。反之，则在相邻面之间产生生硬的边。
- 焊接：用于顶点之间的环节操作，这种空间焊接技术比较复杂，要求在三度空间内移动和确定顶点之间的位置，有两种焊接方法。
- 选定项：焊接在焊接阈值微调器（位于按钮的右侧）中指定的公差范围内的选定顶点。所有线段都会与产生的单个顶点连接。
- 目标：在视图中将选择的点（或点集）拖动到焊接的顶点上（尽量接近），这样会自动进行焊接。
- 细化：单击此按钮，会根据其下的细分方式对选择表面进行分裂复制处理，产生更多的表面，用于平滑需要。
- 边：以选择面的边为依据进行分裂复制。
- 面中心：以选择面的中心为依据进行分裂复制。
- 炸开：单击此按钮，可以将当前选择面爆炸分离（不是产生爆炸效果，只是各自独立），依据两种选项而获得不同的结果。
- 对象：将所有面炸为各自独立的新对象。
- 元素：将所有面炸为各自独立的新元素，但仍属于对象本身，这是进行元素差分的一个途径。
- 移除孤立顶点：单击此按钮后，将删除所有孤立的点，不管是否选择该点。
- 选择开方边：将选择对象的边缘线。
- 由边创建图形：在选择一个或更多的边后，单击此按钮将以选择的边界为模板创建新的曲线，也就是把选择的边变成曲线独立出来使用。
- 视图对齐：单击此按钮后，选择的子对象将被放置在同一平面，且这一平面平行于选择视图。
- 栅格对齐：单击此按钮后，选择的子对象将被放置在同一平面，且这一平面平行于视图的栅格平面。
- 平面化：将所有的选择面强制压成一个平面（不是合成，只是同处于一个平面上）。
- 塌陷：将选择的子对象删除，留下一个顶点或四周的面连接，产生新的表面，这种方法不同于删除面，它是将多余的表面吸收掉。

5.2.3 子物体层级卷展栏

下面我们将为大家介绍“编辑网格”修改器中的一些子物体层级的相关卷展栏。

将选择集定义为“顶点”，出现以下卷展栏。

（1）“曲面属性”卷展栏如图5-42所示，部分选项的功能介绍如下。

- 权重：显示并可以更改NURMS操

作的顶点权重。

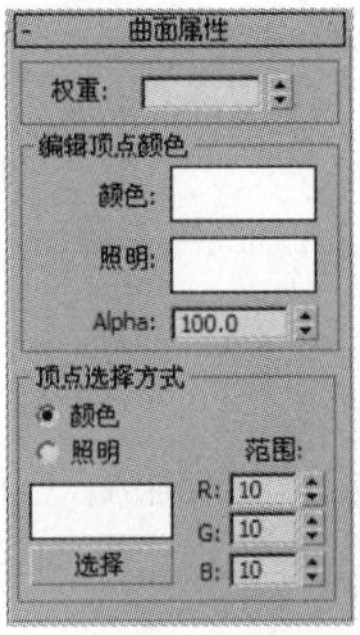

图5-42

- 编辑顶点颜色：使用这些控件，可以分配颜色、照明颜色（着色）和选定顶点的alpha值。
- 颜色：单击色样可更改选定顶点的颜色。
- 照明：单击色样可以更改选定顶点的照明颜色。这可以更改顶点的照明而不用更改顶点的颜色。
- Alpha：用于向选定的顶点分配alpha值。微调器值是百分比值；0 是完全透明，100 是完全不透明。
- 颜色、照明：这些单选按钮用于选择一种方式，按照顶点颜色值选择还是按照顶点照明值选择。设置所需的选项并单击选择。
- 范围：指定颜色匹配的范围。顶点颜色或者照明颜色中所有三个RGB值必须匹配“顶点选择方式”中“颜色”指定的颜色，或者在一个范围之内，这个范围由显示颜色加上和减去“范围”值决定。默认设置是10。
- 选择：选择的所有顶点应该满足如下条件，这些顶点的颜色值或者照明值要么匹配色样，要么在 RGB 微调器指定的范围内。要满足哪个条件取决于选择哪个单选按钮。
- 将选择集定义为“边”，出现以下卷展栏。

（2）“曲面属性”卷展栏如图5-43所示，部分选项的功能介绍如下。

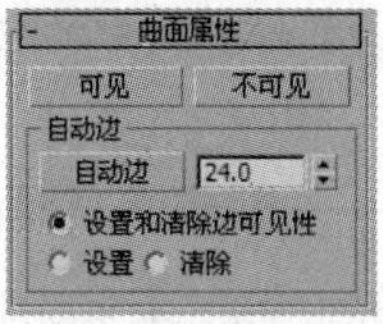

图5-43

- 可见：使选中的边可见。
- 不可见：使选中的边不可见
- 自动边：根据共享边的面之间的夹角来确定边的可见性，面之间的角度由该选项右边的阈值微调器设置。
- 设置和清除边可见性：根据阈值设定更改所有选定边的可见性。
- 设置：当边超过了阈值设定时，使原先可见的边变为不可见，但不清除任何边
- 清除：当边小于阈值设定时，使原先不可见的边可见，不让其他任何边可见。

将选择集定义为“面”、“多边形”、“元素”，出现以下卷展栏。

（3）“曲面属性”卷展栏如图5-44所示，部分选项的功能介绍如下。

图5-44

- 翻转：反转选定面片的曲面法线的方向。
- 统一：翻转对象的法线，使其指向相同的方向，通常是向外。
- 翻转法线模式：翻转单击的任何面的法线。要退出，请再次单击此按钮，或者右击 3ds Max 界面中的任意位置。

实例操作043——制作水晶樱桃

案例文件	场景\Cha05\水晶樱桃.max	视频教学	视频教学\Cha05\水晶樱桃.avi
视频长度	6分15秒	难易指数	★★★☆☆

下面我们将使用“编辑网格”制作水晶樱桃，效果如图5-45所示。

图5-45

1 首先在“顶”视图中创建球体，设置合适的参数，如图5-46所示。

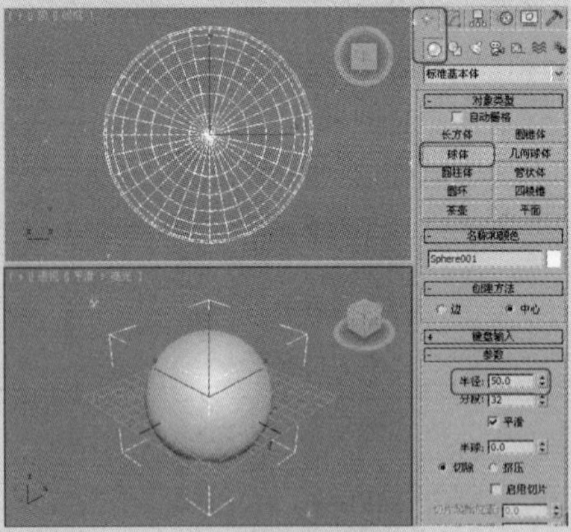

图5-46

2 在“前”视图中创建可渲染的样条线，设置合适的渲染“厚度”，并为样条线施加“编辑网格”修改器，定义选择集为“顶点”，勾选“使用软选择”复选框，设置其参数，并在场景中缩放顶点，如图5-47所示。

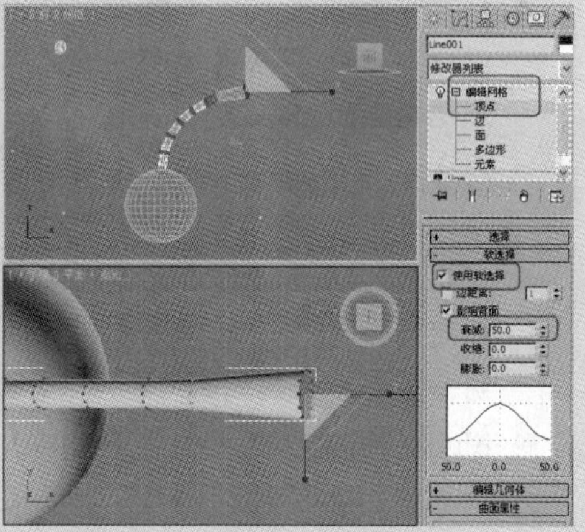

图5-47

3 调整模型的顶点后，为模型施加“网格平滑”修改器，设置合适的参数，如图5-48所示。

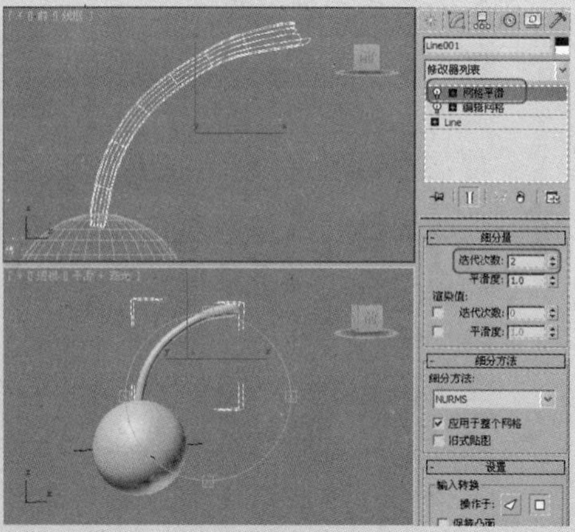

图5-48

4 在“前”视图中创建长方体，设置合适的参数和分段数，如图5-49所示。

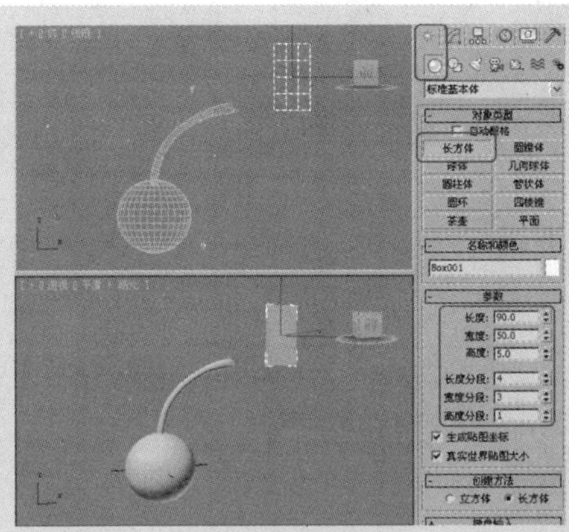

图5-49

5 为长方体施加“编辑网格”修改器，将选择集定义为“顶点”，在“前”视图中调整顶点，如图5-50所示。

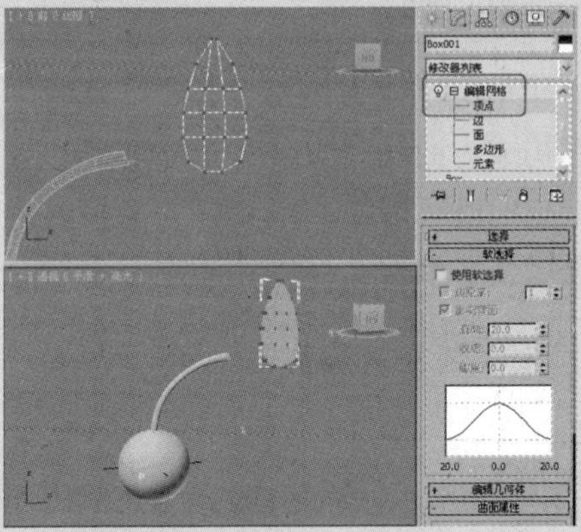

图5-50

6 将选择集定义为“多边形”，在场景中设置底端中间的多边形的“挤出”，如图5-51所示。

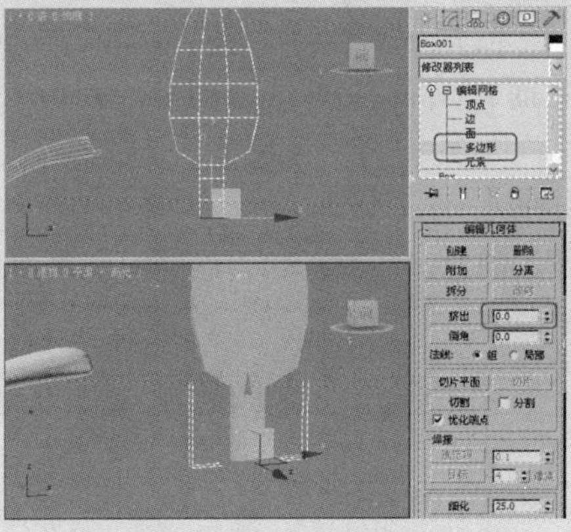

图5-51

7 将选择集定义为“顶点”，在场景中调整顶点如图5-52所示。

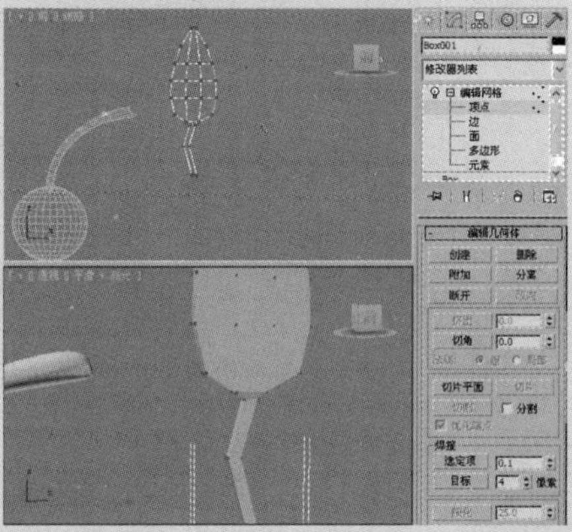

图5-52

8 为模型施加“涡轮平滑”，使用默认的参数；并为模型施加“FFD3×3×3”修改器，将选择集定义为“控制点”，在场景中调整控制点如图5-53所示。

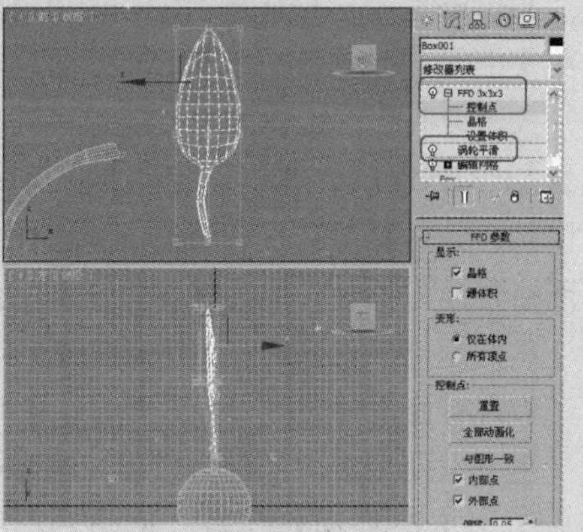

图5-53

9 在场景中组合模型，如图5-54所示。

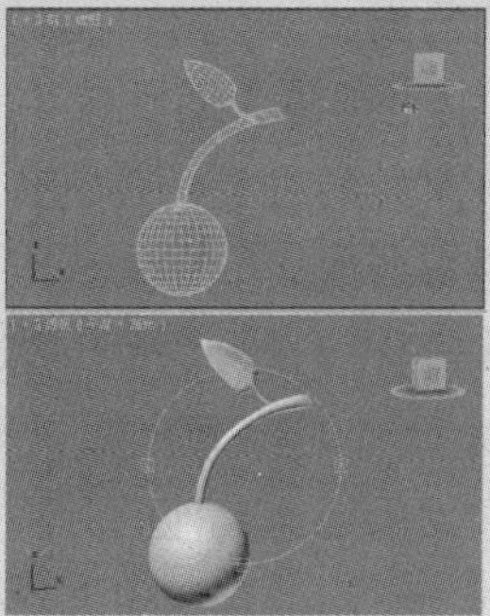

图5-54

10 在场景中复制并调整模型，如图5-55所示。

图5-55

5.3 NURBS建模

NURBS曲面建模方式是最为复杂、最难以掌握的，但它的优势是能够创建和表现较为复杂、精细、光滑、准确的曲面模型，本节将介绍NURBS建模。

5.3.1 NURBS建模简介

NURBS是Non-Uniform Rational B-Spline的英文缩写，是非统一有理B样条曲线的意思，大多数高级三维软件都支持这种建模方式。NURBS建模方式能够完美地表现出曲面模型，并且易于修改和调整，能够比传统的网格建模方式更好地控制物体表面的曲线度，从而创建出更逼真、更生动的造型，最适于表现有光滑外表的曲面造型。

也可以使用多边形网格或面片来建模曲面。与NURBS曲面作比较，网格和面片具有以下缺点。

（1）使用多边形可使其很难确定创建复杂的弯曲曲面。

（2）由于网格为面状效果，因此面状出现在渲染对象的边上，必须有大量的小面来渲染平滑弯曲面。

NURBS建模的缺点在于它通常只适用于制作较为复杂的模型。如果模型比较简单，使用它反而要比其他的方法需要更多的拟合，另外，它不适合用来创建带有尖锐拐角的模型。

NURBS造型系统由点、曲线和曲面三种元素构成，曲线和曲面又分为标准和CV型，创建它们既可以在（创建）面板内完成，也可以在一个NURBS造型内部完成。

注意 可以将任何模型转换为NURBS。

5.3.2 创建NURBS曲线和NURBS曲面

选择“（创建）|（图形）|NURBS曲线”工具，打开NURBS Curces（NURBS曲线）面板，如图5-110所示。其中包括“点曲线”和“CV曲线”两种类型。

点曲线：“点曲线”是由一系列点弯曲而构成的曲线，如图5-56所示，与“线”工具相同，鼠标右击完成创建，如图5-57所示。

“创建点曲线”卷展栏中的选项的功能介绍如下。

- 步数：设置两点之间的片段数目。值越高，曲线越圆滑。
- 优化：对两点之间的片段数进行优化处理。

- 自适应：由系统自动指定片段数，以产生光滑的曲线。
- 在所有视口中绘制：勾选该复选框，可以在所有的视图中绘制曲线。

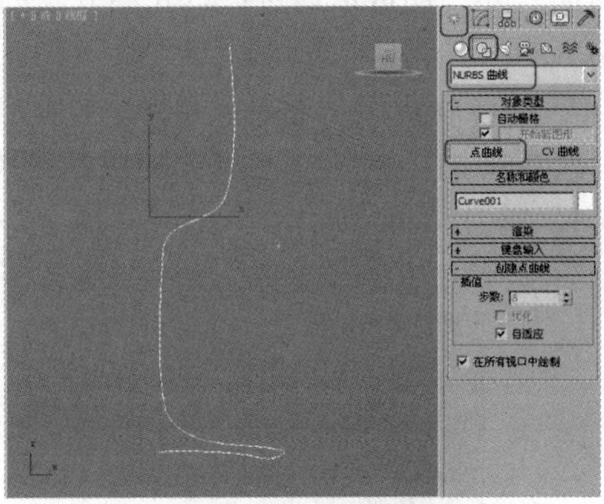

图5-56

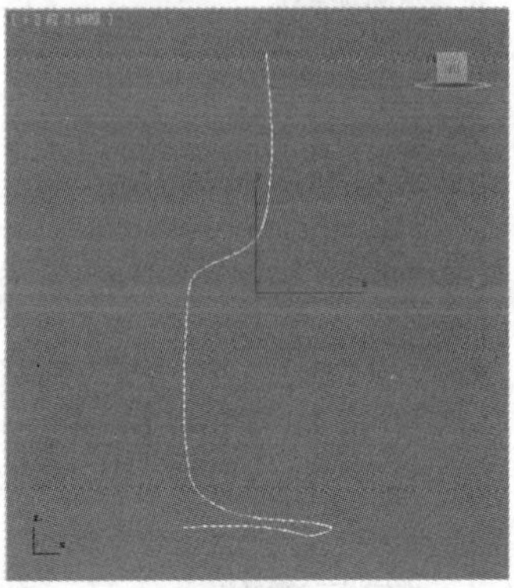

图5-57

CV曲线："CV曲线"的参数设置与"点曲线"完全相同，这里就不再作介绍。如图5-58所示为创建的CV曲线。

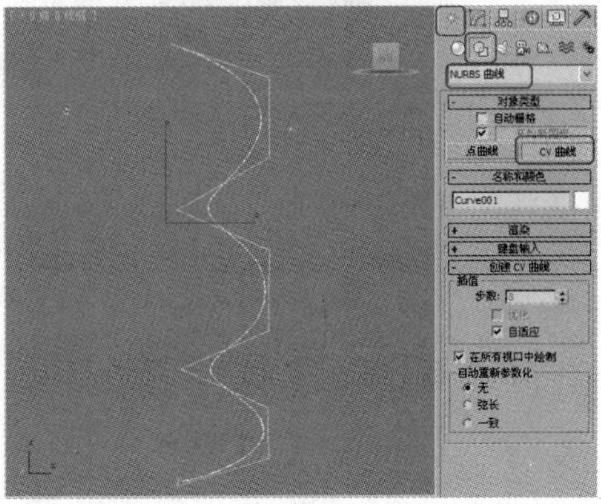

图5-58

选择"（创建）|（几何体）| NURBS曲面"工具，打开"NURBS曲面"面板，"NURBS曲面"中包括"点曲面"和"CV曲面"两种。

点曲面："点曲面"是由矩形点的阵列构成的曲面，如图5-59所示。点存在于曲面上，创建时可以修改它的长度、宽度以及各边上的点。

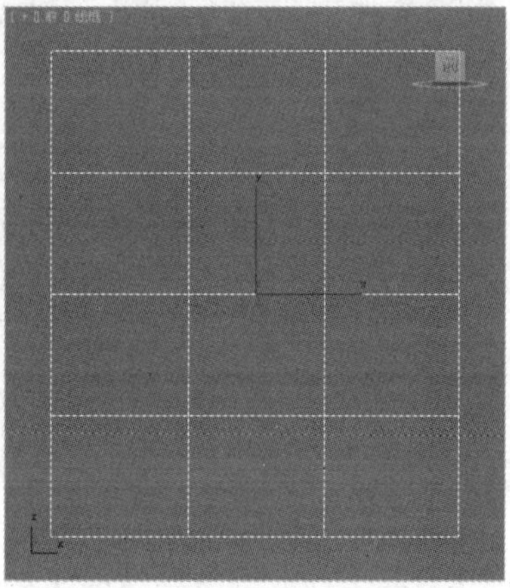

图5-59

创建点曲面后，可以在"创建参数"卷展栏中进行调整，如图5-60所示。

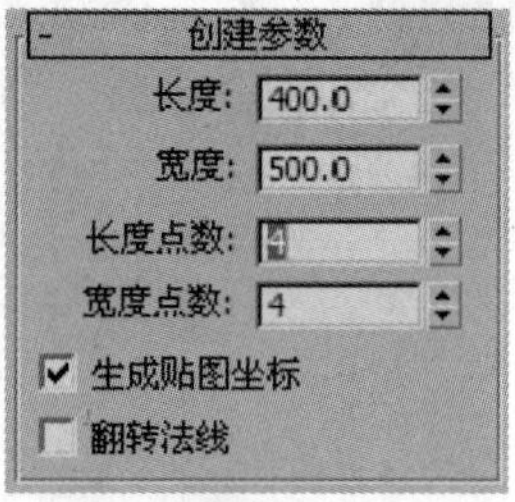

图5-60

"创建参数"卷展栏中的选项的功能介绍如下。

- 长度、宽度：用来设置曲面的长度和宽度。
- 长度点数：设置长度上点的数量。
- 宽度点数：设置宽度上点的数量。
- 生成贴图坐标：生成贴图坐标，以便可以将设置贴图的材质应用于曲面。
- 翻转法线：勾选该复选框可以反转

曲面法线的方向。

“CV曲面”：该曲面是由可以控制的点组成的曲面，这些点不存在于曲面上，而是对曲面起到控制作用，每一个控制点都有权重值可以调节，以改变曲面的形状，如图5-61所示。

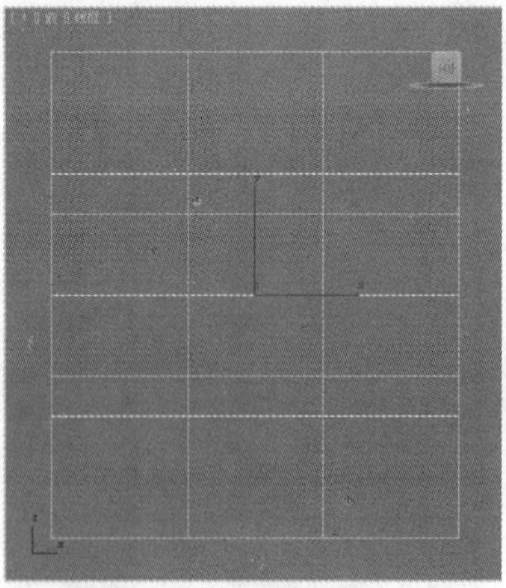

图5-61

创建点曲面后，可以在“创建参数”卷展栏中进行调整，如图5-62所示。

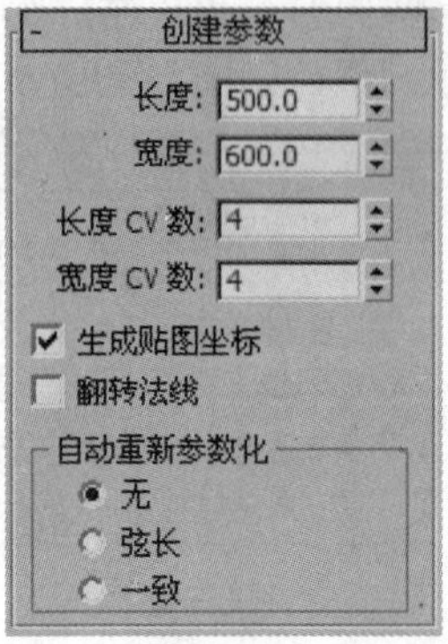

图5-62

“创建参数”卷展栏中的选项的功能介绍如下。

- 长度CV数：曲面长度沿线的CV数。
- 宽度CV数：曲面宽度沿线的CV线。
- 无：不重新参数化。
- 弦长：选择要重新参数化的弦长算法。
- 一致：按一致的原则分配控制点。

5.3.3 NURBS命令面板和工具箱

除了使用“（创建）|（几何体）面板中的“NURBS曲线”和“NURBS曲面”外，还可以通过以下几种方法创建NURBS模型。

（1）在视图创建一个标准基本体，然后选择基本体并右击，在弹出的快捷菜单中选择“转换为|转换为NURBS”命令，如图5-63所示。

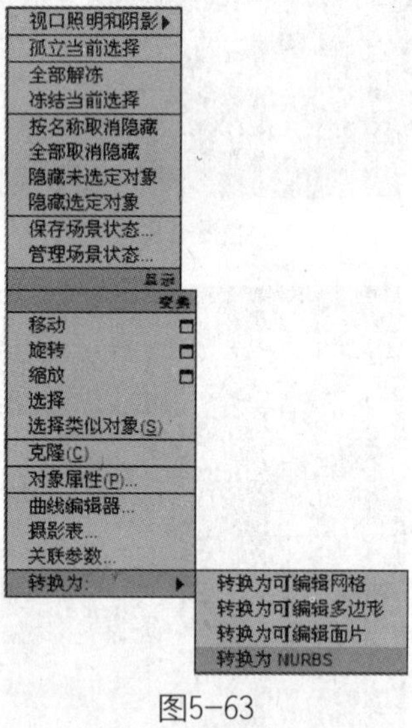

图5-63

（2）创建标准基本体后，在（修改）面板中的基本体名称上右击，在弹出的快捷菜单中选择“NURBS”命令，如图5-64所示。

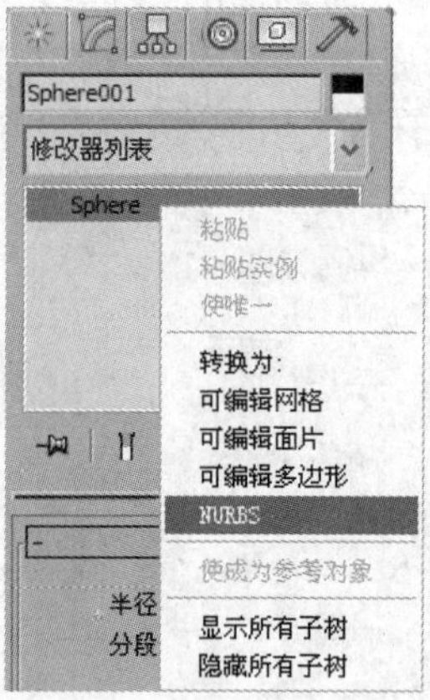

图5-64

同样，样条线也可以转换为NURBS。创建NURBS对象后，在（修改）面板中可以通过如图5-65所示卷展栏中的工具进行编辑。

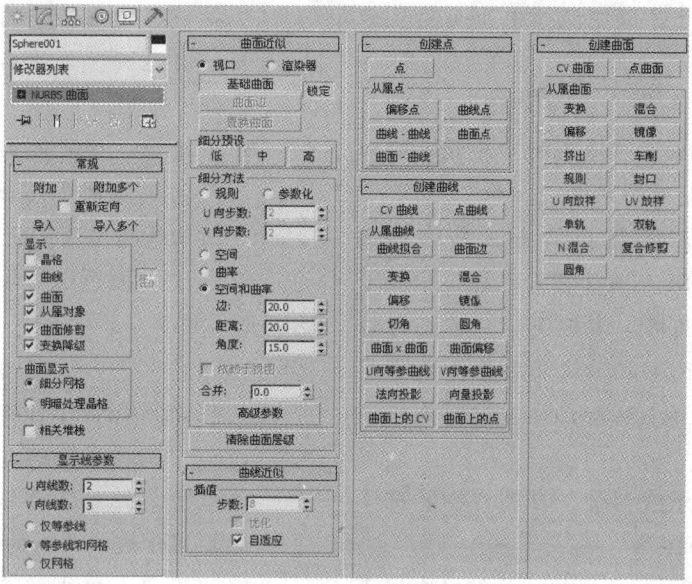

图5-65

（1）“常规”卷展栏中的选项功能介绍如下。

- 附加：将另一个对象附加到NURBS对象上。
- 附加多个：将多个对象附加到NURBS曲面上。
- 重新定向：移动并重新定向正在附加或导入的对象，这样其局部坐标系的创建就与NURBS对象局部坐标系的创建相对齐。
- 导入：将另一个对象导入到NURBS对象上。与“附加”操作类似，但是导入对象保留其参数和修改器。
- 导入多个：导入多个对象。与“附加多个”操作类似，但是导入对象保留其参数和修改器。
- 显示：控制着对象在视口中的显示方式。
- 晶格：勾选该复选框后，以黄色线条显示控制晶格，如图5-66所示。

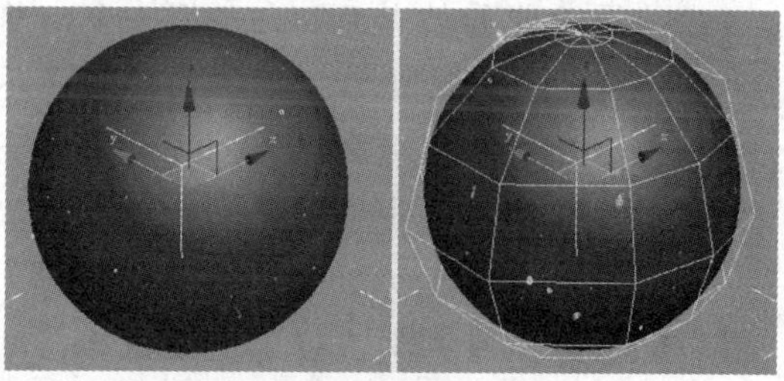

图5-66

- 曲线：勾选该复选框后，显示曲线。
- 曲面：勾选该复选框后，显示曲面。
- 从属对象：勾选该复选框后，显示从属子对象。
- 曲面修剪：勾选该复选框后，显示曲面修剪。取消勾选该复选框后，显示整个曲面，即便它被修剪过。
- 变换降级：勾选该复选框后，变换NURBS曲面可以降级其着色视口中的显示以保存时间。这与用于播放动画的降级覆盖按钮相似。可以禁用此切换以便在变换曲面时总保持对曲面着色，但这样做的结果是使变换花费更长时间。

- 曲面显示：该选项组只对曲面有效，用于选择在视口中曲面的显示方式。
- 细分网格：单击该单选按钮后，NURBS曲面在着色视口中显示为细分非常精确的网格。
- 明暗处理晶格：单击该单选按钮后，NURBS曲面在着色视口中显示为着色晶格。线框视口在不进行着色的情况下显示曲面晶格。着色晶格对NURBS曲面的CV控制晶格进行染色。

（2）“显示线参数”卷展栏中的选项的功能介绍如下。

- U向线数、V向线数：是视口中用于近似NURBS曲面的线条数，分别沿着曲面的局部U向维度和V向维度。减少这些值会加快曲面的显示速度，但是却能够降低显示的精确性；增加这些值会提高精确性，但是却以时间为代价。
- 仅等参线：单击该单选按钮后，所有视口将显示曲面的等参线表示。
- 等参线和网格：单击该单选按钮后，线框视口将显示曲面的等参线表示，而着色视口将显示着色曲面。
- 仅网格：单击该单选按钮后，线框视口将曲面显示为线框网格，而着色视口将显示着色曲面。

（3）“曲线近似”卷展栏中的选项功能介绍如下。

- 步数：用于近似每个曲线段的最大线段数。
- 优化：勾选该复选框以优化曲线。勾选该复选框后，除非两条线段位于同一条直线上（这种情况下这些线段将转化为一条线段），否则插值将使用特定的“步数”值。当“自适应”处于启用状态时，此控件不可用。
- 自适应：线段处曲率最大时曲线指定的线段更多，而线段处曲率更小时曲线指定的线段更少。

（4）“曲面近似”卷展栏中的选项的功能介绍如下。

- 视口：单击该单选按钮后，该卷展栏会影响NURBS对象中的曲面在视口中交互显示的方式（包括着色视口），并且还会影响通过预览渲染器显示这些曲面的方式。
- 渲染器：单击该单选按钮后，卷展栏会影响渲染器显示NURBS对象中曲面的方式。
- 基础曲面：设置会影响整个曲面。这是默认设置。
- 曲面边：启用时，可以设置近似值，以供细化修剪曲线定义的曲面边时使用。禁用锁定时，曲面和边的细化值彼此无关。
- 置换曲面：启用时，可以为已应用位移贴图的曲面设置第三个独立的近似设置。只有单击“渲染器”按钮，才能使用该选项。
- 细分预设：用于选择低、中或高质量的预设曲面近似值。
- 低：选择低质量（相对）曲面近似。
- 中（视口和渲染的默认值）：选择质量中等的曲面近似。
- 高：选择质量高的曲面近似。
- 细分方法：如果已经选择上述“视口”，该组中的控件会影响

NURBS 曲面在视口中的显示；如果已经选择上述“渲染器”，这些控件还会影响该渲染器显示曲面的方式。

● 规则：根据“U向步数”、“V向步数”通过曲面生成固定的细化。增加这些参数时，可以提高准确性，但会降低速度，反之亦然。

● 参数化：根据“U向步数”、“V向步数”生成自适应细化。使用“参数化”方法时，如果“U向步数”和“V向步数”的值不高，通常可以得到理想的结果。

● 空间：生成由三角形面组成的统一细化。

● 曲率（默认设置）：根据曲面的曲率生成可变的细化。如果使曲面更加弯曲，则细化的纹理将更加精致。动态更改曲面曲率时，将会更改曲率的细化。

● 空间和曲率：通过所有三个值使空间（边长）方法和曲率（距离和角度）方法完美结合。

● 边：该参数可以在细化时指定三角形的最大长度。

● 距离：该参数可以指定近似值偏离实际NURBS曲面的远近程度。

● 角度：该参数可以在计算近似值时指定各面之间的最大角度。

● 依赖于视图（仅限“渲染器”）：启用时，要在计算细化期间考虑对象到摄影机的距离。从而可以通过对渲染场景距离范围内的对象不生成纹理细密的细化来缩短渲染时间。只有渲染摄影机或透视视口时，才能使用依赖于视图的效果。该效果不适用于正交视图。激活“视口”时，将会禁用该控件。

● 合并：控制对边处于连接或近乎连接状态的曲面子对象的细化。

● 高级参数：单击时，可以显示“高级曲面近似”对话框，如图5-67所示。

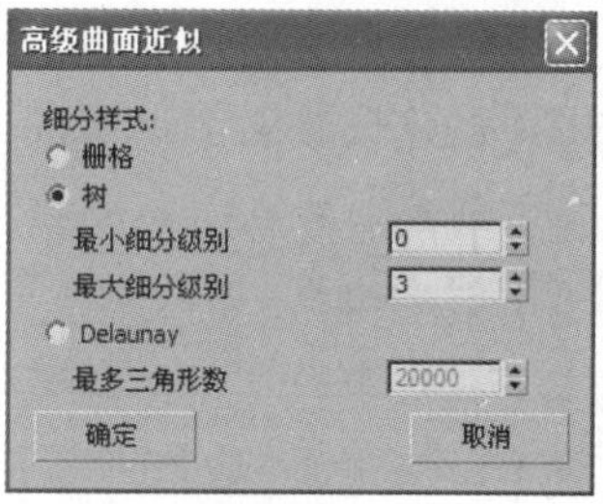

图5-67

● 清除曲面层级（仅限顶级曲面）：清除分配给各个曲面子对象的所有曲面近似设置。

注意 其中卷展栏中的“创建点”、“创建曲线”和“创建曲面”卷展栏与NURBS工具箱中的命令相同。下面我们将在NURBS中介绍该卷展栏中的相同命令。

除了这些卷展栏工具外，3ds Max还提供了大量的快捷键工具，单击“常规”卷展栏中的 （NURBS创建工具箱）按钮，可以打开如图5-68所示的面板工具。

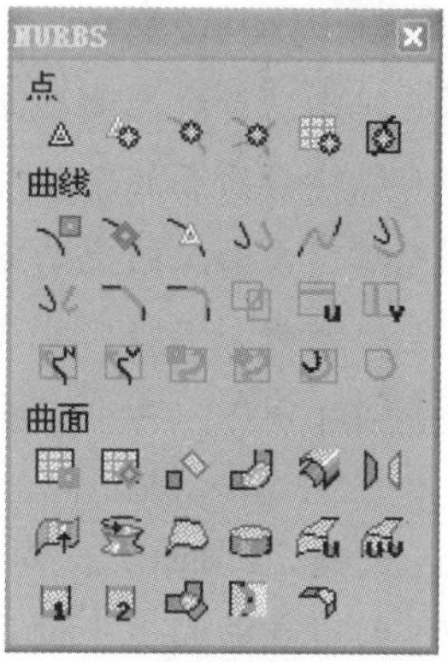

图5-68

工具箱中包含用于创建 NURBS 子对象的按钮。启用 （NURBS创建工具箱）按钮后，只要选择NURBS对象或子对象，并切换到（修改）面板中，就可以看到工具箱。只要取消选择NURBS对象或使其他的面板处于活动状态，工具箱就会消失。当返回到（修改）面板，并选择NURBS对象之后，工具箱又会再次出现。

下面我们将着重介绍一下NURBS工具箱。

（5）NURBS创建工具箱中的选项的功能介绍如下。

- 点

（创建点）：创建单独的点。

（创建偏移点）：创建从属偏移点。

（创建曲线点）：创建从属的曲线点。

（创建曲线-曲线点）：创建从属曲线－曲线相交点。

（创建曲面点）：创建从属曲面点。

（创建曲面-曲线点）：创建从属曲面－曲线相交点。

- 曲线

（创建CV曲线）：创建一个独立CV曲线子对象。

（创建点曲线）：创建一个独立点曲线子对象。

（创建模拟曲线）：创建一个从属拟合曲线（与曲线拟合按钮相同）。

（创建变换曲线）：创建一个从属变换曲线。

（创建混合曲线）：创建一个从属混合曲线。

（创建偏移曲线）：创建一个从属偏移曲线。

（创建镜像曲线）：创建一个从属镜像曲线。

（创建切角曲线）：创建一个从属切角曲线。

（创建圆角曲线）：创建一个从属圆角曲线。

（创建曲面-曲面相交曲线）：创建一个从属曲面-曲面相交曲线。

（创建U向等参曲线）：创建一个从属U向等参曲线。

（创建V向等参曲线）：创建一个从属V向等参曲线。

（创建法相投影曲线）：创建一个从属法相投影曲线。

（创建向量投影曲线）：创建一个从属矢量投影曲线。

（创建曲面上的CV曲线）：创建一个从属曲面上的CV曲线。

（创建曲面上的点曲线）：创建一个从属曲面上的点曲线。

（创建曲面偏移曲线）：创建一个从属曲面偏移曲线。

（创建曲面边曲线）：创建一个从属曲面边曲线。

- 曲面

（创建CV曲面）：创建独立的CV曲面子对象。

（创建点曲面）：创建独立的点曲面子对象。

（创建变换曲面）：创建从属变换曲面。

（混合曲面）：创建从属混合曲面。

（创建偏移曲面）：创建从属偏移曲面。

（创建镜像曲面）：创建从属镜像曲面。

（创建挤出曲面）：创建从属挤出曲面。

（创建车削曲面）：创建从属车削曲面。

（创建规则曲面）：创建从属规则曲面。

（创建封口曲面）：创建从属封口曲面。

（创建U向放样曲面）：创建从属U向放样曲面。

（创建UV放样曲面）：创建从属UV放样曲面。

（创建单轨扫描）：创建从属单轨扫描曲面。

（创建双轨扫描）：创建从属双轨扫描曲面。

（创建多边混合曲面）：创建从属多边混合曲面。

（创建多重曲线修剪曲面）：创建从属多重曲线修剪曲面。

（创建圆角曲面）：创建从属圆角曲面。

实例操作044—— 制作花瓶

案例文件	场景\Cha05\花瓶.max	视频教学	视频教学\Cha05\花瓶.avi
视频长度	7分57秒	难易指数	★★★☆☆

下面我们以一个简单的实例来对NURBS建模有更深的了解，其中将主要使用到（创建U向放样曲面）、（创建封口曲面）工具。效果如图5-69所示。

图5-69

1 在"顶"视图中创建圆，设置合适的参数，如图5-70所示。

2 在场景中移动复制圆，并在场景中修改图形的大小，如图5-71所示。

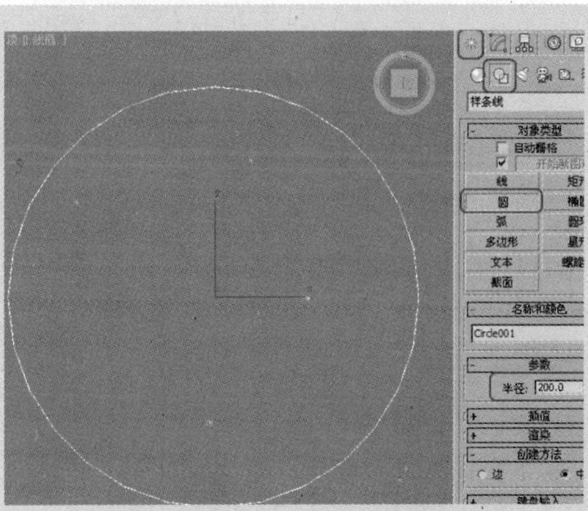

图5-70

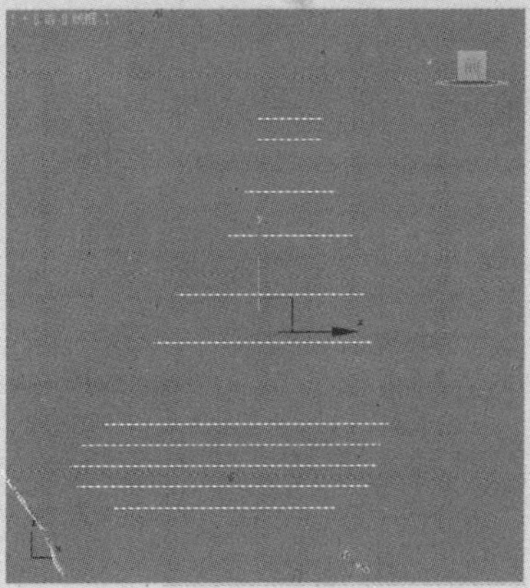

图5-71

3 在场景中选择Circle001，在场景中右击图形，在弹出的快捷菜单中选择“转换为｜转换为NURBS”命令，如图5-72所示。

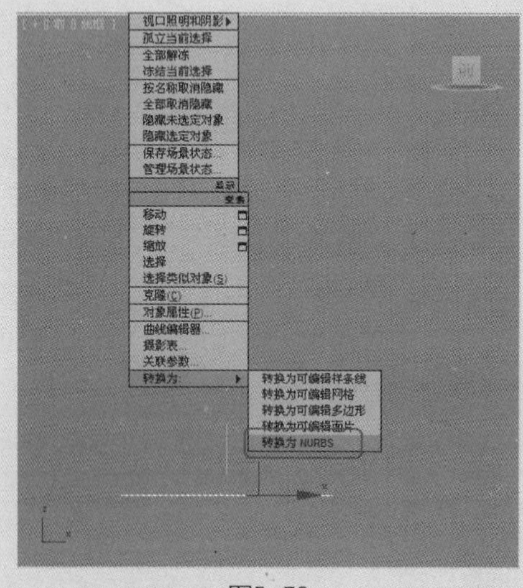

图5-72

4 切换到（修改）面板，在“常规”参数卷展栏中单击“附加多个”按钮，在弹出的“附加多个”对话框中全选图形，单击“附加”按钮，将其附加，如图5-73所示。

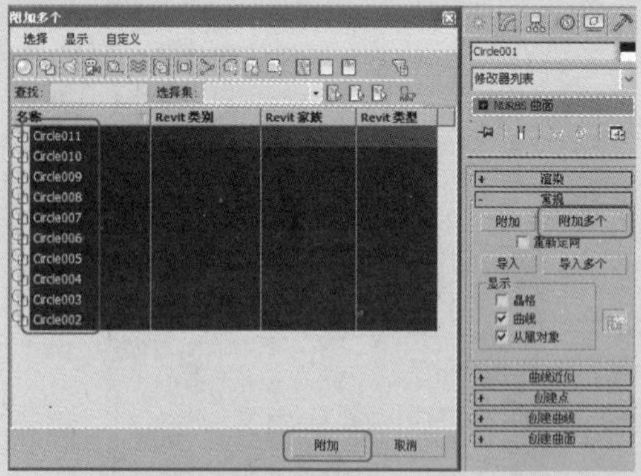

图5-73

5 在NURBS工具箱中单击（创建U向放样曲面）工具，在场景中依次单击圆形，如图5-74所示。

6 放样完成的曲面如图5-75所示。

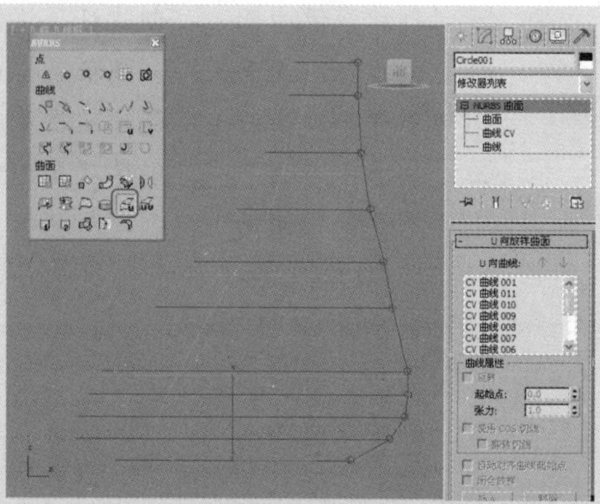

图5-74

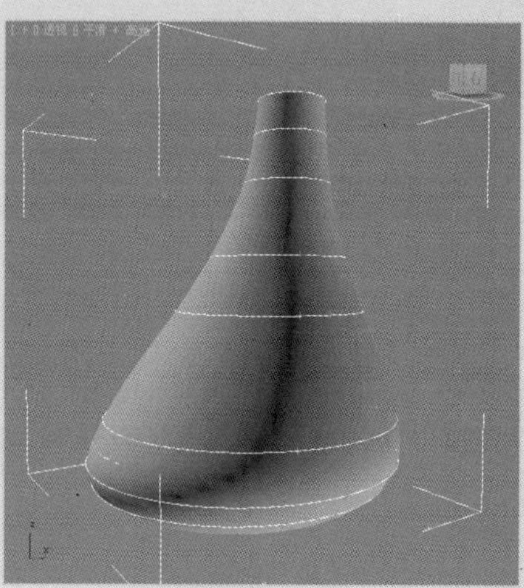

图5-75

注意 如果对制作的模型不满意，可以在修改器堆栈中定义选择集为“曲线”，在场景中调整“曲线”的位置和大小。通过NURBS的选择集可以在场景中对子物体层级进行移动、缩放、旋转、复制等操作，这里就就不详细介绍NURBS的子物体层级了。

7 在NURBS工具箱中单击（创建封口曲面）工具，在底端的曲线上单击创建封口，得到如图5-76所示的效果。

8 为模型施加“壳”修改器，设置合适的参数，如图5-77所示。

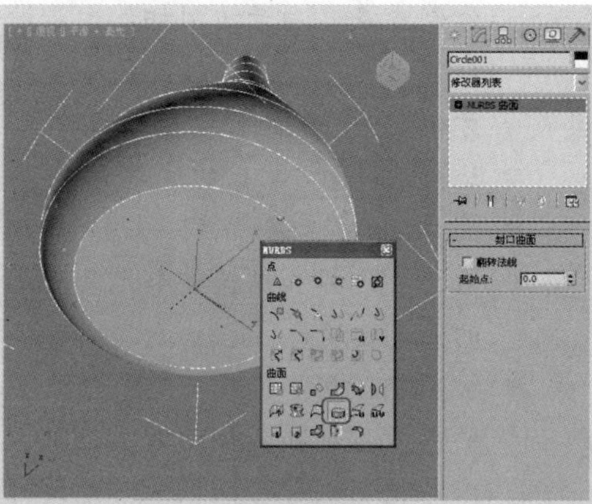

图5-76

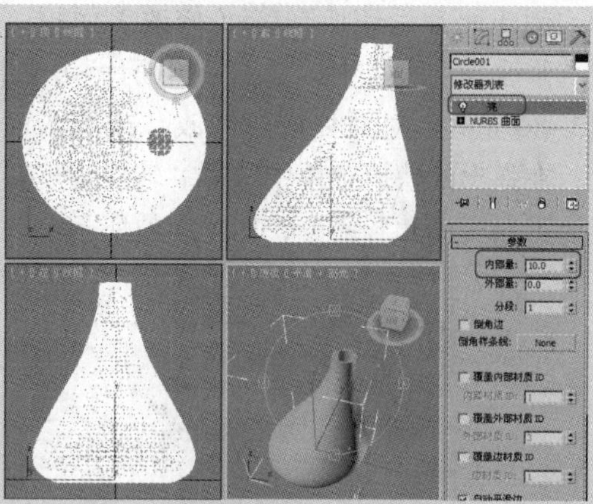

图5-77

5.4 面片建模

在3ds Max学习过程中，面片建模属于高级建模，但相对于NURBS面片建模，学习面片建模要简单得多。因为面片建模中没有太多的命令，经常用到的无非就是添加三角形面片、添加矩形面片和焊接命令。但这种建模方式对设计者的空间感要求较高，而且要求设计者对模型的形体结构有最充分的认识，最好可以参照实物模型。这种建模方式是偏重设计者艺术修养的一种建模方式。在面片建模学习过程中，设计者艺术修养是一方面，而设计者的耐心是决定模型精细程度的另一方面。

5.4.1 面片建模简介

面片建模是一种表面建模方式，即通过面片栅格制作表来对其进行任意修改而完成模型的创建工作。在3ds Max 2012中，创建面片的种类有两种：四边形面片和三角形面片。这两种面片的不同之处是它们的组成单元不同，前者为四边形，后者为三角形。

在 （创建）面板中的“面片栅格”子面板中的“对象类型”卷展栏中选择面片的类型，如图5-78所示。选择面片类型后，在场景中创建面片，如图5-79所示。

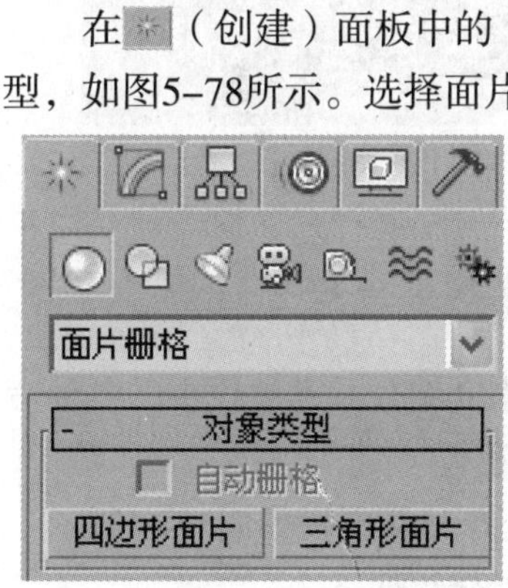

图5-78

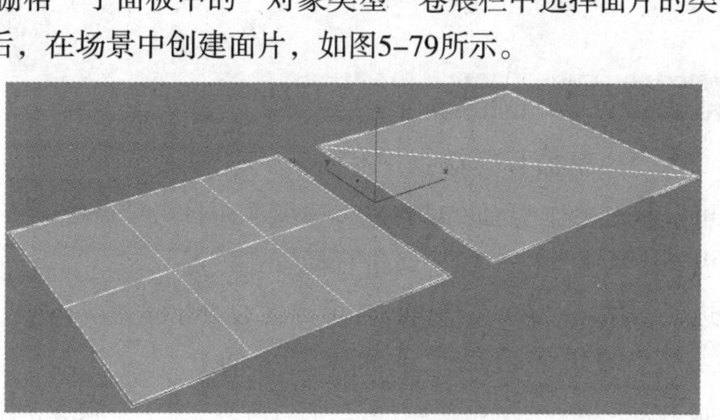

图5-79

创建面片后切换到 （修改）面板，在“修改器列表”中选择“编辑面片”，如图5-80所示。对面片进行修改，或右击面片，在弹出的快捷菜单中选择“转换为｜转换为可编辑面片”命令，如图5-81所示。

图5-80

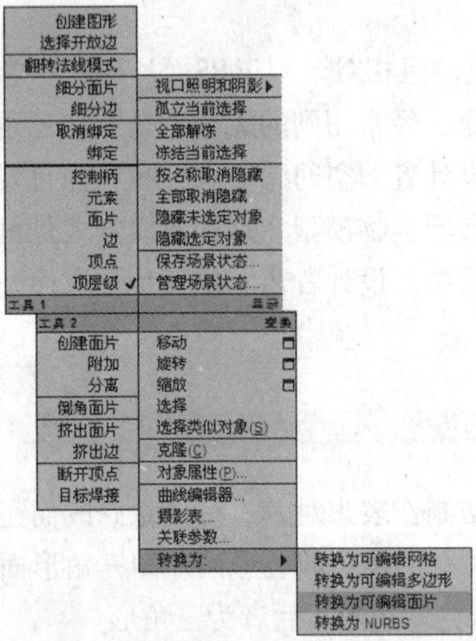

图5-81

5.4.2 子物体层级

“编辑面片”提供了各种控件，不仅可以将对象作为面片对象进行操纵，而且可以在下面五个子对象层级进行操纵：顶点、边、面片、元素、控制柄，如图5-82所示。

“编辑多边形”子物体层级的介绍如下。

- 顶点：用于选择面片对象中的顶点控制点及其向量控制柄。向量控制柄显示为围绕选定顶点的小型绿色方框。
- 边：选择面片对象的边界边。
- 面片：选择整个面片。
- 元素：选择和编辑整个元素。元素的面是连续的。
- 控制柄：用于选择与每个顶点关联的向量控制柄。位于该层级时，可以对控制柄进行操纵，而无须对顶点进行处理，如图5-83所示。

图5-82

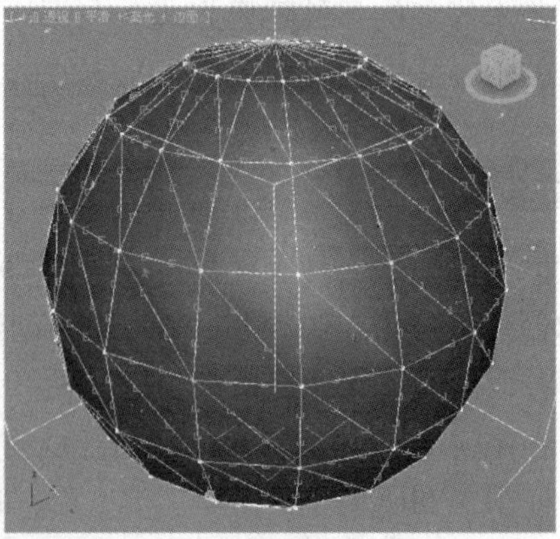

图5-83

5.4.3 公共参数卷展栏

下面我们来介绍公共卷展栏中的各种命令和工具的应用。

（1）“选择”卷展栏如图5-84所示，部分选项的功能介绍如下。

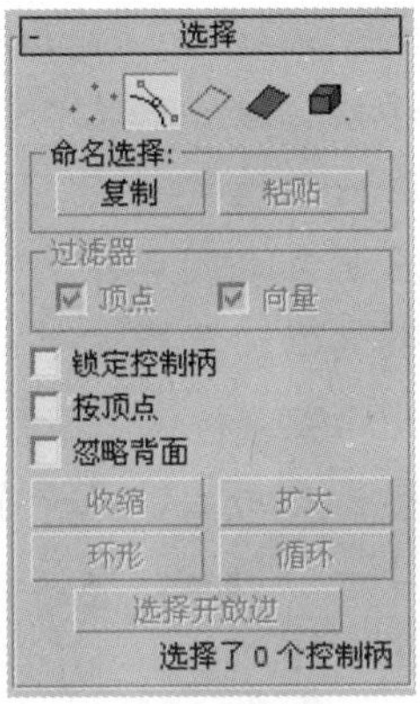

图5-84

- 命名选择：这些功能可以与命名的子对象选择集结合使用。
- 复制：将命名子对象选择置于复制缓冲区。单击该按钮后，从显示的“复制命名选择”对话框中选择命名的子对象选择。
- 粘贴：从复制缓冲区中粘贴命名的子对象选择。
- 过滤器：这两个复选框只能在“顶点”子对象层级使用。
- 顶点：勾选该复选框时，可以选择和移动顶点。
- 向量：勾选该复选框时，可以选择和移动向量。
- 锁定控制柄：只能影响角点顶点。将切线向量锁定在一起，以便于移动一个向量时，其他向量会随之移动。只有在“顶点”子对象层级时，才能使用该复选框。
- 按顶点：单击某个顶点时，将会选中使用该顶点的所有控制柄、边或面片，具体情况视当前的子对象层级而定。只有处于“控制柄”、“边”和“面片”子对象层级时，才能使用该复选框。
- 选择开放边：选择只由一个面片使用的所有边。只在“边”子对象层级下才可以使用。

（2）“几何体”卷展栏如图5-85所示，部分选项的功能介绍如下。

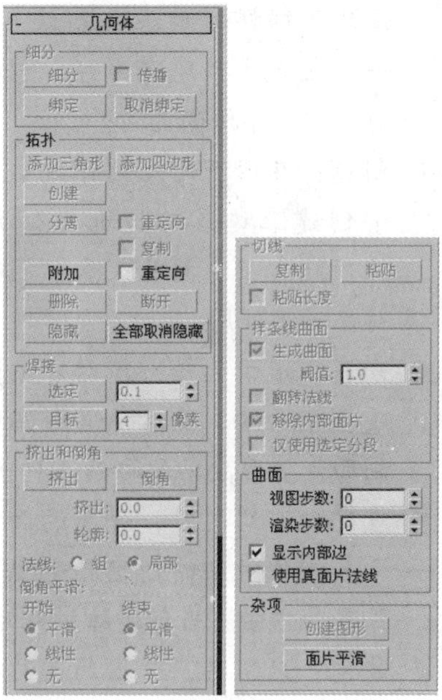

图5-85

- 细分组：仅限于顶点、边、面片和元素层级。
- 细分：细分所选子对象。
- 传播：该复选框时，将细分伸展到相邻面片。如果沿着所有连续的面片传播细分，连接面片时，可以防止面片断裂。
- 绑定：用于在两个顶点数不同的面片之间创建无缝无间距的连接。这两个面片必须属于同一个对象，因此，不需要先选中该顶点。单击“绑定”按钮，然后拖动一条从基于边的顶点（不是角顶点）到要绑定的边的直线。此时，如果光标在合法的边上，将会转变成白色的十字形状。
- 取消绑定：断开通过“绑定”连接到面片的顶点。选择该顶点，然后单击“取消绑定”按钮。

- 添加三角形、添加四边形：仅限于“边”层级。可以为某个对象的任何开放边添加三角形和四边形。在像球体那样的闭合对象上可以删除一个或者多个现有面片以创建开放边，然后添加新面片。
- 创建：在现有的几何体或自由空间中创建三边或四边面片。仅限于“顶点”、“面片”和“元素”子对象层级可用。
- 分离：用于选择当前对象内的一个或多个面片，然后使其分离（或复制面片）形成单独的面片对象。
- 重定向：启用时，分离的面片或元素复制源对象的创建局部坐标系的位置和方向（当创建源对象时）。
- 复制：启用时，分离的面片将会复制到新的面片对象，从而使原来的面片保持完好。
- 附加：用于将对象附加到当前选定的面片对象。
- 重定向：启用时，重定向附加元素，使每个面片的创建局部坐标系与选定面片的创建局部坐标系对齐。
- 删除：删除所选子对象。

注意 删除顶点和边时要谨慎。删除顶点和边的同时也删除了共享顶点和边的面片。例如，如果删除球体面片顶部的单个顶点，还会删除顶部的四个面片。

- 断开：对于顶点来说，将一个顶点分裂成多个顶点。
- 隐藏：隐藏所选子对象。
- 全部取消隐藏：还原任何隐藏子对象使之可见。
- 焊接：仅限于“顶点”和“边”层级。
- 选定：“焊接”阈值微调器（位于“焊接”按钮的右侧）指定的公差范围内的选定顶点。选择要在两个不同面片之间焊接的顶点，然后将该微调器设置有足够的距离，并单击“选定”按钮。
- 目标：启用后，从一个顶点拖动到另外一个顶点，以便将这些顶点焊接在一起。
- 挤出和倒角：使用这些控件，可以对边、面片或元素执行挤出和倒角操作。
- 挤出：单击此按钮，然后拖动任何边、面片或元素，以便对其进行交互式的挤出操作。

注意 执行“挤出”操作时按住Shift键以便创建新的元素。

- 倒角：单击该按钮，然后拖动任意一个面片或元素，对其执行交互式的挤出操作，再单击并释放鼠标按钮，然后重新拖动，对挤出元素执行倒角操作。
- 挤出：使用该微调器可以向内或向外设置挤出。
- 轮廓：使用该微调器可以放大或缩小选定的面片或元素。
- 法线：如果“法线”设置为“局部”，沿选定元素中的边、面片或单独面片的各个法线执行挤出。如果法线设置为“组”，沿着选定的连续组的平均法线执行挤出。
- 倒角平滑：使用这些设置，可以在通过倒角创建的曲面和邻近面片之间设置相交的形状。这些形状是由相交时顶点的控制柄配置决定的。“开始”是指边和倒角面片周围的面片的相交。“结束”是指边和倒角面片或面片的相交。

- 平滑：对顶点控制柄进行设置，使新面片和邻近面片之间的角度相对小一些。
- 线性：对顶点控制柄进行设置，以便创建线性变换。
- 无：不修改顶点控制柄。
- 切线：使用这些控件，可以在同一个对象的控制柄之间，或在应用相同“编辑面片”修改器距离的不同对象上复制方向或有选择地复制长度。该工具不支持将一个面片对象的控制柄复制到另外一个面片对象，也不支持在样条线和面片对象之间进行复制。
- 复制：将面片控制柄的变换设置复制到复制缓冲区。
- 粘贴：将方向信息从复制缓冲区粘贴到顶点控制柄。
- 粘贴长度：如果勾选该复选框，并且使用“复制”功能，则控制柄的长度也将被复制。如果勾选该复选框，并且使用“粘贴”功能，则将复制最初复制的控制柄的长度及其方向。
- 样条线曲面：应用“编辑面片”修改器的对象由样条线组成时，该组变为可用。
- 生成曲面：现有样条线创建面片曲面可以定义面片边。默认设置为启用。
- 阈值：确定用于焊接样条线对象顶点的总距离。
- 翻转法线：翻转面片曲面的朝向方向。默认设置为禁用状态。
- 移除内部面片：移除通常看不见的对象的内部面片。
- 仅使用选定分段：通过“曲面”修改器，仅使用在“编辑样条线”修改器或者可编辑样条线对象中选定的分段创建面片。默认设置为禁用状态。
- 视图步数：控制面片模型曲面的栅格分辨率，如视口中所述。
- 渲染步数：渲染时控制面片模型曲面的栅格分辨率。
- 显示内部边：使面片对象的内部边可以在线框视图内显示。
- 使用真面片法线：决定3ds Max平滑面片之间的边的方式。默认设置为禁用状态。
- 创建图形：创建基于选定边的样条线。仅限于“边”层级。
- 面片平滑：在子对象层级调整所选子对象顶点的切线控制柄，以便对面片对象的曲面执行平滑操作。

（3）“曲面属性”卷展栏如图5-86所示，各选项的功能介绍如下。

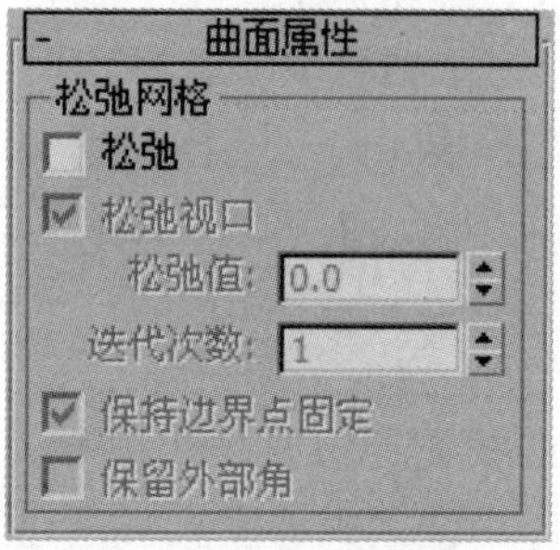

图5-86

- 松弛网格：从中设置松弛参数。与“松弛”修改器相类似。
- 松弛：勾选该复选框，启用“松弛”功能。
- 松弛视口：启用该复选框，可以在视口中显示松弛效果。
- 松弛值：控制移动每个迭代次数的顶点程度。
- 迭代次数：设置重复此过程的次

数。对每次迭代来说，需要重新计算平均位置，重新将“松弛值”应用到每一个顶点。

- 保持边界点固定：控制是否移动打开网格边上的顶点。默认设置为启用。
- 保留外部角：将顶点的原始位置保持为距对象中心的最远距离。

注意 选择子对象层级后，相应的面板和命令按钮将被激活，这些命令和面板与前面介绍的命令相同，下面就不重复介绍了。

5.4.4 “曲面”修改器

“曲面”修改器基于样条线网络的轮廓生成面片曲面。会在三面体或四面体的交织样条线分段的任何地方创建面片，如图5-87所示。

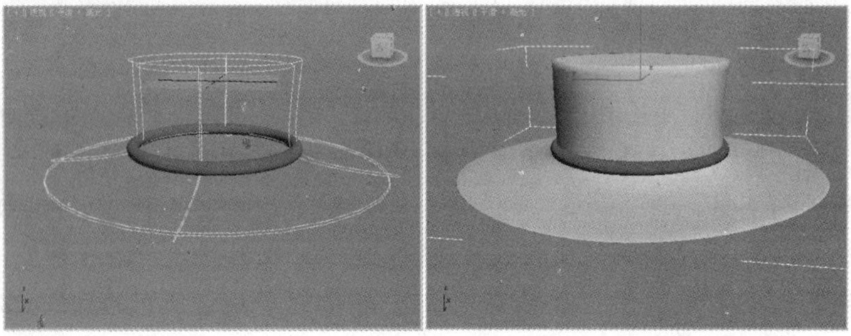

图5-87

使用“曲面”工具进行建模所做的大量工作主要是在“可编辑样条线”修改器或“编辑样条线”修改器中创建和编辑样条线。使用样条线和“曲面”修改器来建模的其中一个好处就是易于编辑模型。

1. 实例操作045—— 制作蘑菇

案例文件	场景\Cha05\梦幻蘑菇.max	视频教学	视频教学\Cha05\梦幻蘑菇.avi
视频长度	5分10秒	难易指数	★★★☆☆

下面我们通过实例来介绍“曲面”修改器的应用，效果如图5-88所示。

图5-88

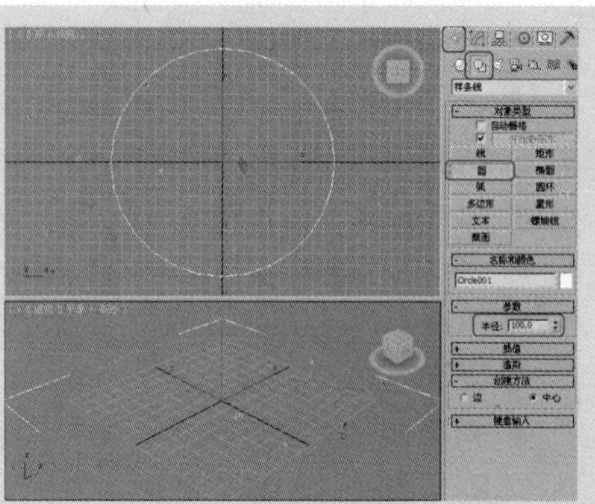

图5-89

1 在场景中创建圆，设置合适的参数，如图5-89所示。

2 在创建的圆上右击，在弹出的快捷菜单中选择“转换为 | 转换为可编辑样

条线”，如图5-90所示。

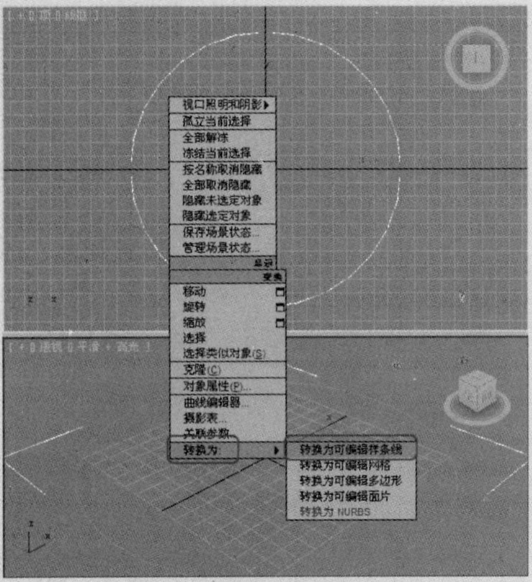

图5-90

3 将选择集定义为“样条线”，在“几何体”卷展栏中勾选“连接复制”组中的“连接”复选框，在“前”视图中按住Shift键移动复制样条线，如图5-91所示。

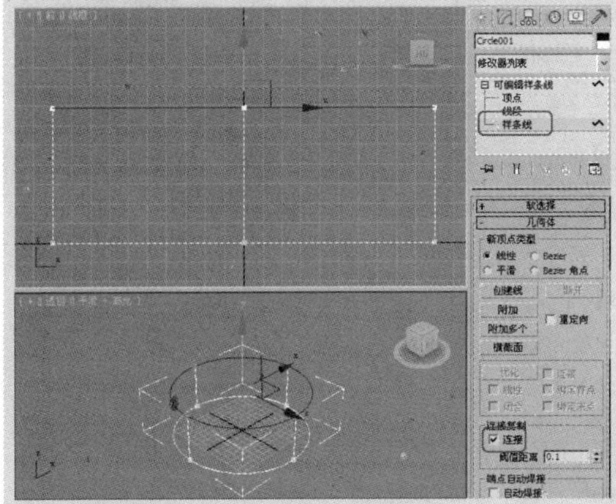

图5-91

4 继续复制，如图5-92所示。

5 取消勾选“连接复制”组中的“连接”复选框，在“软选择”卷展栏中勾选“使用软选择”复选框，并设置“衰减”参数为0.0，在场景中对样条线进行放大，如图5-93所示。

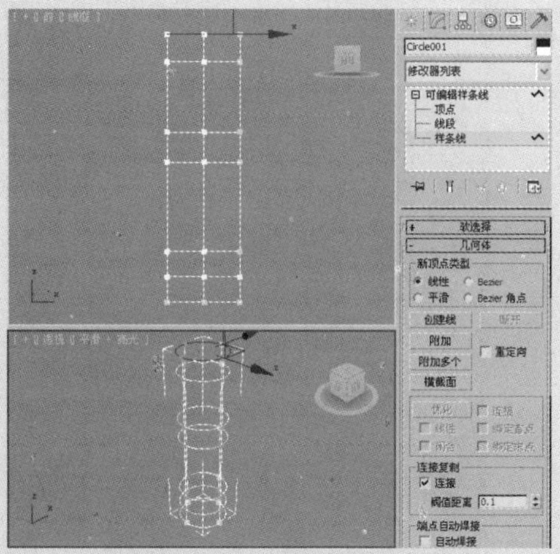

图5-92

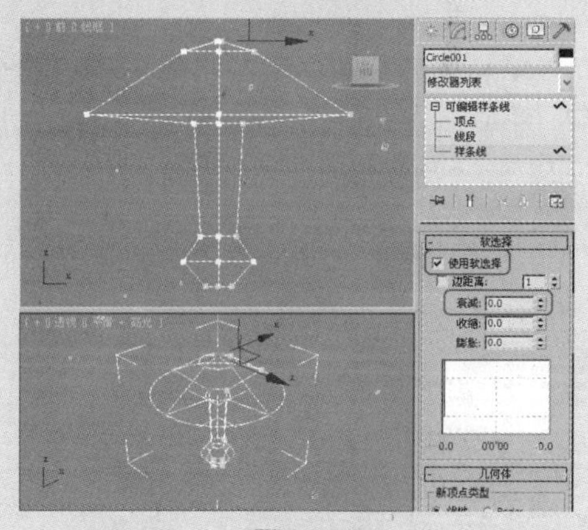

图5-93

6 将选择集定义为“顶点”，在场景中按Ctrl+A键全选顶点，然后右击，在弹出的快捷菜单中选择“平滑”命令，如图5-94所示。

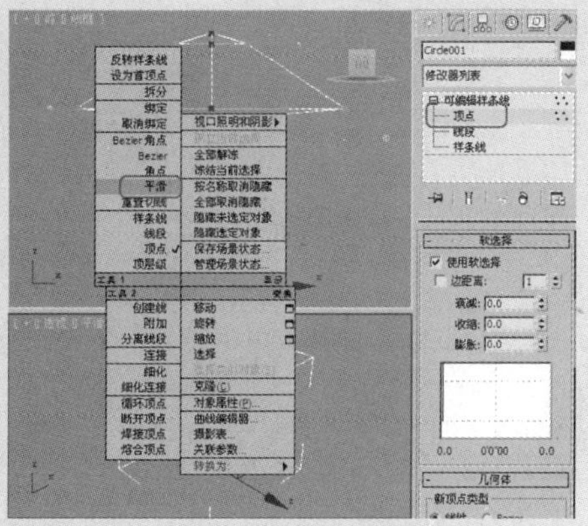

图5-94

7 平滑顶点后的效果如图5-95所示。

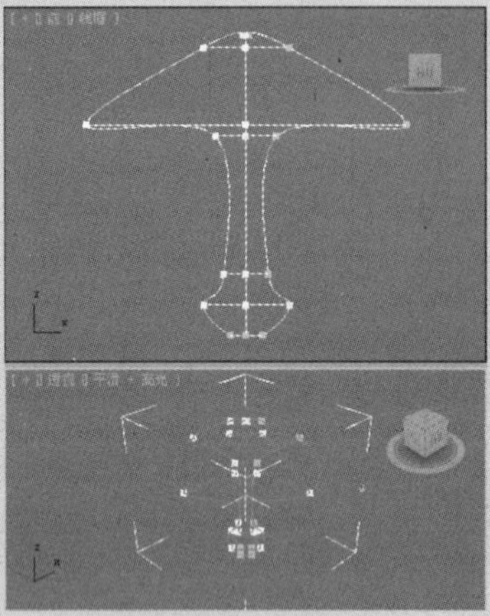

图5-95

8 全选顶点后右击，在弹出的快捷菜单中选择“Bezier”命令，如图5-96所示。

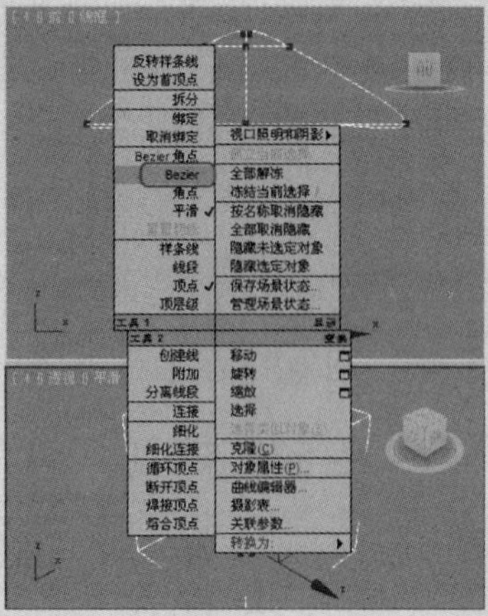

图5-96

9 在场景中通过顶点调整图形的形状，如图5-97所示。

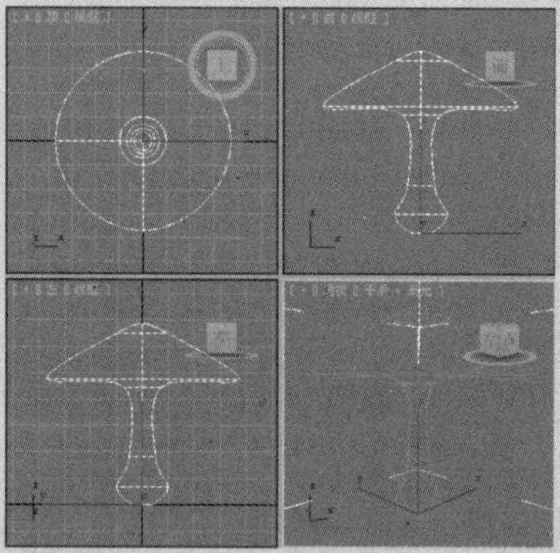

图5-97

10 关闭选择集，在修改器列表中选择“曲面”修改器，如图5-98所示。

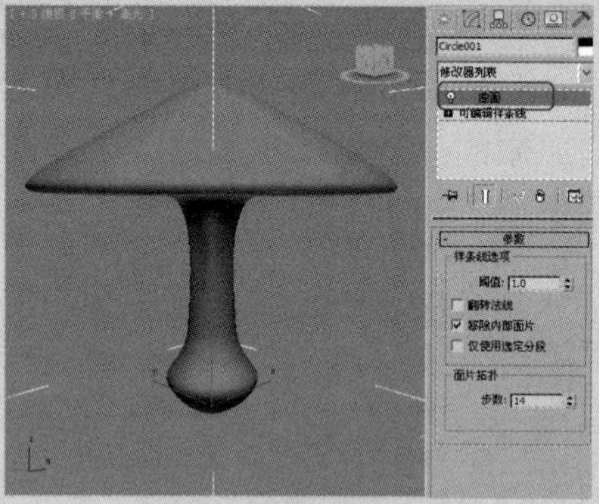

图5-98

11 复制并调整模型，可以为模型施加“弯曲”修改器，以使蘑菇变得自然些，如图5-99所示。

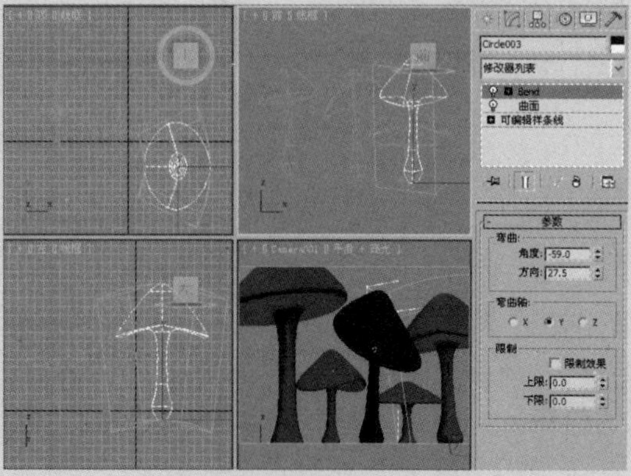

图5-99

2. 选项介绍

图5-98“参数”卷展栏中的选项的功能介绍如下。

- 阈值：确定用于焊接样条线对象顶点的总距离。
- 翻转法线：翻转面片曲面的法线方向。
- 移除内部面片：移除通常看不见的对象的内部面片。
- 仅使用选定分段：“曲面”修改器只使用“编辑样条线”修改器中选定的分段来创建面片。
- 步数：步数字段微调器用以确定在每个顶点间使用的步数。步数值越高，所得到的顶点之间的曲线就越平滑。

5.5 综合演练——杯子

案例文件	场景\Cha05\杯子.max	视频教学	视频教学\Cha05\杯子.avi
视频长度	5分25秒	难易指数	★★★☆☆

下面介绍使用“可编辑多边形”制作杯子模型，效果如图5-100所示。

图5-100

1 在“顶”视图中创建圆柱体，设置合适的参数，如图5-101所示。

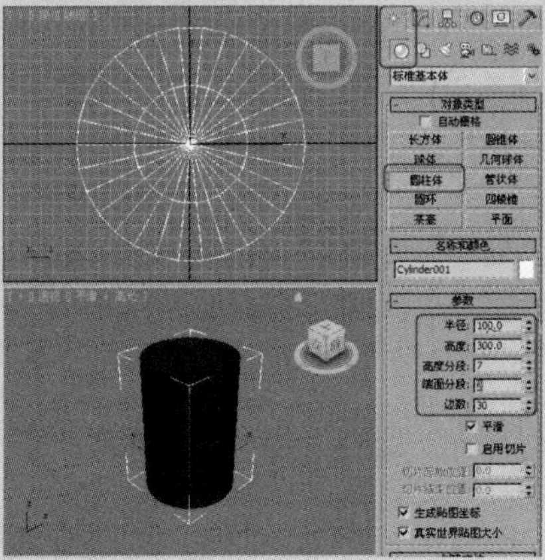

图5-101

2 在场景中右击，在弹出的快捷菜单中选择“转换为｜可编辑多边形”命令，将选择集定义为“顶点”，在场景中选择顶点，并将其缩放，如图5-102所示。

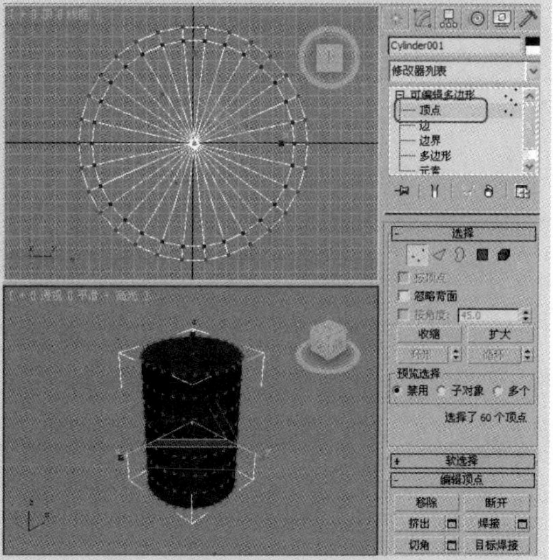

图5-102

3 将选择集定义为“多边形”，在场景中选择如图5-103所示的多边形。

4 设置多边形的“挤出”，如图5-104所示。

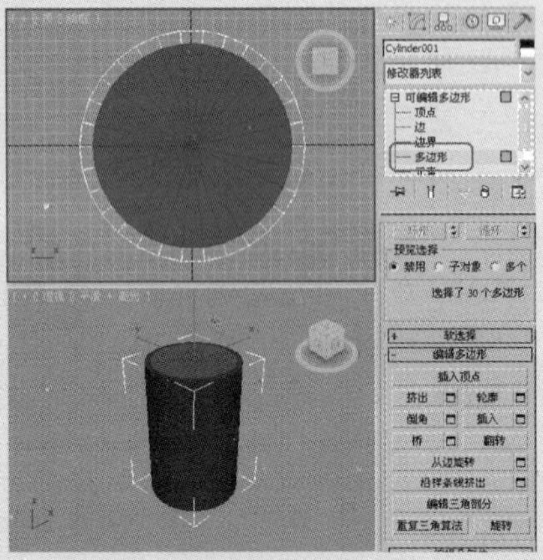

图5-103

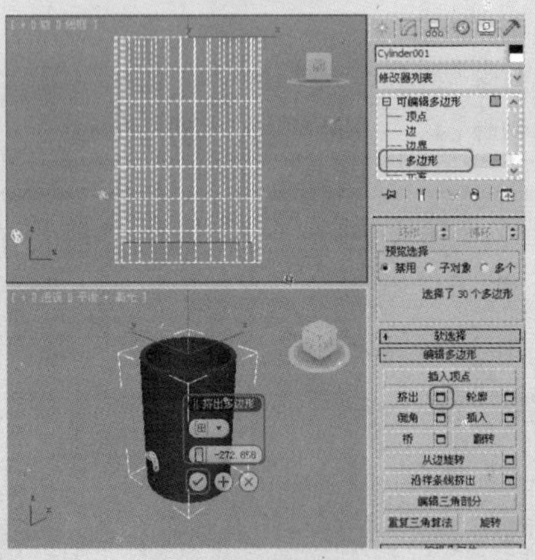

图5-104

5 将选择集定义为“边”，在场景中选择边，如图5-105所示。

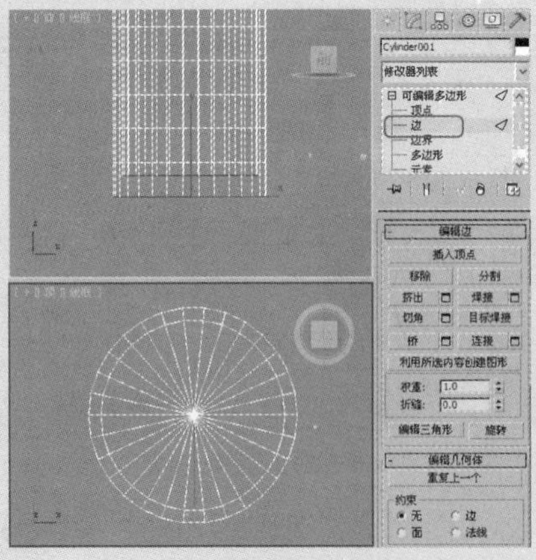

图5-105

6 在场景中设置边的“切角”，如图5-106所示。

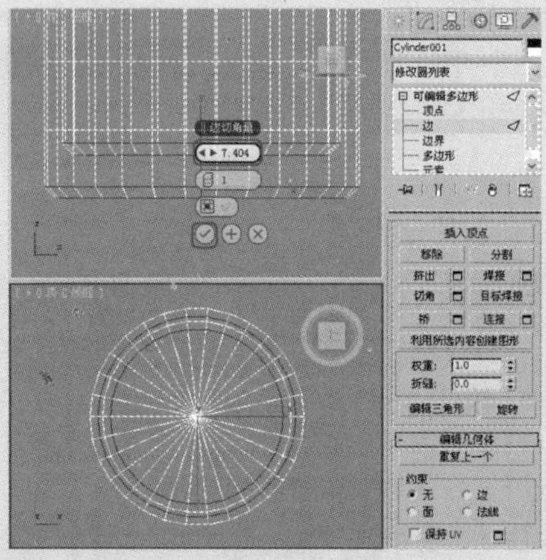

图5-106

7 在场景中选择杯子口的边，如图5-107所示。

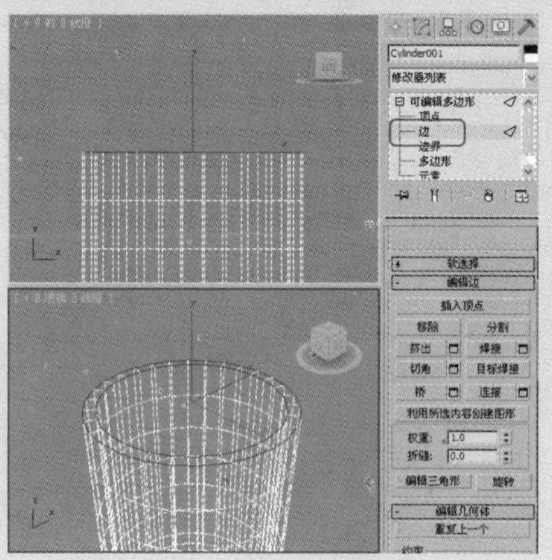

图5-107

8 设置边的切角，如图5-108所示。

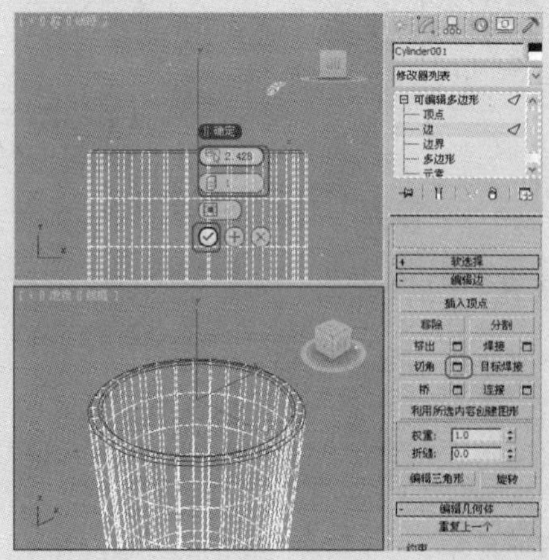

图5-108

9 将选择集定义为“顶点”，在场景中缩放顶点，如图5-109所示。

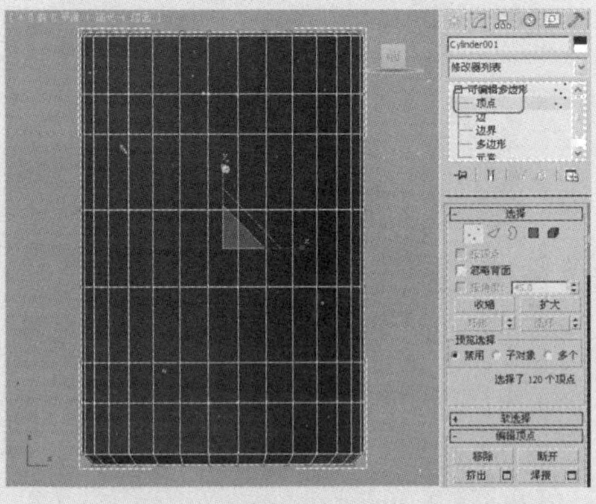

图5-109

10 将选择集定义为“多边形”，在场景中选择多边形，如图5-110所示。

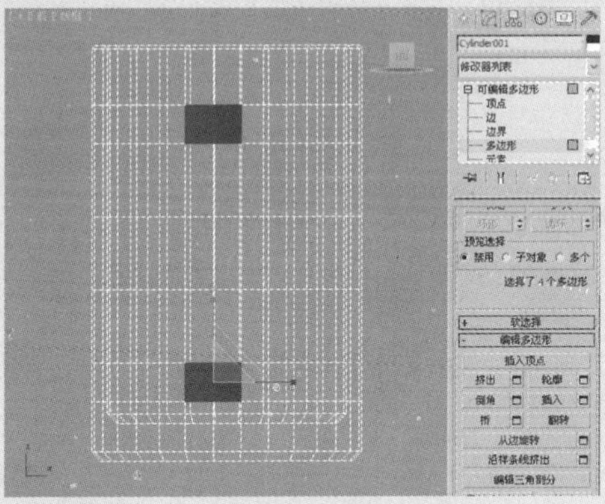

图5-110

11 设置多边形的“挤出”，如图5-111所示。

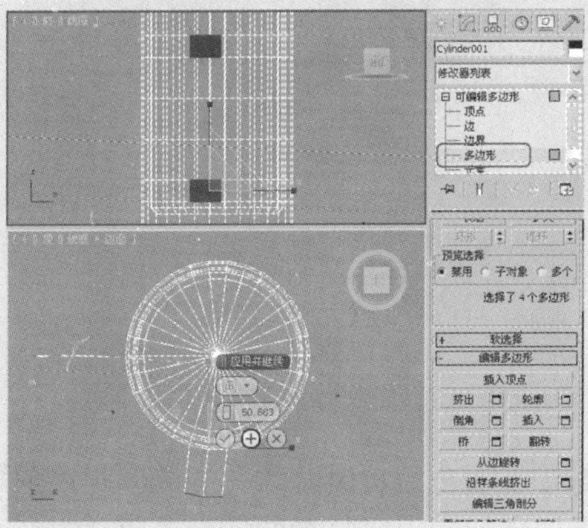

图5-111

12 设置多边形的挤出后，选择如图5-112所示的多边形。

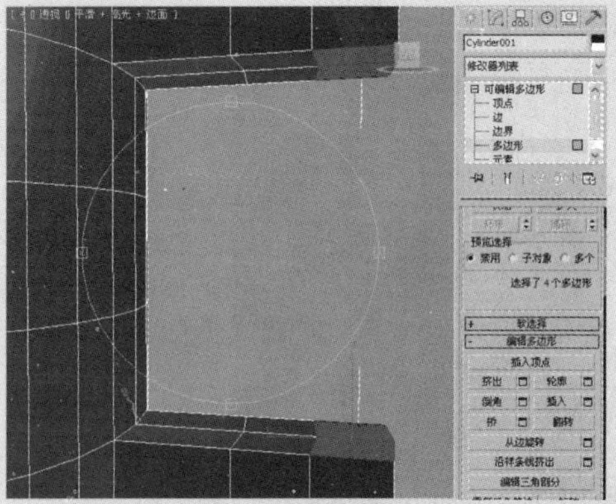

图5-112

13 将选择的多边形设置为“桥”，如图5-113所示。

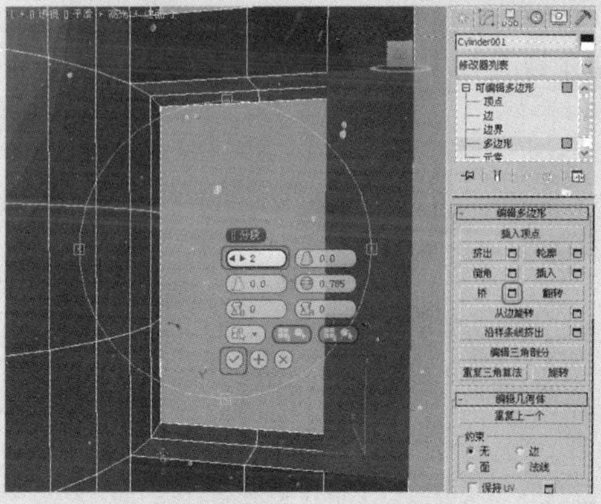

图5-113

14 将选择集定义为“顶点”，在场景中调整杯子把的形状，如图5-114所示。

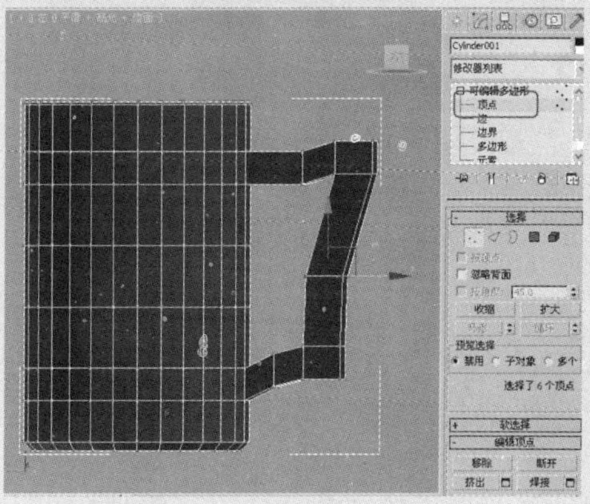

图5-114

15 在“细分曲面”卷展栏中勾选“使用NURMS细分”复选框，设置“迭代次数”为2，如图5-115所示。

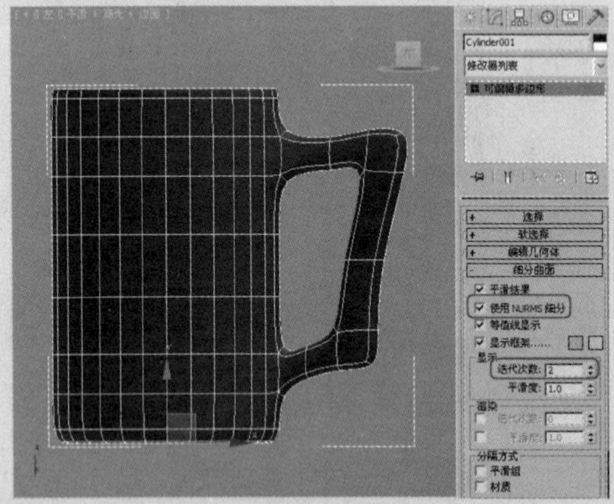

图5-115

16 为模型施加“锥化”修改器设置锥化参数，如图5-116所示。

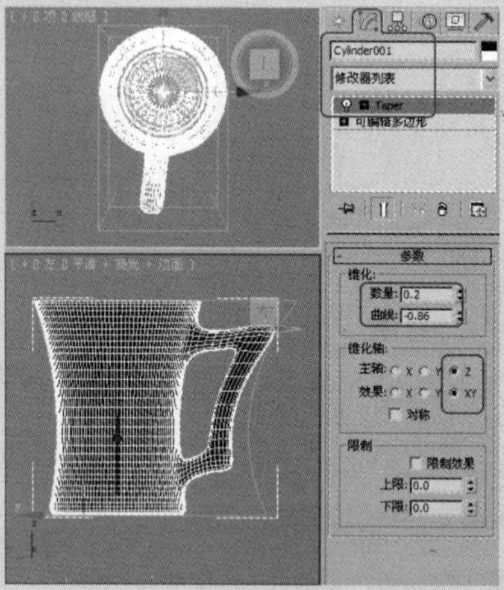

图5-116

5.6 课后练习——苹果

案例文件	场景\Cha05\苹果.max	视频教学	视频教学\Cha05\苹果.avi
视频长度	2分34秒	难易指数	★★★☆☆

本例介绍使用NURBS建模制作苹果。首先创建球体，将球体转换为NURBS，通过对顶点的调节调整出苹果的形状，如图5-117所示。

1 首先创建球体作为原始模型，并将球体转换为NURBS。

2 通过对“曲面CV”顶点的调整完成苹果的模型。

3 创建圆柱体作为苹果把的原始模型，将其转换为可编辑多边形，调整模型后，为模型施加“网格平滑”，完成苹果把的制作。

图5-117

5.7 本章小结

本章介绍高级建模“多边形建模”、“网格建模”、“NURBS建模”和“面片建模”四种高级建模的方法。通过高级建模可以制作出更加精细和真实复杂的模型。通过本章学习我们应掌握高级建模的一些基本操作。

第6章

复合对象建模方法

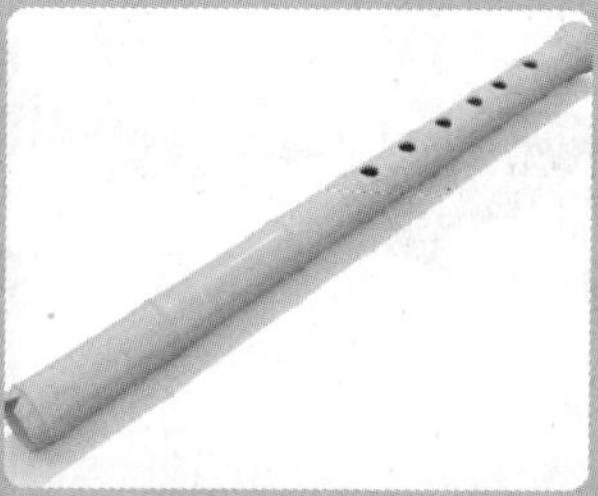
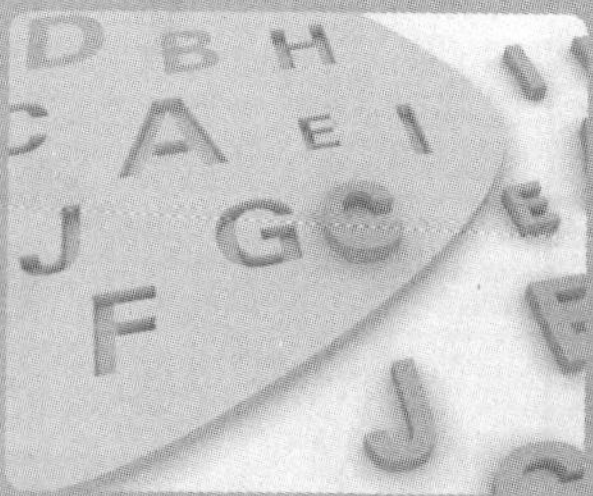

3ds Max 2012的基本内置模型是创建复合物体的基础，可以将多个内置模型组合在一起，从而产生千变万化的模型。布尔运算工具和放样工具曾经是3ds Max的主要建模手段。虽然这两个建模工具已渐渐退出主要地位，但仍然是快速创建一些相对复杂物体的好方法。

复合物体就是将两个及以上的物体组合而成的一个新物体。本章学习使用复合物体的创建工具，主要包括变形、散布、一致、连接、水滴网格、图形合并、布尔、地形、放样、网格化、Proboolean、ProCutter，如图6-1所示。

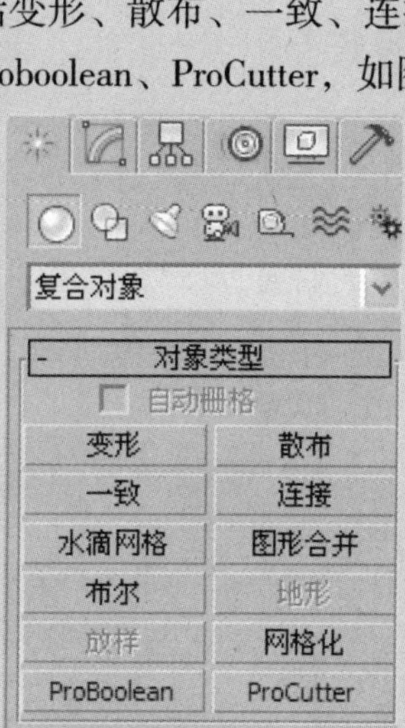

图6-1

6.1 变形

“变形”是一种与 2D 动画中的中间动画类似的动画技术。“变形”对象可以合并两个或多个对象，方法是插补第一个对象的顶点，使其与另外一个对象的顶点位置相符。如果随时执行这项插补操作，将会生成变形动画。

如图6-2所示海豚1为原始对象，我们称之为种子，或基础对象将。其他几个对象，即种子对象变形成的对象称作目标对象。

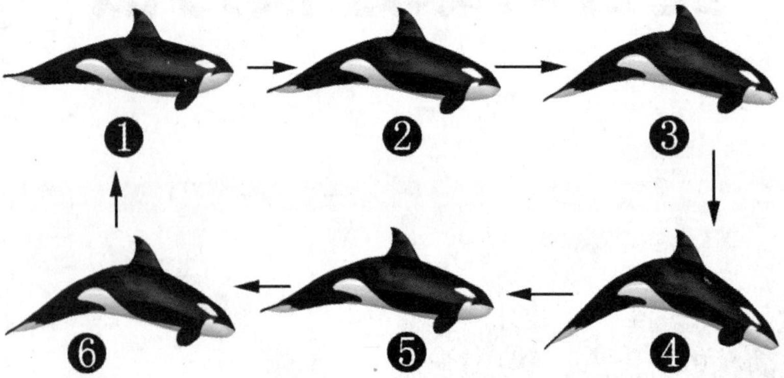

图6-2

（1）“拾取目标”卷展栏如图6-3所示，各选项的功能介绍如下。

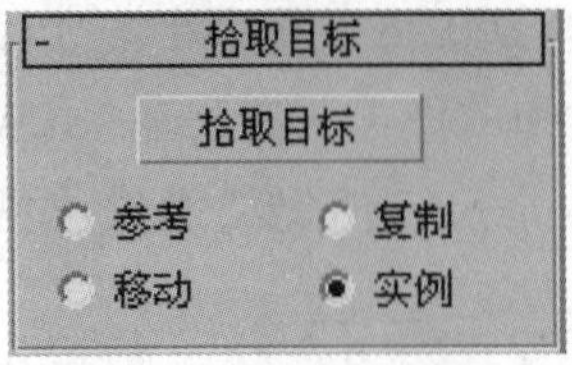

图6-3

- 拾取目标：使用该按钮可以指定目标对象或所需的对象。
- 参考、复制、移动、实例：用于指定目标对象传输至复合对象的方式。它可以作为参考、复制或实例进行传输，也可以进行移动。对于后面这种情况，不会留下原始图形。

（2）“当前对象”卷展栏如图6-4所示，各选项的功能介绍如下。

- 变形目标：显示一组当前的变形目标。
- 变换目标名称：使用该字段，可以在“变形目标”列表中更改选定变形目标的名称。
- 创建变形关键点：在当前帧处添加选定目标的变形关键点。
- 删除变形目标：删除当前高亮显示的变形目标。

图6-4

6.2 散布

“散布“是复合对象的一种形式，将所选的源对象散布为阵列，或散布到分布对象的表面。

在场景中选择其中的一个小几何球体，如图6-5所示，单击“（创建）|（几何体）|复合对象|散布”工具，在“拾取分布对象”卷展栏中单击“拾取分布对象”按钮，在场景中拾取几何球体，在“散布对象”卷展栏中设置“重复数”，如图6-6所示。

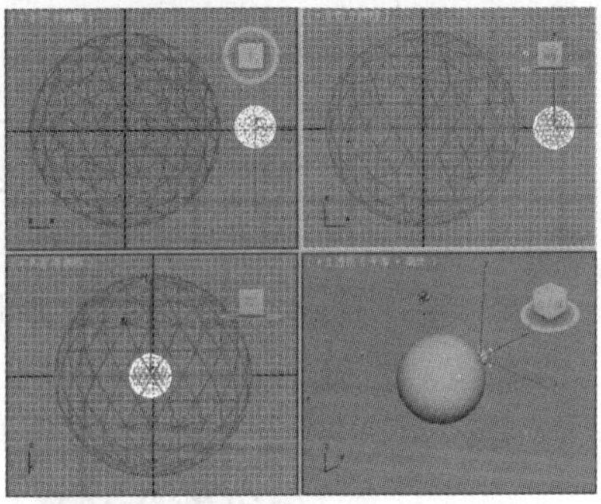

图6-5

（1）“拾取分布对象”卷展栏中的选项的功能介绍如下。

- 对象：显示使用拾取按钮选择的分布对象名称。
- 拾取分布对象：单击此按钮，然后在场景中单击一个对象，将其指定为分布对象。
- 参考、复制、移动、实例：用于指定将分布对象转换为散布对象的方式。

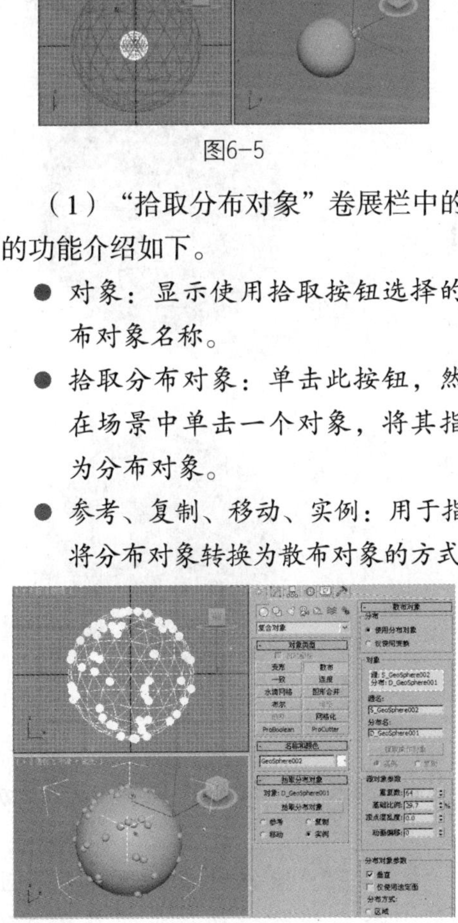

图6-6

（2）“散布对象”卷展栏如图6-7所示，部分选项的功能介绍如下。

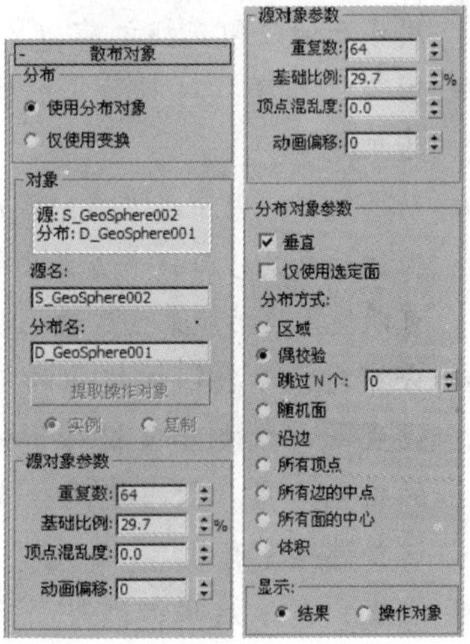

图6-7

- 分布：通过以下两个选项，可以选择散布源对象的基本方法。
- 使用分布对象：根据分布对象的几何体来散布源对象。
- 仅使用变换：如果单击此单选按钮，则无须分布对象。而是使用“变换”卷展栏上的偏移值来定位源对象的重复项。
- 对象：包含一个列表窗，显示了构成散布对象的对象。在窗中单击以选择对象，以便能在堆栈中访问对象。
- 源名：用于重命名散布复合对象中的源对象。
- 分布名：用于重命名分布对象。
- 提取操作对象：提取所选操作对象的副本或实例。在列表窗中选择操作对象使此按钮可用。
- 实例、复制：用于指定提取操作对

象的方式。

- 源对象参数：该组中的参数只作用于源对象。
- 重复数：指定散布的源对象的重复项数目。
- 基础比例：改变源对象的比例，同样也影响到每个重复项。该比例作用于其他任何变换之前。
- 顶点混乱度：对源对象的顶点应用随机扰动。
- 动画偏移：用于指定每个源对象重复项的动画偏移前一个重复项的帧数。可以使用此功能来生成波形动画。
- 分布对象参数：该组中的选项用于设置源对象重复项相对于分布对象的排列方式。仅当使用分布对象时这些选项才有效。
- 垂直：如果启用，则每个重复对象垂直于分布对象中的关联面、顶点或边。如果禁用，则重复项与源对象保持相同的方向。
- 仅使用选定面：如果启用，则将分布限制在所选的面内。或许最简单的方式是在拾取分布对象时使用"实例"选项。
- 分布方式：改组中的选项用于指定分布对象几何体确定源对象分布的方式。如果不使用分布对象，则这些选项将被忽略。
- 区域：在分布对象的整个表面区域上均匀地分布重复对象，如图6-8所示。
- 偶校验：用分布对象中的面数除以重复项数目，并在放置重复项时跳过分布对象中相邻的面数。
- 跳过N个：在放置重复项时跳过N个面。该可编辑字段指定了在放置下一个重复项之前要跳过的面数。如果设置为0，则不跳过任何面。如果设置为1，则跳过相邻的面，依此类推。
- 随机面：在分布对象的表面随机地放置重复项。
- 沿边：沿着分布对象的边随机地放置重复项。
- 所有顶点：在分布对象的每个顶点放置一个重复对象。
- 所有边的中点：在每个分段边的中点放置一个重复项。
- 所有面的中心：在分布对象上每个三角形面的中心放置一个重复项。
- 体积：遍及分布对象的体积散布对象。其他所有选项都将分布限制在表面，如图6-9所示。

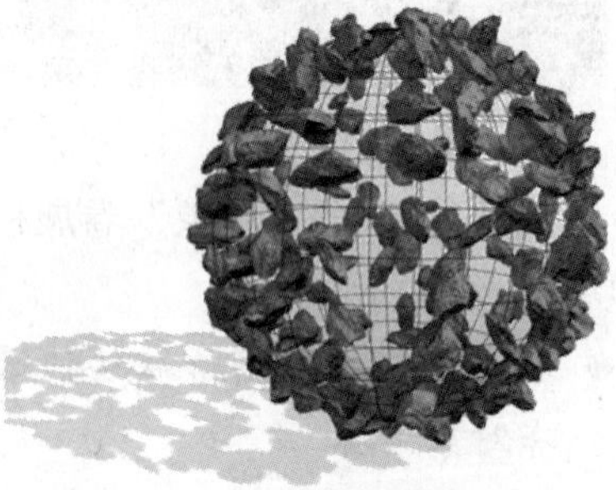

图6-8

图6-9

- 显示：在该组中选择以何种方式显示。
- 结果、操作对象：选择是否显示散布操作的结果或散布之前的操作对象。

（3）“变换”卷展栏如图6-10所示，部分选项的功能介绍如下。

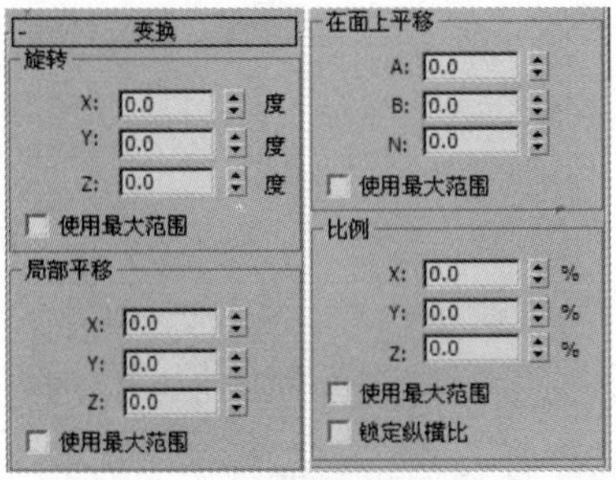

图6-10

- 旋转：指定随机旋转偏移。
- X、Y、Z：输入希望围绕每个重复项的局部 X、Y 或 Z 轴旋转的最大随机旋转偏移。
- 使用最大范围：如果启用，则强制所有三个设置匹配最大值。其他两个设置将被禁用，只启用包含最大值的设置。
- 局部平移：指定重复项沿其局部轴的平移。
- X、Y、Z：输入希望沿每个重复项的 X、Y 或 Z 轴平移的最大随机移动量。
- 在面上平移：用于指定重复项沿分布对象中关联面的重心面坐标的平移。如果不使用分布对象，则这些设置不起作用。
- A、B、N：前两项设置指定面的表面上的重心坐标，而 N 设置指定沿面法线的偏移。
- 比例：用于指定重复项沿其局部轴的缩放。
- X、Y、Z：指定沿每个重复项的 X、Y 或 Z 轴的随机缩放百分比。
- 锁定纵横比：如果启用，则保留源对象的原始纵横比。

（4）“显示”卷展栏如图6-11所示，部分选项的功能介绍如下。

图6-11

- 显示选项：该组中的选项将影响源对象和分布对象的显示。
- 代理：将源重复项显示为简单的楔子，在处理复杂的散布对象时可加速视口的重画。该选项对于始终显示网格重复项的渲染图像没有影响。
- 网格：显示重复项的完整几何体。
- 显示：指定视口中所显示的所有重复对象的百分比。该选项不会影响渲染场景。
- 隐藏分布对象：隐藏分布的对象。隐藏对象不会显示在视口或渲染场景中。
- 唯一性：用于设置随机值所基于的种子数目。因此，更改该值会改变总的散布效果。
- 新建：生成新的随机种子数目。
- 种子：可使用该微调器设置种子数目。

（5）“加载/保存预设”卷展栏如图6-12所示，部分选项的功能介绍如下。

图6-12

- 预设名：用于定义设置的名称。单击“保存”按钮将当前设置保存在预设名下。
- 保存预设：包含已保存的预设名的列表窗。
- 加载：加载“保存预置”列表中当前高亮显示的预设。
- 保存：保存“预设名”字段中的当前名称并放入“保存预设”窗。
- 删除：删除“保存预设”窗中的选定项。

6.3 一致

“一致”对象是一种复合对象，通过将“包裹器”的顶点投影至另一个对象“包裹器对象”的表面而创建，可以制作公路，如图6-13所示。

图6-13

（1）“拾取包裹对象”卷展栏如图6-14所示，各选项的功能介绍如下。

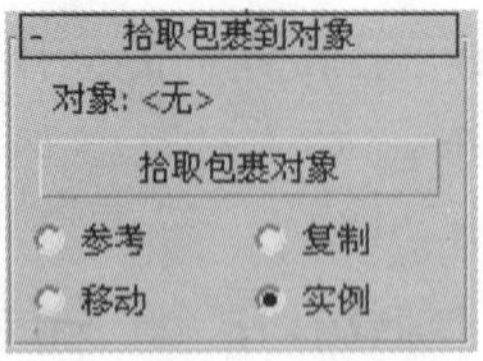

图6-14

- 对象：显示选定包裹对象的名称。
- 拾取包裹对象：单击此按钮，然后选择希望当前对象包裹的对象。
- 参考、复制、移动、实例：此选项用于指定将包裹对象转换为一致对象的方式。

（2）“参数”卷展栏如图6-15所示，选项的功能介绍如下。

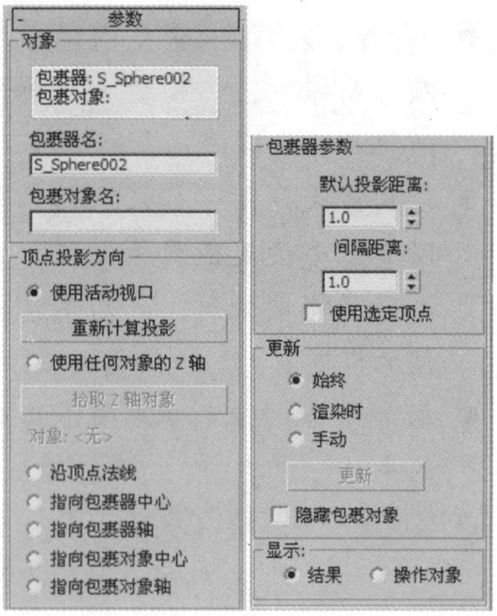

图6-15

- 对象：提供一个列表窗和两个编辑字段，以浏览一致对象和重命名其组件。列出“包裹器”和“包裹对象”。在窗中单击以选择对象，以便能在修改器堆栈中访问对象。
- 包裹器名：用于重命名一致复合对象中的包裹器对象。
- 包裹对象名：用于重命名包裹对象。
- 顶点投影方向：选择以下七个选项之一，以确定顶点的投射。
- 使用活动视口：远离活动视口（向内）投射顶点。
- 重新计算投影：重新计算当前活动

视口的投射方向。

- 使用任何对象的Z轴：使用场景中任何对象的局部Z轴作为方向。指定对象之后，可以通过旋转方向对象来改变顶点投射的方向。
- 拾取Z轴对象：单击此按钮，然后单击要用于指示投射源方向的对象。
- 对象：显示方向对象的名称。
- 沿顶点法线：沿顶点法线的相反方向向内投射包裹器对象的顶点。顶点法线是通过对该顶点连接的所有面的法线求平均值所产生的向量。如果包裹器对象将包裹对象包围在内，则包裹器将呈现包裹对象的形式。
- 指向包裹器中心：朝包裹器对象的边界中心投射顶点。
- 指向包裹器轴：朝包裹器对象的原始轴心投射顶点。
- 指向包裹对象中心：朝包裹对象的边界中心投射顶点。
- 指向包裹对象轴：朝包裹对象的轴心投射顶点。
- 包裹器参数：提供用于确定顶点投射距离的控件。
- 默认投影距离：包裹器对象中的顶点在未与包裹对象相交的情况下距离其原始位置的距离。
- 间隔距离：包裹器对象的顶点与包裹对象表面之间保持的距离。
- 使用选定顶点：如果启用，则仅推动选定的包裹器对象的顶点子对象。如果禁用，则忽略修改器堆栈选择而推动对象中的所有顶点。要访问包裹器对象的修改器堆栈，请在列表窗中选择包裹器对象，打开修改器堆栈并选择基础对象名称。
- 更新：此选项组中的选项用于确定何时重新计算复合对象的投影。由于复杂的复合对象会降低性能，因此可以使用以下选项避免常量计算。
- 始终：对象将始终更新。
- 渲染时：仅当渲染场景时才重新计算对象。
- 手动：激活“更新”按钮，手动重新计算。
- 更新：重新计算投影。
- 隐藏包裹对象：启用该复选框将隐藏包裹对象。
- 显示：确定是否显示图形操作对象
- 结果：显示操作结果。
- 操作对象：显示操作对象。

6.4 连接

使用连接复合对象，可通过对象表面的“洞”连接两个或多个对象。要执行此操作，请删除每个对象的面，在其表面创建一个或多个洞，并确定洞的位置，以使洞与洞之间面对面，然后应用“连接”。具体效果表现如图6-16所示。

图6-16

1. 实例操作046——哑铃

案例文件	场景\Cha06\哑铃.max	视频教学	视频教学\Cha06\哑铃.avi
视频长度	1分16秒	难易指数	★★★☆☆

1 在“前”视图中创建球体，设置合适的参数，如图6-17所示。

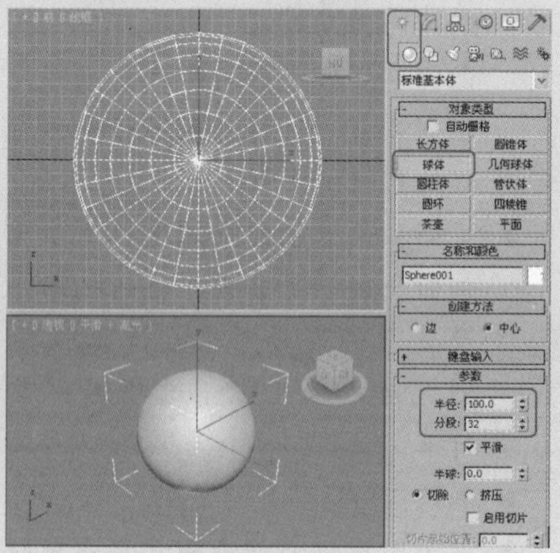

图6-17

2 在场景中右击创建的球体，在弹出的快捷菜单中选择“转换|转换为可编辑多边形”命令，如图6-18所示。

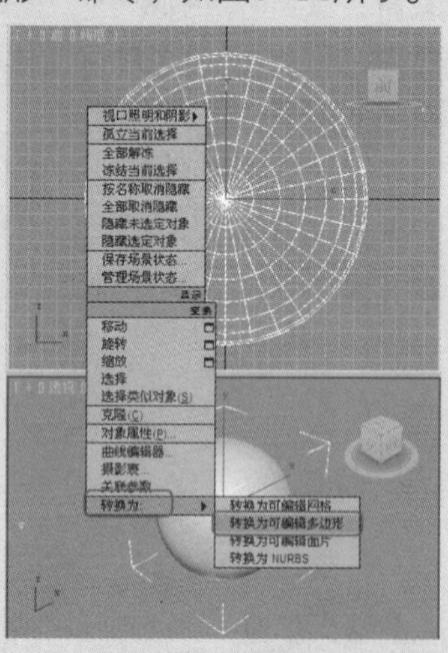

图6-18

3 将选择集定义为“多边形”，在“左”视图中选择如图6-19所示的多边形，并按Delete键将其删除，如图6-19所示。

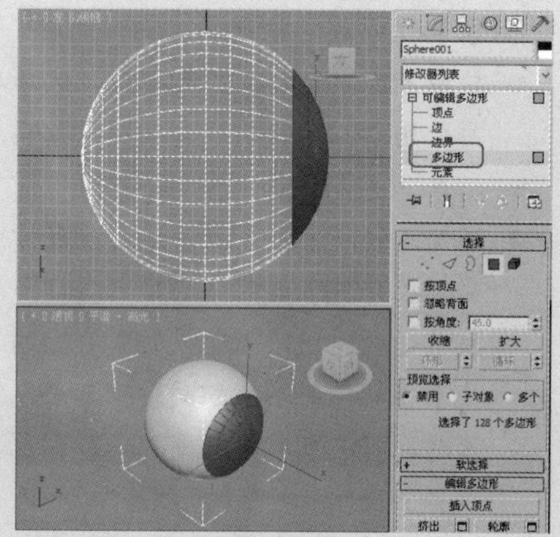

图6-19

4 在工具栏中单击 (镜像)按钮，在弹出的对话框中选择“镜像轴”为“X”，“偏移”为400.0，在“克隆当前选择”选项组中选择“复制”选项，如图6-20所示。

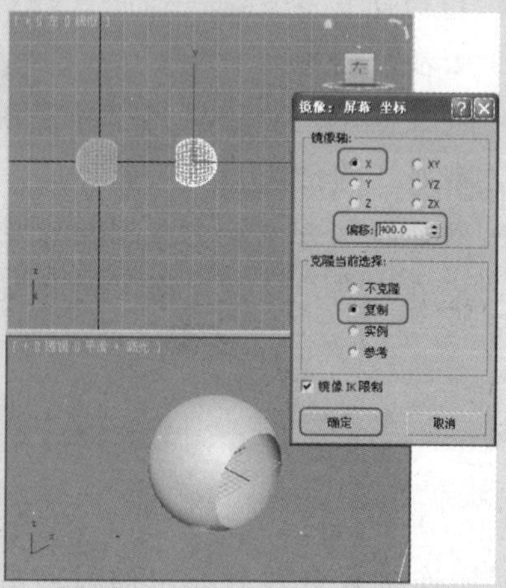

图6-20

5 在场景中选择其中的一个球体，单击“ (创建)| (几何体)|复合对象|连接”工具，在“操作对象”卷展栏中单击“拾取操作对象”按钮，在场景中拾取另一个模型，如图6-21所示。

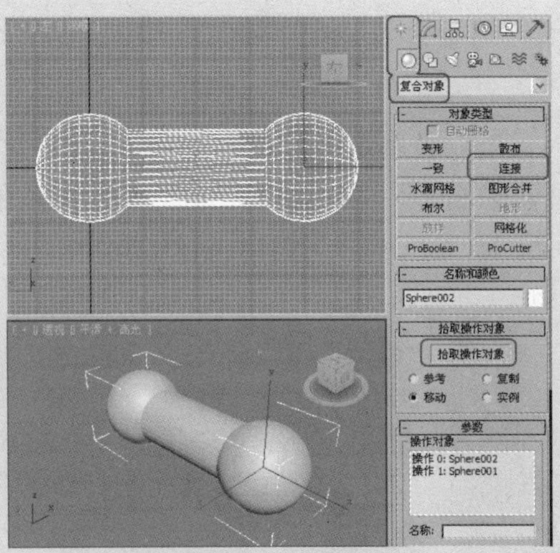

图6-21

2. 选项介绍

（1）“操作对象”卷展栏中的选项的功能介绍如下。

- 拾取操作对象：单击此按钮将另一个操作对象与原始对象相连。
- 参考、复制、移动、实例：用于指定将操作对象转换为复合对象的方式。

（2）“参数”卷展栏如图6-22所示，各选项的功能介绍如下。

- 操作对象：显示当前的操作对象。
- 名称：重命名所选的操作对象。
- 删除操作对象：将所选操作对象从列表中删除。
- 提取操作对象：提取选中操作对象的副本或实例。
- 实例、复制：指定提取操作对象的方式。
- 分段：设置连接桥中的分段数目。
- 张力：控制连接桥的曲率。
- 桥：在连接桥的面之间应用平滑。
- 末端：在和连接桥新旧表面接连的面与原始对象之间应用平滑。

（3）“显示/更新”卷展栏如图6-23所示，各选项的功能介绍如下。

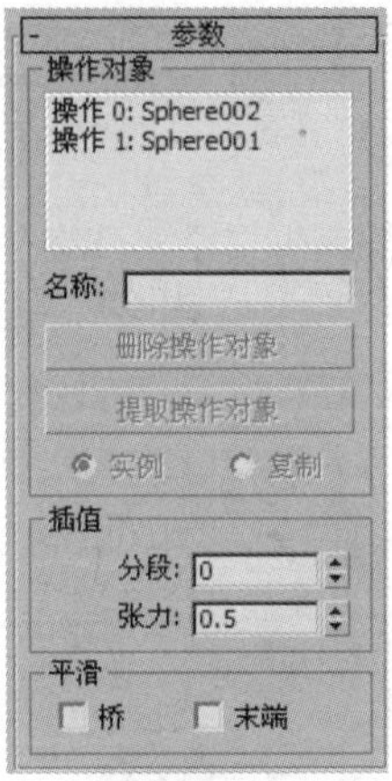

图6-22

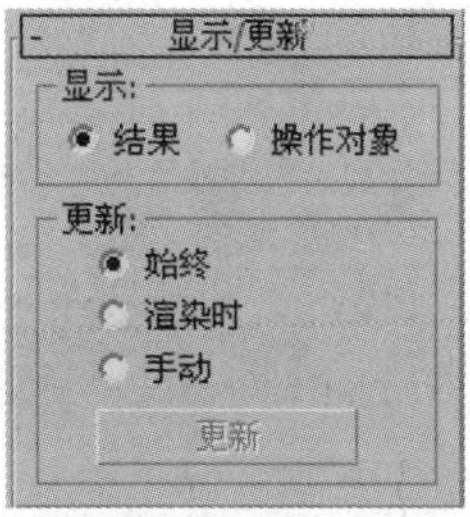

图6-23

- 显示：确定是否显示图形操作对象。
- 结果：显示操作结果。
- 操作对象：显示操作对象
- 更新：以下选项用于确定何时重新计算复合对象的投影。由于复杂的复合对象会降低性能，因此可以使用以下选项避免常量计算。
- 始终：对象将始终更新。
- 渲染时：仅当渲染场景时才重新计算对象。
- 手动：激活“更新”按钮，手动重新计算。
- 更新：重新计算投影。

6.5 水滴网格

“水滴网格”复合对象可以通过几何体或粒子创建一组球体，还可以将球体连接起来，就好像这些球体是由柔软的液态物质构成的一样。如果球体在离另外一个球体的一定范围内移动，它们就会连接在一起。如果这些球体相互移开，将会重新显示球体的形状。具体效果表现如图6-24所示。

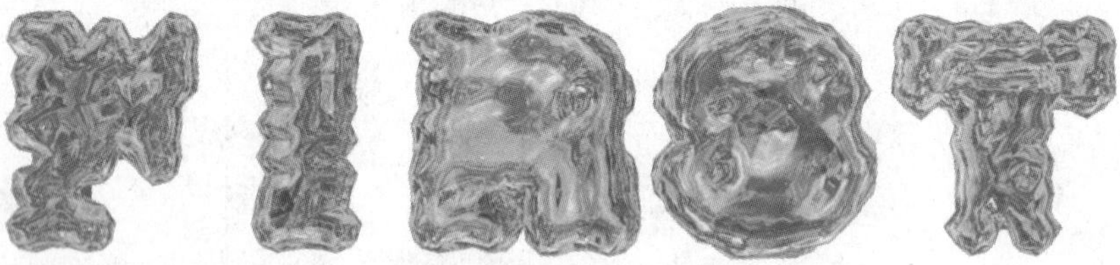

图6-24

1. 实例操作047—— 冰晶文字

案例文件	场景\Cha06\冰晶文字.max	视频教学	视频教学\Cha06\冰晶文字.avi
视频长度	7分12秒	难易指数	★★★☆☆

1 在“前”视图中创建文本，如图6-25所示。

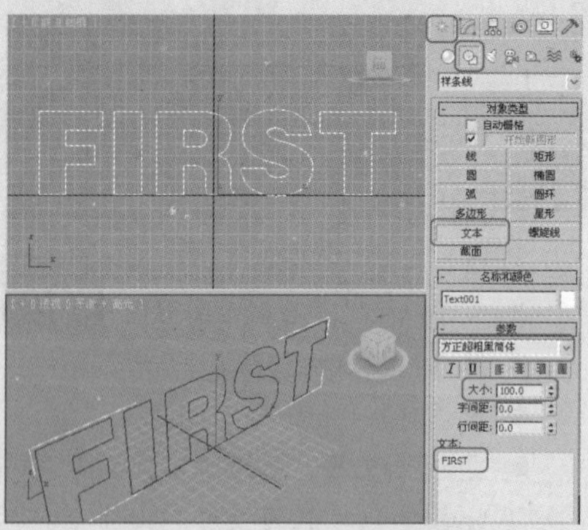

图6-25

2 为模型施加“挤出”修改器，设置“数量”为0，如图6-26所示。

3 将模型转换为“可编辑多边形”，在“编辑几何体”卷展栏中单击“切割”按钮，在场景中切割文字对象，如图6-27所示。

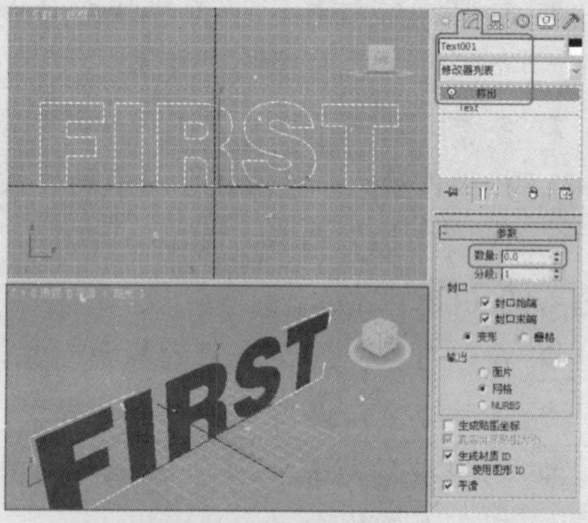

图6-26

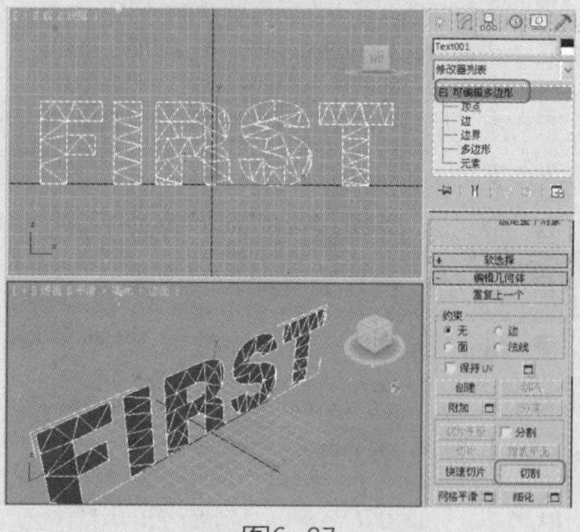

图6-27

4 创建“水滴网格”工具，在“顶”视图中创建水滴网格，如图6-28所示。

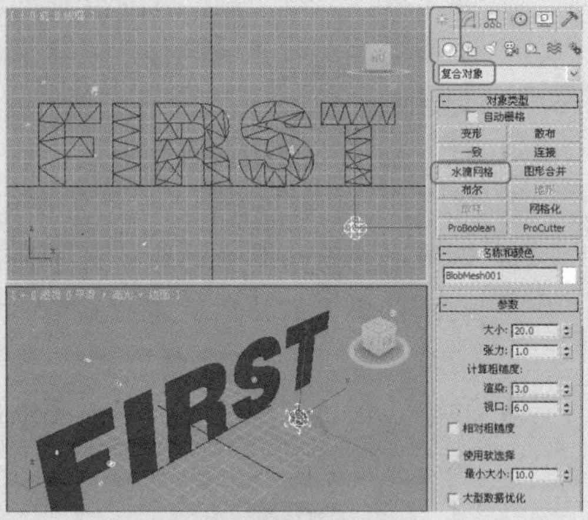

图6-28

5 切换到（修改）面板，在“参数”卷展栏中单击“拾取”按钮，在场景中拾取文字，如图6-29所示。

6 在“参数”卷展栏中设置参数如图6-30所示。

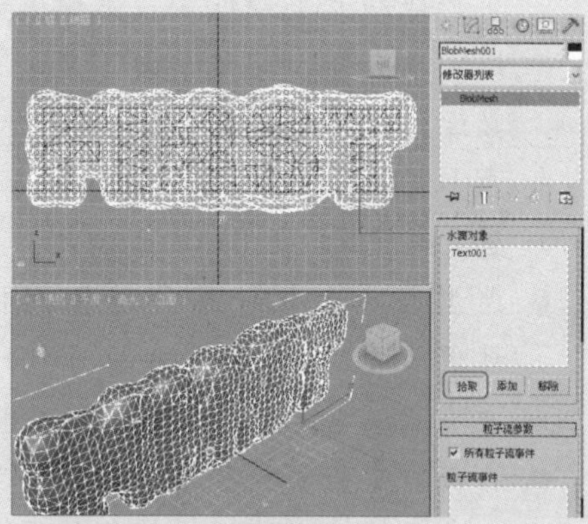

图6-29

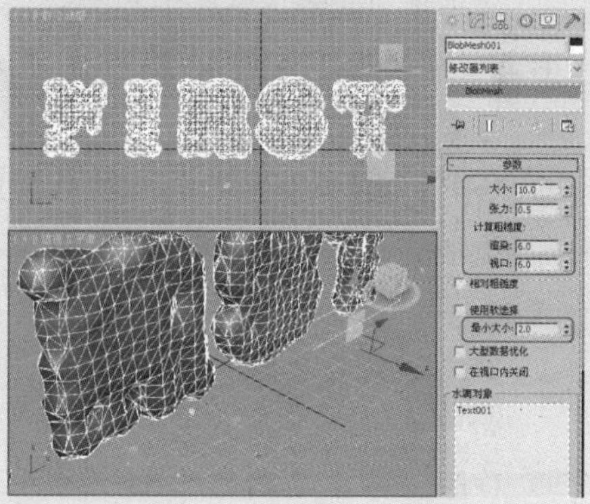

图6-30

2. 选项介绍

（1）“参数”卷展栏如图6-31所示，各选项的功能介绍如下。

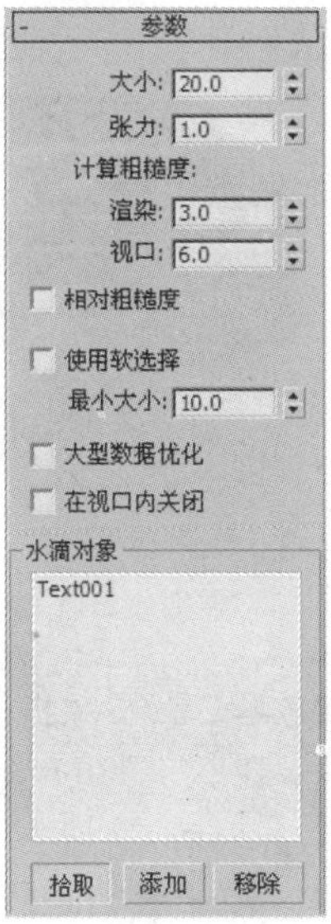

图6-31

- 大小：对象（而不是粒子）的每个变形球的半径。对于粒子，每个变形球的大小由粒子的大小确定。粒子的大小是根据粒子系统中的参数设置的。
- 张力：用于确定曲面的松紧程度。该值越小，曲面就越松。
- 计算粗糙度：设置生成水滴网格的粗糙度或密度。可以使用“渲染”和“视口”值设置水滴网格面的绝对高度和宽度，还可以使用较小的值创建更平滑、更为密集的网格。
- 相对粗糙度：确定如何使用粗糙度值。
- 使用软选择：如果已经对添加到水滴网格的几何体使用软选择，勾选该复选框时，可以使软选择应用于变形球的大小和位置。变形球位于选定顶点处，其大小由“大小”参数设置。

- 最小大小：启用“使用软选择”时设置衰减范围内变形球的最小大小。
- 大型数据优化：该复选框提供了计算和显示水滴网格的另外一种方法。
- 在视口中关闭：禁止在视口中显示水滴网格。水滴网格将仍然显示在渲染中。
- 水滴对象：在该列表中显示水滴对象。
- 拾取：允许从屏幕中拾取对象或粒子系统以添加到水滴网格。
- 添加：显示选择对话框。可以在其中选择要添加到水滴网格中的对象或粒子系统。
- 移除：从水滴网格中删除对象或粒子系统。

（2）“粒子流参数”卷展栏如图6-32所示，部分选项的功能介绍如下。

- 所有粒子流事件：启用时，所有“粒子流事件”将会生成变形球。禁用时，只有“粒子流事件”列表中指定的“粒子流事件”才能生成变形球。
- 粒子流事件：从该列表中显示粒子流事件。
- 添加：显示场景中的粒子流事件列表，以便可以拾取所需的事件，从而添加到“粒子流事件”列表中。
- 移除：从“粒子流事件”列表中删除选定的事件。

图6-32

6.6 图形合并

使用“图形合并”来创建包含网格对象和一个或多个图形的复合对象。这些图形嵌入在网格中（将更改边与面的模式），或从网格中消失。具体效果表现如图6-33所示。

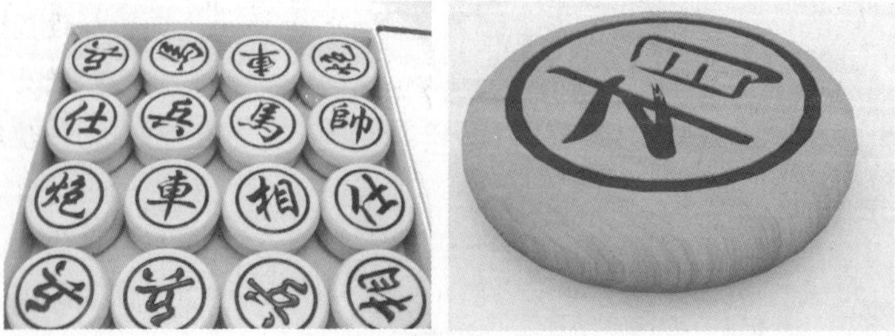

图6-33

1. 实例操作048——象棋

案例文件	场景\Cha06\象棋.max	视频教学	视频教学\Cha06\象棋.avi
视频长度	4分32秒	难易指数	★★★☆☆

1 在“顶”视图中创建切角圆柱体，在“参数”卷展栏中设置参数如图6-34所示。

2 在“顶”视图中创建圆环，如图6-35所示。

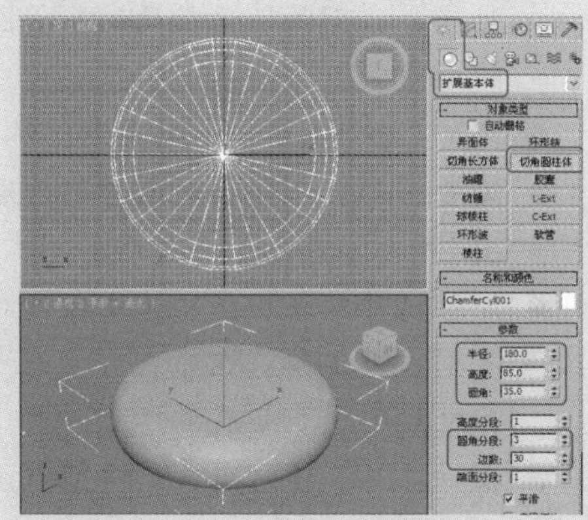

图6-34

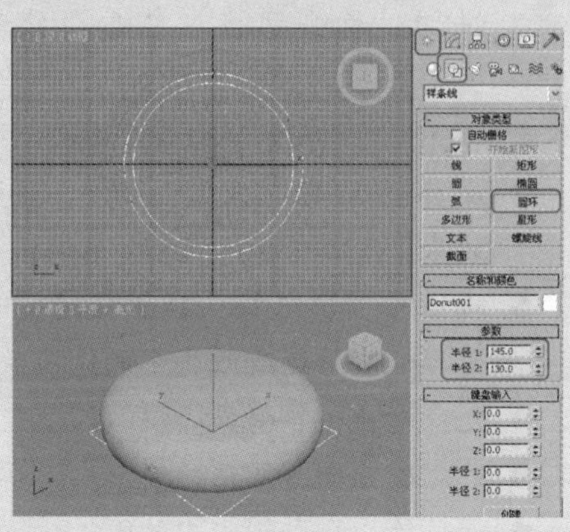

图6-35

3 在“顶”视图中创建文本，设置文本参数如图6-36所示。

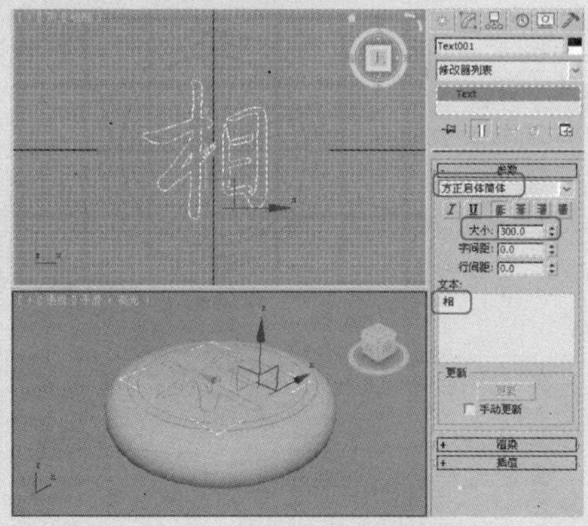

图6-36

4 选择“图形合并”工具，单击“拾取图形”按钮，在场景中拾取圆环和文本，如图6-37所示。

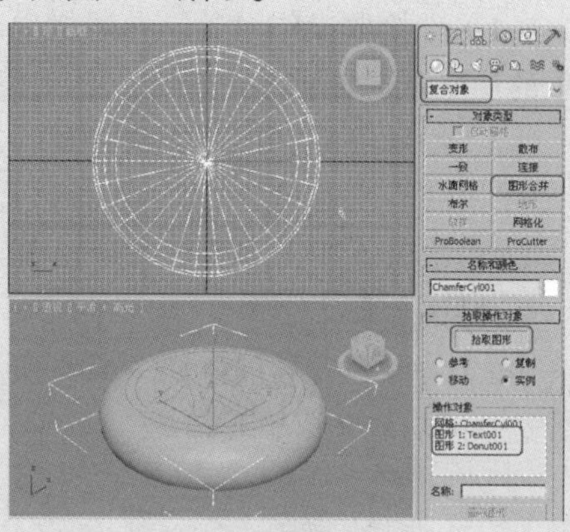

图6-37

5 为模型施加“编辑多边形”修改器，将选择集定义为“多边形”，在场景中选择如图6-38所示的多边形。

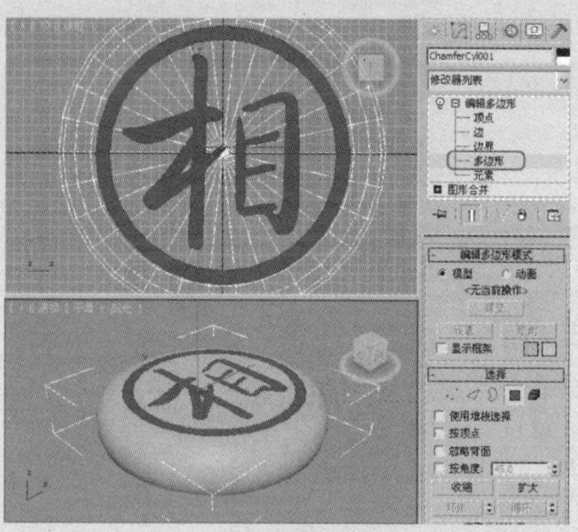

图6-38

6 设置多边形的“挤出”，如图6-39所示。

图6-39

2. 选项介绍

（1）“拾取操作对象”卷展栏中部分选项的功能介绍如下。

“拾取图形”：单击该按钮，然后单击要嵌入网格对象中的图形。此图形沿图形局部负Z轴方向投射到网格对象上。

（2）“参数”卷展栏如图6-40所示，部分选项的功能介绍如下。

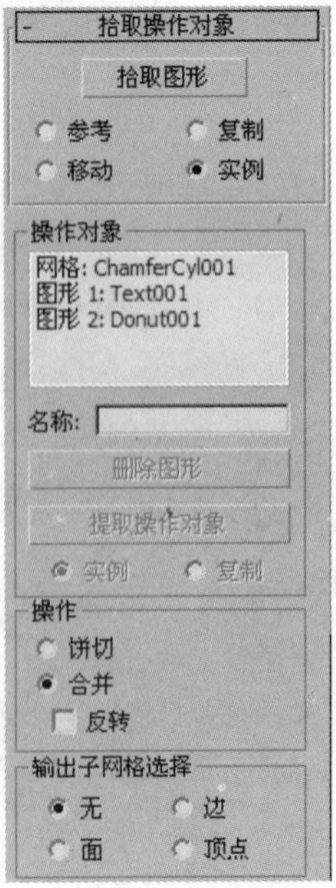

图6-40

- 操作对象：在复合对象中列出所有操作对象。第一个操作对象是网格对象，以下是任意数目的基于图形的操作对象。
- 名称：显示选择操作对象的名称。
- 删除图形：从复合对象中删除选中图形。
- 提取操作对象：提取选中操作对象的副本或实例。在列表窗中选择操作对象使此按钮可用。
- 操作：此选项决定如何将图形应用于网格中。
- 饼切：切去网格对象曲面外部的图形。
- 合并：将图形与网格对象曲面合并。
- 反转：反转“反转”或“合并”效果。
- 输出子网格选择：提供指定将哪个选择级别传送到堆栈中的选项。
- 无：输出整个对象。
- 边：输出合并图形的边。
- 面：输出合并图形内的面。
- 顶点：输出由图形样条线定义的顶点。

6.7 布尔

“布尔”对象通过对两个对象执行布尔运算将它们组合起来。在3ds Max中，布尔型对象是由两个重叠对象生成的。原始的两个对象是操作对象（A和B），而布尔型对象自身是运算的结果。具体效果表现如图6-41所示。

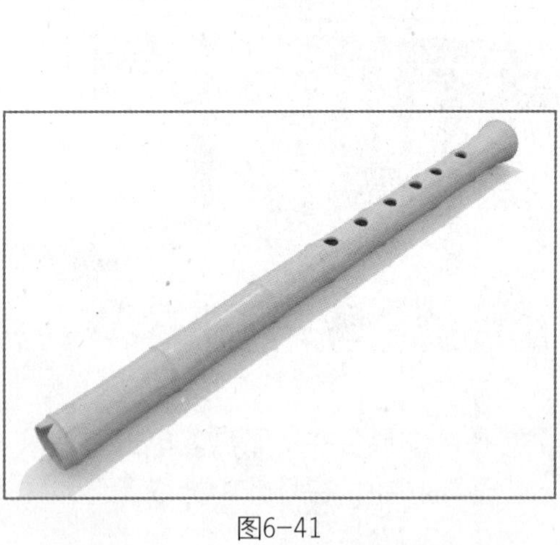

图6-41

1. 实例操作049—— 制作笛子

案例文件	场景\Cha06\笛子.max	视频教学	视频教学\Cha06\笛子.avi
视频长度	7分20秒	难易指数	★★★☆☆

1 在“前”视图中创建管状体，在“参数”卷展栏中设置合适的参数，如图6-42所示。

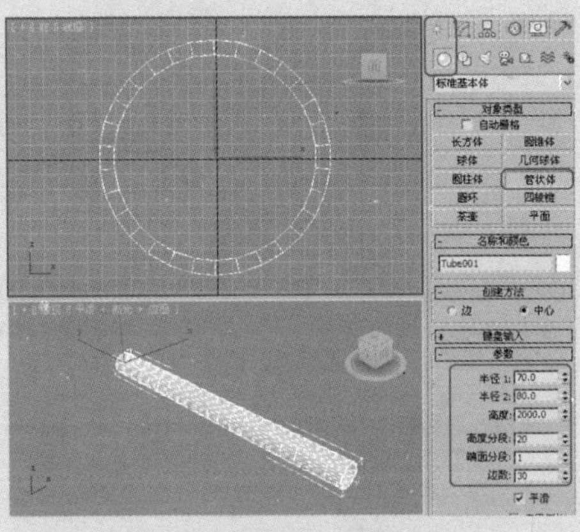

图6-42

2 将模型转换为“可编辑多边形”，将选择集定义为“顶点”，在场景中调整顶点如图6-43所示。

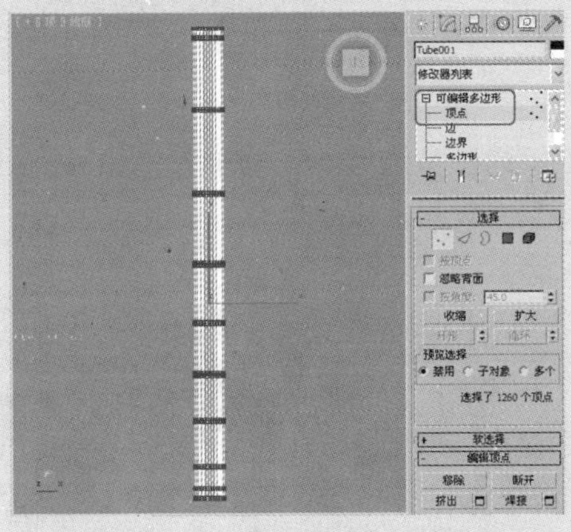

图6-43

3 在“软选择”卷展栏中勾选“使用软选择”复选框，设置合适的参数，在场景中缩放顶点如图6-44所示。

4 在场景中调整顶点后，将选择集定义为“多边形”，在场景中选择多边形，设置多边形的“挤出”如图6-45所示。

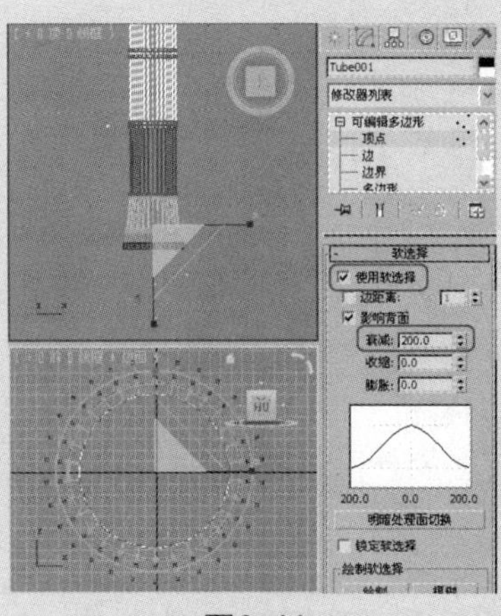

图6-44

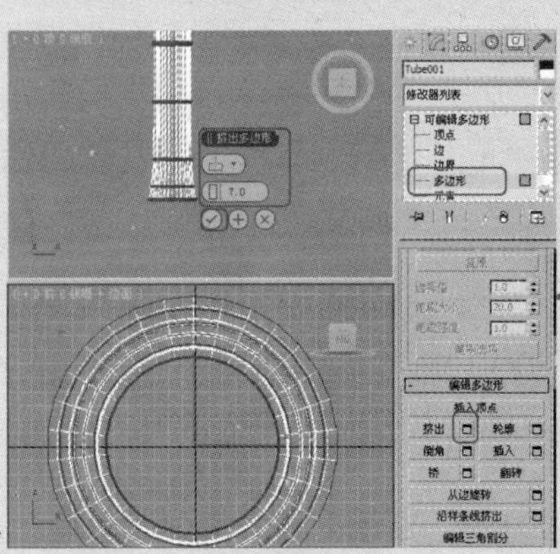

图6-45

5 关闭选择集，在“细分曲面”卷展栏中勾选“使用NURMS细分”复选框，设置合适的参数，如图6-46所示。

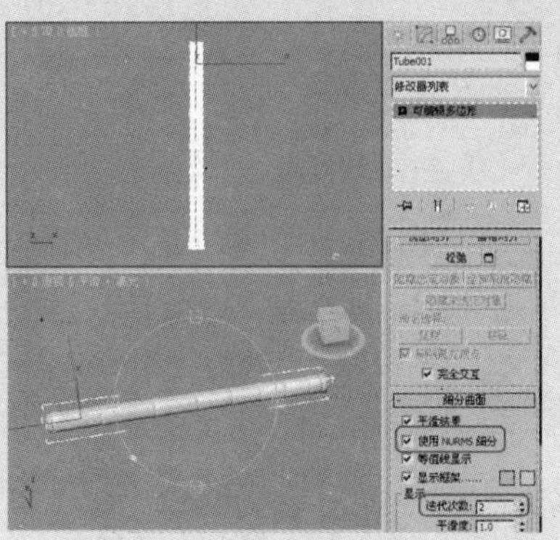

图6-46

6 在“顶”视图中创建圆柱体，设置合适的参数，并在场景中复制圆柱体，如图6-47所示。

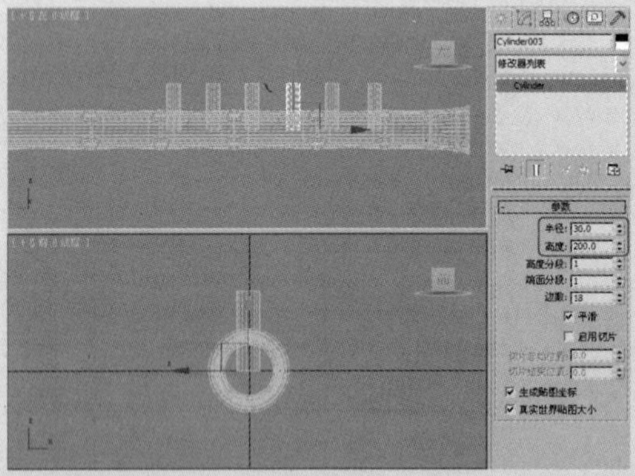

图6-47

7 在场景中选择一个圆柱体，将其转换为“可编辑多边形”，在“编辑几何体”卷展栏中单击“附加”按钮，在场景中拾取其他圆柱体，将圆柱体附加在一起，如图6-48所示。

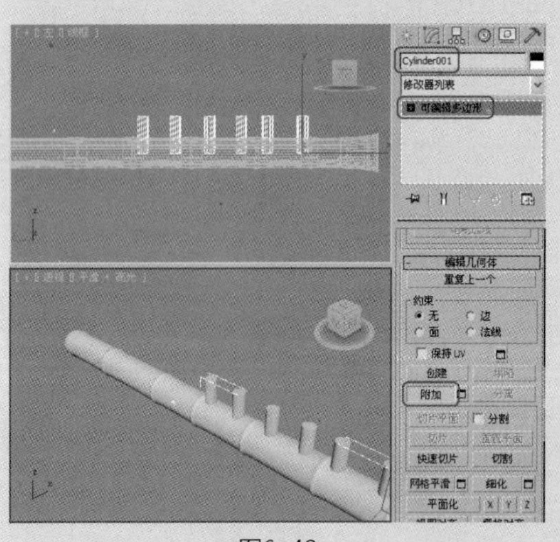

图6-48

8 在场景中选择调整后的管状体，选择“布尔”工具，单击“拾取操作对象B”按钮，在场景中拾取圆柱体，如图6-49所示。

9 在“顶”视图中创建多边形图形，设置合适的参数，如图6-50所示。

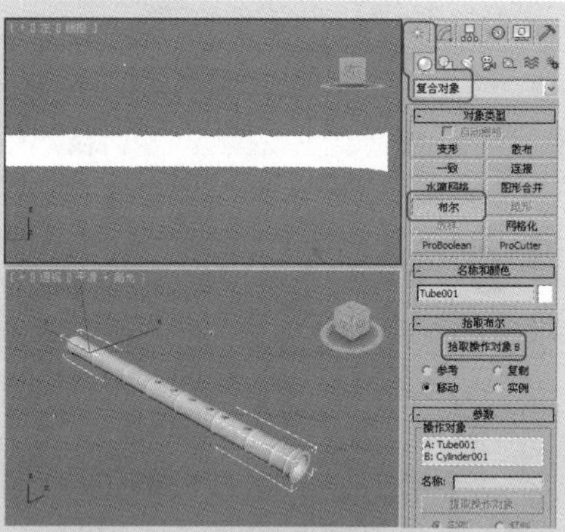

图6-49

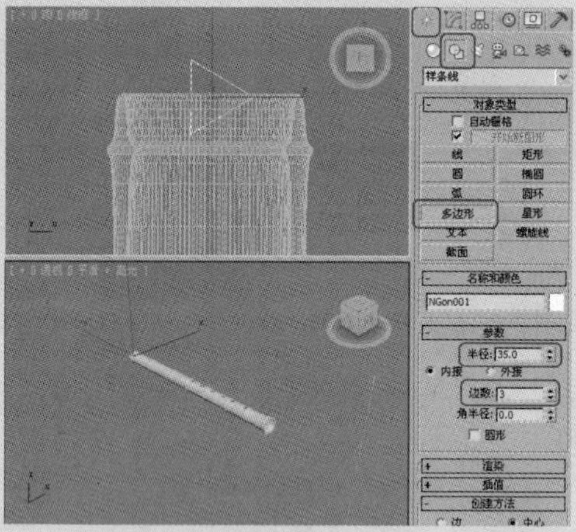

图6-50

10 选择多边形，在场景中施加“挤出”修改器，设置合适的参数，如图6-51所示。

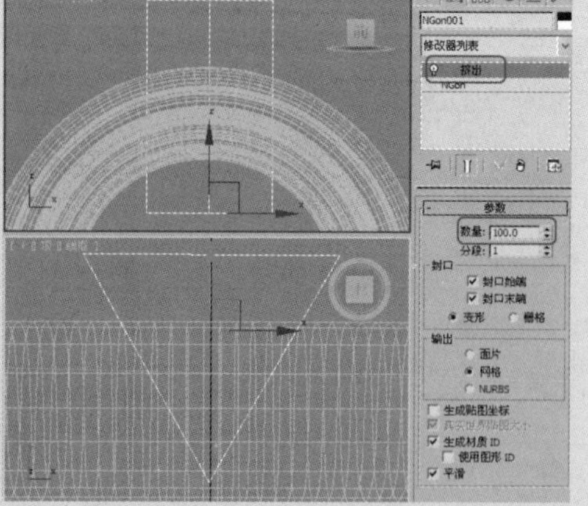

图6-51

11 在场景中选择管状体，选择“布尔”工具，单击“拾取操作对象B”按钮，在场景中拾取多边形挤出的模型，如图6-52所示。

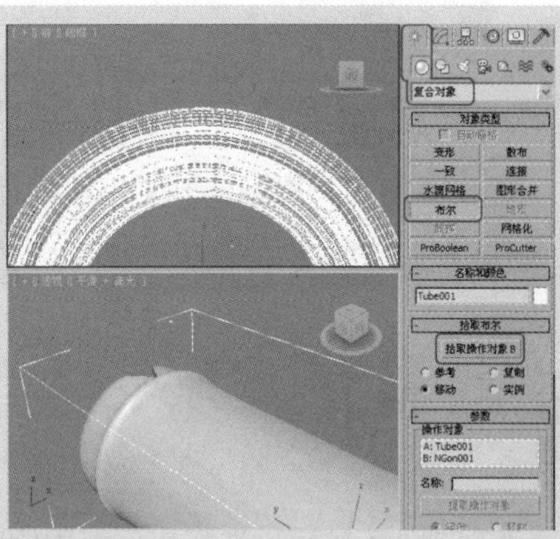

图6-52

2. 选项介绍

（1）“拾取布尔”卷展栏中部分选项的功能介绍如下。

“拾取操作对象B”：此按钮用于选择用以完成布尔操作的第二个对象。

（2）“参数”卷展栏如图6-53所示，部分选项的功能介绍如下。

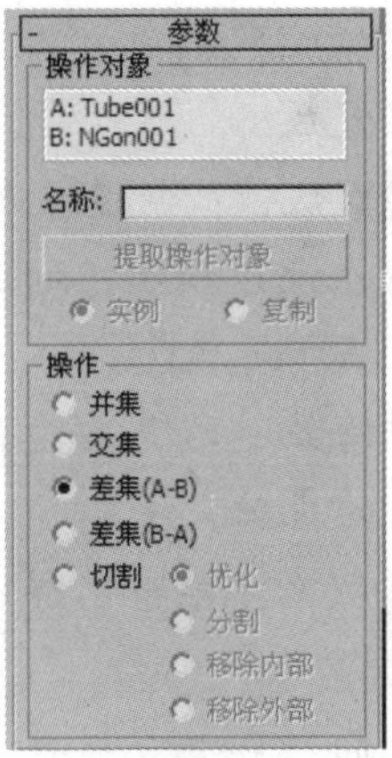

图6-53

- 操作对象：显示当前的操作对象。
- 名称：编辑此字段更改操作对象的名称。在“操作对象”列表中选择一个操作对象，该操作对象的名称同时也将显示在“名称”框中。
- 提取操作对象：提取选中操作对象的副本或实例。在列表窗中选择一个操作对象即可启用此按钮。

注意 “提取操作对象”按钮仅在（修改）面板中可用。如果当前为（创建）面板，则无法提取操作对象。

- 操作：在该选项组中选择运算方式。
- 并集：布尔对象包含两个原始对象的体积。将移除几何体的相交部分或重叠部分。
- 交集：布尔对象只包含两个原始对象公用的体积（即重叠的位置）。
- 差集(A−B)：从操作对象A中减去相交的操作对象B的体积。布尔对象包含从中减去相交体积的操作对象A的体积。
- 差集(B−A)：从操作对象B中减去相交的操作对象 A 的体积。布尔对象包含从中减去相交体积的操作对象B的体积。
- 切割：使用操作对象B切割操作对象A，但不给操作对象B的网格添加任何东西。
- 优化：在操作对象B与操作对象A面的相交之处，以在操作对象A上添加新的顶点和边。

- 分割：类似于“优化”，不过此种剪切还沿着操作对象B剪切操作对象A的边界，以添加第二组顶点和边或两组顶点和边。
- 移除内部：删除位于操作对象B内部的操作对象A的所有面。
- 移除外部：删除位于操作对象B外部的操作对象A的所有面。

6.8 地形

要创建地形，可以选择表示海拔轮廓的可编辑样条线，然后对样条线施加“地形”工具，完成的地形效果如图6-54所示。

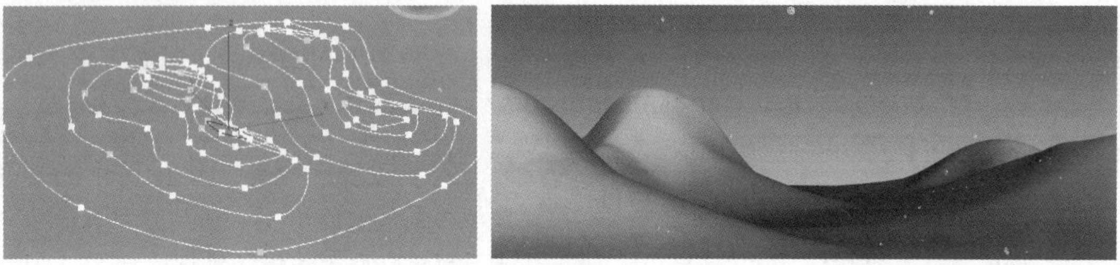

图6-54

（1）“按海拔上色”卷展栏如图6-55所示，各选项的功能介绍如下。

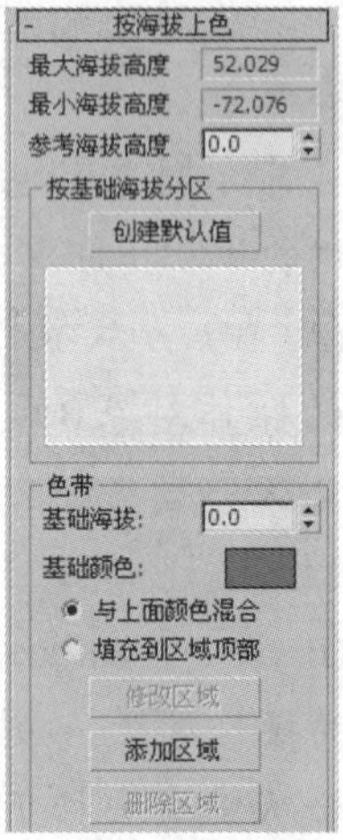

图6-55

- 最大海拔高度：在地形对象的z轴上显示最大海拔高度。3ds Max可以从轮廓数据中派生出此数据。
- 最小海拔高度：在地形对象的z轴上显示最小海拔高度。3ds Max可以从轮廓数据中派生出此数据。
- 参考海拔高度：这是3ds Max在为海拔区域指定颜色时用作导向的参考海拔或数据。
- 创建默认值：创建海拔区域。
- 色带：此选项组中的选项可以为海拔区域指定颜色。
- 基础海拔：这是要为其指定颜色的区域的基础海拔。
- 基础颜色：单击色样以更改区域的颜色。
- 与上面颜色混合：将当前区域的颜色与其上面区域的颜色混合。
- 填充到区域顶部：在不与其上面区域的颜色混合的情况下填充到区域的顶部。
- 修改区域：修改区域的所选选项。
- 添加区域：为新的区域添加值和所选选项。

- 删除区域：删除所选区域。

（2）“拾取操作对象”卷展栏如图6-56所示，部分选项的功能介绍如下。

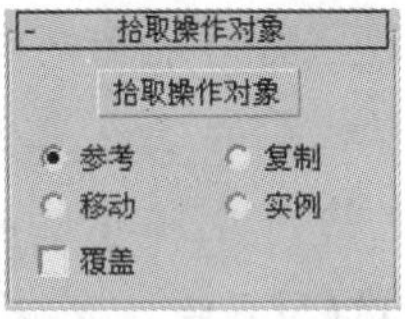

图6-56

- 拾取操作对象：将样条线添加到地形对象中。如果在生成地形对象之前未选择所有对象，或者如果导入数据中的某些对象不包含在地形对象中，则可能会执行此操作。也可以使用此选项将当前场景中的现有样条线添加到地形对象中。

注意 在场景中选择一个作为地形的样条线后，直接单击“地形”工具即可创建出地形。“拾取操作对象”只是将样条线添加到地形中时可以使用到。

- “覆盖”：用于选择覆盖其内部任何其他操作对象数据的闭合曲线。

（3）“参数”卷展栏如图6-57所示，部分选项的功能介绍如下。

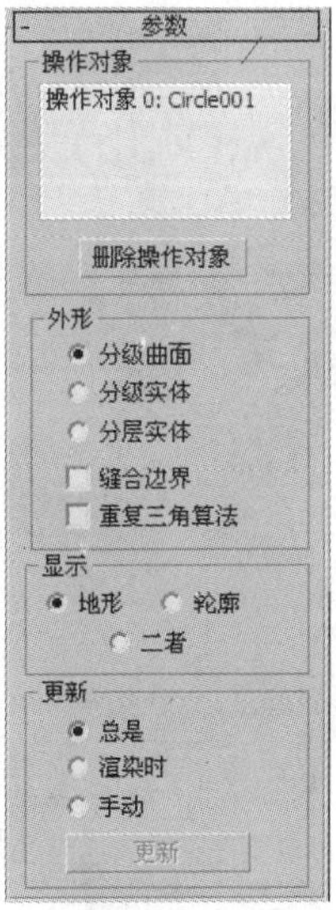

图6-57

- 操作对象：显示当前的操作对象。
- 删除操作对象：将所选操作对象从“操作对象”列表中删除。
- 分级曲面：在轮廓上创建网格的分级曲面。
- 分级实体：创建侧面带有裙子的分级曲面和底面。这表示可从任意方向看到的实体。
- 分层实体：创建类似于纸板建筑模型的结婚蛋糕或薄片式实体。
- 缝合边界：启用时，当使用非闭合样条线来定义边缘条件时，禁止沿着地形对象的边缘创建新的三角形。当此项禁用时，大多数地形均以更合理的方式显示。
- 重复三角算法：基本地形算法趋于平展或在急剧改变方向时形成凹口轮廓。
- 地形：仅显示轮廓线数据上的三角化网格。
- 轮廓：仅显示地形对象的轮廓线数据。
- 二者：同时显示地形对象的三角化网格和轮廓线数据。

（4）“简化”卷展栏如图6-58所示，各选项的功能介绍如下。

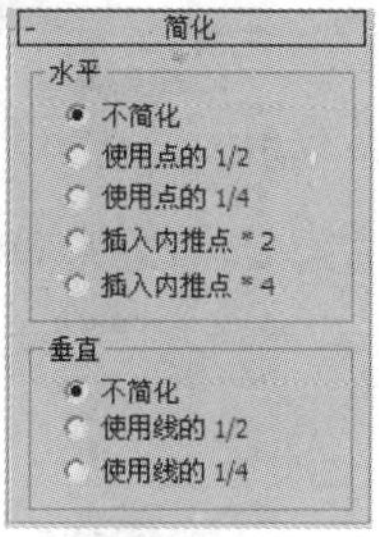

图6-58

- 不简化：使用所有操作对象的顶点来创建复杂网格。这将产生比两部分选项都更详细的细节及更大的文件。
- 使用点的1/2：使用操作对象中顶点

集的一半来创建不太复杂的网格。这将产生比使用“不简化”选项更少的细节及更小的文件。

- 使用点的1/4：使用操作对象中顶点集的四分之一来创建不复杂的网格。在这些选项中，此选项产生的细节最少且文件最小。
- 插入内推点*2：将操作对象中的顶点集增加到原来的两倍，以创建更优化但更复杂的网格。这在使用诸如圆和椭圆等结构曲线的地形中最为有效。这将产生比使用“不简化”选项更多的细节及更大的文件
- 插入内推点*4：将操作对象中的顶点集增加到原来的四倍，以创建更优化但更复杂的网格。这在使用诸如圆和椭圆等结构曲线的地形中最为有效。这将产生比使用“不简化”选项更多的细节及更大的文件。
- 不简化：使用地形对象的所有样条线操作对象的顶点来创建复杂的网格。这将产生比其他两个选项都更详细的细节及更大的文件。
- 使用线的1/2：使用地形对象的样条线操作对象集的一半来创建不太复杂的网格。这将产生比使用“不简化”选项更少的细节及更小的文件。
- 使用线的1/4：使用地形对象的样条线操作对象集的四分之一来创建不复杂的网格。在这三个选项中，此选项产生的细节最少且文件最小。

6.9 放样

放样对象是沿着第三个轴挤出的二维图形。从两个或多个现有样条线对象中创建放样对象。这些样条线之一会作为路径，其余的样条线会作为放样对象的横截面或图形。具体效果表现如图6-59所示。

图6-59

1. 实例操作050—— 制作桌布

案例文件	场景\Cha06\桌布.max	视频教学	视频教学\Cha06\桌布.avi
视频长度	1分24秒	难易指数	★★★☆☆

1 在“顶”视图中创建圆，作为放样图形01，设置合适的参数，如图6-60所示。

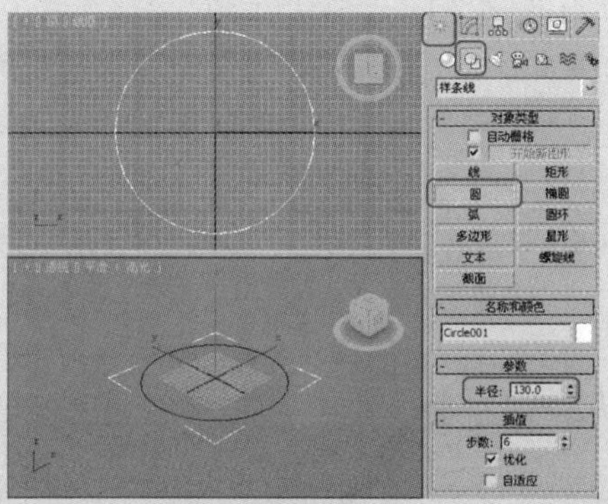

图6-60

2 创建星形，作为放样图形02，设置合适的参数，如图6-61所示。

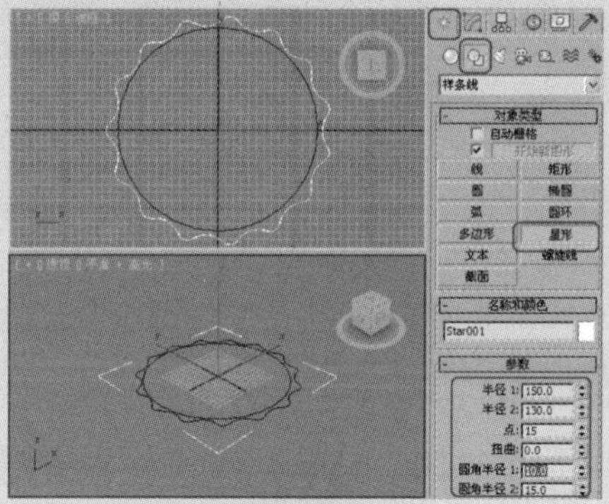

图6-61

3 在“前”视图中创建线，作为放样路径，如图6-62所示。

4 选择“放样”工具，在“创建方法”卷展栏中单击“获取图形”按钮，在场景中拾取圆，如图6-63所示。

5 在“路径参数”卷展栏中设置“路径”位置为100.0，单击“获取图形”按钮，在场景中拾取图形，如图6-64所示。

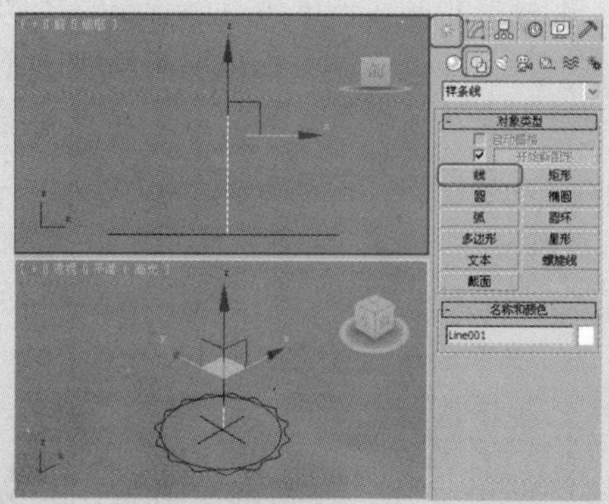

图6-62

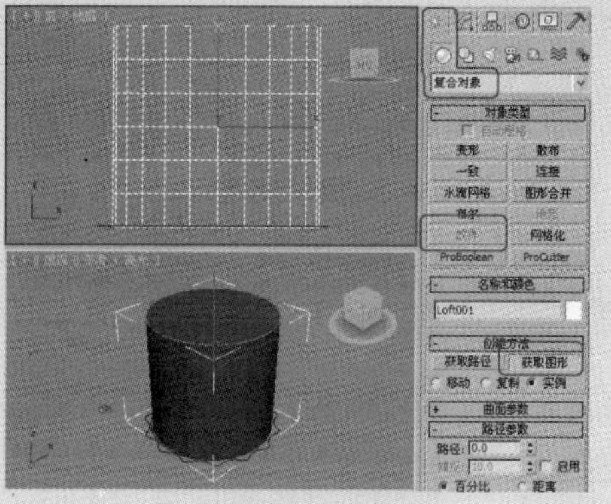

图6-63

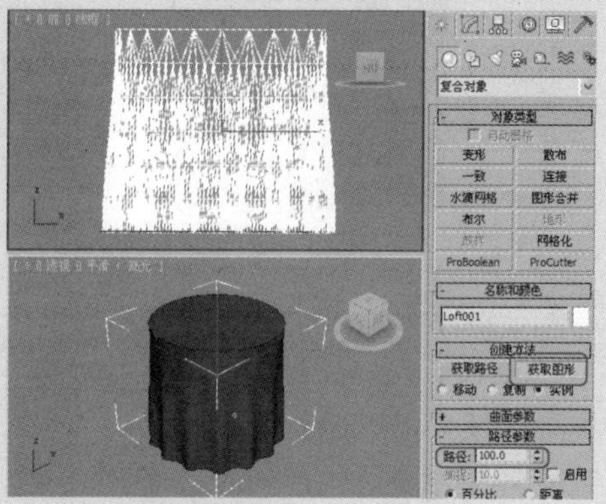

图6-64

2. 选项介绍

（1）“创建方法”卷展栏中部分选项的功能介绍如下。

- 获取路径：将路径指定给选定图形或更改当前指定的路径。
- 获取图形：将图形指定给选定路径或更改当前指定的图形。

（2）“路径参数”卷展栏如图6-65所示，部分选项的功能介绍如下。

- 路径：通过输入值或拖动微调器来设置路径的级别。如果“捕捉”处于启用状态，该值将变为上一个捕捉的增量。该路径值依赖于所选择的测量方法。更改测量方法将导致路径值的改变。

- 捕捉：用于设置沿着路径图形之间的恒定距离。该捕捉值依赖于所选择的测量方法。更改测量方法也会更改捕捉值以保持捕捉间距不变。
- 路径步数：将图形置于路径步数和顶点上，而不是作为沿着路径的一个百分比或距离。

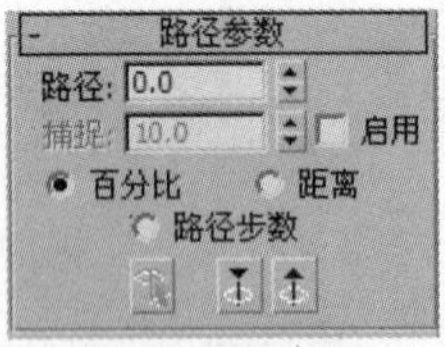

图6-65

（3）“曲面参数”卷展栏如图6-66所示，各选项的功能介绍如下。

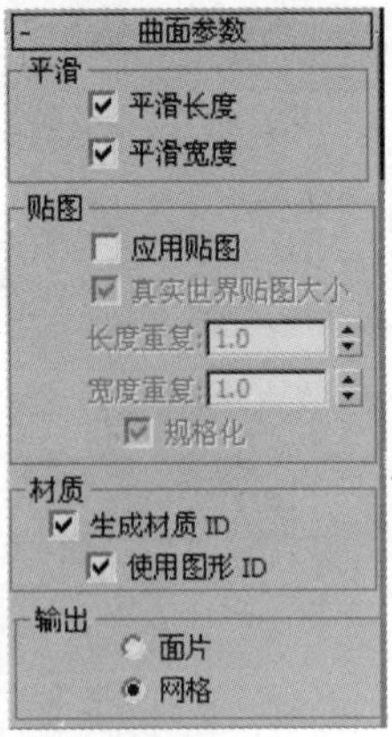

图6-66

- 平滑长度：沿着路径的长度提供平滑曲面。当路径曲线或路径上的图形更改大小时，这类平滑非常有用。
- 平滑宽度：围绕横截面图形的周界提供平滑曲面。当图形更改顶点数或更改外形时，这类平滑非常有用。
- 应用贴图：启用和禁用放样贴图坐标。必须启用“应用贴图”才能访问其余项目。
- 真实世界贴图大小：控制应用于该对象的纹理贴图材质所使用的缩放方法。
- 长度重复：设置沿着路径的长度重复贴图的次数。贴图的底部放置在路径的第一个顶点处。
- 宽度重复：设置围绕横截面图形的周界重复贴图的次数。贴图的左边缘将与每个图形的第一个顶点对齐。
- 规格化：决定沿着路径长度和图形宽度路径顶点间距如何影响贴图。
- 生成材质ID：在放样期间生成材质ID。
- 使用图形ID：提供使用样条线材质ID来定义材质ID的选择。
- 面片：放样过程可生成面片对象。
- 网格：放样过程可生成网格对象。

（4）“蒙皮参数”卷展栏如图6-67所示，各选项的功能介绍如下。

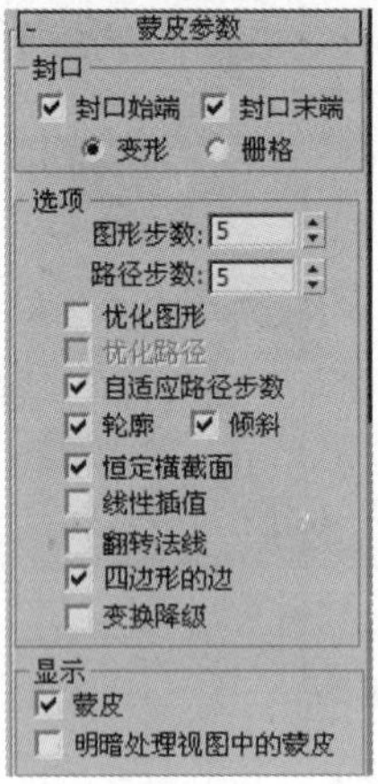

图6-67

- 封口始端：如果启用，则路径第一个顶点处的放样端被封口。如果禁用，则放样端为打开或不封口状态。默认设置为启用。
- 封口末端：如果启用，则路径最后一个顶点处的放样端被封口。如果禁用，则放样端为打开或不封口状态。
- 变形：按照创建变形目标所需的可预见且可重复的模式排列封口面。变形封口能产生细长的面，与那些采用栅格封口创建的面一样，这些面也不进行渲染或变形。
- 栅格：在图形边界处修剪的矩形栅格中排列封口面。此方法将产生一个由大小均等的面构成的表面，这些面可以被其他修改器很容易地变形。

- 图形步数：设置横截面图形的每个顶点之间的步数。该值会影响围绕放样周界的边的数目。
- 路径步数：设置路径的每个主分段之间的步数。
- 优化图形：如果启用，则对于横截面图形的直分段，忽略“图形步数”。如果路径上有多个图形，则只优化在所有图形上都匹配的直分段。
- 优化路径：如果启用，则对于路径的直分段，忽略“路径步数”。“路径步数”设置仅适用于弯曲截面。仅在“路径步数”模式下才可用。
- 自适应路径步数：如果启用，则分析放样，并调整路径分段的数目，以生成最佳蒙皮。主分段将沿路径出现在路径顶点、图形位置和变形曲线顶点处。
- 轮廓：如果启用，则每个图形都将遵循路径的曲率。
- 倾斜：如果启用，则只要路径弯曲并改变其局部 Z 轴的高度，图形便围绕路径旋转。
- 恒定横截面：如果启用，则在路径中的角处缩放横截面，以保持路径宽度一致。
- 线性插值：如果启用，则使用每个图形之间的直边生成放样蒙皮。
- 翻转法线：如果启用，则将法线翻转180度。可使用此复选框来修正内部外翻的对象。
- 四边形的边：如果启用，且放样对象的两部分具有相同数目的边，则将两部分缝合到一起的面将显示为四方形。具有不同边数的两部分之间的边将不受影响，仍与三角形连接。
- 变换降级：使放样蒙皮在子对象图形/路径变换过程中消失。
- 蒙皮：如果启用，则使用任意着色层在所有视图中显示放样的蒙皮，并忽略“明暗处理视图中的蒙皮”设置。
- 明暗处理视图中的蒙皮：如果启用，则忽略“蒙皮”设置，在着色视图中显示放样的蒙皮。

（5）“变形”卷展栏如图6-68所示，各选项的功能介绍如下。

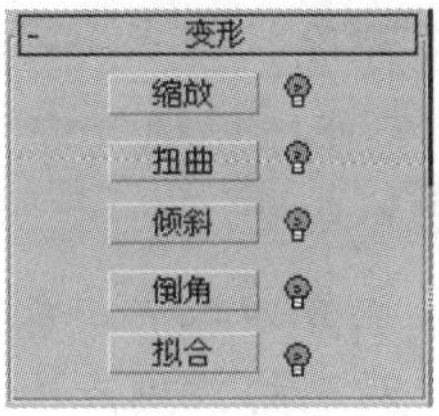

图6-68

“变形”卷展栏只有在放样模型切换到（修改）面板时才显示。下面以“缩放”变形为例进行介绍，如图6-69所示。

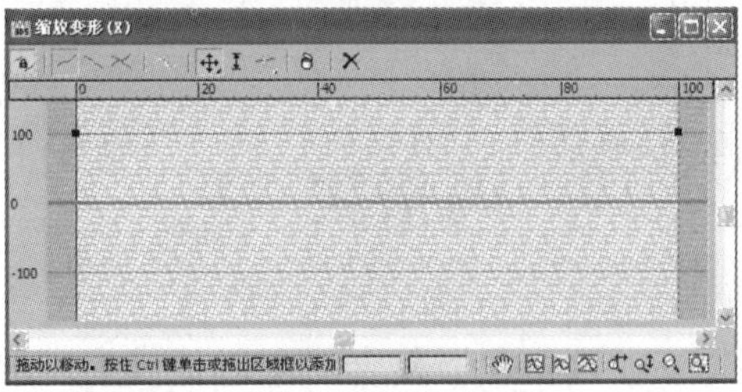

图6-69

- （均衡）：均衡是一个动作按钮，也是一种曲线编辑模式，可以用于对轴和形状应用相同的变形。
- （显示X轴）：仅显示红色的x轴变形曲线。
- （显示Y轴）：仅显示绿色的y轴变形曲线。
- （显示XY轴）：同时显示x轴和

y轴变形曲线，各条曲线使用各自的颜色。

- （变换变形曲线）：在x轴和y轴之间复制曲线。此按钮在启用（均衡）时是禁用的。
- （移动控制点）：更改变形的量（垂直移动）和变形的位置（水平移动）。
- （缩放控制顶点）：更改变形的量而不更改位置。
- （插入角点）：单击变形曲线上的任意某处可以在该位置插入角点控制点。
- （删除控制点）：删除所选的控制点。也可以通过按Delete键来删除所选的点。
- （重置曲线）：删除所有控制点（但两端的控制点除外）并恢复曲线的默认值。
- 数值字段：仅当选择了一个控制点时，才能访问这两个字段。第一个字段提供了点的水平位置，第二个字段提供了点的垂直位置（或值）。可以使用键盘编辑这些字段。
- （平移）：在视图中拖动，向任意方向移动。
- （最大化显示）：更改视图放大值，使整个变形曲线可见。
- （水平方向最大化显示）：更改沿路径长度进行的视图放大值，使得整个路径区域在对话框中可见。
- （垂直方向最大化显示）：更改沿变形值进行的视图放大值，使得整个变形区域在对话框中显示。
- （水平缩放）：更改沿路径长度进行的放大值。
- （垂直缩放）：更改沿变形值进行的放大值。
- （缩放）： 更改沿路径长度和变形值进行的放大值，保持曲线纵横比。
- （缩放区域）：在变形栅格中拖动区域。区域会相应放大，以填充变形对话框。

6.10 网格化

“网格化”复合对象以每帧为基准将程序对象转化为网格对象，这样可以应用修改器，如弯曲或UVW 贴图。它可用于任何类型的对象，但主要为使用粒子系统而设计。“网格化”对于复杂修改器堆栈的低空的实例化对象同样有用。

可以在场景中创建一个粒子系统，并在场景中创建一个“网格化”，如图6-70所示。选择网格化，切换到（修改）面板，在“参数”卷展栏中单击“拾取对象”下的“无”按钮，在场景中拾取粒子系统，为网格化的模型施加修改器，如图6-71所示。

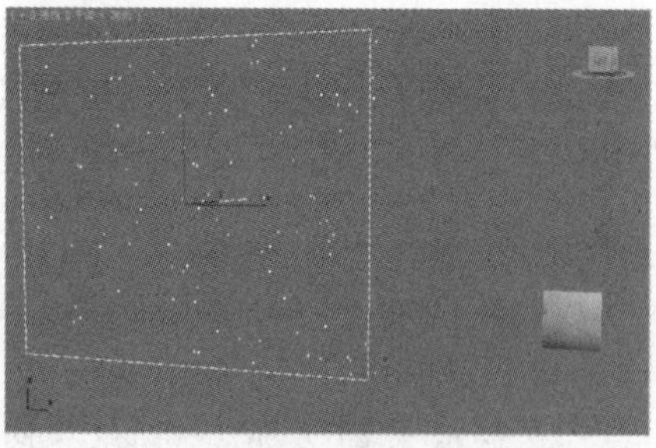

图6-70

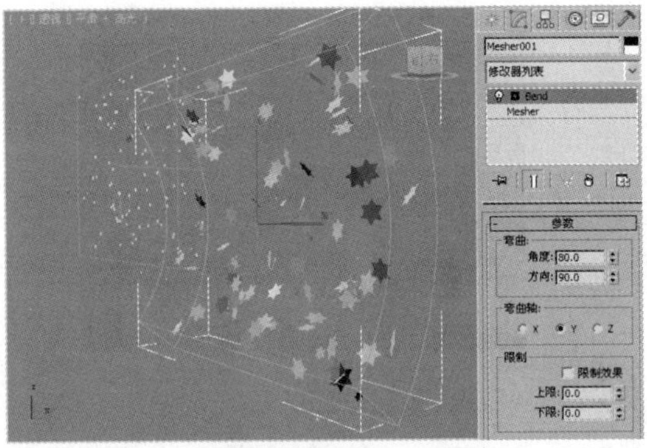

图6-71

“曲面参数”卷展栏如图6-72所示中的选项功能介绍如下。

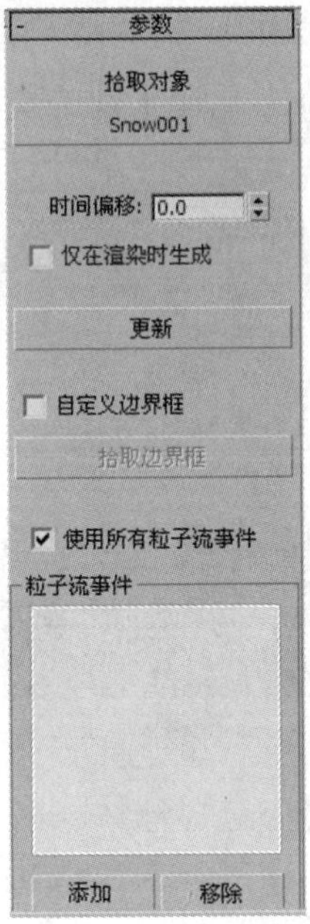

图6-72

- 拾取对象下的“无”按钮：单击此按钮，然后选择由网格对象实例化的对象。之后，实例化对象的名称会出现在按钮上。
- 时间偏移：将运行网格粒子系统的原始粒子系统之前或之后的帧数。
- 仅在渲染时生成：勾选该复选框后，网格效果不会出现在视口中，而仅在渲染场景后出现。默认设置为禁用状态。
- 更新：在编辑原始粒子系统的设置或者更改网格时间偏移设置之后，单击此按钮可以查看网格系统的变化。
- 自定义边界框：勾选该复选框后，网格将来源于粒子系统和修改器的动态边界框替换为用户选择的静态边界框。
- 拾取边界框：要指定一个自定义边界框对象，请单击此按钮并选择对象。
- 使用所有粒子流事件：勾选该复选框，并对粒子流系统应用“网格化”时，“网格化”会在该系统中为每个事件自动创建网格对象。
- 粒子流事件：对粒子流系统应用“网格化”对象时，请使用这些控件在该系统中为特定事件创建网格。“网格化”不会为其余事件创建网格。
- 添加：用于指定要受“网格化”影响的粒子流事件。
- 移除：从列表中删除突出显示的事件。

6.11 ProBoolean

ProBoolean 复合对象在执行布尔运算之前，它采用了3ds Max网格并增加了额外的智能。首先它组合了拓扑，然后确定共面三角形并移除附带的边。然后不是在这些三角形上而是在N多边形上执行布尔运算。完成布尔运算之后，对结果执行重复三角算法，然后在共面的边隐藏的情况下将结果发送回 3ds Max中。这样额外工作的结果有双重意义：布尔对象的可靠性非常高，因为有更少的小边和三角形，因此结果输出更清晰。具体效果表现如图6-73所示。

图6-73

1. 实例操作051—— 骰子

案例文件	场景\Cha06\骰子.max	视频教学	视频教学\Cha06\骰子.avi
视频长度	5分9秒	难易指数	★★★☆☆

1 在“顶”视图中创建切角长方体，设置其参数如图6-74所示。

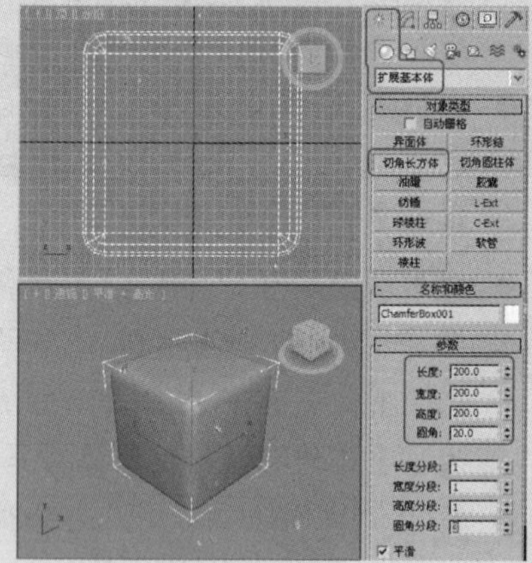

图6-74

2 创建球体，设置合适的参数，如图6-75所示。

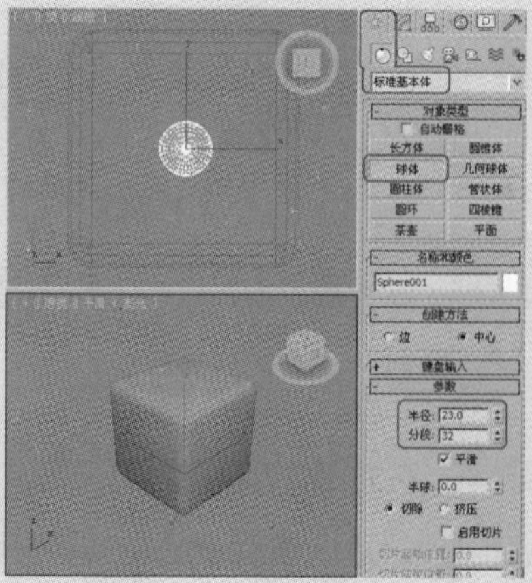

图6-75

3 在场景中复制球体到骰子的每一个面，分别在每个面上复制球体个数为1、2、3、4、5、6，如图6-76所示。

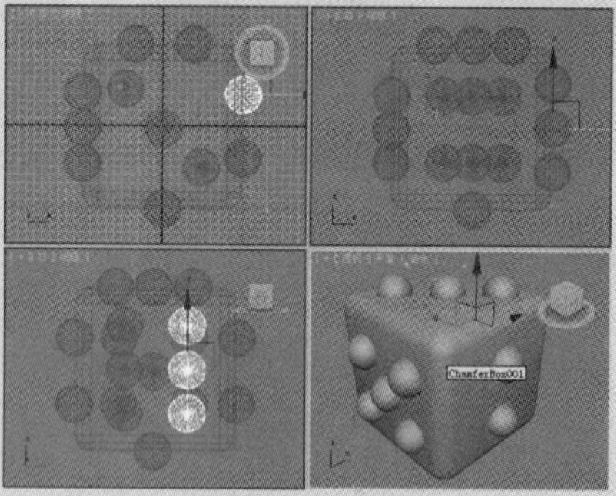

图6-76

4 在场景中选择球体，将其转换为“可编辑多边形”，并将其他球体附加在一起，如图6-77所示。

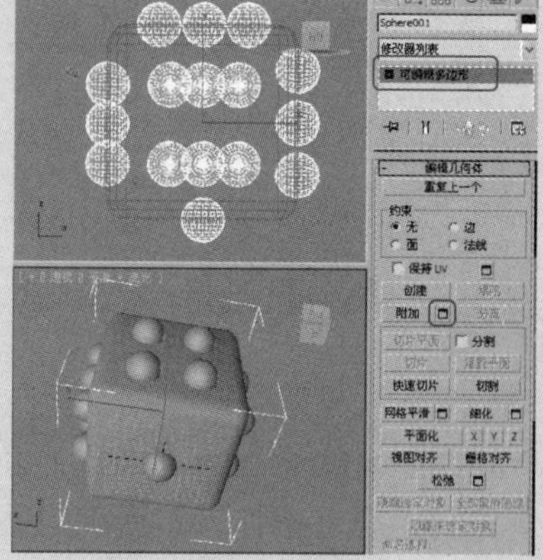

图6-77

5 选择切角长方体，选择“ （创建）| （几何体）| 复合对象 | ProBoolean”工具，在“拾取布尔对象”卷展栏中单击“开始拾取”按钮，在场景中拾取附加在一起的球体，如图6-78所示。

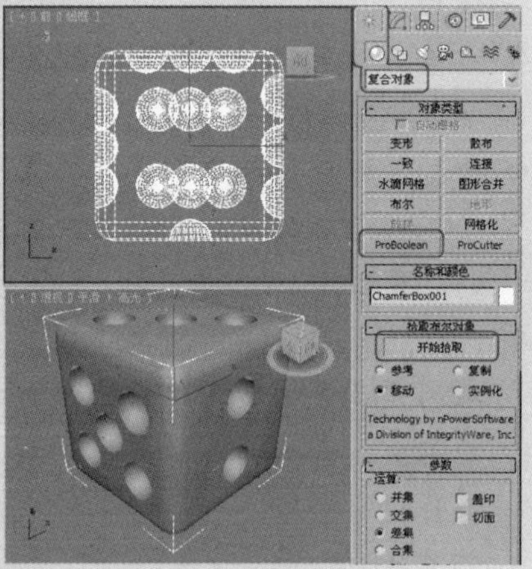

图6-78

6 在“高级选项”卷展栏中勾选“设为四边形”复选框，如图6-79所示。

7 在“修改器列表”中选择“涡轮平滑”修改器，可以设置出模型的平滑，如图6-80所示。

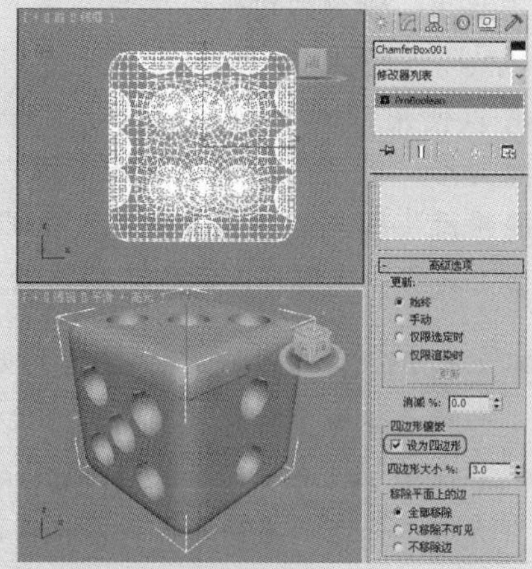

图6-79

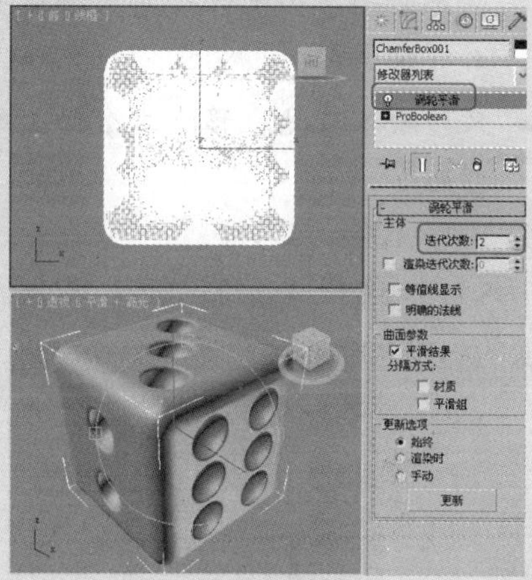

图6-80

2. 选项介绍

（1）图6-78中“拾取布尔对象”卷展栏中部分选项的功能介绍如下。

“开始拾取”：在场景中拾取操作对象。

（2）图6-79中“高级选项”卷展栏中部分选项的功能介绍如下。

- 更新：这些选项确定在进行更改后，何时在布尔对象上执行更新。
- 始终：只要您更改了布尔对象，就会进行更新。
- 手动：仅在单击“更新”按钮后进行更新。
- 仅限选定时：不论何时，只要选定了布尔对象，就会进行更新。
- 仅限渲染时：仅在渲染或单击“更新”按钮时才将更新应用于布尔对象。
- 更新：对布尔对象应用更改。
- 消减%：从布尔对象中的多边形上移除边，从而减少多边形数目的边的百分比。
- 四边形镶嵌：这些选项启用布尔对象的四边形镶嵌。
- 设为四边形：启用时，会将布尔对象的镶嵌从三角形改为四边形。

注意 当启用“设为四边形”之后，对“消减%”设置没有影响。“设为四边形”可以使用四边形网格算法重设平面曲面的网格。将该功能与“网格平滑”、“涡轮平滑”和“可编辑多边形”中的细分曲面工具结合使用可以产生动态效果。

- 四边形大小%：确定四边形的大小作为总体布尔对象长度的百分比。
- 移除平面上的边：此选项确定如何处理平面上的多边形。
- 全部移除：移除一个面上的所有其他共面的边，这样该面本身将定义多边形。
- 只移除不可见：移除每个面上的不可见边。
- 不移除边：不移除边。

（3）“参数”卷展栏如图6-81所示，各选项的功能介绍如下。

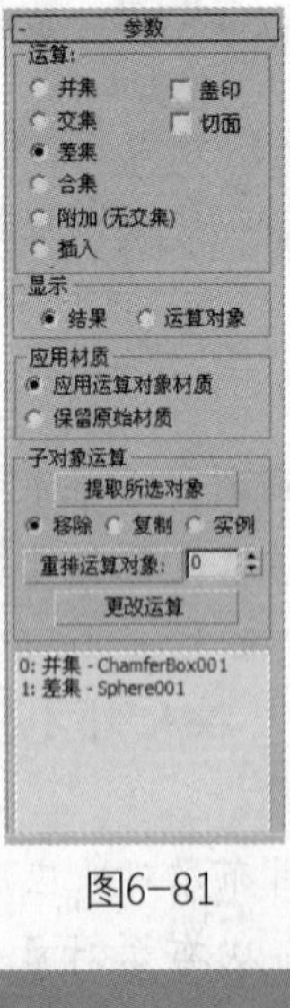

图6-81

- 运算：这些设置确定布尔运算对象实际如何交互。
- 并集：将两个或多个单独的实体组合到单个布尔对象中。
- 交集：从原始对象之间的物理交集中创建一个新对象，移除未相交的体积。
- 差集：从原始对象中移除选定对象的体积。
- 合并：将对象组合到单个对象中，而不移除任何几何体。在相交对象的位置创建新边。
- 附加（无交集）：将两个或多个单独的实体合并成单个布尔型对象，而不更改各实体的拓扑。实质上，操作对象在整个合并成的对象内仍为单独的元素。
- 插入：先从第一个操作对象减去第二个操作对象的边界体积，然后再组合这两个对象。
- 盖印：将图形轮廓（或相交边）打印到原始网格对象上，如图6-82所示。
- 切面：切割原始网格图形的面，只影响这些面。选定运算对象的面未添加到布尔结果中。
- 显示：选择下面一个显示模式。
- 结果：只显示布尔运算而非单个运算对象的结果。
- 运算对象：显示定义布尔结果的运

图6-82

算对象。使用该模式编辑运算对象并修改结果。

- 应用材质：选择下面一个材质应用模式。
- 应用运算对象材质：布尔运算产生的新面获取运算对象的材质。
- 保留原始材质：布尔运算产生的新面保留原始对象的材质。
- 子对象运算：这些函数对在层次视图列表中高亮显示的运算对象进行运算。
- 提取所选对象：对在层次视图列表中高亮显示的运算对象应用运算。
- 移除：从布尔结果中移除在层次视图列表中高亮显示的运算对象。它本质上撤销了加到布尔对象中的高亮显示的运算对象。提取的每个运算对象都再次成为顶层对象。
- 复制：提取在层次视图列表中高亮显示的一个或多个运算对象的副本。原始的运算对象仍然是布尔运算结果的一部分。
- 实例：提取在层次视图列表中高亮显示的一个或多个运算对象的一个实例。对提取的这个运算对象的后续修改也会修改原始的运算对象，因此会影响布尔对象。
- 重排运算对象：在层次视图列表中更改高亮显示的运算对象的顺序。将重排的运算对象移动到“重排运算对象”按钮旁边的文本字段中列出的位置。
- 更改运算：为高亮显示的运算对象更改运算类型。
- 层次视图：显示定义选定网格的所有布尔运算的列表。

6.12 ProCutter

ProCutter复合对象能够使您执行特殊的布尔运算，主要目的是分裂或细分体积。ProCutter运算的结果尤其适合在动态模拟中使用。在动态模拟中，对象炸开，或由于外力或另一个对象使对象破碎。具体效果表现如图6-83所示。

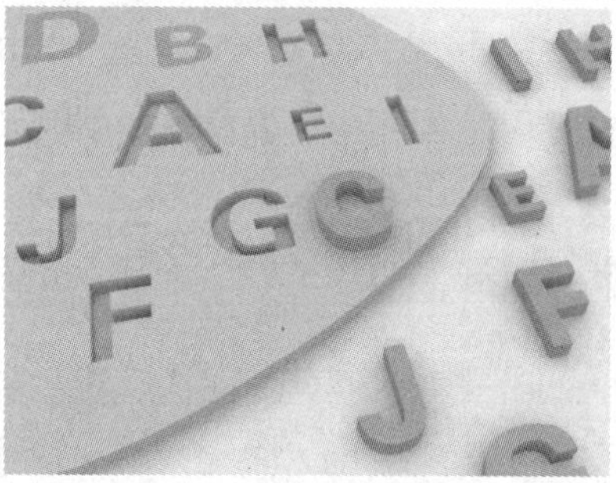

图6-83

1. 实例操作052—— 拼图

案例文件	场景\Cha06\拼图.max	视频教学	视频教学\Cha06\拼图.avi
视频长度	6分14秒	难易指数	★★★☆☆

1 在“顶”视图中创建图形，并修改图形的形状，完成如图6-84所示的图形。

2 为图形施加“挤出”修改器，设置合适的挤出参数，如图6-85所示。

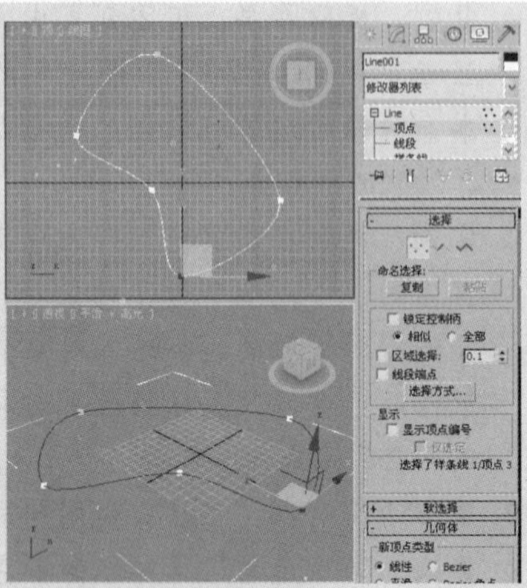

图6-84

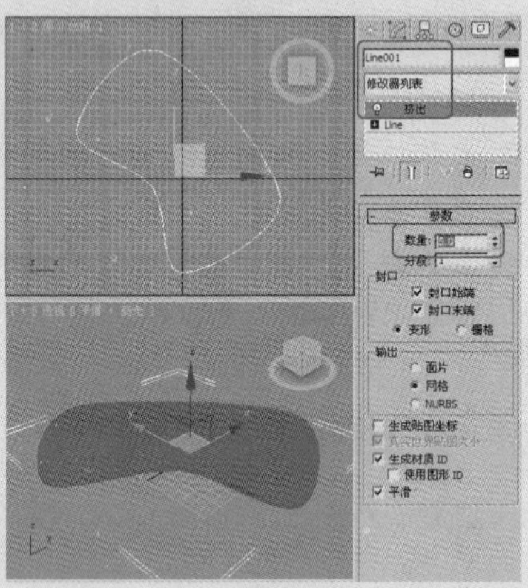

图6-85

3 在“顶”视图中创建文本，如图6-86所示。

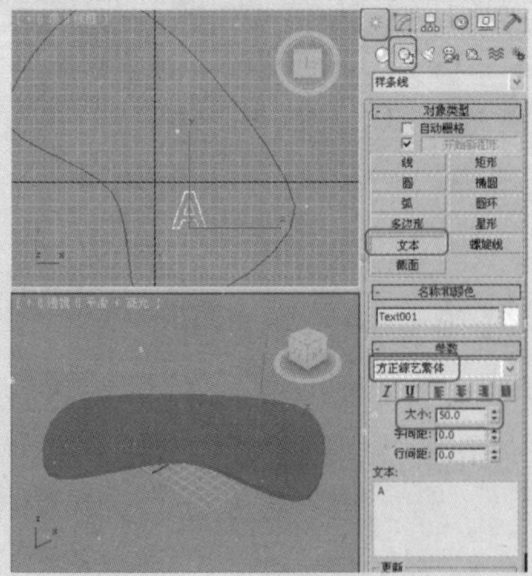

图6-86

4 切换到（修改）面板，为文本图形施加“挤出”修改器，设置合适的挤出参数，并在场景中调整模型的位置如图6-87所示。

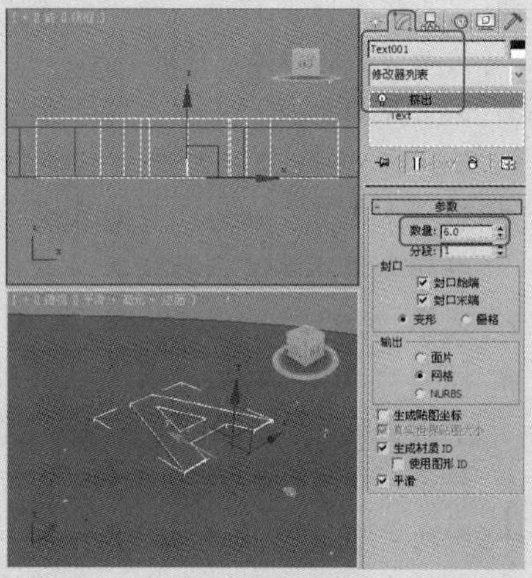

图6-87

5 复制并修改文本参数，在场景中选择一个文本模型，并将其转换为“可编辑多边形”，将其他的文本模型附加在一起，如图6-88所示。

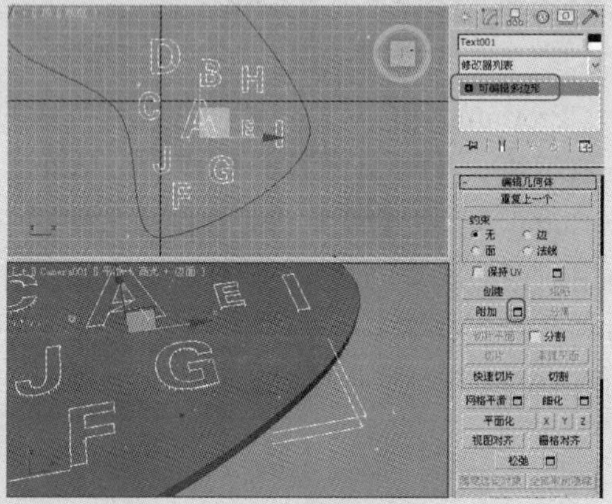

图6-88

6 在场景中选择附加到一起的文本模型，然后选择“（创建）|（几何体）|复合对象|ProCutter”工具，在“切割器拾取参数”卷展栏中单击“拾取原料对象”按钮，在场景中拾取“Line001”对象，如图6-89所示。

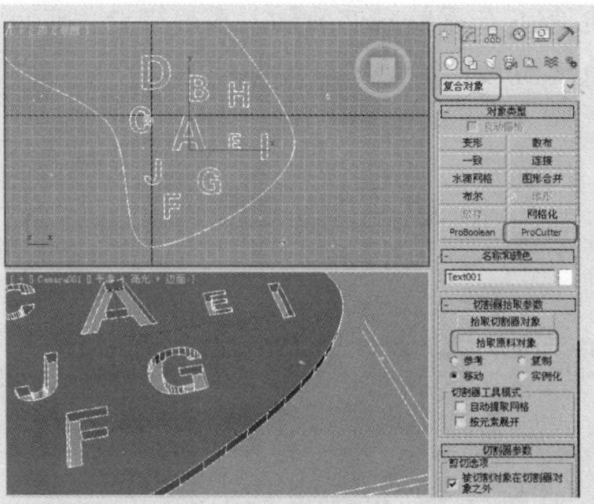

图6-89

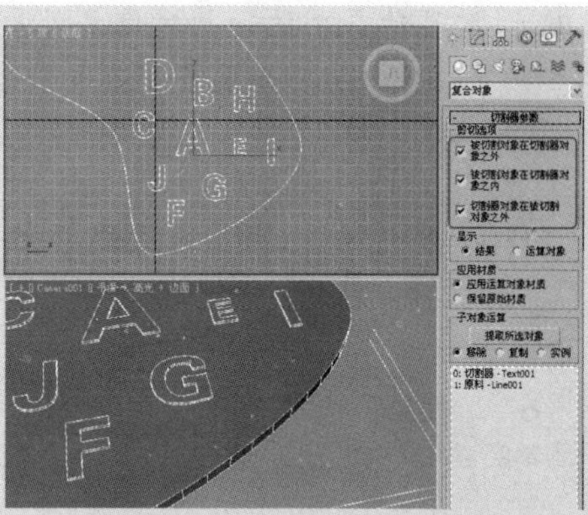

图6-90

7 在“切割器拾取参数”卷展栏中勾选“自动提取网格”和“按元素展开”复选框，在“切割器参数”卷展栏中勾选“被切割对象在切割器对象之外”和“被切割对象在切割器对象之内”复选框，如图6-90所示。

8 在场景中选择文本，为其施加“编辑多边形”，将选择集定义为“元素”，形成如图6-91所示的效果。

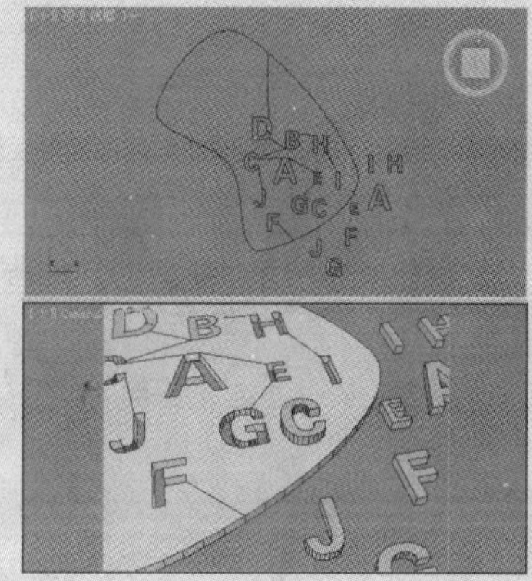

图6-91

2. 选项介绍

（1）“切割器拾取参数”卷展栏中的选项的功能介绍如下。

- 拾取切割器对象：启用时，选择的对象被指定为切割器，用来细分对象。
- 拾取原料对象：启用时，选择的对象被指定为原料对象，也就是由切割器细分的对象。
- 切割器工具模式：这些选项能够将切割器用作塑形工具，在不同的地方反复剪切同一对象。
- 自动提取网格：选择子对象后自动提取结果。它没有将子对象保持为子对象，但对其进行了编辑，并用剪切结果替换了该对象。这能够快速剪切、移动切割器和再次进行剪切。
- 按元素展开：启用“自动提取网格”时，自动将每个元素分割成单独的对象。禁用“自动提取网格”时没有效果。

（2）“切割器参数”卷展栏中的选项的功能介绍如下。

- 被切割对象在切割器对象之外：结果包含所有切割器外部的原料部分。该复选框提供了一个与从原料中进行切割器的布尔差集类似的结果。
- 被切割对象在切割器对象之内：结果包含一个或多个切割器内的原料部分。该复选框提供了与切割器和原料的布尔交集类似的结果。因为每个切割器都是单独处理的，因此有一些差别。

- 切割器对象在被切割对象之外：结果包含不在原料内部的切割器的部分。请注意，如果剪切器也相交，则它们会进行相互剪切。

6.13 综合演练——牙膏

案例文件	场景\Cha06\牙膏.max	视频教学	视频教学\Cha06\牙膏.avi
视频长度	4分10秒	难易指数	★★★☆☆

下面介绍牙膏的制作，其中将涉及到“连接”工具的应用.完成的效果如图6-92所示。

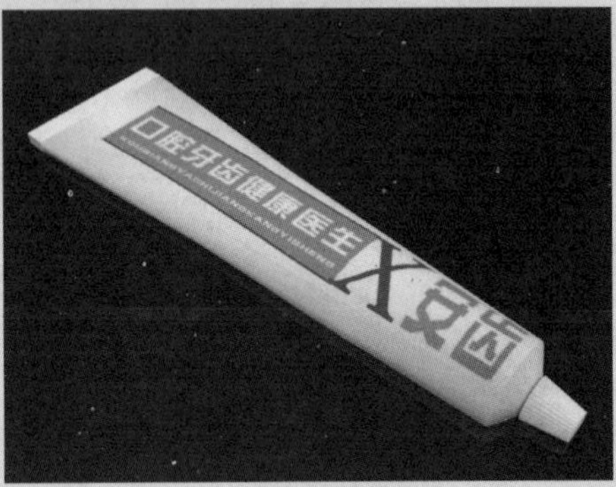

图6-92

1 在“前”视图中创建圆柱体，设置合适的参数，如图6-93所示。

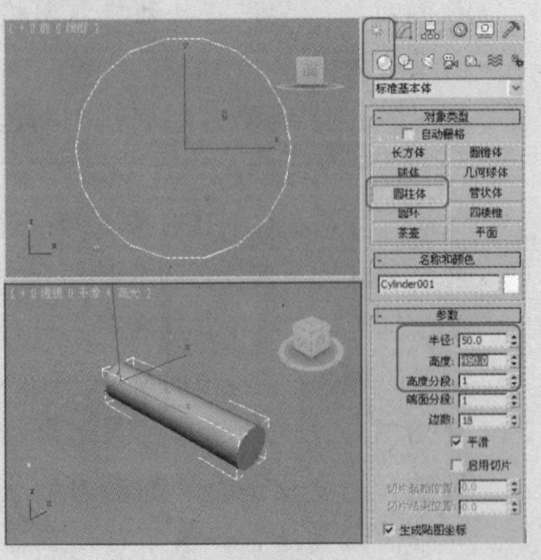

图6-93

2 将模型转换为“可编辑多边形”，将选择集定义为“顶点”，在场景中缩放调整顶点，如图6-94所示。

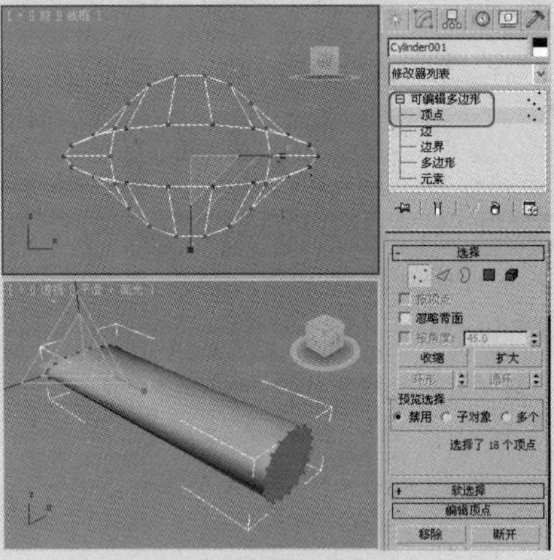

图6-94

3 将选择集定义为“多边形”，在场景中删除圆柱体两端的多边形，如图6-95所示。

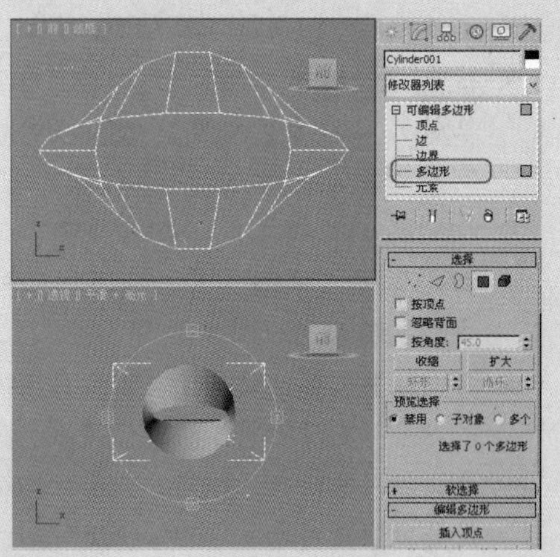

图6-95

4 在“前”视图中创建长方体，设置长方体的参数如图6-96所示。

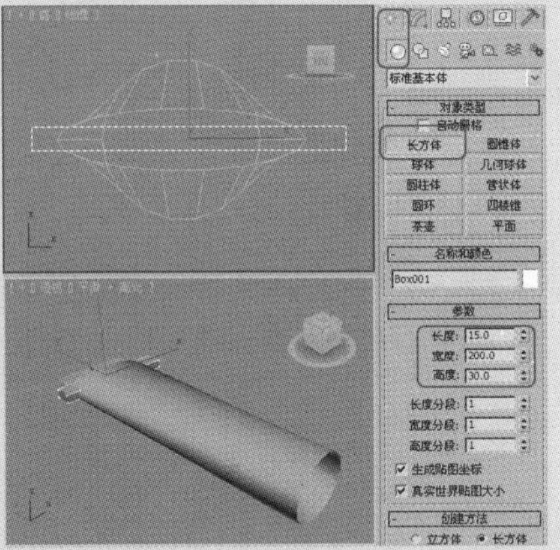

图6-96

5 将长方体转换为“可编辑多边形”，将选择集定义为“多边形”，选择如图6-97所示的多边形，按Delete键将选择的多边形删除。

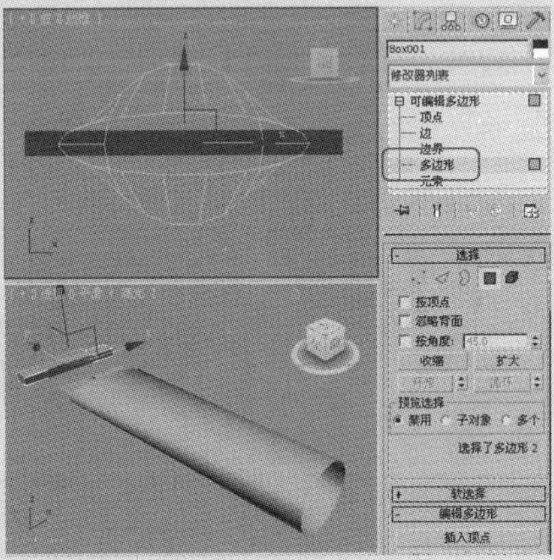

图6-97

6 在场景中选择调整后的圆柱体，然后选择“ （创建）| （几何体）| 复合对象 | 连接”工具，在“拾取操作对象”卷展栏中单击“拾取操作对象”按钮，在场景中拾取调整后的长方体，如图6-98所示。

7 在场景中将连接后的模型转换为“可编辑多边形”，将当前选择集定义为“顶点”，在场景中调整顶点，调整出牙膏筒形状，如图6-99所示。

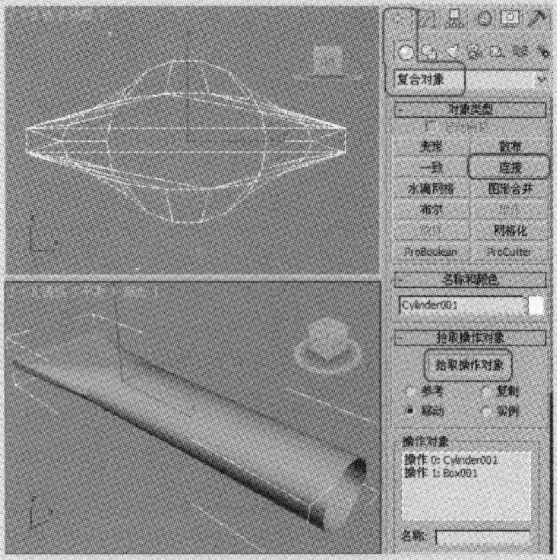

图6-98

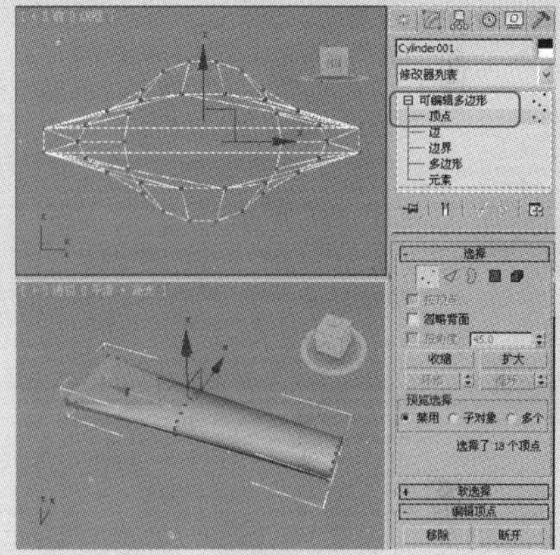

图6-99

8 将当前选择集定义为“多边形”，在场景中选择如图6-100所示的多边形，在“多边形：平滑组”卷展栏中为其制定同一个“平滑组”，这里我们选择1，如图6-100所示。

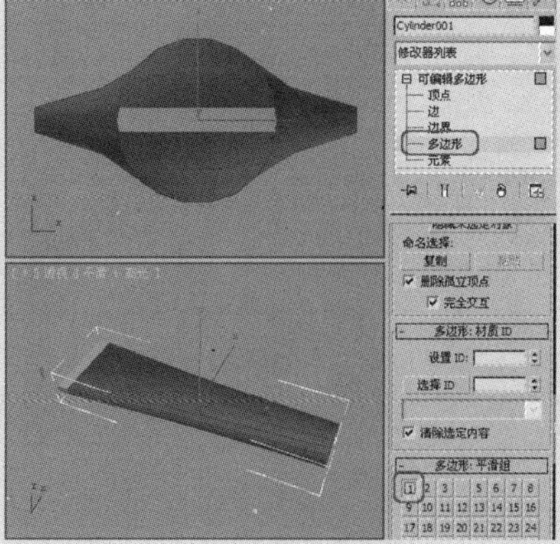

图6-100

9 将当前选择集定义为“边界”，在场景中选择如图6-101所示的边界。

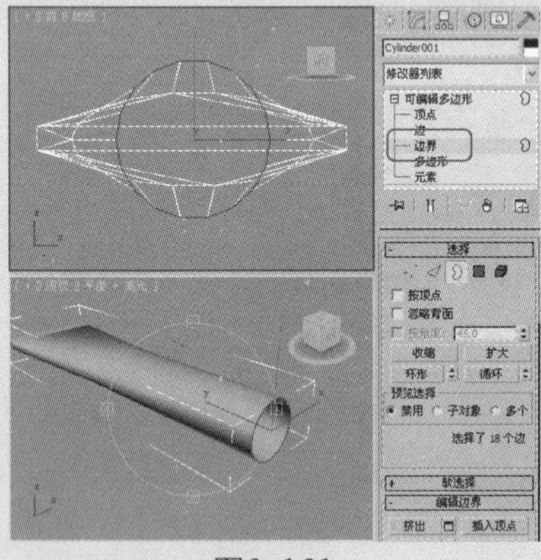

图6-101

10 在“顶”视图中按住Shift键移动复制边界，如图6-102所示。

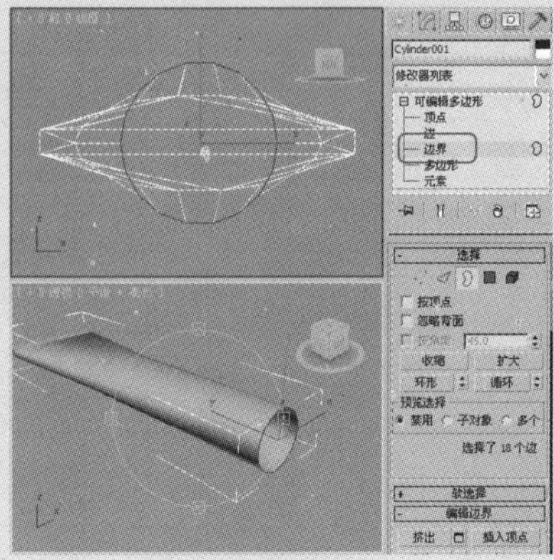

图6-102

11 将选择集定义为“顶点”，在场景中调整复制出的边界的大小，如图6-103所示。

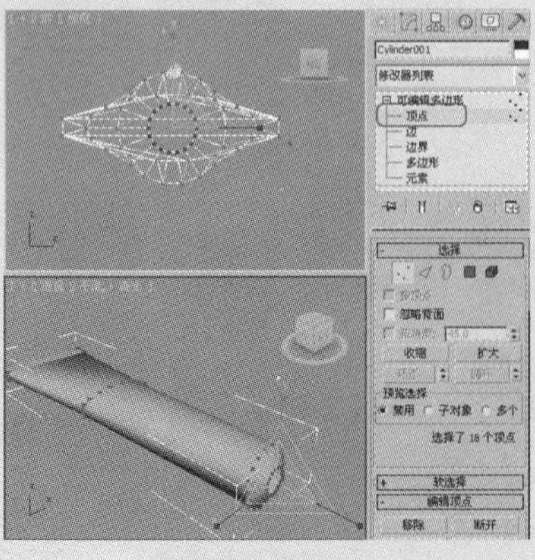

图6-103

12 使用同样的方法移动复制出边界，如图6-104所示。

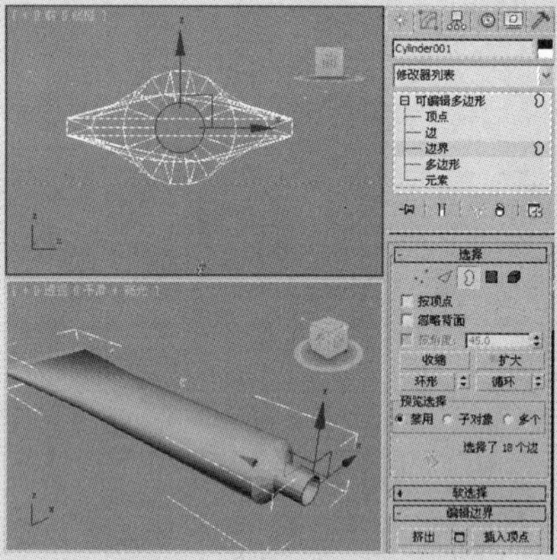

图6-104

13 将选择集定义为“顶点”，在场景中缩放顶点，如图6-105所示。

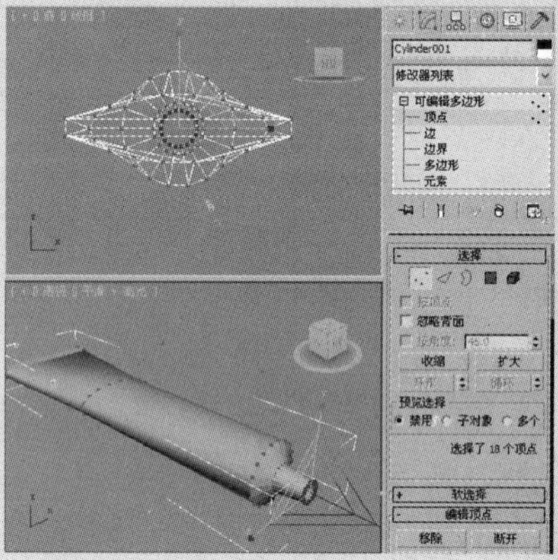

图6-105

14 在“前”视图中创建星形，设置星形合适的参数，如图6-106所示。

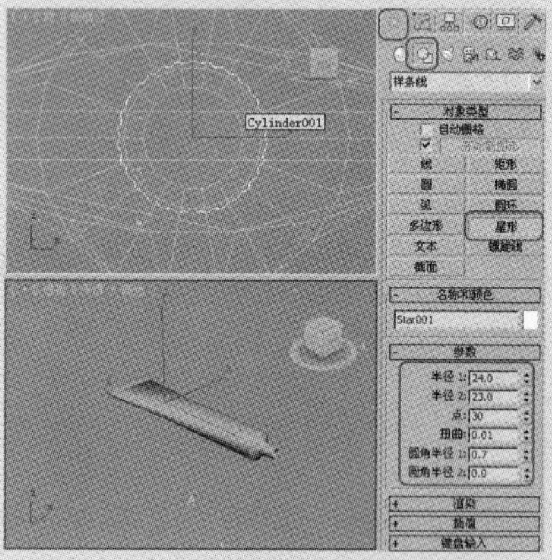

图6-106

15 为图形施加“挤出”修改器，设置合适的参数，如图6-107所示。

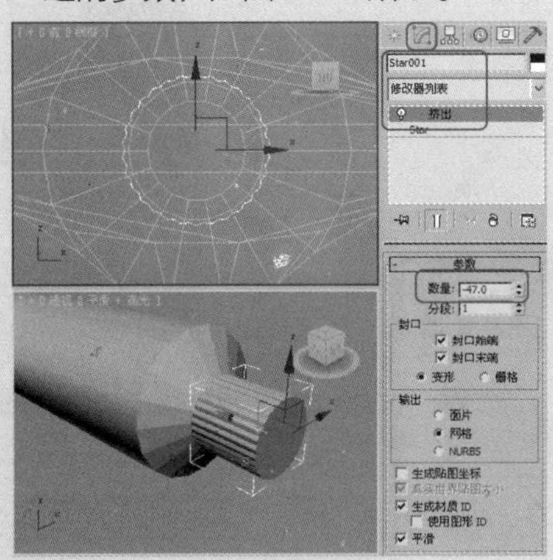

图6-107

16 将模型转换为“可编辑多边形”，将选择集定义为“顶点”，在场景中缩放模型，如图6-108所示。

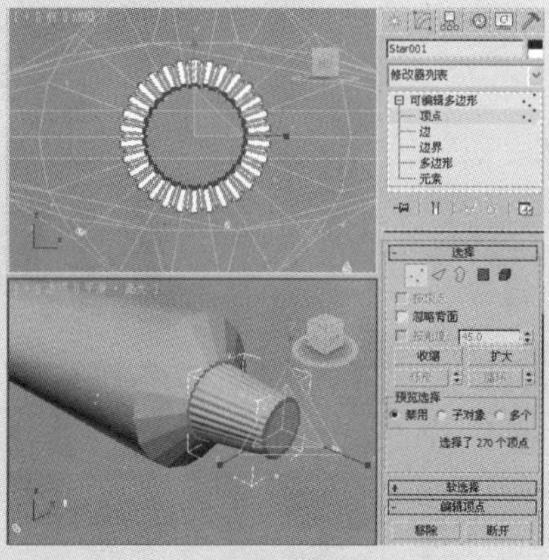

图6-108

6.14 课后练习——窗帘

案例文件	场景\Cha06\窗帘.max	视频教学	视频教学\Cha06\窗帘.avi
视频长度	5分2秒	难易指数	★★★☆☆

本例介绍窗帘的制作，其中创建了放样的图形和路径，通过使用“放样”工具以完成效果，如图6-109所示。

1 创建两条可作为放样的曲线图形，一个位于路径的0位置、一个位于路径的100位置。

2 创建一条直线作为路径。

3 复制模型并调整模型，完成窗帘的制作。

图6-109

6.15 本章小结

3ds Max的基本内置模型是创建复合物体的基础，可以将多个内置模型组合在一起，从而产生出千变万化的模型。通过本章的学习读者可以掌握复合建模的制作方法。

第7章

材质与贴图

前面几章中我们讲解了利用3ds Max 2012创建模型的方法，好的作品除了模型之外还需要材质贴图的配合，材质与贴图是三维创作中非常重要的环节，它的重要性和难度丝毫不亚于建模。通过本章的学习我们应掌握材质编辑器的参数设置，常用材质和贴图以及结合“UVW贴图”的使用方法。

7.1 材质概述

真实世界中的物体都有自身的表面特征，例如，透明的玻璃、不同的金属具有不同的光泽度、石材和木材有不同的颜色和纹理等。

在3ds Max中创建好模型后，如何准确、逼真地表现物体不同的颜色、光泽和质感特性，可以使用材质编辑器来实现。如图7-1所示是为3ds Max模型指定材质后的效果。

图7-1

贴图的主要材质是位图，在实际应用中主要用到了下面几种位图形式。

- BMP位图格式：它有Windows和OS/2两种格式，该种文件几乎不压缩，占用磁盘空间较大，它的颜色存储格式有1位、4位、8位及24位，是当今应用比较广泛的一种文件格式。
- GIF格式：Compuseve提供的GIF是一种图形变换格式(Graphics Interchange Format)，这是一种经过压缩的格式，它使用LZW(Lempel-ZIV And Welch)压缩方式，该格式在Internet上被广泛应用，其原因主要是256种颜色已经较能满足主页图形的需要，且文件较小，适合网络环境下的传输和浏览。
- JPEG格式：JPEG格式是由Joint Photographic Experts Group发展出来的标准，可以用不同的压缩比例对这种文件进行压缩，且压缩技术十分先进，对图像质量影响较小，因此可以用最少的磁盘空间得到较好的图像质量。由于它性能优异，所以应用非常广泛，是目前Internet上主流的图形格式，但JPEG格式是一种有损压缩。
- PSD格式：PSD是Adobe Photoshop的专用格式，在该软件所支持的各种格式中，PSD格式存取速度比其他格式快很多。由于Photoshop软件越来越广泛地被应用，所以这个格式也逐步流行起来。用PSD格式存档时会将文件压缩，以节省空间，但不会影响图像质量。
- TIFF格式：这是由Commode Amga电脑所采用的文件格式，它是Tagged Image File Format缩写，有许多绘图或图像处理软件使用TIFF格式来进行文件交换。TIFF格式具有图形格式复杂、存储信息多的特点。3DS、3ds Max中的大量贴图就是TIFF格式的。TIFF最大色深为32位，可采用LZW无损压缩方案存储。
- PNG格式：PNG(Portable Network Graphics)是一种新兴的网络图形格式，结合了GIF和JPEG的优点，具有存储形式丰富的特点。PNG最大色深为48位，采用无损压缩方案存储。著名的Macromedia公司的Fireworks的默认格式就是PNG。

7.2 Slate材质编辑器的界面

“Slate材质编辑器”是一个材质编辑器界面，它在设计和编辑材质时使用节点和关联以图形方式显示材质的结构。

Slate材质编辑器界面是具有多个元素的图形界面，如图7-2所示。

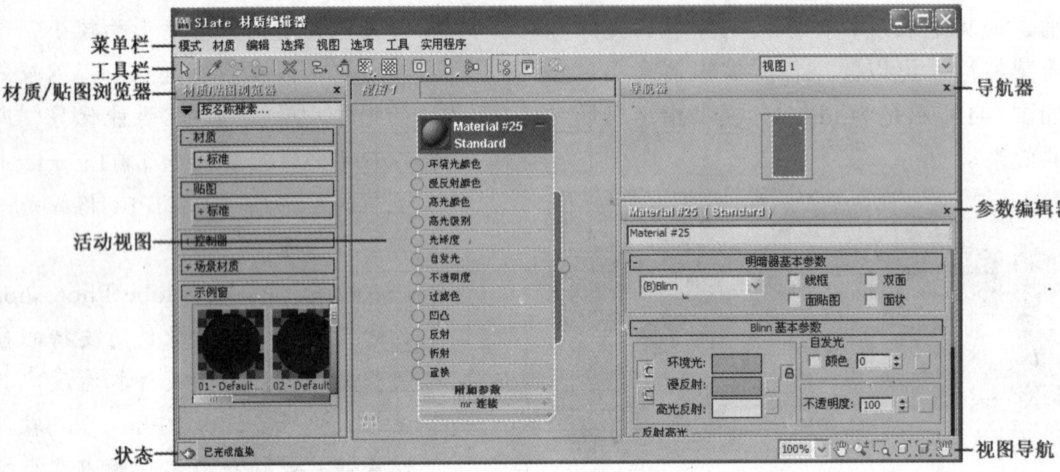

图7-2

7.2.1 菜单栏

菜单栏中包含带有创建和管理场景中材质的各种选项的菜单。大部分菜单选项也可以从工具栏或导航按钮中找到，因此这些主题就跟随菜单选项来介绍按钮。

（1）“模式”菜单如图7-3所示，其中各项命令的介绍如下。

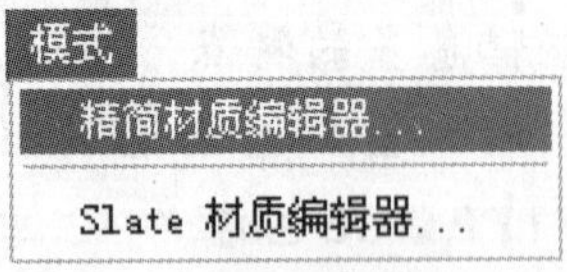

图7-3

- 精简材质编辑器：显示精简材质编辑器。
- Slate材质编辑器：显示Slate材质编辑器。

（2）“材质”菜单如图7-4所示，其中各项命令的介绍如下。

- 从对象选取：选择此选项后，3ds Max会显示一个滴管光标。单击视口中的一个对象，以在当前“视图”中显示出其材质。
- 获取所有场景材质：在当前视图中显示所有场景材质。
- 将材质指定给选定对象：将当前材质指定给当前选择中的所有对象。快捷键为A。
- 导出为XMSL文件：打开一个文件对话框，将当前材质导出到 MetaSL (XMSL) 文件。

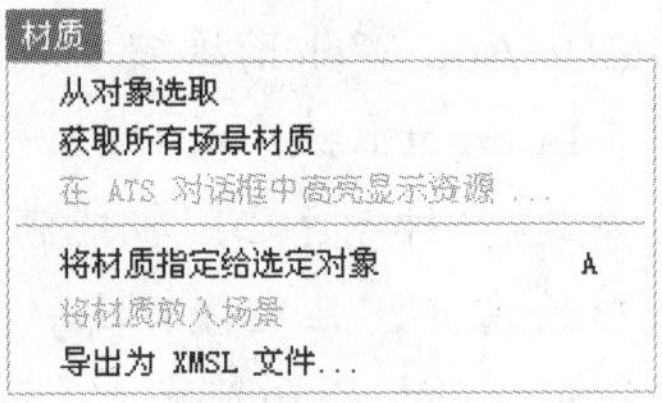

图7-4

（3）“编辑”菜单如图7-5所示，其中各项命令的介绍如下。

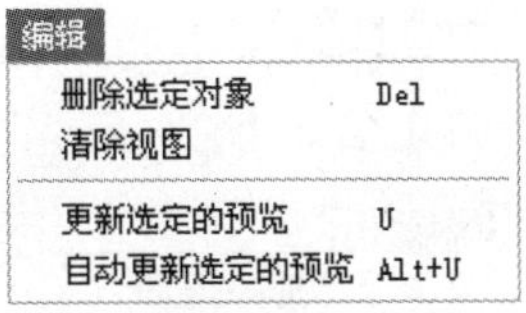

图7-5

- 删除选定对象：在活动“视图”中删除选定的节点或关联。快捷键为Delete。
- 清除视图：删除活动“视图”中的全部节点和关联。
- 更新选定的预览：自动更新关闭时，选择此命令可以为选定的节点更新预览窗口。快捷键为U。
- 自动更新选定的预览：切换选定预览窗口的自动更新。快捷键为Alt+U。

（4）“选择”菜单如图7-6所示，其中各项命令的介绍如下。

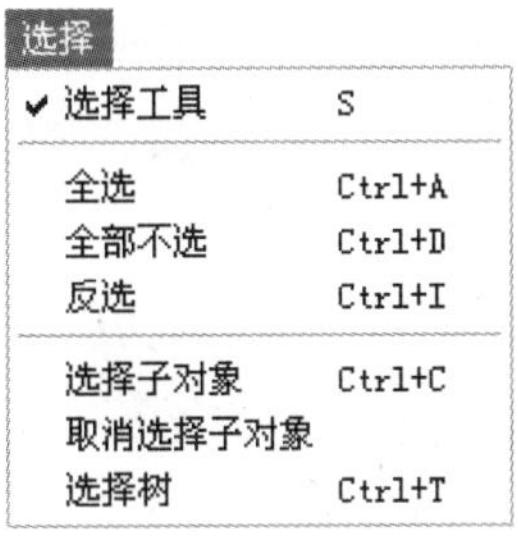

图7-6

- 选择工具：激活“选择工具”，当其处于活动状态时，此菜单选项旁边会有一个复选标记。快捷键为S。
- 全选：选择当前“视图”中的所有节点。快捷键为Ctrl+A。
- 全部不选：取消当前“视图”中的所有节点的选择。快捷键为Ctrl+D。
- 反选：反转当前选择，之前选定的节点全都取消选择，未选择的现在全都选择。快捷键为Ctrl+I。
- 选择子对象：选择当前选定节点的所有子节点。快捷键为Ctrl+C。
- 取消选择子对象：取消选择当前选定节点的所有子节点。
- 选择树：选择当前树中的所有节点。

（5）“视图”菜单如图7-7所示，其中各项命令的介绍如下。

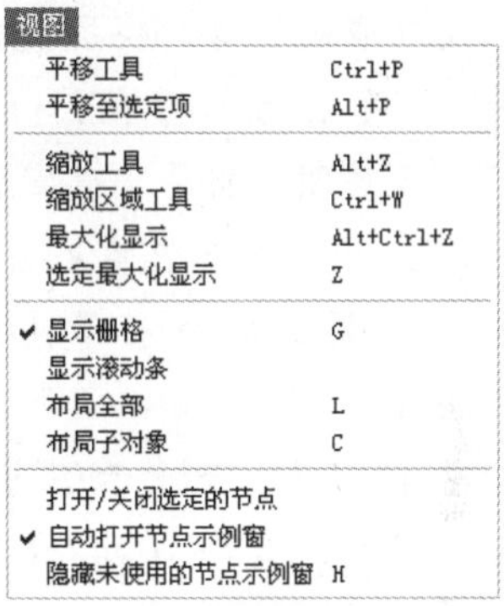

图7-7

- 平移工具：启用“平移工具”后，在当前“视图”中拖动就可以平移视图了。快捷键为Ctrl+P。
- 平移至选定项：将“视图”平移至当前选择的节点。快捷键为Alt+P。
- 缩放工具：启用“缩放工具”后，在当前“视图”中拖动就可以缩放视图了。快捷键为Alt+Z。
- 缩放区域工具：启用“缩放区域工具”后，在“视图”中拖动一块矩形选区就可以放大该区域了。快捷键为Ctrl+W。
- 最大化显示：缩放“视图”，从而让视图中的所有节点都可见且居中显示。快捷键为Alt+Ctrl+Z。
- 选定最大化显示：缩放“视图”，从而让视图中的所有选定节点都可见且居中显示。快捷键为Z。
- 显示栅格：将一个栅格的显示切换为“视图”背景。默认设置为启用。快捷键为G。
- 显示滚动条：根据需要，切换“视

图”右侧和底部的滚动条的显示。默认设置为禁用状态。

- 布局全部：自动排列“视图”中所有节点的布局。快捷键为L。
- 布局子对象：自动排列当前所选节点的子对象的布局。此操作不会更改父节点的位置。快捷键为C。
- 打开/关闭选定的节点：打开（展开）或关闭（折叠）选定的节点。
- 自动打开节点示例窗：启用此命令时，新创建的所有节点都会打开（展开）。
- 隐藏未使用的节点示例窗：对于选定的节点，在节点打开的情况下切换未使用的示例窗的显示。快捷键为H。

（6）“选项”菜单如图7-8所示，其中各项命令的介绍如下。

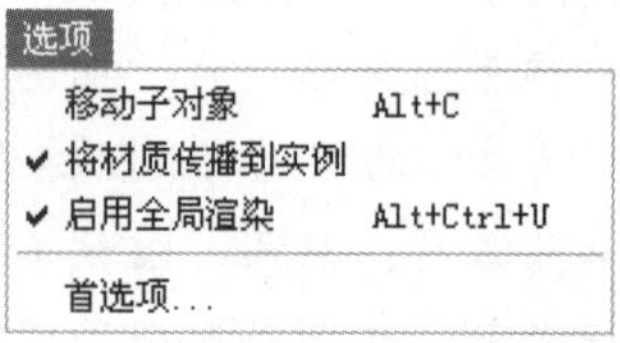

图7-8

- 移动子对象：启用此命令时，移动父节点会移动与之相随的子节点。禁用此命令时，移动父节点不会更改子节点的位置。默认设置为禁用状态。快捷键为Alt+C。
- 将材质传播到实例：启用此命令时，任何指定的材质将被传播到场景中对象的所有实例，包括导入的AutoCAD 块或基于ADT样式的对象；它们都是DRF文件中常见的对象类型。
- 启用全局渲染：切换预览窗口中位图的渲染。默认设置为启用。
- 首选项：打开“选项”对话框。

（7）“工具”菜单如图7-9所示，其中各项命令的介绍如下。

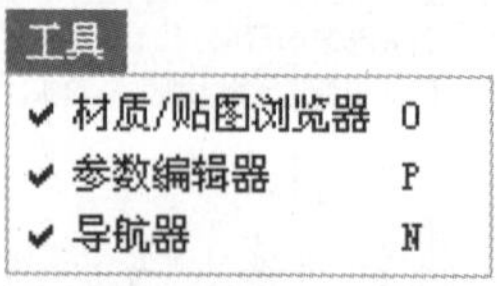

图7-9

- 材质/贴图浏览器：切换“材质/贴图浏览器”的显示。默认设置为启用。
- 参数编辑器：切换“参数编辑器”的显示。默认设置为启用。
- 导航器：切换“导航器”的显示。默认设置为启用。

7.2.2 工具栏

使用“Slate材质编辑器”工具栏可以快速访问许多命令。该工具栏还包含一个下拉列表，可以在命名的视图之间进行选择。如图7-10所示为“Slate材质编辑器”的工具栏。

图7-10

工具栏中各个工具的功能介绍如下（前面介绍过的工具这里就不重复介绍了）。

- （在视图中显示标准贴图）：在视图中显示设置的贴图。
- （在预览中显示背景）：在预览窗口中显示方格背景。
- (布局全部-水平)：单击此按钮将以垂直模式自动布置所有节点。
- (布局全部-垂直)：单击此按钮将以水平模式自动布置所有节点。
- （按材质选择）：仅当选定了单个材质节点时才启用此按钮。

7.2.3 材质/贴图浏览器

“材质/贴图浏览器”中的每个库和组都有一个带有打开/关闭 (+/-) 图标的标题

栏，该图标可用于展开或收缩列表。组可以有子组，子组有自己的标题栏，某些子组可以有更深层的子组。

材质/贴图浏览器如图7-11所示，其中各个卷展栏的介绍如下。

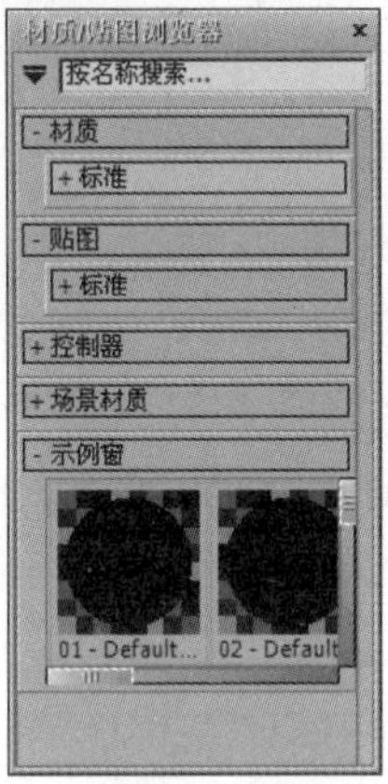

图7-11

- 材质："材质"组和"贴图"组显示可用于创建新的自定义材质和贴图的基础材质和贴图类型。这些类型是"标准"类型，它们可能具有默认值，但实际上是供用户进行自定义的模板。
- 控制器："控制器"组显示可用于为材质设置动画的动画控制器。
- 场景材质："场景材质"组列出了用在场景中的材质（有时为贴图）。默认情况下，它始终保持最新，以便显示当前场景状态。
- 示例窗："示例窗"组是由"精简材质编辑器"使用的示例窗的小版本。

7.2.4 活动视图

在"视图"中显示材质和贴图节点，可以在节点之间创建关联。

1. 编辑节点

可以折叠节点隐藏其窗口，如图7-12所示；也可以展开节点显示窗口，如图7-13所示；还可以在水平方向调整节点大小，这样可以更易于读取窗口名称，如图7-14所示。

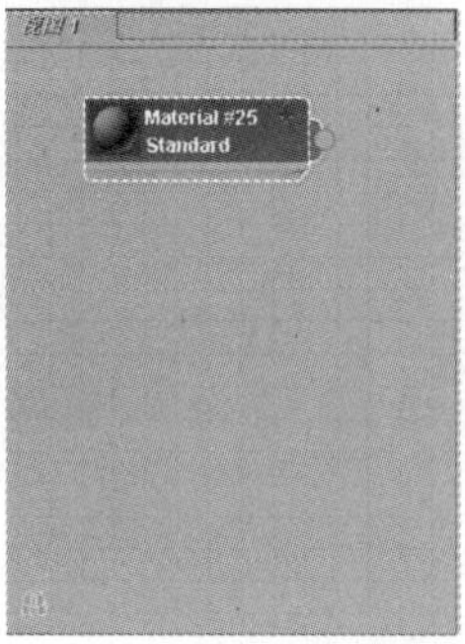

图7-12

图7-13

图7-14

通过双击预览，可以放大节点标题栏中预览的大小。要减小预览大小，请再次双击预览，如图7-15所示。

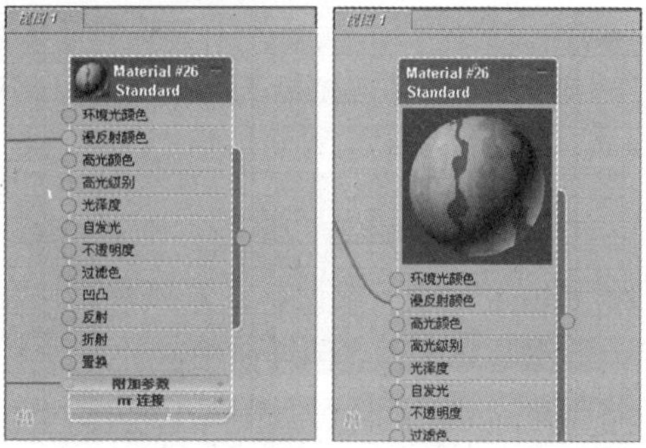

图7-15

在节点的标题栏中，材质预览的拐角处表明材质是否是热材质。没有三角形，场景中没有使用材质，如图7-16左图所示；轮廓式白色三角形，此材质是热的，换句话说，它已经在场景中实例化，如图7-16中图所示；实心白色三角形，材质不仅是热的，而且已经应用到当前选定的对象上，如图7-16右图所示。如果材质没有应用于场景中的任何对象，就称它是冷的。

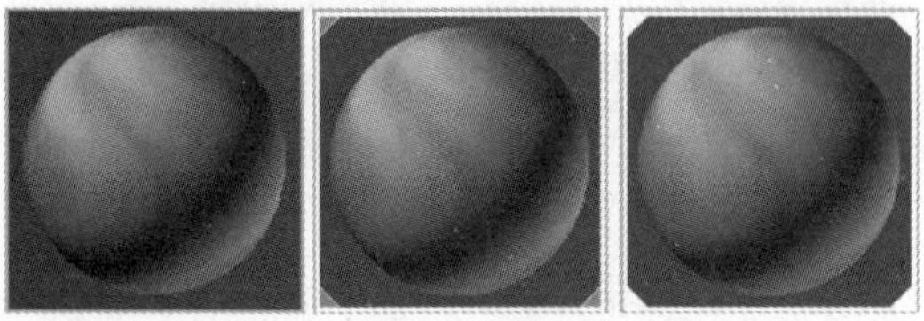

图7-16

2. 关联节点

要设置材质组件的贴图，请将一个贴图节点关联到该组件窗口的输入套接字。从贴图套接字拖到材质套接字上，如图7-17所示。

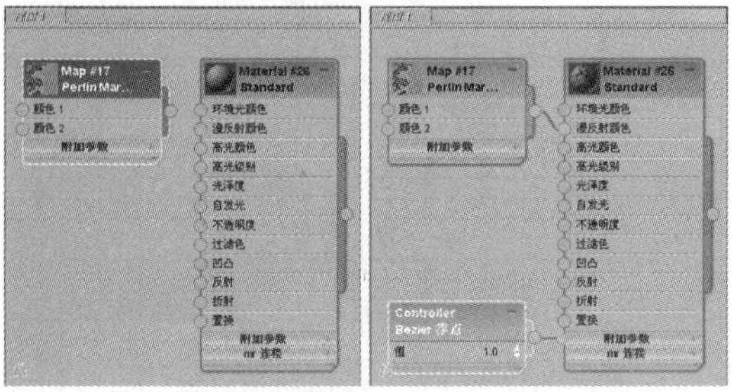

图7-17

注意 材质节点标题栏中的预览图标现在显示纹理贴图。板岩材质编辑器还添加了一个 Bezier 浮点控制器节点，以控制贴图量。

若要移除选定项，单击工具栏中的（删除选定对象）按钮，或直接单击Delete键，如图7-18所示。同样使用这种方法也可以将创建的关联删除，如图7-19所示。

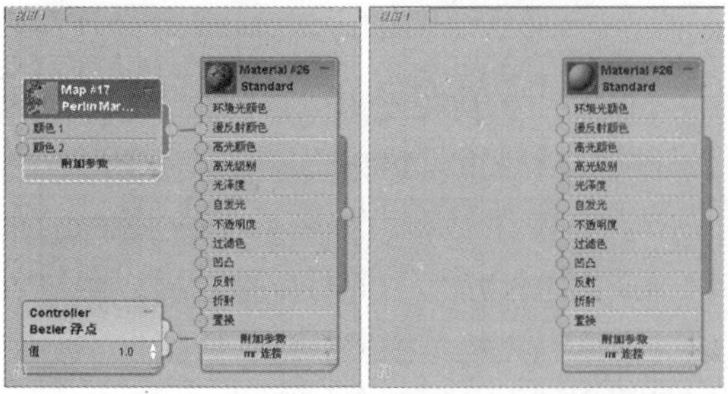

图7-18

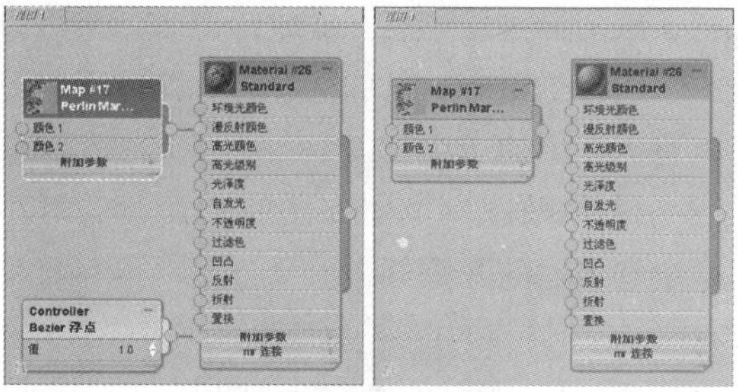

图7-19

3. 替换关联方法

在视图中拖动出关联，在视图的空白部分上释放新关联，将打开一个用于创建新节点的菜单，如图7-20所示。用户可以从输入套接字向后拖动，也可以从输出套接字向前拖动。

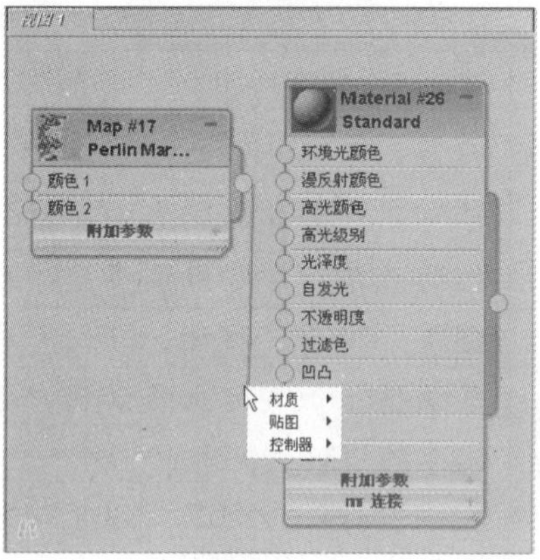

图7-20

如果将关联拖动到目标节点的标题栏，则将显示一个弹出菜单，可通过它选择要关联的组件窗口，如图7-21所示。

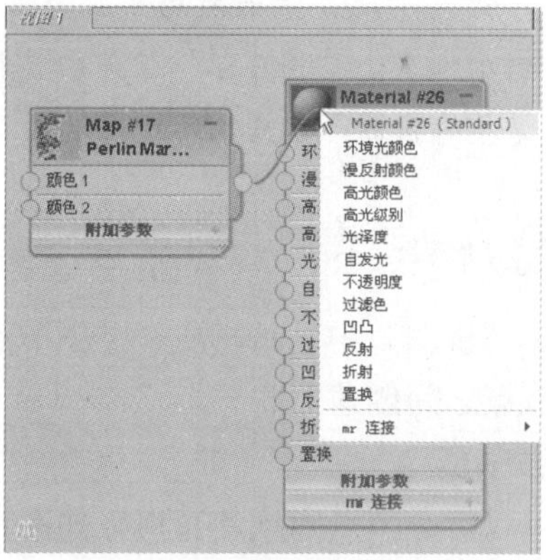

图7-21

7.2.5 状态栏

显示当前是否完成预览窗口的渲染。

7.2.6 视图导航

视图导航工具与“视图”菜单中的各项命令相同，这里就不重复介绍了。

7.2.7 参数编辑器

材质和贴图上有各种可以调整的参数。要查看某个位图或节点的参数，双击此节点，参数就会出现在“参数编辑器”中。

参数显示在“参数编辑器”中的卷展栏上，如图7-22所示。左图为材质节点的控件，右图为位图节点的控件。

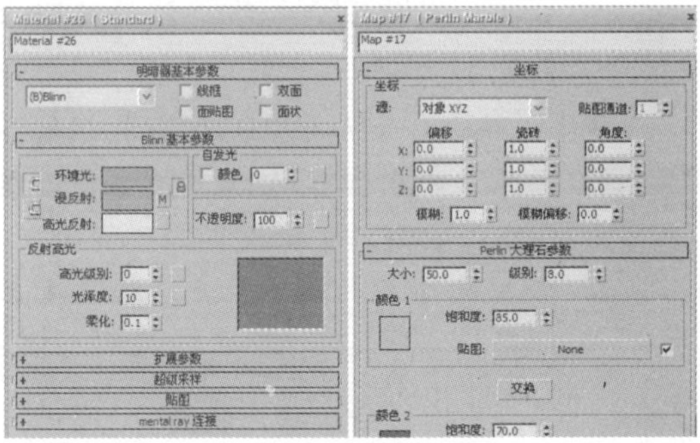

图7-22

也可以直接在节点显示中编辑参数，如图7-23所示。但一般来说，“参数编辑器”界面更易于阅读和使用。默认情况下，不可用图表示的组件在节点显示中呈隐藏状态。

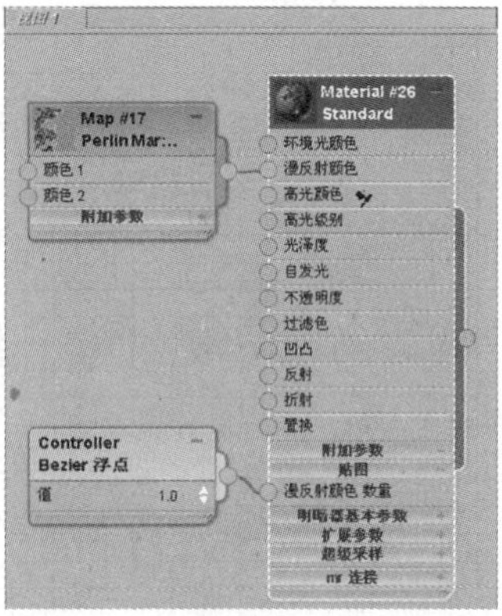

图7-23

7.2.8 导航器

“导航器”位于“Slate材质编辑器”中，用于浏览活动“视图”的控件，与3ds Max视口中用于浏览几何体的控件类似。

如图7-24所示为导航器对应的视图控件。

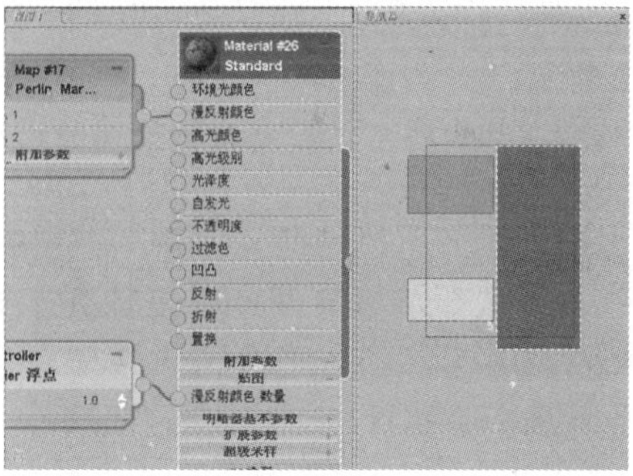

图7-24

“导航器”中的红色矩形显示了活动“视图”的边界。在导航器中拖动矩形可以更改“视图”的布局。

7.3 材质编辑器

在工具栏中单击（材质编辑器）按钮，在弹出的按钮中选择（材质编辑器）按钮，打开精简材质面板，如图7-25所示。通常，“Slate材质编辑器”在设计材质时功能更强大，而“材质编辑器”在应用已设计好的材质时很方便。

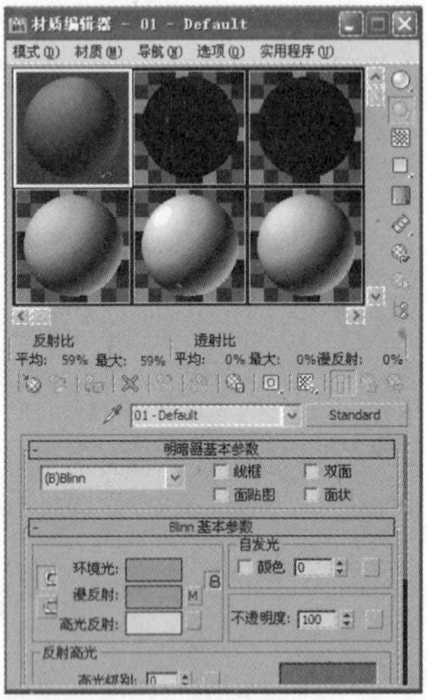

图7-25

“材质编辑器”中的参数与“Slate材质编辑器”中的参数基本相同。下面我们将主要介绍“材质编辑器”示例窗周围的工具按钮的使用。

工具栏中各个工具的功能介绍如下。

- （将材质放入场景）：此按钮用于在编辑材质之后更新场景中的材质。

注意 （将材质放入场景）按钮仅在这时可用。在活动示例窗中的材质与场景中的材质具有相同的名称，但活动示例窗中的材质不是热材质。

- （生成材质副本）：通过复制自身的材质，生成材质副本冷却当前热示例窗。
- （使唯一）：使贴图实例成为唯一的副本。
- （放入库）：使用此按钮可以将选定的材质添加到当前库中。
- （材质ID通道）：该按钮弹出按钮上的按钮将材质标记为Video Post效果或渲染效果，或存储以RLA或RPF 文件格式保存的渲染图像的目标（以便通道值可以在后期处理应用程序中使用）。材质ID值等同于对象的G缓冲区值。范围从1到15 之间的值表示将使用此通道ID的Video Post或渲染效果应用于该材质。
- （显示最终结果）：当此按钮处于启用状态时，示例窗将显示（显示最终结果），即材质树中所有贴图和明暗器的组合。当此按钮处于禁用状态时，示例窗只显示材质的当前层级。
- （转到父对象）：使用（转到父对象）可以在当前材质中向上移动一个层级。
- （转到下一个同级项）：使用（转到下一个同级项）将移动到当前材质中相同层级的下一个贴图或材质。
- （采样类型）：使用“采样类型”弹出按钮可以选择要显示在活动示例中的几何体。
- （背光）：单击该按钮，将背光添加到活动示例窗中。默认情况下，此按钮处于启用状态。
- （采样UV平铺）：使用“采样UV平铺”弹出按钮上的按钮可以在活动示例窗中调整采样对象上的贴图图案重复，如图7-26所示。

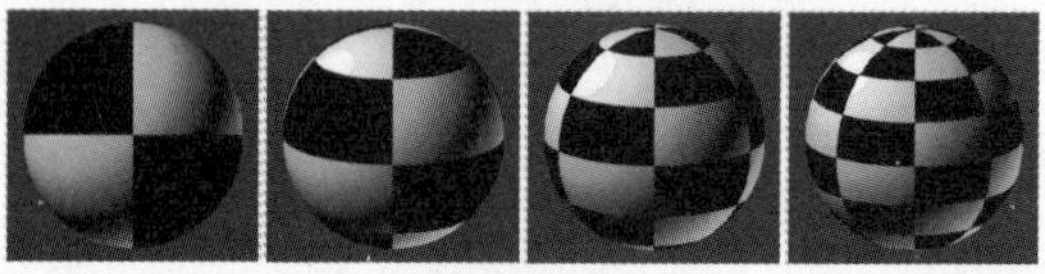

图7-26

- （视频颜色检查）：视频颜色检查用于检查示例对象上的材质颜色是否超过安全NTSC或PAL阈值。如图7-27所示左图为颜色过分饱和的材质；右图为“视频颜色检查”超过视频阈值的黑色区域。

- （生成预览）、（播放预览）、（保存预览）：单击“生成预览”按钮，显示“创建材质预览”对话框，创建动画材质的 AVI 文件，如图7–28所示；单击“播放预览”按钮，使用 Windows Media Player 播放.avi预览文件；单击“保存预览”按钮，将预览以另一名称的 AVI 文件形式保存。

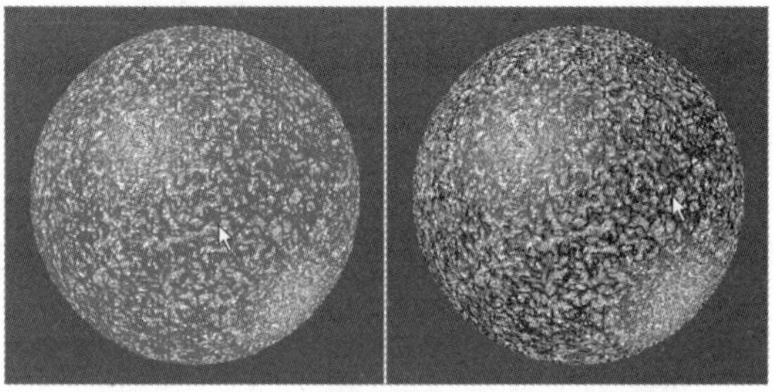

图7–27

- （选项）：单击此按钮，显示“材质编辑器选项”对话框，可以控制如何在示例窗中显示材质和贴图，如图7–29所示。

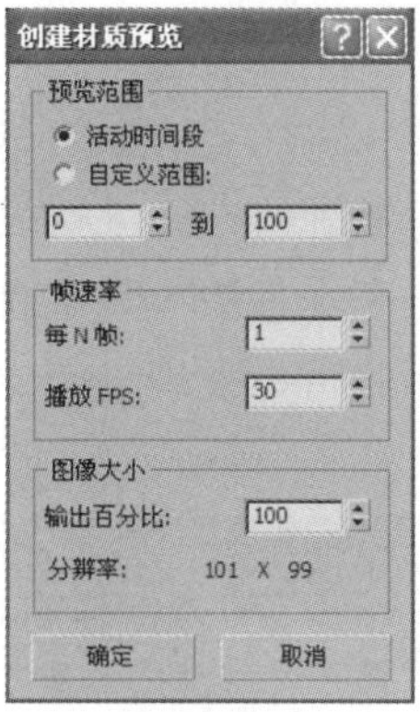

图7–28

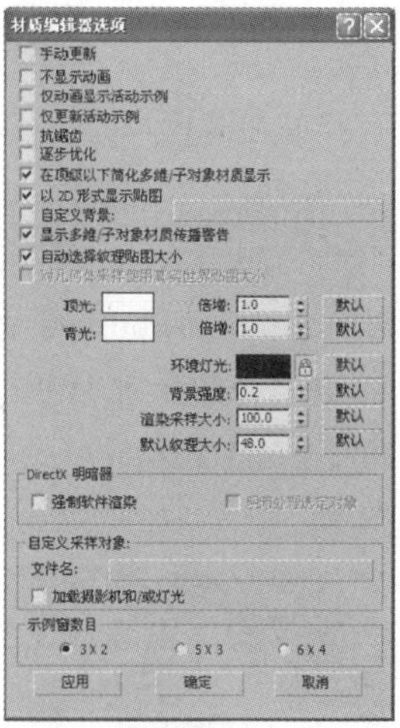

图7–29

7.4 明暗器类型

“明暗器基本参数”卷展栏如图7–30所示。此卷展栏用于选择要用于标准材质的明暗器类型。某些附加的控件可能影响材质的显示方式。

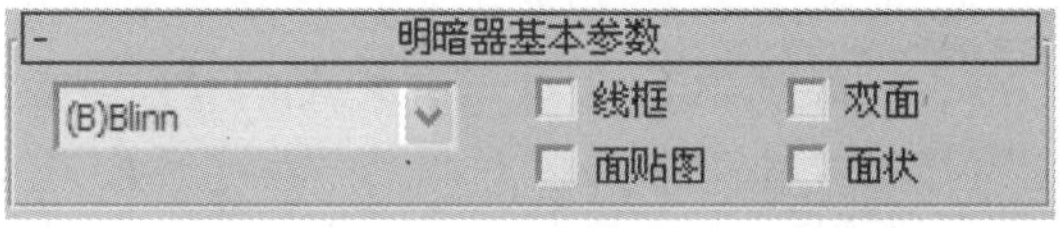

图7–30

“明暗器基本参数”卷展栏中的选项的功能介绍如下。

- 明暗器下拉列表：选择一个明暗器。材质的基本参数卷展栏可更改为显示所选明暗器的控件。默认明暗器为 Blinn，有七种不同的明暗器。
- 线框：以线框模式渲染材质，如图7–31所示。可以在“扩展参数”中设置线框的大小。
- 双面：使材质成为“双面”。将材质应用到选定面的双面。如图7–32左图所示为未勾选“双面”复选框的效果，右图为勾选了“双面”复选框的效果。

图7–31

图7–32

- 面贴图：将材质应用到几何体的各面。如果材质是贴图材质，则不需要贴图坐标。贴图会自动应用到对象的每一面。
- 面状：就像表面是平面一样，渲染表面的每一面。

7.4.1 Blinn与Phong

Blinn与Phong都是以光滑的方式进行表面渲染，效果非常相似，基本参数也完全相同，仔细观察图7-33所示，可以发现它们的区别。

图7-33

Blinn高光点周围的光晕是旋转混合的，Phong是发散混合的；背光处Blinn的反光点形状近似圆形，清晰可见，Phong的反光点形状则为梭形，影响周围的区域较大；通过增加“柔化”参数值，Blinn的发光点扔保持尖锐的形态，而Phong却趋向于均匀柔和反射贴图效果，Blinn易表现冷色坚硬的材质，它们之间的差别并不是很大。

“Blinn基本参数”卷展栏如图7-34所示，各选项的功能介绍如下。

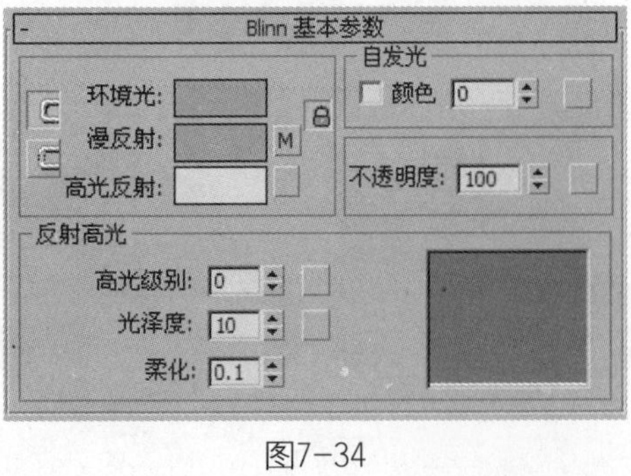

图7-34

- 环境光：控制环境光颜色。环境光颜色是位于阴影中的颜色（间接灯光），该色块左侧有个锁定按钮，用于锁定“环境光”和“漫反射”、“高光反射”三种材质。
- 漫反射：控制漫反射颜色。漫反射颜色是位于直射光中的颜色。
- 高光反射：控制高光反射颜色。高光反射颜色是发光物体高亮显示的颜色。如图7-35所示是“环境光”、“漫反射”、“高光反射”在样本球上的分布。

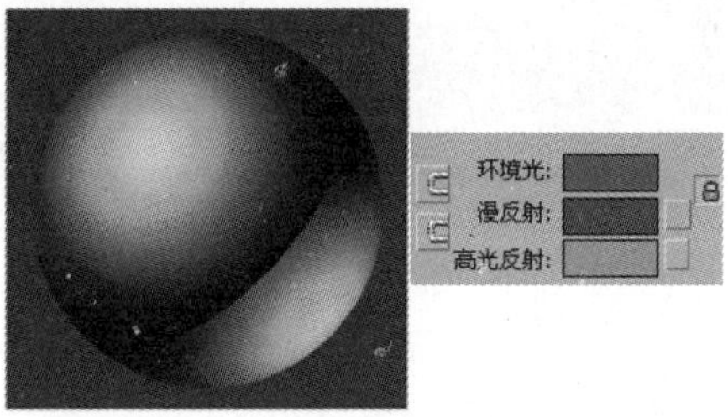

图7-35

- 自发光：这些控件能使材质自发光。材质会使用特定的自发光颜色。禁用此选项后，材质会使用漫反射颜色来自发光，并且显示一个微调器，来控制自发光的量。默认设置为禁用状态。
- 颜色：勾选“颜色”复选框后，色样会显示自发光颜色。
- 不透明度：以百分比设置材质的不透明度/透明度。
- 高光级别：设置高光强度。
- 光泽度：设置高光的范围，值越高，高光范围越小。
- 柔化：对高光区的反光作柔化处理，使它变得模糊、柔和。

7.4.2 各向异性

“各向异性”明暗器使用椭圆、“各

向异性”高光创建表面。如果为头发、玻璃或磨沙金属建模，这些高光很有用。如图7-36所示选择明暗类型为“各向异性”的效果。“各向异性”明暗器的基本参数大体上与Blinn相同，只在高光和漫射度部分有所不同。

图7-36

“各向异性基本参数”卷展栏如图7-37所示，部分选项的功能介绍如下。

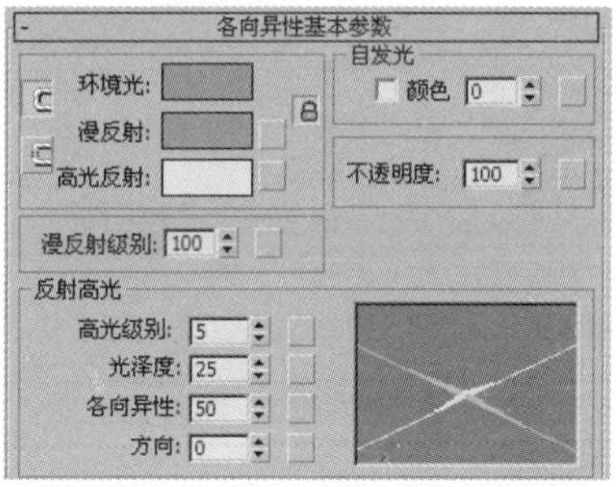

图7-37

- 漫反射级别：控制漫反射部分的亮度。增减该值可以在不影响高光部分的情况下增减漫反射部分的亮度。如图7-38左图所示为“漫反射级别”参数为50，中间的图参数为100，右侧的图参数为200。

图7-38

- 各向异性：控制高光部分的各向异性和形状。值为0时，高光形状呈椭圆形；值为100时，高光变形为极窄条状。
- 方向：用来改变高光部分的方向，范围是0～9999。

7.4.3 金属

这是一种比较特殊的渲染方式，如图7-39所示。专用于金属材质的制作，可以提供金属所需的强烈反光，它取消了“高光反射”色彩的调节，反光点的色彩仅依据与“漫反射”色彩和灯光的色彩。

图7-39

由于取消了“高光反射”色彩的调节，所以在高光部分的高光度和光泽度设置也与Blinn有所不同，“高光级别”仍控制高光区域的亮度，而“光泽度”部分变换的同时将影响高光区域的亮度和大小。

如图7-40所示为“金属基本参数”卷展栏。

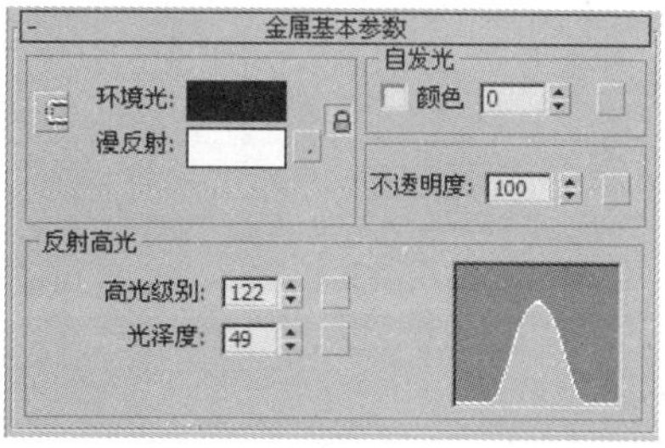

图7-40

7.4.4 多层

“多层”渲染属性与“各向异性”类型有相似之处，如图7-41所示，它的高光区域也属于“各向异性”类型，意味着从不同的角度产生不同的高光尺寸，当“各向异性”为0时，它们是相同的，高光是圆形的。和Blinn相同，当“各向异性”为100时，这种高光的各项异性达到最大程度的不同，在一个方向上高光非常尖锐，而另一个方向上光泽度可以单独控制。“多层”最明显的不同在于它拥有两个高光区域控制。通过高光区域的分层，可以创建很多不错的特效。“多层基本参数”如图7-42所示。

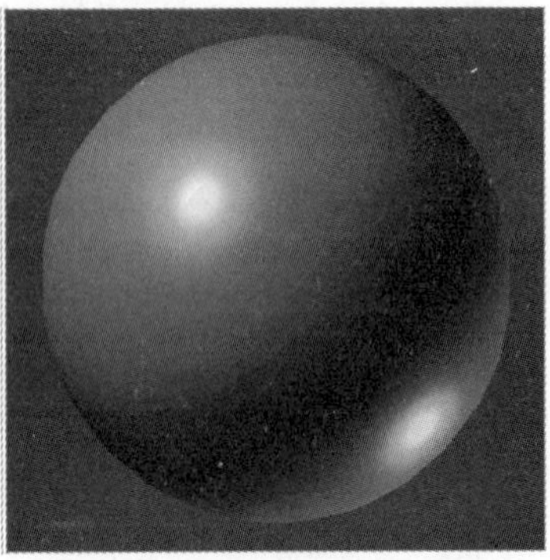

图7-41

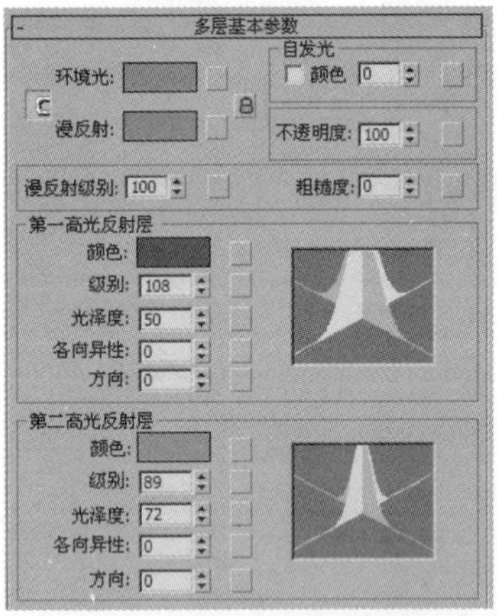

图7-42

“多层基本参数”卷展栏中部分选项的功能介绍如下。

“粗糙度”：设置有漫反射部分向阴影部分进行调整的快慢。提升该值时，表面的补光则部分随之增加，材质也显得更暗更平。值为0时，则与Blinn渲染属性没什么差别，默认值为0。

7.4.5 Oren-Nayar-Blinn

Oren-Nayar-Blinn渲染属性是Blinn的一种特殊变量形式。通过它附加的“反射级别”和“粗糙度”两个设置，也可以实现物质材质的效果。这种渲染通常用于表现织物、陶制品等不光滑粗糙对象的表面。“Oren-Nayar-Blinn基本参数”卷展栏如图7-43所示。

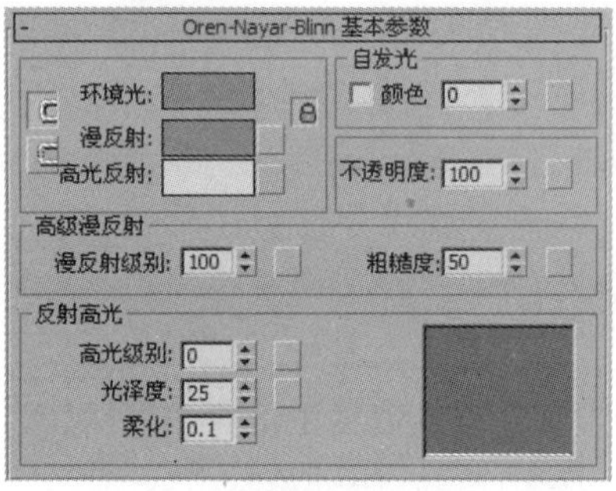

图7-43

7.4.6 Strauss

Strauss提供了一种金属质感的表面效果，比“金属”渲染属性更简洁，参数更简单，如图7-44所示。

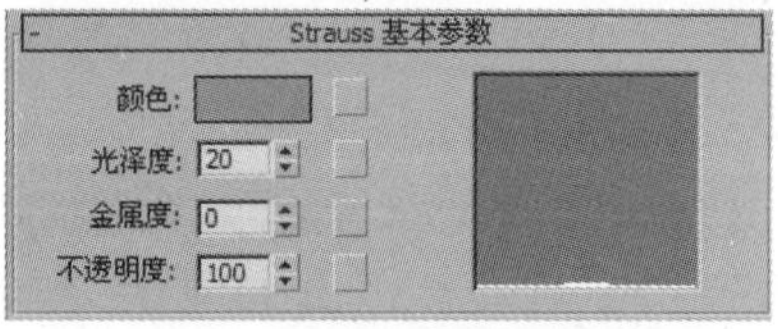

图7-44

“Strauss基本参数”卷展栏中部分选项的功能介绍如下。

- 颜色：设置材质的颜色。相当于其他渲染属性中的漫反射颜色选项，而高光和阴影部分的颜色则由系统自动计算。
- 金属度：设置材质的金属表现程度。由于主要依靠高光表现金属程度，所以“金属度”需要配合“光泽度”才能更好地发挥效果。

7.4.7 半透明明暗器

“半透明明暗器”与Blinn类似，最大的区别在于能够设置半透明效果。光线可以穿透这些半透明效果的对象，并且在穿过对象内部时离散。通常“半透明明暗器”用来模拟薄对象，诸如窗帘、电影银幕、霜或者毛玻璃等。

制作类似单面反射的材质时，可以选择单面接受高光，通过勾选后取消“内表面高光反射”复选框来实现这些控制。半透明材质的背面同样可以产生阴影，而半透明效果只能出现在渲染结果中，视图中无法显示。“半透明基本参数”卷展栏如图7-45所示。

“半透明基本参数”卷展栏中部分选项的功能介绍如下。

- 半透明颜色：指定半透明颜色。这是在材质内散射的灯光的颜色。该颜色无须与由材质透射的过滤色相同。这两种颜色的值将进行相乘。单击色样可更改半透明颜色。单击该按钮可将贴图指定给半透明颜色组件。
- 过滤颜色：指定过滤颜色，该颜色值将与半透明颜色值相乘。单击色样可更改过滤颜色。单击该按钮可将贴图指定给过滤颜色组件。
- 不透明度：以百分比设置材质的不透明度/透明度。在示例窗的图案背景下，可以更好地预览效果。

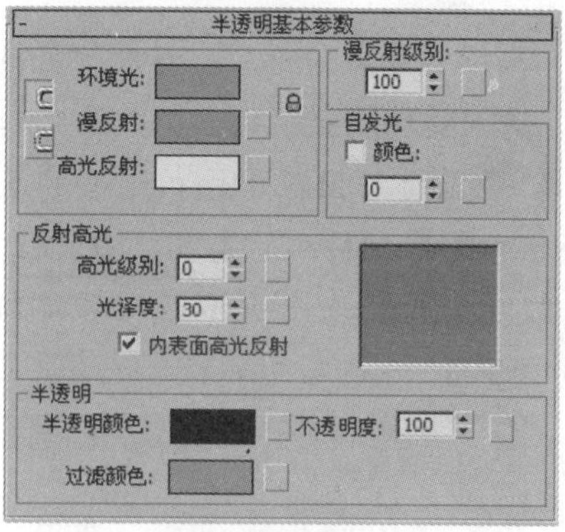

图7-45

7.5 材质类型

下面我们将以精简材质编辑器为例为大家介绍材质类型。在材质面板中单击“Standard”按钮，在弹出的“材质/贴图浏览器”面板中展开“材质”卷展栏中的“标准”，从中列出标准材质类型，如图7-46所示。

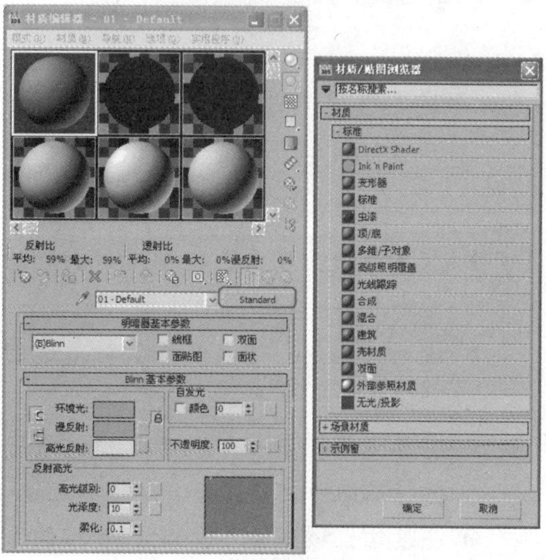

图7-46

7.5.1 高级照明覆盖材质

该材质可以直接控制材质的光能传递属性，如图7-47所示，左图为使用默认材质设置后的效果，右图为指定了“高级照明覆盖材质”并设置参数渲染后的效果。“高级照明覆盖材质”通常是基础材质的补充，基础材质可以是任意可渲染的材质。“高级照明覆盖材质”材质对普通渲染没有影响。它影响“光能传递”解决方案或“光跟踪器”。

图7-47

“高级照明覆盖材质”卷展栏如图7-48所示，选项的功能介绍如下。

- 覆盖材质物理属性：这些参数直接控制基础材质的高级照明属性。
- 反射比：增大或降低材质反射的能量值。

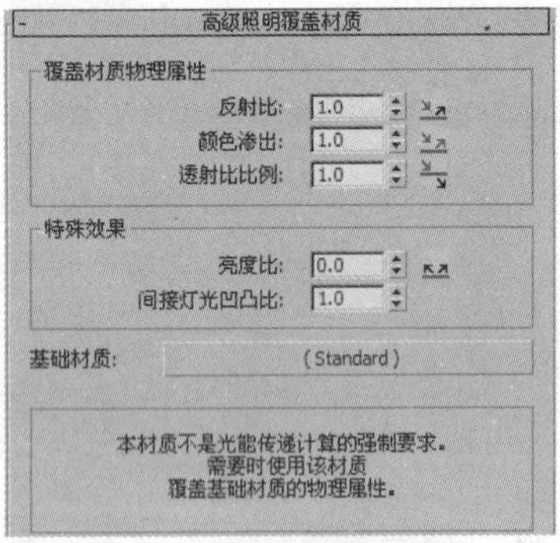

图7-48

注意 要提升自发光效果，请使用“特殊效果”组中的“亮度比”，而非此控件。

- 颜色渗出：增加或减少反射颜色的饱和度。
- 透射比比例：增大或降低材质透射的能量值。
- 特殊效果：这些参数与基础材质中的特殊组件相关。
- 亮度比：该参数大于0时，会缩放基础材质的自发光组件。使用该参数以便自发光对象在光能传递或光跟踪解决方案中起作用。不能小于0。默认设置为 0.0。通常，值为 500 或更大可以获得较好的效果。
- 间接灯光凹凸比：在间接照明的区域中，缩放基础材质的凹凸贴图效果。此值为0时，不会由于间接灯光产生任何凹凸贴图。增大“间接灯光凹凸比”会增大间接照明下的凹凸效果。在基础材质被直接照射的区域中，此值不影响凹凸量。不能小于0。默认设置为 1.0。
- 基础材质：单击后面的“Standard”按钮，以转到基础材质并调整其组件。也可以用不同的材质类型替换基础材质。

7.5.2 建筑

“建筑”材质能够快速模拟真实世界的高质量效果，可使用“光能传递”或“光跟踪器”的“全局照明”进行渲染，适合于建筑效果的制作。“建筑”材质是基于物理计算的，可设置的控制参数不是很多，其内置了光线追踪的反射、折射和衰减。通过建筑材质内置的模板可以方便地设置很多常用材质，如木头、石头、玻璃、水、大理石等，如图7-49所示。

图7-49

“建筑”材质支持任何类型的“漫反射”贴图，根据选择的模板，透明度、反射、折射都能够自动设定。它还可以完美地模拟菲尼尔反射现象，根据设定的颜色和反射等参数自动调节光能传递的设置。

“光跟踪器”渲染器可以和“建筑”材质很好地配合，但“光跟踪器”渲染器会忽略材质的能量发射和采样设置，使用自身的采样设置代替。

使用建筑材质时建议不要在3ds Max的标准灯光和光线跟踪条件下渲染，这种材质需要精确的计算，最好使用光学度灯光和光能传递。Mental ray渲染器也能渲染这个材质，但在以下方面会有限制。

（1）发射能量（基于亮度）设定被忽略。建筑材质对场景的光照方面并不能提供帮助。

（2）采样参数会被忽略，Mental ray渲染器会使用自身的采样设置。

1.“模板”卷展栏

“模板”卷展栏如图7-50所示，各选项的功能介绍如下。

图7-50

“模板”下拉列表：下拉列表中提供了24种常用的材质模板，每个模板都提供一组不同的预设参数设置。用户可以根据创建对象的不同，从中选择自己需要的材质模型使用，同时也可以进行自定义调整。

- 瓷砖，光滑的：瓷砖、上过油料的材质。
- 纺织品：纤维编织物。
- 玻璃-清晰：清洗的玻璃。
- 半透明的玻璃：玻璃
- 理想的漫反射：自然的白色材质。
- 石匠：砖石、墙壁等。
- 金属：金属。
- 金属-刷过的：磨光金属，较少光泽。
- 金属-平的：平坦的金属，更少光泽。
- 金属-擦亮的：抛光金属，较多光泽。
- 镜像：镜面。
- 绘制平面：普通平坦的油漆，无光泽。
- 绘制光泽面：光滑的油漆，较多光泽。
- 绘制半光泽面：半光滑的油漆，较少光泽。
- 纸：纸。
- 纸-半透明：半透明的纸。
- 塑料：塑料。
- 石材：石头。
- 擦亮的石材：光滑的石头。
- 用户自定义：用户自定义。
- 用户自定义的金属：用户自定义的金属。
- 水：水。
- 粗的木材：未加工过的木头材质。
- 油漆光泽的木材：上漆的木头材质。

2.“物理性质”卷展栏

“物理性质”卷展栏如图7-51所示，选项的功能介绍如下。

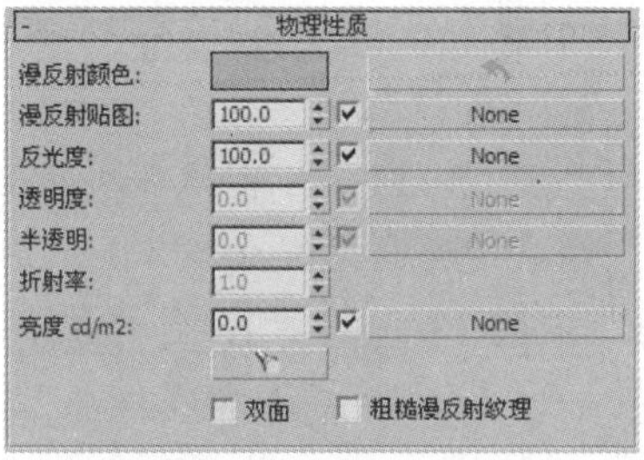

图7-51

- 漫反射颜色：控制漫反射颜色，单击后面的色块，可以在弹出的颜色拾色器中设置颜色。单击后面的按钮，根据“漫反射贴图”通道所指定贴图计算出平均颜色，并将这个颜色设置为“漫反射颜色”。如果没有在“漫反射贴图”通道中使用任何贴图，则这个按钮为不可用状态。“漫反射颜色”按钮对于减少“漫反射贴图”的强度非常有用，当漫反射贴图覆盖于自身的平均色彩上时，效果比覆盖于没有关联的色彩上时更加真实。

- 漫反射贴图：可以为“建筑”材质的“漫反射”指定一个贴图。贴图按钮左侧的输入框用来控制贴图强度，是一个百分比值，数值为100时表示只有贴图时可见；低于100则可以透过贴图看到“漫反射颜色”。
- 反光度：设置材质的反光度。这个参数也是一个百分比参数。通常反光度越大，表示反射的高光的面积越小。
- 透明度：控制材质的透明度。此参数为百分比参数，数值为100时表示完全透明；参数越低，越不透明；如果为0则材质完全不透明。
- 半透明：控制材质的半透明效果。半透明材质能让光线穿透，并且在对象内形成散射。
- 折射率：折射率控制材质如何反射、折射光线。
- 亮度cd/m2：当此参数小于0时，材质表现为自发光效果。
- （由灯光设置亮度）：开启此按钮可以通过所选择的某个灯光为材质制定一个“亮度”。首先单击此按钮，然后在场景中选择需要的灯光，这样灯光的亮度就会被设置为材质的亮度。
- 双面：勾选此复选框可使材质双面显示，默认为关闭。
- 粗糙漫反射纹理：勾选此复选框可将材质从灯光和曝光控制中排除，则渲染时将使用其自身设定的“漫反射颜色”或贴图显示，默认为关闭状态。

3.“特殊效果”卷展栏

“特殊效果”卷展栏如图7-52所示，各选项的功能介绍如下。

图7-52

- 凹凸：可以控制材质的凹凸效果，或制定一个贴图控制凹凸效果。
- 置换：可以控制材质的置换效果，也可以通过指定一个贴图来控制置换效果。
- 强度：可以指定一个贴图来控制材质的亮度。
- 裁切：这里可以给材质指定一个裁切贴图，使材质产生部分透明效果。

4.“高级照明覆盖”卷展栏

“高级照明覆盖”卷展栏如图7-53所示，此卷展栏主要用于调节材质在“光能传递”计算中的设置。如果设置了一个较亮的“漫反射颜色”或较高的“反射度”参数，则会带来大量的反射，这种情况通常会导致曝光过度。解决这个问题最好的方法就是降低材质“漫反射颜色”HSV中的V值；使用“漫反射贴图”的材质则可以降低贴图的RGB等级。

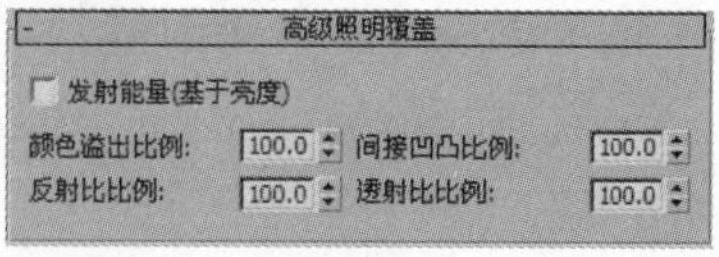

图7-53

另外，在某些情况下，可以通过“高级照明覆盖”卷展栏来控制色彩渗透和曝光过度。

大面积的色彩，例如，红色的灯光在一个白色墙壁的房间中会产生过度的红色，这样不符合正常的视觉习惯，可以通过调整“反射比比例”和“色彩溢出比例”参数使光能传递的效果更好。

- 发射能量（基于亮度）：勾选此复选框，材质能在光能传递中发射能量，发射的能量基于材质的“亮度”参数大小。
- 颜色溢出比例：提高或降低反射颜色的饱和度，可设置范围为0～100，默认值为100。
- 间接凹凸比例：缩放材质被间接光照区域的凹凸贴图效果。
- 反射比比例：提高或减少对象反射的能量，可设置范围为0～100，默认值为100。
- 透射比比例：此参数可以提高或减少对象透射的能量，可设置范围为0.1～5，默认值为1。

7.5.3 混合

将两种不同的材质融合在表面的同一面上。通过不同的融合度，控制两种材质表现出的强度，并且可以制作成材质变形动画。

“混合基本参数”卷展栏如图7-54所示，各选项的功能介绍如下。

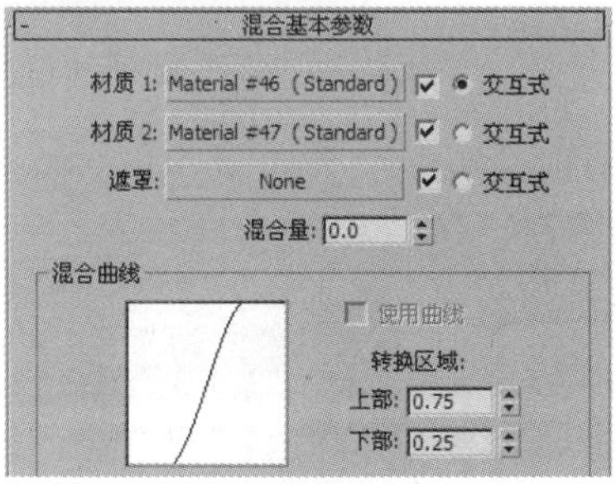

图7-54

- 材质1、材质2：通过单击右侧的空白按钮选择相应的材质。
- 遮罩：选择一幅图案或程序贴图来作为蒙板，利用蒙板图案的明暗度来决定两个材质的融合情况。
- 交互式：在视图中以“平滑+高光”方式交互渲染时，选择哪一个材质显示在对象表面。
- 混合量：确定融合的百分比例，对无蒙板贴图的两个材质进行融合时，依据它来调节混合程度。值为0时，材质1完全可见，材质2不可见；值为1时，材质1不可见，材质2可见。
- 混合曲线：控制蒙版贴图中黑白过渡区造成的材质融合的尖锐或柔和程度，专用于使用了遮罩贴图的融合材质。
- 使用曲线：确定是否使用混合曲线来影响融合效果。
- 转换区域：分别调节“上部”和“下部”数值来控制混合和曲线，两值相近时，会产生清晰尖锐的融合边缘；两值差距很大时，会产生柔和模糊的融合边缘。

7.5.4 合成

合成材质可以复合10种材质。复合方式有“增加不透明度”、“相减不透明度”和基于数量混合3种方式，分别用“A”、“S”、“M”表示。

“合成基本参数”卷展栏如图7-55所示，各选项的功能介绍如下。

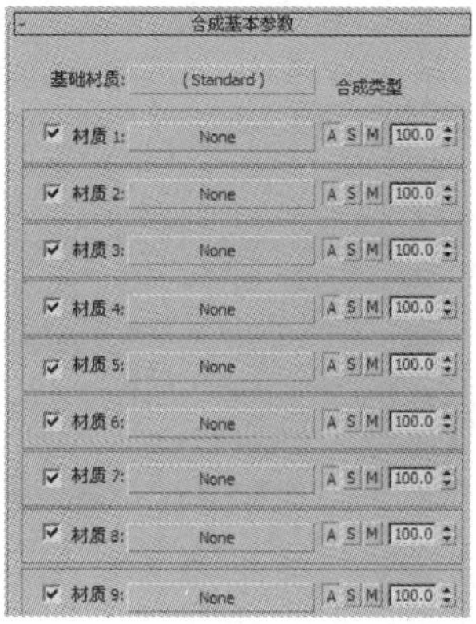

图7-55

- 基础材质：指定基础材质，默认为标准材质。
- 材质1～材质9：在此选择要进行复合的材质，前面的复选框控制是否使用该材质，默认为启用。
- A（增加不透明度）：各个材质的颜色依据其不透明度进行相加，总计作为最终的材质颜色。
- S（相减不透明度）：各个材质的颜色依据其不透明度进行相减，总计作为最终的材质颜色。
- M（基于数量混合）：各个材质依据其数量进行混合复合。颜色与不透明度的复合方式与不使用蒙版下的融合方式相同。
- 数量：控制混合的数量。

7.5.5 双面

“双面”在对象内外表面分别指定两种不同的材质，并且可以控制它们的透明程度，如图7-56所示。

图7-56

“双面基本参数”卷展栏如图7-57所示，各选项的功能介绍如下。

图7-57

- 半透明：设置一个材质在另一个材质上显示出的百分比效果。
- 正面材质：设置对象外表面的材质。
- 背面材质：设置对象内表面的材质。

7.5.6 变形器

“变形器”材质与变形修改器同步使用，可以用来制作脸红或皮肤产生褶皱等动画。通过调整变形修改器的参数，可以使变形材质像几何体一样进行融合与变形修改。

变形器材质下共有100个材质通道，对应100个变形修改器，一旦将一个材质通道指定给对象并且绑定到一个变形修改器，就可以通过调节变形修改器的参数对材质和对象进行变形。没有指定材质的空材质通道，只能通过变形修改器调节材质变形。

将变形器材质指定给某对象时，对象本身必需指定了变形修改器。

“变形器基本参数”卷展栏如图7-58所示，部分选项的功能介绍如下。

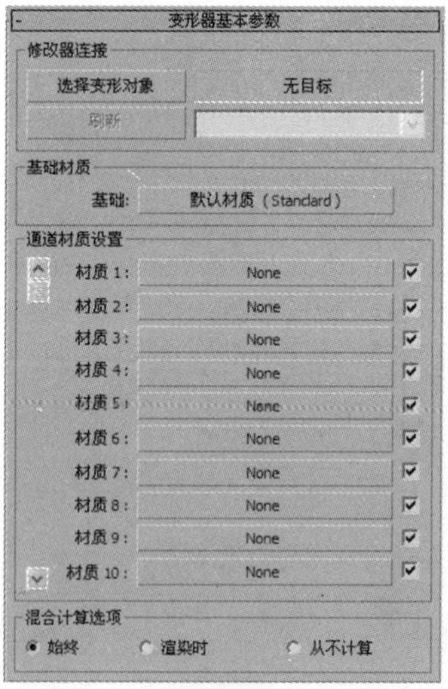

图7-58

- 选择变形对象：单击该按钮，然后在视图中拾取带有变形修改器的对象，激活“选择变形修改器”对话框，从中选择要绑定的修改器，单击“绑定”按钮确定操作。
- 刷新：更新通道资料。

- 基础材质：挤出材质用于描绘模型在各通道融合之前时的状态。
- 通道材质设置：共有100个材质通道，每个通道都与变形修改器一一对应。通道1中的材质受变形修改器通道1的参数控制。右侧的复选框控制通道的开启与关闭，关闭的通道不影响变形结果。
- 混合计算选项：很多材质进行融合会使系统变慢。这里的参数可以控制何时计算变形结果。
- 始终：无论何时都计算变形结果。
- 渲染时：只在渲染时计算变形结果。
- 从不计算：从不进行材质融合计算。

7.5.7 多维/子对象

将多个材质组合为一种复合式材质，分别给一个对象的不同子对象指定选择级别，创建“多维/子对象”材质，将它指定给目标对象。具体效果如图7-59所示。

图7-59

1. 实例操作053——为眼镜设置材质

场景文件	场景\Cha07\眼镜.max	视频教学	视频教学\Cha07\眼镜.avi
案例文件	场景\Cha07\眼镜ok.max		
视频长度	3分8秒	难易指数	★★★☆☆

1 打开光盘中的“场景\cha07\眼镜.max”文件，如图7-60所示。

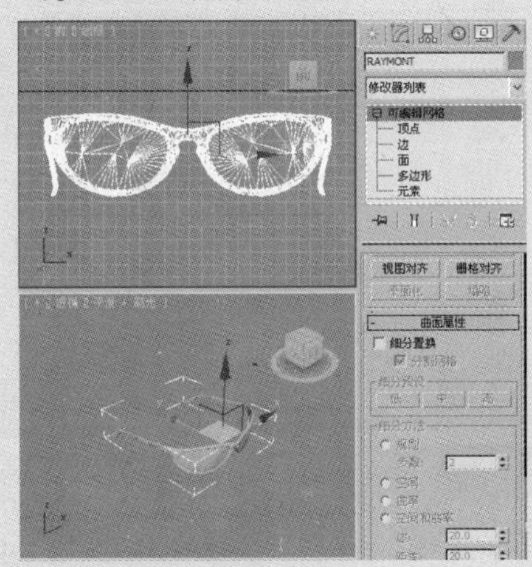

图7-60

2 在场景中选择模型，切换到（修改）面板，将当前选择集定义为“元素”，并在场景中选择如图7-61所示的模型，在“曲面属性”卷展栏中设置“设置ID”为1。

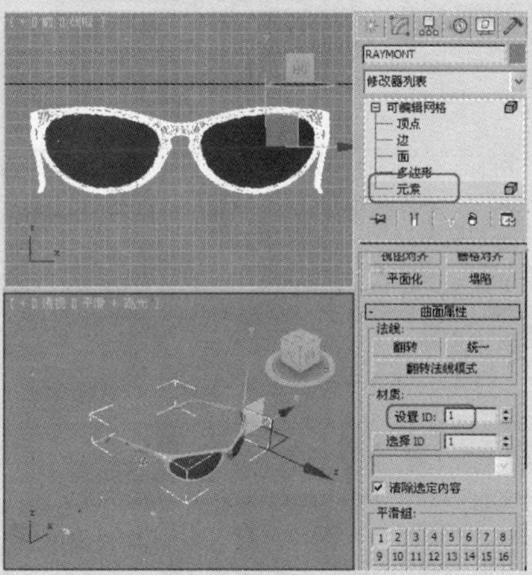

图7-61

3 按Ctrl+I键反选模型，并设置“设置ID”为2，如图7-62所示。

4 关闭选择集，打开“材质编辑器”，单击名称后的材质按钮，在弹出的“材质/贴图浏览器”对话框中选择“多维/子对象”材质，单击“确定”按钮，如图7-63所示。

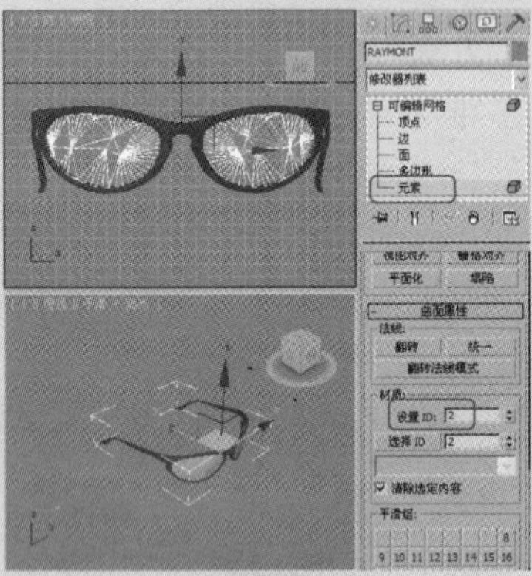

图7-62

图7-63

5 指定多维/子对象材质后，在“多维/子对象基本参数”卷展栏中单击“设置数量”按钮，在弹出的对话框中设置“材质数量”为2，如图7-64所示。

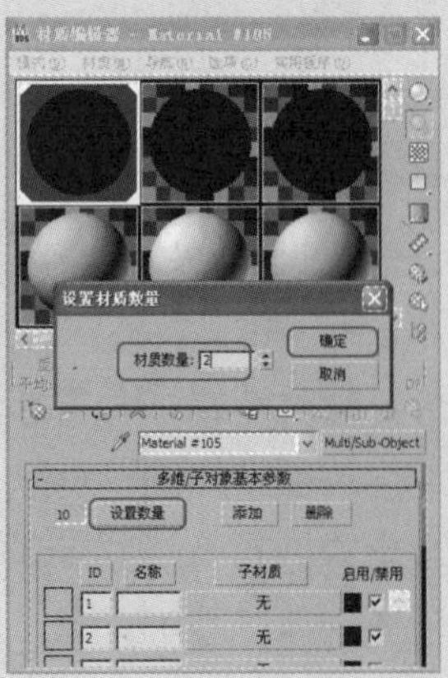

图7-64

6 将材质设置的子材质指定为标准材质，如图7-65所示。

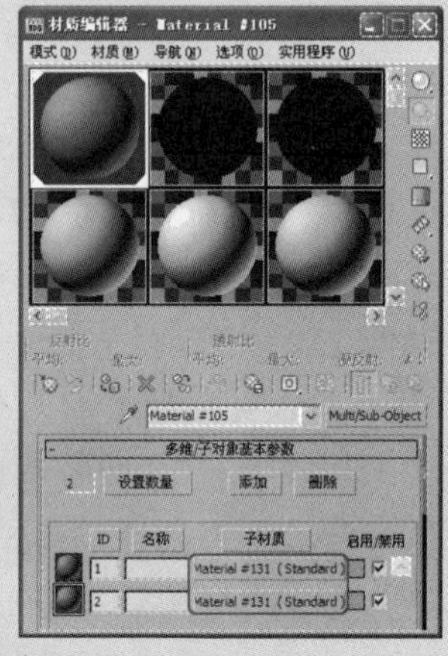

图7-65

7 单击（1）号材质后的材质按钮，进入（1）号材质设置面板，在“Blinn基本参数”卷展栏中设置“环境光”和“漫反射”的RGB颜色为12、0、255；在“反射高光”组中设置“高光级别”和“光泽度”的参数分别为65、88，如图7-66所示。

图7-66

8 在“贴图”卷展栏中单击“反射”后的“None”按钮，在弹出的“材质/贴图浏览器”对话框中选择“反射/折射”贴图，单击“确定”按钮，如图7-67所示。

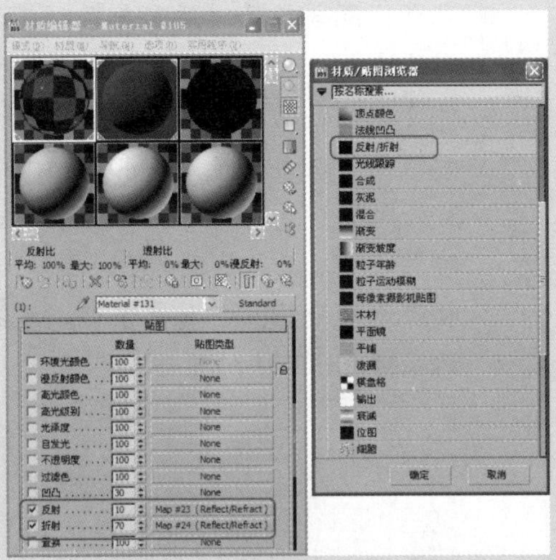

图7-67

9 回到（2）号材质设置面板，设置“环境光”和“漫反射”的RGB值为179、0、0；在“反射高光”组中设置“高光级别”和“光泽度”为64、61，如图7-68所示。

图7-68

2. 选项介绍

图7-65中“多维/子对象基本参数”卷展栏中的选项的功能介绍如下。

- 设置数量：设置拥有子级材质的数目，注意，如果减少数目，会将已经设置的材质丢失。
- 添加：添加一个新的子材质。新材质默认的ID号为当前最大的ID号加1。
- 删除：删除当前选择的子材质。
- ID（ID排序）：单击后，子材质ID号按升序排列。
- 名称（名称排序）：单击后，按名称栏中指定的名称排序。
- 子材质（子材质排序）：按子材质的名称排序。

7.5.8 虫漆

“虫漆”材质是将一种材质叠加到另一种材质上的混合材质，如图7-69所示。其中叠加的材质成为“虫漆”材质，被叠加的材质成为基本材质。“虫漆”材质的颜色增加到基础材质的颜色上，通过参数控制颜色混合的程度。

图7-69

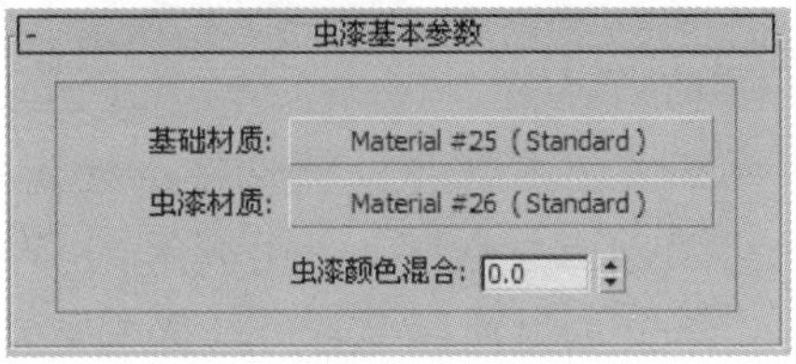

图7-70

“虫漆基本参数”卷展栏如图7-70所示，各选项的功能介绍如下。

- 基础材质：设置基础子材质。默认指定为标准材质。
- 虫漆材质：设置虫漆子材质。默认指定为标准材质。
- 虫漆颜色混合：控制颜色混合程度。值为0时，虫漆材质不起作用。随着参数值的提高，虫漆材质颜色融合到基本材质中的程度越高。这个参数值没有上限并且可以对它设置动画。

7.5.9 顶/底

使用“顶/底”材质可以向对象的顶部和底部指定两个不同的材质，并可以将两种材质混合在一起，如图7-71所示。

图7-71

“顶/底基本参数”卷展栏如图7-72所示，各选项的功能介绍如下。

- 顶材质、底材质：单击以显示顶或底子材质的参数。
- 交换：交换顶和底材质的位置。
- 坐标：使用此选项组中的控件可选择让 3ds Max如何确定顶和底的边界。
- 世界：按照场景的世界坐标让各个面朝上或朝下。旋转对象时，顶面和底面之间的边界仍保留不变。
- 局部：按照场景的局部坐标让各个面朝上或朝下。旋转对象时，材质随着对象旋转。
- 混合：混合顶子材质和底子材质之间的边缘。
- 位置：确定两种材质在对象上划分的位置。这是一个范围从0到100的百分比值。值为0时表示划分位置在对象底部，只显示顶材质；值为100时表示划分位置在对象顶部，只显示底材质。默认设置为50。

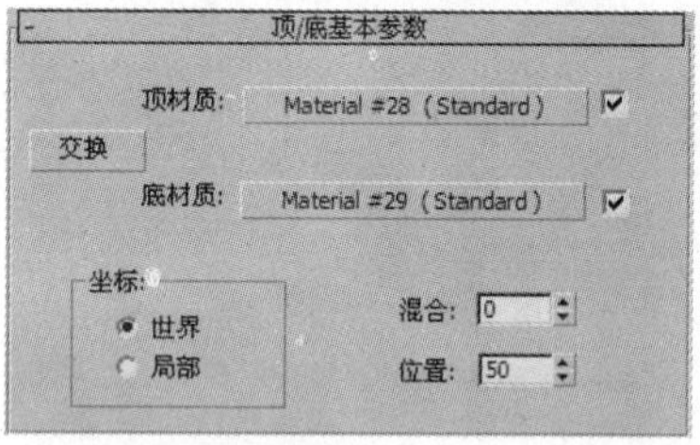

图7-72

7.5.10 卡通

“卡通”材质与其他提供仿真效果的材质不同，它提供的是一种带勾线的均匀填色方式，主要用于制作卡通渲染效果。由于“卡通”属于材质，所以可以将三维效果的对象与二维卡通效果的对象渲染在同一个场景内。具体效果表现如图7-73所示。

图7-73

1. 实例操作054—— 卡通老鼠

场景文件	场景\Cha07\老鼠.max	视频教学	视频教学\Cha07\老鼠.avi
案例文件	场景\Cha07\老鼠ok.max		
视频长度	1分23秒	难易指数	★★☆☆☆

1 打开光盘中的“场景\cha07\老鼠.max”文件，如图7-74所示。

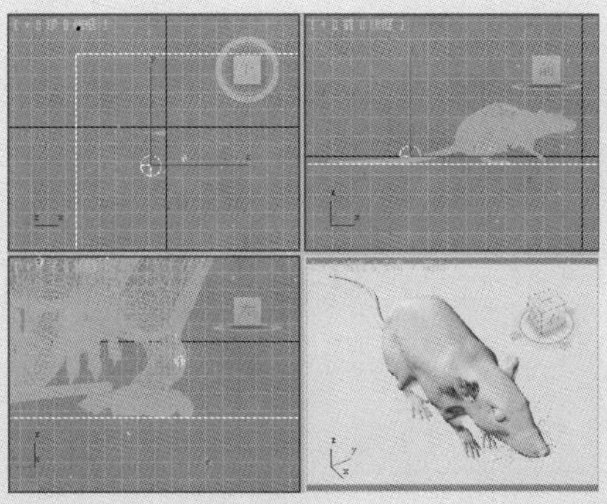

图7-74

2 此时渲染场景，得到如图7-75所示的效果。

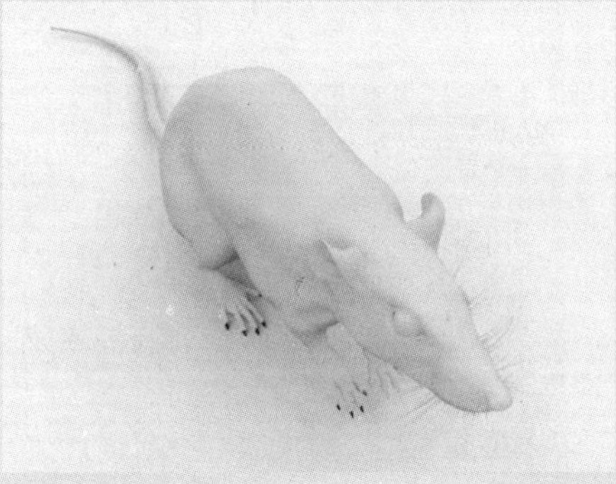

图7-75

3 打开“材质编辑器”，选择一个新的材质样本球，单击名称后的材质按钮，在弹出的“材质/贴图浏览器”中选择“Ink’n Paint”贴图，如图7-76所示。

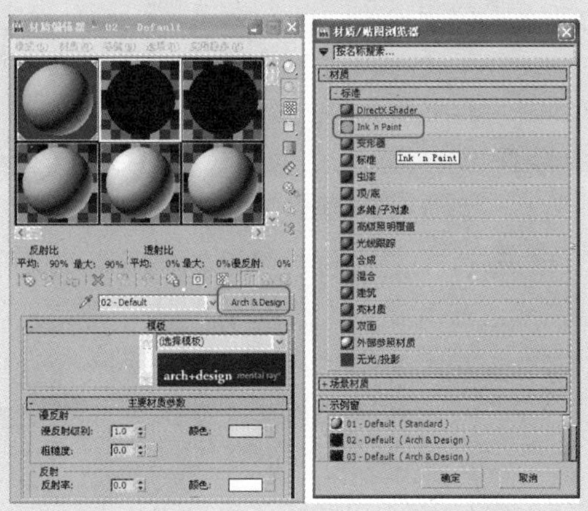

图7-76

4 指定贴图后如图7-77所示。

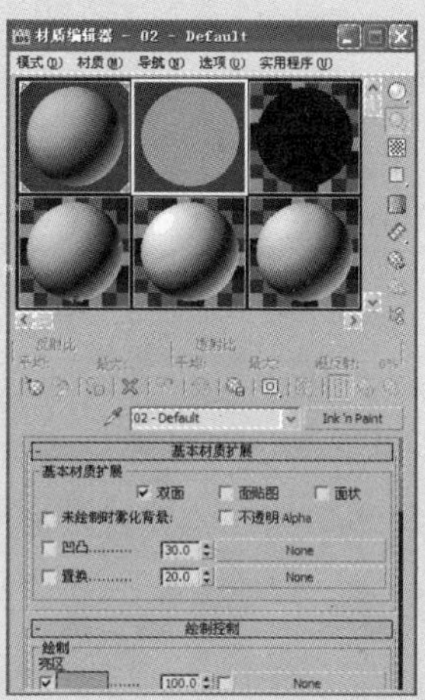

图7-77

5 此时渲染场景得到如图7-78所示。

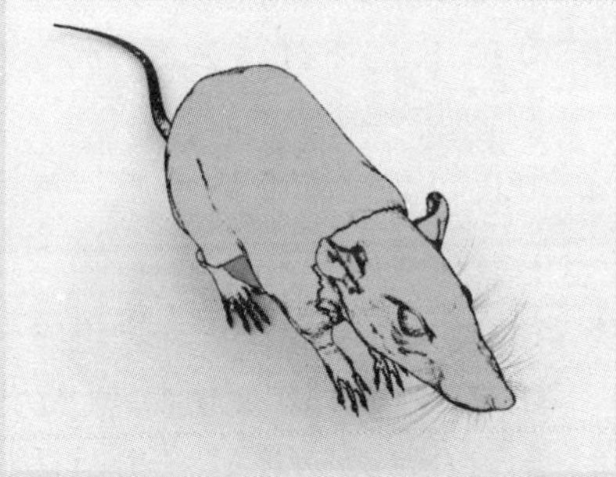

图7-78

6 在“绘制控制”卷展栏中勾选“高光”复选框，如图7-79所示。

图7-79

7 渲染场景得到如图7-80所示的效果。

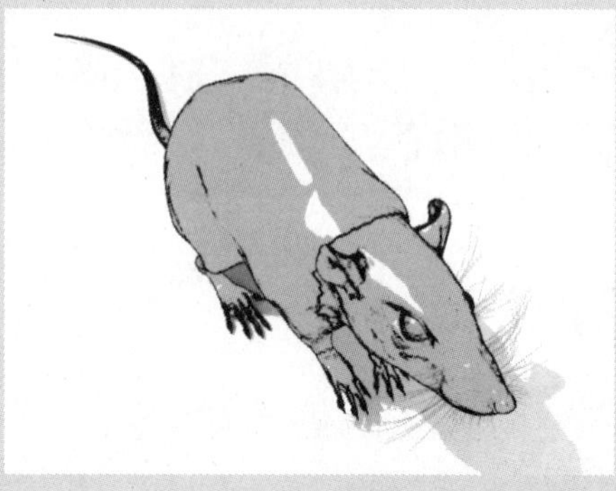

图7-80

2. 选项介绍

（1）图7-77中“基本材质扩展”卷展栏中的选项的功能介绍如下。

- 双面：使材质成为两面。将材质应用到选定面的双面。
- 面贴图：将材质应用到几何体的各面。
- 面状：就像表面是平面一样渲染表面的每一面。
- 未绘制时雾化背景：禁用绘制时，材质颜色的已绘制区域与背景一致。启用此切换时，绘制区域中的背景将受到摄影机与对象之间的雾的影响。默认设置为禁用状态。
- 不透明Alpha：启用此开关时，即使禁用了墨水或绘制，alpha 通道仍为不透明。默认设置为禁用状态。
- 凹凸：将凹凸贴图添加到材质。
- 置换：将置换贴图添加到材质。

（2）图7-79中“绘制控制”卷展栏中的选项的功能介绍如下。

- 亮区：对象中亮的一面的填充颜色。默认设置为淡蓝色。
- 暗区：左侧微调器中的值为显示在对象非亮面的亮色的百分比。
- 高光：反射高光的颜色。默认设置为白色。

（3）“墨水控制”卷展栏如图7-81所示，部分选项的功能介绍如下。

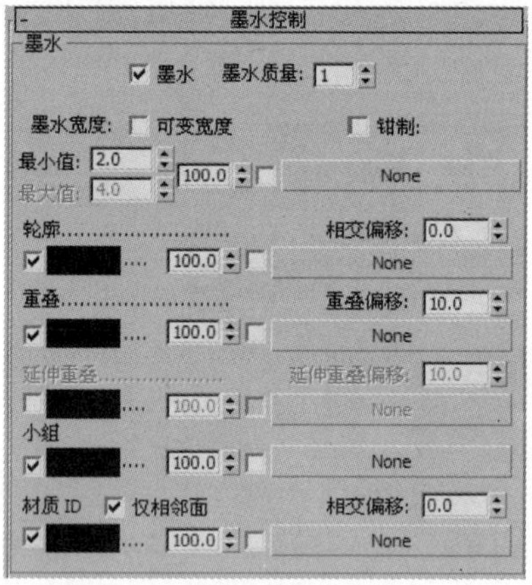

图7-81

- 墨水：启用时，会对渲染施墨。禁用时则不出现墨水线。默认设置为启用。
- 墨水质量：影响画刷的形状及其使用的示例数量。
- 墨水宽度：以像素为单位的墨水宽度。
- 可变宽度：启用后，“墨水宽度”可以在最大值和最小值之间变化。启用了“可变宽度”的墨水比固定宽度的墨水看起来更加流线化。默认设置为禁用状态。
- 钳制：启用了“可变宽度”后，有时场景照明使一些墨水线变得很细，以至于几乎不可见。如果发生这种情况，应勾选“钳制”复选框，它会强制墨水宽度始终保持在“最大值”和“最小值”之间，而不受照明的影响。默认设置为禁用状态。

- 轮廓：对象外边缘处（相对于背景）或其他对象前面的墨水。默认设置为启用。
- 相交偏移：使用该选项来调整两对象相交时可能出现的缺陷。
- 重叠：当对象的某部分自身重叠时所使用的墨水。默认设置为启用。
- 重叠偏移：使用此选项来调整跟踪重叠部分的墨水中可能出现的缺陷。
- 延伸重叠：与重叠相似，但将墨水应用到较远的曲面而不是较近的曲面。默认设置为禁用状态。
- 延伸重叠偏移：使用此选项来调整跟踪延伸重叠部分的墨水中可能出现的缺陷。
- 小组：平滑组边界间绘制的墨水。换句话说，它对尚未进行平滑处理的对象的边界施墨。默认设置为启用。
- 材质ID：不同材质ID值之间绘制的墨水。默认设置为启用。
- 仅相邻面：勾选该复选框后，对相邻面之间的材质 ID 边界施墨，但不对不同对象之间施墨。取消勾选该复选框后，对两对象间的材质 ID 边界或其他不相邻面施墨。默认设置为启用。
- 相交偏移：禁用“仅相邻面”时，使用此选项来调整具有不同材质ID的两对象之间的边界出现的缺陷。默认设置为 0.0。

7.5.11 无光/投影

使用“无光/投影”材质可将整个对象（或面的任何子集）转换为显示当前背景颜色或环境贴图的无光对象

也可以从场景中的非隐藏对象中接收投射在照片上的阴影。使用此技术，通过在背景中建立隐藏代理对象并将它们放置于简单形状对象前面，可以在背景上投射阴影。

“无光/投影基本参数”卷展栏如图7-82所示，部分选项的功能介绍如下。

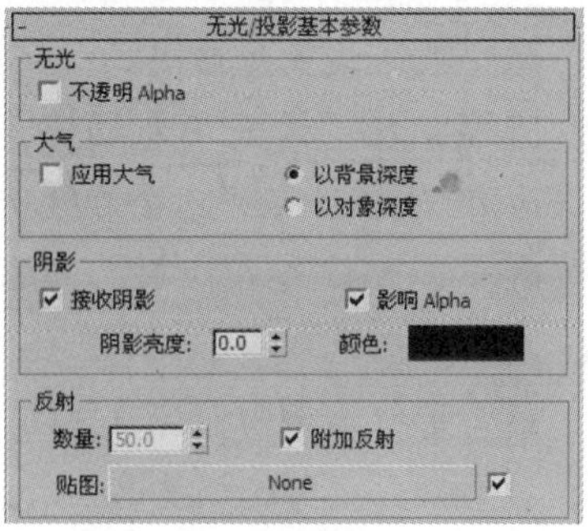

图7-82

- 不透明Alpha：确定无光材质是否显示在 Alpha 通道中。如果禁用“不透明Alpha”，无光材质将不会构建 Alpha 通道，并且图像将用于合成，就好像场景中没有隐藏对象一样。默认设置为禁用状态。
- 大气：这些选项确定雾效果是否应用于无光曲面和它们的应用方式。
- 应用大气：启用或禁用隐藏对象的雾效果。应用雾后，可以在两个不同方法间进行选择。可以应用雾使无光曲面好像距离摄影机无限远，或者使无光曲面好像确实位于被明暗处理对象上的那一点。
- 以背景深度：这是2D方法。扫描线渲染器雾化场景并渲染场景的阴影。在这种情况下，阴影不会因为雾化而变亮。如果希望使阴影变

亮，需要提高阴影的亮度

- 以对象深度：这是3D方法。渲染器先渲染阴影然后雾化场景。因为此操作使3D无光曲面上雾的量发生变化，因此生成的无光/Alpha通道不能很好地混入背景。在以2D背景表现的场景中要使隐藏对象为一个3D对象时，请使用“以对象深度”。
- 阴影：这个组确定无光曲面是否接收投射于其上的阴影和接收方式。
- 接收阴影：渲染无光曲面上的阴影。默认设置为启用。
- 阴影亮度：设置阴影的亮度。此值为0.5时，阴影将不会在无光曲面上衰减；此值为1.0时，阴影使无光曲面的颜色变亮；此值为0.0时，阴影变暗使无光曲面完全不可见。
- 影响Alpha：勾选该复选框后，将投射于无光材质上的阴影应用于Alpha通道。此操作允许用以后合成的Alpha通道来渲染位图。默认设置为启用。
- 颜色：显示颜色选择器，允许对阴影的颜色进行选择。默认设置为黑色。
- 反射：该选项组中的控制器确定无光曲面是否具有反射。使用阴影贴图创建无光反射。
- 数量：控制要使用的反射数量。这是一个范围从0到100的百分比值。除非指定了贴图，否则此控件不可用。默认设置为50。
- 贴图：显示“材质贴图浏览器”，以便可以指定一个贴图使用反射。

7.5.12 光线跟踪

光线跟踪材质是一种比标准材质更高级的材质类型，它不仅包括了标准材质具备的全部特性，还可以创建真实的反射和折射效果，并且还支持雾、颜色浓度、半透明、荧光灯等其他特殊效果。具体效果表现如图7-83所示。

图7-83

1. 实例操作055—— 玻璃球材质的设置

案例文件	场景\Cha07\玻璃球.max	视频教学	视频教学\Cha07\玻璃球.avi
视频长度	1分26秒	难易指数	★★☆☆☆

1 首先在场景中创建一个平面作为地面，设置平面的材质，创建球体如图7-84所示。

2 打开“材质编辑器”面板。为创建的球体设置材质，从中选择一个新的材质样本球，并将其命名为“玻璃球”，单击材质按钮，在弹出的“材质/贴图浏览器”中选择“光线跟踪”材质，如图7-85所示。

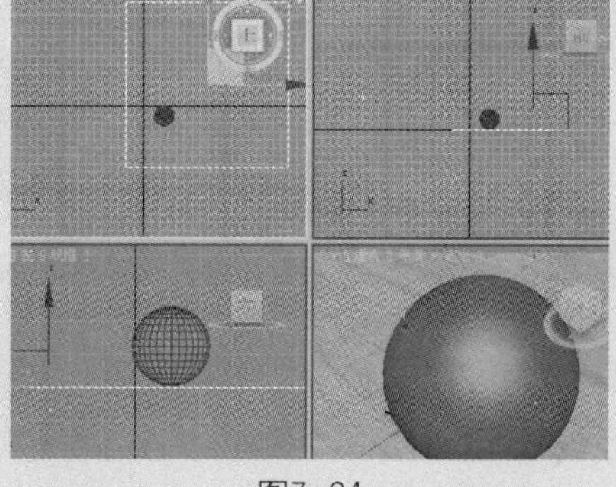

图7-84

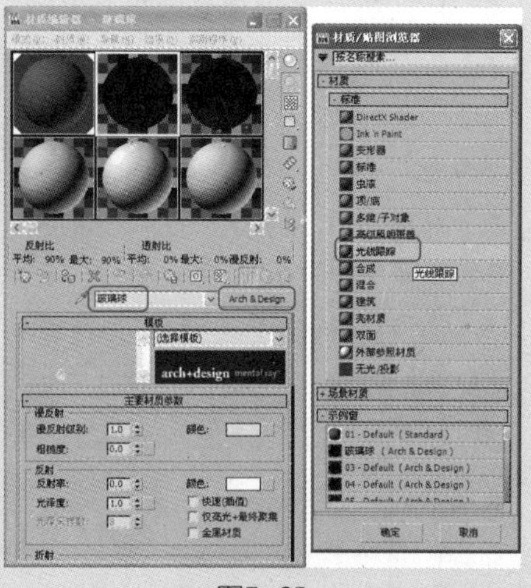

图7-85

3 在“光线跟踪基本参数”卷展栏中设置“漫反射”和“透明度”的RGB值为255、0、0，如图7-86所示。

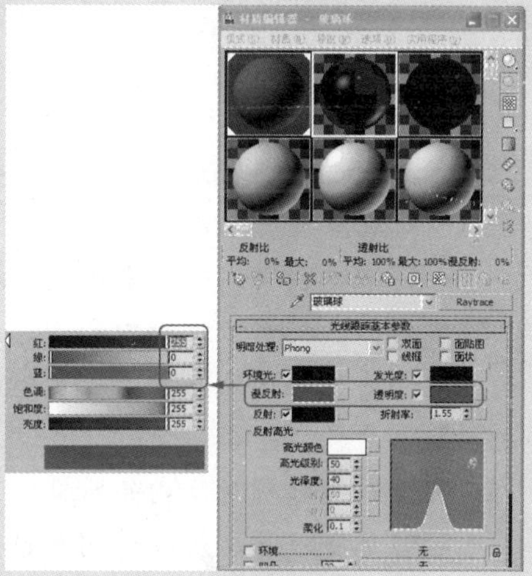

图7-86

4 设置“发光度”的RGB值为73、0、0，如图7-87所示。

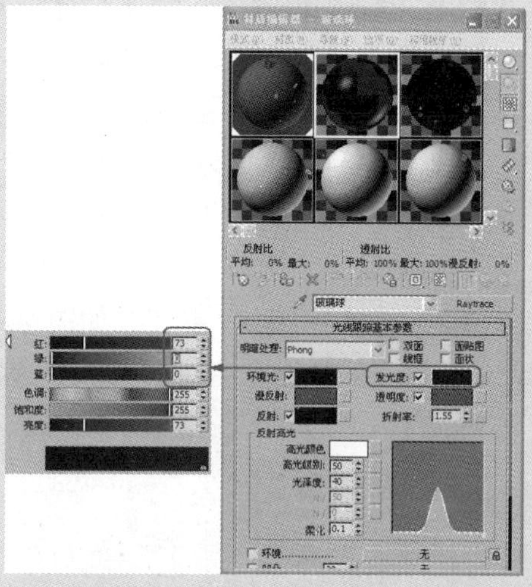

图7-87

5 在“贴图”卷展栏中单击“反射”后的“无”按钮，在弹出的“材质/贴图浏览器”对话框中选择“光线跟踪”贴图，如图7-88所示。

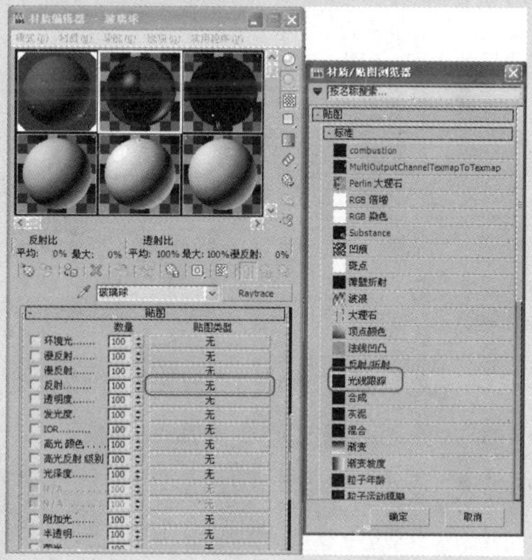

图7-88

2. 选项介绍

（1）图7-87中“光线跟踪基本参数”卷展栏中的选项的功能介绍如下。

- 着色：这里提供了五种着色方式。
- 发光度：与标准材质中的自发光设置近似。
- 折射率：设置材质折射光线的强度。
- 环境：允许特殊指定一幅环境贴图，这是超越全局的环境贴图设置。默认的反射和透明都使用场景的环境贴图，一旦在这里进行环境贴图的设置，将会取代原来的设置。利用设个特性，可以单独为场景中的对象指定不同的环境贴图，或者在一个没有环境的场景中为对象指定虚拟的环境贴图。

- 凹凸：与标准材质类型的凹凸贴图相同。

（2）“扩展参数”卷展栏如图7-89所示，部分选项的功能介绍如下。

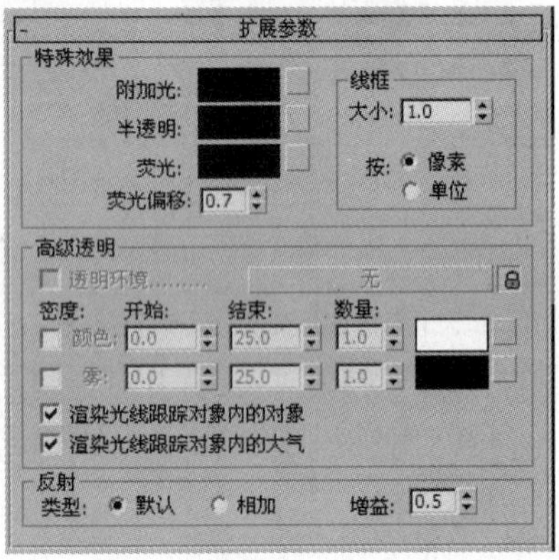

图7-89

- 附加光：增减对象表面的光照，可以把它当作在基本材质基础上的一种环境照明色，但不要与基本参数中的“环境光”混淆。通过为它指定颜色或贴图可以模拟场景对象的反射光线在其他对象上产生出渗出光效果。例如，一件白衬衫靠近橘黄色的墙壁时会被反射上橘黄色。
- 半透明：创建半透明效果。半透明颜色是一种无方向性的“漫反射”，对象上的漫反射区颜色取决于表面法线与光源位置间的角度，而半透明颜色则是通过忽视表面法线的校对来模拟半透明材质的。
- 荧光：创建一种荧光材质效果，使得在黑暗的环境下也可以显现色彩和贴图，通过“荧光偏移”值可以调节荧光的强度。
- 线框：当指定材质为“线框”效果时，从该组中设置线框的属性。
- 高级照明：这里提供了更多的透明效果控制。
- 透明环境：环境贴图，专为透明折射服务，用指定的环境贴图替代场景原有的环境贴图。
- 密度：专用于透明材质的控制，如果对象不透明则不会产生效果。
- 颜色：根据对象厚度设置传播颜色。“过滤色”用于对透明对象背后的景物进行染色处理，而此处的密度颜色是对透明体内部进行染色处理，就像制作一块彩色玻璃。使用“数量”值控制密度颜色的强度。密度颜色根据对象的厚度而表现出不同的效果。厚玻璃要浑浊一些，薄玻璃要透亮一些，这些依靠“开始”和“结束”值来设置。
- 雾：密度雾与密度颜色相同，也是以对象厚度为基础产生的影响，用一种不透明自发光的雾填充在透明体内部，就好像玻璃中的烟、蜡烛顶部透亮的区域、氖管中发光的雾气等。
- 渲染光线跟踪对象内的对象：设置附有光线跟踪材质的透明对象内部是否进行光线跟踪计算。
- 渲染光线跟踪对象内的大气：当大气效果位于一个具有光线跟踪材质的对象内部时，确定是否进行内部的光线跟踪计算。
- 反射：提供在反射之外更好的控制。
- 默认：在默认状态下，反射与漫反射是分层的。
- 增加：反射附加在漫反射之上。这种状态下，漫反射总是可视的。
- 增益：控制反射的亮度。增益值越

低，反射亮度越高。

（3）“光线跟踪器控制”卷展栏如图7-90所示，各选项的功能介绍如下。

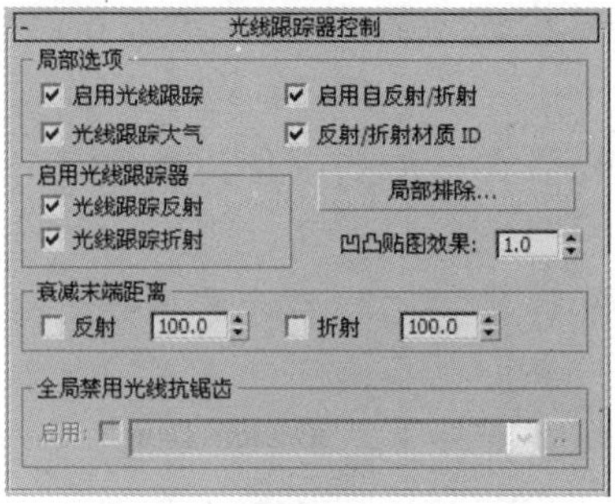

图7-90

- 启用光线跟踪：设置是否进行光线跟踪计算。
- 光线跟踪大气：设置是否对场景中的大气效果进行光线跟踪计算。
- 启用自反射/折射：设置是否使用自身反射/折射。不同的对象要区别对待，有些对象不需要自身反射/折射，
- 反射/折射材质ID：如果为一个光线跟踪材质指定了材质ID号，并且在“视频合成器”或者特效编辑器中根据其材质ID号指定特殊效果，这个设置就是控制是否对其反射和折射的图像也进行特技处理，即对ID号的设置也进行反射/折射。
- 启用光线跟踪器：这里提供了两项开关控制，可以确定光线跟踪材质是否进行反射和折射的计算，默认时都为开启状态，对于不需要的效果，关闭它的选项以节省渲染时间。
- 光线跟踪反射：控制进行光线跟踪反射计算的开关。
- 光线跟踪折射：控制进行光线跟踪折射计算的开关。
- 局部排除：显示“自身排除/包含”对话框，允许指定场景中的对象不进入光线跟踪计算，被自身排除的对象只从当前的材质中排除。使用排除方法是加速光线跟踪最简单的放大之一。
- 凹凸贴图效果：调节凹凸贴图在光线跟踪反射与光线跟踪折射上的效果。
- 反射：在当前距离上暗淡反射效果至黑色。
- 折射：在当前距离上暗淡折射效果至黑色。
- 全部禁用光线抗锯齿：忽略全局抗锯齿设置，为前光线跟踪材质和贴图设置自身的抗锯齿方式。

7.5.13 壳材质

“壳材质”是为3ds Max的“渲染到纹理”功能专门提供的类型。“壳材质”与多维子对象材质类似，都可以看作是放置不同材质的容器，只不过“壳材质”像贝壳一样包含两种材质，一种是渲染中使用的普通材质，另一种是被“渲染到纹理”存储到硬盘而得来的位图，用于“烘焙”或结合到场景的对象上，称为“烘焙材质”。

“壳材质参数”卷展栏如图7-91所示，部分选项的功能介绍如下。

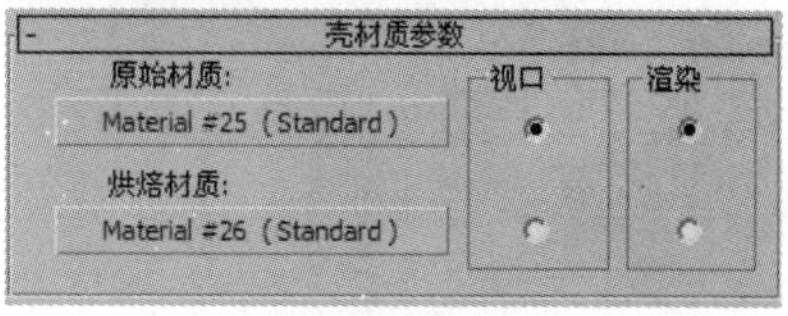

图7-91

- 原始材质：显示原始材质的名称。单击下面的按钮可查看该材质，并调整其设置。
- 烘焙材质：显示烘焙材质的名称。单击下面的按钮可查看该材质，并调整其设置。除了原始材质的颜色和贴图之外，烘焙材质还包含照明

阴影和其他信息。此外，烘焙材质具有固定的分辨率。

- 视口：使用这些按钮可以选择在明暗处理视口中出现的材质，包括“原始材质”（上方按钮）或“烘焙材质”（下方按钮）。
- 渲染：使用这些按钮可以选择在渲染中出现的材质，包括“原始材质”（上方按钮）或“烘焙材质”（下方按钮）。

7.5.14 标准

“标准”材质是默认的通用材质，在真实生活中，对象的外观取决于它反射光线的情况，在3ds Max中，标准材质用来模拟对象表面的反射属性，在不使用贴图的情况下，标准材质为对象提供了单一均匀的表面颜色效果。

如图7-92所示为“标准”材质的各个卷展栏。

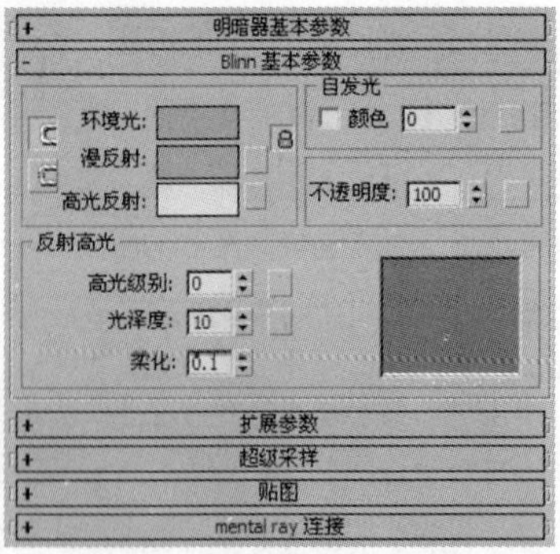

图7-92

注意 相同的卷展栏及参数设置这里就不重复介绍了。

（1）“扩展参数”卷展栏如图7-93所示，部分选项的功能介绍如下。

- 高级透明：这些控件影响透明材质的不透明度衰减。
- 衰减：选择在内部还是在外部进行衰减，以及衰减的程度。
- 内：向着对象的内部增加不透明度，就像在玻璃瓶中一样。
- 外：向着对象的外部增加不透明度，就像在烟雾云中一样。
- 类型：这些控件选择如何应用不透明度。
- 过滤：过滤器计算与透明曲面后面的颜色相乘的过滤色。单击色样可更改过滤颜色。

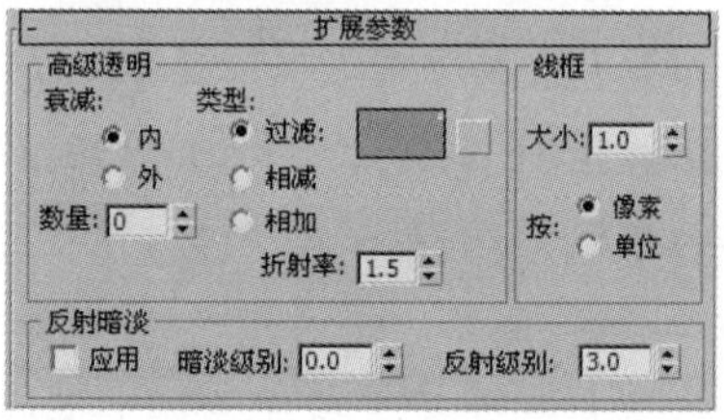

图7-93

- 相减：相减从透明曲面后面的颜色中减除。
- 相加：相加增加到透明曲面后面的颜色中。
- 折射率：设置折射贴图和光线跟踪所使用的折射率(IOR)。IOR 用来控制材质对透射灯光的折射程度。左侧1.0是空气的折射率，这表示透明对象后的对象不会产生扭曲。折射率为1.5，后面的对象就会发生严重扭曲，就像玻璃球一样。对于略低于1.0的IOR，对象沿其边缘反射，如从水面下看到的气泡。默认设置为1.5。
- 反射暗淡：这些控件使阴影中的反射贴图显得暗淡。
- 应用：启用以使用“反射暗淡”。禁用该选项后，反射贴图材质就不会因为直接灯光的存在或不存在而受到影响。默认设置为禁用状态。
- 暗淡级别：阴影中的暗淡量。该值

为0.0时，反射贴图在阴影中为全黑。该值为 0.5 时，反射贴图为半暗淡。该值为1.0时，反射贴图没有经过暗淡处理，材质看起来好像禁用“应用”一样。默认设置为0.0。

- 反射级别：影响不在阴影中的反射强度。“反射级别”值与反射明亮区域的照明级别相乘，用以补偿暗淡。在大多数情况下，默认设置为3.0 会使明亮区域的反射保持在与禁用反射暗淡时相同的级别上。

（2）“超级采样”卷展栏如图7-94所示，部分选项的功能介绍如下。

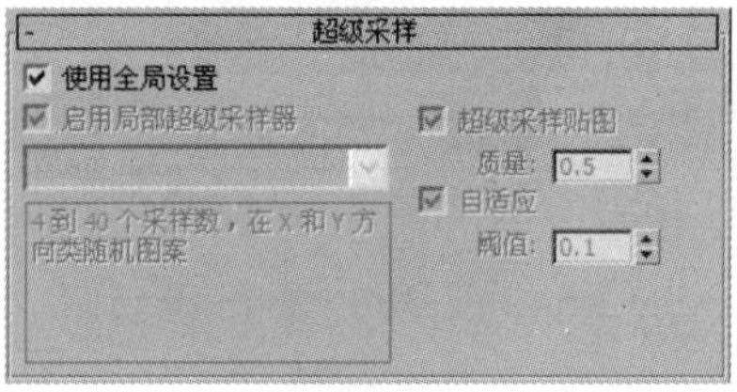

图7-94

- 使用全局设置：启用后，对材质使用默认扫描线渲染器卷展栏中设置的超级采样选项。默认设置为启用。
- 启用局部超级采样器：启用后，对材质使用超级采样。默认设置为禁用状态。
- 采样器下拉列表：选择应用何种超级采样方法。除非禁用“使用全局设置”，否则此列表为禁用状态。默认设置为Max 2.5 Start。
- “超级采样贴图”：启用后，也将对应用于材质的贴图进行超级采样。勾选该复选框后，超级采样器将以平均像素表示贴图。只有禁用“使用全局设置”后，此开关才处于活动状态。默认设置为启用。

（3）“贴图”卷展栏如图7-95所示，功能介绍如下。

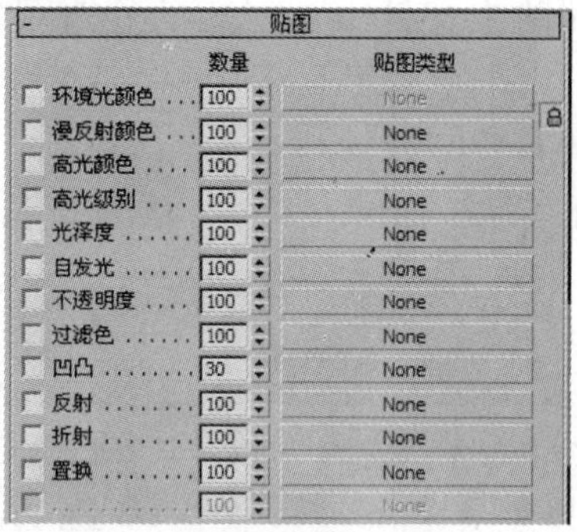

图7-95

在每种方式右侧有一个很宽的按钮，单击它们可以调出“材质/贴图浏览器”对话框，但现在只能够选择贴图，这里提供了30多种贴图类型，都可以用在不同的贴图方式上。当选择了一个贴图类型后，会自动进入其贴图设置层级中，以便进行相应的参数设置，单击（转到父对象）按钮可以返回贴图方式设置层级，这时该按钮会显示出贴图类型的名称，左侧核对框中会打一个对号，表示当前该贴图方式处于活动状态；如果关闭该核对框，会关闭该贴图方式的影响，此时渲染时不会表现出它的影响，但内部的设置不会丢失。

“数量”下面的数值控制贴图的程度，例如，对“漫反射”贴图，值为100时表示完全覆盖；值为50时表示以50%的透明度进行覆盖。一般最大值都为100，表示百分比值，只有“凹凸”、“高光级别”和“置换”等除外，最大可设为999。

通过拖动操作在各贴图方式之间变换或者复制贴图。

7.5.15 外部参照材质

外部参照材质能够在另一个场景文件中从外部参照某个应用于对象的材质。对于外部参照对象，材质驻留在单独的源文件中。可以仅在源文件中设置材质属性，当在源文件中改变材质属性然后保存时，在包含外部参照的主文件中，材质的外观可能会发生变化。

“参数”卷展栏如图7-96所示，各选项的功能介绍如下。

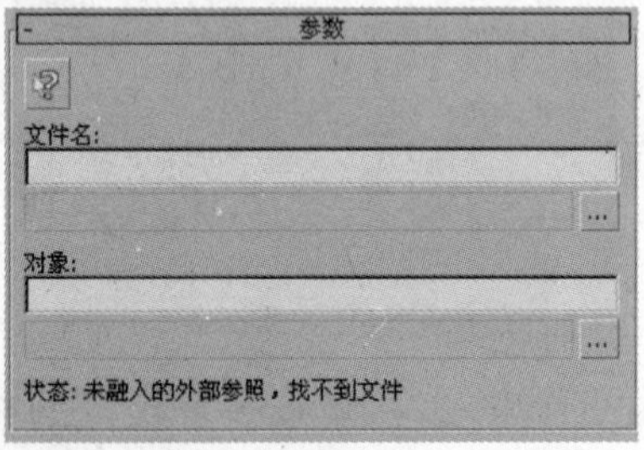

图7-96

- ：单击此按钮以打开对话框，在该对话框高亮显示源文件当前记录，其对象显示在“外部参照实体”列表中。如果还没有为该材质选择文件和对象，则显示“外部参照对象”对话框，以浏览要使用的文件和材质。
- 文件名：显示包含外部参照材质源的场景文件的路径和文件名。可以对此进行编辑以指向不同的路径和文件。
- ...：单击此按钮以显示对话框，可以在对话框中为源文件指定不同的路径和文件名。
- 对象：显示源文件中源对象的名称。

状态：显示材质的状态。

7.5.16 Directx Shader

借助DirectX明暗器材质，可使用DirectX (Direct3D)明暗器对视口中的对象进行明暗处理。使用DirectX明暗处理，视口中的材质可以更精确地显现材质如何显示在其他应用程序中或在其他硬件上，如游戏引擎。只有当使用的是Direct3D显示驱动程序并将 DirectX 9.0 或DirectX 10.0选作Direct3D版本时，才能使用此材质。

该材质在制作材质中不常用，所以这里就不详细介绍了。

7.6 二维贴图

二维贴图在二维平面上进行贴图，通常用于环境背景和图案商标，最简单也是最重要的二维贴图是“位图”，其他的二维贴图属于程序贴图。

7.6.1 “坐标”参数

下面介绍二维贴图共有的参数卷展栏——“坐标”卷展栏，如图7-97所示。

“坐标”卷展栏中的选项的功能介绍如下。

- 纹理：将该贴图作为纹理应用于表面。从“贴图”列表中选择坐标类型。
- 环境：使用贴图作为环境贴图。从“贴图”列表中选择坐标类型。

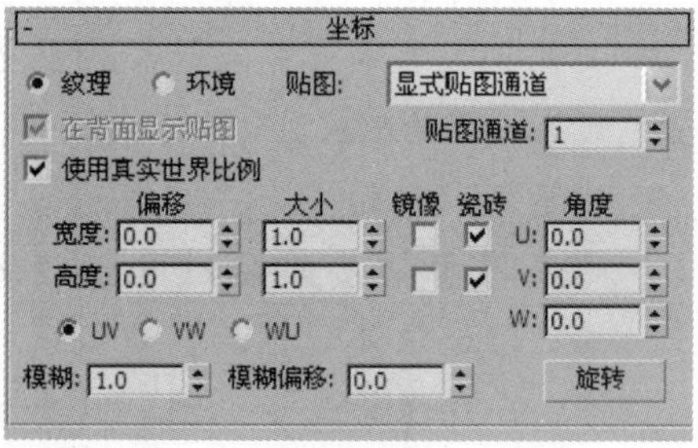

图7-97

- 贴图：列表条目因选择“纹理”贴图（如图7-98所示）或“环境”贴

图（如图7-99所示）而异。

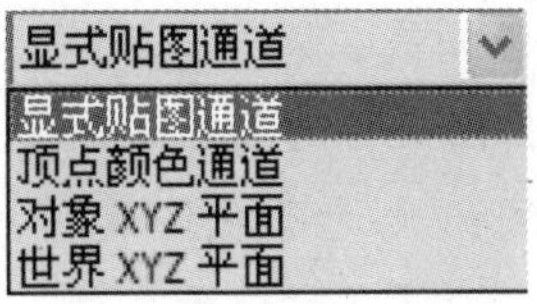

图7-98

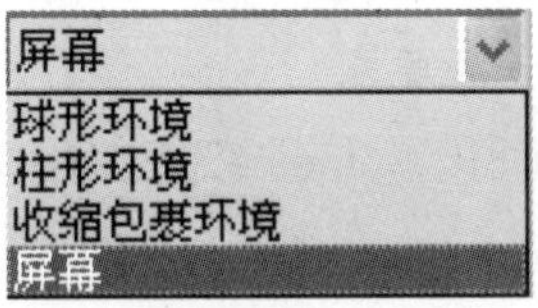

图7-99

- 在背面显示贴图：启用后，平面贴图“对象 XYZ 平面”中的平面，或者带有“UVW 贴图”修改器将被投影到对象的背面，并且能对其进行渲染。禁用此选项后，不能在对象背面对平面贴图进行渲染。默认设置为启用。
- 使用真实世界比例：启用后，使用真实宽度和高度值而不是UV值将贴图应用于对象。默认设置为禁用。
- 偏移：在UV坐标中更改贴图的位置。移动贴图以符合它的大小。
- 大小：决定贴图的大小。
- 镜像：从左至右（U 轴）或从上至下（V 轴）镜像贴图。
- 瓷砖：决定平铺每根轴。
- 角度：通过UVW设置贴图旋转的角度。
- UV、VW、WU：更改贴图使用的贴图坐标系。默认的UV坐标将贴图作为幻灯片投影到表面。VW坐标与WU坐标用于对贴图进行旋转，使其与表面垂直。
- 旋转：显示图解的旋转贴图坐标对话框，用于通过在弧形球图上拖动来旋转贴图（与用于旋转视口的弧形球相似，虽然在圆圈中拖动是绕全部三个轴旋转，而在其外部拖动则仅绕 W 轴旋转）。
- 模糊：基于贴图离视图的距离影响贴图的锐度或模糊度。
- 模糊偏移：影响贴图的锐度或模糊度，而与贴图离视图的距离无关。“模糊偏移”模糊对象空间中自身的图像。如果需要对贴图的细节进行软化处理或者散焦处理以达到模糊图像的效果时，使用此选项。

7.6.2 “噪波”参数

通过指定不规则噪波函数使UV轴向上的贴图像素产生扭曲，为材质添加噪波效果，产生的噪波图案可以非常复杂，非常适合创建随机图案，还适于模拟不规则的自然地表。噪波参数间的相互影响非常紧密，细微的参数变化就可能带来明显的差别。

“噪波”卷展栏如图7-100所示，选项的功能介绍如下。

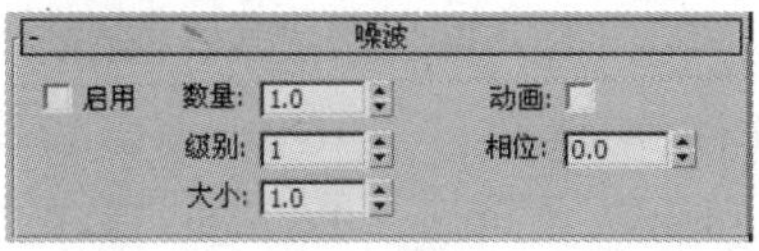

图7-100

- 启用：决定“噪波”参数是否影响贴图。
- 数量：设置分形功能的强度值，以百分比表示。如果数量为0，则没有噪波。如果数量为100，贴图将变为纯噪波。默认设置为1.0。
- 级别：“级别”或迭代次数应用函数的次数。“数量”值决定了层级的效果。“数量”值越大，增加层级值的效果就越强。范围为1～10；默认设置为 1。
- 大小：设置噪波函数相对于几何体的比例。如果值很小，那么噪波效果相当于白噪声。如果值很大，噪波尺度可能超出几何体的尺度，如果出现这样的情况，将不会产生效果或者产生的效果不明显。

- 动画：决定动画是否启用噪波效果。如果要将噪波设置为动画，必须勾选此复选框。
- 相位：控制噪波函数的动画速度。

7.6.3 位图

位图是由彩色像素的固定矩阵生成的图像，如马赛克。位图可以用来创建多种材质，从木纹和墙面到蒙皮和羽毛。也可以使用动画或视频文件替代位图来创建动画材质。

支持以下文件格式：AVI 文件、BMP 文件、CIN 文件 (Kodak Cineon)、DDS 文件、GIF 文件、HDRI 文件（.hdr和.pic 文件）、IFL 文件、JPEG 文件、MOV（QuickTime 电影）文件、MPEG 文件、OpenEXR 文件、PNG 文件、PSD 文件、RGB 文件（原有 SGI 格式）、RLA 文件、RPF 文件、SGI 文件（RGB、RGBA、INT、INTA 和 BW 文件）、TGA (Targa) 文件、TIFF 文件、YUV 文件。

（1）“位图参数”卷展栏如图7-101所示，各选项的功能介绍如下。

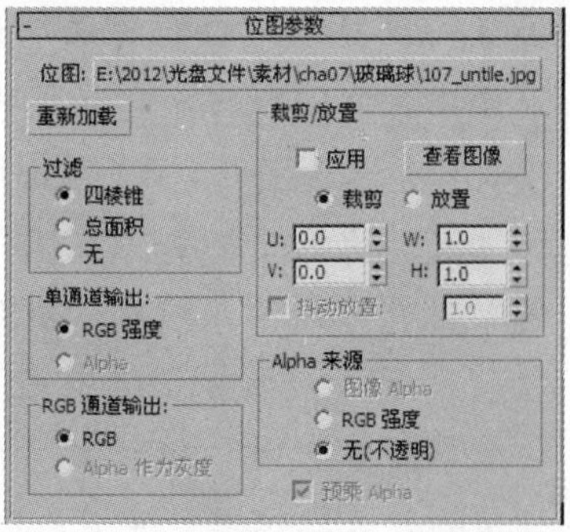

图7-101

- 位图：使用标准文件浏览器选择位图。选中之后，此按钮上显示完整的路径名称。
- 重新加载：对使用相同名称和路径的位图文件进行重新加载。
- 过滤：此选项允许选择抗锯齿位图中平均使用的像素方法。
- 四棱锥：需要较少的内存并能满足大多数要求。
- 总面积：需要较多内存但通常能产生更好的效果。
- 无：禁用过滤。
- 单通道输出：某些参数（如不透明度或高光级别）相对材质的三值颜色分量来说是单个值。此选项组中的控件根据输入的位图确定输出单色通道的源。
- RGB强度：使用贴图的红、绿、蓝通道的强度。忽略像素的颜色，仅使用像素的值或亮度。颜色作为灰度值计算，其范围是0（黑色）到255（白色）之间。
- Alpha：使用贴图的Alpha通道的强度。
- RGB通道输出：使用“RGB通道输出”确定输出RGB部分的来源。此选项组中的控件仅影响显示颜色的材质组件的贴图，包括环境光、漫反射、高光、过滤色、反射和折射。
- RGB：显示像素的全部颜色值（默认设置）。
- Alpha作为灰度：显示基于 Alpha 通道级别的灰度色调。
- 裁剪/放置：此选项组中的控件可以裁剪位图或减小其尺寸用于自定义放置。裁剪位图意味着将其减小为比原来的长方形区域更小。裁剪不更改位图的比例。

- 应用：勾选该复选框可使用裁剪或放置设置。
- 查看图像：打开的窗口显示由区域轮廓（各边和角上具有控制柄）包围的位图。要更改裁剪区域的大小，拖动控制柄即可。要移动区域，可将鼠标光标定位在要移动的区域内，然后进行拖动，如图7-102所示。

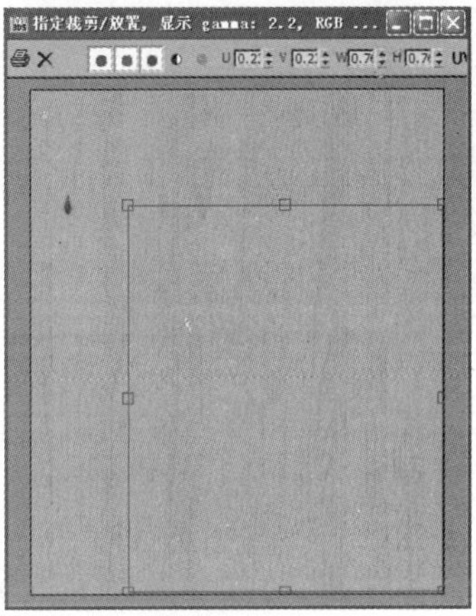

图7-102

- 裁剪：激活裁剪。
- 放置：激活放置。
- U、V：调整位图位置。
- W、H：调整位图或裁剪区域的宽度和高度。
- 抖动放置：指定随机偏移的量。0表示没有随机偏移。范围为0.0～1.0。
- Alpha来源：此选项组中的控件根据输入的位图确定输出Alpha通道的来源。
- 图像Alpha：使用图像的Alpha通道（如果图像没有Alpha通道，则禁用）。
- RGB强度：将位图中的颜色转换为灰度色调值并将它们用于透明度。黑色为透明，白色为不透明。
- 无（不透明）：不使用透明度。
- 预乘Alpha：确定Alpha在位图中的处理方式。勾选该复选框后，根据默认设置，预乘Alpha在文件中。取消勾选该复选框后，Alpha会视为非预乘处理，并且将忽略任何RGB值。

（2）“时间”卷展栏如图7-103所示，各选项的功能介绍如下。

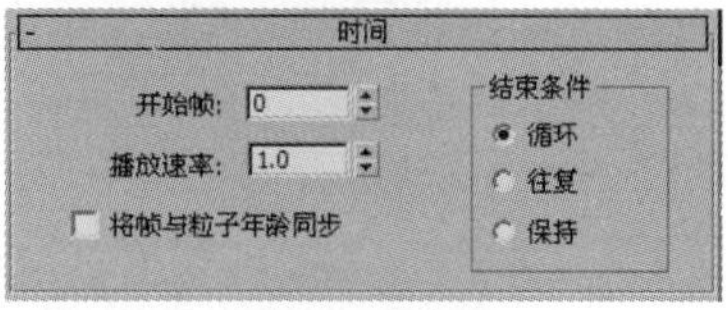

图7-103

- 开始帧：指定动画贴图将开始播放的帧。
- 播放速率：允许对应用于贴图的动画速率加速或减速。
- 将帧与粒子年龄同步：勾选该复选框后，3ds Max 会将位图序列的帧与贴图应用到的粒子的年龄同步。利用这种效果，每个粒子从出生开始显示该序列，而不是被指定于当前帧。默认设置为禁用状态。
- 结束条件：如果位图动画比场景短，则确定其最后一帧后所发生的情况。
- 循环：使动画反复循环播放。
- 往复：反复地使动画向前播放，然后向回播放，从而使每个动画序列平滑循环。
- 保持：冻结位图动画的最后一帧。

7.6.4 平铺

使用平铺贴图程序可创建砖、彩色瓷砖或材质贴图。制作时可以使用预制的建筑砖图案，也可以设计自定义的图案样式。

（1）“标准控制”卷展栏如图7-104所示，选项的功能介绍如下。

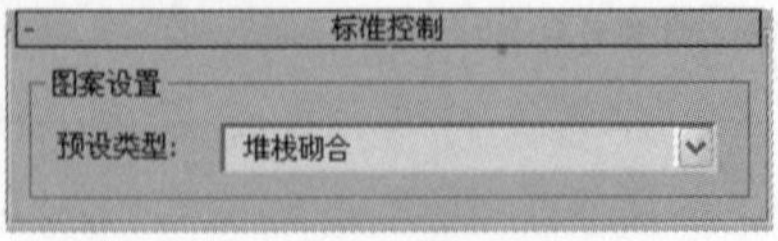

图7-104

“预设类型”：可以在右侧的下拉列表中选择不同的砖墙图案。列出定义的建筑瓷砖砌合、图案、自定义图案，这样可以通过选择“高级控制”和“堆垛布局”卷展栏中的选项来设计自定义的图案。如图7-105所示列出了几种不同的砌合插图。

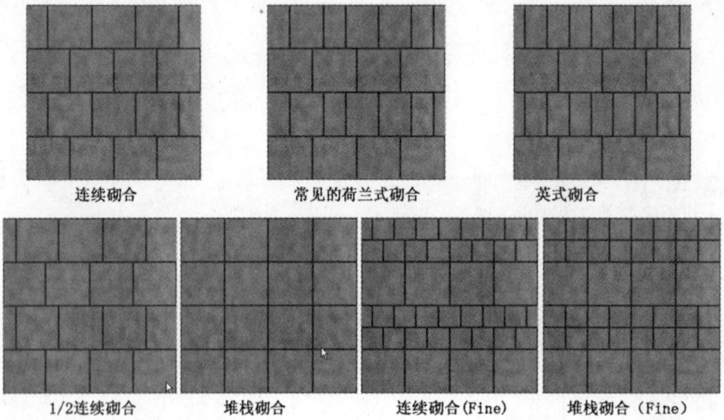

图7-105

（2）“高级控制”卷展栏如图7-106所示，各选项的功能介绍如下。

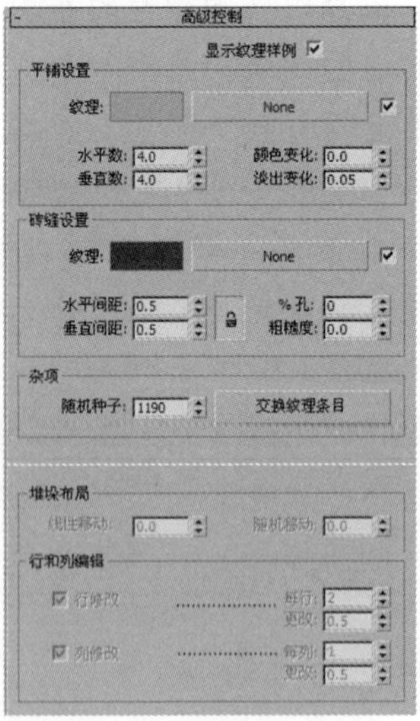

图7-106

- 显示纹理样例：更新并显示贴图指定给瓷砖或砖缝的纹理。
- 平铺设置：设置瓷砖参数。
- 纹理：控制用于瓷砖的当前纹理贴图的显示。单击后面的“None”按钮，可以指定贴图。
- 水平数：控制行的瓷砖数。
- 垂直数：控制列的瓷砖数。
- 颜色变化：控制瓷砖的颜色变化。
- 淡出变化：控制瓷砖的淡出变化。
- 砖缝设置：设置砖缝参数。
- 纹理：控制砖缝的当前纹理贴图的显示。单击后面的“None”按钮，可以指定贴图。
- 水平间距：控制瓷砖间的水平砖缝的大小。在默认情况下，将此值锁定给“垂直间距”，因此当其中的任一值发生改变时，另外一个值也将随之改变。单击锁定图标，将其解锁。
- 垂直间距：控制瓷砖间的垂直砖缝的大小。
- %孔：设置由丢失的瓷砖所形成的孔占瓷砖表面的百分比。砖缝穿过孔显示出来。
- 粗糙度：控制砖缝边缘的粗糙度。
- 随机种子：对瓷砖应用颜色变化的

随机图案。不用进行其他设置就能创建完全不同的图案。

- 交换纹理条目：在瓷砖间和砖缝间交换纹理贴图或颜色。
- 堆垛布局：只有在“标准控制”卷展栏中选择“预设类型”为“自定义平铺”时，此控制组才处于活动状态。
- 线性移动：每隔两行将瓷砖移动一个单位。
- 随机移动：将瓷砖的所有行随机移动一个单位。
- 行和列编辑：只有在“标准控制”卷展栏中选择“预设类型”为“自定义平铺”时，此控制组才处于活动状态。
- 行修改：勾选该复选框后，将根据每行的值和改变值，为行创建一个自定义的图案。默认设置为禁用状态。
- 列修改：勾选该复选框后，将根据每列的值和更改值，为列创建一个自定义的图案。默认设置为禁用状态。

7.6.5 棋盘格

棋盘格贴图将两色的棋盘图案应用于材质。默认棋盘格贴图是黑白方块图案。棋盘格贴图是2D程序贴图。组件棋盘格既可以是颜色，也可以是贴图，如图7-107所示。

图7-107

“标准控制”卷展栏如图7-108所示，各选项的功能介绍如下。

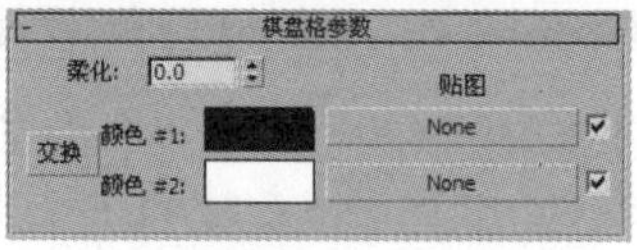

图7-108

- 柔化：模糊棋盘格之间的边缘。很小的柔化值就能生成很明显的模糊效果。
- 交换：切换两个棋盘格的位置。
- 颜色#1：设置一个棋盘格的颜色。单击后面的色块可显示颜色选择器。
- 颜色#2：设置一个棋盘格的颜色。单击后面的色块可显示颜色选择器。
- 贴图：选择要在棋盘格颜色区域内使用的贴图。例如，可以在一个棋盘格颜色内放置其他棋盘。使用后面的复选框可启用或禁用相关贴图。

7.6.6 Combustion

使用Combustion贴图可以同时使用Autodesk Combustion 软件和3ds Max交互式创建贴图。使用Combustion在位图上进行绘制时，材质将在“材质编辑器”面板和明暗处理视口中自动更新。

“Combustion参数”卷展栏如图7-109所示，部分选项的功能介绍如下。

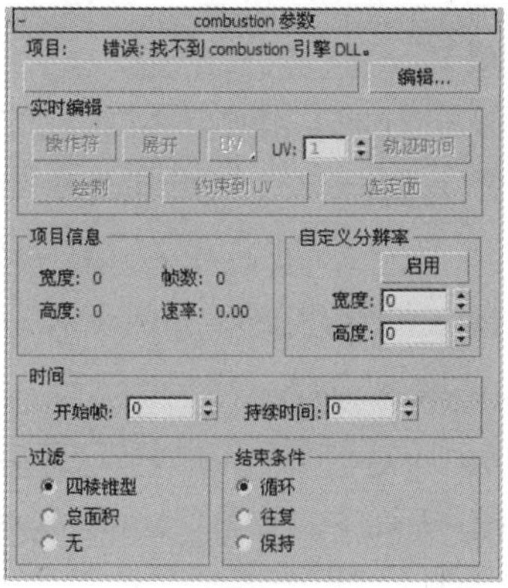

图7-109

- 项目：加载要在Combustion中使用的文件。可以仅加载Autodesk Combustion支持的文件类型，例如，Combustion工作区文件（cws）或Combustion支持的电影胶片或图像文件格式。
- 编辑：从3ds Max的“材质编辑器”启动 Combustion。
- 实时编辑：这些控件将影响Combustion与3ds Max一起使用的方式。
- 操作符：将控件切换到Combustion，从中选择操作符。操作符的结果显示为Combustion 贴图中的图像。操作符不一定是管道中的最后一个操作符。在Combustion处于活动状态时，还可以调整操作符。更新Combustion贴图以显示结果。
- 展开：获取当前所选 3D 对象（或当前面子对象选择）的UVW贴图坐标，并在Combustion中显示这些坐标，这有助于在绘制时调整贴图和网格。“展开”显示仅是一个叠加。它显示在Combustion中，但不是合成或贴图的一部分。
- “UV”列表：将贴图坐标系统（投影贴图的方向）从UV更改为VW或UW。
- UV：指定要展开和绘制的贴图通道。
- 轨迹时间：将Combustion中的时间线与3ds Max中的时间滑块相链接。
- 绘制：启用此控件后，将在3ds Max视口中显示绘制光标。然后可直接在3D几何体上进行绘制。在3ds Max中，在视口中的几何体上拖动光标，将在Combustion中创建绘制笔划。
- 约束到UV：启用此控件后，将限制绘制笔划保持在UV贴图坐标的边界内。
- 选定面：将Combustion图像只约束到所选面。这样，将基于面而不是基于UV贴图实现附加控制和遮罩。
- 项目信息：这些读数显示Combustion绘制或合成操作符的格式。加载了Combustion工作区或启用了“编辑”模式时，将启用它们。
- 自定义分辨率：使用这些控件可以自定义Combustion贴图的分辨率。
- 启用：启用“宽度”和“高度”控件。
- 宽度、高度：宽度改变贴图的水平分辨率；高度改变贴图的垂直分辨率。
- 时间：这些控件将Combustion工作区中的帧与Combustion 贴图中的帧相关联。
- 开始帧：确定Combustion序列的哪一个帧用作3ds Max中Combustion 贴图的第一个帧。
- 持续时间：设置3ds Max中的Combustion 贴图所使用的Combustion文件序列中的帧数量。
- 过滤：这些控件确定计算抗锯齿的方法。
- 四棱锥型：设置默认的抗锯齿方法。
- 总面积：实现更好的抗锯齿方法。“总面积”过滤比“四棱锥”过滤使用更多内存。如果必须使用虚拟内存，则会显著增加渲染时间。
- 无：不执行抗锯齿操作。
- 结束条件：这些空间定义当Combustion投影（或Combustion贴图中使用的帧范围）的持续时间小于3ds Max中的渲染序列时，3ds

Max渲染器应执行的操作。

- 循环：反复播放Combustion投影动画直到渲染序列结束。
- 往复：向前播放动画，然后回放，即反复向前和向回播放直到渲染序列结束。
- 保持：播放动画一次，然后反复显示投影的最后一帧直到渲染序列结束。

7.6.7 渐变

渐变从一种颜色到另一种颜色进行明暗处理。为渐变指定两种或三种颜色，3ds Max 将插补中间值。

“渐变参数”卷展栏如图7–110所示，各选项的功能介绍如下。

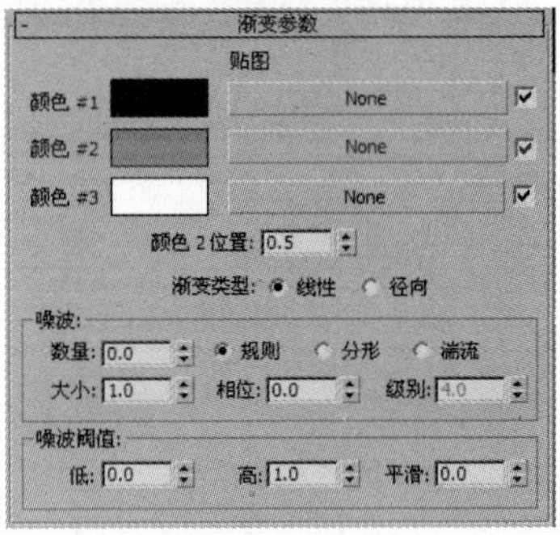

图7–110

- 颜色#1、颜色#2、颜色#3：设置渐变在中间进行插值的三个颜色。
- 贴图：单击颜色后的“None”按钮，可以指定贴图，并替换颜色。
- 颜色2位置：控制中间颜色的中心点。
- 渐变类型：“线性”渐变基于垂直位置（V 坐标）插补颜色，而“径向”渐变则基于距贴图中心的距离插补颜色（中心为U=0.5、V=0.5）。
- 数量：当该值为非0时（范围为0到1），应用噪波效果。
- 大小：缩放噪波功能。此值越小，噪波碎片也就越小。
- 相位：控制噪波函数的动画速度。
- 级别：设置湍流（作为一个连续函数）的分形迭代次数。
- 规则：生成普通噪波。
- 分形：使用分形算法生成噪波。
- 湍流：生成应用绝对值函数来制作故障线条的分形噪波。
- 低：设置低阈值。
- 高：设置高阈值。
- 平滑：用以生成从阈值到噪波值较为平滑的变换。当平滑为0 时没有应用平滑。当平滑为1时应用最大数量的平滑。

7.6.8 渐变坡度

与“渐变”颜色贴图相似的二维贴图，都可以产生颜色间的渐变效果，但渐变色过度贴图可以指定任意数量的颜色或贴图，以制作出更为多样化的渐变效果，如图7–111所示是通过渐变坡度制作的多层蛋糕。

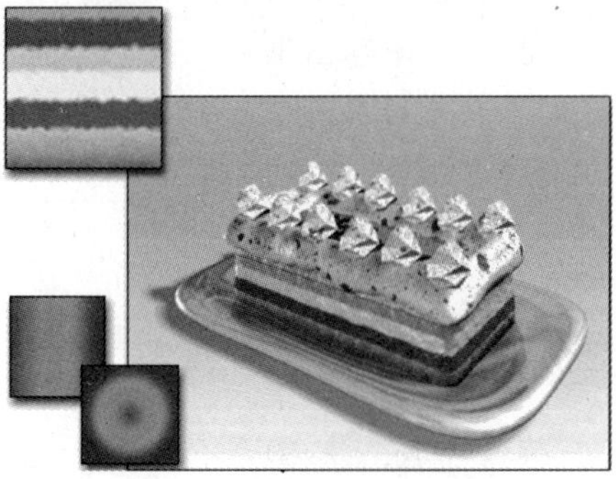

图7–111

“渐变坡度参数”卷展栏如图7–112所示，部分选项的功能介绍如下。

- 渐变条：用于显示和调节渐变效果，渐变条的范围是0～100。在渐变条内的任何位置，都会在下方相应处产生新的标记，通过拖曳标记来确定颜色或贴图。开始和结束位置的标记不能拖曳，但其他的标记可以拖曳到这两个位置，并且还可以移开。可以在同一位置放置多个标记。当两个标记放置在同一个位置时，两种颜色之间会出现一条细微的边界；当两个或者更多的标记放置在同一个位置时，编辑会越来越明显。

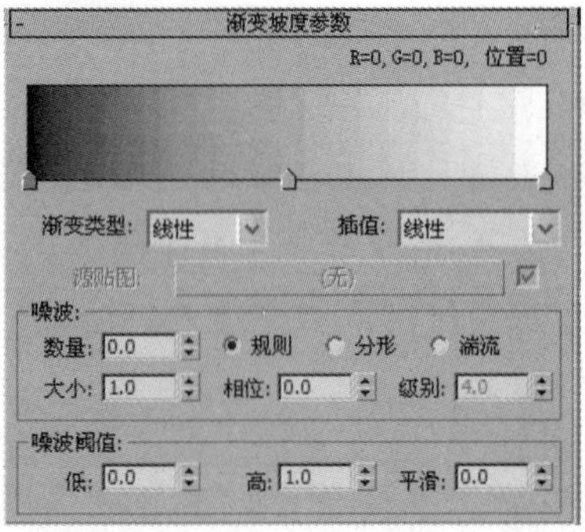

图7-112

- 渐变类型：选择渐变的类型，这些类型影响整个渐变。
- 插值：选择插值的类型，这些类型影响整个渐变。
- 源贴图：单击后面的按钮，可将贴图指定给贴图渐变。使用后面的复选框可启用或禁用贴图。仅当选择渐变类型为“贴图”后，“源贴图”控件才可用。

7.6.9 漩涡

“漩涡”是一种 2D 程序贴图，它生成的图案类似于两种口味冰淇淋的外观。如同其他双色贴图一样，任何一种颜色都可用其他贴图替换。举例来说，大理石与木材也可以生成旋涡效果，如图7-113所示。

“漩涡参数”卷展栏如图7-114所示，各选项的功能介绍如下。

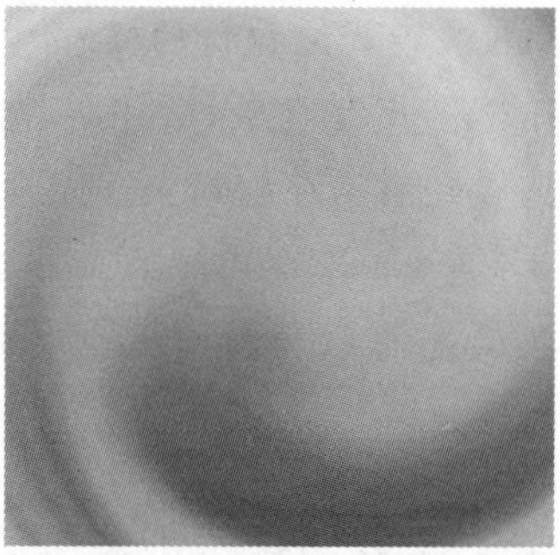
图7-113

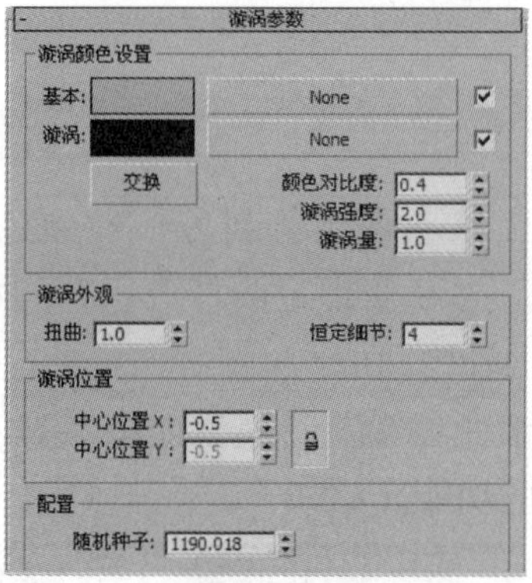

图7-114

- 基本：旋涡效果的基础层。单击色样以更改该颜色。单击后面的“None”按钮指定贴图以替换颜色。该复选框启用或禁用贴图。
- 漩涡：与基础颜色或贴图混合，生成旋涡效果。单击色样以更改该颜色。单击后面的“None”按钮指定贴图以替换颜色。
- 交换：反转“基本”和“漩涡”的颜色或贴图指定。
- 颜色对比度：控制基础和旋涡之间的对比度。
- 漩涡强度：控制旋涡颜色的强度。值越高，生成的混合颜色越生动。
- 漩涡量：控制混合到基础颜色的旋涡颜色的数量。
- 扭曲：更改旋涡效果中的螺旋数。值越高，螺旋数量越多。负值会更改扭曲效果的方向。

- 恒定细节：更改旋涡内细节的级别。值越低，旋涡内的细节级别越少。
- 中心位置X、中心位置Y：调整对象中旋涡中心的位置。
- 随机种子：设置旋涡效果的新起点。在保持其他参数不变的情况下更改旋涡图案。

7.7 三维贴图

3D贴图是产生三维空间图案的程序贴图。例如，指定了“大理石”贴图的几何体切开，它的内部同样显示着与外表面匹配的纹理。

7.7.1 “坐标”参数

三维贴图的“坐标”与二维贴图有所不同，它的参数是相对于物体的体积对贴图进行定位的。

“坐标”卷展栏如图7-115所示，部分选项的功能介绍如下。

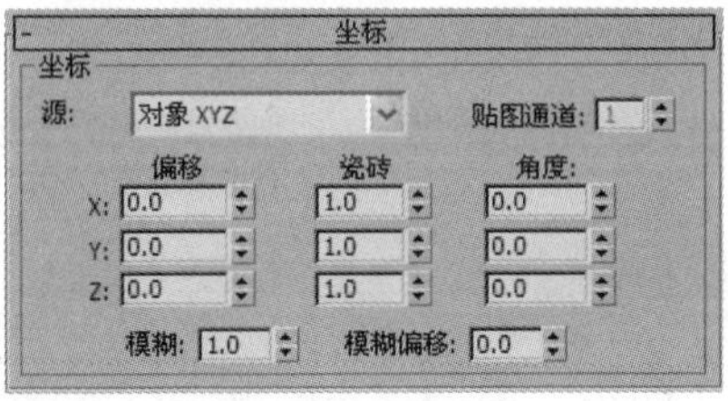

图7-115

- 源：选择要使用的坐标系，如图7-116所示。

图7-116

  - ◆ 对象XYZ：使用对象的局部坐标系。
  - ◆ 世界XYZ：使用场景的世界坐标系。
  - ◆ 显示贴图通道：激活贴图通道字段。可以选择范围从1到99的任何通道。
  - ◆ 顶点颜色通道：将顶点颜色指定为通道。
- 贴图通道：除非源是“显示贴图通道”，否则该选项不可用。该选项可用时，可以选择范围从1到99的任何通道。
- 偏移：沿着指定轴移动贴图图案。
- 瓷砖：沿指定轴旋转瓷砖图案，并使图案更狭窄。
- 角度：沿着指定轴旋转贴图图案。

7.7.2 细胞

细胞贴图是一种程序贴图，生成用于各种视觉效果的细胞图案，包括马赛克瓷砖、鹅卵石表面，甚至海洋表面。如图7-117所示为鹅卵石效果。

图7-117

“细胞参数”卷展栏如图7-118所示，各选项的功能介绍如下。

- 细胞颜色：显示颜色选择器。为细

胞选择一种颜色。

- None：将贴图指定给细胞，而不使用实心颜色。后面的复选框，启用贴图。
- 变化：通过随机改变RGB值而更改细胞的颜色。变化越大，随机效果越明显。
- 分界颜色：这些控件指定细胞间的分界颜色。细胞分界是两种颜色或两个贴图之间的斜坡。

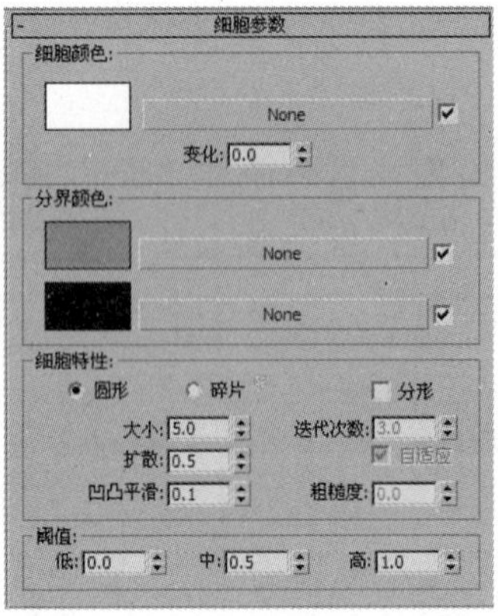

图7-118

- 细胞特性：这些控件更改细胞的形状和大小。
- 圆形、碎片：用于选择细胞边缘外观。使用“圆形”时，细胞为圆形，可以提供一种更为有机或泡状的外貌。使用“碎片”时，细胞具有线性边缘，可以提供一种更为零碎或马赛克的外观。
- 大小：更改贴图的总体尺寸。调整此值使贴图适合几何体。
- 扩散：更改单个细胞的大小。
- 凹凸平滑：将细胞贴图用作凹凸贴图时，在细胞边界处可能会出现锯齿效果。如果发生这种情况，请增加该值。
- 分形：将细胞图案定义为不规则的碎片图案。默认设置为禁用状态。
- 迭代次数：设置应用分形函数的次数。注意，增大此值将增加渲染时间。
- 自适应：勾选该复选框后，分形迭代次数将自适应地进行设置。也就是说，几何体靠近场景的观察点时，迭代次数增加；而几何体远离观察点时，迭代次数降低。这样可以减少锯齿并节省渲染时间。默认设置为启用。
- 粗糙度：将“细胞”贴图用作“凹凸贴图”时，此参数控制凹凸的粗糙程度。
- 阈值：这些控件影响细胞和分界的相对大小。它们表示为默认算法指定大小的规格化百分比。
- 低：调整细胞大小。默认设置为0.0。
- 中：相对于第二分界颜色，调整最初分界颜色的大小。
- 高：调整分界的总体大小。

7.7.3 凹痕

“凹痕”是 3D 程序贴图。扫描线渲染过程中，“凹痕”根据分形噪波产生随机图案，图案的效果取决于贴图类型。如图7-119所示凹痕贴图为左边的茶杯提供纹理；而右边的茶杯具有相同的图案，但没有凹痕。

图7-119

“凹痕参数”卷展栏如图7-120所示，部分选项的功能介绍如下。

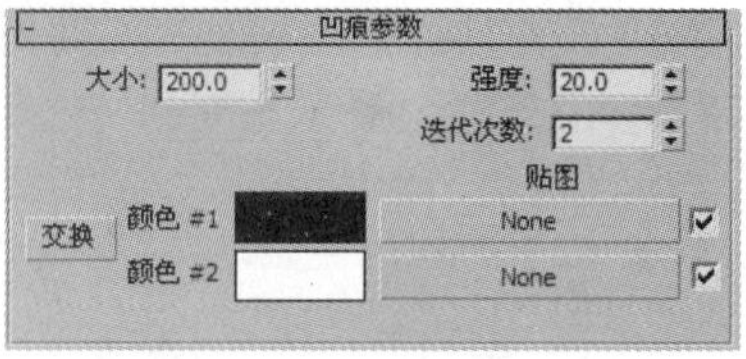

图7-120

- 大小：设置凹痕的相对大小。随着大小的增大，其他设置不变时凹痕的数量将减少。默认设置为200。
- 强度：决定两种颜色的相对覆盖范围。值越大，“颜色#2”的覆盖范围越大；而值越小，“颜色#1”的覆盖范围越大。默认设置为20。
- 迭代次数：设置用来创建凹痕的计算次数。默认设置为2。
- 交换：反转颜色或贴图的位置。

7.7.4 衰减

“衰减”贴图基于几何体曲面上面法线的角度衰减来生成从白到黑的值。将“衰减”贴图指定到“漫反射”中可以制作毛绒、天鹅绒等布料效果；指定到“不透明”中可以制作出衰减渐变的效果，如图7-121所示。

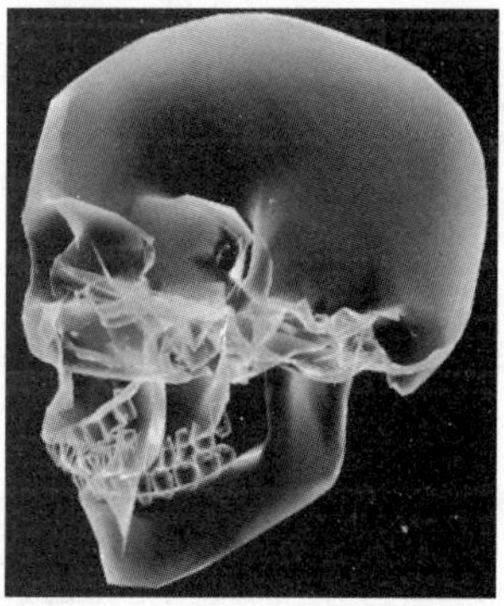

图7-121

（1）“衰减参数”卷展栏如图7-122所示，各选项的功能介绍如下。

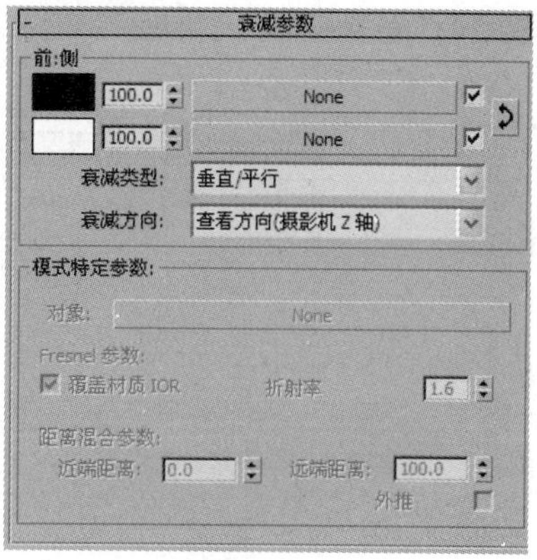

图7-122

- “前：侧”：默认情况下，“前：侧”是位于该卷展栏顶部的组的名称。前：侧面表示“垂直/平行”衰减。该名称会因选定的衰减类型而改变。在任何情况下，左边的名称是指顶部的那组控件，而右边的名称是指底部的那组控件，从中设置衰减颜色。
- 衰减类型：选择衰减的种类。
- 衰减方向：选择衰减的方向。
- 模式特定参数：只有将“衰减方向”设置为“对象”后才可以应用和提供第一个参数。
- 对象：从场景中拾取对象并将其名称放到按钮上。
- 覆盖材质IOR：允许更改为材质所设置的“折射率”。
- 折射率：设置一个新的“折射率”。只有在勾选“覆盖材质IOR”复选框后才可用。
- 近端距离：设置混合效果开始的距离。
- 远端距离：设置混合效果结束的距离。
- 外推：勾选该复选框后，效果继续超出“近端距离”和“远端距离”距离。

（2）“混合曲线”卷展栏如图7-123所示，各选项的功能介绍如下。

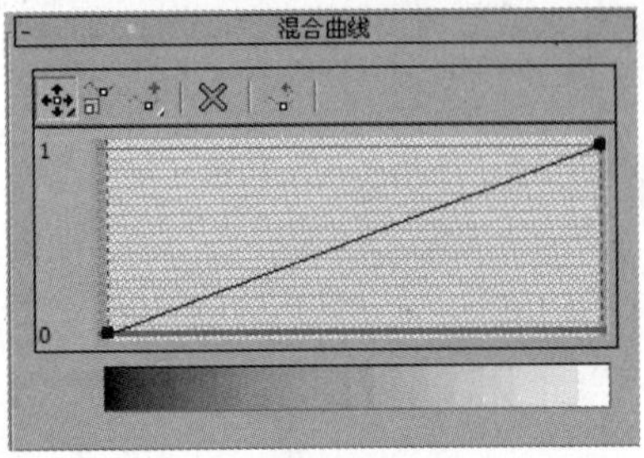

图7-123

- （移动）：将一个选中的点向任意方向移动，在每一边都会被非选中的点所限制。
- （缩放点）：在选定点的渐变范围内对其进行缩放。
- （添加点）：在图形线上的任意位置添加一个 Bezier 角点。该点在移动时构建一个锐角。
- （删除点）：删除选定的点。
- （重置曲线）：将图返回到默认状态，介于0和1之间的直线。

7.7.5 大理石

大理石贴图针对彩色背景生成带有彩色纹理的大理石曲面，将自动生成第三种颜色，如图7-124所示。

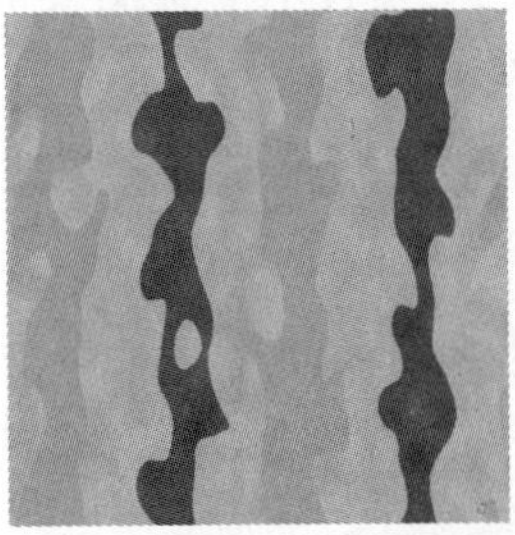

图7-124

“大理石参数”卷展栏如图7-125所示，各选项的功能介绍如下。

- 大小：设置纹理之间的间距。
- 纹理宽度：设置纹理的宽度。
- 交换：切换两个颜色或贴图的位置。
- 颜色#1、颜色#2：指定颜色，还可以通过“贴图”按钮指定贴图。

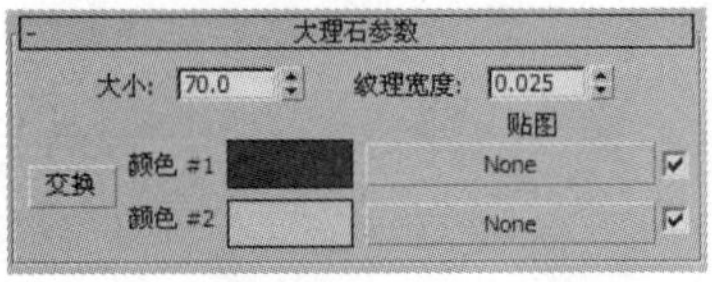

图7-125

7.7.6 噪波

“噪波”贴图基于两种颜色或材质的交互创建曲面的随机扰动，常用于无序贴图效果的制作。如图7-126所示是在“凹凸”贴图中使用“噪波”贴图表现的马路效果。

图7-126

“噪波参数”卷展栏如图7-127所示，部分选项的功能介绍如下。

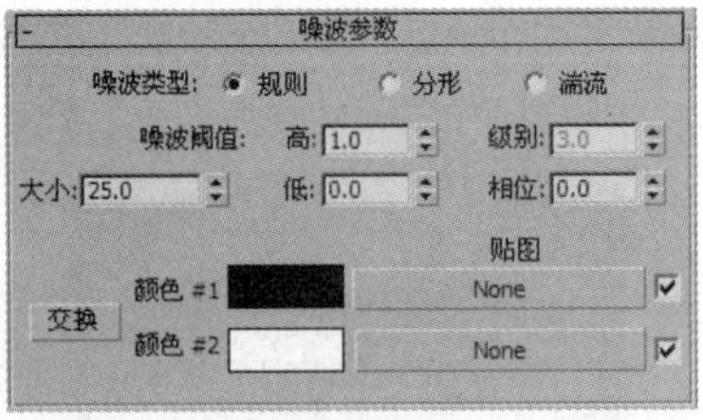

图7-127

- 噪波类型：选择噪波类型，如图7-128所示为三种噪波类型的效果。

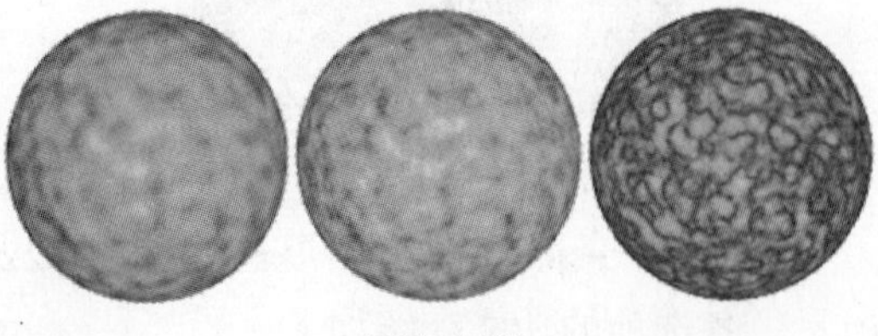

图7-128

- 规则：默认设置，生成普通噪波。基本上类似于“级别”设置为1的“分形”噪波。当噪波类型设为“规则”时，“级别”微调器处于非活动状态（因为“规则”不是分形功能）。
- 分形：使用分形算法生成噪波。
- 湍流：生成应用绝对值函数来制作故障线条的分形噪波。
- 噪波阈值：如果噪波值高于“低”阈值而低于“高”阈值，动态范围会拉伸到填满0到1。
- 级别：决定有多少分形能量用于分形和湍流噪波函数。可以根据需要设置确切数量的湍流，也可以设置分形层级数量的动画。默认设置为3.0。
- 相位：控制噪波函数的动画速度。使用此选项可以设置噪波函数的动画。默认设置为0.0。
- 交换：切换两个颜色或贴图的位置。
- 颜色#1、颜色#2：可以从两个主要噪波颜色中进行选择。将通过所选的两种颜色生成中间颜色值。
- 贴图：选择以一种或其他噪波颜色显示的位图或程序贴图。

7.7.7 粒子年龄

专用于粒子系统，根据粒子的生命实践，分别为开始、中间、结束处的例子指定三种不同的颜色或贴图，就好像“渐变”贴图类型，粒子在一诞生时具有第一种颜色，然后慢慢边生长边变形成第二种颜色，最周在消亡前变形成第三种颜色，这样就形成了动态色彩例子效果，如图7-129所示，粒子系统指定了一个标准贴图材质，“漫反射”贴图是“粒子年龄”贴图，通过对三种颜色指定不同的贴图类型，产生色彩和贴图变幻的例子。

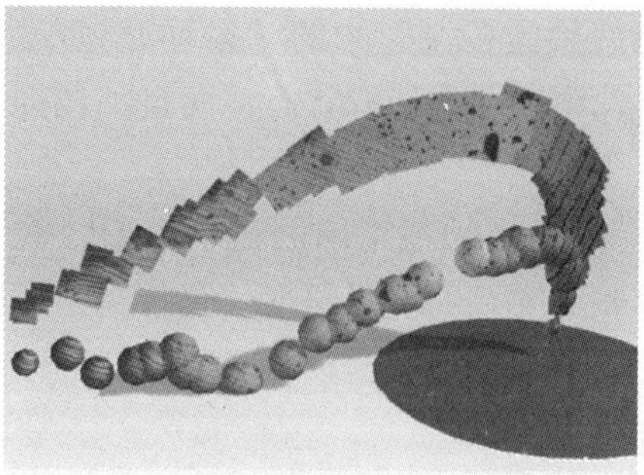

图7-129

“粒子年龄参数”卷展栏如图7-130所示，部分选项的功能介绍如下。

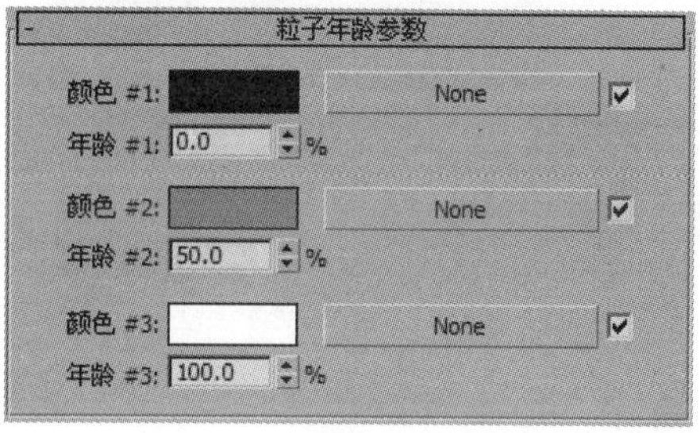

图7-130

- 颜色#1、颜色#2、颜色#3：分别定义了粒子诞生、中间、消亡时的颜色或贴图，通过“颜色”按钮来指定颜色，通过“贴图”按钮来指定贴图。
- 年龄#1、年龄#2、年龄#3：分别设置三个时间段的百分比。

7.7.8 粒子运动模糊

根据粒子运动的速度进行模糊处理，常用作“不透明”贴图，如图7-131所示。在下列情况下能够有效实现粒子运动模糊效果。

（1）粒子运动模糊贴图必须在指定给粒子的相同材质中，常用作“不透明”贴图效果最好。

（2）粒子系统必须支持粒子运动模糊贴图。支持的粒子系统包括“粒子阵列”、

“粒子云”、“喷射”和“超级喷射”。

（3）粒子系统中粒子旋转选项中的“自旋轴向控制”中的“运动轨迹/运动模糊”选项必须为选取状态；而且“拉伸”值要大于0。

（4）必须是正确的粒子类型，粒子运动模糊不支持的粒子包裹“圆片”、“四方面”、“变形球”、“粒子阵列”的“物体碎片”。

（5）指定粒子系统的材质不是“多维/子对象”材质。

图7-131

“粒子运动模糊参数”卷展栏如图7-132所示，各选项的功能介绍如下。

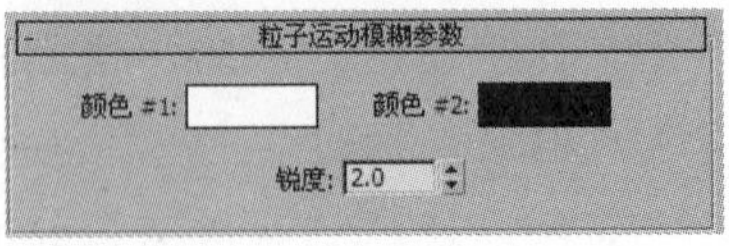

图7-132

- 颜色#1、颜色#2：分别设置用于不透明贴图的两种颜色。
- 锐度：设置运动模糊的程度，值越小，模糊透明效果越明显。

7.7.9 Perlin 大理石

“Perlin 大理石”贴图用来模拟一种珍珠岩型大理石的效果，如图7-133所示。

“Perlin 大理石参数”卷展栏如图7-134所示，选项的功能介绍如下。

- 大小：设置大理石图案的大小。更改此设置可相对于对象的几何体更改大理石的比例。
- 级别：设置湍流算法应用的次数。范围从1.0到10.0。该值越大，大理石图案就越复杂。
- 颜色1、颜色2：这些组中的控件是相同的。这些控件决定大理石的两种主要颜色。
- 色块：单击可显示颜色选择器，并更改颜色。
- 饱和度：控制贴图中颜色的饱和度，并无须更改色样中显示的颜色。值越小颜色越暗，值越大，颜色越亮。
- 贴图：单击可指定贴图，而不是实心颜色。使用此复选框可启用或禁用贴图。
- 交换：单击可交换“颜色1”和“颜色2”。

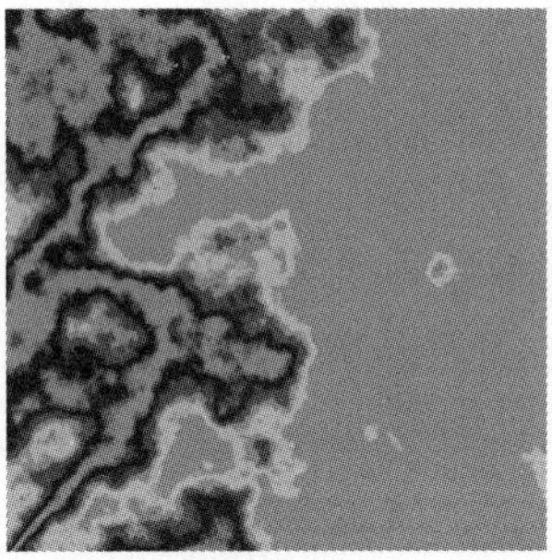

图7-133

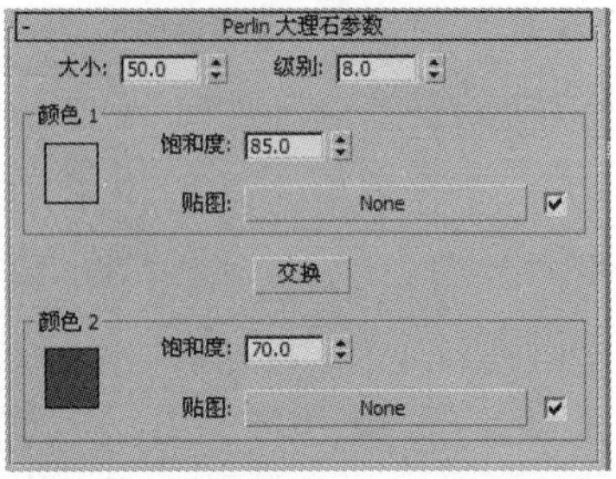

图7-134

7.7.10 烟雾

烟雾是生成无序、基于分形的湍流图案

的3D贴图。其主要用于设置动画的不透明贴图，以模拟一束光线中的烟雾效果或其他云状流动贴图效果，如图7-135所示。

图7-135

“烟雾参数”卷展栏如图7-136所示，各选项的功能介绍如下。

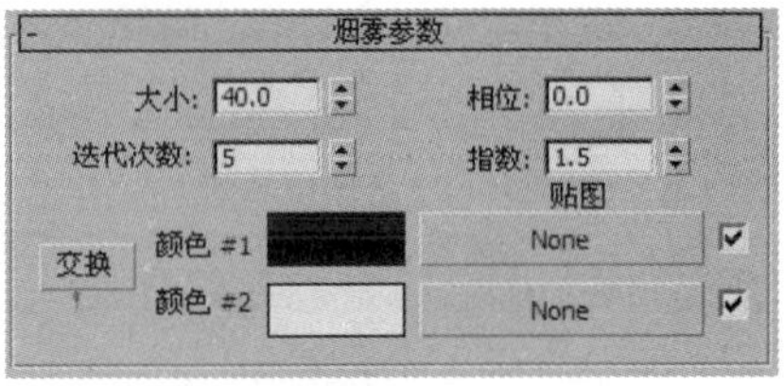

图7-136

- 大小：更改烟雾团的比例。默认设置为40
- 相位：转移烟雾图案中的湍流。设置此参数的动画即可设置烟雾移动的动画。默认设置为0.0。
- 迭代次数：设置应用分形函数的次数。该值越大，烟雾越详细，但计算时间会更长。默认设置为5。
- 指数：使代表烟雾的“颜色#2”更清晰、更缭绕。随着该值的增加，烟雾火舌将在图案中变得更小。
- 交换：交换颜色。
- 颜色#1：表示效果的无烟雾部分。
- 颜色#2：表示烟雾。

7.7.11 斑点

产生两色斑点纹理，通常用于“漫反射”和“凹凸”贴图，制作一种花岗岩或其他图案效果的表面材质，如图7-137所示。

图7-137

“斑点参数”卷展栏如图7-138所示，各选项的功能介绍如下。

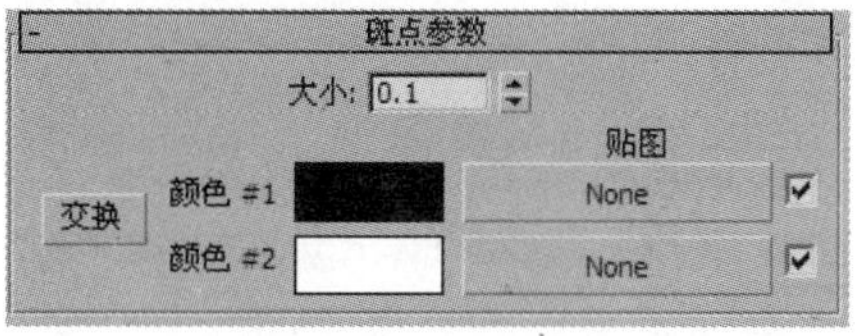

图7-138

- 大小：设置斑纹的大小。
- 交换：将“颜色#1”和“颜色#2”的设置进行交换。
- 颜色#1、颜色#2：设置用于斑纹的两种颜色或贴图，“颜色#1”为底色，“颜色#2”为斑纹颜色。

7.7.12 泼溅

“泼溅”通常用于“漫反射”贴图方式，产生类似油彩飞溅的效果，可以制作喷涂墙壁的材质。如图7-139所示为使用泼溅制作的冰激凌贴图。

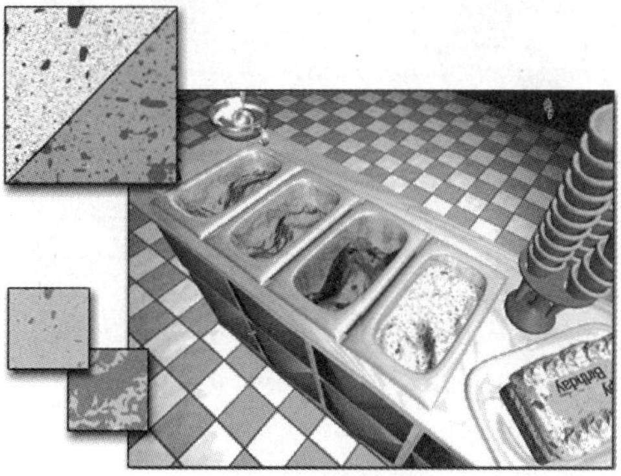

图7-139

“泼溅参数”卷展栏如图7-140所示，各选项的功能介绍如下。

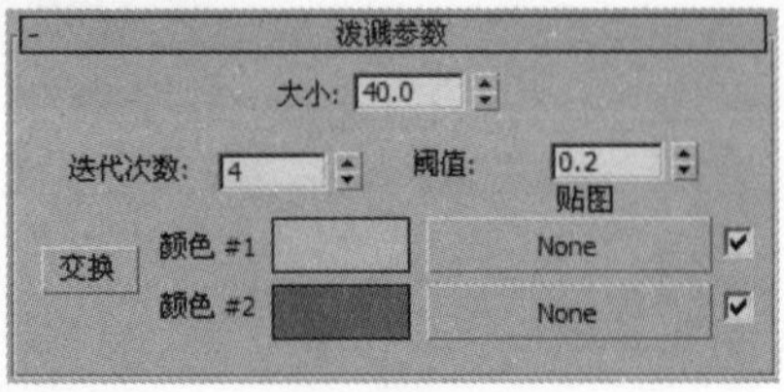

图7-140

- 大小：调整泼溅的大小。使用该选项可使泼溅与几何体相匹配。
- 迭代次数：设置计算分形函数的次数。数值越高，泼溅越详细，但计算时间会更长。
- 阈值：确定与“颜色#2”混合的“颜色#1”量。为0时，仅显示“颜色#1”；为1时，仅显示“颜色#2”。默认设置为0.2。
- 交换：交换两个颜色组件。
- 颜色#1：表示背景的颜色。
- 颜色#2：表示泼溅的颜色。
- 贴图：指定贴图来替换其中一个颜色组件。

7.7.13 灰泥

灰泥是一个3D贴图，它生成一个表面图案，该图案对于“凹凸”贴图创建灰泥表面的效果非常有用，如图7-141所示。

图7-141

“灰泥参数”卷展栏如图7-142所示，各选项的功能介绍如下。

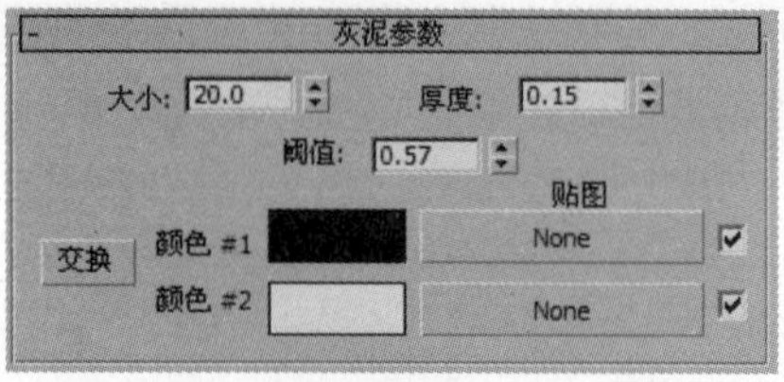

图7-142

- 大小：调整缩进的大小。使用该选项可使灰泥的比例与几何体相匹配。
- 厚度：用于模糊两种颜色的边界。值为0时，边界非常清晰。“厚度”越高，边界越模糊，缩进越不明显。
- 阈值：确定与“颜色#2”混合的“颜色#1”量。为0时，仅显示“颜色#2”；为1时，仅显示“颜色#1”。默认设置为 0.57。
- 交换：交换两个颜色组件。
- 颜色#1：表示缩进的颜色。
- 颜色#2：表示背景灰泥颜色。
- 贴图：指定贴图来替换其中一个颜色组件。取消勾选该复选框将禁用相关联的贴图。

7.7.14 波浪

“波浪”产生平面或三维空间中的水波纹效果，可以控制波纹的数目、振幅、波动的速度等参数，一般讲它作为“漫反射”和“凹凸”贴图联合使用，也可以用作“不透明”贴图，产生透明的水波效果，如图7-143所示。

“波浪参数”卷展栏如图7-144所示，各选项的功能介绍如下。

- 波浪组数量：指定在图案中使用多少个波浪组。
- 波半径：以 3ds Max 单位指定假想的球体（3D分布）或圆圈（2D分布）的半径，它们的表面是每个波浪组的起点。大半径产生较大的圆形波浪图案，小半径产生的波浪小，但密度更大。

图7-143

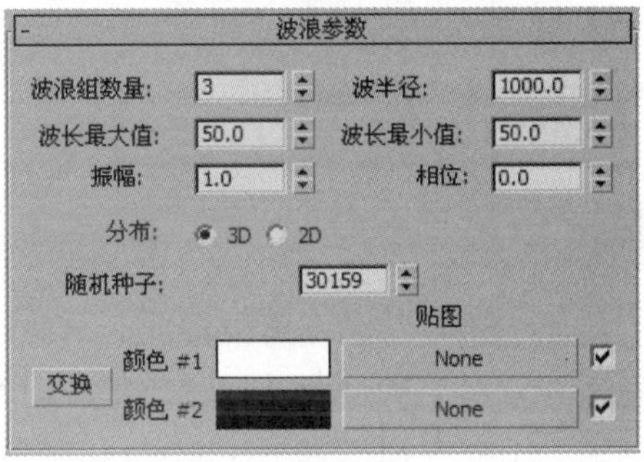

图7-144

- 波长最大值、波长最小值：定义每个波浪中心随机所使用的间隔。如果两个值非常接近，那么水面看起来很规则。如果两个值相差很远，那么水面看起来不太规则。
- 振幅：通过增大两种颜色之间的对比度调整波浪的强度和深度。
- 相位：改变波浪图案。将此参数设置为动画可为图案的运动生成动画效果。
- 分布、3D、2D：3D将波浪中心分布在假想球体的表面，影响3D对象的各个侧面。2D将波浪分布在以*xy*平面为中心的圆圈内，它更适用于扁平的水面（如海洋和湖泊）。
- 随机种子：提供一个种子数以生成水波图案。图案会因每个种子而改变，但所有其他设置仍保持不变。
- 交换：交换两个颜色组件。
- 颜色#1、颜色#2：单击色样更改图案中使用的颜色。

7.7.15 木材

"木材"是3D程序贴图，此贴图将整个对象体积渲染成波浪纹图案。可以控制纹理的方向、粗细和复杂度，如图7-145所示。

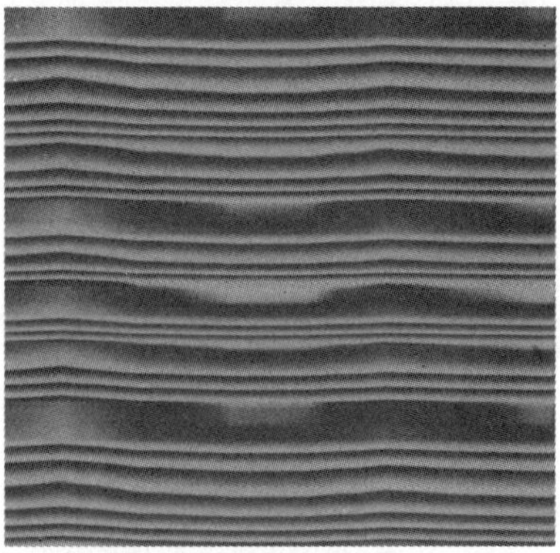

图7-145

"木材参数"卷展栏如图7-146所示，部分选项的功能介绍如下。

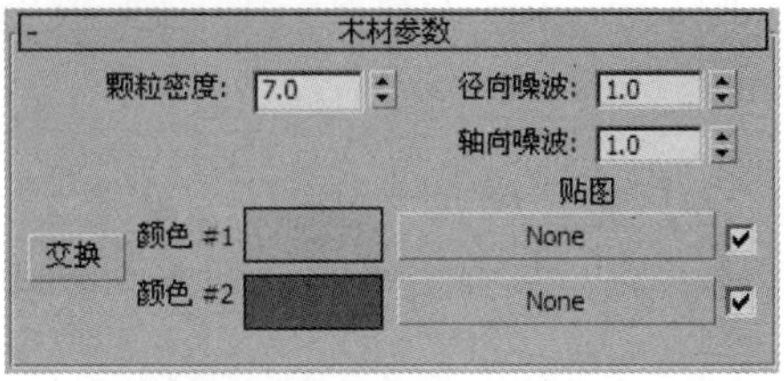

图7-146

- 颗粒密度：设置构成纹理的彩色条带的相对宽度。
- 径向噪波：在与纹理垂直的平面上创建相对随机性和圆环结构，默认设置为1.0。
- 轴向噪波：在与纹理垂直的平面上创建相对随机性。
- 颜色#1、颜色#2：为纹理图案选择任意两种颜色。

7.8 合成贴图

合成贴图指的是将不同颜色或贴图合成在一起的一类贴图。在进行图像处理时，合成贴图能够将两种或更多的图像按指定方式结合在一起。

7.8.1 合成

“合成”贴图类型由其他贴图组成，并且可使用Alpha通道和其他方法将某层置于其他层之上。对于此类贴图，可使用已含Alpha通道的叠加图像，或使用内置遮罩工具仅叠加贴图中的某些部分，如图7-147所示。

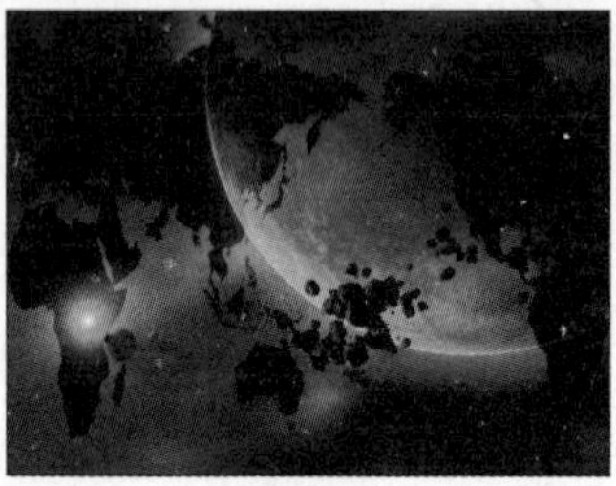

图7-147

“层”卷展栏如图7-148所示，各选项的功能介绍如下。

图7-148

- (隐藏该层)：单击该按钮后，层将处于隐藏状态，并且不影响输出。
- (对该纹理进行颜色校正)：将颜色修正贴图应用到贴图，并打开颜色修正贴图界面。可使用其控件修改贴图颜色。
- (删除该层)：单击该按钮，删除该层。
- (重命名该层)：打开对话框命名或重命名该层。
- (复制该层)：创建层的精确副本，并将其插入到最接近层的位置。
- 不透明度：层未遮罩部分的相对透明度。
- 无：左侧的“无”按钮为贴图按钮，右侧的“无”按钮为指定遮罩贴图的按钮。
- 混合模式：在下拉列表中可选择层像素与基本层中层像素的交互方式。这里大家可以试着自己调试，具体效果这里就不一一说明了。

7.8.2 遮罩

使用“遮罩”贴图可以在曲面上通过一种材质查看另一种材质。遮罩控制应用到曲面的第二个贴图的位置，如图7-149所示。

图7-149

“遮罩参数”卷展栏如图7-150所示，各选项的功能介绍如下。

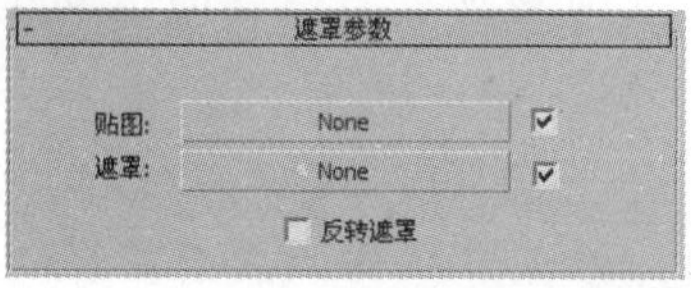

图7-150

- 贴图：选择或创建要通过遮罩查看的贴图。
- 遮罩：选择或创建用作遮罩的贴图。
- 反转遮罩：反转遮罩的效果。

7.8.3 混合

通过“混合”贴图可以将两种颜色或材质合成在曲面的一侧。也可以将“混合量”参数设为动画，然后画出使用变形功能绘制的曲线贴图来控制两个贴图随时间混合的方式。如图7-151所示左侧和中间的图像为混合图像，右侧的图像为设置“混合量”为50%后的效果。

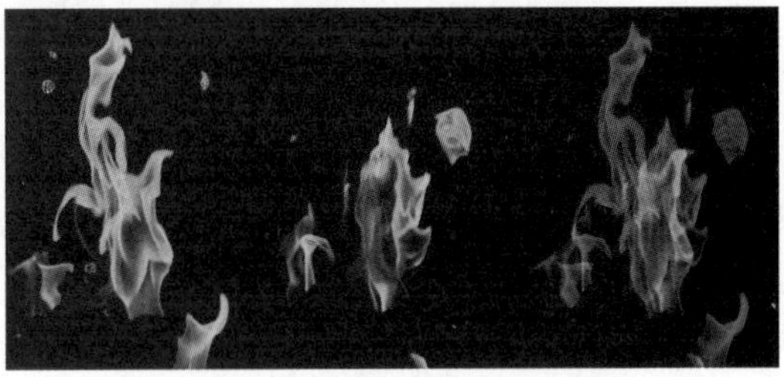

图7-151

“混合参数”卷展栏如图7-152所示，各选项的功能介绍如下。

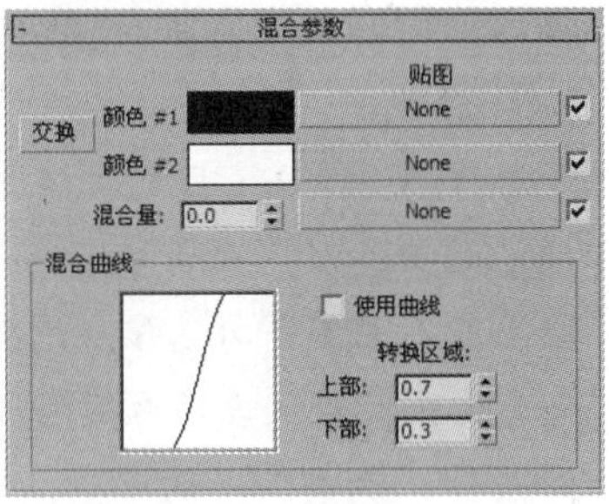

图7-152

- 交换：交换两种颜色或贴图。
- 颜色#1、颜色#2：显示颜色选择器来选中要混合的两种颜色。
- 贴图：选中或创建要混合的位图或者程序贴图来替换每种颜色。
- 混合量：确定混合的比例。其值为0时意味着只有“颜色#1”在曲面上可见，其值为1时意味着只有“颜色#2”为可见。也可以使用贴图而不是混合值。两种颜色会根据贴图的强度以大一些或小一些的程度混合。
- 混合曲线：这些参数控制要混合的两种颜色间变换的渐变或清晰程度。
- 使用曲线：确定“混合曲线”是否对混合产生影响。
- 上部、下部：调整上限和下限的级别。如果两个值相等，两个材质会在一个明确的边上相接。加宽的范围提供更渐变的混合。

7.8.4 RGB倍增

“RGB 倍增”贴图通常用作凹凸贴图，在此可能要组合两个贴图，以获得正确的效果。

“RGB倍增参数”卷展栏如图7-153所示，各选项的功能介绍如下。

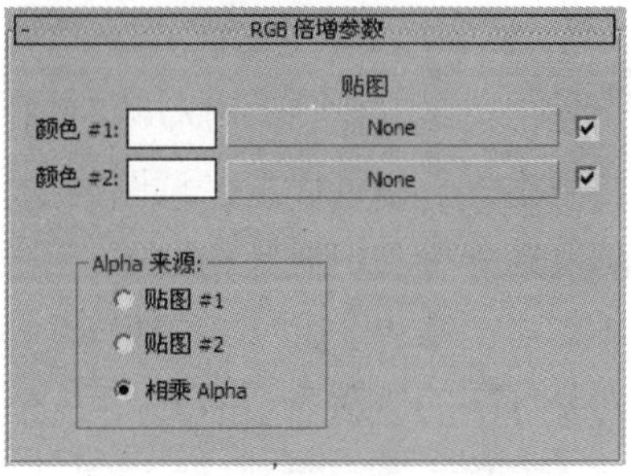

图7-153

- 颜色#1、颜色#2：单击贴图按钮可指定一个贴图。使用复选框可禁用或启用贴图。要对一个贴图染色，请禁用其他贴图，并单击其色样，以使用颜色选择器选择色彩颜色。
- Alpha来源：使用该选项组中的按钮可确定如何为贴图生成Alpha。如果没有贴图拥有Alpha通道，则这些选项不起作用。
- 贴图#1：使用第一个贴图的Alpha通道。
- 贴图#2：使用第二个贴图的Alpha通道。
- 相乘Alpha：通过将两个贴图的Alpha通道相乘生成新的Alpha通道。

7.9 颜色修改贴图

颜色修改贴图能够改变材质中像素的颜色。

7.9.1 输出

该材质是用来弥补某些无输出设置的贴图类型，对于“位图”类型，系统已经提供了“输出”设置，用来控制位图的亮度、饱和度、反转等基本输出细节。

（1）“输出参数”卷展栏如图7-154所示，选项的功能介绍如下。

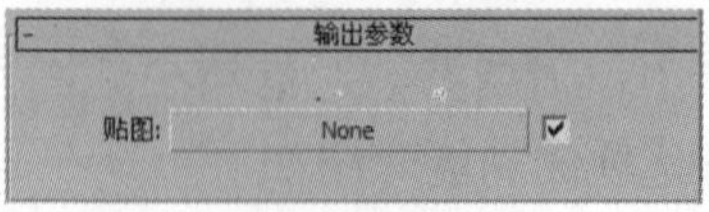

图7-154

“贴图”：显示“材质/贴图浏览器”的模式版本，以便可以选择贴图类型。使用后面的复选框可启用或禁用贴图。

（2）“输出”卷展栏如图7-155所示，部分选项的功能介绍如下。

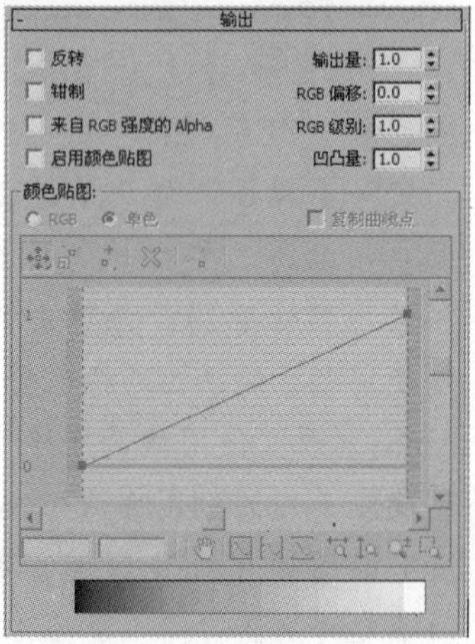

图7-155

- 反转：反转贴图的色调，使之类似彩色照片的底片。默认设置为禁用状态。
- 输出量：控制要混合为合成材质的贴图数量。
- 钳制：勾选该复选框后，此参数限制比1.0小的颜色值。当增加RGB级别时勾选该复选框，但此贴图不会显示出自发光。默认设置为禁用状态。
- RGB偏移：根据微调器所设置的量增加贴图颜色的RGB值，此项对色调的值产生影响。最终贴图会变成白色并有自发光效果。降低这个值减少色调使之向黑色转变。
- 来自RGB强度的Alpha：勾选该复选框后，会根据在贴图中RGB通道的强度生成一个Alpha通道。黑色变得透明而白色变得不透明。中间值根据它们的强度变得半透明。
- RGB级别：根据微调器所设置的量使贴图颜色的RGB值加倍，此项对颜色的饱和度产生影响。
- 启用颜色贴图：勾选该复选框来使用颜色贴图。默认设置为禁用状态。
- 凹凸量：调整凹凸的量。
- 颜色贴图：当勾选“启用颜色贴图”复选框时，该选项组为启用状态。
- 单色：将贴图曲线分别指定给每个RGB过滤通道（RGB）或合成通道（单色）。
- 复制曲线点：勾选该复选框后，当切换到RGB图时，将复制添加到单色图的点。如果是对RGB图进行此操作，这些点会被复制到单色图中。

7.9.2 RGB染色

“RGB染色”可调整图像中三种颜色通道的值。三种色样代表三种通道。更改色样可以调整其相关颜色通道的值，如图7–156所示。

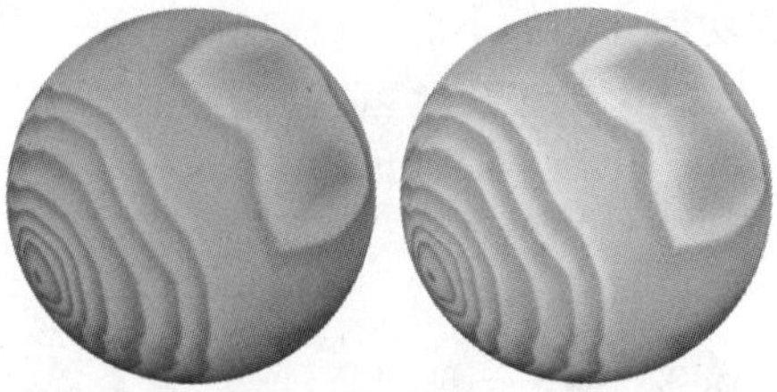

图7–156

“RGB染色参数”卷展栏如图7–157所示，各选项的功能介绍如下。

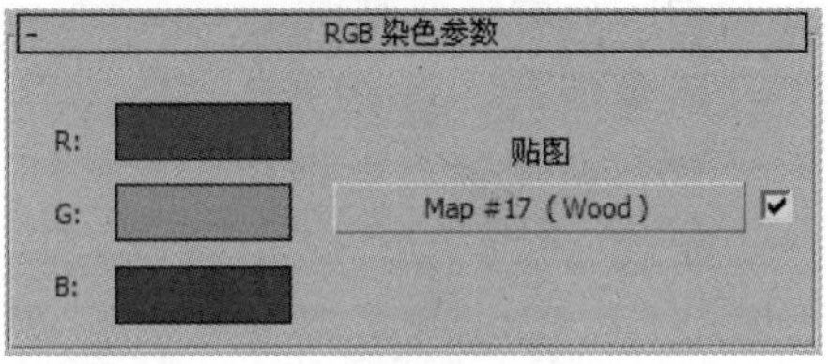

图7–157

- R、G、B：分别用来改变红、绿、蓝三个通道的颜色。
- 贴图：选择一个贴图作为染色对象。

7.9.3 顶点颜色

“顶点颜色”贴图设置应用于可渲染对象的顶点颜色。可通过“描绘顶点”修改器，“指定顶点颜色”程序或可编辑网格、可编辑面、可编辑多边形中的顶点控制参数，来指定顶点颜色。虽然顶点颜色分派功能最初应用于游戏引擎、光能传递渲染器等特殊的应用程序上，但用户仍可以用它来创建华美而有变化的表面效果，如图7–158所示。

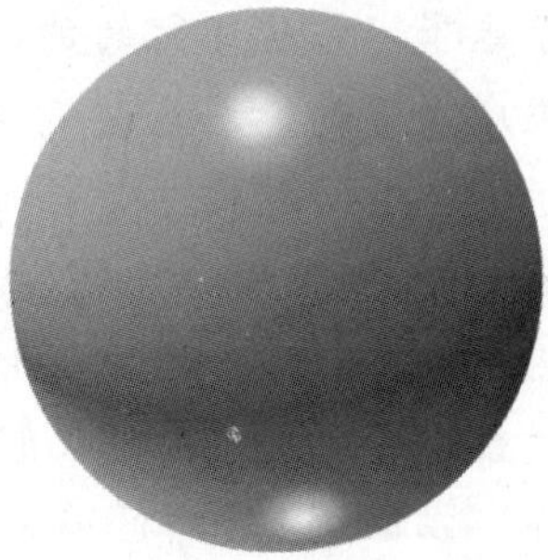

图7–158

注意 如果要查看视图中的顶点颜色，右击对象，在四元菜单中选择“对象属性”命令，然后启用“显示属性”组中的“顶点颜色”，并将“G缓冲区”设置为“对象ID”。在顶点颜色面板中设置相应的对象ID，才能渲染出顶点颜色效果。

7.10 其他贴图

7.10.1 每像素摄影机贴图

“每像素摄影机贴图”可以从特定的摄影机方向透射贴图，用作2D无光绘图的辅助，可以渲染场景，使用图像编辑应用程序调整渲染，然后将这个调整过的图像用作投射回3D几何体的虚拟对象。

“摄影机贴图参数”卷展栏如图7–159所示，部分选项的功能介绍如下。

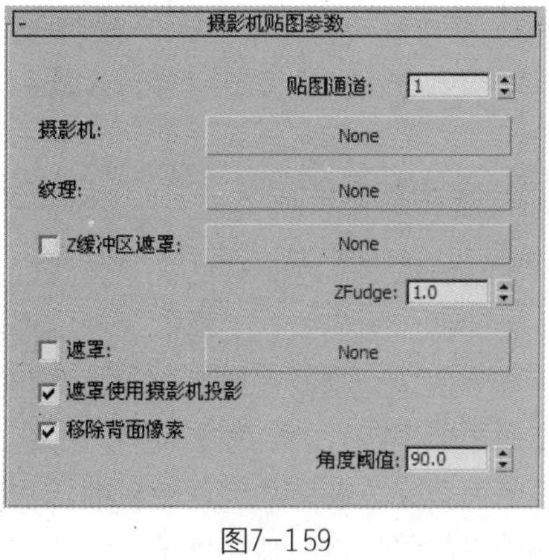

图7–159

- 贴图通道：设置要使用的贴图通道。
- 摄影机：单击可启用此选项，然后

通过在视口中将摄影机选中来选择场景中的摄影机。

- 纹理：单击可将纹理指定给投射。可以指定任意种类的贴图，但是通常这些贴图为位图，其中包含第一次用相同摄影机进行渲染的图像，然后可能使用另一个应用程序进行编辑。
- Z缓冲区遮罩：单击可指定包含用于遮罩不希望保留的曲面投影的Z深度数据的贴图。通常这是启用Z通道选项使用相同摄影机进行渲染的RPF文件或RLA文件。
- ZFudge：不为1.0的 ZFudge值为Z深度数据的使用添加了偏移边界，这样可以微调Z缓冲区遮罩。默认设置为1.0。
- 遮罩：行为如同遮罩贴图中的遮罩，可以通过一个贴图查看另外一个贴图。遮罩的黑色区域为透明，白色区域为不透明，灰色区域根据灰色的百分比呈现部分透明。
- 遮罩使用摄影机投影：勾选该复选框时，遮罩使用与“纹理”和“Z缓冲区遮罩”相同的摄影机投影。取消勾选该复选框后，使用对象的UVW坐标。默认设置为启用。
- 移除背面像素：勾选该复选框后，根据角度阈值设置投影，以排除背离摄影机的曲面。默认设置为启用。

7.10.2 法线凹凸

“法线凹凸”在目前的视频游戏行业中是一种在低多边形模型上模拟表面纹理细节的标准方法，会使低多边形对象具有与高多边形对象非常接近的纹理表现外观，达到以较少的面数来表现精细纹理的目的，在提高画面质量的同时极大地降低了系统的负担，同时大大降低了模型的复杂程度。

“参数”卷展栏如图7-160所示，各选项的功能介绍如下。

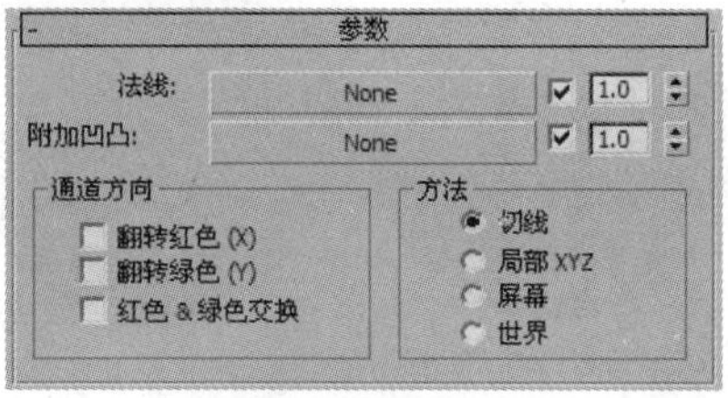

图7-160

- 法线：作为规则，包含由渲染到纹理生成的法线贴图。
- 附加凹凸：此选项包含其他用于修改凹凸或位移效果的贴图。可以将其视为规则凹凸贴图。
- 通道方向：默认情况下，法线贴图的红色通道表示左与右，而绿色则表示上与下（蓝色表示垂直距离）。使用该组中的控件可以调整解释。
- 翻转红色（X）：翻转红色通道，以反转左和右。
- 翻转绿色（Y）：翻转绿色通道，以反转上和下。
- 红色&绿色交换：交换红色和绿色通道以旋转法线。
- 方法：使用该选项组可以选择要在法线上使用的坐标。
- 切线（默认设置）：从切线方向投射到目标对象的曲面。
- 局部XYZ：使用对象局部坐标进行投影。
- 屏幕：使用屏幕坐标进行投影；即在Z轴方向上的平面投影。X是水平方向，正向朝右递增；Y是垂直方向，正向朝上递增；Z与屏幕垂直，正向朝着用户递增。
- 世界：使用世界坐标进行投影。

7.10.3 平面镜反射

专用于一组共面的表面产生镜面反射的效果，它是对“反射/折射”贴图的补充，前者唯一的缺陷是在共平面表面无法正确表现出反射效果，平面镜则仅能作用于镜面反射的制作，它必须要指定给“反射”贴图方式，如图7-161所示。

图7-161

“参数”卷展栏如图7-162所示，各选项的功能介绍如下。

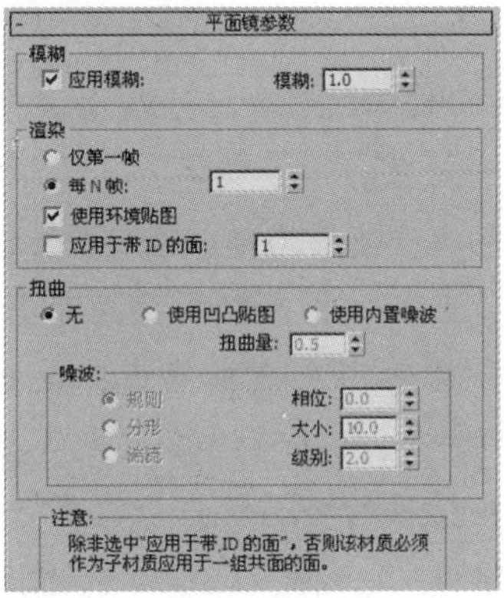

图7-162

- 应用模糊：打开过滤，对贴图进行模糊处理。
- 模糊：根据生成的贴图与对象的距离，影响贴图的锐度或模糊程度。贴图距离越远，模糊就越大。模糊主要用于消除锯齿。对于所有贴图使用少量模糊设置，以避免在一定距离像素细节减少时出现闪烁或锯齿，这不失为一种好方法。
- 仅第一帧：渲染器仅在第一帧上创建自动平面镜。
- 每N帧：渲染器基于微调器所设置的帧速率来创建自动平面镜。
- 使用环境贴图：勾选该复选框后，平面镜将在渲染期间忽略环境贴图。如果场景中包含镜面，并且正在对照平面环境贴图进行对位，则应禁用该控件。屏幕环境贴图在3D空间中的存在方式与其他环境贴图类型不同，且无法正确渲染。
- 应用于带ID的面：在需要指定平面镜的位置指定材质的ID号。
- 扭曲：要模拟不规则曲面，可以扭曲平面镜反射。
- 无：无扭曲。
- 使用凹凸贴图：使用材质的凹凸贴图扭曲反射。
- 使用内置噪波：使用“噪波”组中的设置扭曲反射。
- 扭曲量：调整反射图像的扭曲量。这是唯一能够影响扭曲量的值。不管凹凸贴图的数量微调器设置多高，或“噪波”设置多极端，如果该“扭曲量”设为0，就不会在反射中出现扭曲。在选择“无”单选按钮后，这个控件处于非活动状态。
- 噪波：只有将“使用内置噪波”选为活动的扭曲类型，此组中的控件才处于活动状态。
- 规则：生成普通噪波。
- 分形：使用分形算法生成噪波。
- 湍流：生成应用绝对值函数来制作故障线条的分形噪波。
- 相位：控制噪波函数的动画速度。对噪波使用一个3D噪波函数，以便前两个参数是U和V，而第三个参数是相位。

- 大小：设置噪波功能的比例。此值越小，噪波碎片也就越小。
- 级别：设置湍流（作为一个连续函数）的分形迭代次数。

7.10.4 光线跟踪

使用“光线跟踪”贴图可以提供全部光线跟踪反射和折射。生成的反射和折射比反射/折射贴图更精确。渲染光线跟踪对象的速度比使用“反射/折射”的速度低。另一方面，光线跟踪对渲染3ds Max场景进行优化，并且通过将特定对象或效果排除于光线跟踪之外可以进一步优化场景。如图7-163所示为光线跟踪贴图模型的效果。

图7-163

（1）“光线跟踪器参数”卷展栏如图7-164所示，各选项的功能介绍如下。

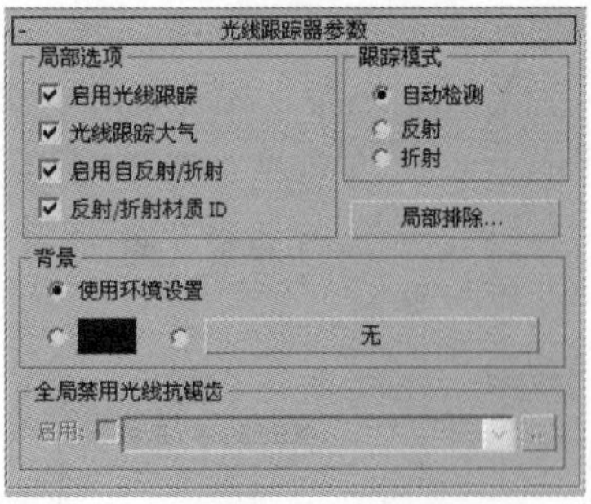

图7-164

- 启用光线跟踪：启用或禁用光线跟踪器。默认设置为启用。
- 光线跟踪大气：启用或禁用大气效果的光线跟踪。大气效果包括火、雾、体积光等。默认设置为启用。
- 启用自反射/折射：启用或禁用自反射/折射。默认设置为启用。
- 反射折射材质ID：勾选该复选框后，材质将反射启用或禁用渲染器的G缓冲区中指定给材质ID的效果。默认设置为启用。
- “跟踪模式”：使用此选项组中的这些选项，可以选择是否投射反射或折射光线。
- 自动检测：如果指定给材质的反射组件，则光线跟踪器将反射。如果指定给折射，则将进行折射。
- 反射：向对象曲面投射反射光线（离开对象）。
- 折射：向对象曲面投射反射光线（进入或穿过对象）。
- 局部排除：单击该按钮可显示“局部排除/包含”对话框。
- 使用环境设置：涉及当前场景的环境设置。
- 色块：使用指定颜色覆盖环境设置。
- “无”，指定贴图覆盖环境设置。
- 全局禁用光线抗锯齿：使用此选项组中的控件可以覆盖光线跟踪贴图和材质的全局抗锯齿设置。
- 启用：勾选该复选框后将使用抗锯齿。
- 下拉列表：选择要使用的抗锯齿设置。

（2）“衰减”卷展栏如图7-165所示，各选项的功能介绍如下。

- 衰减类型：选择要用的衰减。
- 范围：设置以世界单位计的衰减。
- 开始：以世界单位计的衰减开始的距离。
- 结束：设置以世界单位计的光线完全衰减的距离。

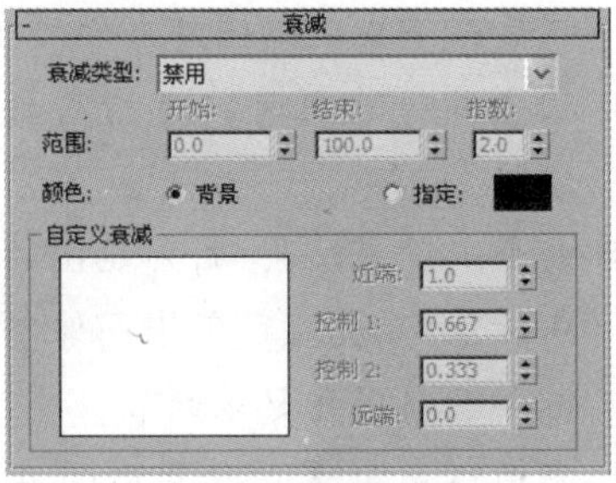

图7-165

- 指数：设置指数衰减使用的指数。
- 颜色：这些控件影响光线衰减时的行为方式。默认情况下，随着光线的衰减，它会渲染为背景色。可以设置自定义颜色。
- 背景：随着光线的衰减，会恢复为背景（场景的背景或在“光线跟踪器参数”卷展栏中本地指定的背景），而不是透过反射/折射光线看到的实际颜色。
- 指定：设置光线衰减后恢复的颜色。
- 自定义衰减：使用衰减曲线来确定开始范围和结束范围之间的衰减。
- 近端：设置开始范围距离处的反射/折射光线的强度。
- 控制1：控制接近曲线开始处的曲线形状。
- 控制2：控制接近曲线开始处的曲线形状。
- 远端：设置结束范围距离处的反射/折射光线的强度。

（3）“基本材质扩展”卷展栏如图7-166所示，各选项的功能介绍如下。

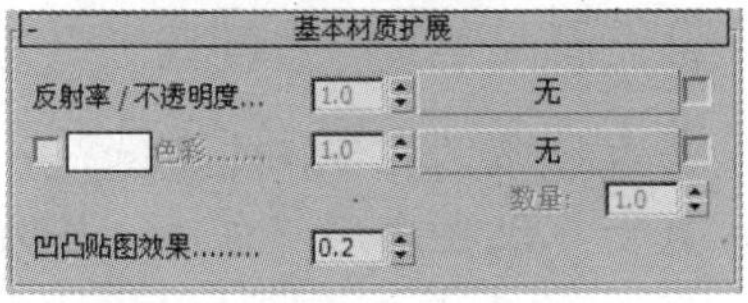

图7-166

- 反射率/不透明度：这些控件影响光线跟踪器效果的强度。
- 色彩：使用这些控件可以对光线跟踪器返回的颜色进行染色。染色只适用于反射的颜色，其并不影响材质的漫反射组件。
- 数量：设置使用的色彩数量。
- 凹凸贴图效果：控制曲面反射和折射光线上的凹凸贴图效果。

（4）“折射材质扩展”卷展栏如图7-167所示，各选项的功能介绍如下。

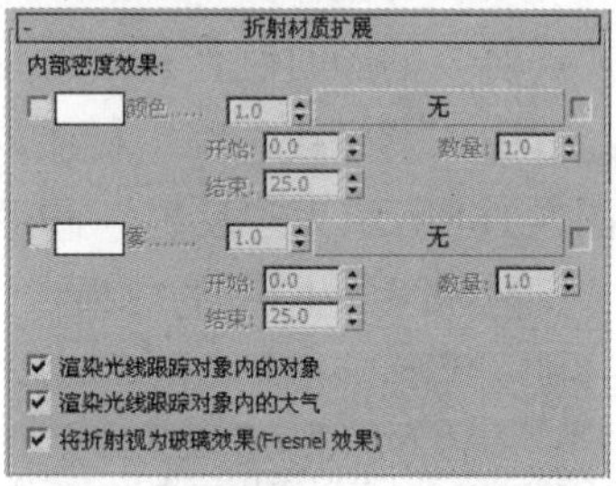

图7-167

- 颜色：使用这些控件，可以基于厚度指定过渡色。密度颜色指定对象自身的颜色外观，如染色的玻璃。
- 开始：是对象中开始出现密度颜色的位置
- 结束：是对象中密度颜色达到其完全“数量”值的位置。为了获得更明亮的效果，应该增加“结束”值。
- 数量：控制密度颜色的数量。
- 雾：密度雾也是基于厚度的效果。其使用不透明和自发光的雾填充对象。这种效果类似于在玻璃中弥漫的烟雾。管状对象中的彩色雾类似于霓红管。
- 渲染光线跟踪对象内的对象：启用或禁用光线跟踪对象内部的对象渲染。
- 渲染光线跟踪对象内的大气：启用或禁用光线跟踪对象内部大气效果的渲染。
- 将折射视为玻璃效果(Fresnel效果)：勾选该复选框后，将向折射应用

Fresnel效果。从而可以向折射对象添加一点反射效果，具体情况取决于对象的查看角度。如果取消勾选该复选框，则只折射对象。默认设置为启用。

7.10.5 反射/折射

产生表面反射和折射效果，将它指定为“反射”贴图时制作曲面反射效果，将它指定为“折射”贴图时制作折射效果。读者可能已经掌握了“光线跟踪”材质的制作方法。如图7-168所示为“反射”和“折射”均指定“反射/折射”贴图的效果。

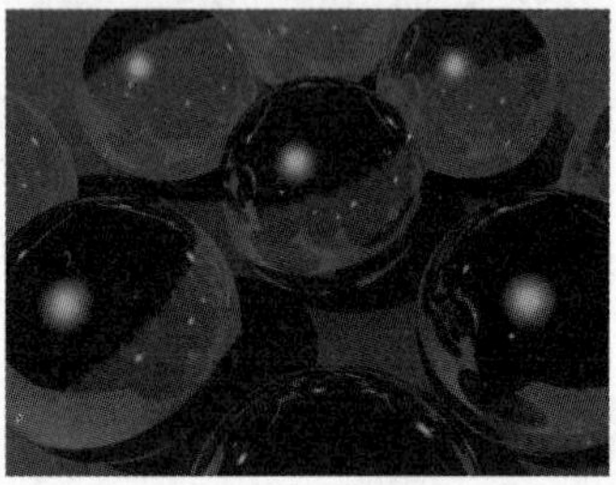

图7-168

“反射/折射参数”卷展栏如图7-169所示，各选项的功能介绍如下。

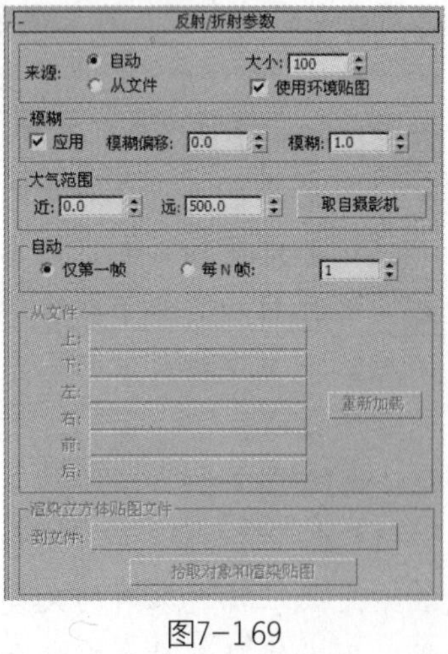

图7-169

- 来源：选择六个立方体贴图的来源。
- 自动：自动生成，方法是从具有该材质的对象的轴点向六个方向看，然后在渲染时贴图到表面。
- 从文件：启用时，可指定要使用的位图。
- 大小：设置反射/折射贴图的大小。默认值100会生成清晰图像。较低的值会逐渐损失更多细节。
- 使用环境贴图：禁用时，在渲染过程中反射/折射贴图，忽略环境贴图。如果场景中包含镜面，并且正在对照平面环境贴图进行对位，则应禁用该控件。屏幕环境贴图在3D空间中的存在方式与其他环境贴图类型不同，且无法正确渲染。
- 应用：打开过滤，对贴图进行模糊处理。
- 模糊偏移：影响贴图的清晰度和模糊度，与其对象的距离无关。当要柔和或散焦贴图中的细节以实现模糊图像的效果时，请使用该选项。
- 模糊：根据生成的贴图与对象的距离影响贴图的锐度或模糊程度。贴图距离越远，模糊就越大。
- 大气范围：如果场景包含环境雾，立方体贴图必须具有近距离范围和远距离范围设置，才能从为材质指定的对象的角度正确渲染雾。此选项组中的“近”和“远”微调器用于相对于对象指定雾范围。
- 近：设置雾的近范围。
- 远：设置雾的远范围。
- 取自摄影机：在场景中使用摄影机的“近”和“远”大气范围设置。单击此选项，然后选择摄影机。
- 自动：仅在启用“自动”作为反射/折射贴图的源时，这些控件才处于活动状态。
- 仅在第一帧：告知渲染器仅在第一

帧上创建自动贴图。

- 每N帧：告知渲染器根据微调器设置的帧速率。
- 从文件：当启用“从文件”作为反射/折射源时，这些控件才处于活动状态。已指定这六个位图作为立方体贴图。
- 上、下、左、右、前、后：指定六个立方体贴图之一。如果该贴图是具有正确文件名的一组六个贴图之一，将加载全部六个贴图。
- 重新加载：重新加载指定的贴图并更新示例窗。
- 到文件：选择 Up 贴图 (_UP) 的文件名。
- 拾取对象和渲染贴图：当选择文件时处于活动状态。单击以启用此控件，然后选择贴图对象以渲染六个立方体贴图。将立方体贴图指定给“到文件”中的六个按钮。

7.10.6 薄壁折射贴图

“薄壁折射贴图”专用于折射贴图方式，产生透镜变形的折射效果，它的渲染速度比Raytrace（光线跟踪）材质快很多，在制作玻璃、透镜上别具一格。如图7-170所示为折射强度为60%的效果，当折射强度为100%的不透明材质时将看不到“漫反射”和贴图效果，比较理想的方式是设为50%左右，不透明度大于0。

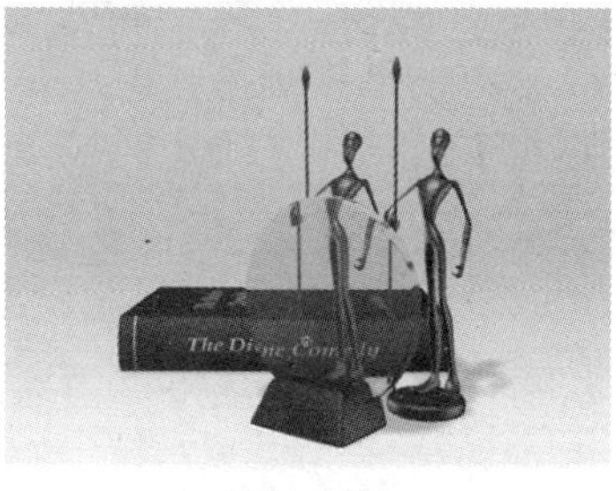

图7-170

“薄壁折射参数”卷展栏如图7-171所示，各选项的功能介绍如下。

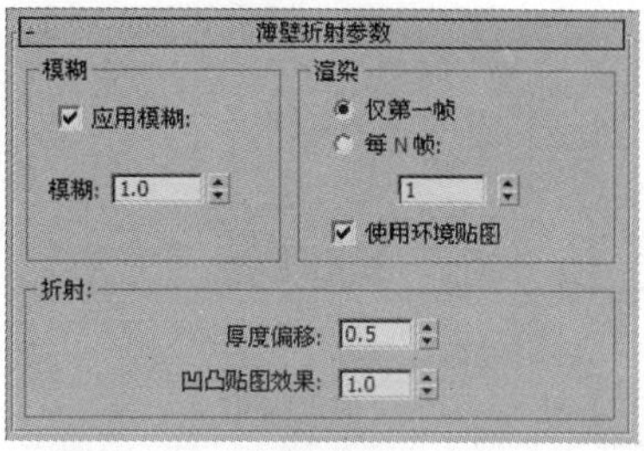

图7-171

- 模糊：这些控件用于抗锯齿。
- 应用模糊：打开过滤，对贴图进行模糊处理。
- 模糊：根据生成的贴图与对象的距离，影响贴图的锐度或模糊程度。贴图距离越远，模糊就越大。模糊主要是用于消除锯齿。对于所有贴图使用少量模糊设置，以避免在一定距离像素细节减少时出现闪烁或锯齿，这不失为一种好方法。
- 渲染：该选项组中的选项影响折射在动画中的行为方式。
- 仅第一帧：通知渲染器只在第一帧创建折射图像。
- 每N帧：通知渲染器根据微调器设置的帧速率重新生成折射图像。
- 使用环境贴图：处于禁用状态时，在渲染期间折射会忽略环境贴图。如果在场景中出现折射，并且正在根据平面屏幕环境贴图进行对位，则将其关闭很有用。空间中其他环境贴图类型的行为方式不同，屏幕环境贴图在3D空间中不存在，也不会正确渲染。
- 折射：该选项组中的控件是薄壁反射效果的特定控件。
- 厚度偏移：影响折射偏移的大小或缓进效果。

● 凹凸贴图效果：由于存在凹凸贴图而影响折射的数量级。此参数会乘以父级材质中的当前凹凸贴图量。减少此值会降低二次折射的效果；增大此值会提高二次折射的效果。如果没有指定凹凸贴图，此值没有效果。

7.11 综合演练——大理石效果

场景文件	场景\Cha07\大理石.max	视频教学	视频教学\Cha07\大理石.avi
案例文件	场景\Cha07\大理石ok.max		
视频长度	1分2秒	难易指数	★★☆☆☆

下面介绍使用标准材质设置大理石效果，如图7-172所示。

图7-172

1 打开光盘中的“场景\cha07\大理石.max”文件，如图7-173所示。

图7-173

2 在场景中选择装饰模型。打开“材质编辑器”，选择一个新的材质编辑器，在“反射高光”选项组中设置“高光级别”和“光泽度”为95和30，如图7-174所示。

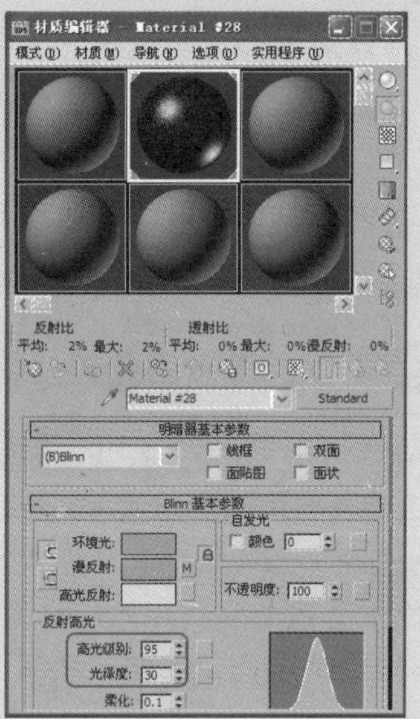

图7-174

3 在“贴图”卷展栏中单击“漫反射”后的“None”按钮，在弹出的“材质/贴图浏览器”对话框中选择“斑点”贴图，如图7-175所示。

4 进入贴图层级面板，在“斑点参数”卷展栏中设置“大小”为30.0，如图7-176所示，将材质指定给场景中的选择对象。

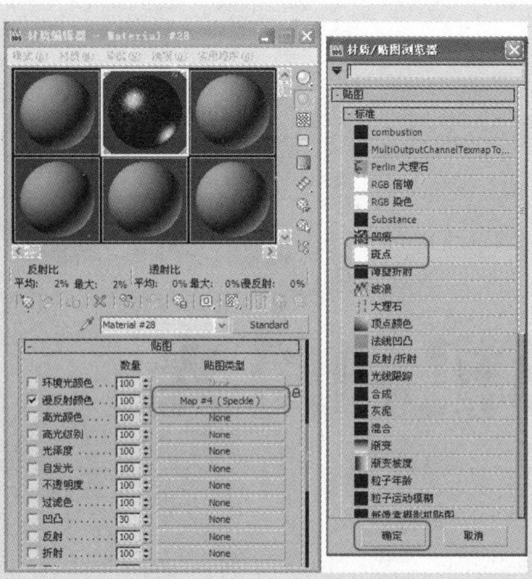

图7-175

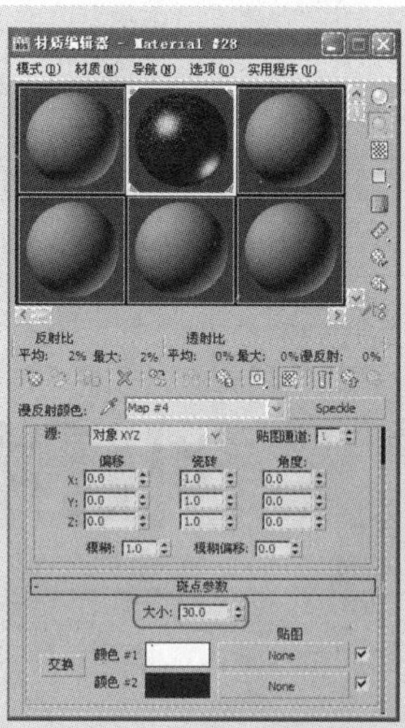

图7-176

7.12 课后练习——中式椅子材质

本例重视椅子木纹材质主要是介绍将一张贴图文件指定到“漫反射”中，调整完成木纹材质，如图7-177所示。

1 使用标准材质，在“Blinn基本参数”卷展栏中设置“反射高光”组中的“高光级别”和“光泽度”参数。

2 为“漫反射”指定“位图”。

图7-177

7.13 本章小结

本章将主要讲解材质编辑器和材质参数设置。读者通过本章的学习，可以掌握材质编辑器的使用方法，了解材质制作的流程，充分认识材质与贴图的联系及其重要性。

第8章

创建摄影机和灯光

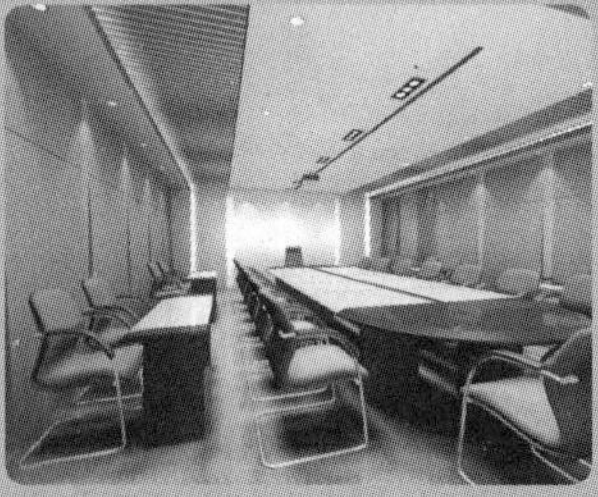

一幅好的效果图需要好的观察角度，让人一目了然，因此调节摄影机是进行工作的基础。

灯光的主要目的是对场景产生照明、烘托场景气氛和产生视觉冲击，产生照明时由灯光的亮度决定，烘托气氛是由灯光的颜色、衰减和阴影决定的，产生视觉冲击强结合前面建模和材质并配合灯光摄影机的运用来实现的。

8.1 创建摄影机

摄影机虽然只是模拟的效果，但通常是一个场景中必不可少的组成部分，一个场景最后完成的静帧、动态图像都要在摄影机视图中表现。如图8-1所示为不同摄影机角度的效果。

图8-1

8.1.1 “目标”摄影机

目标摄影机用于观察目标点附近的场景内容，与自由摄影机相比，它更容易定位。具体操作步骤如下。

1. 实例操作056——创建“目标”摄影机

场景文件	场景\Cha08\创建摄影机.max	视频教学	视频教学\Cha08\创建摄影机.avi
案例文件	场景\Cha08\创建摄影机ok.max		
视频长度	1分1秒	难易指数	★★☆☆☆

1 打开光盘中的“场景\cha08\创建摄影机.max”文件，如图8-2所示。

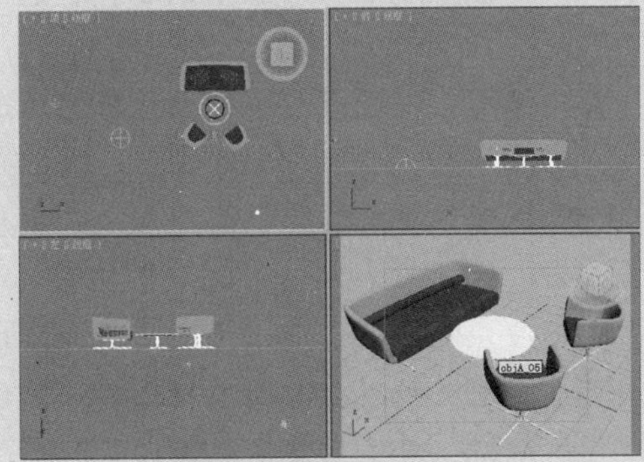

图8-2

2 选择“（创建）|（摄影机）| 目标”按钮，在“顶”视图中单击并拖动鼠标创建摄影机，如图8-3所示。

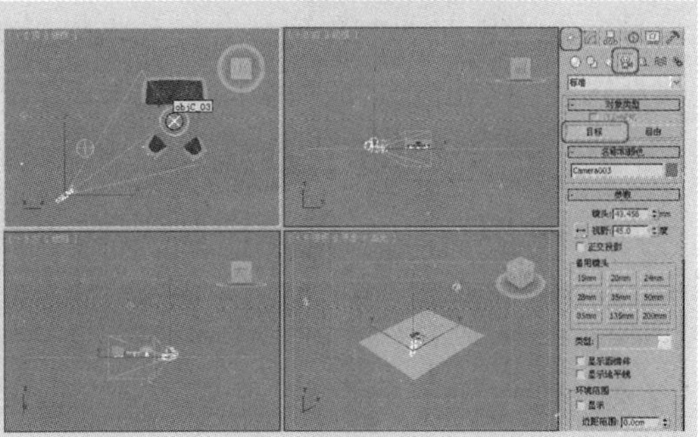

图8-3

3 激活“透视”图，按C键切换到摄影机视图，在“前”视图中调整摄影机的位置，如图8-4所示。

注意 使用键盘快捷键使当前输入法为英文输入法状态。

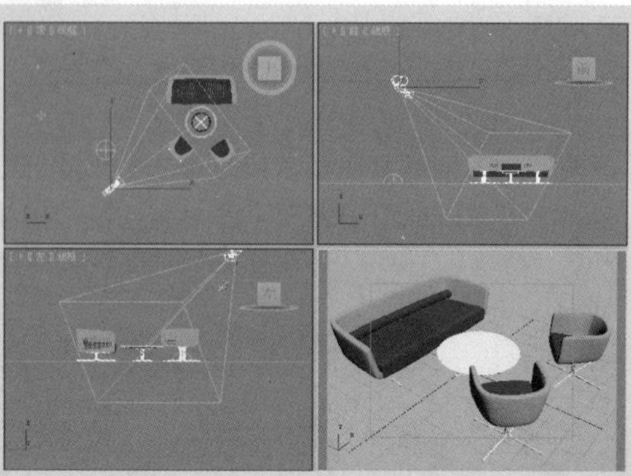

图8-4

8.1.2 “自由”摄影机

自由摄影机用于观察所指定方向内的场景内容，多应用于轨迹动画的制作，例如，建筑物中的巡游，车辆移动中的跟踪拍摄效果等。如图8-5所示为标版文字的动画。自由摄影机的方向能够跟随路径的变化自由变化，如果要设置垂直向上或向下的摄影机动画时，也应当选择使用自由摄影机。这是因为系统会自动约束目标摄影机自身坐标系的*y*轴正方向尽可能地靠近世界坐标系*z*轴正方向。在设置摄影机动画靠近垂直位置时，无论是向上还是向下，系统都会自动将摄影机视点跳到约束位置，造成视角突然跳跃。

图8-5

自由摄影机的初始方向是沿着当前视图栅格的*z*轴负方向，也就是说，选择“顶”视图时，摄影机方向垂直向下，沿着世界坐标系统*z*轴负方向。如图8-6所示是在“前”视图中创建的自由摄影机。

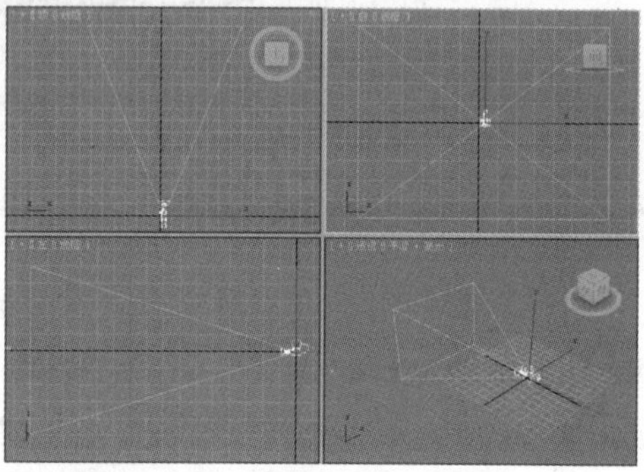

图8-6

8.1.3 摄影机的公共参数

两种摄影机的参数绝大部分是完全相同的，我们这里进行统一介绍。

“参数”卷展栏如图8-7所示，各选项的功能介绍如下。

- 镜头：以毫米为单位设置摄影机的焦距。
- 视野：决定摄影机查看区域的宽度（视野）。可以选择怎样应用视野值，使用↔工具水平应用视野。这是设置和测量FOV的标准方法；使用↕工具垂直应用视野；使用↗工具在对角线上应用视野，从视口的一角到另一角。
- 正交投影：勾选该复选框后，摄影机视图看起来就像用户视图。取消勾选该复选框后，摄影机视图好像标准的透视视图。当“正交投影”有效时，视口导航按钮的行为如同平常操作一样，“透视图”除外。“透视图”功能仍然移动摄影机并且更改 FOV，但“正交投影”取消执行这两个操作，以便禁用“正交投影”后可以看到所做的更改。

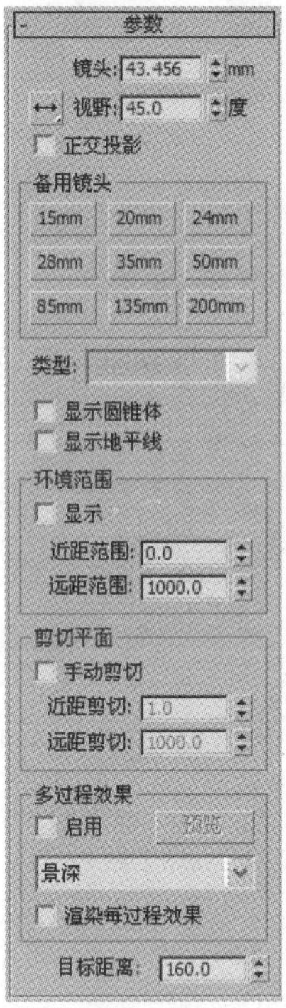

图8-7

- 备用镜头：这些预设值设置摄影机的焦距（以毫米为单位）。
- 类型：将摄影机类型从目标摄影机更改为自由摄影机，反之亦然。
- 显示圆锥体：显示摄影机视野定义的锥形光线（实际上是一个四棱锥）。锥形光线出现在其他视口但是不出现在摄影机视口中。
- 显示地平线：在摄影机视口中的地平线层级显示一条深灰色的线条。
- 显示：显示在摄影机锥形光线内的矩形，以显示“近距范围”和“远距范围”的设置。
- 近距范围、远距范围：确定在环境面板上设置大气效果的“近距范围”和“远距范围”限制，如图8-8所示。在两个限制之间的对象消失在远端%和近端%值之间。

图8-8

- 剪切平面：设置选项来定义剪切平面。在视口中，剪切平面在摄影机锥形光线内显示为红色的矩形（带有对角线）。
- 手动剪切：启用该选项可定义剪切平面。
- 近距剪切、远距剪切：设置近距和远距平面。
- 多过程效果：使用这些控件可以指定摄影机的“景深”或“运动模糊”效果。当由摄影机生成时，通过使用偏移以多个通道渲染场景，这些效果将生成模糊。它们增加渲染时间。
- 启用：启用该选项后，使用效果预览或渲染。禁用该选项后，不渲染该效果。
- 预览：单击该选项可在活动摄影机视口中预览效果。如果活动视口不是摄影机视图，则该按钮无效。
- 效果下拉列表：使用该选项可以选择生成哪个多重过滤效果，景深或运动模糊。这些效果相互排斥。

- 渲染每过程效果：启用此选项后，如果指定任何一个，则将渲染效果应用于多重过滤效果的每个过程（景深或运动模糊）。禁用此选项后，将在生成多重过滤效果的通道之后只应用渲染效果。默认设置为禁用状态。
- 目标距离：使用自由摄影机，将点设置为用作不可见的目标，以便可以围绕该点旋转摄影机。使用目标摄影机表示摄影机和其目标之间的距离。

8.1.4 景深效果

摄影机可以产生景深的多过程效果，通过在摄影机与焦点的距离上产生模糊来模拟摄影机景深效果，景深的效果可以显示在视图中。在“多过程效果”中选择相应的模糊“景深”或“运动模糊”将会显示相应的修改卷展栏。

制作景深可以在场景中选择创建的摄影机，在“多过程效果”中选择“景深”，并勾选“启用”复选框，如图8-9所示。激活“透视”图，单击“预览”按钮，可以在视图中预览景深效果，如图8-10所示。

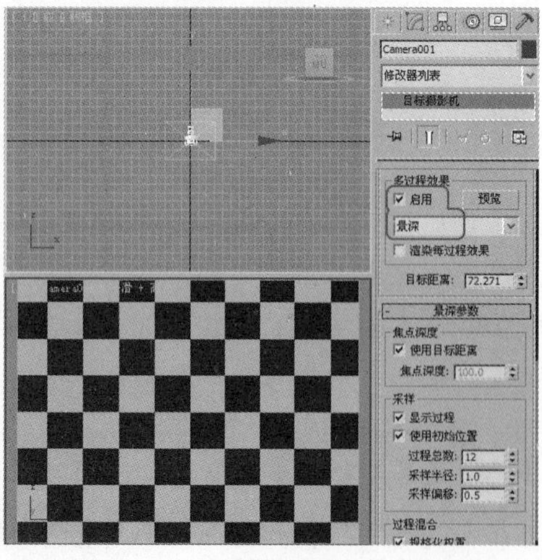

图8-9

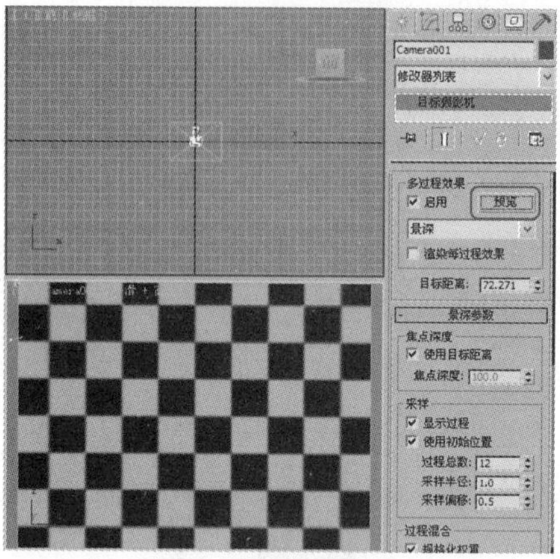

图8-10

“景深参数”卷展栏如图8-11所示，各选项的功能介绍如下。

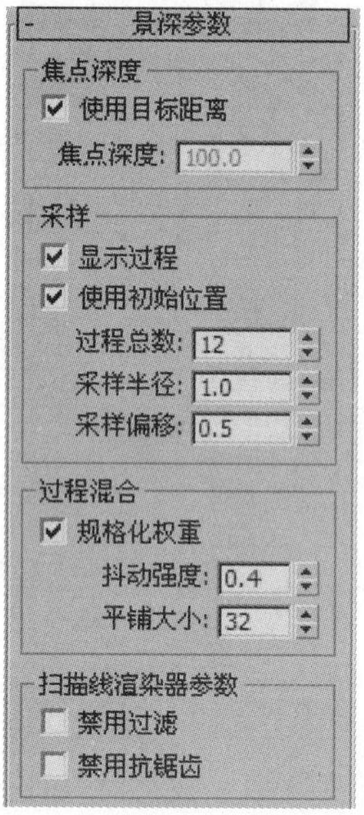

图8-11

- 使用目标距离：启用该选项后，将摄影机的目标距离用作每过程偏移摄影机的点。
- 焦点深度：当“使用目标距离”处于禁用状态时，设置距离偏移摄影机的深度。
- 显示过程：启用此选项后，渲染帧窗口显示多个渲染通道。禁用此选项后，该帧窗口只显示最终结果。此控件对于在摄影机视口中预览景深无效。

- 使用初始位置：启用此选项后，第一个渲染过程位于摄影机的初始位置。禁用此选项后，与所有随后的过程一样偏移第一个渲染过程。
- 过程总数：用于生成效果的过程数。增加此值可以增加效果的精确性，但却以渲染时间为代价。
- 采样半径：通过移动场景生成模糊的半径。增加该值将增加整体模糊效果。减少该值将减少模糊。
- 采样偏移：模糊靠近或远离采样半径的权重。增加该值将增加景深模糊的数量级，提供更均匀的效果。减少该值将减少数量级，提供更随机的效果。
- 过程混合：由抖动混合的多个景深过程可以由该组中的参数控制。这些控件只适用于渲染景深效果，不能在视口中进行预览。
- 规格化权重：使用随机权重混合的过程，可以避免出现诸如条纹这些人工效果。当启用“规格化权重”后，将权重规格化会获得较平滑的结果。当禁用此选项后，效果会变得清晰一些，但通常颗粒状效果更明显。
- 抖动强度：控制应用于渲染通道的抖动程度。增加此值会增加抖动量，并且生成颗粒状效果，尤其在对象的边缘上。
- 平铺大小：设置抖动时图案的大小。此值是一个百分比，0是最小的平铺，100是最大的平铺。
- 扫描线渲染器参数：使用这些控件可以在渲染多重过滤场景时禁用抗锯齿或锯齿过滤。禁用这些渲染通道可以缩短渲染时间。
- 禁用过滤：启用此选项后，禁用过滤过程。默认设置为禁用状态。
- 禁用抗锯齿：启用此选项后，禁用抗锯齿。

8.1.5 运动模糊

“运动模糊”是根据场景中的运动情况，将多个偏移渲染周期抖动结合在一起后所产生的模糊效果。与景深效果一样，运动模糊效果也可以显示在线框和实体视图中。其操作方法与“景深”操作一样，如图8-12所示。

图8-12

“运动模糊参数”卷展栏如图8-13所示，部分选项的功能介绍如下。

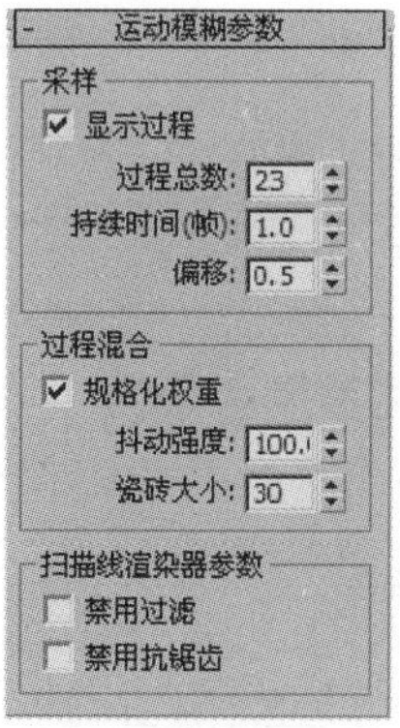

图8-13

- 显示过程：启用此选项后，渲染帧窗口显示多个渲染通道。禁用此选项后，该帧窗口只显示最终结果。

该控件对在摄影机视口中预览运动模糊没有任何影响。

- 过程总数：用于生成效果的过程数。增加此值可以增加效果的精确性，但却以牺牲渲染时间为代价。
- 持续时间：动画中将应用运动模糊效果的帧数。
- 偏移：更改模糊，以便其显示为在当前帧前后从帧中导出更多内容。

8.2 灯光的应用

“灯光”对象是3ds Max模拟现实生活中不同类型光源的对象，从居家办公用的普通灯具到舞台、电影布景中使用的照明器械都可以模拟。不同类型的光源产生照明的方式不尽相同，也就形成了3ds Max中多种类型的灯光对象。

通过为场景创建灯光可以增加场景的真实感，增加场景的清晰程度和三维纵深度。此外，灯光对象还可以像放映电影一样透射图像，在没有大灯的情况下，场景会自动使用默认的照明方式，这种照明方式可以根据设置由一盏或两盏不可见的灯光对象组成。当在场景中创建了灯光对象时，系统默认的灯光照明方式将自动关闭。如果将场景中的灯光全部删除，默认照明方式又会重新启动。

在学习灯光之前，大家应该对灯光的照明、属性、制作流程以及动画设置等有一个整体了解，这样才能更合理地运用灯光到三维世界。

1. 灯光的使用原则和目的

（1）提高场景的照明程度。在默认状态下，视图中的照明程度往往不够，很多复杂对象的表面都不能很好地表现出来，这时就需要为场景添加灯管来改善照明程度。

（2）通过逼真的照明效果提高场景的真实性。

（3）为场景提供阴影，提高真实程度。所有的灯光对象都可以产生阴影效果，当然用户还可以自己设置灯光是否投射或接受阴影。

（4）模拟场景中的光源。灯光对象本身不能被渲染，所以还需要创建复合光源的几何体模型相配合。自发光材质也有很好的辅助作用。

（5）制作广域网照明效果的场景。通过光度学灯光设置各种广域网文件，可以很容易地制作出各种不同的分布效果。

2. 灯光的操作和技巧

这些操作和技巧对于标准灯光和光学度灯光都适用。

可以通过“添加默认灯光到场景”，将默认的照明方式转换为灯光对象，从而开始对场景的灯光设置。要在场景中显示默认灯光可以执行以下操作。

1 在视图的左上角右击，在弹出的快捷菜单中选择“配置视口”命令，如图8-14所示。

2 在打开的“视口配制”对话框中激活“照明和阴影”选项卡，在“照亮场景方法”选项组中单击“默认灯光”单选按钮，并单击“2个灯光”单选按钮，然后单击“确定”按钮，如图8-15所示。

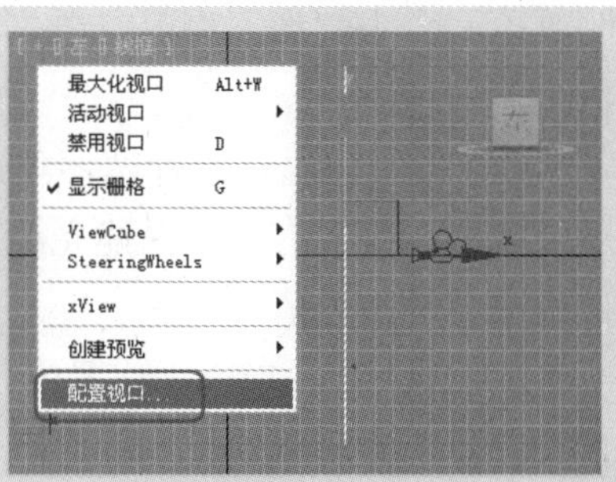

图8-14

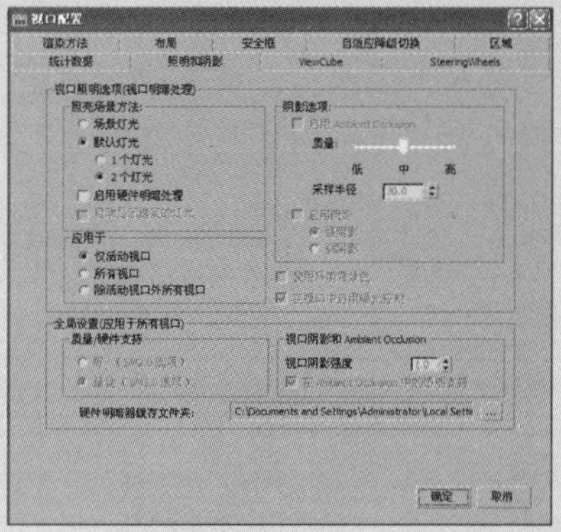

图8-15

3 在菜单栏中选择“创建 | 灯光 | 标准灯光 | 添加默认灯光到场景”命令，如图8-16所示。

4 弹出“添加默认灯光到场景”对话框，该对话框中显示“添加默认主灯光”和“添加默认辅助灯光”两个选项，可以从中设置两盏灯的缩放距离，使用默认参数即可，单击“确定”按钮，如图8-17所示。

5 显示在场景中的灯光，在模型的上方偏左方向的灯光为场景中的主光源，在后下方向右的灯光为辅助灯光，如图8-18所示。

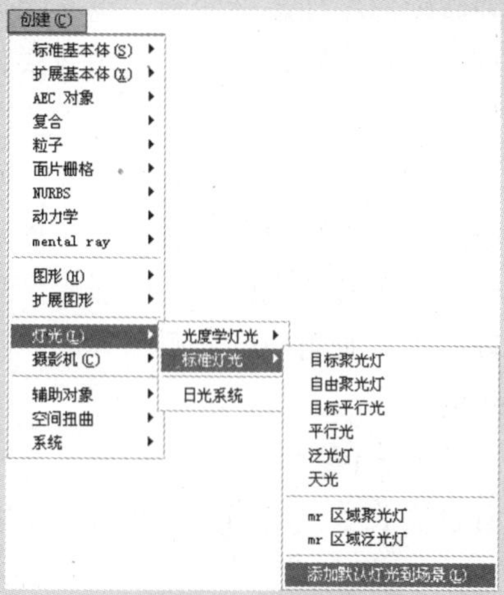

图8-16

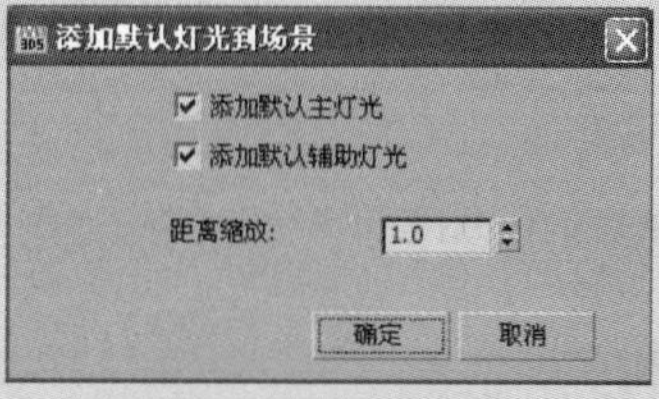

图8-17

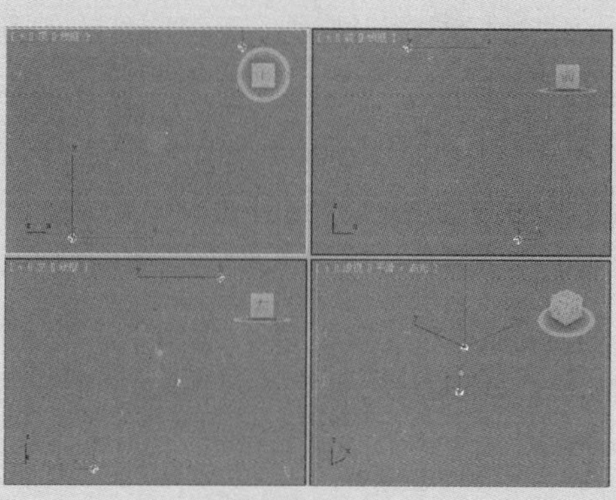

图8-18

3. 灯光的基本属性

灯光光源的亮度影响灯光照亮对象的程度，当光线接触到对象表面后，表面会反射或少部分反射这些光线，这样该表面就可以被我们所见到了。对象表面所呈现的效果取决于接触到表面上的光线和表面自身材质的属性。

（1）亮度：灯光光源的亮度影响灯光照亮对象的程度，暗淡的光源即使照射在很新鲜的颜色上，也只能产生暗淡的颜色效果。

（2）入射角：表面法线相对于光源之间的角度成为灯光的入射角。表面偏离光源的程度越大，它所接收到的光线越少，表面越暗。

（3）衰减：在现实生活中，灯光的亮度会随着距离增加逐渐变暗，离光源远的对象比离光源近的对象要暗，这种效果就是衰减效果。

（4）反射光与环境光：对象反射后的光能够照亮其他对象，反射的光越多，照亮环境中其他对象的光越多。反射光产生环境光，环境光没有明确的光源和方向，不会产生清晰的阴影。

（5）灯光颜色：灯光的颜色与光源的属性有直接关系，例如，钨丝灯产生橘黄色的照明颜色，水银灯产生冷蓝白色，日光灯的颜色为黄白色。

（6）色温：色温是一种按照绝对温标来描述颜色的方式，有助于描述光源颜色及其他接近白色的颜色值。

（7）灯光照明指南：设置灯光照明时，首先应当明确场景要模拟的是自然光效果还是人工光效果。对自然照明场景无论是日光照明还是月光照明，最主要的光源只有一个；而人工照明场景通常应包含多个类似的光源，无论是室内还是室外场景，都会受到材质颜色的影响。

8.3 标准灯光的参数

下面介绍标准灯光的一些公用参数。

8.3.1 常规参数

“常规参数”卷展栏可控制灯光的开启与关闭，排除或包含场景中的对象，选择阴影方式。在（修改）面板中的“常规参数”卷展栏中还有控制灯光目标对象，可以改变灯光类型。

“常规参数”卷展栏如图8-19所示，各选项的功能介绍如下。

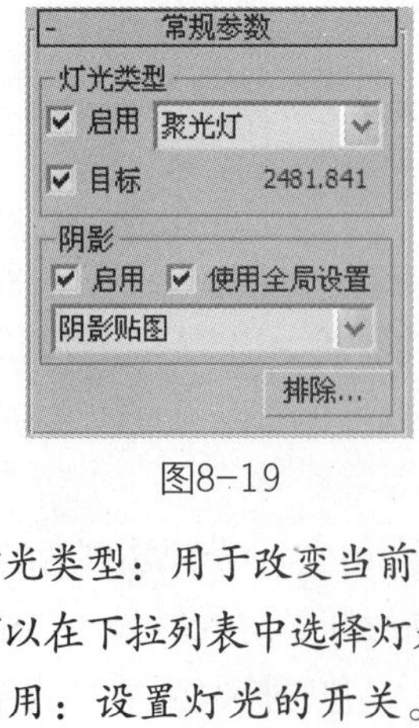

图8-19

- 灯光类型：用于改变当前灯光类型。可以在下拉列表中选择灯光的类型。
- 启用：设置灯光的开关。如果暂时不需要此灯光的照射，可以先关闭该灯光。
- 目标：勾选此复选框时，灯光作为目标灯，投射点与目标点之间的距离显示在右侧的复选框中。对于自由灯，通过设置该参数来限定照射范围；对于目标灯，可以在视图中通过调节透射点或目标点来改变照射范围，或先取消勾选该复选框，然后通过右侧的数值来改变照射范围。
- 阴影：从中设置阴影属性。
- 启用：勾选该复选框可以启用阴影。
- 使用全局设置：勾选该复选框，将会把下面的阴影参数应用到场景中的全部投影灯上。
- 排除：指定对象不受灯光的照射影响，如图8-20所示为正常场景照射，单击“排除”按钮，在弹出的“排除包含”对话框中选择不需要照射的模型，然后单击>>按钮，将其指定到右侧的排除列表中，如图8-21所示。在渲染场景中可以看到被排除照射的灯光变黑了，如图8-22所示。系统默认使用的是“排除”灯光模型，所以在右侧对话框中的对象都会被排除当前灯光的照明或投影；但如果选择了对话框右上角的“包含”模式，所有在右侧对话框中的对象将成为受此灯光单独照明或投影的对象，而左侧对话框中的所有对象都不会受此灯光的任何影响，如图8-23所示。在右侧对象栏的上方还可以设置排除、包含以什么方式排除、包含。

图8-20

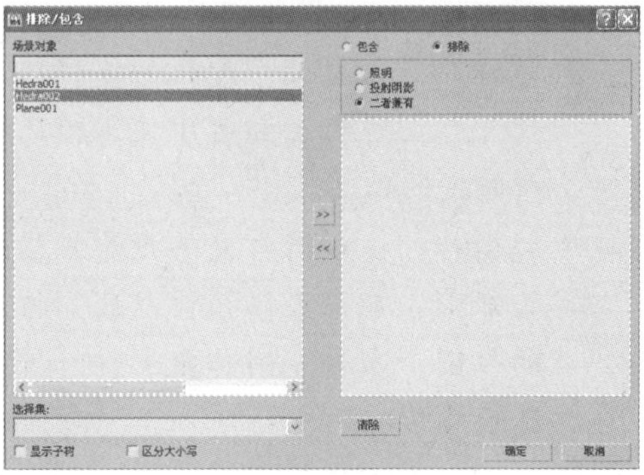

图8-21

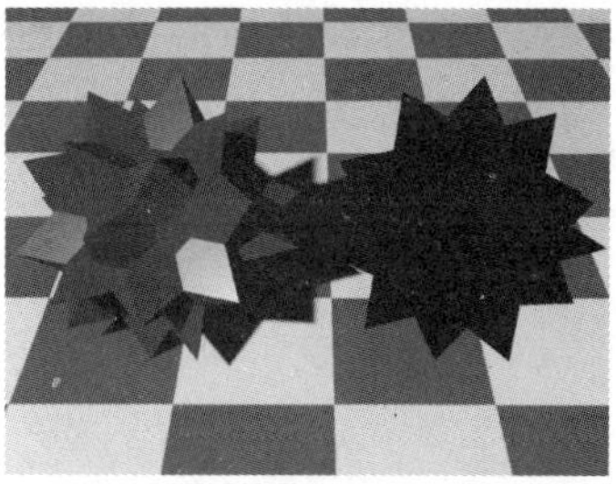

图8-22

图8-23

8.3.2 阴影参数

“阴影参数”卷展栏如图8-24所示，各选项的功能介绍如下。

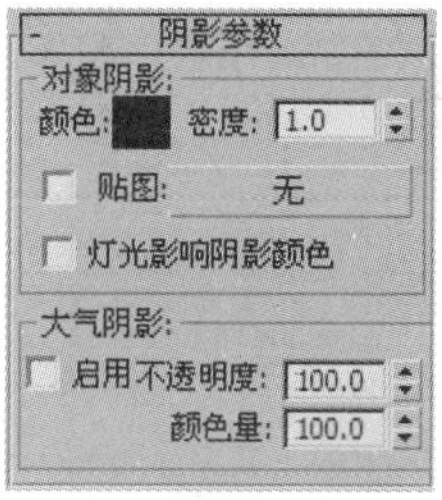

图8-24

- 颜色：显示颜色选择器以便选择此灯光投影的阴影的颜色。默认颜色为黑色。
- 密度：调整阴影的密度。如图8-25所示，从左到右的阴影密度依次为2、1、0.5。

图8-25

- 贴图：勾选该复选框可以使用贴图按钮指定的贴图。将贴图指定给阴影。贴图颜色与阴影颜色混合起来。
- 灯光影响阴影颜色：勾选该复选框后，将灯光颜色与阴影颜色（如果阴影已设置贴图）混合起来。
- 大气阴影：使用这些控制，诸如体积雾这样的大气效果也投影阴影。
- 启用不透明度：勾选该复选框后，大气效果如灯光穿过它们一样投影阴影。
- 颜色量：调整大气颜色与阴影颜色混合的量。

8.3.3 聚光灯参数

当用户创建了目标聚光灯、自由聚光灯或是以聚光灯方式分布的光学灯光对象后，就会出现“聚光灯参数”卷展栏，用于控制灯光的聚光区和衰减区。

“聚光灯参数”卷展栏如图8-26所示，各选项的功能介绍如下。

图8-26

- 光锥：这些参数控制聚光灯的聚光区/衰减区。
- 显示光锥：启用或禁用圆锥体的显示。
- 泛光灯：启用泛光灯后，灯光在所有方向上投影灯光。但是，投影和阴影只发生在其衰减圆锥体内。如图8-27所示右侧图为勾选“泛光灯”选项的效果。

图8-27

- 聚光区/光束：调整灯光聚光区的角度。聚光区的值以度为单位进行测量。
- 衰减区/区域：调整灯光衰减区的角度。衰减区的值以度为单位进行测量。
- 圆、矩形：确定聚光区和衰减区的形状。如果想要一个标准圆形的灯光，应设置为“圆”。如果想要一个矩形的光束（如灯光通过窗户或门口投影），应设置为“矩形”。
- 纵横比：设置矩形光束的纵横比。使用位图适配按钮可以使纵横比匹配特定的位图。
- 位图拟合：如果灯光的投影纵横比为矩形，应设置纵横比以匹配特定的位图。当灯光用作投影灯时，该选项非常有用。

8.3.4 高级效果

“高级效果”卷展栏如图8-28所示，该卷展栏中提供了影响灯光影响曲面方式的控件，也包括很多微调和投影灯的设置。

“高级效果”卷展栏中的选项的功能介

绍如下。

- 对比度：调节对象高光区与漫反射区之间表面的对比度，值为0时是正常效果，对有些特殊效果，如外层空间中刺目的反光，需要增大对比度值。如图8-29所示为调整该参数的前后对比。

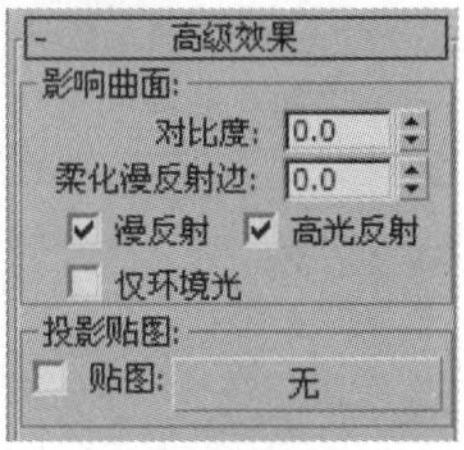

图8-28

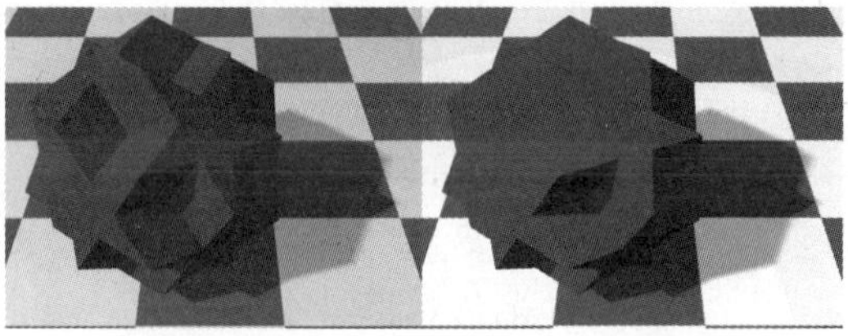

图8-29

- 柔化漫反射边：增加“柔化漫反射边”的值可以柔化曲面的漫反射部分与环境光部分之间的边缘。
- 漫反射：启用此选项后，灯光将影响对象曲面的漫反射属性。禁用此选项后，灯光在漫反射曲面上没有效果。
- 高光反射：启用此选项后，灯光将影响对象曲面的高光属性。禁用此选项后，灯光在高光属性上没有效果。
- 仅环境光：启用此选项后，灯光仅影响照明的环境光组件。如图8-30所示，从左到右依次为只启用了“漫反射”、“高光反射”和“仅环境光”选项后的效果。
- 投影贴图：这些控件使光度学灯光进行投影。“贴图”用于投影的贴图。如图8-31所示，左侧为指定的贴图，右侧为渲染的效果。

图8-30

图8-31

8.3.5 mental ray间接照明

“mental ray间接照明”卷展栏下的参数用于mental ray渲染器对间接照明（即全局照明和焦散）进行控制。通过设置光子的数量、能量等参数就可以调节全局光照明/焦散的精度和强度。该卷展栏的参数应用3ds Max扫描下渲染器以及光跟踪器或光能传递进行渲染不起作用，且该卷展栏只显示在（修改）面板，在（创建）面板中是不可见的。如图8-32所示为“mental ray间接照明”卷展栏，各选项功能的介绍如下。

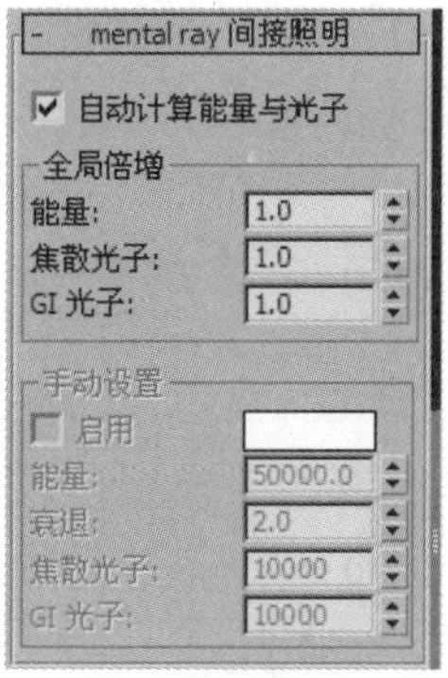

图8-32

- 自动计算能量与光子：勾选此复选框，mental ray使用全局间接照明设置进行渲染。

- 全局倍增：当勾选“自动计算能量与光子”复选框时，该选项组才有效。
- 能量：光子能量倍增系数，默认为1。
- 焦散光子：产生焦散的光子数量倍增系数。
- GI光子：产生全局照明的光子数量倍增系数。
- 手动设置：当勾选“自动计算能量与光子”复选框时，该选项组才有效。
- 启用：勾选此复选框，灯光可以产生间接照明。
- 能量：定义间接照明中的光能强度。该参数与直接照明强度是相互独立的，它只影响全局照明和焦散的强度。
- 衰退：距离光源越远，光子的能量越小，该参数定义光子能量衰退的速度，值越大，能量衰退越快。
- 焦散光子：灯光发射出的用于产生焦散的光子能量。值越高产生越精细的焦散效果，但是会增加内存占用和渲染时间。
- GI光子：灯光发射出的用于产生全局照明的光子数量，越高的值会产生越精细的全局照明效果，但是会增加内存占用和渲染时间。

8.3.6 强度/颜色/衰减

（1）“强度/颜色/衰减”卷展栏如图8-33所示，该卷展栏可以设置灯光的颜色和强度，也可以定义灯光的衰减，部分选项的功能介绍如下。

- 倍增：将灯光的功率放大一个正或负的量。如果将倍增设置为2，灯光将亮两倍。负值可以减去灯光，这对于在场景中有选择地放置黑暗区域非常有用。
- 色块：显示灯光的颜色。单击色样将显示颜色选择器，用于选择灯光的颜色。

图8-33

- 衰退：“衰退”是使远处灯光强度减小的另一种方法。
- 类型：选择要使用的衰退类型。
  - ◆ 无：不应用衰退。从其源到无穷大灯光仍然保持全部强度，除非启用“远距衰减”。
  - ◆ 反向：应用反向衰退。
  - ◆ 平方反比：应用平方反比衰退。
- 开始：衰退开始的点取决于是否使用衰减。
- 显示：在视口中显示远距衰减范围设置。
- 使用：启用灯光的近距衰减。
- 开始：设置灯光开始淡入的距离。
- 显示：在视口中显示近距衰减范围设置。对于聚光灯，衰减范围看起来好像圆锥体的镜头形部分。对于平行光，范围看起来好像圆锥体的圆形部分。
- 结束：设置灯光达到其全值的距离。
- 远距衰减：设置“远距衰减”范围可有助于大大缩短渲染时间。

（2）“大气和效果”卷展栏如图8-34所示，各选项的功能介绍如下。

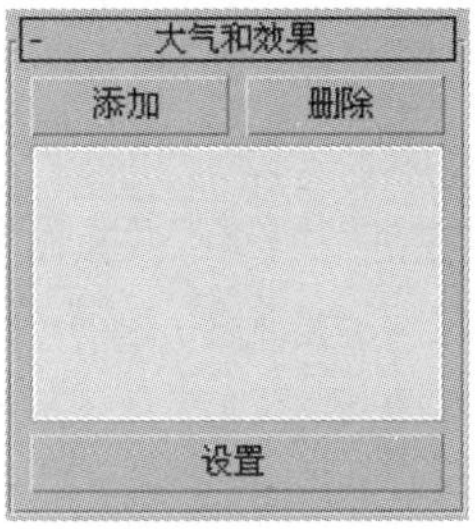

图8-34

- 添加：显示“添加大气和效果”对话框，使用该对话框可以将大气或渲染效果添加到灯光中。
- 删除：删除在列表中选定的大气或效果。
- 设置：使用此选项可以设置在列表中选定的大气或渲染效果。

8.4 标准灯光

标准灯光是3ds Max中传统的灯光系统，属于一种模拟的灯光类型，能够模仿生活中的各种光源，并且由于光源的发光方式不同而产生各种不同的光照效果。标准灯光与光学度灯光最大的区别在于没有基于实际物理属性的参数设置。

标准灯光有八种灯光类型。

8.4.1 目标聚光灯

“目标聚光灯”产生锥形的照明区域，在照射区以外的对象不受灯光影响。“目标聚光灯”投射点和目标点两个图标均可调，方向性非常好，加入投影设置可以产生优秀的静态仿真效果。缺点是在进行动画照射时不易控制方向，两个图标的调节经常使发射范围改变，也不易进行跟踪照射。“目标聚光灯”在静态场景中主要作为主光源进行设置。

1. 实例操作057—— 场景中的主光源

1 创建一个茶壶和一个平面来介绍主光源的创建，如图8-35所示。

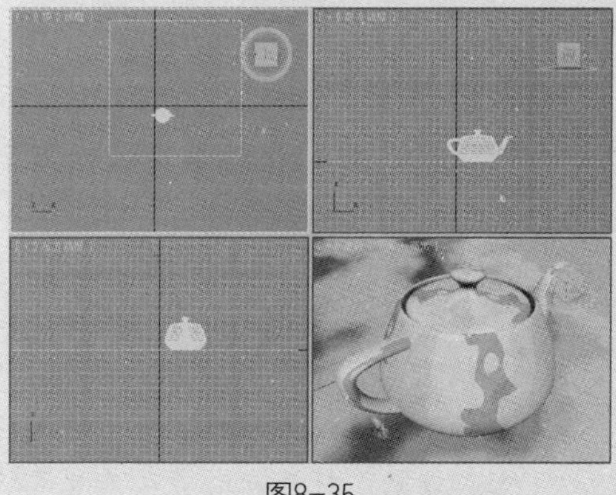

图8-35

2 单击“（创建）|（灯光）|标准|目标聚光灯”按钮，在“顶”视图中单击创建投射点拖动出目标点，如图8-36所示。

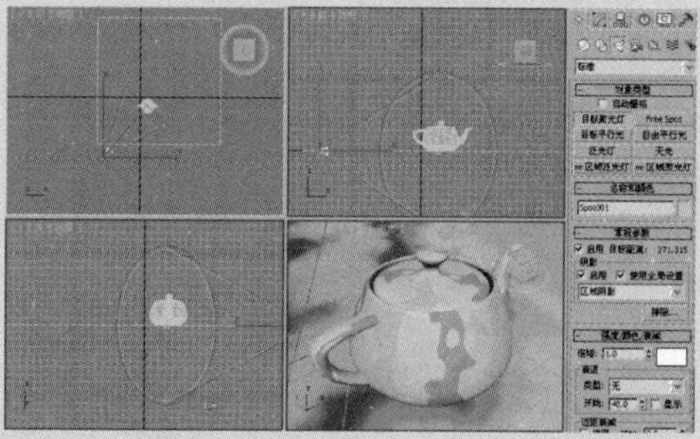

图8-36

3 在“前”视图中调整灯光的位置和照射角度，如图8-37所示。

4 这时渲染场景可以看到有了层次感，如图8-38所示。

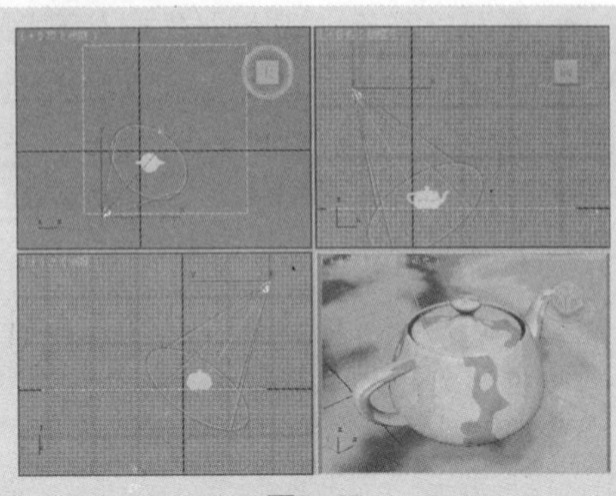

图8-37

图8-38

5 切换到（修改）面板，在“常规参数”卷展栏中勾选“阴影”组中的“启用”复选框，选择阴影类型为“区域阴影”；在“强度/颜色/衰减”卷展栏中设置“倍增”为1.2；在“区域阴影”卷展栏中设置“区域灯光尺寸”组中的“长度”为50、“宽度”为50；在“阴影参数”卷展栏中设置“对象阴影”组中的“密度”为0.6，如图8-39所示。

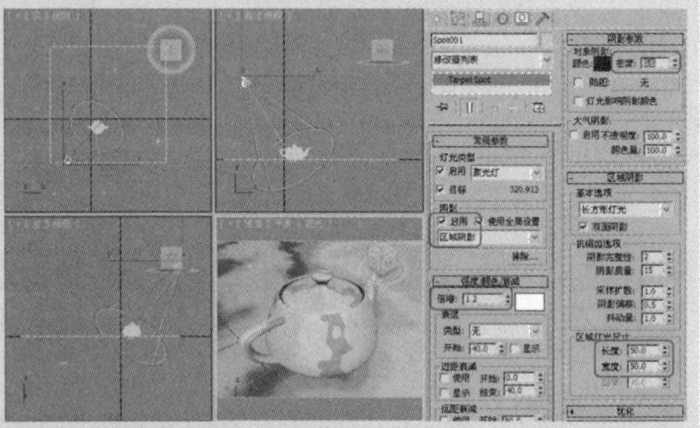

图8-39

6 渲染场景，得到如图8-40所示的效果。

图8-40

2. 选项介绍

（1）“区域阴影”卷展栏中的选项的功能介绍如下。

- 模式列表：选择生成区域阴影的方式。
- 双面阴影：启用此选项后，计算阴影时背面将不被忽略。
- 阴影完整性：设置在初始光线束投影中的光线数。这些光线从接收来自光源的灯光的曲面进行投影。
- 阴影质量：设置在半影（柔化区域）区域中投影的光线总数，包括在第一周期中发射的光线。这些光线从半影中的每个点或阴影的抗锯齿边缘进行投影，以对其进行平滑。
- 采样扩散：要模糊抗锯齿边缘的半径（以像素为单位）。
- 阴影偏移：阴影偏移即对象与正在被着色点的最小距离以便投影阴影。这样将使模糊的阴影避免影响它们不应影响的曲面。
- 抖动量：向光线位置添加随机性。开始时光线为非常规的图案，它可以将阴影的模糊部分显示为常规的人工效果。抖动将这些人工效果转换为噪波，通常这对于人眼来说并不明显。
- 区域灯光尺寸：3ds Max 使用这些尺

寸来计算区域阴影。它们并不影响实际的灯光对象。

- 长度：设置区域阴影的长度。
- 宽度：设置区域阴影的宽度。
- 高度：设置区域阴影的高度。

（2）“优化”卷展栏如图8-41所示，各选项的功能介绍如下。

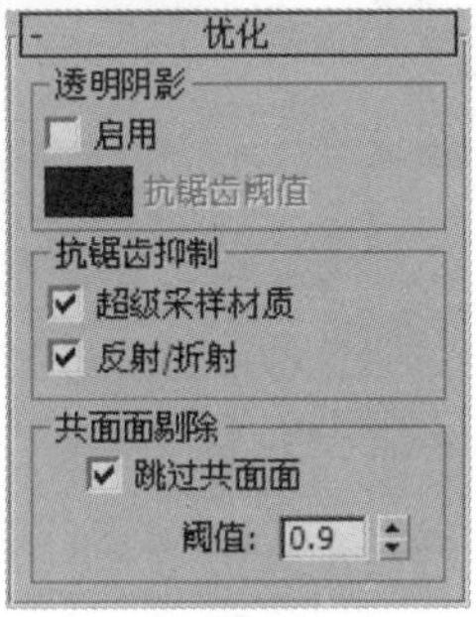

图8-41

注意 “优化”卷展栏只在阴影类型使用了“高级光线跟踪阴影”和“区域阴影”时才会显示。

- 启用：当勾选此复选框后，透明表面将投影彩色阴影。否则，所有的阴影为黑色。
- 抗锯齿阈值：在抗锯齿被触发前允许在透明对象示例间的最大颜色区别。增加该颜色值会降低阴影的敏感度从而造成锯齿缺陷并加快速度，而减少该值可增敏感度并改善质量。
- 超级采样材质：启用此选项后，当着色超级采样材质时只有在 二 次抗锯齿期间才能使用第一周期。
- 反射/折射：启用此选项后，当着色反射/折射时只有在二次抗锯齿期间才能使用第一周期。
- 跳过共面面：避免相邻面互相生成阴影。
- 阈值：相邻面之间的角度。

8.4.2 自由聚光灯

“自由聚光灯”产生锥形的照明区域，它其实是一种受限制的目标聚光灯，如图8-42所示。因为只能控制它的整个图标，而无法在视图中对发射点和目标点分别调节，它的优点是不会在视图中改变投射范围。

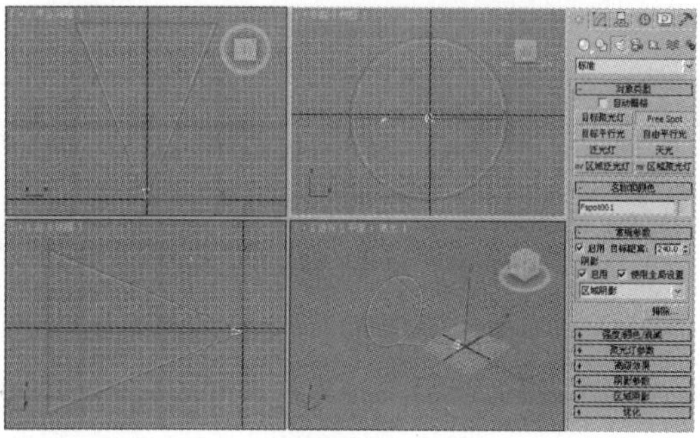

图8-42

8.4.3 目标平行光

“目标平行光”产生单方向的平行照射区域，它与目标聚光灯的区别是照射区域呈圆柱形或矩形，而不是锥形。平行光的主要用途是模拟阳光照射，对于户外场景尤为适用，如果制作体积光源，它可以产生一个光柱，常用来模拟探照灯、激光光束等特殊效果。与目标聚光灯一样，它也被系统自动指定一个目标点，可以在运动面板中改变注视目标。如图8-43所示，场景中只有一盏目标聚光灯。

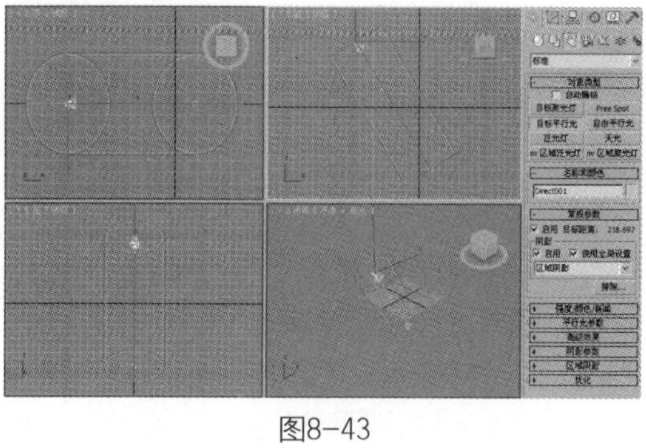

图8-43

8.4.4 自由平行光

“自由平行光”产生平行的照射区域。它其实是一种受限制的目标平行光，在视图中，它的投射点和目标点不可分别调节，只能进行整体地移动或旋转，这样可以保证照射范围不发生改变。如果对灯光的范围有固定要求，尤其是在灯光的动画中，这是一个非常优秀的选择。

8.4.5 泛光灯

“泛光灯”为正八面体图标，向四周发散光线。标准的泛光灯用来照亮场景，它的优点是易于建立和调节，不用考虑是否有对象在范围外被照射，缺点是不能创建太多，否则效果显得平淡而无层次。泛光灯的参数与聚光灯参数大致相同，也可以投影。它与聚光灯的差别在于照射范围，一盏投影泛光灯相当于六盏聚光灯所产生的效果。另外，泛光灯还常用来模拟灯泡、台灯等光源对象。泛光灯一般在场景中作为辅助灯光。

8.4.6 天光

“天光”可以模拟日照效果，如图8-44所示。在3ds Max中，有好几种模拟日照效果的方法，但如果配合“光跟踪器”渲染方式的话，“天光”对象往往能产生最生动的效果，如图8-45所示。

图8-44

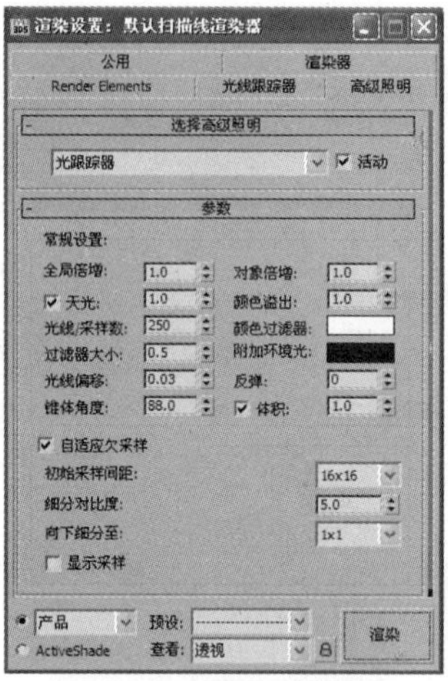

图8-45

“天光参数”卷展栏如图8-46所示，各选项的功能介绍如下。

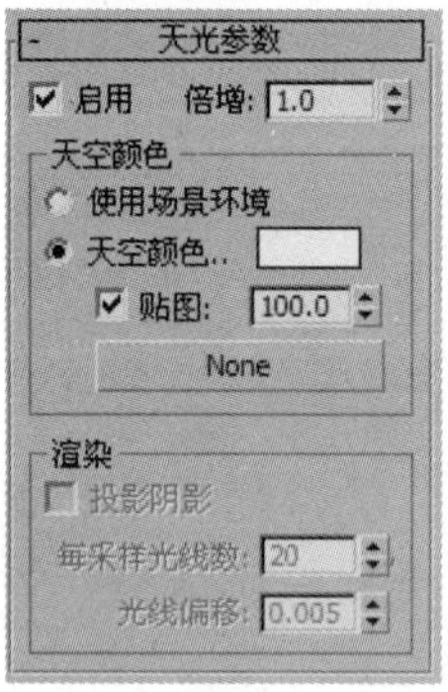

图8-46

- 启用：用于开关天光对象。
- 倍增：指定正数或负数来增强灯光的能量。
- 天空颜色：在“天光”效果中，天空被模拟成一个圆屋顶的样子覆盖在场景之上，用户可以在这里指定天空颜色或贴图。
- 使用场景环境：使用“环境”对话框中设置的颜色作为灯光的颜色，只在“照明追踪”方式下才有效。
- 天空颜色：单击右侧的色块显示颜色选择器，从中调节天空的色彩。
- 贴图：通过指定贴图影响天空颜色。
- 渲染：此选项组中的参数用来定义

天光的渲染属性，只有在使用默认扫描线渲染器，并不使用高级照明渲染引擎时，该组中的参数才有效。

- 投影阴影：勾选此复选框时天光可以投射阴影。
- 每采样光线数：设置在场景中每个采样点上天光的光线数。较高的参数使天光效果比较细腻，并有利于减少动画画面的闪烁，但较高的值会增加渲染时间。
- 光线偏移：定义对象上某一点的投影与该点的最短距离。

8.4.7 mr区域泛光灯

“mr区域泛光灯”在使用mental ray渲染器时可以模拟球形或圆柱形灯光的照射效果，产生照明和阴影效果。当使用3ds Max的默认扫描线渲染时，虽然也可以产生照明效果，但它的功能等同于标准泛光灯，只能得到点光源的照明效果。

“区域灯光参数”卷展栏如图8-47所示，各选项的功能介绍如下。

- 启用：用于开关区域泛光灯。
- 在渲染器中显示图标：勾选此复选框，当使用Mental ray渲染器进行渲染时，区域泛光灯将按照其形状和尺寸设置在渲染图片中显示为白色。
- 类型：可以在下拉列表中选择区域放光等的形状，可以是“球体”或者“圆柱体”形状。
- 半径：根据区域灯光的类型，表示“球体”的半径，或者“圆柱体”的圆形截面半径。
- 高度：仅当区域灯光类型为“圆柱体”时可用，设置圆柱体的高。
- 采样：设置区域泛光灯的采样质量，可以分别设置U、V的采样数，越高的值照明和阴影效果越真实细腻，当然渲染时间也会增加。对于球形灯光U值表示沿高度采样值，V值表示沿角度采样值。

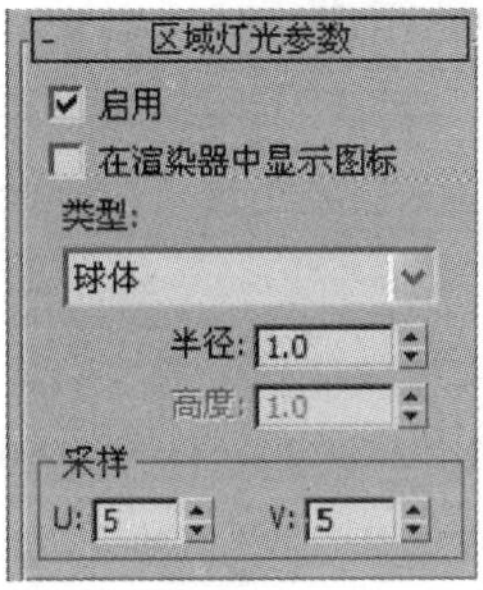

图8-47

8.4.8 mr区域聚光灯

“mr区域聚光灯”在使用mental ray渲染器进行渲染时，可以从矩形或圆形区域发射光线，产生柔和的照明和阴影。而在使用3ds Max默认扫描线渲染时，其效果等同于标准的聚光灯。

8.5 光学度灯光参数

下面介绍光学度灯光的一些公用参数。

8.5.1 模板

可以通过“模板”卷展栏在各种预设的灯光类型中进行选择，如图8-48所示。

“模板”中的灯光类型如图8-49所示。

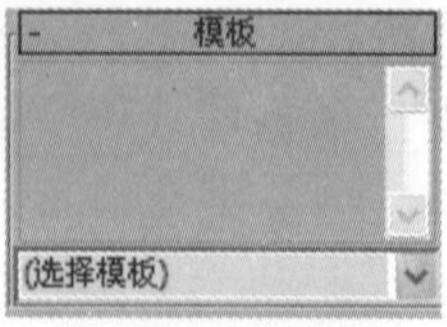

图8-48

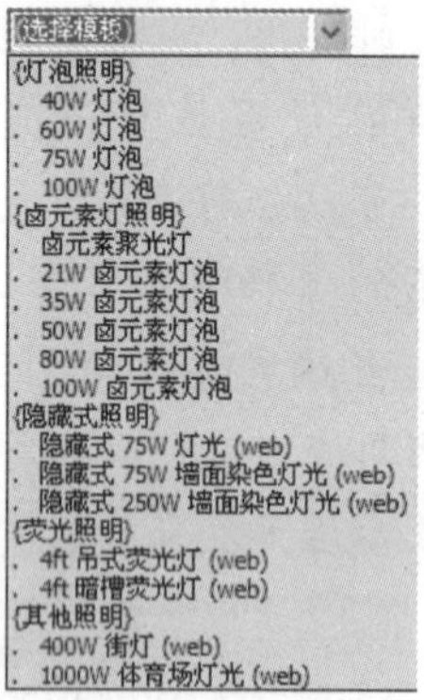

图8-49

当选择模板时，将更新灯光参数以使用该灯光的值，并且列表之上的文本区域会显示灯光的说明。如果标题选择的是类别而非灯光类型，则文本区域会提示选择实际的灯光。

8.5.2 常规参数

下面介绍一下“常规参数”卷展栏中的灯光分布。

如图8-50所示为“常规参数”卷展栏。“灯光分布（类型）”下拉列表中的灯光类型如下。

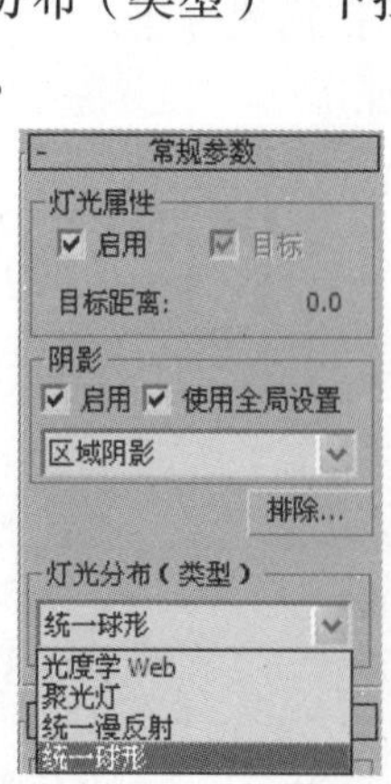

图8-50

- 光学度Web：光度学 Web 分布使用光域网定义分布灯光。如果选择该灯光类型，在（修改）面板上将显示对应的卷展栏。
- 聚光灯：当使用聚光灯分布创建或选择光度学灯光时，在（修改）面板上将显示对应的卷展栏。
- 统一漫反射：统一漫反射分布仅在半球体中投射漫反射灯光，就如同从某个表面发射灯光一样。统一漫反射分布遵循Lambert余弦定理，从各个角度观看灯光时，它都具有相同明显的强度，如图8-51所示。

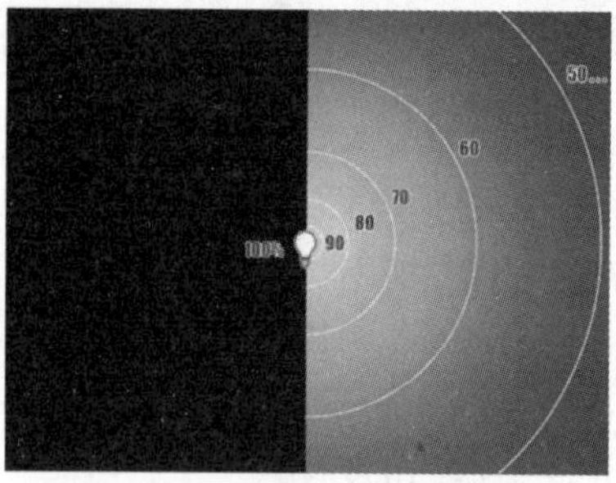

图8-51

- 同一球形：统一球形分布，如其名称所示，可在各个方向上均匀投射灯光，如图8-52所示。

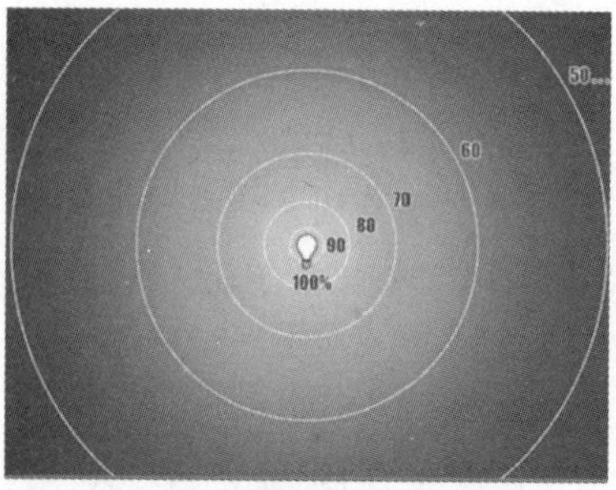

图8-52

8.5.3 强度/颜色/衰减

通过“强度/颜色/衰减”卷展栏可以设置灯光的颜色和强度。此外，还可以选择设置衰减极限。

"强度/颜色/衰减"卷展栏如图8-53所示，各选项的功能介绍如下。

图8-53

- 灯光：选择公用灯光，近似灯光的光谱特征。"开尔文"参数旁边的颜色以反映选择的灯光。在下拉列表中选择灯光颜色。
- 开尔文：通过调整色温微调器设置灯光的颜色。色温以开尔文度数显示。相应的颜色在温度微调器旁边的色样中可见。
- 过滤颜色：使用颜色过滤器模拟置于光源上的过滤色的效果。
- 强度：这些控件在物理数量的基础上指定光度学灯光的强度或亮度。
- lm：测量整个灯光（光通量）的输出功率。100瓦的通用灯炮约有1750 lm的光通量。
- cd：用于测量灯光的最大发光强度，通常沿着瞄准发射。100瓦通用灯炮的发光强度约为139cd。
- lx：测量由灯光引起的照度，该灯光以一定距离照射在曲面上，并面向光源的方向。勒克斯是国际场景单位，等于1流明/平方米。照度的美国标准单位是尺烛光 (fc)，等于 1 流明/平方英尺。要从 footcandles 转换为 lux，请乘以 10.76。例如，要将指定35fc的照度，请将照度设置为376.6 lx。
- 结果强度：用于显示暗淡所产生的强度，并使用与"强度"选项组相同的单位。
- 暗淡%：勾选该复选框后，该值会指定用于降低灯光强度的倍增。如果值为100%，则灯光具有最大强度。百分比较低时，灯光较暗。
- 光线暗淡时白炽灯颜色会切换：勾选该复选框后，灯光可在暗淡时通过产生更多黄色来模拟白炽灯。

8.5.4 图形/区域阴影

通过"图形/区域阴影"卷展栏如图8-54所示，此卷展栏可以选择用于生成阴影的灯光图形。卷展栏中各选项的功能介绍如下。

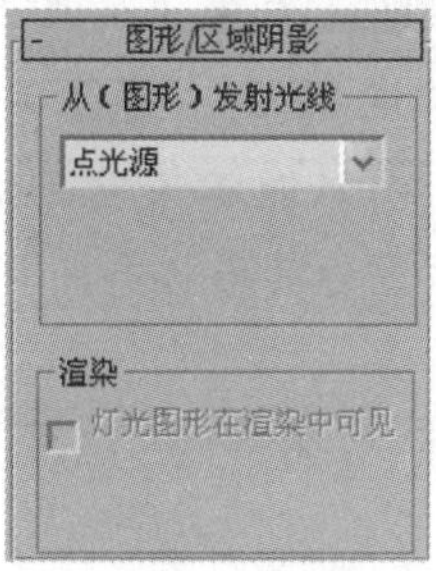

图8-54

- 下拉列表：在该下拉列表中可选择阴影生成的图形，如图8-55所示的阴影类型。

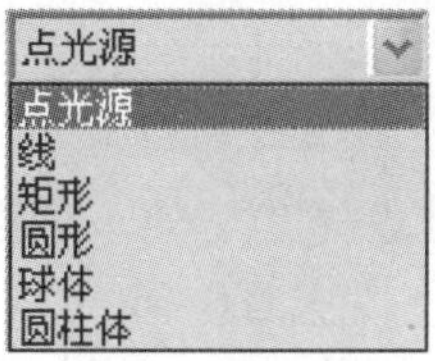

图8-55

◆ 点光源：计算阴影时，如同点在发射灯光一样。点图形未提供其他控件。

- ◆ 线：计算阴影时，如同线在发射灯光一样。 线性图形提供了长度控件。
- ◆ 矩形：计算阴影时，如同矩形区域在发射灯光一样。矩形图形提供了长度和宽度控件。
- ◆ 圆形：计算阴影时，如同圆形在发射灯光一样。圆图形提供了半径控件。
- ◆ 球体：计算阴影时，如同球体在发射灯光一样。球体图形提供了半径控件。
- ◆ 圆柱体：计算阴影时，如同圆柱体在发射灯光一样。圆柱体图形提供了长度和半径控件。

- ● 灯光图形在渲染中可见：勾选该复选框后，如果灯光对象位于视野内，灯光图形在渲染中会显示为自供照明（发光）的图形。取消勾选该复选框后，将无法渲染灯光图形，而只能渲染它投影的灯光。默认设置为禁用状态。

8.5.5 阴影贴图参数

当已选择“阴影贴图”作为灯光的阴影生成技术时，显示“阴影贴图参数”卷展栏。如图8-56所示，各选项的功能介绍如下。

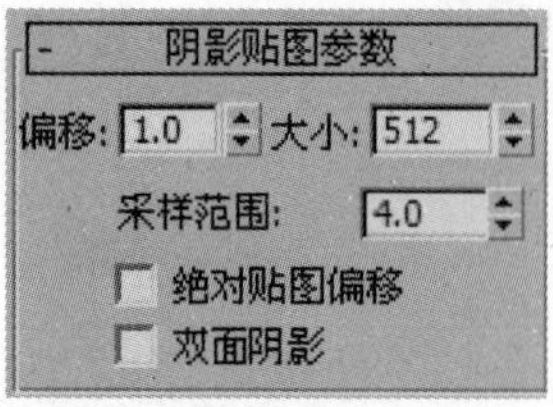

图8-56

- ● 偏移：阴影偏移是将阴影移向或移离投射阴影的对象。
- ● 大小：设置用于计算灯光的阴影贴图的大小（以像素平方为单位）。如图8-57所示左图的参数大小为32，右图的参数大小为256，阴影贴图尺寸为贴图指定细分量。值越大，对贴图的描述就越细致。

图8-57

- ● 采样范围：采样范围决定阴影内平均有多少区域。这将影响柔和阴影边缘的程度。范围为0.01 ~50.0。
- ● 绝对贴图偏移：勾选该复选框后，阴影贴图的偏移未标准化，但是该偏移在固定比例的基础上以3ds Max的默认单位表示。在设置动画时，无法更改该值。在场景范围大小的基础上必须选择该值。
- ● 双面阴影：勾选该复选框后，计算阴影时背面将不被忽略。从内部看到的对象不由外部的灯光照亮。取消勾选该复选框后，忽略背面，这样可使外部灯光照明室内对象。

8.5.6 分布（光学度Web）

在“灯光分布（类型）”中选择“光学度Web”的灯光类型时出现如图8-58所示的“分布（光学度Web）”卷展栏。

“分布（光学度Web）”卷展栏中的选项的功能介绍如下。

- ● Web 图：在选择光度学文件之后，该缩略图将显示灯光分布图案的示意图，如图8-59所示。

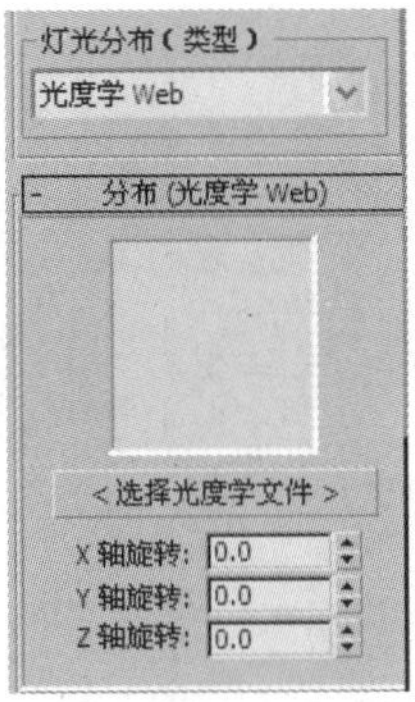

图8-58

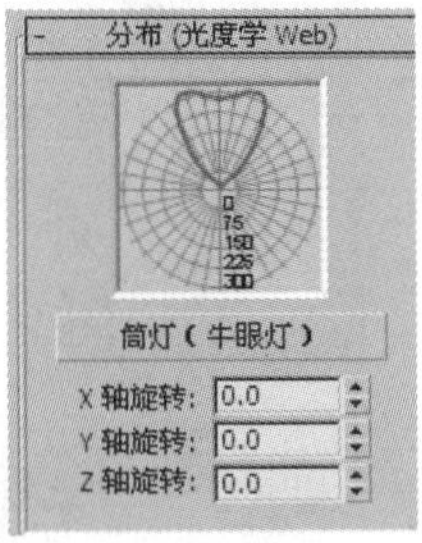

图8-59

- 选择光学度文件：单击此按钮，可选择用作光度学Web的文件。该文件可采用IES、LTLI或 CIBSE格式。
- X轴旋转：沿着x轴旋转光域网。旋转中心是光域网的中心。范围为$-180\sim180$度。
- Y轴旋转：沿着y轴旋转光域网。
- Z轴旋转：沿着z轴旋转光域网。

8.6 光学度灯

光学度灯通过设置灯光的光学度值来显示场景中的灯光效果。用户可以为灯光指定各种各样的缝补方式、颜色特征，还可以导入从照明厂商那里获得的特定光学度文件。单击“（创建）|（灯光）|光学度”任意灯光按钮，如图8-60所示，弹出“创建光学度灯光”对话框，如图8-61所示。

图8-60

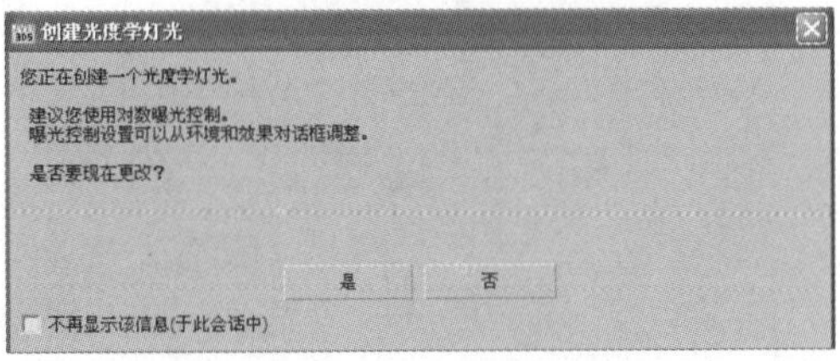

图8-61

8.6.1 目标灯光

目标灯光具有可以用于指向灯光的目标子对象。如图8-62所示是采用球形分布、聚光灯分布以及 Web 分布的目标灯光的视口示意图。具体效果表现如图8-63所示。

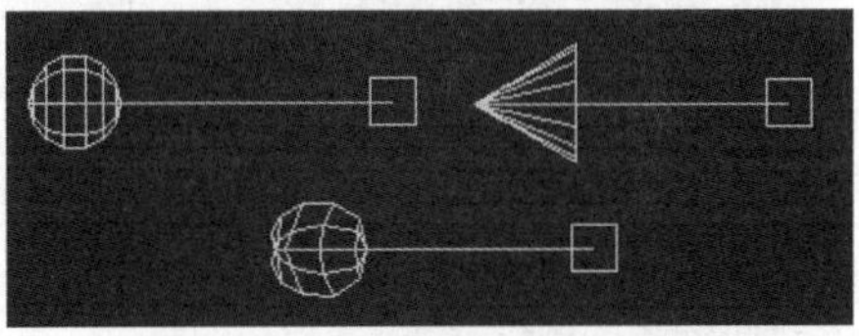

图8-62

图8-63

实例操作058—— Web灯光模拟射灯灯光效果

场景文件	场景\Cha08\ web灯光.max	视频教学	视频教学\Cha08\ web灯光. flv
案例文件	场景\Cha08\ web灯光ok.max		
视频长度	1分18秒	难易指数	★★☆☆☆

1 首先打开光盘中的“场景\cha08\web灯光.max”文件，如图8-64所示。

图8-64

2 单击“（创建）|（灯光）|光学度|目标灯光”按钮，在“左”视图中创建灯光，如图8-65所示。

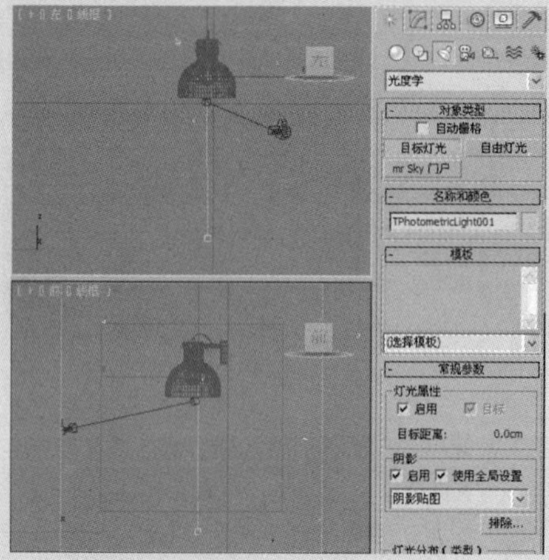

图8-65

3 在“灯光分布（类型）”中选择“光学度Web”类型，并在“分布（光学度Web）”卷展栏中单击“选择光学度文件”按钮，在弹出的对话框中选择光盘中的“场景、cha08、筒灯（牛眼灯）.ies”文件，如图8-66所示。

4 在“强度/颜色/衰减”卷展栏中设置“强度”选项组中的cd强度为239.6，如图8-67所示。

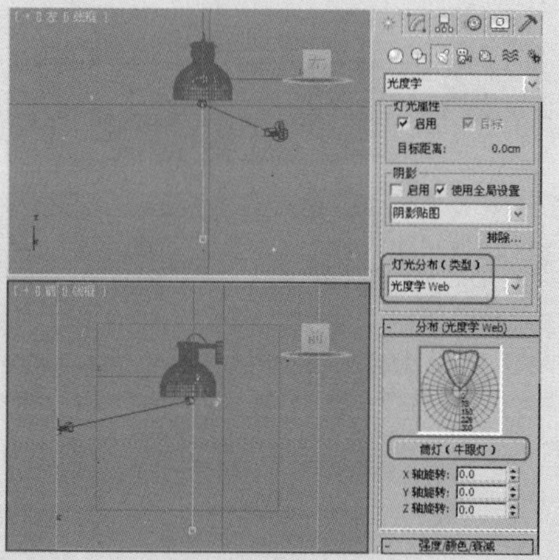

图8-66

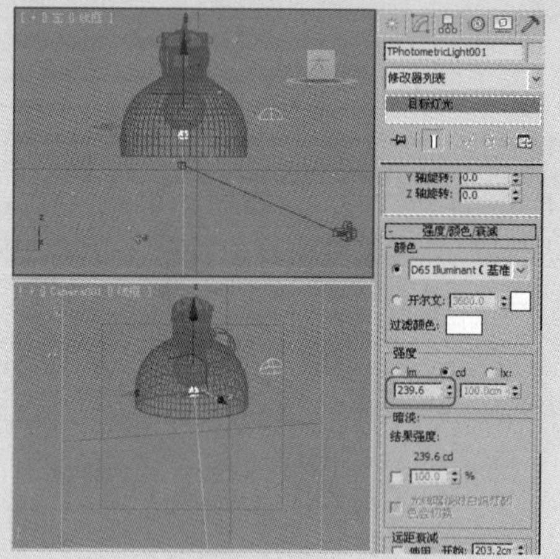

图8-67

5 在场景中选择天光，并设置天光的“倍增”为0.5，如图8-68所示。

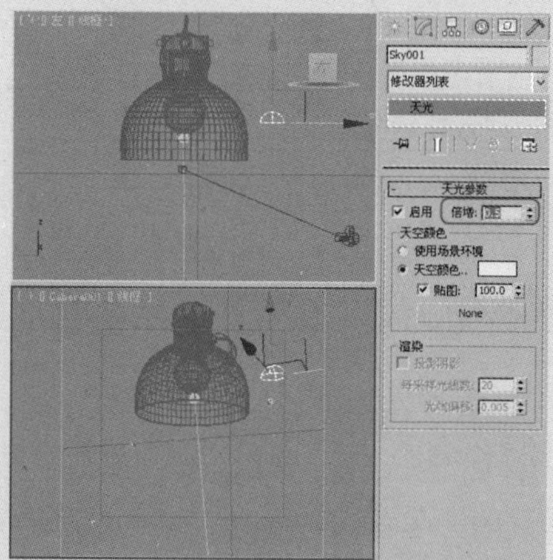

图8-68

8.6.2 自由灯光

自由灯光不具备目标子对象，可以通过使用变换瞄准它。如图8-69所示是采用球形分布、聚光灯分布以及Web分布的自由灯光的视口示意图。

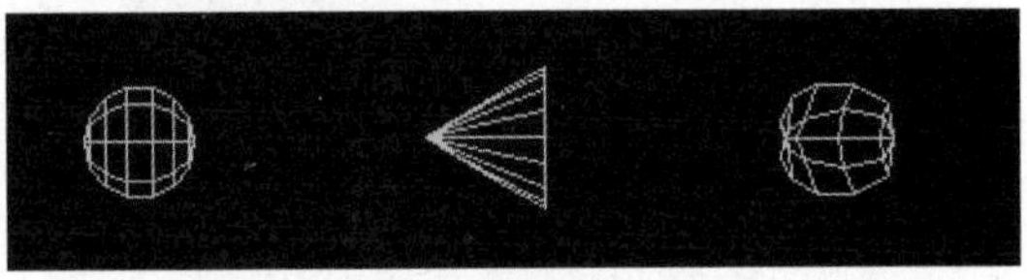

图8-69

8.6.3 mr Sky门户

“mr Sky门户”是专为mental ray渲染器设置的灯光，对象提供了一种聚集内部场景中的现有天空照明的有效方法，无须最终聚集或全局照明设置（这会使渲染时间过长）。实际上，门户就是一个区域灯光，从环境中导出其亮度和颜色。

要使 mr Sky门户正确工作，场景种必须包含天光组件，此组件可以是“太阳光”、“日光”，也可以是“天光”。

1. 实例操作059——“mr Sky门户”的使用方法

1 打开光盘中的“场景\cha08\ mr Sky门户”文件，如图8-70所示。渲染场景得到如图8-71所示的效果。

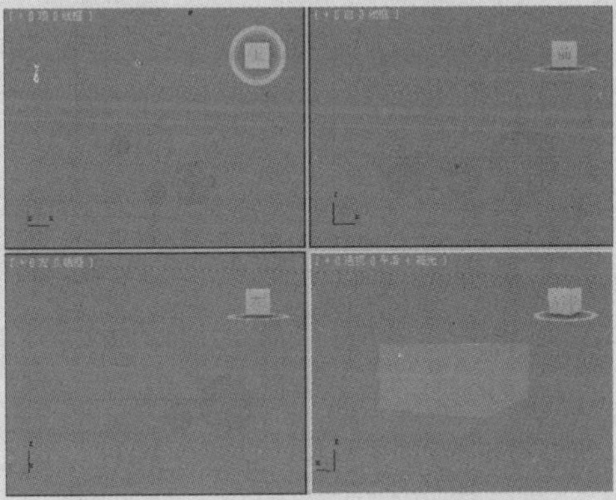

图8-70

图8-71

2 单击“（创建）|（灯光）|光学度| mr Sky门户”按钮，按钮，在“前”视图中窗户的位置创建“mr Sky门户”，如图8-72所示。如果门户的箭头指向外部，在“mr Sky门户参数”卷展栏中勾选“翻转光流动方向”复选框，确保所有的门户箭头都指向内部。

图8-72

提示 这里创建“mr Sky门户”时可以打开捕捉创建。

3 单击“（创建）|（系统）|太阳光”按钮，在“顶”视图中拖动创建坐标，移动鼠标创建出平行光，如图8-73所示。

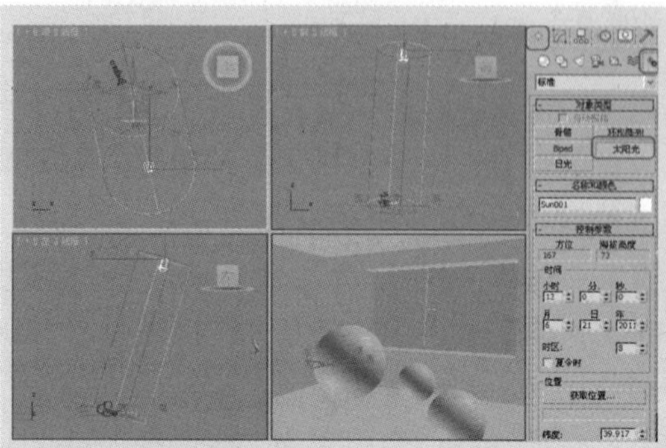

图8-73

图8-74

4 渲染场景得到如图8-74所示的效果。在“控制参数”卷展栏中设置“维度”为75.0，如图8-75所示。

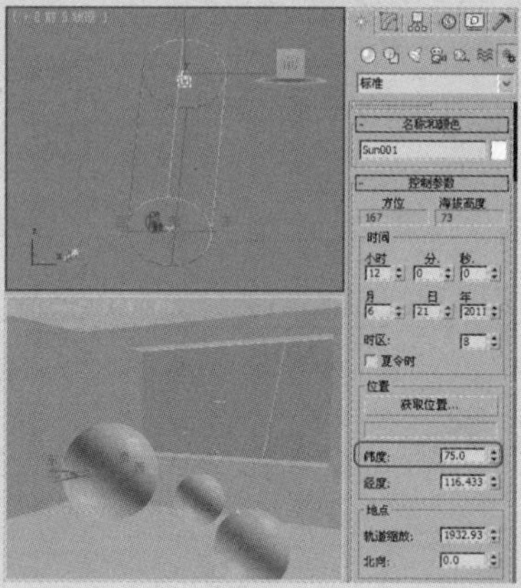

图8-75

5 切换到 （修改）面板，在“强度/颜色/衰减”卷展栏中设置“倍增”为20.0，如图8-76所示。

6 渲染场景得到如图8-77所示的效果。

7 在场景中再创建一盏“泛光灯”作为补光，并调整灯光的位置。在“强度/颜色/衰减”卷展栏中设置“倍增”为0.5，如图8-78所示。

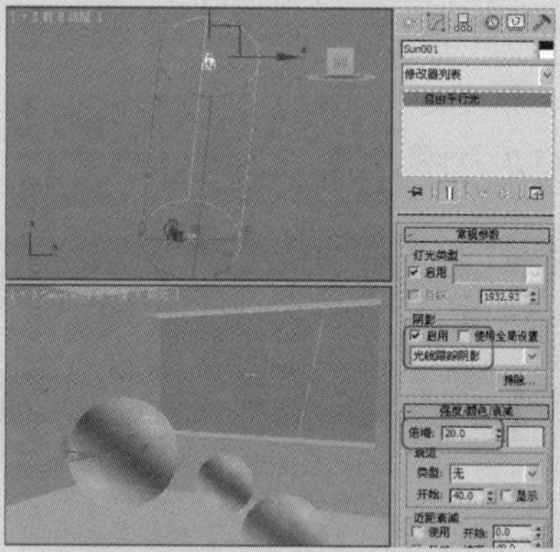

图8-76

图8-77

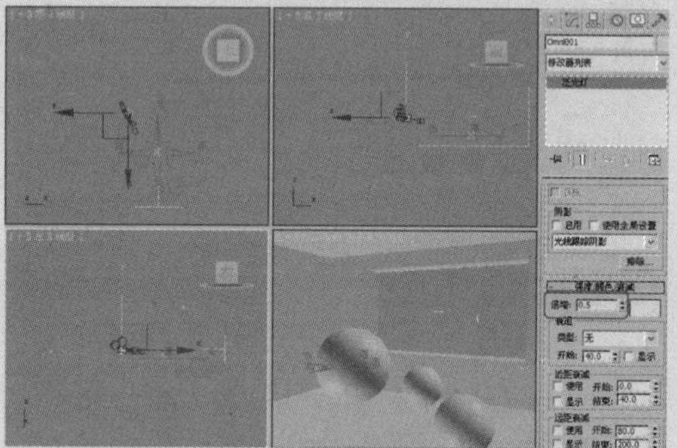

图8-78

8 渲染场景得到如图8-79所示的效果。

图8-79

2. 选项介绍

（1）图8-72中“mr Sky门户参数”卷展栏中部分选项的功能介绍如下。

- 启用：切换来自门户的照明。禁用时，门户对场景照明没有任何效果。
- 倍增：增加灯光功率。
- 过滤颜色：渲染来自外部的颜色。
- 启用：切换由门户灯光投影的阴影。
- 从“户外”：勾选该复选框时，从门户外部的对象投影阴影；也就是说，在远离箭头图标的一侧。默认情况下，此选项处于禁用状态，因为启用后会显著增加渲染时间。
- 阴影采样：由门户投影的阴影的总体质量。如果渲染的图像呈颗粒状，请增加此值。
- 维度：使用这些控件设置“长度”和“宽度”。
- 翻转光流动方向：确定灯光穿过门户方向。箭头必须指向门户内部，这样才能从天空或环境投影光。如果指向外部，请切换此设置。

（2）“高级参数”卷展栏如图8-80所示，各选项的功能介绍如下。

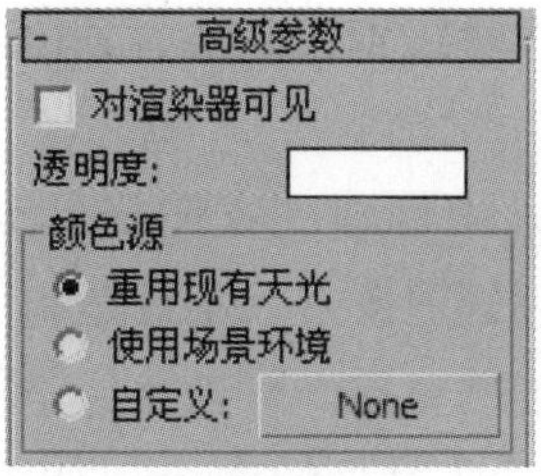

图8-80

- 对渲染器可见：勾选该复选框时，mr Sky门户对象将出现在渲染的图像中。启用此选项可防止外部对象出现在窗口中。
- 透明度：过滤窗口外部的视图。更改此颜色时不会更改射入的灯光，但是会对外部对象的暗淡程度有影响。如果外部对象过度曝光，则此设置会很有帮助。
- 颜色源：设置mr Sky门户从中获得照明的光源。
- 重用现有天光：使用天光。
- 使用场景环境：用与照明颜色对应的环境贴图。如果天光和环境贴图的颜色不同，并且希望对内部照明使用后者，请使用此选项。
- 自定义：允许使用照明颜色的任何贴图。

8.7 太阳光和日光系统

“太阳光”和“日光”系统可以使用系统中的灯光，该系统遵循太阳在地球上某一给定位置的符合地理学的角度和运动。可以选择位置、日期、时间和指南针方向，也可以设置日期和时间的动画。该系统适用于计划中的和现有结构的阴影研究。

8.7.1 太阳光

太阳光是模拟太阳光的基于物理的灯光对象。当与日光系统配合使用时，将根据地理位置、时间和日期自动设置太阳光的值。

如果将IES太阳光或天空与对数曝光控制一起使用，则启用日光和室外选项。从而对于将较高能量级别正确映射到RGB颜色提供更高的控制能力。

在场景中创建“太阳光”时，首先需要拖动鼠标创建罗盘，罗盘是为太阳提供世界方向的辅助对象，灯光自身是罗盘的子对象，永远对准罗盘的中心，如图8-81所示是创建的“太阳光”。创建“太阳光”后在（创建）面板中出现“控制参数”，在选择日光或太阳光系统的灯光组件时显示在（运动）面板上。

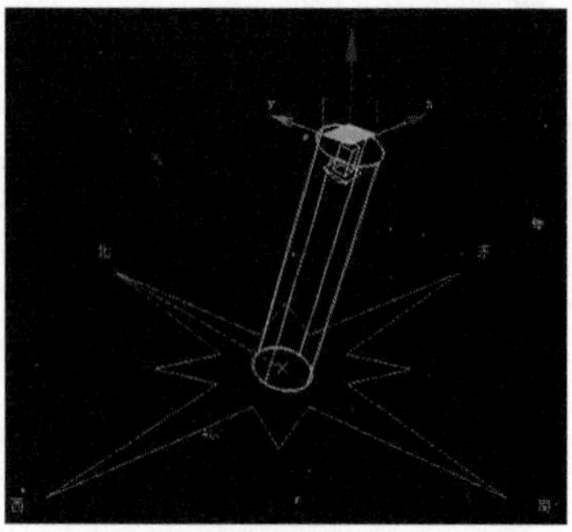

图8-81

“控制参数”卷展栏如图8-82所示，各选项的功能介绍如下。

图8-82

- 方位、海拔高度：显示太阳的方位和海拔高度。方位是太阳的罗盘方向，以度为单位（北=0、东=90）。海拔高度是太阳距离地平线的高度，以度为单位（日出或日落=0）。
- 时间：为时间、日期和时区提供设置。
- 小时、分、秒：指定时间。
- 月、日、年：指定日期。
- 时区：时区范围为 -12 到 12。
- 夏令时：启用时，通过调整夏天期间的方位和海拔高度可以计算夏令时。
- 位置：提供各种控件，用于设置场景在世界中的位置。
- 获取位置：显示“地理位置”对话框，在该对话框中，可以通过从地图或城市列表中选择一个位置来设置经度值和纬度值，如图8-83所示。

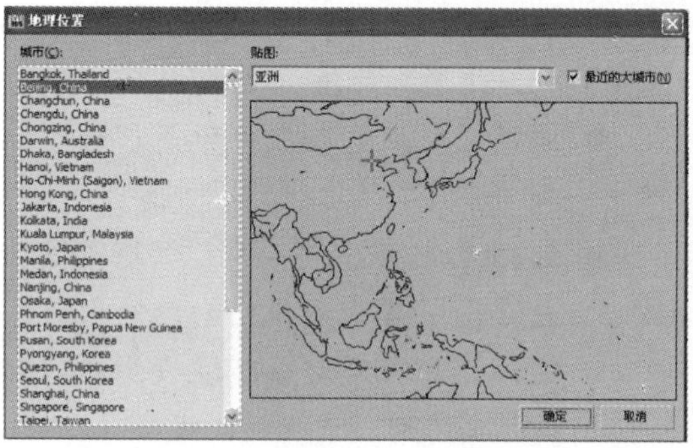

图8-83

- 纬度、经度：要获得精确的位置，请在“纬度”、“经度”文本框中输入确切的坐标。
- 轨道缩放：设置太阳（平行光）与罗盘之间的距离。
- 北向：设置罗盘在场景中的旋转方向。

要更改“太阳光”的参数，需要切换到（修改）面板中进行修改，这里的参数与目标平行光大致相同，这里就不介绍了。

8.7.2 日光

日光系统将在统一的界面中组合太阳和

天空这两个日光组件。使用“日光”系统可以对要使用的灯光类型设置日期和时间位置。

“控制参数”卷展栏如图8-84所示，部分选项的功能介绍如下。

- 手动：单击该单选按钮后，可以手动调整太阳对象在场景中的位置，以及太阳对象的强度值。
- 日期、时间和位置：单击该单选按钮后，使用太阳在地球上某一给定位置的符合地理学的角度和运动。
- 气候数据文件：单击该单选按钮后，日光会从气候数据（EPW）文件中导出太阳的角度和强度。

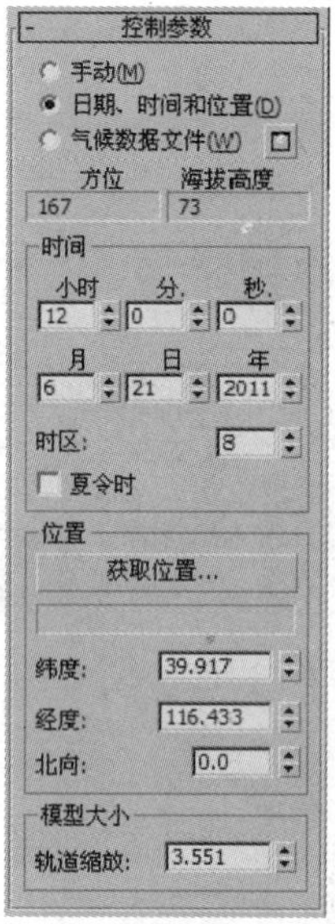

图8-84

8.8 综合演练——室内灯光的创建

场景文件	场景\Cha08\ 会议室.max	视频教学	视频教学\Cha08\ 会议室.avi
案例文件	场景\Cha08\ 会议室ok.max		
视频长度	12分29秒	难易指数	★★★★☆

下面介绍使用标准灯光来为室内布置灯光，完成的室内效果如图8-85所示。

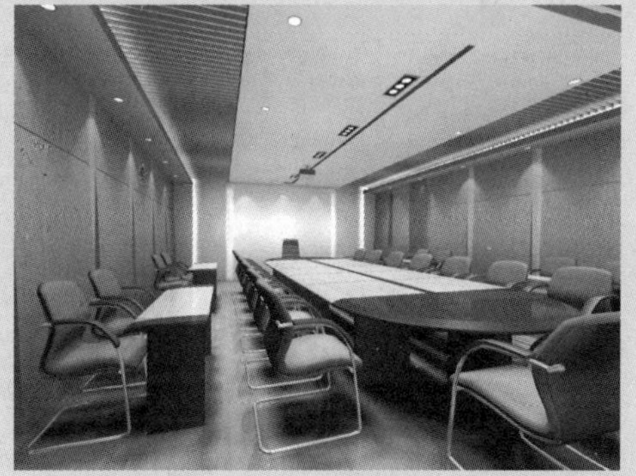
图8-85

图8-86

1 打开光盘中的“场景\cha08\会议室.max”文件，如图8-86所示.渲染场景得到如图8-87所示的效果，下面我们将为场景创建灯光。

图8-87

2 在“前”视图中创建目标聚光灯，设置灯光的参数，并复制灯光，如图8-88和图8-89所示。

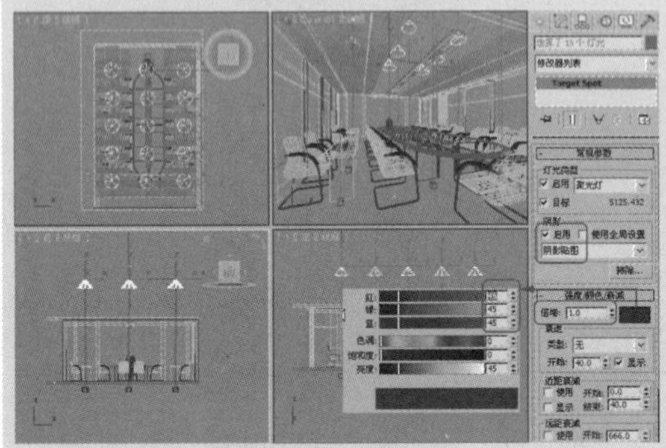

图8-88

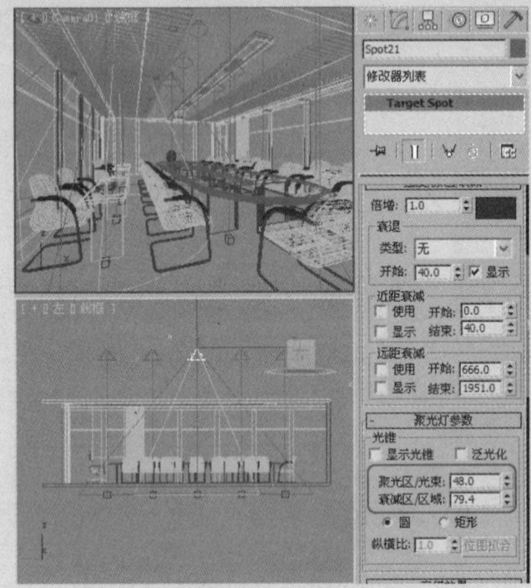

图8-89

3 创建灯光后渲染场景，得到如图8-90所示的效果。

图8-90

4 在场景中创建作为筒灯照射的目标聚光灯，如图8-91所示，设置灯光参数，并在场景中复制灯光。

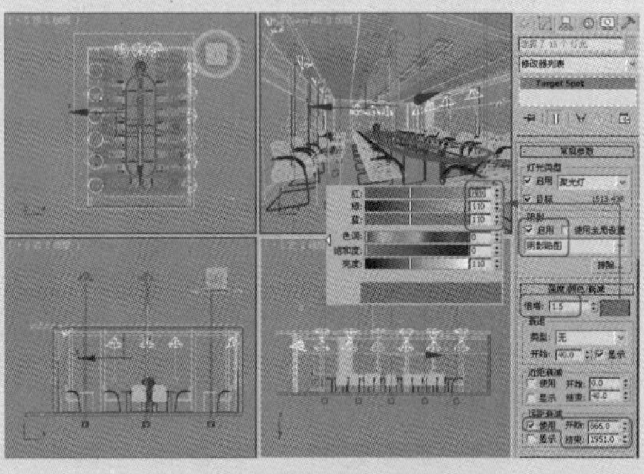

图8-91

5 渲染当前场景，得到如图8-92所示的效果。

图8-92

6 创建泛光灯，设置灯光的参数，并在场景中复制灯光到墙夹层的暗藏灯槽中，如图8-93所示。

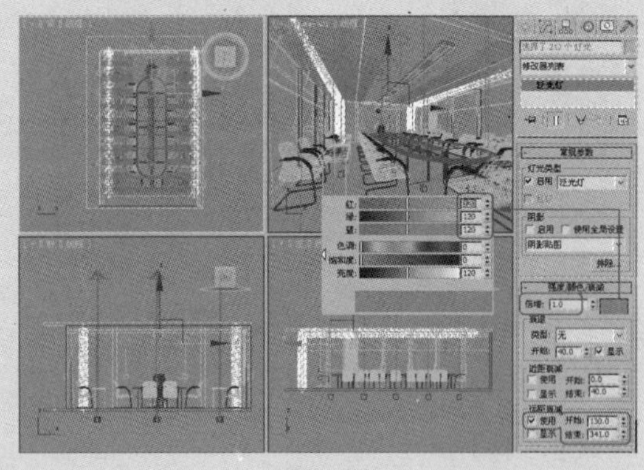

图8-93

7 在“前”视图中创建泛光灯，设置灯光的参数，并复制灯光到正面墙体的暗藏灯槽中，如图8-94所示。

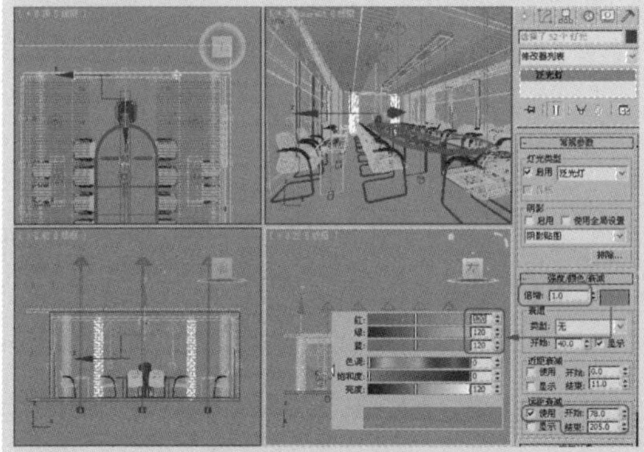

图8-94

8 渲染场景，得到如图8-95所示的效果。

图8-95

9 创建并复制泛光灯矩形阵列照明，设置灯光的参数如图8-96所示。

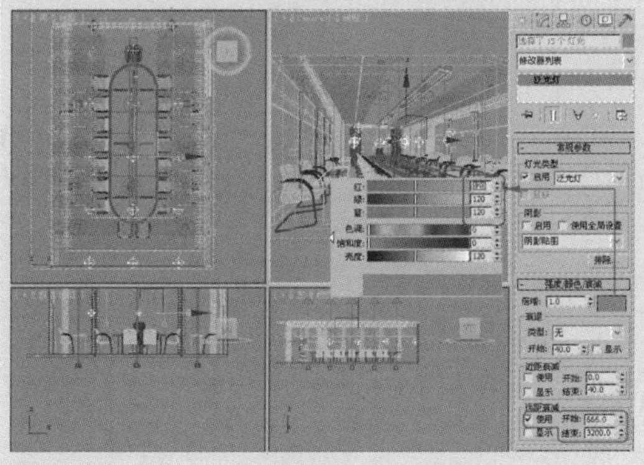

图8-96

10 渲染场景，得到如图8-97所示的效果。

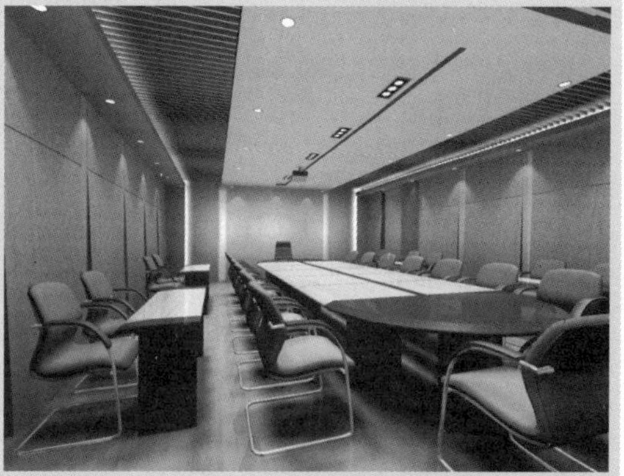

图8-97

11 在场景中如图8-98所示的位置创建辅助照明灯光，设置灯光合适的参数。

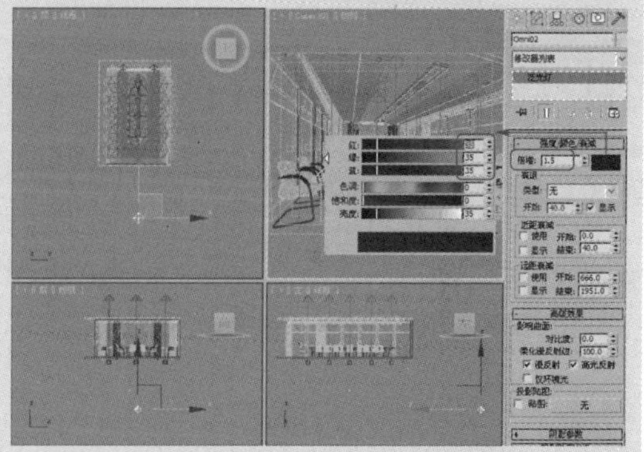

图8-98

12 渲染场景，得到的最终效果如图8-99所示。

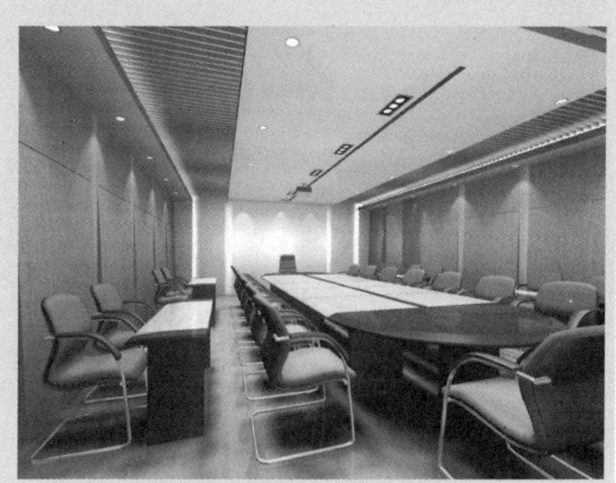

图8-99

8.9 课后练习——为静物创建灯光

场景文件	场景\Cha08\ 冰激凌.max	视频教学	视频教学\Cha08\冰激凌.avi
案例文件	场景\Cha08\冰激凌ok.max		
视频长度	48秒	难易指数	★★☆☆☆

下面为如图8-100所示的静物创建灯光。

1. 首先打开光盘中对应的文件，为场景创建天光。
2. 指定“光跟踪器”渲染器。
3. 创建泛光灯作为辅助灯光，完成静物灯光的创建。

图8-100

8.10 本章小结

本章主要介绍摄影机和灯光的创建和调整，通过对本章的学习读者可以掌握为场景创建摄影机和灯光，还可以学习如何通过摄影机制作视角移动的动画。

第9章

动画

动画是制作动画影片、展示三维动画艺术的重要环节。是动画影片的生命，也是最为复杂和难以掌握的内容。3ds Max为艺术家们提供了丰富多样的动画工具和动画控制器，包括常见的关键帧动画、链接动画、非线性编辑动画等。

9.1 动画的基本概念

使用 3ds Max可以为各种应用创建3D计算机动画；可以为计算机游戏设置角色或汽车动画，或为电影或广播设置特殊效果的动画；还可以创建用于严肃场合的动画，如医疗手册或法庭上的辩护陈述。无论设置动画的原因何在，我们都会发现3ds Max是一个功能强大的环境，可以使您实现各种目的。如图9-1所示为《最终幻想》中的的海报。

图9-1

设置动画的基本方式非常简单。可以设置任何对象变换参数的动画，以随着时间改变其位置、旋转和缩放。启用“自动关键点”按钮，然后移动时间滑块处于所需的状态，在此状态下，所做的更改将在视口中创建选定对象的动画。

动画用于整个3ds Max中。可以为对象的位置、旋转和缩放以及几乎所有能够影响对象的形状与外表的参数设置动画。您可以使用正向和反向运动学链接层次动画的对象，并且可以在轨迹视图中编辑动画。

9.1.1 什么是动画

动画是连续播放地 一系列静止的画面，当连续播放达到一定的速度时，我们用肉眼看到的就是动画了。它的基本原理与电影、电视一样，都是利用视觉原理。医学已经证明，人的眼睛具有“视觉暂留”特性，就是人的眼睛看到一幅画或一个物体后，在1/24秒内不会消失，利用这一原理，在一幅画还没有消失前播放出下一幅画，就会给人造成一种流畅的视觉变化效果。因此，电影采用了每秒25幅（PAL制）或30幅（NSTC制）画面的速度拍摄播放，如果以每秒低于24幅画面的速度拍摄播放，就会出现停顿现象。

9.1.2 传统动画和3ds Max动画

在动画播放过程中，每个单幅画面被称为“帧”。通常情况下，1分钟的动画至少要包括720~1800帧的图像。传统动画工作室为了提高工作效率，让主要艺术家只绘制重要的帧，称为关键帧，如图9-2所示，然后助手再计算出关键帧之间需要的帧。填充在关键帧中的帧称为中间帧。画出了所有关键帧和中间帧之后，需要链接或渲染图像以产生最终图像。即使在今天，传统动画的制作过程通常都需要数百名艺术家生成上千个图像。因此，制作传统动画的工作量之大可想而知。

3ds Max的出现使动画创作人员从繁重的动画帧画面的制作中解脱出来，在制作动画时，只需要创建出记录每个动画序列起点和终点的关键帧（这些关键帧的值称为关键点），各关键帧之间的过渡帧（中间帧）由软件自动计算生成，执行渲染操作时，系统会自动渲染各帧，从而生成高质量的动画。如图9-3所示，位于1和2的对象位置是不同帧上的关键帧模型，中间帧由计算机自动生成。

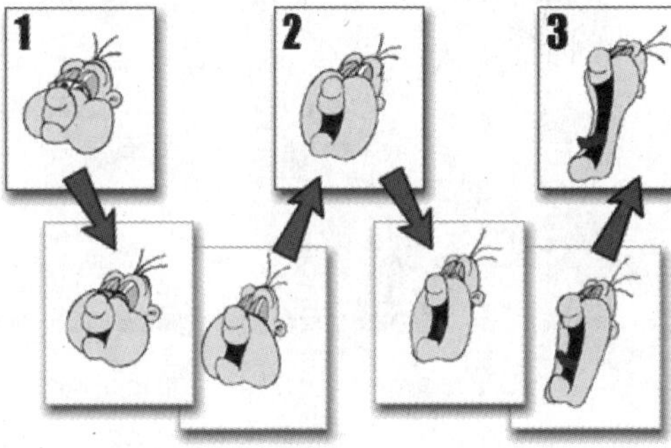

图9-2

图9-3

9.2 关键帧动画

关键帧动画是通过启用“自动关键点”按钮开始创建动画，以设置当前时间，然后更改场景中的事物。可以更改对象的位置、旋转或缩放，或者更改几乎任何的设置或参数。

当进行更改时，同时创建存储被更改参数的新值的关键点。如果关键点是为参数创建的第一个动画关键点，则在 0 时刻也创建第二个动画关键点以便保持参数的原始值。

实例操作060—— 创建风向标动画

场景文件	场景\Cha09\风向标.max	视频教学	视频教学\Cha09\风向标.avi
案例文件	场景\Cha09\风向标ok.max		
视频长度	2分20秒	难易指数	★★☆☆☆

下面以创建飞机飞行动画为例，介绍关键帧动画的创建。飞机飞行动画其中的单帧图片效果如图9-4所示。

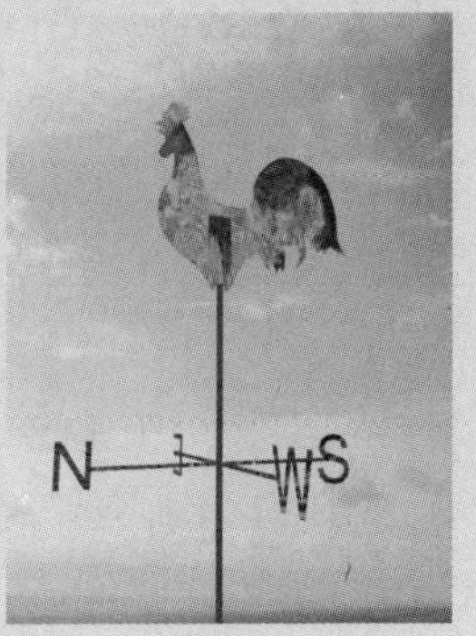

图9-4

1 打开光盘中的“场景\cha09\风向标.max”文件，如图9-5所示。

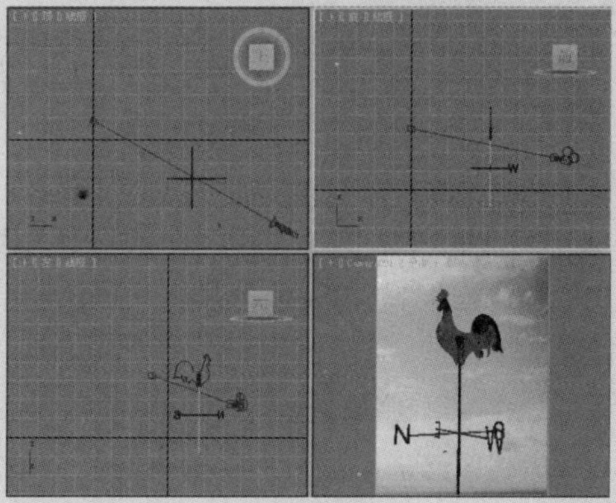
图9-5

2 在场景中将风向标模型成组，便于下面的操作，如图9-6所示。

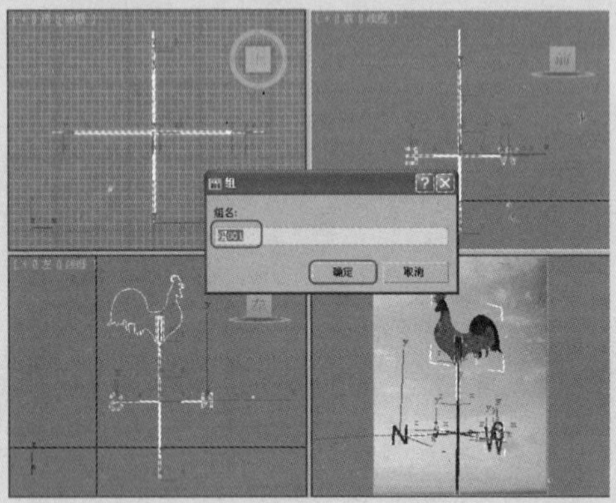

图9-6

3 单击“自动关键点”按钮，拖动时间滑块到10帧的位置，在“顶”视图中旋转模型，创建旋转模型动画如图9-7所示。

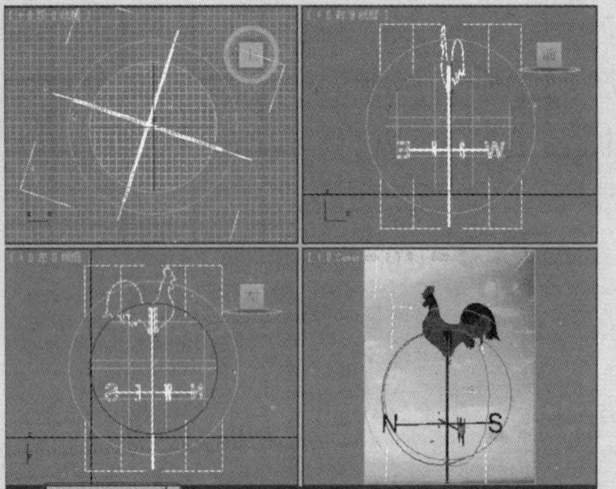

图9-7

4 拖动时间滑块到20帧的位置，在“顶”视图中旋转模型如图9-8所示。

5 使用同样的方法创建模型的旋转动画，模拟风吹风向标的效果，如图9-9所示。

6 单击（渲染设置）按钮，打开“渲染设置”面板，单击“活动时间段”单选按钮，设置渲染的尺寸如图9-10所示。

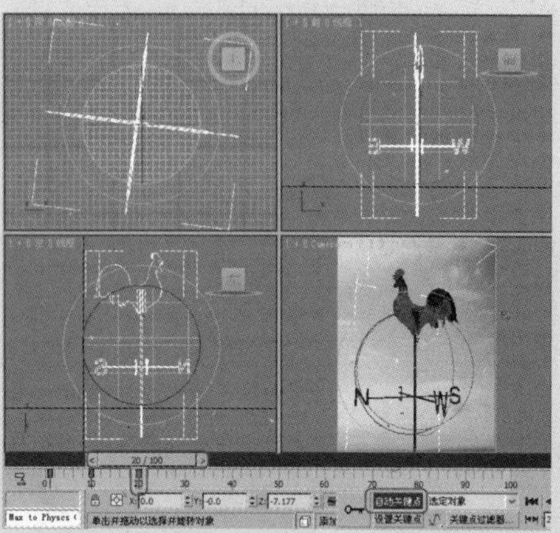

图9-8

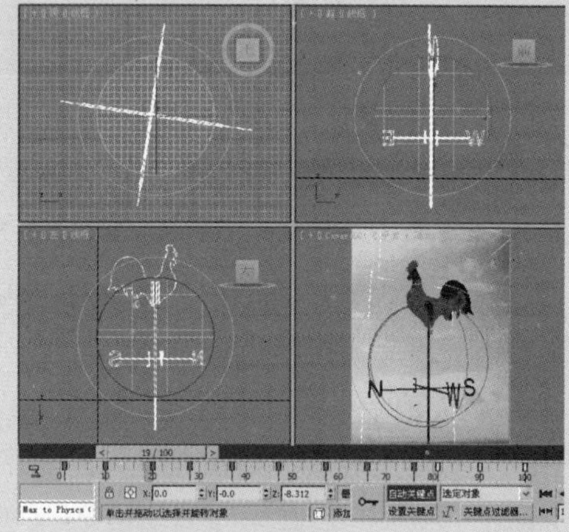

图9-9

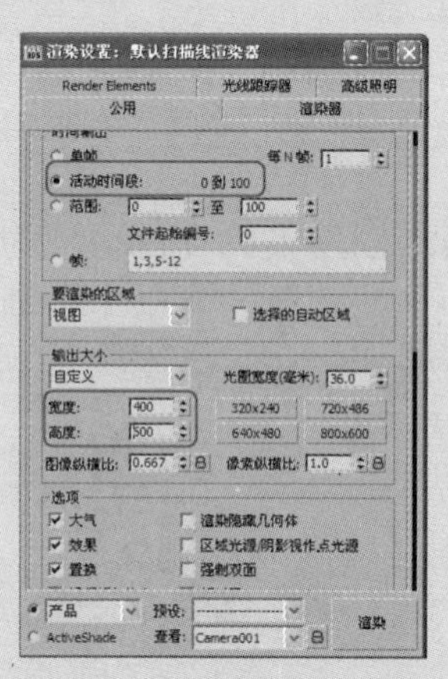

图9-10

7 在“渲染输出”组中单击“文件”按钮，在弹出的对话框中选择输出路径，为文件命名，选择存储文件的视频格式为AVI，单击“保存”按钮，在弹出的

"AVI文件压缩设置"对话框中设置合适的参数即可，单击"确定"按钮，如图9-11所示。

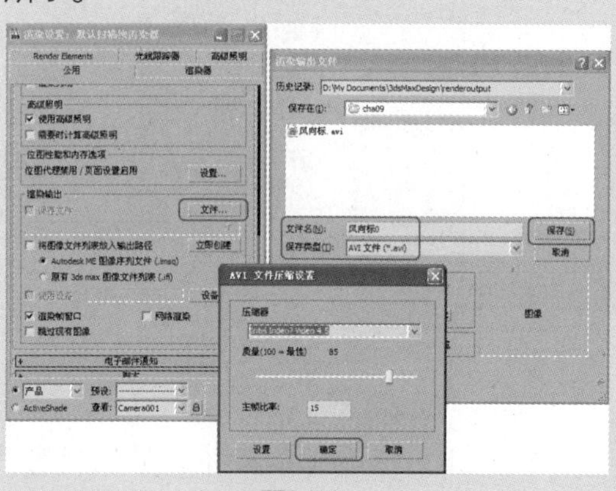

图9-11

8 单击"渲染"按钮，渲染场景如图9-12所示。

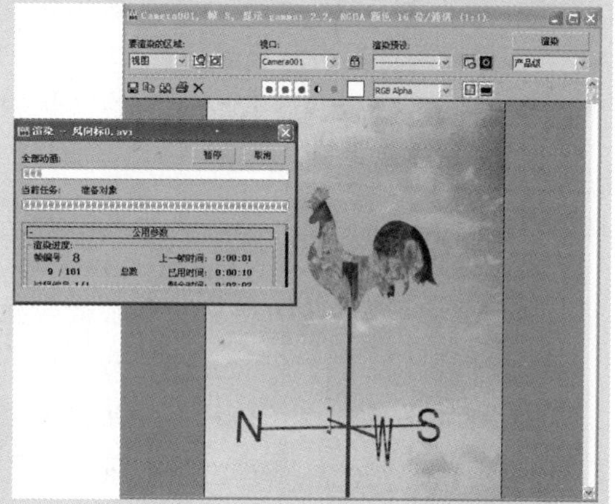

图9-12

9.3 动画制作的常用工具

建模在前面几章已经介绍了，下面将对设置动画用到的参数选项面板进行介绍。

9.3.1 动画控制工具

如图9-13所示的界面可以控制视图中的时间显示。时间控制包括时间滑块、播放按钮以及动画关键点等。

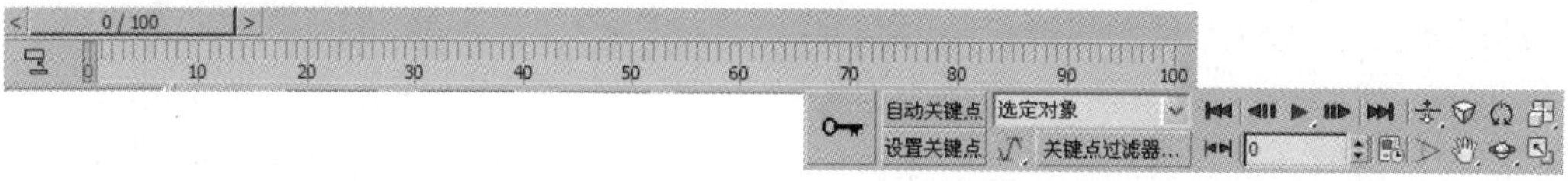

图9-13

动画控制工具区中的各选项的功能介绍如下。

- 时间滑块：移动该滑块显示当前帧号和总帧号，拖动该滑块可观察视图中的动画效果。
- 设置关键点：在当前时间滑块处于的帧位置创建关键点。
- 自动关键点：自动关键点模式。单击该按钮呈现红色，将进入自动关键点模式，并且激活的视图边框也以红色显示。
- 设置关键点：手动关键点模式。单击该按钮呈现红色，将进入手动关键点模式，并且激活的视图边框也以红色显示。
- （新建关键点的默认入\出切线）：为新的动画关键点提供快速设置默认切线类型的方法，这些新的关键点是用"设置关键点"或者"自动关键点"创建的。
- 关键点过滤器：用于设置关键帧的项目。

- （转到开头）：单击该按钮可将时间滑块恢复到开始帧。
- （上一帧）按钮：单击该按钮可将时间滑块向前移动一步。
- （播放动画）按钮：单击该按钮可在视图中播放动画。
- （下一帧）按钮：单击该按钮可将时间滑块向后移动一帧。
- （转到结尾）按钮：单击该按钮可将时间滑块移动到最后一帧。
- （关键点模式切换）按钮：单击该按钮，可以在前一帧和后一帧之间跳动。
- 显示当前帧号：当时间滑块移动时，可显示当前所在帧号，可以直接输入数值以快速到达指定帧号。
- （时间配置）：用于设置帧频、播放和动画等参数。

9.3.2 动画时间的设置

3ds Max 2012默认的时间是100帧，通常所制作的动画比100帧要长很多，那么如何设置动画的长度呢？动画是通过随时间改变场景而创建的，在3ds Max 9中可以使用大量的时间控制器，这些时间控制器的操作可以在"时间配置"对话框中完成。单击状态栏上的"（时间配置）"按钮，即可出现"时间配置"对话框，如图9-14所示。

"时间配置"对话框中的选项的功能介绍如下。

- NTSC：是北美、大部分中南美国家和日本所使用的电视标准的名称。帧速率为每秒30帧（fps）或者每秒60场，每个场相当于电视屏幕上的隔行插入扫描线。
- 电影：电影胶片的计数标准，它的帧速率为每秒24帧。

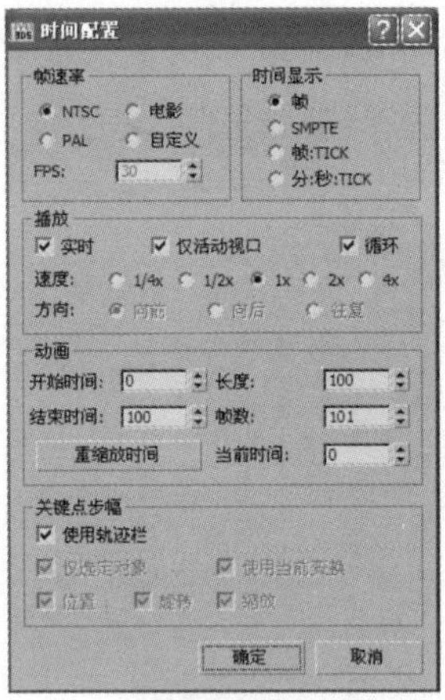

图9-14

- PAL：根据相位交替扫描线制定的电视标准，在我国和欧洲大部分国家中使用，它的帧速率为每秒25帧（fps）或每秒50场。
- 自定义：单击该单选按钮，可以在其下的（FPS）文本框中输入自定义的帧速率，它的单位为帧/秒。
- FPS：采用每秒帧数来设置动画的帧速率。视频使用30fps的帧速率，电影使用24 fps的帧速率，而Web和媒体动画则使用更低的帧速率。
- 帧：默认的时间显示方式，单个帧代表的时间长度取决于所选择的当前帧速率，如每帧为1/30秒。
- SMPTE：这是广播级编辑机使用的时间计数方式，对电视录像带的编辑都是在该计数下进行的，标准方式为00：00：00（分：秒：帧）。
- 帧：TICK：使用帧和3ds Max内定的时间单位——十字叉（TICK）显示时间，十字叉是3ds Max查看时间增量的方式。因为每秒有4800个十字叉，所以访问时间实际上可以减少到每秒1/4800。
- "分：秒：TICK"：与"SMPTE"格式相似，以分钟（min）、秒钟

（S）和十字叉（TICK）显示时间，例如，0.2：16：2240表示2分钟16秒和2240十字叉。

- 实时：勾选此复选框，在视图中播放动画时会保证真实的动画时间。当达不到此要求时，系统会跳格播放，省略一些中间帧来保证时间的正确。可以选择五个播放速度，即1x是正常速度，1/2x是半速等。速度设置只影响在视口中的播放。
- 仅活动视口：可以使播放只在活动视口中进行。取消勾选该复选框后，所有视口都将显示动画。
- 循环：控制动画只播放一次，还是反复播放。
- 速度：设置播放时的速度。
- 方向：将动画设置为向前播放、反转播放或往复播放。
- “开始时间”和“结束时间”：分别设置动画的开始时间和结束时间。默认设置开始时间为0，根据需要可以设为其他值，包括负值。有时可能习惯于将开始时间设置为第1帧，这比0更容易计数。
- 长度：设置动画的长度，它其实是由“开始时间”和“结束时间”设置得出的结果。
- 帧数：被渲染的帧数，通常是设置数量再加上一帧。
- 重缩放时间：对目前的动画区段进行时间缩放，以加快或减慢动画的节奏，这会同时改变所有的关键帧设置。
- 当前时间：显示和设置当前所在的帧号码。
- 使用轨迹栏：使关键点模式能够遵循轨迹栏中的所有关键点。其中包括除变换动画之外的任何参数动画。
- 仅选定对象：在使用关键点步幅时只考虑选定对象的变换。如果取消勾选该复选框，则将考虑场景中所有未隐藏对象的变换。默认设置为启用。
- 使用当前变换：禁用“位置”、“旋转”和“缩放”，并在关键点模式中使用当前变换。
- “位置”、“旋转”和“缩放”：指定关键点模式所使用的变换。取消勾选“使用当前变换”复选框即可使用“位置”、“旋转”和“缩放”复选框。

9.3.3 轨迹视图

轨迹视图对于管理场景和动画制作功能非常强大，在主工具栏中单击（曲线编辑器）按钮可以打开“轨迹视图”窗口，此外还可以通过选择“图形编辑｜轨迹视图-曲线编辑器”菜单命令打开“轨迹视图”窗口，如图9-15所示。

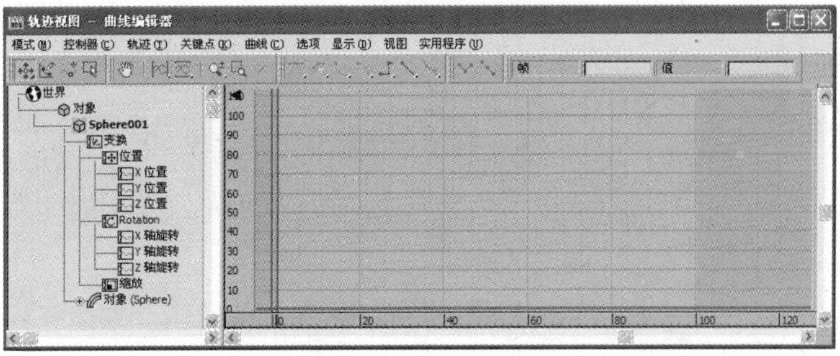

图9-15

轨迹视图主要可以分为以下几个功能板块。

- 层级清单：位于视图的左侧，它将场景中的所有项目显示在一个层级中，在层级中对物体名称进行选择即可选择场景中的对象。
- 编辑窗口：位于视图的右侧，显示轨迹和功能曲线表示时间和参数值的变化。编辑窗口使用浅灰色背景表示激活的时间段。
- 菜单栏：整合了轨迹视图的大部分功能。
- 工具栏：包括控制项目、轨迹和功能曲线的工具。
- 状态栏：包含指示、关键时间、数值栏和导航控制的区域。
- 时间标尺：测量在编辑窗口中的时间，在时间标尺上的标志反映“时间配置”对话框的设置。可以上下拖曳时间标尺使它和任何轨迹对齐。

层级清单中的各项功能介绍如下。

- 世界：将所有场景中的轨迹收为一个轨迹，以便更快速地进行全局操作。
- 声音：可在动画中加入声音。
- 后期合成：用于设置后期合成时的动画轨迹。
- 全局轨迹：分支包含存储控制器的清单，其中还可存储全局变量。
- 环境：包括控制背景、场景环境效果等控制。包含环境光、背景定义、雾和容积光、Video Post等项目。
- 渲染效果：所包含轨迹的作用是产生“渲染”菜单“效果”中的效果。添加渲染效果之后，就可以在这里使用轨迹来为光晕大小和颜色等效果参数设置动画。
- 渲染元素：显示通过“渲染设置”对话框渲染元素卷展栏选择以进行单独渲染的元素。
- 渲染器：可以在渲染器中为参数设置动画。
- 全局阴影参数：使用这些轨迹之后，只要光线在“阴影参数”卷展栏中启用了使用全局设置参数，就可以对它们更改阴影参数或为阴影参数设置动画。
- 场景材质：包含场景中所有材质的定义。在开始指定材质给对象之前，它是空的。当在这一分支选择材质时，用的是材质的实例，它们已经指定到了场景中的对象上。这些材质可能不会在所有的材质编辑器实例中。
- 材质编辑器：包含全局材质定义。
- 对象：立方体表示场景中的对象与对象的分支，包括链接的子对象和对象的层级参数。

实例操作061—— 风车动画

场景文件	场景\Cha09\风车.max	视频教学	视频教学\Cha09\风车.avi
案例文件	场景\Cha09\风车ok.max		
视频长度	3分33秒	难易指数	★★☆☆☆

下面制作风车动画来介绍“轨迹视图-曲线编辑器”的应用。如图9-16所示为完成动画的单帧镜头效果。

图9-16

1 打开光盘中的“场景\cha09\风车.max”文件，如图9-17所示。

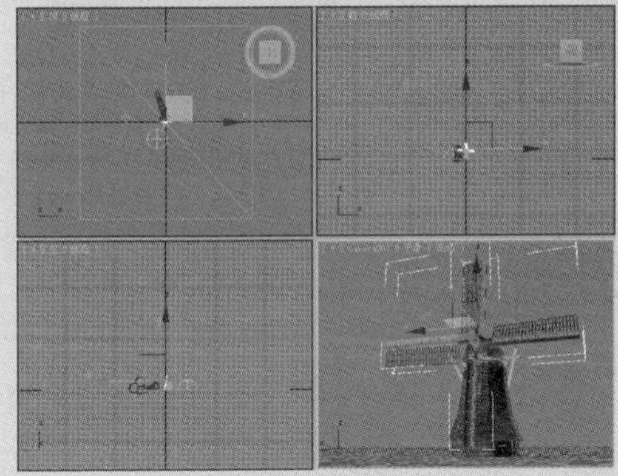

图9-17

2 渲染打开的场景,得到如图9-18所示的效果图。

图9-18

3 在场景中选择风车扇面，将其成组，如图9-19所示。

4 在“前”视图中调整成组模型的轴心，如图9-20所示。

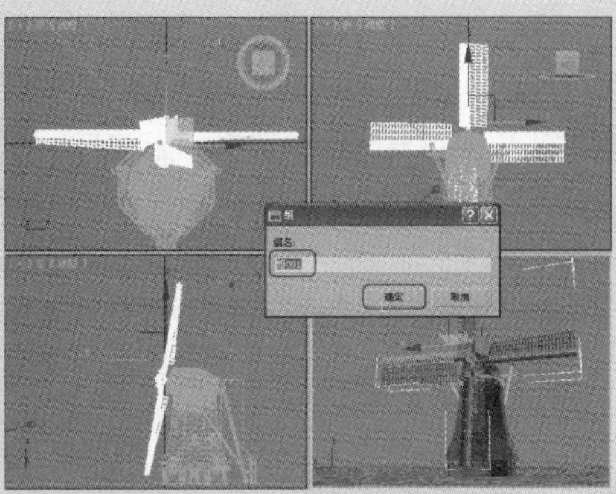

图9-19

图9-20

5 拖动时间滑块到100帧处，单击自动关键点，在“前”视图中旋转风车模型，创建旋转动画，如图9-21所示。

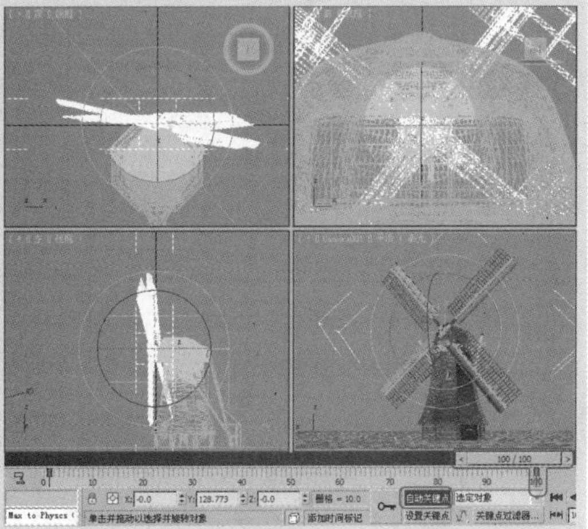

图9-21

6 在主工具栏中单击（曲线编辑器）按钮，可以打开“轨迹视图”窗口，在右侧的“对象”组中选择“组001”，并选择“Rotation（旋转）”组下的“Y轴旋转”，如图9-22所示。

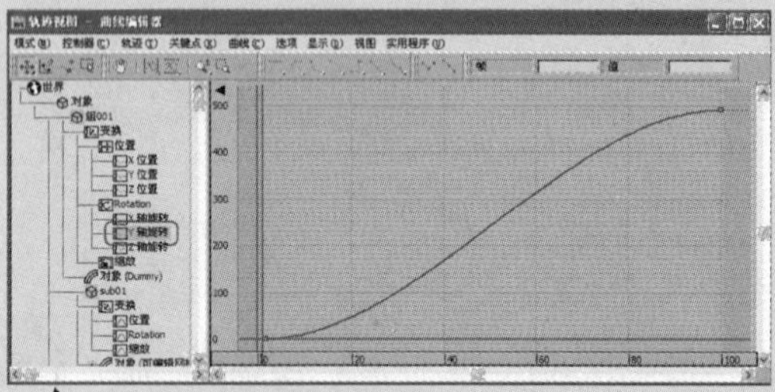

图9-22

7 鼠标右击切入点（关键点），在弹出的对话框中设置“输入”和“输出”，如图9-23所示。

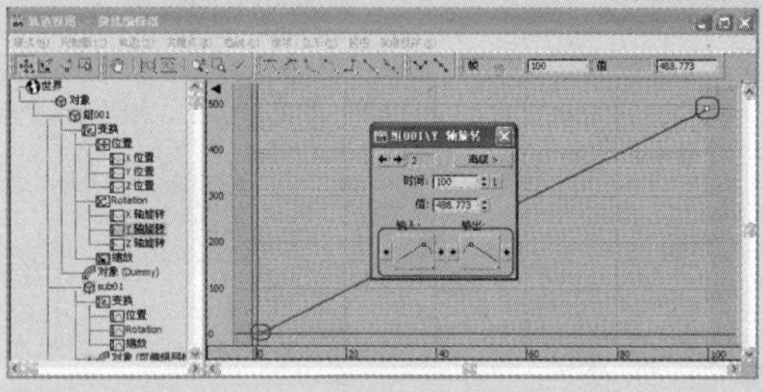

图9-23

8 选择第100帧处的关键点，设置“位置”为1000，如图9-24所示。该参数的大小决定在Y轴旋转的圈数的多少。

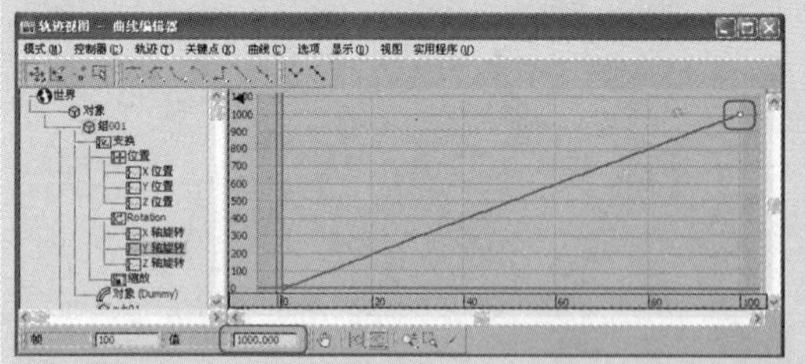

图9-24

9 在场景中选择组，并右击该组，在弹出的快捷菜单中选择“对象属性”命令，在弹出的对话框中将“渲染控制”组中的“按对象”和“运动模糊”组中的“按对象”按钮弹起，选择“运动模糊”组中的“图像”选项，设置“倍增”为1.0，如图9-25所示。

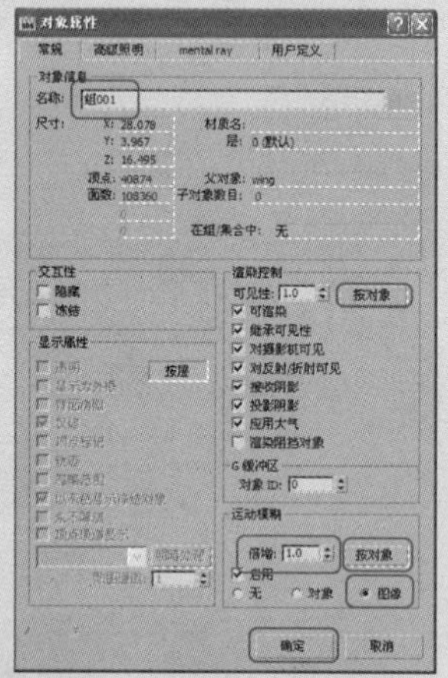

图9-25

10 按8键，打开“环境和效果”对话框，单击“添加”按钮，在弹出的对话框中选择“运动模糊”命令，单击“确定”按钮，如图9-26所示。

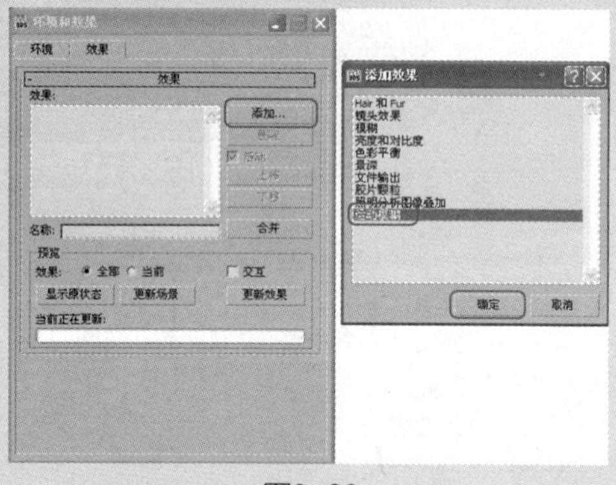

图9-26

11 渲染当前场景可以得到如图9-27所示的效果。

图9-27

12 在工具栏中单击（渲染设置）按钮，在弹出的对话框中单击“时间输出”组中的“活动时间段”单选按钮，设置“输出大小”如图9-28所示。

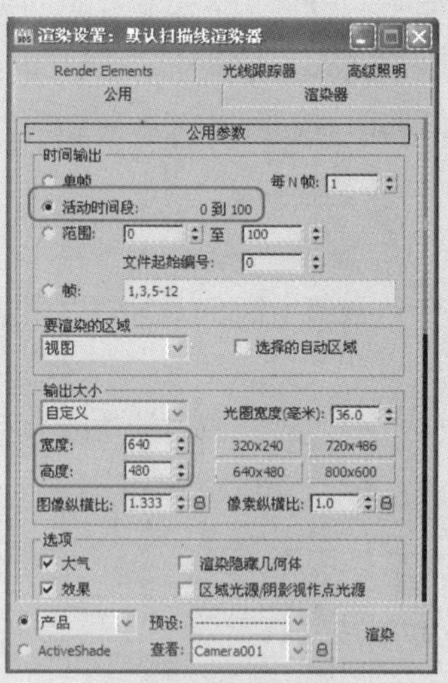

图9-28

13 在“渲染输出”组中单击“文件”按钮，在弹出的对话框中选择存储路径，并选择保存类型为AVI，单击“保存”按钮，在弹出的对话框中选择一种合适的视频输出类型，如图9-29所示。

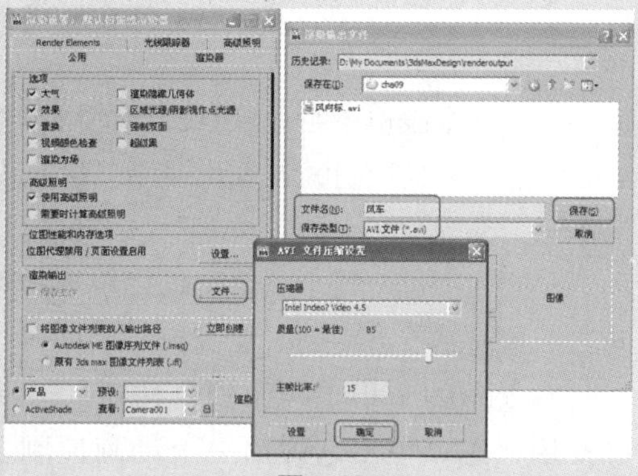

图9-29

14 渲染场景动画，如图9-30所示。

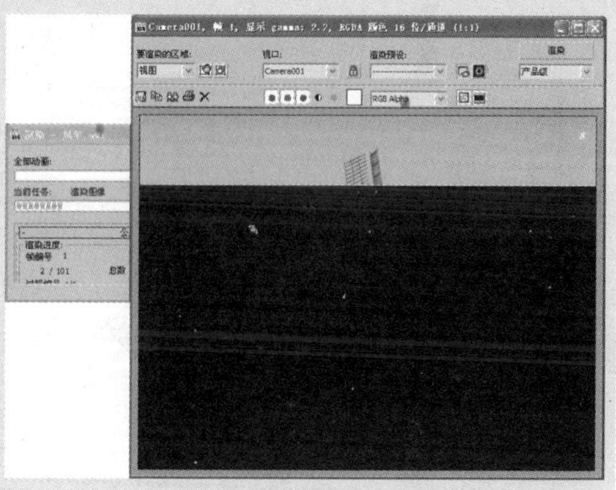

图9-30

9.4 “运动”面板

“运动”面板用于控制选中物体的运动轨迹，指定动画控制器，还可以对单个关键点信息进行编辑，如编辑动画的基本参数（位移、旋转和缩放），创建和添加关键帧、关键帧信息，以及对象运动轨迹的转化和塌陷等。

在命令面板中单击按钮，即可打开“运动”面板。“运动”面板由“参数”和“轨迹”两部分组成，如图9-31所示。

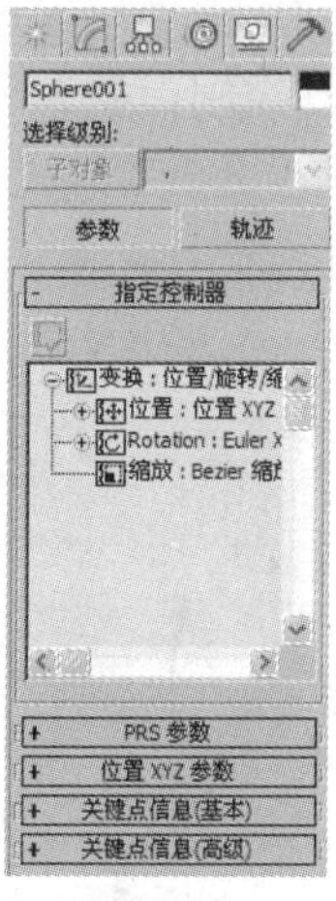

图9-31

1. “参数”面板

“指定控制器”卷展栏可以为选择的

物体指定各种动画控制器，以完成不同类型的运动控制。

在它的列表框中可以观察到当前可以指定的动画控制器项目，一般由一个“变换”携带三个分支项目，即“位置”、“旋转”和“缩放”项目。每个项目可以提供多种不同的动画控制器，使用时要选择一个项目，这时右上角的（指定控制器）按钮变为可使用状态，单击它弹出一个动画控制器列表，如图9-32所示；选择一个动画控制器，单击“确定”按钮，此时当前项目右侧显示出新指定的动画控制器名称。

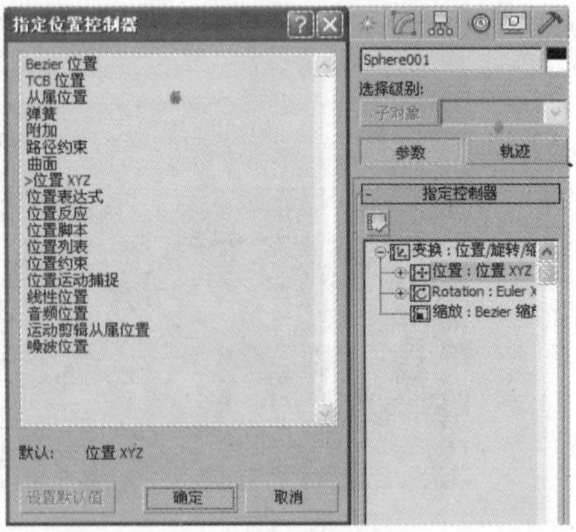

图9-32

在指定动画控制器后，“变换”项目面板下的“位置”、“旋转”和“缩放”三个项目会提供相应的控制面板，在其项目上右击，在弹出的快捷菜单中选择“属性”命令，可以打开其控制面板。

（1）“PRS参数”卷展栏主要用于创建和删除关键点。“PRS参数”卷展栏如图9-33所示，部分选项的功能介绍如下。

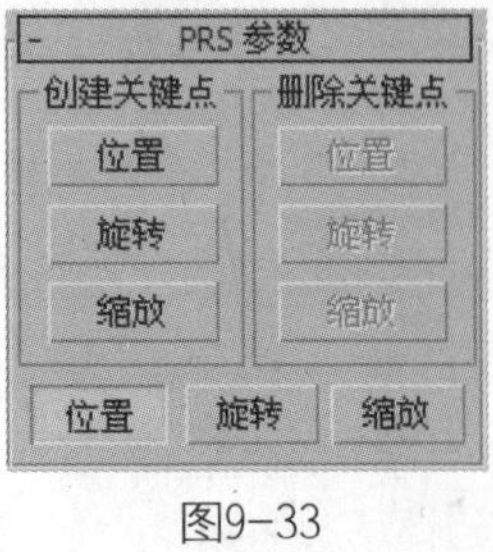

图9-33

- 创建关键点、删除关键点：在当前帧创建或删除一个移动、旋转或缩放关键点。这些按钮是否处于活动状态取决于当前帧存在的关键点类型。
- “位置”、“旋转”和“缩放”：分别控制打开其对应的控制面板，由于动画控制器的不同，各自打开的控制面板也不同。

（2）“关键点信息（基本）”卷展栏用来改变动画值、时间和所选关键点的中间插值方式。“关键点信息（基本）”卷展栏如图9-34所示，部分选项的功能介绍如下。

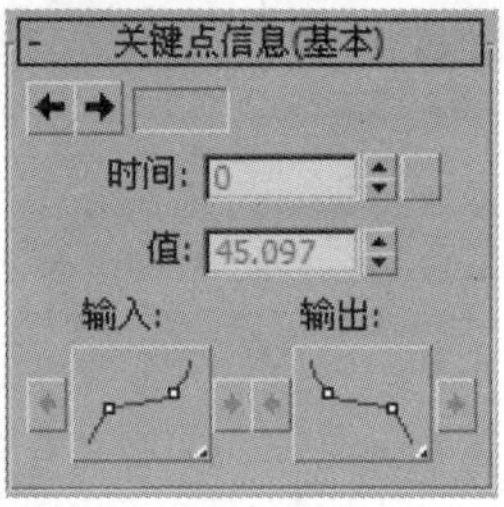

图9-34

- ：到前一个或下一个关键点上。
- 1 ：显示当前关键点数。
- 时间：显示关键点所处的帧号，右侧的锁定按钮L可以防止在轨迹视图编辑模式下关键点发生水平方向的移动。
- 值：调整选定对象在当前关键点处的位置。
- 关键点进出切线：通过切线两个按钮进行选择，“输入”确定入点切线形态；“输出”确定出点切线形态。
  - ◆ ：建立平滑的插补值穿过此关键点。
  - ◆ ：建立线性的插补值穿过此关键点。
  - ◆ ：将曲线以水平线控制，在接触关键点处垂直切下。
  - ◆ ：插补值改变的速度围绕关

键点逐渐增加。越接近关键点，插补越快，曲线越陡峭。

- ◆ ：插补值改变的速度围绕关键点缓慢下降。越接近关键点，插补越慢，曲线越平缓。
- ◆ ：在曲线关键点两侧显示可调整曲线的滑杆，通过它们可以随意调节曲线的形态。

- 左向箭头表示将当前插补形式复制到关键点左侧；右向箭头表示将当前插补形式复制到关键点右侧。

提示 设置关键点切线可以设置运动效果，如缓入缓出、速度均匀等。

（3）“关键点信息（高级）”卷展栏如图9-35所示，各选项的功能介绍如下。

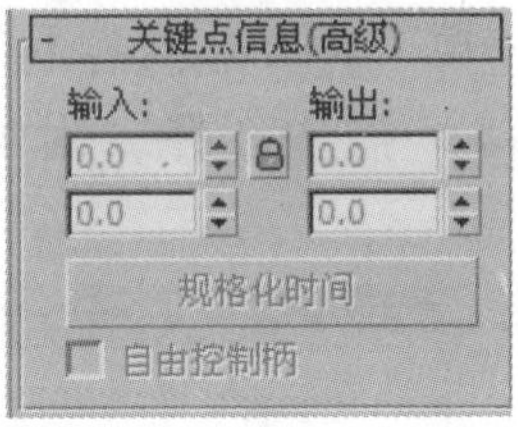

图9-35

- 输入、输出：“输入”是参数接近关键点时的更改速度；“输出”是参数离开关键点时的更改速度。
- ：单击该按钮后，更改一个自定义切线会同时更改另一个，但是量相反。
- 规格化时间：平均时间中的关键点位置，并将它们应用于选定关键点的任何连续块。在需要反复为对象加速和减速，并希望平滑运动时使用。
- 自由控制柄：用于自动更新切线控制柄的长度。取消勾选该复选框时，切线长度是其相邻关键点相距固定百分比。在移动关键点时，控制柄会进行调整，以保持与相邻关键点的距离为相同百分比。

2.“轨迹”面板

“轨迹”面板用于控制显示对象随时间变化而移动的路径，如图9-36所示。

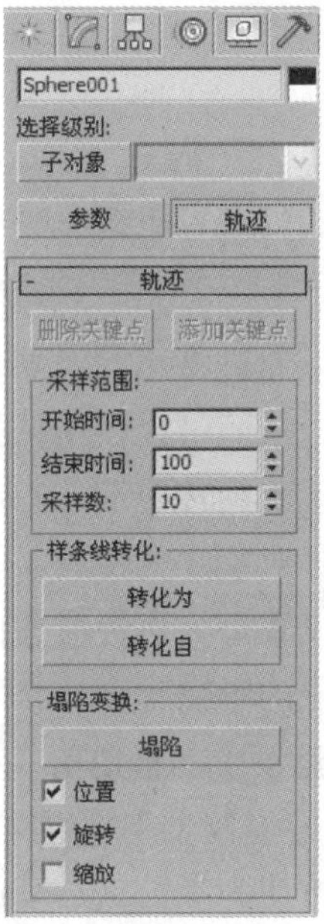

图9-36

“轨迹”卷展栏中各选项的功能介绍如下。

- 删除关键点：将当前选择的关键点删除。
- 添加关键点：单击该按钮，可以在视图轨迹上添加关键点，也可以在不同的位置增加多个关键点，再次单击该按钮可以将它关闭。
- “开始时间”和“结束时间”：为转换指定间隔。如果要将轨迹转化为一个样条曲线，这里可以确定哪一段间隔的轨迹将进行转化；如果要将样条曲线转化为轨迹，它将确定这一段轨迹放置的时间区段。
- 采样数：设置采样样本的数目。它们均匀分布，成为转化后曲线上的控制点或转化后轨迹上的关键点。
- 转化为：单击该按钮，将依据上面

的区段和间隔进行设置，把当前选择的轨迹转换为样条曲线。

- 转化自：单击该按钮，将依据上面的区段和间隔进行设置，允许在视图中选择一条样条曲线，从而将它转换为当前选择物体的运动轨迹。
- 塌陷：将当前选择物体的变换操作进行塌陷处理。
- “位置”、“旋转”和“缩放”：决定塌陷所要处理的变换项目。

9.5 动画约束

动画约束通过将当前对象与其他目标对象进行绑定，从而可以使用目标对象控制当前对象的位置、旋转或缩放。动画约束需要至少一个目标对象，在使用了多个目标对象时，可通过设置每个目标对象的权重来控制其对当前对象的影响程度。

在◎（运动）面板单击“参数”按钮，然后在“指定控制器”卷展栏单击（指定控制器）按钮为参数施加动画约束；也可以选择菜单栏中的“动画｜约束”命令，从弹出的子菜单中选择相应的动画约束，如图9-37所示。

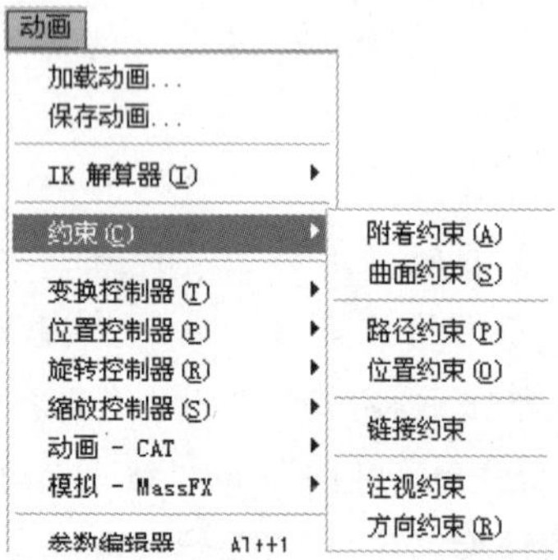

图9-37

9.5.1 附着约束

“附着约束”是将一个对象附着到另一个对象的表面上，它属于一种位置约束，可以设置对象位置的动画。

“附着约束”是一种位置约束，它将一个对象的位置附着到另一个对象的面上（目标对象不用必须是网格，但必须能够转化为网格）。通过随着时间设置不同的附着关键点，可以在另一对象的不规则曲面上设置对象位置的动画，即使这一曲面是随着时间而改变的也可以。

在◎（运动）面板单击“参数”按钮，然后在“指定控制器”卷展栏中选择“位置”，单击（指定控制器）按钮，在弹出的对话框中选择“附加”，如图9-38所示。

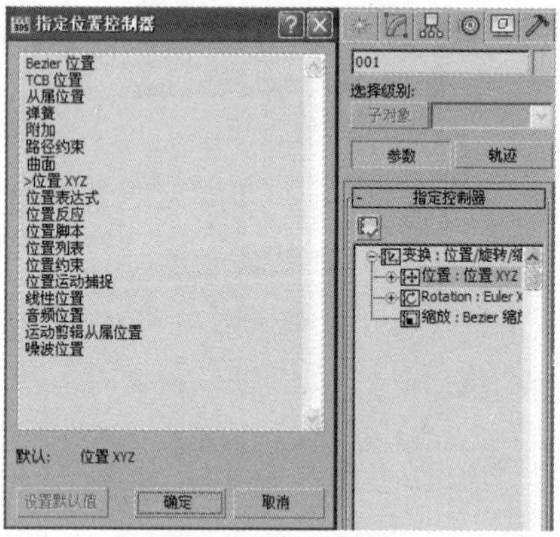

图9-38

指定约束后，显示“附着参数”卷展栏，如图9-39所示。“附着参数”卷展栏中的选项的功能介绍如下。

- 附加到：在该选项组中设置对象附加。
- 拾取对象：在视口中为附着选择并拾取目标对象。
- 对齐到曲面：将附着对象的方向固

定在其所指定的面上。禁用该选项后，附着对象的方向不受目标对象上的面的方向影响。

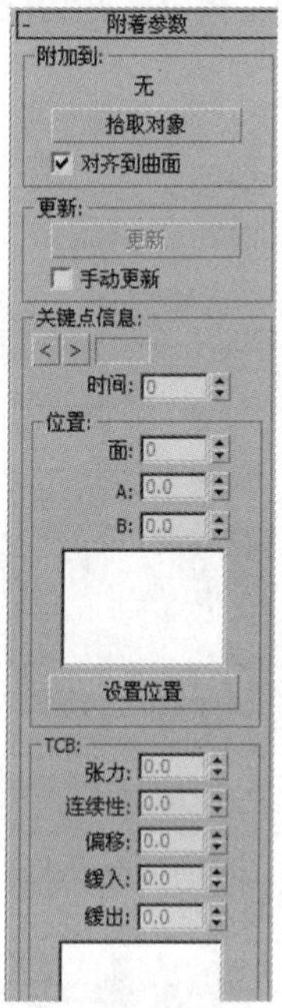

图9-39

- 更新：更新显示。
- 手动更新：启用“更新”。
- 时间：显示当前帧，并可以将当前关键点移动到不同的帧中。
- 面：提供对象所附着到的面的索引。
- A、B：含有定义面上附着对象的位置的重心坐标。
- 设置位置：在目标对象上调整源对象的放置。在目标对象上拖动来指定面和面上的位置。源对象在目标对象上相应移动。
- TCB：该选项组中的所有条目与TCB控制器中的相同。源对象的方向也受这些设置的影响并按照这些设置进行插值。
- 张力：控制动画曲线的曲率。
- 连续性：控制关键点处曲线的切线属性。
- 偏移：控制动画曲线偏离关键点的方向。
- 缓入：放慢动画曲线接近关键点时的速度。
- 缓出：放慢动画曲线离开关键点时的速度。

9.5.2 曲面约束

曲面约束能在对象的表面上定位另一个对象，如图9-40所示。

图9-40

可以作为曲面对象的对象类型是有限制的，限制是它们的表面必须能用参数表示。

在（运动）面板单击“参数”按钮，在“指定控制器”卷展栏中选择“位置”，单击（指定控制器）按钮，在弹出的对话框中选择“曲面”，如图9-41所示。

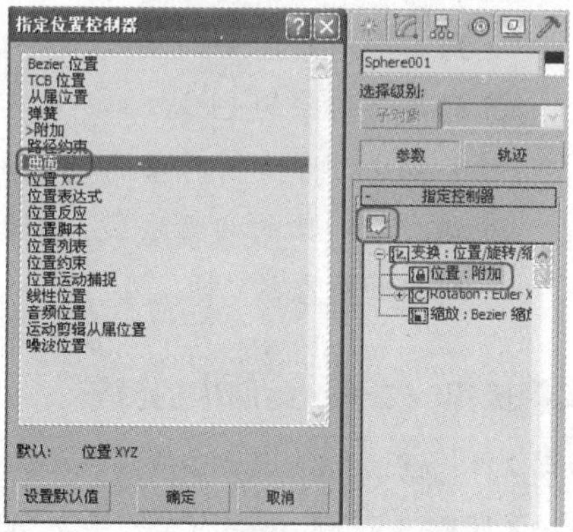

图9-41

指定约束后，显示“曲面控制器参数”卷展栏，如图9-42所示。各选项的功能介绍如下。

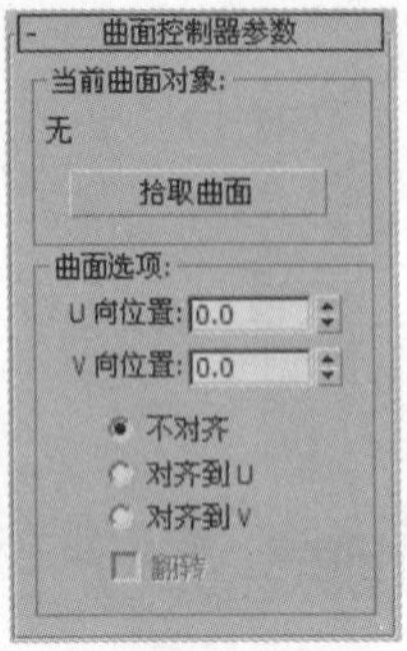

图9-42

- 当前曲面对象：本组提供用于选择，然后显示选定的曲面对象的一种方法。
- 拾取曲面：选择需要用作曲面的对象。
- 曲面选项：本选项组提供了一些控件，用来调整对象在曲面上的位置和方向。
- U向位置：调整控制对象在曲面对象U坐标轴上的位置。
- V向位置：调整控制对象在曲面对象V坐标轴上的位置。
- 不对齐：单击此单选按钮后，不管控制对象在曲面对象上的什么位置，它都不会重定向。
- 对齐到U：将控制对象的局部z轴对齐到曲面对象的曲面法线，将x轴对齐到曲面对象的U轴。
- 对齐到V：将控制对象的局部z轴对齐到曲面对象的曲面法线，将x轴对齐到曲面对象的V轴。
- 翻转：翻转控制对象局部z轴的对齐方式。

9.5.3 路径约束

路径约束会对一个对象沿着样条线或在多个样条线间的平均距离间的移动进行限制。具体效果如图9-43所示。

图9-43

路径目标可以是任意类型的样条线。样条曲线（目标）为约束对象定义了一个运动的路径。目标可以使用任意的标准变换、旋转、缩放工具设置为动画。以路径的子对象级别设置关键点，如顶点或分段，虽然这影响到受约束对象，但可以制作路径的动画。

几个目标对象可以影响受约束的对象。当使用多个目标时，每个目标都有一个权重值，该值定义它相对于其他目标影响受约束对象的程度。

1. 实例操作062—— 运动中的汽车

场景文件	场景\Cha09\运动中的汽车.max	视频教学	视频教学\Cha09\运动中的汽车.avi
案例文件	场景\Cha09\运动中的汽车ok.max		
视频长度	4分56秒	难易指数	★★★☆☆

1 打开光盘中的“场景\cha09\运动中的汽车”文件，如图9-44所示。

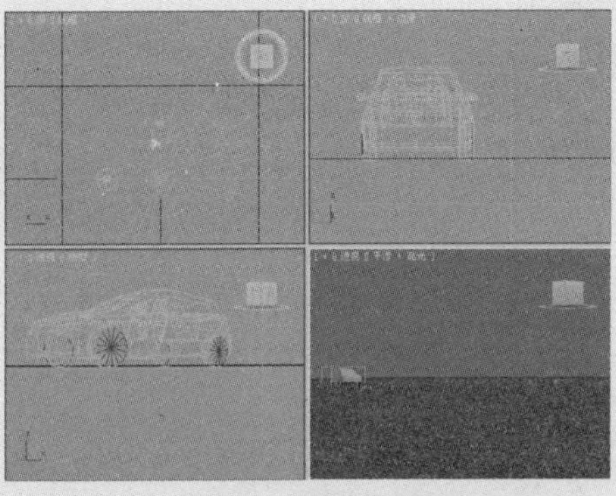

图9-44

2 渲染场景得到如图9-45所示的效果。

图9-45

3 可以看一下场景中创建了虚拟对象，我们已经将场景中的汽车模型连接到虚拟对象上，如图9-46所示。

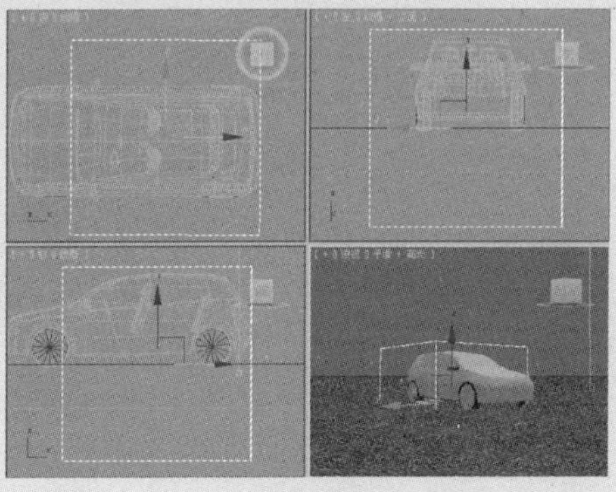

图9-46

4 在场景中创建样条线作为运动路径，如图9-47所示。

5 在场景中选择虚拟对象，在（运动）面板的“指定控制器”卷展栏中选择“位置”，单击（指定控制器）按钮，在弹出的对话框中选择“路径约束”，如图9-48所示。

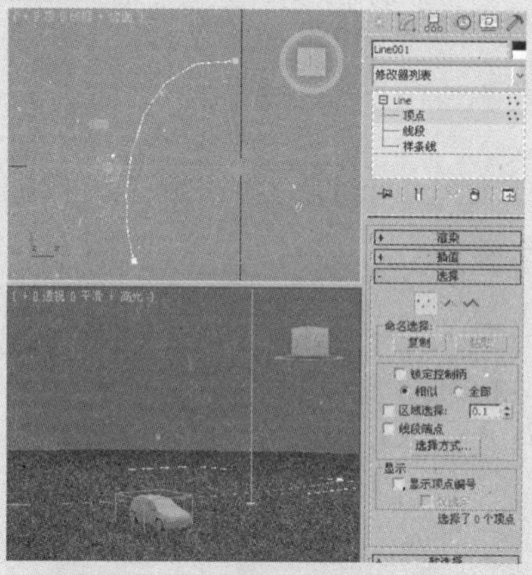

图9-47

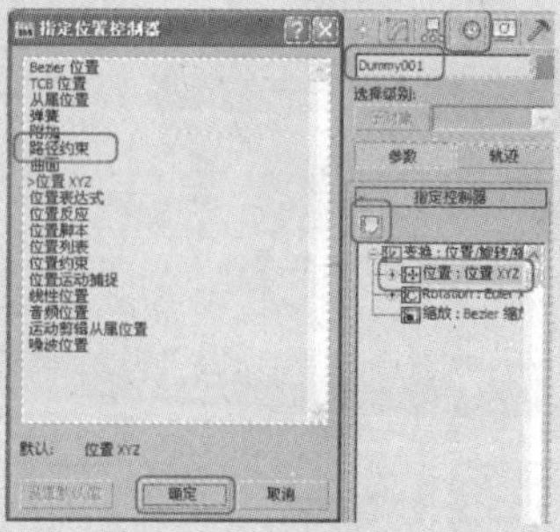

图9-48

6 在“路径约束”卷展栏中单击“添加路径”按钮，在场景中拾取样条线，如图9-49所示。

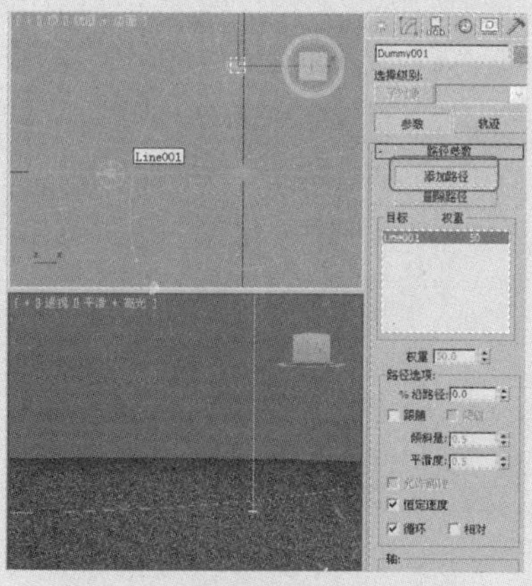

图9-49

7 勾选“跟随”和“翻转”复选框，如图9-50所示。

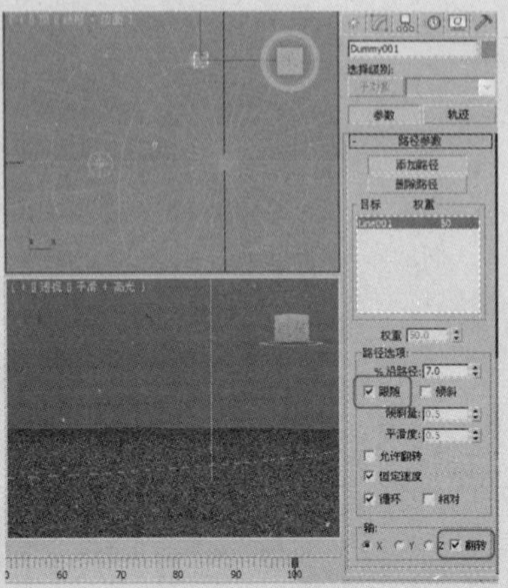

图9-50

8 在场景中调整“透视”图，按Ctrl+C键在视口中创建摄影机，如图9-51所示。

图9-51

9 在场景中选择汽车模型并右击，在弹出的快捷菜单中选择“对象属性”命令，在弹出的对话框中设置运动模糊的各个选项，如图9-52所示。

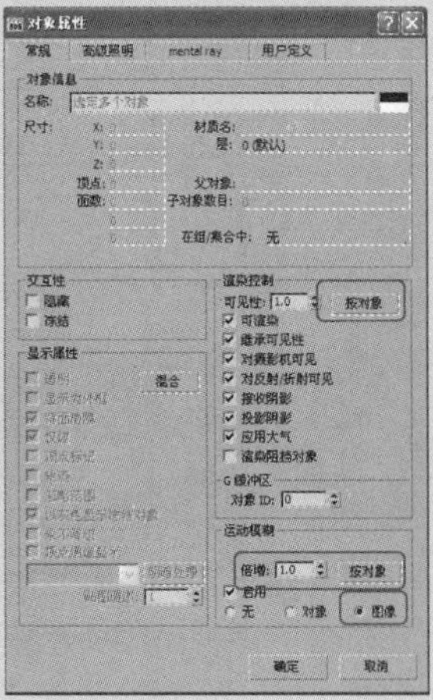

图9-52

10 按8键，在弹出的“环境和效果”对话框中添加“运动模糊”效果，如图9-53所示。

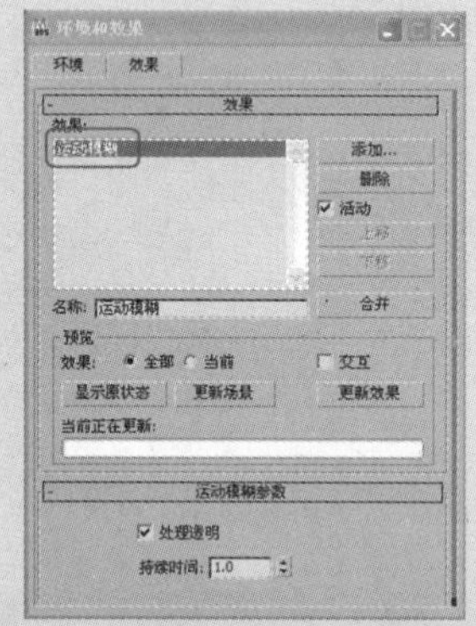

图9-53

11 再为场景添加“亮度和对比度”效果，如图9-54所示。

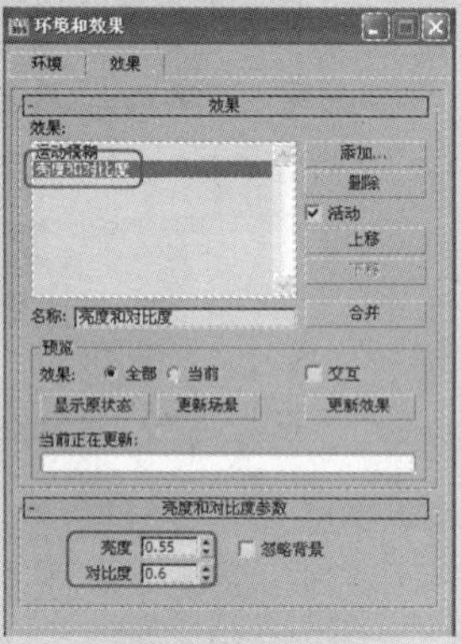

图9-54

12 设置渲染的“活动时间段”和“输出尺寸”，如图9-55所示。

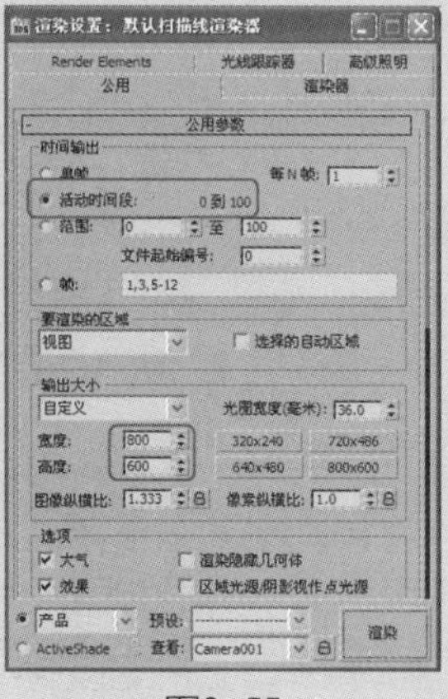

图9-55

13 在“渲染输出”组中单击“文件”按钮，设置场景动画的输出，如图9-56所示。

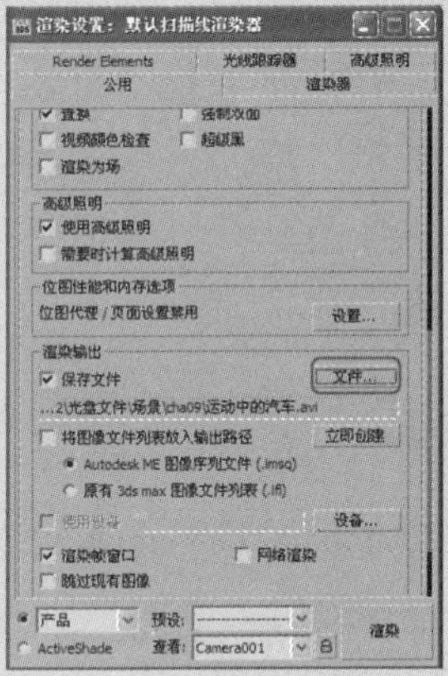

图9-56

14 渲染场景动画的单帧效果，如图9-57所示。

图9-57

2. 选项介绍

“路径参数”卷展栏中部分选项的功能介绍如下。

- 添加路径：击该按钮，然后在场景中选择样条线，使之对当前对象产生约束影响。
- 删除路径：从列表中移除当前选择的样条线。
- 列表：列出了所有被加入的样条线名称。
- 权重：设置当前选择的样条线相对于其他样条线影响受约束对象的程度。
- %沿路径：设置对象沿路径的位置百分比，为该值设置动画，可让对象在规定时间内沿路径进行运动。
- 跟随：使对象的某个局部坐标轴向于运动方向对齐，具体轴向可在下面的“轴”组中进行设置。
- 倾斜：当对象在样条曲线上移动时允许其进行倾斜。
- 倾斜量：调整该值设置倾斜从对象的哪一边开始，这取决于这个量是正数还是负数。
- 平滑度：设置对象在经过转弯时翻转速度改变的快慢程度。
- 允许翻转：启用此项，可避免对象沿着垂直的路径移动时可能出现的翻转情况。
- 恒定速度：为对象提供一个恒定的沿路径运动的速度。
- 循环：启用此项，当对象到达路径末端时会自动循环回到起始点。
- 相对：启用此项保持对象的原始位置。
- 轴：设置对象的哪个轴向与路径对齐。

9.5.4 位置约束

“位置约束”将当前对象的位置限制到另一个对象的位置，或多个对象的权重平均位置。

当使用多个目标对象时，每个目标对象都有一个权重值，该值定义它相对于其他目标对象影响受约束对象的程度。

“位置约束”卷展栏如图9-58所示。各选项的功能介绍如下。

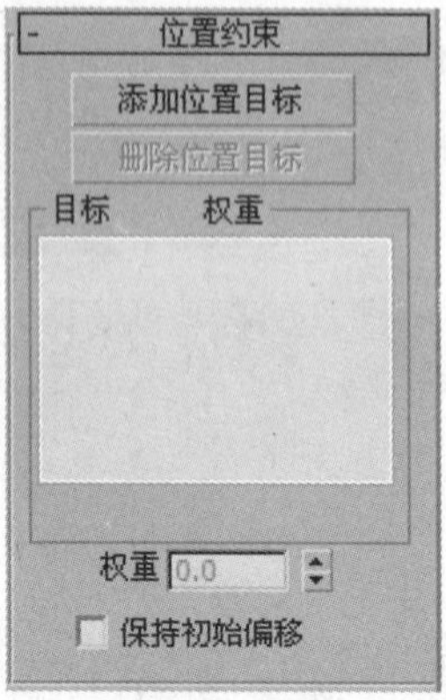

图9-58

- 添加位置目标：添加影响受约束对象位置的新目标对象。
- 删除位置目标：移除目标。一旦将目标移除，它将不再影响受约束的对象。
- 权重：为每个目标指定并设置动画。
- 保持始终偏移：使用“保持始终偏移”来保存受约束对象与目标对象的原始距离。这可避免将受约束对象捕捉到目标对象的轴。默认设置为禁用。

9.5.5 链接约束

“链接约束”可使当前对象继承目标对象的位置、旋转以及缩放。使用“链接约束”可以用于制作用手拿起物体等动画。

1. 实例操作063—— 创建机械手臂拿起茶壶盖的动画

场景文件	场景\Cha09\机械手臂拿起茶壶盖的动画.max	视频教学	视频教学\Cha09\机械手臂拿起茶壶盖的动画.avi
案例文件	场景\Cha09\机械手臂拿起茶壶盖的动画.max	难易指数	★★★★☆
视频长度	1分27秒		

1 打开光盘中的“场景\cha09\机械手臂拿起茶壶盖的动画.max”文件，在场景中选择机械手臂骨骼，可以看到骨骼的动画，如图9-59所示。

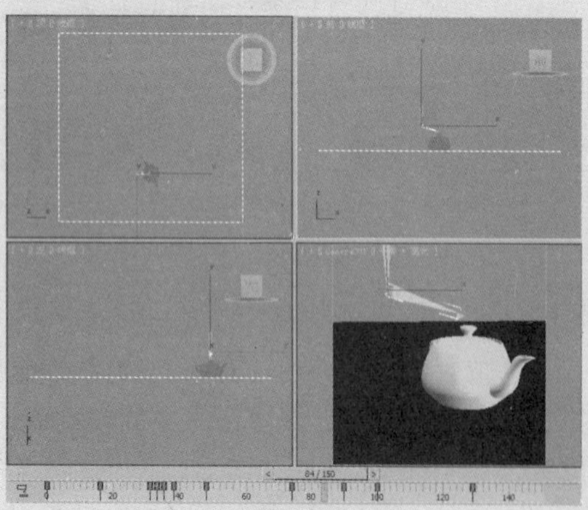

图9-59

2 在场景中选择茶壶盖，在◎（运动）面板“指定控制器”中选择“变换”，单击□（指定控制器）按钮，在弹出的对话框中选择“链接约束”，单击“确定”按钮，如图9-60所示。

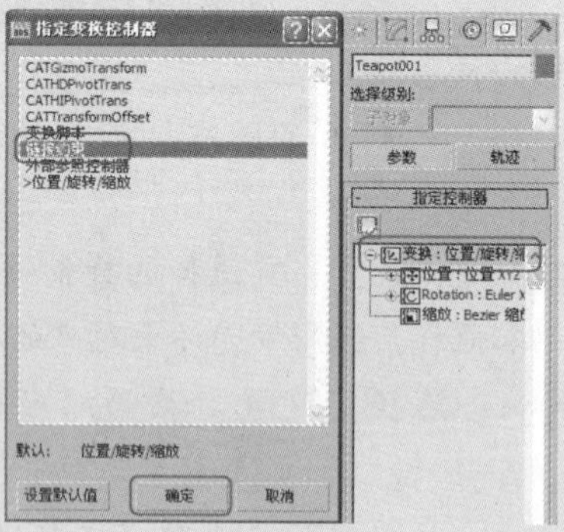

图9-60

3 确定当前时间滑块位于0帧，在“LinkParams”卷展栏中单击“链接到世界”按钮，如图9-61所示。

4 拖动时间滑块到30帧位置，机械手臂运动到壶盖的位置，单击“添加链接”按钮，在场景中为壶盖模型添加链接到机械手臂的末端骨骼上，如图9-62所示。

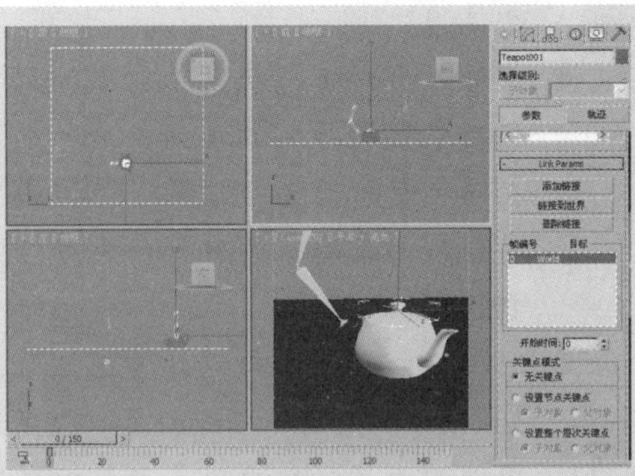

图9-61

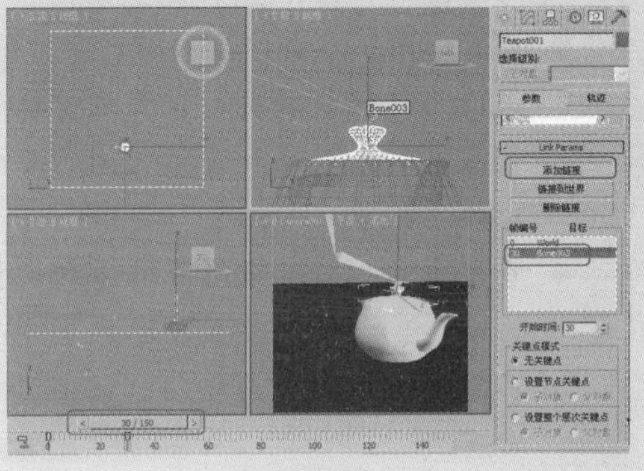

图9-62

5 拖动时间滑块到机械手臂这回到茶壶口93帧的位置，单击“链接到世界”按钮，如图9-63所示。

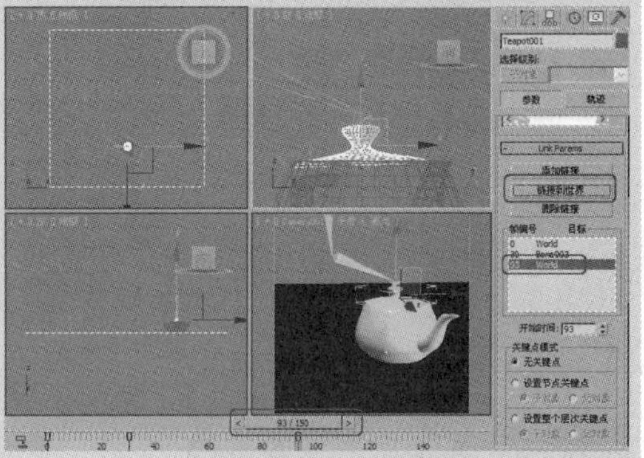

图9-63

6 这样就制作出机械手臂拿起茶壶盖的动画，拖动时间滑块可以看出动画效果。

2. 选项介绍

“LinkParams”卷展栏中部分选项的功能介绍如下。

- 添加链接：单击该按钮，在场景中单击要加入(链接约束)的物体，使之成为目标对象，并把其名称列入下面的目标列表。
- 链接到世界：将对象链接到世界。
- 删除链接：移除列表中当前选择的链接目标。
- 开始时间：设置当前选择链接目标对施加对象产生影响的开始帧。
- 无关键点：勾选此复选框，(链接约束)在不插入关键点的情况下使用。
- 设置节点关键点：勾选此复选框，将关键帧写入指定的选项。Child仅在受约束对象上设置关键帧；Parents为受约束对象和其所有目标对象都设置关键帧。
- 设置整个层次关键点：勾选此复选框，在整个链接层次上设置关键帧。

9.5.6 注视约束

“注视约束”控制对象的方向，使它一直注视另一个对象。同时它会锁定对象的旋转度，使对象的一个轴点朝向目标对象。注视轴点朝向目标，而上部节点轴定义了轴点向上的朝向。如果这两个方向一致，结果可能会产生翻转的行为，这与指定一个目标摄影机直接向上相似。选择注视约束，如图9-64所示，在运动面板中出现注视约束参数。

“注视约束”卷展栏如图9-65所示，各选项的功能介绍如下。

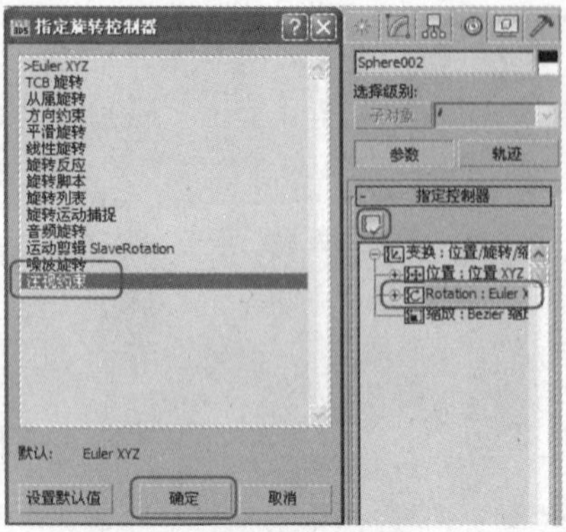

图9-64

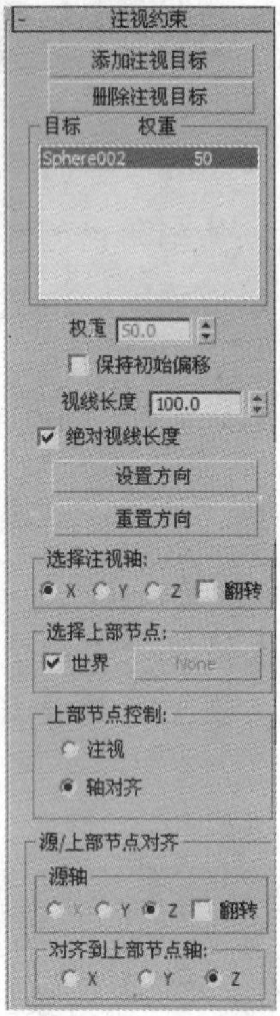

图9-65

- 添加注视目标：用于添加影响约束对象的新目标。
- 删除注视目标：用于移除影响约束对象的目标对象。
- 权重：用于为每个目标指定权重值并设置动画。仅在使用多个目标时可用。
- 保持初始偏移：将约束对象的原始方向保持为相对于约束方向上的一个偏移。
- 视线长度：定义从约束对象轴到目标对象轴所绘制的视线长度（或者在多个目标时为平均值）。值为负时会从约束对象到目标的反方向绘制视线。
- 绝对视线长度：勾选此复选框后，3ds Max仅使用“视线长度”设置主视线的长度；约束对象和目标之间的距离对此没有影响。
- 设置方向：单击该按钮后，3ds Max仅使用“视线长度”设置主视线的长度；约束对象和目标之间的距离对此没有影响。
- 重置方向：将约束对象的方向设置为默认值。如果要在手动设置方向后重置约束对象的方向，该按钮非常有用。
- 选择注视轴：用于定义注视目标的轴。X、Y、Z单选按钮反映约束对象的局部坐标系。
- “翻转”复选框会反转局部轴的方向。
- 选择上部节点：默认上部节点是“世界”。禁用世界来手动选中定义上部节点平面的对象。此平面的绘制是从约束对象到上部节点对象。如果注视轴与上部节点一致会导致约束对象的翻转。对上部节点对象设置动画会移除上部节点平面。
- 上部节点控制：允许在注视上部节点控制器和轴对齐之间快速翻转。
- 注视：单击该单选按钮后上部节点与注视目标相匹配。
- 轴对齐：单击该单选按钮后上部节点与对象轴对齐。

- 源轴：选择与上部节点轴对齐的约束对象的轴。“源轴”反映了约束对象的局部轴。源轴和注视轴协同工作会因此而导致定义注视轴的轴变得不可用。
- 对齐到上部节点轴：选择与选中的原轴对齐的上部节点轴。注意所选中的源轴可能会也可能不会与上部节点轴完全对齐。

9.5.7 方向约束

“方向约束”会使某个对象的方向沿着另一个对象的方向或若干对象的平均方向。

方向受约束的对象可以是任何可旋转对象。受约束的对象将从目标对象继承其旋转。一旦约束后，便不能手动旋转该对象。只要约束对象的方式不影响对象的位置或缩放控制器，便可以移动或缩放该对象。

目标对象可以是任意类型的对象。目标对象的旋转会驱动受约束的对象。可以使用任何标准平移、旋转和缩放工具来设置目标的动画。

在 ◎（运动）面板为“旋转”指定“方向约束”，如图9-66所示。显示当前约束参数，如图9-67所示为“方向约束”卷展栏。

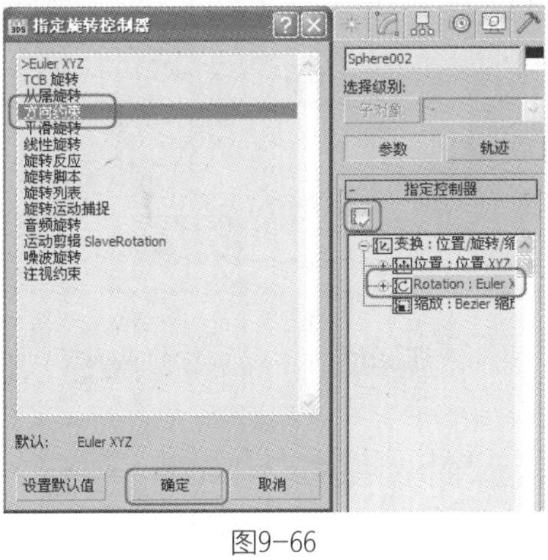

图9-66

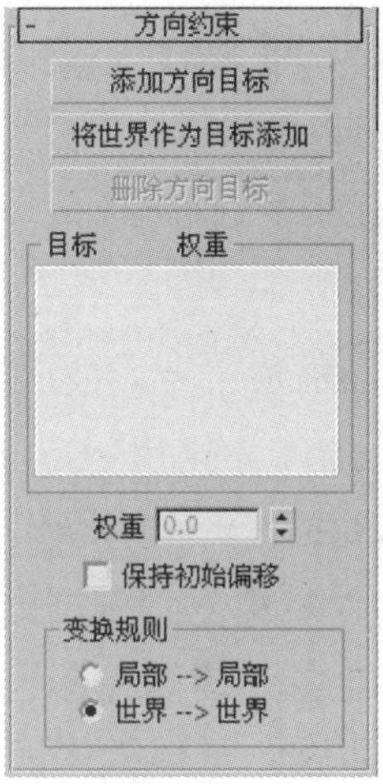

图9-67

“方向约束”卷展栏中的选项的功能介绍如下。

- 添加方向目标：添加影响受约束对象的新目标对象。
- 将世界作为目标添加：将受约束对象与世界坐标轴对齐。可以设置世界对象相对于任何其他目标对象对受约束对象的影响程度。
- 删除方向目标：移除目标。移除目标后将不再影响受约束对象。
- 权重：为每个目标指定并设置动画。
- 保持初始偏移：保留受约束对象的初始方向。禁用“保持初始偏移”后，目标将调整其自身以匹配其一个或多个目标的方向。默认设置为禁用状态。
- 变换规则：将方向约束应用于层次中的某个对象后，即确定了是将局部节点变换还是将父变换用于方向约束。
- 局部→局部：单击此单选按钮后，局部节点变换用于方向约束。
- 世界→世界：单击此单选按钮后，将应用父变换或世界变换，而不是应用局部节点变换。

9.6 动画修改器的应用

下面介绍可以制作动画的修改器。

9.6.1 路径变形

“路径变形”修改器将样条线或NURBS曲线作为路径使用来变形对象。可以沿着该路径移动和拉伸对象，也可以依据该路径旋转和扭曲对象。该修改器也有一个世界空间修改器版本。具体效果表现如图9-68所示。

图9-68

1. 实例操作064—— 喷溅的水效果

场景文件	场景\Cha09\喷溅的水效果.max	视频教学	视频教学\Cha09\喷溅的水效果.avi
案例文件	场景\Cha09\喷溅的水效果ok.max		
视频长度	8分34秒	难易指数	★★★☆☆

1 单击“（创建）|（几何体）|粒子系统|雪”按钮，在“前”视图中创建“雪”粒子，在“参数”卷展栏中设置“雪花大小”为40.0、“速度”为28.0；在“计时”组中设置“开始”为0、“寿命”为60；在“发射器”组中设置“宽度”为150.0、“长度”为10.0，如图9-69所示。

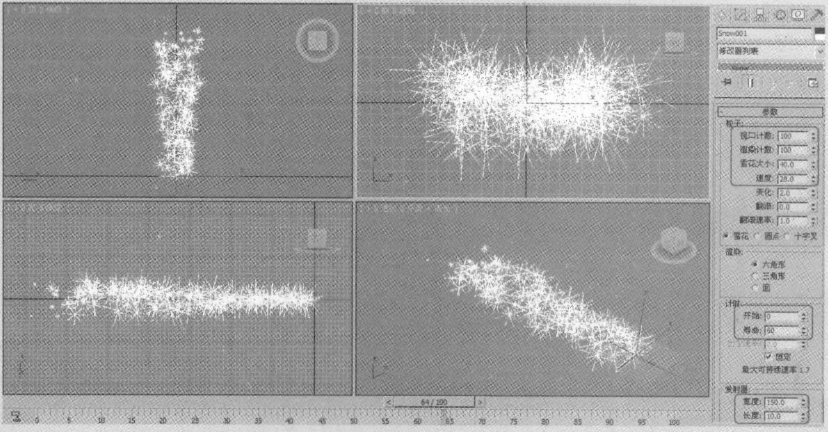

图9-69

2 单击“（创建）|（几何体）|复合对象|水滴网格”工具，在场景中创建网格，如图9-70所示。

3 切换到（修改）面板，在“水滴对象”组中单击“拾取”对象，在场景中拾取“雪”粒子，如图9-71所示。

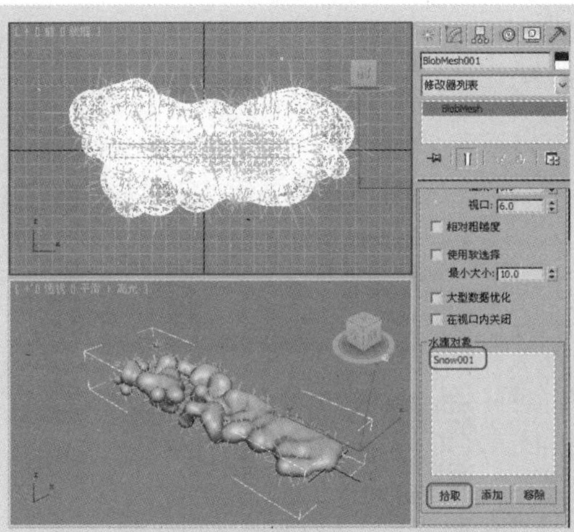

图9-70

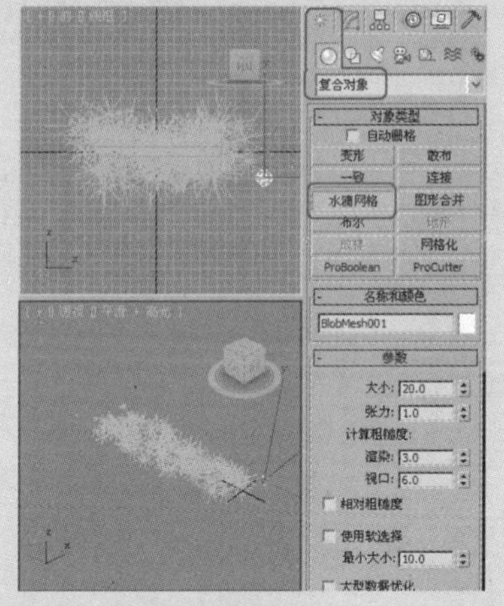

图9-71

4 在场景中创建样条线作为网格的运动路径，如图9-72所示。

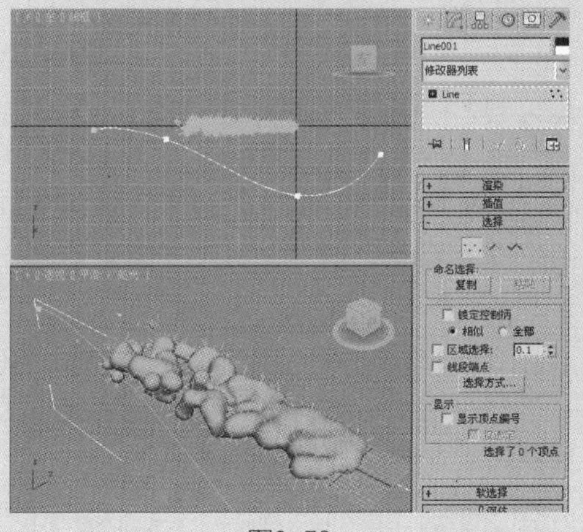

图9-72

5 在场景中选择网格对象，将其转换为“可编辑多边形”，在“修改器列表”中选择“路径变形”修改器，在“参数”卷展栏中单击“拾取路径”按钮，在场景中拾取样条线，在“路径变形轴”组中选择Z，并勾选“翻转”复选框，如图9-73所示。

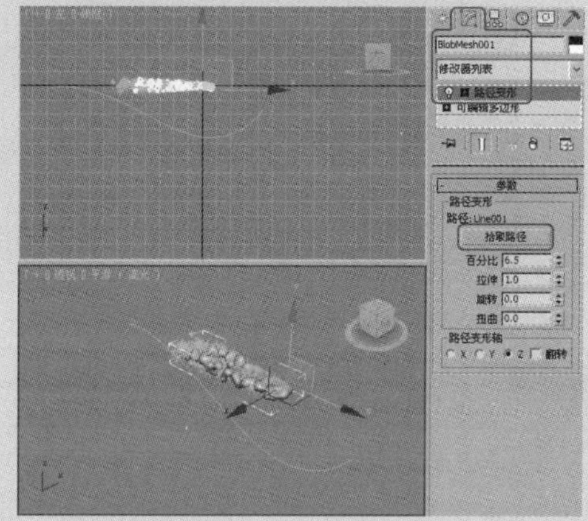

图9-73

6 并设置其“拉伸”和“百分比”参数，使模型充满整个路径，如图9-74所示。

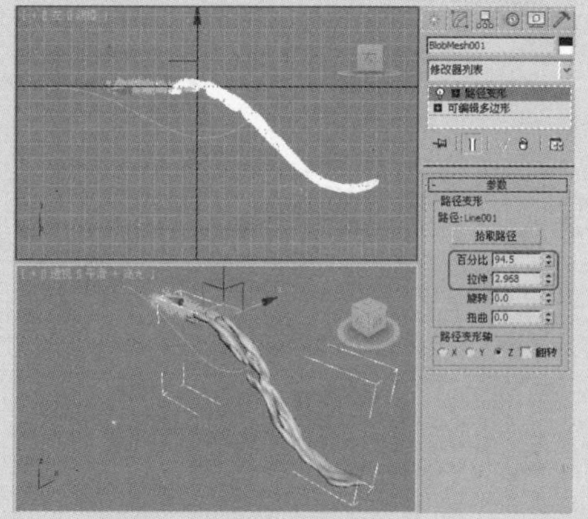

图9-74

7 在场景中可以镜像调整模型，使水向右流，如图9-75所示。

8 在场景中调整“透视”图，按Ctrl+C键创建摄影机视图，确定时间滑块位于0帧，单击“自动关键点”按钮，设置

“百分比”参数直到模型隐藏在视口的左侧，如图9-76所示。

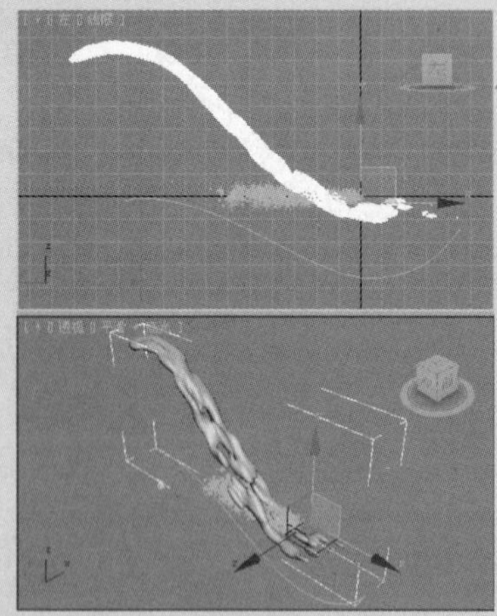

图9-75

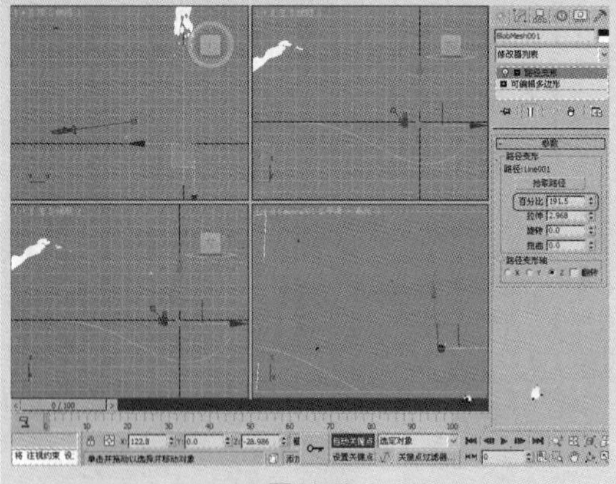

图9-76

9 拖动时间滑块到100帧，在场景中调整“百分比”参数直到模型显示在视口中，如图9-77所示。

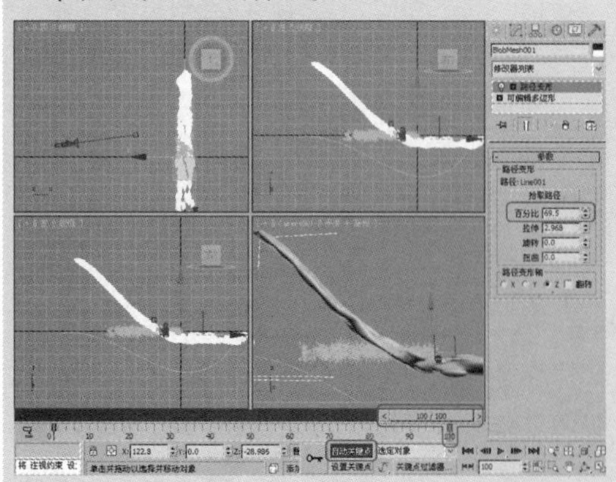

图9-77

10 按8键，打开“环境和效果”对话框，为环境指定背景位图，如图9-78所示。

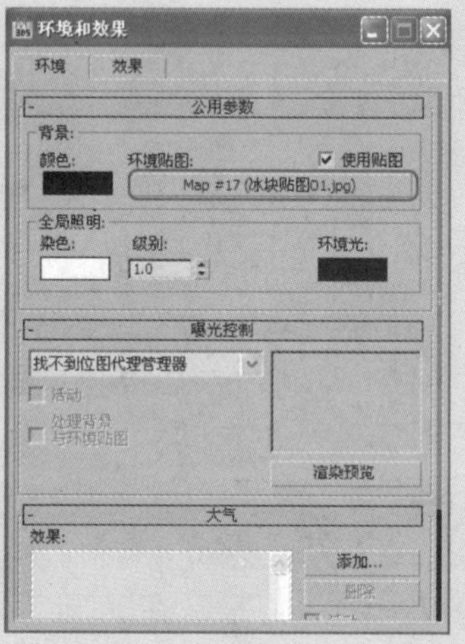

图9-78

11 在摄影机视图中按Alt+B键，在弹出的对话框中勾选“使用环境背景”和“显示背景”复选框，如图9-79所示。

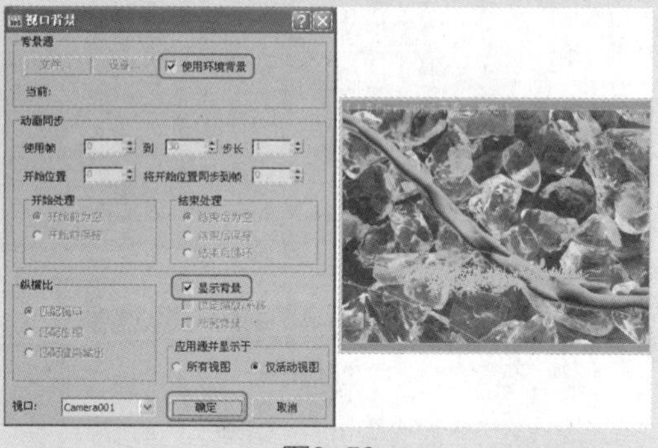

图9-79

12 打开“材质编辑器”面板，在“Blinn基本参数”卷展栏中设置“环境光”和“漫反射”为0、0、0；在“反射高光”组中设置“高光级别”为133、“光泽度”为37，如图9-80所示。

13 在“贴图”卷展栏中为“反射”和“折射”指定“反射/折射”贴图，设置其贴图的参数如图9-81所示。

14 渲染场景得到如图9-82所示的效果。

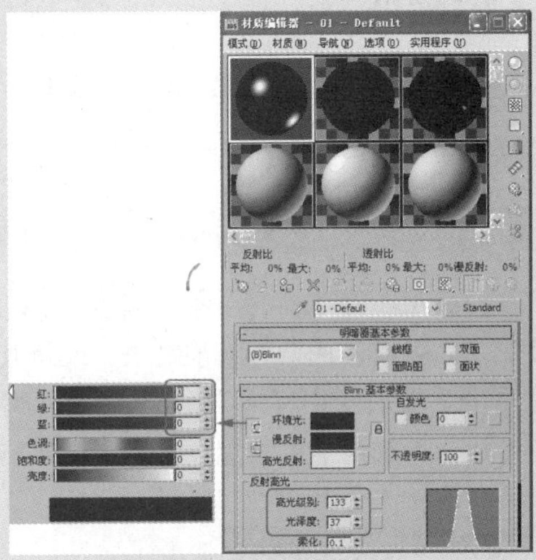

图9-80

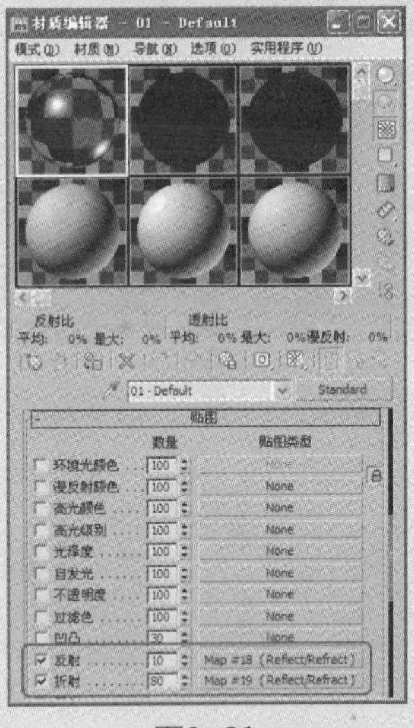

图9-81

图9-82

15 在场景中创建平面，调整模型到合适的位置，如图9-83所示，为其指定一张天空贴图。

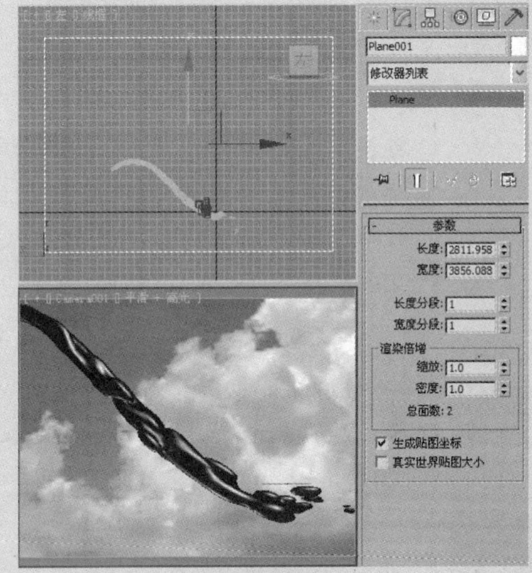

图9-83

16 设置天空贴图的“自发光”如图9-84所示。

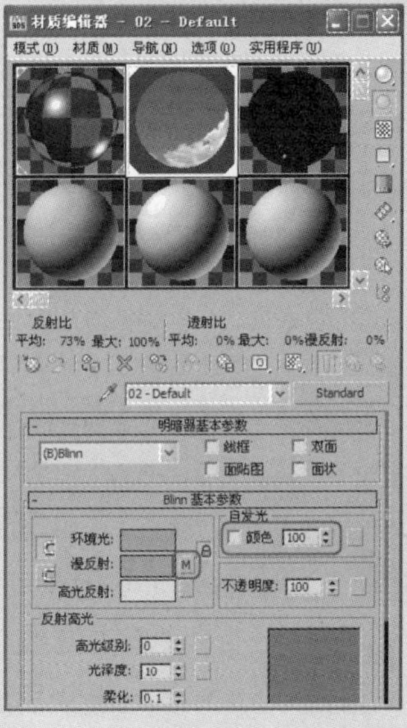

图9-84

2. 选项介绍

“参数”卷展栏中的选项的功能介绍如下。

- 路径变形：提供拾取路径、调整对象位置和沿着路径变形的控件。
- 拾取路径：单击该按钮，然后选择一条样条线或 NURBS 曲线以作为路径使用。

- 百分比：根据路径长度的百分比，沿着Gizmo路径移动对象。
- 拉伸：使用对象的轴点作为缩放的中心，沿着Gizmo路径缩放对象。
- 旋转：关于Gizmo路径旋转对象。
- 扭曲：关于路径扭曲对象。根据路径总体长度一端的旋转决定扭曲的角度。通常变形对象只占据路径的一部分，所以产生的效果很微小。
- X、Y、Z：选择一条轴以旋转Gizmo路径，使其与对象的指定局部轴相对齐。
- 翻转：将Gizmo路径依据指定轴反转180度。

9.6.2 噪波

“噪波”修改器也可以通过其参数设置动画，可以参考第4章中“噪波”修改器的应用，这里就不重复介绍了。

9.6.3 融化

“融化”可以参考第,4章中“融化”修改器的应用，这里就不重复介绍了。

9.6.4 波浪

“波浪”修改器在对象几何体上产生波浪效果。可以使用两种波浪之一，或将其组合使用。波浪使用标准Gizmo和中心，可以变换从而增加可能的波浪效果。如图9-85所示为波浪文字效果。

图9-85

实例操作065—— 波浪文字

案例文件	场景\Cha09\波浪文字ok.max	视频教学	视频教学\Cha09\波浪文字.avi
视频长度	4分55秒	难易指数	★★★☆☆

1 单击“（创建）|（图形）|文本”按钮，在“参数”卷展栏中设置字体为“黑体”，在“文本”中输入“大展鸿图”文本，如图9-86所示。

2 切换到（修改）面板，在“修改器列表”中选择“编辑样条线”，将选择集定义为“分段”，在场景中全选分段，如图9-87所示，在“几何体”卷展栏中单击“拆分”按钮。

3 关闭选择集，在“修改器列表”中选择“挤出”修改器，设置“挤出”高度如图9-88所示。

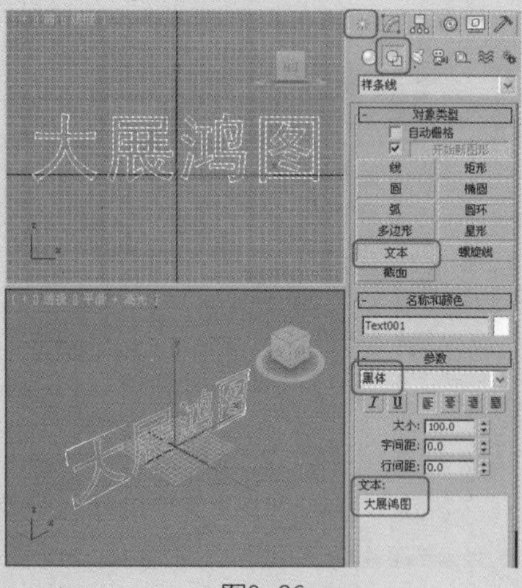

图9-86

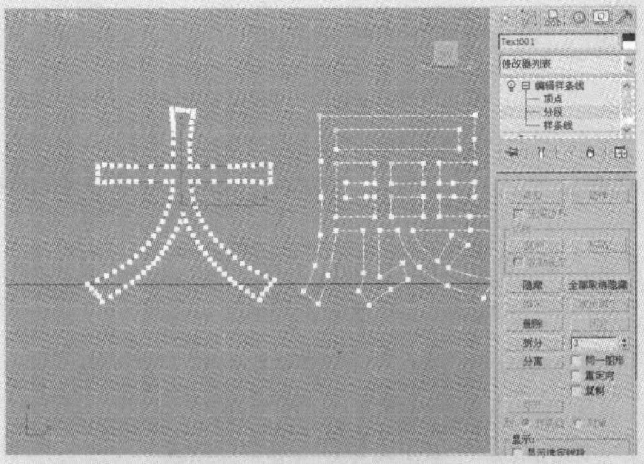

图9-87

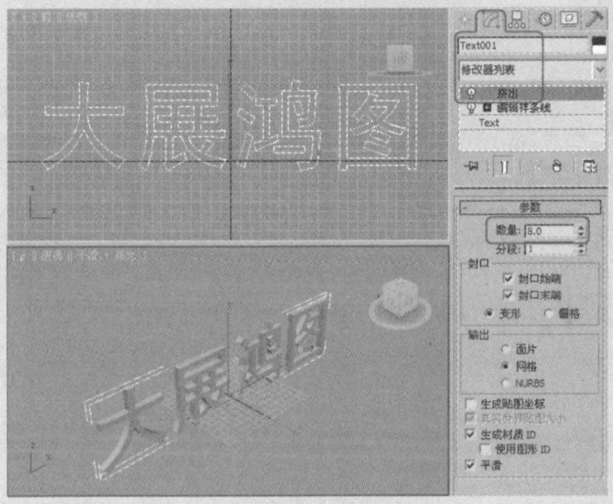

图9-88

4 在“修改器列表”中选择“波浪”修改器，在“参数”卷展栏中设置“振幅1”为3.0，“振幅2”为1.0，如图9-89所示。在场景中调整“透视”图，按Ctrl+C键创建摄影机视图。

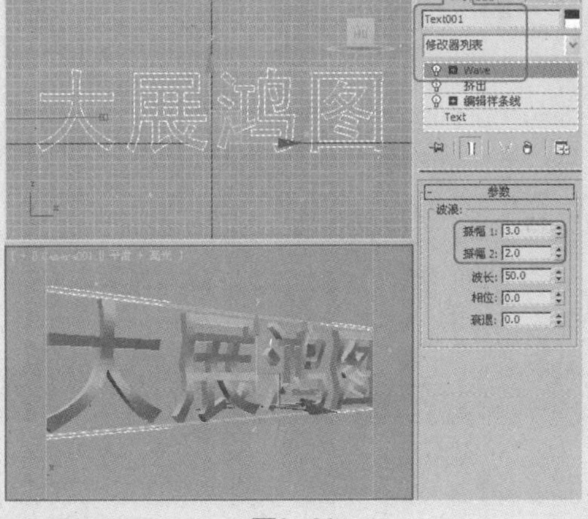

图9-89

5 单击“自动关键点”按钮，拖动时间滑块到100帧的位置，并设置“相位”为2.0，如图9-90所示，关闭“自动关键点”按钮。

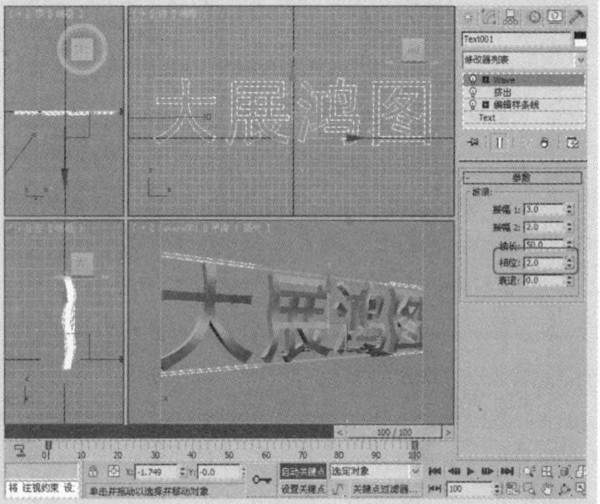

图9-90

6 打开“材质编辑器”面板，选择一个新的材质样本球，在“明暗器基本参数”卷展栏中选择明暗器类型为“金属”。在“金属基本参数”卷展栏中设置“环境光”为67、54、0，设置“漫反射”的RGB为255、204、0；在“反射高光”组中设置“高光级别”和“光泽度”为100和80，如图9-91所示。

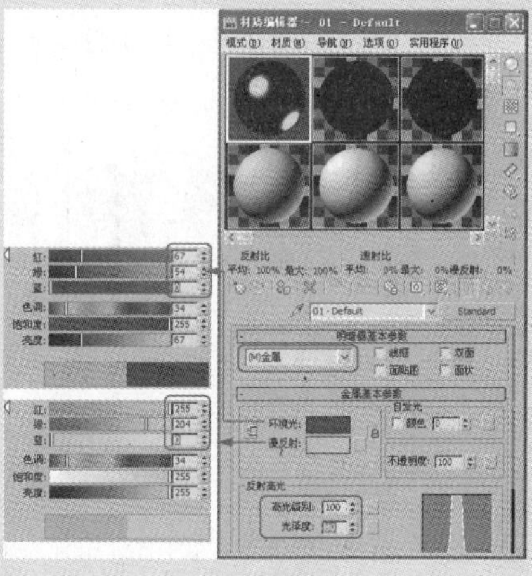

图9-91

7 在“贴图”卷展栏中为“反射”指定“位图”，如图9-92所示。

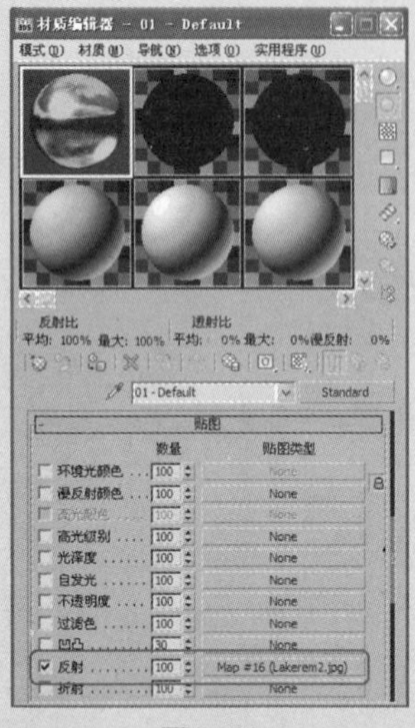

图9-92

8 将材质指定给场景中的文本模型，渲染场景得到如图9-93所示的图像。

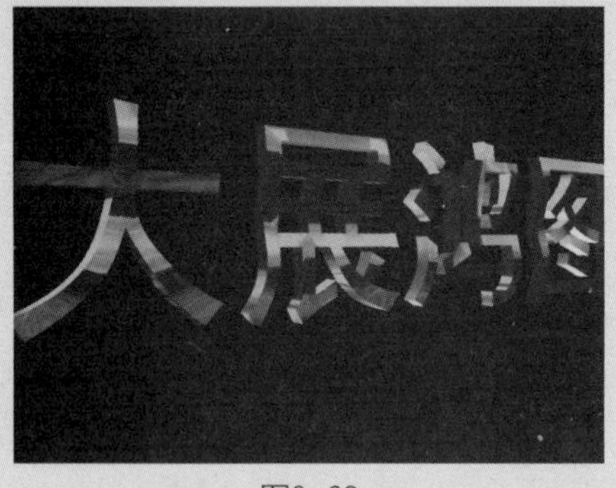

图9-93

9 按8键，在弹出的对话框中为背景文件指定位图贴图，如图9-94所示。

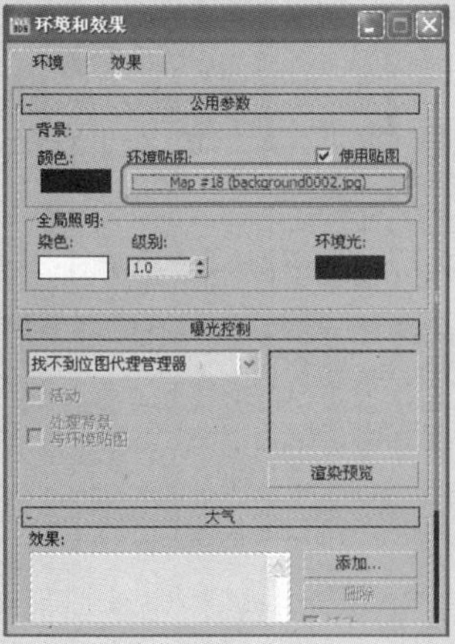

图9-94

10 渲染场景得到如图9-95所示的效果。

图9-95

11 在场景中创建“泛光灯”，并在场景中调整灯光的位置，在“强度/颜色/衰减”卷展栏中设置“倍增”参数，如图9-96所示。

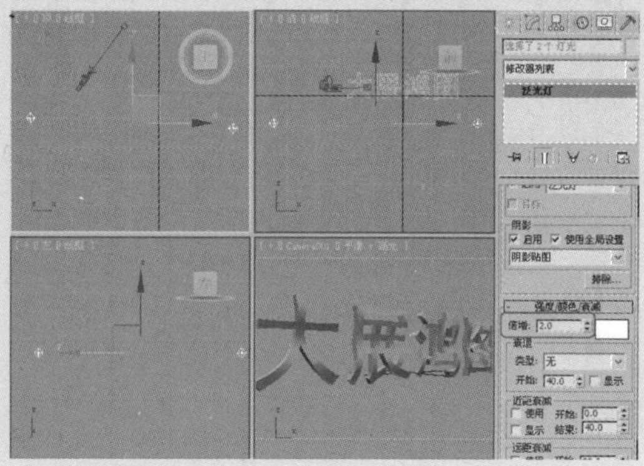

图9-96

12 渲染当前场景得到如图9-97所示的效果。可以对当前场景进行动画渲染，这里就不介绍了。

图9-97

9.7 动画修改器的应用

3ds Max中包括以下几种动画类型：几何变形动画、几何参数动画、相机和灯光动画、材质动画、特效动画和角色动画。这一节我们将通过一些简单的例子来说明这些动画类型的应用。

9.7.1 几何变形动画

在动画模式下，对场景中的几何对象进行移动、旋转和缩放等几何变形操作录制的动画，统称为几何变形动画，也可以对几何对象的次级对象进行几何变形动画。

实例操作066—— 跳动的小球

案例文件	场景\Cha09\跳动的小球.max	视频教学	视频教学\Cha09\跳动的小球.avi
视频长度	3分41秒	难易指数	★★★☆☆

下面以实例的形式介绍集合变形动画的制作。实例效果如图9-98所示。

图9-98

1 在场景中创建长方体和球体，如图9-99所示。

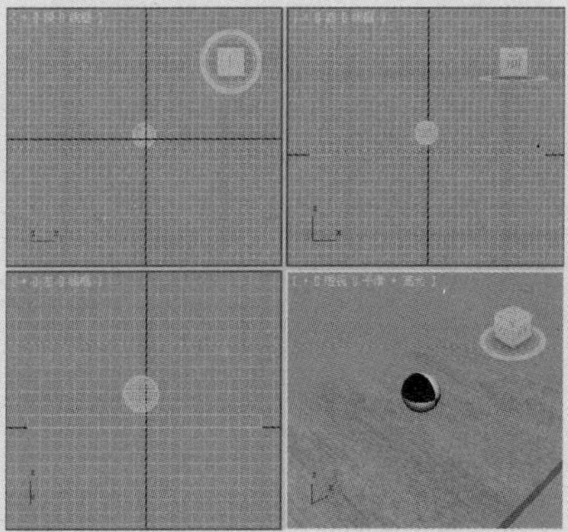

图9-99

2 在场景中创建“天光”，并设置“选择高级照明”为“光跟踪器”，如图9-100所示，调整视图，按Ctrl+C键在场景中创建摄影机。

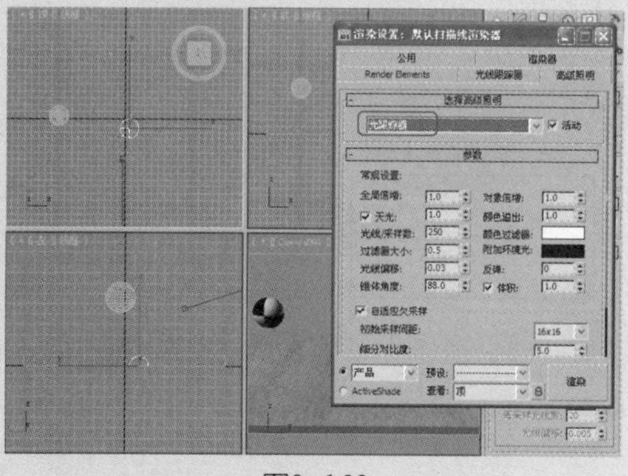

图9-100

3 设置环境背景为白色，如图9-101所示。

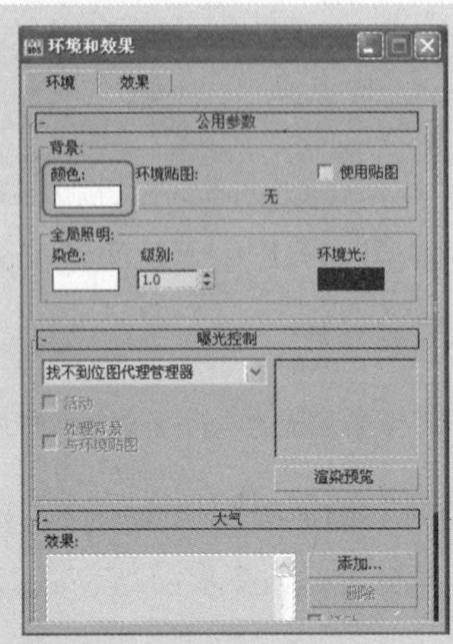

图9-101

4 渲染场景，得到如图9-102所示的效果。

图9-102

5 在场景中创建“泛光灯”，设置灯光参数如图9-103所示。

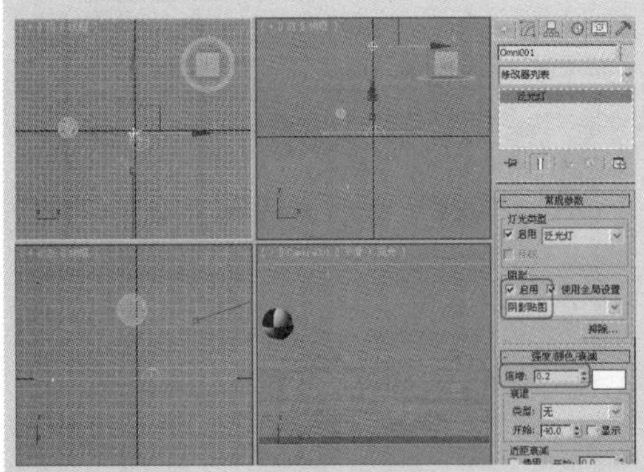

图9-103

6 渲染场景，得到如图9-104所示的效果。

7 在场景中调整模型，拖动时间滑块到0帧的位置，打开“自动关键点”，如图9-105所示。

图9-104

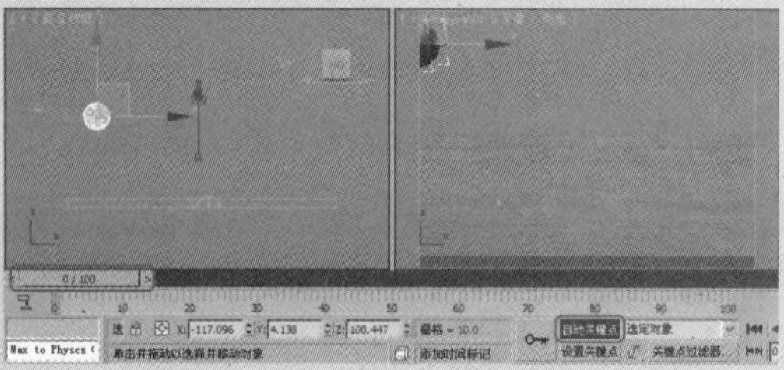

图9-105

8 拖动时间滑块到20帧，在场景中移动模型如图9-106所示。

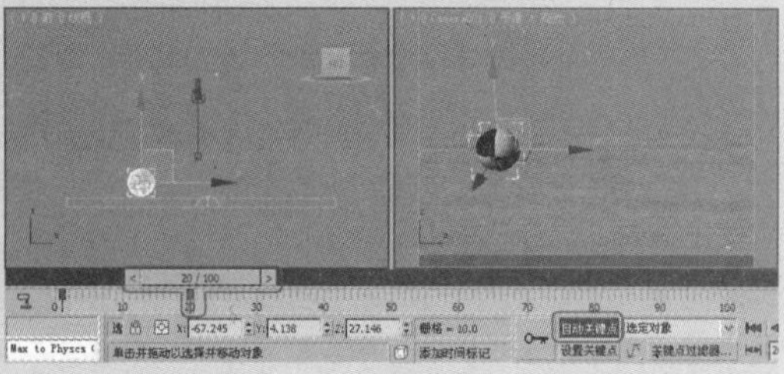

图9-106

9 拖动时间滑块到40帧，在场景中移动模型如图9-107所示。

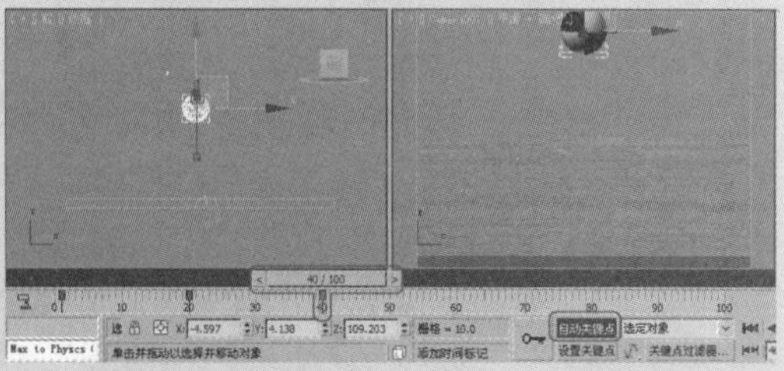

图9-107

10 拖动时间滑块到60帧，在场景中移动模型如图9-108所示。

11 拖动时间滑块到80帧的位置，在场景中移动模型如图9-109所示。

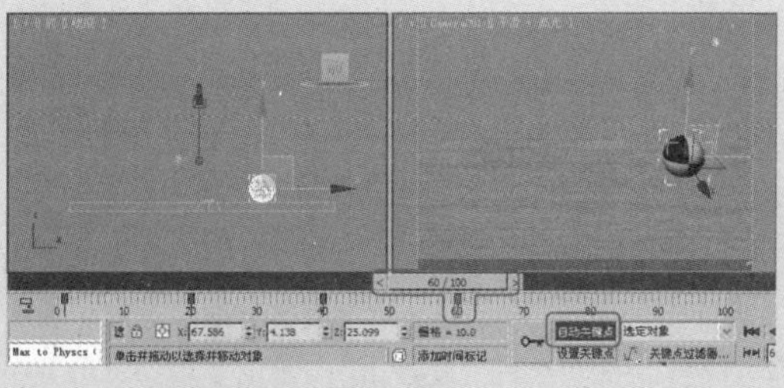

图9-108

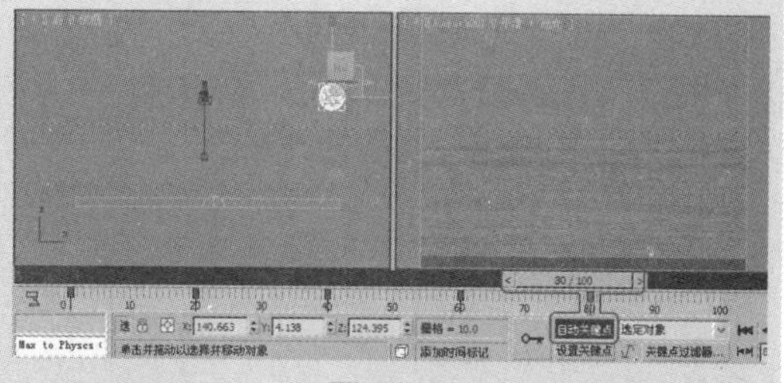

图9-109

12 拖动时间滑块到0帧，为球体施加“拉伸”修改器，设置拉伸参数如图9-110所示，使用同样的方法设置40、80帧的参数。

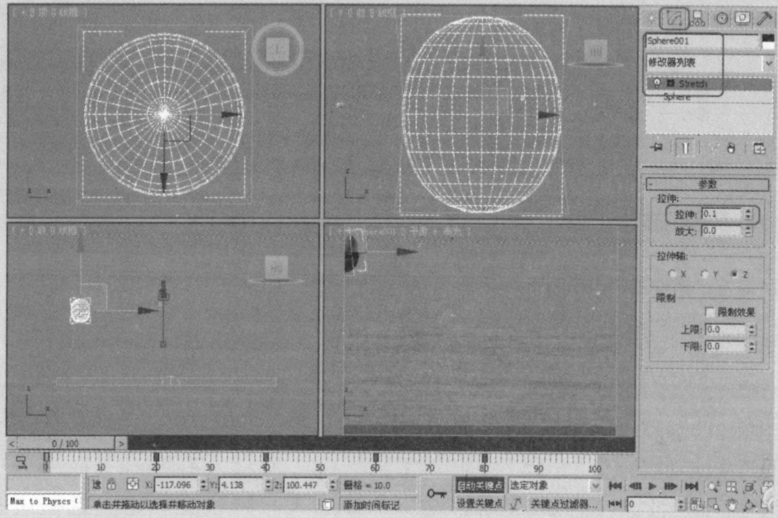

图9-110

13 拖动时间滑块到20帧，在场景中拉伸参数如图9-111所示，使用同样的方法设置第20、40帧的拉伸参数。

图9-111

14 右击球体模型，在弹出的快捷菜单中选择“对象属性”命令，在弹出的对话框中弹起如图9-112所示的按钮。

15 在“显示属性”卷展栏中勾选“轨迹”复选框，如图9-113所示。

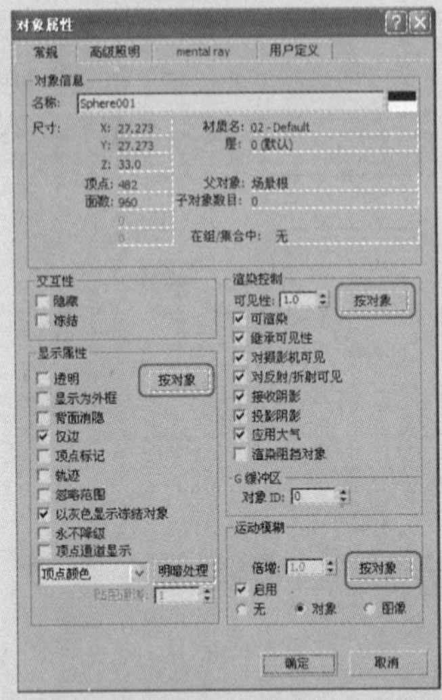

图9-112

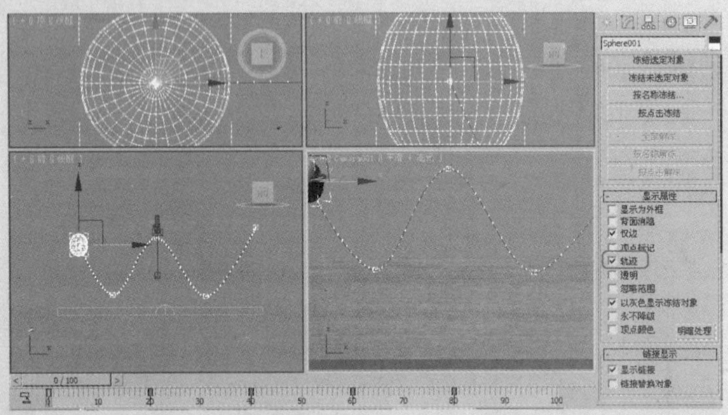

图9-113

9.7.2 几何参数动画

对象几何参数的改变也可以被录制成动画。3ds Max中绝大部分参数变动都可以录制为动画。

3ds Max中的几何参数可以指代（修改）面板中的任何参数。此外还可以改变别的参数，设计不同的动画，这要看个人喜好了。

9.7.3 材质动画

通过改变对象的材质参数也能创造出意想不到的效果。

至此，我们又完成了一个材质动画，在其他材质中，也可以改变其他参数来制作动画，希望大家多实践。

9.7.4 特效动画

特效动画在广告以及片头中应用的最为广泛。通过变幻的光影、烟雾以及火电雨雪等给人一种视觉震撼，这些内容会在以后各章中陆续介绍。

9.7.5 角色动画

角色动画将在后面的章节中为大家介绍。

9.8 综合演练——直升飞机动画

场景文件	场景\Cha09\直升飞机动画.max	视频教学	视频教学\Cha09\直升飞机动画.avi
案例文件	场景\Cha09\直升飞机动画ok.max	难易指数	★★★★☆
视频长度	2分52秒		

使用轨迹窗口制作直升飞机上面的机翼旋转，并使用为飞机的移动创建关键点，完成直升飞飞机的运动动画，如图9-114所示。

图9-114

1 首先打开光盘中的“场景\Cha09\直升飞机动画.max”，如图9-115所示。

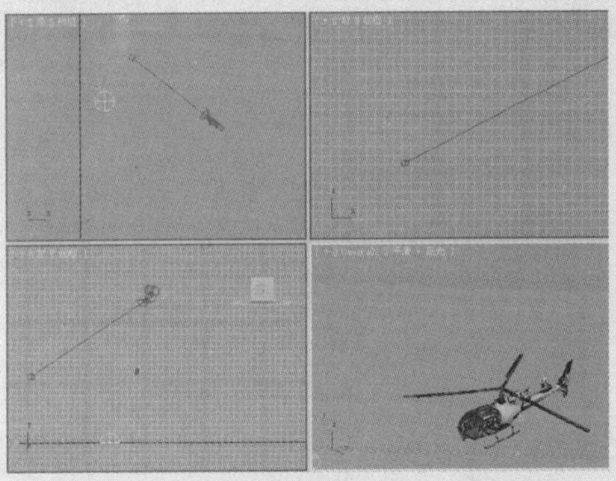

图9-115

2 单击“自动关键点”按钮，拖动时间滑块到50帧，在场景中移动飞机模型如图9-116所示。

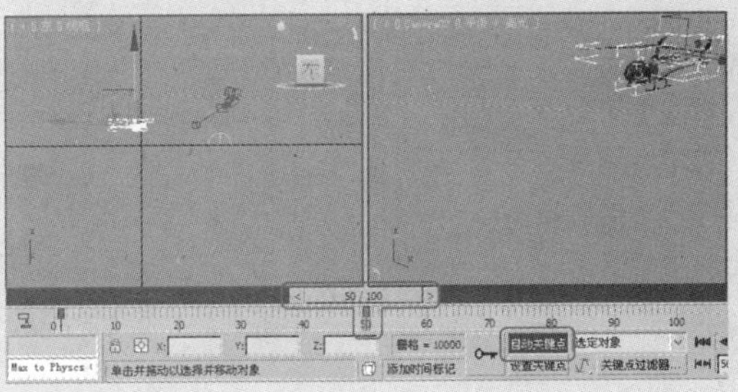

图9-116

3 拖动时间滑块到70帧，在场景中移动飞机模型如图9-117所示。

4 拖动时间滑块到100帧，在场景中移动模型如图9-118所示。

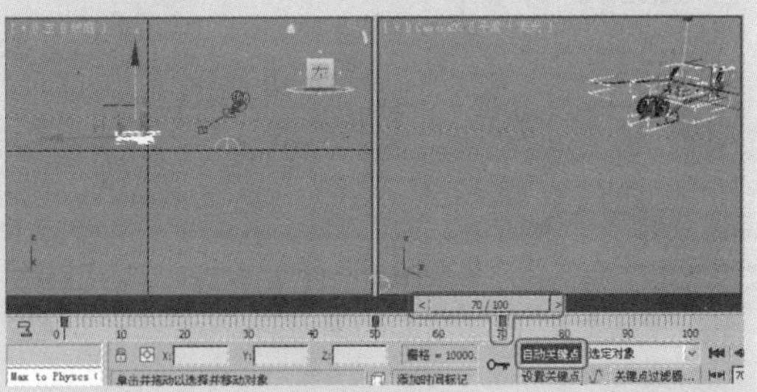

图9-117

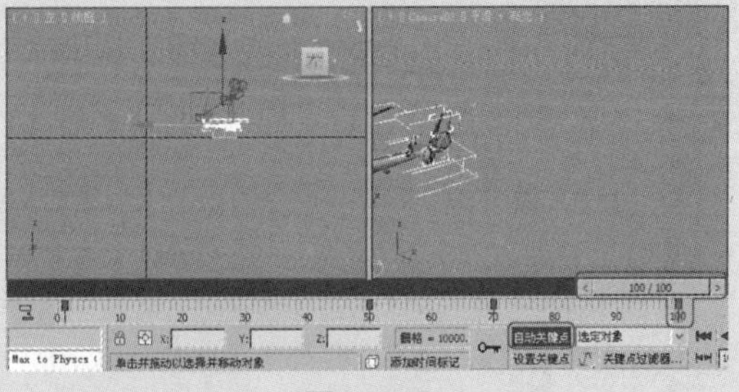

图9-118

5 在场景中选择机翼模型，拖动时间滑块到0帧，单击“添加关键点”按钮，创建关键点如图9-119所示。

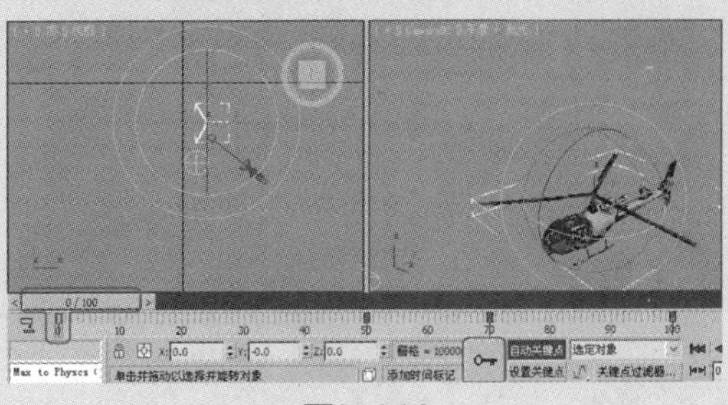

图9-119

6 拖动时间滑块到100帧，在“顶”视图中旋转模型如图9-120所示。

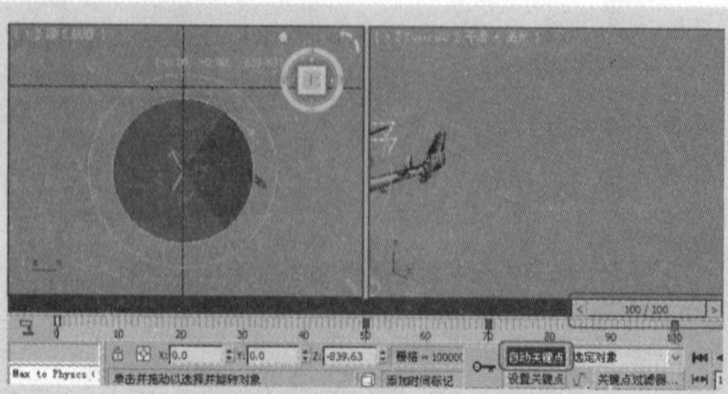

图9-120

7 打开曲线编辑器，选择模型的“Z轴旋转”，如图9-121所示。

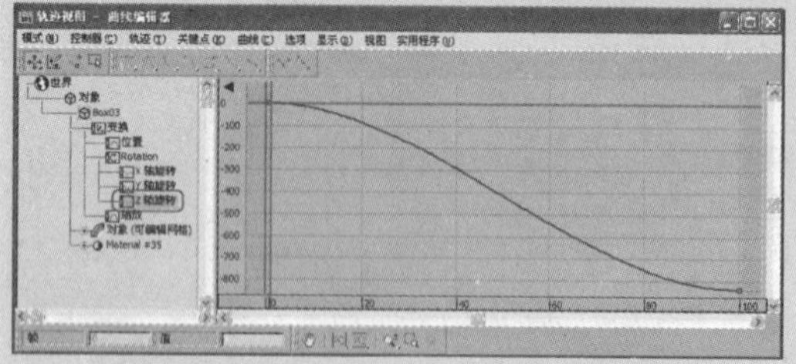

图9-121

8 在场景中选择0帧和100帧的关键点，右击设置输入输出曲线，如图9-122所示。

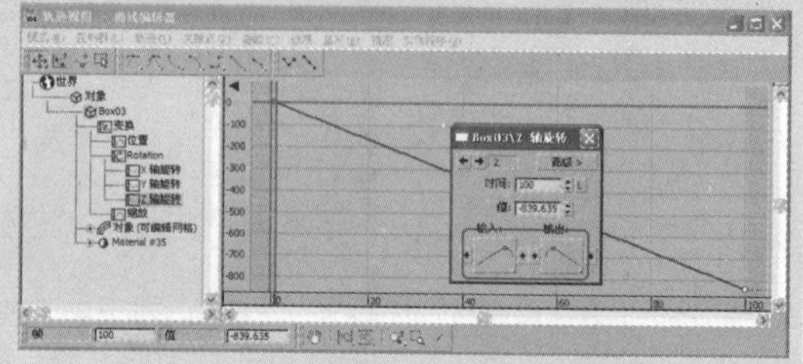

图9-122

9 选择第100帧，在场景中设置100帧关键点的位置为-3000.000，如图9-123所示。

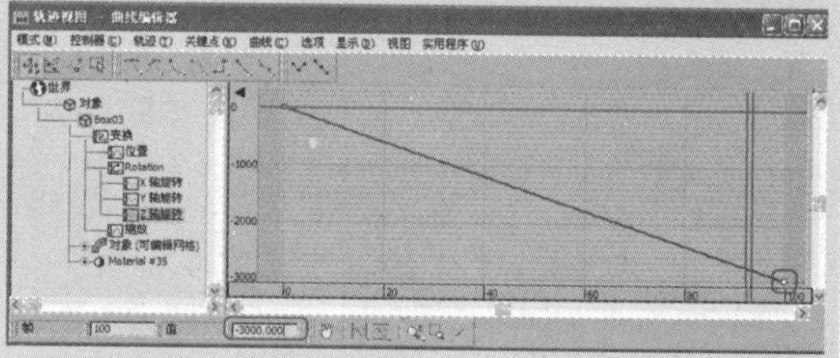

图9-123

9.9 课后练习——月亮围绕地球运动

案例文件	场景\Cha09\月亮围绕地球运动.max	视频教学	视频教学\Cha09\月亮围绕地球运动.avi
视频长度	2分36秒	难易指数	★★☆☆☆

月亮围绕地球运动的动画效果如图9-124所示。

1 首先为场景设置背景。

2 创建两个球体，并为其设置材质。

3 创建圆作为星形球体的运动路径。

4 为球体指定运动路径，设置场景动画，完成该动画的制作。

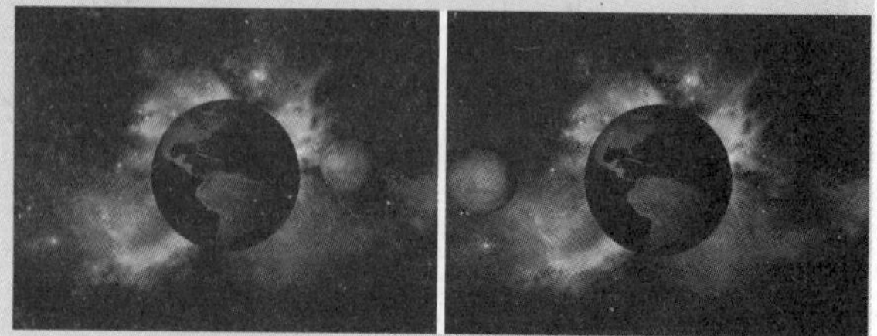

图9-124

9.10 本章小结

本章介绍动画，其中以例子的形式为大家介绍各种动画的制作，可以从操作中了解动画的制作流程，通过对本章的学习读者可以掌握一般动画的设置和操作。

第10章

粒子系统和空间扭曲

粒子系统与空间扭曲工具都是动画制作中非常有用的特效工具。粒子系统可以模拟自然界中的真实烟、雾、飞溅的水花、星空等效果，空间变形听起来好像是科幻片电影中的特殊效果，可以通过多种奇特的方式来影响场景中的对象，如产生引力、吹动、涟漪等特殊效果。

10.1 粒子系统

粒子系统是一个相对独立的造型系统，用来创建雨、雪、灰尘、泡沫、烟花、气流等，它还可以将任何造型作为粒子，用来表现成群的蚂蚁、热带鱼、吹散的蒲公英等动画效果。粒子系统主要用于表现动态的效果，与时间、速度的关系非常紧密，一般用于动画制作。

10.1.1 粒子流

"粒子流"系统是一种时间驱动型的粒子系统，它可以自定义粒子的行为，设置寿命、碰撞、速度等测试条件，每一个粒子根据其测试结果会产生相应的转台和形状。下面我们以实例的方式为大家介绍一下"粒子流"的使用方法，如图10-1所示。

图10-1

1. 实例操作067——飞出的数字

案例文件	场景\Cha10\飞出的数字.max	视频教学	视频教学\Cha10\飞出的数字.avi
视频长度	2分47秒	难易指数	★★☆☆☆

1 单击"（创建）|（几何体）|粒子系统|PF Source（粒子流）"按钮，在"前"视图中创建PF Source（粒子流），如图10-2所示。

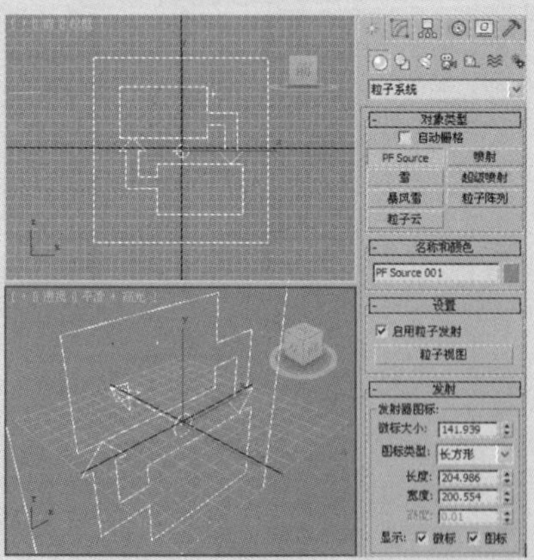

图10-2

2 在"设置"卷展栏中单击"粒子视图"按钮，打开"粒子视图"对话框，在"事件显示"中选择Brith选项，在右侧的"Bitth001"卷展栏中设置"发射开始"为-20、"发射停止"为40，如图10-3所示。

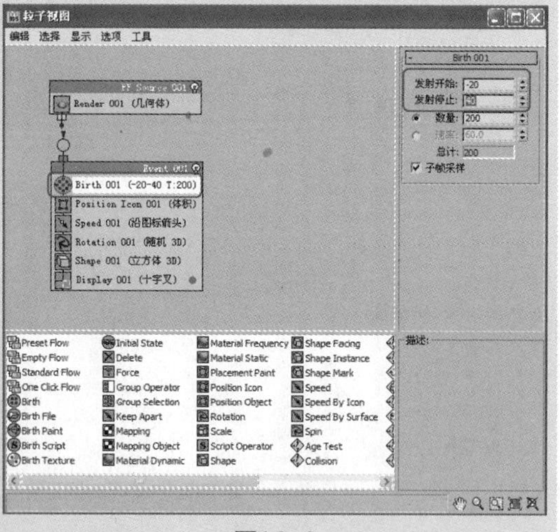

图10-3

注意 在“粒子视图”的仓库中单击事件，在操作符“描述”下会对该事件进行描述，这里就不一一介绍了。

3 在“事件显示”中选择Shape，在右侧的“Shape001”卷展栏中选择3D选项，并在列表中选择“数字Arial”，勾选“多图形随机顺序”复选框，如图10-4所示。

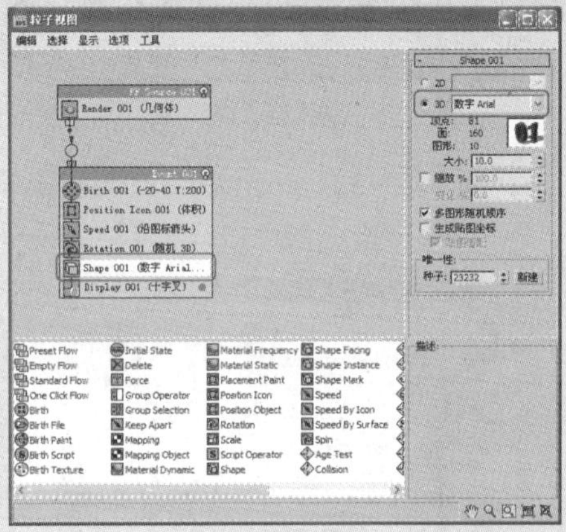

图10-4

4 在“事件显示”中选择Display，在右侧的“DisPlay001”卷展栏中选择“类型”为“几何体”选项，如图10-5所示。

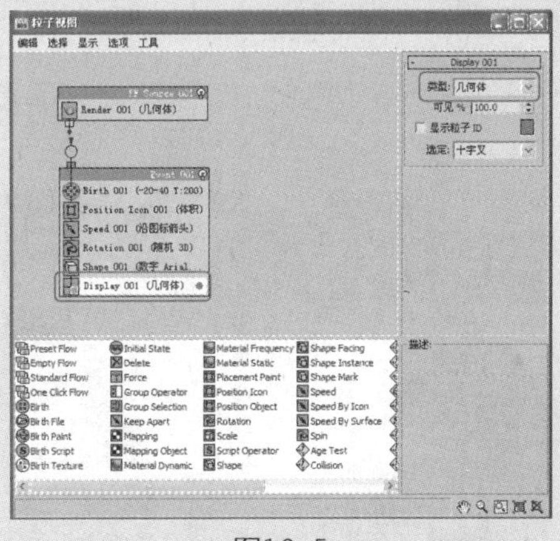

图10-5

5 在仓库中选择Material Dynamic事件，并将其拖曳到“事件显示”中，如图10-6所示。

图10-6

6 打开“材质编辑器”，从中选择一个新的材质样本球，如图10-7所示。在“明暗器基本参数”卷展栏中选择明暗器类型为“金属”。在“金属基本参数”卷展栏中设置“环境光” 的RGB为0、0、0；“漫反射”的RGB为255、255、255；在“反射高光”组中设置“高光级别”和“光泽度”分别为72、55。

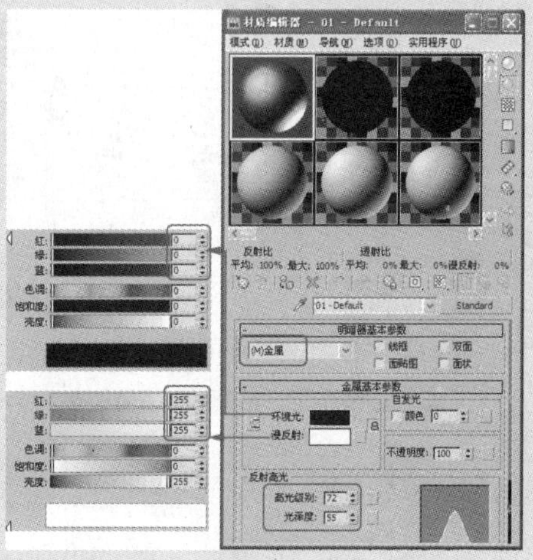

图10-7

7 在“贴图”卷展栏中为“反射”指定“位图”贴图，如图10-8所示。

8 在“粒子视图”中选择Material Frequency事件，在右侧出现Material Dynamic卷展栏，将设置的材质样本球拖动到None按钮上，如图10-9所示。使用“实例”的方式复制，以便更改材质时实时显示，不用重新指定。

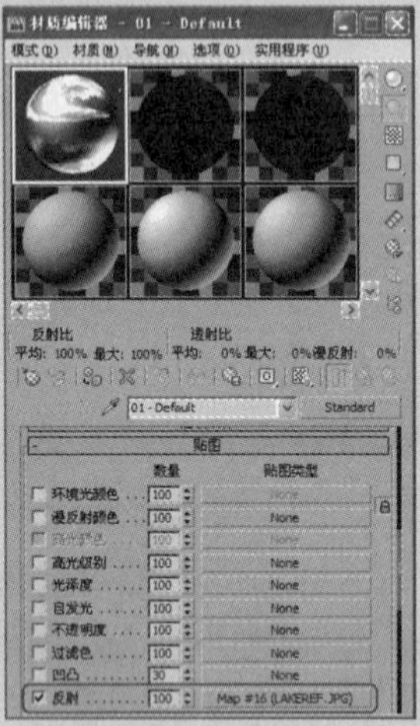

图10-8

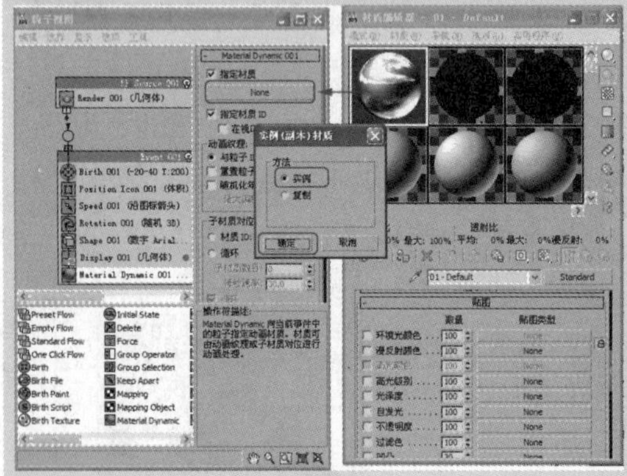

图10-9

9 可以设置卷展栏中的参数，使数字喷出的多些，如图10-10所示。

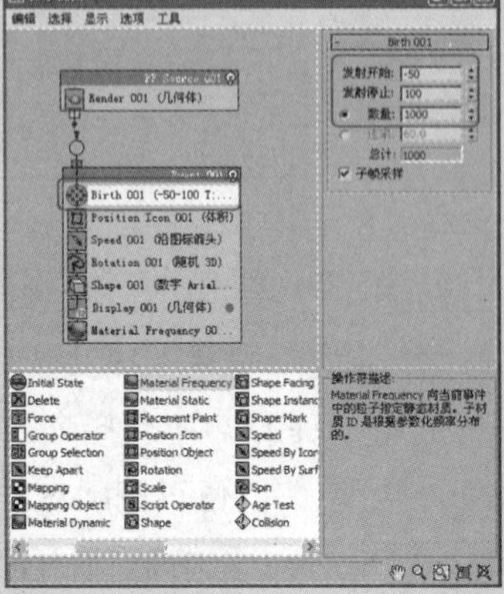

图10-10

10 调整视图的渲染场景，得到如图10-11所示的效果。

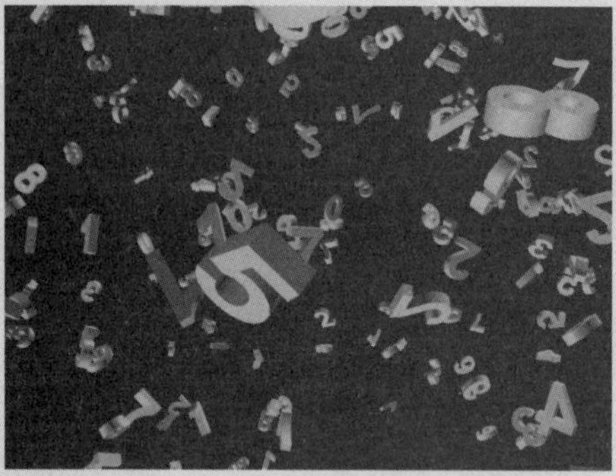
图10-11

11 调整Material Frequency到Birth事件的下方，如图10-12所示。

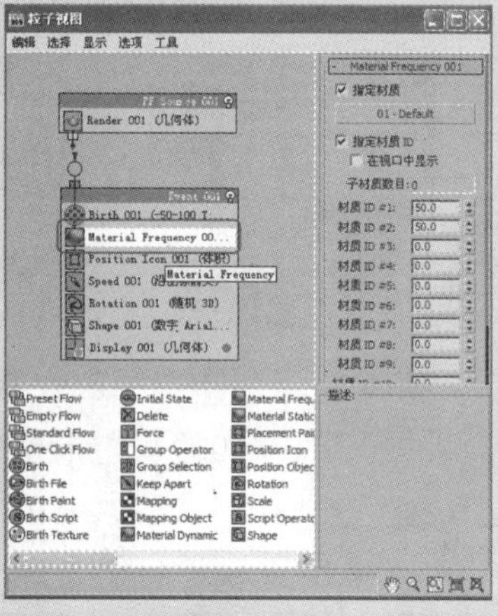

图10-12

12 渲染场景得到如图10-13所示的效果。

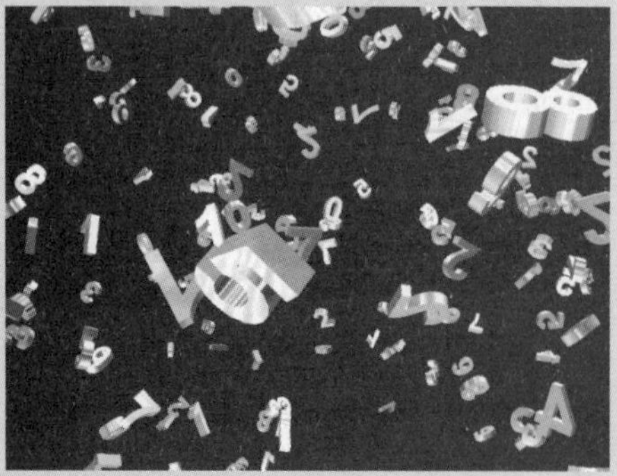
图10-13

13 为环境设置背景，如图10-14所示。

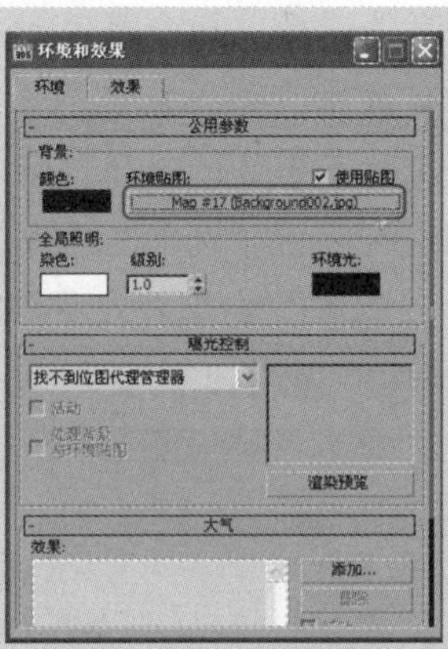

图10-14

14 渲染场景得到如图10-15所示的效果。

图10-15

15 可以对场景动画进行渲染，完成场景的制作。

2. 选项介绍

（1）“发射”卷展栏如图10-16所示，各选项的功能介绍如下。

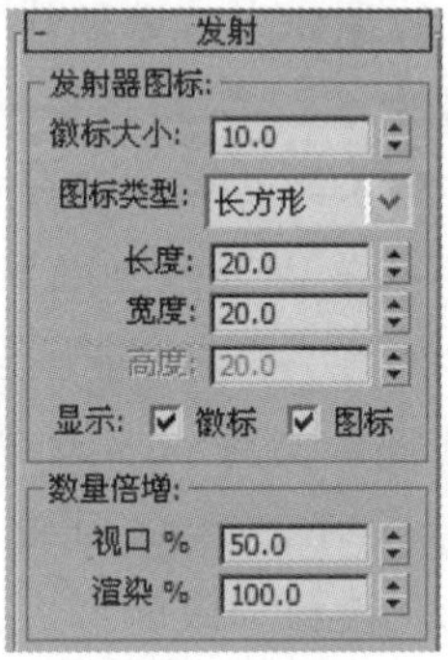

图10-16

- 发射器图标：在该组中设置发射器图标属性。
- 徽标大小：通过设置发射器的半径指定粒子徽标大小。
- 图标类型:从列表中选择图标类型，图标类型影响粒子的反射效果。
- 长度:设置图标的长度。
- 宽度：设置图标的宽度。
- 高度：设置图标的高度。
- 显示：是否在视图中显示“徽标”和“图标”。
- 数量倍增：从中设置数量显示。
- 视口%：在场景中显示的粒子百分数。
- 渲染%：渲染的粒子的百分数。

（2）“系统管理”卷展栏如图10-17所示，各选项的功能介绍如下。

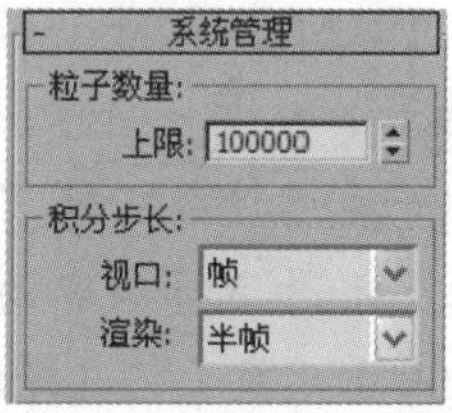

图10-17

- 粒子数量：使用这些设置可限制系统中的粒子数，以及指定更新系统的频率。
- 上限：系统可以包含粒子的最大数目。
- 积分步长：对于每个积分步长，粒子流都会更新粒子系统，将每个活动动作应用于其事件中的粒子。较小的积分步长可以提高精度，却需要较多的计算时间。这些设置可以在渲染时对视口中的粒子动画应用不同的积分步长。
- 视口：设置在视口中播放的动画的

积分步长。

- 渲染：设置渲染时的积分步长。

在修改器面板中会出现如下卷展栏。

（3）“选择”卷展栏如图10-18所示，各选项的功能介绍如下。

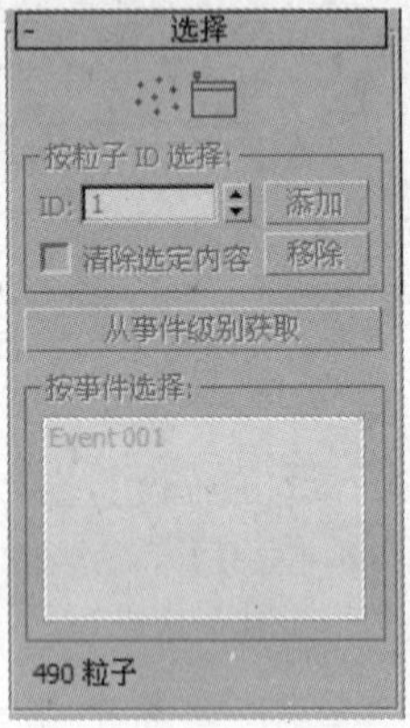

图10-18

- （粒子）：用于通过单击粒子或拖动一个区域来选择粒子。
- （事件）：用于按事件选择粒子。
- 按粒子ID选择：每个粒子都有唯一的ID号，从第一个粒子使用 1 开始，并递增计数。使用这些控件可按粒子ID号选择和取消选择粒子。仅适用于“粒子”选择级别。
- ID：使用此控件可设置要选择的粒子的ID号。每次只能设置一个数字。
- 添加：设置完要选择的粒子的ID号后，单击“添加”按钮可将其添加到选择中。
- 移除：设置完要取消选择的粒子的ID号后，单击“移除”按钮可将其从选择中移除。
- 清除选定对象：启用后，单击“添加”按钮选择粒子会取消选择所有其他粒子。
- 从事件级别获取：单击可将“事件”级别选择转化为“粒子”级别。仅适用于“粒子”级别。
- 按事件选择：该列表显示粒子流中的所有事件，并高亮显示选定事件。要选择所有事件的粒子，请单击其列表项或使用标准视口选择方法。

（4）“脚本”卷展栏如图10-19所示，部分选项的功能介绍如下。

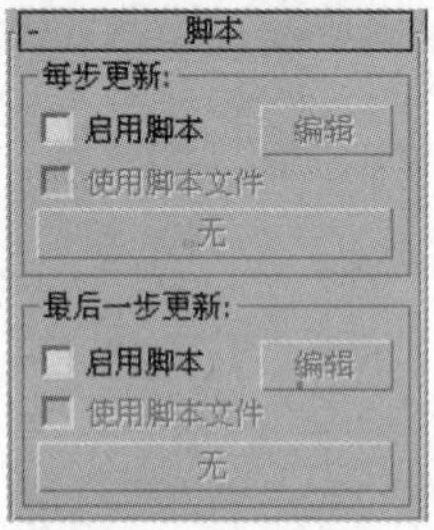

图10-19

- 每步更新：“每步更新”脚本在每个积分步长的末尾、计算完粒子系统中所有动作后和所有粒子最终在各自的事件中时进行计算。
- 启用脚本：单击此按钮可打开具有当前脚本的文本编辑器窗口。
- 编辑：单击该按钮将显示“打开”对话框。
- 使用脚本文件：当此复选框处于勾选状态时，可以通过单击下面的“无”按钮加载脚本文件。
- 无：单击此按钮可显示“打开”对话框，可通过此对话框指定要从磁盘加载的脚本文件。
- 最后一步更新：当完成所查看（或渲染）的每帧的最后一个积分步长后，执行“最后一步更新”脚本。例如，在关闭实时的情况下，如果在视口中播放动画，则在粒子系统渲染到视口之前，粒子流会立即按每帧运行此脚本。但是，如果只是跳转到不同帧，则脚本只运行一次，因此，如果脚本采用某一历史记录，就可能获得意外结果。

10.1.2 喷射

“喷射”粒子模拟雨、喷泉、公园水龙带的喷水等水滴效果。如图10-20所示为下雨的效果。

图10-20

1. 实例操作068—— 下雨效果

案例文件	场景\Cha10\下雨效果.max	视频教学	视频教学\Cha10\下雨效果.avi
视频长度	2分36秒	难易指数	★★☆☆☆

1 按8键打开“环境和效果”对话框，为背景指定位图贴图，如图10-21所示。

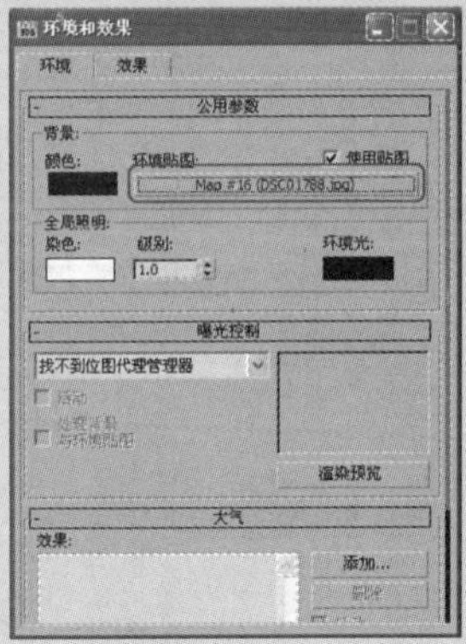

图10-21

2 选择“透视”视图，按Alt+B键，在弹出的对话框中选择“使用环境背景”和“显示背景”复选框，如图10-22所示。

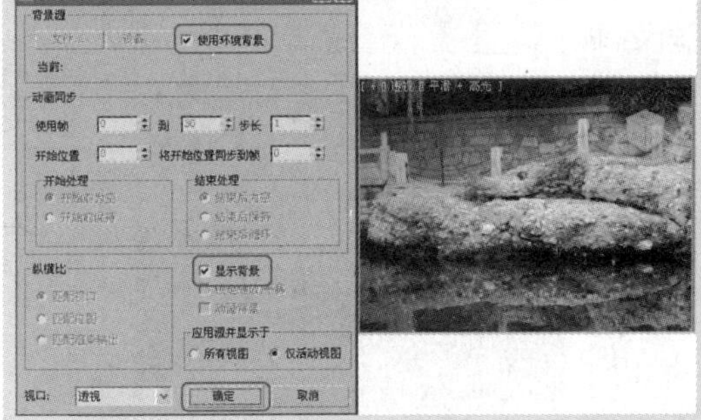

图10-22

3 单击“（创建）|（几何体）|粒子系统|喷射”按钮，在“顶”视图中创建“喷射”粒子，如图10-23所示。

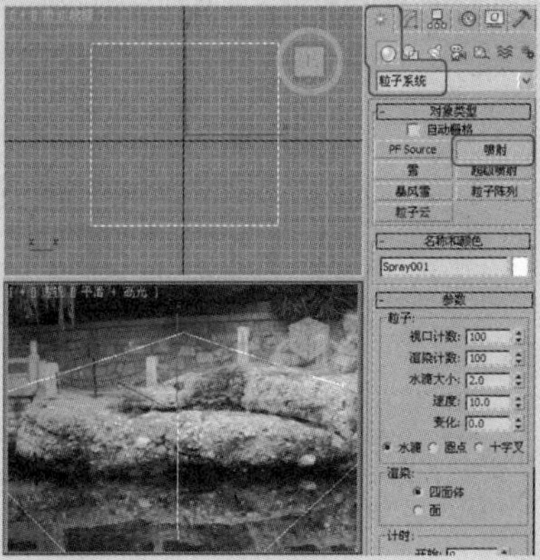

图10-23

4 在“参数”卷展栏中设置“粒子”选项组中的“视口计数”为1500、“渲染计数”为1500、“水滴大小”为6.0；在“计时”选项组中设置“开始”为-100、“寿命”为150；在“发射器”选项组中设置“宽度”和“长度”都为300.0，如图10-24所示。

5 调整“透视”图，按Ctrl+C键在该视图中创建摄影机，如图10-25所示。

6 打开“材质编辑器”面板，选择一个新的材质样本球，在“明暗器基本参数”卷展栏中勾选“双面”复选框，如图10-26所示。在“Blinn基本参数”卷展栏中设置“环境光”和“漫反射”为255、255、255，设置“自发光”的“颜色”为50；在“反射高光”组中设置“高光级别”为63、“光泽度”为54；设置“不透明度”为90。将材质指定给场景中的粒子对象。

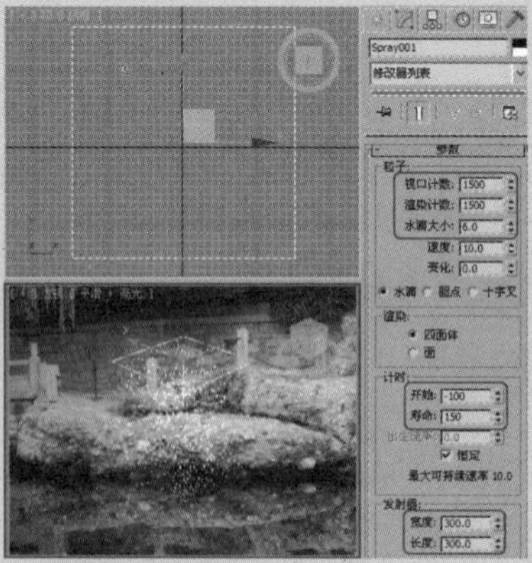

图10-24

图10-25

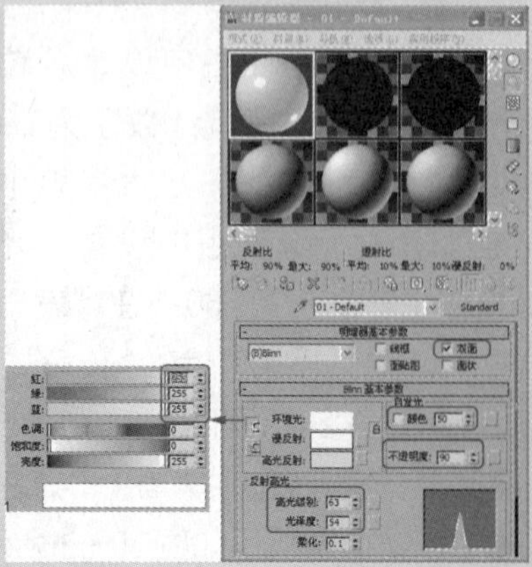

图10-26

7 在场景中右击粒子系统，在弹出的快捷菜单中选择“对象属性”命令，在弹出的对话框中弹起“按对象”按钮，单击“运动模糊”选项组中的“图像”单选按钮，设置“倍增”为1.0，如图10-27所示。

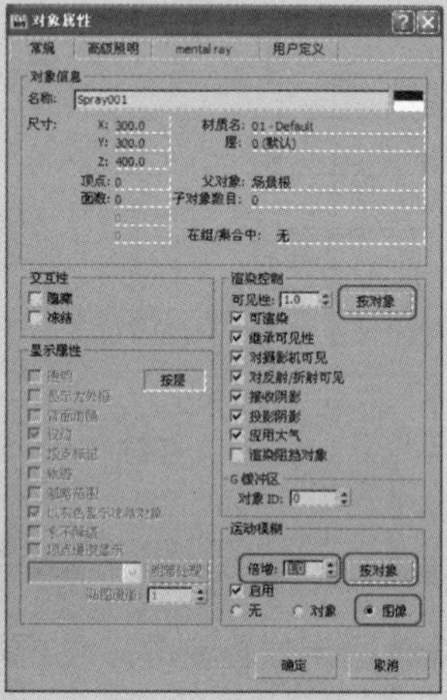

图10-27

8 按8键打开“环境和效果”对话框，选择“效果”选项卡，添加“运动模糊”效果，如图10-28所示。

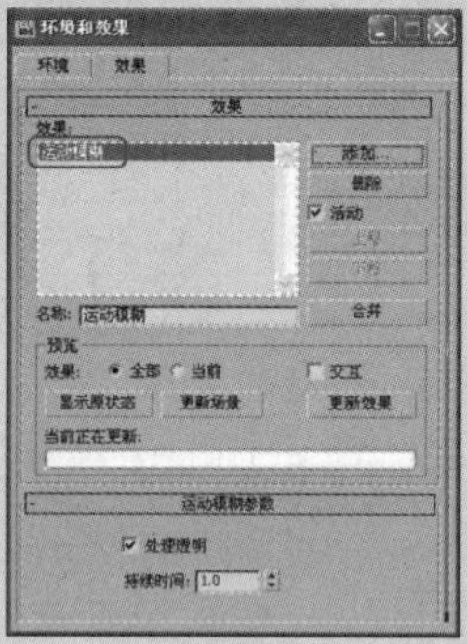

图10-28

9 对摄影机视图进行渲染，效果如图10-29所示。还可以对该场景进行动画渲染，这里就不介绍了。

图10-29

2. 选项介绍

“参数”卷展栏中的选项的功能介绍如下。

- 视口计数：在给定帧处，视口中显示的最多粒子数。
- 渲染计数：一个帧在渲染时可以显示的最多粒子数。
- 水滴大小：粒子的大小（以活动单位数计）。
- 速度：每个粒子离开发射器时的初始速度。粒子以此速度运动，除非受到粒子系统空间扭曲的影响。
- 变化：改变粒子的初始速度和方向。“变化”的值越大，喷射越强且范围越广。
- 水滴、圆点、十字叉：选择粒子在视口中的显示方式。显示设置不影响粒子的渲染方式。水滴是一些类似雨滴的条纹，圆点是一些点，十字叉是一些小的加号。
- 四面体：粒子渲染为长四面体，长度由用户在“水滴大小”参数中指定。四面体是渲染的默认设置，它提供水滴的基本模拟效果。
- 面：粒子渲染为正方形面，其宽度和高度等于“水滴大小”。
- 计时：计时参数控制发射的粒子的出生和消亡速率。
- 开始：第一个出现粒子的帧的编号。
- 寿命：每个粒子的寿命（以帧数计）。
- 出生速率：每个帧产生的新粒子数。
- 恒定：勾选该复选框后，“出生速率”不可用，所用的出生速率等于最大可持续速率。取消勾选该复选框后，“出生速率”可用。默认设置为启用。
- 发射器：发射器指定场景中出现粒子的区域。
- 宽度、长度：在视口中拖动以创建发射器时，即隐性设置了这两个参数的初始值。可以在卷展栏中调整这些值。

10.1.3 雪

“雪”模拟降雪或投撒的纸屑。雪系统与喷射类似，但是雪系统提供了其他参数来生成翻滚的雪花，渲染选项也有所不同。具体表现如图10-30所示。

图10-30

实例操作069——下雪效果

案例文件	场景\Cha10\下雪效果.max	视频教学	视频教学\Cha10\下雪效果.avi
视频长度	2分25秒	难易指数	★★☆☆☆

1 首先为环境背景指定位图，如图10-31所示。

2 选择“透视”视图，按Alt+B键，在弹出的对话框中勾选“使用环境背景”和“显示背景”复选框，如图10-32所示。

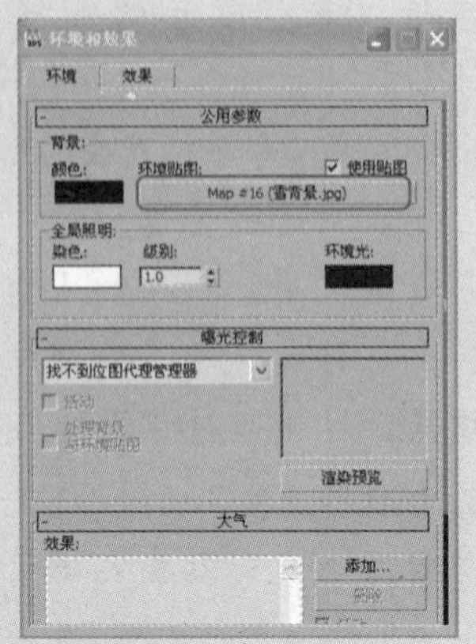

图10-31

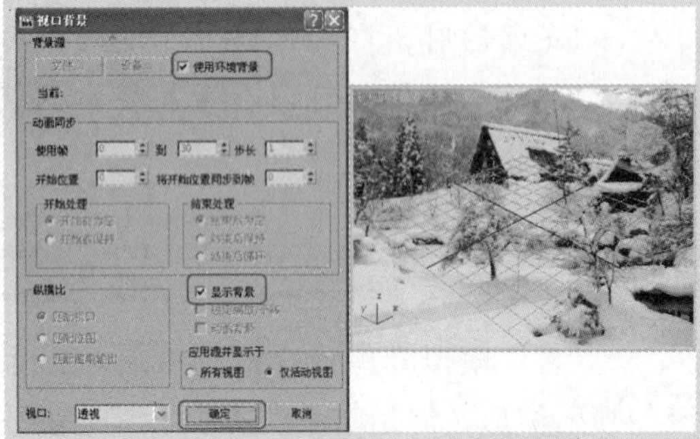

图10-32

3 单击“（创建）|（几何体）|粒子系统|雪”按钮，在“顶”视图中创建“雪”粒子，如图10-33所示。

图10-33

4 在“参数”卷展栏中设置“视口计数”和“渲染计数”均为2000、“雪花大小”为1.5，设置“开始”为-50，“寿命”为100，如图10-34所示。

图10-34

5 打开“材质编辑器”面板，选择一个新的材质样本球，在“明暗器基本参数”卷展栏中勾选“双面”复选框，如图10-35所示。在“Blinn基本参数”卷展栏中设置“环境光”和“漫反射”的RGB值为255、255、255，设置“自发光”的“颜色”为80；在“反射高光”选项组中设置“高光级别”为42、“光泽度”为31；设置“不透明度”为70。将材质指定给场景中的粒子对象。

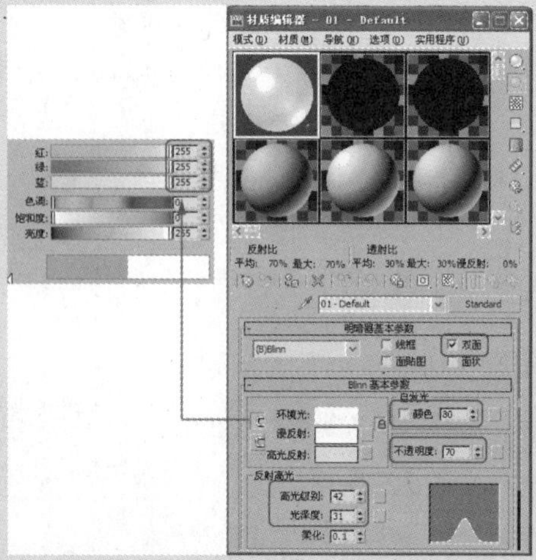

图10-35

6 在场景中右击粒子系统，在弹出的快捷菜单中选择“对象属性”命令，在弹出的对话框中单击“运动模糊”选项组中“图像”单选按钮，单击“确定”按钮，如图10-36所示。

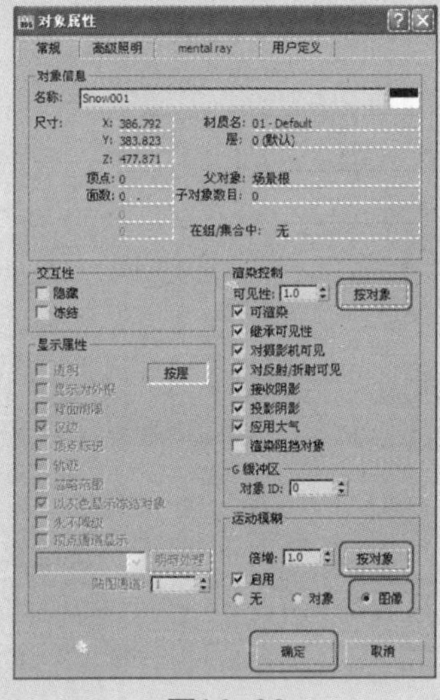

图10-36

7 按8键打开“环境和效果”对话框，添加“运动模糊”效果，如图10-37所示。

8 渲染得到如图10-38所示的效果，可以对场景进行动画渲染，这里就不详细介绍了。

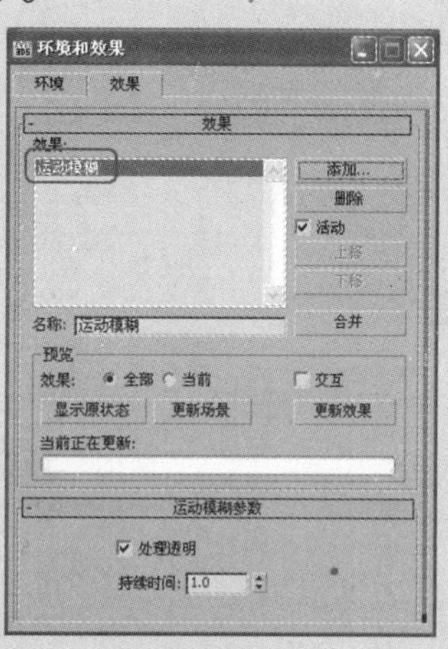

图10-37

图10-38

10.1.4 超级喷射

“超级喷射”发射受控制的粒子喷射。此粒子系统与简单的喷射粒子系统类似，只是增加了所有新型粒子系统提供的功能。具体效果表现如图10-39所示。

图10-39

实例操作070—— 滴水的水龙头

案例文件	场景\Cha10\水龙头.max	视频教学	视频教学\Cha10\水龙头.avi
视频长度	3分20秒	难易指数	★★☆☆☆

1 首先为场景背景指定背景图片，如图10-40所示。

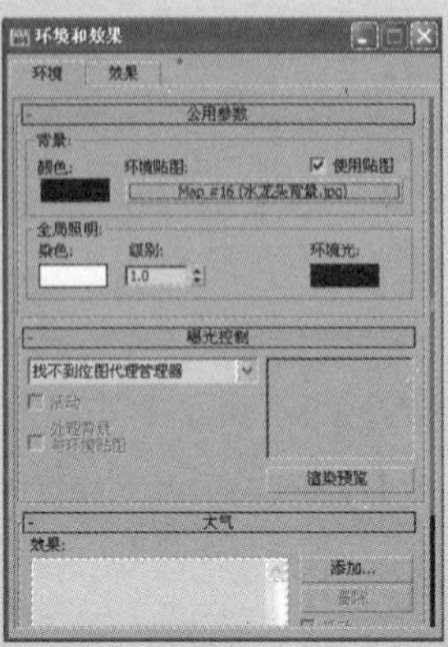

图10-40

2 激活“透视”图，按Alt+B键，在弹出的对话框中勾选“使用环境背景”和“显示背景”复选框，如图10-41所示。

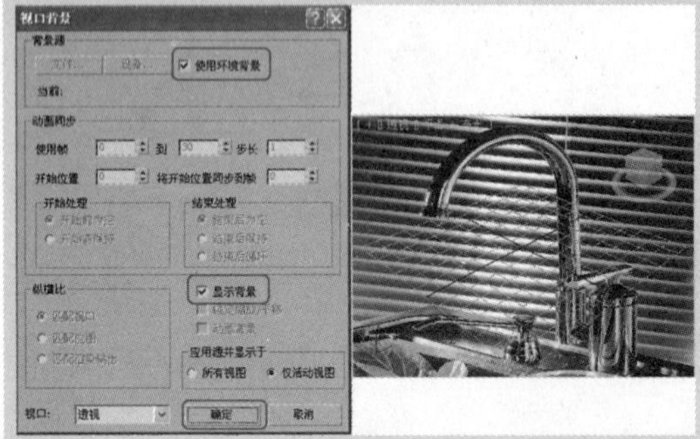

图10-41

3 按Shift+F键显示安全框，打开“渲染设置”对话框，从中设置渲染尺寸，如图10-42所示。

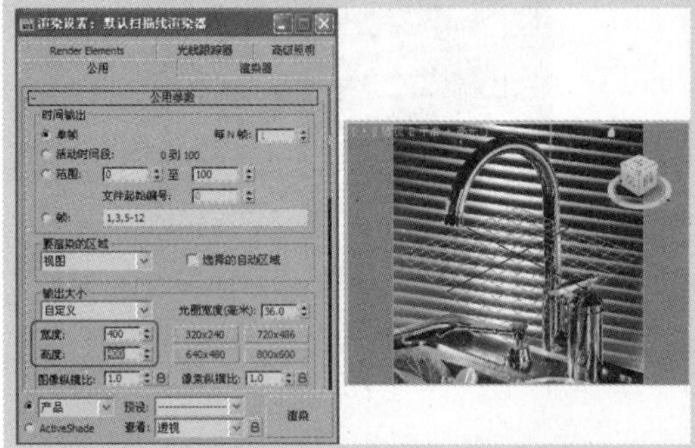

图10-42

4 单击“（创建）|（几何体）| 粒子系统 | 超级喷射”按钮，在“顶”视图中创建超级喷射，如图10-43所示。

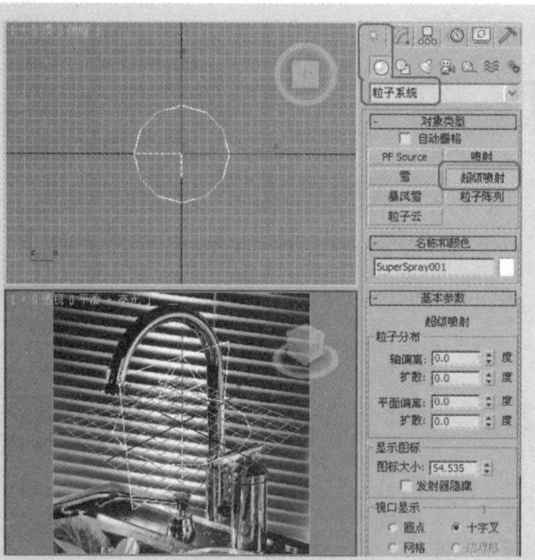

图10-43

5 在“基本参数”卷展栏中单击“网格”单选按钮。在“粒子生成”卷展栏中单击“使用总数”单选按钮，设置参数为1000，设置“发射开始”为-50、“发射停止”为100，在“粒子大小”选项组中设置“大小”为20、“变化”为50。在“粒子类型”卷展栏中单击“变形球粒子”单选按钮，在“标准粒子”选项组中选择“球体”，如图10-44所示。

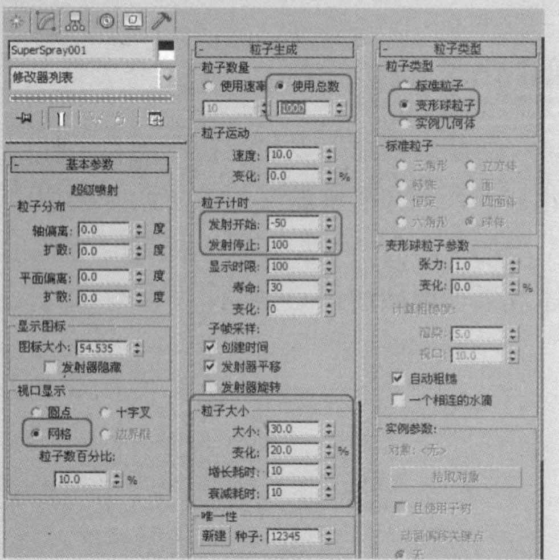

图10-44

6 在场景中调整粒子在“透视”图中的角度，按Ctrl+C键创建摄影机，如图10-45所示。

图10-45

7 在场景中选择粒子，打开材质编辑器，选择一个新的材质样本球，在“Blinn基本参数”卷展栏中设置“环境光”和“漫反射”的RGB为0、0、0，如图10-46所示。

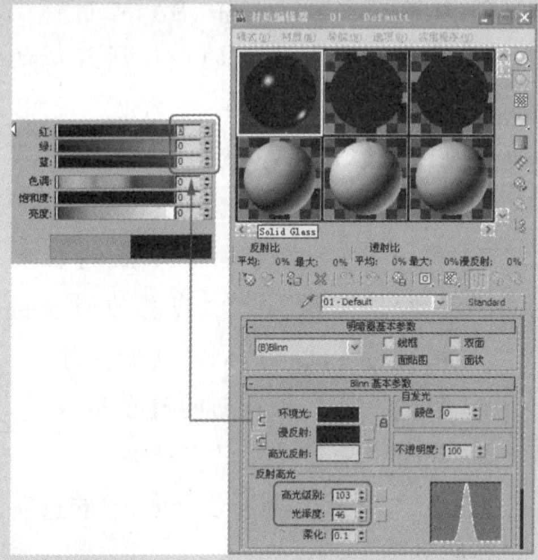

图10-46

8 在“贴图”卷展栏中为“反射”指定“光线跟踪”，设置数量为15；为“折射”指定“反射/折射”贴图，并设置其数量为90，如图10-47所示。

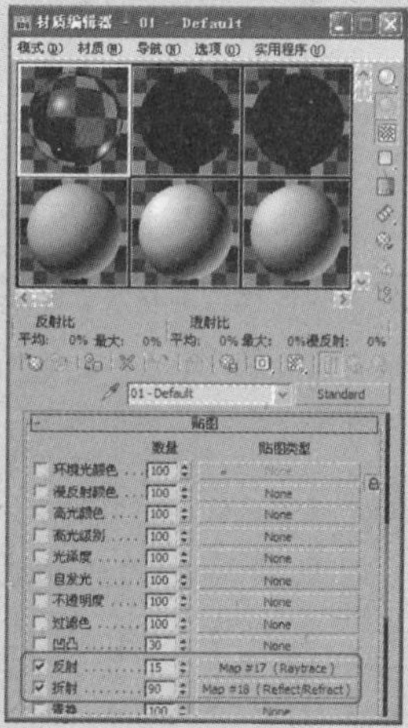

图10-47

9 渲染场景得到如图10-48所示的效果，可以对场景动画进行渲染，这里就不介绍了。

图10-48

2. 选项介绍

（1）“基本参数”卷展栏中部分选项的功能介绍如下。

- 轴偏离：影响粒子流与z轴的夹角（沿着x轴的平面）。
- 扩散：影响粒子远离发射向量的扩散（沿着x轴的平面）。
- 平面偏离：影响围绕z轴的发射角度。如果“偏离轴”设置为0，则此选项无效。
- 扩散：影响粒子围绕“平面偏离”轴的扩散。如果“偏离轴”设置为0，则此选项无效。
- 图标大小：从中设置图标显示的大小。
- 发射器隐藏：隐藏发射器。

（2）“粒子生成”卷展栏中的选项的功能介绍如下。

- 粒子数量：在此选项组中，可以从随时间确定粒子数的两种方法中选择一种。

- 使用速率：指定每帧发射的固定粒子数。使用微调器可以设置每帧产生的粒子数。
- 使用总数：指定在系统使用寿命内产生的总粒子数。使用微调器可以设置每帧产生的粒子数。
- 粒子运动：以下微调器控制粒子的初始速度，方向为沿着曲面、边或顶点法线（为每个发射器点插入）。
- 速度：粒子在出生时沿着法线的速度（以每帧移动的单位数计）。
- 变化：对每个粒子的发射速度应用一个变化百分比。
- 粒子计时：指定粒子发射开始和停止的时间以及各个粒子的寿命。
- 发射开始：设置粒子开始在场景中出现的帧。
- 发射停止：设置发射粒子的最后一个帧。
- 显示时限：指定所有粒子均将消失的帧。
- 寿命：设置每个粒子的寿命（以从创建帧开始的帧数计）。
- 变化：指定每个粒子的寿命可以从标准值变化的帧数。
- 创建时间：允许向防止随时间发生膨胀的运动等添加时间偏移。
- 发射器平移：如果基于对象的发射器在空间中移动，在沿着可渲染位置之间的几何体路径的位置上以整数倍数创建粒子。这样可以避免在空间中膨胀。
- 发射器旋转：如果发射器旋转，勾选该复选框可以避免膨胀，并产生平滑的螺旋形效果。默认设置为禁用状态。
- 粒子大小：指定粒子的大小。
- 大小：这个可设置动画的参数根据粒子的类型指定系统中所有粒子的目标大小。
- 变化：每个粒子的大小可以从标准值变化的百分比。
- 增长耗时：粒子从很小增长到“大小”的值经历的帧数。结果受“大小”、“变化”值的影响，因为“增长耗时”在“变化”之后应用。使用此参数可以模拟自然效果，例如，气泡随着向表面靠近而增大。
- 衰减耗时：粒子在消亡之前缩小到其“大小”设置的1/10所经历的帧数。此设置也在“变化”之后应用。使用此参数可以模拟自然效果，例如，火花逐渐变为灰烬。
- 唯一性：通过更改此微调器中的“种子”值，可以在其他粒子设置相同的情况下达到不同的结果。
- 新建：随机生成新的种子值。
- 种子：设置特定的种子值。

（3）“粒子类型”卷展栏中的选项的功能介绍如下。

- 粒子类型：从中使用几种标准粒子类型中的一种，包括“变形球粒子”和“实例几何体”。
- 标准粒子：从中使用几种标准粒子类型中的一种，包括“三角形”、“立方体”、“特殊”、“面”、“恒定”、“四面体”、“六角形”、“球体”。
- 变形球粒子：如果在“粒子类型”选项组中单击了“变形球粒子”单选按钮，则此选项组中的选项变为可用，且变形球作为粒子使用。变形球粒子需要额外的时间进行渲染，但是对于喷射和流动的液体效果非常有效。

- 张力：确定有关粒子与其他粒子混合倾向的紧密度。张力越大，聚集越难，合并也越难。
- 变化：指定张力效果的变化百分比。
- 计算粗糙度：指定计算变形球粒子解决方案的精确程度。粗糙值越大，计算工作量越少。不过，如果粗糙值过大，可能变形球粒子效果很小或根本没有效果。反之，如果粗糙值设置过小，计算时间可能会非常长。
- 渲染：设置渲染场景中的变形球粒子的粗糙度。如果启用了“自动粗糙度”，则此选项不可用。
- 视口：设置视口显示的粗糙度。如果启用了“自动粗糙度”，则此选项不可用。
- 自动粗糙：一般规则是，将粗糙值设置为介于粒子大小的 1/4 到 1/2 之间。如果启用此项，会根据粒子大小自动设置渲染粗糙度，视口粗糙度会设置为渲染粗糙度的大约两倍。
- 一个相连的水滴：如果禁用该选项（默认设置），将计算所有粒子；如果启用该选项，将使用快捷算法，仅计算和显示彼此相连或邻近的粒子。
- 实例参数：在“粒子类型”组中指定“实例几何体”时，使用这些选项。这样每个粒子作为对象、对象链接层次或组的实例生成。
- 对象：显示所拾取对象的名称。
- 拾取对象：单击此选项，然后在视口中选择要作为粒子使用的对象。
- 且使用子树：如果要将拾取的对象的链接子对象包括在粒子中，则启用此选项。如果拾取的对象是组，将包括组的所有子对象。
- 动画偏移关键点：因为可以为实例对象设置动画，此处的选项可以指定粒子的动画计时。
- 无：每个粒子复制原对象的计时。因此，所有粒子的动画的计时均相同。
- 出生：第一个出生的粒子是粒子出生时源对象当前动画的实例。每个后续粒子将使用相同的开始时间设置动画。
- 随机：当“帧偏移”设置为 0 时，此选项等同于“无”。否则，每个粒子出生时使用的动画都将与源对象出生时使用的动画相同,但会基于“帧偏移”微调器的值产生帧的随机偏移。
- 帧偏移：指定从源对象的当前计时的偏移值。
- 材质贴图和来源：指定贴图材质如何影响粒子，并且可以指定为粒子指定的材质的来源。
- 时间：指定从粒子出生开始完成粒子的一个贴图所需的帧数。
- 距离：指定从粒子出生开始完成粒子的一个贴图所需的距离（以单位计）。
- 材质来源：使用此按钮下面的选项按钮指定的来源更新粒子系统携带的材质。
- 图标：粒子使用当前为粒子系统图标指定的材质。
- 实例几何体：粒子使用为实例几何

体指定的材质。

（4）“旋转和碰撞”卷展栏如图10-49所示，各选项的功能介绍如下。

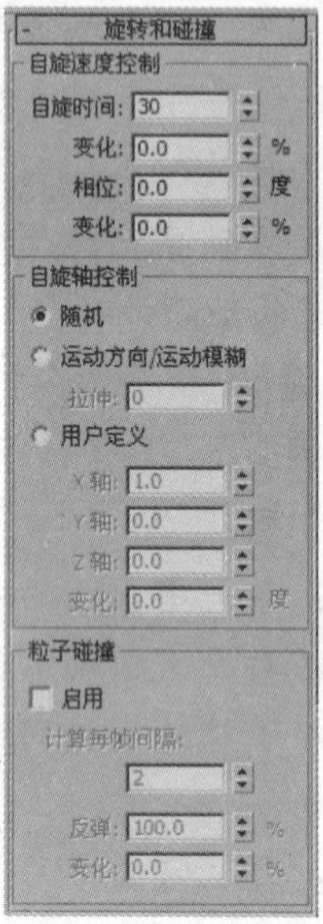

图10-49

- 自选时间：粒子一次旋转的帧数。如果设置为0，则不进行旋转。
- 变化：自旋时间的变化百分比。
- 相位：设置粒子的初始旋转（以度计）。此设置对碎片没有意义，碎片总是从0旋转开始。
- 变化：相位的变化百分比。
- 自旋轴控制：确定粒子的自旋轴，并提供对粒子应用运动模糊的部分方法。
- 随机：每个粒子的自旋轴是随机的。
- 运动方向/运动模糊：围绕由粒子移动方向形成的向量旋转粒子。利用此选项还可以使用“拉伸”微调器对粒子应用一种运动模糊。
- 拉伸：如果大于0，则粒子根据其速度沿运动轴拉伸。仅当选择了“运动方向/运动模糊”时，此微调器才可用。
- 用户自定义：使用X、Y和Z轴微调器中定义的向量。仅当选择了“用户自定义”时，此微调器才可用。
- 变化：每个粒子的自旋轴可以从指定的X轴、Y轴和Z轴设置变化量（以度计）。仅当选择了“用户自定义”时，此微调器才可用。
- 粒子碰撞：允许粒子之间的碰撞，并控制碰撞发生的形式。
- 启用：在计算粒子移动时启用粒子间碰撞。
- 计算每帧间隔：每个渲染间隔的间隔数，期间进行粒子碰撞测试。值越大，模拟越精确，但是模拟运行的速度将越慢。
- 反弹：在碰撞后速度恢复到的程度。
- 变化：应用于粒子的反弹值的随机变化百分比。

（5）“对象运动继承”卷展栏如图10-50所示，各选项的功能介绍如下。

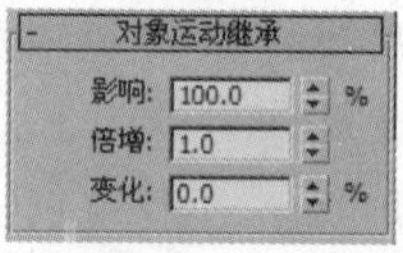

图10-50

- 影响：在粒子产生时，继承基于对象的发射器的运动的粒子所占的百分比。
- 倍增：修改发射器运动影响粒子运动的量。此设置可以是正数，也可以是负数。
- 变化：提供倍增值的变化百分比。

（6）“气泡运动”卷展栏如图10-51所示，各选项的功能介绍如下。

图10-51

- 幅度：粒子离开通常的速度矢量的距离。
- 变化：每个粒子所应用的振幅变化的百分比。
- 周期：粒子通过气泡“波”的一个完整振动的周期。
- 变化：每个粒子的周期变化的百分比。
- 相位：气泡图案沿着矢量的初始置换。
- 变化：每个粒子的相位变化的百分比

（7）“粒子繁殖”卷展栏如图10-52所示，各选项的功能介绍如下。

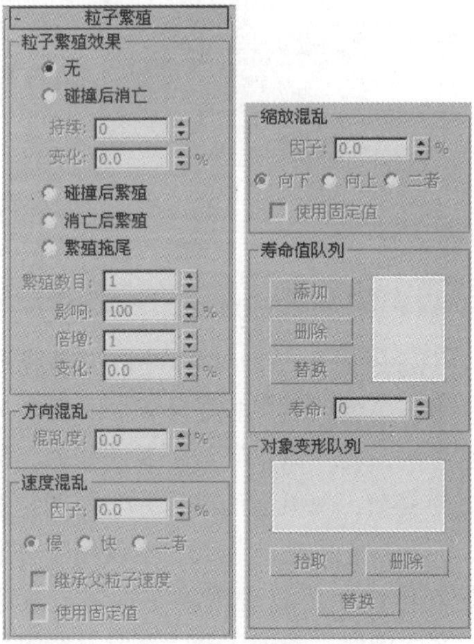

图10-52

- 粒子繁殖效果：可以确定粒子在碰撞或消亡时发生的情况。
- 无：不使用任何繁殖控件，粒子按照正常方式活动。
- 碰撞后消亡：粒子在碰撞到绑定的导向器（例如，导向球）时消失。
- 持续：粒子在碰撞后持续的寿命（帧数）。如果将此选项设置为0（默认设置），粒子在碰撞后立即消失。
- 变化：当“持续”大于0时，每个粒子的“持续”值将各有不同。
- 碰撞后繁殖：在与绑定的导向器碰撞时产生繁殖效果。
- 消亡后繁殖：在每个粒子的寿命结束时产生繁殖效果。
- 繁殖拖尾：在现有粒子寿命的每个帧，从相应粒子繁殖粒子。
- 繁殖数目：除原粒子以外的繁殖数。
- 影响：指定将繁殖的粒子的百分比。如果减小此设置，会减少产生繁殖粒子的粒子数。
- 倍增：倍增每个繁殖事件繁殖的粒子数。
- 变化：逐帧指定Multiplier（倍增）值将变化的百分比范围。
- 方向混乱：从中设置粒子方向混乱。
- 混乱度：指定繁殖的粒子的方向可以从父粒子的方向变化的量。
- 速度混乱：可以随机改变繁殖的粒子与父粒子的相对速度。
- 因子：繁殖的粒子的速度相对于父粒子的速度变化的百分比范围。
- 慢：随机应用速度因子，减慢繁殖的粒子的速度。
- 快：根据速度因子随机加快粒子的速度。
- 二者：根据速度因子，有些粒子加快速度，有些粒子减慢速度。
- 继承父粒子速度：除了速度因子的影响外，繁殖的粒子还继承母体的速度。
- 使用固定值：将“因子”值作为设置值，而不是作为随机应用于每个粒子的范围。
- 缩放混乱：对粒子应用随机缩放。

- 因子：为繁殖的粒子确定相对于父粒子的随机缩放百分比范围。
- 向下：根据“因子”的值随机缩小繁殖的粒子，使其小于父粒子。
- 向上：随机放大繁殖的粒子，使其大于父粒子。
- 二者：将繁殖的粒子缩放为大于或小于其父粒子。
- 使用固定值：将“因子”的值作为固定值，而不是值范围。
- 寿命值队列：可以指定繁殖的每一代粒子的备选寿命值的列表。
- 添加：将“寿命”微调器中的值加入列表窗口。
- 删除：将“寿命”微调器中的值加入列表窗口。
- 替换：可以使用“寿命”微调器中的值替换队列中的值。使用时先将新值放入“寿命”微调器，再在队列中选择要替换的值，然后单击“替换”按钮。
- 寿命：设置一代粒子的寿命值。
- 对象变形队列：使用此选项组中的选项可以在带有每次繁殖（按照“繁殖数目”微调器设置）的实例对象粒子之间切换。
- 拾取：单击此选项，然后在视口中选择要加入列表的对象。
- 删除：删除列表窗口中当前高亮显示的对象。
- 替换：使用其他对象替换队列中的对象。

（8）“加载/保存预设”卷展栏如图10-53所示，各选项的功能介绍如下。

- 预设名：可以定义设置名称的可编辑字段。单击“保存”按钮保存预设名。
- 保存预设：包含所有保存的预设名。
- 加载：加载“保存预设”列表中当前高亮显示的预设。此外，在列表中双击预设名可以加载预设。
- 保存：保存“预设名”字段中的当前名称并放入“保存预设”窗口。
- 删除：将“寿命”从列表窗口中删除。

图10-53

10.1.5 暴风雪

“暴风雪”是原来的雪粒子系统的高级版本。“暴风雪”粒子从一个平面向外发射粒子流，与“雪景”粒子系统相似，但功能更为复杂，暴风雪的名称并非强调它的猛烈，而是指它的功能强大，不仅用于普通雪景的制作，还可以表现火花迸射、气泡上升、开水沸腾、漫天飞花、烟雾升腾等特殊效果。表现效果如图10-54所示。

图10-54

实例操作071—— 气泡上升

案例文件	场景\Cha10\气泡上升.max	视频教学	视频教学\Cha10\气泡上升.avi
视频长度	2分27秒	难易指数	★★☆☆☆

1 在场景中设置背景图片，如图10-55所示。

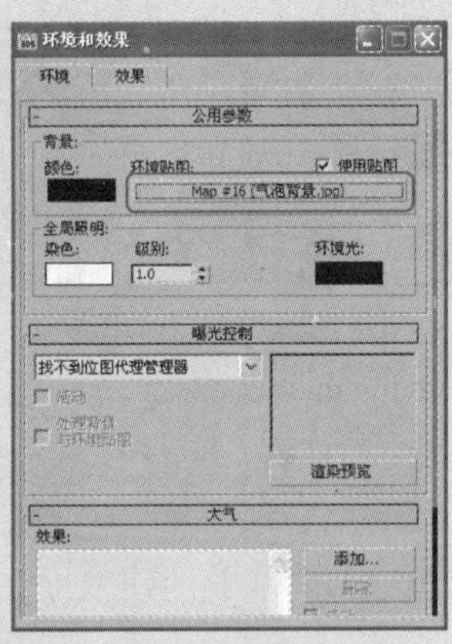

图10-55

2 显示背景，如图10-56所示。

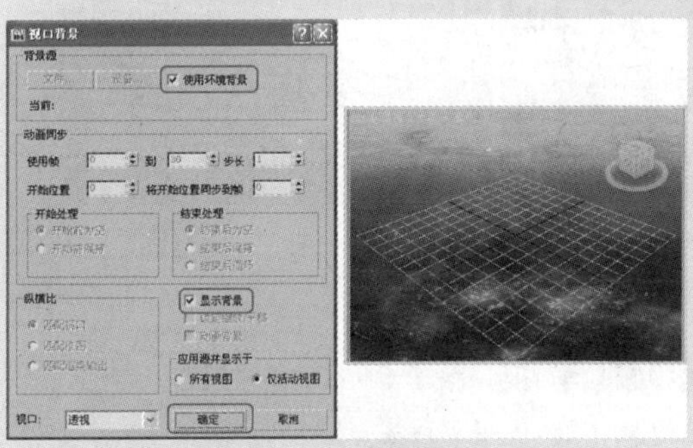

图10-56

3 单击“（创建）|（几何体）|粒子系统|暴风雪”按钮，在“顶”视图中创建“暴风雪”粒子，如图10-57所示。

4 在“基本参数”卷展栏中单击“视口显示”中的“网格”单选按钮。在“粒子生成”卷展栏中单击“使用总数”复选框，设置参数为200；在“粒子计时”选项组中设置“发射开始”为-50、“发射停止”为100；在“粒子大小”选项组中设置“大小”为5.0，设置“粒子类型”为“标准粒子”，在“标准粒子”选项组中选择“球体”，如图10-58所示。

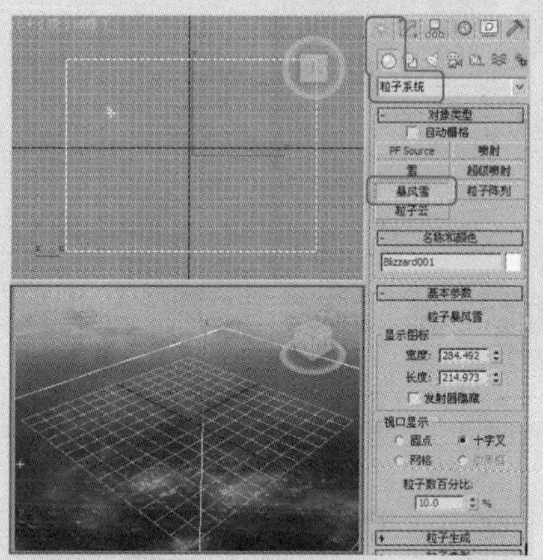

图10-57

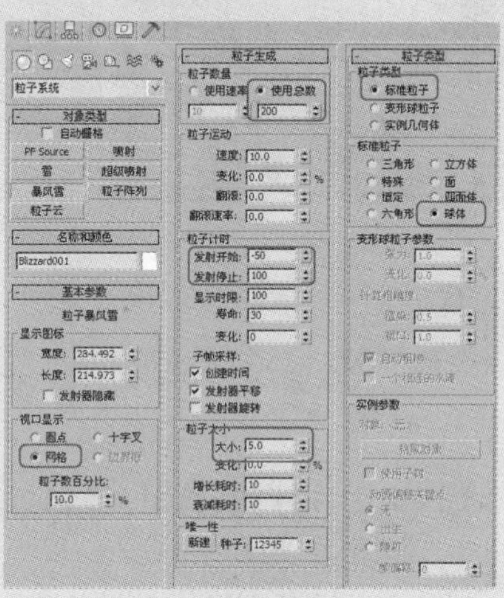

图10-58

5 在场景中调整粒子的方向，并调整“透视”图，按Ctrl+C键创建摄影机，如图10-59所示。

6 打开材质编辑器，选择一个新的材质样本球，为“反射”指定“反射/折射”贴图，为“折射”指定“反射/折射”贴图，设置贴图数量如图10-60所示。

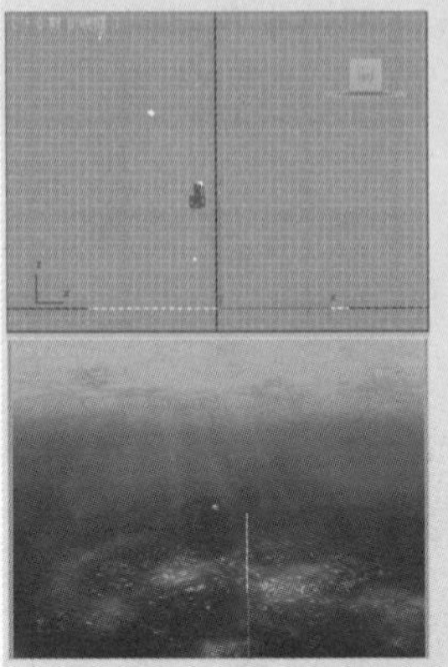

图10-59

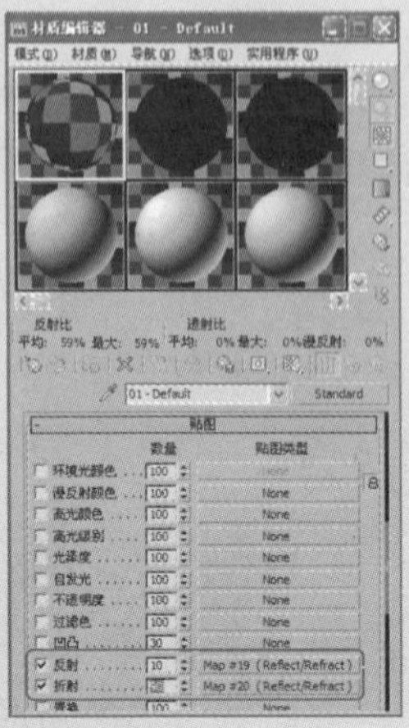

图10-60

7 渲染当前场景，得到如图10-61所示的效果。

图10-61

10.1.6 粒子阵列

“粒子阵列”粒子系统可将粒子分布在几何体对象上。也可用于创建复杂的对象爆炸效果。具体表现效果如图10-62所示。

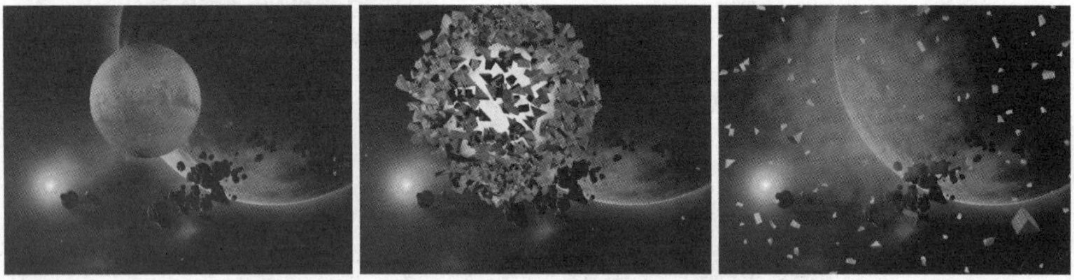

图10-62

实例操作072—— 星球爆炸

案例文件	场景\Cha10\星球爆炸.max	视频教学	视频教学\Cha10\星球爆炸.avi
视频长度	6分27秒	难易指数	★★★☆☆

1 在场景中创建球体，设置合适的参数，如图10-63所示。

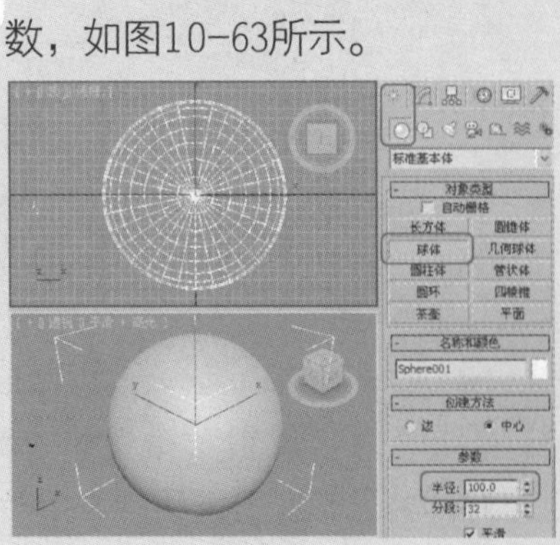

图10-63

2 打开材质编辑器，选择一个新的材质样本球，在“贴图”卷展栏中为“漫反射”指定“位图”，如图10-64所示，将材质指定给场景中的球体，并在场景中显示贴图效果。

3 为球体施加“UVW贴图”修改器，在“参数”卷展栏中取消勾选“真实世界贴图大小”复选框，单击“球形”单选按钮，使用默认的“长度”、“宽度”和“高度”，如图10-65所示。

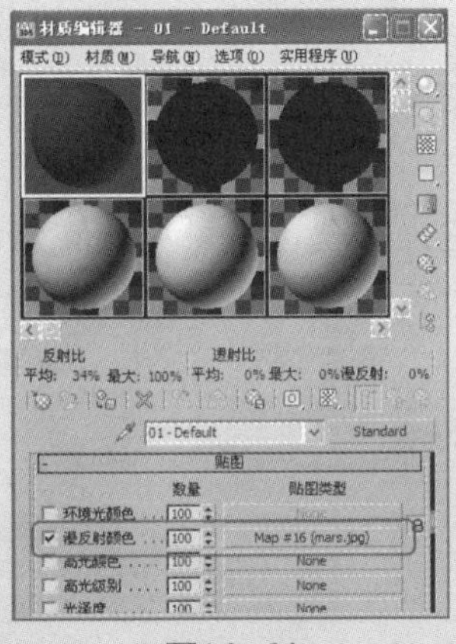

图10-64

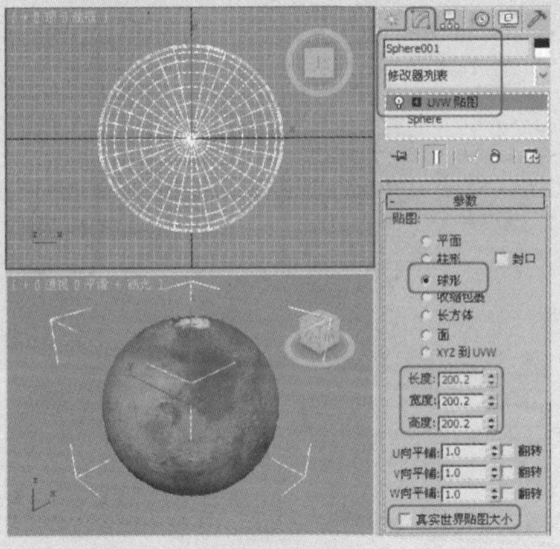

图10-65

4 按8键打开“环境和效果”对话框，为其设置一个环境背景贴图，如图10-66所示。

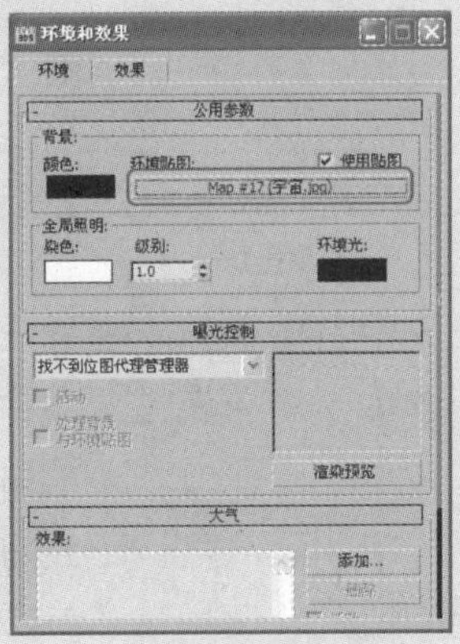

图10-66

5 选择“透视”视图，按Alt+B键，在弹出的对话框中勾选“使用环境背景”和“显示背景”复选框，如图10-67所示。

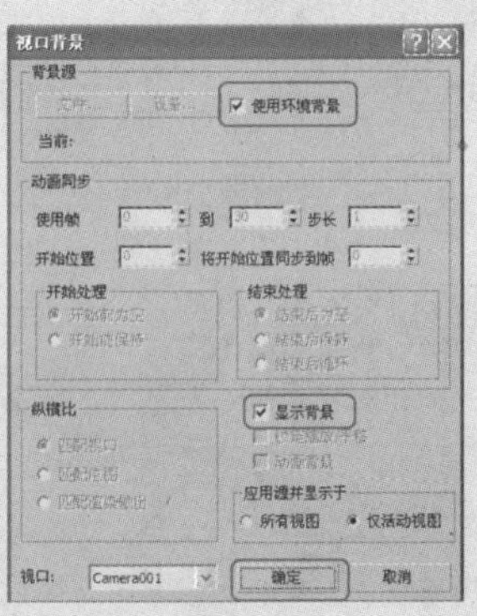

图10-67

6 调整“透视”图，按Ctrl+C键创建摄影机，如图10-68所示。

图10-68

7 单击“（创建）|（几何体）|粒子系统|粒子阵列”按钮，在“顶”视图中创建粒子阵列，如图10-69所示。

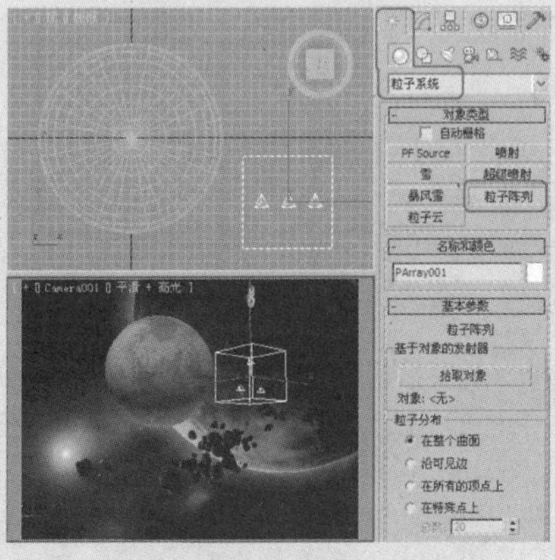

图10-69

8 在粒子阵列的“基本参数”卷展栏中单击“拾取对象”按钮，在场景中拾取球体，如图10-70所示。

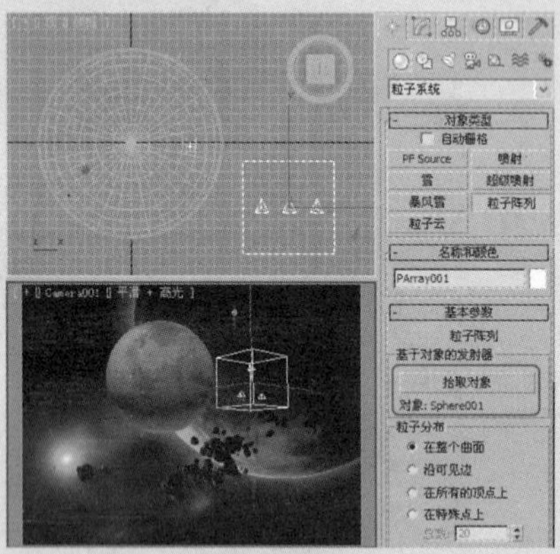

图10-70

9 在“基本参数”卷展栏中单击“视口显示”组中选择“网格”单选按钮；在“粒子生成”卷展栏中设置“粒子运动”选项组中的“速度”为15.0、“变化”为90.0；在“粒子计时”选项组中设置“发射开始”为10、“显示时限”为100、“寿命”为100。在“粒子类型”卷展栏中设置“粒子类型”为“对象碎片”；在“对象碎片控制”选项组中单击“碎片数目”单选按钮，设置“最小值”为400；在“材质贴图和来源”选项组中单击“拾取的发射器”单选按钮，单击“材质来源”按钮。在“旋转和碰撞”卷展栏中设置“自旋时间”为5、“变化”为60.0%，如图10-71所示。

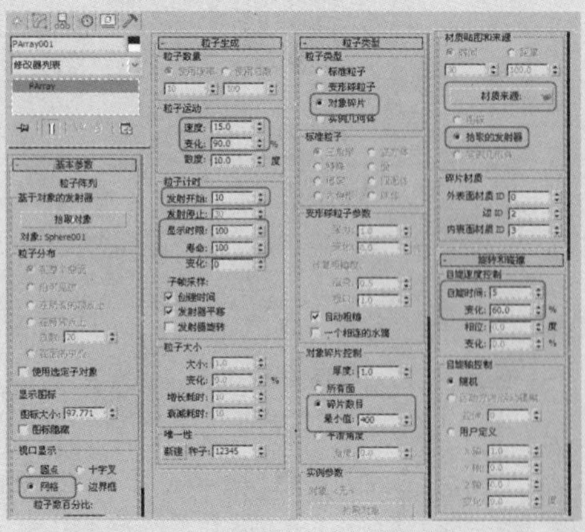

图10-71

10 在场景中选择球体，在工具栏中单击图解视图（打开）按钮，在弹出的视图中确定选择的“对象”为球体。在菜单栏中选择“轨迹｜可见性轨迹｜添加”命令，添加可见轨迹如图10-72所示。

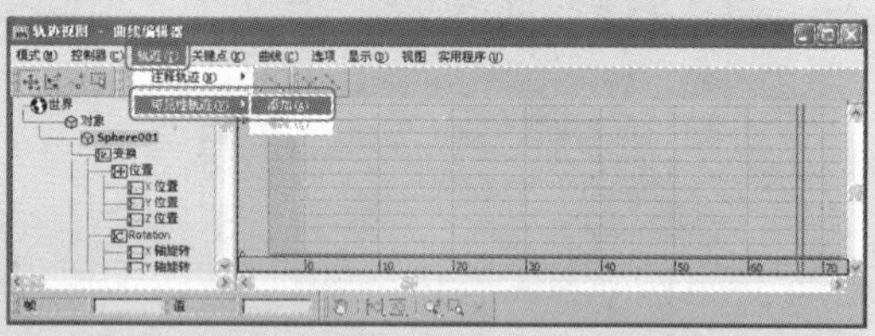

图10-72

11 在可见性轨迹的曲线上单击（添加关键点）按钮，在第9帧和第10帧创建关键点，如图10-73所示。

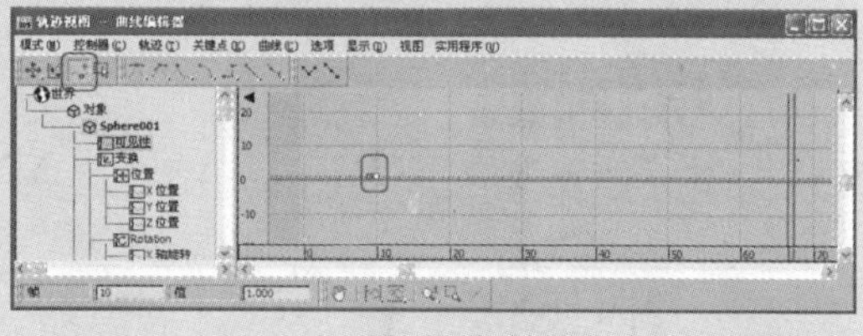

图10-73

12 单击（移动关键点）按钮，在场景中选择第10帧的关键点，在视图的左下角处设置第二个参数为0，将其在第10帧后隐藏，如图10-74所示。

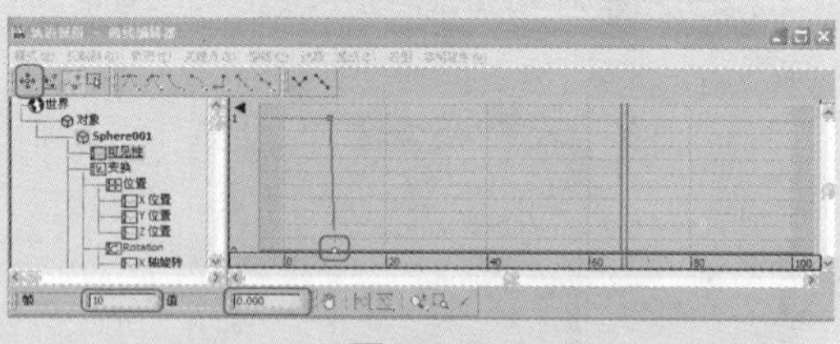

图10-74

13 在场景中右击球体，在弹出的快捷菜单中选择“对象属性”命令，在弹出的对话框中弹起如图10-75所示的按钮。

14 在场景中创建两盏“泛光灯”，调整灯光的位置，使用默认参数即可，如图10-76所示。

15 在球体的中心位置创建“泛光灯”，在“强度/颜色/衰减”卷展栏中设置

“倍增”为1.0，设置灯光的颜色为黄色，如图10-77所示。

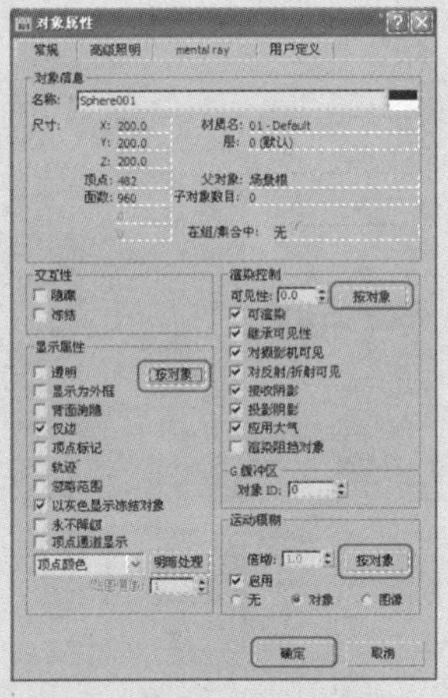

图10-75

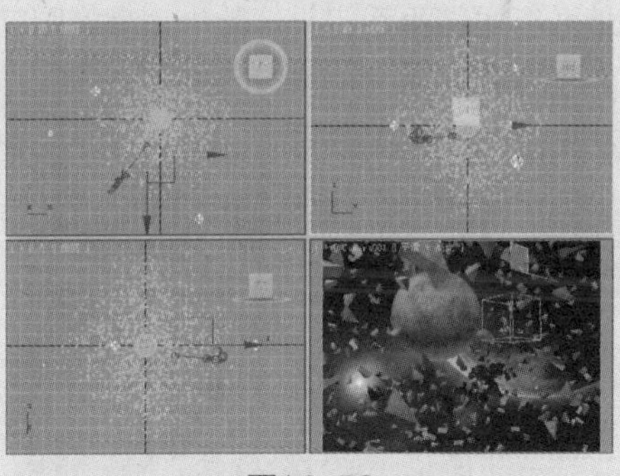

图10-76

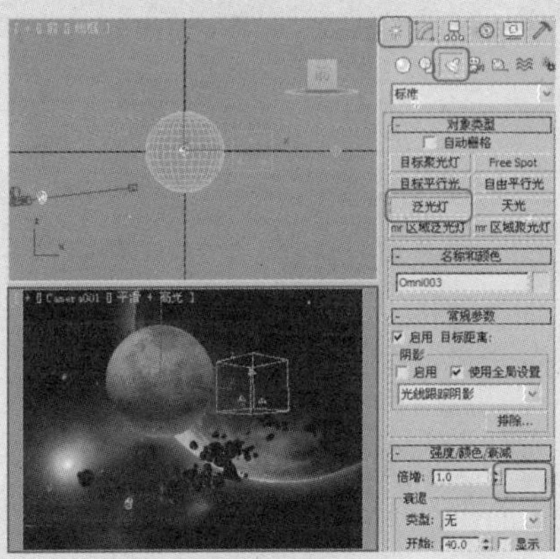

图10-77

16 单击“（创建）|（辅助对象）|大气装置|球体Gizmo”按钮，在“顶”视图中创建球体Gizmo，在场景中创建合适的球体Gizmo，如图10-78所示。

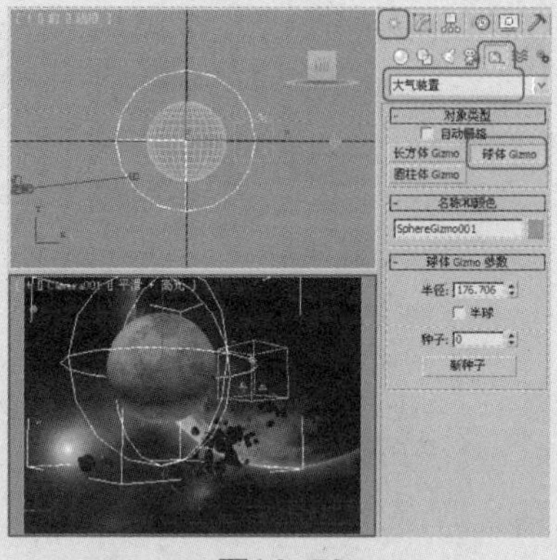

图10-78

17 按8键打开“环境和效果”对话框，在“大气”卷展栏中单击“添加”按钮，在弹出的“添加大气”选项组中选择“火效果”，如图10-79所示。

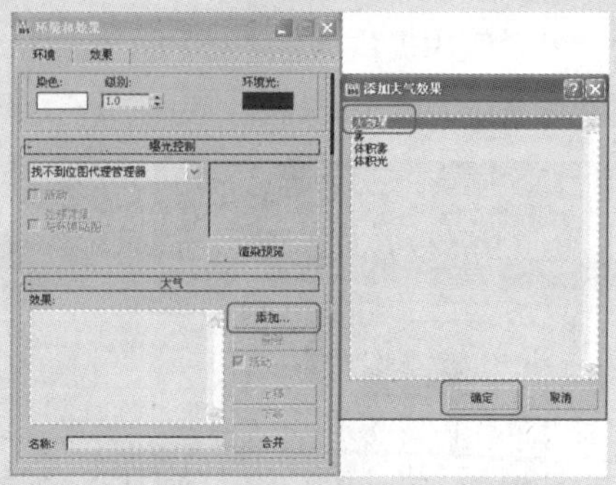

图10-79

18 添加火效果后，在“火效果参数”卷展栏中设置参数如图10-80所示。

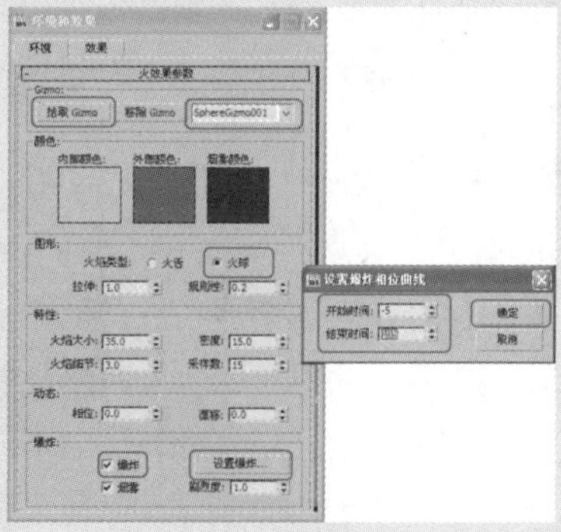

图10-80

19 在场景中右击球体Gizmo，在弹出的快捷菜单中选择“对象属性”命令，在弹出的对话框中弹起如图10-81所示的按钮。

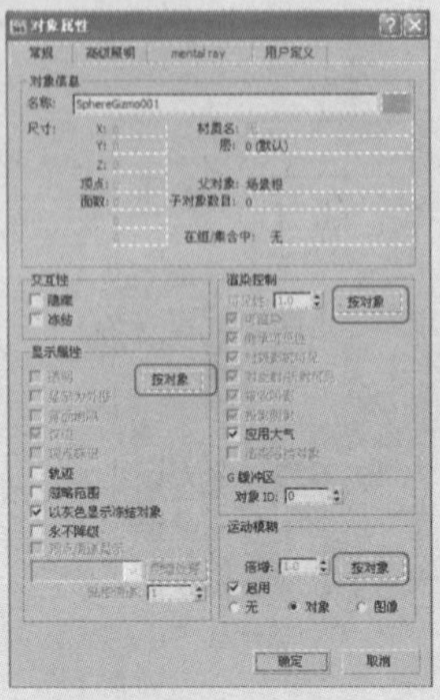

图10-81

20 调整关键帧渲染场景静帧，如图10-82所示，可以对该场景进行动画输出。

图10-82

10.1.7 粒子云

“粒子云”可以创建一群鸟、一个星空或一队在地面行军的士兵，具体效果表现如图10-83所示。可以使用提供的基本体积（长方体、球体或圆柱体）限制粒子，也可以使用场景中任意可渲染对象作为体积，只要该对象具有深度。二维对象不能使用粒子云。

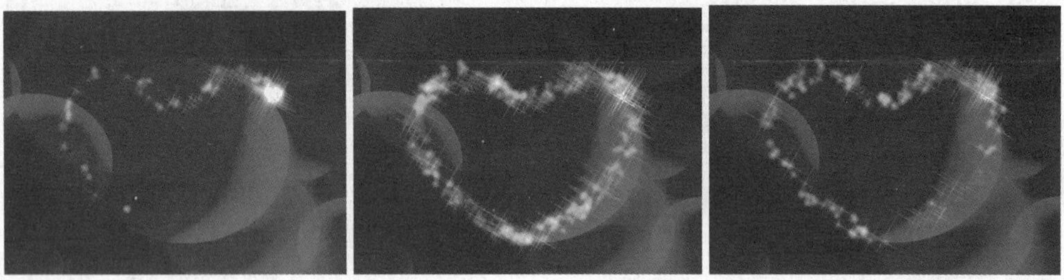

图10-83

实例操作073—— 心形烟花

案例文件	场景\Cha10\心形烟花.max	视频教学	视频教学\Cha10\心形烟花.avi
视频长度	8分21秒	难易指数	★★★☆☆

1 在“前”视图中创建圆，如图10-84所示。

2 为圆施加“编辑样条线”修改器，将选择集定义为“顶点”，在场景中调整图形为心形，如图10-85所示。

3 在“前”视图中创建圆柱体，设置合适的参数，如图10-86所示。

4 单击“（创建）|（几何体）|粒子系统|粒子云”按钮，在“顶”视图中创建粒子云，如图10-87所示。

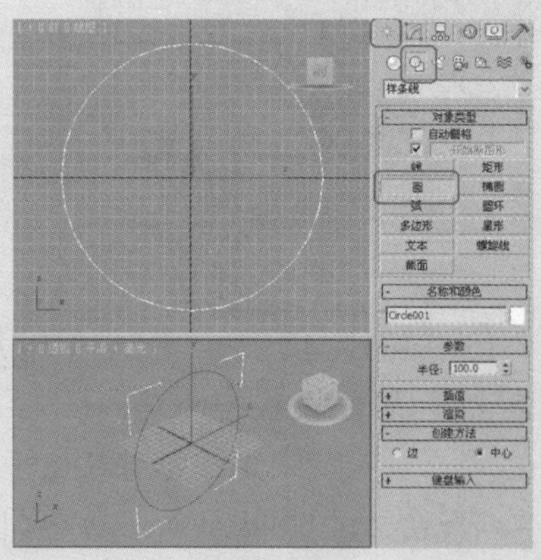

图10-84

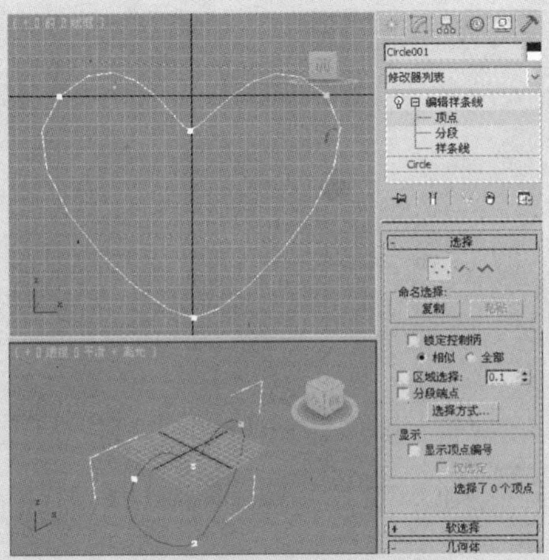

图10-85

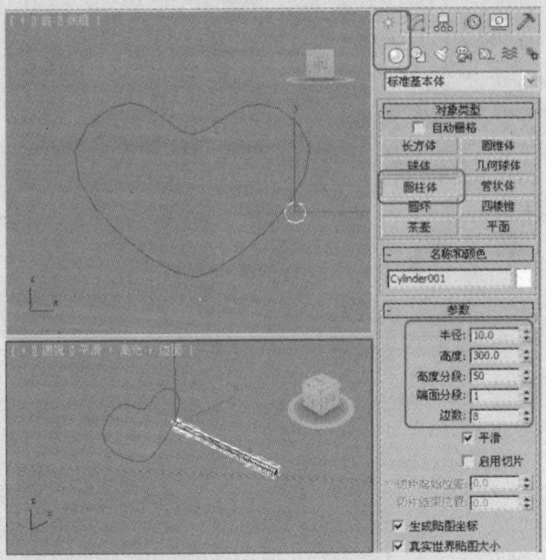

图10-86

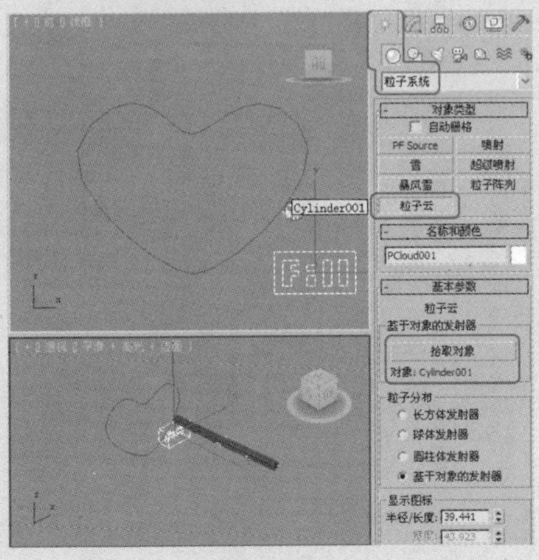

图10-87

5 为圆柱体施加“路径变形绑定（WSM）”，在“参数”卷展栏中单击“拾取路径”按钮，在场景中拾取心形图形，设置合适的参数，如图10-88所示。

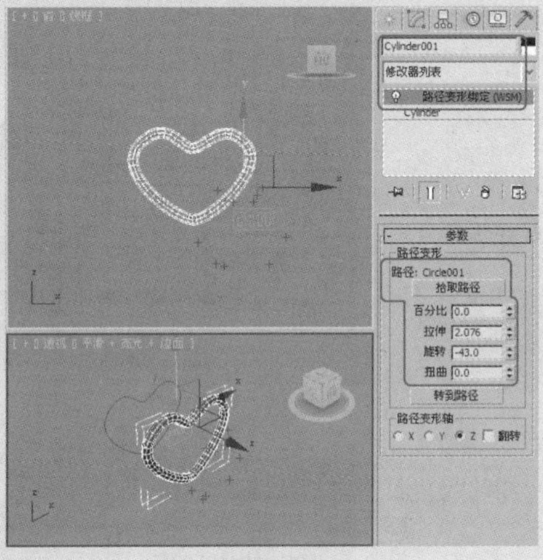

图10-88

6 在场景中选择粒子云，参照如图10-89所示为其设置合适的参数。

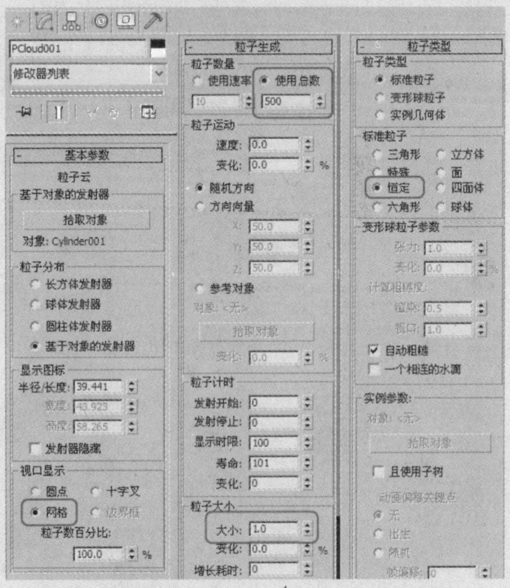

图10-89

7 在场景中心选择圆柱体，打开“自动关键点”，确定时间滑块位于第0帧，设置圆柱体的“拉伸”参数如图10-90所示。

8 拖动时间滑块到100帧，在场景中设置“拉伸”参数如图10-91所示。

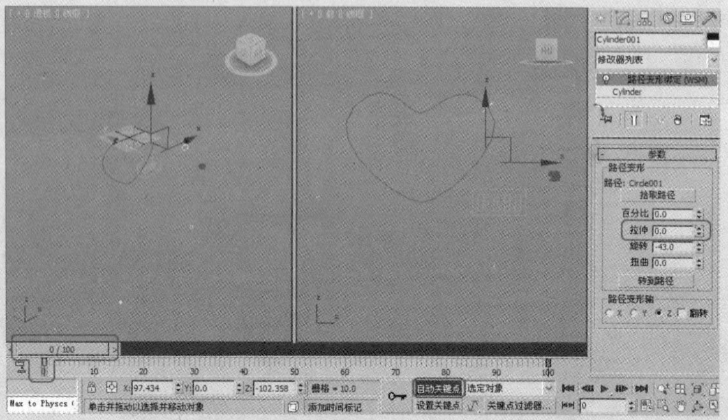

图10-90

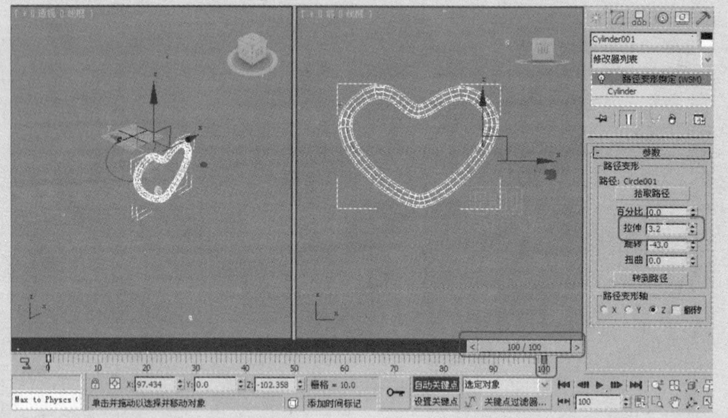

图10-91

9 在场景中选择粒子，并再次设置其参数，如图10-92所示。

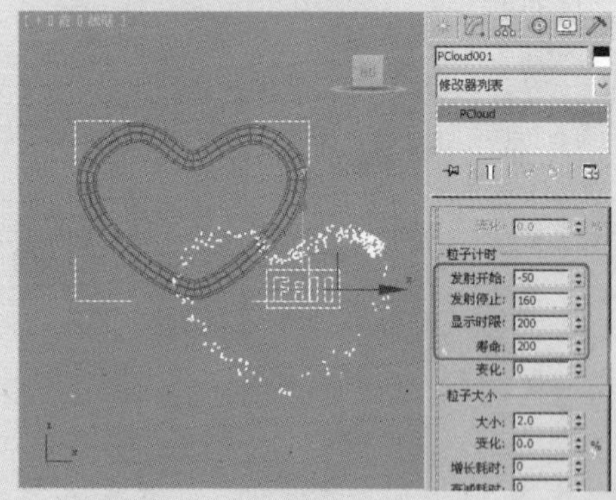

图10-92

10 确定粒子对象处于选择状态，按Ctrl+I键反选对象。鼠标右击，在弹出的快捷菜单中选择“对象属性”命令，在弹出的对话框中设置其不可渲染，如图10-93所示。

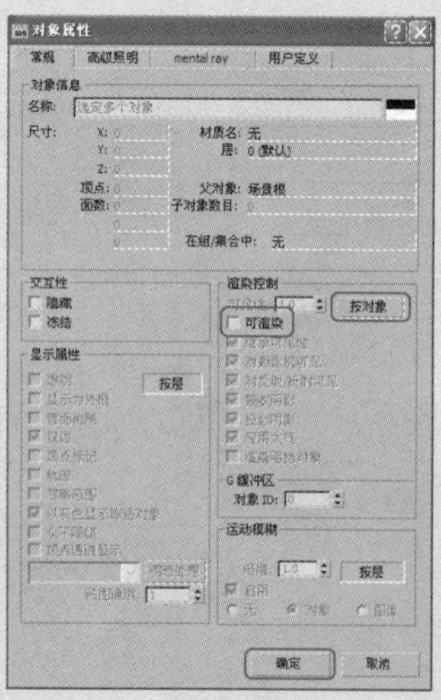

图10-93

11 在场景中选择粒子，鼠标右击，在弹出的快捷菜单中选择“对象属性”命令，打开对话框，从中设置“对象ID”，如图10-94所示。

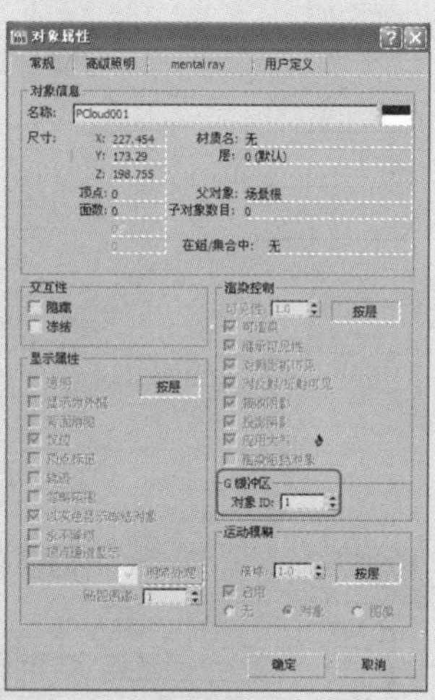

图10-94

12 调整“透视” 图，按Ctrl+C键创建摄影机，如图10-95所示。

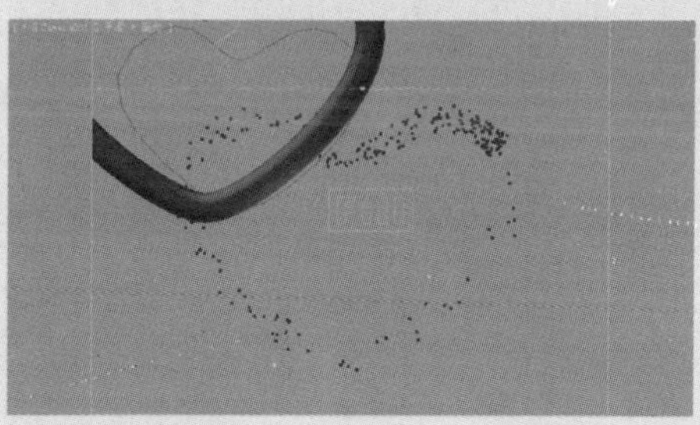
图10-95

13 在菜单栏中选择“渲染 | Video Post”命令（在后面的章节中将详细介绍Video Post的应用），在弹出的对话框中添加一个（添加场景事件）。单击（添加图像过滤事件）按钮，添加一个“镜头效果高光”和一个“镜头效果光晕”，如图10-96所示。

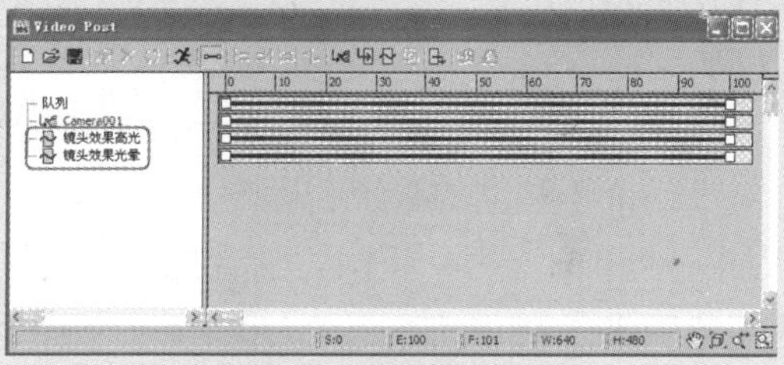

图10-96

14 双击“镜头效果高光”，在弹出的对话框中单击“设置”按钮，弹出“镜头效果高光”面板，在“首选项”选项卡中设置“大小”为10.0，单击“确定”按钮，如图10-97所示。

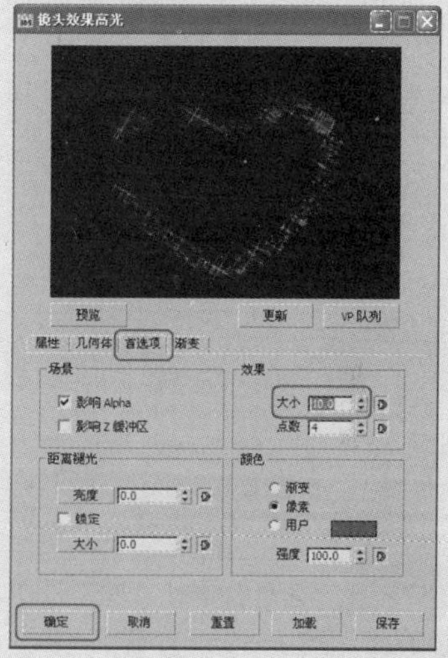

图10-97

15 双击镜头效果光晕，在弹出的对话框中单击“设置”按钮，在弹出的“镜头效果光晕”中选择“首选项”选项卡，从中设置其参数如图10-98所示。

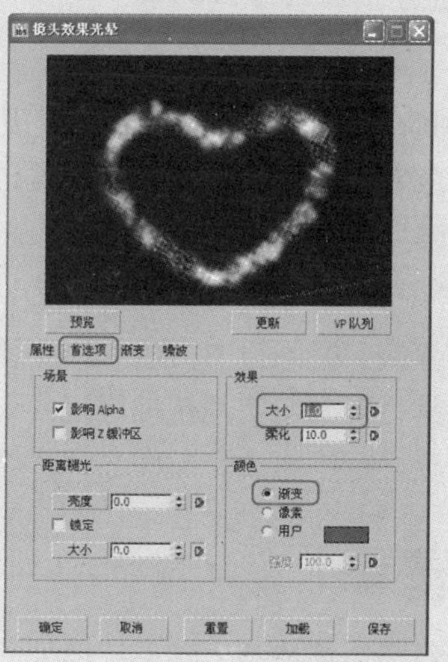

图10-98

16 选择“噪波”选项卡，从中设置其参数如图10-99所示。

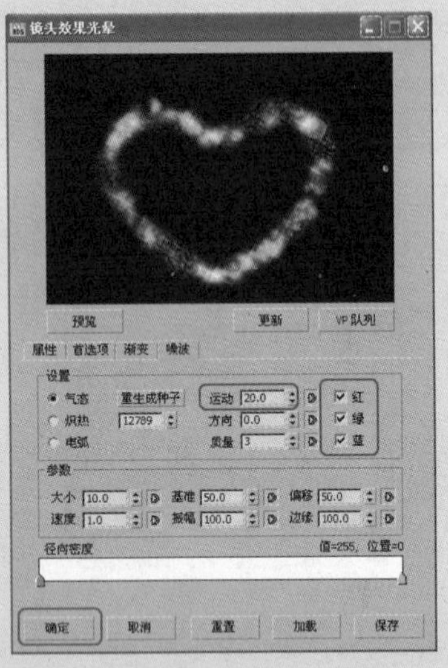

图10-99

17 为环境设置背景，如图10-100所示。

18 在Video Post面板中为场景添加一个（添加图像输出事件），在弹出的对话框中按照指示进行操作，如图10-101所示。

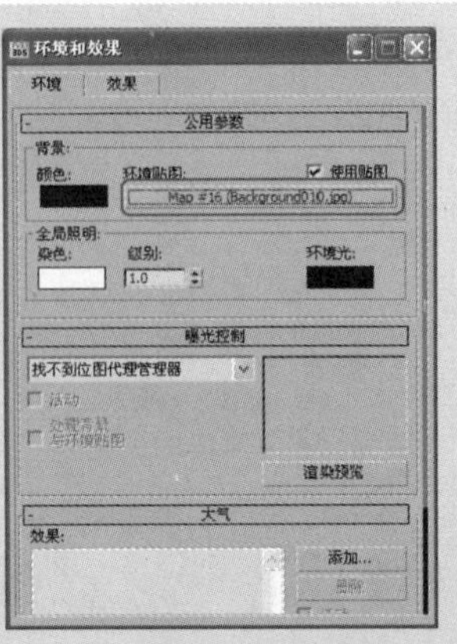

图10-100

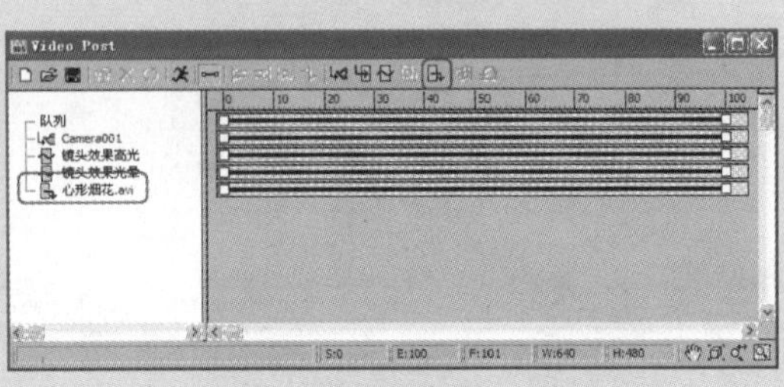

图10-101

19 设置完成后单击（执行序列）按钮，渲染场景动画。

10.2 空间扭曲

空间扭曲对象是一类在场景中影响其他对象的不可渲染对象，它们能够创建力场，使其他对象发生变形，创建涟漪、波浪、强风等效果，空间扭曲的功能与修改器有些类似，不过空降扭曲改变的是场景空间，而修改器改变的是对象空间。

空间扭曲对象在视图中显示为网格框架的形式，与其他对象一样可以进行移动、旋转和缩放变换。空间扭曲对象只作用于其绑定的对象，通过主工具栏中的（绑定到空间扭曲）工具将对象与空间扭曲绑定在一起。绑定后的空间扭曲名称显示在对象修改堆栈的顶端，对象进行任何改变操作之后，仍受绑定的空间扭曲影响。

10.2.1 推力

为粒子系统或动力学系统增加一个推动力，对于两个不相同的系统，影响也不同。

为粒子系统添加推力，在正向和反向上加入同一个单向推力，正向力沿着推力方向移动，推力在垂直方向上的宽度是无限的，可以使用范围来限制它。

为动力系统添加推力，提供一个来自推力图标的点力，在与其相反的方向产生一个反作用力，在动力学系统中，指定一个推力就好像用手推动一些东西一样。

如图10-102所示为创建的“推力”空间扭曲。

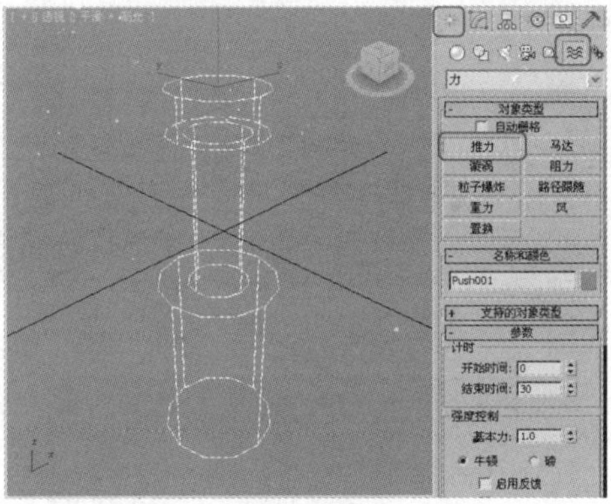

图10-102

“参数”卷展栏如图10-103所示中选项的功能介绍如下。

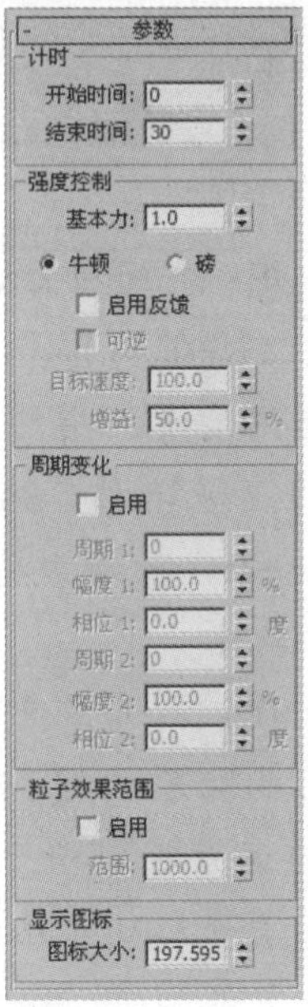

图10-103

- 开始时间、结束时间：空间扭曲效果开始和结束时所在的帧编号。因为应用推力的粒子是随着时间发生移动的，所以不会创建关键帧。
- 强度控制：在该选项组中设置“推力”的强度属性。
- 基本力：空间扭曲施加的力量。
- 牛顿、磅：这两个选项用来指定“基本力”微调器使用的力的单位。1磅约等于4.5 牛顿，1牛顿为1千克/平方秒。
- 启用反馈：勾选该复选框，力会根据受影响粒子相对于指定“目标速度”的速度而变化。取消勾选该复选框时，不管受影响粒子的速度如何，力保持不变。
- 可逆：勾选该复选框，如果粒子的速度超出了“目标速度”设置，力会发生逆转。仅在勾选“启用反馈”复选框时可用
- 目标速度：以每帧的单位数指定“反馈”生效前的最大速度。仅在勾选“启用反馈”复选框时可用。
- 增益：指定以何种速度调整力以达到目标速度。如果设置为 100%，校正会立即进行。如果设置较低的值，发生的响应会越来越慢、越来越散。仅在勾选“启用反馈”复选框时可用。
- 周期变化：这些设置通过随机地影响“基本力”值使力发生变化。设置两个波形可以产生一种噪波效果。
- 启用：启用变化。
- 周期1：噪波变化完成整个循环所需的时间。例如，设置20表示每20帧循环一次。
- 幅度1（用百分比表示）：变化强度。该选项使用的单位类型和“基本力”微调器相同。
- 相位1：偏移变化模式。
- 周期2：提供额外的变化模式（二阶波）来增加噪波。
- 幅度2（用百分比表示）：二阶波的

变化强度。该选项使用的单位类型和“基本力”微调器相同。

- 相位2：偏移二阶波的变化模式。
- 粒子效果范围：用于将推力效果的范围限制为一个特定的体积，这只会影响粒子系统，不会影响动力学。
- 启用：勾选该复选框时，会将效果范围限制为一个球体，其显示为一个带有三个环箍的球体。当粒子靠近球体边界时，效果会加速衰退。
- 范围：以单位数指定效果范围的半径。
- 显示图标：在改组中设置图标大小。
- 图标大小：设置推力图标的大小。该设置仅用于显示目的，而不会改变推力效果。

10.2.2 马达

“马达”与“推力”空间扭曲相似。但“马达”可以产生一种螺旋推力，如图10-104所示，像发动机一样将粒子旋转，将粒子甩向旋转方向，它可以分别用于粒子系统和动力学系统。

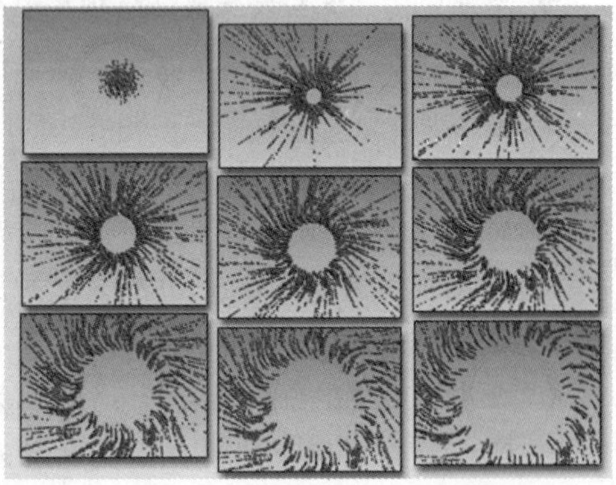

图10-104

如图10-105所示为创建的“马达”空间扭曲。

“参数”卷展栏如图10-106所示，部分选项的功能介绍如下。

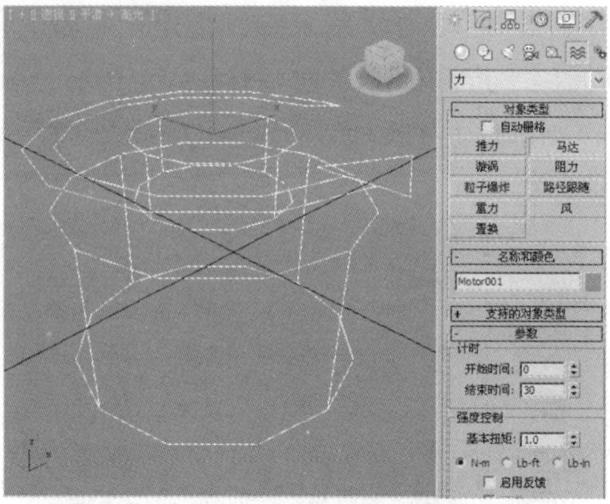

图10-105

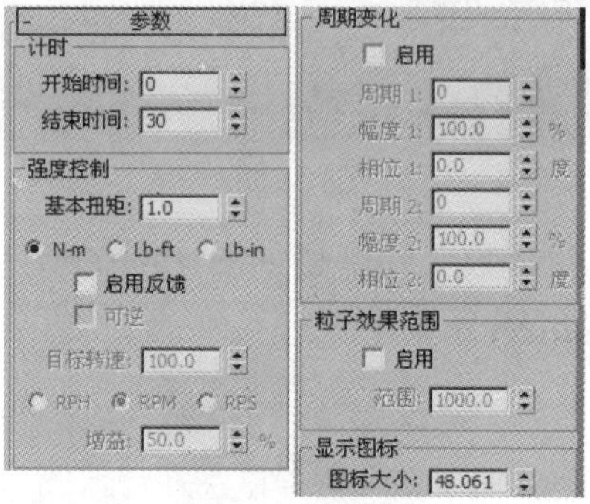

图10-106

- 基本扭矩：空间扭曲施加的力量。
- N-m、Lb-ft、Lb-in：使用扭矩的世界通用度量，指定“基本扭矩”设置的度量单位。N-m代表牛顿米，Lb-ft代表磅力英尺，Lb-in代表磅力英寸。
- 启用反馈：打开该选项时，力会根据受影响粒子相对于指定“目标转速”的速度而变化。关闭该选项时，不管受影响对象的速度如何，力保持不变。
- 可逆：勾选该复选框时，如果对象的速度超出了“目标转速”设置，力会发生逆转。仅在勾选“启用反馈”复选框时可用。
- 目标转速：指定反馈生效前的最大转数。以每帧经过的单位数来指定速度。仅在勾选“启用反馈”复选框时可用。

- RPH、RPM、RPS：以每小时、每分钟或每秒的转数指定“目标转速”的度量单位。仅在勾选“启用反馈”复选框时可用。
- 增益：指定以何种速度调整力以达到目标速度。如果设置为100%，校正会立即进行。如果设置较低的值，发生的响应会越来越慢、越来越散。仅在勾选“启用反馈”复选框时可用。

10.2.3 漩涡

“漩涡”空间扭曲将力应用于粒子系统，使它们在急转的漩涡中旋转，然后让它们向下移动成一个长而窄的喷流或者旋涡井。漩涡在创建黑洞、涡流、龙卷风和其他漏斗状对象时很有用，如图10-107所示。

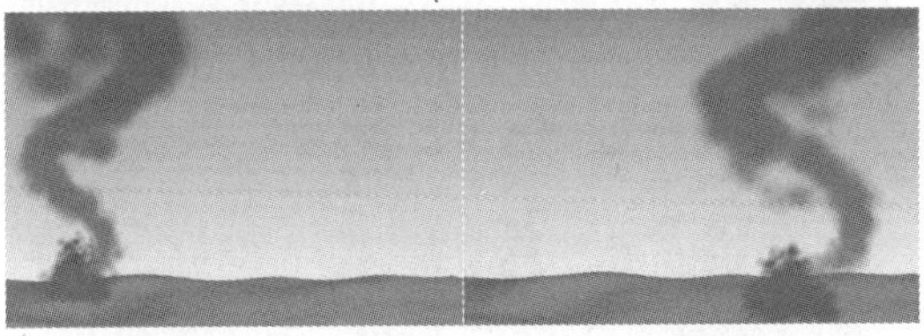

图10-107

如图10-108所示为漩涡空间扭曲。“参数”卷展栏如图10-109所示，部分选项的功能介绍如下。

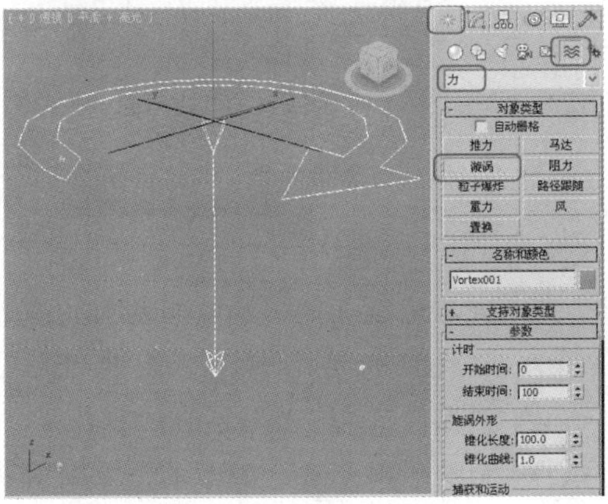

图10-108

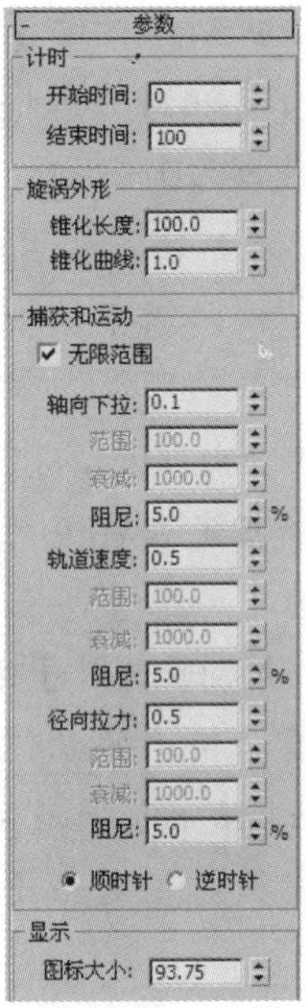

图10-109

- 开始时间、结束时间：空间扭曲变为活动以及非活动状态时所处的帧编号。
- 锥化长度：控制漩涡的长度及其外形。
- 锥化曲线：控制漩涡的外形。低数值创建的漩涡口宽而大，而高数值创建的漩涡的边几乎呈垂直状。
- 无限范围：勾选该复选框时，漩涡会在无限范围内施加全部阻尼强度。取消勾选该复选框时，“范围”和“衰减”设置生效。
- 轴向下拉：指定粒子沿下拉轴方向移动的速度。
- 范围：以系统单位数表示的距漩涡图标中心的距离，该距离内的轴向阻尼为全效阻尼。仅在取消勾选“无限范围”复选框时生效。
- 衰减：指定在轴向范围外应用轴向阻尼的距离。轴向阻尼在距离为“范围”值所在处的强度最大，在轴向衰减界限处线性地降至最低，在超出的部分没有任何效果。

- 阻尼：控制平行于下落轴的粒子运动每帧受抑制的程度。默认设置为5.0。范围为0～100。
- 轨道速度：指定粒子旋转的速度。
- 范围：以系统单位数表示的距漩涡图标中心的距离，该距离内的轴向阻尼为全效阻尼。
- 衰减：指定在轨道范围外应用轨道阻尼的距离。
- 阻尼：控制轨道粒子运动每帧受抑制的程度。较小的数值产生的螺旋较宽，而较大的数值产生的螺旋较窄。
- 径向拉力：指定粒子旋转距下落轴的距离。
- 范围：以系统单位数表示的距漩涡图标中心的距离，该距离内的轴向阻尼为全效阻尼。
- 衰减：指定在径向范围外应用径向阻尼的距离。
- 阻尼：控制径向拉力每帧受抑制的程度。范围为0～100。
- 顺时针、逆时针：决定粒子顺时针旋转还是逆时针旋转。

10.2.4 阻力

“阻力”空间扭曲是一种在指定范围内按照指定量来降低粒子速率的粒子运动阻尼器。应用阻尼的方式可以是线性、球形或者柱形。阻力在模拟风阻、致密介质（如水）中的移动、力场的影响以及其他类似的情景时非常有用，如图10-110所示。

针对每种阻尼类型，可以沿若干向量控制阻尼效果。粒子系统设置（如速度）也会对阻尼产生影响。

如图10-111所示为创建的“阻力”。

“参数”卷展栏如图10-112所示，各选项的功能介绍如下。

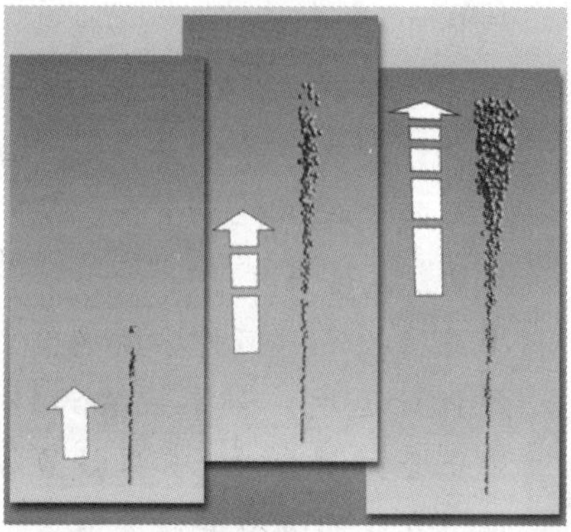

图10-110

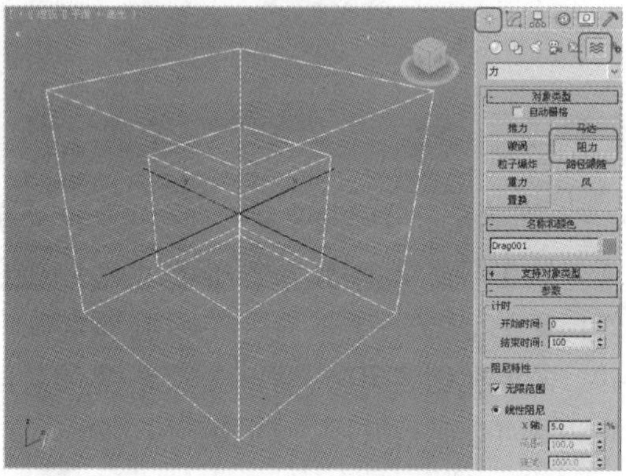

图10-111

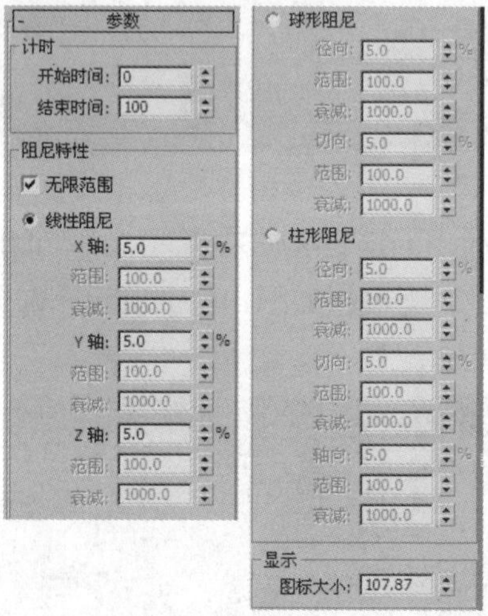

图10-112

- 阻尼特性：使用该选项组可以选择“线性阻尼”、“球形阻尼”、“柱形阻尼”及其各自的参数集。
- 无限范围：各个粒子的运动被分离到空间扭曲的局部X、Y 和 Z轴向量中。在其上对各个向量施加阻尼的区域是一个无限的平面，其厚度由相应的“范围”设置决定。

- 线性阻尼：各个粒子的运动被分离到空间扭曲的局部X、Y 和 Z轴向量中。在其上对各个向量施加阻尼的区域是一个无限的平面，其厚度由相应的“范围”设置决定。
- X轴、Y轴、Z轴：指定受阻尼影响粒子沿局部阻力空间扭曲轴运动的百分比。
- 范围：设置垂直于指定轴的范围平面或者无限平面的厚度。仅在取消勾选“无限范围”复选框时生效。
- 衰减：指定在X、Y或Z轴范围外应用线性阻尼的距离。阻尼在距离为“范围”值所在处的强度最大，在距离为“衰减”值所在处线性地降至最低，在超出的部分没有任何效果。“衰减”效果仅在超出“范围”的部分生效，它是从图标的中心处开始测量的，并且其最小值总是和“范围”值相等。仅在取消勾选“无限范围”复选框时生效。
- 球形阻尼：当阻力作用于球形阻尼模式中时，其图标是一个球体内的球体。粒子运动被分解到径向和切向向量中。阻尼应用于球形体积内的各个向量，仅在取消勾选“无限范围”复选框时生效，该球形体的半径由“范围”来设置。
- 径向、切向：“径向”用来指定受阻尼影响粒子朝向或背离阻力图标中心运动的百分比。“切向”用来指定受阻尼影响粒子穿过阻力图标实体运动的百分比。
- 范围：以系统单位数指定距阻力图标中心的距离，该距离内的阻尼为全效阻尼。仅在取消勾选“无限范围”复选框时生效。
- 衰减：指定在“径向”、“切向”的范围外应用线性阻尼的距离。阻尼在距离为“范围”值所在处的强度最大，在距离为“衰减”值所在处线性地降至最低，在超出的部分没有任何效果。“衰减”效果仅在超出“范围”部分生效，它是从图标的中心处开始测量的，并且其最小值总是和“范围”值相等。仅在取消勾选“无限范围”复选框时生效。
- 柱形阻尼：当阻力作用于柱形阻尼模式中时，其图标是一个圆柱体中的圆柱体。粒子运动被分解到径向、切向和轴向向量中。阻尼在圆柱体内应用于径向和切向向量，并以平面为基准应用于轴向向量。
- 径向、切向、轴向：阻尼以每帧为基准，控制着受阻尼影响粒子朝向或背离图标圆形部分中心的（径向）运动、粒子穿过径向向量的（切向）运动或者粒子沿着图标长轴长度的（轴向）的运动的百分比。
- 范围：以系统单位数指定距阻力图标中心的距离，该距离内的径向和轴向阻尼为全效阻尼。“范围”还可以指定控制轴向阻尼范围的无限平面的厚度。仅在取消勾选“无限范围”复选框时生效。
- 衰减：指定在“径向”、“切向”范围外应用线性阻尼的距离。阻尼在距离为“范围”值所在处的强度最大，在距离为“衰减”值所在处线性地降至最低，在超出的部分没有任何效果。“衰减”效果仅在超出“范围”部分生效，它是从图标的中心处开始测量的，并且其最小值总是和“范围”值相等。仅在取消勾选“无限范围”复选框时生效。

10.2.5 粒子爆炸

“粒子爆炸”空间扭曲能创建一种使粒子系统爆炸的冲击波，它有别于使几何体爆炸的爆炸空间扭曲。该空间扭曲还会将冲击作为一种动力学效果加以应用。

1. 实例操作074——与“粒子阵列”和“粒子爆炸”一起使用的效果

1 参照10.1.6中的“实例操作——星球爆炸”创建一个爆炸的原始模型，这里我们创建原始模型为茶壶，如图10-113所示。

图10-113

2 调整一下“粒子阵列”的参数，如图10-114所示，具体数值取决于分布对象和想要的效果。

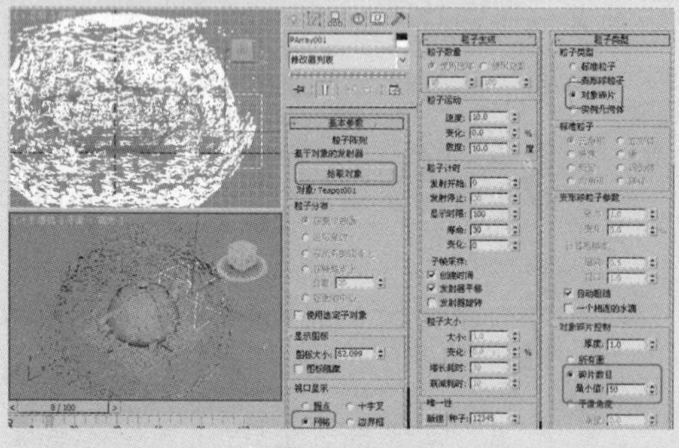

图10-114

3 单击“(创建)|(空间扭曲)|粒子爆炸”按钮，在“顶”视图中创建粒子爆炸空间扭曲，如图10-115所示。

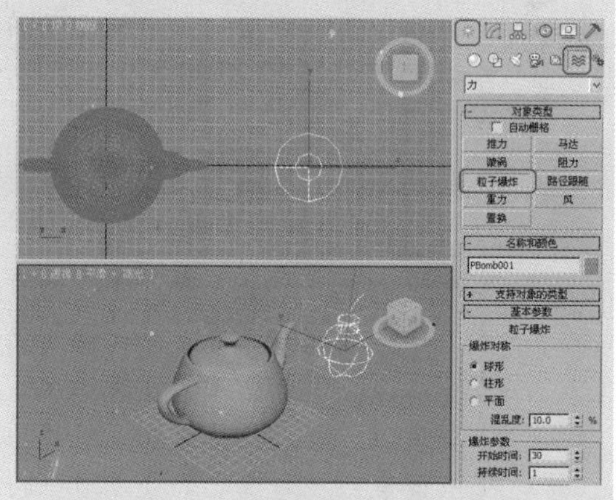

图10-115

4 在工具栏中单击(绑定到空间扭曲)按钮，在场景中将粒子绑定到爆炸空间扭曲上，拖动时间滑块可以看到该爆炸的效果，如图10-116所示。

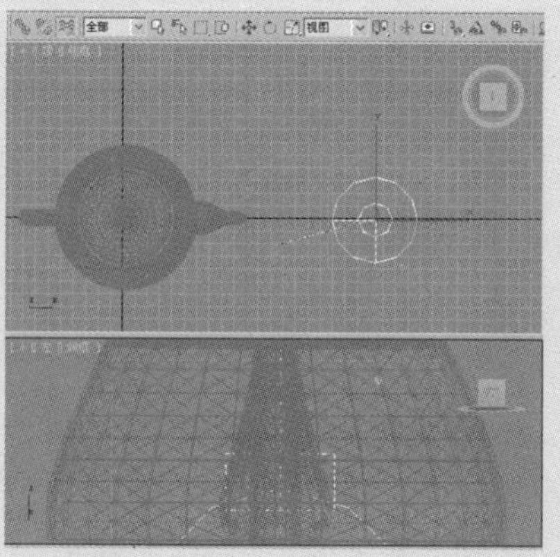

图10-116

2.选项介绍

“基本参数”卷展栏如图10-117所示，各选项的功能介绍如下。

- 爆炸对称：可以指定爆炸效果的形状或图案。

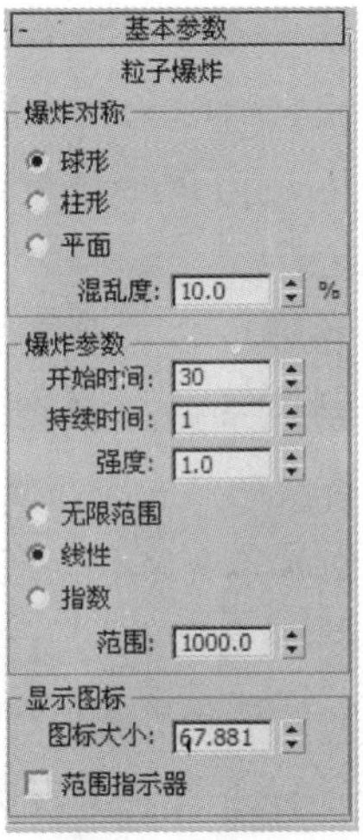

图10-117

- 球形：爆炸力从粒子爆炸图标向外朝所有方向辐射。其图标看似一个球形炸弹。
- 柱形：爆炸力垂直于中心轴向外辐射或从柱形图标的核心向外辐射。其图标看似一个带引线的炸药棒。
- 平面：爆炸力垂直于平面图标所在的平面朝上方和下方辐射。其图标看似一个带箭头的平面，这些箭头沿着爆炸力的方向指向上方和下方。
- 混乱度：爆炸力针对各个粒子或各个帧而变化，一种类似于布朗运动的效果，其力方向的变化率等于渲染的间隔率。该设置仅在“持续时间”微调器设置为0时有效。
- 开始时间：冲击力第一次应用于粒子时所在的帧数。
- 持续时间：第一次之后应用力的帧数。该值通常应该是一个较小的数，如0和3之间的数。
- 强度：沿爆炸向量的速率变化，用每帧的单位数表示。增加“强度”会增加粒子从爆炸图标向外爆炸的速度。
- 无限范围：爆炸图标的效果能到达整个场景中所有绑定的粒子。该选项会忽略“范围”设置（指定粒子爆炸效果的距离的设置）。
- 线性：冲击力从“强度”设置到指定的“范围”设置处线性地衰减至0。
- 指数：冲击力从“强度”设置到指定的“范围”设置处按指数规律衰减至0。
- 范围：粒子爆炸图标影响绑定粒子系统的最大距离，以单位数表示。
- 显示图标：这些选项会影响粒子爆炸图标的视觉显示。
- 图标大小：改变粒子爆炸图标的整体大小。
- 范围指示器：显示一个线框球体来表示粒子爆炸影响的体积。如果选择的是“无限范围”，则打开该选项无效。

10.2.6 路径跟随

指定粒子沿着一条曲线路径流动，需要一条“样条线”作为路径，如图10-118所示。可以用来控制粒子运动的方向，例如，10.2.7中的实例，烟花的对象可以使用“超级喷射”来指定贴图，并为其施加“路径跟随”空间扭曲拾取图形作为路径。

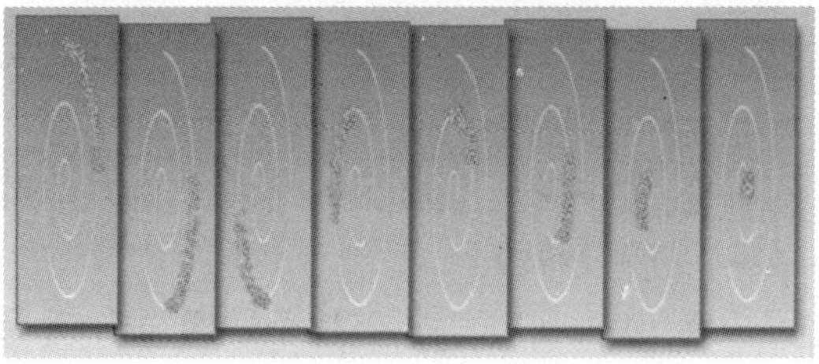

图10-118

“基本参数”卷展栏如图10-119所示，部分选项的功能介绍如下。

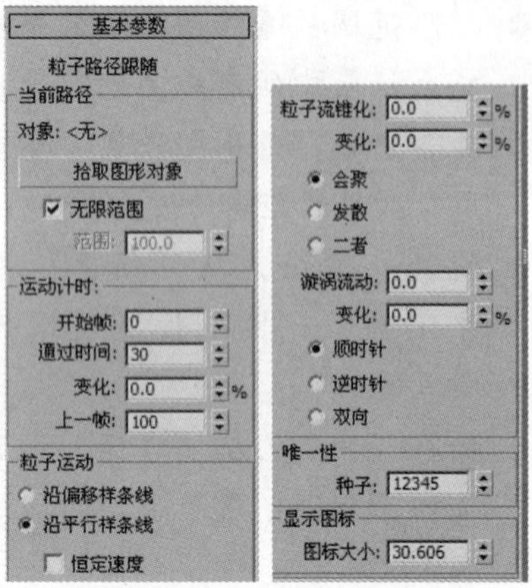

图10-119

- 当前路径：为粒子选择路径，并指定空间扭曲的影响范围。
- 对象：显示当前指定路径的名称。
- 拾取图形对象：单击该按钮，然后单击场景中的图形即可将其选为路径。可以使用任意图形对象作为路径；如果选择的是一个多样条线图形，则只会使用编号最小的样条线。
- 无限范围：取消勾选该复选框时，会将空间扭曲的影响范围限制为距离微调器中设置的值。勾选该复选框时，空间扭曲会影响场景中所有绑定的粒子，而不论它们距离路径对象有多远。
- 范围：指定取消勾选该复选框时的影响范围。这是路径对象和粒子系统之间的距离。路径跟随空间扭曲的图标位置会被忽略。
- 运动计时：这些控件会影响粒子受路径跟随影响的时间长短。
- 开始帧：路径跟随开始影响粒子时所在的帧。
- 通过时间：每个粒子遍历路径所耗费的时间。
- 变化：每个粒子的通过时间所能变化的量。
- 上一帧：路径跟随释放粒子并且不再影响它们时所在的帧。
- 粒子运动：该区域中的控件决定粒子的运动。
- 沿偏移样条线：粒子系统和改变粒子运动效果的路径之间的距离。如果样条线的第一个顶点是粒子的发源地，则粒子会沿样条线路径运动。如果把路径向背离粒子系统的方向移动，则粒子会受此偏移的影响。
- 沿平行样条线：粒子沿着一条平行于粒子系统的选定路径运动。在该模式中，路径相对于粒子系统的位置是无关紧要的。不过，路径的方向会影响粒子流。
- 恒定速度：勾选该复选框时，所有粒子以相同的速度移动。
- 粒子流锥化：使粒子随时间以路径为中心全部会聚或发散，或者部分会聚部分发散。
- 变化：每个粒子的“粒子流锥化”所能变化的量。
- 会聚：当“粒子流锥化”大于0时，粒子在沿路径运动的同时会朝向路径移动，其效果就是粒子流锥化随时间由大变小。
- 发散：提供和“会聚”相反的效果。粒子随时间从路径向外扩散。
- 二者：分割粒子流，使一些粒子会聚而另一些粒子发散。
- 漩涡流动：指定粒子绕路径做螺旋运动的圈数。结合“粒子流锥化”改变螺旋的直径。
- 变化：每个粒子所能偏离螺旋值的量。
- 顺时针：粒子以顺时针方向做螺旋运动。

- 逆时针：粒子以逆时针方向做螺旋运动。
- 双向：分割粒子流，使粒子同时在两个方向上做螺旋运动。
- 唯一性：提供生成唯一粒子图案的种子编号。
- 种子：指定用于当前路径跟随的种子编号。

10.2.7 重力

“重力”空间扭曲可以在粒子系统所产生的粒子上对自然重力的效果进行模拟。重力具有方向性。沿重力箭头方向的粒子加速运动。逆着箭头方向运动的粒子呈减速状。通过“重力”系统可以制作烟花效果，具体效果表现如图10-120所示。

图10-120

1. 实例操作075—— 烟花效果

案例文件	场景\Cha10\烟花效果.max	视频教学	视频教学\Cha10\烟花效果.avi
视频长度	10分1秒	难易指数	★★★☆☆

1 在场景中创建“超级喷射”，参照图10-121所示设置粒子参数。

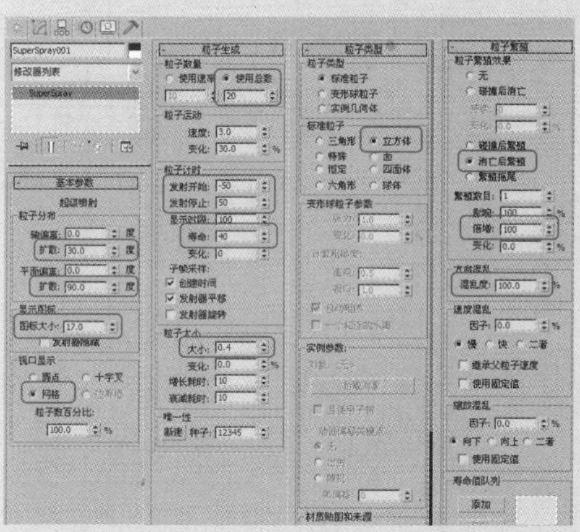

图10-121

2 在场景中创建第二个“超级喷射”，参照图10-122所示设置参数。

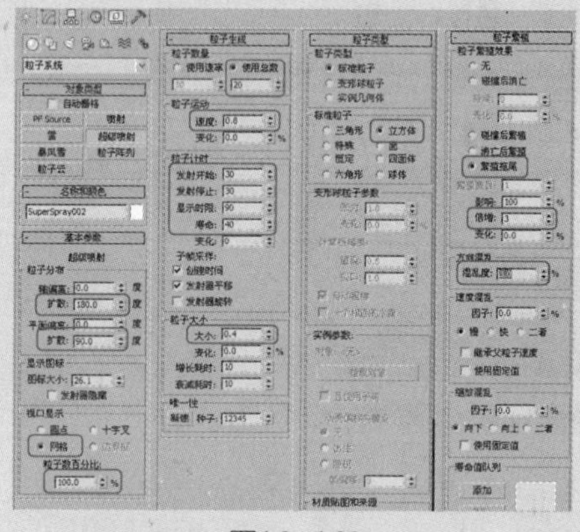

图10-122

3 单击“（创建）|（空间扭曲）|重力”按钮，在“顶”视图中创建重力空间扭曲，如图10-123所示。

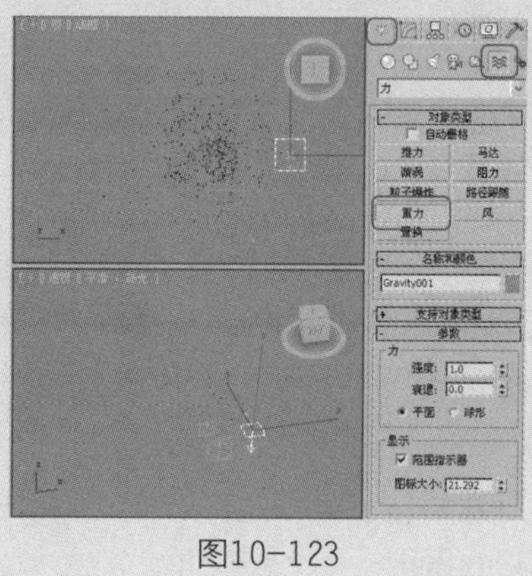

图10-123

4 在工具栏中单击（绑定到空间扭曲）按钮，在场景中将两个粒子绑定到重力空间扭曲上，并将重力的“强度”设置为0.01，如图10-124所示。

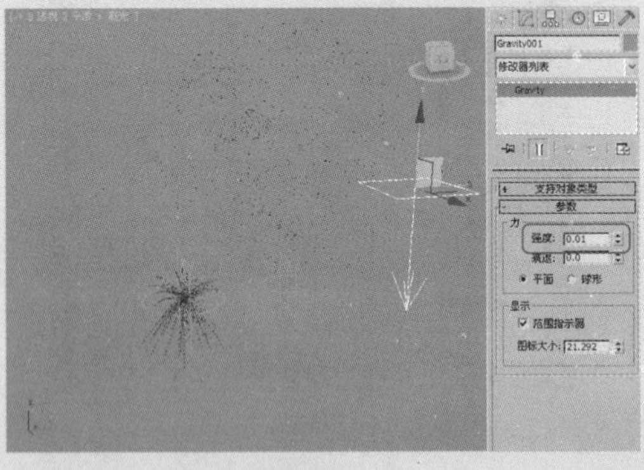

图10-124

5 打开“材质编辑器”面板，选择一个新的材质样本球。在“Blinn基本参数”中设置“自发光”的“颜色”为100。在“贴图”卷展栏中为“漫反射”指定“粒子年龄”贴图，如图10-125所示。

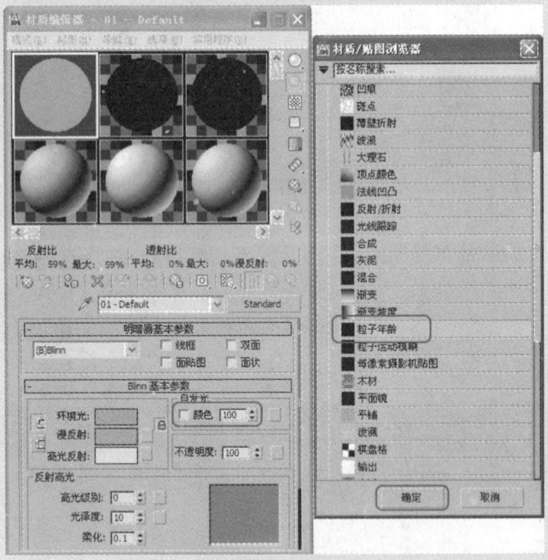

图10-125

6 进入粒子年龄层级贴图面板，设置粒子年龄的颜色分别为红、黄、绿，将材质指定给场景中的粒子对象，如图10-126所示。对场景中的第二个粒子进行复制，并更改它的发射开始和结束时间。

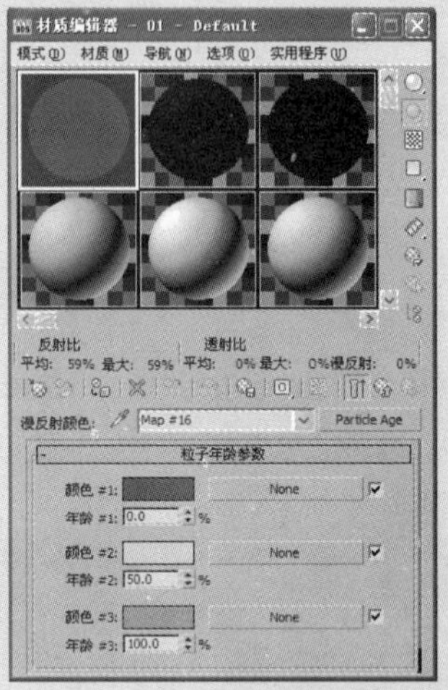

图10-126

7 在场景中选择第一个超级喷射的例子，右击该对象，在弹出的快捷菜单中选择“对象属性”命令，在弹出的对话框中设置“G-缓冲区”选项组中的“对象ID”为1，如图10-127所示。

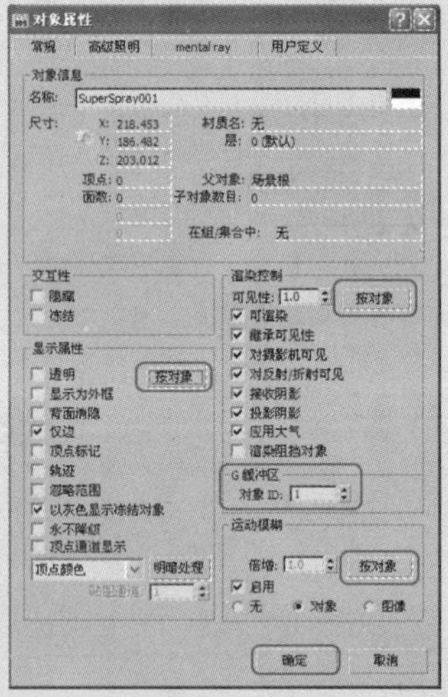

图10-127

8 在场景中选择第二次创建的超级喷射粒子和复制出的粒子，设置 “G-缓冲区”选项组中的“对象ID”为2，如图10-128所示，在场景中创建摄影机，并切换摄影机视图为激活视图。

9 为场景指定背景，并调整“透视”图，创建摄影机如图10-129所示。

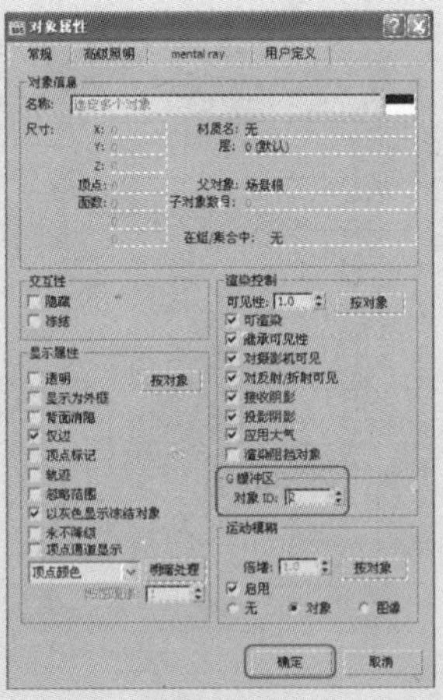

图10-128

图10-129

10 在菜单栏中选择“渲染 | Video Pist”命令，在弹出的Video Pist面板中单击（添加场景事件）按钮，在弹出的“添加场景事件”对话框中使用默认的摄影机视图，如图10-130所示。

图10-130

11 在Video Pist面板中单击（添加图像过滤事件）按钮，在弹出的对话框中选择“镜头效果光晕”，如图10-131所示。

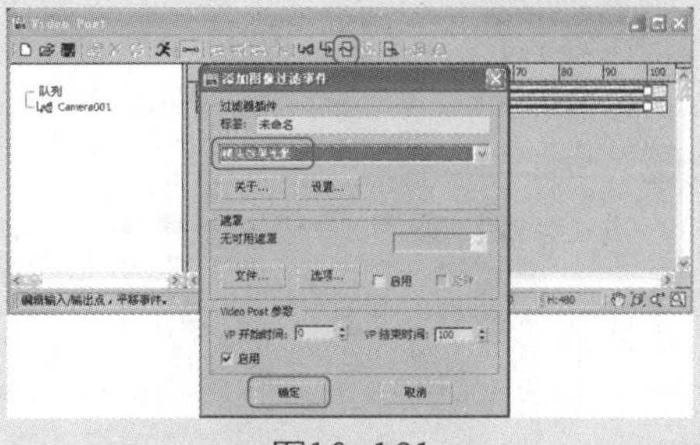

图10-131

12 双击“镜头效果光晕”，在弹出的对话框中单击“设置”按钮，在弹出的“镜头效果光晕”设置面板中单击“VP队列”和“预览”按钮，确定“对象ID”为1，如图10-132所示。

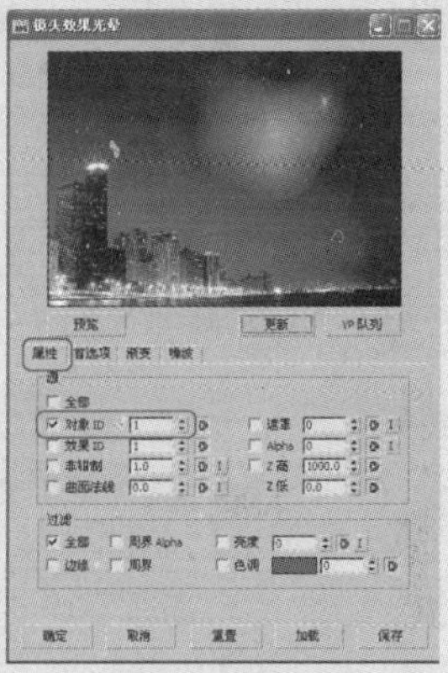

图10-132

13 选择“首选项”选项卡，在“颜色”选项组中选择“像素”选项，设置“强度”为60.0，在“效果”选项组中设置“大小”为3.0，如图10-133所示。

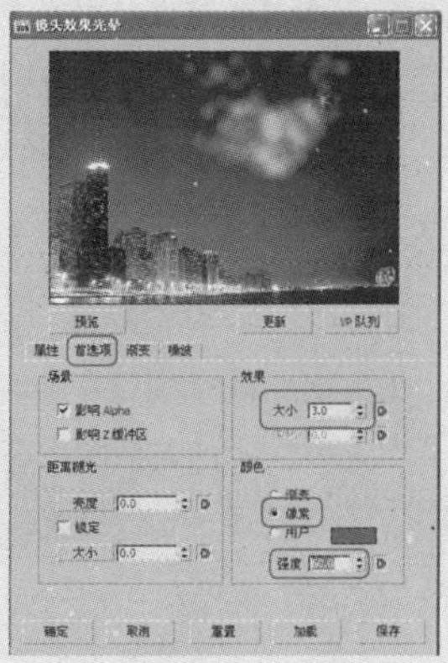

图10-133

14 选择“噪波”选项卡，勾选“红”、“绿”、“蓝”复选框，如图10-134所示。

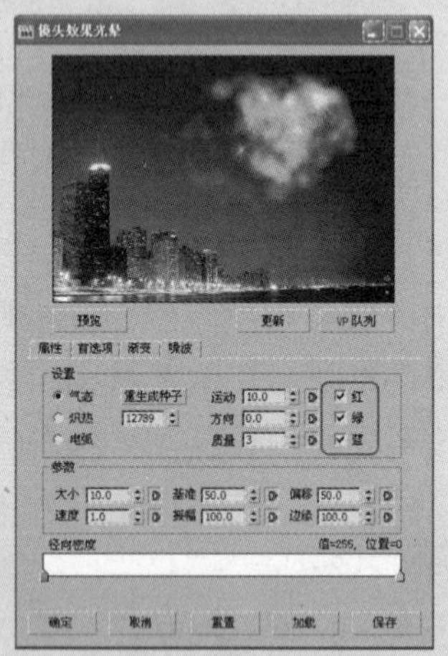

图10-134

15 再次在Video Pist面板中单击（添加图像过滤事件）按钮，在弹出的对话框中选择“镜头效果光晕”，如图10-135所示。

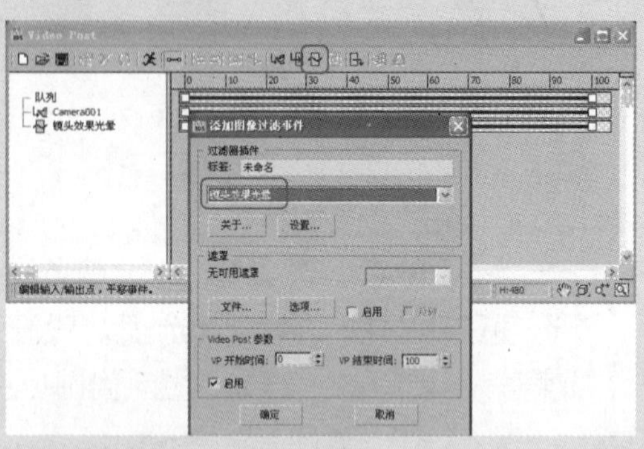

图10-135

16 双击第二个镜头效果光晕，在弹出的对话框中选择“设置”按钮，在弹出的“镜头效果光晕”设置面板中单击“VP队列”和“预览”按钮，确定“对象ID”为2，如图10-136所示。

17 选择“首选项”选项卡，在“颜色”选项组中单击“渐变”单选按钮，在“效果”选项组中设置“大小”为3，如图10-137所示。

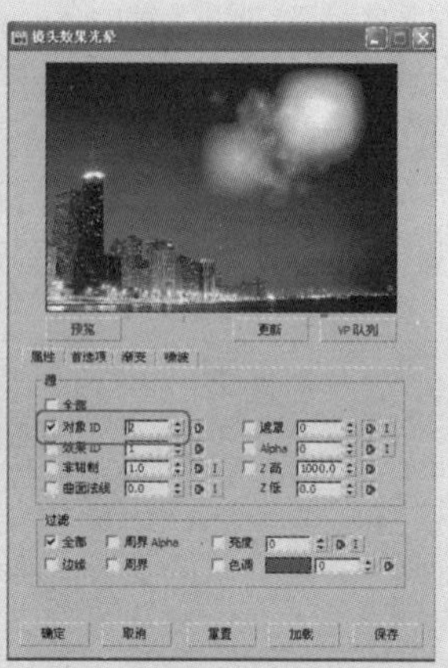

图10-136

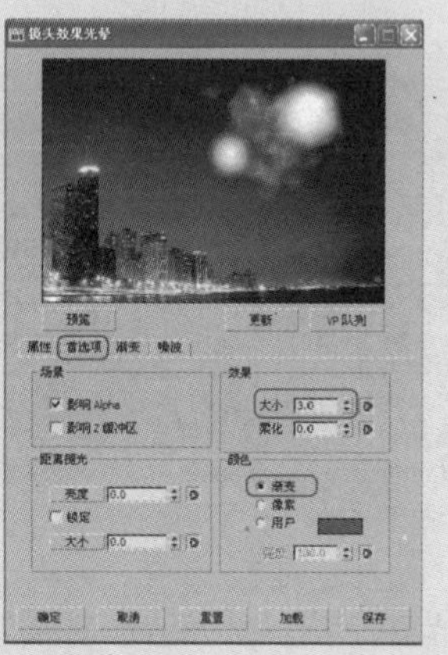

图10-137

18 选择“渐变”选项卡，并在“径向透明”色标上添加一个色标设置其颜色为黑色，并设置左侧色块的颜色为灰色，可以在预览窗口中观察效果，灰色参数合适即可，如图10-138所示。

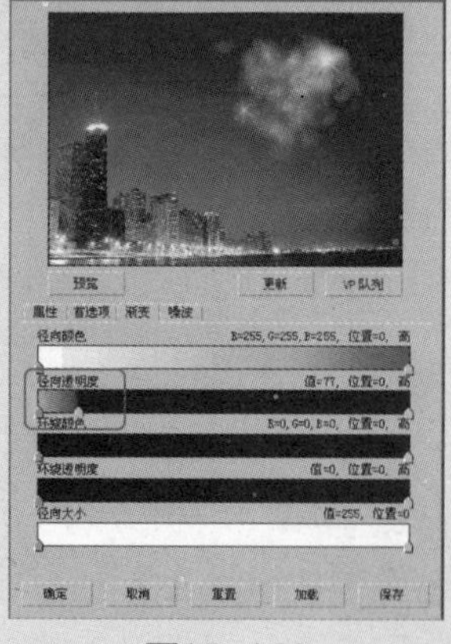

图10-138

19 选择“噪波”选项卡，勾选“红”、“绿”、“蓝”复选框；在“参数”选项组中设置“大小”为10.0，如图10-139所示。

图10-139

20 在Video Pist面板中单击（添加图像输出时间）按钮，设置输出场景文件如图10-140所示。

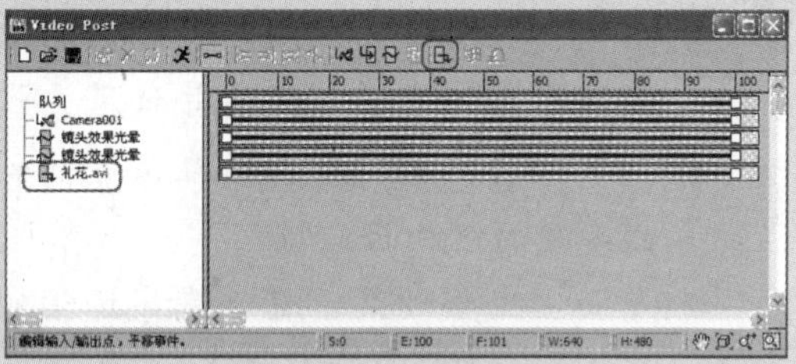

图10-140

21 在Video Pist面板中单击（执行序列）按钮，在弹出的对话框中选择输出尺寸和输出范围。

2. 选项介绍

图10-124中“参数”卷展栏的选项的功能介绍如下。

- 强度：增加“强度”会增加重力的效果，即对象的移动与重力图标的方向箭头的相关程度。
- 衰退：设置“衰退”为0.0时，重力空间扭曲用相同的强度贯穿于整个世界空间。增加“衰退”值会导致重力强度从重力扭曲对象的所在位置开始随距离的增加而减弱。
- 平面：重力效果垂直于贯穿场景的重力扭曲对象所在的平面。
- 球形：重力效果为球形，以重力扭曲对象为中心。该选项能够有效创建喷泉或行星效果。

10.2.8 风

“风”空间扭曲可以模拟风吹动粒子系统所产生的粒子效果。风力具有方向性，顺着风力箭头方向运动的粒子呈加速状。逆着箭头方向运动的粒子呈减速状。在球形风力情况下，运动朝向或背离图标如图10-141所示。

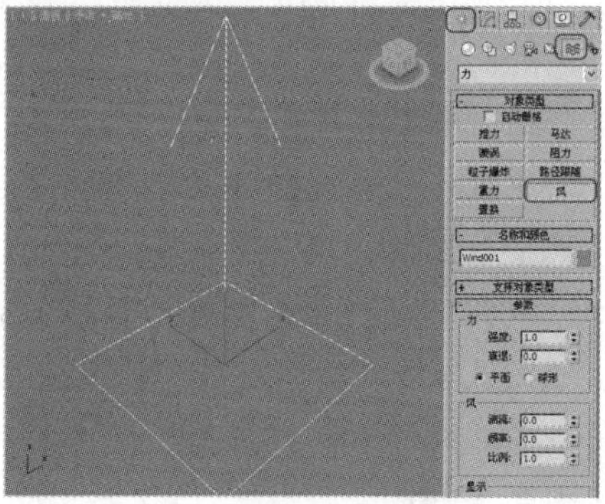

图10-141

“参数”卷展栏如图10-142所示，部分选项的功能介绍如下。

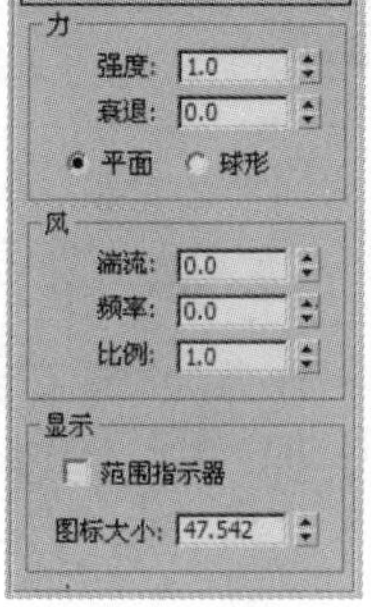

图10-142

- 强度：增加“强度”会增加风力效

果。小于0.0的强度会产生吸力。它会排斥以相同方向运动的粒子，而吸引以相反方向运动的粒子。

- 衰退：设置“衰退”为0.0时，风力扭曲在整个世界空间内有相同的强度。增加“衰退”值会导致风力强度从风力扭曲对象的所在位置开始随距离的增加而减弱。
- 平面：风力效果垂直于贯穿场景的风力扭曲对象所在的平面。
- 球形：风力效果为球形，以风力扭曲对象为中心。
- 湍流：使粒子在被风吹动时随机改变路线。该数值越大，湍流效果越明显。
- 频率：当其设置大于0.0时，会使湍流效果随时间呈周期变化。这种微妙的效果可能无法看见，除非绑定的粒子系统生成大量粒子。
- 比例：缩放湍流效果。当“比例”值较小时，湍流效果会更平滑、更规则。当“比例”值增加时，紊乱效果会变得更不规则、更混乱。

10.2.9 置换

“置换”空间扭曲以力场的形式推动和重塑对象的几何外形。置换对几何体（可变形对象）和粒子系统都会产生影响，如图10-143所示。

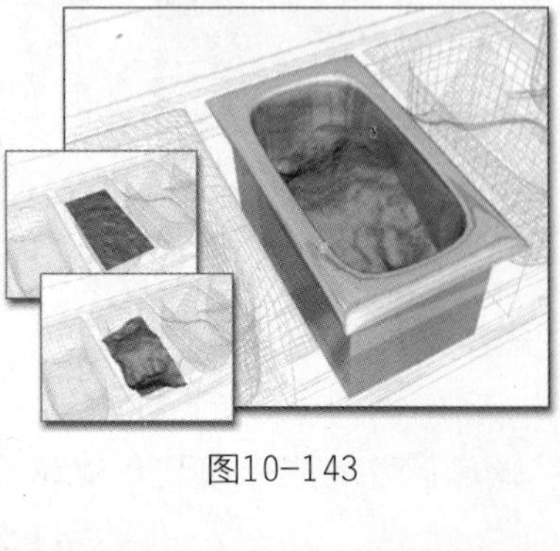

图10-143

“参数”卷展栏如图10-144所示，各选项的功能介绍如下。

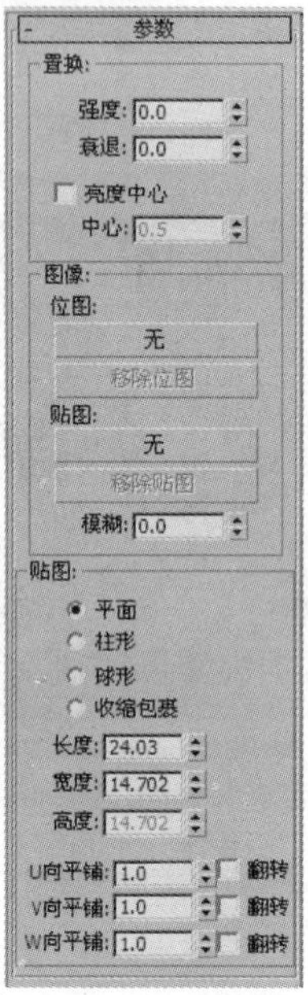

图10-144

- 强度：设置为0.0时，置换扭曲没有任何效果。大于0.0的值会使对象几何体或粒子按偏离置换空间扭曲对象所在位置的方向发生置换。小于0.0的值会使几何体朝扭曲置换。
- 衰退：默认情况下，置换扭曲在整个世界空间内有相同的强度。增加“衰退”值会导致置换强度从置换扭曲对象的所在位置开始随距离的增加而减弱。
- 亮度中心：默认情况下，置换空间扭曲通过使用中等（50%）灰色作为零置换值来定义亮度中心。大于128的灰色值以向外的方向（背离置换扭曲对象）进行置换，而小于128的灰色值以向内的方向（朝向置换扭曲对象）进行置换。
- 中心：微调器可以调整默认值。
- 图像：可以选择用于置换的位图和贴图。

● 位图：单击此处，从选择对话框中指定位图或贴图。选择完位图或贴图后，该按钮会显示出位图的名称。

● 模糊：增加该值可以模糊或柔化位图置换的效果。

● 贴图：该区域包含位图置换扭曲的贴图参数。贴图选项与那些用于贴图材质的选项类似。四种贴图模式控制着置换扭曲对象对其置换进行投影的方式。扭曲对象的方向控制着场景中在绑定对象上出现置换效果的位置。

● 平面：从单独的平面对贴图进行投影。

● 柱形：像将其环绕在圆柱体上那样对贴图进行投影。

● 球形：从球体出发对贴图进行投影，球体的顶部和底部，即位图边缘在球体两极的交汇处均为奇点。

● 收缩包裹：截去贴图的各个角，然后在一个单独的极点将它们全部结合在一起，创建一个极点。

● 长度、宽度、高度：指定空间扭曲Gizmo的边界框尺寸。高度对平面贴图没有任何影响。

● U向平铺、V向平铺、W向平铺：位图沿指定尺寸重复的次数。

10.3 导向器

导向器用于为粒子导向或影响动力学系统。单击“（创建）|（空间扭曲）|导向器”，从中选择导向器类型，如图10-145所示。

图10-145

10.3.1 导向球

“导向球”空间扭曲起着球形粒子导向器的作用，如图10-146所示。

● “基本参数”卷展栏如图10-147所示，各选项的功能介绍如下。

● 粒子反弹：这些设置决定导向器影响绑定粒子的方式。

● 反弹：决定粒子从导向器反弹的速度。该值为1.0时，粒子以与接近时相同的速度反弹。该值为0时，它们根本不会偏转。

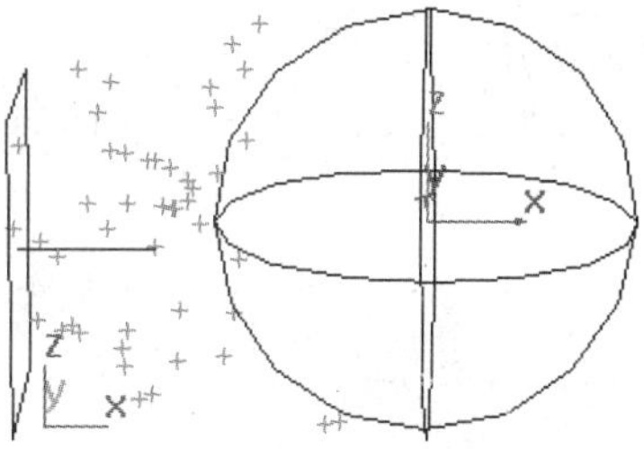

图10-146

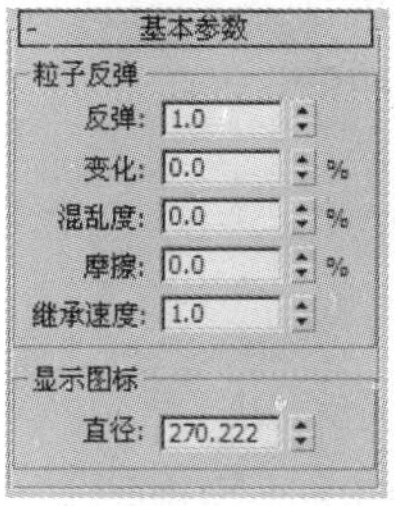

图10-147

● 变化：每个粒子所能偏离“反弹”设置的量。

● 混乱度：偏离完全反射角度[当将Chaos（混乱度）设置为0.0时的角

度]的变化量。设置为100%会导致反射角度的最大变化为90度。

- 摩擦：粒子沿导向器表面移动时减慢的量。数值为0%表示粒子根本不会减慢。
- 继承速度：当该值大于0时，导向器的运动会和其他设置一样对粒子产生影响。例如，要设置导向球穿过被动的粒子阵列的动画，请加大该值以影响粒子。
- 显示图标：该选项影响图标的显示。
- 直径：指定导向球图标的直径。该设置也会改变导向效果，因为粒子会从图标的周界上反弹。图标的缩放也会影响粒子。

10.3.2 全导向器

“全导向器”空间扭曲是一种能使用任意对象作为粒子导向器的全导向器，如图10-148所示。

“基本参数”卷展栏中的选项的功能介绍如下。

- 基于对象的导向器：指定要用作导向器的对象。
- 拾取对象：单击该按钮，然后单击要用作导向器的任何可渲染网格对象。

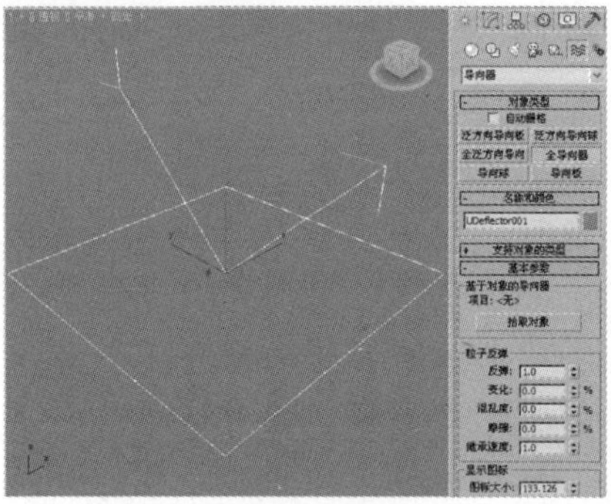

图10-148

10.3.3 导向板

“导向板”空间扭曲起着平面防护板的作用，它能排斥由粒子系统生成的粒子。例如，使用导向器可以模拟被雨水敲击的公路。将“导向板”空间扭曲和“重力”空间扭曲结合在一起可以产生瀑布和喷泉效果。如图10-149所示为下落的玻璃球。

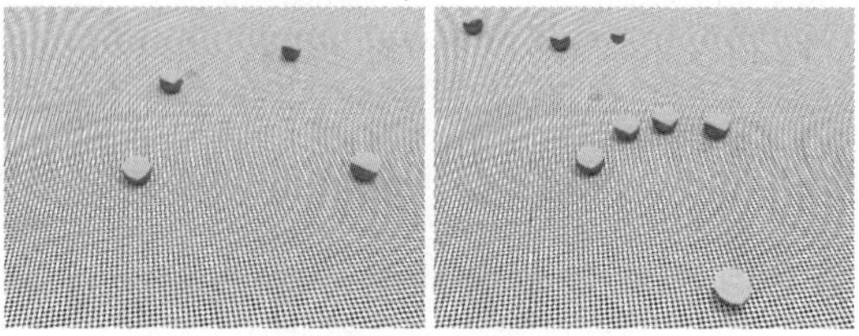

图10-149

实例操作076—— 散落的玻璃球

案例文件	场景\Cha10\散落的玻璃球.max	视频教学	视频教学\Cha10\散落的玻璃球.avi
视频长度	2分29秒	难易指数	★★★☆☆

1 首先，在“顶”视图中创建平面，设置合适的参数，如图10-150所示。

2 在“顶”视图中创建超级喷射，设置超级喷射的参数如图10-151所示。

3 单击“（创建）|（空间扭曲）|导向器|导向板”按钮，在“顶”视图中创建与平面相同大小的导向板，如图10-152所示。

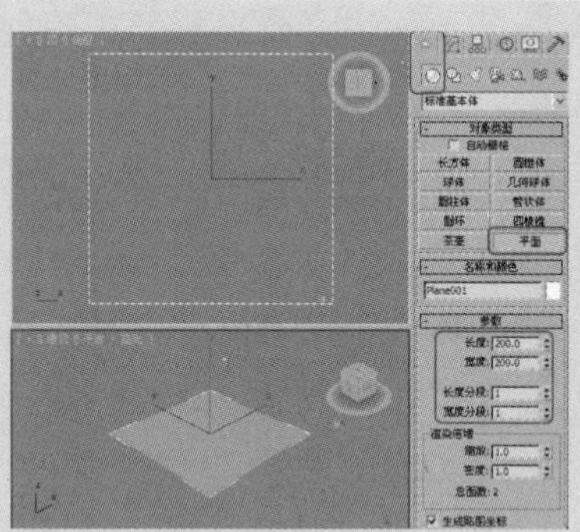

图10-150

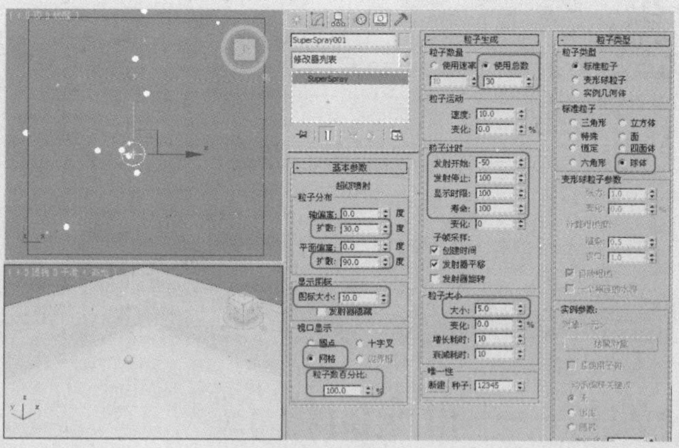

图10-151

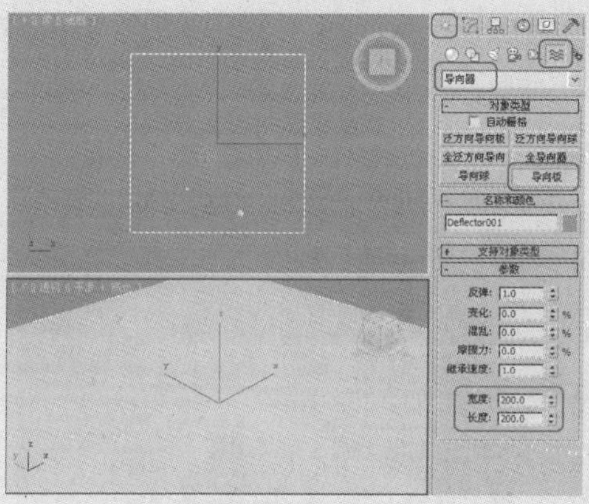

图10-152

4 在工具栏中单击（绑定到空间扭曲）按钮，在场景中将粒子绑定到导向板上，如图10-153所示。

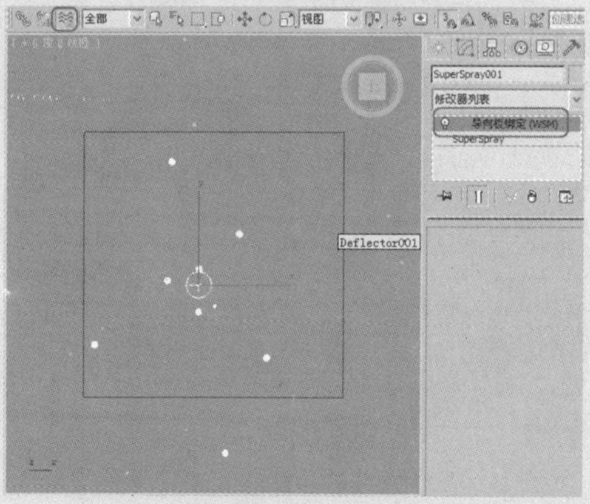

图10-153

5 在场景中设置导向板的参数如图10-154所示。

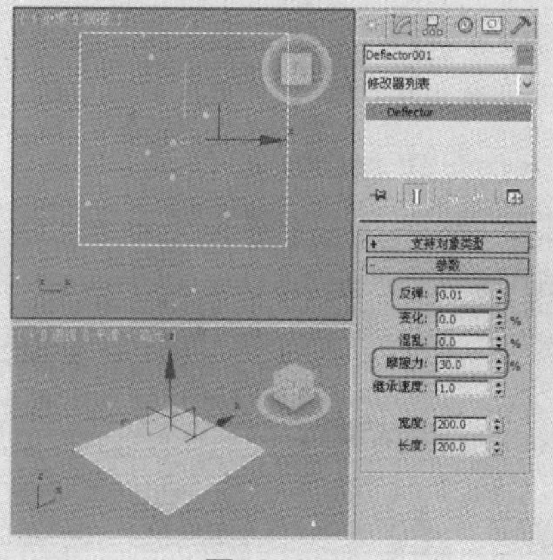

图10-154

6 单击“（创建）|（空间扭曲）|重力”按钮，在“顶”视图中创建重力，设置重力的参数如图10-155所示。

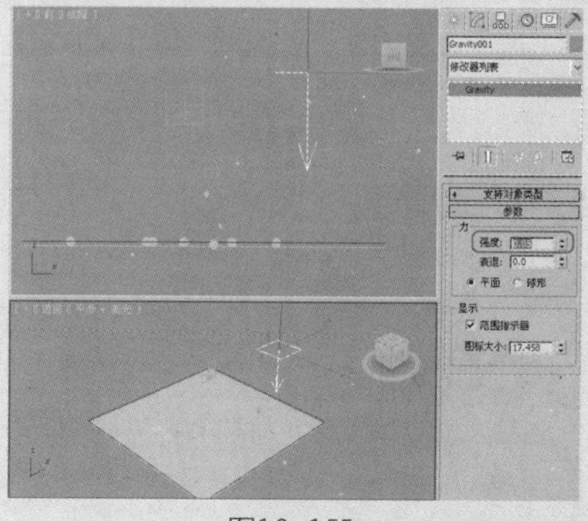

图10-155

7 在场景中为平面设置棋盘格效果，并为粒子指定玻璃材质，并为场景创建简单的灯光和摄影机，这里我们就不详细介绍了。渲染场景后得到如图10-156所示。

8 完成场景后，渲染场景动画。

图10-156

10.4 综合演练——扭曲的粒子

案例文件	场景\Cha10\扭曲的粒子.max	视频教学	视频教学\Cha10\扭曲的粒子.avi
视频长度	5分28秒	难易指数	★★★★☆

本例介绍“粒子流”制作文字变换为扭曲的例子，效果如图10-157所示。

图10-157

1 首先创建粒子的附着体。单击“（创建）|（图形）|文本”按钮，设置字体为“黑体”，在文本框中输入文本“海阔天空”，如图10-158所示。

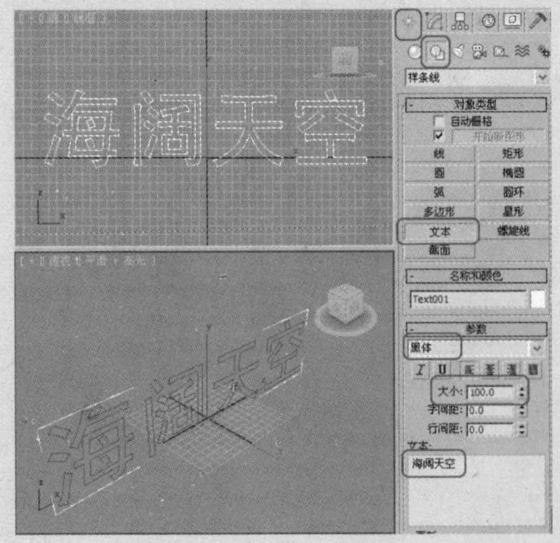

图10-158

2 切换到（修改）面板，在“修改器列表”中选择“挤出”修改器，在“参数”卷展栏中设置“数量”为100.0，如图10-159所示。

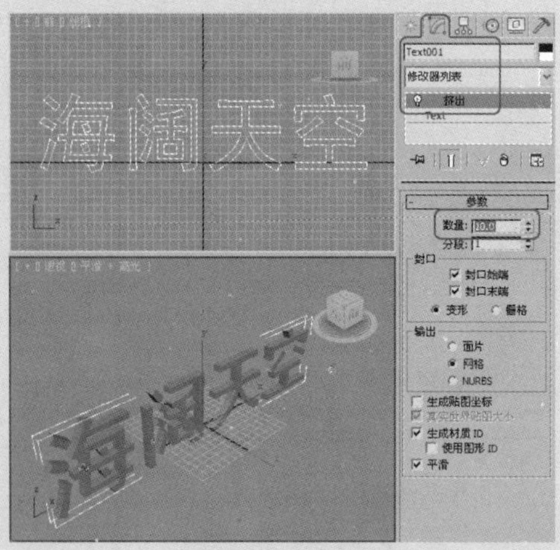

图10-159

3 单击“（创建）|（几何体）|粒子系统 | PF Source（粒子流）”按钮，在场景中创建粒子流，如图10-160所示。

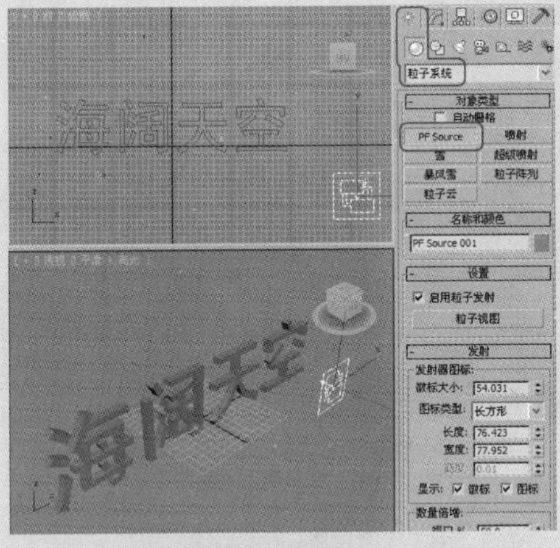

图10-160

4 在“设置”卷展栏中单击“粒子视图”按钮，打开“粒子视图”对话框，在仓库中拖曳Position Object至事件显示中的粒子的Position Icon事件上将其替换，如图10-161所示。

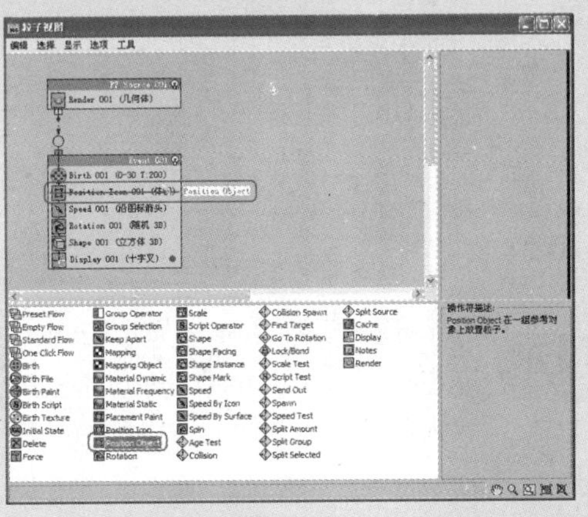

图10-161

5 选择Position Object事件，在右侧显示的卷展栏中单击“添加”按钮，在场景中拾取文本，如图10-162所示。

6 在粒子事件中选择Birth，在右侧的卷展栏中设置“发射开始”为0、“发射停止”为0、“数量”为10000，如图10-163所示。

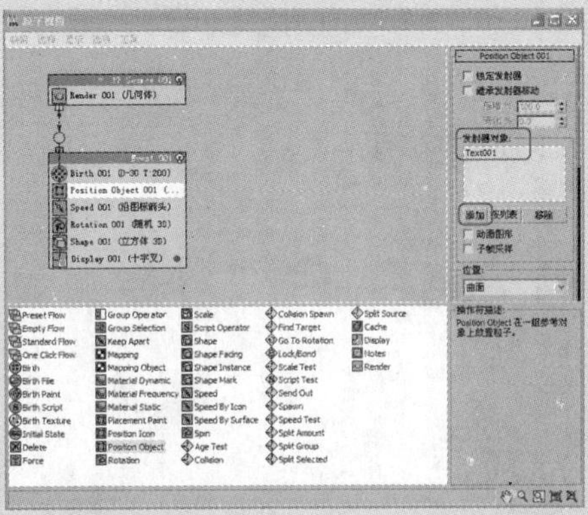

图10-162

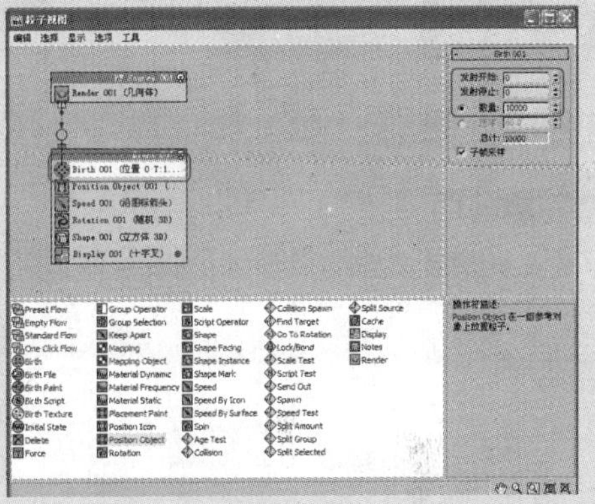

图10-163

7 在右侧的粒子事件中选择Shape，在右侧的卷展栏中选择2D选项，并选择“12面圆”类型，设置“大小”为3.0，如图10-164所示。

图10-164

8 在场景中选择粒子对象，在“修改器列表”中选择“UVW贴图添加”修改器，如图10-165所示。

图10-165

9 在仓库中拖曳Material Static到粒子事件中，如图10-166所示。

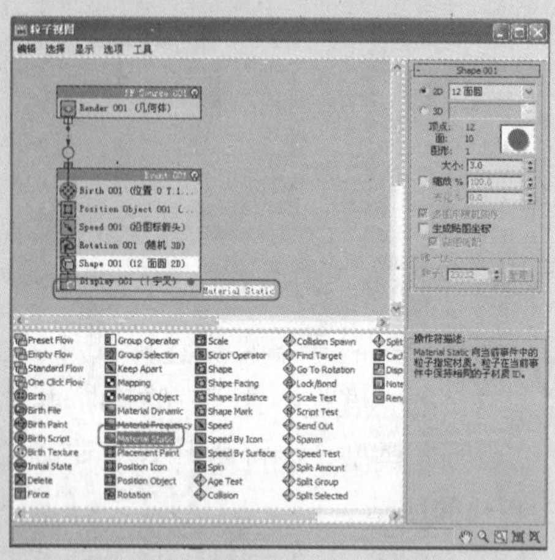

图10-166

10 打开“材质编辑器”面板，选择一个新的材质样本球，在“Blinn基本参数”卷展栏中设置“自发光”的“颜色”为100，为“漫反射”指定一个“渐变”贴图，设置一个自己喜欢的渐变颜色即可，如图10-167所示。

11 在“坐标”卷展栏中单击“环境”单选按钮，并选择“贴图”为“屏幕”，如图10-168所示。

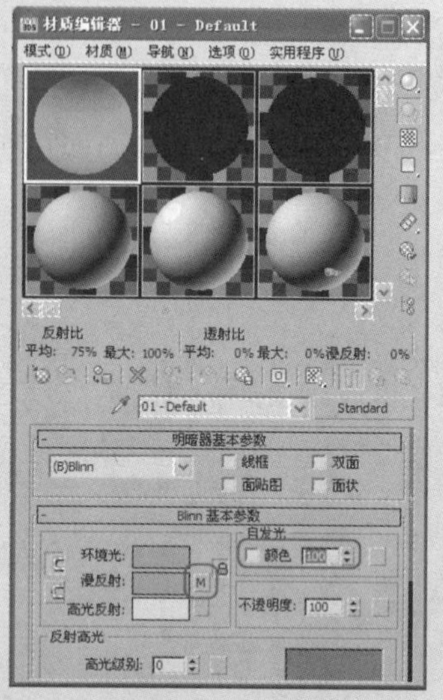

图10-167

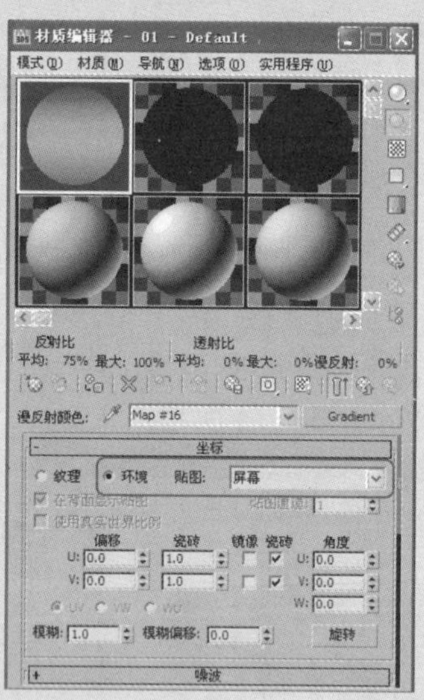

图10-168

12 在粒子事件右侧的Material Static001卷展栏中单击“None”按钮，在弹出的对话框中选择“示例窗”中选择设置的材质，如图10-169所示，指定材质后勾选“在视图中显示”复选框。

13 单击“（创建）|（空间扭曲）|旋涡”按钮，在前视图中创建旋涡，在“参数”卷展栏中设置“开始时间”为10、“结束时间”为50，如图10-170所示。

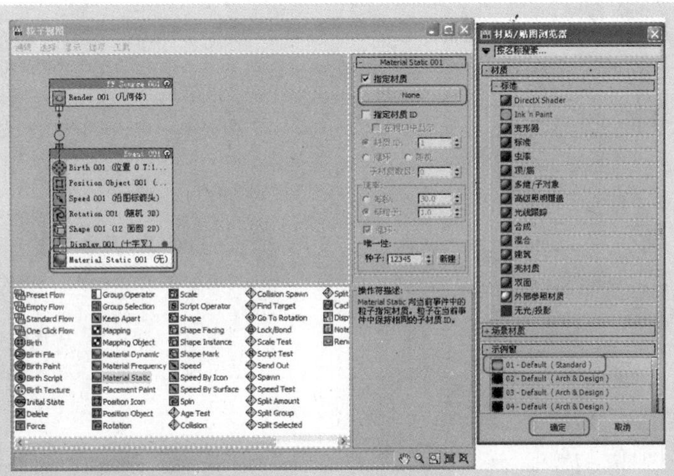

图10-169

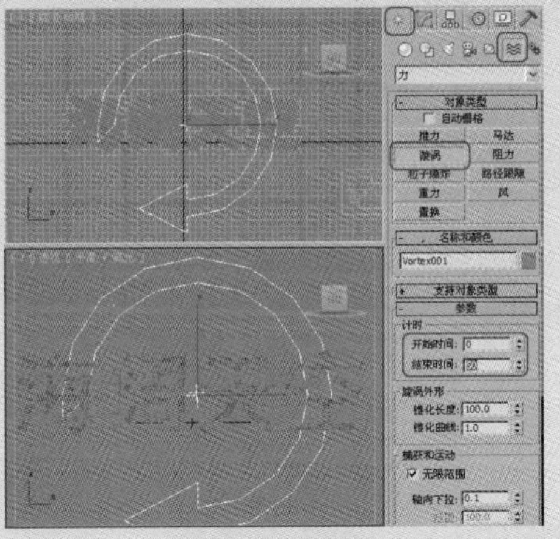

图10-170

14 在工具栏中单击（绑定到空间扭曲）按钮，在场景中将粒子绑定到旋涡空间扭曲上，如图10-171所示。

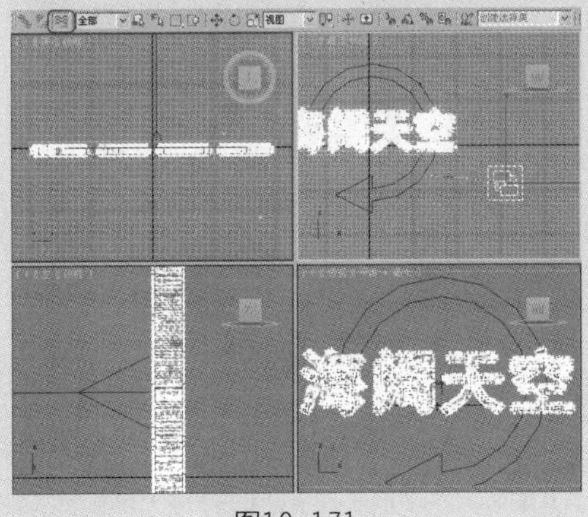

图10-171

15 在仓库中拖曳Force事件到粒子事件列表中，如图10-172所示。

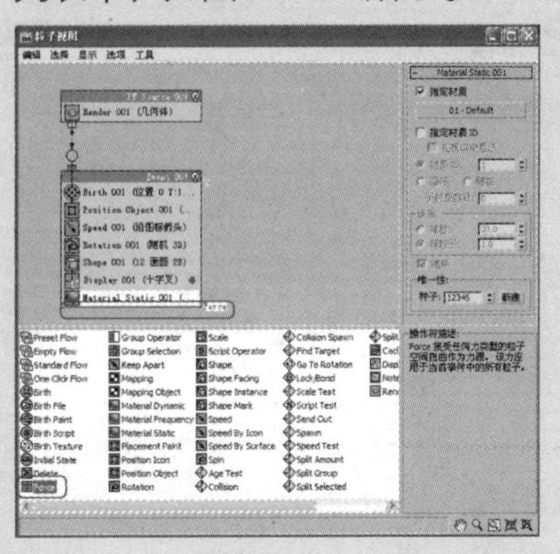

图10-172

16 选择Force事件，在右侧的卷展栏中单击“添加”按钮，在场景中拾取旋涡对象，如图10-173所示。

图10-173

17 为场景指定背景贴图，如图10-174所示。

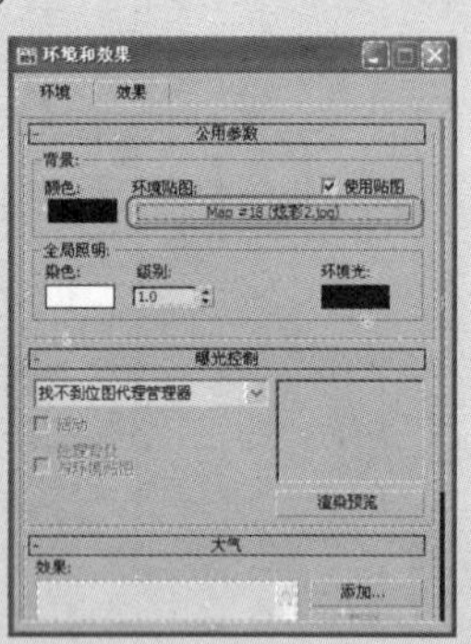

图10-174

18 在“透视”图中调整视图，按Ctrl+C键创建摄影机，如图10-175所示。

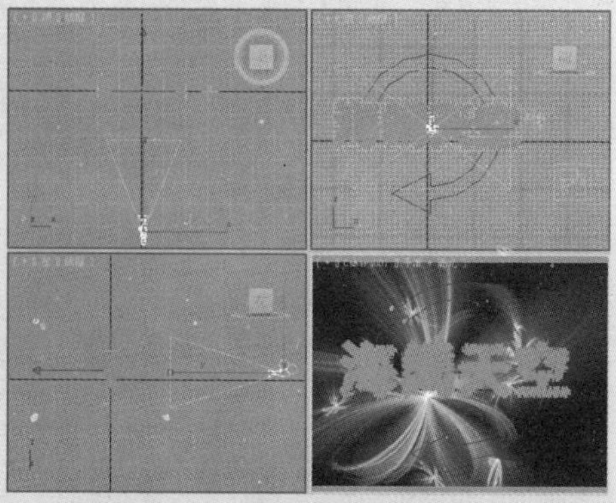

图10-175

19 渲染场景得到如图10-176所示的效果。

图10-176

20 将动画进行渲染输出，这里就不详细介绍了。

10.5 课后练习——花瓣雨

案例文件	场景\Cha10\花瓣雨.max	视频教学	视频教学\Cha10\花瓣雨.avi
视频长度	2分26秒	难易指数	★★☆☆☆

花瓣雨的制作非常简单，主要使用“雪”粒子，并为粒子指定花瓣材质即可。

1 首先创建雪粒子，设置粒子参数。

2 为粒子指定花瓣材质。

3 设置环境背景。

4 渲染输出动画。

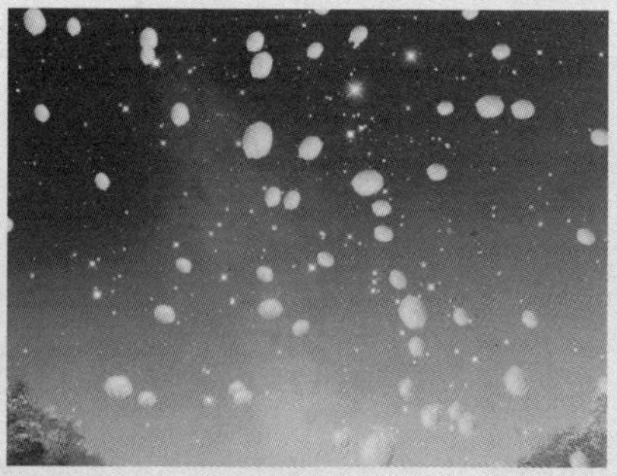

图10-177

10.6 本章小结

本章主要介绍粒子系统与空间扭曲工具，这两种工具都是动画制作中非常有用的特效工具。通过对本章的学习，读者可以掌握如何使用粒子系统来模拟自然界中的真实烟、雾、飞溅的水花、星空等效果，并掌握空间扭曲对场景的影响。

第11章 环境特效动画

通过“环境和效果”对话框可以制作出火焰、体积光、雾、体积雾、景深、模糊等效果，还可以对渲染进行亮度/对比度的调节和对常见的曝光进行控制等。

11.1 辅助对象

辅助对象起支持作用，就像舞台工作人员或工程助理。下面介绍几种常用的辅助对象。

11.1.1 点

“点”提供3D空间中的特定位置，该位置可用作参考或由其他程序功能使用，如图11-1所示，单击“（创建）|（辅助对象）|点”按钮，在场景中单击即可创建点辅助对象。

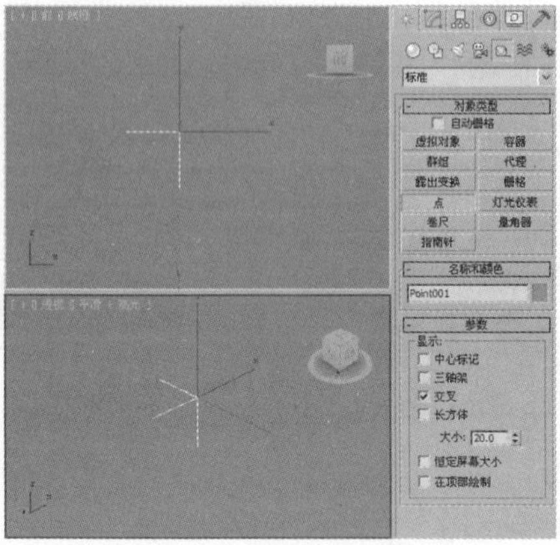

图11-1

“参数”卷展栏中的选项的功能介绍如下。

- 中心标记：在辅助对象的中心显示一个小的x标记。
- 三轴架：显示三轴架，表示辅助对象的位置和方向。当不再选中点对象时，轴仍然可见。
- 交叉：显示一个与轴对齐的交叉。
- 长方体：在辅助对象的中心显示一个与轴对齐的小框。
- 大小：设置点对象的大小。使用该设置缩小点对象或增加其大小以帮助对其进行定位。默认设置为20.0。
- 恒定屏幕大小：使点对象的大小保持恒定，不考虑放大或缩小的程度。
- 在顶部绘制：在场景中所有其他对象的顶部显示点对象。

11.1.2 大气装置

单击“（创建）|（辅助对象）|大气装置”按钮，可以创建三种类型的大气装置，长方体Gizmo、圆柱体Gizmo或球体Gizmo，如图11-2所示。这些Gizmo包括场景中雾或火的效果。

图11-2

11.2 环境编辑器简介

使用“环境和效果”对话框应用效果和环境。

11.2.1 公用参数

在“公用参数”卷展栏中可以设置背景贴图，在“全局光照明”组中可以对场景中的环境光进行调节，如图11-3所示。

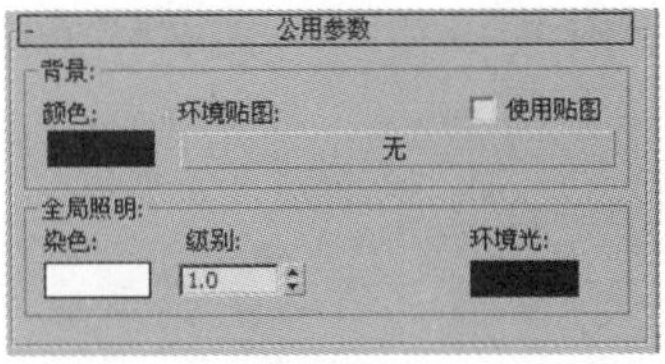

图11-3

“公用参数”卷展栏中的选项的功能介绍如下。

- 背景：从该选项组中设置背景的效果。
- 颜色：通过颜色选择器指定颜色作为单色背景。
- 环境贴图：通过其下的贴图按钮，可以打开“材质/贴图浏览器”对话框，从中选择相应的贴图。
- 使用贴图：当指定贴图作为背景后，该复选框自动勾选，只有将它打开，贴图才有效。
- 全局照明：该选项组中的参数主要是对整个场景的环境光进行调节。
- 染色：对场景中的所有灯光进行染色处理，默认为白色，不产生染色处理。
- 级别：增强场景中全部照明的强度，值为1时不对场景中的灯光强度产生影响，大于1时整个场景的灯光强度都增强，小于1时整个场景的灯光都减弱。
- 环境光：设置环境光的颜色，它与任何灯光无关，不属于定向光源，类似现实生活中空气的漫射光。默认为黑色，即没有环境光照明，这样材质完全受到可视灯光的照明，同时在材质编辑器中，材质的环境光属性也没有任何作用，当指定了环境光后，材质的环境光属性就会根据当前的环境光设置产生影响，最明显的效果是材质的暗部不是黑色，而是染上了这里设置的环境光色。环境光尽量不要设置的太广，因为这样会降低图像饱和度，使效果变得平淡而发灰。

11.2.2 曝光控制

渲染图像精度的一个受限因素是计算机监视器的动态范围，动态范围是监视器可以产生的最高度和最低度之间的比率。一个光线较弱的房间里这种比率近似100:1；在一个明亮的房间里，比率接近于30:1；真实环境动态范围可以达到10000:1或者更大。曝光控制会对监视器受限的动态范围进行补偿，对灯光亮度值进行转换，会影响渲染图像和视图显示的亮度和对比度，但它不会对场景中实际的灯光参数产生影响，只是将这些灯光的亮度值转换到一个正确的现实范围之内。

“曝光控制”是用于调整渲染的输出级别和颜色范围的插件组件，就象调整胶片曝光一样。此过程就是所谓的色调贴图。如果渲染使用光能传递并且处理高动态范围（HDR）图像，这些控制尤其有用。

曝光控制可补偿计算机显示的限定动态范围，该范围的数量级通常约为2；即显示时所显示的最明亮的颜色比最暗的颜色要亮100倍。比较而言，眼睛可以感知大约16 个数量级的动态范围。换句话说，可以感知的最亮颜色比最暗颜色亮大约10的16次方倍。曝光控制调整颜色，使颜色可以更好地模拟眼睛的大动态范围，同时仍适合可以渲染的颜色范围。

3ds Max包含的曝光控制有：“自动曝光控制”、“线性曝光控制”、“对数曝光控制”、“mr摄影曝光控制”和“伪彩色曝光控制”。

“曝光控制”卷展栏如图11-4所示，各选项的功能介绍如下。

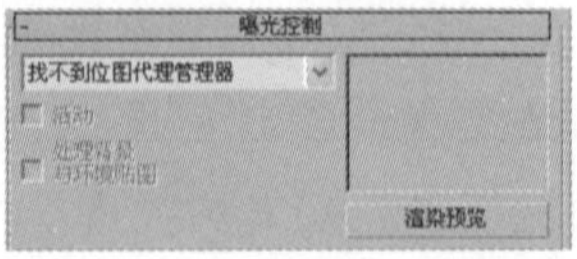

图11-4

● 列表：选择要使用的曝光控制。

● 活动：启用时，在渲染中使用该曝光控制。禁用时，不应用该曝光控制。

● 处理背景与环境贴图：启用时，场景背景贴图和场景环境贴图受曝光控制的影响。禁用时，则不受曝光控制的影响。

● 预览窗口：缩略图显示应用了活动曝光控制的渲染场景的预览。渲染了预览后，在更改曝光控制设置时将交互式更新。

● 渲染预览：单击可以渲染预览缩略图。

1. 实例操作077——一个室内场景的自动曝光控制

场景文件	场景\Cha11\餐厅单间.max	视频教学	视频教学\Cha11\餐厅单间.avi
视频长度	56秒	难易指数	★★☆☆☆

“自动曝光控制”从渲染图像中采样，生成一个柱状图，在渲染的整个动态范围提供良好的颜色分离。自动曝光控制可以增强某些照明效果，否则，这些照明效果会过于暗淡而看不清。如图11-5所示为自动曝光控制的前后对比。

图11-5

1 打开光盘中的“场景\cha11\餐厅单间.max”文件，渲染打开的场景得到如图11-6所示的效果。

图11-6

2 按8键，打开“环境和效果”对话框，在“曝光控制”卷展栏中选择“自动曝光控制”，并在“自动曝光控制参数”卷展栏中设置“亮度”和“对比度”均为55.0，设置“曝光值”为0.2，如图11-7所示。

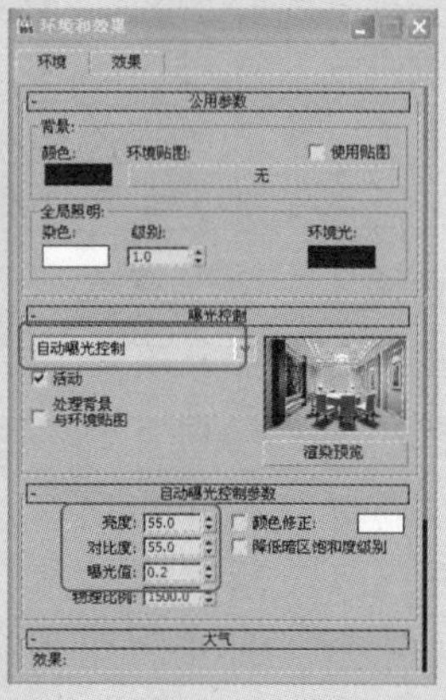

图11-7

3 渲染场景得到11-5右图所示的效果。

2.选项介绍

“自动曝光控制参数”卷展栏中的各项参数介绍如下：

- 亮度：调整转换的颜色的对比度。范围从0 到100。
- 对比度：调整转换的颜色的对比度。范围从0到100。
- 曝光值：调整3ds Max渲染的总体亮度。范围为−5.0～5.0，负值使图像更暗，正值使图像更亮。
- 物理比例：调整3ds Max曝光控制的物理比例，用于非物理灯光。结果是调整渲染，使其与眼睛对场景的反应相同。
- 颜色校正：如果勾选该复选框，颜色修正会改变所有颜色，使色样中的颜色显示为白色。默认设置为禁用状态。单击色样将显示颜色选择器，用于选择适合的颜色。
- 降低暗区饱和度级别：启用时，3ds Max渲染器会使颜色变暗淡，好像灯光过于暗淡，眼睛无法辨别颜色。启用时，渲染器甚至会使颜色变暗淡。默认设置为禁用状态。“降低暗区饱和度级别”会模拟眼睛对暗淡照明的反应，在暗淡的照明下，眼睛不会感知颜色，而是看到灰色色调。

11.3 大气效果

大气是用于创建照明效果（例如，雾、火焰等）的插件组件。

11.3.1 火效果

使用“火效果”可以生成动画的火焰、烟雾和爆炸效果。火焰效果用法包括篝火、火炬、火球、烟云和星云。效果具体表现如图11-8所示。

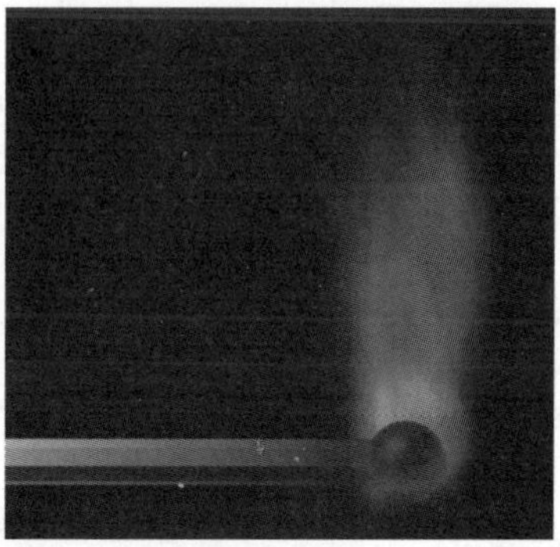

图11-8

1.实例操作078—— 燃烧的火柴

案例文件	场景\Cha11\燃烧的火柴.max	视频教学	视频教学\Cha11\燃烧的火柴.avi
视频长度	5分10秒	难易指数	★★★☆☆

1 在场景中创建球体和圆柱体，将其组合为火柴，效果如图11-9所示。

2 单击“（创建）|（辅助对象）|大气装置|球体Gizmo”按钮，在“前”视图中创建球体Gizmo，设置球体Gizmo的参数如图11-10所示。

图11-9

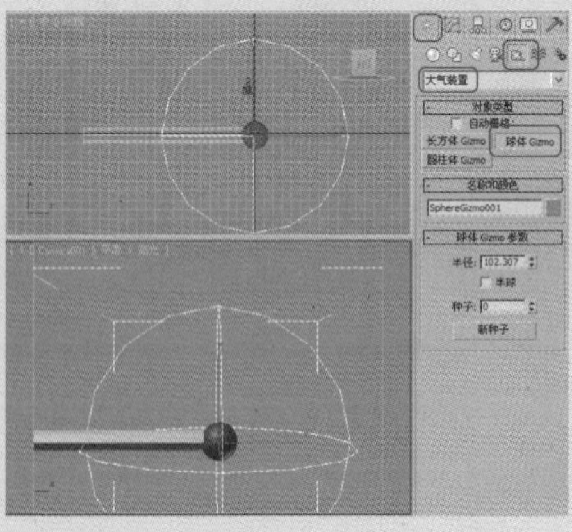

图11-10

3 在菜单栏中选择“渲染丨环境”命令或按8键，打开“环境和效果”对话框，在“大气”卷展栏中单击“添加”按钮，在弹出的对话框中选择“火效果”，单击“确定”按钮，如图11-11所示。

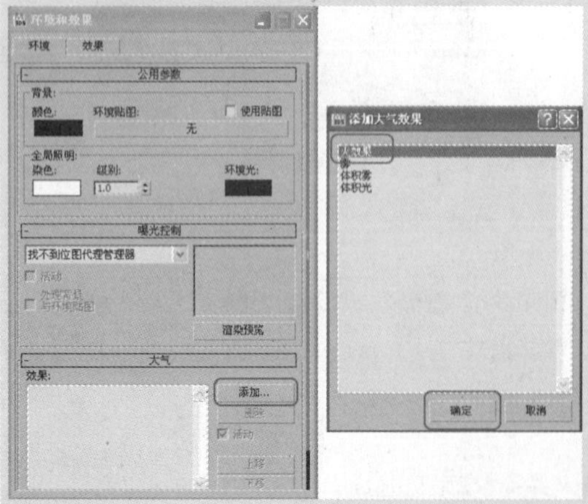

图11-11

4 在“火效果”参数卷展栏中单击“拾取Gizmo”按钮，在场景中拾取球体Gizmo，参照图11-12所示设置其参数。

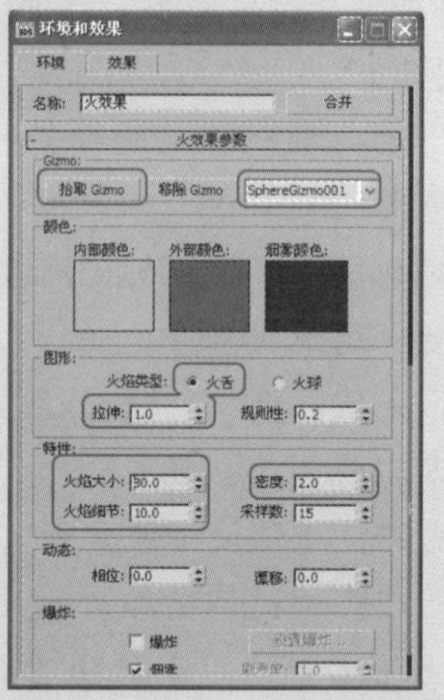

图11-12

5 在“前”视图中缩放球体Gizmo，如图11-13所示。

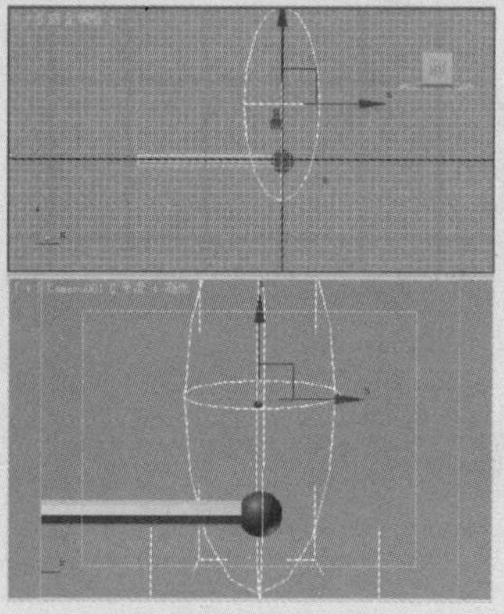

图11-13

6 复制并调整球体Gizmo，如图11-14所示。

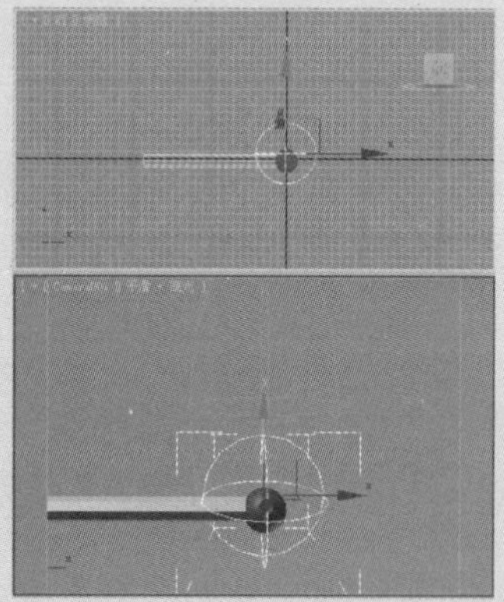

图11-14

7 在场景中将球体自身的颜色设置为黑色，打开材质编辑器为圆柱体设置一个“漫反射颜色”为“渐变”贴图的材质，将材质指定给场景中的圆柱体，如图11-15所示。

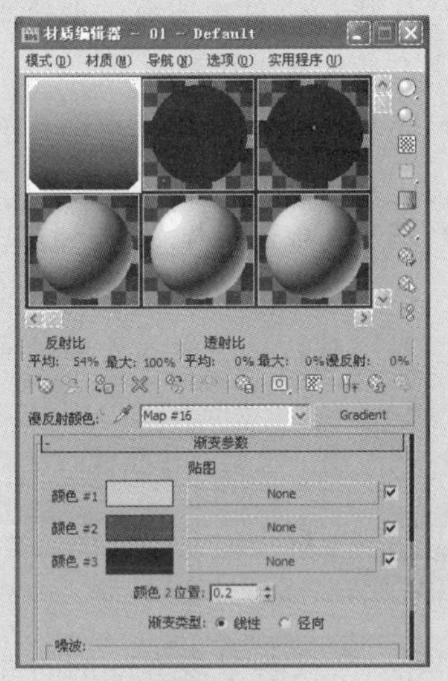

图11-15

8 为圆柱体设置“UVW贴图”修改器，如图11-16所示。

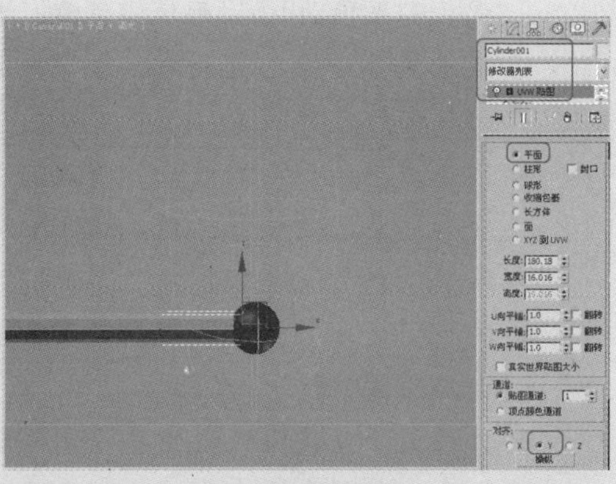

图11-16

9 渲染场景得到如图11-17所示的效果。

图11-17

2. 选项介绍

“火效果参数”卷展栏中的选项的功能介绍如下。

- 拾取Gizmo：通过单击该按钮进入拾取模式，然后单击场景中的某个大气装置。在渲染时，装置会显示火焰效果。装置的名称将添加到装置列表中。
- 移除Gizmo：移除Gizmo列表中所选的Gizmo。Gizmo仍在场景中，但是不再显示火焰效果。
- 颜色：可以使用“颜色”下的色样为火焰效果设置三个颜色属性。
- 内部颜色：设置效果中最密集部分的颜色。对于典型的火焰，此颜色代表火焰中最热的部分。
- 外部颜色：设置效果中最稀薄部分的颜色。对于典型的火焰，此颜色代表火焰中较冷的散热边缘。
- 烟雾颜色：设置用于“爆炸”选项的烟雾颜色。
- 图形：使用“图形”下的控件控制火焰效果中火焰的形状、缩放和图案。
- 火舌：沿着中心使用纹理创建带方向的火焰。火焰方向沿着火焰装置的局部z轴。“火舌”创建类似篝火的火焰。
- 火球：创建圆形的爆炸火焰。“火球”很适合爆炸效果。
- 拉伸：将火焰沿着装置的z轴缩放。
- 规则性：修改火焰填充装置的方

式。如果值为1.0，则填满装置。效果在装置边缘附近衰减，但是总体形状仍然非常明显。如果值为0.0，则生成很不规则的效果，有时可能会到达装置的边界，但是通常会被修剪，会小一些。

- 特性：使用“特性”下的参数设置火焰的大小和外观。
- 火焰大小：设置装置中各个火焰的大小。装置大小会影响火焰大小。装置越大，需要的火焰也越大。
- 密度：设置火焰效果的不透明度和亮度。
- 火焰细节：控制每个火焰中显示的颜色更改量和边缘尖锐度。较低的值可以生成平滑、模糊的火焰，渲染速度较快。较高的值可以生成带图案的清晰火焰，渲染速度较慢。
- 采样数：设置效果的采样率。值越高，生成的结果越准确，渲染所需的时间也越长。
- 动态：使用“动态”选项组中的参数可以设置火焰的涡流和上升的动画。
- 相位：控制更改火焰效果的速率。
- 漂移：设置火焰沿着火焰装置的z轴的渲染方式。较低的值提供燃烧较慢的冷火焰；较高的值提供燃烧较快的热火焰。
- 爆炸：使用此选项组中的参数可以自动设置爆炸动画。
- 爆炸：根据相位值动画自动设置大小、密度和颜色的动画。
- 烟雾：控制爆炸是否产生烟雾。
- 设置爆炸：显示设置“爆炸相位曲线”对话框。输入开始时间和结束时间。
- 剧烈度：改变相位参数的涡流效果。

11.3.2 雾

“雾”效果会呈现雾或烟的外观。雾可使对象随着与摄影机距离的增加逐渐衰减（标准雾），或提供分层雾效果，使所有对象或部分对象被雾笼罩，具体表现如图11-18所示，左图为打开的场景效果，右图为设置的雾效果。

图11-18

1. 实例操作079—— 设置雾效果

案例文件	场景\Cha11\雾效果.max	视频教学	视频教学\Cha11\雾效果.avi
视频长度	1分23秒	难易指数	★★☆☆☆

1 重置一个新的场景文件，为场景指定背景，如图11-19所示。

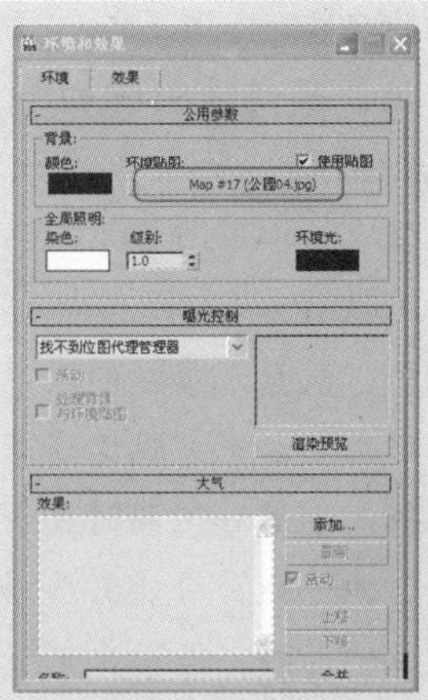

图11-19

2 显示环境背景，如图11-20所示。

图11-20

3 在“大气”卷展栏中单击“添加”按钮，在弹出的对话框中选择“雾”效果，如图11-21所示。

4 在“雾参数”卷展栏中单击“分层”单选按钮，设置分层参数如图11-22所示。

5 渲染当前场景，效果如图11-23所示。

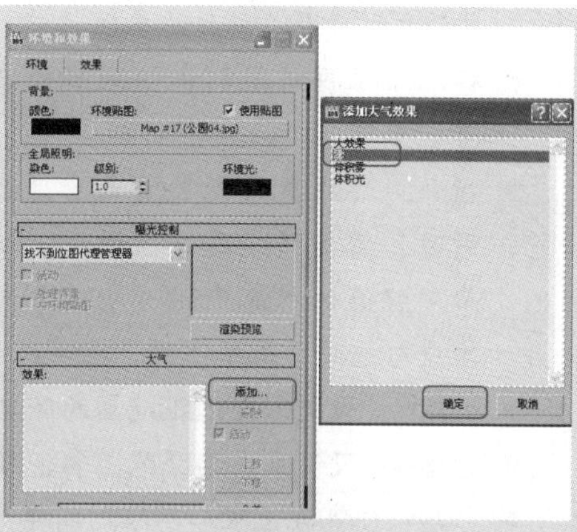

图11-21

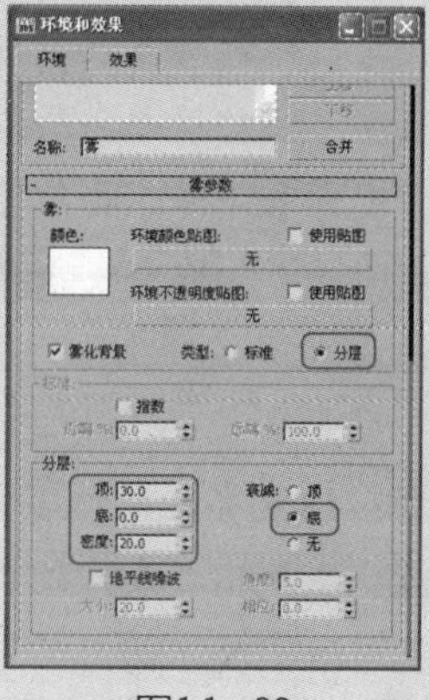

图11-22

图11-23

2. 选项介绍

“雾参数”卷展栏中的选项的功能介绍如下。

- 颜色：设置雾的颜色。
- 环境颜色贴图：从贴图导出雾的颜色。
- 环境不透明度贴图：更改雾的密度。指定不透明度贴图并进行编辑，按照环境颜色贴图的方法切换其效果。
- 使用贴图：切换此贴图效果的启用或禁用。
- 雾化背景：将雾功能应用于场景的背景。
- 类型：选择“标准”时，将使用“标准”部分的参数；选择“分层”时，将使用“分层”部分的参数。

- 标准：根据与摄影机的距离使雾变薄或变厚。
- 指数：随距离按指数增大密度。禁用时，密度随距离线性增大。只有希望渲染体积雾中的透明对象时，才应勾选此复选框。
- 近端%：设置雾在近距范围的密度。
- 远端%：设置雾在远距范围的密度。
- 分层：使雾在上限和下限之间变薄和变厚。通过向列表中添加多个雾条目，雾可以包含多层。因为可以设置所有雾参数的动画，所以，也可以设置雾上升和下降、更改密度和颜色的动画，并添加地平线噪波。
- 顶：设置雾层的上限。
- 底：设置雾层的下限。
- 密度：设置雾的总体密度。
- 衰减：添加指数衰减效果，使密度在雾范围的“顶”或“底”减小到0。
- 地平线噪波：启用地平线噪波系统。
- 大小：应用于噪波的缩放系数。缩放系数值越大，雾卷越大。默认设置为20。
- 角度：确定受影响的与地平线的角度。例如，如果角度设置为5（合理值），从地平线以下5度开始，雾开始散开。
- 相位：设置此参数的动画将设置噪波的动画。如果相位沿着正向移动，雾卷将向上漂移（同时变形）。如果雾高于地平线，可能需要沿着负向设置相位的动画，使雾卷下落。

11.3.3 体积雾

“体积雾”提供雾效果，雾密度在3D空间中不是恒定的。“体积雾”提供吹动的云状雾效果，似乎在风中飘散。具体效果表现如图11-24所示。

图11-24

1. 实例操作080—— 设置体积雾效果

案例文件	场景\Cha11\体积雾.max	视频教学	视频教学\Cha11\体积雾.avi
视频长度	3分8秒	难易指数	★★★☆☆

1 重置一个新的场景文件，为场景指定背景，如图11-25所示。

2 在场景中显示背景，如图11-26所示。

3 在“顶”视图中创建球体Gizmo，如图11-27所示。

4 在场景中复制并缩放球体Gizmo，如图11-28所示。

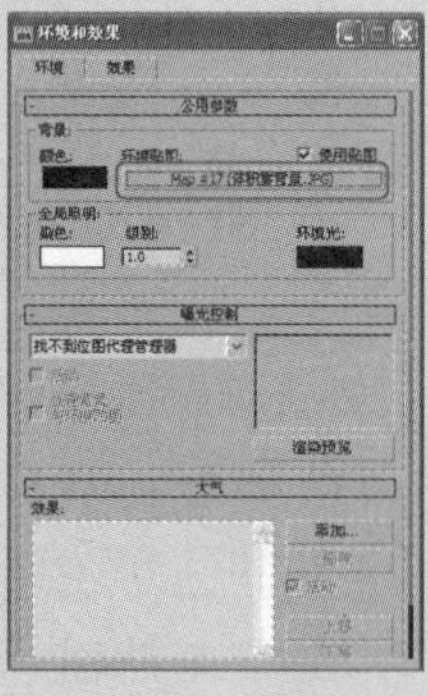

图11-25

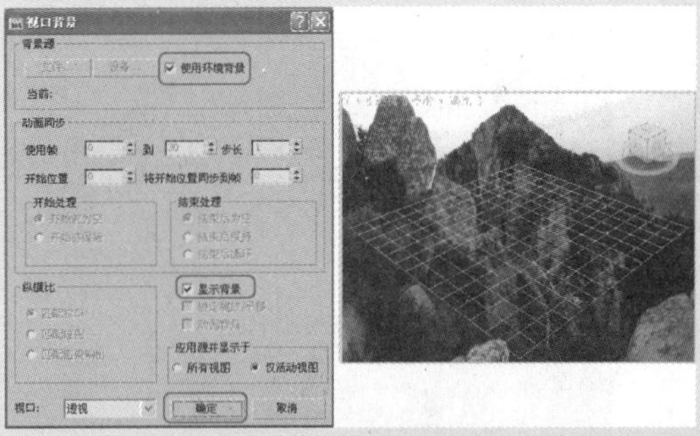

图11-26

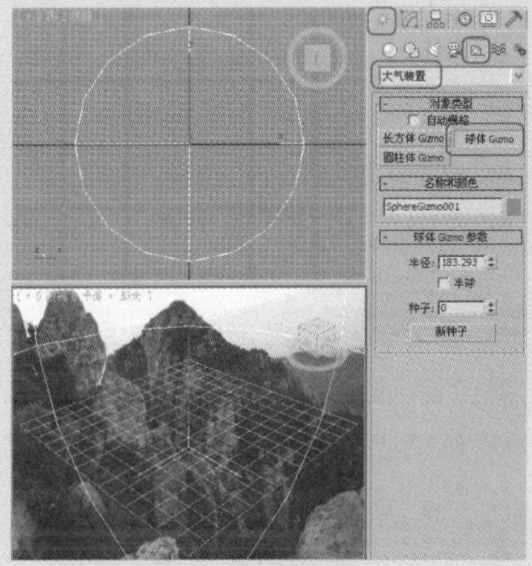

图11-27

图11-28

5 在“大气”卷展栏中单击“添加”按钮，在弹出的对话框中选择“体积雾”，如图11-29所示。

6 在“体积雾参数”卷展栏中单击“拾取Gizmo”按钮，在场景中拾取球体Gizmo，如图11-30所示。

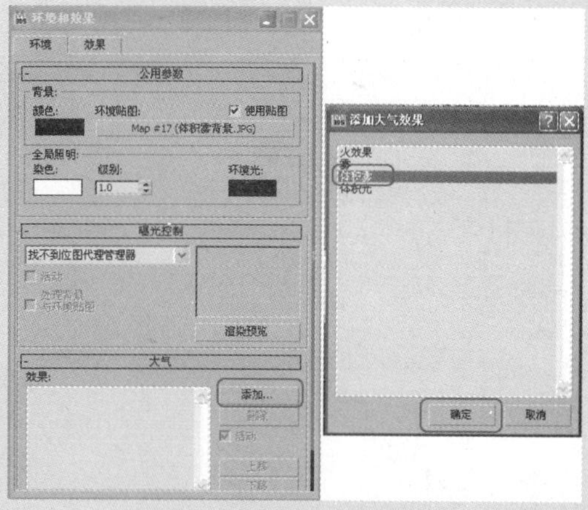

图11-29

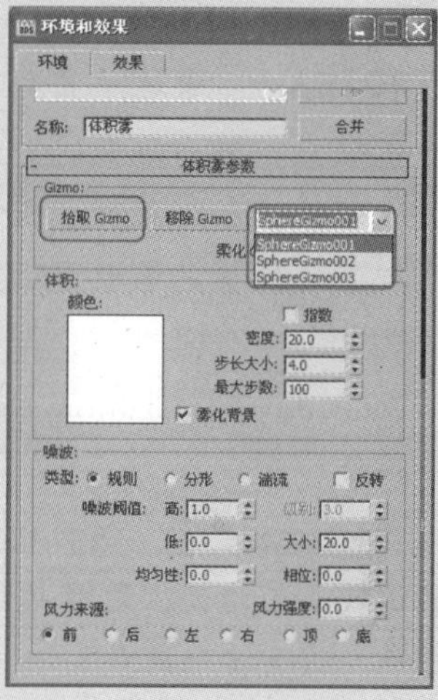

图11-30

7 设置体积雾参数如图11-31所示。

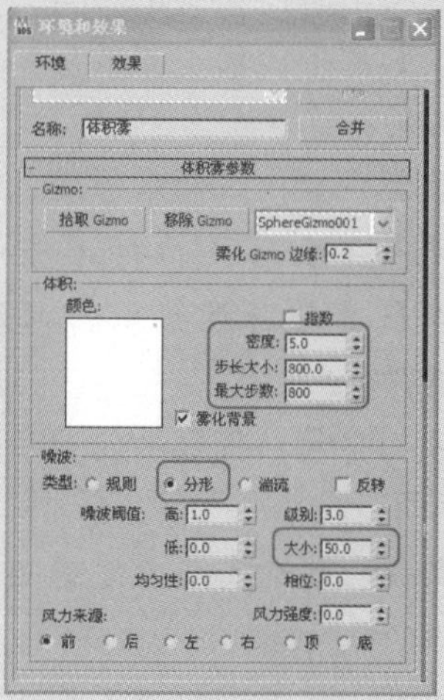

图11-31

8 渲染场景得到如图11-32所示的效果。

图11-32

2. 选项介绍

“体积雾参数”卷展栏中的选项的功能介绍如下。

- 拾取Gizmo：通过单击该按钮进入拾取模式，然后单击场景中的某个大气装置。在渲染时，装置会包含体积雾。装置的名称将添加到装置列表中。
- 移除Gizmo：将Gizmo从体积雾效果中移除。
- 柔化Gizmo边缘：羽化体积雾效果的边缘。值越大，边缘越柔化。
- 颜色：设置雾的颜色。
- 指数：随距离按指数增大密度。禁用时，密度随距离线性增大。
- 密度：控制雾的密度。
- 步长大小：确定雾采样的力度，即雾的细度。
- 最大步数：限制采样量，以便雾的计算不会永远执行（字面上）。如果雾的密度较小，此选项尤其有用。
- 雾化背景：将雾功能应用于场景的背景。
- 噪波：体积雾的噪波选项相当于材质的噪波选项。
- 类型：从三种噪波类型中选择要应用的一种类型。
- 规则：标准的噪波图案。
- 分形：迭代分形噪波图案。
- 湍流：迭代湍流图案。
- 反转：反转噪波效果。浓雾将变为半透明的雾，反之亦然。
- 噪波阈值：限制噪波效果。
- 高：设置高阈值。
- 级别：设置噪波迭代应用的次数。
- 低：设置低阈值。
- 大小：确定烟卷或雾卷的大小。值越小，卷越小。
- 均匀性：范围从-1到1，作用与高通过滤器类似。值越小，体积越透明，包含分散的烟雾泡。
- 相位：控制风的种子。如果风力强度的设置也大于0，雾体积会根据风向产生动画。
- 风力强度：控制烟雾远离风向（相对于相位）的速度。
- 风力来源：定义风来自于哪个方向。“前”、“后”、“左”、“右”、“顶”、“底”。

11.3.4 体积光

“体积光”根据灯光与大气（雾、烟雾等）的相互作用提供灯光效果。具体效果表现如图11-33所示。

图11-33

1. 实例操作081—— 设置体积光效果

案例文件	场景\Cha11\体积光.max	视频教学	视频教学\Cha11\体积光.avi
视频长度	6分40秒	难易指数	★★★☆☆

1 单击“（创建）|（图形）|文本”按钮，在“参数”卷展栏中设置字体，在“文本”中输入文本，在“前”视图中单击以创建文本，如图11-34所示。

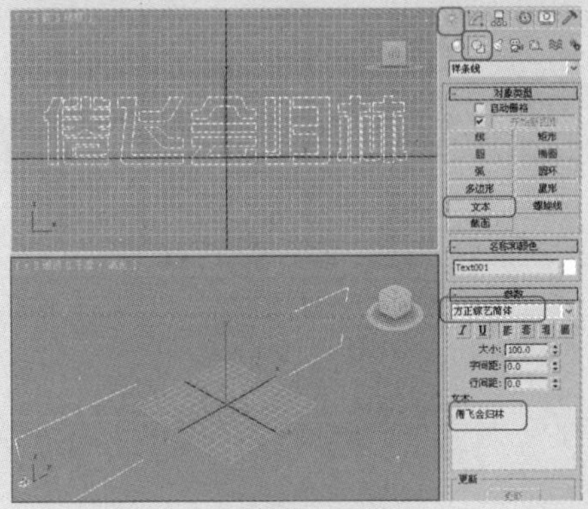

图11-34

2 切换到（修改）面板，为文本施加“倒角”修改器，如图11-35所示。

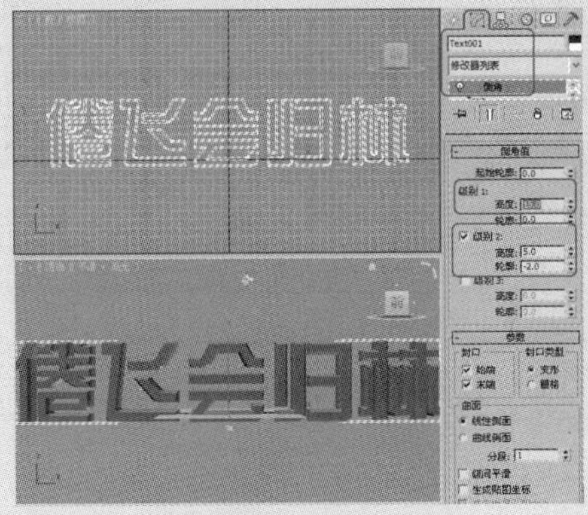

图11-35

3 调整“透视”图，按Ctrl+C键创建摄影机，如图11-36所示。

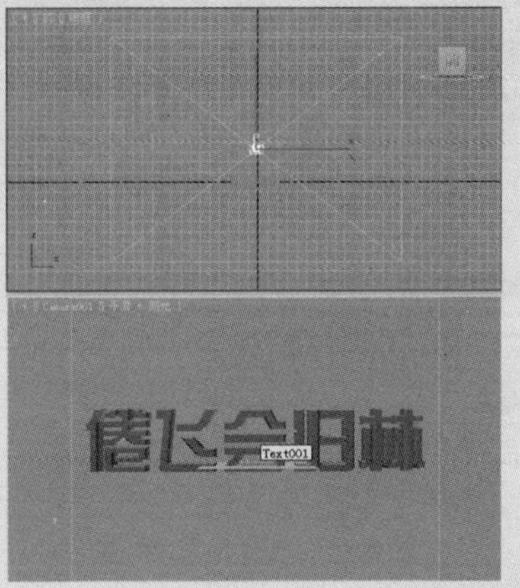

图11-36

4 设置渲染场景的大小，如图11-37所示。

图11-37

5 在“顶”视图中创建目标聚光灯，在场景中调整灯光的照射角度，并在场景中调整灯光的参数，如图11-38所示。

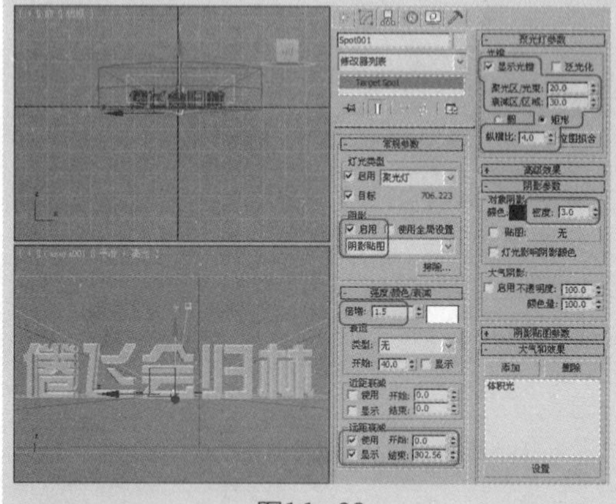

图11-38

6 打开“环境和效果”对话框，在“大气”卷展栏中单击“添加”按钮，在弹出的对话框中选择“体积光”，单击“确定”按钮，如图11-39所示。

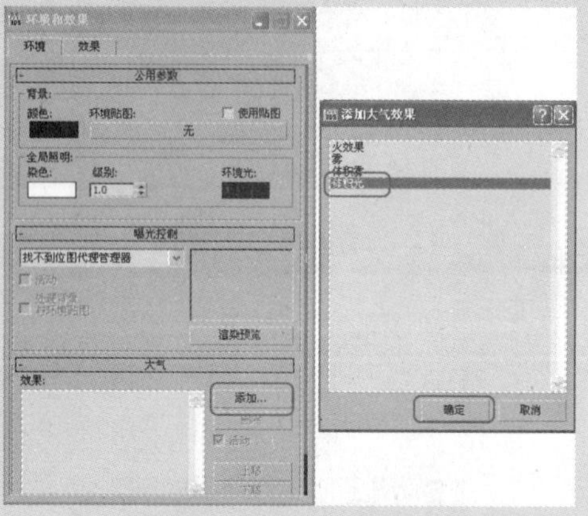

图11-39

7 在“体积光参数”卷展栏中单击“拾取灯光”按钮，在场景中拾取目标聚光灯，如图11-40所示。

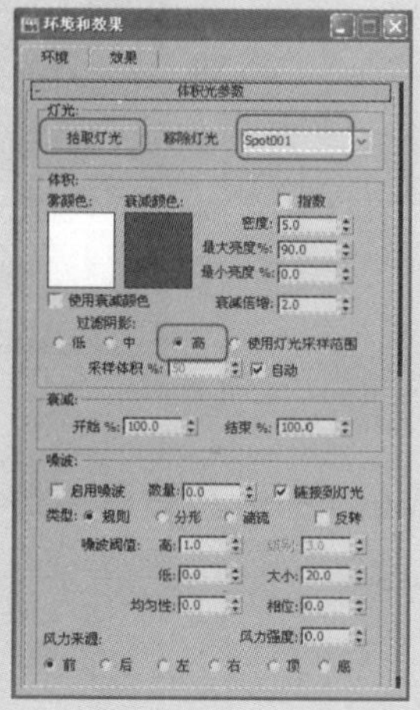

图11-40

8 设置背景颜色如图11-41所示。

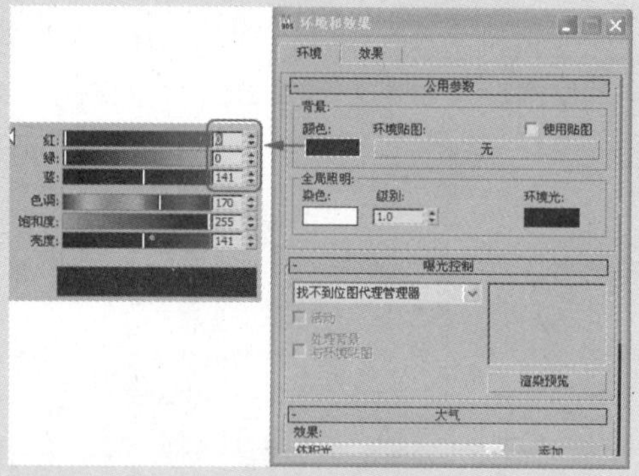

图11-41

9 渲染场景得到如图11-42所示的效果。

图11-42

2. 选项介绍

“体积光参数”卷展栏中的选项功能介绍如下。

- 拾取灯光：在任意视口中单击要为体积光启用的灯光。
- 移除灯光：将灯光从列表中移除。
- 雾颜色：设置组成体积光的雾的颜色。

- 衰减颜色：设置体积光随距离而衰减。
- 指数：随距离按指数增大密度。禁用时，密度随距离线性增大。只有希望渲染体积雾中的透明对象时，才应激活此复选框。
- 密度：设置雾的密度。
- 最大亮度%：表示可以达到的最大光晕效果（默认设置为90%）。
- 最小亮度%：与环境光设置类似。如果最小亮度%大于0，光体积外面的区域也会发光。
- 衰减倍增：调整衰减颜色的效果。
- 过滤阴影：用于通过提高采样率（以增加渲染时间为代价）获得更高质量的体积光渲染。
- 低：不过滤图像缓冲区，而是直接采样。
- 中：对相邻的像素采样并求平均值。对于出现条带类型缺陷的情况，这可以使质量得到非常明显的改进。
- 高：对相邻的像素和对角像素采样，为每个像素指定不同的权重。
- 使用灯光采样范围：根据灯光的阴影参数中的采样范围值，使体积光中投射的阴影变模糊。
- 采样体积%：控制体积的采样质量。
- 自动：自动控制“采样体积%”参数，禁用微调器（默认设置）。
- 衰减：此部分的控件取决于单个灯光的开始范围和结束范围衰减参数的设置。
- 开始%：设置灯光效果的开始衰减，与实际灯光参数的衰减相对。
- 结束%：设置照明效果的结束衰减，与实际灯光参数的衰减相对。
- 启用噪波：启用和禁用噪波。
- 数量：应用于雾的噪波的百分比。
- 链接到灯光：将噪波效果链接到其灯光对象，而不是世界坐标。
- 类型：从“规则”、“分形”、“湍流”三种噪波类型中选择要应用的一种类型。
- 反转：反转噪波效果。
- 噪波阈值：限制噪波效果“高”、“低”。
- 级别：设置噪波迭代应用的次数。
- 大小：确定烟卷或雾卷的大小。值越小，卷越小。
- 均匀性：作用类似高通过滤器。值越小，体积越透明，包含分散的烟雾泡。

11.4 效果

通过“环境和效果”对话框上的“效果”，可以在最终渲染图像或动画之前添加各种效果以进行查看。

11.4.1 Hair 和 Fur

要渲染毛发，该场景必须包含“Hair 和 Fur”渲染。具体效果表现如图11-39所示。

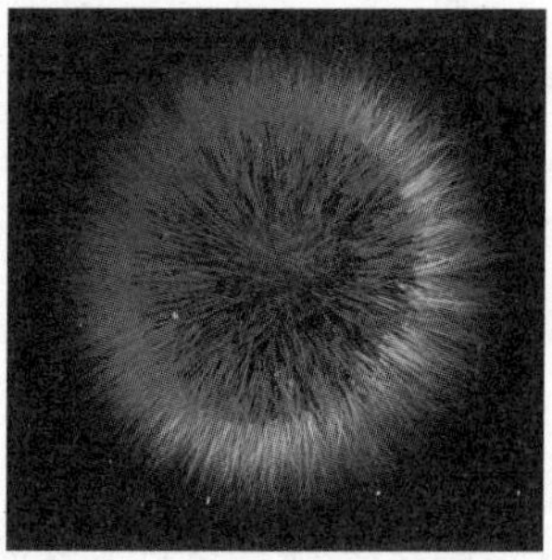

图11-43

1. 实例操作082—— 使用Hair 和 Fur效果

案例文件	场景\Cha11\Hair 和 Fur.max	视频教学	视频教学\Cha11\Hair和Fur.avi
视频长度	51秒	难易指数	★★★☆☆

1 在场景中创建球体，如图11-44所示。

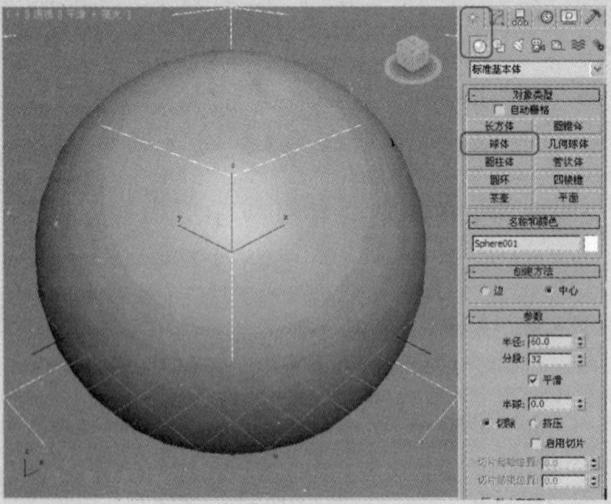

图11-44

2 为球体施加Hair和Fur WSM修改器，如图11-45所示。

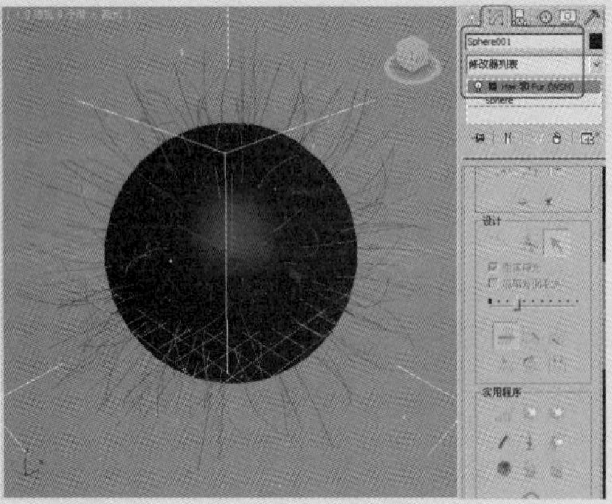

图11-45

3 使用了Hair和Fur WSM修改器后，在“效果”中就包含了“Hair 和 Fur”效果，如图11-46所示。

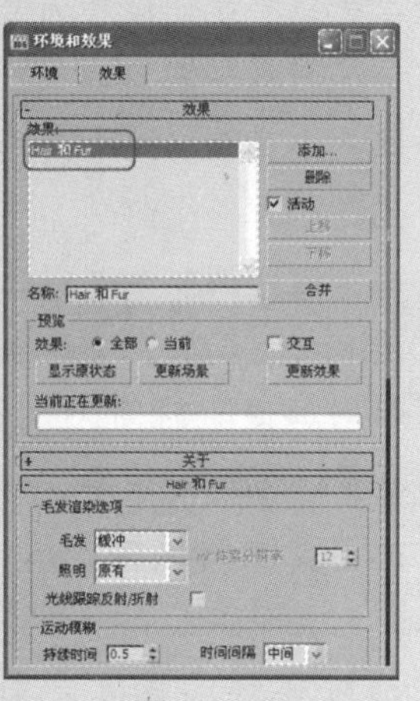

图11-46

4 渲染场景得到如图11-47所示的效果。

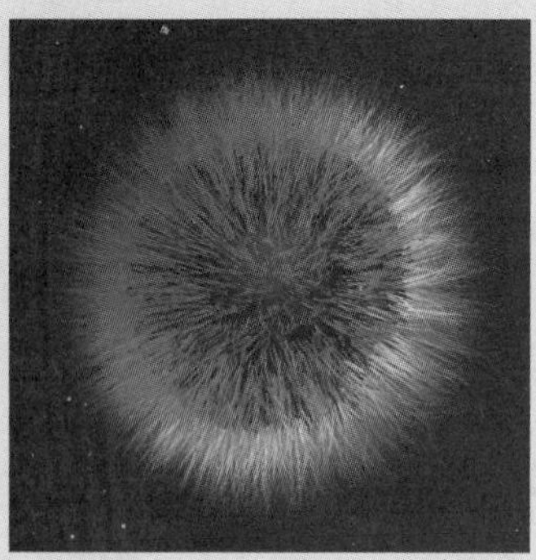

图11-47

2. 选项介绍

“Hair 和 Fur”卷展栏如图11-48所示，选项的功能介绍如下。

- 毛发：在列表中选择用于渲染毛发的方法。
- 照明：在列表中选择毛发接受照明方式。
- mr体素分辨率：仅适用于“几何体”和mr prim毛发选项。
- 光线跟踪反射/折射：仅适用于“缓冲”毛发选项。启用时，反射和折射就变成光线跟踪的反射和折射。禁用该选项时，反射和折射照常计算。

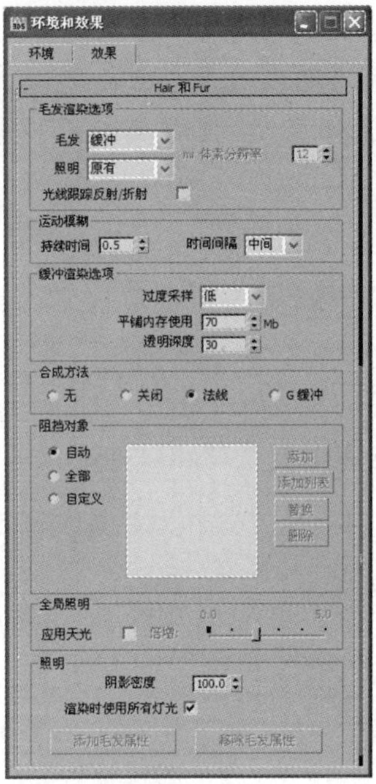

图11-48

- 运动模糊：为了渲染运动模糊的毛发，必须为成长对象启用“运动模糊”。
- 持续时间：运动模糊计算用于每帧的帧数。
- 时间间隔：持续时间中在模糊之前捕捉毛发的快照点。
- 缓冲渲染选项：此设置仅适用于缓冲渲染方法。
- 过度采样：控制应用于 Hair缓冲区渲染的抗锯齿等级。
- 平铺内存使用：设置平铺所要使用的最大主内存。
- 透明深度：设置渲染透明或半透明毛发的最大深度。
- 合成方法：此选项可用于选择Hair合成毛发与场景其余部分的方法。合成选项仅限于“缓冲”渲染方法。
- 无：仅渲染毛发，带有阻光度。生成的图像即可用于合成。
- 关闭：渲染毛发阴影而非毛发。
- 法线：标准渲染，在渲染帧窗口中将阻挡的毛发和场景中的其余部分合成。由于存在阻光度，毛发将无法出现在透明的物体之后（穿透）。
- G缓冲：缓冲渲染的毛发出现大部分透明对象之后。不支持透明折射对象。
- 阻挡对象：此设置用于选择哪些对象将阻挡场景中的毛发，即如果对象比较靠近摄影机而不是部分毛发阵列，则将不会渲染其后的毛发。默认情况下，场景中的所有对象均阻挡其后的毛发。
- 自动：场景中的所有可渲染对象均阻挡其后的毛发。
- 全部：场景中的所有对象，包括不可渲染对象，均阻挡其后的毛发。
- 自定义：可用于指定阻挡毛发的对象。选择此选项将令列表右侧的按钮变为可用。
- 添加：将单一对象添加到列表中。
- 添加列表：向列表中添加多个对象。
- 替换：要替换列表中的对象，在列表中高亮显示该对象的名称，单击“替换”按钮，然后单击视口中的替换对象。
- 删除：要从列表中删除对象，在列表中高亮显示该对象的名称，然后单击“删除”按钮。
- 应用天光：启用时，如果场景中出现天光，“Hair 和 Fur”支持会将天光考虑在内。默认设置为禁用状态。
- 倍增：只有启用“应用天光”时，此选项才可用。
- 照明：这些设置控制通过场景中支持的灯光从毛发投射的阴影以及毛发的照明。

- 阴影密度：指定阴影的相对黑度。
- 渲染时使用所有灯光：启用后，场景中所有支持的灯光均会照明，并在渲染场景时从毛发投射阴影。
- 添加毛发属性：将“毛发灯光属性”卷展栏添加到场景中的选定的灯光。如果要在没灯光的基础上指定特定毛发的阴影属性，则必须使用此卷展栏。仅限至少有一个支持的灯光选中的情况可用。
- 移除毛发属性：从场景中的选定的灯光移除“毛发灯光属性”卷展栏。

11.4.2 镜头效果

“镜头效果”可创建通常与摄影机相关的真实效果。镜头效果包括光晕、光环、射线、自动从属光、手动从属光、星形和条纹。具体效果表现如图11-49所示。

图11-49

1. 实例操作083—— 路灯效果

案例文件	场景\Cha11\路灯效果.max	视频教学	视频教学\Cha11\路灯效果.avi
视频长度	6分4秒	难易指数	★★★★☆

1 按8键打开“环境和效果”对话框，为环境背景指定图像，如图11-50所示。

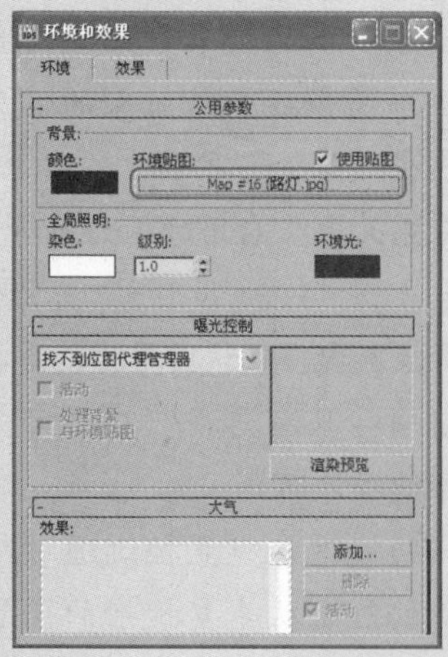

图11-50

2 按Alt+B键，在弹出的对话框中勾选“使用环境背景”和“显示背景”复选框，如图11-51所示。

图11-51

3 在场景中创建泛光灯，并调整“透视”图，按Ctrl+C键创建摄影机，使泛光灯处于路灯的位置，如图11-52所示。

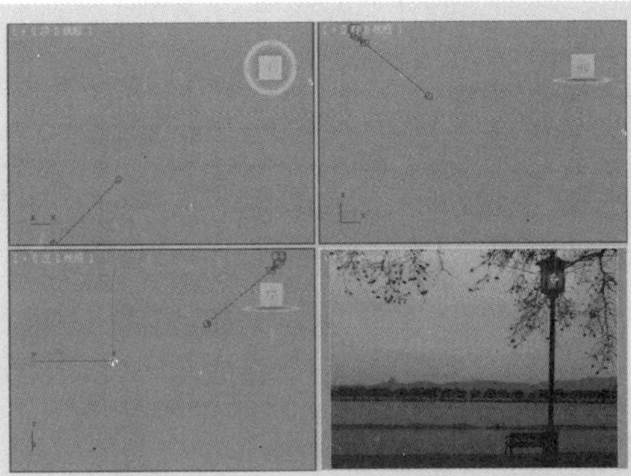

图11-52

4 按8键打开“环境和效果”对话框，单击“效果”选项卡，在“效果”卷展栏中单击“添加”按钮，在弹出的“添加效果”对话框中选择“镜头效果”，如图11-53所示。

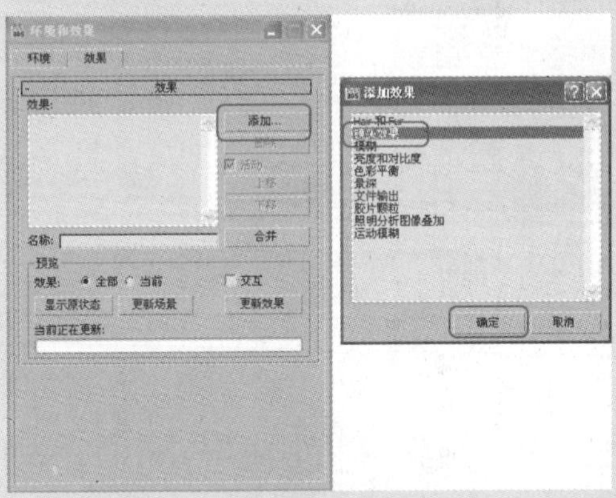

图11-53

5 在“镜头效果参数”卷展栏左侧的列表中选择Glow，单击 > 按钮，将其指定到右侧的列表中，并将该效果应用到场景。在“镜头效果全局”卷展栏中单击“拾取灯光”按钮，在场景中拾取泛光灯，如图11-54所示。

6 添加Glow后渲染场景，效果如图11-55所示。

7 在“光晕元素”卷展栏中选择“参数”选项卡，设置“大小”为60.0，设置“镜像颜色”组中的颜色为白色和橘红色，如图11-56所示。

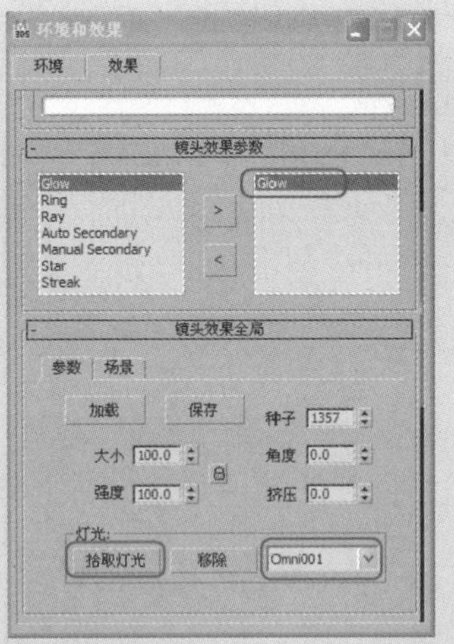

图11-54

图11-55

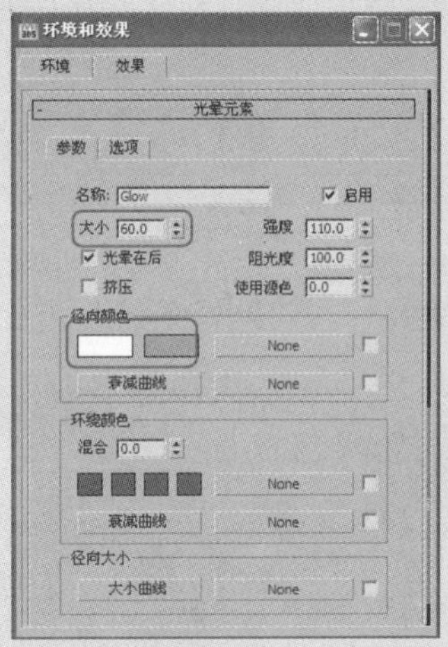

图11-56

8 在“选项”选项卡中勾选“图像”复选框，如图11-57所示。

9 在“镜头效果参数”卷展栏左侧的列表中选择Ring，单击 > 按钮，将其指定到右侧的列表中，并将该效果应用到场景，如图11-58所示。

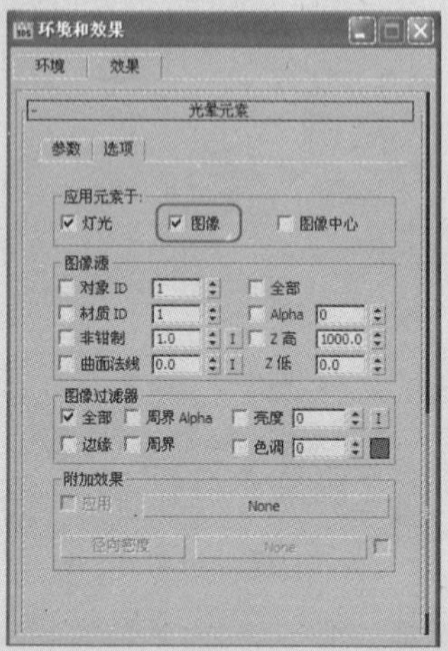

图11-57

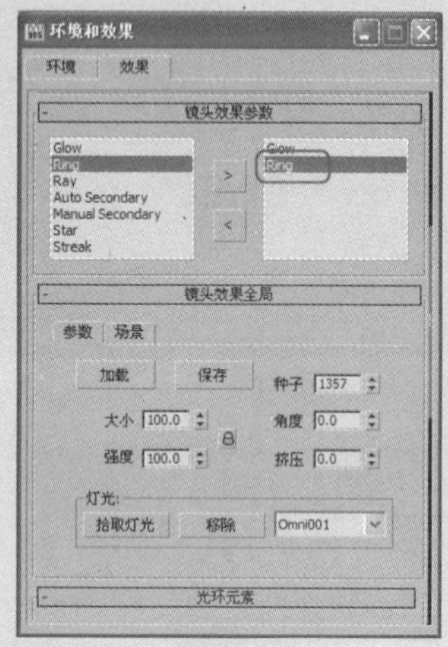

图11-58

10 渲染光环，效果如图11-59所示。

图11-59

11 在“光环元素”卷展栏中设置“大小”为30.0、“强度”为30.0、“厚度”为20.0；通过设置“径向颜色”来设置光环的颜色，这里可以根据环境设置浅黄和黄色，如图11-60所示。

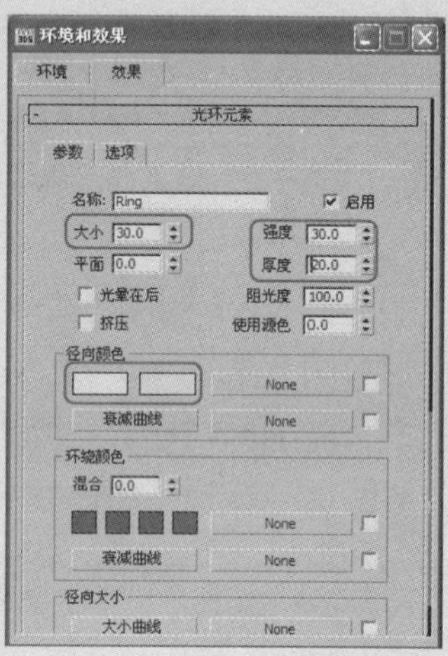

图11-60

12 选择“选项”选项卡，查看如图11-61所示的参数。

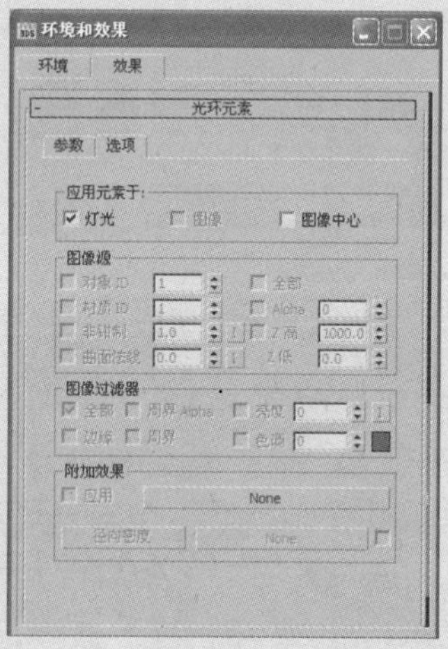

图11-61

13 在“镜头效果参数”卷展栏左侧的列表中选择Ray，单击 > 按钮，将其指定到右侧的列表中，并将该效果应用到场景，如图11-62所示。

14 渲染当前场景，效果如图11-63所示。

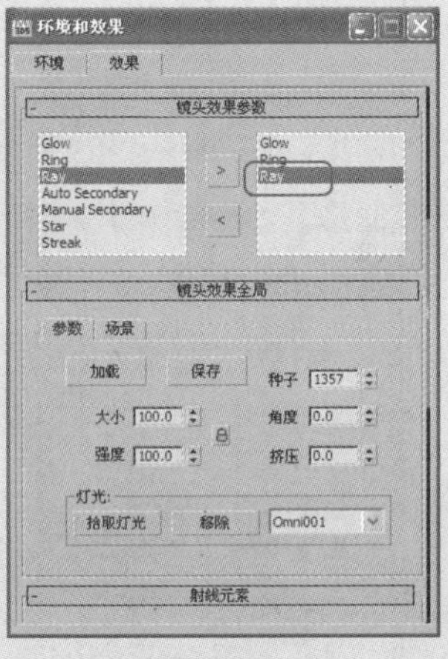

图11-62

图11-63

15 在“射线元素”卷展栏中设置“大小”为150.0，如图11-64所示。

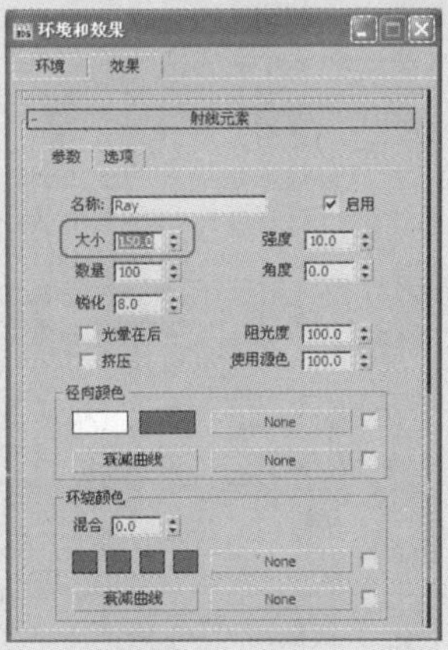

图11-64

16 在“镜头效果参数”卷展栏左侧的表中选择Auto Secondary，单击 > 按钮，将其指定到右侧的列表中，并将该效果应用到场景，如图11-65所示。

图11-65

17 渲染当前场景，效果如图11-66所示。

图11-66

18 在“自动二级光斑元素”卷展栏中设置“最小”为15.0，选择“边数”为“七”，如图11-67所示。

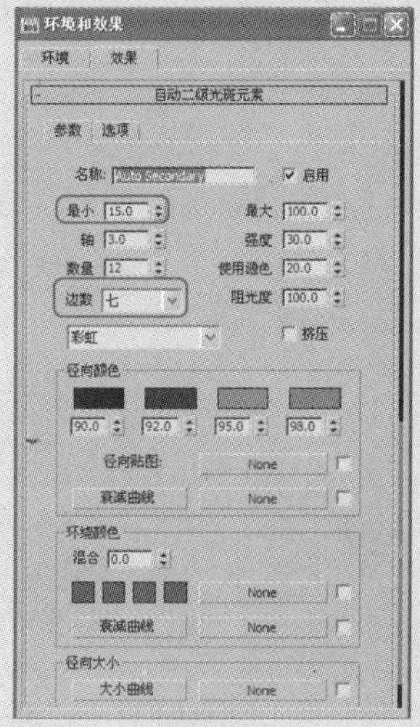

图11-67

19 这样圆形光斑变成了七角形光斑，如图11-68所示。

图11-68

20 在“镜头效果参数”卷展栏左侧的列表中选择Manual Secondary，单击 > 按钮，将其指定到右侧的列表中，并将该效果应用到场景，如图11-69所示。

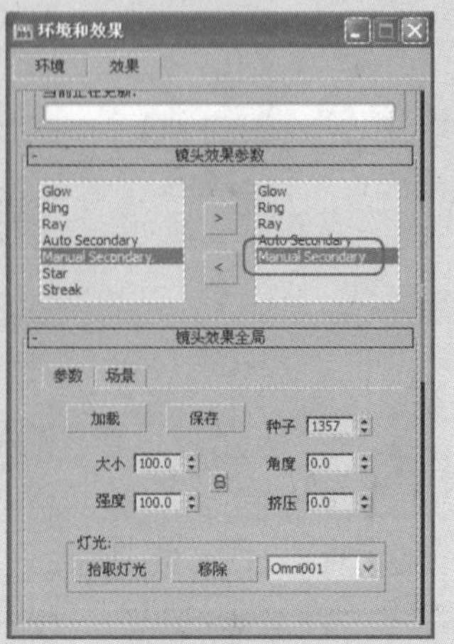

图11-69

21 渲染当前场景，效果如图11-70所示。

图11-70

22 在“手动二级光斑元素”卷展栏中设置“大小”为30.0，选择“边数”为“七”，如图11-71所示。

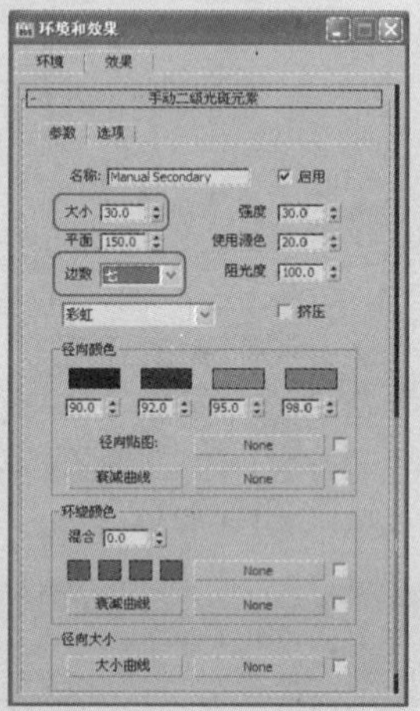

图11-71

注意 手动二级光斑是单独添加到镜头光斑中的附加二级光斑。这些二级光斑可以附加也可以取代自动二级光斑。

23 在“镜头效果参数”卷展栏左侧的列表中选择Star，单击 > 按钮，将其指定到右侧的列表中，并将该效果应用到场景，如图11-72所示。

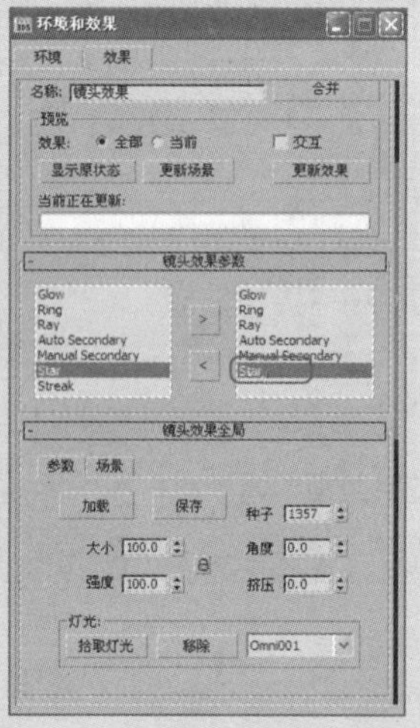

图11-72

24 渲染当前场景，效果如图11-73所示。

图11-73

25 在“星形元素”卷展栏中设置“大小”为40.0、“宽度’为3.0、”数量”为3.0，如图11-74所示。

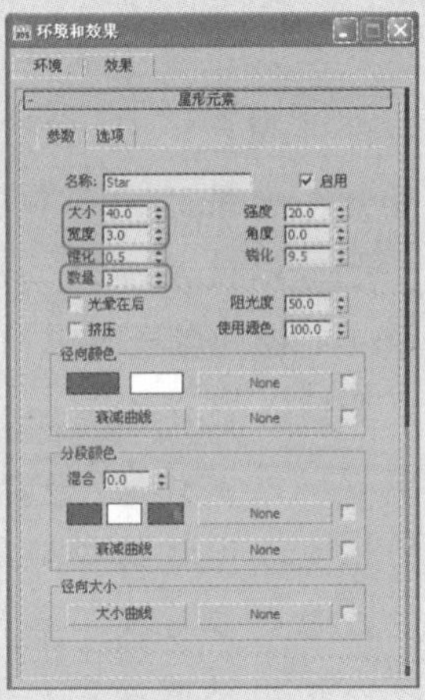

图11-74

26 设置星形元素的效果如图11-75所示。

图11-75

27 在“镜头效果参数”卷展栏左侧的列表中选择Streak，单击 > 按钮，将其指定到右侧的列表中，并将该效果应用到场景，如图11-76所示。

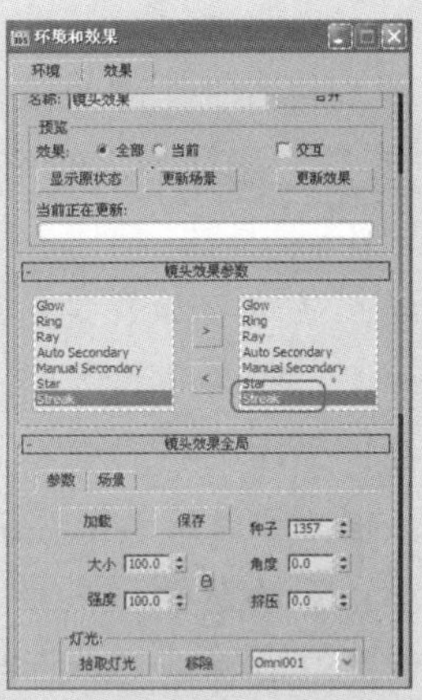

图11-76

28 显示“条纹元素“卷展栏，使用默认参数，如图11-77所示。

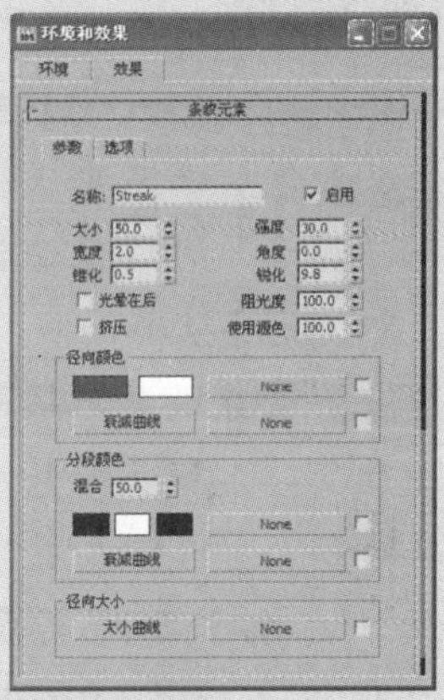

图11-77

注意 条纹是穿过源对象中心的条带。在实际使用摄影机时，使用失真镜头拍摄场景时会产生条纹。

29 完成的场景效果如图11-78所示。

图11-78

2. 选项介绍

（1）图11-76中“镜头效果全局”卷展栏中的“参数”选项卡中的选项的功能介绍如下。

- 加载：显示“加载镜头效果文件”对话框，可以用于打开LZV文件。
- 保存：显示“保存镜头效果文件”对话框，可以用于保存LZV文件。
- 大小：影响总体镜头效果的大小。此值是渲染帧的大小的百分比。
- 强度：控制镜头效果的总体亮度和不透明度。值越大，效果越亮，越不透明；值越小，效果越暗，越透明。
- 种子：为镜头效果中的随机数生成器提供不同的起点，创建略有不同的镜头效果，而不更改任何设置。使用“种子”可以保证镜头效果不同，即使差异很小。
- 角度：影响在效果与摄影机相对位置的改变时，镜头效果从默认位置旋转的量。
- 挤压：在水平方向或垂直方向挤压总体镜头效果的大小，以补偿不同的帧纵横比。正值在水平方向拉伸效果，而负值在垂直方向拉伸效果。
- “灯光”：可以选择要应用镜头效果的灯光。
- 拾取灯光：可以直接通过视口选择灯光。
- 移除：移除所选的灯光。

（2）图11-56中“光晕元素”卷展栏中的“参数”选项卡中的选项的功能介绍如下。

- 名称：显示效果的名称。
- 启用：激活时将效果应用于渲染图像。
- 大小：确定效果的大小。
- 强度：控制单个效果的总体亮度和不透明度。值越大，效果越亮，越不透明；值越小，效果越暗，越透明。
- 阻光度：确定场景阻光度参数对特定效果的影响程度。
- 使用源色：将应用效果的灯光或对象的源色与“径向颜色”或“环绕颜色”参数中设置的颜色或贴图混合。
- 光晕在后：提供可以在场景中的对象后面显示的效果。
- 挤压：确定是否将效果挤压。
- 径向颜色：设置影响效果的内部颜色和外部颜色。可以通过设置色样设置镜头效果的内部颜色和外部颜色。也可以使用渐变位图或细胞位图等确定径向颜色。
- 衰减曲线：显示对话框，在该对话框中可以设置径向颜色中使用的颜色的权重。通过操纵衰减曲线，可以使效果更多地使用颜色或贴图。也可以使用贴图确定在使用灯光作为镜头效果光源时的衰减。
- 环绕颜色：通过使用四种与效果的四个四分之一圆匹配的不同色样确定效果的颜色。也可以使用贴图确定环绕颜色。
- 混合：混合在“径向颜色”和“环绕颜色”中设置的颜色。
- 衰减曲线：显示对话框，在该对话框中可以设置环绕颜色中使用的颜色的权重。
- 径向大小：确定围绕特定镜头效果的径向大小。
- 大小曲线：单击该按钮，将显示“径向大小”对话框。使用该对话框可以在线上创建点，然后将这些点沿着图形移动，确定效果应放在灯光或对象周围的哪个位置。也可以使用贴图确定效果应放在哪个位置。使用复选框激活贴图。

（3）图11-57中“光晕元素”卷展栏中的“选项”选项卡中的选项的功能介绍如下。

- 灯光：将效果应用于“镜头效果全局”中拾取的灯光。
- 图像：将效果应用于使用“图像源”中设置的参数渲染的图像。
- 图像中心：应用于对象中心或对象中由图像过滤器确定的部分。
- 对象ID：将效果应用于场景中设置了G缓冲区的模型。
- 材质ID：将效果应用于场景中设置了材质ID的材质对象。
- 非钳制：超亮度颜色比纯白色(255,255,255) 要亮。
- 曲面法线：根据摄影机曲面法线的角度将镜头效果应用于对象的一部分。
- 全部：将镜头效果应用于整个场景，而不仅仅应用于几何体的特定部分。
- Alpha：将镜头效果应用于图像的Alpha通道。
- Z高、Z低：根据对象到摄影机的距离（Z缓冲区距离），高亮显示对象。高值为最大距离，低值为最小距离。这两个Z缓冲区距离之间的任何对象均将高亮显示。
- 图像过滤器：通过过滤“图像源”选择，可以控制镜头效果的应用方式。
- 全部：选择场景中的所有源像素并应用镜头效果。
- 边缘：选择边界上的所有源像素并应用镜头效果。沿着对象边界应用镜头效果，将在对象的内边和外边上生成柔化光晕。
- 周界Alpha：根据对象的Alpha通道，将镜头效果仅应用于对象的周界。如果勾选该复选框，则仅在对象的外围应用效果，而不会在内部生成任何斑点。
- 周界：根据边条件将镜头效果仅应用于对象的周界。
- 亮度：根据源对象的亮度值过滤源对象。效果仅应用于亮度高于微调器设置的对象。
- 色调：按色调过滤源对象。单击微调器旁边的色样可以选择色调。可以选择的色调值范围为从0到255。
- 附加效果：使用“附加效果”可以将噪波等贴图应用于镜头效果。单击“应用”复选框旁边的长按钮可以显示材质/贴图浏览器。
- 应用：激活时应用所选的贴图。
- 径向密度：确定希望应用其他效果的位置和程度。

（4）图11-60中“光环元素”卷展栏中的“参数”选项卡中的选项的功能介绍如下。

- 厚度：确定效果的厚度（像素数）。
- 平面：沿效果轴设置效果位置，该轴从效果中心延伸到屏幕中心。

（5）图11-64中“射线元素”卷展栏中的“参数”选项卡中的选项的功能介绍如下。

- 数量：指定镜头光斑中出现的总射线数。射线在半径附近随机分布。
- 锐化：指定射线的总体锐度。数值越大，生成的射线越鲜明、清洁和清晰；数值越小，产生的二级光晕越多。

- 角度：指定射线的角度。可以输入正值也可以输入负值，这样在设置动画时，射线可以绕着顺时针或逆时针方向旋转。

（6）图11-67中“自动二级光斑元素”卷展栏中的“参数”选项卡中的选项的功能介绍如下。

- 最小：控制当前集中二级光斑的最小值。
- 最大：控制当前集中二级光斑的最大值。
- 轴：定义自动二级光斑沿其进行分布的轴的总长度。
- 数量：控制当前光斑集中出现的二级光斑数。
- 边数：控制当前光斑集中二级光斑的形状。默认设置为圆形，但是可以从三面到八面二级光斑之间进行选择。
- 彩虹：在该下拉列表中选择光斑的径向颜色。
- 径向颜色：可以设置影响效果的内部颜色和外部颜色。可以通过设置色样设置镜头效果的内部颜色和外部颜色。每个色样有一个百分比微调器，用于确定颜色应在哪个点停止，下一个颜色应在哪个点开始。也可以使用渐变位图或细胞位图等确定径向颜色。

（7）图11-74中“星形元素”卷展栏中的“参数”选项卡中的选项的功能介绍如下。

- 锥化：控制星形的各辐射线的锥化。
- 数量：指定星形效果中的辐射线数。默认值为6。辐射线围绕光斑中心按照等距离点间隔。
- 分段颜色：“分段颜色”通过使用三种与效果的三个截面匹配的不同色样，确定效果的颜色。也可以使用贴图确定截面颜色。
- 混合：混合在“径向颜色”和“分段颜色”中设置的颜色。

11.4.3 模糊

使用“模糊”效果可以通过三种不同的方法使图像变模糊：“均匀型”、“方向型”和“放射型”。模糊效果根据“像素选择”面板中所作的选择应用于各个像素。可以使整个图像变模糊，使非背景场景元素变模糊，按亮度值使图像变模糊，或使用贴图遮罩使图像变模糊。模糊效果通过渲染对象或摄影机移动的幻影提高动画的真实感。如图11-79所示为添加中等模糊效果前后的对比效果。

图11-79

（1）“模糊参数”卷展栏中的“模糊类型”选项卡如图11-80所示，其中的选项的功能介绍如下。

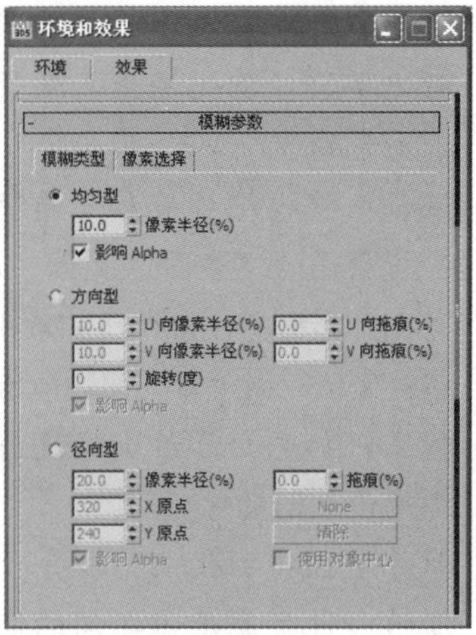

图11-80

- 均匀型：将模糊效果均匀应用于整个渲染图像。
- 像素半径（%）：确定模糊效果的强度。如果增大该值，将增大每个像素计算模糊效果时将使用的周围像素数。像素越多，图像越模糊。
- 影响Alpha：启用时，将均匀型模糊效果应用于Alpha 通道。
- 方向型：按照“方向型”参数指定的任意方向应用模糊效果，如图11-81所示。

图11-81

- U向像素半径（%）：确定模糊效果的水平强度。
- U向拖痕（%）：通过为U 轴的某一侧分配更大的模糊权重，为模糊效果添加方向。此设置将添加条纹效果，创建对象或摄影机正在沿着特定方向快速移动的幻影。
- V向像素半径（%）：确定模糊效果的垂直强度。
- V向拖痕（%）：通过为V 轴的某一侧分配更大的模糊权重，为模糊效果添加方向。此设置将添加条纹效果，创建对象或摄影机正在沿着特定方向快速移动的幻影。
- 旋转(度)：旋转将通过“U向像素半径（%）”和“V向像素半径（%）”微调器应用模糊效果的 U 向像素和 V 向像素的轴。“U向像素半径（%）”和“V向像素半径（%）”微调器配合使用，可以将模糊效果应用于渲染图像中的任意方向。
- 影响Alpha：启用时，将方向型模糊效果应用于Alpha通道。
- 径向型：径向应用模糊效果，如图11-82所示。

图11-82

- 像素半径(%)：确定半径模糊效果的强度。如果增大该值，将增大每个像素计算模糊效果时将使用的周围像素数。像素越多，图像越模糊。
- X原点、Y原点：以像素为单位，关于渲染输出的尺寸指定模糊的中心。
- 拖痕（%）：通过为模糊效果的中心分配更大或更小的模糊权重为模糊

效果添加方向。此设置将添加条纹效果，创建对象或摄影机正在沿着特定方向快速移动的幻影。

- None：可以指定其中心作为模糊效果中心的对象。
- 清除：从“None”按钮中移除对象名称。
- 影响Alpha：启用时，将放射型模糊效果应用于Alpha通道。
- 使用对象中心：勾选该复选框后，None按钮指定对象（工具提示：拾取要作为中心的对象）作为模糊效果的中心。如果没有指定对象并且勾选该复选框，则不向渲染图像添加模糊。

（2）“模糊参数”卷展栏中的“像素选择”选项卡如图11-83所示，其中的选项的功能介绍如下。

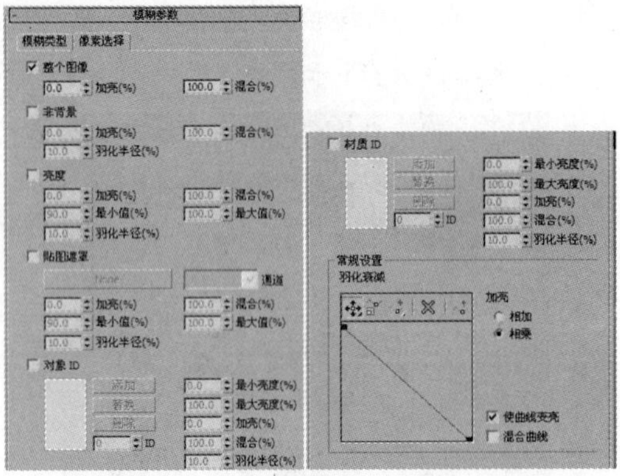

图11-83

- 整个图像：选中时，模糊效果将影响整个渲染图像。
- 加亮：加亮整个图像。
- 混合：将模糊效果和“整个图像”参数与原始的渲染图像混合。可以使用此选项创建柔化焦点效果。
- 非背景：选中时，将影响除背景图像或动画以外的所有元素。
- 加亮：加亮除背景图像或动画以外的渲染图像。
- 羽化半径：羽化应用于场景的非背景元素的模糊效果。
- 混合：将模糊效果和“非背景”参数与原始的渲染图像混合。
- 亮度：影响亮度值介于“最小值”和“最大值”微调器之间的所有像素。
- 加亮：加亮介于最小亮度值和最大亮度值之间的像素。
- 羽化半径：羽化应用于介于最小亮度值和最大亮度值之间的像素的模糊效果。如果使用“亮度”作为“像素选择”，模糊效果可能会产生清晰的边界。使用微调器羽化模糊效果，消除效果的清晰边界。
- 混合：将模糊效果和“亮度”参数与原始的渲染图像混合。
- 贴图遮罩：根据通过“材质/贴图浏览器”选择的通道和应用的遮罩应用模糊效果。选择遮罩后，必须从“通道”下拉列表中选择通道。然后，模糊效果根据“最小值”和“最大值”微调器中设置的值检查遮罩和通道。遮罩中属于所选通道并且介于最小值和最大值之间的像素将应用模糊效果。如果要使场景的所选部分变模糊，例如，通过结霜的窗户看到的冬天的早晨，可以使用此选项。
- 通道：选择将应用模糊效果的通道。选择了特定通道后，使用最小和最大微调器可以确定遮罩像素要应用效果必须具有的值。
- 亮度：加亮图像中应用模糊效果的部分。
- 混合：将贴图遮罩模糊效果与原始的渲染图像混合。

- 最小值：像素要应用模糊效果必须具有的最小值（RGB、Alpha 或亮度）。
- 最大值：像素要应用模糊效果必须具有的最大值（RGB、Alpha 或亮度）。
- 羽化半径：羽化应用于介于最小通道值和最大通道值之间的像素的模糊效果。
- 对象ID：如果具有特定对象ID（在G 缓冲区中）的对象与过滤器设置匹配，会将模糊效果应用于该对象或其中部分。
- 添加：添加对象ID号。
- 替换：在ID中输入ID号，在列表中选择ID，单击该按钮替换。
- 删除：选择ID号，单击该按钮删除ID。
- ID：输入ID号。
- 最小亮度：像素要应用模糊效果必须具有的最小亮度值。
- 最大亮度：像素要应用模糊效果必须具有的最大亮度值。
- 加亮：加亮图像中应用模糊效果的部分。
- 混合：将对象ID模糊效果与原始的渲染图像混合。
- 羽化半径：羽化应用于介于最小亮度值和最大亮度值之间的像素的模糊效果。
- 材质ID：如果具有特定材质ID通道的材质与过滤器设置匹配，将模糊效果应用于该材质或其中部分。
- 最小亮度：像素要应用模糊效果必须具有的最小亮度值。
- 最大亮度：像素要应用模糊效果必须具有的最大亮度值。
- 加亮：加亮图像中应用模糊效果的部分。
- 混合：将材质模糊效果与原始的渲染图像混合。
- 羽化半径：羽化应用于介于最小亮度值和最大亮度值之间的像素的模糊效果。
- 羽化衰减：使用“羽化衰减”曲线可以确定基于图形的模糊效果的羽化衰减。可以向图形中添加点创建衰减曲线，然后调整这些点中的插值。
- 加亮：使用这些单选按钮可以选择“相加”或“相乘”加亮。相加加亮比相乘加亮更亮、更明显。如果将模糊效果光晕效果组合使用，可以使用相加加亮。相乘加亮为模糊效果提供柔化高光效果。
- 使曲线变亮：用于在“羽化衰减”曲线图中编辑加亮曲线。
- 混合曲线：用于在“羽化衰减“曲线图中编辑混合曲线。

11.4.4 亮度和对比度

使用“亮度和对比度”可以调整图像的亮度和对比度。此可以用于将渲染场景对象与背景图像或动画进行匹配。如图11-84所示为使用亮度和对比度的前后对比效果。

图11-84

“亮度和对比度参数”卷展栏如图11-85所示，其中的选项的功能介绍如下。

- 亮度：增加或减少所有色元（红色、绿色和蓝色）。

- 对比度：压缩或扩展最大黑色和最大白色之间的范围。
- 忽略背景：将效果应用于3ds Max场景中除背景以外的所有元素。

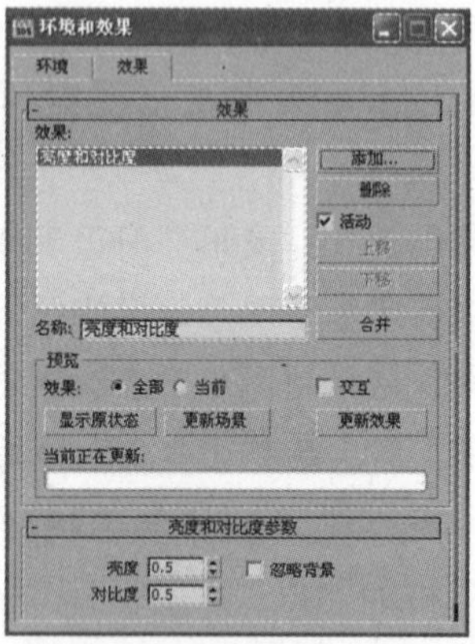

图11-85

11.4.5 色彩平衡

使用“色彩平衡”可以通过独立控制RGB通道操纵相加/相减颜色。如图11-86所示为使用“色彩平衡”的前后对比效果。

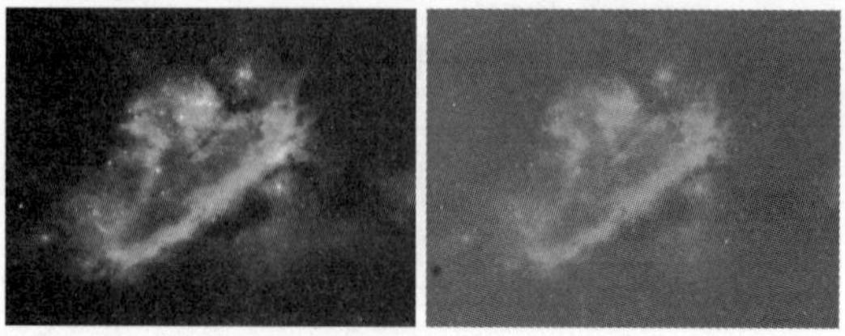

图11-86

“色彩平衡参数”卷展栏如图11-87所示，其中的选项功能介绍如下。

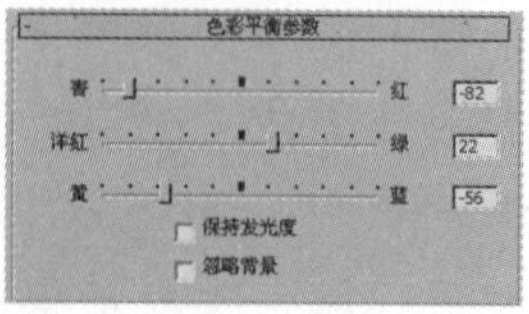

图11-87

- 青\红：调整红色通道。
- 洋红\绿：调整绿色通道。
- 黄\蓝：调整蓝色通道。
- 保持发光度：勾选该复选框后，在修正颜色的同时保留图像的发光度。
- 忽略背景：勾选该复选框后，可以在修正图像模型时不影响背景。

11.4.6 景深

“景深”效果模拟在通过摄影机镜头观看时，前景和背景的场景元素的自然模糊。景深的工作原理是：将场景沿z轴次序分为前景、背景和焦点图像。然后根据在景深效果参数中设置的值使前景和背景图像模糊，最终的图像由经过处理的原始图像合成。具体效果如图11-88所示。

图11-88

1. 实例操作084—— 设置景深效果

场景文件	场景\Cha11\牵牛花.max	视频教学	视频教学\Cha11\牵牛花.avi
案例文件	场景\Cha11\牵牛花ok.max		
视频长度	1分28秒	难易指数	★★☆☆☆

1 打开光盘中的“场景\Cha11\牵牛花.max”文件，如图11-89所示。

2 渲染打开的场景，得到如图11-90所示的效果。

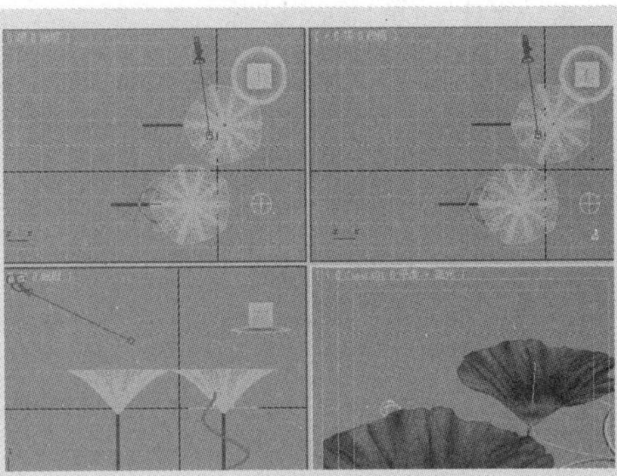

图11-89

图11-90

3 按8键打开“环境和效果”对话框，在“效果”选项卡中单击“添加”按钮，在弹出的对话框中选择“景深”效果，如图11-91所示。

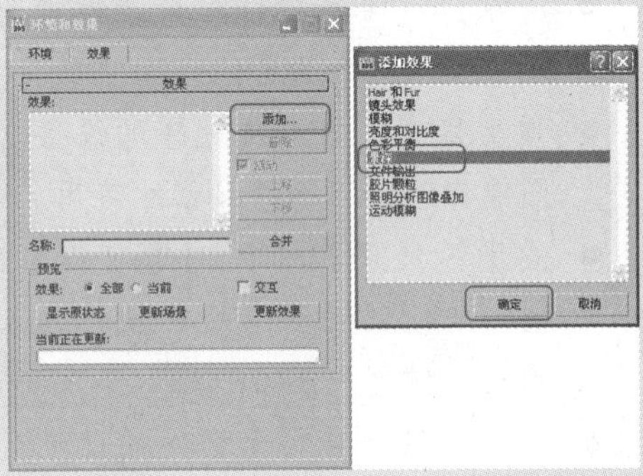

图11-91

4 在“景深参数”卷展栏中单击“拾取摄影机”按钮，在场景中拾取摄影机镜头；在“焦点”选项组中单击“拾取节点”按钮，在场景中拾取摄影机节点，设置如图11-92所示选项。

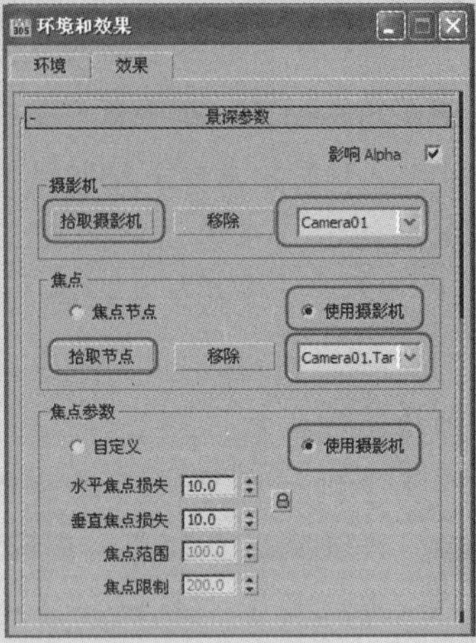

图11-92

5 渲染场景得到如图11-93所示的效果。

图11-93

2. 选项介绍

“景深参数”卷展栏中的选项的功能介绍如下。

- 影响Alpha：启用时，影响最终渲染的Alpha通道。
- 拾取摄影机：可以从视口中交互选择要应用景深效果的摄影机。
- 移除：删除下拉列表中当前所选的摄影机。
- 焦点节点：单击该单选按钮，使用拾取的节点对象进行模糊。
- 拾取节点：可以选择要作为焦点节点使用的对象。
- 移除：移除选作焦点节点的对象。

- 自定义：使用“焦点参数”选项组中设置的值确定景深效果的属性。
- 使用摄影机：使用在摄影机选择列表中高亮显示的摄影机值确定焦点范围、限制和模糊效果。
- 水平焦点损失：在单击“自定义”按钮时，确定沿着水平轴的模糊程度。
- 垂直焦点损失：在单击“自定义”按钮时，确定沿着垂直轴的模糊程度。
- 焦点范围：在单击“自定义”按钮时，设置到焦点任意一侧的z向距离（以单位计），在该距离内图像将仍然保持聚焦。
- 焦点限制：在单击“自定义”按钮时，设置到焦点任意一侧的z向距离（以单位计），在该距离内模糊效果将达到其由聚焦损失微调器指定的最大值。

11.4.7 文件输出

通过它可以输出各种格式的图像项目。在应用其他效果前将当前中间时段的渲染效果以指定的文件进行输出，类似于渲染中的一个快照，这个功能和直接渲染输出的文件输出功能是相同的，支持相同类型的文件格式。

“文件输出参数”卷展栏如图11-94所示中的选项功介绍如下，

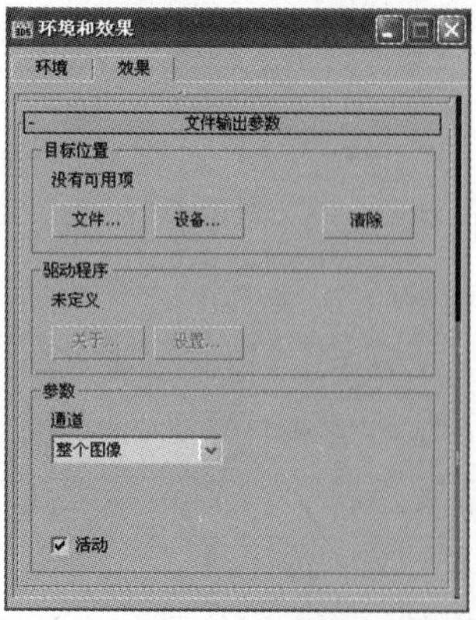

图11-94

- 文件：单击该按钮，打开一个对话框，可以将渲染的图像或动画保存到磁盘上。
  - ◆ AVI 文件（AVI）。
  - ◆ 位图图像文件（BMP）。
  - ◆ Encapsulated PostScript 格式（EPS、PS）。
  - ◆ JPEG 文件（JPG）。
  - ◆ Kodak Cineon（CIN）。
  - ◆ MOV QuickTime 文件（MOV）。
  - ◆ PNG 图像文件（PNG）。
  - ◆ RLA 图像文件（RLA）。
  - ◆ RPF 图像文件（RPF）。
  - ◆ SGI 图像文件格式（RGB）。
  - ◆ Targa 图像文件（TGA、VDA、ICB、UST）。
  - ◆ TIF 图像文件（TIF）。
- 设备：单击该按钮，打开一个对话框，以便将渲染的输出发送到录影机等设备。
- 清除：清除目标位置分组框中所选的任何文件或设备。
- 驱动程序：只有将选择的设备用作图像源时，下面的按钮才可用。
- 关于：提供用于使图像可以在3ds Max中处理的图像处理软件的来源的有关信息。
- 设置：显示特定于插件的设置对话框。某些插件可能不使用此按钮。
- 通道：选择要保存或发送回渲染效果堆栈的通道。

11.4.8 胶片颗粒

“胶片颗粒”用于在渲染场景中重新创建胶片颗粒的效果。使用“胶片颗粒”还可以将作为背景使用的源材质中（例如，AVI）的胶片颗粒与在3ds Max中创建的渲染场景匹配。应用胶片颗粒时，将自动随机创建移动帧的效果。如图11-95所示为“胶片颗粒”效果。

图11-95

“胶片颗粒参数”卷展栏如图11-96所示，其中的选项的功能介绍如下。

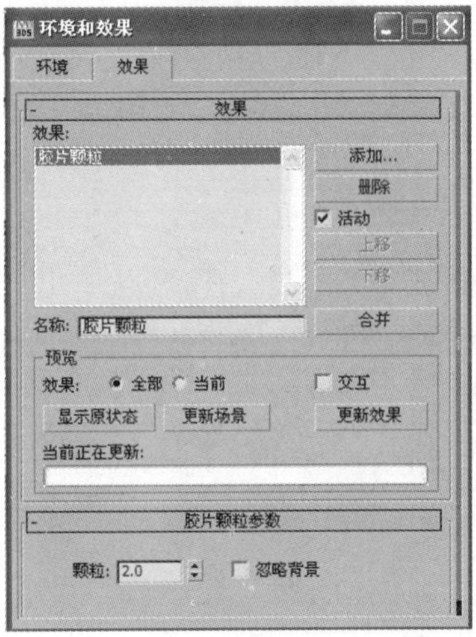

图11-96

- 颗粒：设置添加到图像中的颗粒数。
- 忽略背景：屏蔽背景，使颗粒仅应用于场景中的几何体和效果。如果使用胶片（已包含颗粒）作为背景图像，则勾选该复选框。

11.4.9 运动模糊

“运动模糊”通过使移动的对象或整个场景变模糊，将图像运动模糊应用于渲染场景，如图11-97所示。运动模糊可以通过模拟实际摄影机的工作方式，增强渲染动画的真实感。摄影机有快门速度，如果场景中的物体或摄影机本身在快门打开时发生了明显移动，胶片上的图像将变模糊。

图11-97

“运动模糊参数”卷展栏如图11-98所示，其中的选项的功介绍如下。

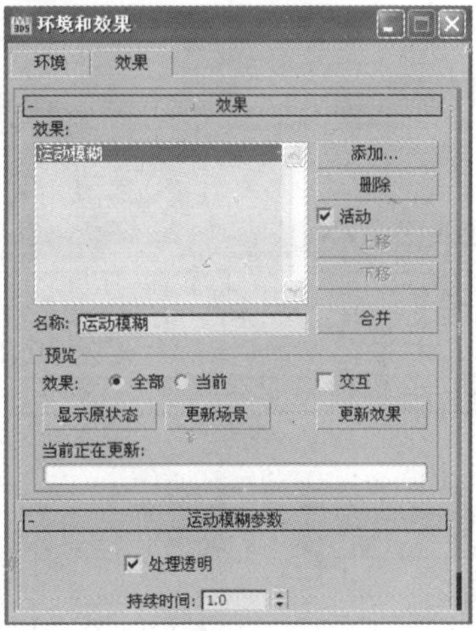

图11-98

- “运动模糊参数”卷展栏如图11-98所示，其中的选项的功介绍如下。
- 处理透明：启用时，运动模糊效果会应用于透明对象后面的对象。禁用时，透明对象后面的对象不会应用运动模糊效果。取消勾选该复选框可以加快渲染速度。默认设置为勾选。
- 持续时间：该值越大，运动模糊效果越明显。

11.5 综合演练——从林里的烟雾

场景文件	场景\Cha11\丛林里的烟雾.max	视频教学	视频教学\Cha11\丛林里的烟雾.avi
案例文件	场景\Cha11\丛林里的烟雾ok.max		
视频长度	1分58秒	难易指数	★★☆☆☆

下面介绍使用体积雾制作丛林的烟雾效果，完成的效果如图11-99所示。

图11-99

1 首先打开场景文件“光盘\cha11\丛林里的烟雾.max”文件，如图11-100所示。

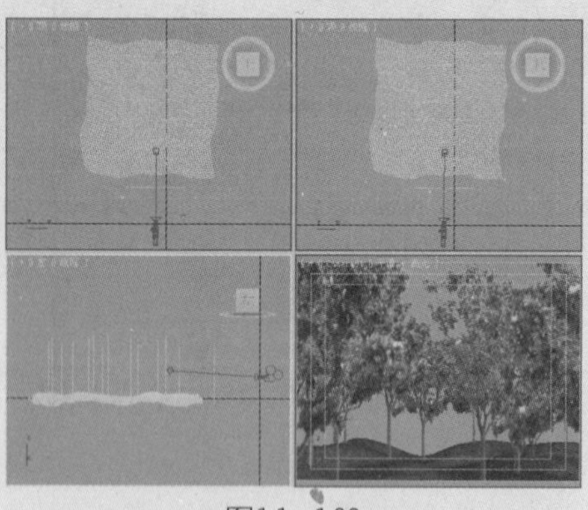

图11-100

2 渲染场景得到如图11-101所示的效果。

图11-101

3 在“顶”视图中创建球体Gizmo，设置合适的参数大小即可，如图11-102所示。

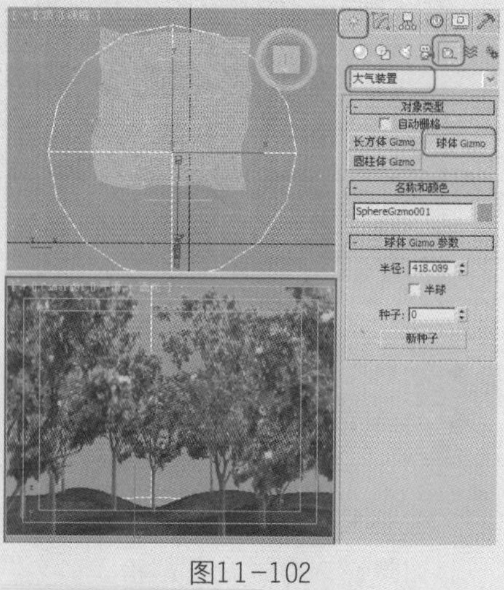

图11-102

4 按8键打开“环境和效果”对话框，在“大气”卷展栏中单击“添加”按钮，在弹出的对话框中选择“体积雾”效果，如图11-103所示。

5 在“体积雾参数”卷展栏中单击“拾取Gizmo”按钮，在场景中拾取球体Gizmo，设置体积雾的参数如图11-104所示。

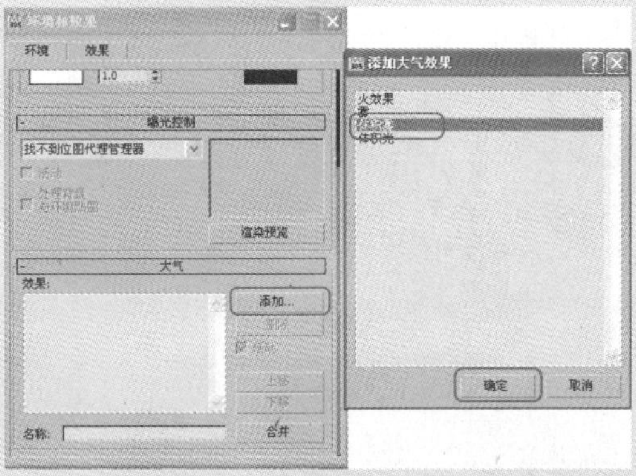

图11-103

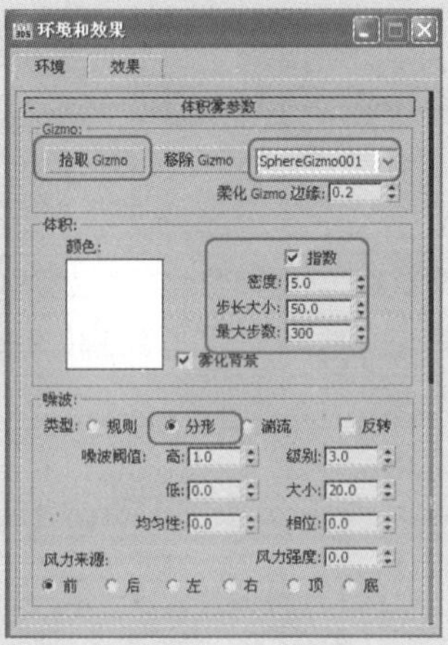

图11-104

6 渲染场景得到如图11-105所示的效果。

图11-105

7 在场景中缩放球体Gizmo，如图11-106所示。

8 渲染场景得到如图11-107所示的效果。

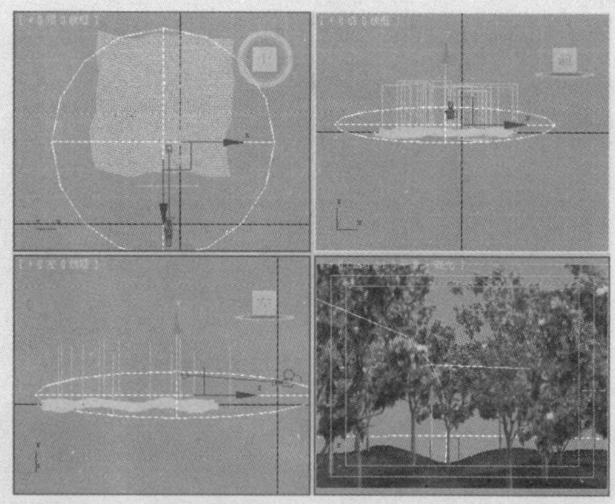

图11-106

图11-107

9 选择“效果”选项卡，在“效果”卷展栏中单击“添加”按钮，在弹出的对话框中选择“亮度和对比度”命令， 在“亮度和对比度参数”卷展栏中设置亮度和对比度参数如图11-108所示。

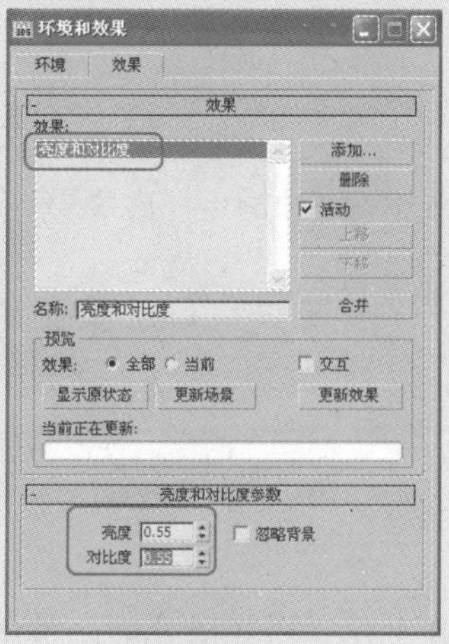

图11-108

10 渲染场景得到如图11-109所示。

图11-109

11.6 课后练习——爆炸效果

案例文件	场景\Cha11\爆炸效果.max	视频教学	视频教学\Cha11\爆炸效果.avi
视频长度	1分19秒	难易指数	★★☆☆☆

下面介绍使用球体Gizmo，并为球体Gizmo指定“火效果”来制作爆炸效果，如图11-110所示。

图11-110

1 首先在场景中创建球体Gizmo。

2 为球体Gizmo指定“火效果”。

3 设置火效果的爆炸。

11.7 本章小结

本章主要介绍环境效果面板中的各种大气和效果的应用，以及应用到的一些辅助对象。通过对本章的学习读者可以学会如何使用环境和效果面板制作各种大气和特效。

第12章 后期合成

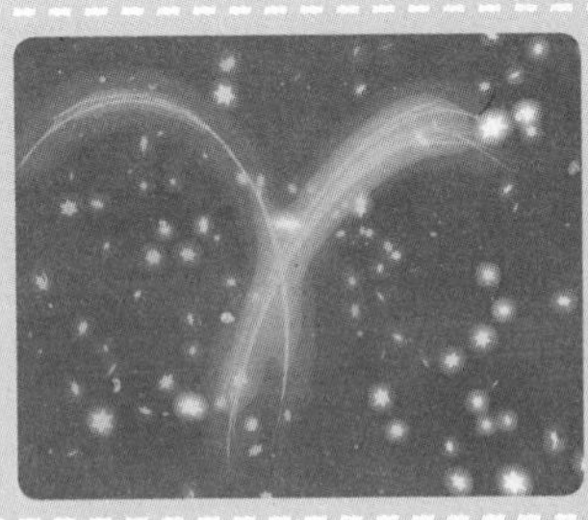

视频后期制作是指场景在做完渲染后要进行的工作。利用Video Post可以进行各种图像和动画的合成工作，以及对场景应用各种特殊的效果，如发光和高光效果、过渡效果等。本章主要介绍Video Post的主要使用方法。

Video Post是3ds Max中的一个重要组成部分，它相当于一个视频后期处理软件，类似享有盛誉的Adobe公司的Premiere视频合成软件。

12.1 Video Post

Video Post可以将不同的图像、效果以及图像过滤器和当前的动画场景结合起来，它的主要功能包括以下两个方面。

- 将动画、文字图像、场景等合成在一起，对动态影像进行非线性编辑，分段组合已达到剪辑影片的作用。
- 对场景添加效果处理功能，例如，对画面进行发光处理，在两个场景衔接时做淡入淡出处理。

所谓动画合成，就是指把几幅不同的动画场景合成为一幅场景的处理过程。每一个合成元素等包括在一个单独的事件中，而这些事件排列在一个列队中，并且按照排列的先后顺序被处理。这些列队中可以包括一些循环事件。

在菜单栏中选择“渲染 | Video Post”命令，打开“Video Post”界面，如图12-1所示。

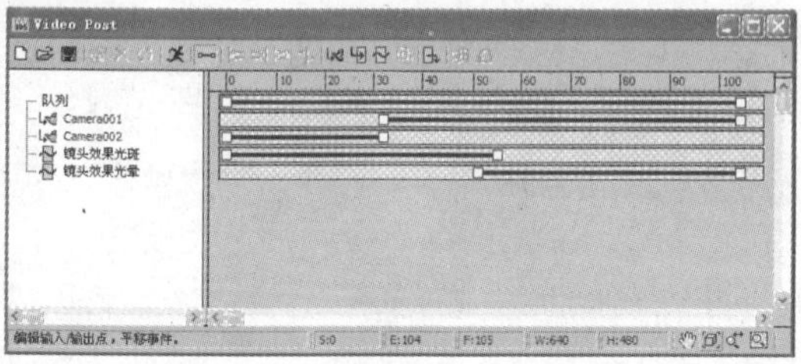

图12-1

“Video Post”对话框和“轨迹视图”对话框在许多方面类似，左侧的序列中的每一个事件都对应着一条深色的范围线，这些范围线可以拖动两端的小方块来编辑。“Video Post”界面包括序列窗口、编辑窗口、信息栏和显示控制工具。

12.1.1 序列窗口和编辑窗口

在工具栏最下方是Video Post的主要工作区域：序列窗口和编辑窗口。

1. 序列窗口

Video Post对话框左侧区域为序列窗口，窗口中以分支树的形式列出了后期处理序列中包括的所有事件，如图12-2所示。这些事件按照被处理的先后序列排列，背景图像应该放在最上层。可以调整某一事件的先后次序，只需要将该事件拖放到新的位置即可。也可以在事件之间分层，与轨迹视图中项目分层的概念是一样的。

图12-2

在按住Ctrl键的时候单击事件的名称可以同时选中多个事件，或者先选中某个事件，然后按住Shift键再单击另一个事件，则两个事件之间的所有事件被选中。双击某个事件可以打开它的参数控制面板进行参数设置。

2. 编辑窗口

Video Post对话框右侧区域为编辑窗口，以深蓝色的范围线表示事件作用的时间段。选中某个事件以后，编辑窗口中对应的范围线会变成红色，如图12-3所示。选中多条范围线可以进行各种对齐操作，双击某个事件对应的范围线可以直接打开参数控制面板进行参数设置，如图12-4所示。

范围线两端的方块标志该事件的最初一帧和最后一帧，拖动两端的方块可以放大或缩小事件作用的时间范围，拖动两方块之间的部分则可以整体移动范围线。如果范围线超出了给定的动画帧数，系统会自动添加一些附加帧。

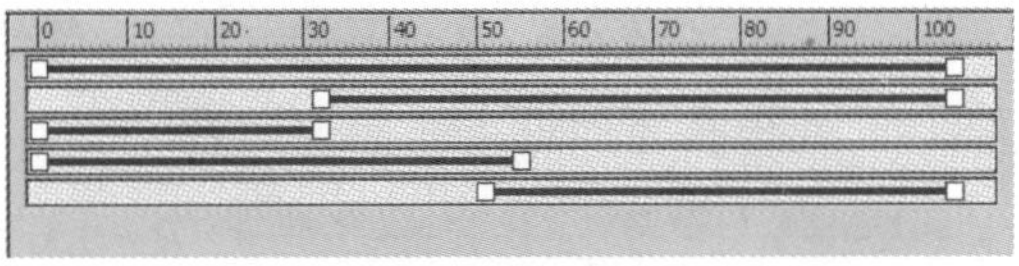

图12-3

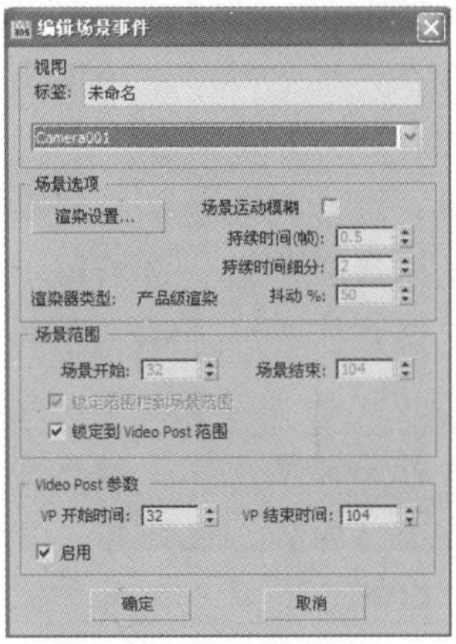

图12-4

12.1.2 工具栏和信息栏

1. 工具栏

Video Post的工具栏在Video Post对话框的上部。工具栏由不同的功能按钮组成，主要用于编辑图像和动画场景事件，如图12-5所示。

Video Post工具栏中的各工具功能的介绍如下。

- （新建序列）：创建一个新的序列，同时将当前所有序列设置删除，实际上相当于一个删除全部序列的命令。
- （打开序列）：打开一个Video Post的Vpx标准格式文件，当保存的序列被打开以后，当前的所有事件被删除。
- （保存序列）：将当前的Video Post中的序列保存设置为Vpx标准格式文件，以便于将来用于其他场景。
- （编辑当前事件）：如果在序列窗口中有可编辑事件，该按钮变成可选择状态，单击它可以打开对话框以编辑事件参数。
- （删除当前事件）：将当前选择的事件删除。
- （交换事件）：当两个相邻的事件一同被选择时，它成为活动状态，可以将两个事件的前后次序交换。
- （执行序列）：对当前Video Post的序列进行输出渲染前的最后设置。将弹出一个参数设置面板，与“轨迹视图”的设置参数几乎完全相同，但它们是各自独立的，不会产生相互影响。
- （编辑范围条）：Video Post中的基本编辑工具对序列窗口和编辑窗口都有效。
- （当前选择左对齐）：将多个选择的事件范围线左侧对齐。在对齐时间的选择顺序上有严格要求，要对齐的目标范围线（即本身不变动的范围线）最后一个必须被选择，它的两个棒端以红色方块显示，而其他则没有红色的填充方块，这就表明白色方块要向红方块对齐。可以同时选择多个事件，同时对齐到一个事件上。
- （当前选择右对齐）：将多个选择的事件方位线右对齐，与左对齐按钮的使用方法相同。

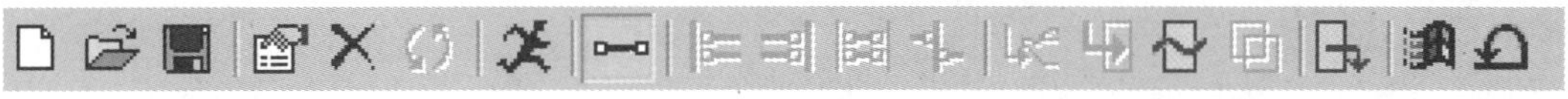

图12-5

- （当前选择长度对齐）：将多个选择的时间范围线长度与最后一个选择的范围线长度对齐，使用方法与左对齐按钮相同。
- （当前选择对接）：根据按钮图像所示效果进行范围线的对接操作。该操作不考虑选择的先后顺序，可以快速地将几段影片连接起来。
- （添加场景事件）：用于添加新的场景，并可以从当前使用的集标准视图中选择，可以使用多台摄影机在不同的角度拍摄场景，通过Video Post将它们以时间段组合在一起，编辑成一段连续切换镜头的影片。
- （添加图像输出事件）：通过它可以加入各种格式的图像事件，将它们通过合成控制叠加连接在一起。
- （添加图像过滤事件）：使用3ds Max提供的多种过滤器对已有的图像添加图像效果进行特殊处理。
- （添加图像层次事件）：专门的视频编辑工具，用于两个子级事件以某种特殊方式与父级事件合成在一起，能合成输入图像和输入场景事件，也可以合成图层事件，产生嵌套的层级。将两个图像或场景合成在一起，利用Alpha通道控制透明度，产生一个新的合成图像，或将两段影片连接在一起，做淡入淡出等效果。
- （添加图像输出事件）：与图像输入事件用法相同，但是支持的图像格式较少，可以将最后的合成结果保存为图像文件。
- （添加外部图像处理事件）：为当前事件加入一个外部处理软件，如Photoshop，打开外部程序，将保存在系统剪贴板中的图像粘贴为新文件，在Photoshop中对它进行编辑，最后再复制粘贴到剪贴板中。关闭该程序后，剪贴板上加工过的图像会自动回到3ds Max中。
- （添加循环事件）：对指定事件进行循环处理，可对所有类型的事件进行操作，包括其自身。加入循环事件后会产生一个层级，子事件为原事件，父事件为循环事件。

2. 状态栏

Video Post的底部是状态栏，如图12-6所示，它包括提示行、事件值域和一些视图工具按钮。

状态栏中的各工具命令的功能介绍如下。

- S：显示当前选择项目的起始帧。
- E：显示当前选择项目的结束帧。
- F：显示当前选择项目的总帧数。
- W\H：显示当前序列最后输出图像的尺寸，单位为“像素”。
- （平移）：用于上下左右移动编辑窗口。
- （最大化显示）：以左右宽度为准将编辑窗口中全部内容最大化显示，使它们都出现在屏幕上。
- （放大时间）：用于缩放时间。
- （区域放大）：用于放大编辑窗口中的某个区域到满窗口显示。

图12-6

12.2 添加图像过滤事件

过滤器事件可提供图像和场景的图像处理。本节的主题介绍了 Video Post 中可用的过滤器事件。

12.2.1 对比度

可以使用“对比度”过滤器调整图像的对比度和亮度。

在Video Post的主工具栏中单击“（添加图像过滤事件）”按钮，弹出“添加图像过滤事件”对话框，在“过滤器插件”选项组中的列表中选择“对比度”过滤器，单击“设置”按钮，弹出“图像对比度控制”对话框，从中设置参数如图12-7所示。

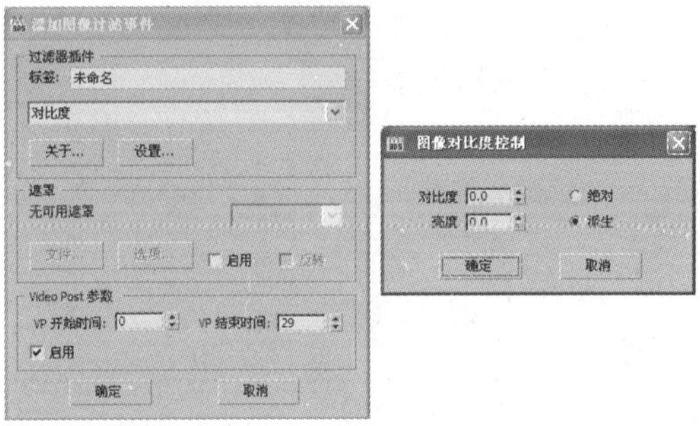

图12-7

“图像对比度控制”对话框中的各选项命令的功能介绍如下。

- 对比度：将微调器设置在0和1.0之间。这将通过创建16 位查找表来压缩或扩展最大黑色度和最大白色度之间的范围，此表用于图像中任一指定灰度值。灰度值的计算取决于选择“绝对”还是“派生”。
- 亮度：将微调器设置在0和1.0之间。这将增加或减少所有颜色分量（红、绿和蓝）。
- 绝对、派生：确定“对比度”的灰度值计算。“绝对”使用任一颜色分量的最高值；“派生”使用三种颜色分量的平均值。

12.2.2 衰减

“衰减”过滤器随时间淡入或淡出图像。淡入淡出的速率取决于淡入淡出过滤器时间范围的长度。

在Video Post的主工具栏中单击“（添加图像过滤事件）”按钮，在弹出的“添加图像过滤事件”对话框的“过滤器插件”选项组中的列表中选择“衰减”过滤器，单击“设置”按钮，弹出“衰减图像控制”对话框，从中设置参数如图12-8所示。

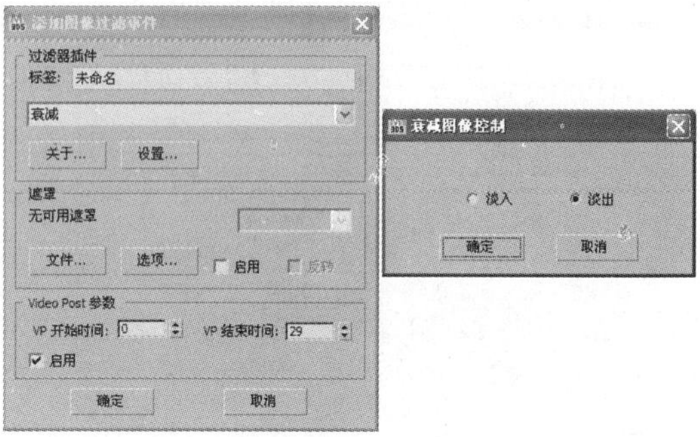

图12-8

“衰减图像控制”对话框中的各选项命令的功能介绍如下。

- 淡入：设置淡入图像。
- 淡出：设置淡出图像。

12.2.3 图像Alpha

“图像Alpha”过滤器用过滤遮罩指定的通道替换图像的 Alpha 通道。

此过滤器采用“遮罩”（包括G缓冲区通道数据）下通道选项中所选定的任一通

道，并将其应用到此队列的Alpha通道，从而替换此处的内容，如图12-9所示。

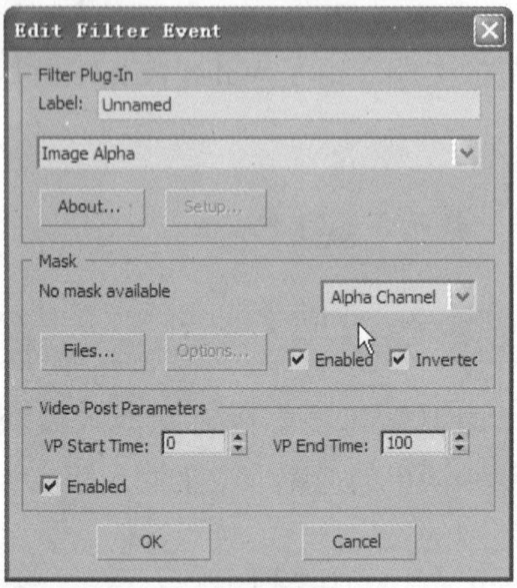

图12-9

12.2.4 镜头效果光斑

“镜头效果光斑”对话框用于将镜头光斑效果作为后期处理添加到渲染中。通常对场景中的灯光应用光斑效果，随后对象周围会产生镜头光斑。可以在“镜头效果光斑”对话框中控制镜头光斑的各个方面。具体效果表现如图12-10所示。

图12-10

1. 实例操作085——太阳光斑

案例文件	场景\Cha12\太阳光斑.max	视频教学	视频教学\Cha12\太阳光斑.avi
视频长度	3分	难易指数	★★☆☆☆

1 按8键打开“环境和效果”对话框，指定一个“背景”贴图，如图12-11所示。

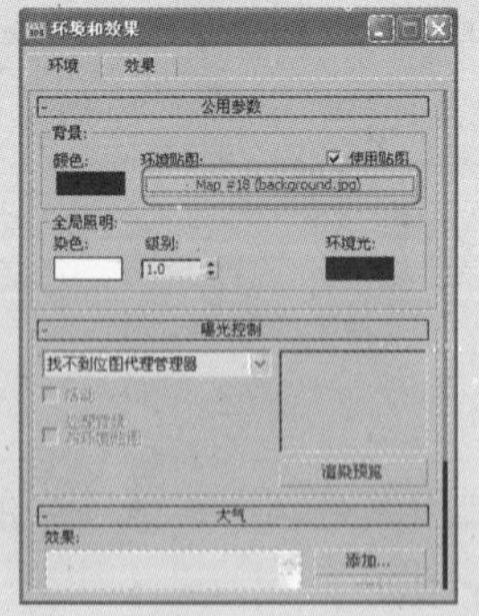

图12-11

2 激活“透视”图，按Alt+B键，在弹出的对话框中勾选“使用环境背景”和“显示背景”复选框，如图12-12所示。

3 单击“（创建）|（灯光）|标准|泛光灯”按钮，在场景中创建灯光，在“透视”图中调整灯光的位置如图12-13所示，按Ctrl+C键创建摄影机。

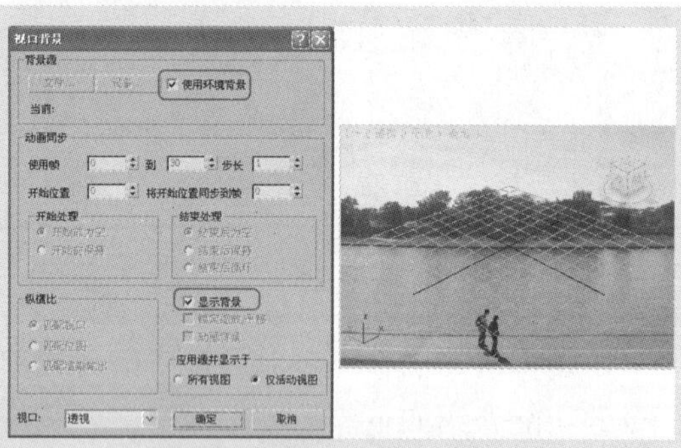

图12-12

图12-13

4 在菜单栏中选择“渲染|Video Post”命令，打开“Video Post”界面，在Video Post工具栏中单击（添加

场景事件）按钮，在弹出的对话框中选择“Camera001”，添加摄影机场景事件，如图12-14所示。

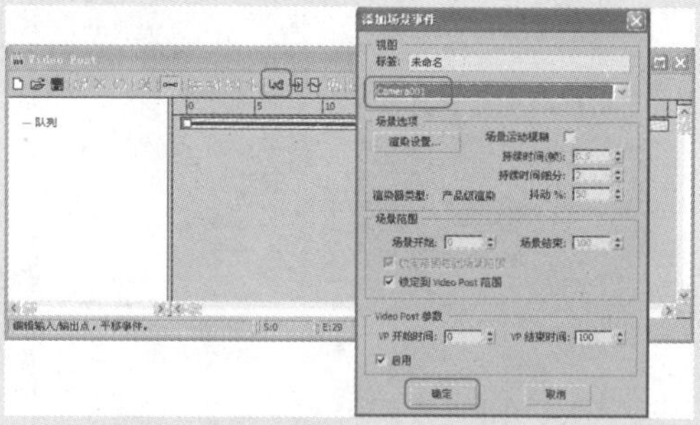

图12-14

5 在Video Post工具栏中单击（添加图像过滤事件）按钮，在弹出的对话框中选择过滤事件为“镜头效果光斑”，如图12-15所示。

图12-15

6 在左侧的序列窗口中双击“镜头效果光斑”事件，在弹出的对话框中单击“设置”按钮，进入“镜头效果光斑”设置面板，在“镜头光斑属性”组中单击“节点源”按钮，在弹出的对话框中选择创建的“反光灯”，如图12-16所示。

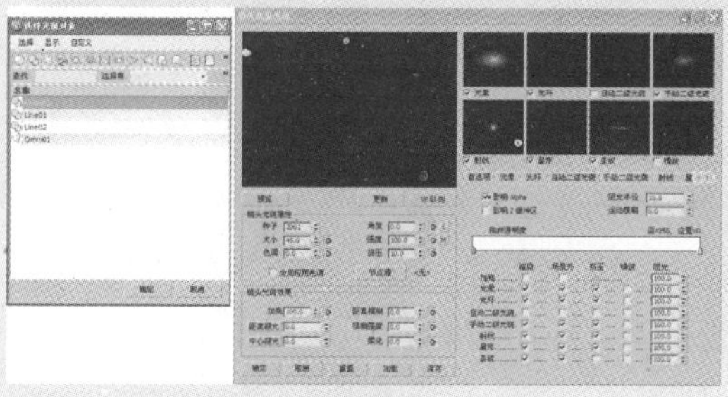

图12-16

7 单击“VP列队”和“预览”按钮，然后单击“更新”按钮更新效果，实时显示效果，在右侧的效果中勾选如图12-17所示的复选框。

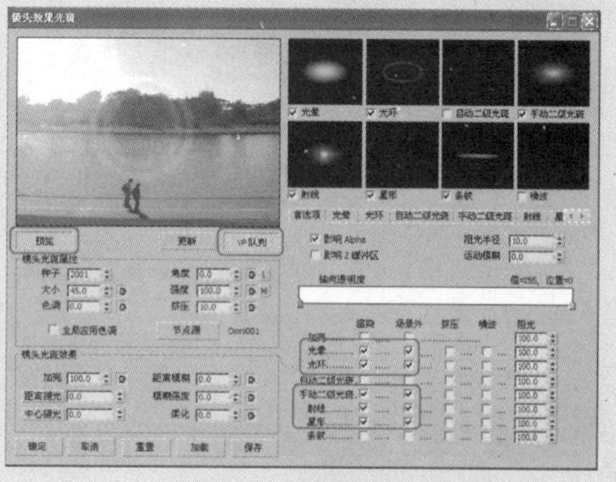

图12-17

8 选择“光晕”选项卡，设置“大小”为50.0，如图12-18所示。

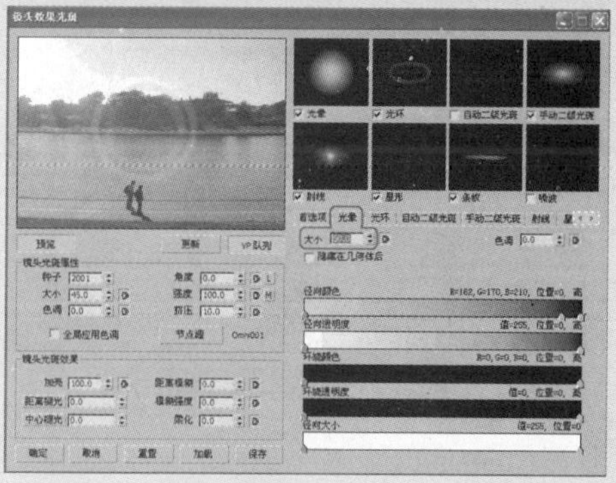

图12-18

9 选择“光环”选项卡，设置“大小”为60.0、“厚度”为8.0，如图12-19所示。

图12-19

10 选择“手动二级光斑”选项卡，设置“大小”为10.0，如图12-20所示。

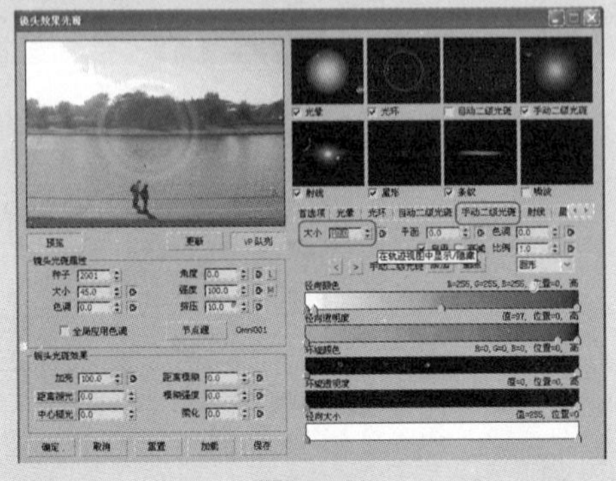

图12-20

11 选择“射线”选项卡，设置“大小”为200.0、“角度”为30.0，如图12-21所示。

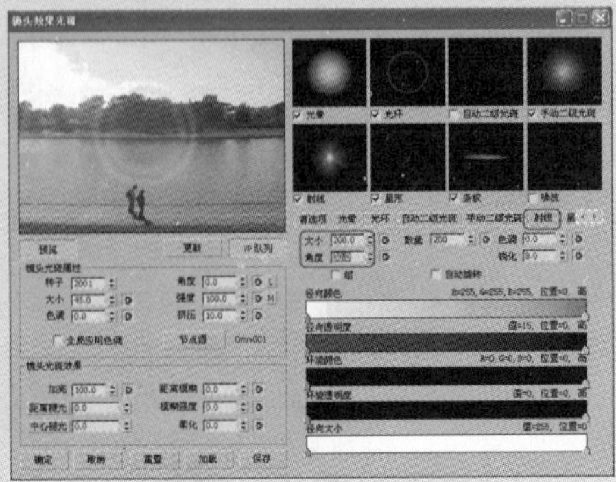

图12-21

12 选择“星形”选项卡，设置“大小”为300.0、“宽度”为3.0，如图12-22所示。

13 单击Video Post工具栏中的（执行序列）按钮，在弹出的对话框中单击“单个”单选按钮，设置“输出大小”尺寸为800×600，单击“渲染”按钮，如图12-23所示。

图12-22

图12-23

14 渲染后的效果如图12-24所示。

图12-24

2. 选项介绍

（1）图12-16中“镜头效果光斑”设置面板中的各选项的功能介绍如下。

- 预览：单击该按钮时，如果光斑拥有自动或手动二级光斑元素，则在窗口左上角显示光斑。如果光斑不包含这些元素，光斑会在预览窗口的中央显示。
- 更新：每次单击该按钮时，重画整个主预览窗口和小窗口。
- VP列队：在主预览窗口中显示Video Post队列的内容。
- 镜头光斑属性：指定光斑的全局设置，例如，光斑源、大小、种子数、旋转等。

- 种子：为镜头效果中的随机数生成器提供不同的起点，创建略有不同的镜头效果，而不更改任何设置。使用“种子”可以确保产生不同的镜头光斑，尽管这种差异非常小。
- 大小：影响整个镜头光斑的大小。
- 色调：如果选择了“全局应用色调”，它将控制镜头光斑效果中应用的“色调”的量。此参数可设置动画。
- 角度：影响光斑从默认位置开始旋转的量，例如，光斑位置相对于摄影机改变的量。
- 强度：控制光斑的总体亮度和不透明度。
- 挤压：在水平方向或垂直方向挤压镜头光斑的大小，用于补偿不同的帧纵横比。
- 全局应用色调：将“节点源”的“色调”全局应用于其他光斑效果。
- 节点源：可以为镜头光斑效果选择源对象。
- 镜头光斑效果：控制特定的光斑效果，例如，淡入淡出、亮度、柔化等。
- 加亮：设置影响整个图像的总体亮度。
- 距离褪光：随着与摄影机之间的距离变化，镜头光斑的效果会淡入淡出。
- 中心褪光：在光斑行的中心附近沿光斑主轴淡入淡出二级光斑。这是通过真实摄影机镜头可以在许多镜头光斑中观察到的效果。此值使用3ds Max世界单位。只有单击“中心褪光”按钮时，此设置才能启用。
- 距离模糊：根据到摄影机之间的距离模糊光斑。
- 模糊强度：将模糊应用到镜头光斑上时控制其强度。
- 柔化：为镜头光斑提供整体柔化效果。此参数可设置动画。
- 首选项：此选项可以控制激活的镜头光斑部分，以及它们影响整个图像的方式。
- 光晕：以光斑的源对象为中心的常规光晕。可以控制光晕的颜色、大小、形状和其他方面。
- 光环：围绕源对象中心的彩色圆圈。可以控制光环的颜色、大小、形状和其他方面。
- 自动二级光斑：通常看到的小圆圈会从镜头光斑的源显现出来。随着摄影机的位置相对于源对象更改，二级光斑也随之移动。此选项处于活动状态时，二级光斑会自动产生。
- 手动二级光斑：添加到镜头光斑效果中的附加二级光斑。它们出现在与自动二级光斑相同的轴上，而且外观也类似。
- 射线：从源对象中心发出的明亮的直线，为对象提供很高的亮度。
- 星形：从源对象中心发出的明亮的直线，通常包括六条或多于六条辐射线（而不是像射线一样有数百条）。“星形”通常比较粗，并且要比射线从源对象的中心向外延伸得更远。
- 条纹：穿越源对象中心的水平条带。
- 噪波：在光斑效果中添加特殊效果，例如，爆炸。

（2）图12-17中“首选项”选项卡中的各选项的功能介绍如下。

- 影响Alpha：指定以32位文件格式渲

染图像时，镜头光斑是否影响图像的Alpha通道。Alpha 通道是颜色的额外8 位（256色），用于指示图像中的透明度。Alpha通道用于无缝地在一个图像的上面合成另外一个图像。

- 影响Z缓冲区：Z 缓冲区会存储对象与摄影机之间的距离。Z 缓冲区用于光学效果，例如，雾。
- 阻光半径：光斑中心周围半径，它确定在镜头光斑跟随在另一个对象后时，光斑效果何时开始衰减。此半径以像素为单位。
- 运动模糊：确定是否使用“运动模糊”渲染设置动画的镜头光斑。“运动模糊”以较小的增量渲染同一帧的多个副本，从而显示出运动对象的模糊。对象快速穿过屏幕时，如果打开了运动模糊，动画效果会更加流畅。使用运动模糊会显著增加渲染时间。
- 轴向透明度：标准的圆形透明度渐变，会沿其轴并相对于其源影响镜头光斑二级元素的透明度。这使得二级元素的一侧要比另外一侧亮，同时使光斑效果更加具有真实感。
- 渲染：指定是否在最终图像中渲染镜头光斑的每个部分。使用这一组复选框可以启用或禁用镜头光斑的各部分。
- 场景外：指定源在场景外的镜头光斑是否影响图像。
- 挤压：指定挤压设置是否影响镜头光斑的特定部分。
- 噪波：定义是否为镜头光斑的此部分启用噪波设置。
- 阻光：定义光斑部分被其他对象阻挡时出现的百分比。

（3）图12-18中“光晕”选项卡中的各选项的功能介绍如下。

- 大小：指定镜头光斑的光晕直径，以占帧总体大小的百分比表示。
- 色调：指定光晕颜色的等级。单击绿色箭头按钮可对此控件设置动画。此参数可设置动画。
- 隐藏在几何体后：将光晕放置在几何体的后面。
- 渐变色条：使用径向、环绕、透明度和大小渐变。光晕渐变要比光斑渐变精细，因为其光晕的区域要比像素大。

（4）图12-19中“光环“选项卡中的各选项的功能介绍如下。

“厚度”：指定光环的总体厚度，以占帧总体大小的百分比表示。光环很厚时，光环的大小由内径计算。此选项控制光环由此点向外的厚度。

（5）图12-20“手动二级光斑“选项卡中的各选项的功能介绍如下。

- 平面：控制光斑源与手动二级光斑之间的距离（度）。默认情况下，光斑平面位于所选节点源的中心。正值将光斑置于光斑源的前面，而负值将光斑置于光斑源的后面。
- 启用：打开或者关闭手动二级光斑。
- 衰减：指定当前二级光斑集是否有轴向褪光。
- 比例：指定如何缩放二级光斑。此参数可设置动画。
- 列表：此菜单控制二级光斑的总体形状。

（6）图12-21中“射线”选项卡中的各选项的功能介绍如下。

- 数量：指定镜头光斑中出现的总射线数。射线在半径附近随机分布。

此参数可设置动画。

- 锐化：指定射线的总体锐度。数值越大，生成的射线越鲜明、清洁和清晰；数值越小，产生的二级光晕越多。
- 组：强制将射线分成相同大小的八个等距离组。
- 自动旋转：将“射线”面板上的“角度”微调器中指定的角度加到镜头光斑属性下面的角度微调器设置的角度中。

（7）图12-22中“星形”选项卡中的各选项的功能介绍如下。

- 随机：启用星形辐射线围绕光斑中心向外辐射的随机间距。
- 数量：指定星形效果中的辐射线数。
- 宽度：指定单个辐射线的宽度，以占整个帧的百分比表示。此选项可设置动画。
- 锥化：控制星形的各辐射线的锥化。锥化使各星形点的末端变宽或变窄。数值较小，末端较尖；而数值较大，则末端较平。
- 自动旋转：将“射线”面板上的“角度”微调器中指定的角度加到镜头光斑属性下面的角度微调器设置的角度中。“自动旋转”也确保了在设置光斑动画时能够保持星形相对于光斑的位置。

12.2.5 镜头效果焦点

“镜头效果焦点”与景深效果基本相同，如图12-25所示，这里简单介绍一下镜头效果焦点。

在菜单栏中选择“渲染 | Video Post”命令，打开“Video Post”界面，在Video Post工具栏中单击（添加图像过滤事件）按钮，在弹出的对话框中选择过滤事件为“镜头效果焦点”，如图12-26所示。

图12-25

图12-26

双击“镜头效果焦点”，在弹出的快捷菜单中单击“设置”按钮，在弹出的设置面板中设置焦点参数如图12-27所示。

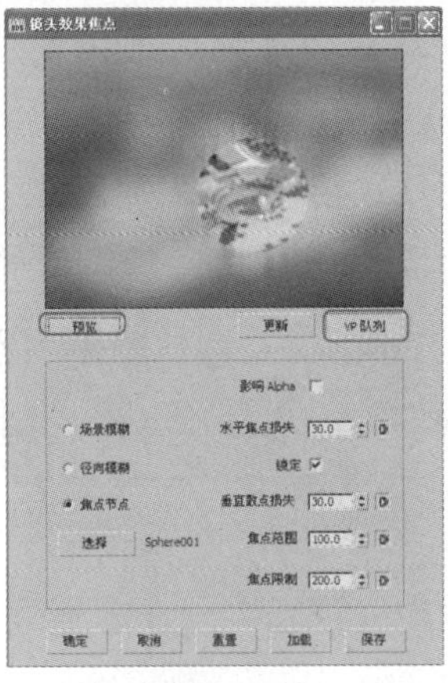

图12-27

“镜头效果焦点”设置面板中的各选项

的功能介绍如下。

- 场景模糊：将模糊效果应用到整个场景，而非场景的一部分。
- 径向模糊：从帧的中心开始，将模糊效果以径向方式应用到整个场景。
- 焦点节点：用于选择场景中的特定对象，将其作为模糊的焦点。选定的对象保留在焦点中，而模糊焦点限制设置外的对象。
- 选择：显示“选择焦点对象”对话框，从而选择单一3ds Max对象以用作焦点对象。
- 影响Alpha：如果勾选此复选框，当渲染为32位格式时，同时也将模糊效果应用到图像的Alpha通道。选择此项可以在另一个图像上合成模糊图像。
- 水平焦点损失：指定在水平（*x*轴）方向应用到图像中的模糊量。
- 锁定：同时锁定水平和垂直方向的损失设置。
- 垂直散点损失：指定在垂直（*y*轴）方向应用到图像中的模糊量。
- 焦点范围：指定距离图像中心“径向模糊”的距离，或距离模糊效果开始处的摄影机（焦点对象）的距离。增大数值会使效果半径远离摄影机或图像中心。
- 焦点限制：指定距离图像中心“径向模糊”的距离，或距离模糊效果达到最大强度处的摄影机（焦点对象）的距离。使用低“焦点范围”设置高“焦点限制”时，会使得场景中的模糊量渐增，同时关闭“焦点限制”和“焦点范围”会生成短距离的快速模糊效果。此参数可设置动画。

12.2.6 镜头效果光晕

“镜头效果光晕”对话框可以用于在任何指定的对象周围添加有光晕的光环。例如，对于爆炸粒子系统，给粒子添加光晕使它们看起来好像更明亮而且更热。具体效果表现如图12-28所示。

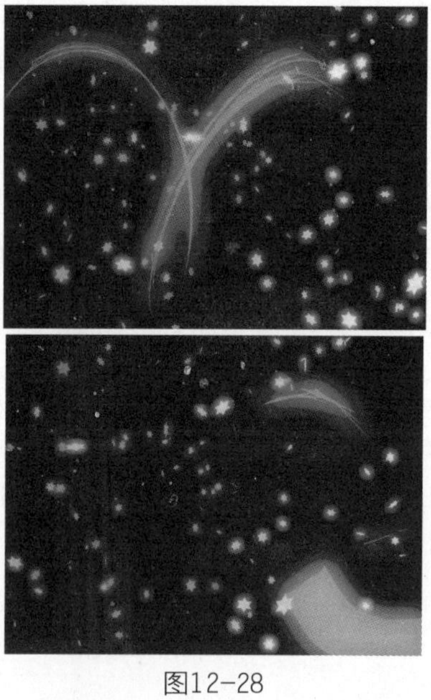

图12-28

1. 实例操作086——炫彩紫光

案例文件	场景\Cha12\炫彩紫光.max	视频教学	视频教学\Cha12\炫彩紫光.avi
视频长度	7分1秒	难易指数	★★★★☆

1 在“前”视图中创建螺旋线，如图12-29所示。

2 在“顶”视图中创建平面，设置合适的参数，如图12-30所示。

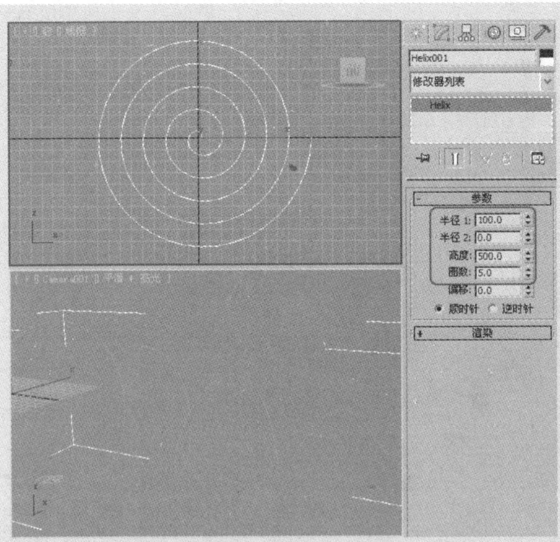

图12-29

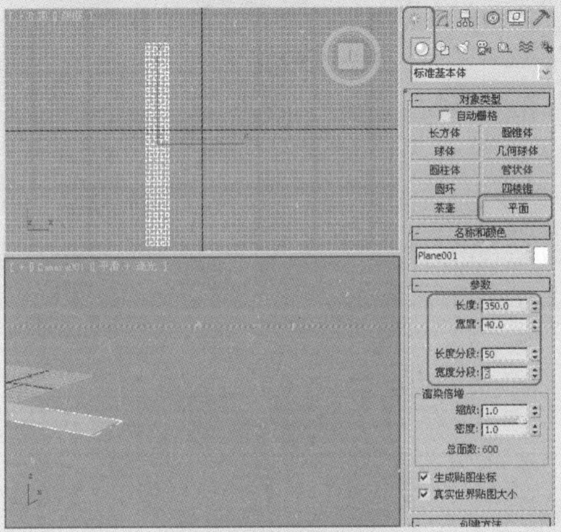

图12-30

3 为模型施加“编辑多边形”修改器，将选择集定义为“顶点”，在场景中缩放顶点，如图12-31所示。

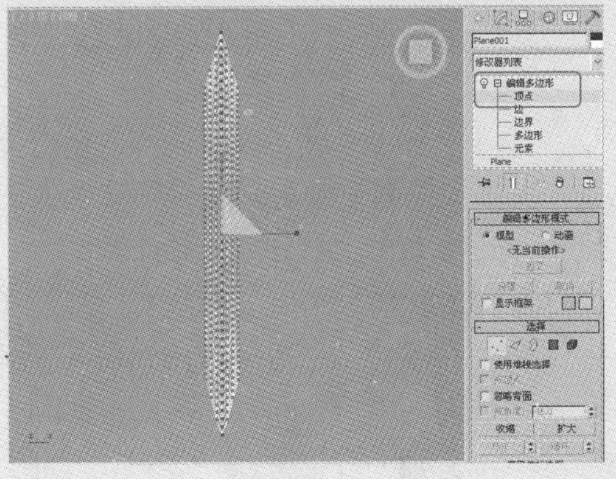

图12-31

4 为模型施加“路径变形（WSN）”修改器，在“参数”卷展栏中单击“拾取路径”按钮，在场景中拾取螺旋线，打开自动关键点，设置“百分比”参数，调整模型的位置如图12-32所示。

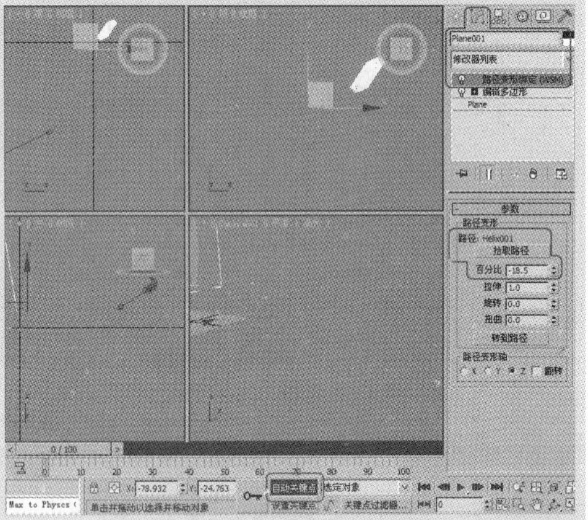

图12-32

5 拖动时间滑块到100帧的位置，设置“百分比”参数如图12-33所示。

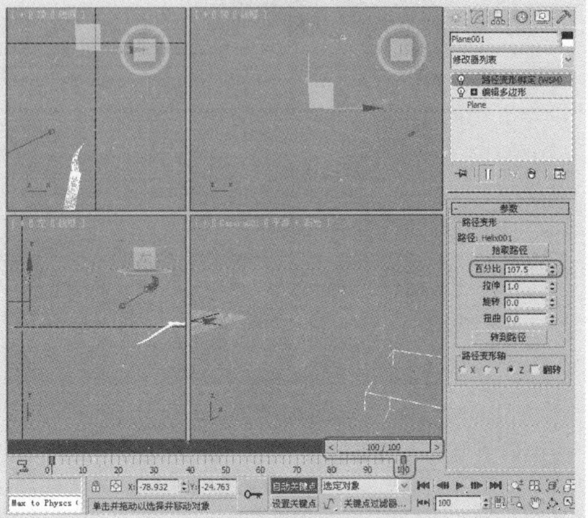

图12-33

6 在“前”视图中创建“雪”粒子，如图12-34所示。

7 在场景中右击平面，在弹出的快捷菜单中选择“对象属性”命令，在弹出的对话框中设置如图12-35所示的参数。

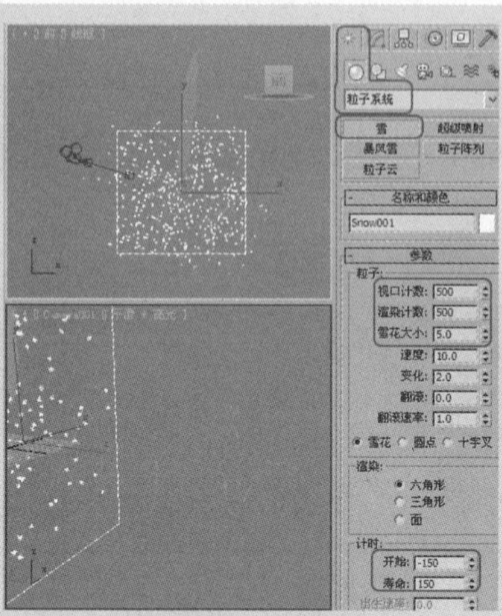

图12-34

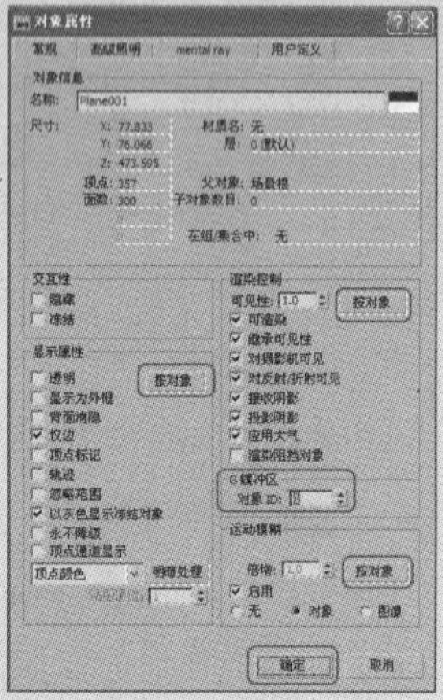

图12-35

8 在场景中右击粒子，在弹出的快捷菜单中选择“对象属性”命令，在弹出的对话框中设置如图12-36所示的参数。

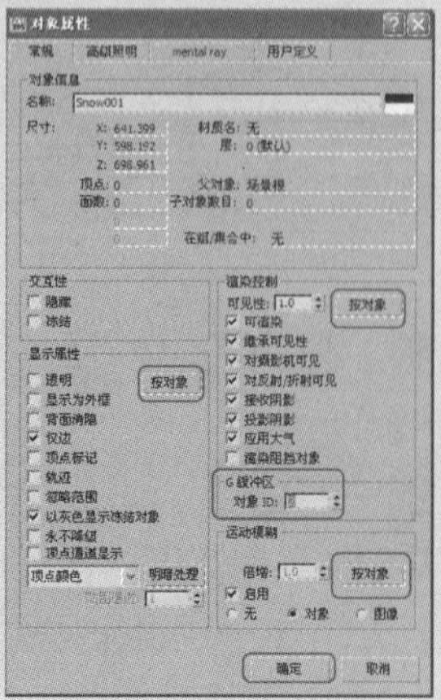

图12-36

9 打开材质编辑器，选择一个新的材质样本球，设置“自发光”的“颜色”为100，如图12-37所示。

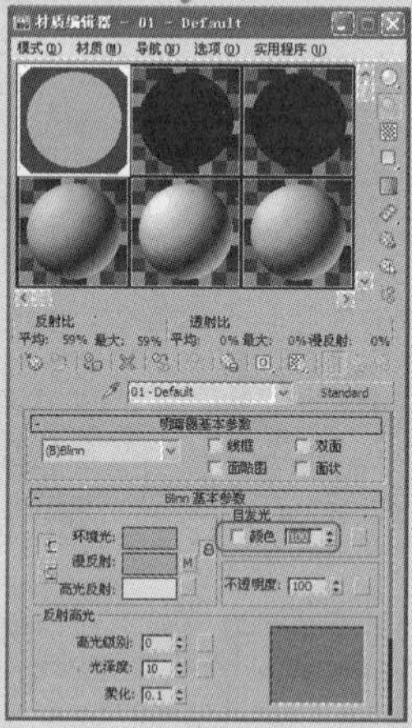

图12-37

10 为“漫反射”指定“粒子年龄”贴图，进入贴图层级，设置粒子年龄的颜色如图12-38所示，将材质指定给场景中的粒子对象。

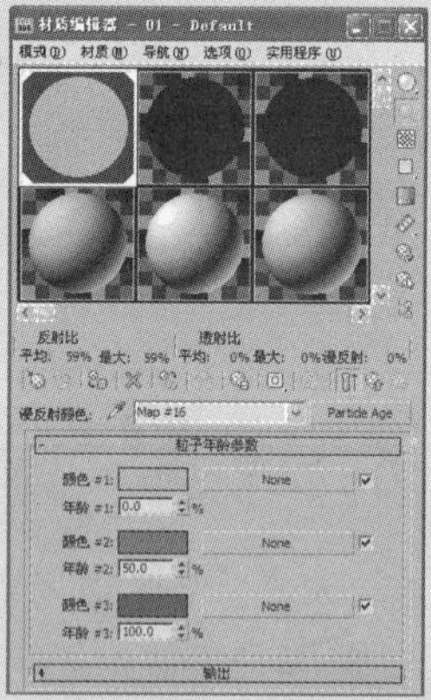

图12-38

11 选择一个新的材质样本球，设置自发光参数，并设置“环境光”和“漫反射”的颜色，如图12-39所示。

12 在菜单栏中选择“渲染 | Video Posr”命令 ，在弹出的对话框中添加一个场景事件、两个“镜头效果光晕”，并添加一个视频输出事件，如图12-40所示。

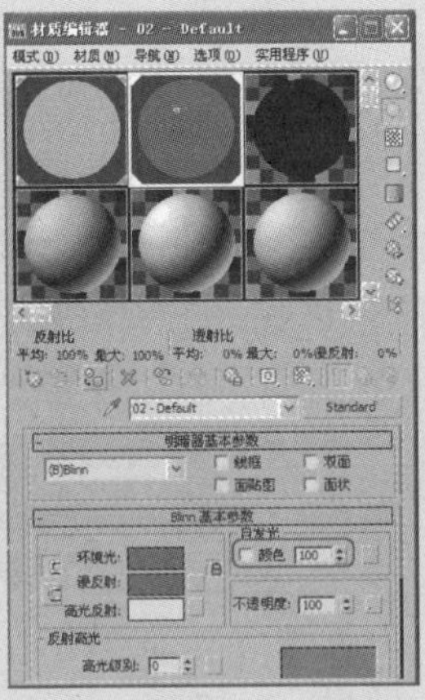

图12-39

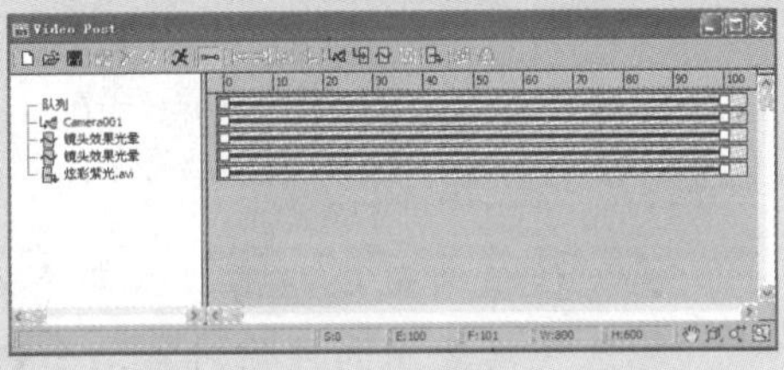

图12-40

13 双击第一个“镜头效果光晕”事件，在弹出的对话框中单击“设置”按钮，在弹出的“镜头效果光晕”设置面板中单击“预览”和“VP列队”按钮，如图12-41所示。

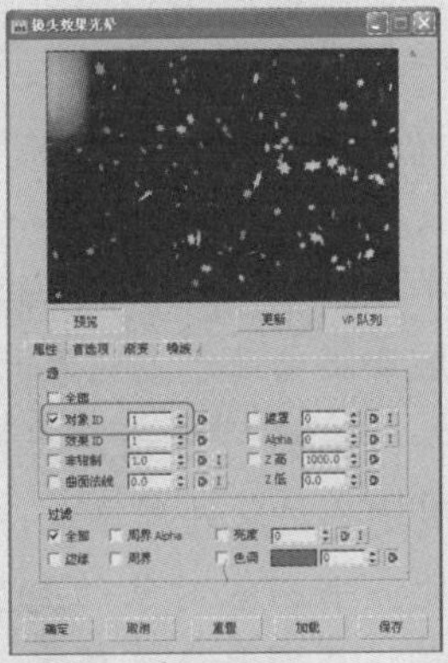

图12-41

14 选择“首选项”选项卡，在“效果”选项组中设置“大小”为5.0；在“颜色”选项组中单击“像素”单选按钮，设置“强度”为50.0，如图12-42所示，单击“确定”按钮。

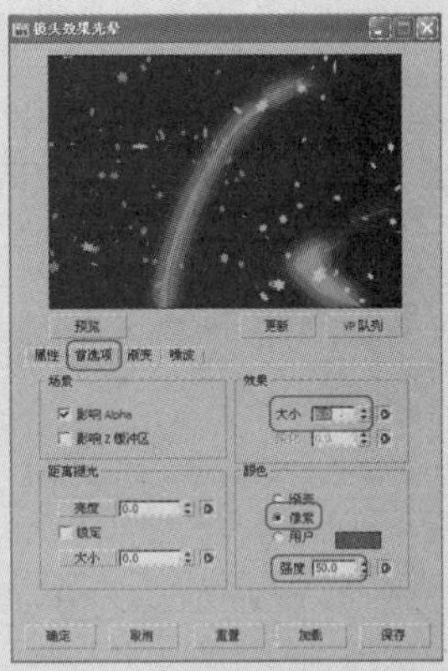

图12-42

15 双击第二个“镜头效果光晕”，在弹出的对话框中单击“设置”按钮，在弹出的“镜头效果光晕”设置面板中设置“对象ID”为2，如图12-43所示。

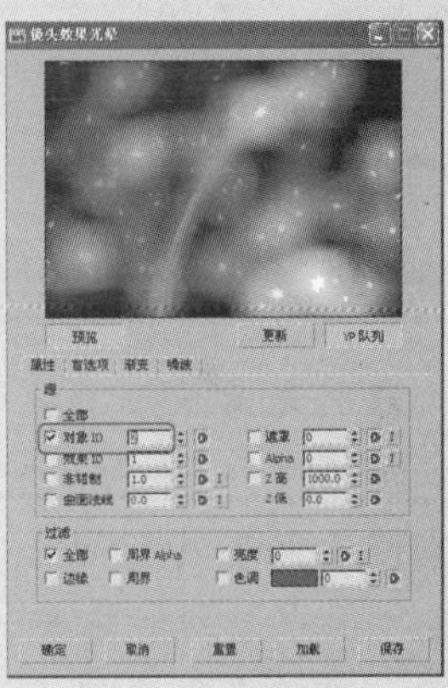

图12-43

16 选择“首选项”选项卡，设置其中的参数如图12-44所示。

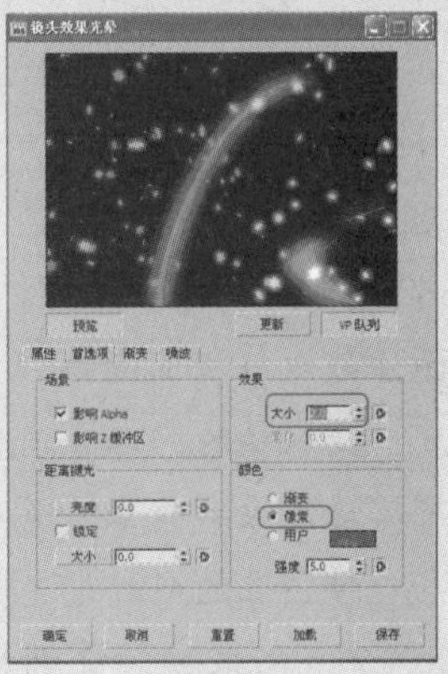

图12-44

17 选择“噪波”选项卡，设置其中的参数如图12-45所示。

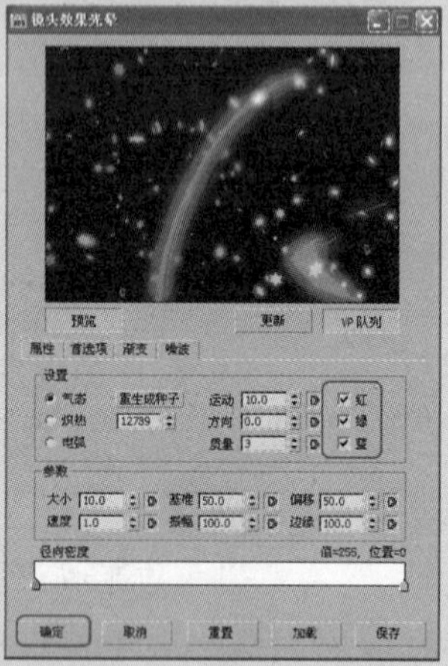

图12-45

18 单击工具栏中的（执行序列）按钮，在弹出的对话框中单击“范围”单选按钮，渲染动画为0～100帧，设置“宽度”为640、“高度”为480，单击“渲染”按钮，如图12-46所示，完成设置后对场景的渲染。

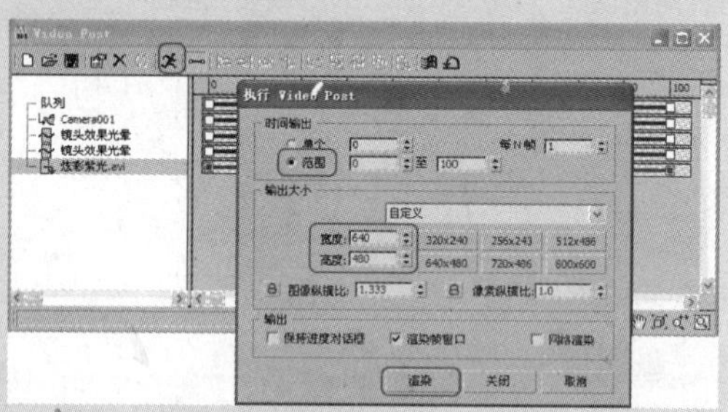

图12-46

2. 选项介绍

（1）图12-43中“属性”选项卡中的各选项的功能介绍如下。

- 源：指定场景中要应用光晕的对象。可以同时选择多个源选项。
- 全部：将光晕应用于整个场景，而不仅仅应用于几何体的特定部分。
- 对象ID：如果具有特定对象ID（在G缓冲区中）的对象与过滤器设置匹配，可将光晕应用于该对象或其中一部分。
- 效果ID：如果具有特定ID通道的对象或该对象的一部分与过滤器设置相匹配，将光晕应用于该对象或其中一部分。
- 非钳制：超亮度颜色比纯白色(255,255,255)要亮。
- 曲面法线：根据曲面法线到摄影机的角度，使对象的一部分产生光晕。
- 遮罩：使图像的遮罩通道产生光晕。
- Alpha：使图像的Alpha通道产生光晕。
- Z高、Z低：根据对象到摄影机的距离使对象产生光晕。高值为最大距离，低值为最小距离。这两个Z缓冲区距离之间的任何对象均会产生光晕。
- 过滤：过滤源选择以控制光晕应用的方式。
- 全部：选择场景中的所有源对象，并将光晕应用于这些对象上。
- 边缘：选择所有沿边界的源对象，并将光晕应用于这些对象上。沿对象边应用光晕会在对象的内外边上生成柔和的光晕。
- 周界Alpha：根据对象的Alpha通道将光晕仅应用于此对象的周界。
- 周界：根据边推论，将光晕效果仅应用于此对象的周界。
- 亮度：根据源对象的亮度值过滤源对象。只选定亮度值高于微调器设置的对象，并使其产生光晕。此参数可设置动画。
- 色调：按色调过滤源对象。单击微调器旁边的色样可以选择色调。“色调”色样旁边的微调器可用于输入变化级别，从而使光晕能够在与选定颜色相同的范围内找到几种不同的色调。

（2）“首选项”选项卡中的各选项的功能介绍如下。

- 影响Alpha：指定渲染为32位文件格式时，光晕是否影响图像的Alpha通道。
- 影响Z缓冲区：指定光晕是否影响图像的Z缓冲区。
- 大小：设置总体光晕效果的大小。此参数可设置动画。
- 柔化：柔化和模糊光晕效果。
- 距离褪光：这些控件根据光晕到摄影机的距离衰减光晕效果。此功能与镜头光斑的距离褪光相同。
- 亮度：可用于根据到摄影机的距离来衰减光晕效果的亮度。
- 锁定：选定时，同时锁定“亮度”和“大小”值，因此大小和亮度同步衰减。
- 大小：可用于根据到摄影机的距离来衰减光晕效果的大小。
- 渐变：根据“渐变”面板中的设置创建光晕。
- 像素：根据对象的像素颜色创建光晕，这是默认方法，其速度很快。
- 用户：让用户自己来选择光晕效果的颜色。
- 强度：控制光晕效果的强度或亮度。

（3）“噪波”选项卡中的各选项的功能介绍如下。

- 气态：一种松散和柔和的图案，通常用于云和烟雾。
- 炽热：带有亮度、定义明确的区域的分形图案，通常用于火焰。
- 电弧：较长的、定义明确的卷状图案，设置动画时，可用于生成电弧。通过将图案质量调整到0，可以创建水波反射效果。
- 重生成种子：分形例程用作起始点的数。将此微调器设置为任一数值来创建不同的分形效果。
- 运动：对噪波设置动画时，运动指定噪波图案在由“方向”微调器设置的方向上的运动速度。
- 方向：指定噪波效果运动的方向（以度为单位）。
- 质量：指定噪波效果中分形噪波图案的总体质量。值越大，会导致分形迭代次数越多，效果越细化，渲染时间也会有所延长。
- 红、绿、蓝：选择用于“噪波”效果的颜色通道。
- 大小：指定分形图案的总体大小。较低的数值会生成较小的粒状分形。较高的数值会生成较大的图案。
- 速度：在分形图案中设置动画时湍流的总体速度。较高的数值会在图案中生成更快的湍流。
- 基准：指定噪波效果中的颜色亮度。
- 振幅：使用“基准”微调器控制分形噪波图案每个部分的最大亮度。较高的数值会产生带有较亮颜色的分形图案。较低的数值会产生带有较柔和颜色的相同图案。
- 偏移：将效果颜色移向颜色范围的一端或另一端。
- 边缘：控制分形图案的亮区域和暗区域之间的对比度。较高的数值会生成较高的对比度和更多定义明确的分形图案。较低的数值会产生较少定义和微小的效果。
- 径向密度：从效果中心到边缘以径向方式控制噪波效果的密度。无论何时，渐变为白色时，只能看到噪波。渐变为黑色时，可以看到基本的光晕。如果将渐变右侧设置为黑色，将左侧设置为白色，并将噪波应用到光斑的光晕效果中，那么当光晕的中心仍可见时，噪波效果朝光晕的外边呈现。

12.2.7 镜头效果高光

使用“镜头效果高光”对话框可以指定明亮的、星形的高光。将其应用在具有发光材质的对象上。具体效果表现如图12-47所示。

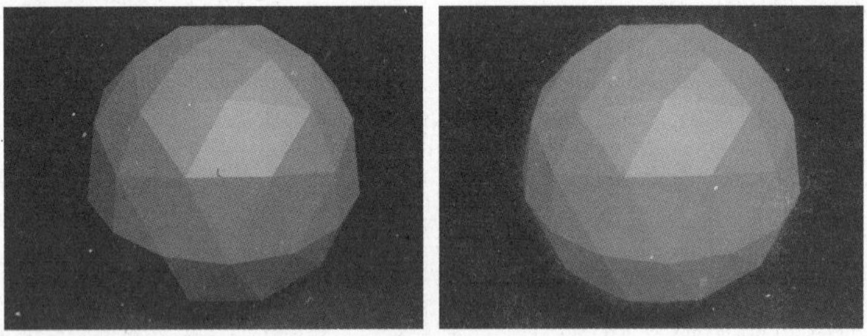

图12-47

1. 实例操作087—— 镜头的高光效果

案例文件	场景\Cha12\镜头效果高光的效果.max	视频教学	视频教学\Cha12\镜头效果高光的效果.avi
视频长度	1分2秒	难易指数	★★☆☆☆

1 设置一个场景，这里我们就不介绍了，场景效果如图12-48所示。

图12-48

2 在场景中选择异面体模型，鼠标右击，在弹出的快捷菜单中选择“对象属性”命令，在弹出的对话框中设置“对象ID”为1，如图12-49所示。

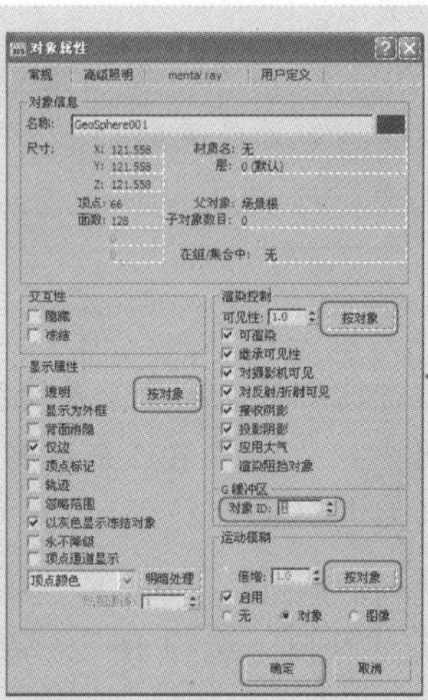

图12-49

3 在菜单栏中选择“渲染 | Video Post”命令，打开“Video Post”界面，添加一个场景事件和一个“镜头效果高光”事件，如退12-50所示。

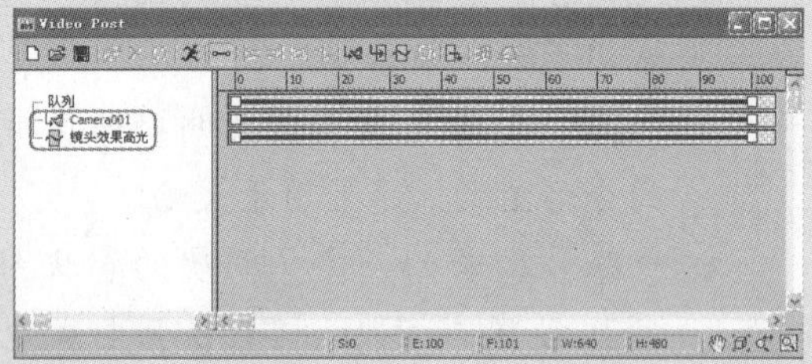

图12-50

4 在“镜头效果高光”中选择“属性”选项卡，从中设置参数，如图12-51所示。

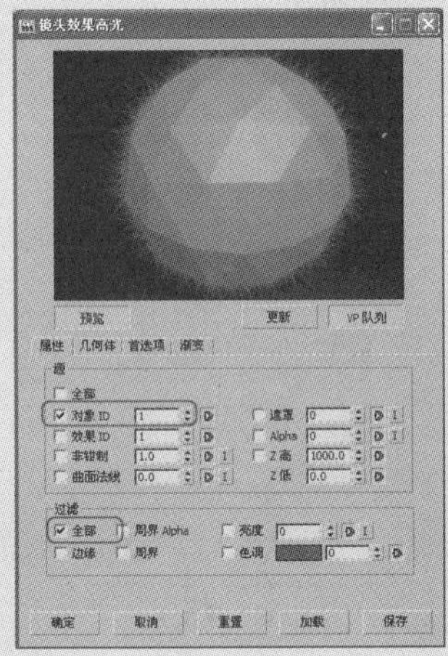

图12-51

5 在“几何体”选项卡中，从中单击“角度”按钮，如图12-52所示。

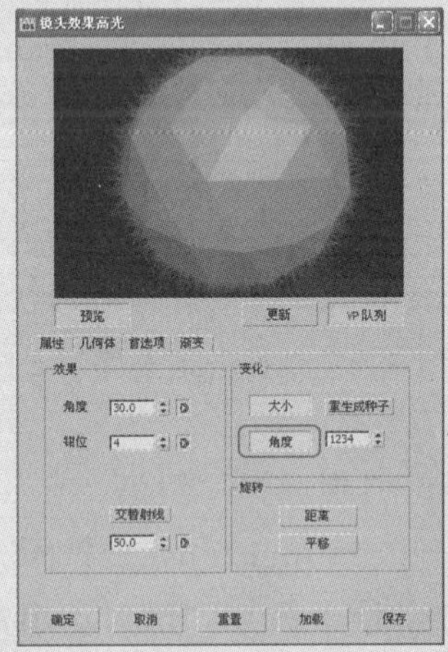

图12-52

6 在“首选项”选项卡中设置参数，如图12-53所示。

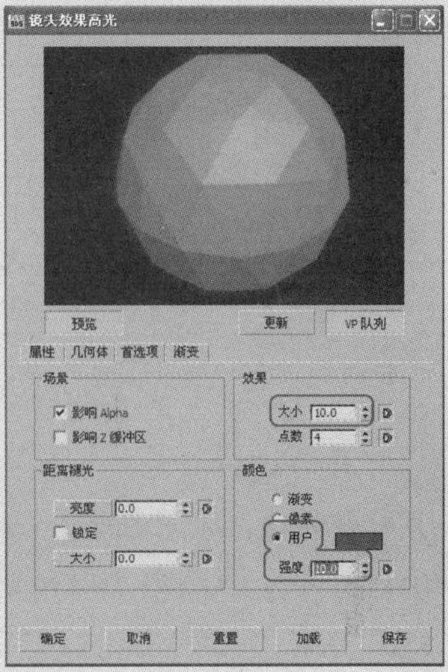

图12-53

7 单击工具栏中的（执行序列）按钮，渲染单帧图像，如图12-54所示。

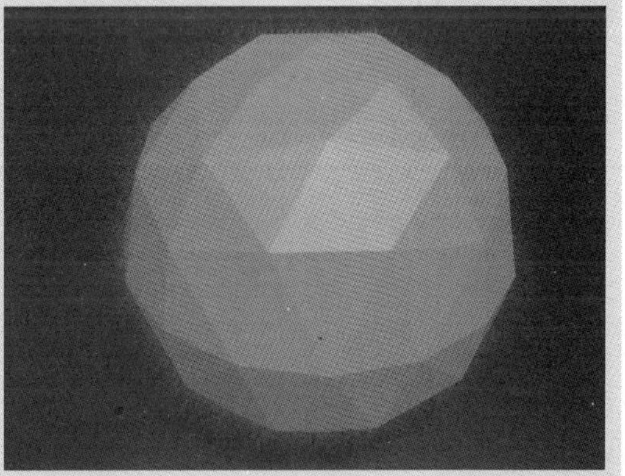

图12-54

2. 选项介绍

图12-52中“几何体”选项卡中的各选项的功能介绍如下。

- 角度：控制动画过程中高光点的角度。
- 钳位：确定高光必须读取的像素数，以此数量来放置一个单一高光效果。多数情况下，会希望将高光效果脱离可产生许多像素以从中发光的对象亮度。其中每个像素都将高光交叉绘制在其顶部，这模糊了总体效果。只需要一个或两个高光时，请使用此微调器来调整高光处理选定像素的方式。
- 交替射线：替换高光周围的点长度。

- 变化：控件的“变化”选项组将给高光效果增加随机性。
- 大小：变化单个高光的总体大小。
- 角度：变化单个高光的初始方向。
- 重生成种子：强制高光使用不同随机数来生成其效果的各部分。
- 旋转：这两个按钮可用于使高光基于场景中它们的相对位置自动旋转。
- 距离：单个高光元素逐渐随距离模糊时自动旋转。元素模糊得越快，其旋转的速度就越快。
- 平移：单个高光元素横向穿过屏幕时自动旋转。如果场景中的对象经过摄影机，这些对象会根据其位置自动旋转。元素穿过屏幕的移动速度越快，其旋转的速度就越快。

12.2.8 底片

“底片”过滤器反转图像的颜色，使其反转为类似彩色照片的底片，如图12-55所示的左图为底片效果，右图为原图像。

图12-55

在菜单栏中选择“渲染｜Video Post”命令，打开“Video Post”界面，在工具栏中单击“（添加图像过滤事件）”按钮，在弹出的对话框中选择“底片”过滤器，如图12-56所示，单击“设置”按钮，弹出“底片过滤器”对话框，如图12-57所示，从中设置出现的“混合”量。

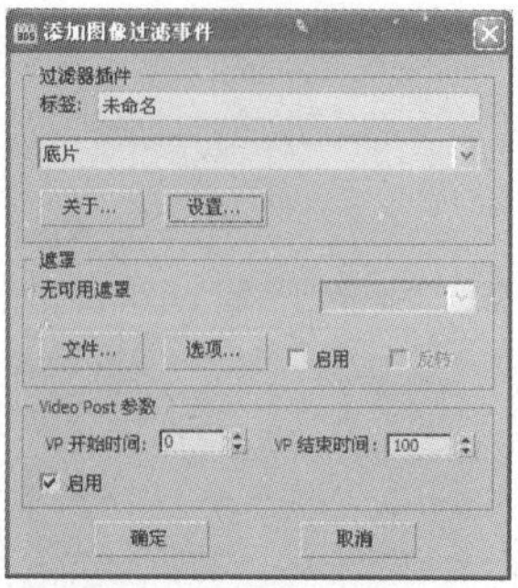

图12-56

图12-57

12.2.9 伪Alpha

“伪Alpha”根据图像的第一个像素（位于左上角的像素）创建一个 Alpha 图像通道。所有与此像素颜色相同的像素都会变成透明。

由于只有一个像素颜色变为透明，所以不透明区域的边缘将变成锯齿形状。此过滤器主要用于希望合成格式不带 Alpha 通道的位图。

在菜单栏中选择“渲染｜Video Post”命令，打开“Video Post”界面，在工具栏中单击“（添加图像过滤事件）”按钮，在弹出的对话框中选择“伪Alpha”过滤器，如图12-58所示。

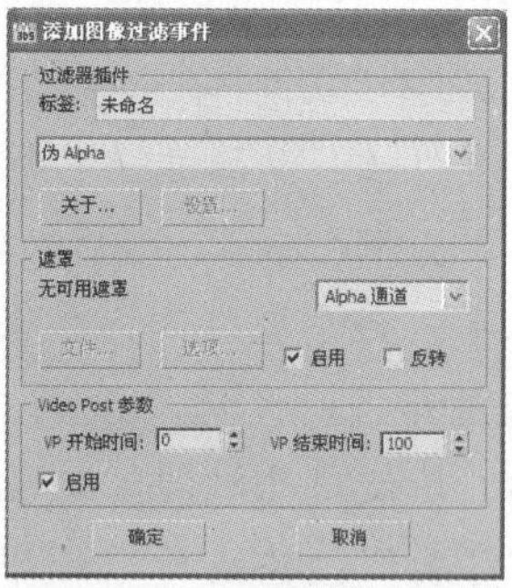

图12-58

12.2.10 简单擦除

“简单擦除”使用擦拭变换显示或擦除前景图像。

在菜单栏中选择“渲染 | Video Post”命令，打开“Video Post”界面，在工具栏中单击“（添加图像过滤事件）”按钮，在弹出的对话框中选择“简单擦除”过滤器，如图12-59所示。

“简单擦除控制”对话框中的各选项命令的功能介绍如下。

- 方向：从中选择从左向右擦拭或从右向左擦拭。
- 推入：显示图像。
- 弹出：擦除图像。

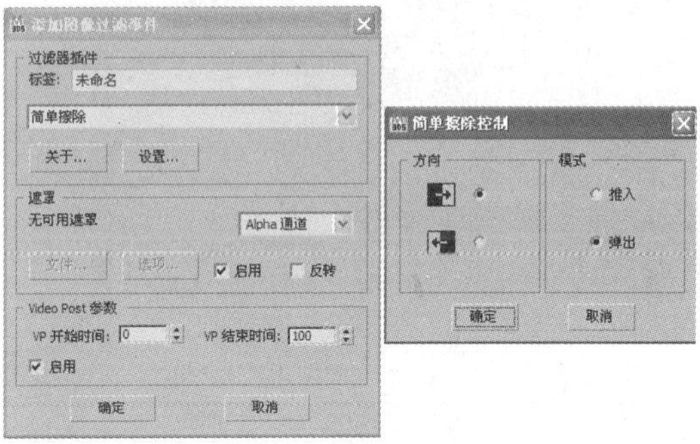

图12-59

12.2.11 星空

“星空”过滤器使用可选运动模糊生成具有真实感的星空，如图12-60所示。“星空”过滤器需要摄影机视图。任一星空运动都是摄影机运动的结果。

图12-60

在菜单栏中选择“渲染 | Video Post”命令，打开“Video Post”界面，在工具栏中单击“（添加图像过滤事件）”按钮，在弹出的对话框中选择“星空”过滤器，如图12-61所示。

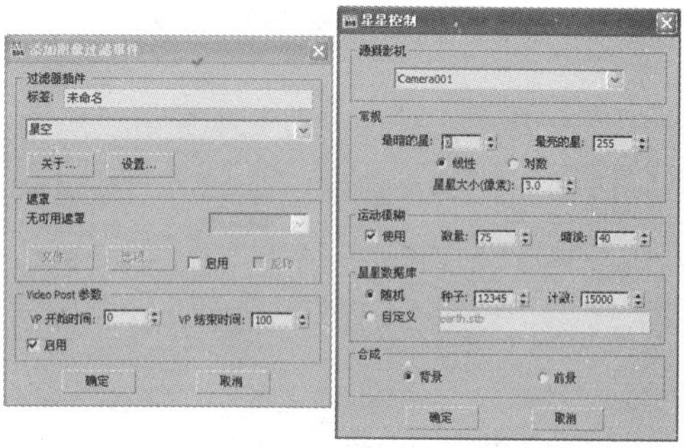

图12-61

“星星控制”对话框中的各选项命令的功能介绍如下。

- 源摄影机：用于从场景中的摄影机列表中选择摄影机。选择与用于渲染场景的摄影机相同的摄影机。
- 常规：设置星星的亮度范围和大小。
- 最暗的星：指定最暗的星。
- 最亮的星：指定最亮的星。
- 线性、对数：指定是按线性还是按对数计算亮度的范围。
- 星星大小（像素）：以像素为单位指定星星的大小。
- 运动模糊：摄影机移动时，这些设置控制星星的条纹效果。
- 使用：勾选该复选框后，星空使用运动模糊。取消勾选该复选框后，星星会显示为圆点，而不论摄影机是否运动。
- 数量：摄影机快门打开的帧时间百分比。
- 暗淡：确定经过条纹处理的星星如何随着其轨迹的延长而逐渐暗淡。默认值为40提供了很好的视频效果，略微让星星暗淡一些，使其不闪烁。

- 星星数据库：这些设置指定了星空中星星的数量。
- 随机：使用随机数“种子”来初始化随机数生成器，生成由“计数”微调器指定的星星数量。
- 种子：初始化随机数生成器。
- 计数：选定“随机”时指定所生成的星星数量。
- 自定义：读取指定文件。
- 背景：合成背景中的星星。
- 前景：合成前景中的星星。

12.3 综合演练——闪光流星

案例文件	场景\Cha12\闪光流星.max	视频教学	视频教学\Cha12\闪光流星果.avi
视频长度	3分44秒	难易指数	★★★★☆

本例介绍使用镜头效果光晕和镜头效果高光制作闪光流星效果。完成的动画单帧效果如图12-62所示。

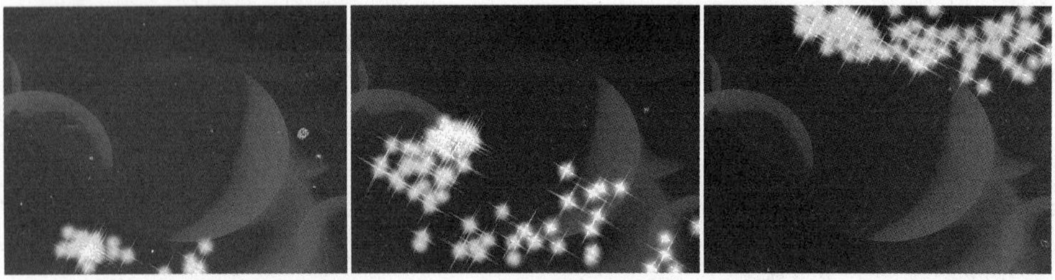

图12-62

1 在“顶”视图中创建“螺旋线”，如图12-63所示。

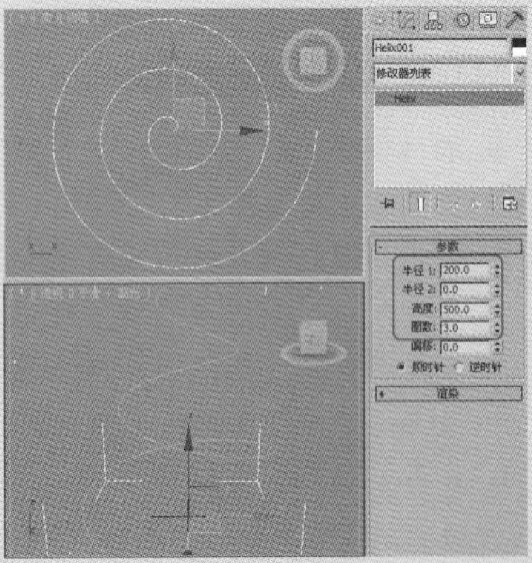

图12-63

2 在“顶”视图中创建“超级喷射”，设置超级喷射粒子的参数如图12-64所示。

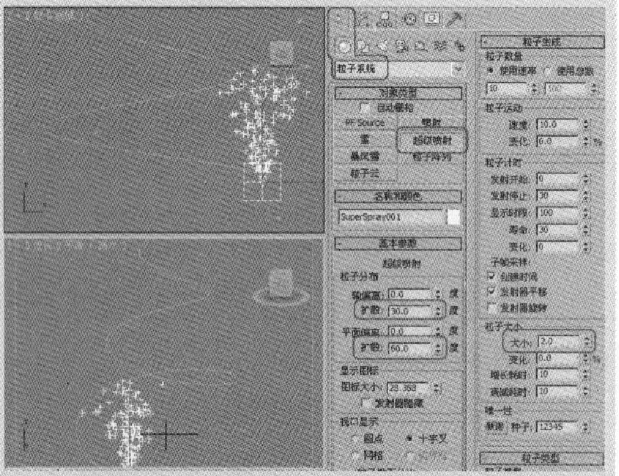

图12-64

3 在场景中选择粒子，为粒子指定“路径约束”，如图12-65所示。

4 添加路径约束，设置路径的约束参数如图12-66所示。

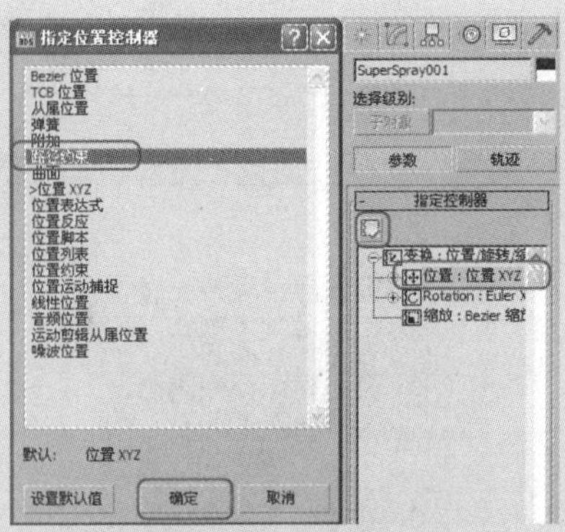

图12-65

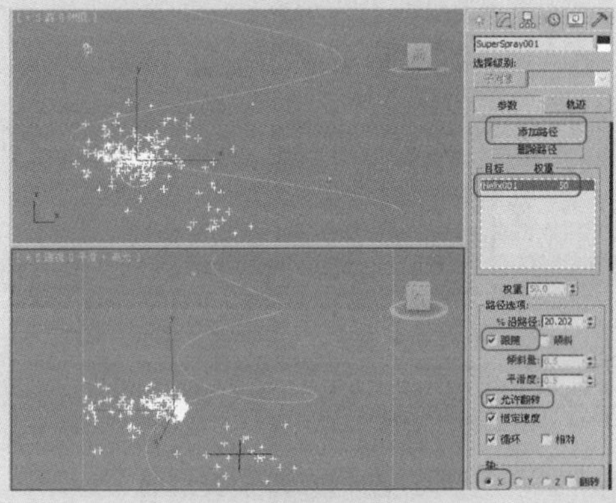

图12-66

5 设置粒子的“发射开始”和“发射停止”参数，如图12-67所示。

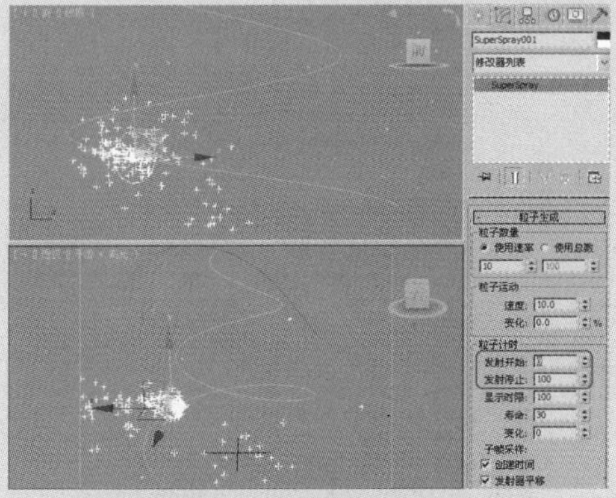

图12-67

6 在场景中右击粒子，在弹出的对话框中设置“对象ID”为1，如图12-68所示。

7 调整“透视”图，按Ctrl+C键创建摄影机，如图12-69所示。

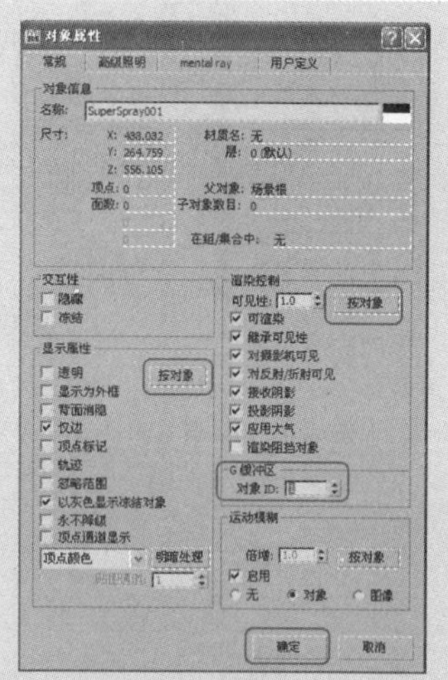

图12-68

图12-69

8 打开Video Post，添加“场景事件”、“镜头效果光晕”和“镜头效果高光”效果，如图12-70所示。

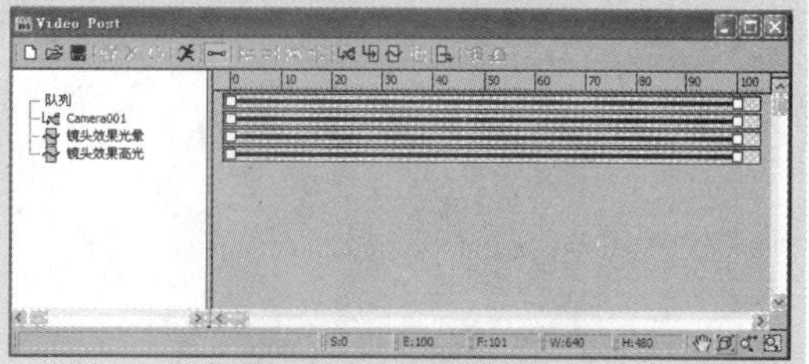

图12-70

9 双击“镜头效果光晕”，在弹出的对话框中短纳期“设置”按钮，在弹出的设置面板中设置“首选项”选项卡中的参数，如图12-71所示。

10 在“噪波”选项卡中设置其中的参数，如图12-72所示。

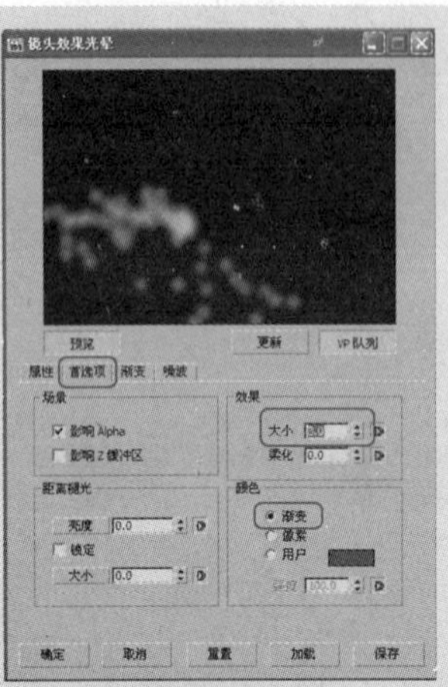

图12-71

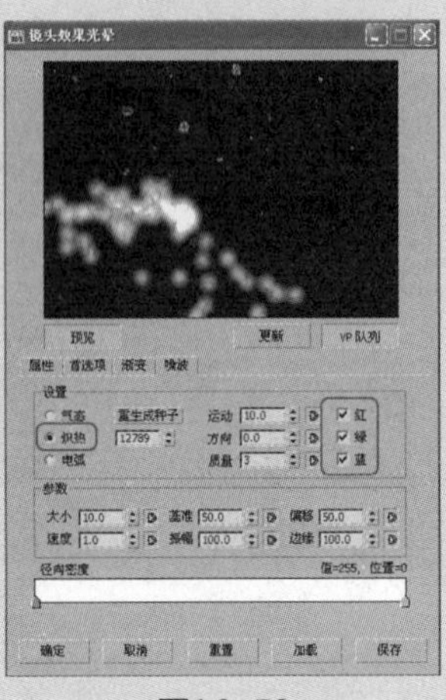

图12-72

11 在“渐变”选项卡中设置渐变为黄色和红色的渐变，如图12-73所示，单击“确定”按钮。

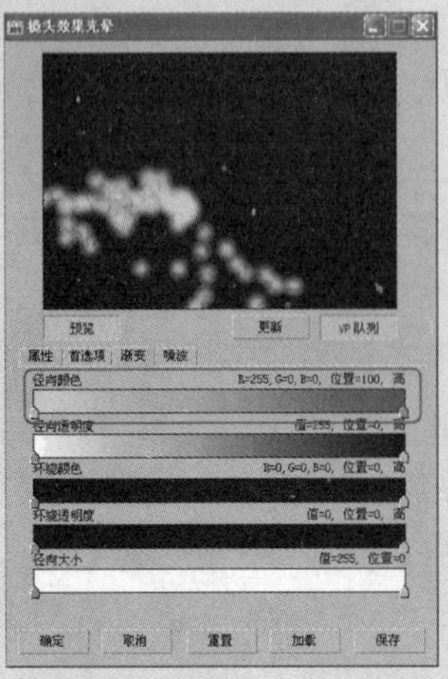

图12-73

12 双击“镜头效果高光”，在弹出的对话框中单击“设置”按钮，弹出“镜头效果高光”设置面板，使用默认参数即可，如图12-74所示。

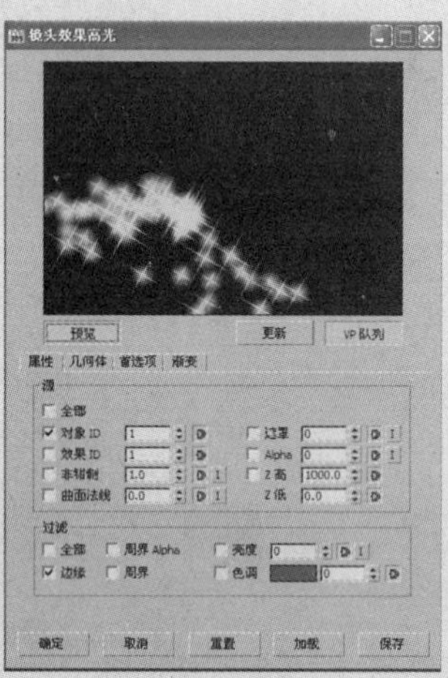

图12-74

13 为背景指定环境背景，如图12-75所示。

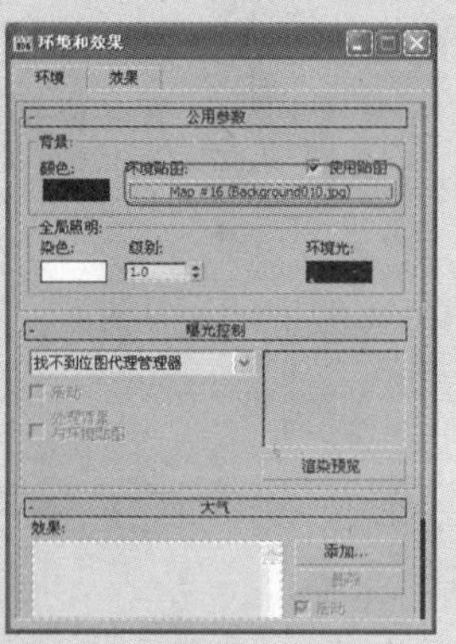

图12-75

14 渲染场景单帧效果，如图12-76所示。

图12-76

15 添加场景动画输出事件，单击Video Post工具栏中的 （执行序列）按钮，渲染场景动画，如图12-77所示。

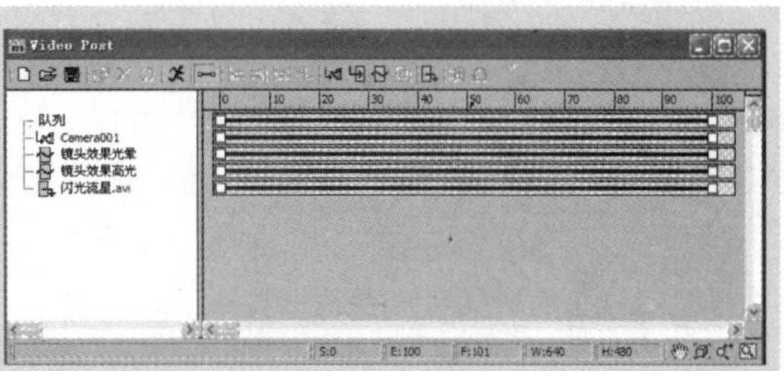

图12-77

12.4 课后练习——炙热文字

案例文件	场景\Cha12\炙热文字.max	视频教学	视频教学\Cha12\炙热文字.avi
视频长度	4分52秒	难易指数	★★★☆☆

使用“镜头效果光晕”制作炙热文字，如图12-78所示。

图12-78

1 首先在场景中创建可渲染的文本。

2 设置文本的渐变材质。

3 环境设置背景。

4 使用Video Post添加“镜头效果光晕”效果，并设置参数。

5 创建摄影机，并设置摄影机动画。

12.5 本章小结

本章介绍视频后期制作，利用“Video Post”，可以进行各种图像和动画的合成工作，以及对场景应用各种特殊的效果，如发光和高光效果、过渡效果等。通过对本章的学习读者可以掌握Video Post的一些基本效果的应用。

第 13 章

动力学系统

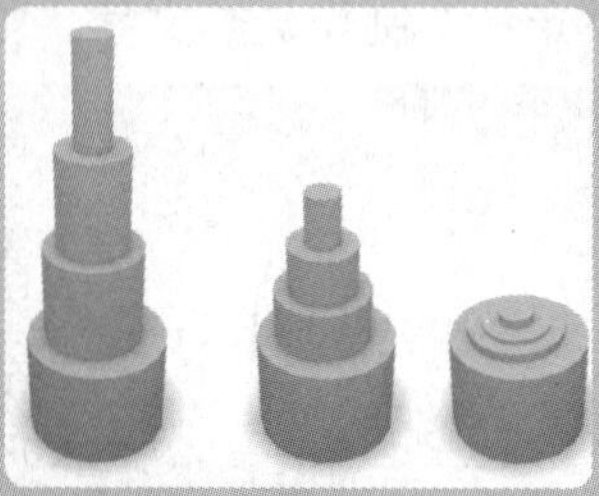

角色动画中的骨骼运动遵循动力学原理，定位和动画骨骼包括两种类型的动力学：正向动力学（FK）和反向动力学（IK）。

13.1 正向动力学

正向动力学是指完全遵循父子关系的层级，用父层级带动子层级的运动。

正向动力学的优点是：计算简单，运算速度快，缺点是：需指定每个关节的角度和位置，而由于骨架的各个节点之间有内在的关联性，直接指定各关节的值很容易产生不自然协调的动作。

13.1.1 对象的链接

使用（选择并链接）按钮可以通过将两个对象链接作为子和父，定义它们之间的层次关系。

可以从当前选定对象（子）链接到其他任何对象（父）。

实例操作088——蜻蜓的链接

场景文件	场景\Cha13\蜻蜓.max	视频教学	视频教学\Cha13\蜻蜓.avi
视频长度	6分24秒	难易指数	★★★☆☆

下面我们通过对蜻蜓的链接步骤使大家对对象的链接有个初步的了解。

1 打开光盘中的“场景\cha13\蜻蜓.max”文件。

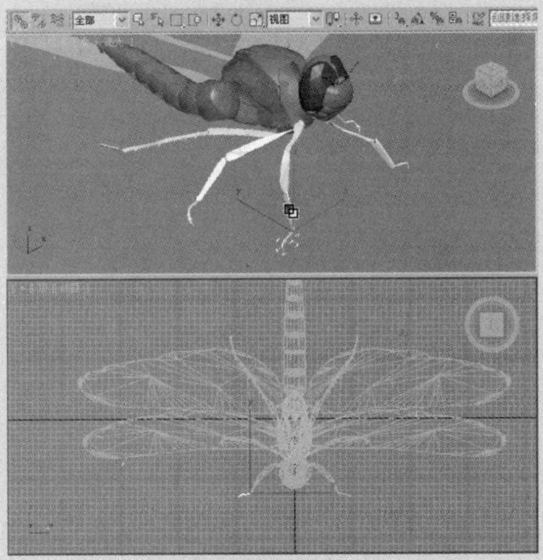

图13-1

2 在工具栏中单击（选择并链接）按钮，在场景中选择“左前腿下”对象，使用鼠标拖曳出虚线，在“左前腿中”上松开鼠标创建链接，如图13-1所示。

3 在场景中将“左前腿中”链接到“左前腿上”上，如图13-2所示。

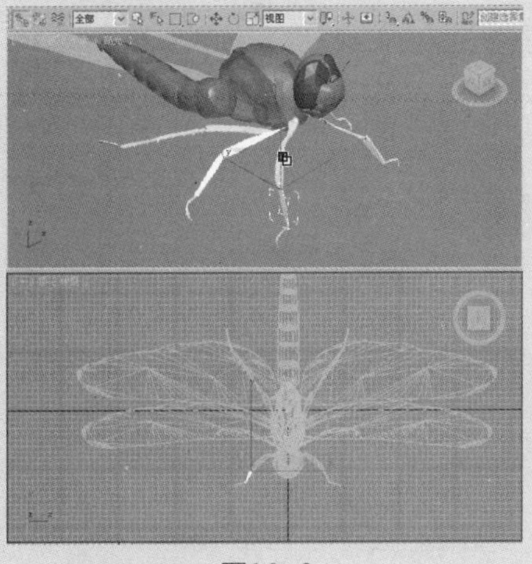

图13-2

4 使用同样的方法创建其他几条腿由下往上的链接。

5 在工具栏中单击［图解视图（打开）］按钮，打开图解视图，从中可以观察到左腿链接的层次效果，如图13-3所示。

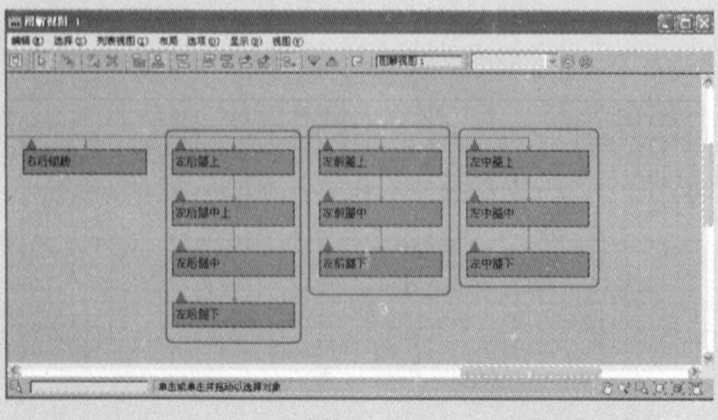

图13-3

6 如图13-4所示为右腿的链接层次效果。

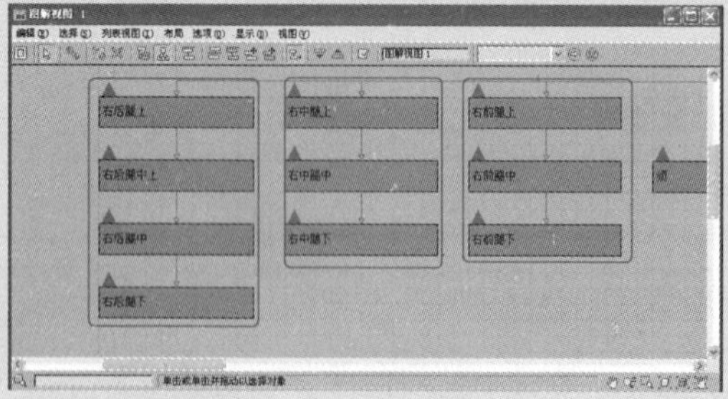

图13-4

7 在场景中单击（选择并链接）按钮，将“尾巴01”链接到“尾巴02”，如图13-5所示。

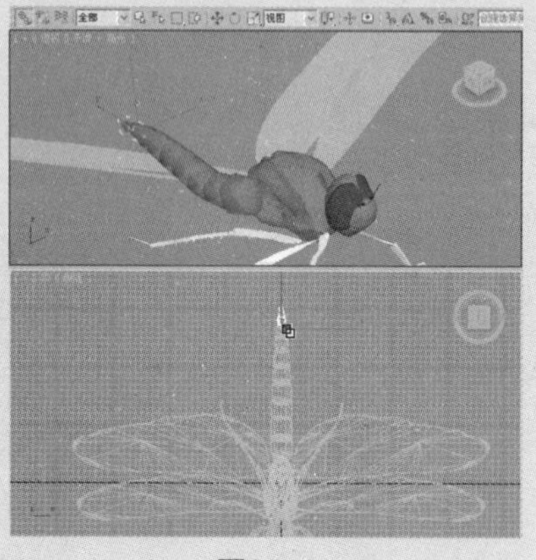

图13-5

8 将“尾巴03”链接到“尾巴04”上，如图13-6所示。

9 依次为“尾巴01”→“尾巴02”→“尾巴03”→“尾巴04”→“尾巴05”→“尾巴06”→“尾巴07”→“尾巴08”→“尾巴09”。

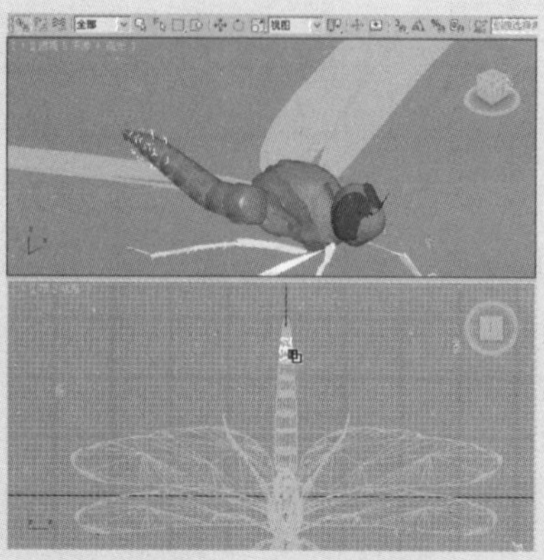

图13-6

10 看一下尾巴的图解，如图13-7所示。

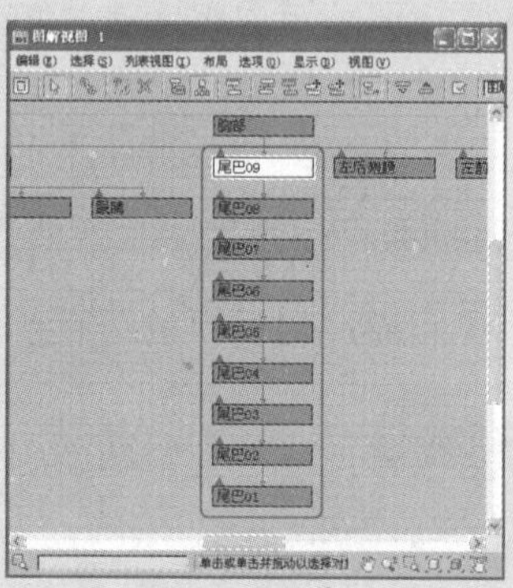

图13-7

11 依次选择“须”、“眼睛中”、“嘴巴”、“眼睛”，并将其同时链接到“头部”模型上，如图13-8所示。

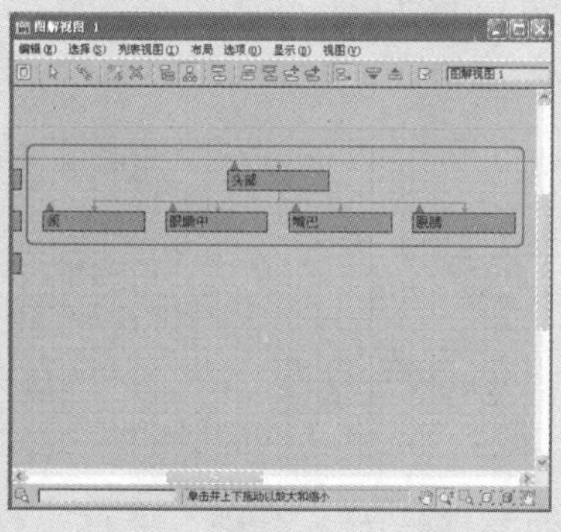

图13-8

12 在场景中选择“左前腿上”、“左中腿上”、“左后腿上”、“右前腿上”、“右中腿上”、“右后腿上”、四个“翅膀”、“尾巴09”、“头部”，并将其同时链接到胸部，使胸部作为重心，如图13-9所示。

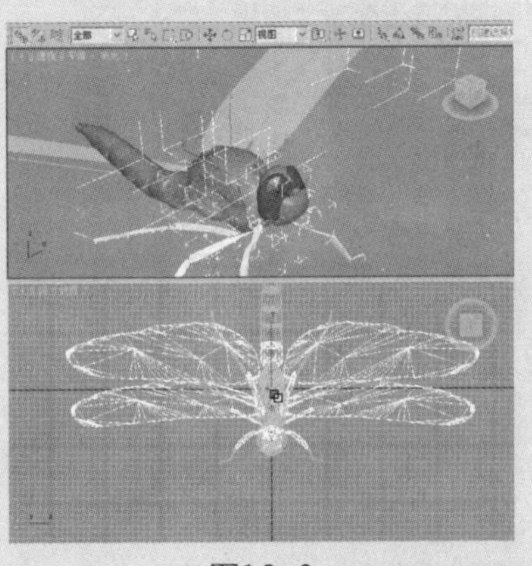

图13-9

13 在图解视图中可以看到链接，如图13-10所示，图中我们将一些次子物体进行了（折叠选定项），如果想看一下子物体层级的次子物体层，单击（展开选定项）按钮即可，如图13-11所示。

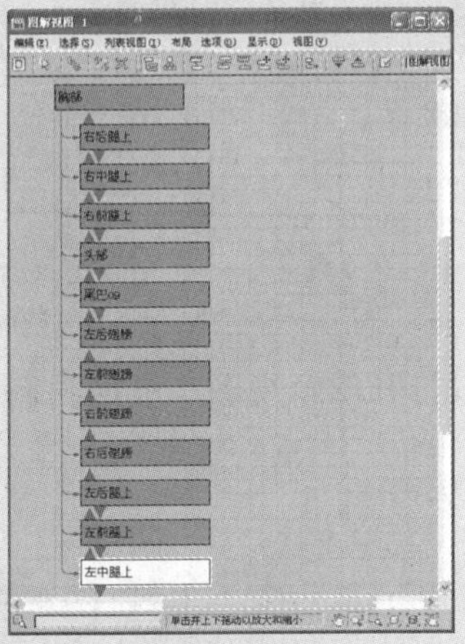

图13-10

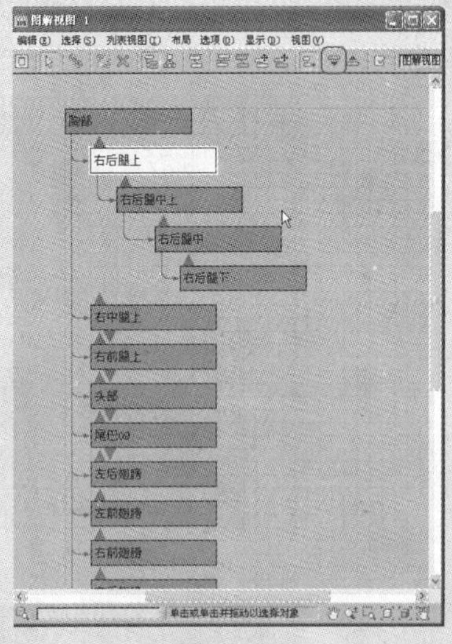

图13-11

14 这样对“胸部”模型进行操作就可以直接影响到子物体层级，如图13-12所示为移动的胸部模型。

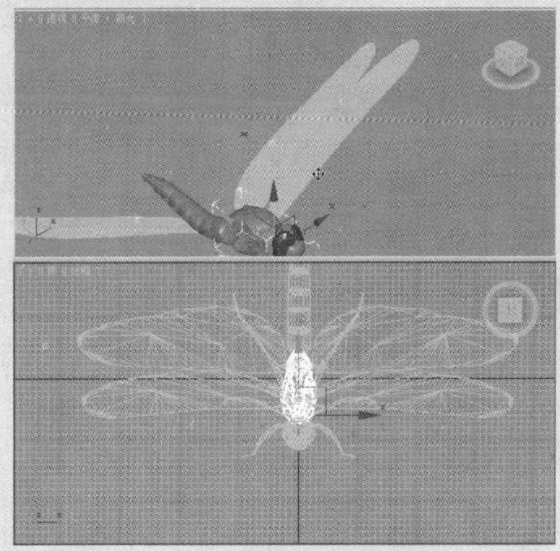

图13-12

13.1.2 锁定和继承

（层级）面板包含两个卷展栏。“锁定”卷展栏具有可以限制对象在特定轴中移动的控件；“继承”卷展栏具有可以限制子对象继承其父对象变换的控件。

“锁定”卷展栏将锁定对象所具有的沿着特定局部轴变换的功能，如图13-13所示，为蜻蜓翅膀勾选如图所示的选项，没有移动和缩放，只能在y轴进行旋转。

“继承”卷展栏限制子对象继承的变换。使用“继承”卷展栏约束选定对象和其用于任何轴位置、旋转或缩放的父对象之间的链接。如图13-14所示设置了选择的对象不继承父对象的移动，移动父对象时该翅膀就不跟随父对象移动了，但是可以看到图中勾选的有旋转和缩放，所以对父对象进行旋转和缩放时影响该翅膀。

图13-13

图13-14

13.1.3 图解视图

在工具栏中单击 [图解视图（打开）]按钮，可以打开图解视图。下面我们创建简单的木偶人来为大家介绍图解视图的应用。

1. 实例操作089—— 图解视图创建链接

1 在创建链接时首先确定谁是父对象谁是子对象。在工具栏中单击 [图解视图（打开）]按钮，可以打开图解视图，如图13-15所示。

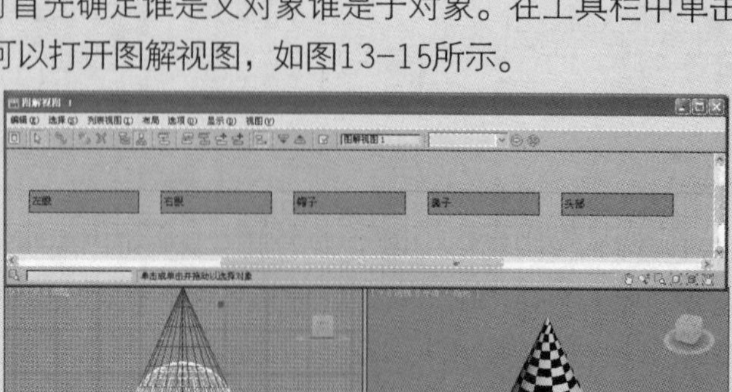

图13-15

2 根据层次使用（选择）根据，为了方便链接在打开的视图中调整层级名称的位置，如图13-16所示。

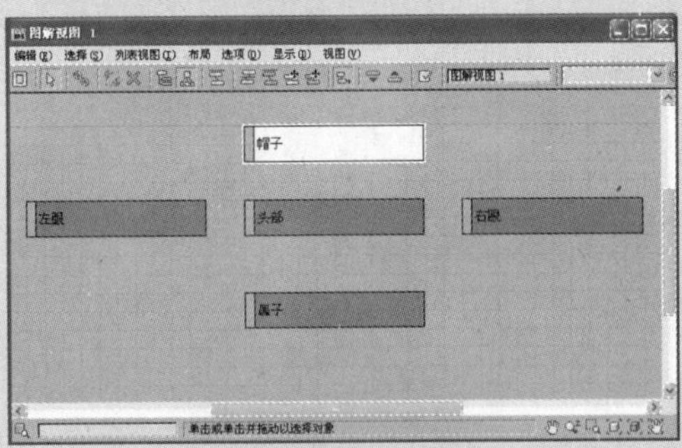

图13-16

3 在工具栏中单击（连接）按钮，在视图中将“帽子”链接到“头部”上，如图13-17所示。

4 将“左眼”、“右眼”、“鼻子”也都链接到“头部上”上，如图13-18所示。

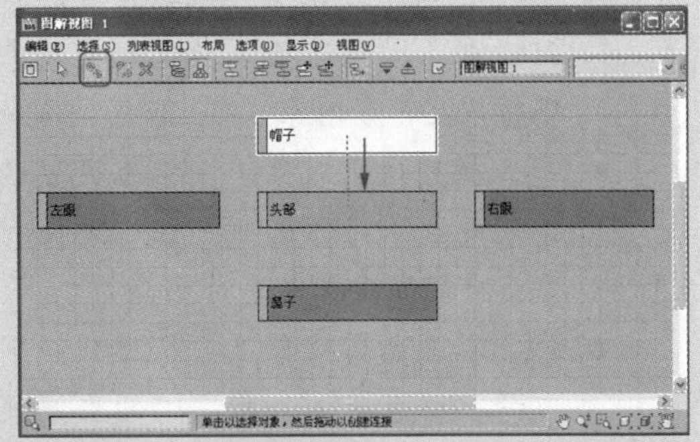

图13-17

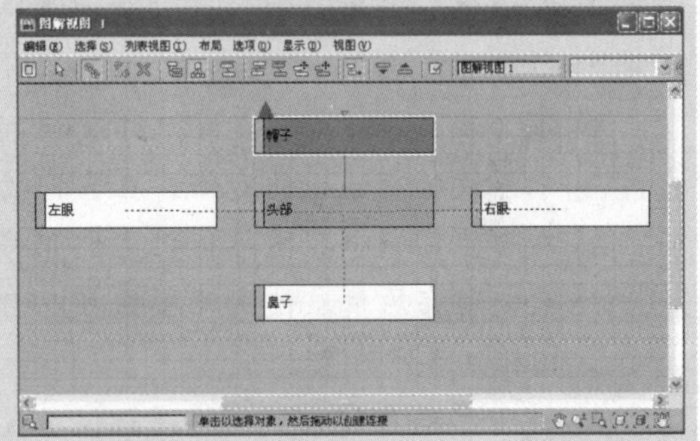

图13-18

2. 选项介绍

（1）（图解视图）的名称框中各组中的功能介绍如下。

- Box001:表明实体已安置好。
- Box001:表明实体处于自由状态。
- Box001:表明已对实体设置动画。
- Box002:表明实体在被选中。
- :将弹出实体塌陷回原来的地方，并将所有子实体塌陷到父实体中。
- :从箭头弹出的实体向下扩展下一个子实体。

（2）（图解视图）的工具栏中的各工具的功能介绍如下。

- （显示浮动框）：显示或隐藏（显示浮动框），激活按钮意味着开启浮动框，禁用按钮意味着隐藏浮动框。
- （选择）：使用此按钮可以在图解视图窗口和视口中选择对象。
- （连接）：允许创建层次。
- （断开选定对象链接）：断开图解视图窗口中选定对象的链接。
- （删除对象）：删除在图解视图中选定的对象。删除的对象将从视口和图解视图窗口中消失。
- （层次模式）：用级联方式显示父对象/子对象的关系。父对象位于左上方，而子对象朝右下方缩进显示。
- （参考模式）：基于实例和参考（而不是层次）来显示关系。使用此模式查看材质和修改器。
- （始终排列）：根据排列首选项（对齐选项）将图解视图设置为始终排列所有实体。执行此操作之前将弹出一个警告信息。单击该按钮将激活工具栏按钮。

- （排列子对象）：根据设置的排列规则（对齐选项）在选定父对象下排列显示子对象。
- （排列选定对象）：根据设置的排列规则（对齐选项）在选定父对象下排列显示选定的对象。
- （释放所有对象）：从排列规则中释放所有实体，在它们的左侧使用一个孔图标标记它们并将它们留在原位。使用此按钮可以自由排列所有对象。
- （释放选定对象）：从排列规则中释放所有选择的实体，在它们的左端使用一个孔图标标记它们并将它们留在原位。使用此按钮可以自由排列选定对象。
- （移动自对象）：将图解视图设置为移动已移动父对象的所有子对象。启用此模式后，工具栏按钮处于活动状态。
- （展开选定项）：显示选定实体的所有子实体。
- （折叠选定项）：隐藏选定实体的所有子实体，选定的实体仍保持可见。
- （首选项）：显示图解视图首选项对话框。使用该对话框可以按类别控制图解视图中显示和隐藏的内容。这里有多种选项可以过滤和控制图解视图窗口中的显示。
- （转至书签）：缩放并平移图解视图窗口以便显示书签选择。
- （删除书签）：移除显示在书签名称字段中的书签名。
- （缩放选定视口对象）：放大在视口中选定的对象，可以在此按钮旁边的文本字段中输入对象的名称。

（3）（图解视图）的“显示”浮动框如图13-19所示，各工具的功能介绍如下。

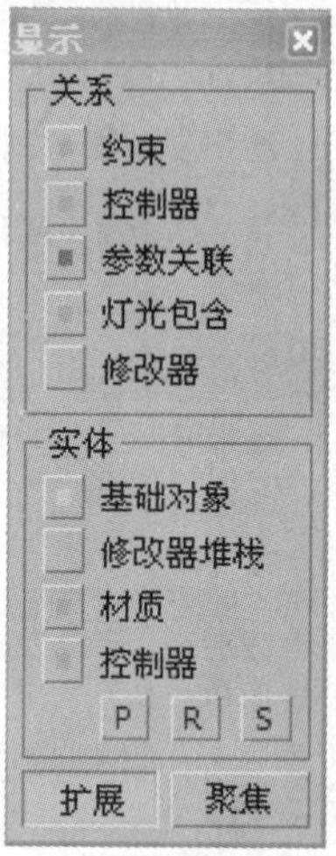

图13-19

- 关系：可以选择要显示或创建的关系，包括“约束”、“控制器”、“参数关联”、“灯光包含”和“修改器”。
- 实体：选择显示或编辑的实体类型。
- 基础对象：激活时，所有基础对象实体都显示为节点实体的子实体。启用同步选择并打开修改器堆栈后，在基本对象上单击会激活该级别的对象堆栈。
- 修改器堆栈：激活时，以修改对象基础实体开始，对象堆栈中的所有修改器都显示为子对象。
- 材质：激活时，指定到对象的所有材质和贴图都显示为对象的子对象。
- 控制器：激活时，除位置、旋转和缩放外，所有控制器都显示为对象变换控制器（也会显示）的子对象。当此选项处于活动状态时，才可以向对象添加控制器。
- P、R、S：可以选择显示三种变换类型（位置、旋转或缩放）的任意组合。

- 扩展：打开时，激活的实体将在图解视图中显示。禁用该选项后，将只显示节点底部的三角形子对象指示器。该切换在激活时才可以应用，它不会扩展或收缩已显示的实体。
- 聚集：打开时，只有与其他实体有关且显示它们关系的这些实体才会使用自己的颜色着色，其他所有实体显示时都不着色。

13.1.4 创建正向动力学动画

在工具栏中单击（图解视图）按钮可以打开图解视图。下面我们创建“落下的蜻蜓”来为大家介绍图解视图的应用。

实例操作090—— 落下的蜻蜓

场景文件	场景\Cha13\蜻蜓.max	视频教学	视频教学\Cha13\落下的蜻蜓.avi
案例文件	场景\Cha13\落下的蜻蜓.max		
视频长度	2分30秒	难易指数	★★★★☆

接着上面创建链接后的蜻蜓模型制作蜻蜓动画，完成的单帧效果如图13-20所示。

图13-20

1 在场景中选择翅膀模型，进入（层级）面板，在“调整轴”卷展栏中单击“仅影响轴”按钮，在场景中调整轴到父对象的根部，如图13-21所示。

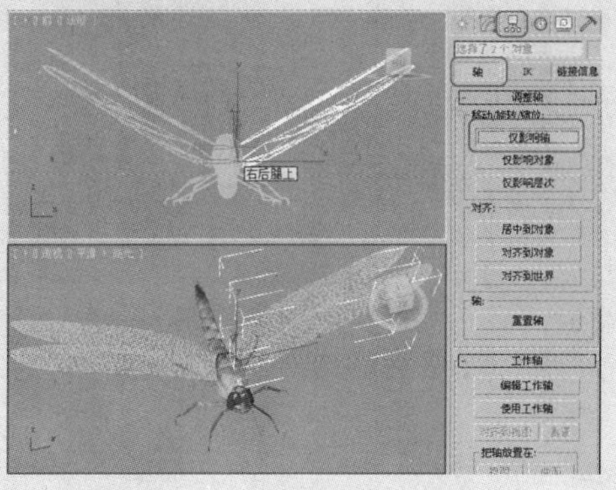

图13-21

2 使用同样的方法调整其他轴的位置，如图13-22所示。

图13-22

3 拖动时间滑块到20帧，打开“自动关键点”按钮，在前视图中调整翅膀的角度如图13-23所示。

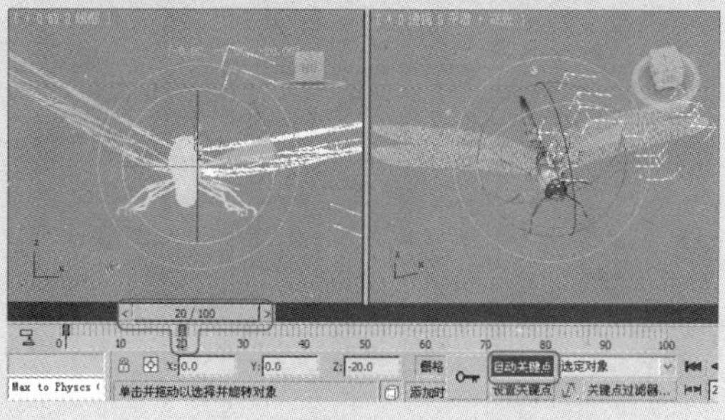

图13-23

4 拖动时间滑块到40帧，并在场景中调整翅膀的角度如图13-24所示。

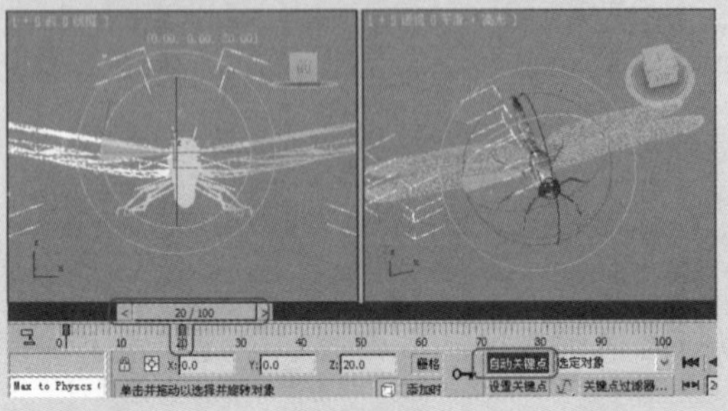

图13-24

5 选择两个关键帧，按住Shift键移动复制关键帧，如图13-25所示，使用同样的方法复制其他翅膀的关键点。

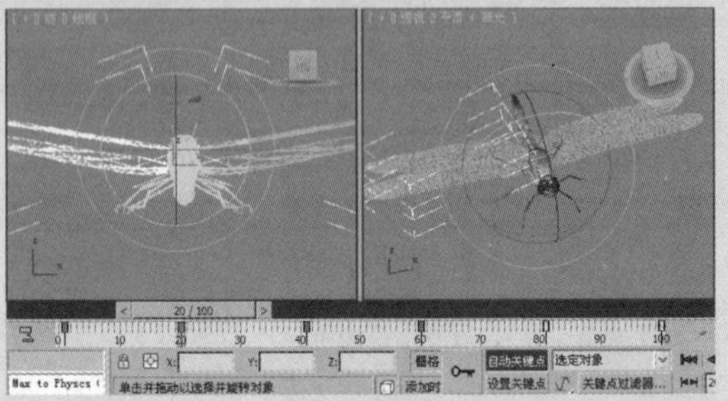

图13-25

6 为场景中设置背景贴图，如图13-26所示。

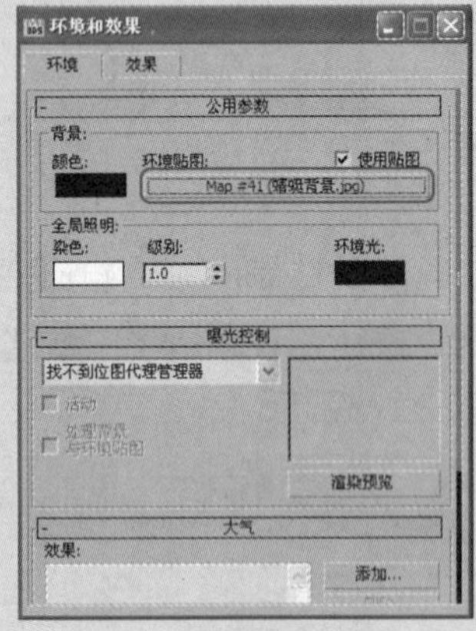

图13-26

7 在“透视”图中显示背景，如图13-27所示。

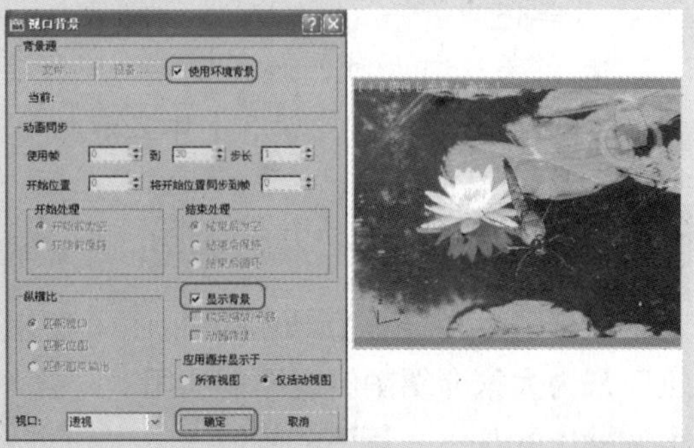

图13-27

8 在场景中调整蜻蜓模型，如图13-28所示。

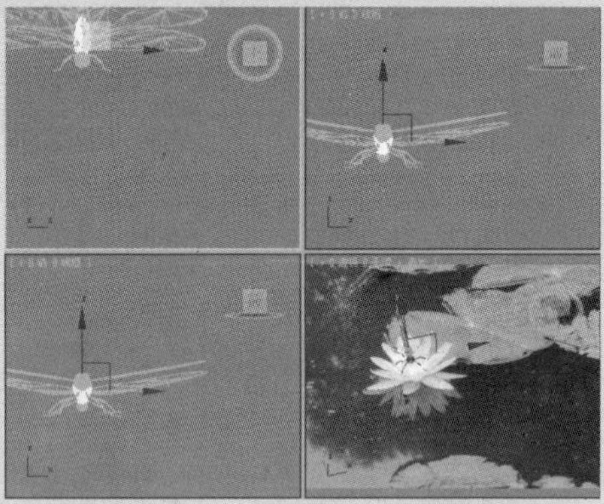

图13-28

9 渲染场景，得到的效果如图13-29所示。

图13-29

13.2 反向动力学

反向运动学 (IK) 是一种设置动画的方法，它翻转链操纵的方向。它是从叶子而不是根开始进行工作的。

13.2.1 使用反向运动学制作动画的步骤

下面以一个最为经典的实例——挥舞的链子球来介绍反向运动学的应用操作。具体效果表现如图13-30所示。

图13-30

实例操作091—— 挥舞的链子球

场景文件	场景\Cha13\挥舞的链子球.max	视频教学	场景\Cha13\挥舞的链子球.avi
案例文件	场景\Cha13\挥舞的链子球ok.max	难易指数	★★★★☆
视频长度	4分10秒		

1 打开光盘中的“场景\cha13\挥舞的链子球.max”文件，如图13-31所示。

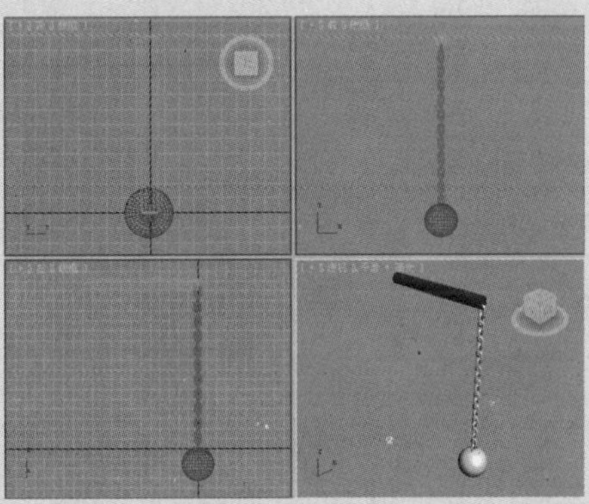

图13-31

2 在场景中由下向上创建模型的链接，如图13-32所示。

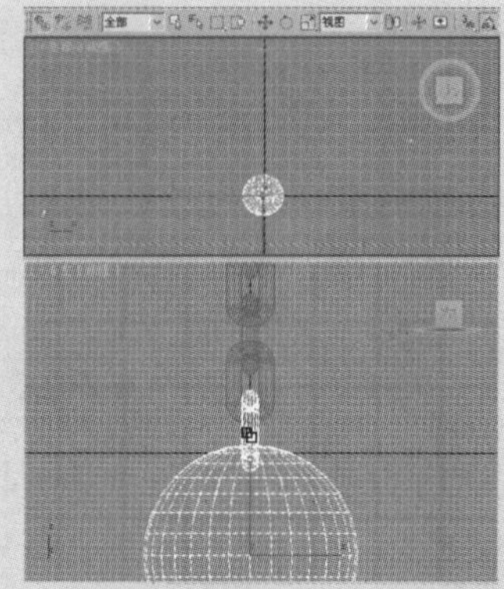

图13-32

3 在场景中继续创建链接，看一下层级面板，如图13-33所示。

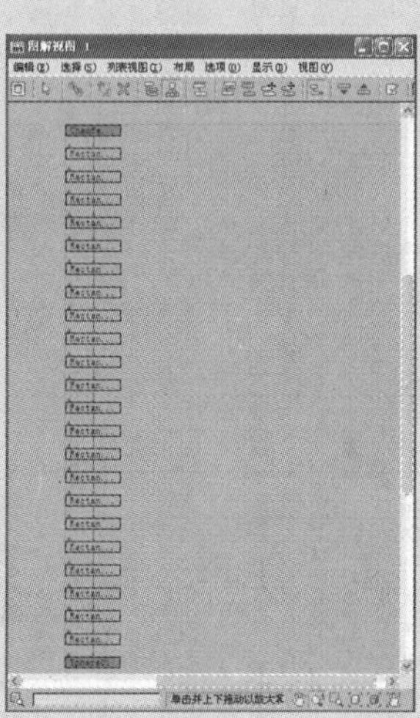

图13-33

4 在场景中选择球体，切换到[ICON]（层级）面板，选择“IK”选项卡，在“反向运动学”卷展栏中单击“交互式IK”按钮，在场景中调整球体可以影响链子锤的效果，如图13-34所示。

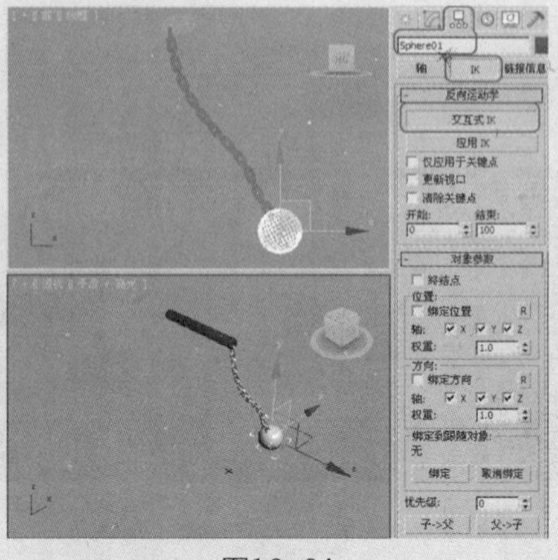

图13-34

5 在场景中选择如图13-35所示的对象，在“对象参数”卷展栏中勾选“终结点”复选框，在场景中调整球体，可以看到只影响到终结点对象，如图13-36所示。

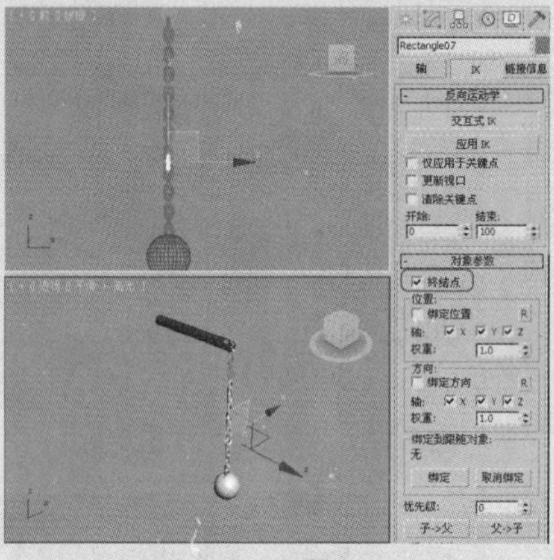

图13-35

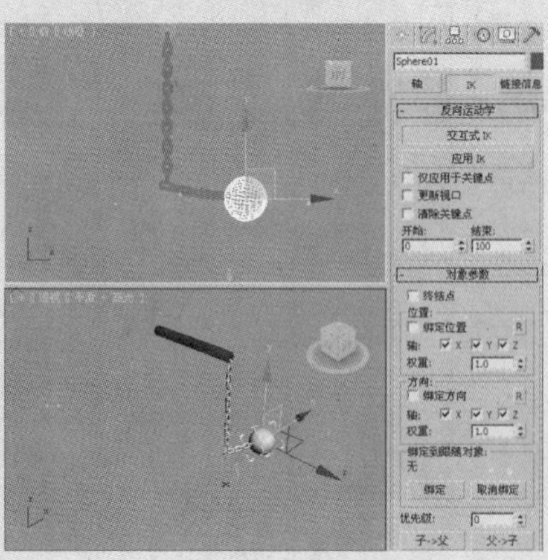

图13-36

6 取消勾选“终结点”复选框，按Ctrl+Z键恢复到原始状态，在“顶”视图中创建圆，并在场景中将圆柱体模型链接到圆上，如图13-37所示。

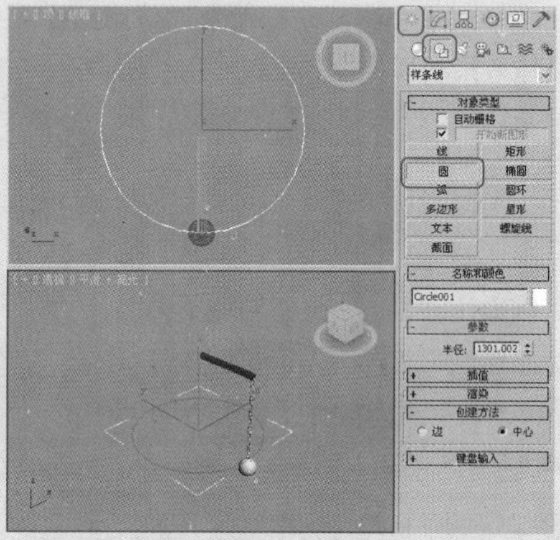

图13-37

7 在场景中选择圆，切换到（层级）面板，选择“IK”选项卡，在“转动关节”卷展栏中取消勾选“X轴”、“Y轴”、“Z轴”中的“活动”复选框，如图13-38所示。

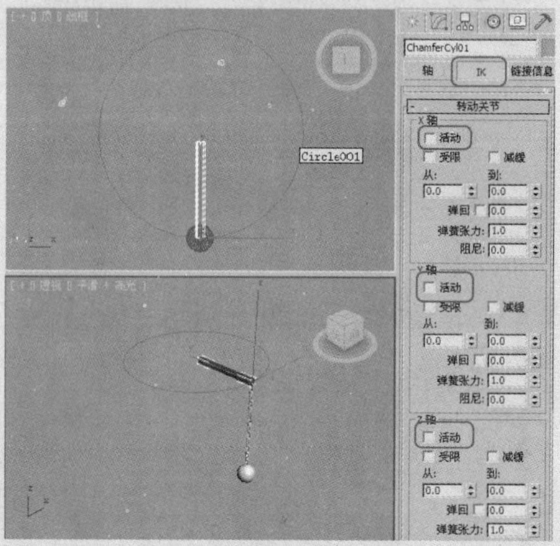

图13-38

8 在场景中选择圆柱体对象，切换到（运动）面板，在“参数”面板的“指定控制器”卷展栏中选择“位置”，单击按钮，在弹出的对话框中选择“路径约束”，如图13-39所示。

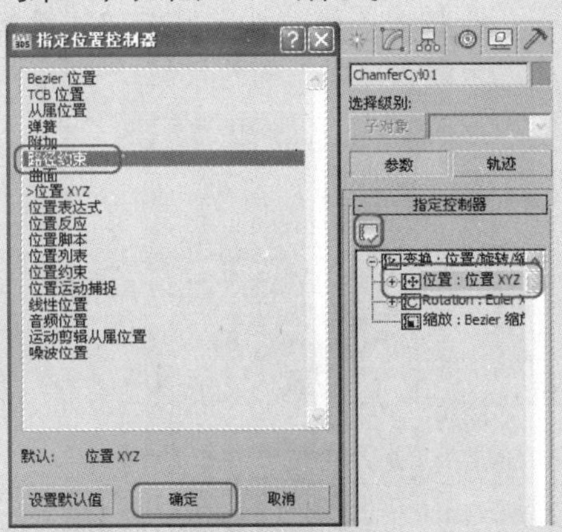

图13-39

9 指定圆为路径，在“路径选项”选项组中勾选“跟随”复选框，如图13-40所示。

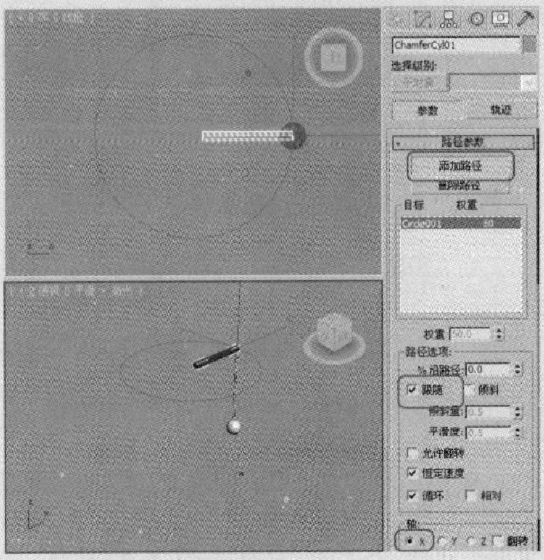

图13-40

10 切换到（层级）面板，选择“IK”选项卡，在“反向运动学”卷展栏中单击“交互式IK”按钮，在场景中调整圆柱体可以影响链子球的效果。单击“自动关键点”按钮，在场景中移动球体模型如图13-41所示。

11 拖动时间滑块到20帧，可以移动球体，使其在20帧时变换一下，如图13-42所示。

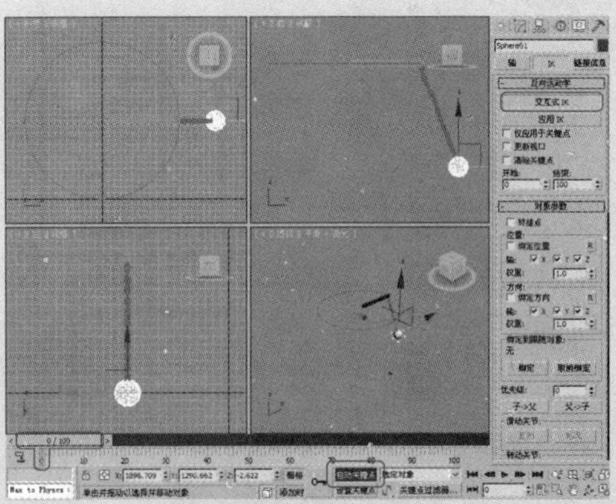

图13-41

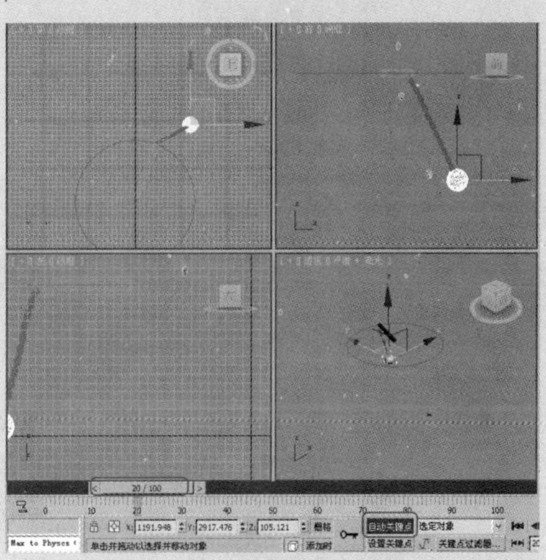

图13-42

12 在100帧创建“链锤”的变换动画，如图13-43所示。

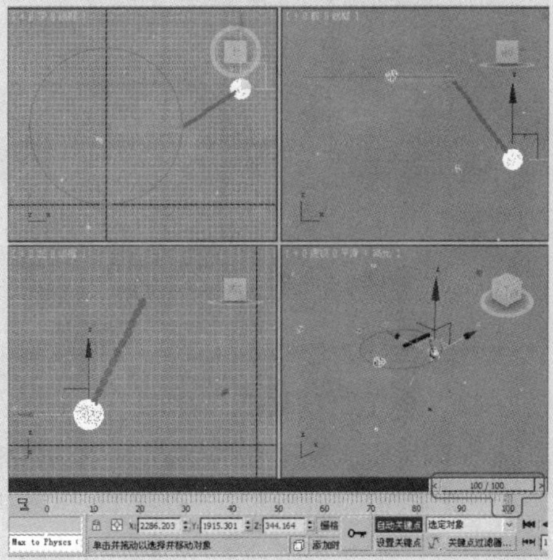

图13-43

13.2.2 编辑对象的反向运动学参数

通过上面的实例我们对反向运动学有了一个初步的了解，下面我们将对IK中用到的参数进行介绍。

首先介绍（层级）面板中的“IK”选项卡。

（1）“反向运动学”卷展栏如图13-44所示，其中各工具的功能介绍如下。

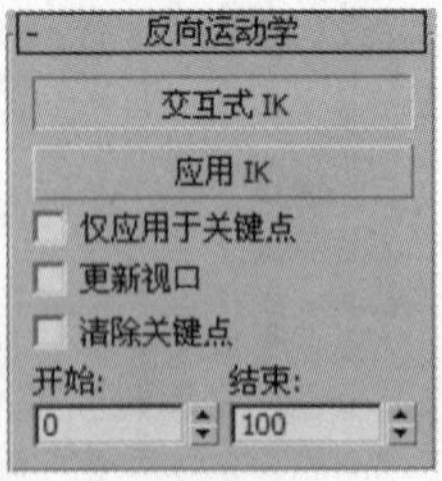

图13-44

- 交互式IK：允许对层次进行IK操纵，而无须应用IK解算器或使用下列对象。
- 应用IK：为动画的每一帧计算IK解决方案，并为IK链中的每个对象创建变换关键点。提示行上出现栏图形，指示计算的进度。
- 仅应用于关键点：为末端效应器的现有关键帧解算 IK 解决方案。
- 更新视图：在视口中按帧查看应用IK帧的进度。
- 清除关键点：在应用IK之前，从选定IK链中删除所有移动和旋转关键点。
- 开始\结束：设置帧的范围以计算应用的IK解决方案。

（2）“对象参数”卷展栏如图13-45所示，其中各工具的功能介绍如下。

- 终结点：通过将一个或多个选定对象定义为终结点，设置IK链的基础。启用“终结点”将在运动学链计算到达层次的根对象之前停止。终结点对象停止终结点子对象的计算；终结点本身并不受IK解决方案的影响，从而可以对运动学链的行为提供非常精确的控制。

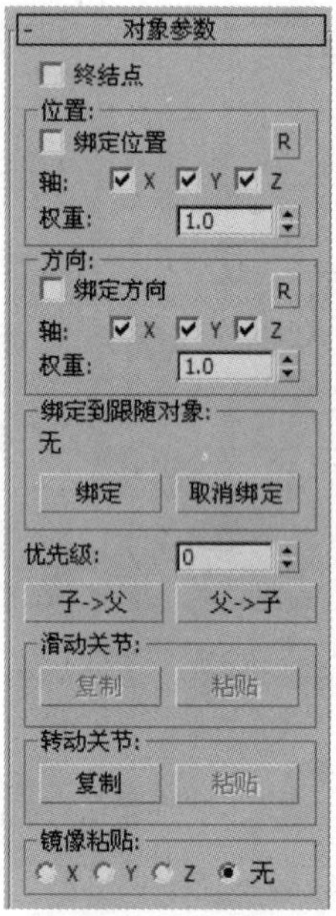

图13-45

- 绑定位置：将IK链中的选定对象绑定到世界（尝试着保持它的位置），或者绑定到跟随对象，如果已经指定了一个跟随对象的话。如果已经指定了跟随对象，则跟随对象的变换会影响IK解决方案。
- 绑定方向：将层次中的选定对象绑定到世界（尝试着保持它的方向），或者绑定到跟随对象，如果已经指定了一个跟随对象的话。如果已经指定了跟随对象，则跟随对象的旋转会影响IK解决方案。
- “轴：X、Y、Z”：如果其中一个轴处于禁用状态，则该指定轴就不再受跟随对象或HD IK解算器位置末端效应器的影响。例如，如果在“位置”选项组中关闭X轴，跟随对象（或末端效应器）沿X轴的移动就对IK解决方案没有影响，但是沿Y轴或者Z轴的移动仍然有影响。

- 权重：在跟随对象（或末端效应器）的指定对象和链的其他部分上设置跟随对象（或末端效应器）的影响。设置为0会关闭绑定。使用该值可以设置多个跟随对象或末端效应器的相对影响和在解决IK解决方案中它们的优先级。“权重”值越高，优先级就越高。
- 绑定到跟随对象：反向运动学链中将对象绑定到跟随对象。
- 无：显示选定跟随对象的名称。
- 绑定：将反向运动学链中的对象绑定到跟随对象。
- 取消绑定：在HD IK 链中从跟随对象上取消选定对象的绑定。
- 优先级：手动为IK链中的任何对象指定优先级值。高优先级值在低优先级值之前计算。将按照“子>父”顺序计算相等的优先级值。
- 子>父：自动设置关节优先级，以减少从子到父的值。这将导致应用力量位置（末端效应器）最近的关节移动速度比远离力量的关节快。
- 父>子：自动设置关节优先级，以减少从父到子的值。这将导致应用力量位置（末端效应器）最近的关节移动速度比远离力量的关节慢。
- 滑动关节：使用下列按钮可在对象之间复制滑动关节参数。这些按钮不可用于路径关节。
- 转动关节：在对象之间复制转动关节参数。
- 镜像粘贴：用于在“粘贴”操作期间关于X、Y或Z轴镜像IK关节设置。

（3）“自动终结”卷展栏如图13-46所示，其中各选项的功能介绍如下。

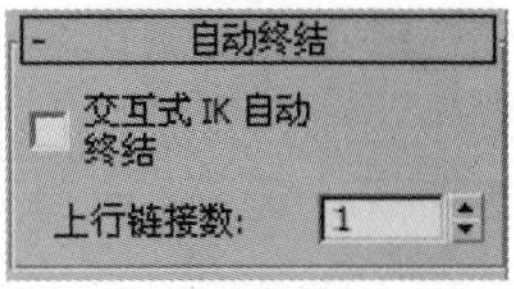

图13-46

- 交互式IK自动终结：启用自动终结功能。
- 上行链接数：指定终结应用链接的上行程度。例如，如果将该值设置为5，则您移动层次中的任何对象时，则从所调整对象开始上行五个链接的对象作为终结点。如果选择层次中的不同对象，则终结将切换到从最新选定的对象开始上行五个链接的对象。

（4）“转动关节”卷展栏如图13-47所示，部分选项工具的功能介绍如下。

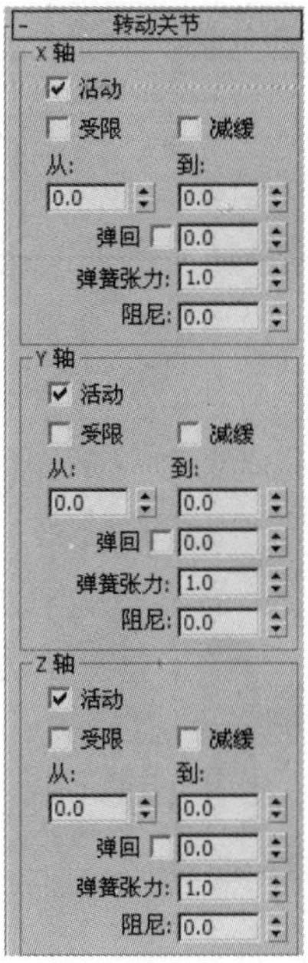

图13-47

- X轴、Y轴、Z轴：每个卷展栏包含有相同的组框，来控制X、Y和Z轴。
- 活动：激活某个轴 (X、Y、Z)。允许选定的对象在激活的轴上滑动，或沿着它旋转。

- 受限：限制活动轴上所允许的运动或旋转范围。与“从”和“到”微调器共同使用。多数关节沿着活动轴所做的运动有它们的限制范围。例如，活塞只能在汽缸的长度范围内滑动。
- 减缓：当关节接近“从”和“到”限制时，使它抗拒运动。用来模拟有机关节，或者旧机械关节，它们在运动的中间范围移动或转动时是自由的，但是在范围的末端，却无法很自由地运动。
- 从、到：确定位置和旋转限制。与“受限”功能共同使用。
- 弹回：激活弹回功能。每个关节都有停止位置。关节离停止位置越远，就会有越大的力量，将关节向它的停止位置拉，像有弹簧一样。
- 弹簧张力：设置“弹回”的强度。当关节远离平衡位置时，这个值越大，弹簧的拉力就越大。设置为0时会禁用弹簧；非常高的设置值会把关节限制住，因为弹簧弹力太强，关节不会移动过某个点，只能达到那个点范围之内的点。
- 阻尼：在关节运动或旋转的整个范围中应用阻力。用来模拟关节摩擦或惯性的自然效果。当关节受腐蚀、干燥或受重压时，它会在活动轴方向抗拒运动。

13.2.3 IK解算器

IK解算器可以创建反向运动学解决方案，用于旋转和定位链中的链接。它可以应用IK 控制器管理链接中子对象的变换。可以将IK解算器应用于对象的任何层次。使用“动画”菜单中的命令，如图13-48所示，可以将IK解算器应用于层次或层次的一部分。在层次中选中对象，并选择IK解算器，然后单击该层次中的其他对象，以便定义IK链的末端。应用IK解算器后的骨骼系统如图13-49所示。

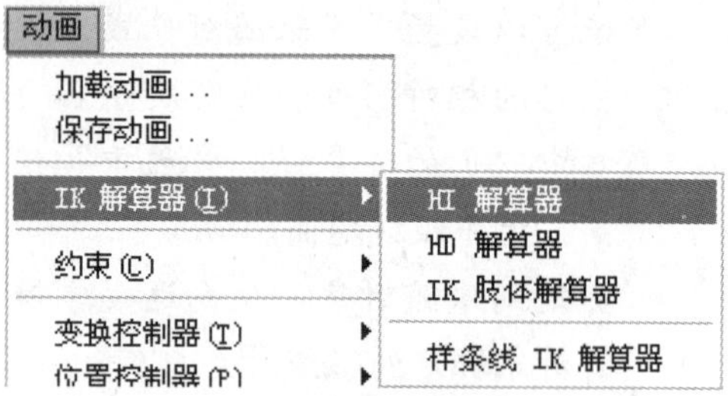

图13-48

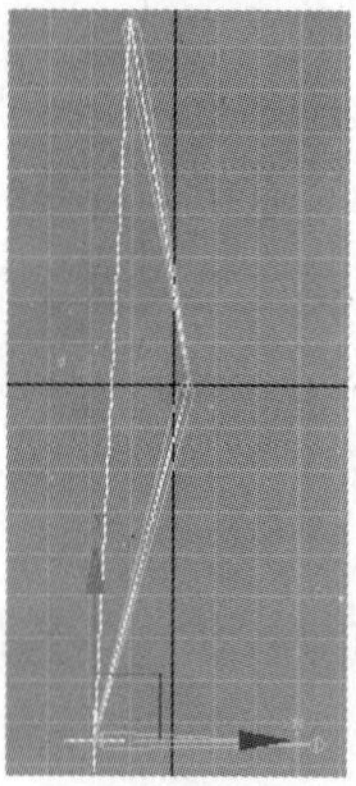

图13-49

IK解算器的设置可以在（运动）面板和（层级）面板中进行调整。

反向运动学链可以在部分层次中加以定义，即从角色的臀部到脚跟或者从肩部到手腕。IK链的末端是Gizmo，即目标。随时重新定位目标或设置目标动画时可以采用各种方法。这些方法通常包括使用链接、参数关联或约束。无论目标如何移动，IK解算器都尝试移动链中最后一个关节的枢轴（也称终端效应器），以便满足目标的要求。IK解算器可以对链的部分进行旋转，以便扩展和重新定位末端效应器，使其与目标相符。

1. HI解算器

对角色动画和序列较长的任何 IK 动画

而言，HI 解算器是首选方法。使用HI 解算器可以在层次中设置多个链。例如，角色的腿部可能存在一个从臀部到脚踝的链，还存在另外一个从脚跟到脚趾的链。

因为该解算器的算法属于历史独立型，所以，无论涉及的动画帧有多少，都可以加快使用速度。它在第2000帧的速度与在第10帧的速度相同。它在视口中稳定且无抖动。该解算器可以创建目标和末端效应器（虽然在默认情况下末端效应器的显示处于关闭状态）。它使用旋转角度调整该解算器平面，以便定位肘部或膝盖。您可以将旋转角度操纵器显示为视口中的控制柄，然后对其进行调整。另外，HI IK还可以使用首选角度定义旋转方向，使肘部或膝盖正常弯曲。

2. HD解算器

HD解算器是一种最适用于动画制作计算机的解算器，尤其适用于那些包含需要IK动画的滑动部分的计算机。使用该解算器可以设置关节的限制和优先级。它具有与长序列有关的性能问题，因此，最好在短动画序列中使用。该解算器适用于设置动画的计算机，尤其适用于那些包含滑动部分的计算机。

因为该解算器的算法属于历史依赖型，所以，最适合在短动画序列中使用。在序列中求解的时间越迟，计算解决方案所需的时间就越长。该解算器使您可以将末端效应器绑定到后续对象，并使用优先级和阻尼系统定义关节参数。该解算器还允许将滑动关节限制与IK动画组合起来。与HI IK解算器不同的是，该解算器允许在使用FK移动时限制滑动关节。

3. IK 肢体解算器

IK分支解算器只能对链中的两块骨骼进行操作。它是一种在视口中快速使用的分析型解算器，因此，可以设置角色手臂和腿部的动画。

使用IK分支解算器可以导出到游戏引擎。

因为该解算器的算法属于历史独立型，所以，无论涉及的动画帧有多少，都可以加快使用速度。它在第2000帧的速度与在第10帧的速度相同。它在视口中稳定且无抖动。该解算器可以创建目标和末端效应器（虽然在默认情况下末端效应器显示处于关闭状态）。它使用旋转角度调整该解算器平面，以便定位肘部或膝盖。可以将旋转角度锁定为其他对象，以便对其进行旋转。另外，IK分支解算器还可以使用首选角度定义旋转方向，使肘部或膝盖正常弯曲。使用该解算器还可以通过启用关键帧IK在IK和FK之间进行切换。该解算器具有特殊的IK设置FK姿态功能，可以使用IK设置FK关键点。

4. 样条线IK解算器

样条线IK解算器使用样条线确定一组骨骼或其他链接对象的曲率。

样条线IK样条线中的顶点称作节点。同顶点一样，可以移动节点，并对其设置动画，从而更改该样条线的曲率。

样条线节点数可能少于骨骼数。与分别设置每个骨骼的动画相比，这样便于使用几个节点设置长型多骨骼结构的姿势或动画。

样条线IK提供的动画系统比其他IK解算器的灵活性高。节点可以在3D空间中随意移动，因此，链接的结构可以进行复杂变形。

分配样条线IK时，辅助对象将会自动位于每个节点中。每个节点都链接在相应的辅助对象上，因此，可以通过移动辅助对象移动节点。与HI解算器不同的是，样条线IK系统不会使用目标。节点在3D空间中的位置是决定链接结构形状的唯一因素。旋转或缩放节点时，不会对样条线或结构产生影响。

13.3 层次链接

生成计算机动画时，最有用的工具之一是将对象链接在一起以形成链的功能。通过将一个对象与另一个对象相链接，可以创建父子关系。应用于父对象的变换同时将传递给子对象。链也称为层次。

13.3.1 层级链接概念

层级命令面板如图13-50所示，主要用于调节相互链接物体之间的层次关系。通过链接方式，可以在物体之间建立父子关系，如果对父物体进行变换操作，也会影响其他的子物体。父子关系是单纯的，许多子物体可以分别链接到相同的或者不同的父物体上，建立各种复杂的复合父子链接，如图13-51所示。

图13-50

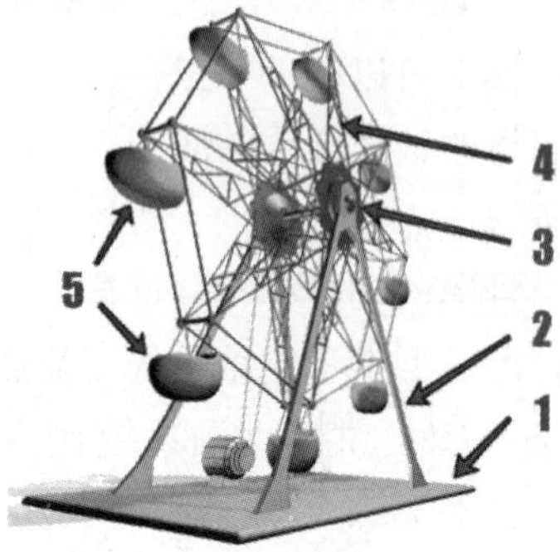

图13-51

层次相互链接在一起的对象之间的关系如下。

- 父对象：控制一个或多个子对象的对象。一个父对象通常也被另一个更高级的父对象控制。
- 子对象：父对象控制的对象。子对象也可以是其他子对象的父对象。默认情况下，没有任何父对象的子对象是世界的子对象（世界是一个虚拟对象）。
- 祖先对象：一个子对象的父对象以及该父对象的所有父对象。
- 派生对象：一个父对象的子对象以及子对象的所有子对象。
- 层次：在一个单独结构中相互链接在一起的所有父对象和子对象。
- 根对象：层次中唯一比所有其他对象的层次都高的父对象，所有其他对象都是根对象的派生对象。
- 子树：所选父对象的所有派生对象。
- 分支：在层次中从一个父对象到一个单独派生对象之间的路径。
- 叶对象：没有子对象的子对象，分支中最低层次的对象。
- 链接：父对象同它的子对象之间不可见的链接。链接是父对象到子对象之间变换位置、旋转和缩放信息的管道。
- 轴点：为每一个对象定义局部中心和坐标系统。可以将链接视为子对象轴点同父对象轴点之间的链接。

13.3.2 “层次”面板

在品（层级）面板中包括三个命令项目，即“轴”、IK和“链接信息”。

1. 轴

所有对象都含有一个轴点，可以将轴点看作对象局部中心和局部坐标系统。

对象的轴用于以下方面。

- 选择“轴”变换中心时，它作为旋转和缩放的中心。
- 设置修改器中心的默认位置。
- 定义对象的链接子对象的变换关系。
- 定义反向运动学（IK）的关节位置。

在“轴”面板中有两个卷展栏，即“调整轴”卷展栏和“调整变换”卷展栏。

可以随时使用“调整轴”卷展栏中的按钮来调整对象的轴位置和方向，如图13-52所示。调整对象的轴点不会影响链接到该对象的任何子对象。

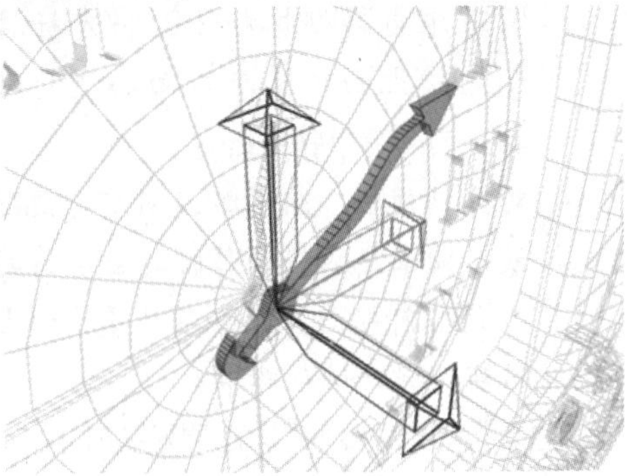

图13-52

（1）“调整轴”卷展栏如图13-53所示，各项工具的功能介绍如下。

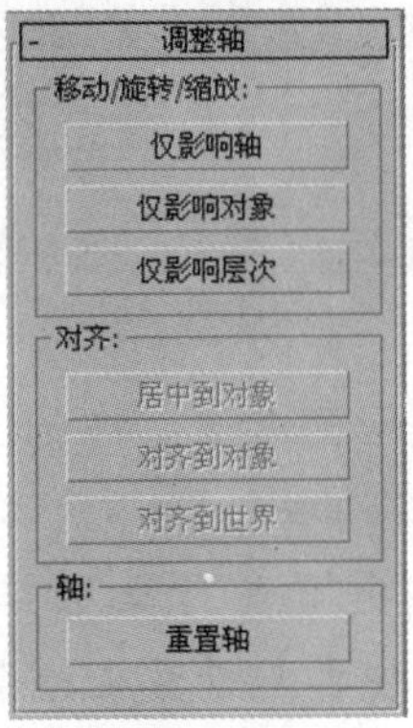

图13-53

- 仅影响轴：仅影响选定对象的轴点。
- 仅影响对象：仅影响选定的对象而不影响轴点。
- 仅影响层次：仅影响旋转和缩放工具。通过旋转或缩放轴点的位置，而不是旋转或缩放轴点本身，它可以将旋转或缩放应用于层次。

注意 对齐、法线对齐和对齐到视图功能都受到“仅影响轴”、“仅影响对象”和“仅影响层次”的影响。使用捕捉模式可以捕捉到自己的对象轴，也可以捕捉到场景中任何其他对象的轴。

- 居中到对象：将轴移至其对象的中心。
- 对齐到对象：旋转轴使其与对象的变换坐标轴方向对齐。
- 对齐到世界：旋转轴使其与世界坐标系的坐标轴方向对齐。
- 重置轴：将轴点重置为最初创建对象时轴点的位置和方向，它不受“仅影响轴”和“仅影响对象”按钮的影响。

（2）“工作轴”卷展栏如图13-54所示，各项工具的功能介绍如下。

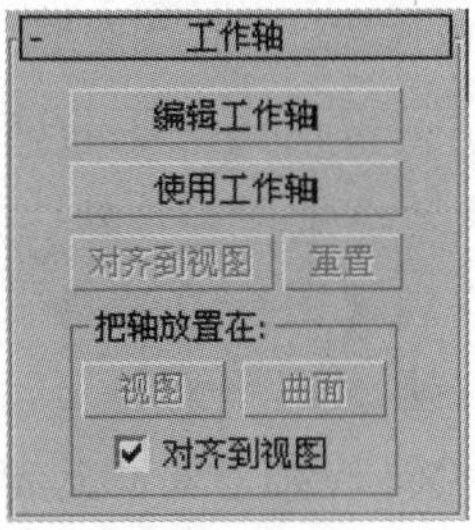

图13-54

- 编辑工作轴：打开时，使工作轴在场景中可见，并允许对其进行变换。当首次进入“编辑工作轴”模式时，默认情况下所有变换工具都使用本地参考坐标系统。使用此模式时可以更改坐标系，该工具会记住每次变换的参考坐标系统。在当前“编辑工作轴”会话中更改变换，例如，由移动更改为旋转将调用该变换上一次的坐标系统。退出“编辑工作轴”将恢复上一个活动变换工具。例如，如果您正在旋转一个对象，而后移动工作轴并退出“编辑工作轴”模式，则旋转工具将再次处于活动状态。

注意 进行“编辑工作轴”是活动的，但是当前选择对工作轴而言已锁定，并且不退出此模式就无法进行更改。

- 使用工作轴：启用时，可以变换与工作轴有关的当前选择（对象或子对象）。变换Gizmo在可见时会移动到工作轴位置。在此模式下，一般可以通过操作Gizmo而不是选择来变换选择。此模式会覆盖所有变换的当前变换空间。退出此模式会恢复每个变换工具的单个坐标系统。默认情况下，这将把旋转和缩放变换的几何体中心设置为使用变换坐标中心，也即工作轴位置。使用工作轴时可以激活“编辑工作轴”；当退出“编辑工作轴”时，会恢复“使用工作轴”模式。
- 对齐到视图：重新确定工作轴的方向，使 XY 平面与活动视图平面平行，X和Y轴与视口边缘平行。仅在“编辑工作轴”和“使用工作轴”模式中可用。
- 重置：移动工作轴至选定对象的轴位置。选定多个对象时，工作轴移动到上一选定对象的轴位置。选择子对象时，工作轴移动到选择项的几何体中心上（选定子对象的平均位置）。
- 把轴放置在：可以通过单击鼠标而不是使用变换工具来定位工作轴。要使用该功能，单击“视图”或“曲面”按钮，然后在视口中单击以在该处放置工作轴。要退出该功能，右击活动视口或再次单击该按钮，然后返回到上一变换工具和工作轴模式（如果使用了）。
- 视图：在屏幕空间放置工作轴，不更改它在屏幕上的深度。因此，将在网格上放置，并且平行于屏幕，与轴的原始位置相交。
- 曲面：在单击的曲面上放置工作轴，或者如果单击的位置没有曲面，则在构造平面上放置。其工作原理跟自动栅格相像，将光标移动到它的上面预览与曲面法线的对齐时，可以看到Gizmo。
- 对齐到视图：启用时，使用“视图”或“曲面”放置工作轴时自动将其对齐到当前视图。准备在屏幕平面上进行变换时此选项非常有用。

（3）“调整变换”卷展栏如图13-55所示，各选项的功能介绍如下。

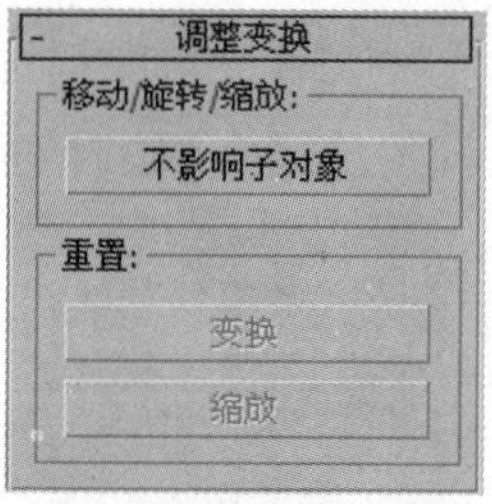

图13-55

- 不影响子对象：将变换限制于选定对象及其轴，而不是其子对象。
- 变换：重置对象局部轴坐标的方向，使其与世界坐标系对齐，而不考虑对象的当前方向。
- 缩放：重置对象的缩放值，以反映对象的新比例。

（4）“蒙皮姿势”卷展栏如图13-56所示，各选项的功能介绍如下。

- 蒙皮姿势模式：将角色摆成蒙皮姿

势并允许精细调整蒙皮姿势。启用“蒙皮姿势模式”时对对象的更改仅影响蒙皮姿势，而不会影响动画。取消勾选该复选框后，结构返回到当前帧上的姿势。

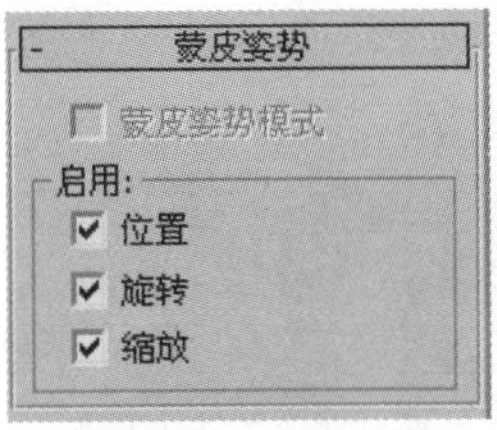

图13-56

● 启用：切换“位置”、“旋转”和“缩放”复选框，以在“蒙皮姿势模式”活动时启用或禁用记录相应的变换。

2. IK

IK选项卡面板中的各项参数卷展栏可以参考前面IK反动力学中的介绍。

3. 链接信息

“链接信息”选项卡中的各项参数卷展栏可以参考前面对象的锁定和继承中的介绍。

13.4 MassFX RBody

MassFX Rbody用来制作动力学刚体属性。下面我们以一个简单的小例子介绍MassFX Rbody的基本应用，效果如图13-57所示。

图13-57

实例操作092—— 钢球

案例文件	场景\Cha13\钢球.max	视频教学	场景\Cha13\钢球.avi
视频长度	2分54秒	难易指数	★★★☆☆

1 首先在场景中创建平面，以作为地面，设置合适的参数如图13-58所示。

2 在场景中创建球体，如图13-59所示。

3 在场景中调整模型，并调整“透视”图，按Ctrl+C键创建摄影机，如图13-60所示。

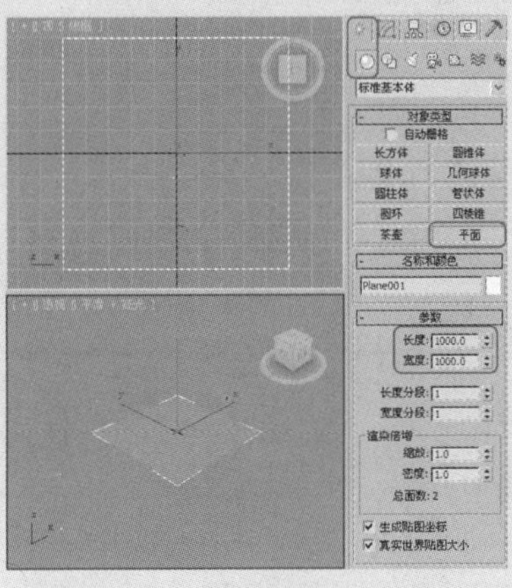

图13-58

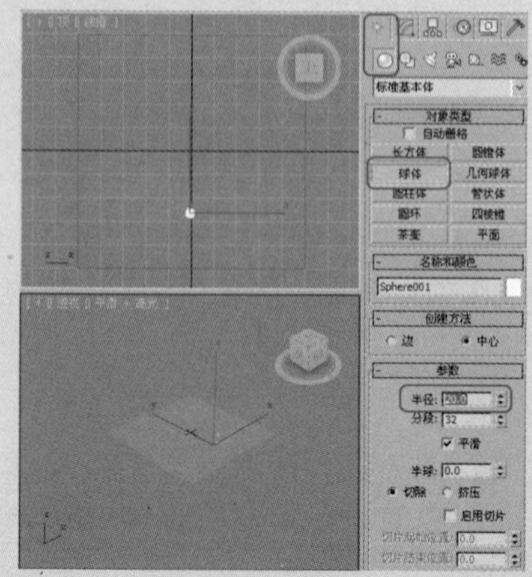

图13-59

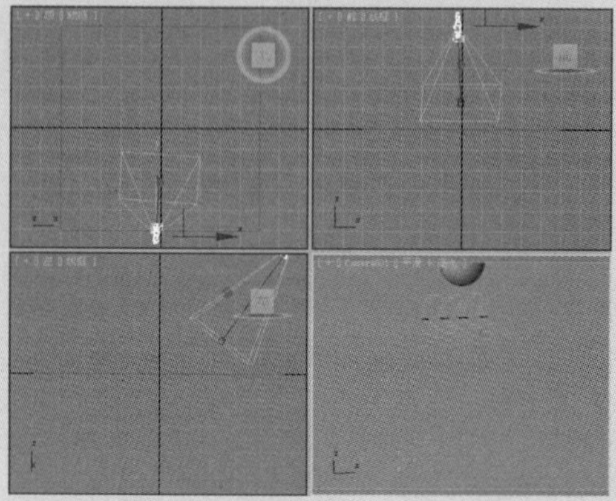

图13-60

4 在场景中选择球体，在场景中为模型施加MassFX Rbody修改器，在“物理网格”卷展栏中选择“网格类型”为“球体”，如图13-61所示。

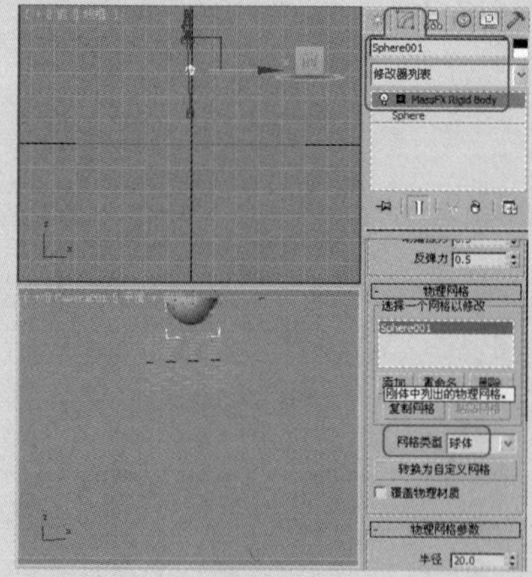

图13-61

注意 根据不同的模型选择不同的网格类型。

5 在场景中选择平面，为模型施加MassFX Rbody修改器，在“物理网格”卷展栏中选择“网格类型”为“框”，如图13-62所示。

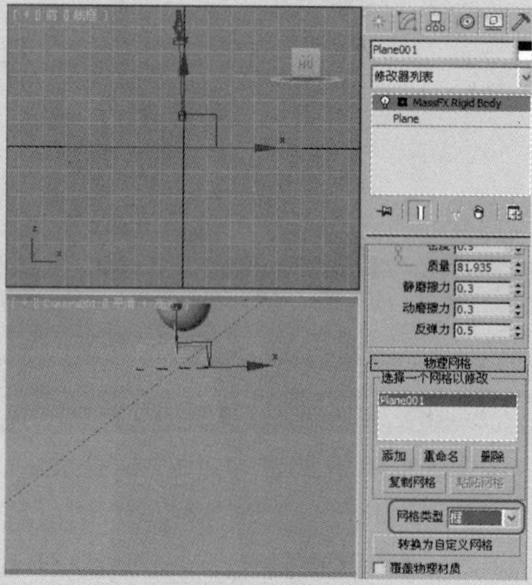

图13-62

6 在“物理材质”卷展栏中设置“质量”为0.0、“密度”为0.01，如图13-63所示。

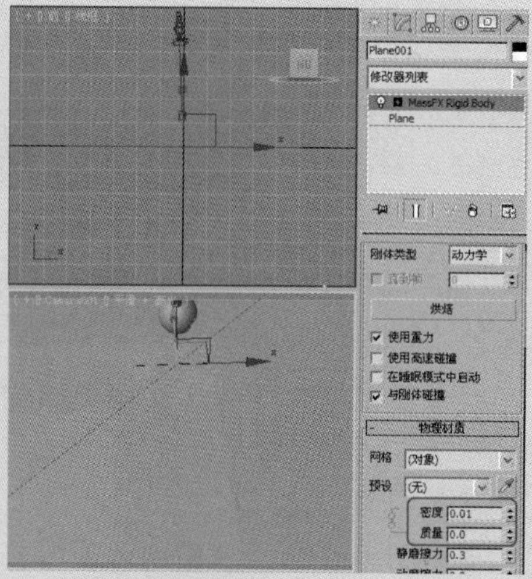

图13-63

7 在场景中选择球体，单击“烘焙”按钮，如图13-64所示。

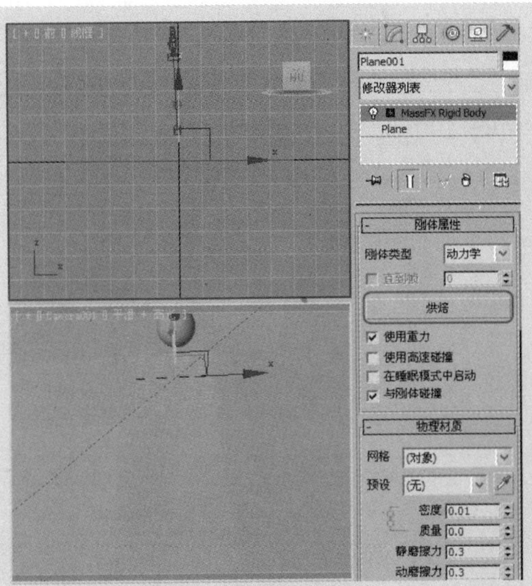

图13-64

8 烘焙后的场景动画如图13-65所示。

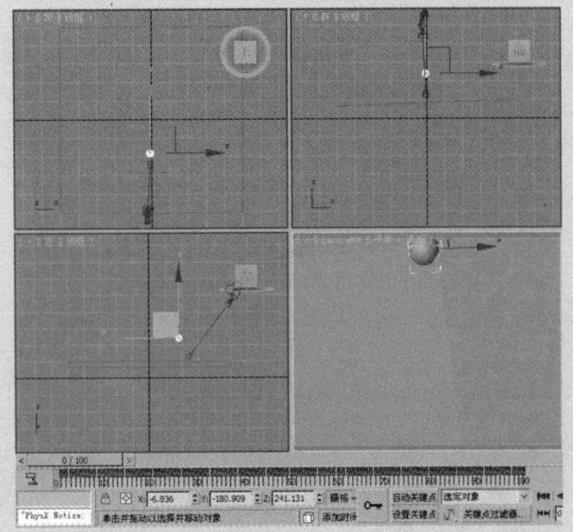

图13-65

13.5 布料效果

Cloth修改器可以模拟出布料效果。下面介绍Cloth修改器的几种常用的工具。具体表现效果如图13-66所示。

图13-66

1. 实例操作093—— 床单

场景文件	场景\Cha13\床.max	视频教学	场景\Cha13\床单.avi
案例文件	场景\Cha13\床单.max	难易指数	★★★☆☆
视频长度	3分7秒		

1 首先打开光盘中的“场景\cha13\床.max”场景文件，渲染场景文件得到如图13-67所示的效果。

2 在“顶”视图中创建平面，设置合适的参数，如图13-68所示。

图13-67

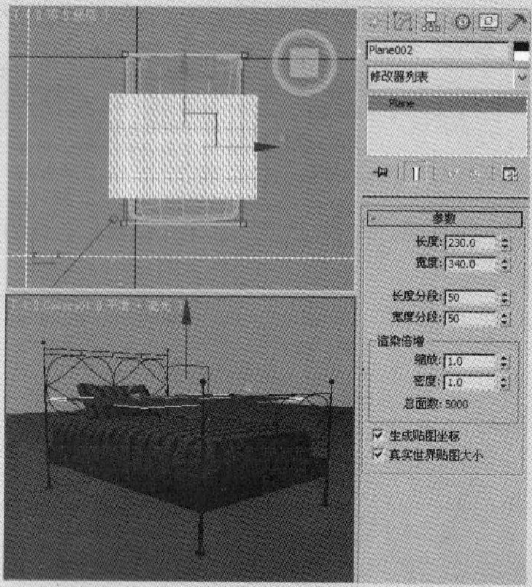

图13-68

3 为创建的平面施加“Cloth”修改器，如图13-69所示。

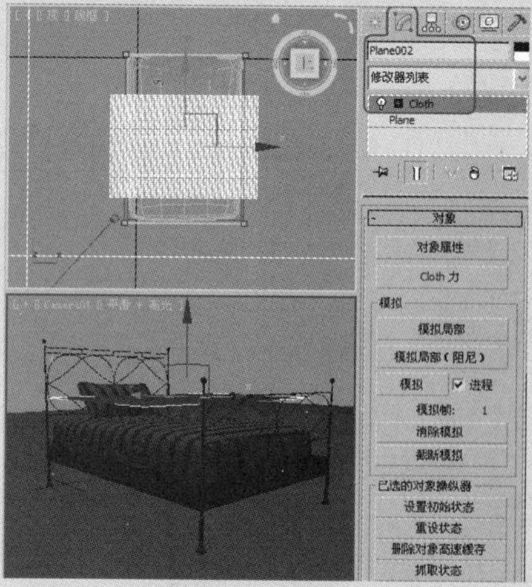

图13-69

4 在“对象”组中单击“对象属性”按钮，在弹出的对话框中选择右侧“Cloth”选项，如图13-70所示。

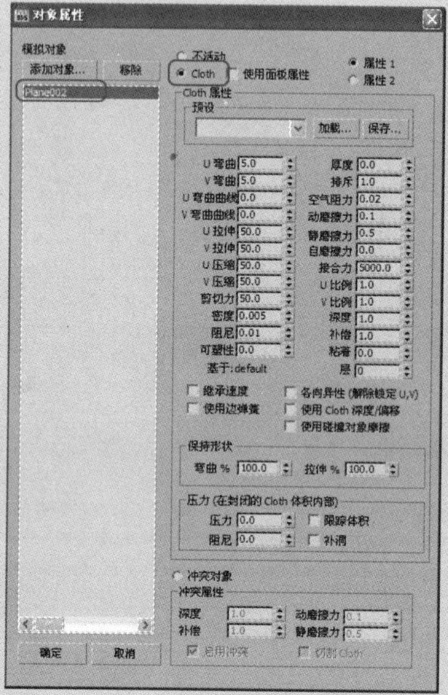

图13-70

5 单击“添加对象”按钮，在弹出的对话框中选择场景中的所有模型，单击“添加”按钮，如图13-71所示。

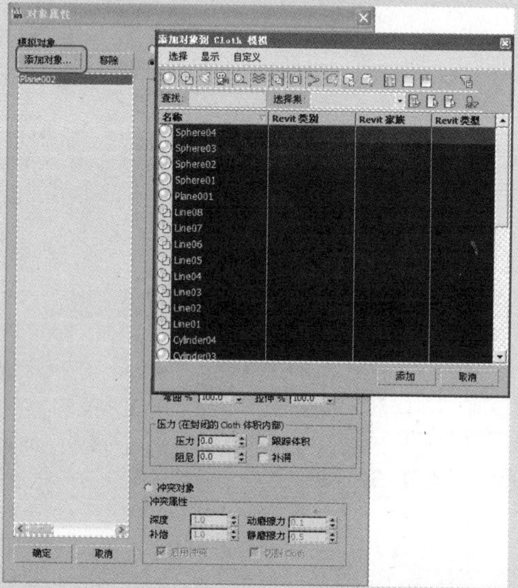

图13-71

6 选择添加的对象，如图13-72所示。在右侧选择冲突对象选项。

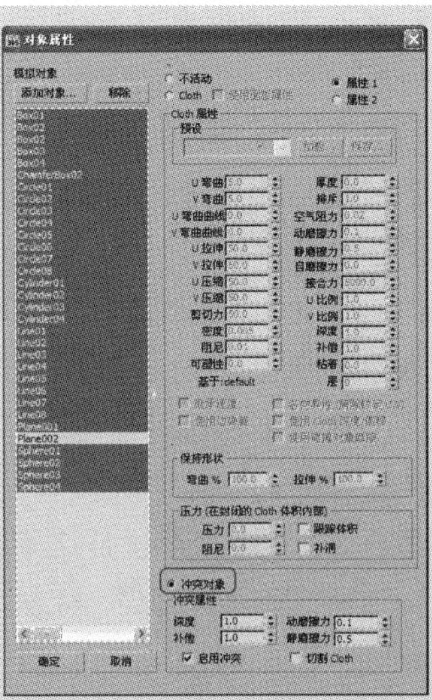

图13-72

7 单击“模拟局部”按钮，模拟布料对象，如图13-73所示。

图13-73

8 模拟到想要的效果后，弹起“模拟局部”按钮，将模型转换为“可编辑多边形”，如图13-74所示。

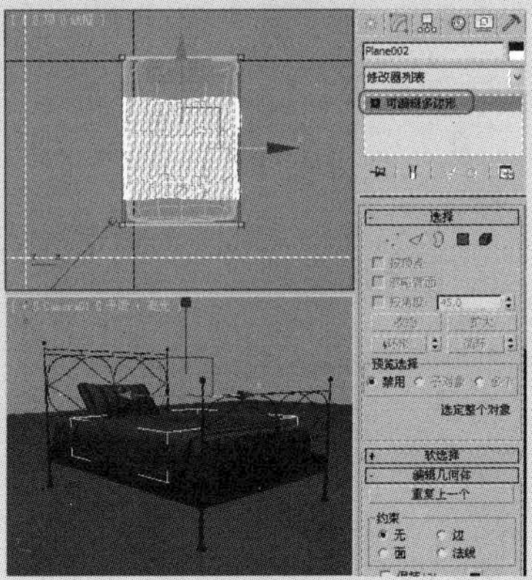

图13-74

9 为模型施加“壳”修改器，设置合适的“外部量”参数，如图13-75所示。

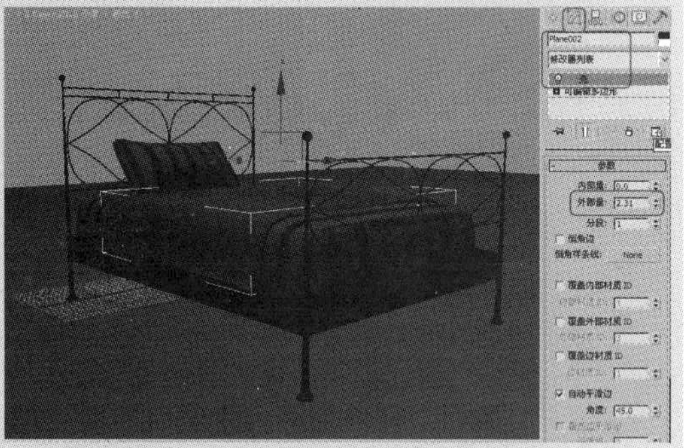

图13-75

10 为模型施加“网格平滑”修改器，如图13-76所示。

图13-76

11 为模型设置一个自己喜欢的材质，渲染场景得到如图13-77所示的效果。

图13-77

2. 选项介绍

（1）图13-69中“对象”卷展栏中的常用工具的功能介绍如下。

- 对象属性：用于打开“对象属性”对话框，在其中可定义要包含在模拟中的对象，确定这些对象是布料还是冲突对象，以及与其关联的参数（后面我们会对“对象属性”进行介绍）。
- Cloth力：向模拟添加类似风之类的力（即场景中的空间扭曲）。
- 模拟局部：不创建动画，开始模拟进程。使用此模拟可将衣服覆盖在角色上，或将衣服的面板缝合在一起。
- 模拟局部（阻尼）：和“模拟局部”相同，但是为布料添加了大量的阻尼。
- 模拟：在激活的时间段上创建模拟。与“模拟局部”不同，这种模拟会在每帧处以模拟缓存的形式创建模拟数据。
- 进程：选择该选项时，将在模拟期间打开“Cloth 模拟”对话框，该对话框显示模拟进度，其中包括时间信息以及有关错误或时间步阶调整的消息。
- 模拟帧：显示当前模拟的帧数。
- 消除模拟：删除当前的模拟。
- 截断模拟：删除模拟在当前帧之后创建的动画。

（2）“对象属性”卷展栏中的常用选项的功能介绍如下。

- 模拟对象：列出当前包含在模拟中的对象。
- 添加对象：打开一个对话框，从中可选择要添加到Cloth模拟中的场景对象。
- 移除：从模拟中移除“模拟对象”列表中突出显示的对象。在此不能移除当前在 3ds Max 中选定的对象。
- 不活动：令某个对象在模拟中处于不活动状态。
- Cloth：将“模拟对象”中的一个或多个突出显示的对象设置为布料对象，然后可在该对话框的“Cloth 属性”部分定义其参数。
- 属性 1、属性 2：使用这两个单选按钮可为“模拟对象”列表突出显示的对象指定两组不同的布料属性。
- 使用面板属性：选择“Cloth”之后，令Cloth从Cloth修改器的面板子对象层级使用 Cloth属性。在此可在面板的基础上定义不同的布料属性。
- 预设：将Cloth属性参数设置为从下拉列表中选择的预设值。
- 加载：从硬盘加载预设值。
- 保存：将Cloth属性参数保存为文件，以便此后加载。
- U弯曲、V弯曲：弯曲阻力。此值设置的越高，织物能弯曲的程度就越小。
- 厚度：定义织物的虚拟厚度，便于检测布料对布料的冲突。
- 排斥参数：用于排斥其他布料对象的力值。
- UB曲线、VB曲线参数：织物折叠时的弯曲阻力。
- 空气阻力参数：由于空气产生的阻力。此值将确定空气对布料的影响有多大。较大的空气阻力值适用于致密的织物，较小的值适用于宽松的衣服。
- 动磨擦力：指介于布料和固体对象

之间的动磨擦力。较大的值将增加更多的摩擦力，导致织物在物体表面上滑动较少。较小的值将令织物在物体上轻松滑动，类似于丝织物将会产生的反应。

- U拉伸/V 拉伸：拉伸阻力。对于大多数衣料来说，默认值50.0 是一个比较合理的值。值越大布料越坚硬，较小的值令布料的拉伸阻力更像橡胶。
- 静摩擦力：布料和固体之间的静摩擦力。当布料处于静止位置时，此值将控制其在某处的静止或滑动能力。
- 自摩擦力：布料自身之间的摩擦力。自磨擦力与动磨擦力和静磨擦力类似，只是其应用于布料自身之间或自冲突。值较大将导致布料本身之间的摩擦力更大。
- 剪切力：剪切阻力。值越高布料就越硬。
- 密度：每单位面积的布料重量（以gm/cm2 表示）。值越高表示布料就越重，例如，劳动服布料的值就较高。对于丝类的材质可使用较小的值。
- 阻尼：值越大，织物反应就越迟钝。采用较低的值，织物行为的弹性将更高。
- U比例：控制布料沿U方向收缩或膨胀的多少。
- V比例：控制布料沿V方向延展或收缩的多少。
- 可塑性：布料保持其当前变形（即弯曲角度）的倾向。
- 深度：布料对象的冲突深度。
- 补偿：在布料对象和冲突对象之间保持的距离。非常低的值将导致冲突网格从布料下突出来。非常高的值将导致出现的织物在冲突对象上浮动。
- 粘着：布料对象粘附到冲突对象的范围。
- 各向异性：勾选后，可以为“弯曲”、“B 曲线”和“拉伸”参数设置不同的U 值和 V值。
- 使用边弹簧：勾选后用于计算拉伸的备用方法。
- 使用实体摩擦：使用冲突物理的摩擦力来确定摩擦力。可以为布料或冲突对象指定冲突值。这将便于您为每个冲突对象设置不同的摩擦力值。
- 保持形状：这些设置根据“弯曲%”和“拉伸 %”设置保留网格的形状。
- 弯曲%：将目标弯曲角度调整介于0和目标状态所定义的角度之间的值。负数值用于反转角度。范围为−100～100。默认设置为100。
- 拉抻%：将目标拉伸角度调整介于0和目标状态所定义的角度之间的值。负数值用于反转角度。范围为−100～100。默认设置为100。
- 层：指示可能会彼此接触的布片的正确顺序。
- 冲突对象：将左侧列中高亮显示的一个或多个对象设置为冲突对象。布料对象沿着冲突对象反弹或包裹。
- 深度：冲突对象的冲突深度。如果部分布料在冲突对象中达到此深度，模拟将不再尝试将布料推出网格。
- 补偿：在布料对象和冲突对象之间保持的距离。
- 动摩擦力：布料和此特定固体对象之间的动摩擦力。

- 静摩擦力：布料和固体之间的静摩擦力。
- 启用冲突：启用或禁用此对象的冲突，同时仍然允许对其进行模拟。这意味着该对象仍然可用于设置曲面约束。

13.6 综合演练——望远镜

案例文件	场景\Cha13\望远镜.max	视频教学	场景\Cha13\望远镜.avi
视频长度	4分52秒	难易指数	★★★☆☆

此节创建圆柱体模型望远镜效果，并设置望远镜的“滑动关节”，望远镜的套筒没有任何的旋转，使用“减缓”效果使望远镜向下移动，如图13-78所示。

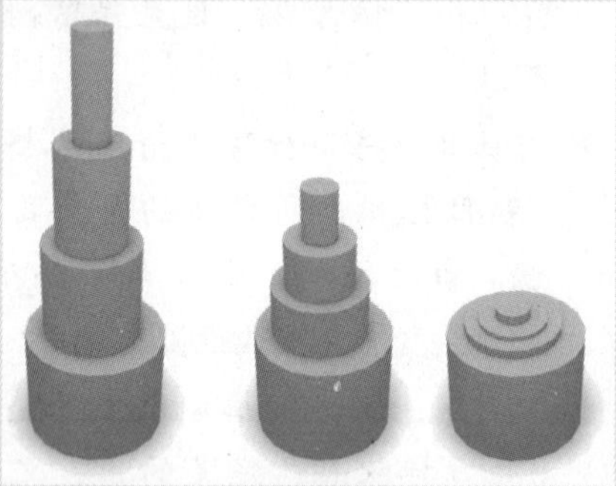

图13-78

1 在场景中简单地创建四个圆柱体并将其进行排列成望远镜效果，如图13-79所示。

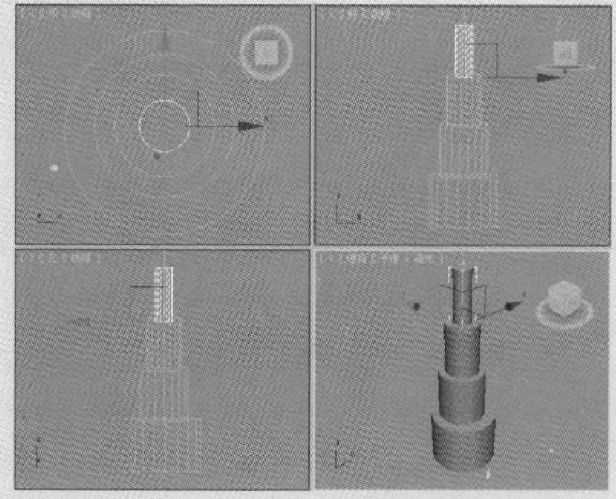

图13-79

2 打开图解视图，排列圆柱体，并依照场景中圆柱体从上到下的位置创建层次关系，如图13-80所示。

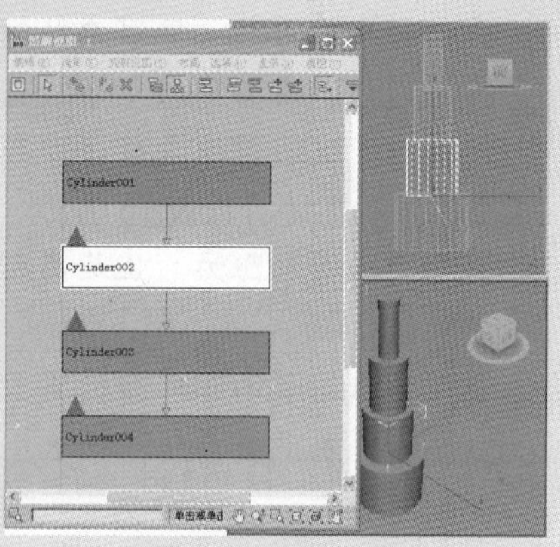

图13-80

3 在场景中设置所有圆柱体的位置，控制器为“Bezier位置”控制器，如图13-81所示，这样才能出现“滑动关节”卷展栏。

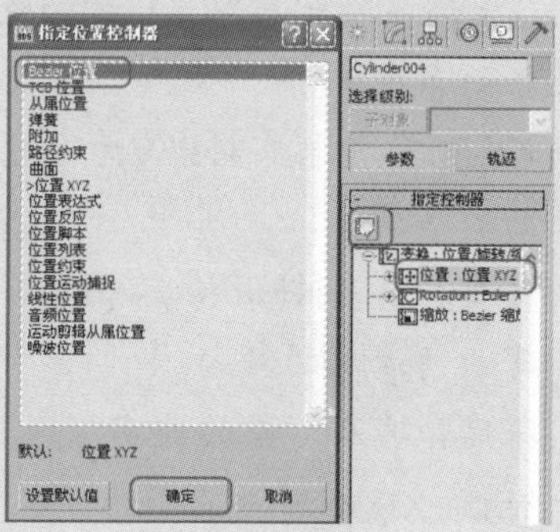

图13-81

4 在场景中选择最上方的圆柱体，在（层次）命令面板中选择“IK”按钮，在“转动关节”卷展栏中取消勾选“X轴”、“Y轴”和“Z轴”下的“活动”复选框，套筒没有任何的旋转，如图13-82所示，设置其他套筒的不旋转。

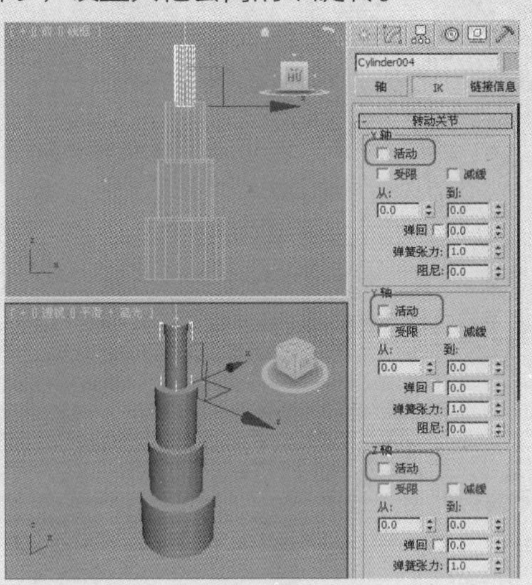

图13-82

5 在“滑动关节”卷展栏中只勾选“Z轴”下的“活动”和“受限”复选框，并设置其“从”和“到”的参数，参数的设置只要不让套筒离开它的父对象即可，如图13-83所示。

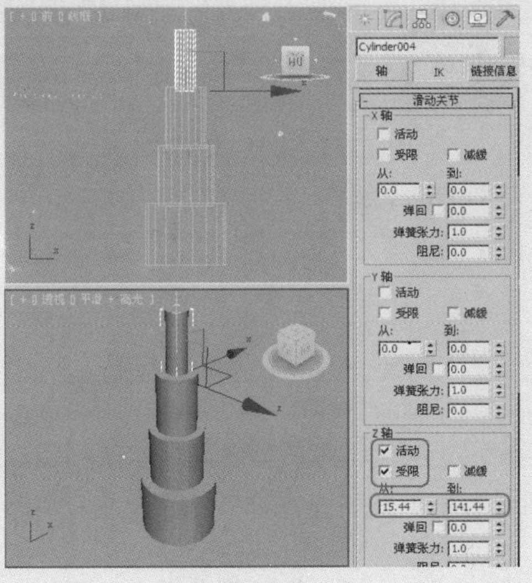

图13-83

6 并使用同样的方法设置其他的套筒。设置最底部的套筒无旋转和滑动效果，如图13-84所示。

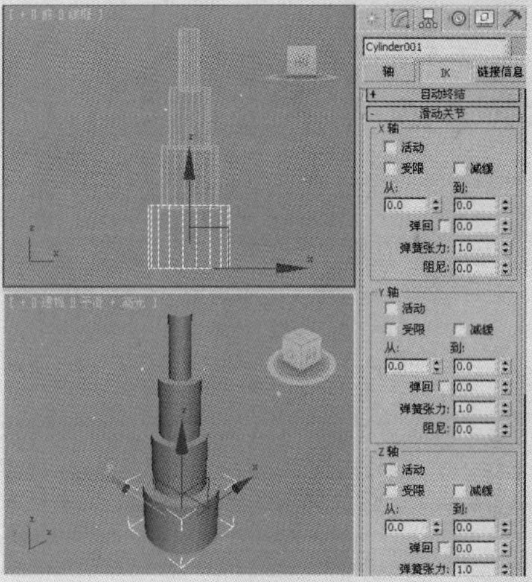

图13-84

7 在“反向运动学”中单击“交互式IK”按钮，在场景中调整最顶端的模型，看一下效果，如图13-85所示。

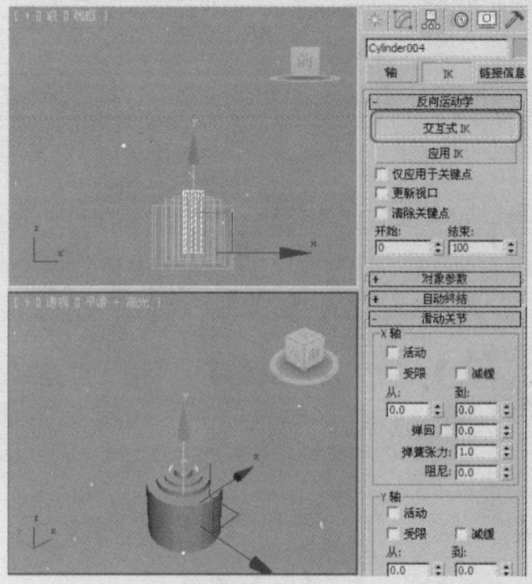

图13-85

8 打开“自动关键点”，确定时间滑块在0帧，调整场景模型的效果如图13-86所示。

9 拖动时间滑块到100帧，并调整场景模型效果如图13-87所示。

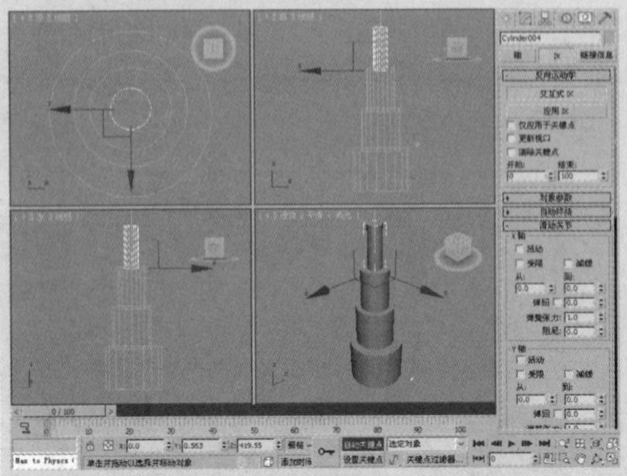

图13-86

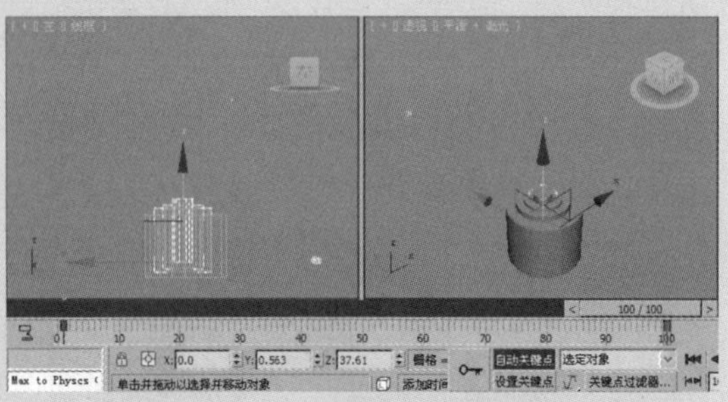

图13-87

13.7 课后练习——盖住水晶球的丝绸

案例文件	场景\Cha13\盖住水晶球的丝绸.max	视频教学	场景\Cha13\盖住水晶球的丝绸.avi
视频长度	2分12秒	难易指数	★★★☆☆

本例介绍的是创建平面和球体作为水晶和地面模型，通过创建平面并设置合适的参数作为丝绸效果，设置丝绸模型的Cloth修改器完成盖住水晶球的丝绸，如图13-88所示。

1 创建平面和球体的场景模型。

2 创建平面，设置合适的分段。

3 为模型施加“Cloth”修改器。

4 设置Cloth的对象参数，完成盖住水晶球的丝绸。

图13-88

13.8 本章小结

本章主要介绍了正向动力学、反向动力学；介绍了层次链接的概念和层次的创建；简单地介绍了MassFX Rbody和Cloth的一些应用。通过对本章的学习读者可以掌握动力学的一些基本知识和一些简单的动力学动画的创建。

第14章

骨骼与蒙皮

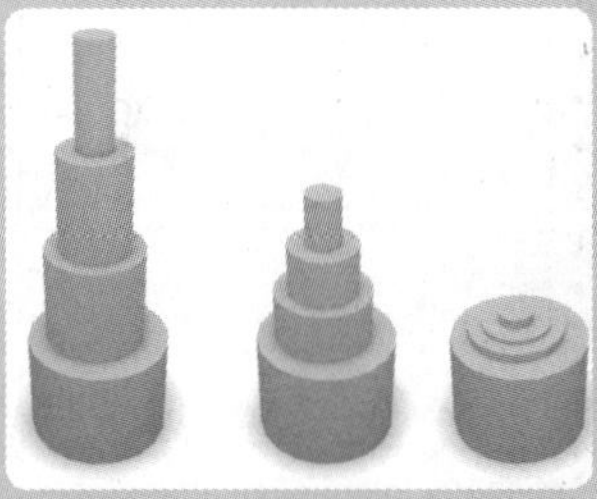

骨骼蒙皮动画可以看作是关节动画和单一网格模型动画的结合。在骨骼蒙皮动画中，一个觉得由作为皮肤的单一网格模型和按照一定层次组织起来的骨骼组成。骨骼层次描述了结构，就像关节动画中的不同部分一样，骨骼蒙皮动画中的骨骼按照角色的特点组成一个层次结构。相邻的骨骼通过关节相连，并且可以做相对运动。通过改变相邻骨骼间的夹角、位移，组成角色的骨骼就可以做出不同的动作，实现不同的动画效果。皮肤则作为一个网格蒙在骨骼之上，规定角色的外观。这里的皮肤不是固定不变的刚性网格，而是可以在骨骼影响下变化的一个可变形网格。组成皮肤的每一个顶点都会受到一个或者多个骨骼的影响。在顶点受到多个骨骼影响的情况下，骨骼按照顶点的几何、物理关系确定对该顶点的影响权重，这一权重可以通过建模软件计算，也可以手工设置。通过计算影响该顶点的不同骨骼对它影响的加权，就可以得到该顶点在世界坐标系中的正确位置。动画文件中的关键帧一般记录着骨骼的位置、朝向等信息。通过在动画序列中相邻的两个关键帧间差值可以确定某一时刻各个骨骼的新位置和新朝向，然后按照皮肤网格各个顶点中保存的影响它的骨骼索引和相应权重信息可以计算出该顶点的新位置。这样就实现了在骨骼驱动下的单一皮肤网格变形动画，或者简单地说骨骼蒙皮动画。骨骼蒙皮动画的效果比关节动画和单一网格动画更逼真、更生动。而且，随着3D硬件性能的提高，越来越多的相关计算可以通过硬件来完成，骨骼蒙皮动画将成为应用最广泛的动画技术。

14.1 骨骼系统

骨骼系统是角色制作中的重要工具，在3ds Max中，角色骨骼的创建可以分为两种情况。传统方法是在“创建”菜单和“创建”命令面板中选择相应的命令进行，如图14-1和图14-2所示。利用“骨骼”工具来创建，具体使用菜单还是面板，可以视具体的制作情况而定；另一种方法是利用Biped模块进行创建，这种方法主要针对的是两足动物。

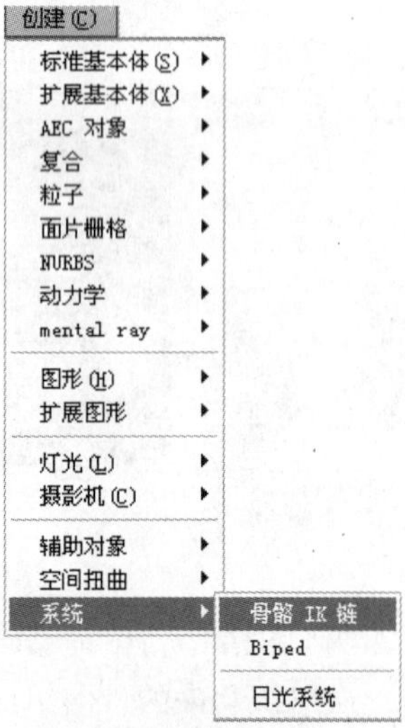

图14-1

图14-2

14.1.1 创建骨骼

选择骨骼工具，在场景中单击创建骨骼，如图14-3所示，单击鼠标右键，完成创建骨骼，如图14-4所示。

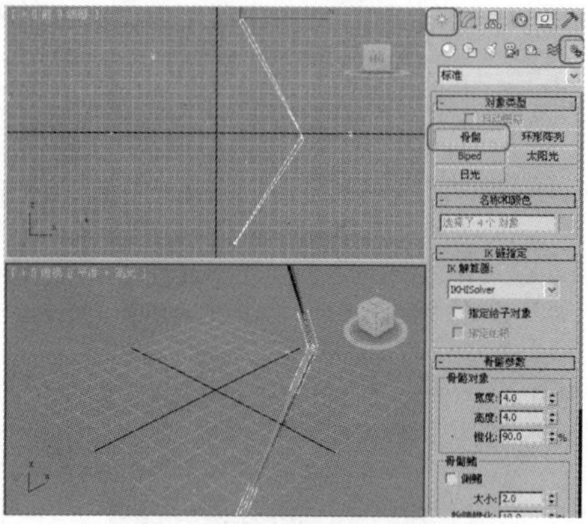

图14-3

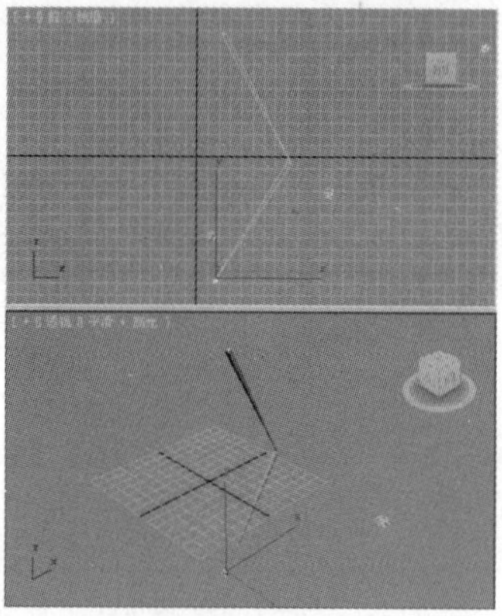

图14-4

创建的骨骼系统根据创建的先后顺序建立骨骼的父子关系，如图14-5所示。

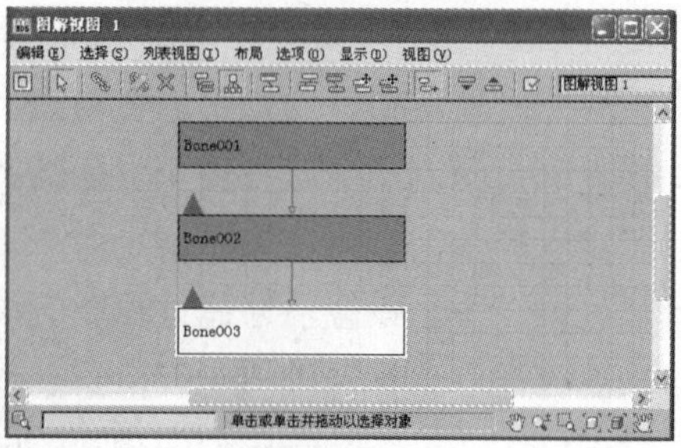

图14-5

14.1.2 “IK链指定”卷展栏

“IK链指定”卷展栏仅用于创建时显示该卷展栏，其中提供了快速创建自动应用IK

解算器的骨骼链的工具。也可以创建无IK解算器的骨骼，如图14-6所示。

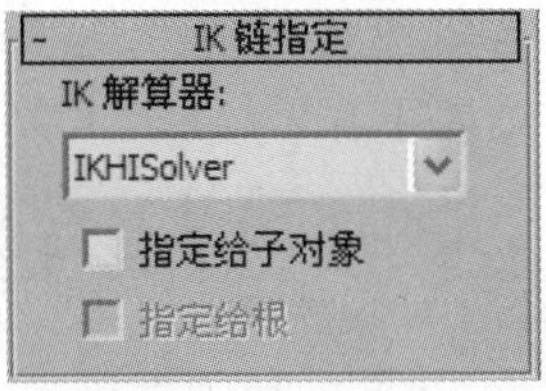

图14-6

“IK链指定”卷展栏中的选项的功能介绍如下。

- IK解算器：从中选择要自动应用的IK解算器的类型，包括IKHISolver、IKHDSolver、IKLimb和SplineIKSolver四种类型。
- 指定给子对象：如果启用IK解算器，则将在IK解算器列表中命名的IK解算器指定给最新创建的所有骨骼[除第一个（根）骨骼之外]，如图14-7所示为创建应用一种IK解算器后的效果。

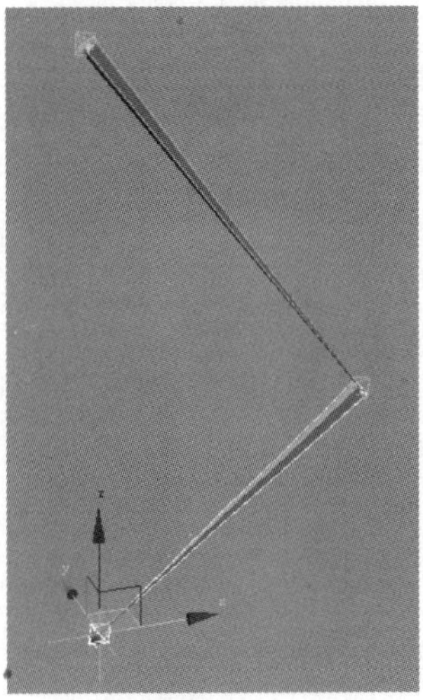

图14-7

- 指定给根：如果启用，则为最新创建的所有骨骼[包括第一个（根）骨骼]指定IK解算器。启用“指定给子对象”也会自动启用“指定给根”复选框。

14.1.3 “骨骼参数”卷展栏

在“骨骼参数”卷展栏中可以更改骨骼的外观。

“骨骼参数”卷展栏如图14-8所示，部分选项的功能介绍如下。

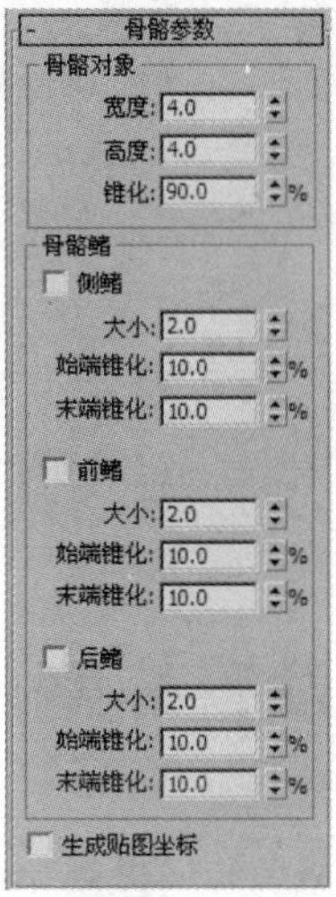

图14-8

- 宽度：设置要创建的骨骼宽度。
- 高度：设置要创建的骨骼高度。
- 锥化：调整骨骼形状的锥化。如果锥化量为0，则可生成长方体骨骼。
- 侧鳍：在所创建骨骼的侧面添加一组鳍，如图14-9所示。

图14-9

- 大小：控制鳍的大小。
- 始端锥化：控制鳍的始端锥化。
- 末端锥化：控制鳍的末端锥化。
- 前鳍：在所创建骨骼的前端添加

鳍，如图14-10所示。

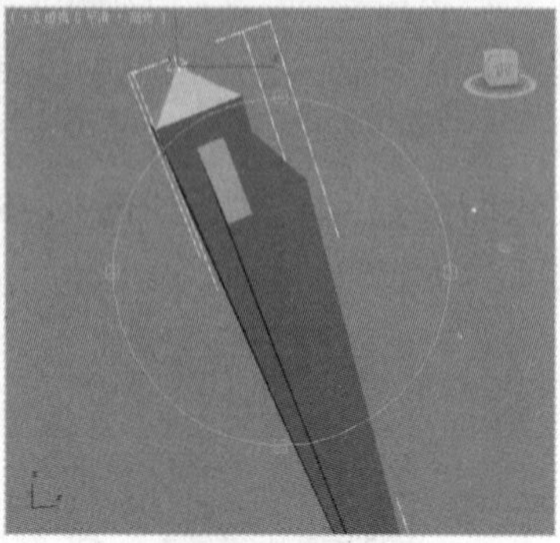

图14-10

- 后鳍：在所创建骨骼的后端添加鳍，如图14-11所示。
- 生成贴图坐标：在骨骼上创建贴图坐标。由于骨骼是可渲染的，因此也可以应用材质，故而可以使用这些贴图坐标。

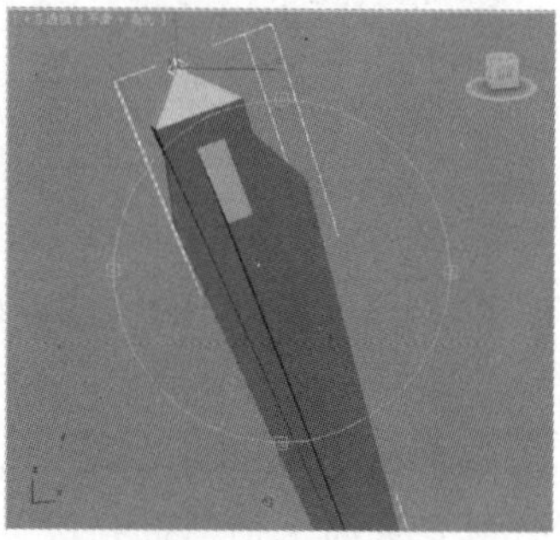

图14-11

14.2 设置蜥蜴尾巴的骨骼

场景文件	场景\Cha14\蜥蜴.max	视频教学	视频教学\Cha14\设置蜥蜴尾巴的骨骼.avi
视频长度	4分34秒	难易指数	★★★☆☆

下面将学习如何对创建出来的模型正确地设置骨骼。

1 打开光盘中的“场景\cha14\蜥蜴.max”文件，如图14-12所示的模型。

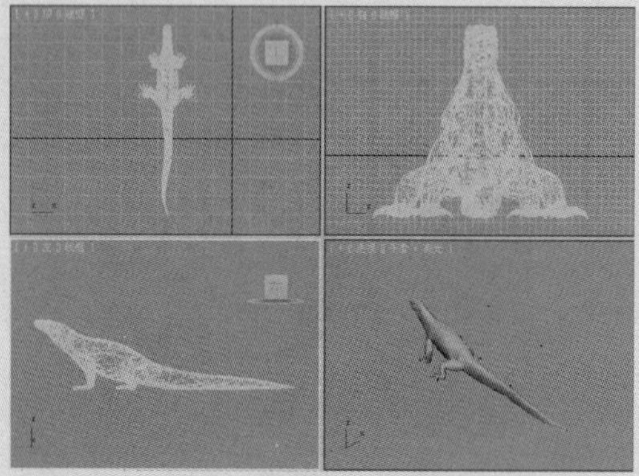

图14-12

2 在场景中选择模型，右击该模型，在弹出的快捷菜单中选择“冻结当前选择”命令，如图14-13所示。

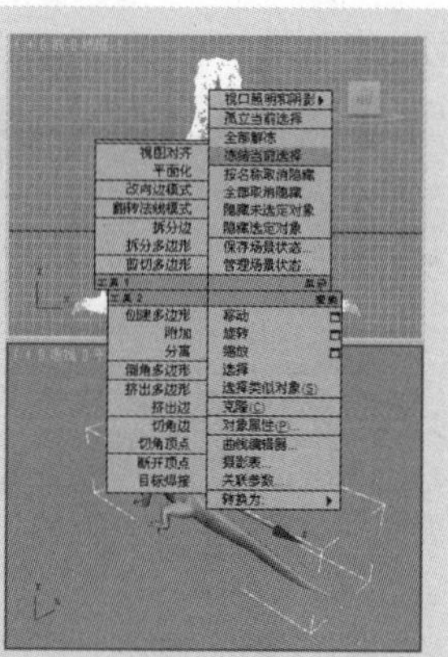

图14-13

3 为了设置骨骼方便显示骨骼工具。在菜单栏中选择“动画｜骨骼工具”命令，如图14-14所示。

4 显示的骨骼工具面板如图14-15所示。

5 在“骨骼编辑工具”卷展栏中单击“创建骨骼”按钮，在“左”视图中由上到下单击创建八块骨骼，然后右击创建出的骨骼的末端，如图14-16所示。

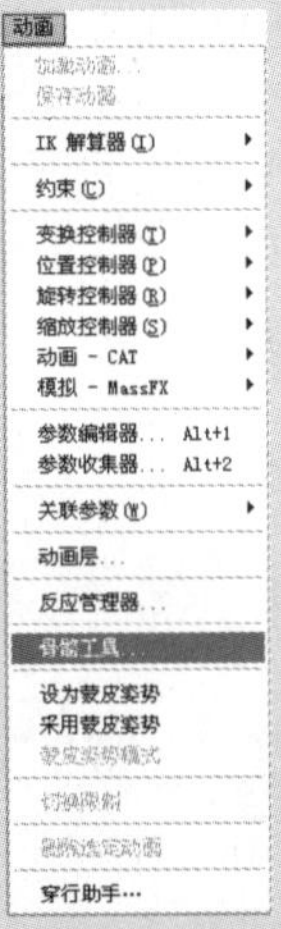

图14-14

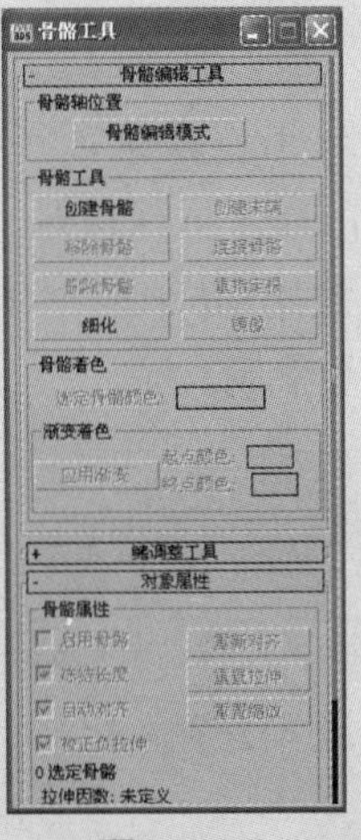

图14-15

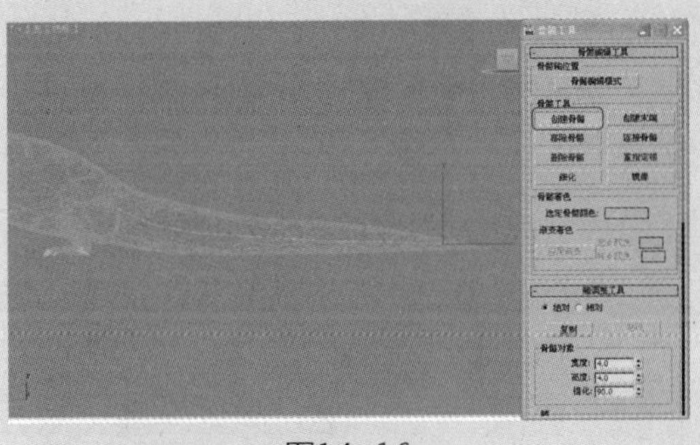

图14-16

6 在场景中分别选择骨骼并设置“骨骼工具”组中的“宽度”和“高度”参数，如图14-17所示。

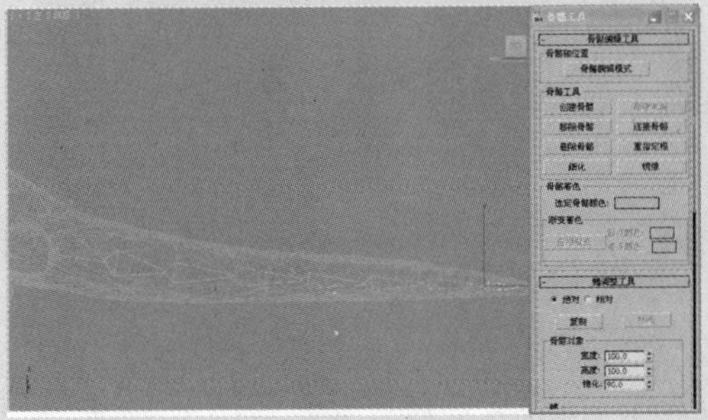

图14-17

7 单击“骨骼编辑模式”按钮，在场景中调整骨骼的位置如图14-18所示。

8 在场景中选择骨骼01，在菜单栏中选择“动画 | IK解算器 | HI解算器”命令，如图14-19所示，在骨骼01上拖曳出一条虚线，在骨骼08上单击创建HI结算，如图14-20所示。

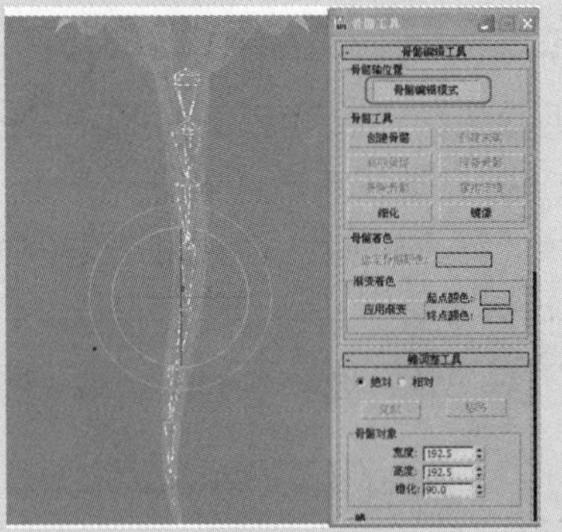

图14-18

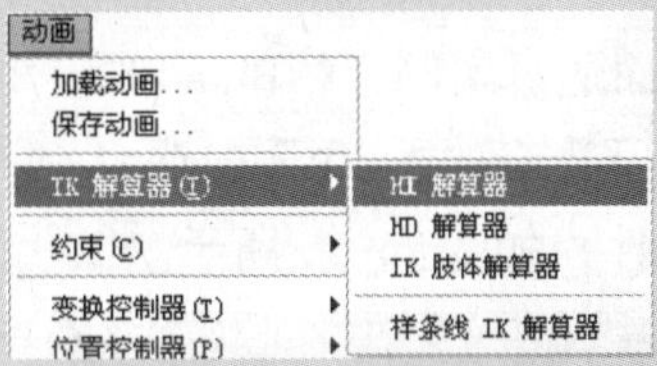

图14-19

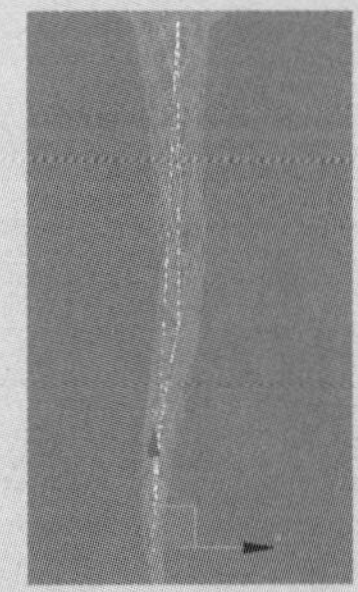

图14-20

9 移动骨骼08的IK链观察效果，如图14-21所示。

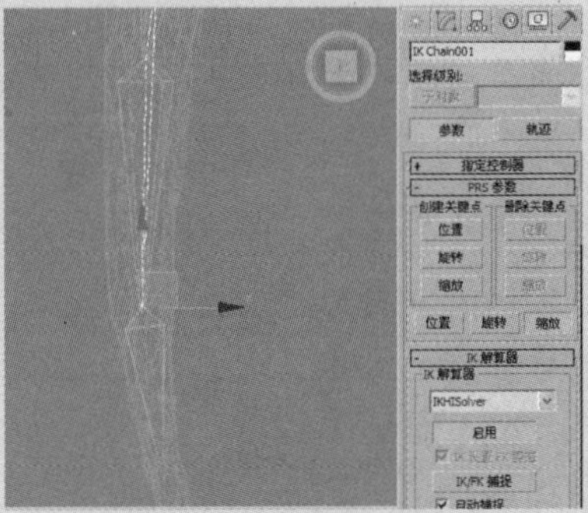

图14-21

10 这样尾巴的骨骼就创建完成。

14.3 Biped两足动物

Biped模型是具有两条腿的体形：人类、动物或是想象物。每个Biped是一个为动画而设计的骨架，它被创建为一个互相连接的层次。Biped骨骼具有即时动画的特性。就像人类一样，Biped被特意设计成直立行走，然而也可以使用Biped来创建多条腿的生物。为与人类躯体的关节相匹配，Biped 骨骼的关节受到了一些限制。

14.3.1 创建Biped两足动物

场景文件	场景\Cha14\人.max	视频教学	视频教学\Cha14\创建Biped两足动物.avi
视频长度	3分18秒	难易指数	★★★☆☆

下面通过实例介绍Biped的应用。

1 打开光盘中的“场景\cha14\人.max”文件，如图14-22所示。

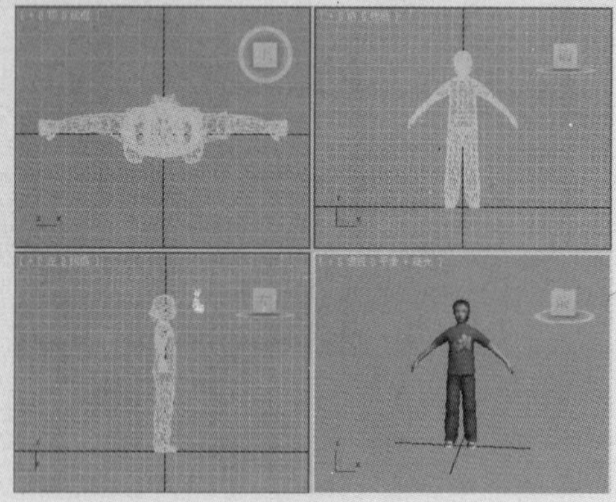

图14-22

2 将打开场景中的模型冻结，便于调整骨骼，如图14-23所示。

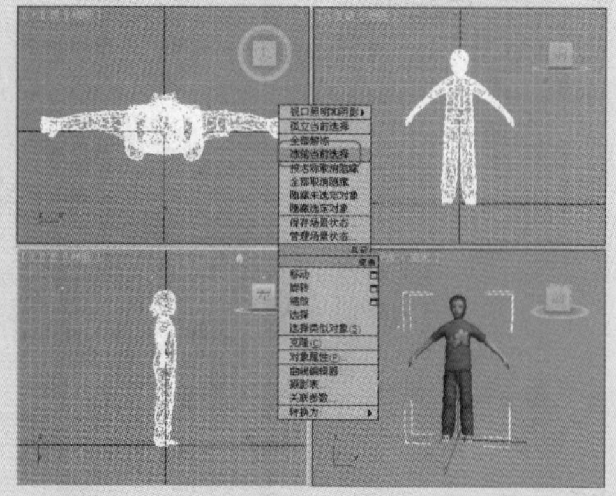

图14-23

注意 在添加\Biped\骨骼前冻结角色网格。即便网格被冻结，仍然可以看到它，但不能对其作出选择和修改，从而减少了错误或失败的机会。

3 单击“（创建）|（系统）|Biped”按钮，在“顶”视图中创建Biped，创建合适的大小，如图14-24所示。

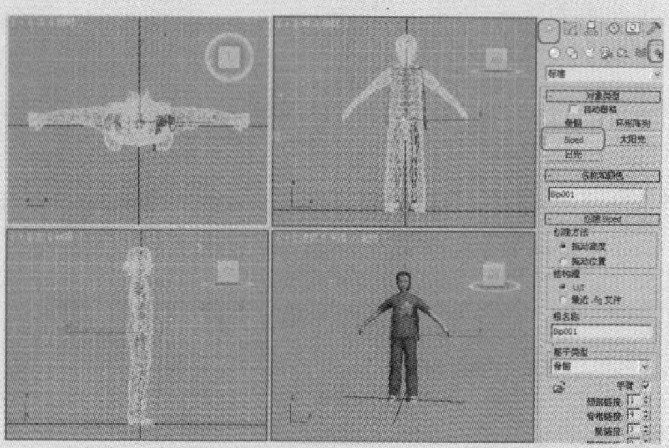

图14-24

注意 不能删除Biped身体的各部位，但是不需要的部位可以隐藏起来。如果删除Biped某个部位，则同时将删除整个Biped。

4 切换到（运动）面板，在“Biped”卷展栏中单击（体型模式）按钮，如图14-25所示。

注意 单击（体型模式）按钮时，才可以对场景中的骨骼进行编辑。

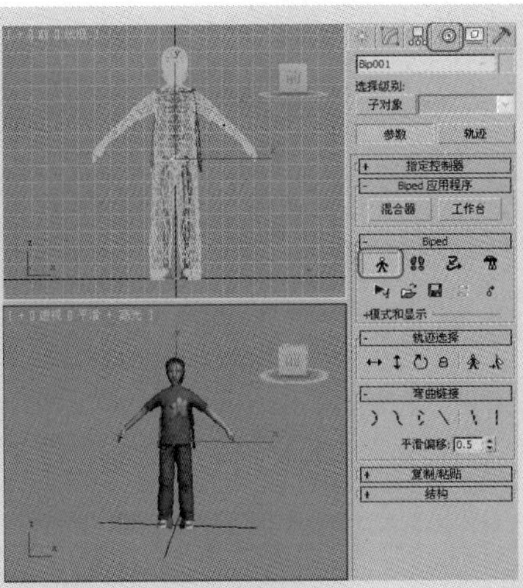

图14-25

5 在场景中调整骨骼，缩放旋转骨骼到对应的模型位置，如图14-26所示。

6 在“结构组”卷展栏中选择“躯干类型”为“标准”，设置“手指连接”为1，如图14-27所示，调整各个骨骼到合适的位置，并调整骨骼的大小。

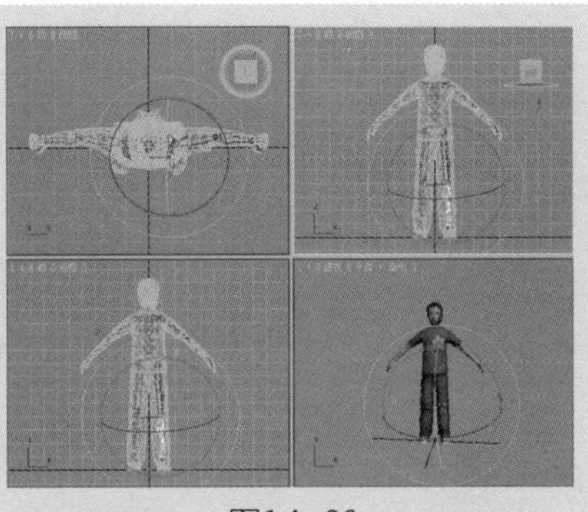

图14-26

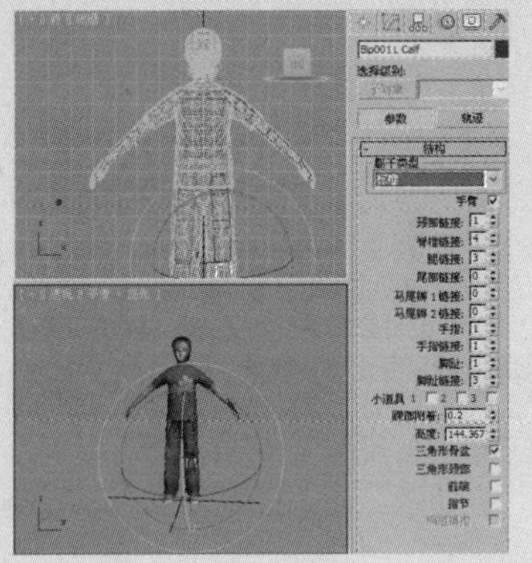

图14-27

14.3.2 Biped相关参数

下面介绍Biped相关卷展栏中的参数。

（1）“创建Biped”卷展栏如图14-28所示，部分选项的功能介绍如下。

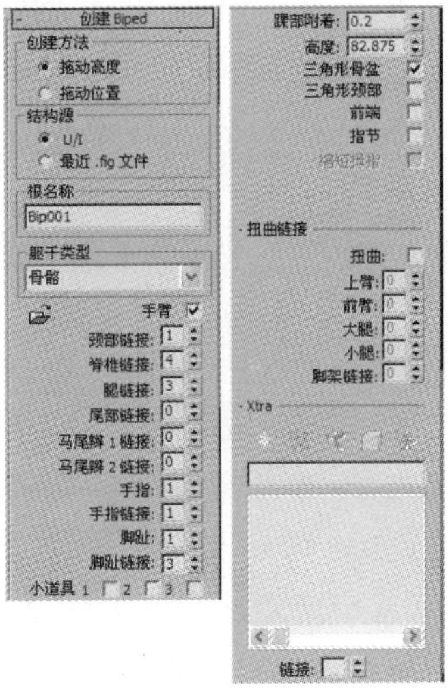

图14-28

该卷展栏在创建骨骼时可见。

- 拖动高度：选择这一方式，可以在视图中利用单击并拖动鼠标的方式创建出一个Biped。
- 拖动位置：选择这一方式后，在视图中通过单击鼠标，可以直接创建Biped，如果在视图中按住鼠标左键不放，拖动鼠标可以选择放置Biped的位置，松开鼠标后完成创建。
- U/I：这一项默认为选择状态，可以使用显示的参数创建Biped。
- 最近.fig文件：选择这一选项，会根据最近调入人体文件的大小和结构来创建Biped。
- 躯干类型：共提供了四种模式供选择，它们分别为“骨骼”、

“男人体”、“女人体”以及“标准体”。

- 手臂：通过勾选或取消勾选此复选框来设置是否将胳膊赋予当前的Biped。
- 颈部链接：用来设置Biped颈部的链接数量，范围为1～5。
- 脊椎链接：用来设置Biped脊骨的链接数量，范围为1～5。
- 腿链接：用来设置Biped腿部的链接数量，范围为3～4。
- 尾部链接：用来设置Biped尾部的链接数量，范围为0～5。
- 马尾辫1链接、马尾辫2链接：用来设置马尾辫链接的数量，范围为0～5，使用马尾辫链接可为头发设置动画，如果连接到角色的头部，可用于为其他的附加物设置动画。
- 手指：用来设置Biped手指的数量，范围为0～5。
- 手指链接：用来设置Biped每个手指的链接数量，范围为1～3。
- 脚趾：用来设置Biped脚趾的数量，范围为1～5。
- 脚趾链接：用来设置Biped每个脚趾链接数量，范围为1～3。
- 小道具：可以打开至多三个道具，这些道具可以用来表现连接到Biped的工具或武器。默认情况下，道具1出现在右手的旁边，道具2出现在左手的旁边，并且道具3出现在躯干前面之间的中心。
- 踝部附着：沿着足部块指定踝部的粘贴点。可以沿着足部块的中线在脚后跟到脚趾间的任何位置放置脚踝。
- 高度：设置当前Biped的高度。
- 三角形骨盆：当附加体格后，打开该选项来创建从大腿到Biped最下面一个脊椎对象的链接。通常腿部是链接到Biped骨盆对象上的。
- 三角形颈部：启用此选项后，将锁骨链接到顶部脊椎链接，而不链接到颈部。默认设置为禁用状态。
- 前端：启用此选项后，可以将Biped的手和手指作为脚和脚趾。为手设置踩踏关键点后，旋转手不会影响手指的位置。默认设置为禁用状态。
- 指节：启用该选项后，使用符合解剖学特征的手部结构，每个手指均有指骨。默认设置为禁用状态。
- 缩短拇指：启用该选项缩短一节拇指。
- 扭曲：对Biped肢体启用扭曲链接。启用之后，扭曲链接可见，但是仍然被冻结。
- 上臂：设置上臂中扭曲链接的数量。默认值为0，范围为0～10。
- 前臂：设置前臂中扭曲链接的数量。默认值为0，范围为0～10。
- 大腿：设置大腿中扭曲链接的数量。默认值为0，范围为0～10。
- 小腿：设置小腿中扭曲链接的数量。默认值为0，范围为0～10。
- 脚架链接：设置脚架链接中扭曲链接的数量，在将Leg Links（腿链接）设置为 4 时出现的其他小腿骨骼。默认值为0，范围从0～10。
- （创建Xtra）：单击该按钮后可创建新Xtra尾部。默认情况下，尾巴的父对象是Biped的根重心（COM）对象。
- （删除Xtra）：单击该按钮后可删除在列表中高亮显示的Xtra尾部。
- （创建相反的Xtra）：单击此此

按钮后可在 Biped 的反面创建另一个Xtra尾部。首先必须使用列表来选择原始的Xtra尾巴的名称，并且原始的尾巴一定不具有相反的尾巴。

- （同步选择）：单击该按钮后，列表中选定的任何Xtra尾部将同时在视口中选定，反之亦然。
- （选择对称）：单击该按钮后，选择一个尾部的同时也将选定反面的尾部。
- 切换到（运动）面板中对骨骼进行编辑和动画的创建。

（2）“Biped应用程序”卷展栏如图14-29所示，各选项的功能介绍如下。

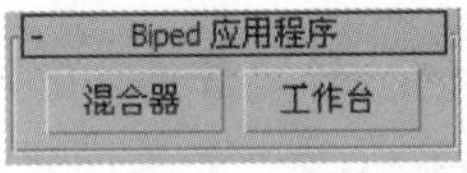

图14-29

- 混合器：打开运动混合器，可以在其中设置动画文件的层，以便定制Biped运动。
- 工作台：打开工作台，可以在其中分析并调整Biped的运动曲线。

（3）“Biped”卷展栏如图14-30所示，部分选项的功能介绍如下。

图14-30

- （体型模式）：当（体型模式）处于活动状态时，可以更改Biped的结构并使其结构适合角色网格。
- （足迹模式）：创建和编辑足迹；生成行走、跑动或跳跃足迹图案；编辑空间内选定的足迹；以及使用足迹模式中提供的参数附加足迹。
- （运动流模式）：创建脚本并使用可编辑过渡将BIP文件组合到一起，以便采用（运动流模式）创建角色动画。
- （混合器模式）：激活Biped上当前任意混合器动画，显示相应的卷展栏。
- （Biped 播放）：在视口中播放创建的骨骼动画。
- （加载文件）：加载 .bip、.fig 或 .stp 文件。
- （保存文件）：可以在其中保存 Biped 文件 (.bip)、体形文件 (.fig) 以及步长文件 (.stp)。
- （转化…）：将足迹动画转换成自由形式的动画。
- （移动所有模式）：可以一起移动和旋转Biped及其相关动画。可以在视口中交互式变换Biped，或使用按钮处于活动状态时打开的对话框。
- （缓冲区模式）：编辑缓冲区模式中的动画分段。首先使用足迹操作卷展栏中的复制足迹将足迹和相关的Biped关键点复制到缓冲区中，然后打开缓冲区模式，以便查看和编辑复制的动画段落。
- （橡皮圈模式）：使用此选项可重定位Biped的肘部和膝盖，而无须在（体型模式）下移动 Biped 的手或脚。重新定位Biped的重心，以便模拟施向Biped的自然风或重量。要启用（橡皮圈模式），就必须打开（体型模式）。
- （缩放步幅模式）：可以调整足

迹步幅的长度和宽度，使其与Biped体形的步幅长度和宽度相匹配。默认情况下，（缩放步幅模式）处于打开状态。

- （原地模式）：使用此模式可在播放动画时确保Biped显示在视口中。
- （对象）：显示Biped形体对象。
- （显示足迹和编号）：显示Biped的足迹和足迹数量。
- （扭曲链接）：切换Biped中使用的扭曲链接的显示。默认设置为启用。
- （腿部状态）：启用该按钮后，视口会在相应帧的每个脚上显示移动、滑动和踩踏。
- （轨迹）：显示选定的Biped肢体的轨迹。
- （首选项）：显示“首选项”对话框，该对话框用于更改足迹的颜色和轨迹参数，以及设置使用Biped卷展栏中的Biped 播放时要播放的Biped 数。足迹颜色首选项是一种区别某个场景中两个或多个Biped足迹的理想方法。

（4）“轨迹选择”卷展栏如图14-31所示，各选项的功能介绍如下。

图14-31

- （躯干水平）：选择质心可编辑Biped的水平运动。
- （躯干垂直）：选择质心可编辑Biped的垂直运动。
- （躯干旋转）：选择质心可编辑Biped的旋转运动。
- （锁定COM 关键点）：单击该按钮后，可以同时选择多个COM轨迹。一旦锁定，轨迹将存储在内存中，并且每次选择COM 时，都将记住这些轨迹。
- （对称）：选择 Biped 另一侧的匹配对象。
- （相反）：选择 Biped 另一侧的匹配对象，并取消选择当前对象。

（5）“四元数/Euler”卷展栏如图14-32所示，各选项的功能介绍如下。

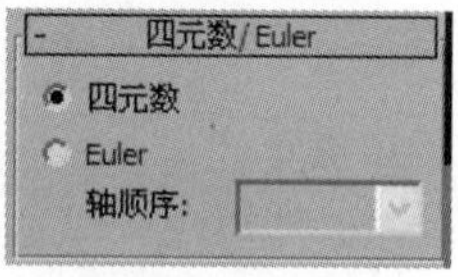

图14-32

- 四元数：将选择的Biped 动画转化为四元数旋转。如果Biped旋转尚未设置动画，则该选项将作为默认选项启动。
- Euler：将选择的Biped动画转化为Euler旋转。
- 轴顺序：允许选择Euler旋转曲线计算的顺序。仅在Euler活动时可用。默认设置为Y、X、Z。

（6）“扭曲姿势”卷展栏如图14-33所示，各选项的功能介绍如下。

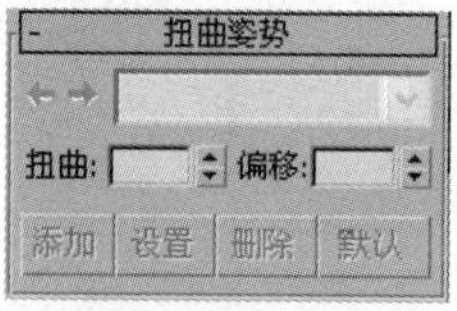

图14-33

- ：上一个、下一个关键点。
- 扭曲姿态列表：可以选择一个预设或保存姿态应用到Biped选定的肢体中。默认情况下，有五个扭曲姿态可用于每个有三种自由度的肢体：上、前、侧、下和后。还可以重命名当前的扭曲姿态。

- 扭曲：将所应用的扭曲旋转的数量（以度计算）设置给链接到选定肢体的扭曲链接，这样就影响了来自相反一侧的扭曲链接。
- 偏移：沿扭曲链接设置旋转分布。
- 添加：根据选定肢体的方向创建一个新的扭曲姿态，并将扭曲和偏移重设为其默认值。
- 设置：用当前的“扭曲”和“偏移”值更新活动扭曲姿态。
- 删除：移除当前的扭曲姿态。
- 默认：用五个默认的预设姿态替换所有具有三种自由度的肢体的所有扭曲姿态。

（7）“弯曲链接”卷展栏如图14-34所示，部分选项的功能介绍如下。

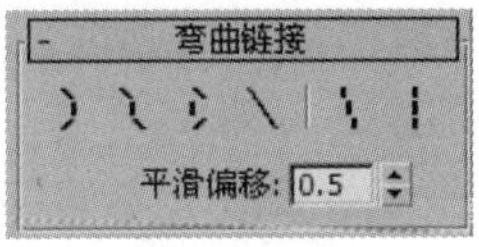

图14-34

- （弯曲链接模式）：此模式可以用于旋转链的多个链接，而无须先选择所有链接。（弯曲链接模式）可以将一个链接的旋转传输到其他链接，符合自然曲率。
- （扭曲链接模式）：该模式与（弯曲链接模式）很相似，其沿局部x的旋转应用于选定的链接，并在其余整个链中均等地递增它，从而保持其他两个轴中链接的关系。
- （扭曲个别模式）：该模式与（弯曲链接模式）很相似，其允许沿局部x旋转选定的链链接，而不会影响其父链接或子链接。因此该链保持其形状，而单个链接将被调整。
- （平滑扭曲模式）：此模式考虑沿链的第一个和最后一个链接的局部x的方向旋转，以便分布其他链接的旋转。这将导致每个链接之间的平滑旋转。
- （零扭曲）：根据链的父链接的当前方向沿局部x将每个链接的旋转重置为0。这不会更改链的当前形状。
- （所有归零）：根据链的父链接的当前方向，沿所有轴将每个链接的旋转重置为0。这将调整链的当前形状，使其与Biped平行。

（8）“关键点信息”卷展栏如图14-35所示，各选项的功能介绍如下。

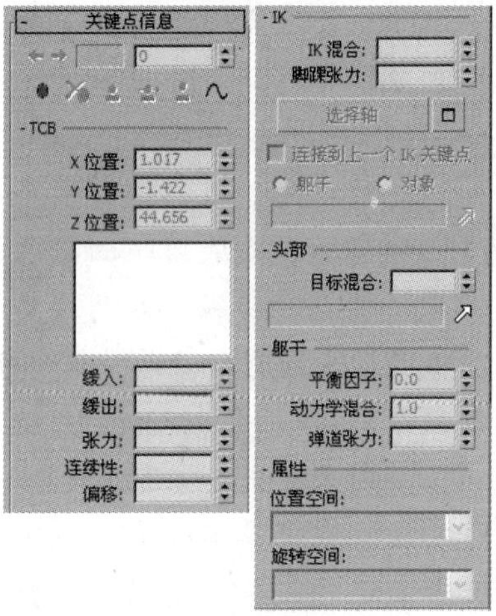

图14-35

- (设置关键点)：移动Biped对象时在当前帧创建关键点。这与3ds Max工具栏中Set Key（设置关键点）是一致的。
- （删除关键点）：删除选定对象在当前帧的关键点。
- （设置踩踏关键点）：设置一个Biped关键点，使其IK混合值为1，启用“连接到上一个IK关键点”，并在IK组中选定“对象”。
- （设置滑动关键点）：设置一个滑动关键点，使其IK混合值为1，启用“连接到上一个 IK 关键点”，并在IK组中选定“对象”，以此方法创建滑动足迹。在视口中显示滑动足迹，并有一条线贯穿足迹中间。滑动足迹被理解为具有移动IK限制的足迹。

- （设置自由关键点）：设置一个Biped关键点，使其IK混合值为0，启用连接到上一个IK关键点，并在IK组中选定“对象”。
- （轨迹）：显示和隐藏选定Biped对象的轨迹。可通过打开“轨迹”、打开子对象、在视口中选择水平或垂直重心轨迹和变换关键点来编辑有关Biped水平和垂直轨迹的关键点。
- TCB图：绘制改变控制器属性对动画的影响。曲线顶端的红色标记代表关键点。曲线左右两边的标记代表关键点两侧时间的均匀分布。
- X位置、Y位置、Z位置：使用这些微调器来重新定位选定的Biped形体部位。在世界坐标系XYZ中可以重新定位手或脚。使用这些微调器也可以定位Biped重心。
- 缓入：放慢动画曲线接近关键点时的速度。默认值为0。
- 缓出：放慢动画曲线离开关键点时的速度。默认值为0。
- 张力：控制动画曲线的曲率。
- 连续性：控制关键点处曲线的切线属性。默认设置是产生通过关键点的平滑动画曲线的唯一值。所有其他值都会在动画曲线中产生非连续性，从而引起动画的突然变化。默认值为25。较高的连续性值可以在关键点的两侧产生弯曲的泛光化。低连续性值会产生线性动画曲线。除了不会生成“缓进”和“缓出”效果之外，较低连续性和较高张力生成的线性曲线类似。默认设置可以在关键点处创建平滑的连续曲线。
- 偏移：控制动画曲线偏离关键点的方向。
- IK混合：此选项组用于设置IK关键点，并调整IK关键点的参数。如何混合正向动力学和反向动力学来插值中间位置的。移动手臂来控制手就是正向运动的一个例子。移动手来控制手臂就是反向运动的一个例子。
- 脚踝张力：调整膝关节和踝关节的优先级顺序。值为0时，膝关节先动。值为1时，踝关节先动。该效果只有在关键帧中才可见。
- 选择轴：激活可指定Biped的手脚旋转所围绕的轴。单击视口中的某个轴后，将关闭“选择坐标轴”，然后旋转手或脚。
- 连接到上一个IK关键点：此选项打开时，将Biped脚放到上一个关键点的坐标系空间。此选项关闭时，将Biped脚放到新参考位置。
- 躯干：Biped肢体放置到Biped坐标系空间。
- 对象：对象空间。Biped肢体要么在世界坐标系空间，要么在选定的IK对象坐标系空间。在关键点之间可以混合坐标系。
- （选择IK对象）：选择IK混合值为1且选中“对象”时Biped的手或脚要跟随的对象。选定对象的名称显示在按钮旁边。不能为此选择制作动画，对于动画中的每个手和脚来说，只有一个IK对象处于活动状态。
- 头部：此选项组用来为要注视的目

标定义目标对象。

- 目标混合：确定目标与头部现有动画的混合程度。
- （选择注视目标）：单击此按钮可选择头部要注视的对象。
- 平衡因子：定位Biped权重沿着从重心到头部的连线上的分布。此重心（形体水平轨迹）参数可以用作关键帧。如要激活“平衡因子”，请在“轨迹选择”卷展栏中单击↔（躯干水平）按钮，设置点，然后在“平衡因子”文本框中输入值。
- 动力学混合：选择↕（躯干垂直）轨迹（重心垂直轨迹），并控制在悬空阶段、奔跑或跳跃运动中的重力。该参数对足迹重叠的行走运动没有影响。
- 弹道张力：选择↕（躯干垂直）轨迹 (COM)，并控制 Biped 着陆，或从跳跃或奔跑中起步时的弹力或张力。变化是微妙的。
- 位置空间：用来给世界坐标空间、形体坐标空间、右手或左手坐标空间设置属性位置空间。
- 旋转空间：用来给世界坐标空间、形体坐标空间、右手或左手坐标空间设置属性旋转空间。

（9）“关键帧工具”卷展栏如图14-36所示，部分选项的功能介绍如下。

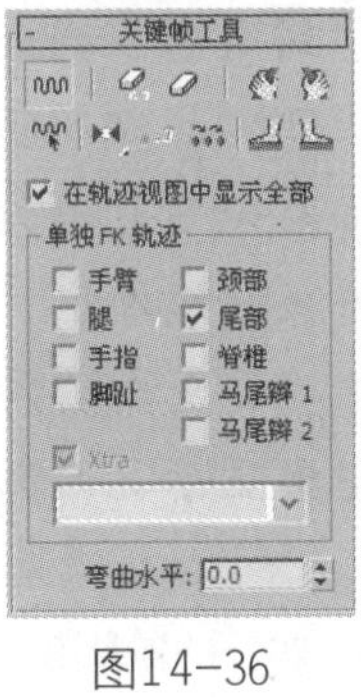

图14-36

- （启用子动画）：启用Biped子动画。
- （清除选定轨迹）：从选定对象和轨迹中移除所有关键点和约束。
- （清除所有动画）：从Biped中移除所有关键点和约束。
- （操纵子对象）：修改Biped子动画。
- （适当位置的镜像）：提供了两个选项。这两个选项均用于局部镜像动画，以便Biped 的右侧可以执行左侧的动作，反之亦然。
- （设置父对象模式）：启用设置父对象模式后，在创建肢体关键点的同时，还会为父对象创建关键点。启用单独FK轨迹后使用设置父级模式。
- （设置多个关键点）：使用过滤器选择关键点或将转动增量应用于选定的关键点。使用此按钮可以更改轨迹视图中的周期运动关键点。
- （锚定左臂）、（锚定右臂）、（锚定左腿）、（锚定右腿）：您可以临时修正手和腿的位置和方向。创建具有反向运动对象空间的动画时（在该空间中，手臂或腿追随场景中的对象）使用锚定方式。锚定可以确保手或腿保持对齐，直到设置了建立对象空间序列的第二个关键点为止。
- 在轨迹视图中显示全部：显示轨迹视图设置关键帧中选项的所有曲线。
- 手臂：勾选该复选框时，为手指、手、前臂和上臂创建单独的变换轨迹。
- 颈部：勾选该复选框时，为颈部链接创建单独的变换轨迹。
- 腿：勾选该复选框时，创建单独的脚趾、脚和小腿变换轨迹。
- 尾部：勾选该复选框时，为每个尾

部链接创建单独的变换轨迹。

- 手指：勾选该复选框时，为手指创建单独的变换轨迹。
- 脊椎：勾选该复选框时，创建单独的脊椎变换轨迹。
- 脚趾：勾选该复选框时，为脚指创建单独的变换轨迹。
- 马尾辫1：勾选该复选框时，创建单独的马尾辫1变换轨迹。
- 马尾辫2：勾选该复选框时，创建单独的马尾辫2变换轨迹。
- Xtras：勾选该复选框后，可为附加尾部创建单独的轨迹。

（10）“复制/粘贴”卷展栏如图14-37所示，各选项的功能介绍如下。

图14-37

- （创建集合）：清除当前集合名称以及与之关联的姿势、姿态和轨迹。
- （加载集合）：加载CPY文件，并在“复制集合”下拉列表的顶部显示其集合名称，并使其处于活动状态。
- （保存集合）：保存存储在CPA文件的当前会话活动集合中的所有姿态、姿势和轨迹。
- （删除集合）：从场景中删除当前集合。
- （删除所有集合）：从场景中删除所有集合。
- （Max加载首选项）：显示一个对话框，其中提供了用于执行打开Max文件时操作的选项。
- 姿态、姿势、轨迹：选择其中一个按钮来选择要进行复制和粘贴的信息种类。复制/粘贴按钮更改为表明当前模式。默认值为Posture（姿态）。
- （复制姿态）：复制选定Biped对象姿势并将其保存在一个新的姿势缓冲区中。
- （粘贴姿态）：将活动缓冲区中的姿势粘贴到Biped。
- （向对面粘贴姿态）：将活动缓冲区中的姿势粘贴到Biped相反的一侧中。
- （将姿势粘贴到所选的Xtras）：将姿势粘贴到所选的Xtras系统。
- （删除选定姿态）：删除选定的姿态、姿势或轨迹缓冲区。
- （删除所有姿态副本）：删除复制的姿态、姿势、轨迹列表中的所有缓冲区。
- “复制到姿态”列表：对每一模式列出所复制的缓冲区。活动缓冲区是即将要使用粘贴按钮粘贴的缓冲区。要激活缓冲区，从下拉列表中选中它。要更改缓冲区名称并激活它，突出显示其名称并输入新名称即可。
- （从视口中捕捉快照）：选中

后，将创建整个 Biped 活动 2D 或 3D 视口的快照。

- （自动捕捉快照）：（默认设置。）选中后，将创建独立身体部位的前视图快照。
- （无快照）：选中后，将使用灰色画布替换快照。
- （隐藏快照）：切换快照视图的显示。
- （粘贴水平）、（粘贴垂直）、（粘贴旋转）：启用该按钮后，将COM的躯干水平、垂直或旋转数据设为在下次执行粘贴操作时要粘贴的内容。选择粘贴COM 数据会保持复制到当前数据轨迹的 COM 的世界空间位置和方向。否则，将在粘贴复制的数据轨迹时保持COM的当前位置和方向。
- 自由度：启用后，将基于通过场景的上一个 COM 轨迹决定活动 COM 轨迹的值。只有在水平、垂直、旋转粘贴按钮处于活动状态时才启用该选项。
- 自动关键点TCB/IK值：启用后，将基于通过场景的上一个COM轨迹决定活动COM轨迹的值。只有在（粘贴水平）、（粘贴垂直）、（粘贴旋转）按钮处于活动状态时才启用该选项。
- 默认值：将TCB缓入和缓出设为0，将张力、连续性和偏移设为25。这些设置与复制的内容或粘贴的位置无关。将保持任何已经设置的 IK 关键点值。否则，将在前面和后面的关键点之间的时间内获得位置的值。
- 复制：将 TCB/IK值设置为与复制的数据值相匹配。如果复制的姿态或姿势不在关键点上，则 TCB/IK 值将基于从前面的关键点到后面的关键点之间的插值。
- 插补：将 TCB 值设置为进行粘贴的动画的插值。如果正在粘贴现有关键点，则将保持其 TCB 值。沿着相同的行，在粘贴时还将保持现有 IK 值。如果不存在关键点，将在前面和后面的关键点之间的时间内，从位置设置 IK 值。

（11）“层”卷展栏如图14-38所示，部分选项的功能介绍如下。

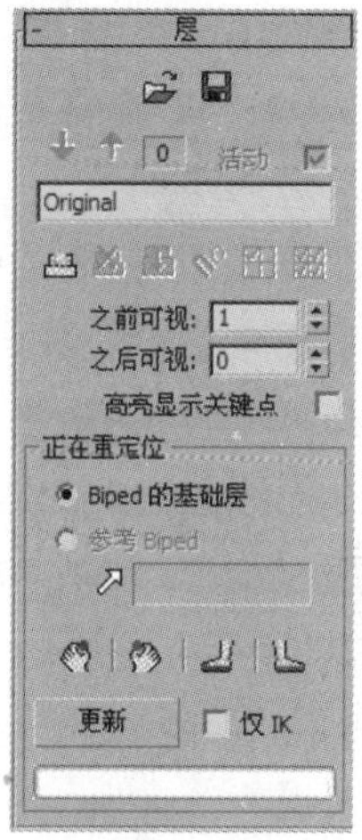

图14-38

- （加载层）：单击可显示文件选择器，并打开当前活动层的 BIP 文件。
- （保存层）：单击可显示文件选择器，并将当前层的动画保存为BIP文件。
- （上一层）、（下一层）：使用向上和向下箭头对层进行导航。
- 活动：此字段显示当前层（层级）。
- （创建层）：创建层以及级别字段增量。调整Biped位置从而在层中创建关键点。
- （删除层）：删除当前层。被删

除层以上的所有层的层号减一。

- （塌陷）：将所有层塌陷为层0。散布在更高层中原有足迹的腿部便会被“拖进”到原有足迹中。
- （捕捉和设置关键点）：将选定的 Biped 部位捕捉到其在层中的原始位置，然后创建关键点。
- （只激活我）：在选定的层中查看动画。打开（只激活我）后，选择播放，以查看运动中的层关键点。
- （全部激活）：激活所有层。播放动画观看所有层组合。
- 之前显示：设置要显示为线型轮廓图的前面的层编号。
- 之后显示：设置要显示为线型轮廓图的后面的层编号。
- 高亮显示关键点：通过突出显示线型轮廓图来显示关键点。
- Biped的基础层：选择此方法，可以将所选 Biped 的原始层上的 IK 约束作为重新定位参考。默认设置为活动状态。
- 参考Biped：选择此方法，可以将显示在“选择参考Biped”按钮旁边的Biped 的名称作为重新定位参考。
- （选择参考Biped）：选择Biped作为所选Biped的重新定位参考。选定Biped的名称显示在按钮旁边。
- （重定位左臂）：启用此选项之后，可以使Biped的左臂遵循基础层的IK约束。
- （重定位右臂）：启用此选项之后，可以使Biped的右臂遵循基础层的IK约束。
- （重定位左腿）：启用此选项之后，可以使Biped的左腿遵循基础层的IK约束。
- （重定位右腿）：启用此选项之后，可以使Biped的右腿遵循基础层的IK约束。
- 更新：根据重新定位的方法（基础层或参考Biped）、活动的重新定位身体部位和“仅IK”选项为每个设置的关键点计算选定Biped的手部和腿部位置。
- 仅IK：启用此选项之后，仅在那些受IK控制的帧间才重新定位Biped受约束的手部和足部。禁用此选项之后，在IK和FK关键点间都会重新定位手部和足部。默认设置为禁用状态。

（12）“运动捕捉”卷展栏如图14-39所示，各选项的功能介绍如下。

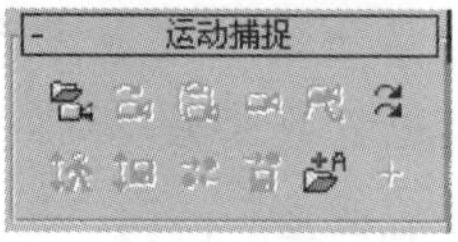

图14-39

- （加载运动捕捉文件）：关键点减少并提取原始运动捕捉数据中的足迹。加载 BIP、CSM 或 BVH 文件。
- （从缓冲区转化）：过滤最近加载的运动捕捉数据。这些数据存储于运动捕获缓冲区。显示“参数”对话框。
- （从缓冲区粘贴）：将一帧原始运动捕捉数据粘贴到Biped的选中部位。
- （显示缓冲区）：将原始运动捕捉数据显示为红色线条图。
- （显示缓冲区轨迹）：将为Biped的选定躯干部位缓冲的原始运动捕捉数据显示为黄色区域。
- （批处理文件转化）：将一个或多个CSM或BVH运动捕获文件转换为过滤的BIP格式。

- （特征体形模式）：加载原始标记文件后，启用（特征体形模式）来相对于标记缩放Biped。退出“特征形体”时，会校准整个标记文件。
- （保存特征体形结构）：在特征体形模式中更改Biped的比例后，可以将更改存储为FIG 文件。在特征体形模式中更改 Biped 的比例后，可以将更改存储为FIG文件。在“运动捕获转换参数”对话框中使用此文件来调整由同一模型创建的标记文件。
- （调整特征姿势）：加载标记文件后，使用“调整特征姿势”来相对于标记修正Biped 的位置。将Biped的肢体与标记对齐，然后单击“调整特色姿态”即可计算所有加载的标记数据的这种偏移。
- （保存特征姿势调整）：将特征姿势调整保存为CAL文件。
- （加载标记名称文件）：加载标记名称（MNM）文件，将运动捕捉文件（BVH或CSM）中的传入标记名称映射到Character Studio标记命名约定中。显示Load Marker Name File（加载标记名称文件）对话框。
- （显示标记）：打开对话框，其中提供了用于指定标记显示方式的设置。

（13）“动力学和调整”卷展栏如图14-40所示，各选项的功能介绍如下。

- 重力加速度：设置用来计算Biped运动的重力加速度强度。
- Biped动力学：使用“Biped动力学”创建新的重心关键点。
- 样条线动力学：使用完全样条线插值来创建新的重心关键点。
- 躯干水平关键点：勾选该复选框可以防止在空间中编辑足迹时躯干水平关键点发生自适应调整。
- 躯干垂直关键点：勾选该复选框可以防止在空间中编辑足迹时躯干垂直关键点发生自适应调整。
- 躯干旋转关键点：勾选该复选框可以防止在空间中编辑足迹时躯干翻转关键点发生自适应调整。
- 右腿移动关键点：勾选该复选框可以防止在空间中编辑足迹时右腿移动关键点（腿移动关键点是足迹之间的腿部关键点）发生自适应调整。
- 左腿移动关键点：勾选该复选框可以防止在空间中编辑足迹时左腿移动关键点（腿移动关键点是足迹之间的腿部关键点）发生自适应调整。
- 自由形式关键点：勾选该复选框可以防止足迹动画中自由形式周期发生自适应调整。如果在自由形式周期之后的足迹被移得更远，那么在一个自由形式周期中的Biped位置将不发生移动。
- 时间：勾选该复选框可以防止当“轨迹视图”中的足迹持续时间发生变化时上半身关键点发生自适应调整。

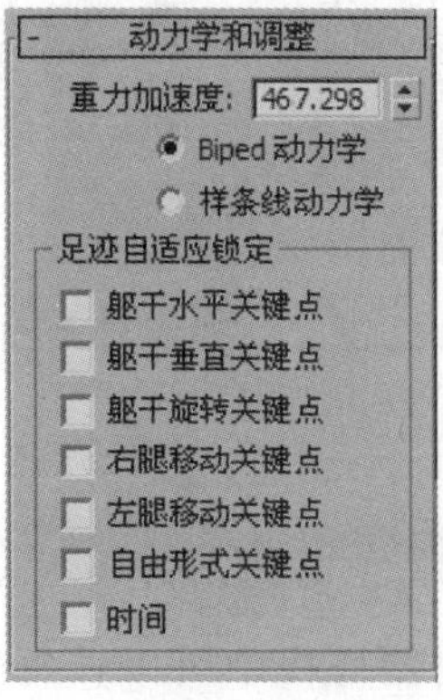

图14-40

14.4 蒙皮

“蒙皮”修改器是一种骨骼变形工具，用于通过另一个对象对一个对象进行变形。可使用骨骼、样条线或其他对象变形网格、面片或 NURBS 对象。

打开创建骨骼的场景文件，在场景中选择角色模型，如图14–41所示。在“修改器列表”中选择“蒙皮”修改器，在“参数”卷展栏中单击“骨骼”后的“添加”按钮，如图14–42所示，在弹出的对话框中选择角色的骨骼。

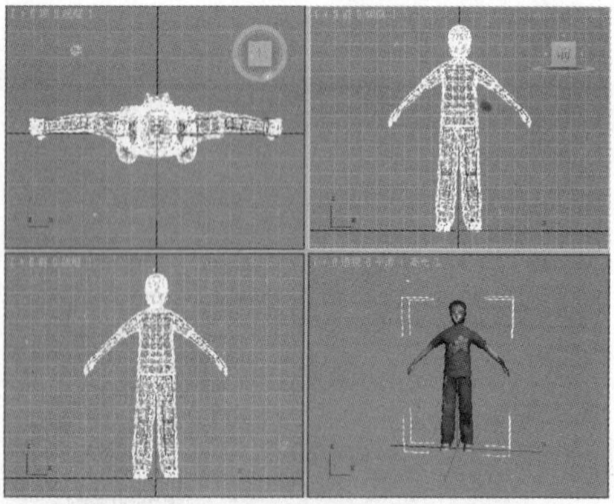

图14–41

图14–42

14.4.1 编辑封套

在修改器堆栈中可以选择封套的选择集，即“封套”选择集，或在“参数”卷展栏中单击“编辑封套”按钮，注意观察封套的两端，有两组截面控制点，以调整两端的截面控制点，使其影响面积扩大，红色的部分为完全影响区域，黄色的为半影响区域，蓝色的为不影响区域，如图14–43所示。

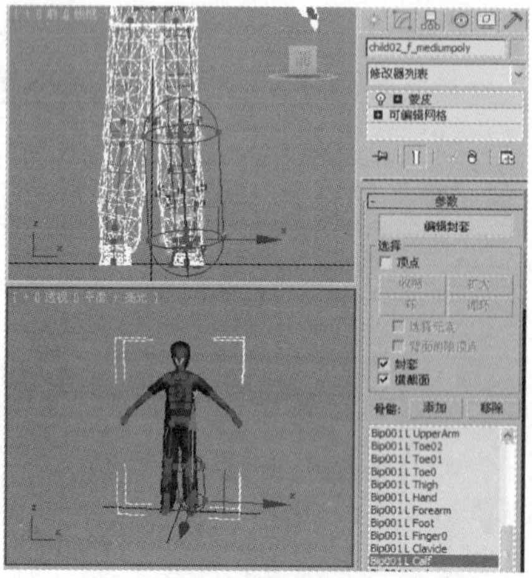

图14–43

如果感觉两组截面控制点不能完全控制大腿的话，可以单击命令面板中“横截面”选项组中的“添加”按钮，以添加一些横截面，如图14–44所示。

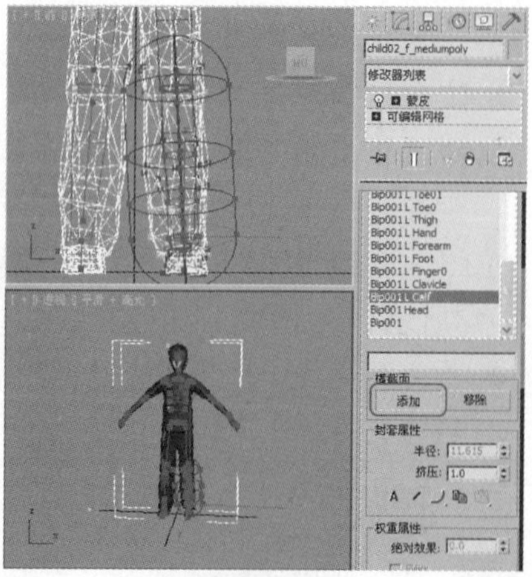

图14–44

通过移动横截面上的控制点来调整蒙皮封套的范围，如图14–45所示。

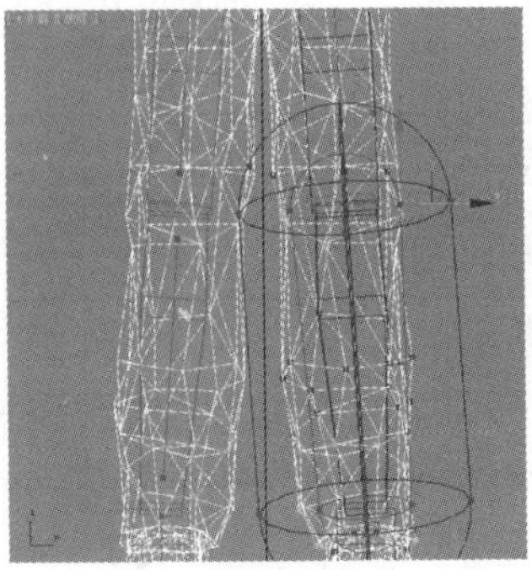

图14-45

14.4.2 权重属性

蒙皮修改器的权重表用于同时更改几个顶点和骨骼的顶点权重。单击“权重表”按钮时出现此表，如图14-46所示。

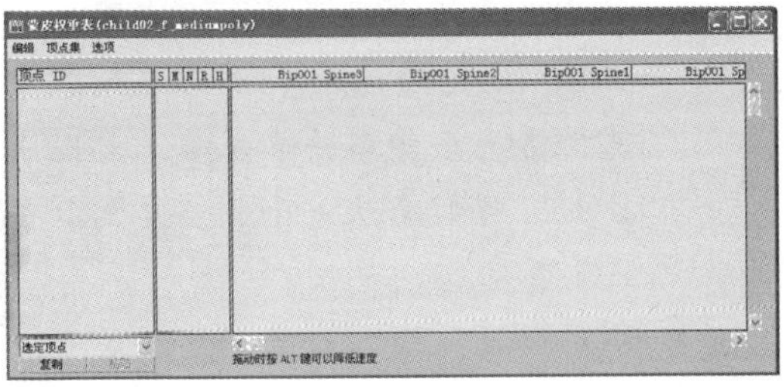

图14-46

顶点编号显示在左列的下方，骨骼名称横跨顶部显示。每个骨骼的顶点权重显示在图表中。

可以用以下多种方法更改顶点权重。

- 单击并将顶点权重拖到左边或右边。
- 在新权重中高亮显示一个权重和类型。
- 在顶点ID上方通过拖动来选择顶点，然后单击并拖动一个权重来更改骨骼上的所有选定权重。
- 右键单击输入值0。
- Ctrl+ 右键单击输入值1.0。

“蒙皮权重表”对话框中的选项的功能介绍如下。

- 顶点ID：顶点沿着权重表的左列向下按编号显示。双击顶点编号使顶点在视口中显示为粉红色。如果希望仅显示选中的顶点，从对话框左下方的下拉菜单中选择选中的顶点。
- S：表明顶点处于选中状态。
- M：表明顶点权重发生修改。
- N：表明顶点权重经归一化处理（所有顶点权种之和为 1.0）。
- R：表明顶点是刚性的（只被一个骨骼影响，该骨骼的影响最大）。
- H：表明面片控制柄是刚性的（只被一个骨骼影响，该骨骼的影响最大）。
- 下拉列表：选择此选项显示所有顶点、选中的顶点或仅被选中骨骼影响的顶点。
- 复制：复制高亮显示顶点上的权重。
- 粘贴：粘贴复制的权重。

14.4.3 “参数”卷展栏

下面介绍蒙皮修改器的“参数”卷展栏。

（1）“参数”卷展栏如图14-47所示，各选项的功能介绍如下。

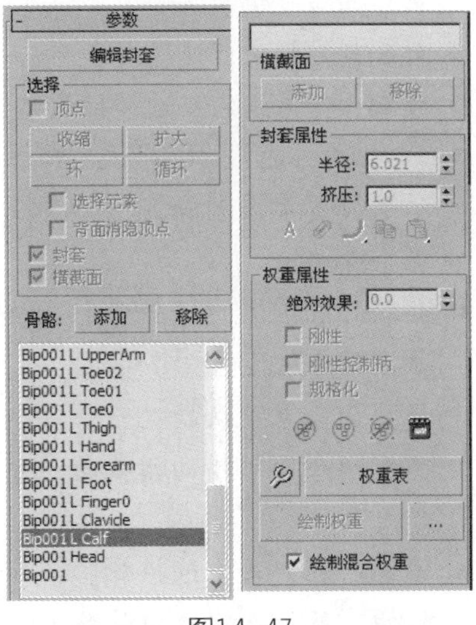

图14-47

- 编辑封套：启用此子对象层级以处

理封套和顶点权重。

- 选择：以下过滤选项组合在一起可以防止在视口中意外地选择错误项目，从而帮助您完成特定任务。
- 顶点：启用它以选择顶点。
- 收缩：从选定对象中逐渐减去最外部的顶点，以修改当前的顶点选择。如果选择了一个对象中的所有顶点，则没有任何效果。
- 扩大：逐渐添加所选定对象的相临顶点，以修改当前的顶点选择。必须从至少一个顶点开始，以能够扩充用户的选择。
- 环：扩展当前的顶点选择，以包括平行边中的所有部分。必须选择至少两个顶点，以使用“环”选择。
- 循环：扩展当前的顶点选择，以包括连续边中的所有顶点部分。
- 选择元素：启用后，只要至少选择所选元素的一个顶点，就会选择它的所有顶点。
- 背面消隐顶点：启用后，不能选择指向远离当前视图的顶点（位于几何体的另一侧）。
- 封套：启用它以选择封套。
- 横截面：启用它以选择横截面。
- “骨骼”的“添加”：单击可从“选择骨骼”对话框中添加一个或多个骨骼。
- 移除：在列表中选择骨骼，然后单击“移除”按钮以移除它。
- 横截面：在默认情况下，每个封套具有两个圆的横向横截面，分别位于封套两端。
- 添加：在列表中选择骨骼，单击该按钮，然后在视口中骨骼上的某个位置单击以添加横截面。
- 移除：选择封套横截面并单击该按钮以删除它。
- 半径：选择封套横截面，然后使用该选项调整其大小。
- 挤压：所拉伸骨骼的挤压倍增器。
- （绝对/相对）：此切换确定如何为内外封套之间的顶点计算顶点权重。
- （封套可见性）：确定未选定封套的可见性。
- （缓慢衰减）：为选定封套选择衰减曲线。
- （复制）：将当前选定封套的大小和图形复制到内存。启用子对象封套，在列表中选择一个骨骼，单击（复制）按钮，然后在列表中选择另一个骨骼并单击（粘贴）按钮，将封套从一个骨骼复制到另一个骨骼。
- 绝对效果：输入选定骨骼相对于选定顶点的绝对权重。
- 刚体：使选定顶点仅受一个最具影响力的骨骼影响。
- 刚性控制柄：使选定面片顶点的控制柄仅受一个最具影响力的骨骼影响。
- 规格化：强制每个选定顶点的总权重合计为1.0。
- （排除选定的顶点）：将当前选定的顶点添加到当前骨骼的排除列表中。此排除列表中的任何顶点都不受此骨骼影响。
- （包含选定的顶点）：从排除列表中为选定骨骼获取选定顶点。然后，该骨骼将影响这些顶点。
- （选择排除的顶点）：选择所有从当前骨骼排除的顶点。

- （烘焙选定顶点）：单击以烘焙当前的顶点权重。
- （权重工具）：显示对话框，该对话框提供了一些控制工具，用于帮助用户在选定顶点上指定和混合权重。
- 权重表：显示一个表，用于查看和更改骨架结构中所有骨骼的权重。
- 绘制权重：在视口中的顶点上单击并拖动光标，以便刷过选定骨骼的权重。
- …：单击该按钮，打开“绘制选项”对话框，可从中设置权重绘制的参数。
- 绘制混合权重：启用后，通过将相邻顶点的权重均分，然后基于笔刷强度应用平均权重，可以缓和绘制的值。默认设置为启用。

（2）“镜像参数”卷展栏如图14-48所示，各选项的功能介绍如下。

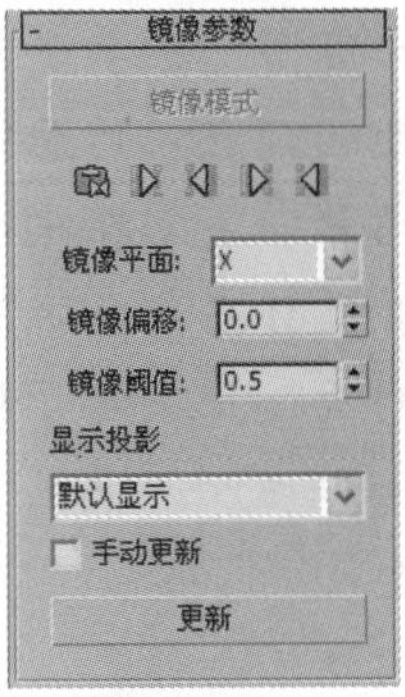

图14-48

- 镜像模式：启用镜像模式，允许将封套和顶点指定从网格的一个侧面镜像到另一个侧面。此模式仅在“封套”子对象层级可用。
- （镜像粘贴）：将选定封套和顶点指定粘贴到物体的另一侧。
- （将绿色粘贴到蓝色骨骼）：将封套设置从绿色骨骼粘贴到蓝色骨骼。
- （将蓝色粘贴到绿色骨骼）：将封套设置从蓝色骨骼粘贴到绿色骨骼。
- （将绿色粘贴到蓝色顶点）：将各个顶点指定从所有绿色顶点粘贴到对应的蓝色顶点。
- （将蓝色粘贴到绿色顶点）：将各个顶点指定从所有蓝色顶点粘贴到对应的绿色顶点。
- 镜像平面：确定将用于确定左侧和右侧的平面。启用“镜像模式”模式时，该平面在视口中显示在网格的轴点处。选定网格的局部轴用作平面的基础。如果选择了多个对象，将使用一个对象的局部轴。
- 镜像偏移：沿“镜像平面”轴移动镜像平面。
- 镜像阈值：设置在将顶点设置为左侧或右侧顶点时镜像工具看到的相对距离。如果在启用“镜像模式”时，网格中的部分顶点（镜像平面上顶点以外的顶点）不是蓝色或绿色，请提高“镜像阈值”以包含更大的角色区域。还可以提高此值以补偿不对称模型中的对称不足。
- 显示投影：当“显示投影”设置为“默认显示”时，选择镜像平面一侧上的顶点会自动将选择投影到相对面。使用“正值和负值”选项，可仅在角色的一侧选择顶点。“无”选项不会将选定顶点投影到任一侧。
- 手动更新：如果启用，则可以手动更新显示内容，而不是每次释放鼠标后自动更新。
- 更新：在启用“手动更新”时，使用此按钮可使用新设置更新显示。

（3）“显示”卷展栏如图14-49所

示，各选项的功能介绍如下。

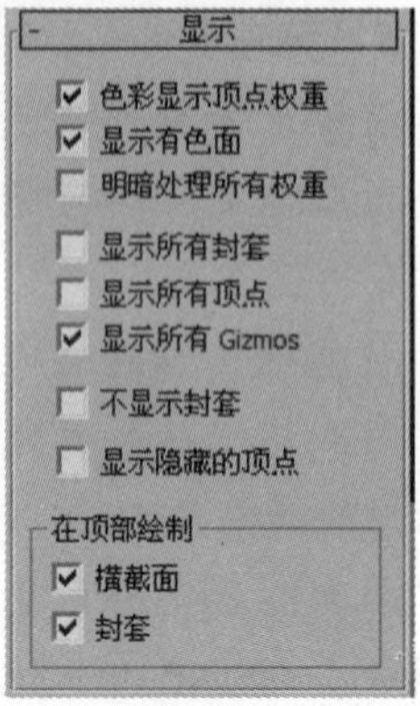

图14-49

- 色彩显示顶点权重：根据顶点权重设置视口中的顶点颜色。
- 显示有色面：根据面权重设置视口中的面颜色。
- 明暗处理所有权重：向封套中的每个骨骼指定一个颜色。顶点加权将颜色混合在一起。
- 显示所有封套：同时显示所有封套。
- 显示所有顶点：在每个顶点绘制小十字叉。在面片曲面上，该控件还绘制所有控制柄。
- 显示所有Gizmo：显示除当前选定Gizmo以外的所有Gizmo。
- 不显示封套：即使已选择封套也不显示封套。
- 显示隐藏的顶点：启用后，将显示隐藏的顶点。
- 在顶部绘制：这些选项确定在视口中将在所有其他对象的顶部绘制哪些元素。
- 横截面：强制在顶部绘制横截面。
- 封套：强制在顶部绘制封套。

（4）“高级参数”卷展栏如图14-50所示，各选项的功能介绍如下。

- 始终变形：用于编辑骨骼和所控制点之间的变形关系的切换。此关系是在最初应用蒙皮时设置的。要更改该关系，可禁用“始终变形”，移动对象或骨骼后重新激活它。现在将使用新的变形关系。

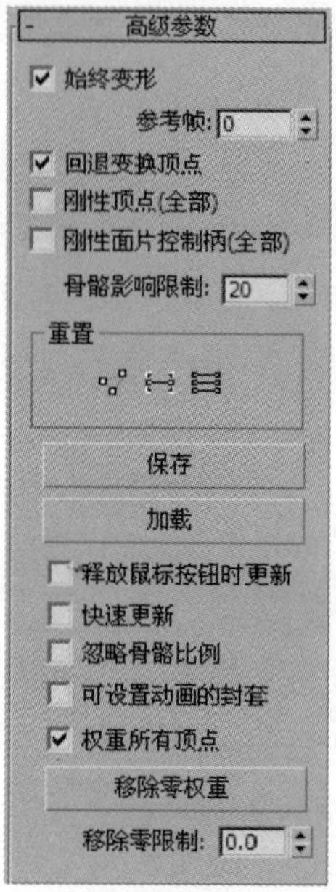

图14-50

- 参考帧：设置骨骼和网格位于参考位置的帧。
- 回退变换顶点：用于将网格链接到骨骼结构。通常在执行此操作时，任何骨骼移动都会根据需要将网格移动两次，一次随骨骼移动，一次随链接移动。选中此选项可防止在这些情况下网格移动两次。
- 刚性顶点（全部）：如果勾选该复选框，则可以有效地将每个顶点指定给其封套影响最大的骨骼，即使为该骨骼指定的权重为100%也是如此。顶点将不具有分布到多个骨骼的权重，蒙皮对象的变形将是刚性的。这主要用于不支持权重点变换的游戏引擎。
- 刚性面片控制柄（全部）：在面片模型上强制面片控制柄权重等于结

构权重。

- 骨骼影响限制：限制可影响一个顶点的骨骼数。
- （重置所选的顶点）：将选定顶点的权重重置为封套默认值。手动更改顶点权重后，需要时可使用此控件重置权重。
- （重置选定的骨骼）：将关联顶点的权重重新设置为选定骨骼的封套计算的原始权重。
- （重置所有骨骼）：将所有顶点的权重重新设置为所有骨骼的封套计算的原始权重。
- 保存、加载：用于保存和加载封套位置及形状，以及顶点权重。
- 释放鼠标按钮时更新：启用后，如果单击鼠标按钮则不进行更新。释放鼠标时，将进行更新。该选项可以避免不必要的更新，从而使工作流程快速移动。
- 快速更新：在不渲染时，禁用权重变形和Gizmo的视口显示，并使用刚性变形。
- 忽略骨骼比例：启用此选项可以使蒙皮的网格不受缩放骨骼的影响。
- 可设置动画的封套：启用“自动关键点”时切换在所有可设置动画的封套参数上创建关键点的可能性。默认设置为禁用状态。
- 权重所有顶点：启用后，将强制不受封套控制的所有顶点加权到与其最近的骨骼。对手动加权的顶点无效。默认设置为启用。
- 移除零权重：如果顶点低于“移除零限制”值，则从其权重中将其去除，从而可以使蒙皮的模型更简洁（例如，在游戏中）。因为存储在几何体中的不必要的数据减少了。
- 移除零限制：设置权重阈值，该阈值确定在单击“移除零权重”后是否从权重中去除顶点。

（5）“轴”卷展栏如图14-51所示，各选项的功能介绍如下。

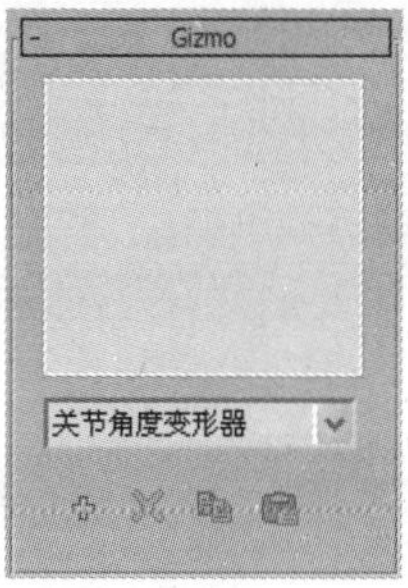

图14-51

- Gizmo列表窗口：列出当前的角度变形器。
- 变形器下拉列表：列出可用变形器。
- （添加Gizmo）：将当前Gizmo添加到选定顶点。
- （移除）：从列表中移除选定Gizmo。
- （复制Gizmo）：复制选定Gizmo。
- （粘贴Gizmo）：粘贴Gizmo。

14.5 综合演练——创建两足动画

场景文件	场景\Cha14\人–创建骨骼.max	视频教学	视频教学\Cha14\人–创建骨骼动画.avi
案例文件	场景\Cha14\人–创建骨骼动画.max	难易指数	★★★★★
视频长度	3分21秒		

首先看一下两足动画的渲染单帧效果，如图14-52所示。

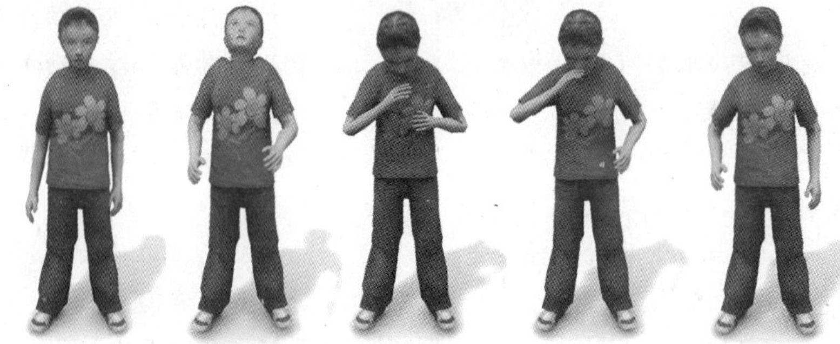

图14-52

1 打开光盘中的“场景\cha14\人-创建骨骼.max”文件，如图14-53所示。

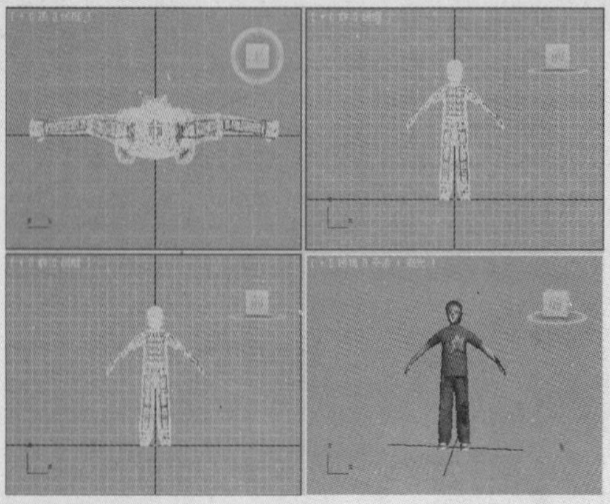

图14-53

2 调整场景中人物右侧的封套，如图14-54所示。

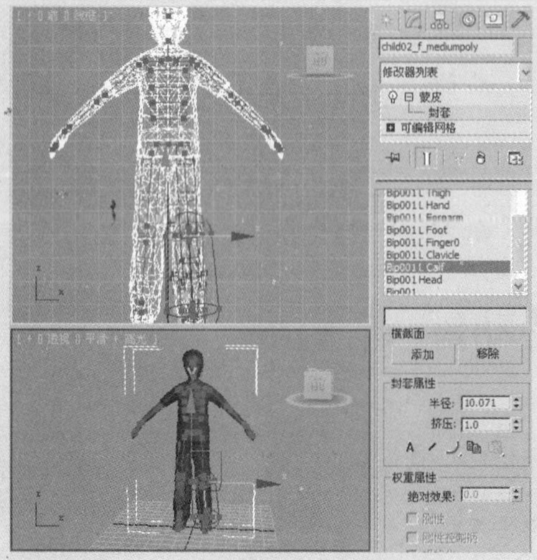

图14-54

3 在“镜像参数”卷展栏中单击“镜像模式”按钮，再单击（将蓝色粘贴到绿色骨骼）按钮，如图14-55所示。

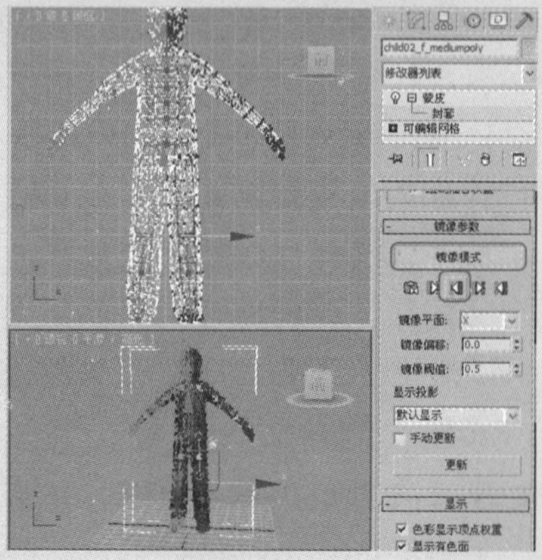

图14-55

4 在场景中选择骨骼的重心，如图14-56所示，切换到（运动）面板，在“运动捕捉”卷展栏中单击（加载运动捕捉文件）按钮。

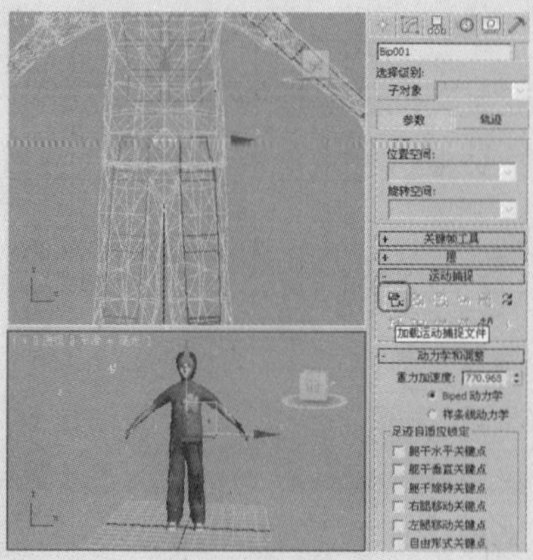

图14-56

5 在弹出的对话框中选择“场景\cha14\打喷嚏.bip”文件加载运动骨骼，单击“打开”按钮，如图14-57所示。

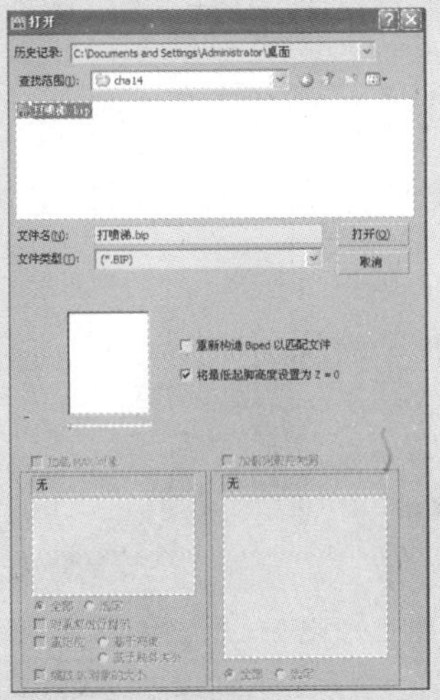

图14-57

6 在弹出的对话框中单击“确定”按钮即可，如图14-58所示。

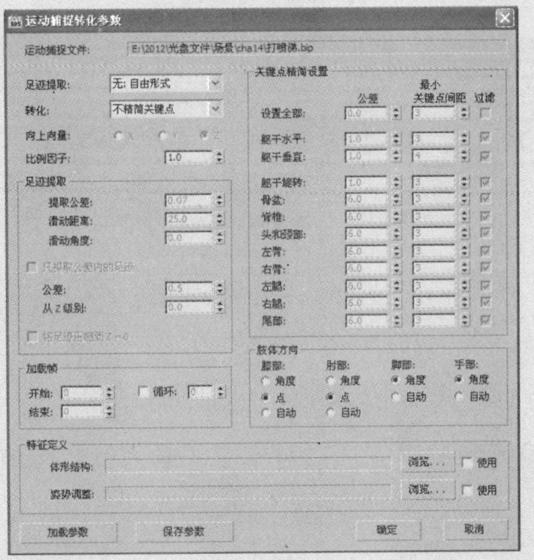

图14-58

7 导入到场景的动作如图14-59所示。

8 在场景中选择所有骨骼并右击，在弹出的快捷菜单中选择“对象属性”命令，打开“对象属性”面板，从中取消勾选“可渲染”复选框，如图14-60所示，以取消对场景中的骨骼的渲染。

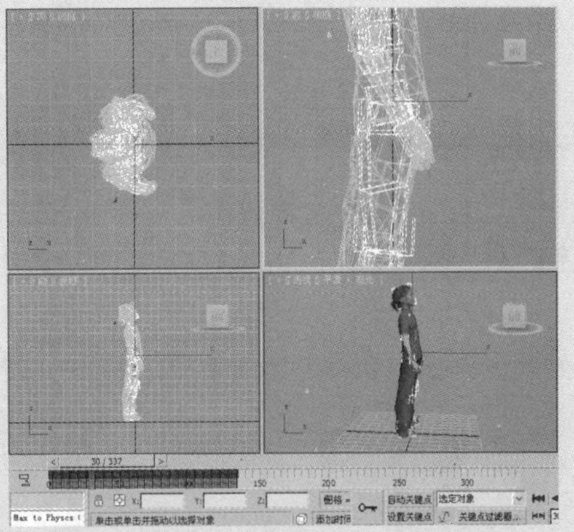

图14-59

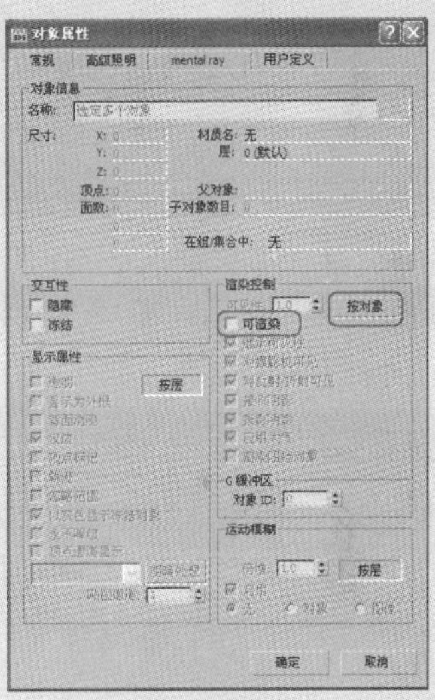

图14-60

9 在场景中简单地创建灯光，如图14-61所示。

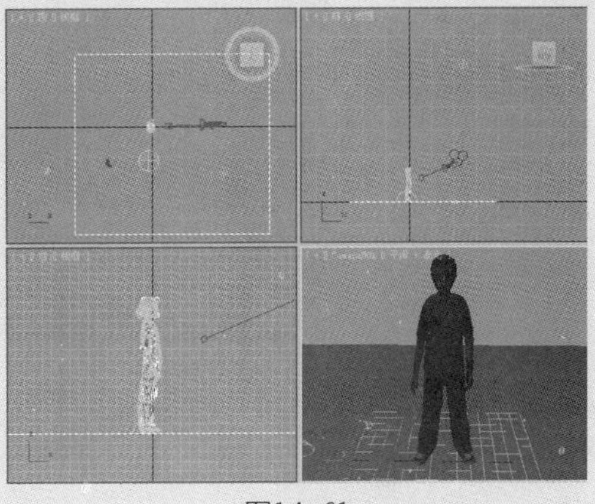

图14-61

14.6 课后练习——创建蜥蜴尾巴动画

场景文件	场景\Cha14\蜥蜴ok.max	视频教学	视频教学\Cha14\蜥蜴动画.avi
案例文件	场景\Cha14\蜥蜴动画.max		
视频长度	4分50秒	难易指数	★★★★★

在前面我们介绍了蜥蜴的尾巴骨骼的创建，下面我们通过对骨骼的调整完成蜥蜴尾巴的动画。如图14-62所示为蜥蜴尾巴的静帧图像。

图14-62

1. 首先打开创建骨骼后的蜥蜴场景。
2. 为模型设置“蒙皮”。
3. 调整封套。
4. 调整关键帧动画。

14.7 本章小结

本章介绍了骨骼的创建和编辑以及蒙皮的编辑和调整，通过对本章的学习读者应该对骨骼和蒙皮有了一个初步的了解。

第15章

暴风雪中的小木屋

案例文件	场景\cha15\暴风雪中的小木屋.max	视频教学	视频教学\cha15\暴风雪中的小木屋.avi
视频长度	37分59秒	难易指数	★★★★★

通过前面基础知识的学习，相信大家对3ds Max已经不再陌生。在本章中将结合前面章节中的综合命令来制作实例——暴风雪中的小木屋，效果如图15-1所示。

图15-1

15.1 制作木屋模型

首先制作木屋的模型。

1 在“顶”视图中创建“圆柱体”，设置圆柱体合适的参数，该模型作为地面，如图15-2所示。

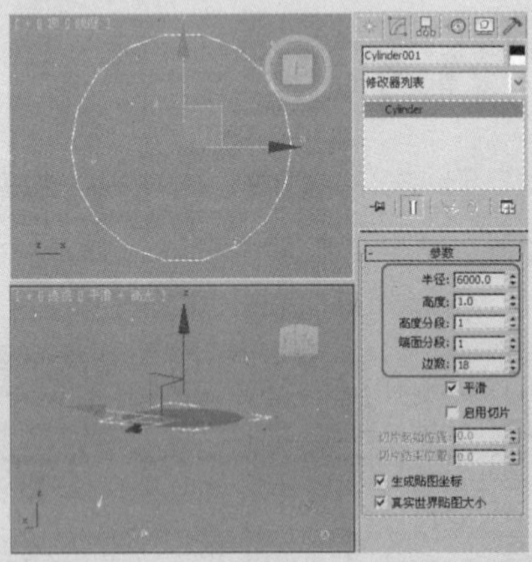

图15-2

2 在“左”视图中创建图形如图15-3所示。

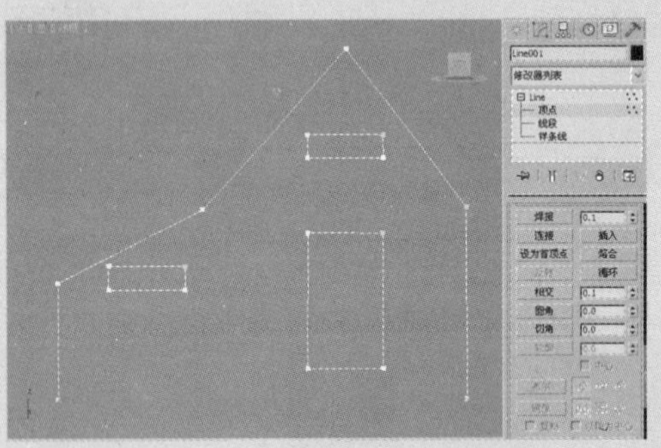

图15-3

3 为图形施加“挤出”修改器，设置合适的挤出参数如图15-4所示。

4 打开材质编辑器，选择一个新的材质样本球，在“反射高光”组中设置“高光级别”和“光泽度”的参数如图15-5所示。

5 在“贴图”卷展栏中为“漫反射”指定位图，并将位图复制到“凹凸”后的贴图按钮上，如图15-6所示。

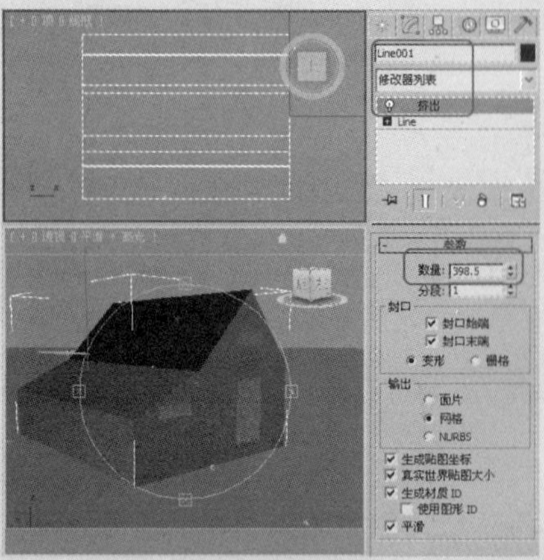

图15-4

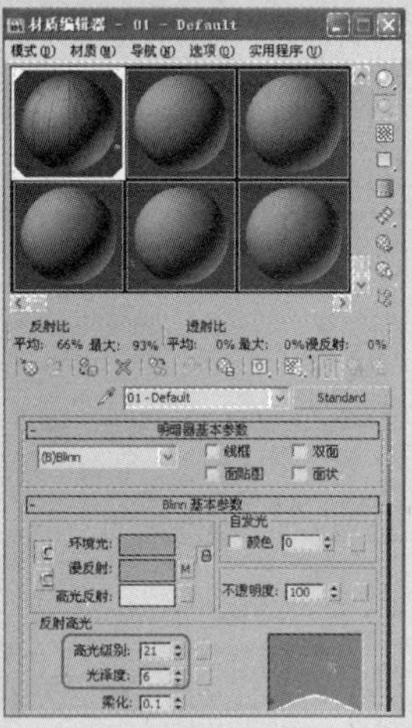

图15-5

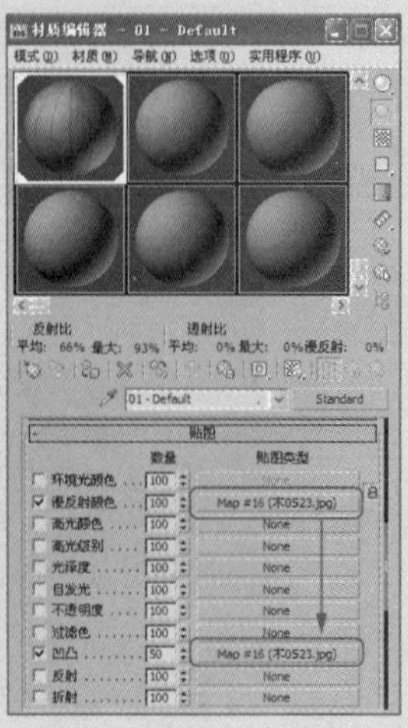

图15-6

6 为模型施加“UVW贴图”修改器，设置合适的参数，如图15-7所示。

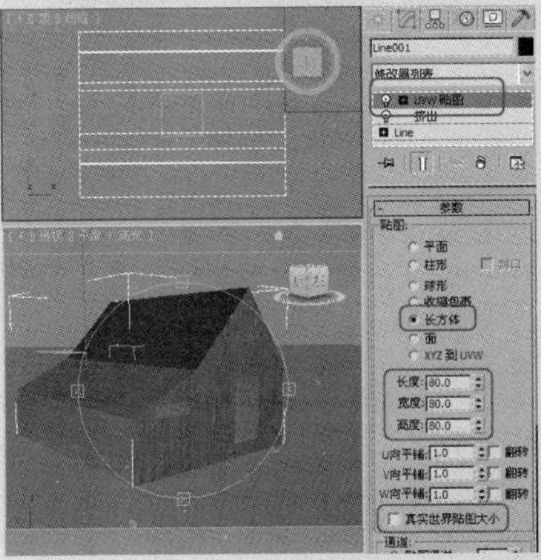

图15-7

7 可以看到场景中模型侧面的贴图出现错误，这种情况可以为其施加一个“UVW展开”修改器，将选择集定义为“面”，在场景中选择如图15-8所示的面。

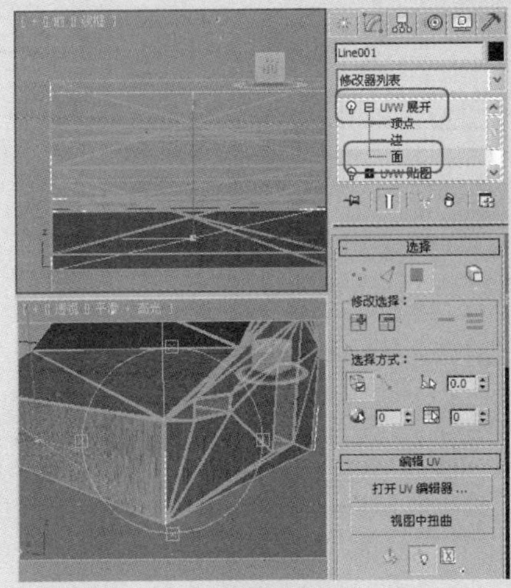

图15-8

8 单击“打开UV编辑器”按钮，在弹出的对话框中调整面如图15-9所示。

9 在场景中创建并调整图形如图15-10所示。

10 为图形施加“挤出”修改器，设置合适的参数，如图15-11所示。

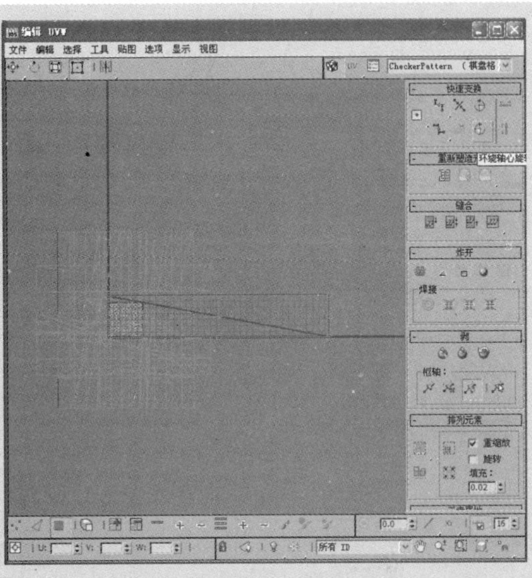

图15-9

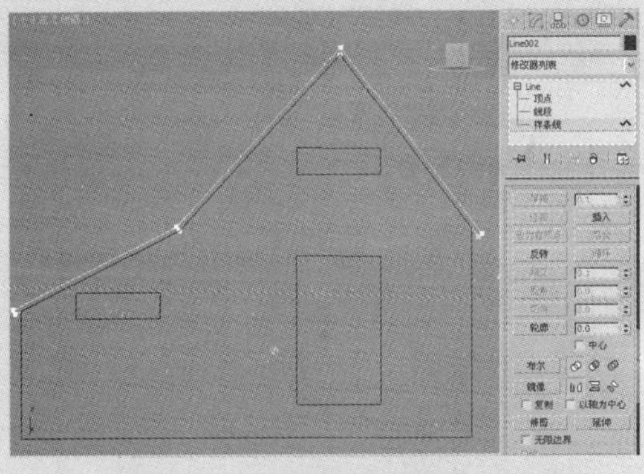

图15-10

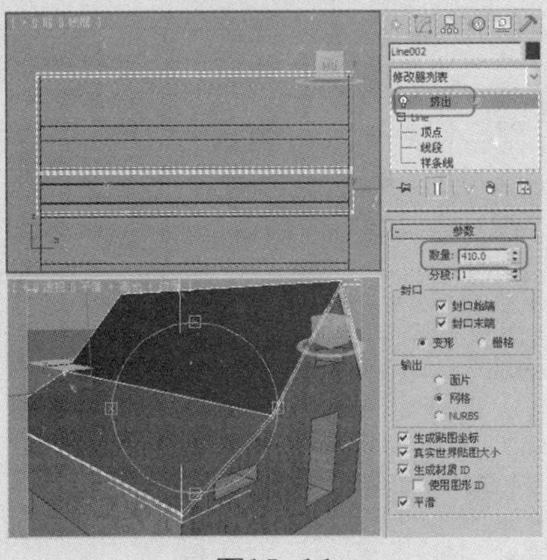

图15-11

11 为创建的顶施加“UVW贴图”修改器，设置合适的参数，如图15-12所示。

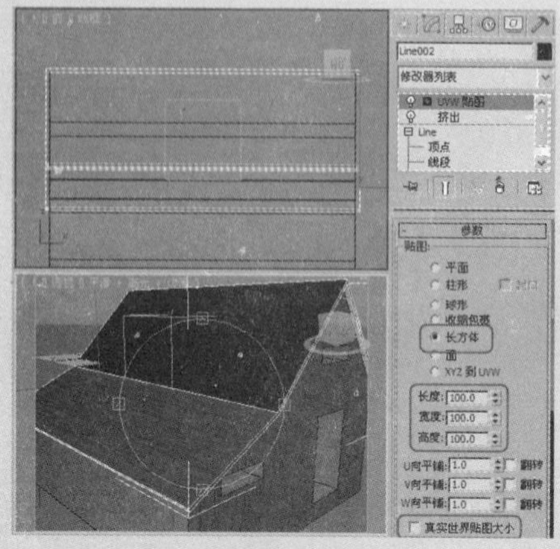

图15-12

12 在“前”视图中创建台阶图形，如图15-13所示。

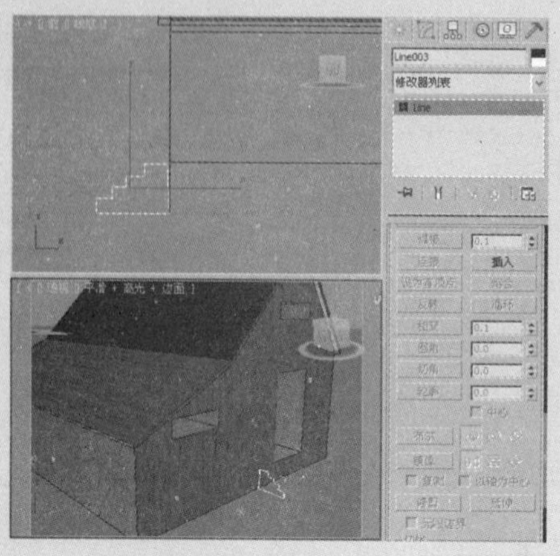

图15-13

13 为台阶图形施加“挤出”修改器，设置合适的参数，如图15-14所示。

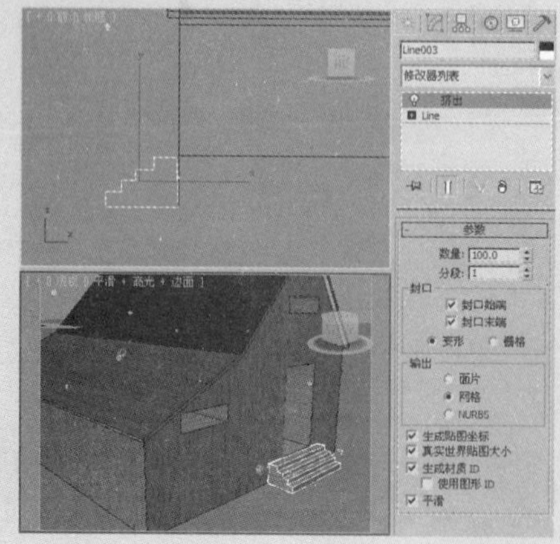

图15-14

14 打开三维捕捉，在门洞和窗洞的位置创建“矩形”，取消勾选“开始新图形”复选框，创建其他矩形，如图15-15所示。

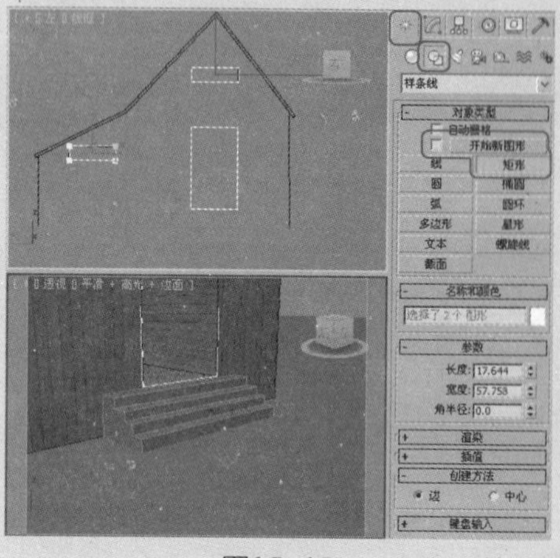

图15-15

15 将选择集定义为“样条线”，在“几何体”卷展栏中单击“轮廓”按钮，设置图形轮廓如图15-16所示。

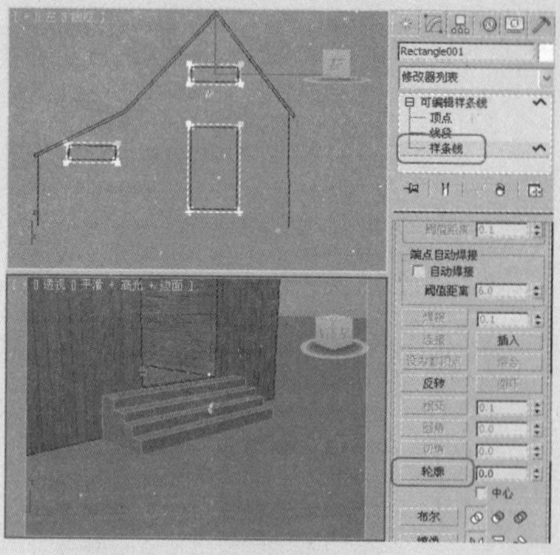

图15-16

16 关闭选择集，为图形施加“挤出”修改器，设置合适的挤出参数，如图15-17所示。

17 复制创建的门框、窗框，删除“挤出”修改器，将选择集定义为“样条线”，删除样条线，留下窗户轮廓，如图15-18所示。

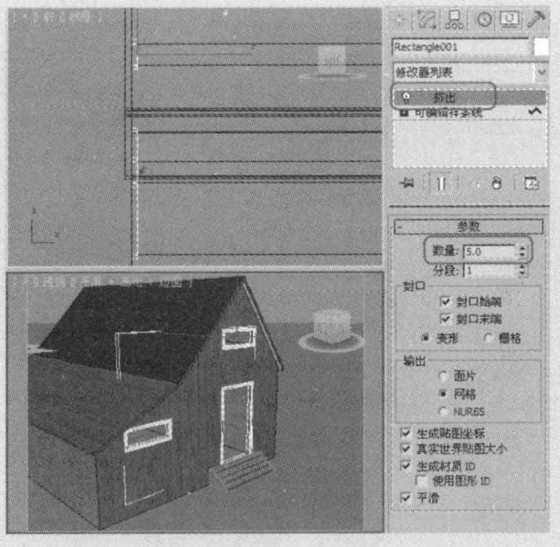

图15-17

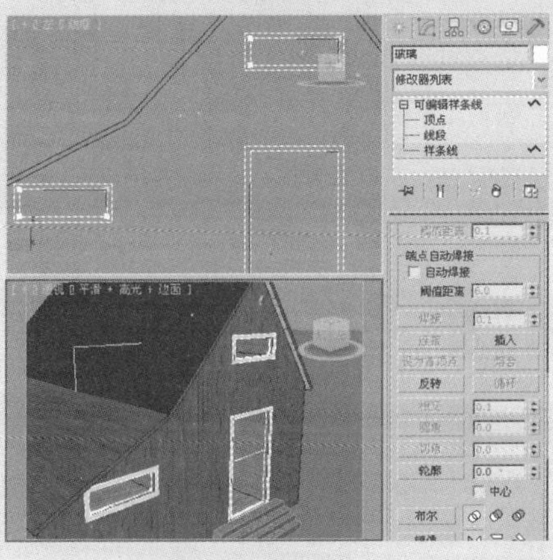

图15-18

18 为图形施加“挤出”修改器，设置合适的参数，如图15-19所示。

19 打开材质编辑器，选择一个新的材质样本球，设置如图15-20所示的参数。

图15-19

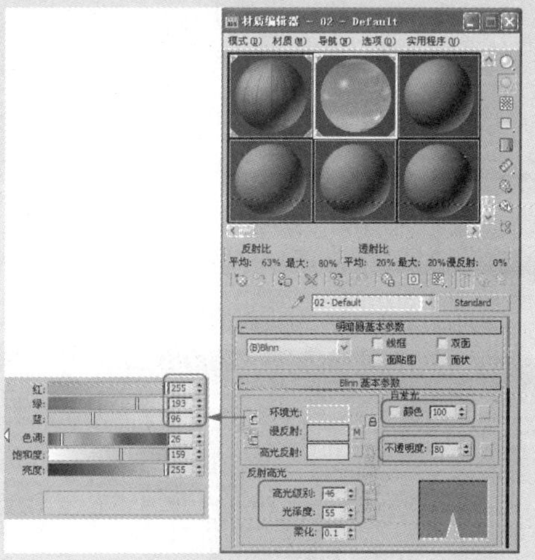

图15-20

20 为“漫反射”指定位图，进入贴图层级，设置贴图的裁剪如图15-21所示。

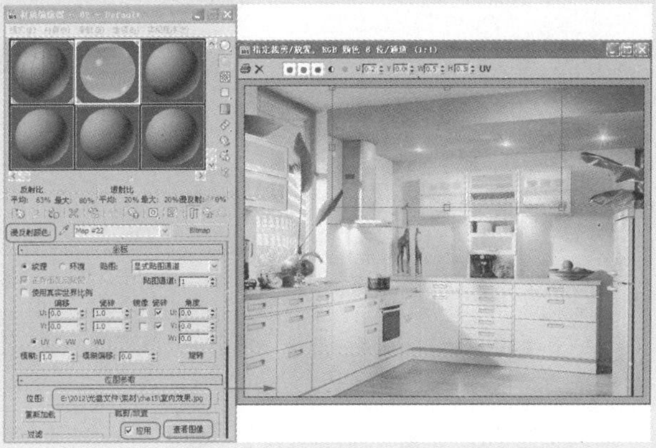

图15-21

21 在门洞的位置创建长方体，设置合适的参数，如图15-22所示。

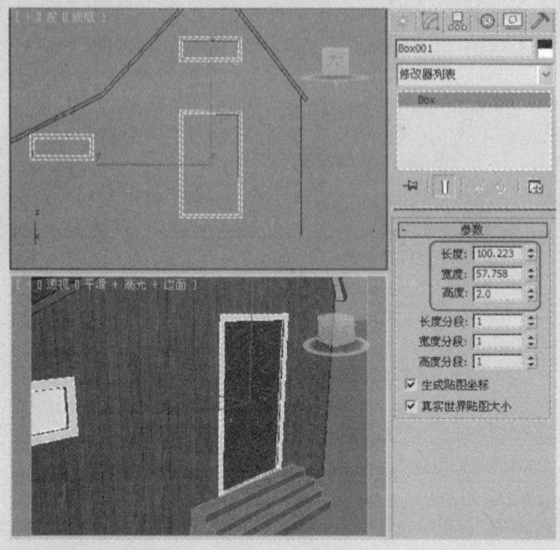

图15-22

22 打开材质编辑器，选择一个新的材质样本球，设置其参数如图15-23所示。

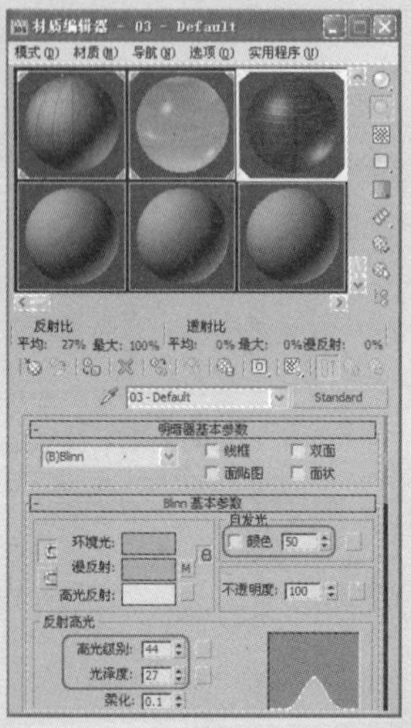

图15-23

23 在“贴图”卷展栏中为“漫反射颜色”指定贴图，并将贴图复制到“凹凸”后的贴图按钮上，如图15-24所示。

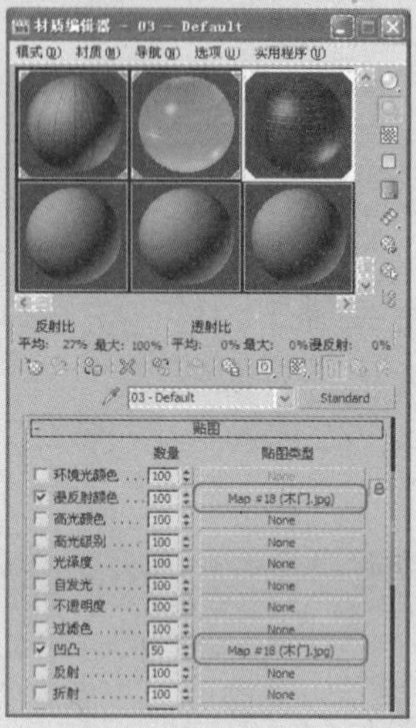

图15-24

24 在场景中选择作为门的模型，为其施加“UVW贴图”修改器，设置合适的参数，如图15-25所示。

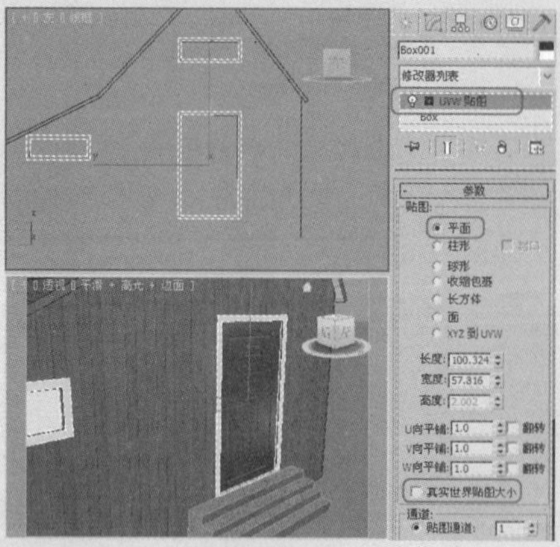

图15-25

15.2 制作雪模型

1 在场景中创建切角长方体，设置合适的参数如图15-26所示。

2 为模型施加“噪波”修改器，设置合适的参数，如图15-27所示。

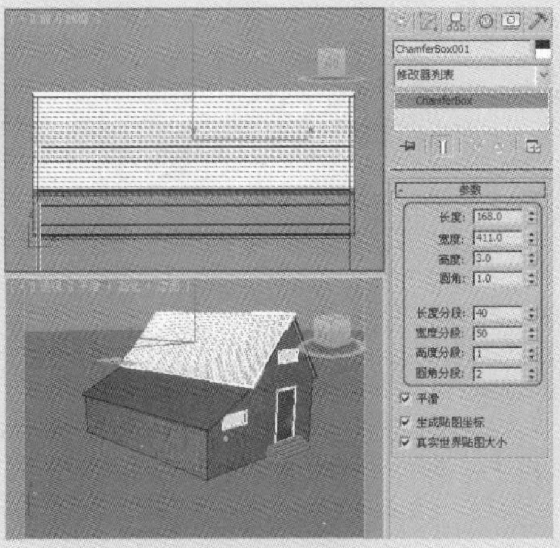

图15-26

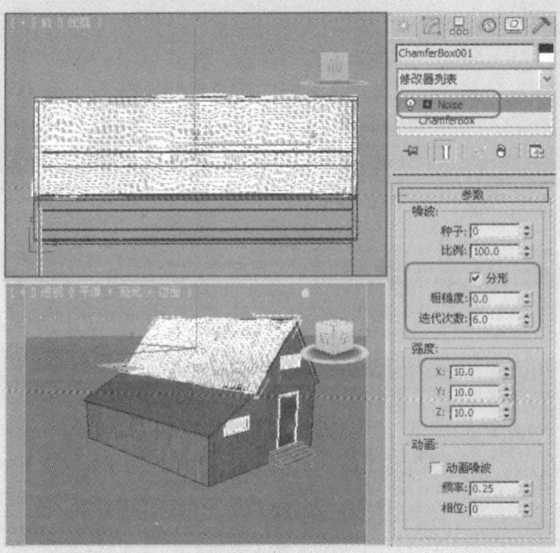

图15-27

3 复制并调整模型，如图15-28所示。

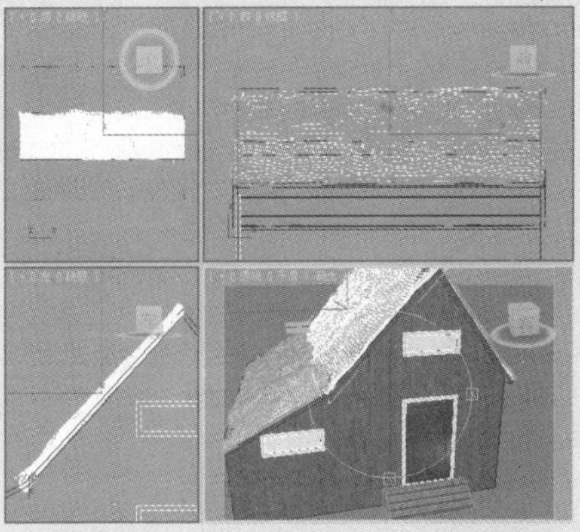

图15-28

4 在场景中选择圆柱体，设置合适的参数，如图15-29所示。

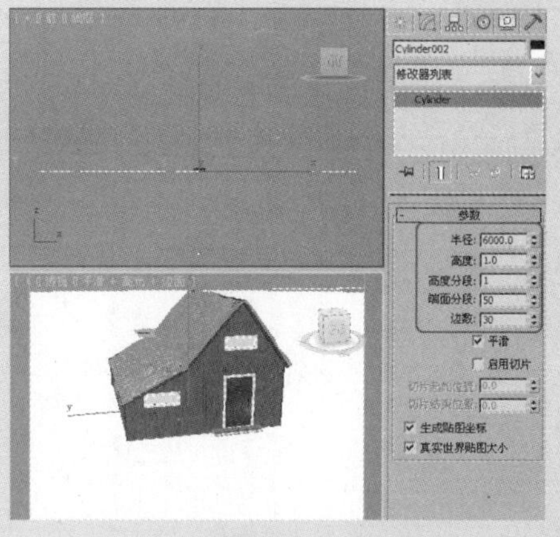

图15-29

5 为模型施加“噪波”修改器，设置合适的参数，如图15-30所示。

图15-30

6 为模型施加“网格平滑”修改器，如图15-31所示。

图15-31

7 打开材质编辑器，选择一个新的材质样本球，设置合适的参数如图15-32所示，将材质指定给场景中的雪模型。

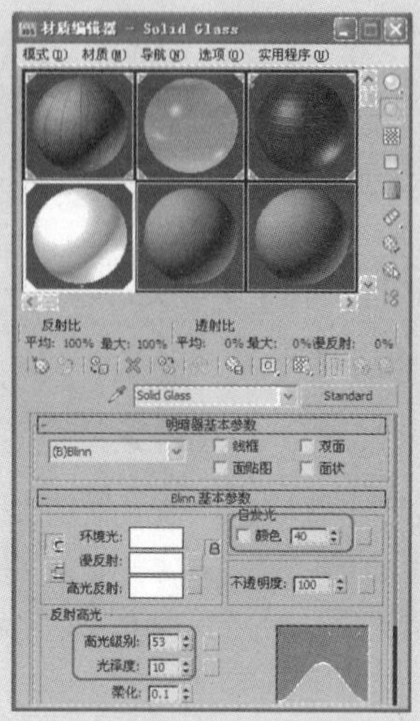

图15-32

15.3 制作树和雪效果

1 在场景中创建平面，如图15-33所示。

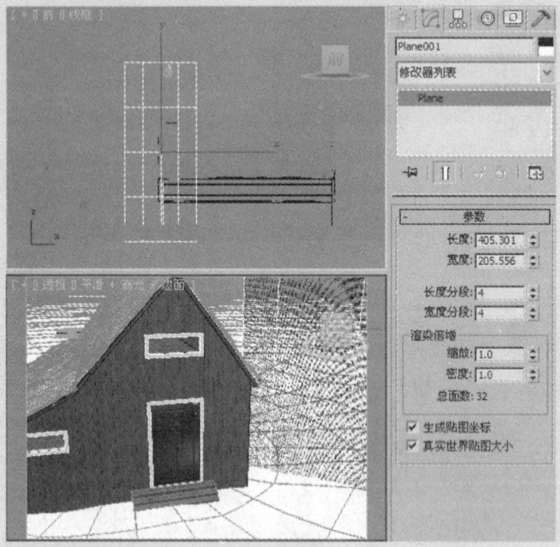

图15-33

2 打开材质编辑器，选择一个新的材质样本球，在“贴图”卷展栏中为“漫反射颜色”和“不透明度”指定位图，如图15-34所示。

3 复制并调整平面，如图15-35所示。

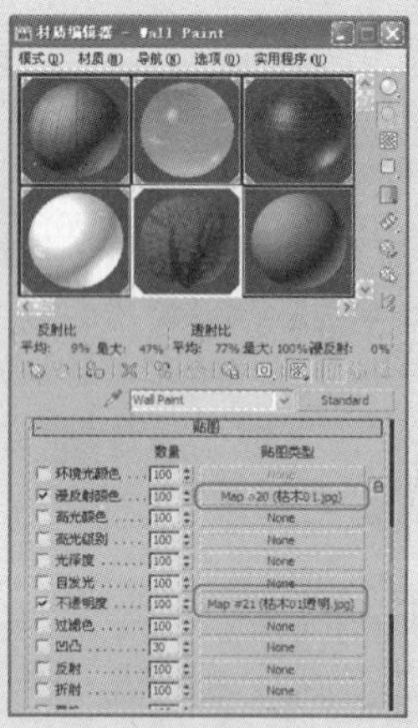

图15-34

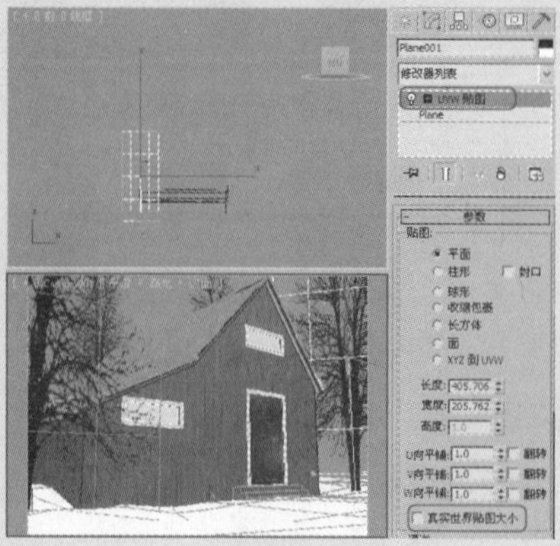

图15-35

4 在“顶”视图中创建粒子系统，在场景中调整粒子的位置，并设置合适的粒子，如图15-36所示。

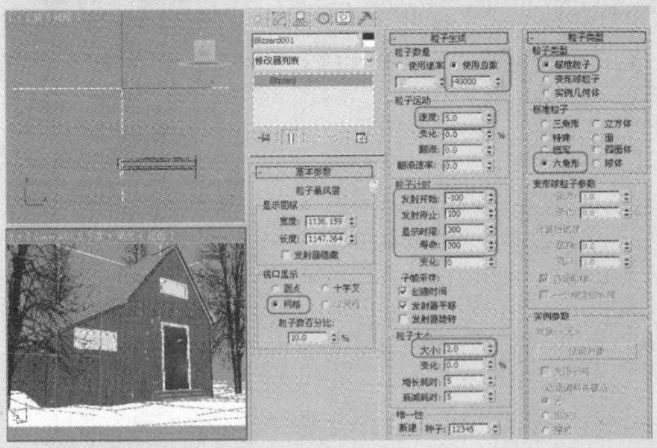

图15-36

5 在场景中右击粒子，在弹出的快捷菜单中选择“对象属性”命令，在弹出的对话框中设置“运动模糊”，如图15-37所示。

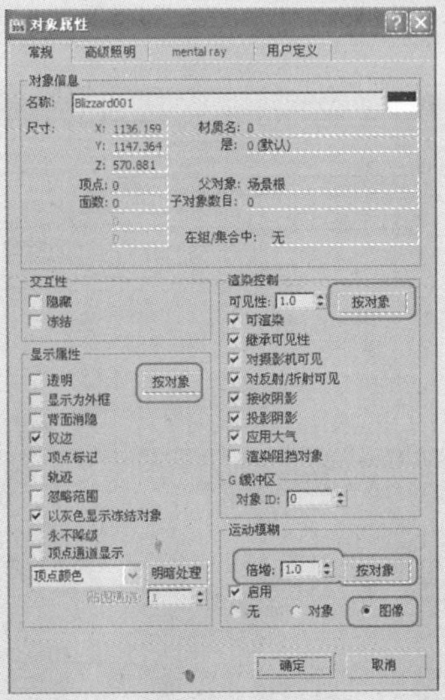

图15-37

6 按8键打开“环境和效果”对话框，选择“效果”选项卡，添加“运动模糊”效果，如图15-38所示。

7 打开材质面板，选择一个新的材质样本球，设置“环境光”和“漫反射”的颜色为白色，设置“自发光”的“颜色”为90，如图15-39所示。

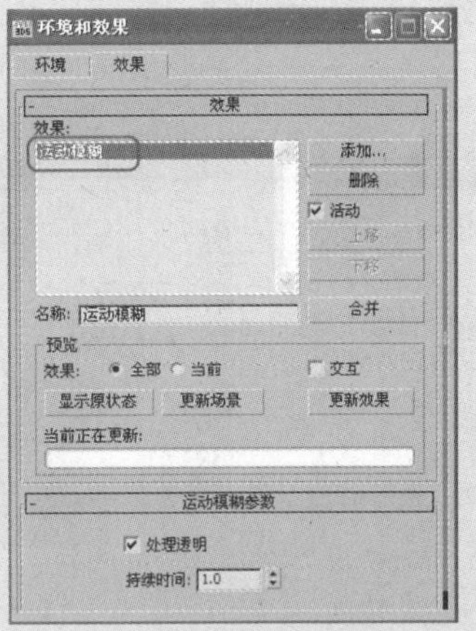

图15-38

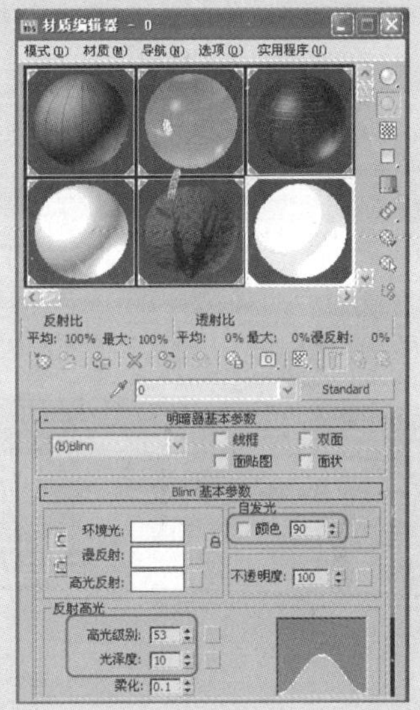

图15-39

8 渲染场景，得到如图15-40所示的效果。

图15-40

15.4 设置环境效果

1 按8键打开“环境和效果”对话框，为背景指定渐变位图，如图15-41所示。

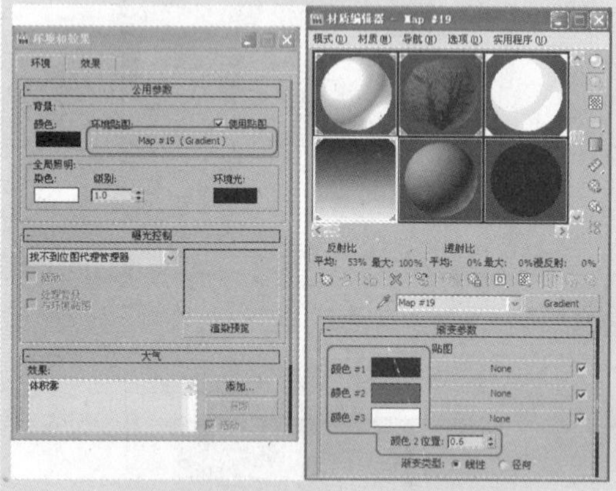

图15-41

2 设置渐变背景后渲染场景，得到如图15-42所示的效果。

图15-42

3 在“顶”视图中创建球体Gizmo，调整球体Gizmo的形状如图15-43所示。

4 打开“环境和效果”对话框，添加“体积雾”效果，拾取球体Gizmo，设置合适的参数，如图15-44所示。

5 渲染场景，默认灯光的效果如图15-45所示。

图15-43

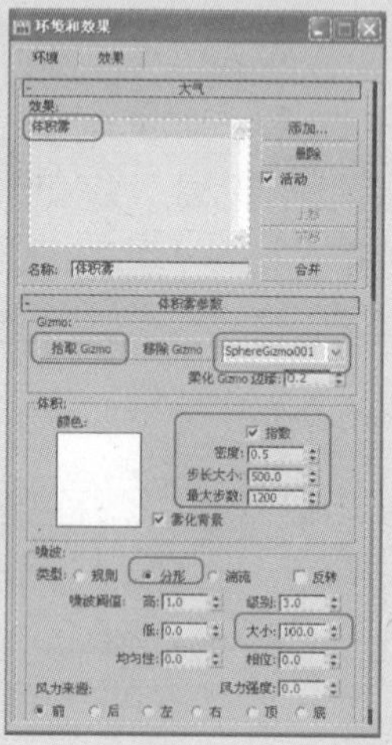

图15-44

图15-45

15.5 创建灯光

下面我们将设置灯光，以制作出场景的黑天效果和层级效果。

1 在场景中创建一盏泛光灯，设置合适的参数，如图15-46所示。

图15-46

2 单击“排除”按钮，在弹出的对话框中设置粒子和树的排除，如图15-47所示。

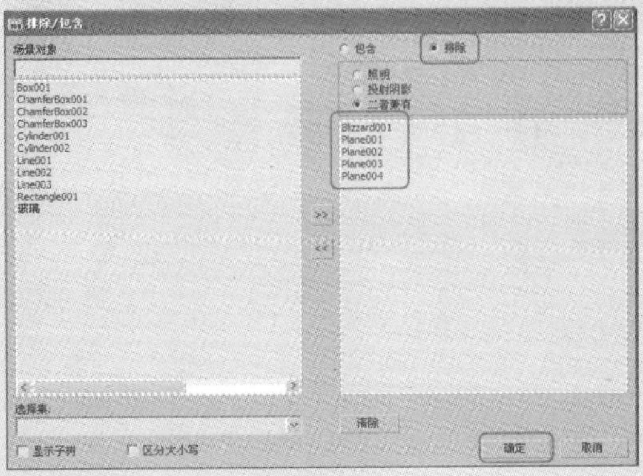

图15-47

3 渲染场景，得到如图15-48所示的效果。

图15-48

4 创建第二盏泛光灯，如图15-49所示。

图15-49

5 设置灯光的“包含”，如图15-50所示。

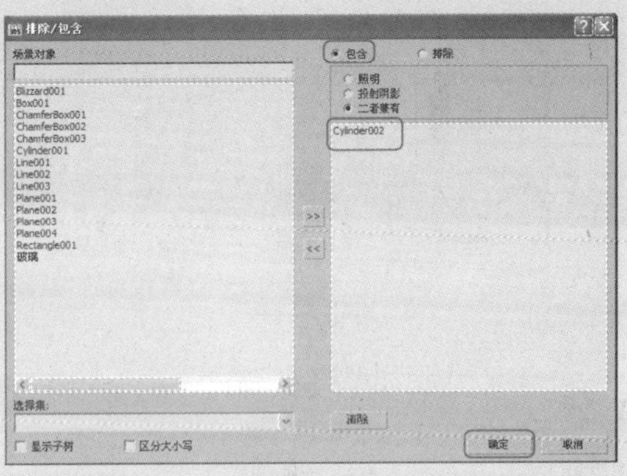

图15-50

6 渲染场景，得到如图15-51所示的效果。

图15-51

7 创建第三盏泛光灯，设置合适的参数，如图15-52所示。

8 渲染场景得到如图15-53所示的效果。

图15-52

图15-53

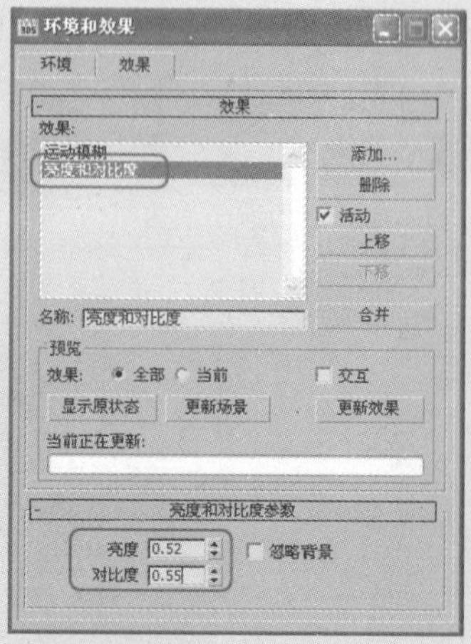

图15-54

图15-55

9 为场景添加“亮度和对比度”效果，设置其参数如图15-54所示。

10 渲染场景，得到如图15-55所示的效果，最后可以为场景设置动画渲染。

15.6 本章小结

本章介绍了暴风雪中的小木屋，其中介绍了基本建模在综合实例的应用，并通过各种建模完成场景动画的效果。通过对本例的学习读者可以学会如何创建雪效果，并使用粒子及环境效果制作出雪景的氛围。

第16章 片头动画

案例文件	场景\cha016\片头动画.max	视频教学	视频教学\cha16\片头动画.avi
视频长度	10分34秒	难易指数	★★★★★

本例介绍片头动画的制作。如图16-1所示为片头动画的分镜头。

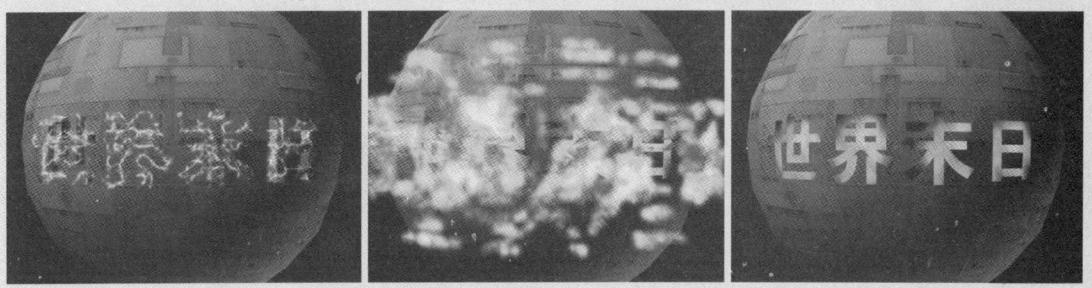

图16-1

16.1 创建星球

1 在动画控件中单击（时间配置）按钮，在弹出的对话框中设置“结束时间”为200，如图16-2所示。

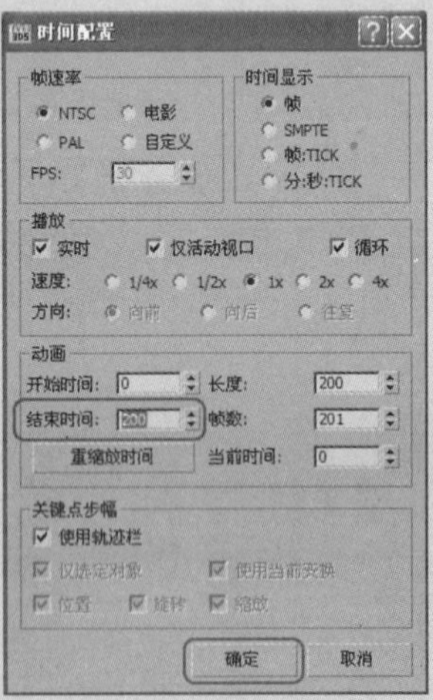

图16-2

2 在“顶”视图中创建几何球体，设置合适的参数，如图16-3所示。

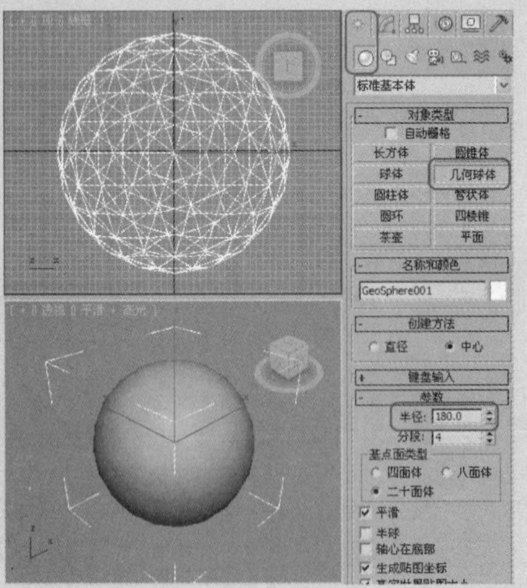

图16-3

3 打开“材质编辑器”面板，选择一个新的材质样本球，为漫反射指定位图，进入贴图层级，设置“瓷砖”的U、V参数均为2，，如图16-4所示。

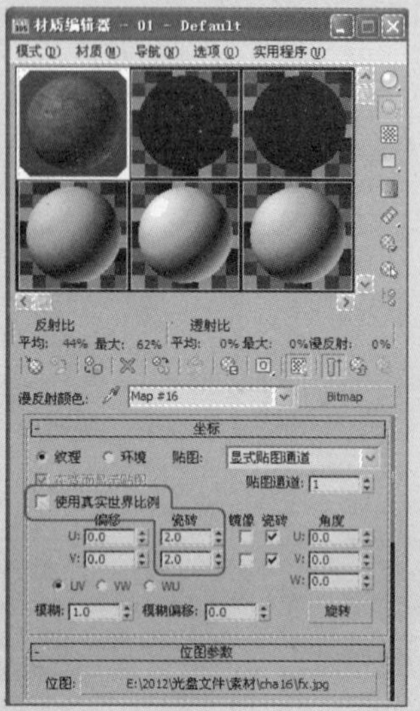

图16-4

4 取消勾选几何球体的“真实世界贴图大小”复选框，如图16-5所示。

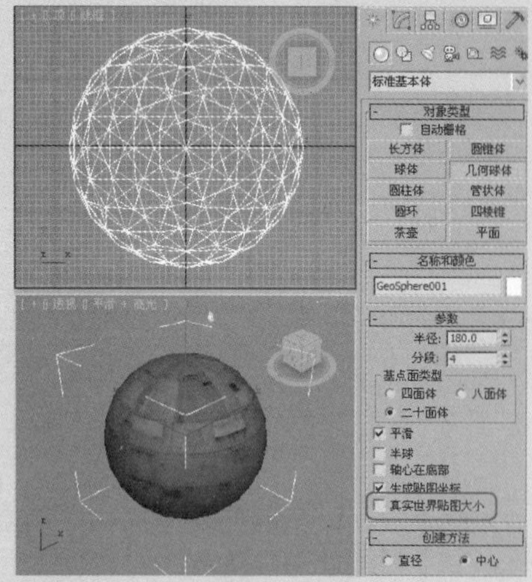

图16-5

5 将“漫反射颜色”后的的贴图拖曳到“凹凸”后的贴图按钮上，在弹出的对话框中选择“实例”选项，如图16-6所示。

6 渲染场景，得到如图16-7所示的效果。

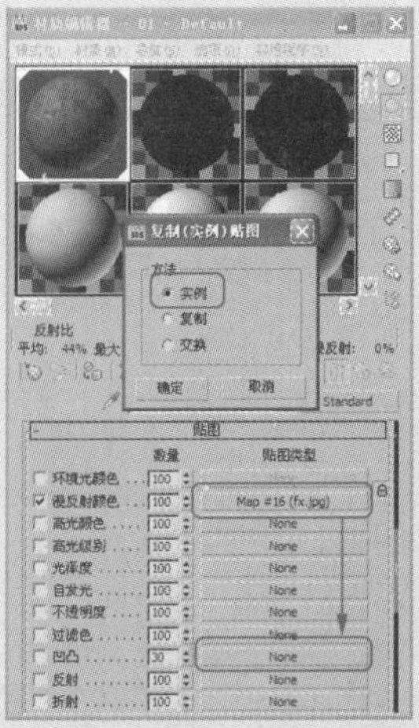

图16-6

图16-7

16.2 制作爆炸文本

1 在场景中创建文本，并在“参数”卷展栏中选择一个字体，设置合适的“大小”，如图16-8所示。

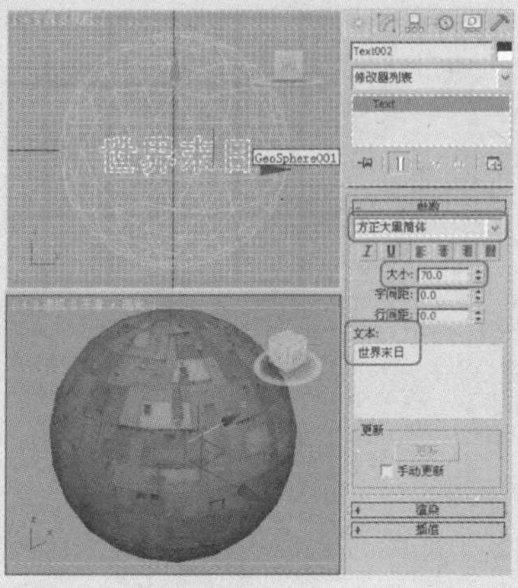

图16-8

2 在场景中选择几何球体，单击“（创建）|（几何体）|复合对象|图形合并”按钮，在场景中拾取文本图形，如图16-9所示。

3 在场景中选择几何图形，切换到（修改）面板，为模型施加“编辑网格”修改器，将选择集定义为“多边形”，在场景中选择多边形，如图16-10所示。

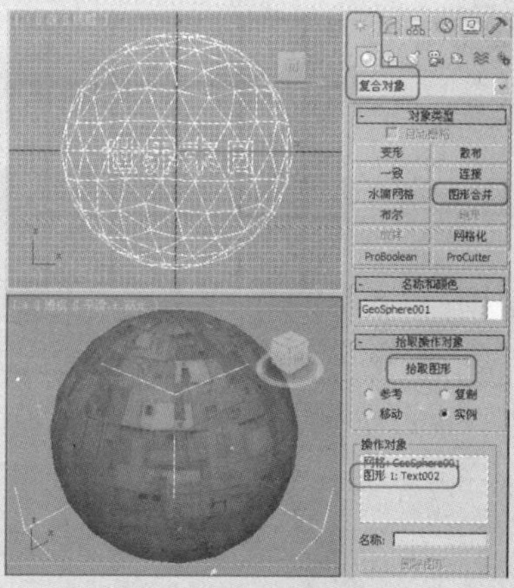

图16-9

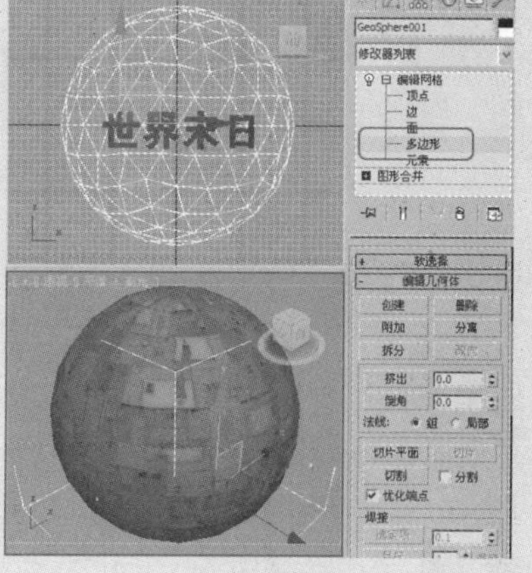

图16-10

4 选择多边形后，在“编辑几何体”卷展栏中单击“分离”按钮，将多边形分离，如图16-11所示。

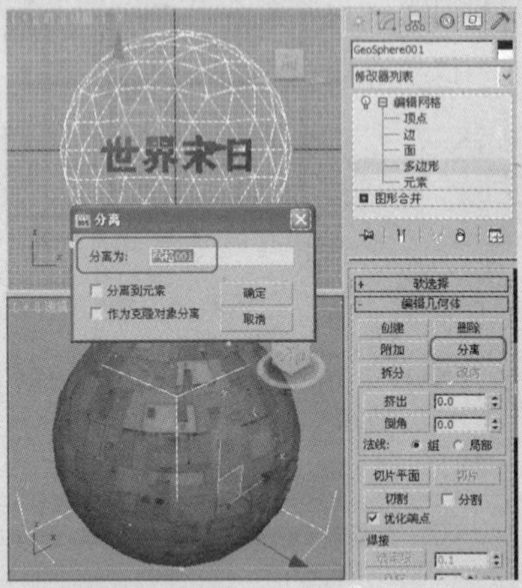

图16-11

5 选择分离出去的对象，再将当前选择集定义为“多边形”，在场景中选择多边形，在“编辑网格”卷展栏中单击“挤出”按钮，在场景中设置挤出参数如图16-12所示。

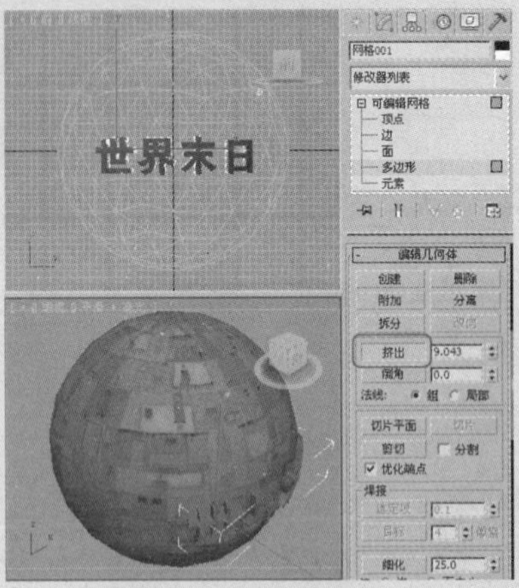

图16-12

6 在场景中选择分离出的文本模型，鼠标右击模型，在弹出的快捷菜单中选择“对象属性”命令，在弹出的对话框中设置“对象ID”为1，如图16-13所示。

7 单击“（创建）|（几何体）|粒子系统|粒子阵列”按钮，在场景中创建粒子阵列，在“基本参数”卷展栏中单击“拾取对象”按钮，在场景中拾取文本模型，如图16-14所示。

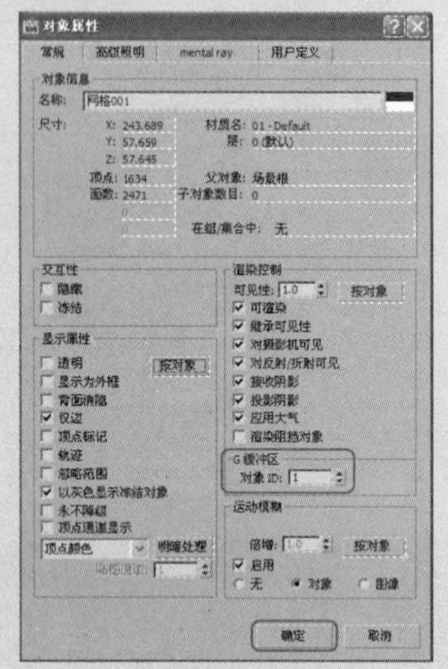

图16-13

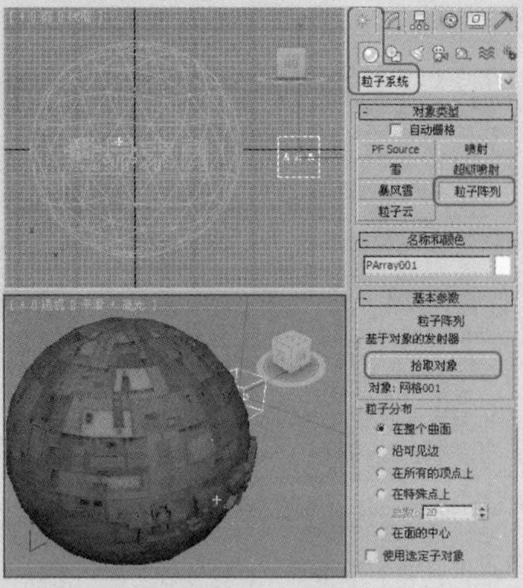

图16-14

8 在“粒子生成”卷展栏中设置“粒子计时”卷展栏中设置“发射开始”为40、“显示时限”为150、“寿命”为150。在“粒子类型”卷展栏中单击“对象碎片”单选按钮；在“对象碎片控制”组中单击“碎片数目”单选按钮，设置“最小值”为500；在“材质贴图和来源”选项组中单击“拾取的发射器”单选按钮，单击“材质来源”按钮，如图16-15所示。

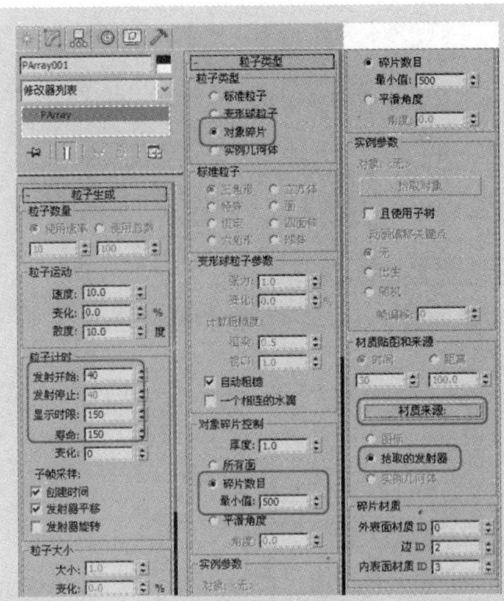

图16-15

9 在场景中选择粒子系统右击，在弹出的快捷菜单中选择“对象属性”命令，在弹出的对话框中设置“对象ID”为2，如图16-16所示。

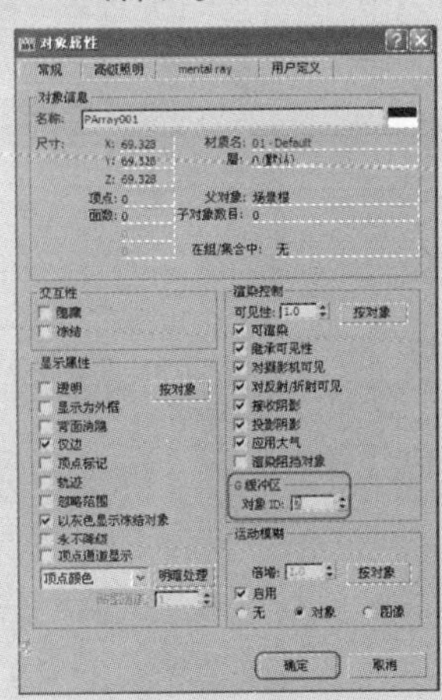

图16-16

10 在场景中选择分离出的文本模型，在菜单栏中单击“轨迹｜可见性轨迹｜添加”命令，如图16-17所示。

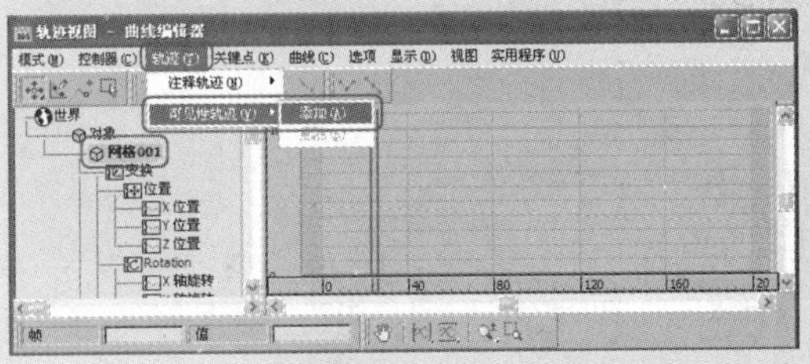

图16-17

11 在“轨迹”面板的工具栏中单击“添加关键点”按钮，在可见轨迹上39帧位置和40帧位置添加关键点，调整40帧处的关键点的位置为0，如图16-18所示。

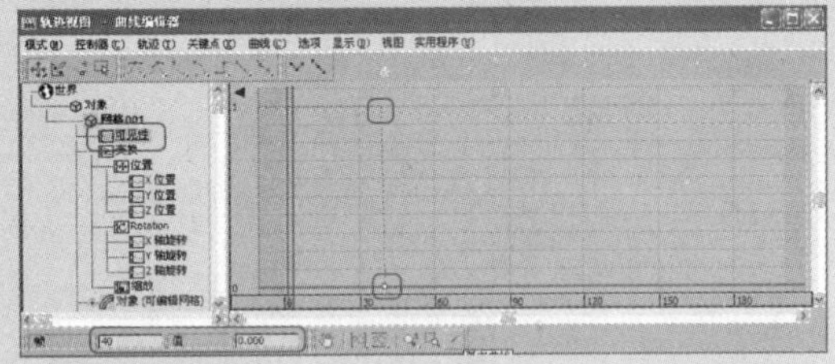

图16-18

12 渲染场景，得到的效果如图16-19所示。

图16-19

13 单击“（创建）｜（辅助对象）｜大气装置｜球体Gizmo”按钮，在“顶”视图中创建球体Gizmo，设置“半径”为50，并在场景中调整Gizmo的位置如图16-20所示。

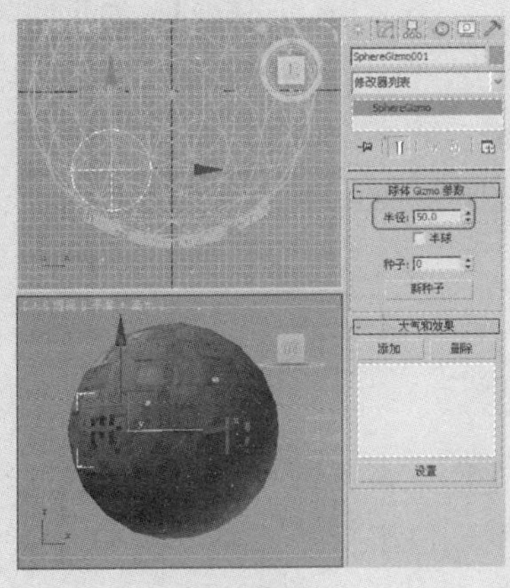

图16-20

14 在场景中按住Shift键移动复制Gizmo，并调整其位置如图16-21所示。

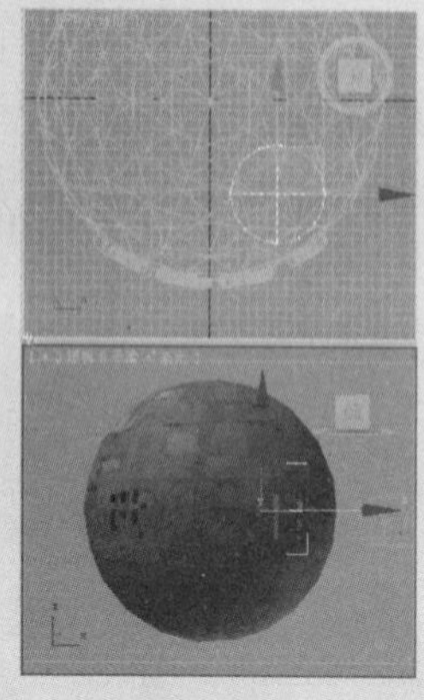

图16-21

15 按8键打开“环境和效果”对话框，在“大气”卷展栏中单击“添加”按钮，在弹出的对话框中选择“火效果”。在“火效果参数”卷展栏中单击“拾取Gizmo”按钮，在场景中拾取球体Gizmo，如图16-22所示。

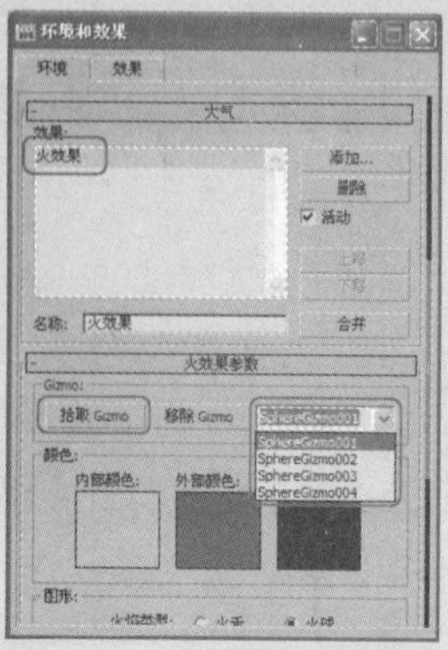

图16-22

16 拖曳时间滑块，渲染场景，效果如图16-23所示。

图16-23

17 在场景中可以缩放球体Gizmo，调整透视图的角度，并按Ctrl+C键创建摄影机视图，如图16-24所示。

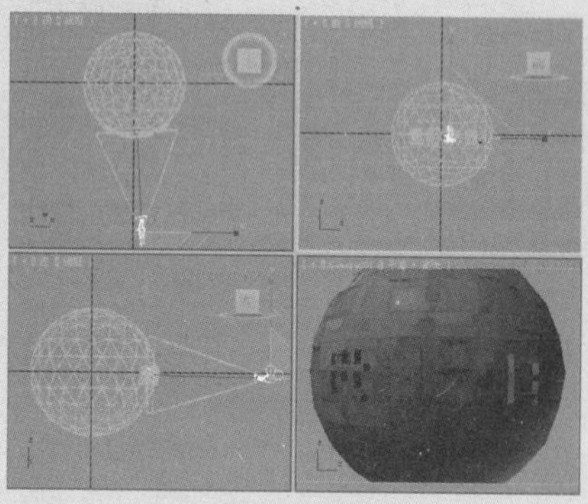

图16-24

18 渲染场景，得到如图16-25所示的效果。

图16-25

16.3 后期合成

1 在菜单栏中选择“渲染|视频合成器”命令，打开“Video Post”界面，添加一个场景事件、两个“镜头效果光晕”和动画输出事件，如图16-26所示。

2 双击第一个“镜头效果光晕”事件，在弹出的对话框中单击“设置”按钮，在弹出的设置面板中单击“预览”和“VP列队”按钮，预览场景效果，设置“对象ID”为1，勾选“过滤”选项组中的“全部”复选框，如图16-27所示。

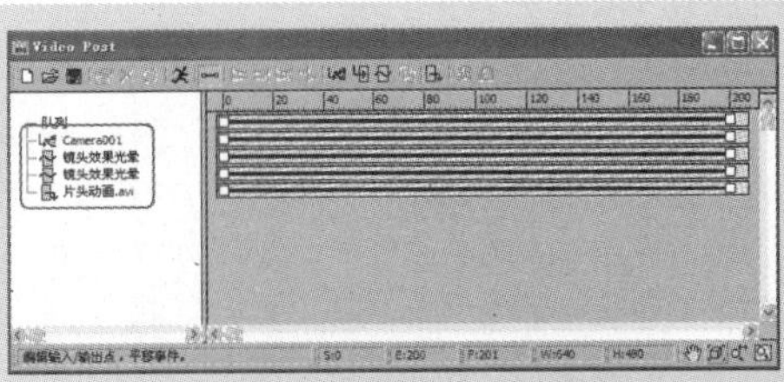

图16-26

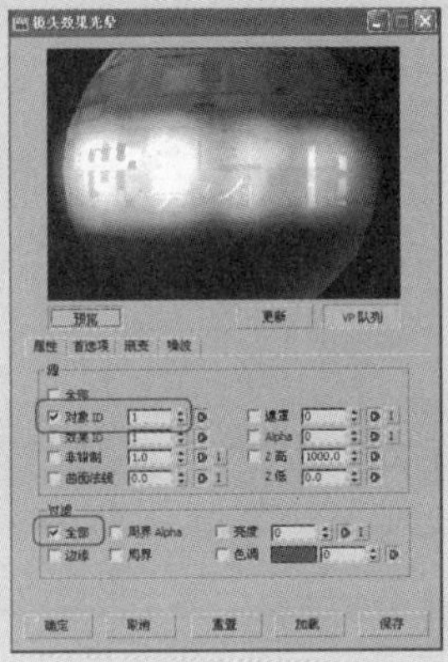

图16-27

3 选择“首选项”选项卡，并设置“大小”为1.0，单击“像素”单选按钮，如图16-28所示。

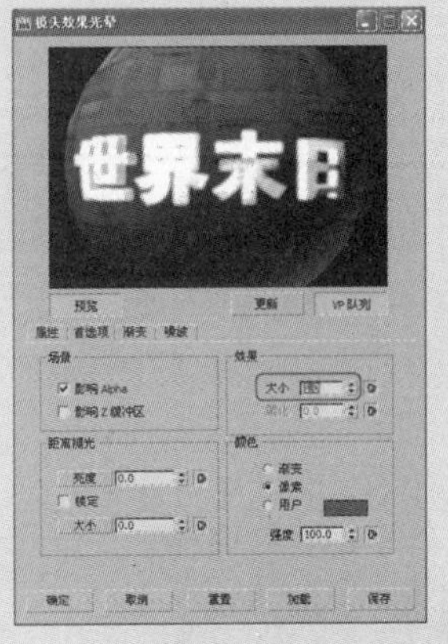

图16-28

4 选择“噪波”选项卡，勾选“红”、“绿”、“蓝”复选框，并单击“电弧”单选按钮，然后单击“确定”按钮，如图16-29所示。

5 双击第二个“镜头效果光晕”事件，在弹出的对话框中单击“设置”按钮，在弹出的设置面板中单击“预览”和“VP列队”按钮，预览场景效果，设置“对象ID”为2，勾选“过滤”选项组中的“全部”复选框，如图16-30所示。

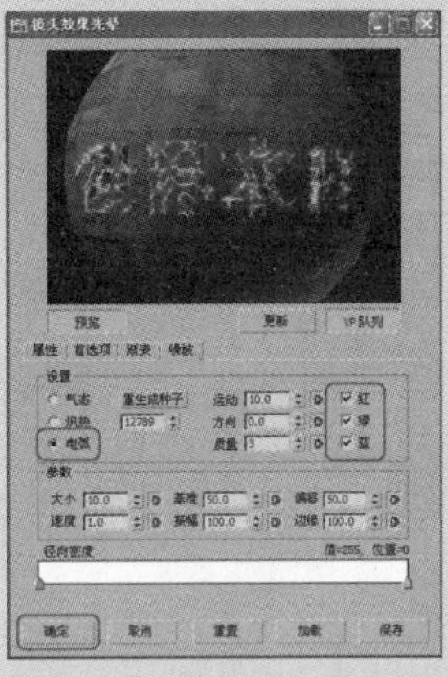

图16-29

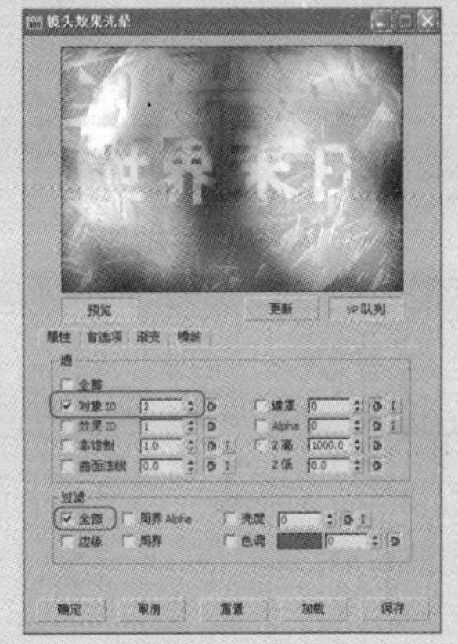

图16-30

6 选择“首选项”选项卡，设置“大小”为2.0，单击“用户”单选按钮，设置用户的颜色RGB值为255、58、0，设置“强度”为50.0，如图16-31所示。

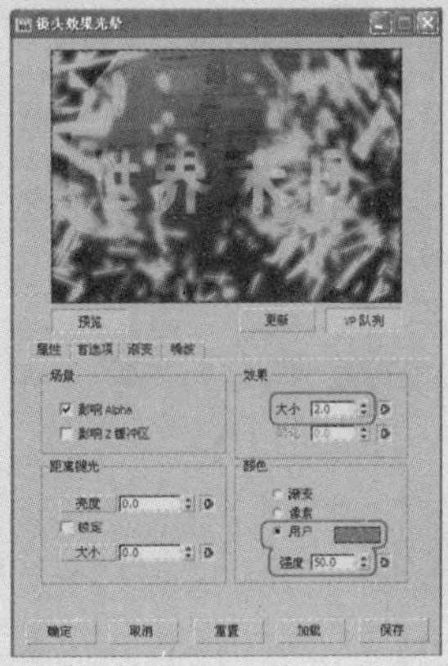

图16-31

7 选择“噪波”选项卡，勾选“红”、“绿”、“蓝”复选框，并单击“气态”单选按钮，然后单击“确定”按钮，如图16-32所示。

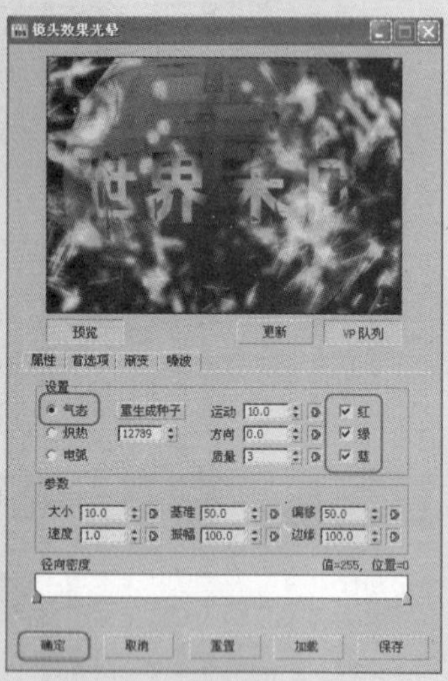

图16-32

8 在场景中选择粒子对象右击，在弹出的快捷菜单中选择“对象属性”命令，打开的对话框中的“运动模糊”选项组中单击“图像”单选按钮，设置“倍增”为1.0，如图16-33所示。

9 打开“环境和效果”面板，选择“效果”选项卡，添加“运动模糊”效果，如图16-34所示。

10 在“视频合成器”面板的工具栏中单击（执行序列）按钮，在弹出的对话框中设置渲染的时间段，并设置渲染的尺寸，单击“渲染”按钮，对场景中的动画进行渲染，如图16-35所示。

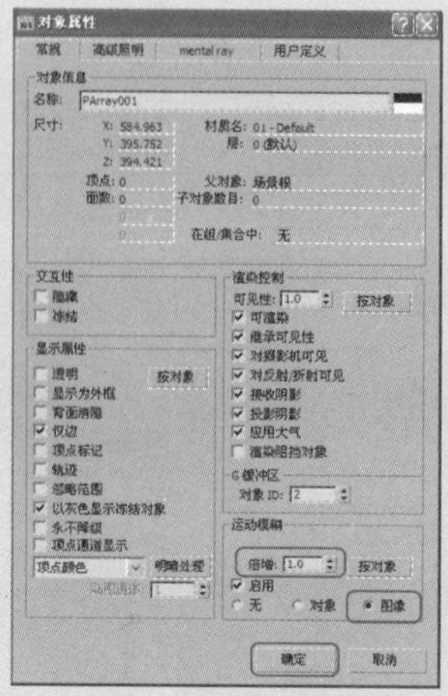

图16-33

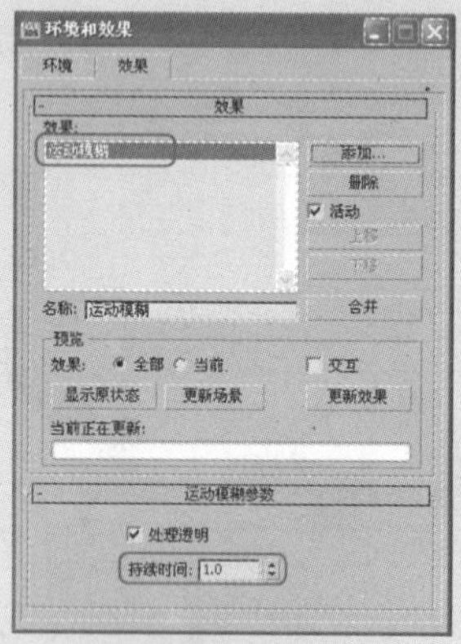

图16-34

图16-35

16.4 本章小结

本例介绍了片头动画特效的制作，其中将大多数使用Video Post视频合成器的应用，在制作中将结合使用曲线编辑器来完成片头动画效果的制作。通过对本章的学习读者可以对曲线编辑器有一个更深入的了解，并熟练掌握Video Post视频合成器中的各种事件。